A. CHEVALIER

Inspecteur pédagogique régional - Inspecteur d'académ
Expert à l'Association française de normalisation (AFNOR)
et à l'Union de la normalisation de la mécanique (U. N. M.)

GUIDE DU DESSINATEUR INDUSTRIEL

Pour la maîtrise de la communication technique

À l'usage :
des élèves de l'enseignement technique industriel,
lycées professionnels
lycées d'enseignement technologique,
instituts universitaires de technologie,
écoles d'ingénieurs,
des auditeurs de la promotion sociale
des auditeurs de la formation continue,
des dessinateurs et des techniciens
en activité dans les entreprises.

ÉDITION 1993-1994

HACHETTE
Technique

Avant-propos

C'est un Guide *que nous avons voulu mettre au point, et non simplement un « mémento ». Nous avons voulu que les utilisateurs de cet ouvrage soient peu à peu conduits vers ce qui est vraiment l'essentiel : une bonne compréhension de ce langage commun à tous les techniciens qu'est le dessin industriel et une bonne utilisation de ce langage.*
Naturellement, on trouvera dans ce guide les principales dimensions des éléments de construction couramment utilisés. Il va de soi, toutefois, que les extraits de normes officielles ou les extraits de catalogues de fabricants ne sauraient, dans la vie professionnelle, remplacer les documents originaux et qu'il convient de s'y reporter.
Bien que nous apportions à cet ouvrage tous nos soins, nous sommes conscients que toute œuvre est perfectible. Nous souhaitons vivement poursuivre le contact avec ses utilisateurs. À l'avance, nous remercions ceux d'entre eux qui voudront bien nous faire part de leurs observations et de leurs suggestions. En attendant, nous espérons que ce Guide du dessinateur industriel, *pour lequel nous avons voulu une présentation et une actualisation vraiment dignes de ceux auxquels nous le destinons, continue à être un compagnon de travail efficace et agréable.*

PRINCIPALES MISES À JOUR PAR RAPPORT À L'ÉDITION 1991 - 1992

Chapitre	Modifications
3	Adjonction de nouveaux caractères et de règles d'écritures.
4	Adjonction du paragraphe « Organigramme technique de produits ». Nomenclature nouvelle.
16	Actualisation de l'indication d'un état de surface.
20	Actualisation de la cotation d'une queue d'aronde.
27	Développement du code des procédés de soudage.
34	Actualisation des rondelles plates.
39	Actualisation des coussinets autolubrifiants composites.
42	Développement du chapitre « Graisseurs et voyants ».
47	Adjonction du calcul du module et du nombre minimal de dents.
54	Développement du chapitre « Schémas électriques et électroniques ».
55	Actualisation et développement du chapitre « Schémas pneumatiques et hydrauliques ».
61	Adjonction du diagramme FAST.
63	Actualisation du chapitre « Analyse fonctionnelle descendante ».
66	Adjonction du chapitre « Schémas logiques ».
67	Adjonction du chapitre « Diagramme fonctionnel GRAFCET ».
68	Développement du chapitre « Organigrammes ».
69	Adjonction du chapitre « Schémas d'assemblages ».

NOTA : Si l'importance d'une telle mise à jour a parfois entraîné des modifications de pagination, la numérotation des chapitres et des paragraphes a été maintenue dans la majeure partie des cas.

Du même auteur, avec Jacques LECRINIER :
Dictionnaire de la cotation et du tolérancement, AFNOR Technique.

I.S.B.N. 2.01.020789.0

Table des matières

Conventions du dessin technique

Cotation

Éléments de construction

Schématisation

Matériaux de construction

Analyse et description fonctionnelles

Renseignements divers

Index alphabétique

Photographie de couverture : Train principal Airbus A300-600, (cliché Messier-Bugatti).

* NOTA GÉNÉRAL
L'abréviation **G.T.** suivie d'un numéro signale le chapitre du « **Guide du technicien en productique** » qui traite de cette question.

1 Le dessin technique

1■1 Utilité

Le dessin technique est le moyen d'expression indispensable et universel de tous les techniciens.

C'est lui qui permet de transmettre, à tous les services de production, la pensée technique et les impératifs de fabrication qui lui sont liés. C'est pourquoi ce langage conventionnel est soumis à des règles ne permettant aucune erreur d'interprétation et définies par la normalisation.

Il est ainsi possible d'étudier, de représenter et de construire tout matériel technique.

1■2 Principaux types de dessins

NF E 04-501

Croquis
Dessin établi, en majeure partie, sans l'aide d'instruments de guidage ou de mesure. Il peut être coté (croquis coté).

Esquisse
Dessin préliminaire des grandes lignes d'un projet.

Dessin
Représentation graphique aussi exacte que possible en formes et en positions.

Schéma
Dessin, sous une forme simplifiée ou symbolique, plus ou moins abstraite, des fonctions remplies par une succession d'organes.

Épure
Dessin à caractère géométrique tracé avec la plus grande précision possible.

Graphique
Représentation, généralement dans un système de coordonnées, exprimant les relations existant entre deux ou plusieurs grandeurs variables.

Abaque
Graphique permettant d'obtenir, sans calculs, les valeurs numériques approchées d'une ou de plusieurs grandeurs.

Avant-projet
Dessin représentant, dans ses grandes lignes, une des solutions viables atteignant l'objectif fixé.

Projet
Dessin représentant tous les détails nécessaires pour définir une solution choisie.

Dessin de définition
Voir § 19.21.

2 Matériel du dessinateur

LISTE MINIMALE DU MATÉRIEL*	
Planche à dessin	Boîte de compas (de bonne qualité)
Porte-mine (au moins deux)	Stylos à pointe tubulaire : 0,25 - 0,7 - 1
Mines : H - 2H - 4H - 5H	Encre de chine noire
Gommes à crayon et à encre	Encres de chine de couleurs (éventuellement)
Affûtoir	Ruban adhésif
Grattoir	Chiffon
Règle coulissante	Buvard
Équerre à 60°	Papier à dessin (200 g/m²)
Équerre à 45°	ou papier calque (90 g/m²) s'ils ne sont pas fournis
Triple décimètre	
Rapporteur d'angles	
Conseils : Acheter du matériel de bonne qualité. L'entretenir méticuleusement.	

*Hors poste de dessin assisté par ordinateur (D.A.O.).

3 Écritures NF E 04-505 - ISO 3098

Le but de cette normalisation est d'assurer la lisibilité, l'homogénéité et la reproductibilité des caractères.

L'emploi des caractères normalisés assure :

- **la possibilité de microcopier correctement les documents ;**
- **la lecture possible des reproductions jusqu'à un coefficient linéaire de réduction de 0,5 par rapport au document original.**

3.1 Forme des caractères

3.11 Écriture type B, droite

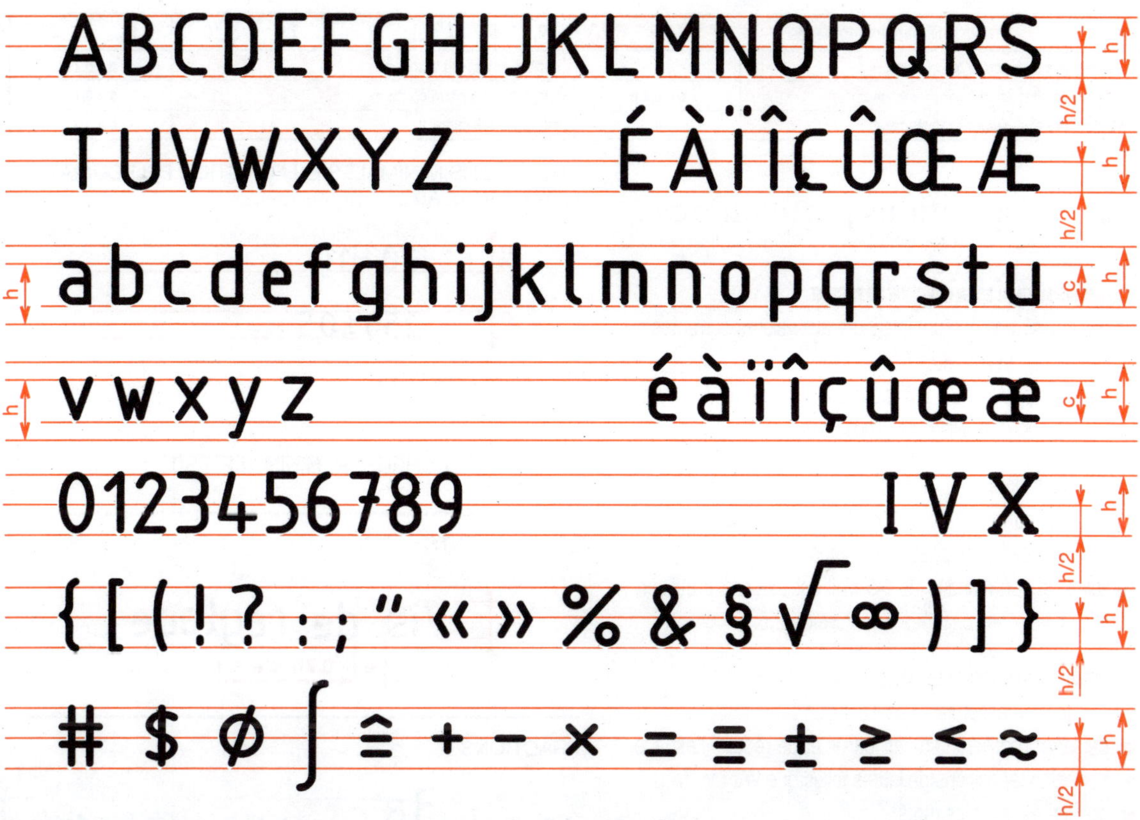

REMARQUES :

- Le I et le J majuscules n'ont pas de point.
- S'il n'y a pas de risque d'ambiguïté, les accents peuvent ne pas être mis sur les majuscules.
- Les formes ci-contre, pour le a et le 7, sont également normalisées par l'I.S.O.

3.12 Écriture type B, penchée

En cas de nécessité, les caractères peuvent être inclinés de 15° environ vers la droite.
Les formes générales des caractères sont les mêmes que celles de l'écriture droite.

3.13 Dimensions générales

Les dimensions générales sont définies en fonction de la hauteur **h** des majuscules. Les valeurs de **h** sont choisies parmi les dimensions du tableau ci-dessous.

> **Exemple de désignation dimensionnelle** d'une écriture droite de type B, dont la hauteur **h** est 7 mm :
> **Écriture B, droite, de 7, NF E 04-505**

DIMENSIONS GÉNÉRALES

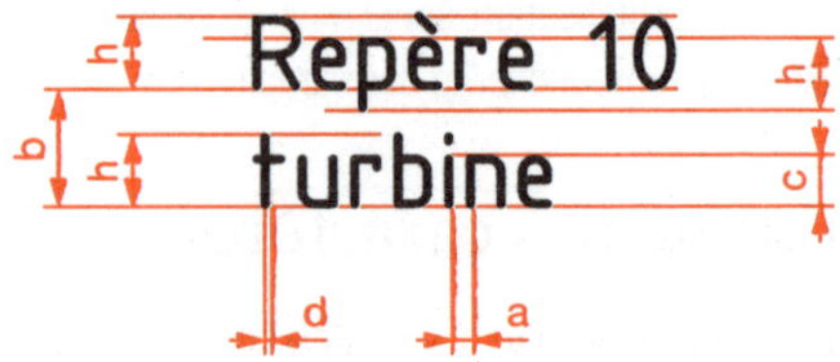

Dimension nominale h		2,5	3,5	5	7	10	14	20
Hauteur des majuscules (ou chiffres)	h	Espace entre les caractères					a = 0,2 h	
Hauteur des minuscules sans jambage	c = 0,7 h	Largeur des traits d'écriture					d = 0,1 h	
Hauteur des minuscules avec jambage	h	Interligne minimal					b = 1,4 h	

3.2 Dispositions particulières

DIMENSIONS MINIMALES EN FONCTION DU FORMAT

Ne pas choisir une écriture inférieure aux valeurs suivantes :

- formats A1 et A0 : 3,5 ;
- formats A4, A3, A2 : 2,5 (pour une écriture de 2,5, il est conseillé de ne pas utiliser de minuscules.)

COTES ET TOLÉRANCES

Il est recommandé d'utiliser l'écriture de 3,5 pour les cotes et les tolérances qui leur sont affectées.
Toutefois, si l'on manque de place, il est autorisé d'utiliser, pour les tolérances chiffrées, l'écriture de 2,5.

ESPACEMENT DES LETTRES ET DES MOTS

Pour obtenir une lecture aisée il est bon :

- de serrer régulièrement les lettres et de réduire l'espace **a** pour les juxtapositions de lettres telles que VA, LV, TA ... ;
- de bien espacer les mots.

FRACTIONS

L'écriture des fractions doit être conforme à l'un des exemples donnés. En particulier, pour le premier exemple, la barre de fraction doit être dans le plan médian du signe « égal ».

EXPOSANTS ET RACINES

La valeur de l'exposant ou de la racine est inscrite un corps plus petit.

SOULIGNEMENT

Pour garder toute la lisibilité, le soulignement ne doit pas couper de jambage.

DIMENSIONS MINIMALES EN FONCTION DU FORMAT

Formats A1 et A0

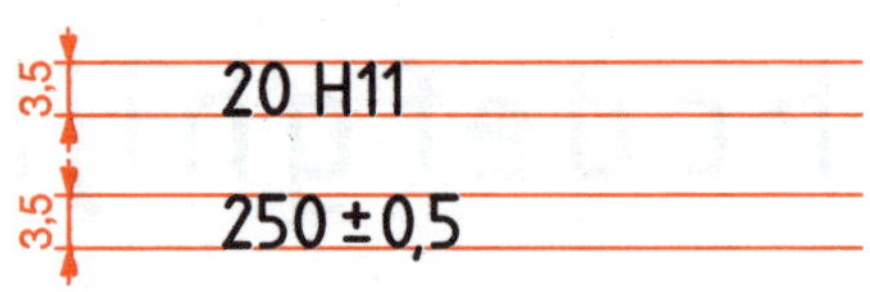

Formats A4, A3 et A2

ESPACEMENTS

FRACTIONS

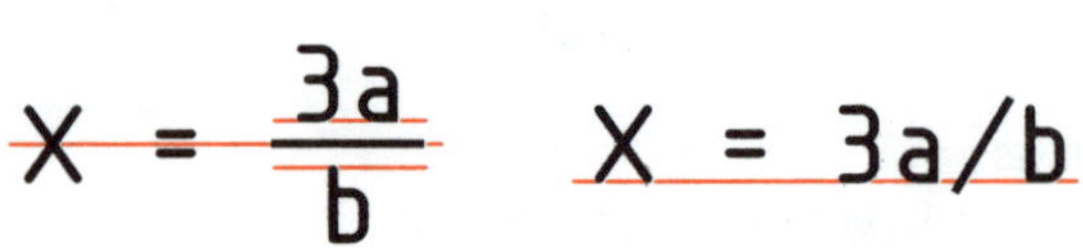

EXPOSANTS ET RACINES

SOULIGNEMENTS

4 Présentation des dessins

NF E 04-502, 503, 504

4 ▪ 1 FORMATS

Formats normalisés

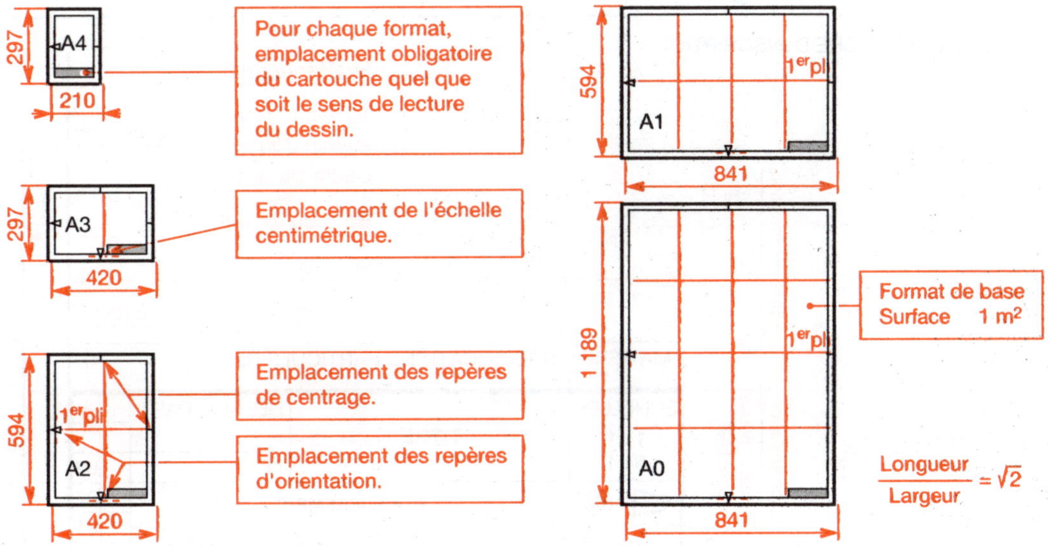

Pliage

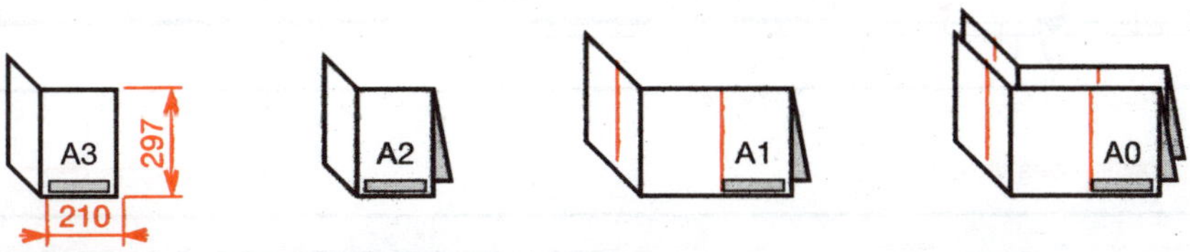

- Les formats se déduisent les uns des autres à partir du format A0 (lire *A zéro*) de surface 1 m^2, en subdivisant chaque fois par moitié le côté le plus grand.
- Les formats s'emploient indifféremment en longueur ou en largeur.
- Il faut choisir le format le plus petit compatible avec la lisibilité optimale du document.

4 ▪ 2 ÉLÉMENTS GRAPHIQUES PERMANENTS

Détail d'un repère d'orientation

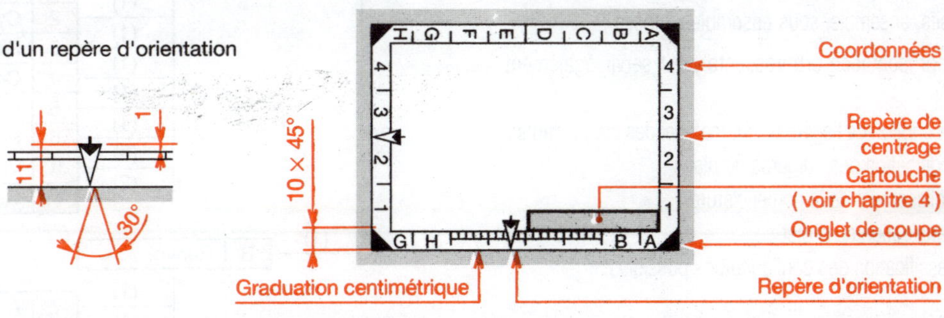

- Ces éléments sont destinés à faciliter la microcopie, la reproduction (graduation centimétrique, repères d'orientation, de centrage) ou la localisation d'un détail du dessin (coordonnées A1, B1, etc.).
- Lors de l'exécution du dessin l'un des deux repères d'orientation est dirigé vers le dessinateur ; l'autre doit être supprimé.

4■3 Cartouche d'inscriptions

Le cartouche reçoit les inscriptions nécessaires et suffisantes pour l'identification et l'exploitation du document. L'emplacement du cartouche est défini sur les figures de la page précédente. Cette position est invariable quel que soit le sens de lecture du dessin. La figure ci-dessous indique une disposition possible. **Dans l'industrie, il suffit généralement de compléter des cartouches préparés à l'avance.**

EXEMPLE DE CARTOUCHE D'INSCRIPTIONS

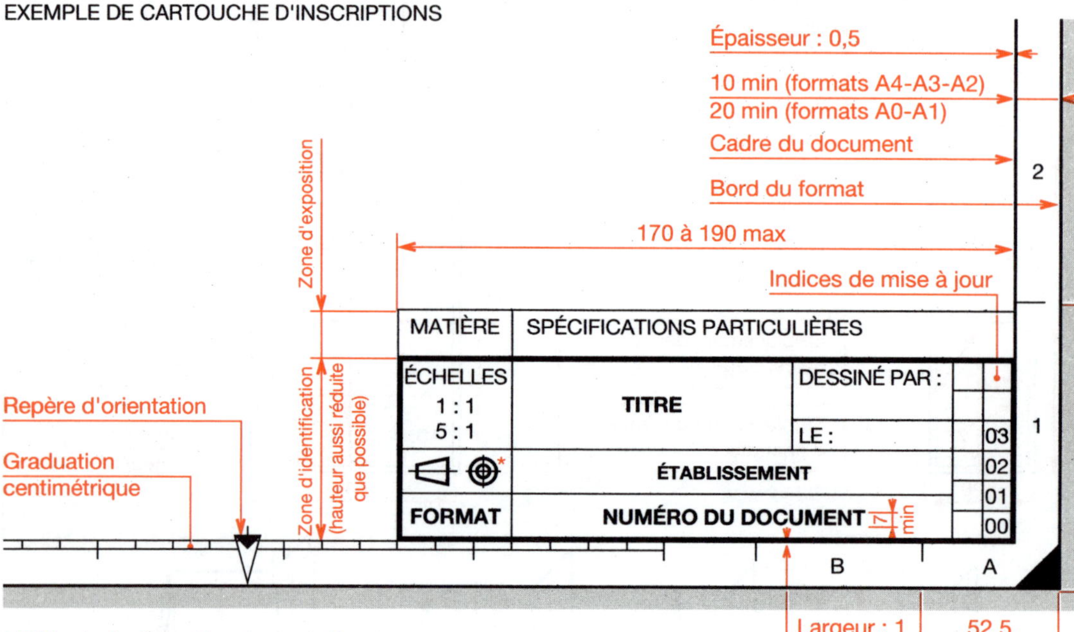

* Méthode de disposition des vues (§ 6.1).

4■4 Organigramme technique de produit (O.T.P.)

L'organigramme technique* de produit permet une description graphique de la structure du produit par niveaux successifs, ensemble, sous-ensembles, pièces.

Cette représentation arborescente peut servir également pour :

- la description de l'agencement matériel des composants ;
- la codification des numéros de plans ;
- l'établissement de la nomenclature ;
- la planification du projet ;
- la classification des configurations possibles.

REMARQUE :

En fonction de besoins spécifiques, on rencontre des représentations graphiques différentes, mais le principe de base reste, en général, le même.

* On dit aussi « nomenclature de structure ».

ORGANIGRAMME TECHNIQUE DE PRODUIT

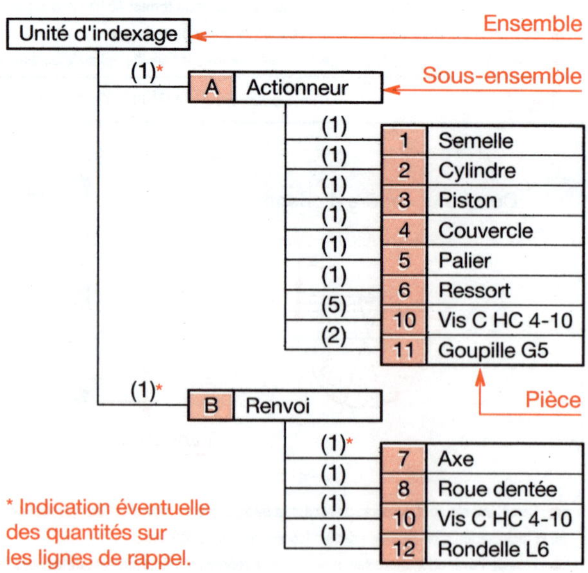

4.5 Nomenclature de définition

La nomenclature est une liste complète des éléments qui constituent un ensemble. Sa liaison avec le dessin est assurée par des repères.

ÉTABLISSEMENT D'UNE NOMENCLATURE

1° On commence par repérer chaque pièce sur le dessin d'ensemble par un numéro.

L'ordre de ces numéros est croissant et il indique approximativement l'ordre du montage des pièces, à l'exception de certaines d'entre elles (axes, goupilles, ressorts, pièces normalisées) que l'on groupe généralement par catégories.

- Aligner les repères.
- Mettre un point à l'extrémité de la ligne d'attache du repère si elle se termine à l'intérieur d'une pièce. Mettre une flèche si elle s'arrête sur son contour.
- Ménager périodiquement des repères libres. Ils pourront être utilisés si l'on ajoute, lors de mises à jour de nouvelles pièces.

2° On établit ensuite la nomenclature :

- soit sur un document séparé ;
- soit sur le dessin lui-même, **son sens de lecture est celui du dessin.** Il en résulte deux dispositions possibles.

DISPOSITIONS SUIVANT L'ORIENTATION DES FORMATS

Sens de lecture du cartouche :

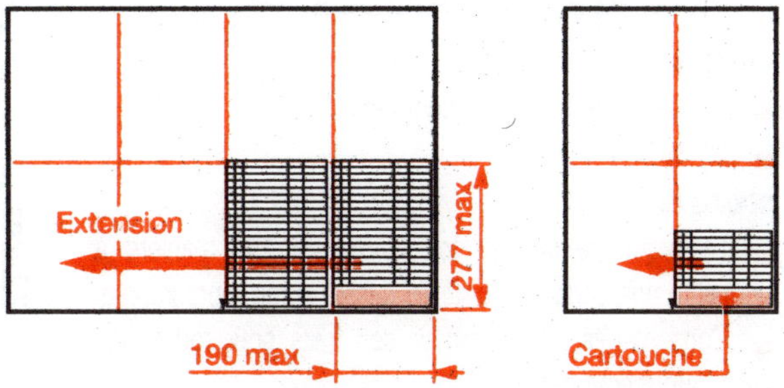

Sens de lecture perpendiculaire à celui du cartouche :

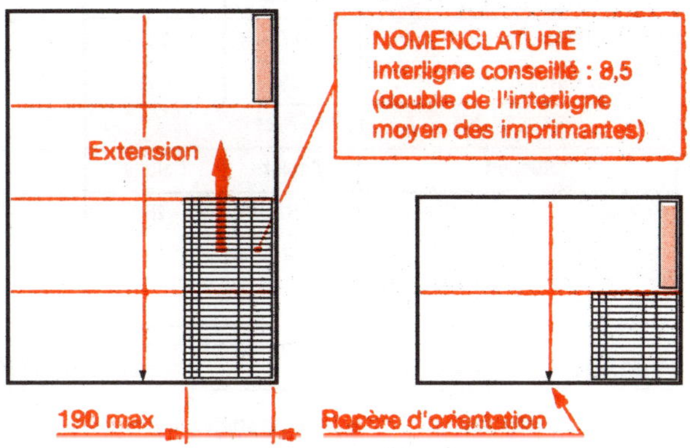

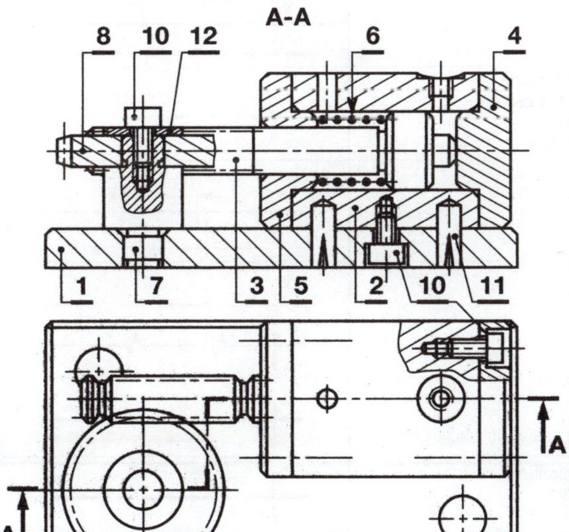

12	1	Rondelle L6	10 F 1	NF E 25-514
11	2	Goupille cannelée G5 4-16	10 F 2	NF E 27-494
10	6	Vis C HC 4-10	Classe 8.8	NF E 25-125
9				
8	1	Roue dentée	PA 11	
7	1	Axe	XC 32	
6	1	Ressort	XC 65	Corde à piano
5	1	Palier	PA 6/6	
4	1	Couvercle	PA 6/6	
3	1	Piston	XC 32	
2	1	Cylindre	Cu Sn 8P	
1	1	Semelle	2017	(A-U4G)
REP.	**NB.**	**DÉSIGNATION**	**MATIÈRE**	**OBS.**

ÉCHELLE 1 : 2	**UNITÉ D'INDEXAGE PNEUMATIQUE**	DESSINÉ PAR : LE :
	ÉTABLISSEMENT	
A3	**NUMÉRO DU DESSIN**	00

3 2 1 B A

5 Traits

NF E 04-520

5.1 Caractéristiques

Un trait se caractérise :

- par sa nature (continu, interrompu, mixte),
- par sa largeur (fort, fin).

REMARQUES :

- La largeur **e** du trait fort est choisie de manière à permettre une parfaite lisibilité du dessin après reprographie.
- Conserver la même largeur des traits pour toutes les vues d'un même dessin.

LARGEUR DES TRAITS*		
Trait	**Fort e**	**Fin e'**
Dessin à l'encre	0,7	0,25
Dessin au crayon	0,5	0,18
MINES À UTILISER*		
Support	**Papier**	**Calque**
Trait fort	H	2H
Trait fin	4H	5H

*Valeurs données à titre de première estimation.

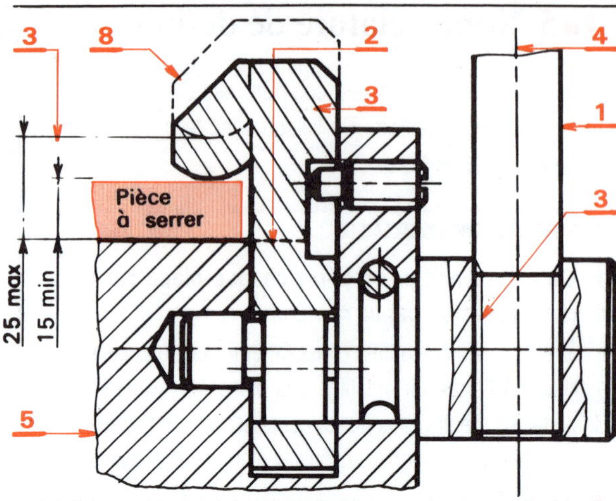

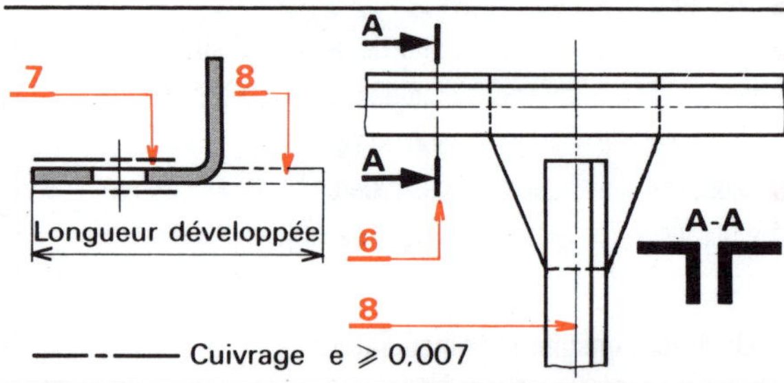

REPÈRE	DÉSIGNATION	APPLICATIONS	EXEMPLE D'EXÉCUTION
1	Continu fort	Arêtes et contours vus	e
2	Interrompu fin* ou Interrompu fort*	Arêtes et contours cachés Fonds de filets cachés	e' 1 2 à 3
3	Continu fin	Lignes d'attache et de cote - Hachures - Axes courts Fonds de filets vus - Cercles de pied des roues dentées Contours de sections rabattues (voir chapitre 7) Arêtes fictives (§ 5.6) Constructions géométriques	e' e'⩽e/2
4	Mixte fin	Axes et traces de plans de symétrie Trajectoires	e' 10 à20 1 2 1
5	Continu fin à main levée ou aux instruments avec zigzag*	Limites de vues ou de coupes partielles	e' e'
6	Mixte fin terminé par deux traits forts	Traces de plans de coupe (voir chapitre 7)	e e'
7	Mixte fort	Indications de surfaces à spécifications particulières, par exemple traitement de surface (§ 12-383) Partie restreinte d'un élément (§ 17.1)	e
8	Mixte fin à deux tirets	Contours de pièces voisines (§ 7.259) Positions de pièces mobiles - Contours primitifs Lignes des centres de gravité (charpente métallique) Parties situées en avant d'un plan de coupe (§ 7.258) Demi-rabattement (§ 7.260)	e'

* Il ne faut utiliser qu'un type de trait sur un même dessin.

5■2 Coïncidence des traits

Si plusieurs traits différents coïncident, l'ordre de priorité est le suivant :

- continu fort,
- interrompu fin,
- mixte fin,
- continu fin.

5■3 Intersection des traits

L'intersection de traits interrompus doit se faire sur un élément tracé.

5■4 Espacement des traits

Pour des raisons de reprographie, la distance entre deux traits ne doit jamais être inférieure à 0,7 millimètre.

5■5 Raccordements

Deux lignes se raccordent si elles admettent à leur point de jonction **T** la même tangente.

EXEMPLES :

- Un arc de cercle $\overset{\frown}{AMT}$ et une droite **(D)** se raccordent si la droite est tangente en **T** à l'arc. Pour cela, il faut et il suffit que le rayon **OT** soit perpendiculaire à la droite **(D)**.
- Deux arcs de cercles $\overset{\frown}{AMT}$ et $\overset{\frown}{BNT}$ se raccordent s'ils admettent en **T** la même tangente. Pour cela, il faut et il suffit que les centres O_1 et O_2 des arcs et le point **T** soient en ligne droite.

5■6 Arêtes fictives

Le congé R_3 et l'arrondi R_4 font disparaître la représentation des arêtes **2** et **3**, la forme de révolution de l'extrémité gauche de la pièce n'apparaît plus.

Afin d'aider à la compréhension des formes, on trace les arêtes supprimées en traits fins arrêtés à deux millimètres environ du contour apparent. On dit que les arêtes sont **fictives**.

Une arête fictive ne se représente pas si elle est cachée.

L'arête 1 est représentée parce que les rayons R_1 et R_2 se raccordent en donnant une tangente perpendiculaire à l'axe X'X.
Les arêtes 2 et 3 sont fictives parce que les rayons R_3 et R_4 se raccordent en donnant soit une tangente parallèle à X'X, soit une tangente inclinée par rapport à X'X.

INTERSECTION DES TRAITS

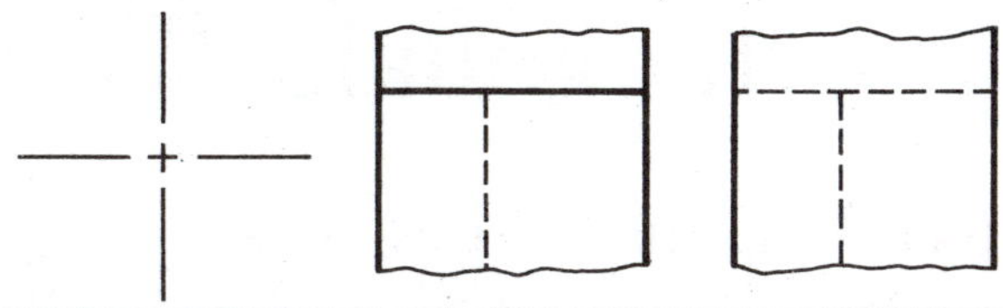

RACCORDEMENT D'UN ARC DE CERCLE ET D'UNE DROITE

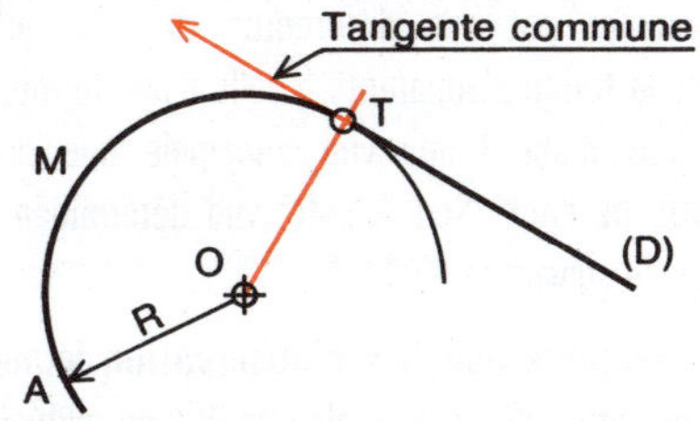

RACCORDEMENT DE DEUX ARCS DE CERCLE

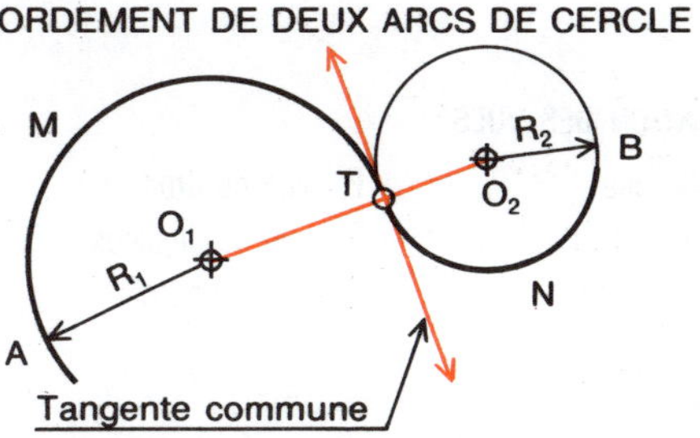

ARÊTES FICTIVES

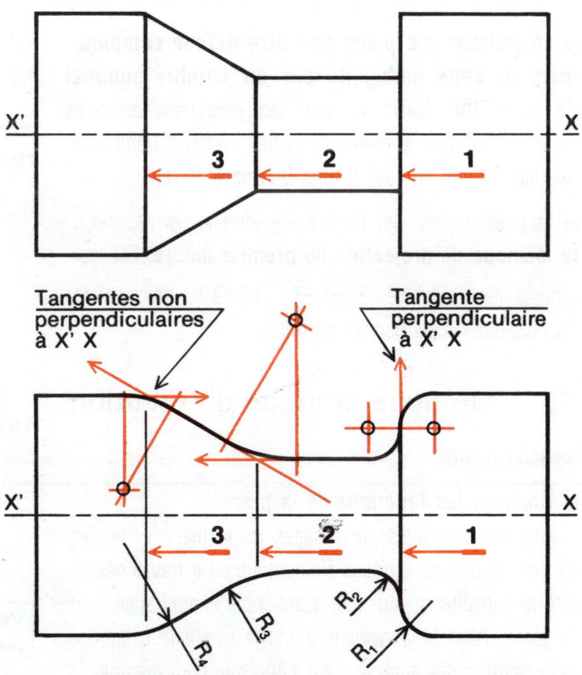

6 Projection orthogonale

NF E 04-506
NF E 04-520
ISO 128

6.1 Dispositions des vues

6.11 Exemple

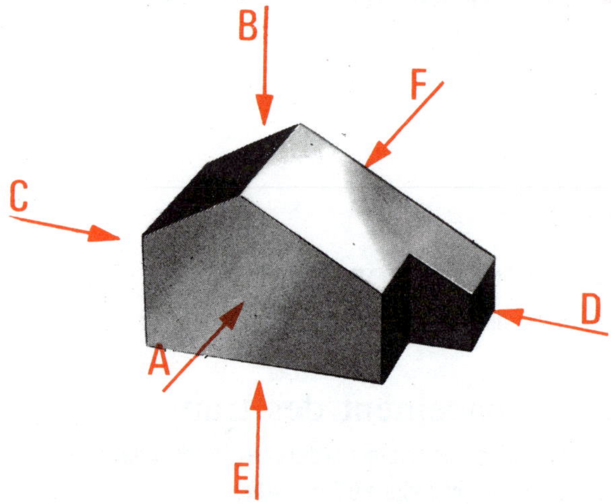

Soit à représenter par ses différentes vues la pièce ci-contre, dont la forme s'apparente à celle d'une fermette. Choisissons tout d'abord une vue principale que nous appellerons **VUE DE FACE**. Soit A cette vue déterminée en regardant la pièce suivant la flèche A.

Les autres directions usuelles d'observation forment avec celle-ci et entre elles des angles de 90° ou multiples de 90°.

DÉNOMINATION DES VUES :

A : vue de face
B : vue de dessus
C : vue de gauche
D : vue de droite
E : vue de dessous
F : vue d'arrière*

REMARQUES :

■ **Ne jamais inscrire le nom des vues.** Celui-ci est déterminé par la position relative de chaque vue.

■ En pratique **une pièce doit être définie complètement et sans ambiguïté par un nombre minimal de vues**. On choisit les vues les plus représentatives et qui comportent le moins de parties cachées. Dans notre exemple ce sont les vues A, B et D (voir § 9.3).

■ La position des vues de la pièce étudiée correspond à **la méthode de projection du premier dièdre**. Elle est repérée par le symbole 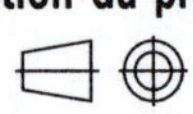 placé au-dessous de l'échelle dans le cartouche (voir § 4.3).

POSITION DES VUES

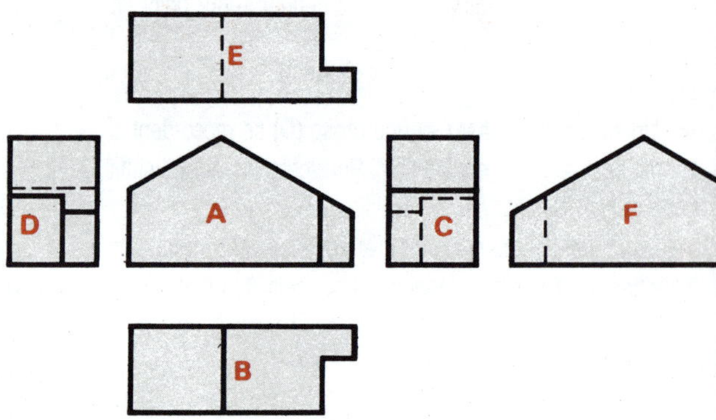

TRACÉ DE LA 1re SURFACE

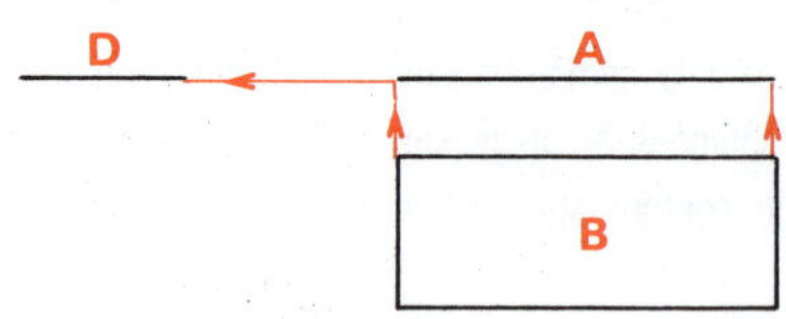

TRACÉ DE LA 2e SURFACE

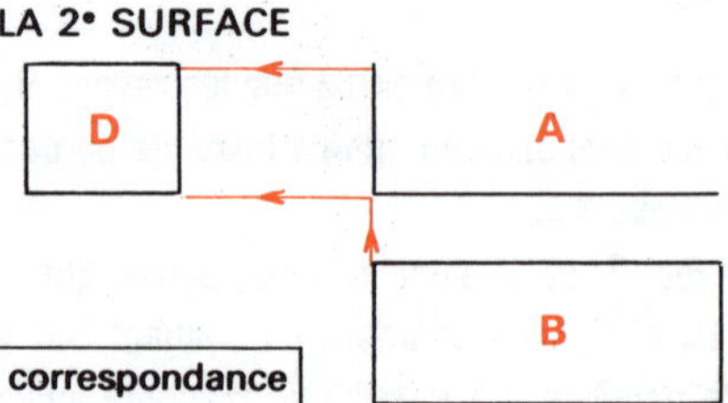

Veiller à la correspondance des vues.

etc.

6.12 Méthode pratique d'exécution

1° RÉFLÉCHIR

■ **Analyser les fonctions de la pièce.**
C'est-à-dire rechercher les usages de la pièce et le rôle de ses différentes surfaces élémentaires. Ce travail nécessite la consultation du plan d'ensemble auquel appartient la pièce. Afin de conserver à cet exemple la simplicité nécessaire, cette analyse n'est citée que pour mémoire**.

* Cette vue peut être placée soit à l'extrémité droite, soit à l'extrémité gauche.
** Voir « Dessin de construction 1 » par A. Chevalier et J. Lecrinier.

■ Analyser la surface de la pièce.
C'est-à-dire rechercher la forme et la position de chacune des surfaces élémentaires qui composent la pièce. On divise ainsi une difficulté globale en une suite de difficultés élémentaires.

■ Choisir les vues.
Nous les avons déjà déterminées à la deuxième remarque du § 6.11. Ce sont les vues A, B et D.

2° ESQUISSER LA PIÈCE

L'esquisse est menée en suivant l'ordre établi lors de l'analyse des surfaces élémentaires. Elle s'effectue en trait fin avec un crayon de dureté moyenne (3 H).

> **Les différentes vues doivent être menées simultanément. On reportera systématiquement sur chacune d'elles et une par une les surfaces élémentaires qui constituent la pièce.**

3° METTRE AU NET

Les lignes vues (arêtes et contours apparents) se représentent en trait continu fort, les lignes cachées sont dessinées en trait interrompu court (chapitre 5).

ORDRE DES TRAITS : on commence en général par repasser les axes, ensuite les traits forts, puis les traits interrompus courts et, pour terminer, les traits fins.

ORDRE DES LIGNES : on commence par repasser les arcs de cercle (cas général), puis les traits horizontaux et verticaux, enfin les traits obliques dans un sens et dans l'autre sens.

6■13 Vues particulières

6■131 Méthode des flèches repérées

Pour des raisons d'encombrement ou de simplification, on peut exceptionnellement ne pas donner à une vue sa place normale. Dans ce cas, la direction d'observation et la vue déplacée sont repérées par une même lettre majuscule. La position de cette vue est libre.

6■132 Vues locales

S'il n'y a pas d'ambiguïté, on peut effectuer une vue locale à la place d'une vue complète. Elles doivent être reliées à la vue correspondante par un trait mixte fin.

6■133 Vues partielles

Dans certains cas une vue partielle est suffisante pour la compréhension du dessin. Elle doit être limitée par un trait continu fin, tracé à main levée ou à la règle avec zigzag.

ESQUISSE TERMINÉE

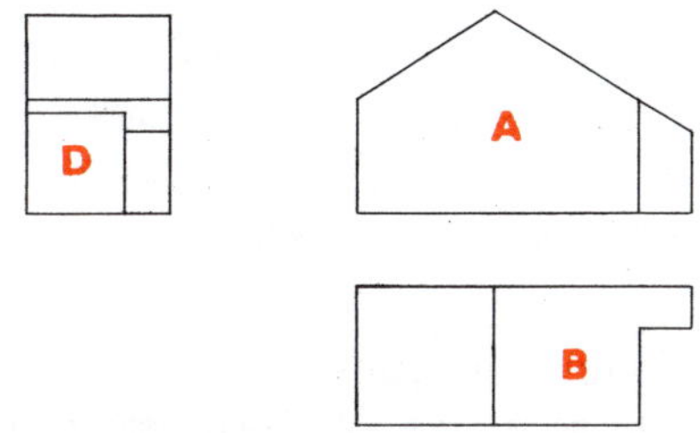

DESSIN MIS AU NET

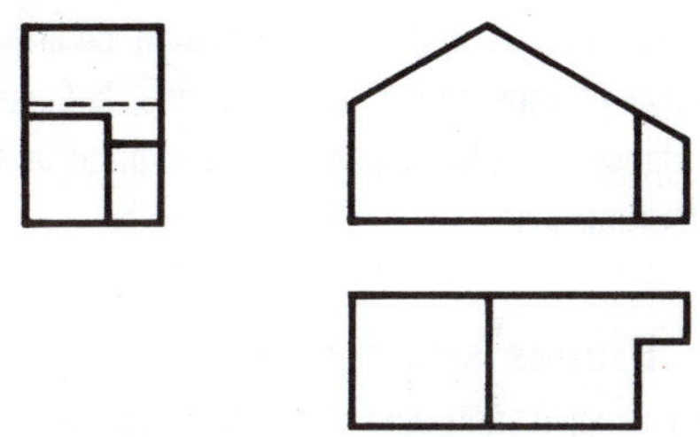

MÉTHODE DES FLÈCHES REPÉRÉES

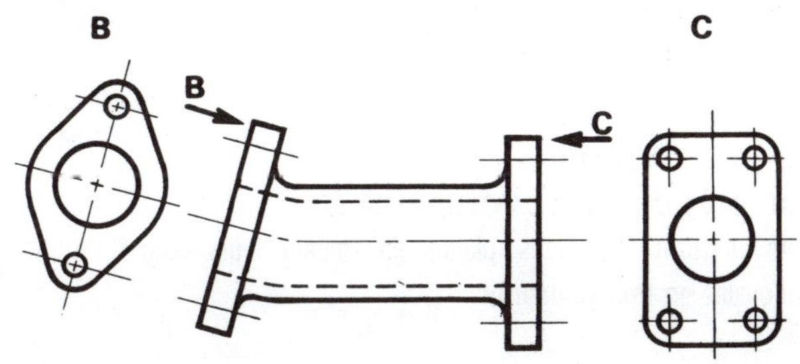

VUES LOCALES

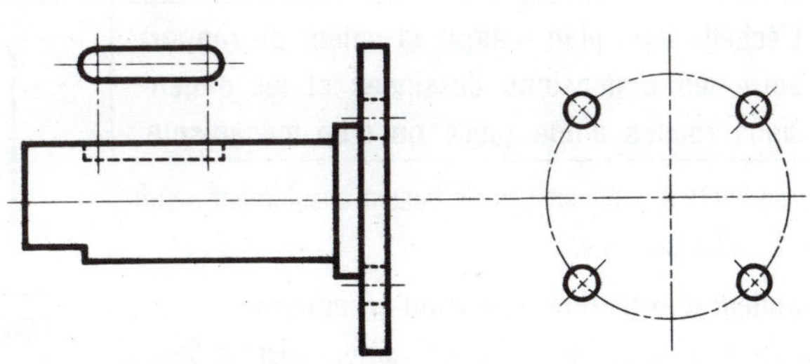

VUES PARTIELLES

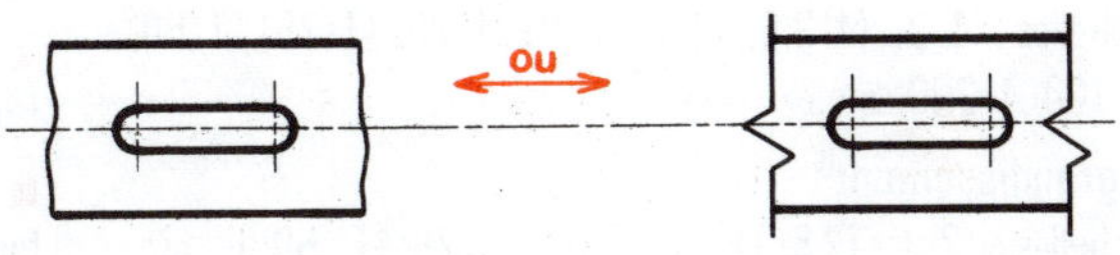

6 ■ 134 Vues interrompues

Pour des pièces très longues et de section uniforme, on peut se borner à une représentation des parties essentielles, permettant de définir à elles seules la forme complète de la pièce. Les parties conservées sont rapprochées les unes des autres et limitées comme les vues partielles.

VUES INTERROMPUES

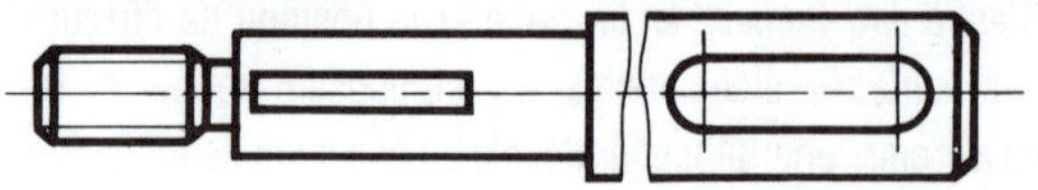

6 ■ 135 Vues obliques

Lorsqu'une partie de la pièce est observée suivant une direction oblique, on peut la considérer comme une direction principale, mais uniquement pour la partie de la pièce intéressée. On évite ainsi une représentation déformée, longue à tracer et sans intérêt particulier pour la lecture. Repérer la direction d'observation et la vue partielle par une même lettre majuscule.

VUES OBLIQUES

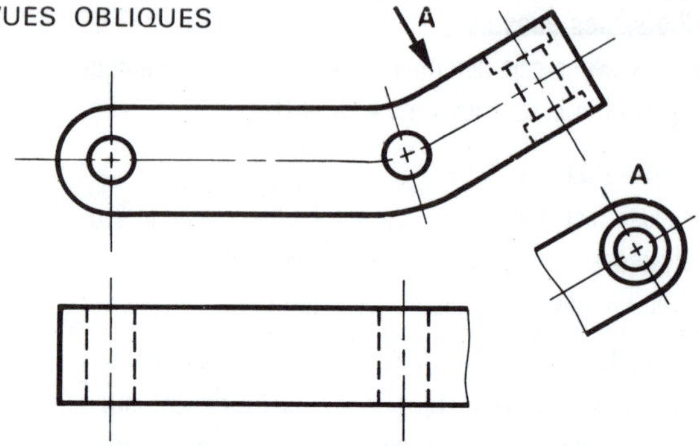

6 ■ 136 Pièces symétriques

Par souci de simplification, une vue comportant des axes de symétrie peut n'être représentée que par une fraction de vue. Dans ce cas, repérer les extrémités des axes de symétrie par deux petits traits fins perpendiculaires à ces axes ou prolonger le tracé au-delà de l'axe de symétrie.

PIÈCES SYMÉTRIQUES

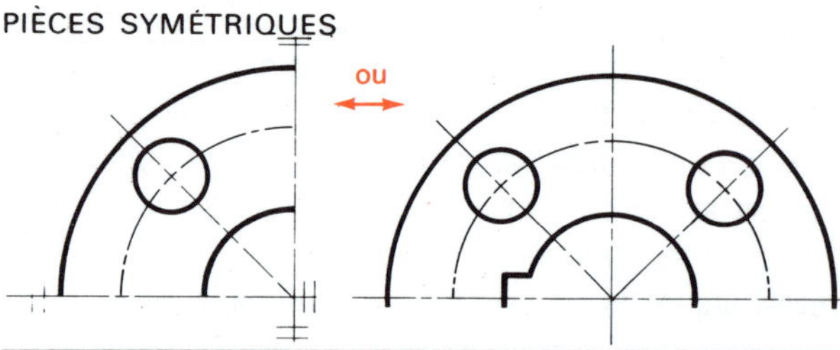

6 ■ 137 Méplats sur pièces de révolution

Faire ressortir les faces planes en traçant leurs deux diagonales en trait continu fin.

MÉPLATS

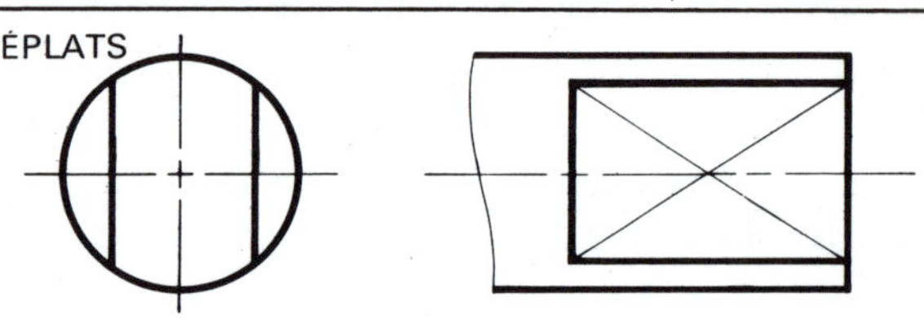

6 ■ 2 Échelles NF E 04-506

L'échelle d'un plan indique la valeur du rapport entre les dimensions dessinées et les dimensions réelles d'une pièce ou d'un mécanisme.

On se limitera, sauf en cas de besoin absolument justifié, aux échelles suivantes :

Grandeur d'exécution ou « vraie grandeur »

Échelle 1, à utiliser de préférence, surtout pour les dessins de conception.

Réduction

Échelles : 1:2, (1:2,5), 1:5, 1:10, 1:20, (1:25), 1:50, 1:100, 1:200, etc.

Agrandissement

Échelles : 2:1, (2,5:1), 5:1, 10:1, (25:1), 50:1, etc. Éviter l'emploi des valeurs entre parenthèses.

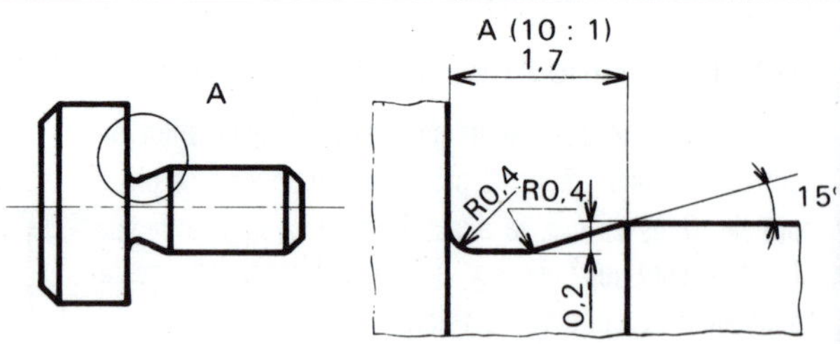

CONSEILS :

■ Inscrire toujours l'échelle en gros caractères.

■ Si certains détails sont à une échelle différente de celle de l'ensemble, les encadrer et indiquer la nouvelle échelle.

■ Les cotes non à l'échelle seront soulignées par un trait fort. Exemple : <u>50</u> (voir également § 12,67).

■ Si le dessin est effectué à une échelle autre que l'échelle 1:1, faire, chaque fois que cela est possible, une silhouette de la pièce à l'échelle 1:1.

7 Sections et coupes

NF E 04-520

7 ■ 1 Sections

Les sections permettent d'éviter les vues surchargées en isolant les formes que l'on désire préciser. Par exemple, pour la pièce ci-contre elles remplacent la vue de gauche, où les contours des différentes sections se trouvent superposés et difficiles à lire.

(1)

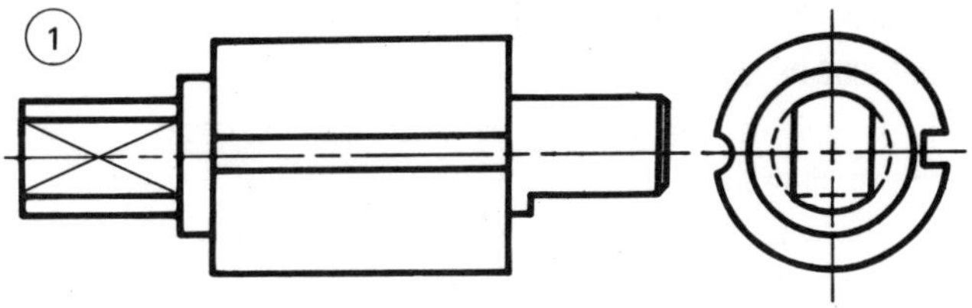

7 ■ 11 Définition

Une section représente la partie de la pièce située dans un plan sécant.

On distingue les «sections sorties», dessinées à l'extérieur des vues, et les «sections rabattues», dessinées en surcharge sur les vues.

7 ■ 12 Section sortie

MÉTHODE DE REPRÉSENTATION :

1° Repérer le plan coupant la pièce, par sa trace, en trait mixte fin, renforcé aux extrémités

2° Indiquer le sens d'observation par deux flèches en trait fort pointant vers le milieu des éléments renforcés.

3° Repérer le plan de la section par une même lettre majuscule inscrite à côté de chaque flèche.

4° Supposer la pièce coupée par ce plan et enlever par la pensée la partie située côté flèches.

5° Dessiner en trait continu fort, la surface de la pièce contenue dans le plan sécant, en regardant dans le sens indiqué par les flèches.

6° Hachurer (*) la section suivant les indications données au chapitre 8.

7° Désigner la section par les mêmes lettres majuscules que le plan sécant.

REMARQUE :

Suivant la place dont on dispose on place les sections :

- soit suivant figure 2 pour des sections successives, avec la variante précisée dans le nota,
- soit suivant figure 3a pour une section isolée (un trait d'axe de liaison avec la vue principale est nécessaire),
- soit suivant figure 3b et la position de la section est libre.

(2) SECTIONS SORTIES SUCCESSIVES

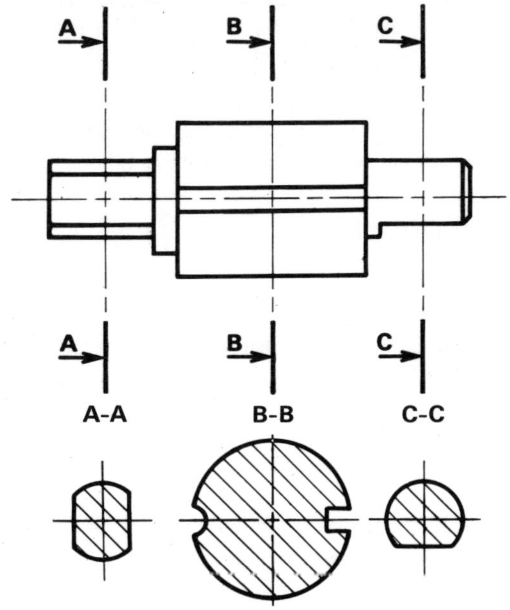

NOTA :
Les sections peuvent être placées dans cette position ou suivant le prolongement axial de la vue principale.

(3 a) SECTION SORTIE ISOLÉE

(3 b)

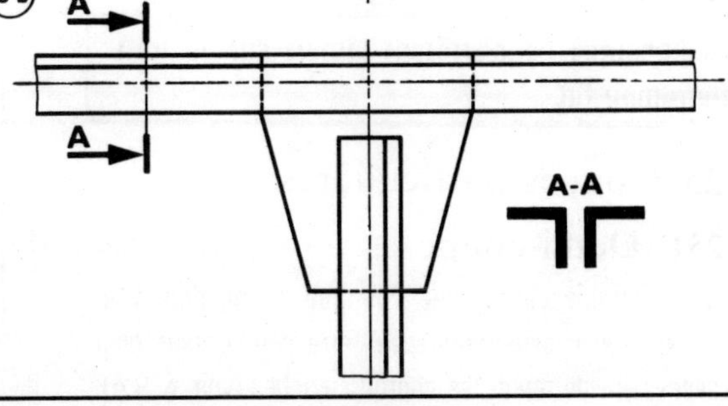

* On peut considérer les hachures comme la symbolisation des traces laissées par la scie lorsque l'on coupe la pièce.

7.13 Section rabattue

MÉTHODE DE REPRÉSENTATION :

1° Repérer le plan coupant la pièce par sa trace, en trait mixte fin.

2° N'indiquer le sens d'observation que s'il peut y avoir confusion. Ne pas mettre de lettre.

3° Amener par une rotation de 90°, autour de l'axe de la section, le plan coupant la pièce dans le plan du dessin.

4° Dessiner en trait continu fin la surface de la pièce contenue dans le plan sécant.

5° Hachurer la section comme il est indiqué au chapitre 8. (Dans ce cas, bien que cela soit à éviter, les hachures peuvent couper un trait fort, voir figures 1b et 1c.)

7.2 Coupes

7.21 But

Les coupes permettent d'améliorer la clarté et la lecture du dessin en remplaçant les contours cachés des pièces creuses (traits interrompus fins) par des contours vus (traits continus forts).

7.22 Définition

Une coupe représente la section et la fraction de pièce située en arrière du plan sécant.

7.23 Représentation d'une coupe

Disposer et dessiner la coupe comme une vue normale (voir § 6.1). Hachurer la section. Suivre les recommandations données au § 7.12.

Lorsque la localisation d'un plan de coupe est évidente, aucune indication de sa position ou de son identification n'est nécessaire (voir figure 3).

7.24 Deux règles à retenir

Les hachures ne traversent jamais un trait fort.
Les hachures ne s'arrêtent jamais sur un trait interrompu fin.

7.25 Coupes particulières

7.251 Demi-coupe

En dessinant une demi-coupe contigue à une demi-vue, une pièce creuse symétrique peut être définie sans qu'il soit nécessaire de tracer les contours cachés (voir § 9.4).

(1) SECTIONS RABATTUES

1 a

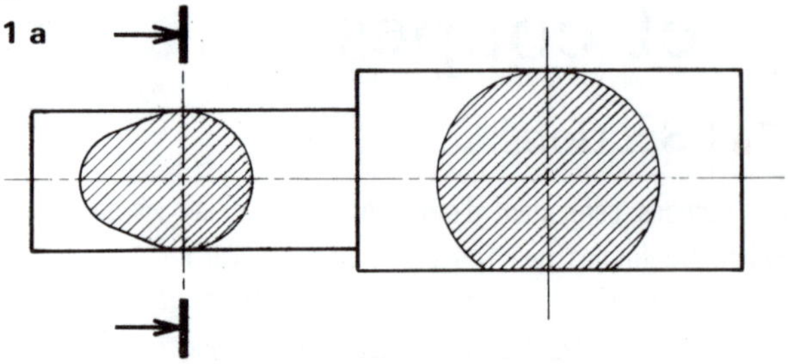

1 b

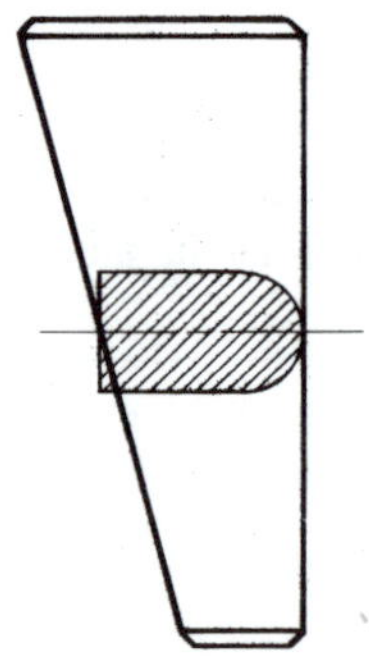

1 c

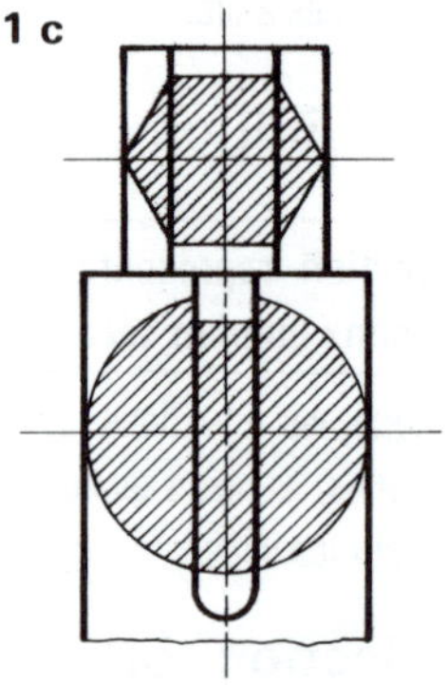

(2) COUPE PAR UN SEUL PLAN

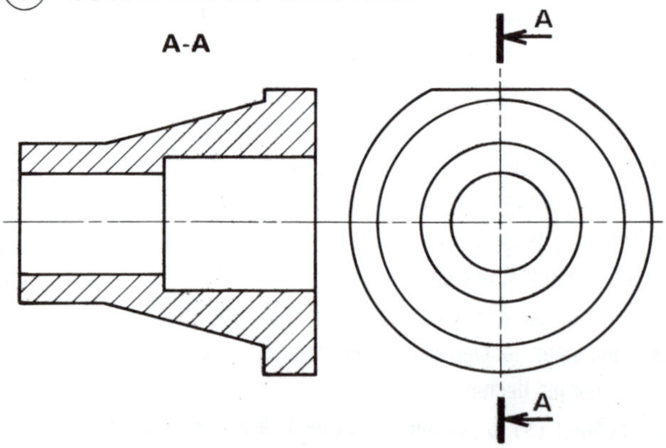

(3) DEMI-COUPE*

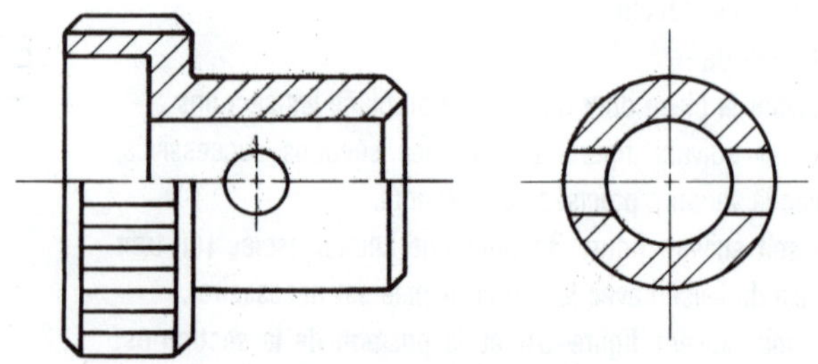

*Dans cet exemple il est inutile de repérer les plans de coupe, le dessin est en lui-même suffisamment compréhensible.

7 ■ 252 Coupe brisée à plans parallèles

Cette coupe est fréquemment utilisée. Elle présente l'avantage d'apporter, **dans une seule vue**, d'une manière précise et claire un grand nombre de renseignements, sans qu'il soit nécessaire d'effectuer plusieurs coupes. Cependant elle n'est employée que s'il n'y a pas chevauchement des plans.

REMARQUES :

■ Dans la partie **a** de la coupe, les hachures s'arrêtent sur un trait mixte fin matérialisant la surface limite entre les deux plans de coupe.

■ Pratiquement, pour la partie **b** de la coupe, la surface limite entre les deux plans de coupe n'est pas représentée. Toutefois, si on l'estime nécessaire, on peut la faire figurer par un trait mixte fin.

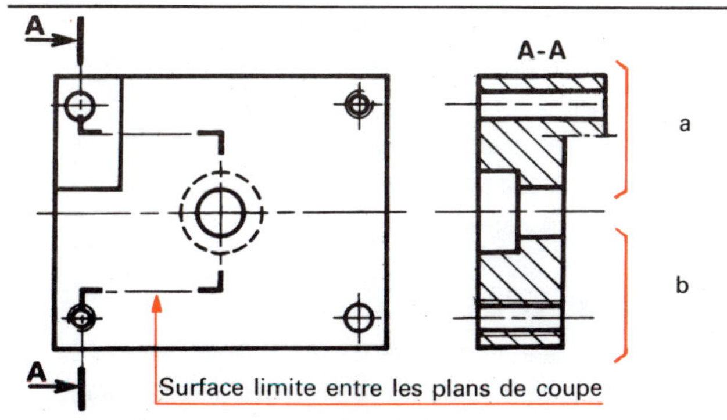

7 ■ 253 Coupes des nervures

> **On ne coupe jamais une nervure par un plan parallèle à sa plus grande face.**

Cette convention permet de différencier immédiatement la coupe d'une pièce massive de celle d'une pièce nervurée de même section. On dit que l'on évite «l'effet de masse».

MANIÈRE DE PROCÉDER :

1° Représenter la coupe en supposant la pièce sans nervure parallèle au plan de coupe.

2° Tracer les nervures comme si l'on dessinait la pièce non coupée.

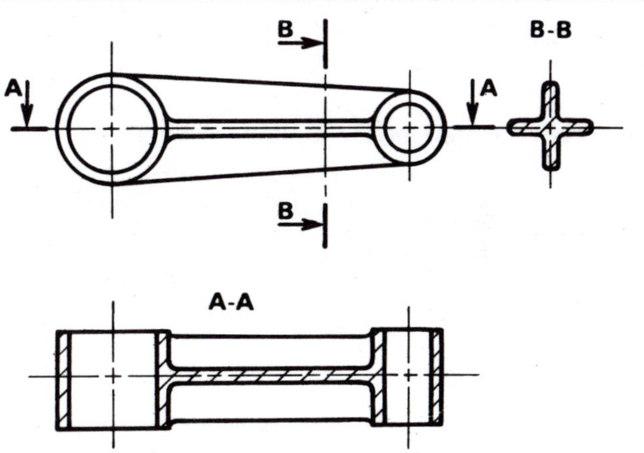

7 ■ 254 Trous, bras rayonnants, etc., régulièrement répartis

On peut, si aucune confusion n'en résulte, ramener par rotation ces détails dans le plan de coupe sans qu'il soit nécessaire de le préciser. Pour les cas où on le jugerait utile, on peut ajouter la mention «ramené dans le plan de coupe».

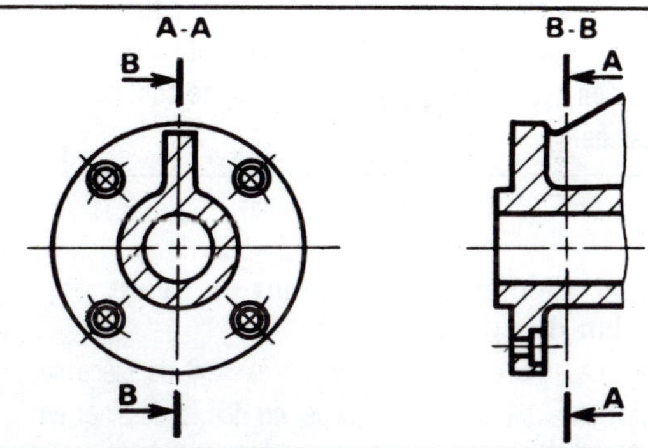

7 ■ 255 Coupe locale

Elle est utilisée pour montrer en trait fort un détail intéressant. En général l'indication du plan de coupe est inutile. La zone coupée est limitée par un trait continu fin, tracé à main levée ou à la règle avec zigzag.

REMARQUE :

On peut éviter de représenter la ligne d'intersection rainure-cylindre lorsque celle-ci est voisine de la génératrice de contour apparent du cylindre.

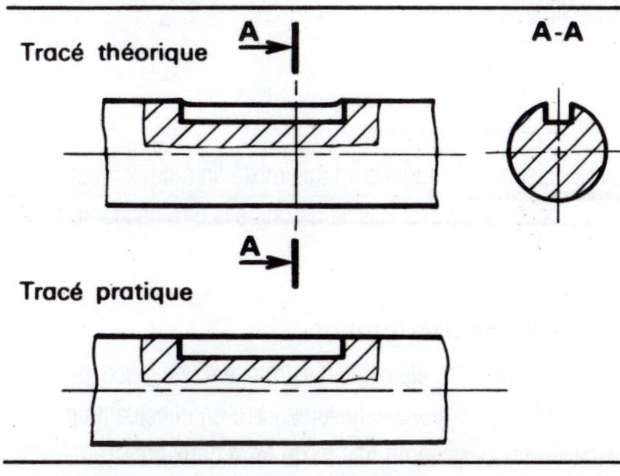

7 ▪ 256 Pièces non coupées

On ne coupe jamais longitudinalement les pièces pleines telles que : arbres, clavettes, vis, rivets, billes, bras de roues dentées et de volants, et d'une manière générale tout élément plein dont la coupe ne donnerait pas une représentation plus détaillée.

REMARQUE :

Pour des pièces massives, ne comportant qu'une petite zone creuse, il est conseillé de ne faire qu'une coupe locale (§ 7.255). On évite ainsi de hachurer inutilement les grandes surfaces.

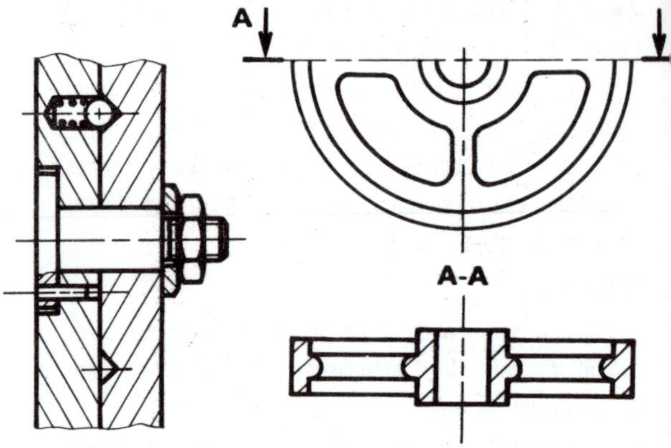

7 ▪ 257 Coupe brisée à plans sécants

Le plan de coupe oblique est amené par une rotation d'angle α dans le prolongement du plan placé suivant une direction principale d'observation.
Le report des dimensions de la surface oblique dans la coupe A-A s'effectue généralement à l'aide du compas.

REMARQUE GÉNÉRALE :

> **Les détails placés en arrière des plans de coupe et dont la représentation nuit à la clarté du dessin, sans rien apporter à la compréhension, ne sont pas dessinés.**

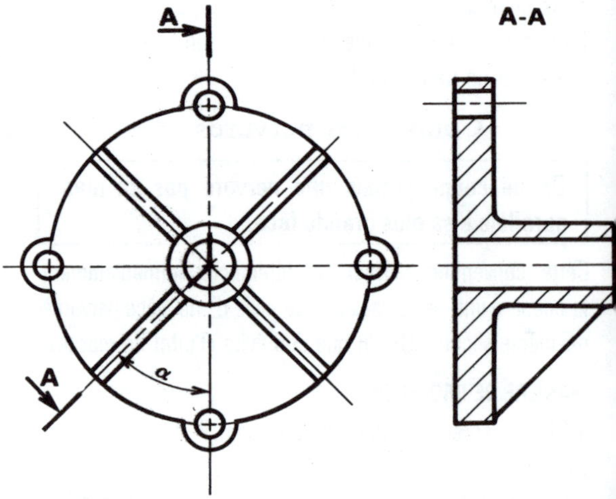

7 ▪ 258 Éléments se trouvant en avant du plan de coupe

S'il est nécessaire de représenter un élément de pièce se trouvant en avant du plan de coupe, on doit le dessiner en trait mixte fin à deux tirets.

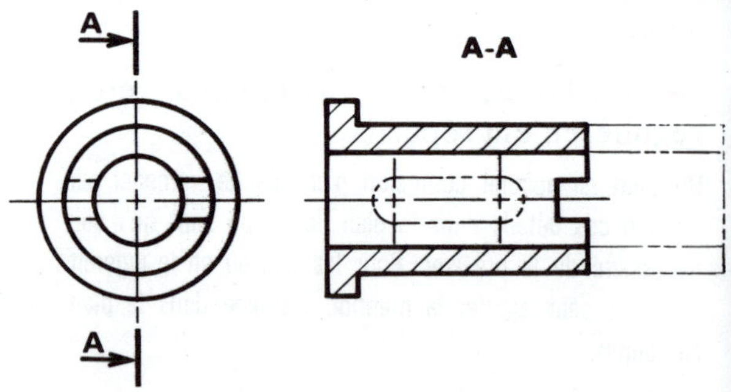

7 ▪ 259 Pièces voisines

Une pièce voisine est dessinée en trait mixte fin à deux tirets. Dans une coupe, une pièce voisine ne doit pas être hachurée.

7 ▪ 260 Demi-rabattement

Pour définir la forme des éléments d'extrémité d'une pièce, on peut éviter de tracer une vue supplémentaire en effectuant un demi-rabattement dessiné en trait mixte fin à deux tirets.

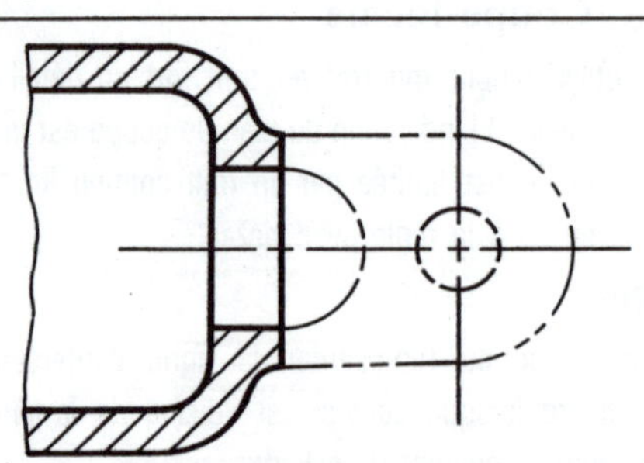

8 Les hachures NF E 04-520

Les hachures sont utilisées pour mettre en évidence la section d'une pièce (voir chapitre 7).

8 ■ 1 Exécution des hachures

Elles sont tracées en traits fins (chapitre 5) régulièrement espacés. La distance entre deux hachures varie de 1,5 à 5 mm suivant la grandeur de la surface à hachurer. **Les hachures doivent être inclinées de préférence à 45° par rapport aux lignes principales du contour d'une pièce** (fig. 1).
Pratiquement, si l'épaisseur de la pièce est faible, on peut teinter ou tramer la section (fig. 2).
Les pièces de très faible épaisseur sont noircies. Dans ce cas, ménager un léger espace blanc entre deux sections noircies contiguës (fig. 3). Pour les grandes surfaces, les hachures sont réduites à un simple liséré (fig. 4).

8 ■ 2 Conventions d'emploi

Les différentes parties de la section d'une même pièce sont hachurées d'une même manière.
Des pièces différentes juxtaposées sont distinguées par une inclinaison différente des hachures (on peut être amené à les incliner à 30° ou 60° pour augmenter la lisibilité, voir figure 4).

On ne doit attribuer aux hachures aucune signification conventionnelle quant à la nature de la matière. Celle-ci est toujours indiquée dans la nomenclature.

Afin de différencier les grandes catégories de matières, l'emploi des hachures ci-dessous est toléré sur les dessins d'ensemble.

①

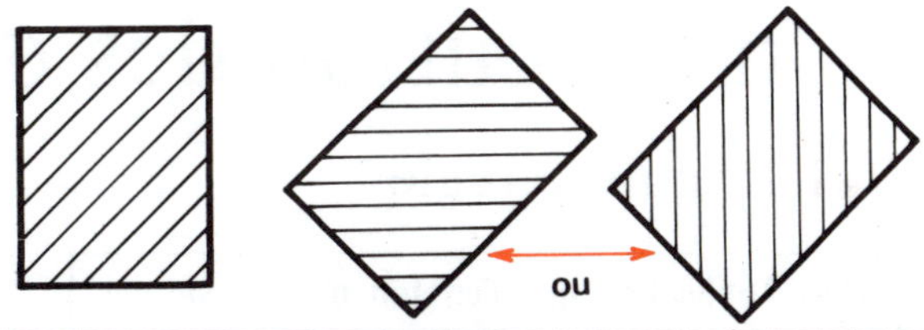

②

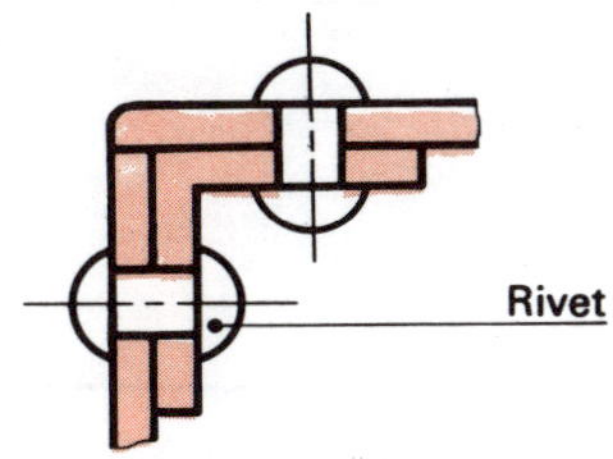

③

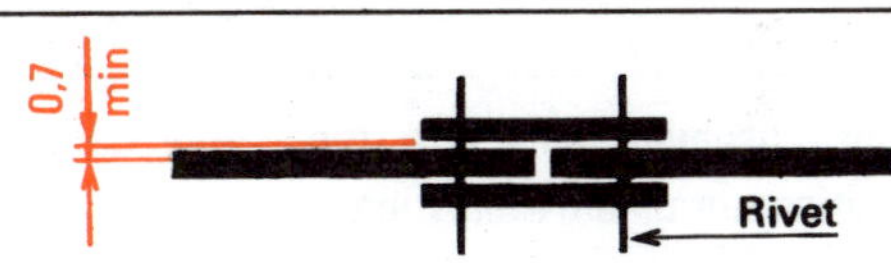

④

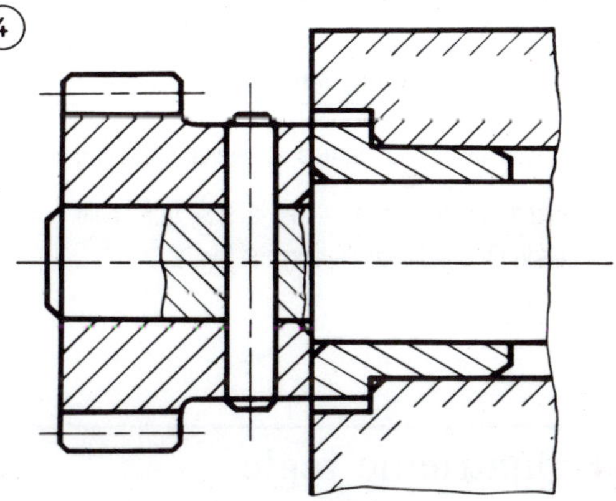

Tous métaux et alliages.		Matières plastiques ou isolantes.	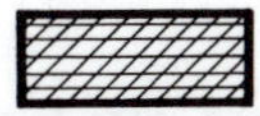	Verre.	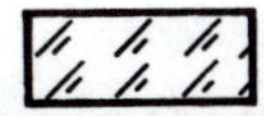
Cuivre et ses alliages Béton léger	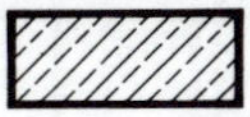	Bois en coupe transversale.		Béton.	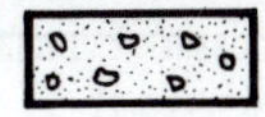
Métaux et alliages légers.		Bois en coupe longitudinale		Béton armé.	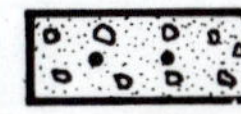
Antifriction et toute matière coulée sur une pièce.	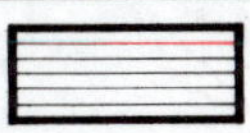	Isolant thermique.	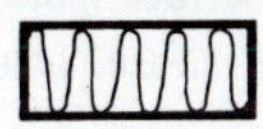	Sol naturel.	

9 Règles pratiques d'exécution des dessins

9■1 Première règle

C'est l'utilisation que l'on fait d'un dessin qui détermine la façon de l'exécuter.

EXEMPLES :

- Une recherche de solution s'effectue à main levée.
- Un dessin de conception se fait au crayon. Le tracé est précis et le trait peu appuyé.
- Un dessin définitif doit être clair. Il sera exécuté à l'encre ou au crayon, en fonction de sa complexité ou de son usage.

REMARQUE :

Les dessins sont effectués presque toujours sur calque afin de permettre leur reproduction par héliographie.

9■2 Deuxième règle

Tout ensemble doit être représenté dans sa position normale d'utilisation.

Il est donc logique de **dessiner une pièce extraite d'un ensemble dans la position qui est la sienne sur cet ensemble.** Toutefois, si elle est inclinée, il est normal de la ramener à la position horizontale ou verticale la plus voisine afin de faciliter sa représentation.

9■3 Troisième règle

Éviter toute vue surabondante.

Pour les pièces de révolution une seule vue suffit (fig. 1).

Pour les pièces planes prises dans la tôle, une seule vue suffit, à condition d'indiquer l'épaisseur (fig. 2).

1

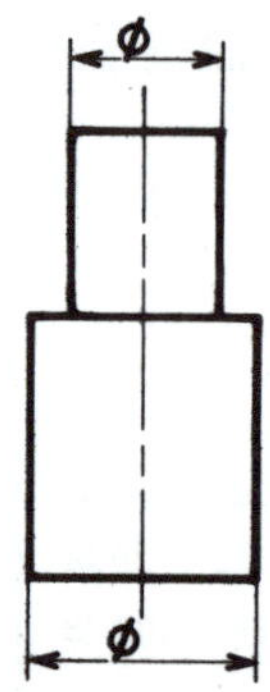

2

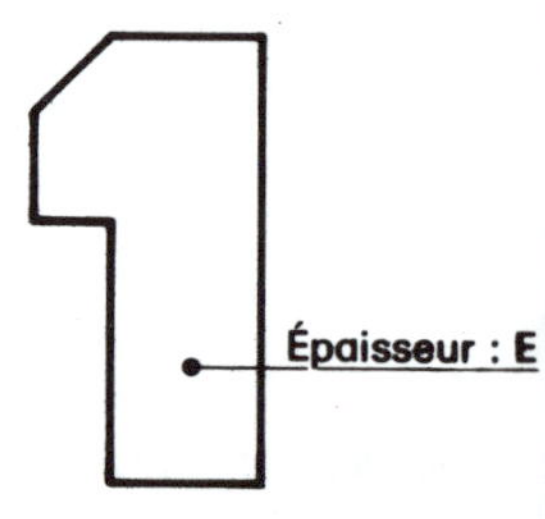

9■4 Quatrième règle

Éviter tout tracé inutile.

EXEMPLES :

9■41 L'emploi d'une **pièce normalisée** évite tout dessin. Exemple : vis H, M 10-50, NF E 27-311 (voir § 31.11).

9■42 Le tracé complet d'une **grande surface molетée** est inutile. On ne doit en représenter qu'une partie (fig. 3).

3

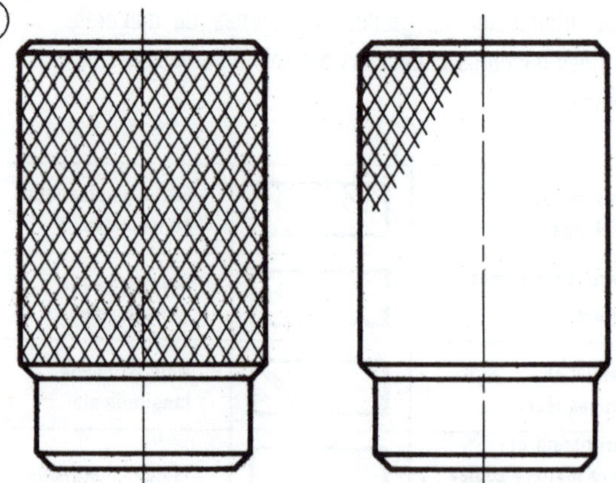

9 ■ 43 Pour des fabrications unitaires, et dans le cas de **pièces simples,** il est possible de ne pas faire de dessin et de désigner les pièces d'une manière suffisante dans la nomenclature.

Les dessins ci-contre peuvent être remplacés par les désignations suivantes :

– rondelle : ∅ 25 - ∅ 11 - épaisseur 5

– goupille : Stubs* ∅ 10 - 25

chanfrein 1 × 45° à chaque extrémité

(l'acier «Stubs» est un acier au chrome, étiré et calibré, tolérance sur le diamètre 0/– 0,01).

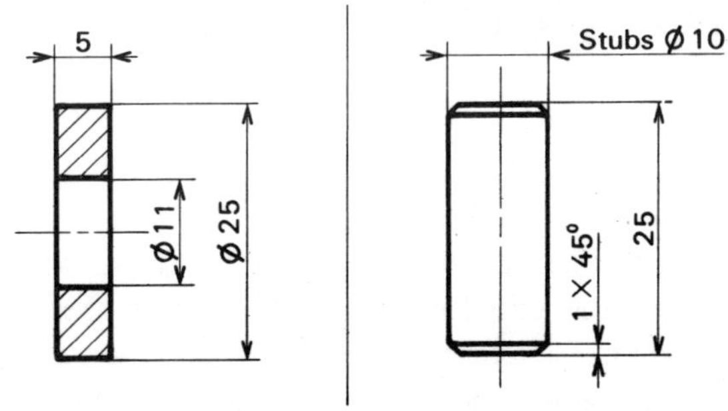

9 ■ 44 L'exemple choisi représente le bloc inférieur d'un outil à découper. Dans ce dessin on s'est efforcé de définir d'une manière aussi simple que possible et **une seule fois** tous les détails de conception. Afin d'y parvenir, on a utilisé une coupe brisée à plans parallèles A-A de manière à **représenter en trait fort le plus de renseignements possible.**

> **L'utilisation du trait interrompu a été limitée à la définition des formes non entièrement déterminées en trait fort.**

En vue de dessus, l'omission volontaire de certains traits forts ne nuit en rien à la compréhension de l'ensemble.

NOTA :

Lors d'un démontage-remontage, la dissymétrie des éléments de fixation évite l'inversion des plaques.

A-A

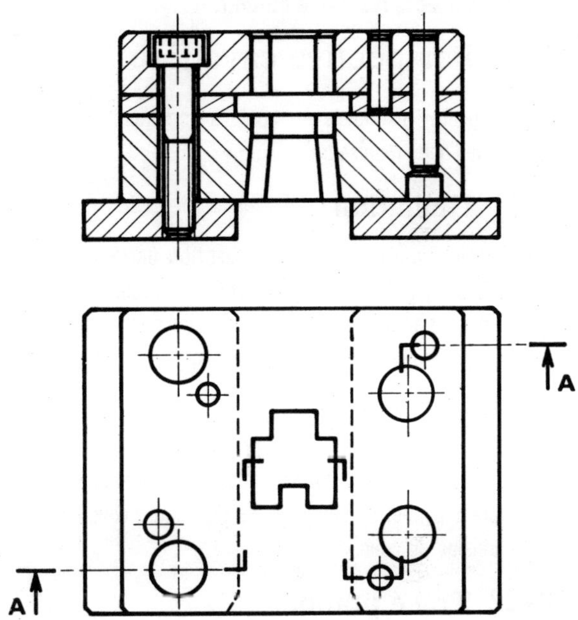

9 ■ 45 Afin de simplifier encore les tracés lorsque la pièce comporte un grand nombre de trous, on peut représenter leurs positions à l'aide de symboles. La forme de ces trous est définie une seule fois dans la coupe brisée à plans parallèles A-A.

A-A

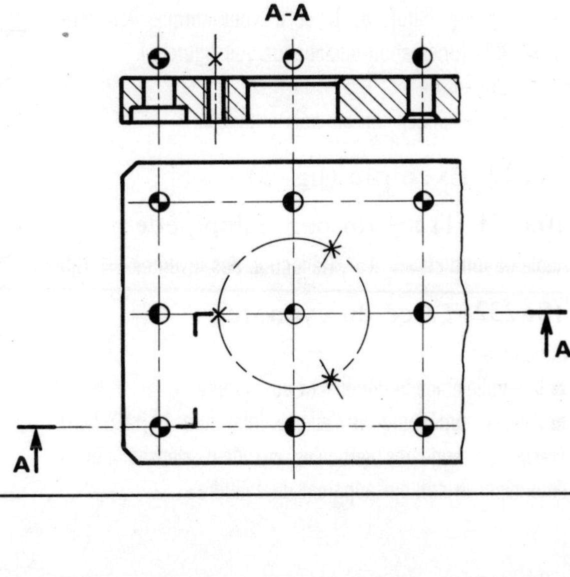

* Distribué par D.O.G.A. 78310 - Maurepas.

10 Perspectives

NF E 04-108

10■1 Utilité

Les perspectives sont employées quand on estime qu'une représentation complémentaire permet de mieux saisir, et plus vite, l'aspect général et les formes d'une pièce ou d'un matériel technique. On choisira parmi les possibilités ci-après celle qui donnera **la perspective la plus simple compatible avec le résultat à obtenir.**

10■2 Perspective cavalière

Cette perspective est facile et rapide à construire, mais elle déforme l'objet représenté.

10■21 Définition

La perspective cavalière est une **PROJECTION OBLIQUE** de l'objet sur un plan parallèle à sa face principale. Les projetantes sont toutes parallèles à une direction donnée Δ, oblique par rapport au plan de projection.

REMARQUES :

■ Les faces parallèles au plan de projection se projettent en vraie grandeur. Les autres faces sont déformées.

■ La figure 1 permet de comparer les projections obliques et orthogonales du cube.

10■22 Tracé pratique

Afin de permettre un tracé clair et rapide, les valeurs α (angle de fuite), **a**, **b** et **c** sont normalisées soit :

$\alpha = 45°$ (orientation quelconque voir figure 2),

a $=$ dimension $\times$ 0,5,

b $=$ **c** $=$ dimension en vraie grandeur.

10■23 Exemple (fig. 3)

10■231 Tracé du parallélépipède

Angle de fuite $\alpha = 45°$. Réduction des fuyantes $= 0{,}5$.

10■232 Tracé du cylindre

Construire :

■ le parallélépipède circonscrit au cylindre,

■ l'ellipse supérieure et l'ellipse inférieure (§ 62.123).

Tracer les tangentes verticales aux deux ellipses afin de déterminer le contour apparent du cylindre.

1

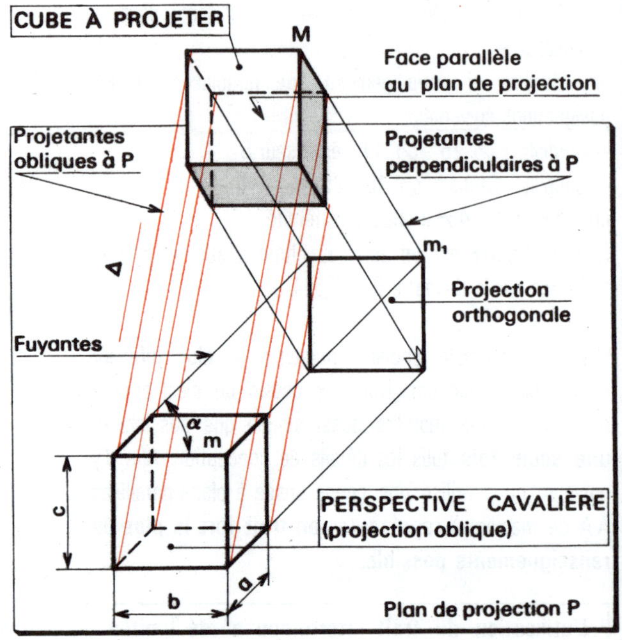

2

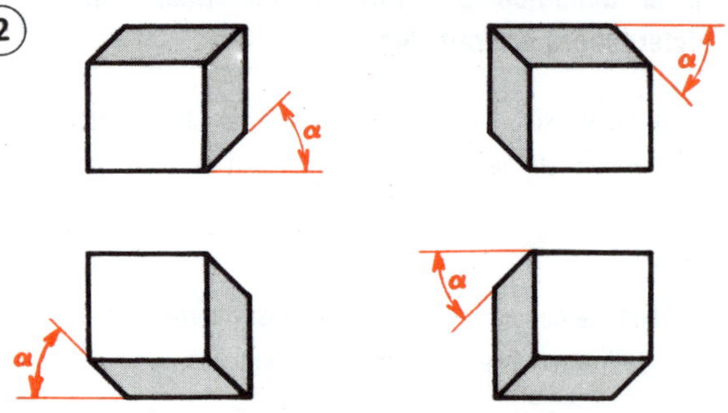

3

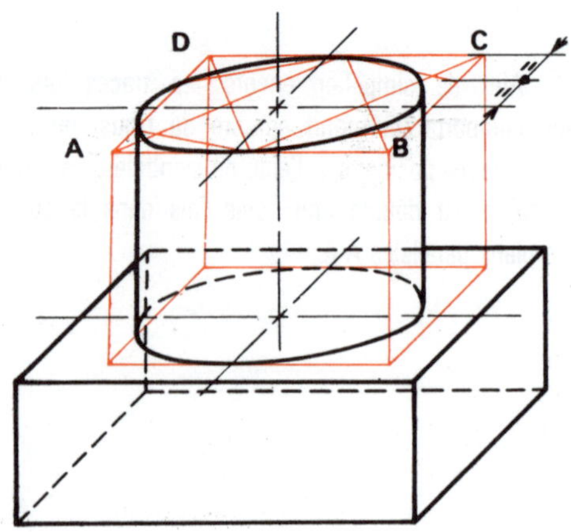

10■3 Perspective axonométrique

10■31 Définition

La perspective axonométrique est une **PROJECTION ORTHOGONALE*** de l'objet sur un plan oblique par rapport aux faces principales de l'objet. La projection de ces faces n'est donc pas en vraie grandeur.

REMARQUES :

- Si les angles α, β, γ sont égaux, la perspective est dite «isométrique».
- Si les angles α, β, γ sont différents entre eux, la perspective est dite «trimétrique».
- Si deux quelconques des angles α, β, γ sont égaux entre eux, la perspective est dite «dimétrique».

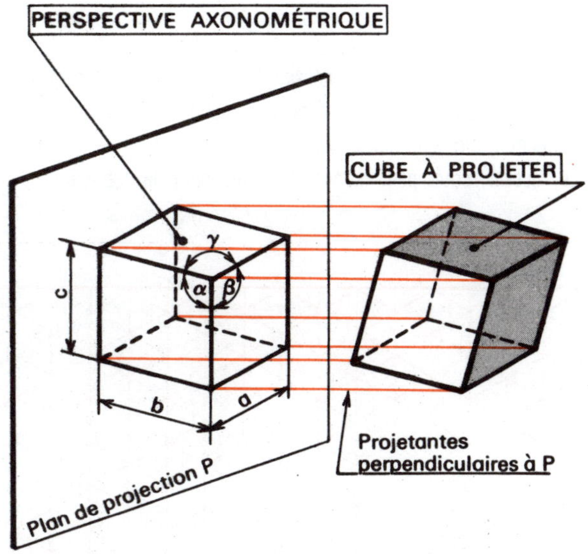

10■32 Perspective isométrique

Elle est d'exécution simple. La perspective isométrique d'un cube s'obtient à partir d'un hexagone régulier de côté :

a = b = c = dimension × 0,82
$\alpha = \beta = \gamma =$ **120°.**

TRACÉ DES ELLIPSES :

Les faces du cube ne sont pas parallèles au plan de projection. Tout cercle appartenant à une face du cube se projette donc suivant une ellipse. Il est possible de construire une ellipse lorsque l'on connaît son grand axe AA' et son petit axe BB' (§ 62.12).

Les grands axes des ellipses sont respectivement perpendiculaires aux arêtes a, b et c (par exemple l'axe AA' est perpendiculaire à l'arête b).

Grand axe AA' = diamètre en vraie grandeur.
Petit axe BB' = diamètre × 0,58.

PERSPECTIVE ISOMÉTRIQUE

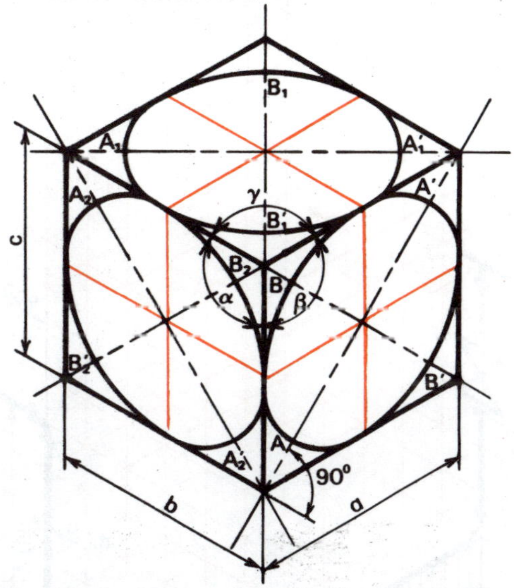

NOTA : pour cette perspective, les directions des axes des ellipses peuvent être déterminées par les diagonales des faces du cube.

a = b = c Échelle : 0,82	0 10 20 30 40 50 60 70 80 90 100 110 120 130
Axe BB' Échelle : 0,58	0 50 100 150 200

Ces échelles permettent la détermination rapide des dimensions par simples reports au compas. Par exemple, si **a** = 107, pointer une extrémité du compas sur 100 et l'ouvrir jusqu'à ce que l'autre extrémité soit sur la division 7 à gauche du zéro.

* Voir lexique.

EXEMPLES D'APPLICATION :

PREMIER EXEMPLE

La figure 1 représente le dessin d'une tuyauterie de forme quelconque établi sur un canevas imprimé à l'avance et donnant la direction des fuyantes.

Le dessin coté peut servir de plan pour la fabrication.

Ce procédé est fréquemment employé en tuyauterie industrielle.

REMARQUE :

Les symboles utilisés sont ceux du § 55.1.

(1)

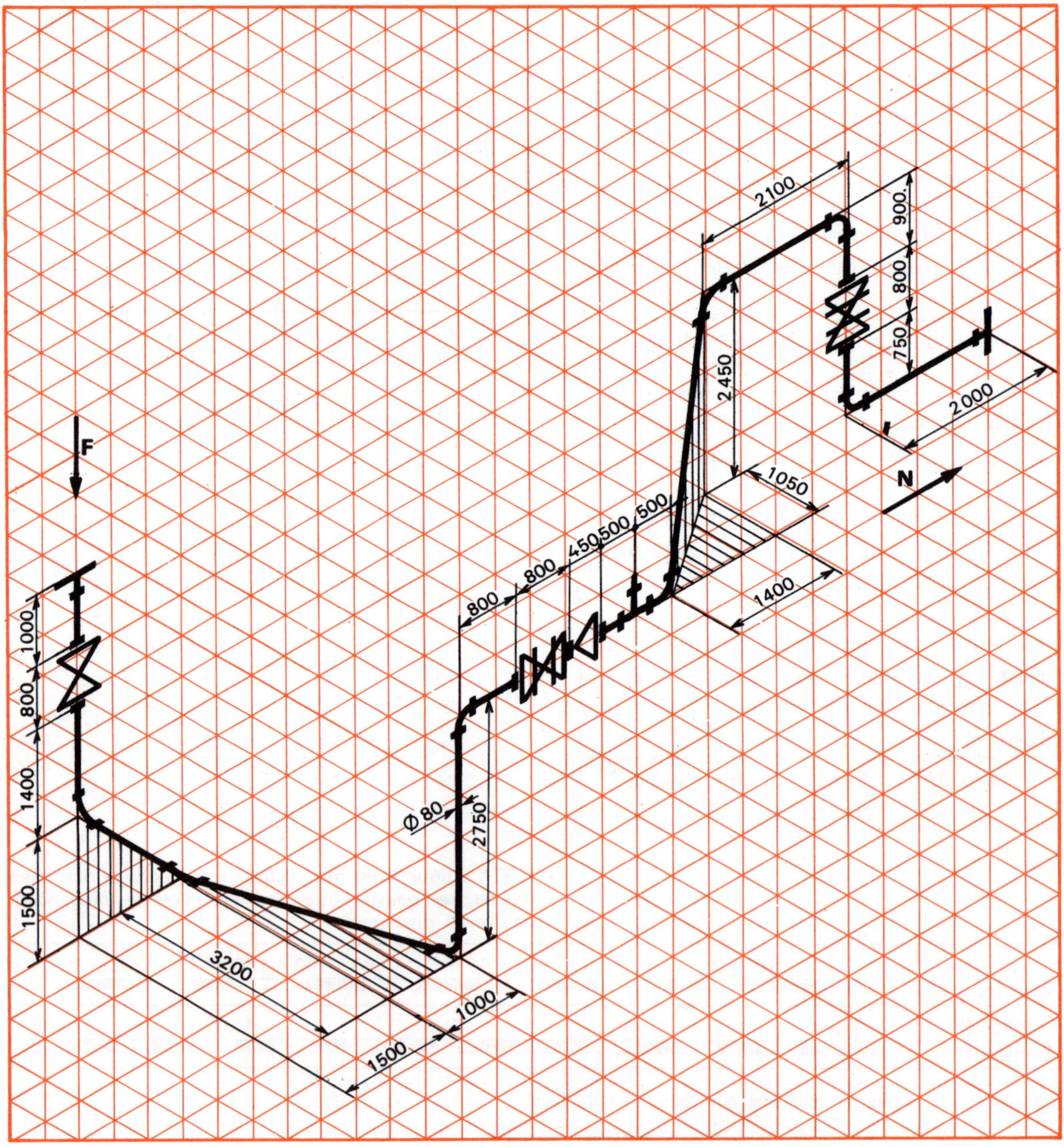

D'après C.A.P., dessinateur en tuyauterie industrielle

■ **DEUXIÈME EXEMPLE**

La figure 2 représente le corps d'une pompe hydraulique. Cette perspective facilite la compréhension des formes de la pièce, mais elle ne permet pas, en général, une cotation claire et précise.

Ce type de perspective convient particulièrement pour **les notices de montage, les revues techniques et les dessins de catalogues.**

(2)

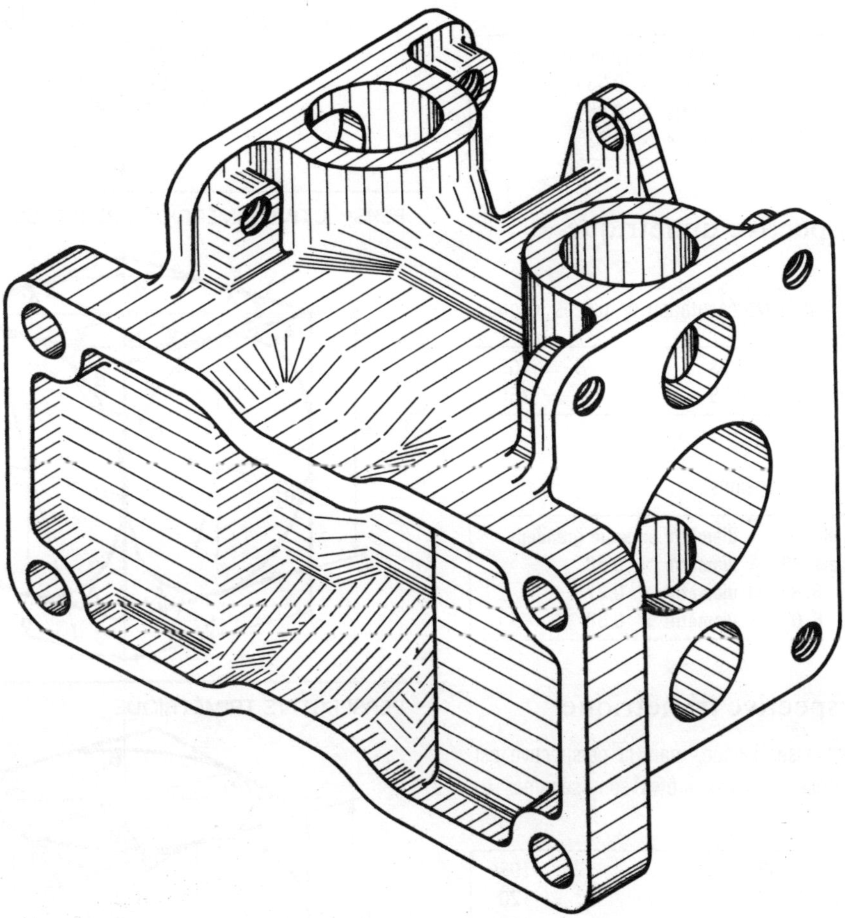

CORPS DE POMPE HYDRAULIQUE	Matière : A - S 10 G

10.33 Perspective dimétrique usuelle

Elle est utilisée lorsque l'une des faces doit être mise en valeur par rapport aux autres.

$$a = b = \text{dimension} \times 0{,}94$$
$$c = \frac{a}{2} = \frac{b}{2} = \text{dimension} \times 0{,}47$$
$$\alpha = \beta = 131°30'$$
$$\gamma = 97°$$

TRACÉ DES ELLIPSES :
Voir § 10.32, sauf dimensions.

Grand axe des ellipses	= diamètre en vraie grandeur
Petit axe BB'	= diamètre × 0,33
$B_1B'_1$	= diamètre × 0,88
$B_2B'_2$	= diamètre × 0,33

PERSPECTIVE DIMÉTRIQUE USUELLE

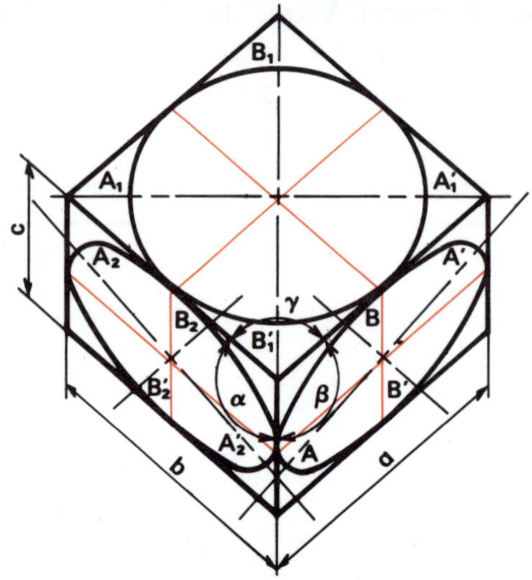

10.34 Perspective dimétrique redressée

Elle est utilisée pour la représentation de pièces longues.

$a = b = \text{dimension} \times 0{,}73$	$\alpha = \beta = 105°$
$c = \text{dimension} \times 0{,}96$	$\gamma = 150°$

TRACÉ DES ELLIPSES :
Voir § 10.32, sauf dimensions.

Grand axe des ellipses	= diamètre en vraie grandeur
Petit axe BB'	= diamètre × 0,68
$B_1B'_1$	= diamètre × 0,27
$B_2B'_2$	= diamètre × 0,68

PERSPECTIVE DIMÉTRIQUE REDRESSÉE

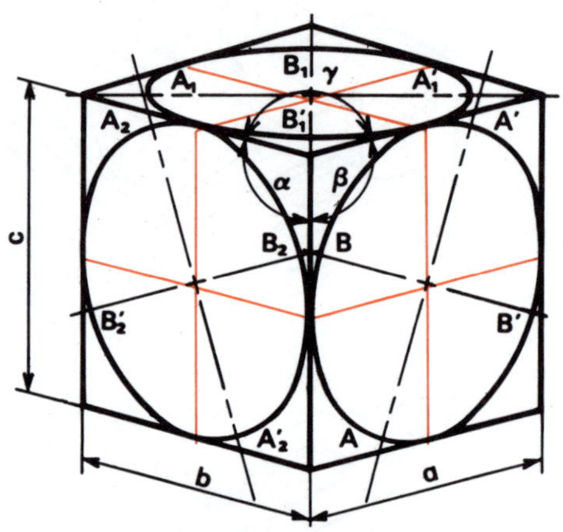

10.35 Perspective trimétrique

Son exécution est assez longue, mais la perspective est très claire; les projections des arêtes sont séparées au maximum.

$a = \text{dimension} \times 0{,}65$	$\alpha = 105°$
$b = \text{dimension} \times 0{,}86$	$\beta = 120°$
$c = \text{dimension} \times 0{,}92$	$\gamma = 135°$

TRACÉ DES ELLIPSES :
Voir paragraphe 10.32, sauf dimensions.

Grand axe des ellipses	= diamètre en vraie grandeur
Petit axe BB'	= diamètre × 0,52
$B_1B'_1$	= diamètre × 0,40
$B_2B'_2$	= diamètre × 0,76

PERSPECTIVE TRIMÉTRIQUE

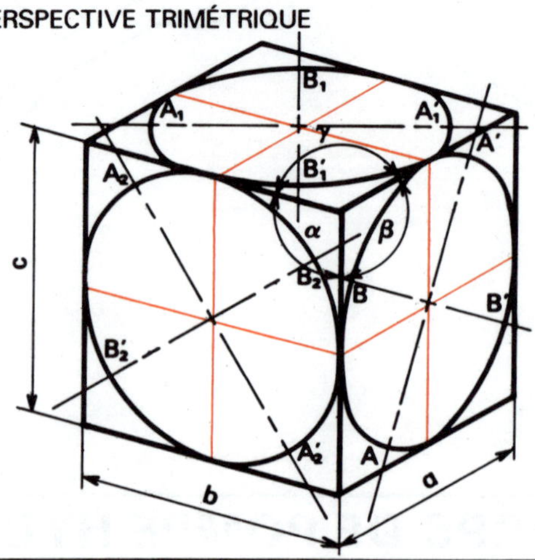

EXEMPLE :

La représentation en perspective d'une machine automatisée est relativement fréquente, notament :

- pour aider à l'établissement d'un projet,
- pour expliquer un fonctionnement.

P : Pistolet de détection.

M : Magasin de stockage des étiquettes.

V : Ventouse de prise d'étiquette.

A-B-C : Vérins.

Dp : Dispositif de pose (l'entraînement des rouleaux est commandé par le contact d'un sac).

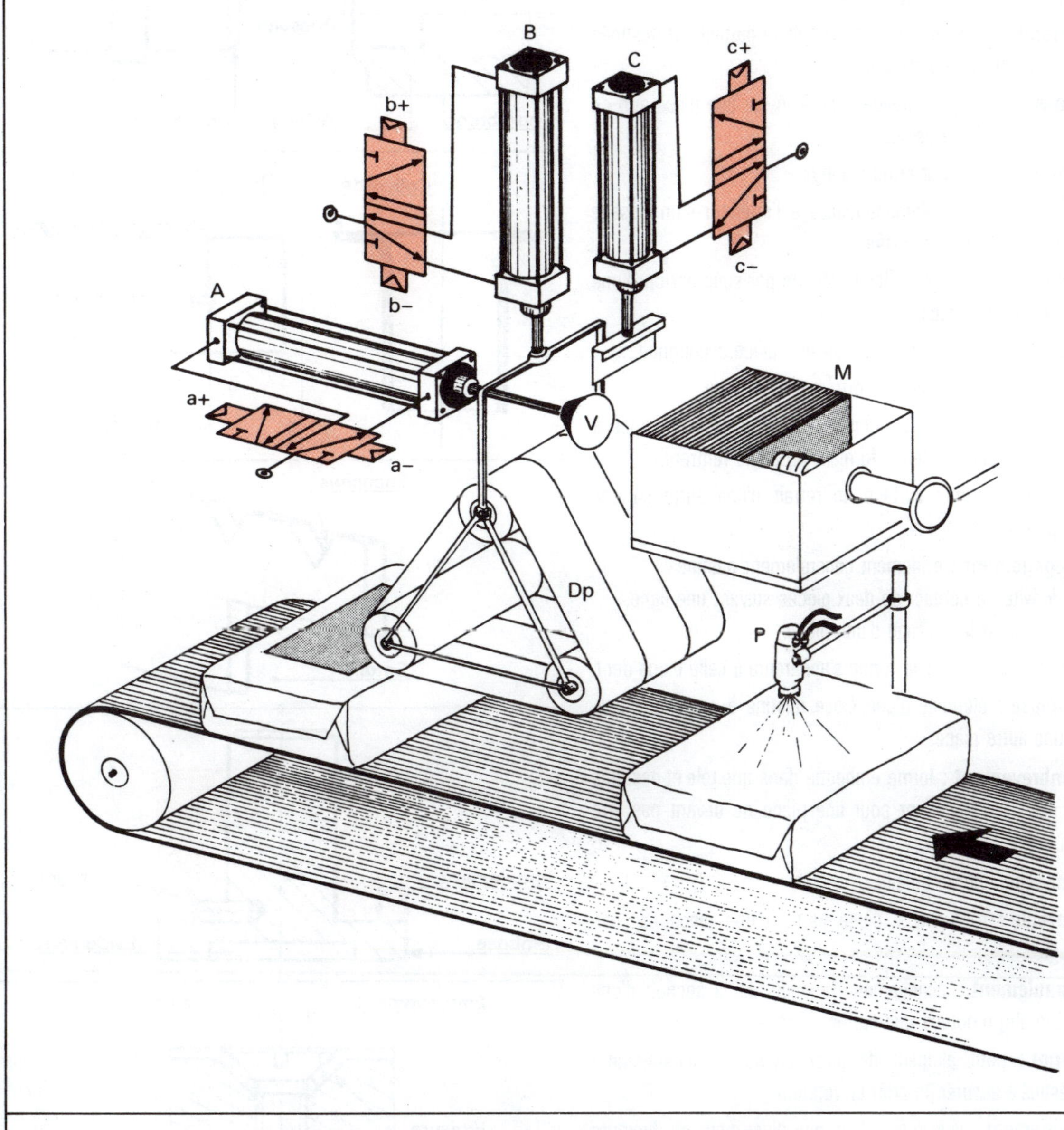

MACHINE AUTOMATIQUE À COLLER DES ÉTIQUETTES

D'après Crouzet.

11 Vocabulaire technique des formes d'une pièce

Alésage : désigne, d'une manière générale, un contenant cylindrique ou conique précis.

Arbre : désigne, d'une manière générale, un contenu cylindrique ou conique précis.

Arrondi : surface à section circulaire partielle et destinée à supprimer une arête vive.

Bossage : saillie prévue à dessein sur une pièce afin de limiter la surface usinée.

Boutonnière : voir «trou oblong».

Chambrage : évidement réalisé à l'intérieur d'un alésage afin d'en réduire la portée.

Chanfrein : petite surface obtenue par suppression d'une arête sur une pièce.

Collet : couronne en saillie sur une pièce cylindrique.

Collerette : couronne à l'extrémité d'un tube.

Congé : surface à section circulaire partielle destinée à raccorder deux surfaces formant un angle rentrant.

Décrochement : surface en retrait d'une autre surface et parallèle à celle-ci.

Dégagement : évidement généralement destiné :
– à éviter le contact de deux pièces suivant une ligne,
– à assurer le passage d'une pièce.

Dent : saillie dont la forme s'apparente à celle d'une dent.

Embase : élément d'une pièce destiné à servir de base à une autre pièce.

Embrèvement : forme emboutie dans une tôle et destinée à servir de logement pour une pièce ne devant pas être en saillie.

Encoche : petite entaille.

Entaille : enlèvement d'une partie d'une pièce par usinage.

Épaulement : changement brusque de la section d'une pièce afin d'obtenir une surface d'appui.

Ergot : petit élément de pièce en saillie, généralement destiné à assurer un arrêt en rotation.

Évidement : vide prévu dans une pièce pour en diminuer le poids ou pour réduire une surface d'appui.

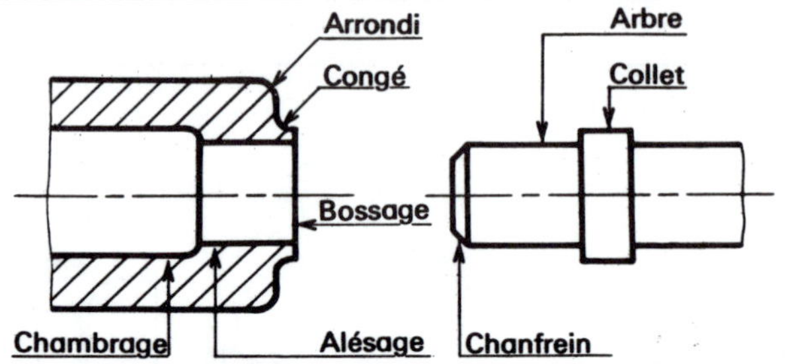

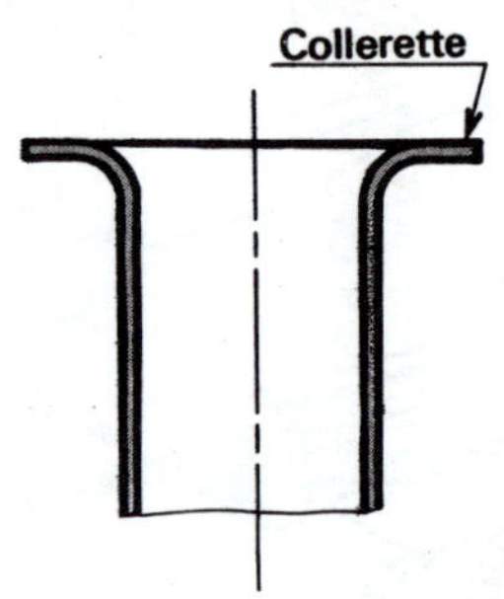

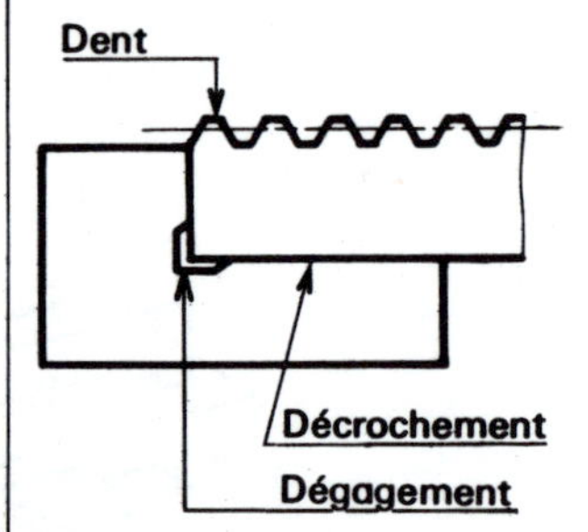

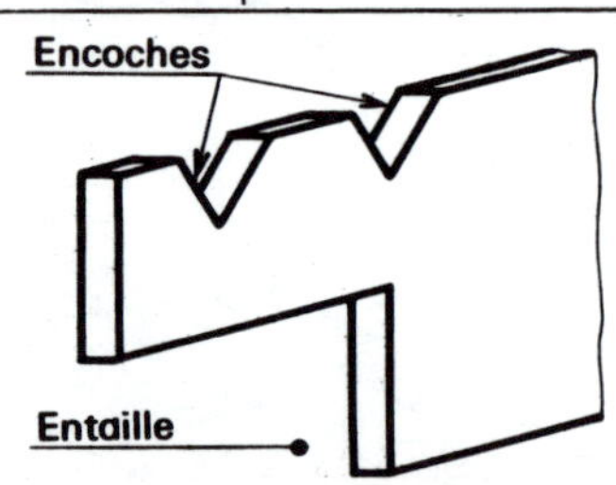

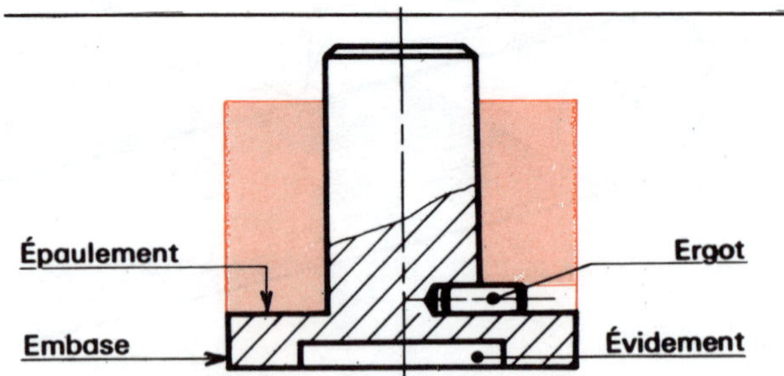

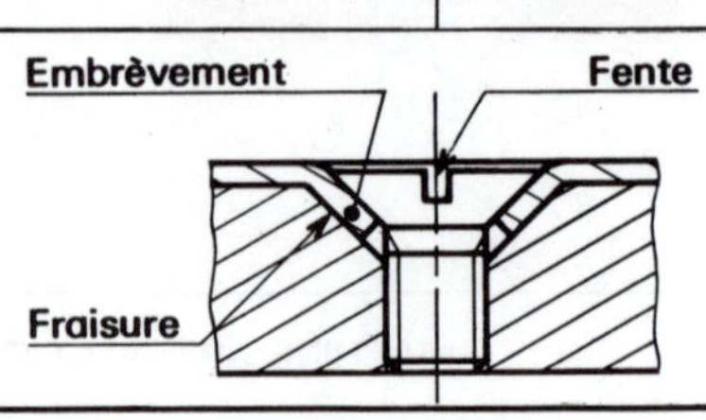

Fente : petite rainure.

Fraisure : évasement conique fait avec une fraise à l'orifice d'un trou (fig. voir page précédente).

Gorge : dégagement étroit généralement arrondi à sa partie inférieure.

Goutte de suif : calotte sphérique éventuellement raccordée par une portion de tore.

Lamage : logement cylindrique généralement destiné :
– à obtenir une surface d'appui,
– à «noyer» un élément de pièce.

Languette : tenon de grande longueur destiné à rentrer dans une rainure et assurant en général une liaison en translation.

Locating : mot anglais utilisé pour nommer une pièce positionnant une autre pièce.

Lumière : nom de divers petits orifices.

Macaron : cylindre de diamètre relativement grand par rapport à sa hauteur, assurant en général un centrage.

Méplat : surface plane sur une pièce à section circulaire.

Mortaise : évidement effectué dans une pièce et recevant le tenon d'une autre pièce de manière à réaliser un assemblage.

Nervure : partie saillante d'une pièce destinée à en augmenter la résistance ou la rigidité.

Profilé : métal laminé suivant une section constante.

Queue d'aronde : tenon en forme de trapèze pénétrant dans une rainure de même forme et assurant une liaison en translation.

Rainure : entaille longue pratiquée dans une pièce pour recevoir une languette ou un tenon.

Saignée : entaille profonde et de faible largeur.

Semelle : surface d'une pièce, généralement plane et servant d'appui.

Tenon : partie d'une pièce faisant saillie et se logeant dans une rainure ou une mortaise.

Téton : petite saillie de forme cylindrique.

Trou oblong ou **boutonnière** : trou plus long que large, terminé par deux demi-cylindres.

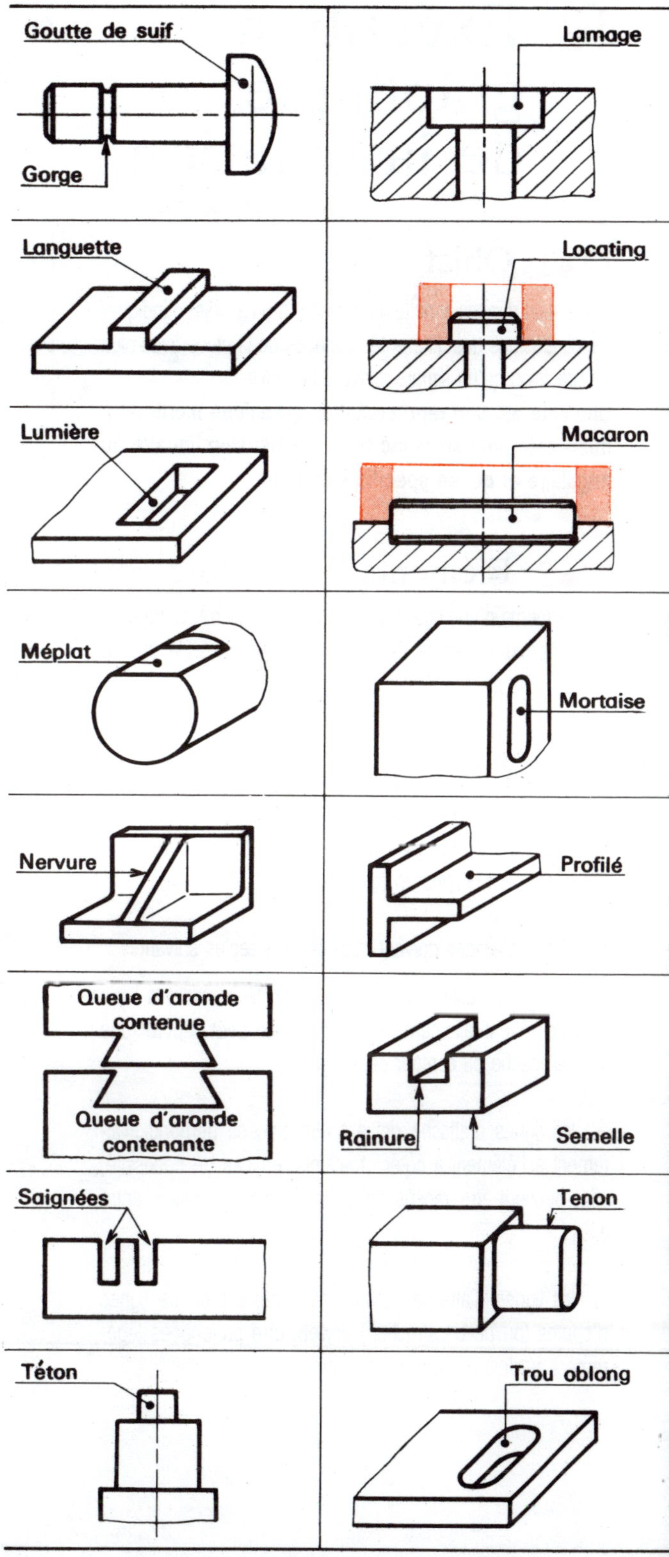

12 Exécution graphique de la cotation

NFE 04-521 - NFP 02-005 - ISO 129

12■1 Objet

La cotation dimensionnelle d'un dessin a pour objet d'indiquer les dimensions des différentes surfaces de la pièce avec plus de précision qu'un simple relevé à l'échelle.

Une cote est une représentation graphique montrant à quels éléments se rapporte une dimension linéaire ou angulaire et qui en spécifie sa valeur.

12■2 Éléments d'une cote

Les éléments d'une cote sont les lignes d'attache, la ligne de cote, les extrémités, la valeur de la dimension et éventuellement, si la place manque, une ligne de repère.

12■21 Lignes d'attache, lignes de cote et lignes de repère

Les lignes d'attache, lignes de cote et lignes de repères sont tracées en trait continu fin (chapitre 5).

Les lignes d'attache doivent respecter les règles suivantes :

■ les lignes d'attache doivent dépasser légèrement la ligne de cote ; éventuellement un faible espace peut séparer une ligne d'attache du contour de la figure ;

■ les lignes d'attache doivent être tracées perpendiculairement à l'élément à coter ; toutefois, en cas de nécessité, elles peuvent être tracées obliquement, mais parallèles entre elles ;

■ les lignes d'attache passant par l'intersection de lignes d'épures (ou de construction) doivent être prolongées légèrement au-delà du point de concours.

ÉLÉMENTS D'UNE COTE

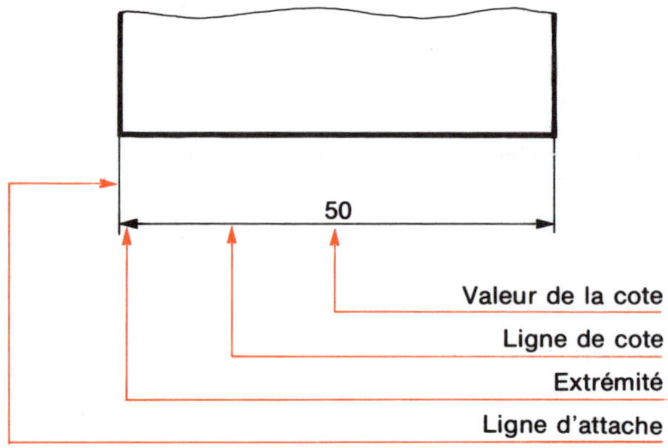

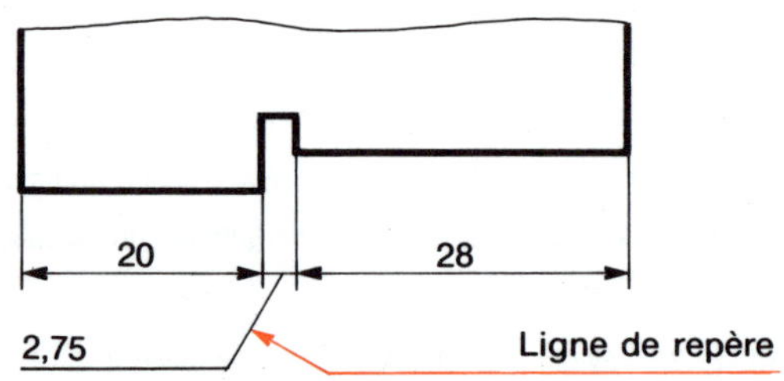

DISPOSITION DES LIGNES D'ATTACHE

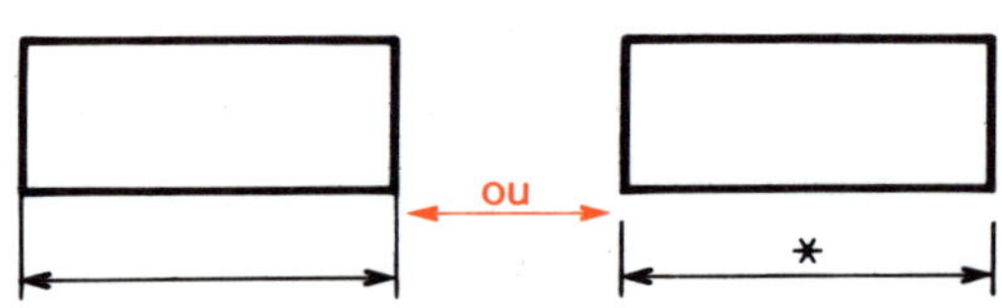

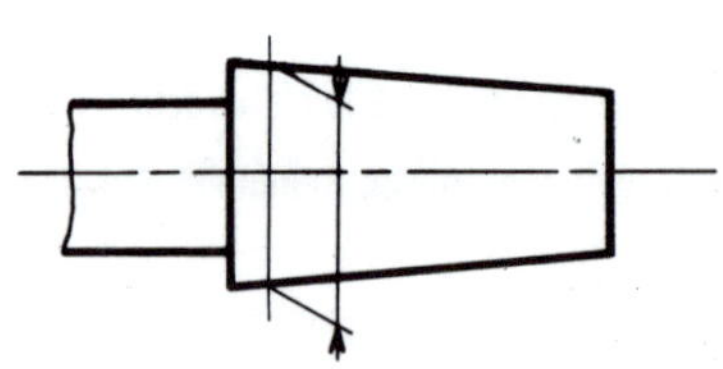

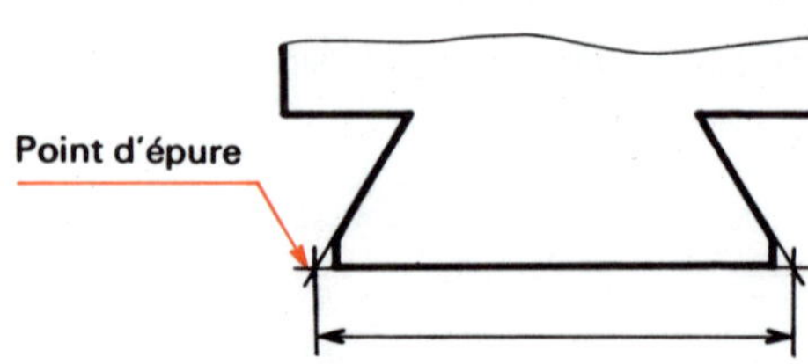

* Utilisé surtout dans le bâtiment.

■ Si un élément est représenté en vue interrompue, les lignes de cotes le concernant ne sont pas interrompues.

12■22 Identification des extrémités

Chaque extrémité d'une ligne de cote est normalement terminée par une flèche (largeur du trait 0,25 mm environ). L'angle d'ouverture de la flèche doit être compris entre 60° et 90°. Pratiquement on descend souvent au-dessous de 60° (la norme ISO 129 préconise entre 15° et 90°).
Sur certains dessins, notamment dans le bâtiment, chaque extrémité peut être terminée par un trait oblique inclinée à 45° environ.

REMARQUES :

■ **Pour un même dessin, utiliser un même type d'extrémité.**

■ Si l'on manque de place, on peut reporter les flèches à l'extérieur des lignes d'attache.

■ On peut également remplacer deux flèches opposées par un point très net.

■ La dimension de l'élément d'extrémité doit être proportionnée à la dimension du dessin.

12■23 Écriture des valeurs

Les valeurs des cotes doivent être inscrites en caractères de dimension suffisante pour assurer une bonne visibilité (voir chapitre 3 et, en particulier, le § 3.2).

Valeurs habituelles :

■ hauteur des chiffres 3,5 mm,

■ largeur des traits d'écriture 0,35 mm environ.

REMARQUES :

■ Placer les valeurs des cotes de manière à ce qu'elles ne soient pas coupées par une autre ligne du dessin (§ 12.5).

■ **Inscription des tolérances dimensionnells (voir chapitre 15).**

COTATION D'UN ÉLÉMENT INTERROMPU

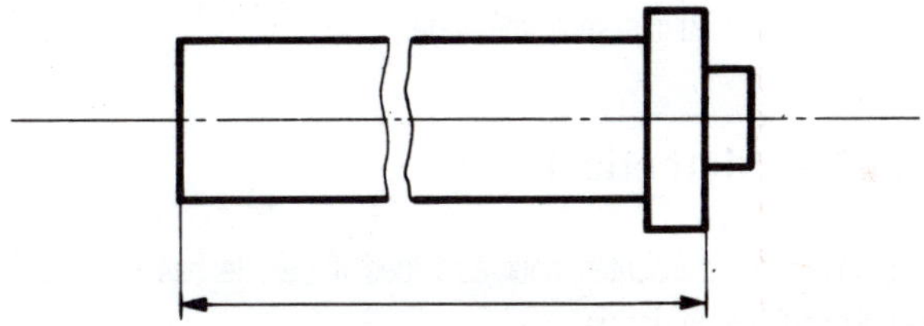

EXTRÉMITÉS D'UNE LIGNE DE COTE

Flèches NF ISO

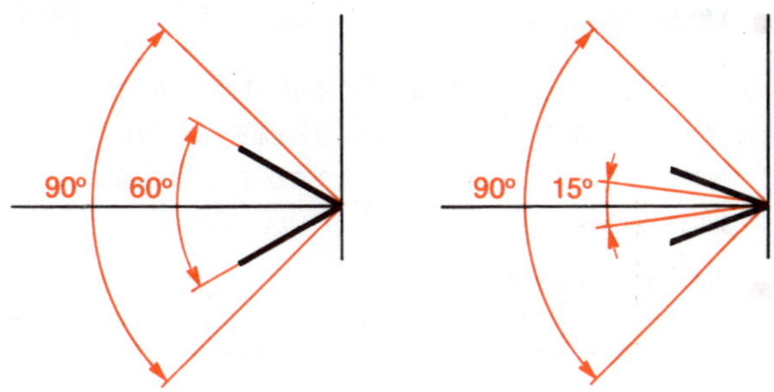

Trait oblique

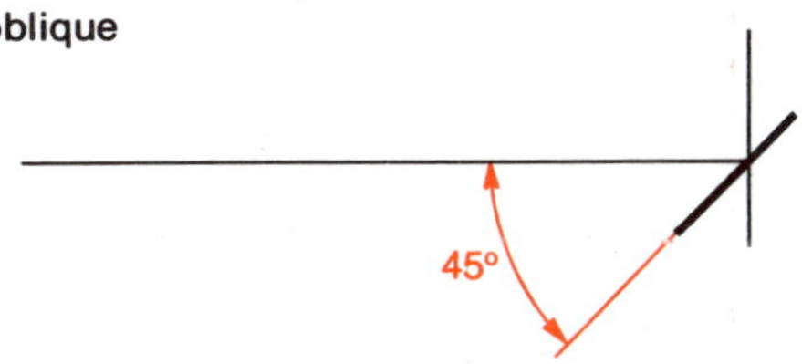

CAS OÙ L'ON MANQUE DE PLACE

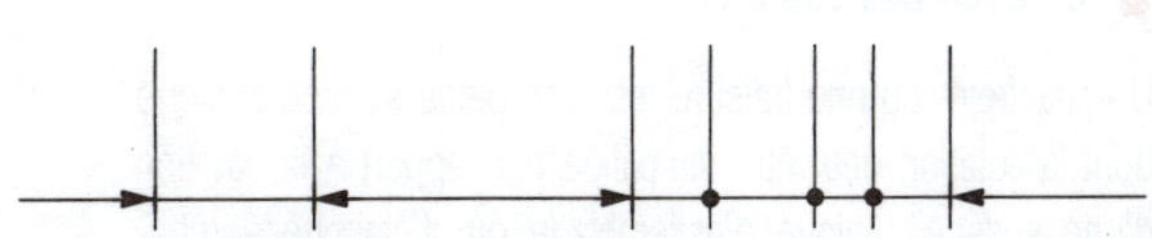

EXEMPLES D'ÉCRITURES DE VALEURS

420 _ 1 309 _ 12 823

2,745 855 _ 1,420 65

30° _ 60,5° _ 45° 30'

12■24 Inscription des valeurs

Deux méthodes sont normalisées, toutefois, sur un même dessin n'utiliser qu'une seule méthode.

12■241 Méthode 1

Les valeurs sont inscrites pour être lues depuis le bas ou depuis la droite du dessin.

Les valeurs sont inscrites parallèlement à leurs lignes de cotes et légèrement au-dessus de celles-ci.

■ **Valeurs linéaires**

De l'orientation de la cote dépend l'inscription des chiffres. Elle doit être conforme à la figure ci-contre, en évitant d'orienter les cotes dans une direction comprise à l'intérieur de la zone teintée.

■ **Valeurs angulaires**

Les valeurs angulaires doivent être inscrites suivant figure a. Toutefois, les valeurs peuvent être inscrites horizontalement (fig. b) si leur lecture en est facilitée.
Éviter d'inscrire des valeurs angulaires à l'intérieur de la zone teintée.

■ **Cotation d'une corde, d'un arc, d'un angle**

La cotation d'une corde, d'un arc, d'un angle est indiquée ci-contre.
Pour un arc, la valeur de la longueur de l'arc doit être surmontée d'un arc de cercle.

■ **Cotation des chanfreins**

Un chanfrein, ou une fraisure, est une petite surface conique dont la cotation peut être simplifiée par rapport à la cotation d'une surface conique d'assemblage ou d'étanchéité (chapitre 20).
Les différentes possibilités de cotation sont indiquées ci-dessous.

INSCRIPTION DES VALEURS

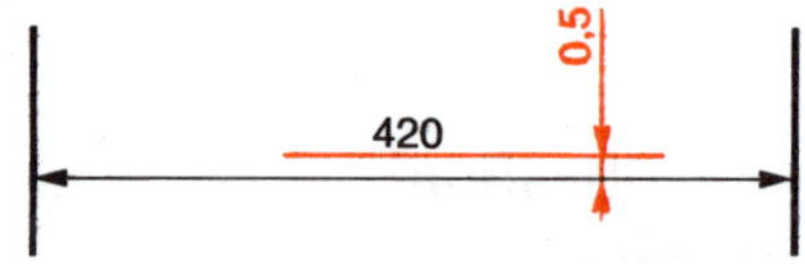

ORIENTATION DES VALEURS LINÉAIRES

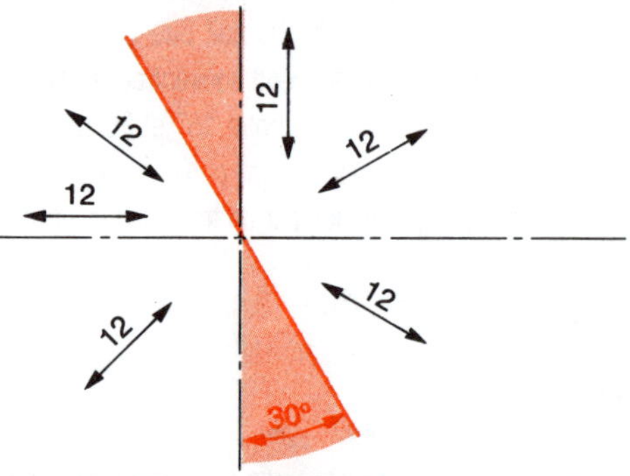

ORIENTATION DES VALEURS ANGULAIRES

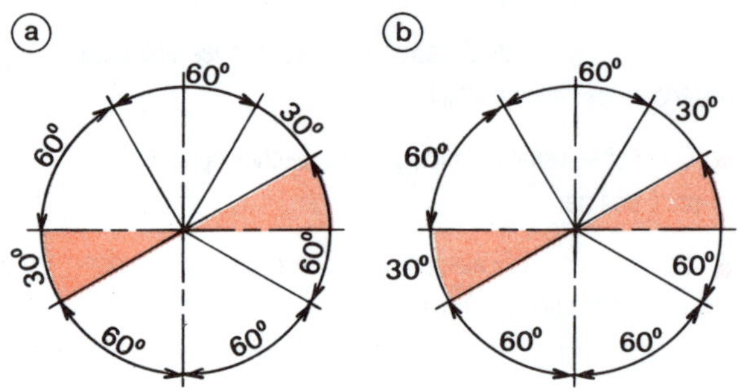

COTATION D'UNE CORDE | COTATION D'UN ARC | COTATION D'UN ANGLE

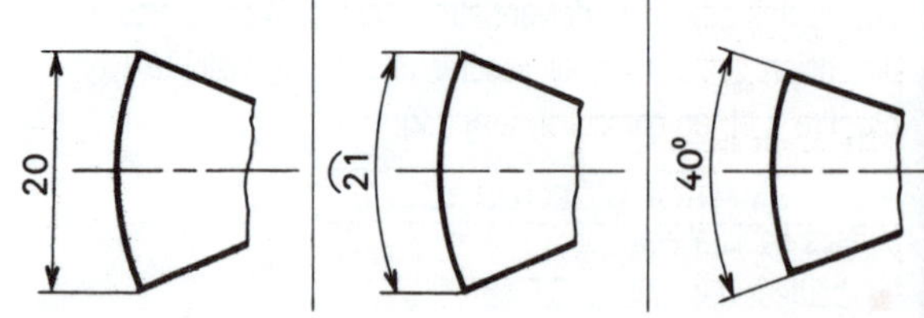

COTATION DES CHANFREINS

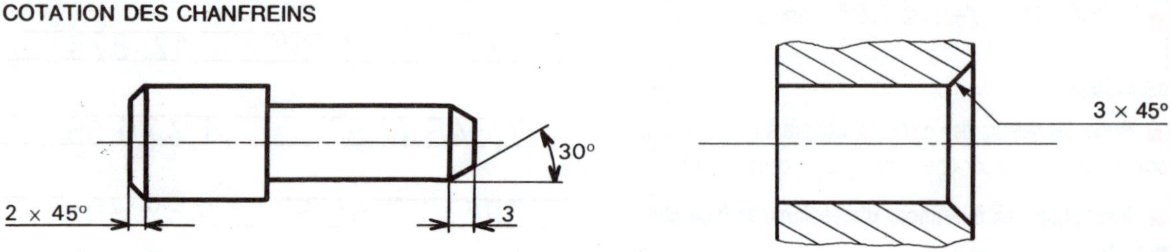

12■242 Méthode 2

Actuellement, cette méthode, utilisée notamment aux U.S.A., n'est qu'assez peu employée en Europe. Il est bon de la connaître, mais son emploi n'est pas à conseiller pour les documents d'examens et concours nationaux.

Les valeurs sont inscrites pour être lues depuis le bas du dessin. Il en résulte que quel que soit l'orientation de la ligne de cote l'inscription est toujours horizontale.

■ **Valeurs linéaires**

Pour une cote horizontale, la valeur est inscrite parallèlement à la ligne de cote et légèrement au-dessus de celle-ci (comme pour la méthode 1).

Pour une cote non horizontale, la ligne de cote est interrompue vers son milieu pour permettre l'insertion de la valeur.

■ **Valeurs angulaires**

Les valeurs angulaires peuvent être placées soit conformément à la disposition **a,** soit conformément à la disposition **b.**

12■3 Dispositions particulières

12■31 Symboles normalisés

ÉLÉMENTS À COTER		SYMBOLE	
Diamètre		∅	
Rayon		R	
Surplat d'un carré		□	
Rayon de sphère		SR	
Diamètre de sphère		S∅	
SYMBOLES POUR LES PROFILÉS			
Profilé	Symbole	Profilé	Symbole
Rond	∅	en U	⊔
Carré	□	en I	I
Plat	▭	en T	T
Cornière	L	en Z	Z

CAS PARTICULIER :

Un six pans peut exceptionnellement être coté suivant figure ci-contre.

INSCRIPTION DES VALEURS LINÉAIRES

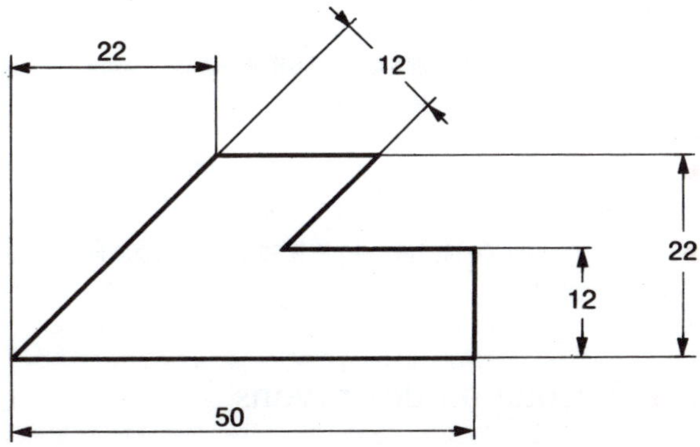

ORIENTATION DES VALEURS ANGULAIRES

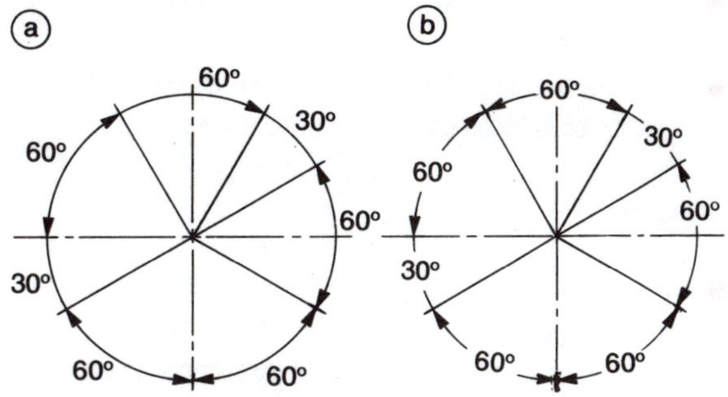

EMPLOI DE SYMBOLES NORMALISÉS

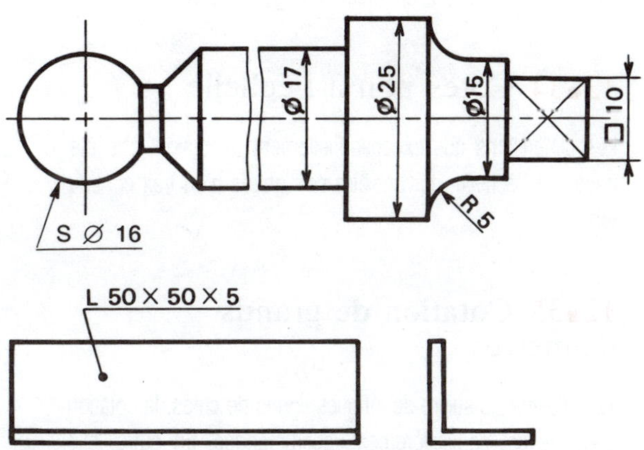

CAS PARTICULIER

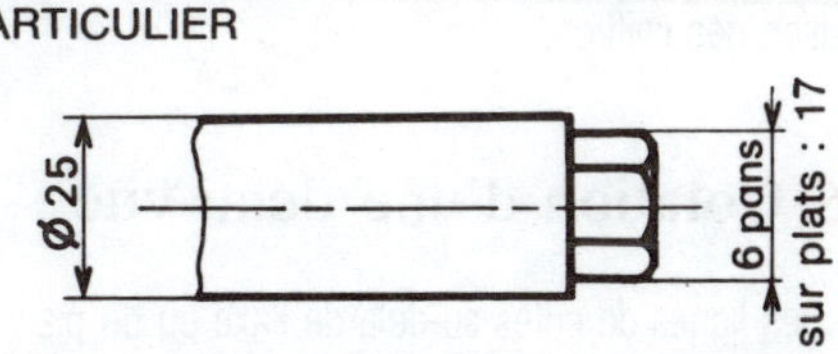

12■32 Cas où l'on manque de place

Afin d'assurer la meilleure lisibilité possible de la valeur d'une cote :

- inscrire la valeur de la cote au-dessus du prolongement de la ligne de cote et de préférence à droite,
- utiliser une ligne de repère lorsque la solution précédente n'est pas possible.

CAS OÙ L'ON MANQUE DE PLACE

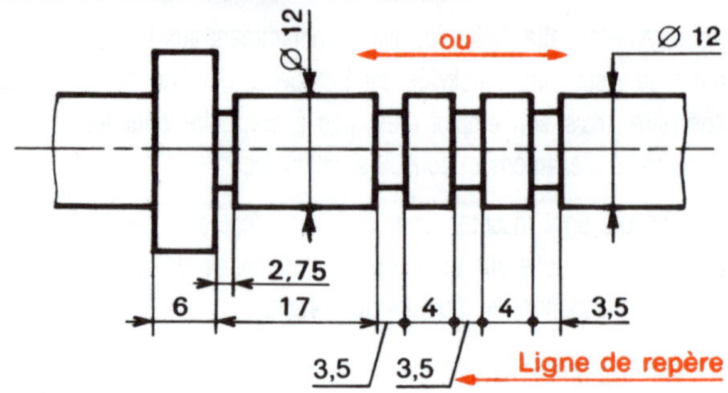

12■33 Cotation des rayons

Pour coter un rayon, on trace :

- une ligne de cote ayant pour direction un rayon de l'arc de cercle,
- une flèche pointée du côté concave de l'arc, sauf pour les petits rayons où la flèche est tracée du côté convexe.

REMARQUES :

- Lorsqu'il est nécessaire de situer, avec précision, le centre d'un arc de cercle qui se trouve hors des limites du dessin, briser la ligne de cote du rayon et indiquer clairement sur quelle ligne se trouve le centre.
- Si la valeur de la cote d'un rayon se déduit des valeurs d'autres cotes, mettre uniquement le symbole **R.**

COTATION DES RAYONS

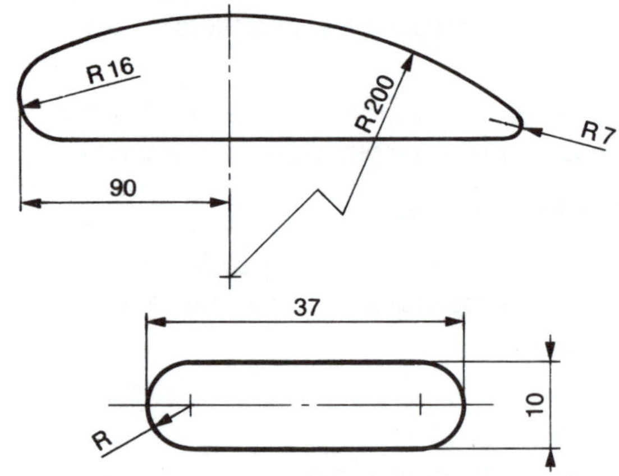

12■34 Cotes non à l'échelle

Les dimensions qui, exceptionnellement, n'auraient pas été tracées à l'échelle, doivent être soulignées d'un trait continu fort.

COTE NON À L'ÉCHELLE

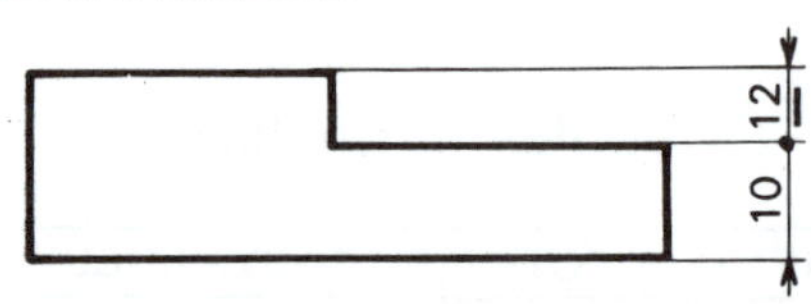

12■35 Cotation de grands diamètres

Afin d'éviter de suivre de longues lignes de cotes, la cotation ci-contre est particulièrement recommandée. En outre, elle facilite la lecture des cotes en évitant une trop importante superposition des chiffres.

COTATION DE GRANDS DIAMÈTRES

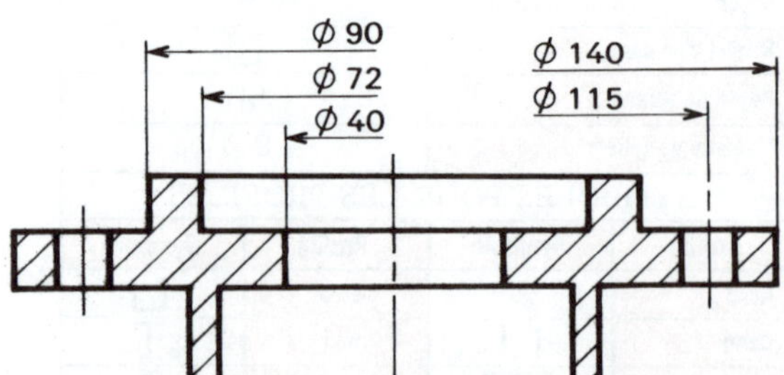

12■36 Cotation d'une demi-vue

Prolonger les lignes de cotes au-delà de l'axe ou du plan de symétrie.

COTATION D'UNE DEMI-VUE

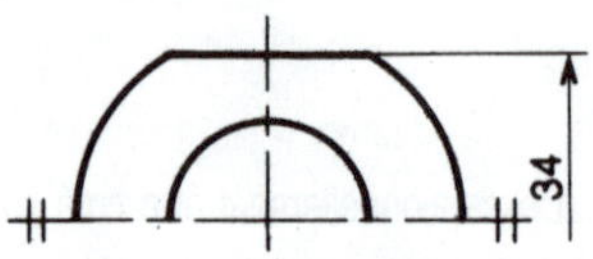

12■37 Cote encadrée

Une cote encadrée est la traduction graphique d'une **« dimension de référence ».**

Une dimension de référence définit exactement une position ou une grandeur d'un élément.

Cet élément est tolérancé par l'intermédiaire d'autres spécifications.

COTE ENCADRÉE

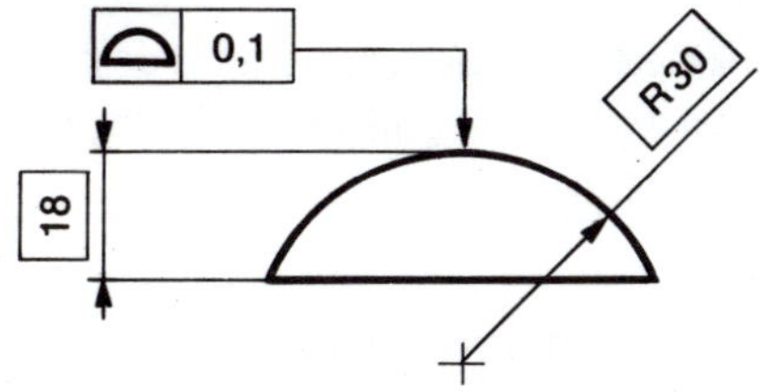

12■38 Éléments équidistants

12■381 Éléments équidistants à intervalles linéaires

Ce cas permet de simplifier l'exécution matérielle de la cotation. Par exemple, pour la cotation des sept trous équidistants de la réglette ci-contre, on peut adopter, si les conditions fonctionnelles le permettent, la cotation suivant figure a.

Si l'on veut éviter une confusion, entre le nombre d'intervalles et leur longueur, la cotation suivant figure b est préférable.

Cette cotation fait intervenir au moins une cote surabondante ; elle doit donc être inscrite entre parenthèses (§ 19.13).

ÉLÉMENTS ÉQUIDISTANTS

ⓐ

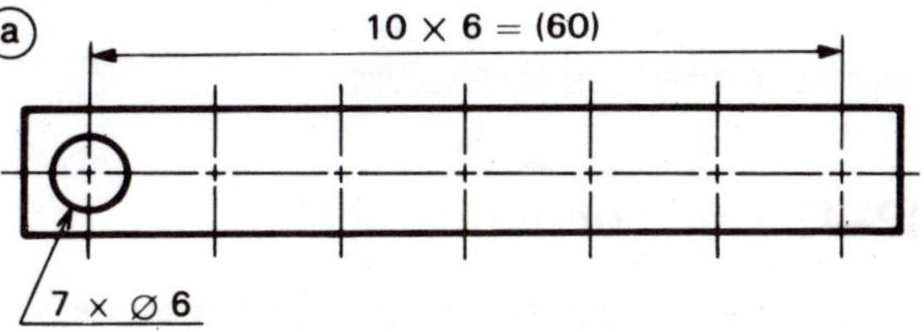

ⓑ

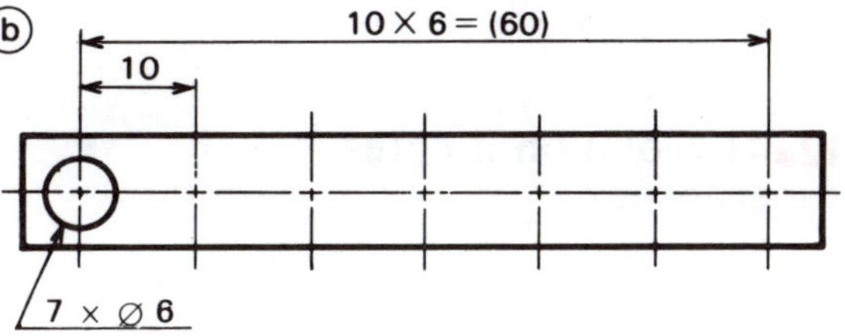

12■382 Éléments équidistants à intervalles angulaires

Les éléments disposés à intervalles angulaires équidistants peuvent être cotés :

- directement, comme cela est indiqué figure c ;
- indirectement, par la spécification du nombre d'éléments répétitifs (fig. d).

ⓒ

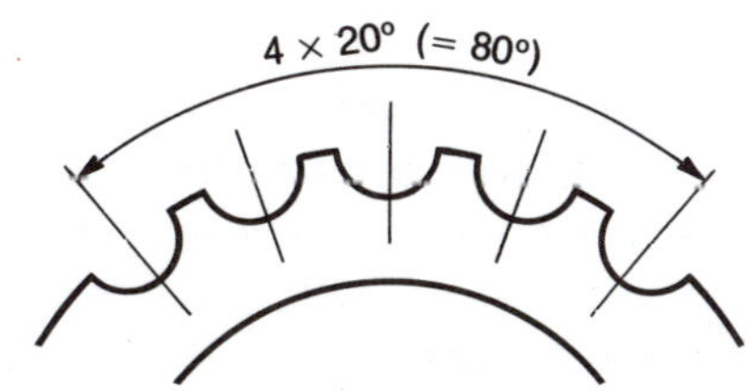

ⓓ

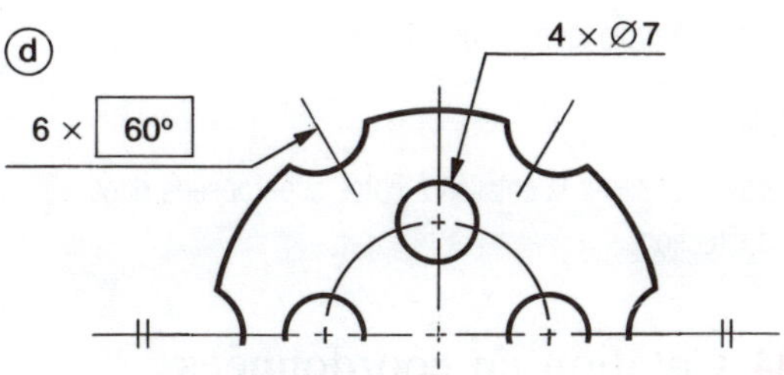

12■383 Traitement local de surface

Le repérage d'un traitement local de surface est indiqué sur le dessin par un trait mixte fort distant d'au moins 0,7 mm de la surface à traiter. Coter, si nécessaire, la position de la surface à traiter.

- La cote ⌀8 f7 est celle de la pièce après traitement.
- S'il y a lieu d'indiquer la cote d'ébauche avant traitement, l'écrire en clair à côté de la cote finie.

TRAITEMENT LOCAL DE SURFACE

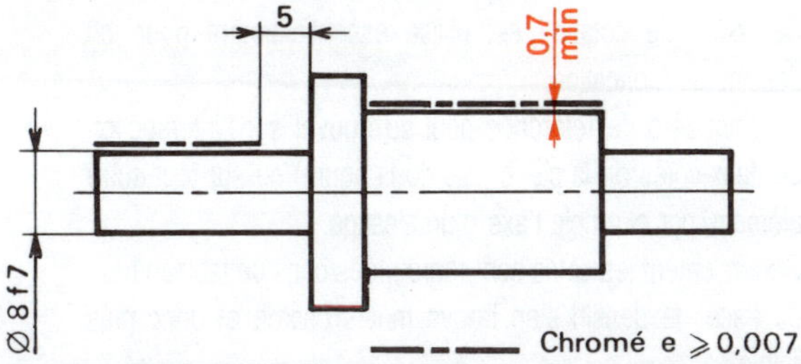

12■4 Modes de cotation

Après un choix raisonné des éléments à coter, la disposition des cotes sur un dessin résulte généralement de l'emploi de divers modes de cotation.

12■41 Cotation en série

Ce mode de cotation consiste à tracer plusieurs cotes sur une même ligne.
Les cotes se suivent sans se chevaucher.

12■42 Cotation en parallèle

Les cotes sont disposées sur des lignes parallèles et elles partent d'une ligne d'attache commune.

12■43 Cotation à cotes superposées

Si le nombre de cotes en parallèle est important, il est plus simple, et l'on gagne de la place, d'utiliser une cotation à cotes superposées.
Toutes les cotes sont disposées sur une même ligne et elles partent de la même origine. L'origine est marquée par un cercle et l'extrémité de chaque ligne de cote est terminée par une flèche.
On inscrit les valeurs des cotes :

- soit au-dessus de la ligne de cote et près des flèches,
- soit dans le prolongement des lignes d'attache.

REMARQUES :

Il est possible d'utiliser la cotation à cotes superposées dans plusieurs directions.

12■44 Cotation en coordonnées cartésiennes

Ce mode de cotation est utilisé essentiellement pour les dessins de fabrication.
Le point zéro de référence peut se trouver sur l'intersection de deux côtés de la pièce (cas de la figure) ou sur tout autre élément, par exemple l'axe d'un alésage.
Généralement les cotes sont regroupées dans un tableau hors du tracé ; le dessin s'en trouve moins chargé et donc plus lisible.

COTATION EN SÉRIE

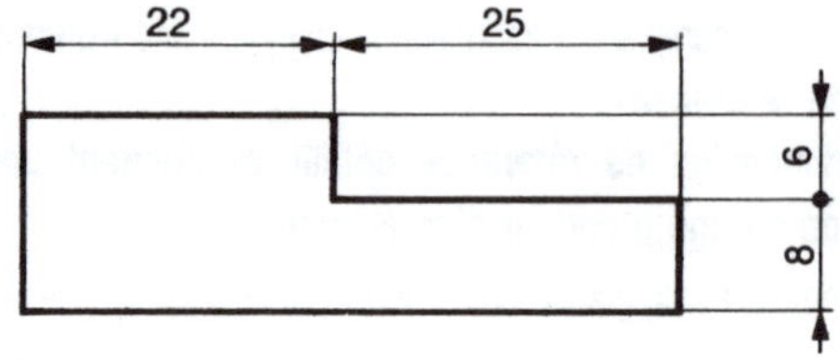

COTATION EN PARALLÈLE

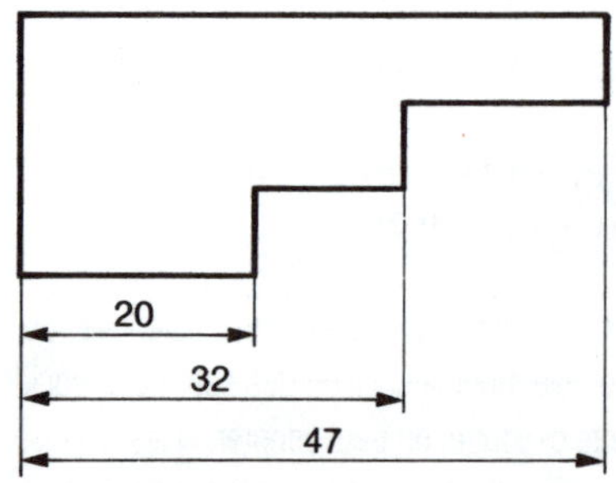

COTATION À COTES SUPERPOSÉES

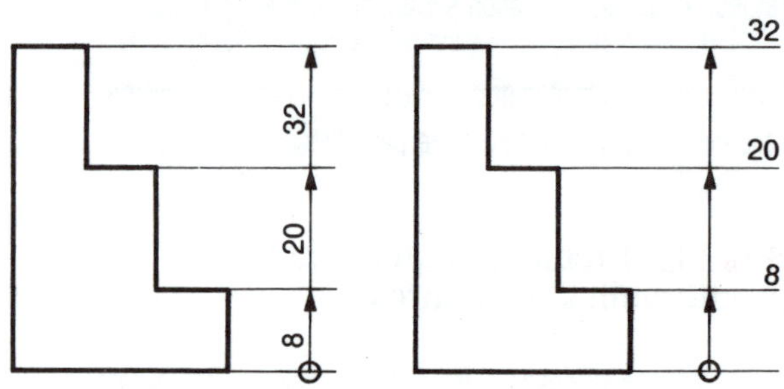

COTATION EN COORDONNÉES CARTÉSIENNES

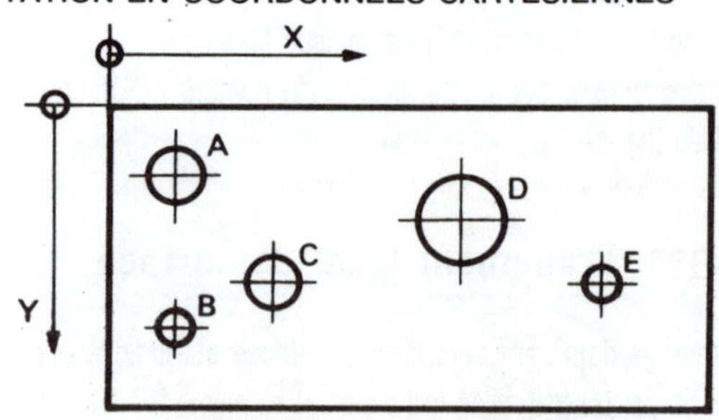

	A	B	C	D	E
⌀	5	3	5	8	3
X	6	6	15	32	45
Y	6	20	16	10	16

12 ■ 5 FAUTES A ÉVITER

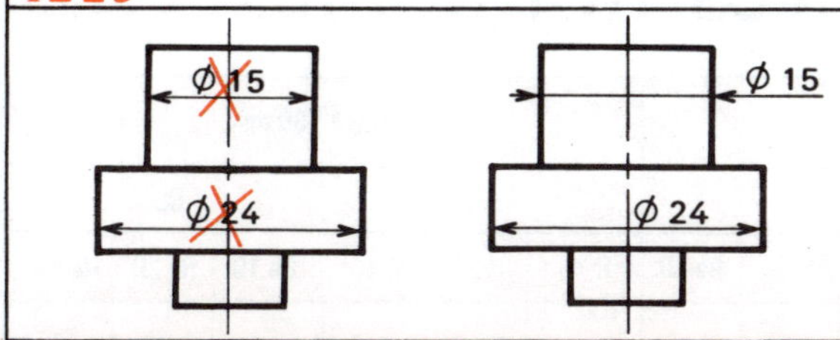

Les cotes ne doivent jamais être coupées par une ligne (ligne de cote, trait d'axe, trait fort...)

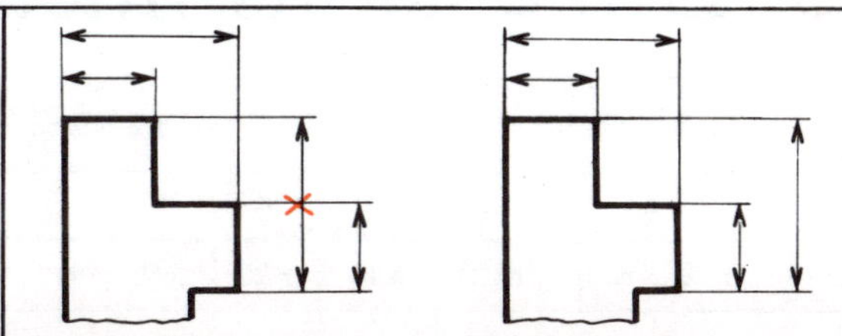

Une ligne de cote ne doit pas être coupée par une autre ligne (les lignes d'attache peuvent se couper entre elles).

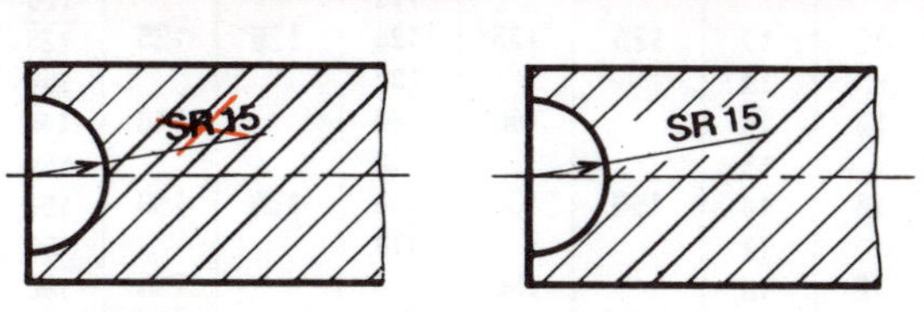

Interrompre les hachures pour garder toute la lisibilité de la valeur de la cote.

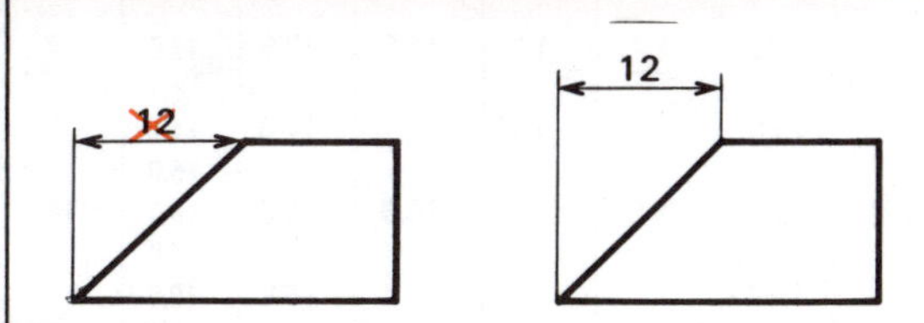

On ne doit jamais aligner une ligne de cote et une ligne du dessin.

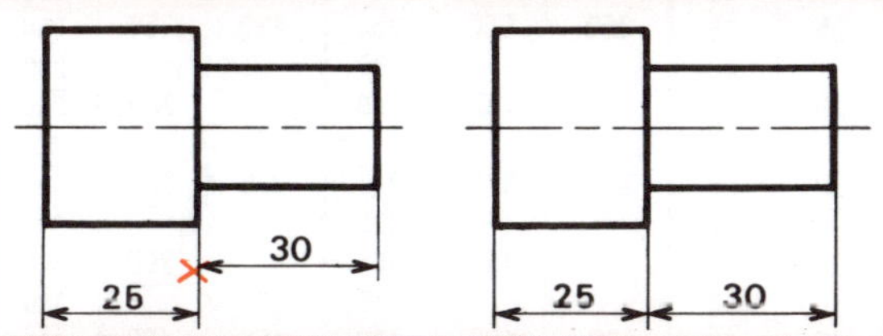

Dans la mesure du possible, aligner les lignes de cotes.

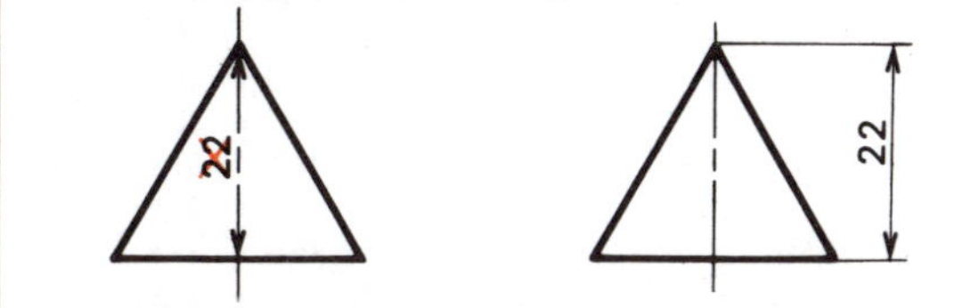

On ne doit jamais utiliser un axe comme ligne de cote.

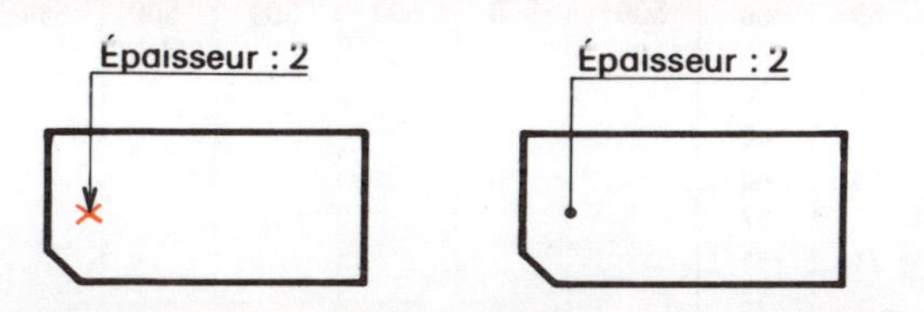

Lorsqu'une ligne de cote se termine à l'intérieur d'un dessin, mettre un point à son extrémité.

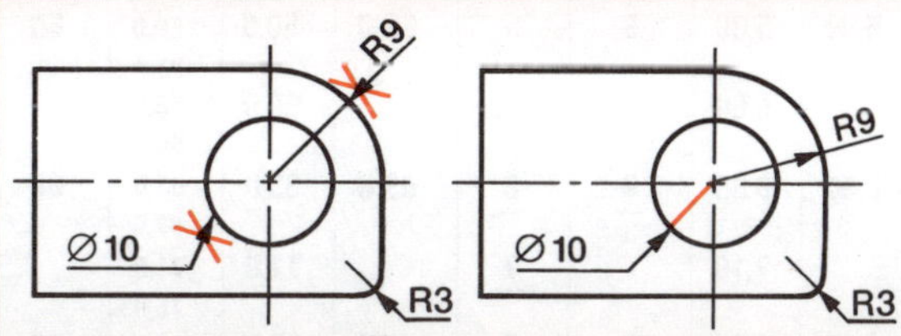

Sauf pour les petits rayons, la flèche est tracée du côté concave de l'arc. Le prolongement de la ligne cotant le Ø 10 doit passer par le centre du cercle.

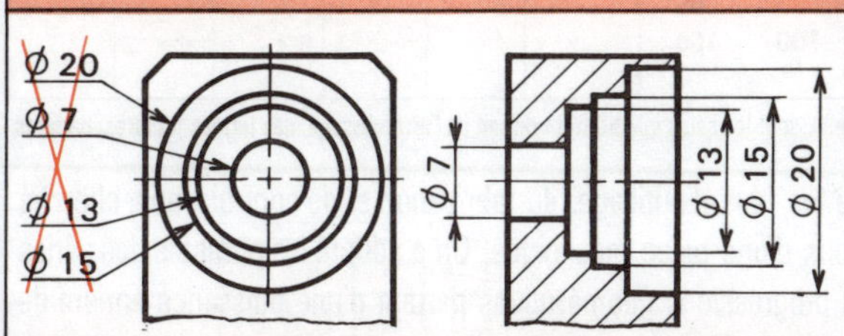

Coter de préférence les cylindres dans la vue où leur projection est rectangulaire.

REMARQUE IMPORTANTE

Les principes énoncés dans ce chapitre ne concernent que la partie graphique de la cotation.
Le choix des dimensions à coter doit être fait en tenant compte des principes énoncés aux chapitres 13 à 22.

13 Dimensions linéaires nominales

NF E 01-001

1 à 10 mm				10 à 100 mm						100 à 500 mm					
R		Ra		R			Ra			R			Ra		
R 10	R 20	Ra 10	Ra 20	R 10	R 20	R 40	Ra 10	Ra 20	Ra 40	R 10	R 20	R 40	Ra 10	Ra 20	Ra 40
1,00	1,00	**1**	1	**10,0**	10	10	**10**	10		**100**	100	100	**100**	100	100
												106			105
	1,12		1,1		11,2	11,2		11			112	112		110	110
												118			120
1,25	1,25	**1,2**	1,2	**12,5**	12,5	12,5	**12**	12	12	**125**	125	125	**125**	125	125
						13,2			13			132			130
	1,40		1,4		14,0	14,0		14	14		140	140		140	140
						15,0			15			150			150
1,60	1,60	**1,6**	1,6	**16,0**	16,0	16,0	**16**	16	16	**160**	160	160	**160**	160	160
						17,0			17			170			170
	1,80		1,8		18,0	18,0		18	18		180	180		180	180
						19,0			19			190			190
2,00	2,00	**2**	2	**20,0**	20,0	20,0	**20**	20	20	**200**	200	200	**200**	200	200
						21,2			21			212			210
	2,24		2,2		22,4	22,4		22	22		224	224		220	220
						23,6			24			236			240
2,50	2,50	**2,5**	2,5	**25,0**	25,0	25,0	**25**	25	25	**250**	250	250	**250**	250	250
						26,5			26			265			260
	2,80		2,8		28,0	28,0		28	28		280	280		280	280
						30,0			30						300
3,15	3,15	**3**	3	**31,5**	31,5	31,5	**32**	32	32	**315**	315	315	**320**	320	320
						33,5			34			335			340
	3,55		3,5		35,5	35,5		36	36		355	355		360	360
						37,5			38			375			380
4,00	4,00	**4**	4	**40,0**	40,0	40,0	**40**	40	40	**400**	400	400	**400**	400	400
						42,5			42			425			420
	4,50		4,5		45,0	45,0		45	45		450	450		450	450
						47,5			48			475			480
5,00	5,00	**5**	5	**50,0**	50,0	50,0	**50**	50	50	**500**	500	500	**500**	500	500
						53,0			53						
	5,60		5,5		56,0	56,0		56	56						
						60,0			60						
6,30	6,30	**6**	6	**63,0**	63,0	63,0	**63**	63	63						
						67,0			67						
	7,10		7		71,0	71,0		71	71						
						75,0			75						
8,00	8,00	**8**	8	**80,0**	80,0	80,0	**80**	80	80						
						85,0			85						
	9,00		9		90,0	90,0		90	90						
						95,0			95						
10,00	10,00	**10**	10	**100,0**	100,0	100,0	**100**	100	100						

Les termes Ra, soulignés dans le tableau, sont les seuls qui diffèrent du fait de l'arrondissage, des termes R correspondants.

Afin de servir de base aux différentes normalisations et de réduire les frais d'outillage, de fabrication et de contrôle, on a cherché à réduire le nombre des valeurs que peuvent prendre les dimensions d'une pièce mécanique. On a adopté les nombres des séries Renard* ou nombres normaux. Ces nombres sont les termes de progressions géométriques partant d'une puissance entière de 10 et de raisons $\sqrt[10]{10}$, $\sqrt[20]{10}$, $\sqrt[40]{10}$.

On choisit les dimensions linéaires nominales des pièces parmi les valeurs des séries R, dans l'ordre de préférence : R10, R20, R40, ou, en cas de besoin de valeurs plus arrondies, parmi celles des séries Ra, dans le même ordre de préférence.

* Séries établies d'après les travaux du colonel Renard.

14 Système ISO* de tolérances

NF E 02-000 à NF E 02-200
NF E 04-541 - ISO 286-8015

14■1 Objet des tolérances

L'imprécision inévitable des procédés d'usinage fait qu'une pièce ne peut pas être réalisée de façon rigoureusement conforme aux dimensions fixées au préalable. Il a donc fallu tolérer que la dimension effectivement réalisée soit comprise entre deux dimensions limites, compatibles avec un fonctionnement correct de la pièce. La différence entre ces deux dimensions constitue la **TOLÉRANCE**.

REMARQUE :

Les divers modes de tolérancements normalisés sont traités chapitre 18.

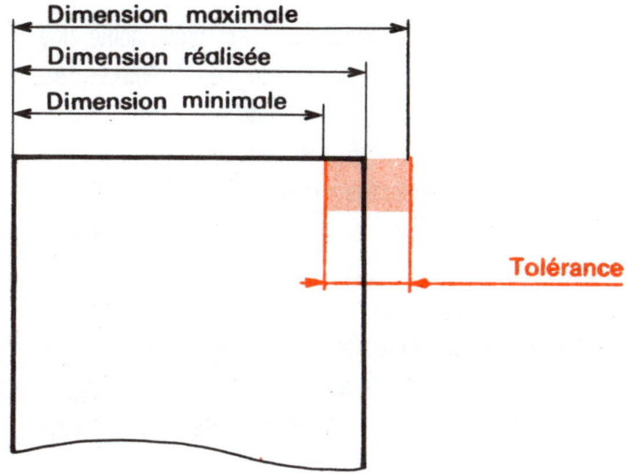

14■2 Système ISO*

Ce système définit un ensemble de tolérances à appliquer aux dimensions des pièces lisses. Pour simplifier, on ne traitera explicitement que des pièces cylindriques à section circulaire. Mais ce qui est dit sur ces pièces s'applique intégralement à toutes les autres. En particulier, les termes **ALÉSAGE** et **ARBRE** désignent également l'espace contenant ou l'espace contenu compris entre deux faces parallèles d'une pièce quelconque : largeur de rainure, épaisseur de clavette, etc.

14■21 Principe

On affecte à la pièce une **DIMENSION NOMINALE** choisie autant que possible dans les dimensions linéaires nominales (chapitre 13), et l'on définit chacune des deux dimensions limites par son **ÉCART** par rapport à cette dimension nominale. Cet écart s'obtient en valeur absolue et en signe en retranchant la dimension nominale de la dimension limite considérée.

Alésage	Écart supérieur ES = D max − D nom Écart inférieur EI = D min − D nom
Arbre	Écart supérieur es = d max − d nom Écart inférieur ei = d min − d nom

Sur la figure ci-contre, les deux écarts de l'alésage sont positifs et les deux écarts de l'arbre sont négatifs.

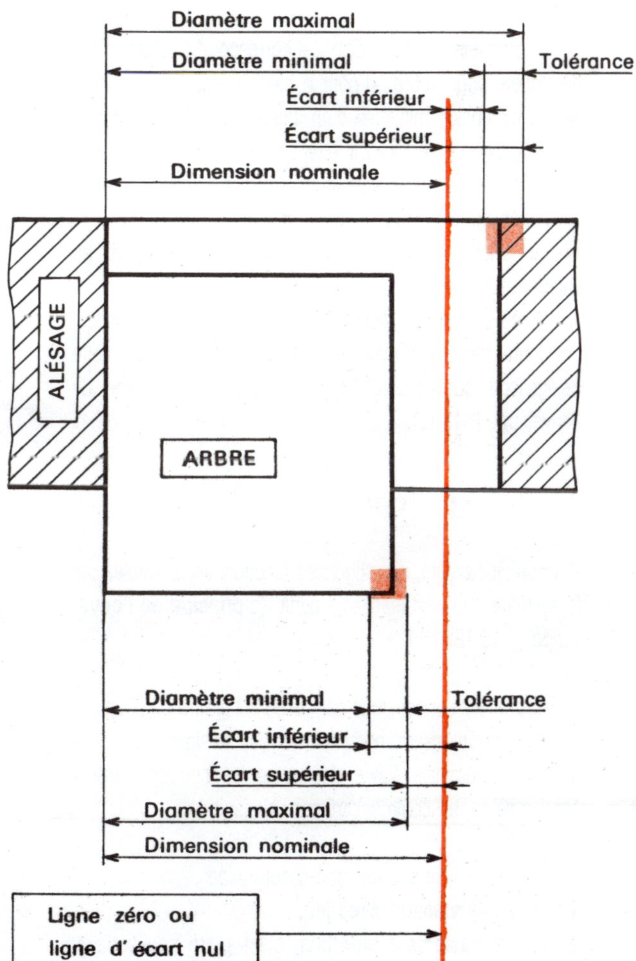

* Nom de l'Organisation internationale de normalisation.

14■22 Désignation des tolérances

Pour chaque dimension nominale, il est prévu toute une gamme de tolérances. La valeur de ces tolérances est symbolisée par un numéro dit **«qualité».** Il existe 18 qualités : 01 - 0 - 1 - 2 - ... 15 - 16 correspondant chacune à des tolérances fondamentales : **IT 01 - IT 0 - IT 1 - IT 2-... IT 15 - IT 16,** fonction de la dimension nominale (voir tableau 14.24).
La position de ces tolérances par rapport à la ligne d'écart nul ou ligne «zéro» est symbolisée par une ou deux lettres (de **A** à **Z** pour les alésages, de **a** à **z** pour les arbres). La figure ci-contre schématise les différentes positions possibles pour une même tolérance.

REMARQUES :

■ La première lettre de l'alphabet correspond à l'état minimal de matière pour l'arbre ou pour la pièce possédant l'alésage.
■ La dimension minimale d'un alésage **H** correspond à la dimension nominale (écart inférieur nul).
■ La dimension maximale d'un arbre **h** correspond à la dimension nominale (écart supérieur nul).
■ Les tolérances **Js** ou **js** donnent des écarts égaux en valeur absolue (ES = EI = es = ei).
■ Si les exigences fonctionnelles d'un élément nécessitent une forme parfaite au maximum de matière, faire suivre cette désignation du symbole Ⓔ (application du principe de l'enveloppe § 18.12).

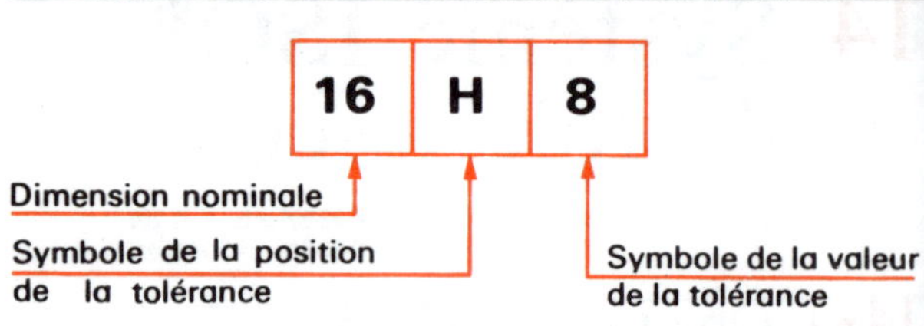

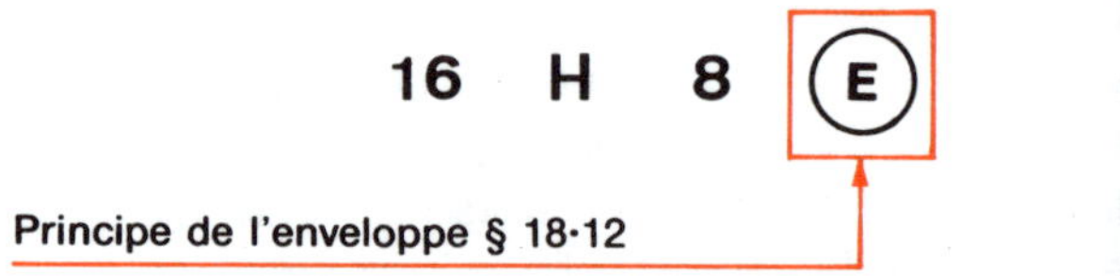

POSITIONS SCHÉMATISÉES DES TOLÉRANCES

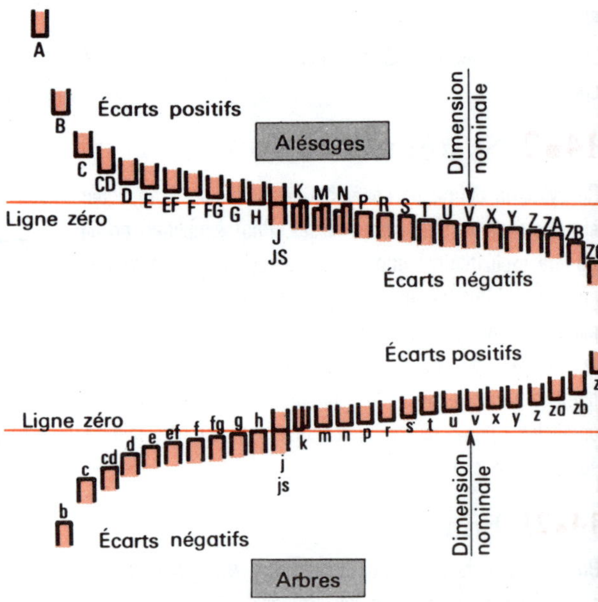

14■23 Ajustements

Pour un ajustement, les exigences fonctionnelles définies par le système ISO sont établies à partir du **principe de l'enveloppe** (§ 18.12).

Un ajustement est constitué par l'assemblage de deux pièces de même dimension nominale. Il est désigné par cette dimension nominale suivie des symboles correspondant à chaque pièce, en commençant par l'alésage.

La position relative des tolérances détermine :
■ soit un **ajustement avec jeu,**
■ soit un **ajustement incertain,** c'est-à-dire pouvant présenter tantôt un jeu, tantôt un serrage,
■ soit un **ajustement avec serrage.**

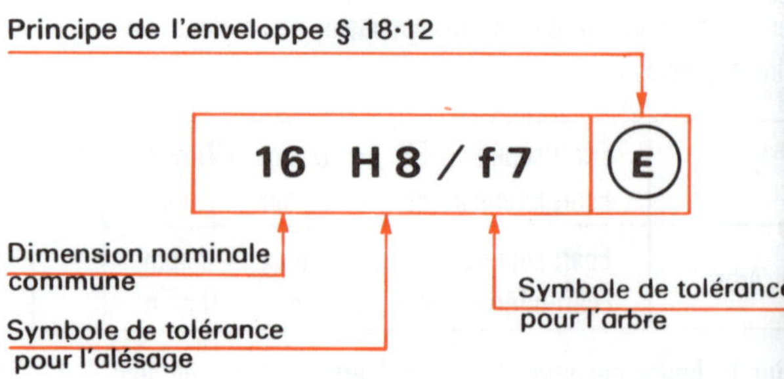

14■231 Système de l'arbre normal

Dans ce système (fig. 1), la position pour les tolérances de tous les arbres est donnée par la **lettre h** (écart supérieur nul).

L'ajustement désiré est obtenu en faisant varier pour l'alésage la position de la tolérance.

L'emploi de ce système est réservé à des applications bien définies : emploi d'arbre en acier étiré, logements des roulements, etc.

14■232 Système de l'alésage normal

Dans ce système (fig. 2), la position pour les tolérances de tous les alésages est donnée par la **lettre H** (écart inférieur nul).

L'ajustement désiré est obtenu en faisant varier pour l'arbre la position de la tolérance.

C'est ce système que l'on doit toujours employer de préférence (il est plus facile de réaliser des tolérances différentes sur un arbre que dans un alésage).

14■233 Relation entre les ajustements des deux systèmes

Les ajustements homologues des deux systèmes présentent les mêmes jeux ou serrages.

Par exemple : l'ajustement **30 H7/f7** donne les mêmes jeux que l'ajustement **30 F7/h7.**

REMARQUE :

Afin de faciliter l'usinage des pièces, **on associe habituellement un alésage de qualité donnée avec un arbre de qualité voisine inférieure.**

EXEMPLES : **H7/p6 - P7/h6.**

14■234 Choix d'un ajustement

Pour les applications usuelles l'utilisation du tableau 14.25 est suffisante.

MÉTHODE GÉNÉRALE :

1° On détermine les jeux ou serrages limites compatibles avec un fonctionnement correct (éviter tout excès de précision inutile, voir diagramme ci-contre).

2° On choisit dans les normes et de préférence dans les valeurs les plus couramment utilisées (voir tableau 14-26), l'ajustement ISO qui comporte des jeux ou serrages aussi voisins que possible des valeurs précédemment déterminées.

14■24 TOLÉRANCES FONDAMENTALES IT (en micromètres)

Qualité	Jusqu'à 3 inclus	3 à 6 inclus	6 10	10 18	18 30	30 50	50 80	80 120	120 180	180-250
5	4	5	6	8	9	11	13	15	18	20
6	6	8	9	11	13	16	19	22	25	29
7	10	12	15	18	21	25	30	35	40	46
8	14	18	22	27	33	39	46	54	63	72
9	25	30	36	43	52	62	74	87	100	115
10	40	48	58	70	84	100	120	140	160	185
11	60	75	90	110	130	160	190	220	250	290
12	100	120	150	180	210	250	300	350	400	460
13	140	180	220	270	330	390	460	540	630	720
14	250	300	360	430	520	620	740	870	1 000	1 150
15	400	480	580	700	840	1 000	1 200	1 400	1 600	1 850
16	600	750	900	1 100	1 300	1 600	1 900	2 200	2 500	2 900

(1) SYSTÈME DE L'ARBRE NORMAL

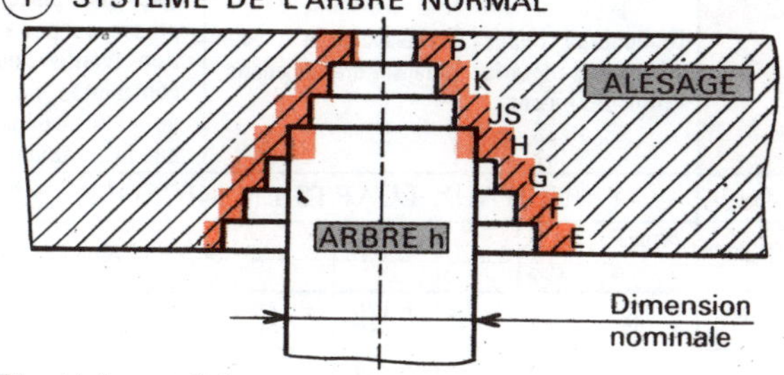

NOTA : L'arbre et l'alésage sont représentés dans leur état maximal de matière.

(2) SYSTÈME DE L'ALÉSAGE NORMAL

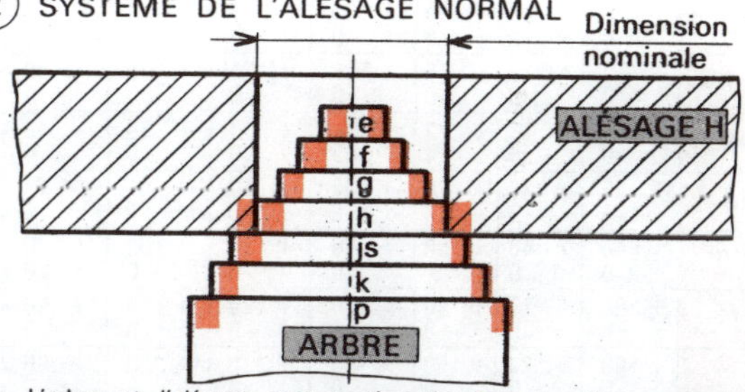

NOTA : L'arbre et l'alésage sont représentés dans leur état maximal de matière.

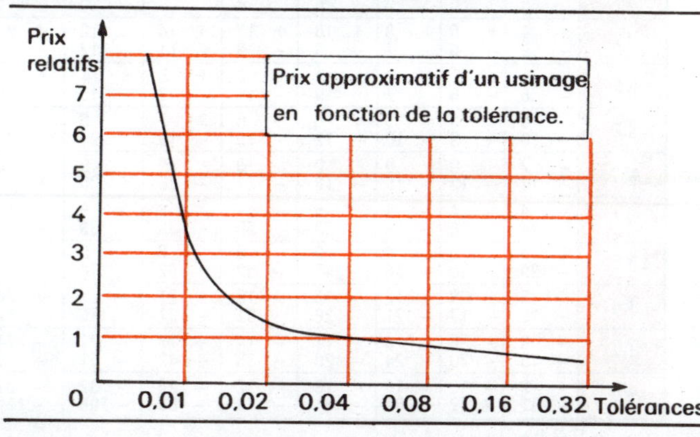

14.25 PRINCIPAUX AJUSTEMENTS NF R 91-011

				Arbres*	H 6	H 7	H 8	H 9	H 11
Pièces mobiles l'une par rapport à l'autre	Pièces dont le fonctionnement nécessite un grand jeu (dilatation, mauvais alignement, portées très longues, etc.).			c				9	11
				d				9	11
	Cas ordinaire des pièces tournant ou glissant dans une bague ou palier (bon graissage assuré).			e		7	8	9	
				f	6	6-7	7		
	Pièces avec guidage précis pour mouvements de faible amplitude			g	5	6			
Pièces immobiles l'une par rapport à l'autre	Démontage et remontage possible sans détérioration des pièces	L'assemblage ne peut pas transmettre d'effort	Mise en place possible à la main	h	5	6	7	8	
				js	5	6			
			Mise en place au maillet	k	5				
				m		6			
	Démontage impossible sans détérioration des pièces.	L'assemblage peut transmettre des efforts	Mise en place à la presse	p		6			
			Mise en place à la presse ou par dilatation (vérifier que les contraintes imposées au métal ne dépassent pas la limite élastique)	s			7		
				u			7		
				x			7		

14.26 PRINCIPAUX ÉCARTS EN MICROMETRES

Température de référence : 20 °C

ALÉSAGES	Jusqu'à 3 inclus	3 à 6 inclus	6 à 10	10 à 18	18 à 30	30 à 50	50 à 80	80 à 120	120 à 180	180 à 250	250 à 315	315 à 400	400 à 500
D 10	+ 60 + 20	+ 78 + 30	+ 98 + 40	+ 120 + 50	+ 149 + 65	+ 180 + 80	+ 220 + 100	+ 260 + 120	+ 305 + 145	+ 355 + 170	+ 400 + 190	+ 440 + 210	+ 480 + 230
F 7	+ 16 + 6	+ 22 + 10	+ 28 + 13	+ 34 + 16	+ 41 + 20	+ 50 + 25	+ 60 + 30	+ 71 + 36	+ 83 + 43	+ 96 + 50	+ 108 + 56	+ 119 + 62	+ 131 + 68
G 6	+ 8 + 2	+ 12 + 4	+ 14 + 5	+ 17 + 6	+ 20 + 7	+ 25 + 9	+ 29 + 10	+ 34 + 12	+ 39 + 14	+ 44 + 15	+ 49 + 17	+ 54 + 18	+ 60 + 20
H 6	+ 6 0	+ 8 0	+ 9 0	+ 11 0	+ 13 0	+ 16 0	+ 19 0	+ 22 0	+ 25 0	+ 29 0	+ 32 0	+ 36 0	+ 40 0
H 7	+ 10 0	+ 12 0	+ 15 0	+ 18 0	+ 21 0	+ 25 0	+ 30 0	+ 35 0	+ 40 0	+ 46 0	+ 52 0	+ 57 0	+ 63 0
H 8	+ 14 0	+ 18 0	+ 22 0	+ 27 0	+ 33 0	+ 39 0	+ 46 0	+ 54 0	+ 63 0	+ 72 0	+ 81 0	+ 89 0	+ 97 0
H 9	+ 25 0	+ 30 0	+ 36 0	+ 43 0	+ 52 0	+ 62 0	+ 74 0	+ 87 0	+ 100 0	+ 115 0	+ 130 0	+ 140 0	+ 155 0
H 10	+ 40 0	+ 48 0	+ 58 0	+ 70 0	+ 84 0	+ 100 0	+ 120 0	+ 140 0	+ 160 0	+ 185 0	+ 210 0	+ 230 0	+ 250 0
H 11	+ 60 0	+ 75 0	+ 90 0	+ 110 0	+ 130 0	+ 160 0	+ 190 0	+ 210 0	+ 250 0	+ 290 0	+ 320 0	+ 360 0	+ 400 0
H 12	+ 100 0	+ 120 0	+ 150 0	+ 180 0	+ 210 0	+ 250 0	+ 300 0	+ 350 0	+ 400 0	+ 460 0	+ 520 0	+ 570 0	+ 630 0
H 13	+ 140 0	+ 180 0	+ 220 0	+ 270 0	+ 330 0	+ 390 0	+ 460 0	+ 540 0	+ 630 0	+ 720 0	+ 810 0	+ 890 0	+ 970 0
J 7	+ 4 – 6	+ 6 – 6	+ 8 – 7	+ 10 – 8	+ 12 – 9	+ 14 – 11	+ 18 – 12	+ 22 – 13	+ 26 – 14	+ 30 – 16	+ 36 – 16	+ 39 – 18	+ 43 – 20
K 6	0 – 6	+ 2 – 6	+ 2 – 7	+ 2 – 9	+ 2 – 11	+ 3 – 13	+ 4 – 15	+ 4 – 18	+ 4 – 21	+ 5 – 24	+ 5 – 27	+ 7 – 29	+ 8 – 32
K 7	0 – 10	+ 3 – 9	+ 5 – 10	+ 6 – 12	+ 6 – 15	+ 7 – 18	+ 9 – 21	+ 10 – 25	+ 12 – 28	+ 13 – 33	+ 16 – 36	+ 17 – 40	+ 18 – 45
M 7	– 2 – 12	0 – 12	0 – 15	0 – 18	0 – 21	0 – 25	0 – 30	0 – 35	0 – 40	0 – 46	0 – 52	0 – 57	0 – 63
N 7	– 4 – 14	– 4 – 16	– 4 – 19	– 5 – 23	– 7 – 28	– 8 – 33	– 9 – 39	– 10 – 45	– 12 – 52	– 14 – 60	– 14 – 66	– 16 – 73	– 17 – 80
N 9	– 4 – 29	0 – 30	0 – 36	0 – 43	0 – 52	0 – 62	0 – 74	0 – 87	0 – 100	0 – 115	0 – 130	0 – 140	0 – 155
P 6	– 6 – 12	– 9 – 17	– 12 – 21	– 15 – 26	– 18 – 31	– 21 – 37	– 26 – 45	– 30 – 52	– 36 – 61	– 41 – 70	– 47 – 79	– 51 – 87	– 55 – 95
P 7	– 6 – 16	– 8 – 20	– 9 – 24	– 11 – 29	– 14 – 35	– 17 – 42	– 21 – 51	– 24 – 59	– 28 – 68	– 33 – 79	– 36 – 88	– 41 – 98	– 45 – 108
P 9	– 9 – 31	– 12 – 42	– 15 – 51	– 18 – 61	– 22 – 74	– 26 – 88	– 32 – 106	– 37 – 124	– 43 – 143	– 50 – 165	– 56 – 186	– 62 – 202	– 68 – 223

JS = ± IT/2 (voir tableau 14.24).

* Utiliser de préférence les qualités teintées.

ARBRES	Jusqu'à 3 inclus	3 à 6 inclus	6 à 10	10 à 18	18 à 30	30 à 50	50 à 80	80 à 120	120 à 180	180 à 250	250 à 315	315 à 400	400 à 500
a 11	− 270 − 330	− 270 − 345	− 280 − 370	− 290 − 400	− 300 − 430	− 320 − 470	− 360 − 530	− 410 − 600	− 580 − 710	− 820 − 950	− 1050 − 1240	− 1350 − 1560	− 1650 − 1900
c 11	− 60 − 120	− 70 − 145	− 80 − 170	− 95 − 205	− 110 − 240	− 130 − 280	− 150 − 330	− 180 − 390	− 230 − 450	− 280 − 530	− 330 − 620	− 400 − 720	− 480 − 840
d 9	− 20 − 45	− 30 − 60	− 40 − 75	− 50 − 93	− 65 − 117	− 80 − 142	− 100 − 174	− 120 − 207	− 145 − 245	− 170 − 285	− 190 − 320	− 210 − 350	− 230 − 385
d 10	− 20 − 60	− 30 − 78	− 40 − 98	− 50 − 120	− 65 − 149	− 80 − 180	− 100 − 220	− 120 − 250	− 145 − 305	− 170 − 355	− 190 − 400	− 210 − 440	− 230 − 480
d 11	− 20 − 80	− 30 − 105	− 40 − 130	− 50 − 160	− 65 − 195	− 80 − 240	− 100 − 290	− 120 − 340	− 145 − 395	− 170 − 460	− 190 − 510	− 210 − 570	− 230 − 630
e 7	− 14 − 24	− 20 − 32	− 25 − 40	− 32 − 50	− 40 − 61	− 50 − 75	− 60 − 90	− 72 − 107	− 85 − 125	− 100 − 146	− 110 − 162	− 125 − 182	− 135 − 198
e 8	− 14 − 28	− 20 − 38	− 25 − 47	− 32 − 59	− 40 − 73	− 50 − 89	− 60 − 106	− 72 − 126	− 85 − 148	− 100 − 172	− 110 − 191	− 125 − 214	− 135 − 232
e 9	− 14 − 39	− 20 − 50	− 25 − 61	− 32 − 75	− 40 − 92	− 50 − 112	− 60 − 134	− 72 − 159	− 85 − 185	− 100 − 215	− 110 − 240	− 125 − 265	− 135 − 290
f 6	− 6 − 12	− 10 − 18	− 13 − 22	− 16 − 27	− 20 − 33	− 25 − 41	− 30 − 49	− 36 − 58	− 43 − 68	− 50 − 79	− 56 − 88	− 62 − 98	− 68 − 108
f 7	− 6 − 16	− 10 − 22	− 13 − 28	− 16 − 34	− 20 − 41	− 25 − 50	− 30 − 60	− 36 − 71	− 43 − 83	− 50 − 96	− 56 − 106	− 62 − 119	− 68 − 131
f 8	− 6 − 20	− 10 − 28	− 13 − 35	− 16 − 43	− 20 − 53	− 25 − 64	− 30 − 76	− 36 − 90	− 43 − 106	− 50 − 122	− 56 − 137	− 62 − 151	− 68 − 165
g 5	− 2 − 6	− 4 − 9	− 5 − 11	− 6 − 14	− 7 − 16	− 9 − 20	− 10 − 23	− 12 − 27	− 14 − 32	− 15 − 35	− 17 − 40	− 18 − 43	− 20 − 47
g 6	− 2 − 8	− 4 − 12	− 5 − 14	− 6 − 17	− 7 − 20	− 9 − 25	− 10 − 29	− 12 − 34	− 14 − 39	− 15 − 44	− 17 − 49	− 18 − 54	− 20 − 60
h 5	0 − 4	0 − 5	0 − 6	0 − 8	0 − 9	0 − 11	0 − 13	0 − 15	0 − 18	0 − 20	0 − 23	0 − 25	0 − 27
h 6	0 − 6	0 − 8	0 − 9	0 − 11	0 − 13	0 − 16	0 − 19	0 − 22	0 − 25	0 − 29	0 − 32	0 − 36	0 − 40
h 7	0 − 10	0 − 12	0 − 15	0 − 18	0 − 21	0 − 25	0 − 30	0 − 35	0 − 40	0 − 46	0 − 52	0 − 57	0 − 63
h 8	0 − 14	0 − 18	0 − 22	0 − 27	0 − 33	0 − 39	0 − 46	0 − 54	0 − 63	0 − 72	0 − 81	0 − 89	0 − 97
h 9	0 − 25	0 − 30	0 − 36	0 − 43	0 − 52	0 − 62	0 − 74	0 − 87	0 − 100	0 − 115	0 − 130	0 − 140	0 − 155
h 10	0 − 40	0 − 48	0 − 58	0 − 70	0 − 84	0 − 100	0 − 120	0 − 140	0 − 160	0 − 185	0 − 210	0 − 230	0 − 250
h 11	0 − 60	0 − 75	0 − 90	0 − 110	0 − 130	0 − 160	0 − 190	0 − 220	0 − 250	0 − 290	0 − 320	0 − 360	0 − 400
h 13	0 − 140	0 − 180	0 − 220	0 − 270	0 − 330	0 − 390	0 − 460	0 − 540	0 − 630	0 − 720	0 − 810	0 − 890	0 − 970
j 6	+ 4 − 2	+ 6 − 2	+ 7 − 2	+ 8 − 3	+ 9 − 4	− 11 − 5	+ 12 − 7	+ 13 − 9	+ 14 − 11	+ 16 − 13	+ 16 − 16	+ 18 − 18	+ 20 − 20
js 5	± 2	± 2,5	± 3	± 4	± 4,5	± 5,5	± 6,5	± 7,5	± 9	± 10	± 11,5	± 12,5	± 13,5
js 6	± 3	± 4	± 4,5	± 5,5	± 6,5	± 8	± 9,5	± 11	± 12,5	± 14,5	± 16	± 18	± 20
js 9	± 12	± 15	± 18	± 21	± 26	± 31	± 37	± 43	± 50	± 57	± 65	± 70	± 77
js 11	± 30	± 37	± 45	± 55	± 65	± 80	± 95	± 110	± 125	± 145	± 160	± 180	± 200
k 5	+ 4 0	+ 6 + 1	+ 7 + 1	+ 9 + 1	+ 11 + 2	+ 13 + 2	+ 15 + 2	+ 18 + 3	+ 21 + 3	+ 24 + 4	+ 27 + 4	+ 29 + 4	+ 32 + 5
k 6	+ 6 0	+ 9 + 1	+ 10 + 1	+ 12 + 1	+ 15 + 2	+ 18 + 2	+ 21 + 2	+ 25 + 3	+ 28 + 3	+ 33 + 4	+ 36 + 4	+ 40 + 4	+ 45 + 5
m 5	+ 6 + 2	+ 9 + 4	+ 12 + 6	+ 15 + 7	+ 17 + 8	+ 20 + 9	+ 24 + 11	+ 28 + 13	+ 33 + 15	+ 37 + 17	+ 43 + 20	+ 46 + 21	+ 50 + 23
m 6	+ 8 + 2	+ 12 + 4	+ 15 + 6	+ 18 + 7	+ 21 + 8	+ 25 + 9	+ 30 + 11	+ 35 + 13	+ 40 + 15	+ 46 + 17	+ 52 + 20	+ 57 + 21	+ 63 + 23
n 6	+ 10 + 4	+ 16 + 8	+ 19 + 10	+ 23 + 12	+ 28 + 15	+ 33 + 17	+ 39 + 20	+ 45 + 23	+ 52 + 27	+ 60 + 31	+ 66 + 34	+ 73 + 37	+ 80 + 40
p 6	+ 12 + 6	+ 20 + 12	+ 24 + 15	+ 29 + 18	+ 35 + 22	+ 42 + 26	+ 51 + 32	+ 59 + 37	+ 68 + 43	+ 79 + 50	+ 88 + 56	+ 98 + 62	+ 108 + 68

js = ± IT/2 (voir tableau 14.24).

15 Inscription des tolérances dimensionnelles

NF E 04-551 ISO 406

Ce chapitre se limite à des consignes d'exécution essentiellement graphiques.
Divers modes de tolérancements, voir chapitre 18.

15.1 Tolérances chiffrées

15.11 Règle générale

Inscrire, à la suite de la dimension nominale, les valeurs des écarts supérieur et inférieur. Ces valeurs sont placées l'une au-dessous de l'autre, celle correspondant à la limite supérieure étant inscrite la première (règles d'écriture, voir § 3.2).
Donner les valeurs des écarts, avec leur signe, dans la même unité que la dimension nominale et mettre à l'un et à l'autre le même nombre de décimales (fig. 1).
Dans le cas d'un écart nul, ne mettre ni signe ni décimale.

15.12 Cas particuliers

Tolérances angulaires (fig. 2).
L'emploi de la minute et de la seconde d'arc reste admis pour les écarts des dimensions angulaires exprimées en degrés.

Tolérances à écarts symétriques (fig. 3).
Si les écarts sont symétriques par rapport à la dimension nominale, on ne doit inscrire leur valeur qu'une fois précédée du signe ±.

Tolérances données par des dimensions limites (fig. 4).
Exceptionnellement, il est possible d'inscrire les deux dimensions limites.

Tolérances « unilimites » (fig. 5).
Si une seule dimension limite est imposée, la faire suivre de l'indication **« min »** ou **« max »** (abrégés de minimal et maximal.

REMARQUE :
On peut aussi exprimer les angles dans d'autres unités légales, par exemple en radians (symbole : rad).

①

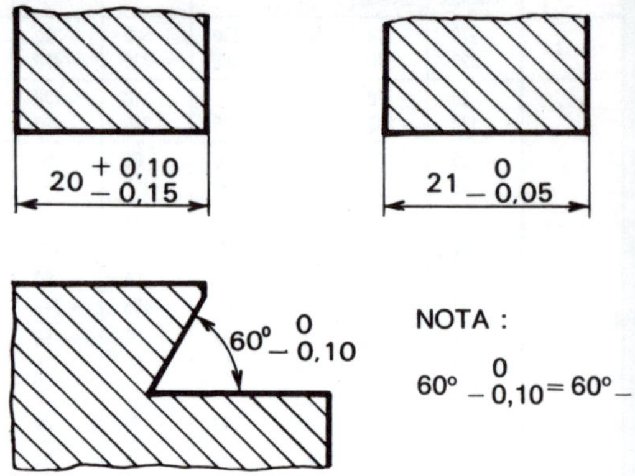

②

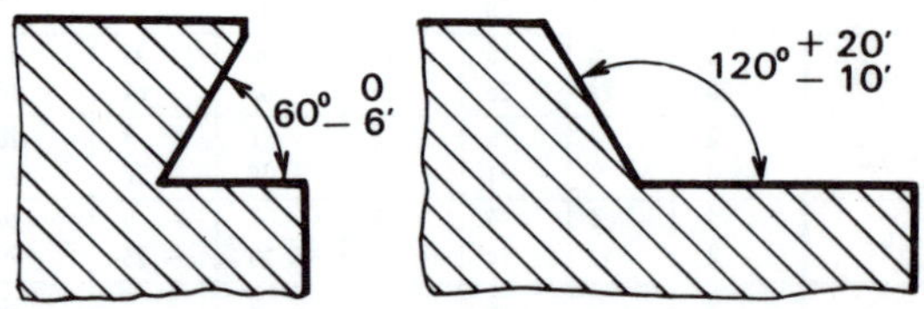

③

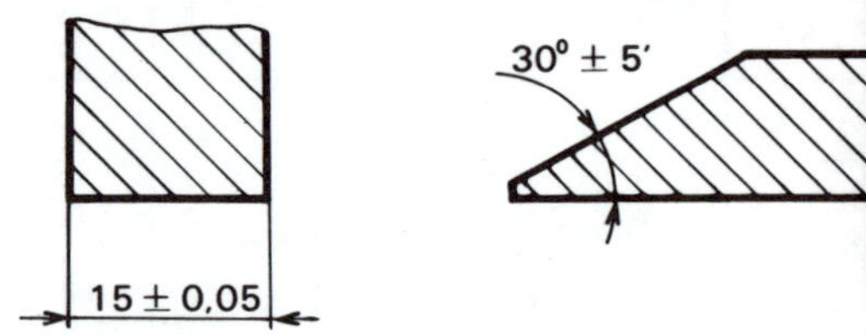

④

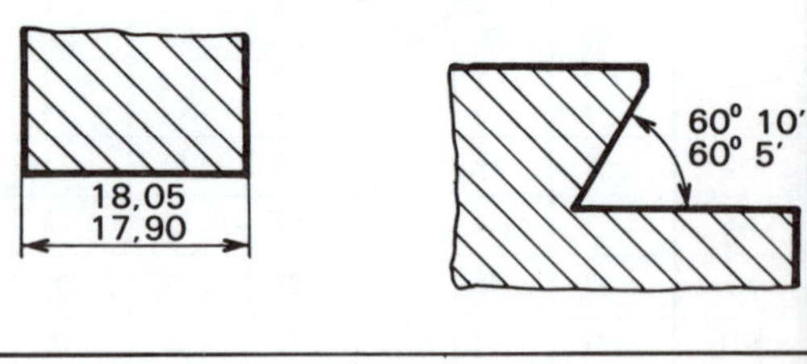

⑤

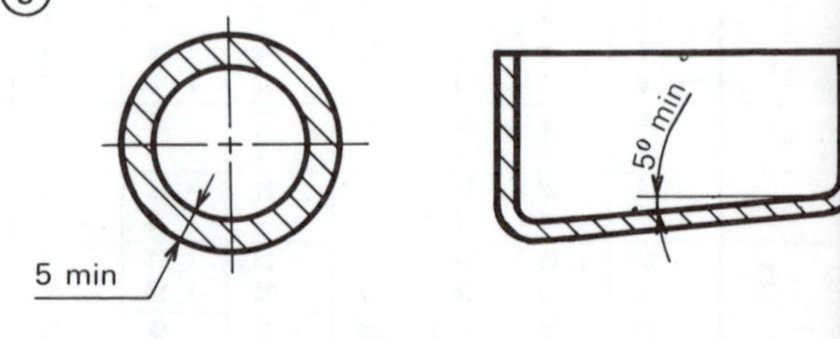

15■13 Tolérances « au maximum de matière »

Dans ce système la dimension nominale* correspond à la dimension qui laisse le maximum de matière possible pour la pièce.

REMARQUES :

■ **L'un des écarts est toujours nul :** c'est pourquoi ce mode d'inscription des tolérances est quelquefois appelé **« tolérances au zéro impératif »).**

■ **La tolérance procure une réserve de matière**

Arbre : $\begin{matrix} 0 \\ -t \end{matrix}$. Alésage : $\begin{matrix} +t \\ 0 \end{matrix}$.

■ La tolérance au maximum de matière ne peut être envisagée pour une position respective d'éléments, par exemple une dimension d'entraxe. Dans ce cas, les écarts sont symétriques par rapport à la dimension nominale.

15■2 Tolérances conformes au système ISO

Inscrire à la suite de la dimension nominale le symbole de tolérance choisi (chapitre 14). Ce symbole est en général complété par la valeur numérique des écarts.
On indique ces écarts :

■ soit entre parenthèses après le symbole (fig. ci-contre),
■ soit regroupés avec d'autres écarts dans un tableau général (exemple ci-dessous).

25 f 7	− 0,020 − 0,041
30 g 6	− 0,007 − 0,020

On évite ainsi aux différents utilisateurs du dessin de consulter un tableau des écarts, ce qui représente une organisation plus rationnelle et un gain de temps global appréciable.

15■3 Ajustements

La figure ci-contre indique deux possibilités d'inscription en fonction de la place dont on dispose.

* Voir § 14.21.

TOLÉRANCES AU MAXIMUM DE MATIÈRE

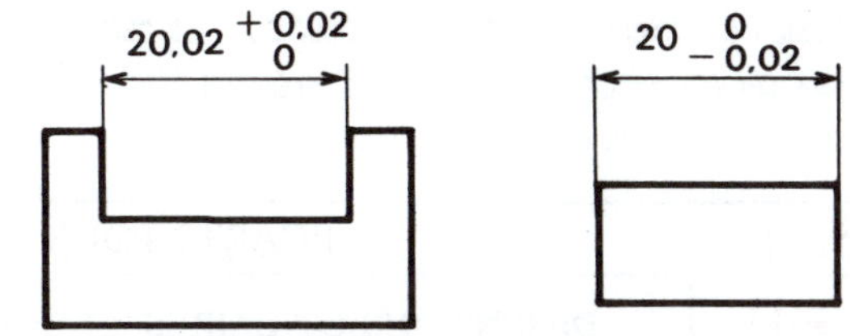

Interprétation

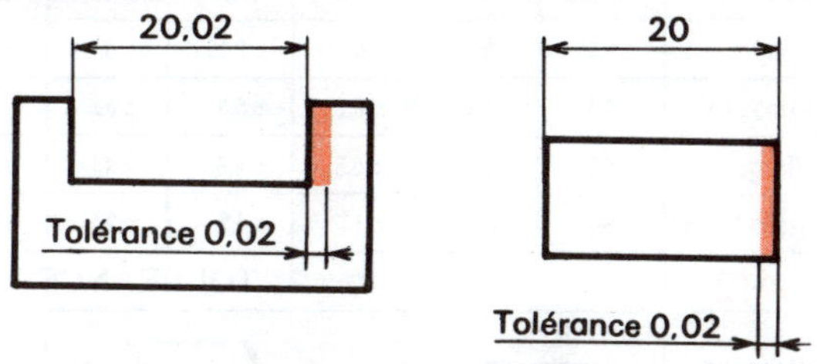

POSITION RESPECTIVE D'ÉLÉMENTS

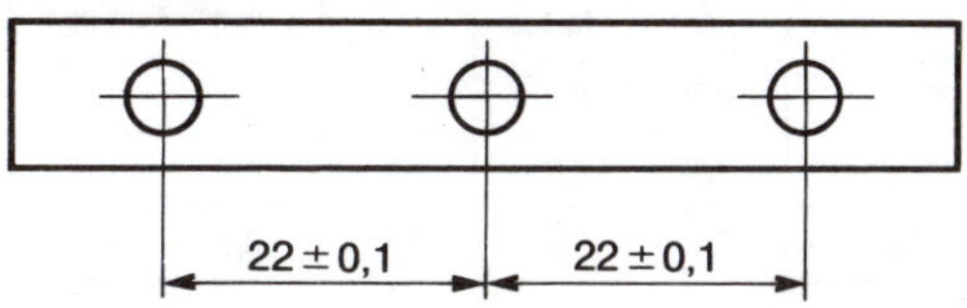

INSCRIPTION SIMPLIFIÉE — INSCRIPTION COMPLÈTE

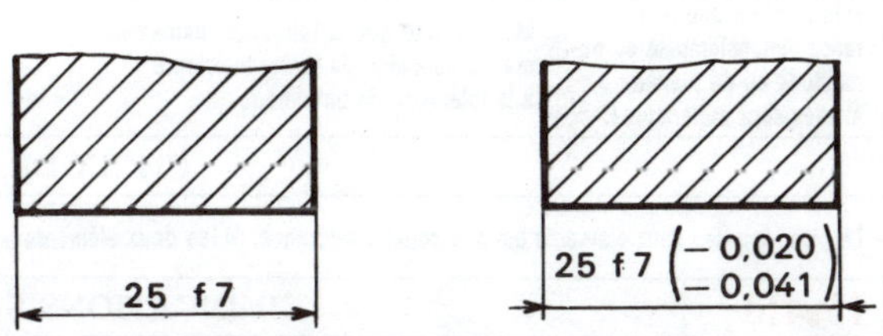

AJUSTEMENTS

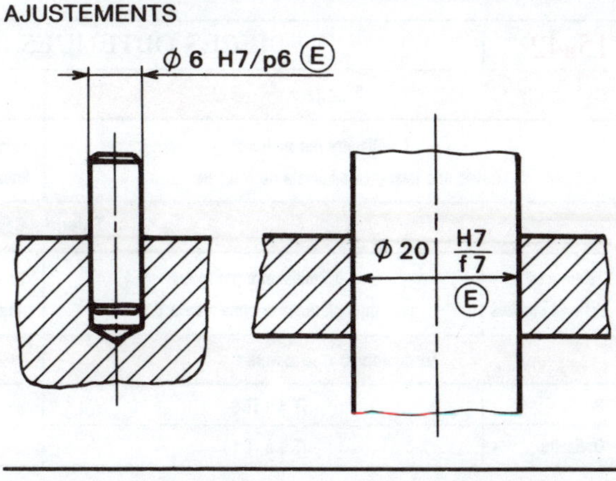

15.4 Tolérances générales

L'utilisation des tolérances générales a pour objet de permettre le tolérancement complet d'une pièce tout en évitant d'inscrire un nombre trop important de spécifications.

- Les tolérances plus petites que les tolérances générales sont indiquées individuellement.
- Les tolérances plus grandes que les tolérances générales ne sont indiquées que s'il peut en résulter une réduction des coûts de fabrication.

15.41 ÉCARTS POUR ÉLÉMENTS USINÉS — ISO 2768

15.411

	DIMENSIONS LINÉAIRES					ANGLES CASSÉS — Rayons - chanfreins			DIMENSIONS ANGULAIRES — Dimension du côté le plus court			
Classe de précision	0,5 à 3 inclus	3 à 6	6 à 30	30 à 120	120 à 400	0,5 à 3 inclus	3 à 6	> 6	Jusqu'à 10	10 à 50 inclus	50 à 120	120 à 400
f (fin)	± 0,05	± 0,05	± 0,1	± 0,15	± 0,2	± 0,2	± 0,5	± 1	± 1°	± 30′	± 20′	± 10′
m (moyen)	± 0,1	± 0,1	± 0,2	± 0,3	± 0,5	± 0,2	± 0,5	± 1				
c (large)	± 0,2	± 0,3	± 0,5	± 0,8	± 1,2	± 0,4	± 1	± 2	± 1°30′	± 1°	± 30′	± 15′
v (très large)	–	± 0,5	± 1	± 1,5	± 2,5	± 0,4	± 1	± 2	± 3°	± 2°	± 1°	± 30′

15.412 TOLÉRANCES GÉOMÉTRIQUES

Tolérances	—		▱			⊥	≡	↗ Axial Radial
Classe de précision	Jusqu'à 10	18 à 30 inclus	30 à 100	100 à 300	300 à 1 000	Toutes dimensions	Toutes dimensions	Toutes dimensions
H (fin)	0,01	0,025	0,05	0,1	0,15	0,2	0,3	0,1
K (moyen)	0,02	0,05	0,1	0,2	0,3	0,4	0,5	0,2
L (large)	0,1	0,2	0,4	0,7	0,8	1,5	1	0,5

//	○	◎
Même valeur que la tolérance dimensionnelle ou de rectitude ou de planéité si elles sont supérieures.	Même valeur que la tolérance diamétrale mais à condition de rester inférieure à la tolérance de battement.	Les écarts de coaxialité sont limités par les tolérances de battement.

CHOIX DES RÉFÉRENCES

Le plus long des deux éléments est pris comme référence. Si les deux éléments ont la même dimension nominale, chacun d'eux peut être pris comme référence.

15.413 INDICATIONS SUR LES DESSINS

Inscrire dans ou près du cartouche : Tolérances générales ISO 2768 - mK.

15.42 PIÈCES OBTENUES À PARTIR DE TÔLES*

Sciage	Mécanosoudage - Classe B (NF E 86-050)					
± 1 millimètre par mètre avec une tolérance minimale de ± 0,5 mm	Tolérances linéaires	⩽ 30	30 à 315	315 à 1 000	Tolérances angulaires	⩽ 315
		± 1	± 2	± 3		± 45′

Tolerie - Chaudronnerie

Tolérances dimensionnelles	± 0,5 millimètre par mètre avec une tolérance minimale de ± 0,3 mm	Tolérances angulaires	2° à 3°

Découpage à la presse		Emboutissage	Extrusion
Précis	IT 6 à IT 8	IT 10 à IT 13	IT 8 à IT 12 (sur diamètres)
Ordinaire	IT 9 à IT 10		

* Valeurs données à titre de première estimation pour les applications courantes.

15.43 PIÈCES MOULÉES EN SABLE*

NF A 32-011 - NF A 32-012

15.431 FONTES GRISES NON ALLIÉES Ft

Cote nominale	Plus grande dimension de la pièce – Fontes grises non alliées Ft									Fontes MB, MN, MP, FGS Aciers		
	⩽ 100			100 à 160			160 à 250			⩽ 250		
	L	A	B	L	A	B	L	A	B	L	A	B
⩽ 16	± 1	± 0,5	± 0,5	± 1	± 0,5	± 0,5	± 1	± 0,5	± 0,5	± 2	± 1	± 1
16 à 25	± 1	± 1	± 0,5	± 1	± 1	± 0,5	± 1	± 1	± 0,5	± 2	± 1	± 1
25 à 40	± 1,5	± 1	± 0,5	± 1,5	± 1	± 0,5	± 1,5	± 1	± 0,5	± 2	± 1	± 1
40 à 63	± 1,5	± 1	± 1	± 1,5	± 1	± 1	± 1,5	± 1	± 1	± 2	± 2	± 1
63 à 100	± 2	± 1,5	± 1	± 2	± 1,5	± 1	± 2	± 1,5	± 1	± 2	± 2	± 1
100 à 160	—	—	—	± 2,5	± 1,5	± 1	± 2,5	± 1,5	± 1	± 3	± 2	± 1
160 à 250	—	—	—	—	—	—	± 3	± 2	± 1,5	± 4	± 2	± 2
250 à 400	—	—	—	—	—	—	—	—	—	—	—	—

- Tolérances L : Elles s'appliquent à des pièces acceptant des tolérances larges.
- Tolérances A : Elles correspondent à l'utilisation de modèles en bois fixés sur plaques.
- Tolérances B : Elles nécessitent des modèles métalliques.

15.432 ALLIAGES DE CUIVRE ET ALLIAGES D'ALUMINIUM

Cote nominale	Plus grande dimension de la pièce				
	⩽ 100	100 à 160	160 à 250	250 à 400	400 à 630
⩽ 25	± 0,5	± 0,5	± 0,5	± 0,5	± 0,5
25 à 40	± 0,5	± 0,5	± 0,5	± 0,5	± 1
40 à 63	± 0,5	± 1	± 1	± 1	± 1
63 à 100	± 1	± 1	± 1	± 1	± 1,5

Cote nominale	Plus grande dimension de la pièce				
	100 à 160	160 à 250	250 à 400	400 à 630	630 à 1 000
100 à 160	± 1	± 1	± 1,5	± 1,5	± 2,5
160 à 250	—	± 1,5	± 1,5	± 2	± 2,5
250 à 400	—	—	± 2	± 2	± 3
400 à 630	—	—	—	± 2,5	± 3

15.44 MOULAGES DE PRÉCISION*

Procédés	Tolérances en % pour dimensions inférieures à 250 mm
Au sable autosiccatif	± 0,5 % avec des écarts minimaux de ± 0,5 mm.
En carapace « Croning »	± 0,3 % avec des écarts minimaux de ± 0,4 mm.
En coquille par gravité	± 0,5 % avec des écarts minimaux de ± 0,4 mm.
En coquille sous pression	± 0,3 % avec des écarts minimaux de ± 0,1 mm.
À la cire perdue	± 0,2 % avec des écarts minimaux de ± 0,05 mm.

15.45 MOULAGE PAR INJECTION - Pièces en plastique*

NF T 58-000

ÉCARTS PAR COTES NE COMPRENANT PAS DE PLAN DE JOINT

Classe de précision	⩽ 1	3	6	10	15	22	30	40	53	70	90	115	150	200	250
Normale	± 0,13	± 0,15	± 0,17	± 0,20	± 0,22	± 0,25	± 0,27	± 0,30	± 0,35	± 0,38	± 0,43	± 0,50	± 0,60	± 0,75	± 0,90
Réduite	± 0,06	± 0,07	± 0,08	± 0,09	± 0,10	± 0,11	± 0,13	± 0,15	± 0,17	± 0,20	± 0,24	± 0,29	± 0,35	± 0,44	± 0,55
De précision	± 0,04	± 0,05	± 0,06	± 0,07	± 0,08	± 0,09	± 0,10	± 0,11	± 0,13	± 0,15	± 0,17	± 0,20	± 0,24	± 0,30	± 0,36

- Les cotes non tolérancées sur le dessin sont, en principe, celles de la classe normale.
- Les emplacements des éjecteurs, plans de joints... sont à indiquer sur le dessin après consultation du fabricant.
- Les tolérances sont valables pour les plastiques : PA-PPO-ABS-PS-PMMA-PVC et approchées pour les autres.
- Écrire dans ou près du cartouche : Tolérances générales classe ____________. NF T 58-000.

15.46 PIÈCES OBTENUES PAR DÉFORMATION*

Procédé	⩽ 50	50 à 80	80 à 200	200 à 315	315 à 400	400 à 500	500 à 630
Forgeage	± 3	± 3	± 4	± 6	± 8	± 9	± 10
Matriçage	± 0,5	± 1	± 1	± 1,5	± 2	± 2,5	± 2,5

* Pour plus d'informations, voir G.T. 11 « Cotes et tolérances des bruts ».

16 États de surface

NF E 05-015 - NF ISO 1302 - ISO 4287

L'aptitude d'une pièce, à une fonction donnée, dépend d'un ensemble de conditions, notamment des caractéristiques de ses états de surface. Par exemple, l'examen de la figure 1 montre que l'étanchéité et l'usure du joint sont essentiellement fonction de l'état de surface de l'alésage du cylindre.

16■1 Généralités

Surface d'un corps : c'est le lieu des points qui délimitent une portion de l'espace.

La surface d'une pièce mécanique est composée d'une ou plusieurs surfaces élémentaires. Par exemple, pour la pièce fig. 2, on distingue :

- une surface cylindrique,
- deux surfaces planes.

Surface géométrique : c'est une surface parfaite. Elle est définie géométriquement par des cotes nominales. Par exemple pour la surface cylindrique : Ø 30.

Surface spécifiée : c'est la surface géométrique affectée des tolérances de fabrication.

Surface réelle : c'est la surface qui résulte des procédés de fabrication. La figure 2 montre (en amplifiant les défauts) que la surface réelle diffère sensiblement de la surface géométrique.

Surface mesurée : la surface mesurée est le résultat de l'exploration, à l'aide des instruments de mesure, de la surface réelle.

Par exemple, avec l'appareil représenté fig. 3, il arrive que le palpeur ne touche pas le fond de la surface réelle. C'est ce qui explique, en partie, la différence entre la surface réelle et la surface mesurée. Les divers types d'instruments et les différentes techniques de mesures peuvent donner, à partir d'une même surface réelle, des surfaces mesurées dissemblables. C'est pourquoi il est nécessaire d'indiquer sur le plan ou dans le cahier des charges :

- l'appareil de mesure choisi,
- les conditions d'exécution du contrôle.

Une autre méthode de contrôle consiste à comparer la surface à contrôler à un échantillon de surface correspondant à la valeur exigée et au mode de façonnage utilisé (voir fig. 4).

① ENSEMBLE PARTIEL DE VÉRIN — DÉTAIL B FORTEMENT AGRANDI

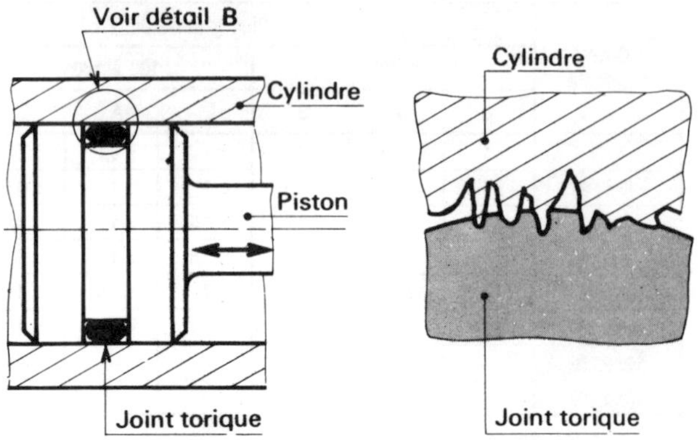

② SURFACE GÉOMÉTRIQUE — SURFACE RÉELLE

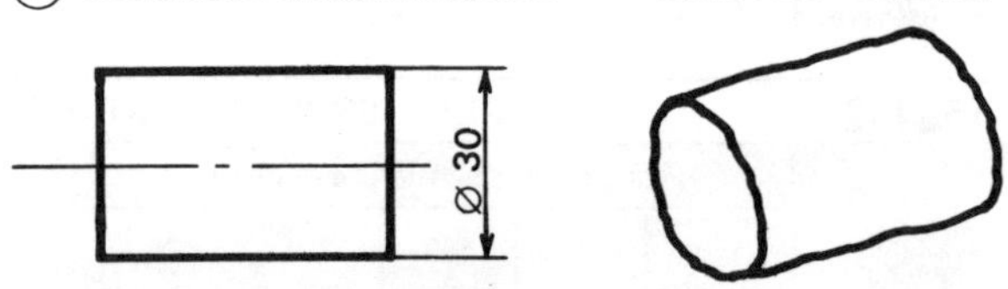

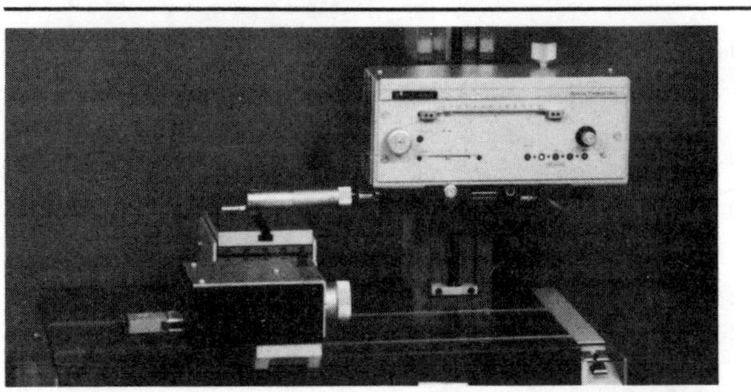

Photo Rank Taylor Hobson

③ DÉTAIL DU PALPAGE

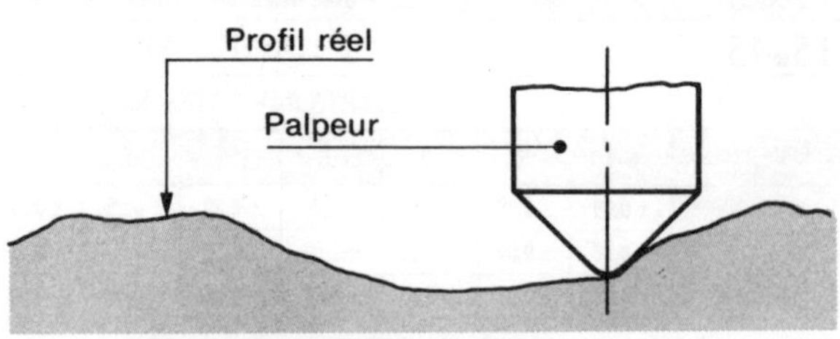

④

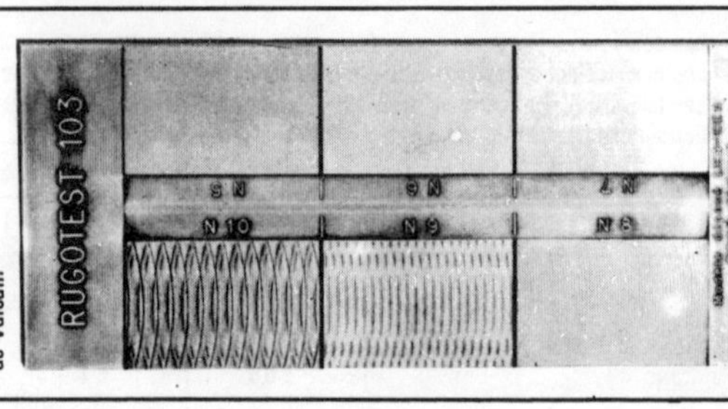

Photo Forges de Vulcain

16■2 Analyse d'une surface

Si l'on coupe normalement une surface par un plan, on obtient une courbe appelée profil de la surface. C'est à partir de ce profil que l'on analyse les différents défauts de la surface. On classe les défauts géométriques en quatre ordres de grandeur.

■ **Défauts du premier ordre**

Ce sont des défauts de forme. Par exemple : écarts de rectitude, écarts de circularité, etc.
Ces défauts sont étudiés au chapitre 17.

■ **Défauts du deuxième ordre**

C'est une ligne ondulée. Elle est caractérisée par la ligne enveloppe supérieure.
La distance d'irrégularité entre deux sommets est comprise entre 0,5 et 2,5 mm environ.

■ **Défauts du troisième et du quatrième ordre**

Ils caractérisent la rugosité de la surface.
Les défauts du troisième ordre sont constitués par des stries ou sillons. La distance entre deux sillons est comprise entre 0,02 et 0,5 mm environ.
Les défauts du quatrième ordre sont des défauts apériodiques constitués par des arrachements, fentes, etc. La distance entre deux pics de ces irrégularités est inférieure ou égale à 20 µm.

16■3 Caractéristiques du profil

■ **Longueur d'évaluation L**

Longueur, mesurée suivant la direction générale du profil.

■ **Longueur de base l**

Partie de la longueur d'évaluation utilisée pour séparer les irrégularités du profil.

■ **Ligne enveloppe supérieure LES**

Segments de droites joignant les points les plus hauts des saillies locales du profil.

■ **Ligne moyenne**

C'est une droite ayant la direction générale du profil et qui divise le profil de telle sorte qu'à l'intérieur de la longueur de base, la somme des carrés des écarts à partir de cette ligne soit minimale (**« ligne des moindres carrés »).**
Approximativement, la somme des aires comprise entre la ligne moyenne et le profil est égale de part et d'autre.

ANALYSE D'UNE SURFACE*

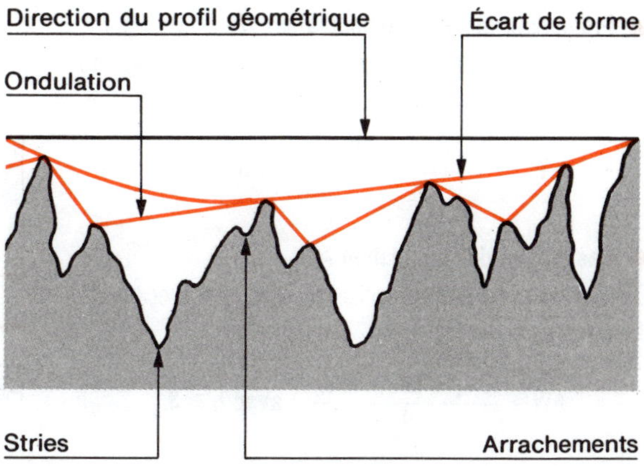

LONGUEURS D'ÉVALUATION ET DE BASE

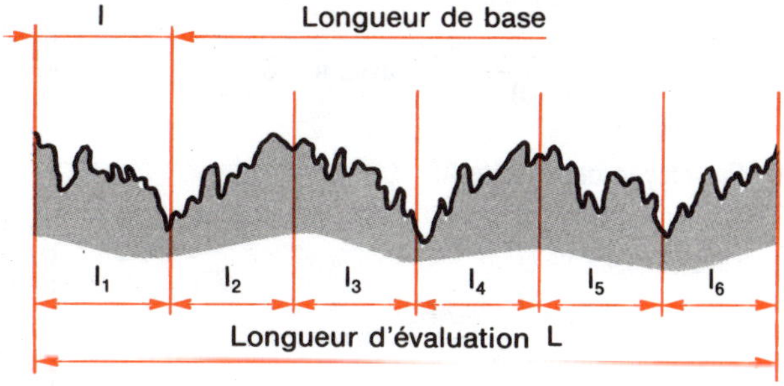

$L = n\,l$

LIGNE ENVELOPPE SUPÉRIEURE

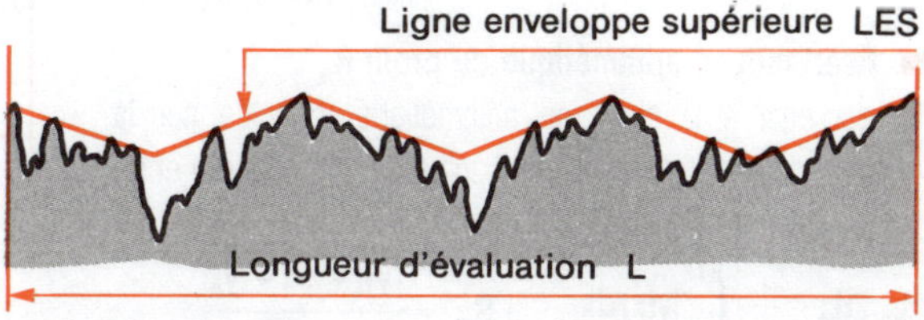

LIGNE MOYENNE

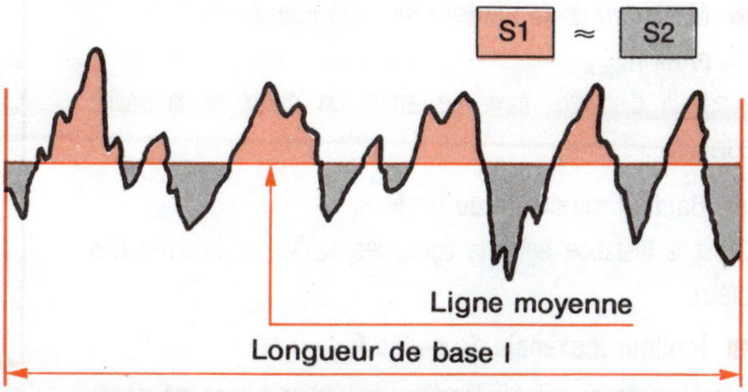

*Les profils représentés sont anamorphosés (échelles horizontales et verticales différentes).

16.31 Paramètres liés aux motifs

■ Profondeur moyenne d'ondulation W

C'est la moyenne des distances saillie-creux des écarts du deuxième ordre.

$$W \approx \frac{W_1 + ... + W_n}{n} \quad \text{avec } n \geqslant 3.$$

■ Pas moyen de l'ondulation AW

C'est la moyenne des distances saillie-saillie des écarts du deuxième ordre.

$$AW \approx \frac{AW_1 + ... + AW_n}{n} \quad \text{avec } n \geqslant 3.$$

■ Profondeur moyenne de rugosité R

C'est la moyenne des distances saillie-creux des écarts du troisième et quatrième ordre.

$$R \approx \frac{R_1 + ... + R_n}{n} \quad \text{avec } n \geqslant 8.$$

■ Pas moyen de rugosité AR

C'est la moyenne des distances saillie-saillie des écarts du troisième et quatrième ordre.

$$AR \approx \frac{AR_1 + ... + AR_n}{n} \quad \text{avec } n \geqslant 8.$$

16.32 Paramètres liés à la ligne moyenne

■ Écart moyen arithmétique du profil R_a

R_a est égal à la moyenne arithmétique, calculée sur la longueur de base, de la valeur absolue de l'ordonnée **y** entre chaque point du profil et l'axe **ox.**

$$R_a = \frac{1}{l} \int_0^l |y(x)|dx \qquad R_a \approx \frac{|y_1| + ... + |y_n|}{n}$$

■ Maximum de la hauteur des irrégularités du profil R_{max}

C'est la distance maximale entre un creux et la saillie adjacente.

■ Hauteur maximale du profil R_t

C'est la distance entre la ligne des saillies et la ligne des creux.

■ Hauteur maximale de saillie R_p

C'est la distance entre la ligne des saillies et la ligne moyenne.

PARAMÈTRES D'ONDULATION LIÉS AUX MOTIFS

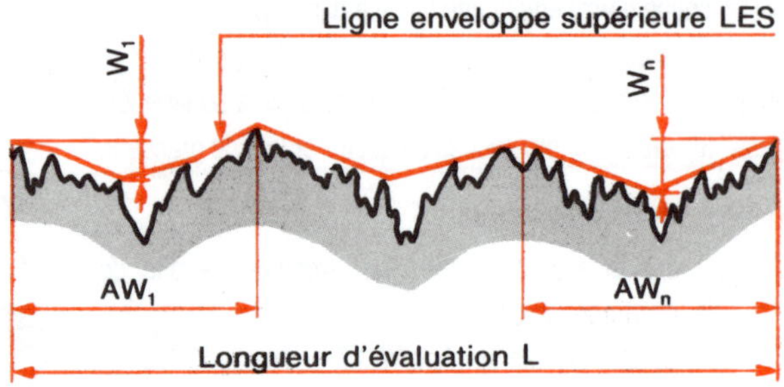

PARAMÈTRES DE RUGOSITÉ LIÉS AU MOTIFS

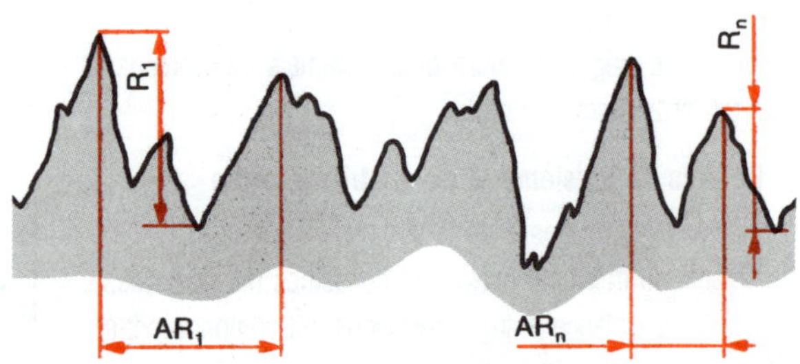

PARAMÈTRES DE RUGOSITÉ LIÉS À LA LIGNE MOYENNE

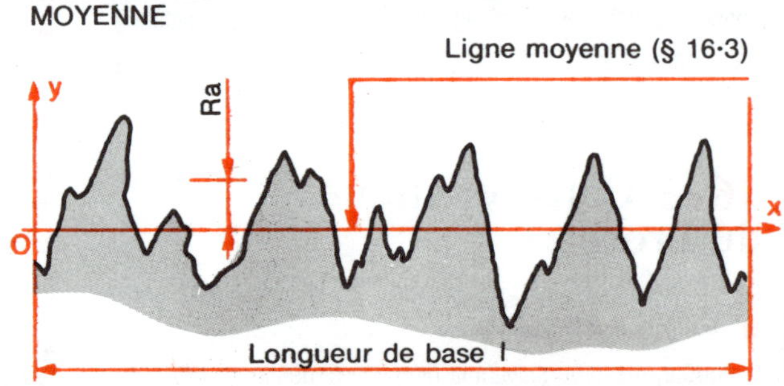

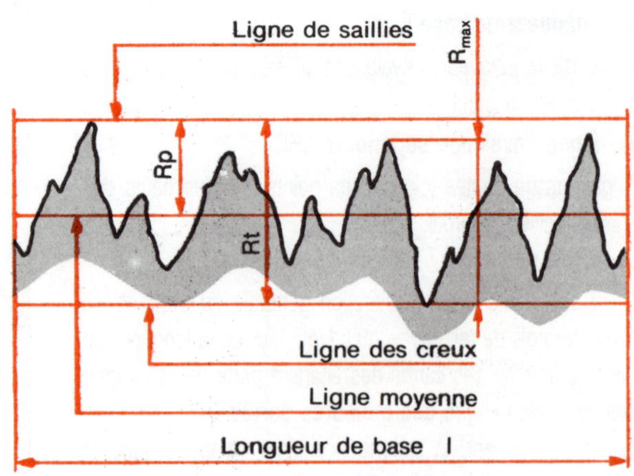

Taux de longueur portante $(Tp)_c$

Le taux de longueur portante s'exprime en pourcentage pour un plan de coupe à une profondeur donnée **c** en micromètres.

EXEMPLES :

- **$(Tp)_5$ 70 %** signifie qu'après une usure de 5 µm le pourcentage de la longueur d'évaluation qui porterait sur une surface plane devrait être d'au moins 70 %.
- Si l'on recherche un état de surface fin, tout en laissant des sillons formant réserve d'huile, on peut tolérancer un taux de longueur portante : $(Tp)_5$ 60 % à 70 %.

$$(Tp)_c = \frac{b_1 + ... + b_n}{L}.$$

TAUX DE LONGUEUR PORTANTE (Tp)

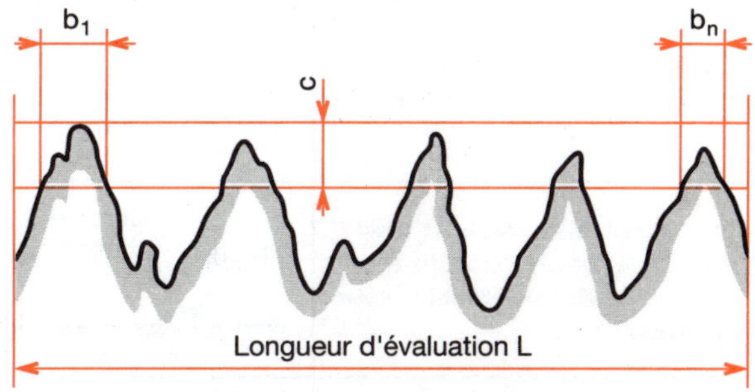

micromètre = µm 1 µm = 0,001 mm 1 micro-inche = 0,025 µm = 0,000 025 mm

16.4 INDICATION D'UN ÉTAT DE SURFACE

16.41 SYMBOLES DE BASE		16.42 INDICATIONS DE L'ÉTAT DE SURFACE	
Surface prise en considération. Ce symbole ne spécifie aucune exigence pour l'état de surface.	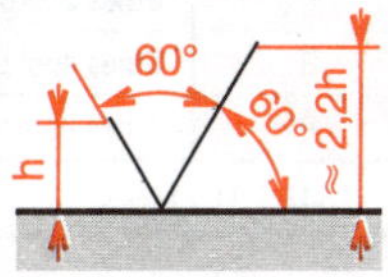	L'état de surface R_a de limite supérieure 6,3 µm peut être obtenu par un procédé d'élaboration quelconque (enlèvement de matière par usinage facultatif).	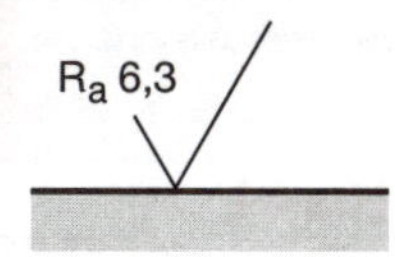
Surface à usiner par enlèvement de matière, sans spécification d'exigence pour l'état de surface.	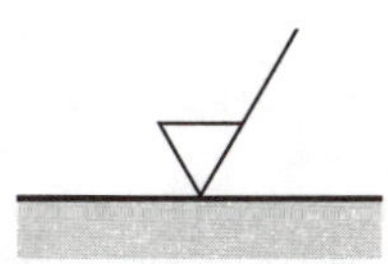	L'écart moyen arithmétique du profil R_a doit être compris entre une limite supérieure de 6,3 µm et une limite inférieure de 1,6 µm.	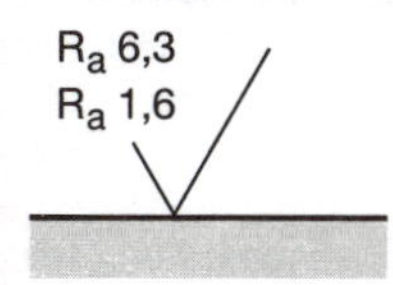
Surface où l'enlèvement de matière est interdit, sans spécification d'exigence pour l'état de surface.	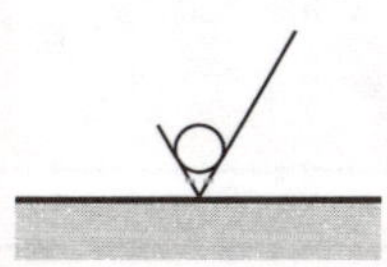	L'état de surface R_a de limite supérieure 3,2 µm doit obligatoirement être obtenu par usinage.	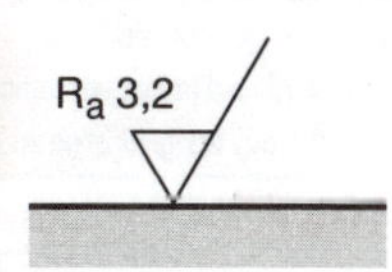
REMARQUE : Sur les dessins d'opérations de fabrication, ce symbole peut être employé seul. On spécifie ainsi que la surface doit rester dans l'état obtenu lors d'une précédente opération, qu'il y ait eu ou non enlèvement de matière.		L'état de surface R_a de limite supérieure 0,8 µm doit être obtenu par un procédé sans enlèvement de matière.	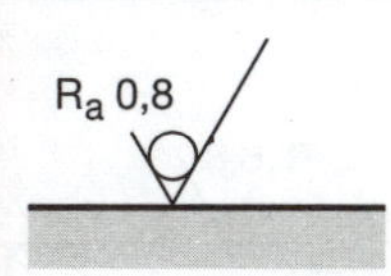
Surface avec spécifications d'exigence complémentaires pour l'état de surface.	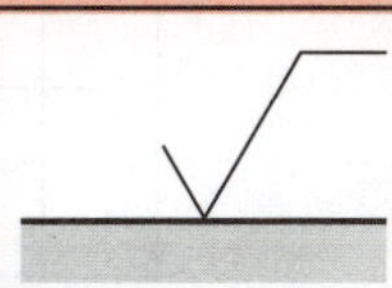	L'état de surface doit respecter deux paramètres de rugosité : – R_a limite supérieure 0,8 µm, – R_t limite supérieure 6,3 µm.	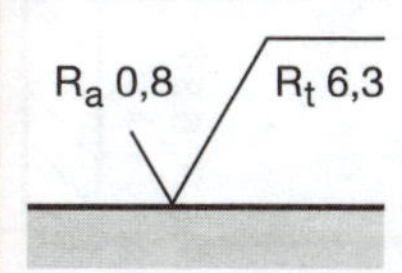
L'état de surface est le même pour toutes les surfaces de la pièce.	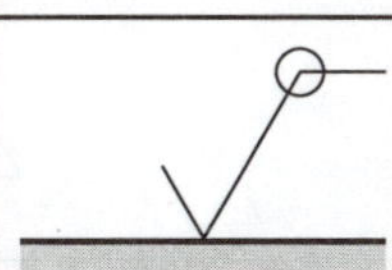	La profondeur moyenne d'ondulation du profil W doit être au maximum de 0,3 µm.	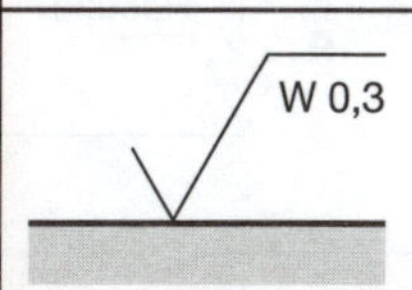

NOTA : Ces indications sont relatives aux écarts admissibles des 2e, 3e et 4e ordre.

16.43 INDICATIONS COMPLÉMENTAIRES ÉVENTUELLES

État de surface obtenu par rodage. Limite supérieure de rugosité R_a 0,4 µm.	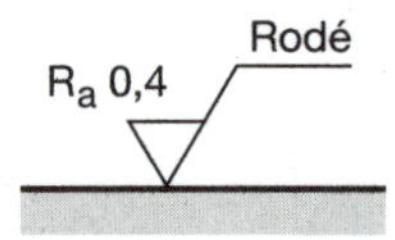
État de surface obtenu sans usinage. Limite supérieure de rugosité R_a 0,1 µm. Traitement chromage. Spécifications valables pour toutes les surfaces.	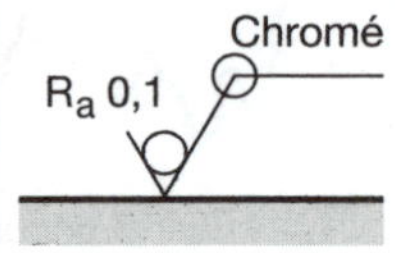
Longueur de base l = 2,5 mm. N'inscrire cette longueur que si elle est différente des valeurs normalisées.	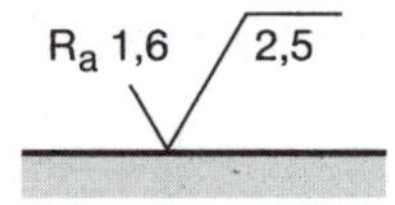
Surépaisseur d'usinage 0,5 mm. Voir valeurs usuelles G.T. 15.	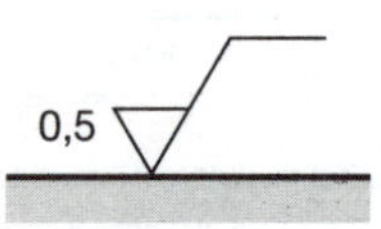

DIRECTIONS DES STRIES

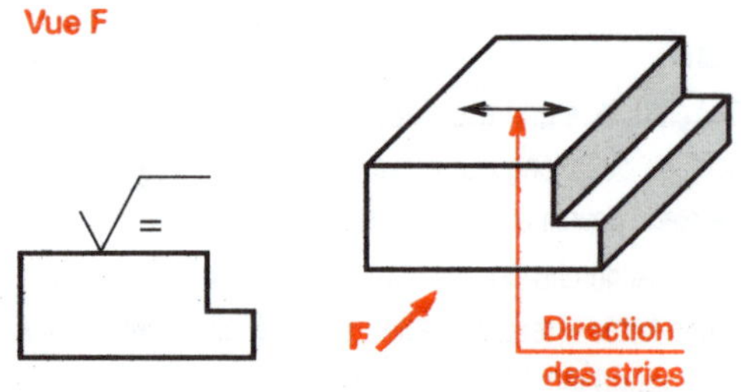

Symbole	Signification
=	Stries parallèles au plan de projection
⊥	Stries perpendiculaires au plan de projection
X	Stries dans deux directions croisées
M	Stries multidirectionnelles
C	Stries approximativement circulaires
R	Stries approximativement radiales
P	Stries particulières, non directionnelles

16.44 SPÉCIFICATIONS SIMPLIFIÉES

État de surface général
Le symbole d'état de surface général est suivi entre parenthèses :
- soit du symbole de base, sans autre indication,
- soit des symboles d'états de surface indiquant un ou plusieurs états de surface particuliers.

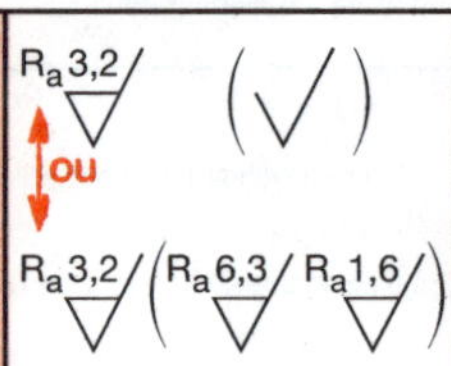

Symboles complexes
Il est possible d'utiliser une indication simplifiée, à condition que la signification en soit expliquée. *

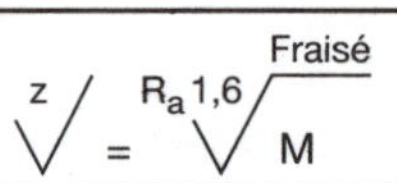

Répétition fréquente d'un même état de surface.
L'indication peut se limiter au symbole de base, à condition que la signification en soit expliquée.*

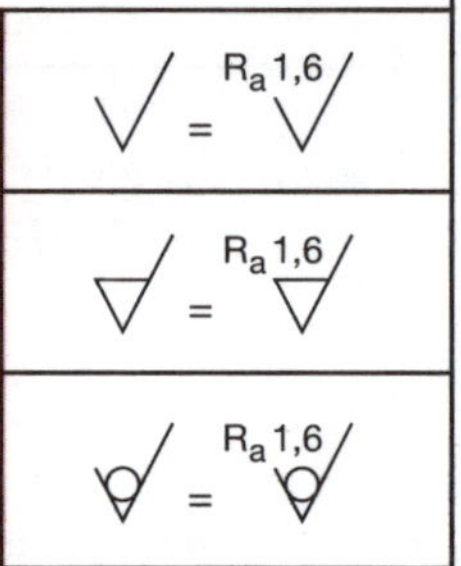

16.45 POSITIONS DU SYMBOLE

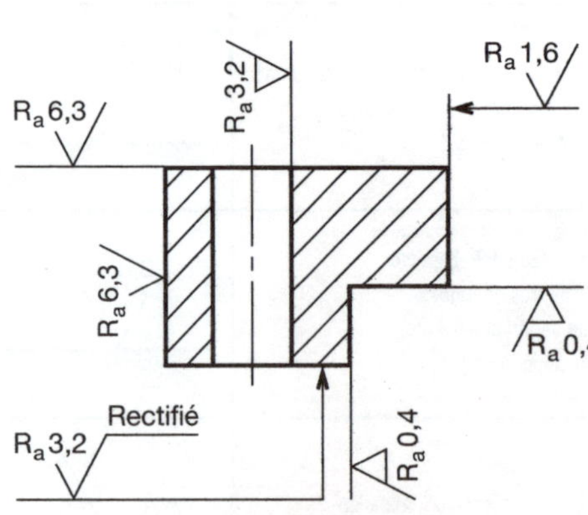

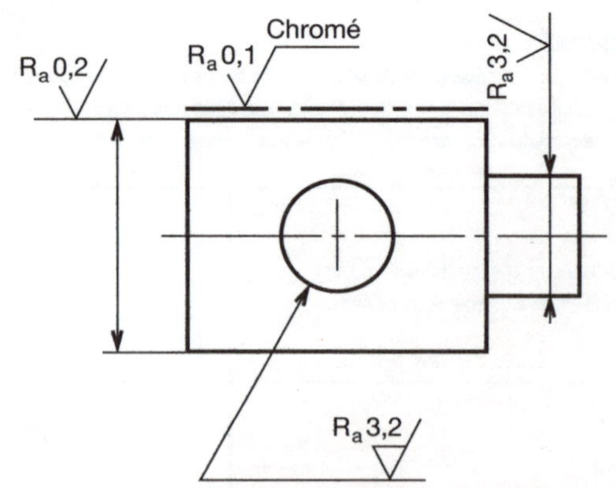

RÈGLE GÉNÉRALE : Les symboles de base, ou les lignes de repère, sont tracés du côté libre de matière. Les inscriptions doivent être orientées pour êtres lues depuis le bas ou depuis la droite du dessin.

* La signification des spécifications simplifiées est à inscrire dans le cartouche ou dans son voisinage.

16■46 Précédente symbolisation

L'indication des états de surface donnée précédemment est toute récente. Afin de permettre la compréhension de l'ancienne symbolisation sur les nombreux documents existants, nous rappelons l'essentiel de la précédente normalisation.

L'indication d'un état de surface comprend :

- le symbole de l'état de surface,
- le symbole de la fonction (voir tableau 16.47),
- le symbole et la valeur numérique du paramètre d'état de surface,
- le symbole du procédé d'élaboration s'il y a une nécessité fonctionnelle absolue (voir tableau 16.48).

PRÉCÉDENTE SYMBOLISATION

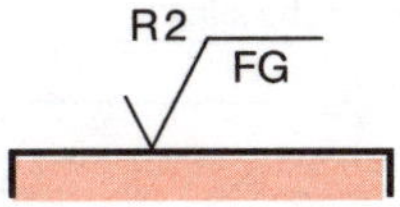

FG : surface de frottement de glissement,
R 2 : profondeur moyenne de rugosité R inférieure ou égale à 2 µm.

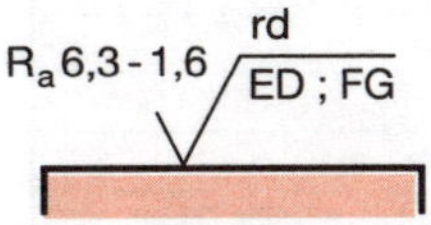

ED ; FG : surface d'étanchéité dynamique et de frottement de glissement.
R_a 6,3 - 1,6 : l'écart moyen arithmétique de rugosité R_a doit se trouver compris entre 6,3 et 1,6 µm.
rd : le procédé d'élaboration est le rodage.

16■47 FONCTIONS ET ÉTATS DE SURFACE

Surface	Fonction	Symbole*	Condition	Exemples d'application	R_a**	R**
Avec déplacements relatifs	Frottement de glissement (1)	FG	Moyenne	Coussinets-Portées d'arbres	0,8	2
			Difficile	Glissières de machines-outils	0,4	1
	Frottement de roulement (2)	FR	Moyenne	Galets de roulement	0,4	1
			Difficile	Chemins de roulements à billes	0,02	0,06
	Résistance au matage	RM	Moyenne	Cames de machines automatiques	0,4	1
			Difficile	Extrémités de tiges de poussée	0,10	0,25
	Frottement fluide	FF	Moyenne	Conduits d'alimentation	6,3	16
			Difficile	Gicleurs	0,2	0,5
	Étanchéité dynamique (3)	ED	Moyenne	Portées pour joints toriques	0,4	1
			Difficile	Portées pour joints à lèvres	0,3	0,8
Avec assemblage fixe	Étanchéité statique (3)	ES	Moyenne	Surfaces d'étanchéité avec joint plat	1,6	4
			Difficile	Surfaces d'étanchéité glacées – sans joint	0,1	0,25
	Assemblage fixe (4) (contraintes faibles)	AF	Moyenne	Portées et centrages de pièces fixes démontables	3,2	10
			Difficile	Portées et centrages précis	1,6	4
	Ajustement fixe avec contraintes	AC	Moyenne	Portées de coussinets	1,6	4
			Difficile	Portées de roulements	0,8	2
	Adhérence (collage)	AD	—	Constructions collées	1,6 à 3,2	2 à 10
Sans contrainte	Dépôt électrolytique	DE	—	Indiquer la rugosité exigée par la fonction, après dépôt	0,1 à 3,2	0,25 à 10
	Mesure	ME	Moyenne	Faces de calibres d'atelier	0,1	0,25
	Revêtement (peinture)	RE	—	Carrosseries d'automobiles	⩾ 3,2	⩾ 10
Avec contraintes	Résistance aux efforts alternés	EA	Moyenne	Alésages de chapes de vérin	1,6	4
			Difficile	Barres de torsion	0,8	2
	Outils coupants (arête)	OC	Moyenne	Outils en acier rapide	0,4	1
			Difficile	Outils en carbure	0,2	0,5

(1) Denture d'engrenage voir § 47.5.
(2) Voir également le chapitre 40 concernant les roulements.
(3) Voir également le chapitre 44 concernant les joints d'étanchéité.
(4) Symbole non normalisé, rappeler sa signification sur chaque plan.

- Relations approximatives : $R_p \approx 0,4\ R$; $R_t \approx 3,2\ R_a$.
- Dans la plupart des cas, les valeurs relatives des critères respectent les relations suivantes : $R_{max} \leq 2R$; $W \leq 2R_a$.
- L'intervalle de tolérance IT doit être supérieur à 10 R_a.

* Valable uniquement pour la précédente normalisation (§ 16.46).

** Valeurs données à titre indicatif.

16■48 PROCÉDÉS D'ÉLABORATION ET ÉTATS DE SURFACE

Procédé d'élaboration				Écart moyen arithmétique R_a en micromètres										
Désignation			Symbole*	25	12,5	6,3	3,2	1,6	0,8	0,4	0,2	0,1	0,05	0,025
SURFACES BRUTES	Estampage		es											
	Forgeage		fo											
	Grenaillage		gn											
	Laminage	filage - extrusion à chaud	lac											
		tréfilage - étirage à froid	laf											
	Matriçage	à chaud	ma											
		à froid												
	Moulage	au sable	mo											
		cire perdue - procédé Schaw...												
		en coquille, par gravité												
		en coquille, sous pression												
	Moulage plastique		mo											
	Sablage		sa											
SURFACES USINÉES	Alésage	outil acier rapide	al											
		outil carbure ou diamant												
		à alésoir												
	Brochage		br											
	Brunissage		—											
	Découpage (à la presse)		de											
	Découpage fin (à la presse)													
	Électro-érosion		éé											
	Fraisage en bout	outil acier rapide	frb											
		outil carbure												
	Fraisage en roulant	outil acier rapide	frr											
		outil carbure												
	Galetage		ga											
	Grattage		gr											
	Meulage	à main	me											
		au disque												
		électrolytique												
	Mortaisage		–											
	Oxycoupage		–											
	Perçage au foret		pe											
	Polissage	mécanique	po											
		électrolytique												
	Rabotage		rb											
	Rectification	cylindrique	rcc											
		plane	rcp											
		diamant	—											
	Rodage	à la pierre	rd											
		au rodoir												
	Sciage		sc											
	Superfinition		sf											
	Taillage	fraise module	—											
		fraise mère	—											
	Tournage	outil acier rapide	to											
		outil carbure ou diamant												
Profondeur moyenne de rugosité R en micromètres				80	40	16	10	4	2	1	0,5	0,25	0,12	0,06
LÉGENDE				Valeurs usuelles						Valeurs exceptionnelles				

* Valable uniquement pour la précédente normalisation (§ 16.46).

17 Tolérances géométriques

NF E 04-552 à 556 - ISO 1101-5459

Les tolérances géométriques limitent les écarts admissibles de forme, d'orientation, de position ou de battement d'un élément.

17.1 Indication d'un élément

L'élément de référence est précisé par un triangle noirci ou non.

L'élément tolérancé est indiqué par une flèche.

Suivant la position du triangle ou de la flèche on distingue trois cas :

- si le triangle ou la flèche sont appliqués sur l'élément ou sur une ligne de rappel, la référence ou la tolérance concerne l'élément lui-même (fig.1a) ;
- si le triangle ou la flèche sont appliqués dans le prolongement de la ligne de cote, la référence ou la tolérance concerne l'axe ou le plan médian ainsi spécifié (fig. 1b) ;
- si le triangle ou la flèche sont sur un axe ou sur un plan médian, la référence ou la tolérance concerne cet axe ou ce plan médian (fig. 1c).

REMARQUE :

Les défauts de forme de l'élément de référence doivent être négligeables par rapport aux défauts à contrôler. C'est pourquoi il peut être nécessaire de prescrire une tolérance de forme limitative pour la surface de référence (fig. 2).

17.11 Élément restreint

Si la référence, ou la tolérance, ne concerne qu'une partie restreinte de l'élément, représenter cette partie par un trait mixte fort distant de 0,8 mm de l'élément concerné.

CAS PARTICULIER : références partielles

Pour certaines applications, il est nécessaire de repérer certains points qui définissent géométriquement la surface de référence. On utilise à cet effet la symbolisation suivant figure 4.

La position des références partielles doit être cotée.

NOTA : Les vérifications s'effectuent à partir de **références simulées** (voir G.T. 56).

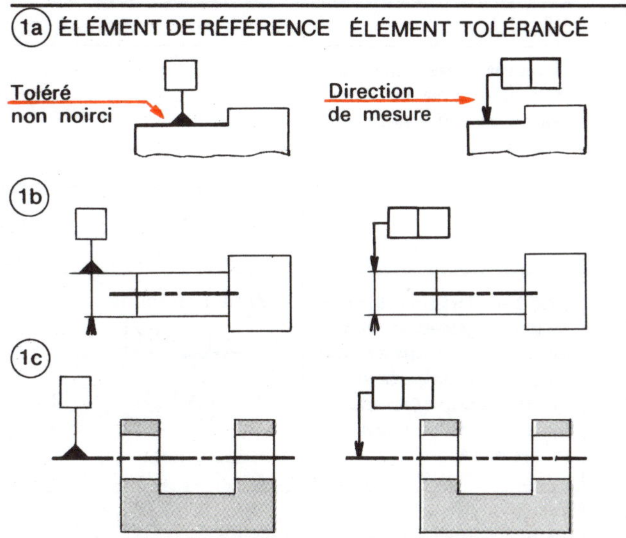

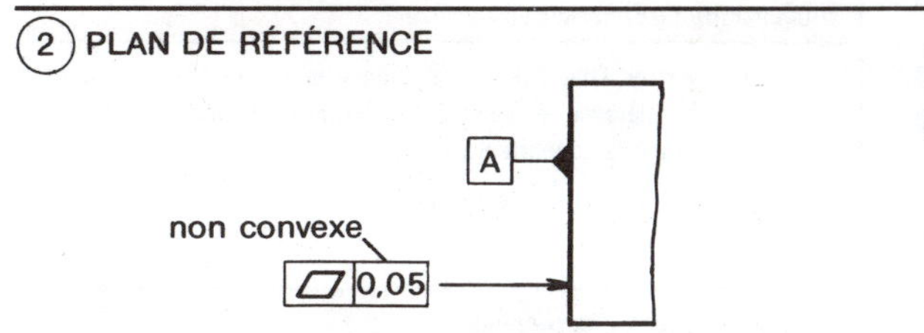

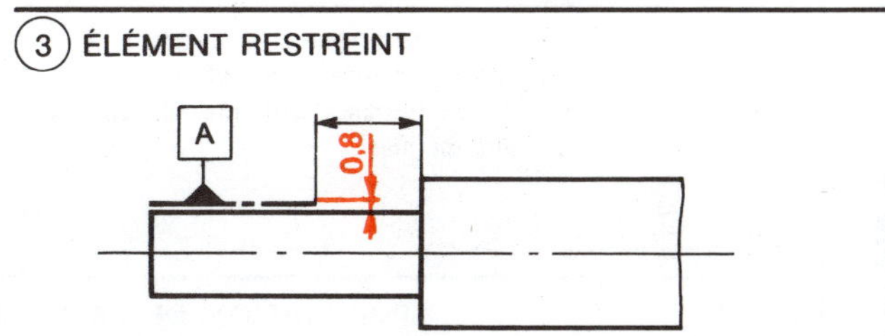

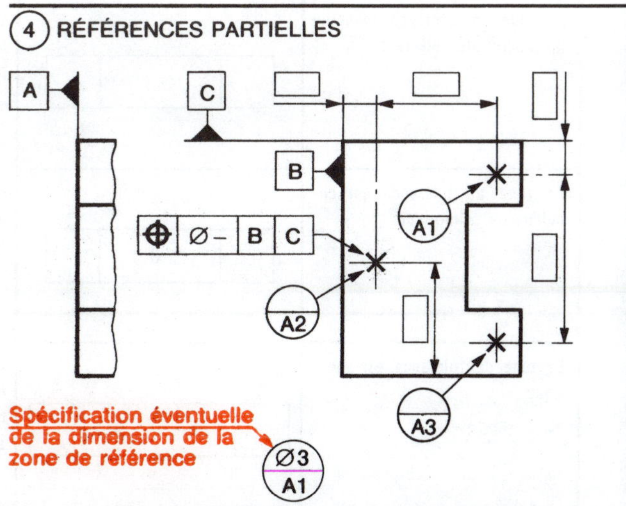

17 ■ 12 ÉLÉMENTS SÉPARÉS

Lorsqu'une même tolérance géométrique concerne des éléments séparés, on peut la spécifier suivant l'une des deux possibilités ci-contre.

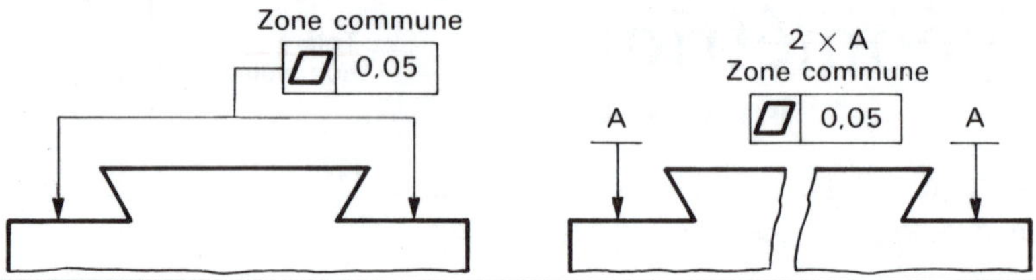

Lorsqu'il est nécessaire d'utiliser une condition d'alignement des axes de deux cylindres il est possible d'utiliser une tolérance cylindrique de rectitude en « zone commune ». Cette spécification permet de définir un axe de référence commun A.

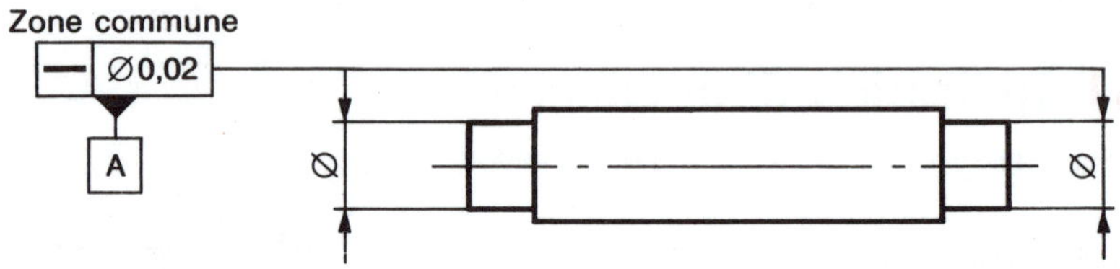

17 ■ 13 DIRECTION DE MESURE

Influence de la direction de mesure

La figure montre l'importance de bien orienter la ligne joignant le cadre de tolérance à l'élément tolérancé en fonction de la direction de mesure souhaitée a ≠ b.

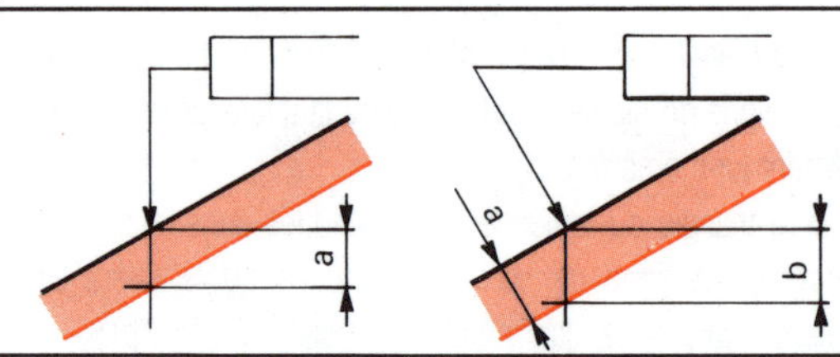

Cas des surfaces quelconques

En l'absence de spécifications particulières, la direction de la largeur de la zone de tolérance est normale à la surface concernée. Si la direction de la zone de tolérance doit être différente, la direction de mesure doit être spécifiée.

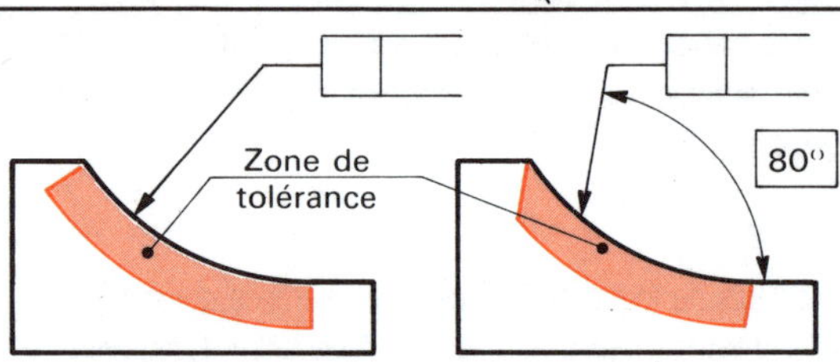

17 ■ 14 INSCRIPTION DE LA VALEUR DES TOLÉRANCES

La zone de tolérance concerne la totalité de l'élément.	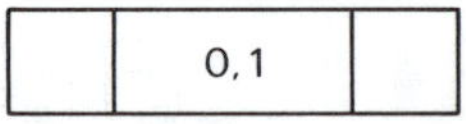	La zone de tolérance concerne une longueur spécifiée (ici 120) placée n'importe où.	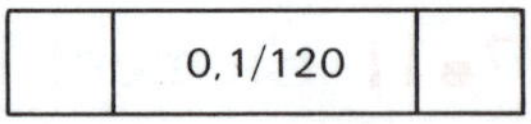
La zone de tolérance est circulaire ou cylindrique.	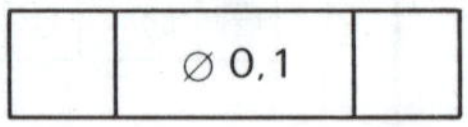	La totalité d'un même élément est affectée de plusieurs tolérances géométriques.	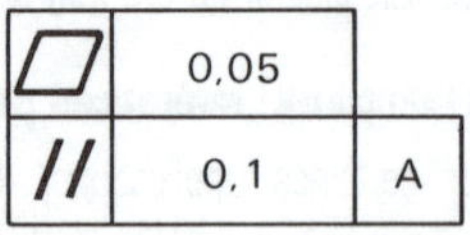
La zone de tolérance est sphérique.		À la tolérance sur la totalité de l'élément s'ajoute une tolérance restreinte sur une longueur spécifiée (ici 60).	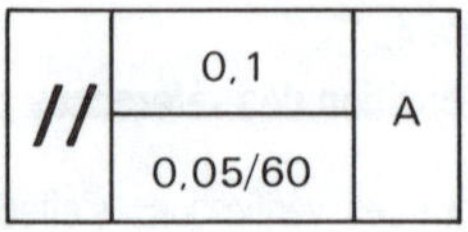

17 • 15 INSCRIPTION DES RÉFÉRENCES

Référence définie par un seul élément

La référence est identifiée par une lettre majuscule (fig. 1 a). Si le cadre de référence peut ête relié directement à la référence, la lettre majuscule peut être supprimée (fig. 1 b).

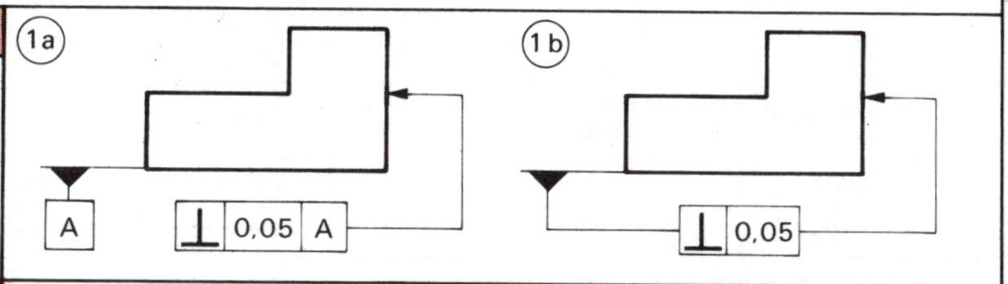

Référence définie par deux éléments

La référence est identifiée par deux lettres majuscules séparées par un trait d'union.

Figure 2 a : La référence est l'axe défini par les centres des cercles minimaux circonscrits aux sections A et B.

Figure 2 b : La référence est l'axe défini par les deux cylindres coaxiaux et minimaux circonscrits aux éléments A et B.

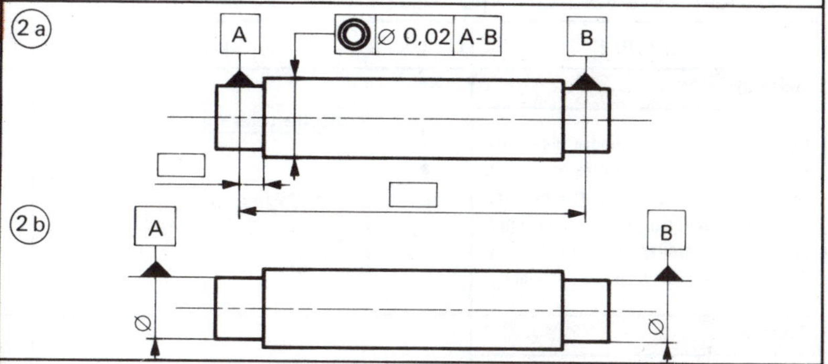

Système de références

Un système de référence est composé de plusieurs références élémentaires.

Les références sont identifiées par des lettres majuscules indiquées de gauche à droite dans des cases séparées et dans l'ordre décroissant des degrés de liberté.

Figure 3 a :
A référence primaire
élimine trois degrés de liberté.
B référence secondaire
élimine deux degrés de liberté.
C référence tertiaire
élimine un degré de liberté.

Figure 3 b :
A référence primaire
élimine quatre degrés de liberté.
B référence secondaire
élimine un degré de liberté.

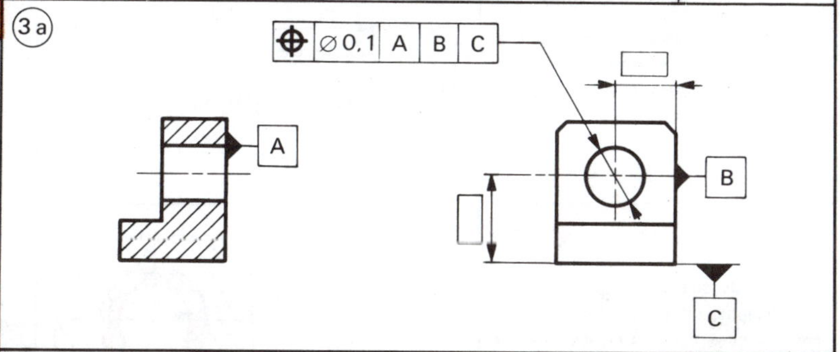

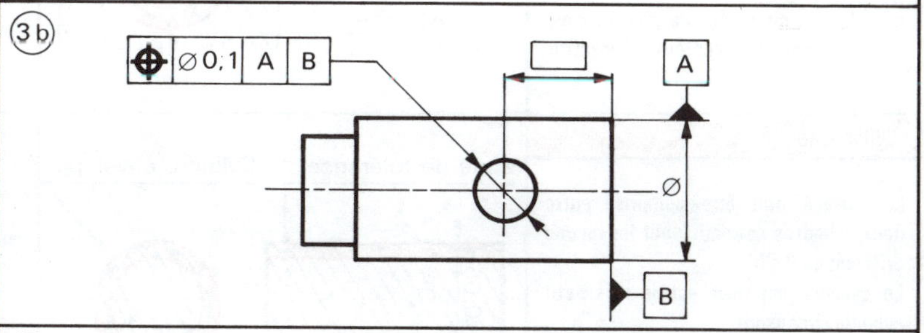

Cas particulier : groupe d'éléments

Si un groupe d'éléments (deux trous pour pieds de positionnement par exemple, voir § 35.11) participent à la définition du système de référence d'un ou plusieurs autres éléments, on peut le spécifier en plaçant sur le dessous du cadre de la tolérance un symbole d'élément de référence (ici D).

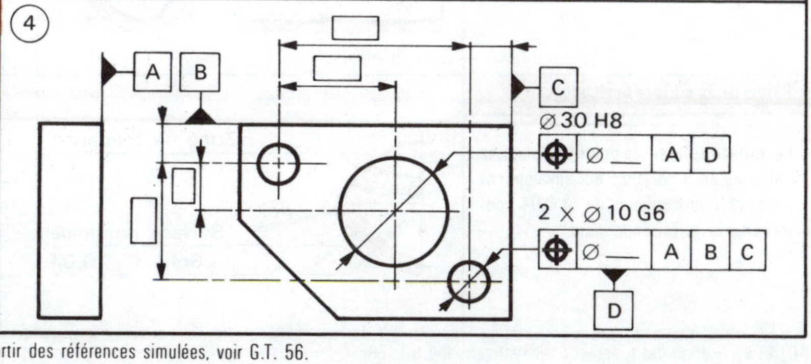

NOTA : Les vérifications doivent s'effectuer à partir des références simulées, voir G.T. 56.

17 ■ 2 TOLÉRANCES DE FORME

SYMBOLE	⌓	⌒	⏥	—	⌭	○
SIGNIFICATION	Surface quelconque	Ligne quelconque	Planéité	Rectitude	Cylindricité	Circularité
Tolérance large*	–	–	0,1 mm/m	0,1 mm/m	0,04 mm/m	IT 8
Tolérance réduite*	–	–	0,04 mm/m	0,02 mm/m	0,02 mm/m	IT 5

* Valeurs données à titre de première estimation pour les applications usuelles. Voir § 15.41.

EXEMPLE	ILLUSTRATION DE LA TOLÉRANCE	APPLICATION

Rectitude

La génératrice du cylindre doit être comprise entre deux droites parallèles, distantes de 0,02 et contenues dans un plan passant par l'axe. Pour une ligne convexe, les droites sont orientées de façon que la valeur h soit minimale.

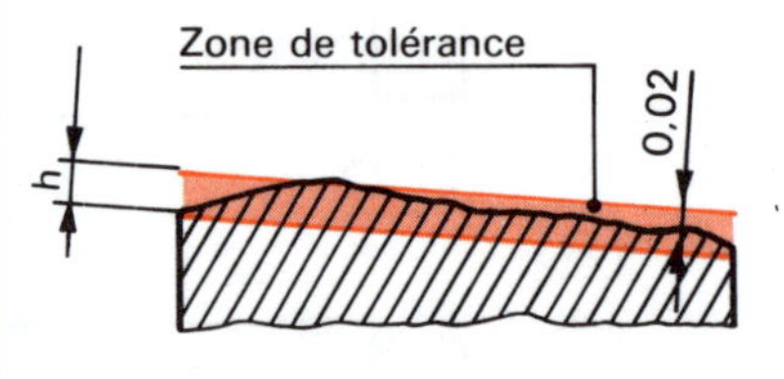

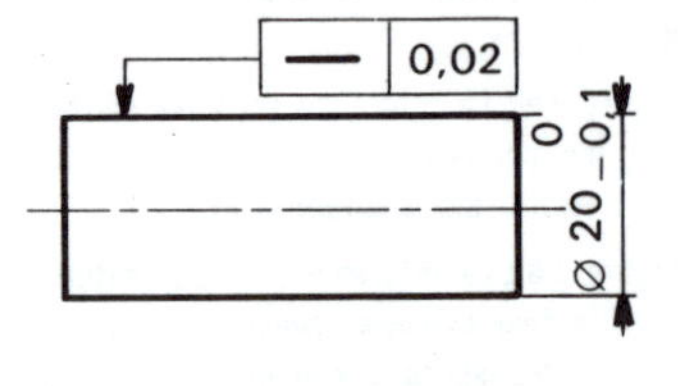

Planéité

Une partie quelconque de la surface, sur une longueur de 80, doit être comprise entre deux plans parallèles distants de 0,05. Orientation des plans : voir rectitude.

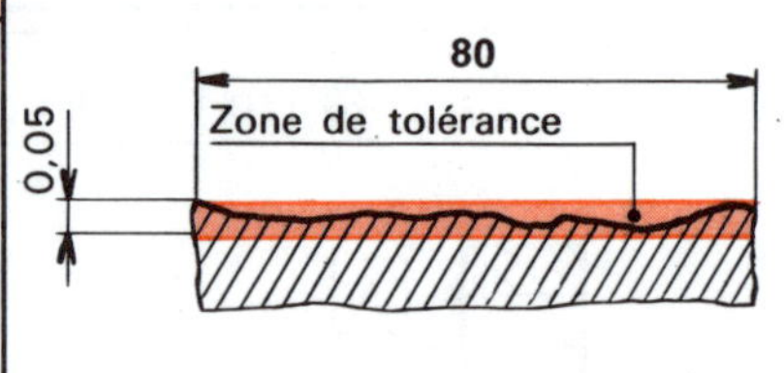

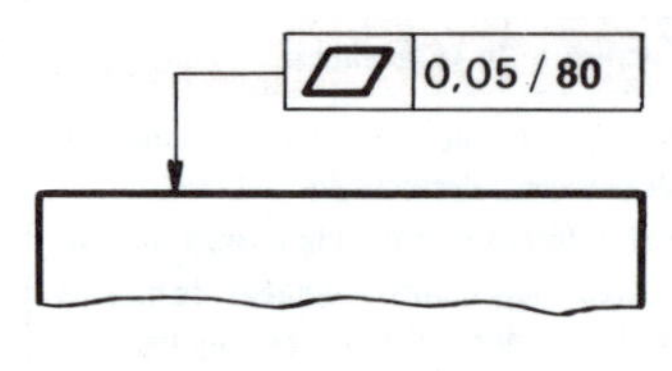

Circularité

Le profit de chaque section droite doit être compris entre deux circonférences concentriques dont les rayons diffèrent de 0,02. La circonférence intérieure est la plus grande circonférence inscrite.

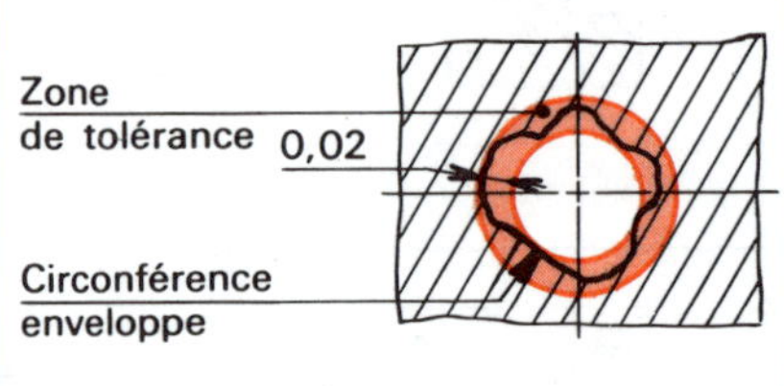

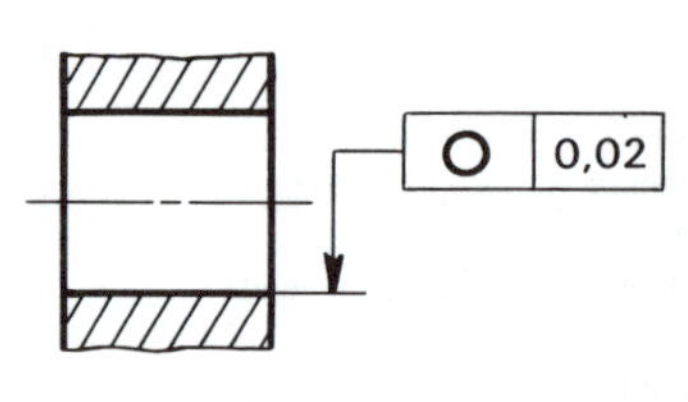

Cylindricité

La surface doit être comprise entre deux cylindres coaxiaux dont les rayons diffèrent de 0,05.
Le cylindre extérieur est le plus petit cylindre circonscrit.

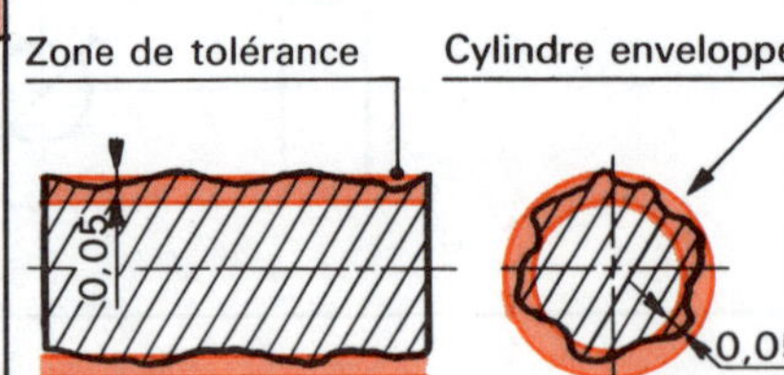

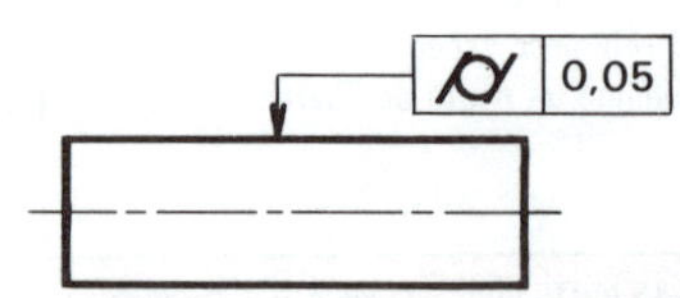

Forme d'une surface quelconque

La surface tolérancée doit être comprise entre les deux surfaces qui enveloppent l'ensemble des sphères de ∅ 0,04 centrées sur la surface nominale.

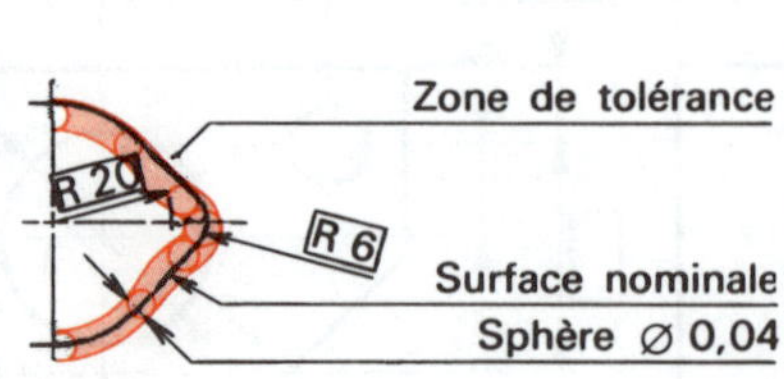

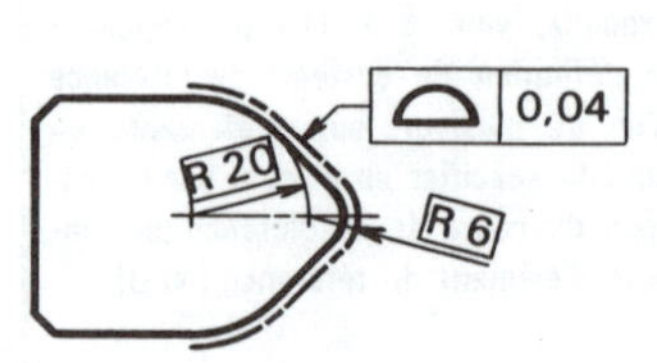

NOTA : Vérification des tolérances géométriques, voir G.T. 58.

17.3	TOLÉRANCES D'ORIENTATION			TOLÉRANCES DE POSITION		
SYMBOLE	∠	//	⊥	⌖	◎	⌯
SIGNIFICATION	Inclinaison	Parallélisme	Perpendicularité	Localisation	Coaxialité Concentricité	Symétrie
Tolérance large*	0,4 mm/m	IT 9	0,4 mm/m	IT 11	0,02	IT 11
Tolérance réduite*	0,1 mm/m	IT 5	0,1 mm/m	0,02	0,005	0,02

* Valeurs données à titre de première estimation pour les applications usuelles. Voir § 15.41.

EXEMPLE	ILLUSTRATION DE LA TOLÉRANCE	APPLICATION

Perpendicularité

La surface tolérancée doit être comprise entre deux plans parallèles distants de 0,05 et perpendiculaires à la surface de référence A.

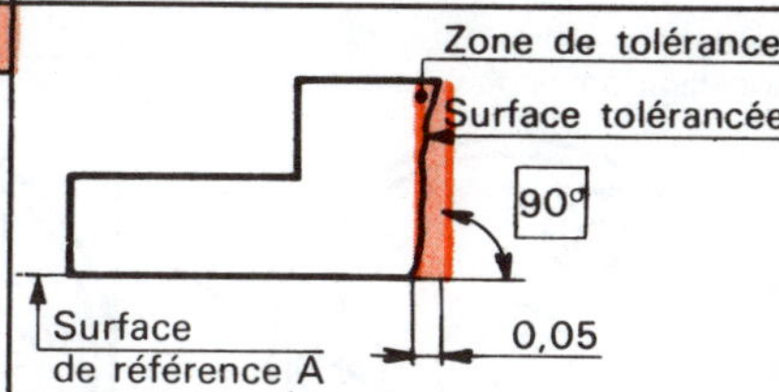

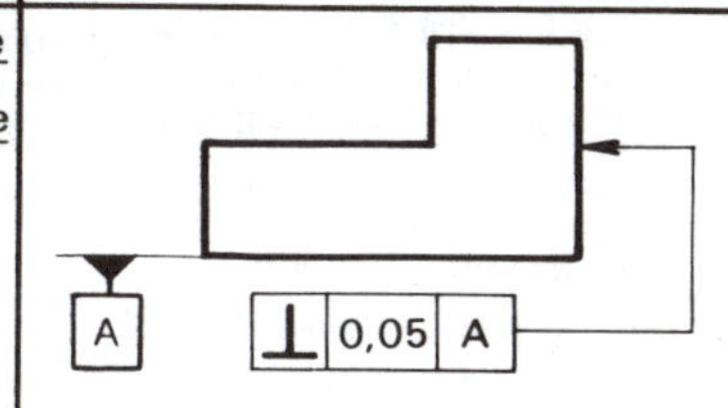

L'axe du cylindre tolérancé doit être compris dans une zone cylindrique de ∅ 0,02 perpendiculaire à la surface de référence.

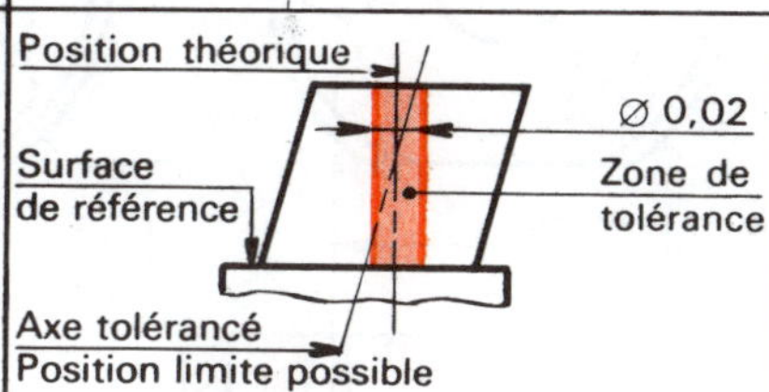

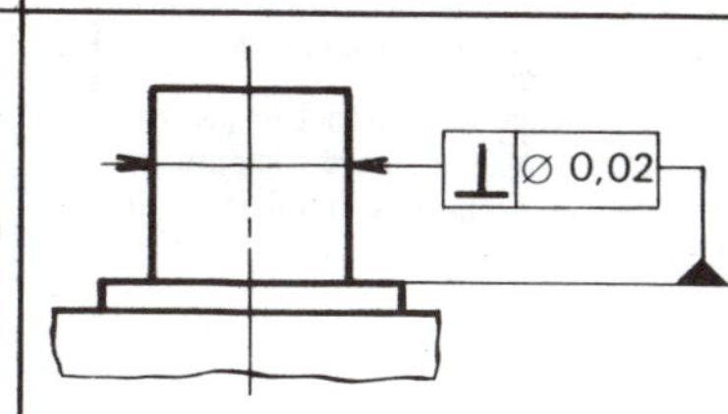

Inclinaison

La surface tolérancée doit être comprise entre deux plans parallèles distants de 0,08 et inclinés de 45° par rapport à l'axe du cylindre de référence A.

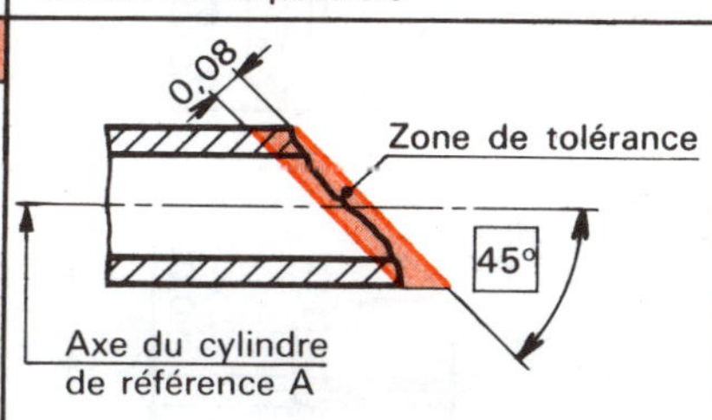

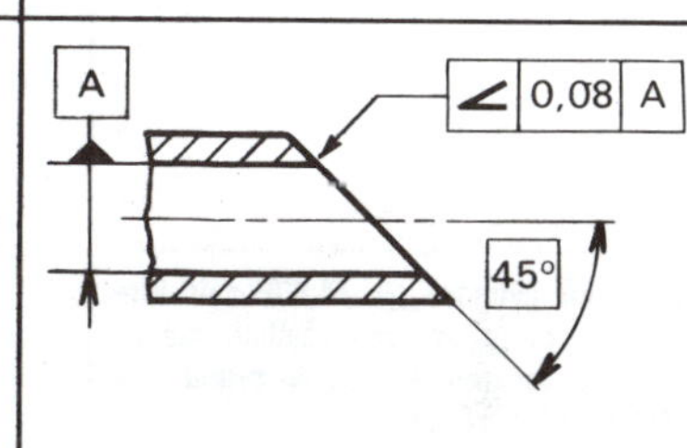

Parallélisme

Dans cet exemple, le choix de la surface de référence est indifférent. En prenant chaque surface A ou B à tour de rôle comme référence, la surface contrôlée doit être comprise entre deux plans parallèles distants de 0,05 et parallèles à la surface choisie comme référence.

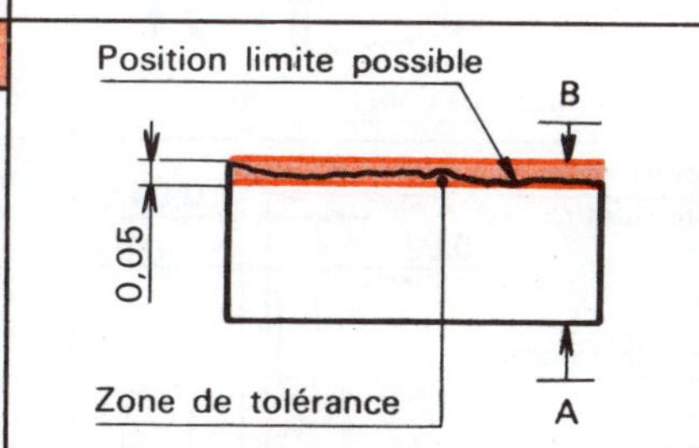

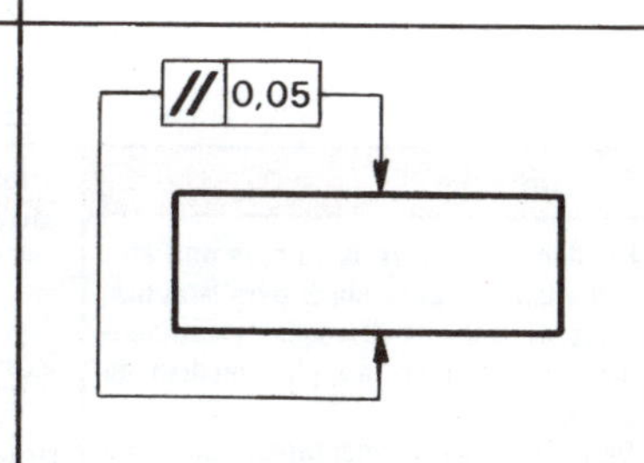

Localisation

L'axe du trou doit être compris dans une zone cylindrique de ∅ 0,1 dont l'axe est dans la position théorique spécifiée.
A : référence primaire (appui plan).
B : référence secondaire (orientation).
C : référence tertiaire (butée).

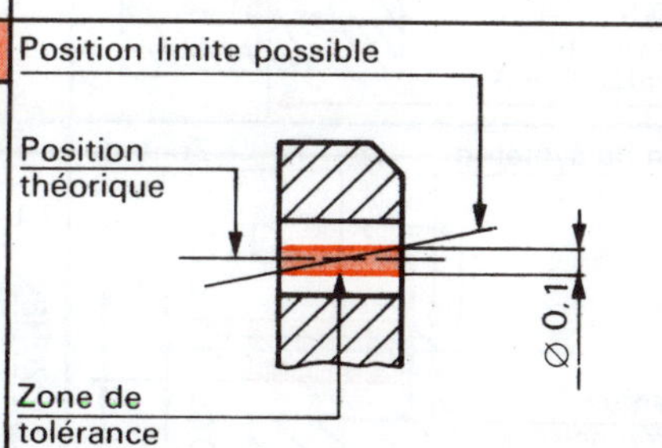

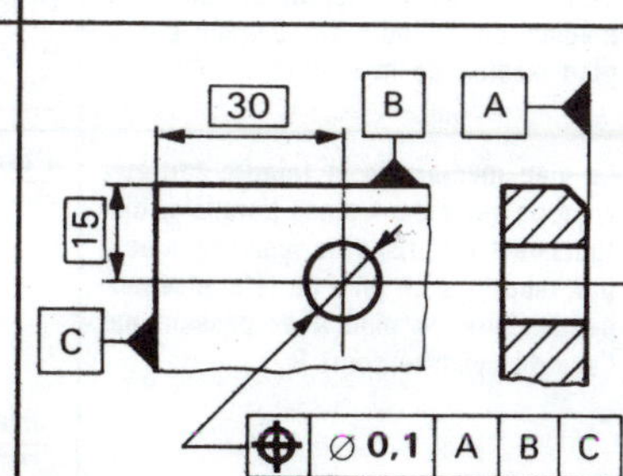

EXEMPLE	ILLUSTRATION DE LA TOLÉRANCE	APPLICATION
Localisation La surface tolérancée doit être comprise entre deux plans parallèles distants de 0,05 et disposés symétriquement par rapport à la position théorique spécifiée. A : référence primaire (plan). B : référence secondaire (axe d'un cylindre court).	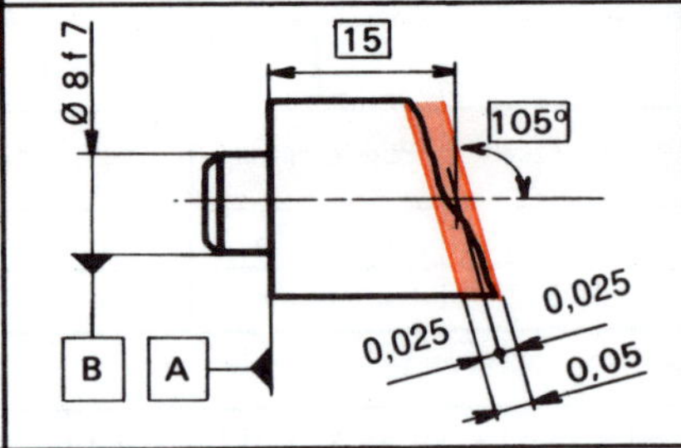	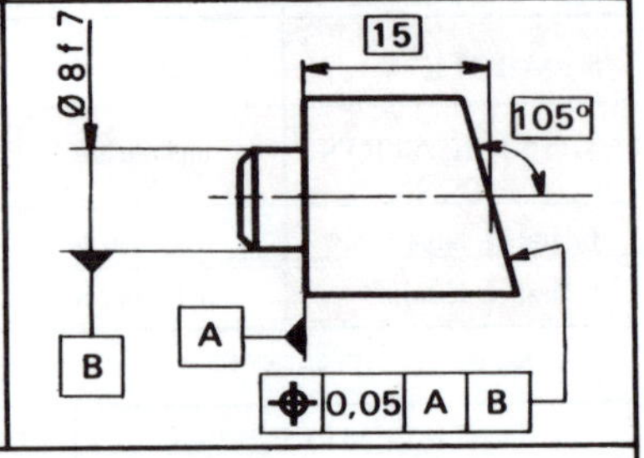
L'axe d'un trou doit être compris dans une zone cylindrique de ∅ 0,1 dont l'axe est dans la position théorique spécifiée. A : référence primaire (appui plan). B : référence secondaire (centrage court). C : référence tertiaire (orientation). En outre, le défaut de perpendicularité de l'axe doit rester compris dans une zone cylindrique de ∅ 0,05 perpendiculaire à la surface de référence A. NOTA : La zone de tolérance de perpendicularité peut être placée n'importe où à l'intérieur de la zone de tolérance de localisation.	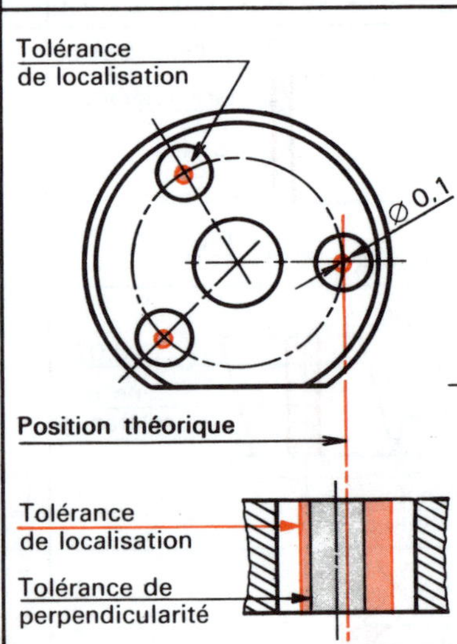	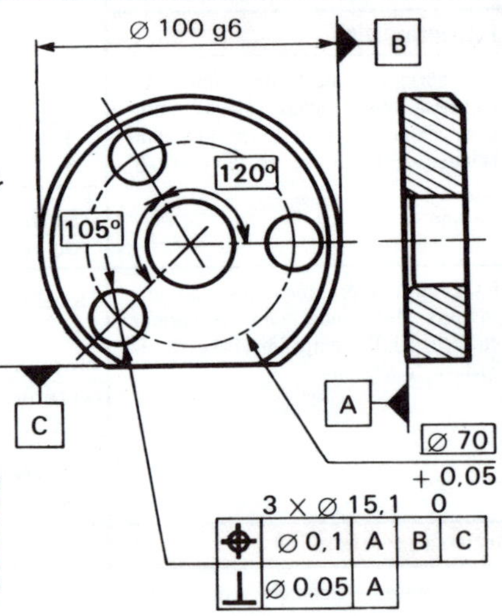
Coaxialité L'axe du cylindre ∅ 24 h 8 doit être compris dans une zone cylindrique de ∅ 0,02 coaxiale à l'axe du cylindre de référence ∅ 18 h 6.	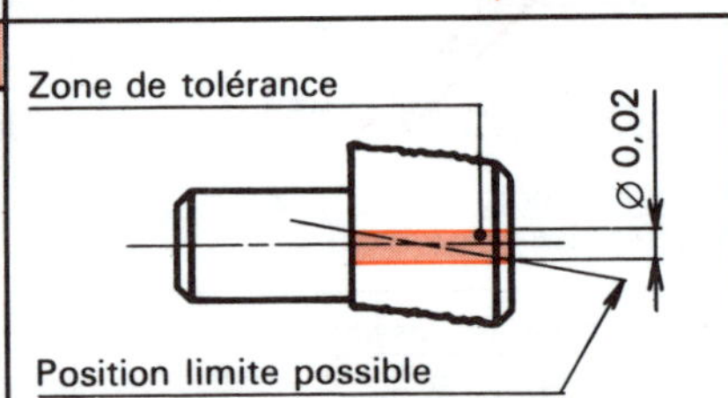	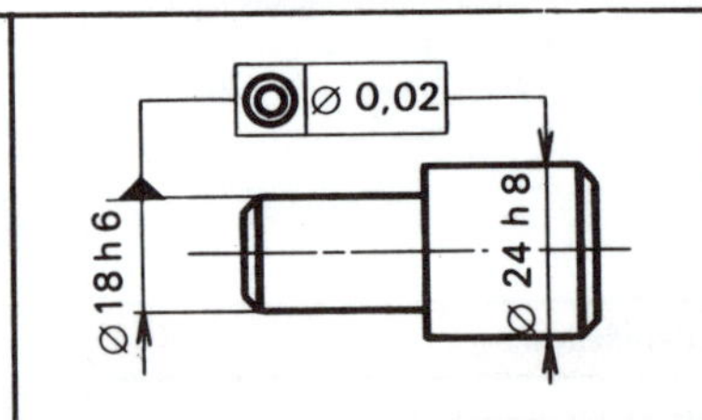
Symétrie Le plan médian de la rainure doit être compris entre deux plans parallèles distants de 0,04 et disposés symétriquement par rapport au plan médian du cylindre. Dans ce cas, l'orientation du plan médian du cylindre est donnée par le plan médian de la rainure.	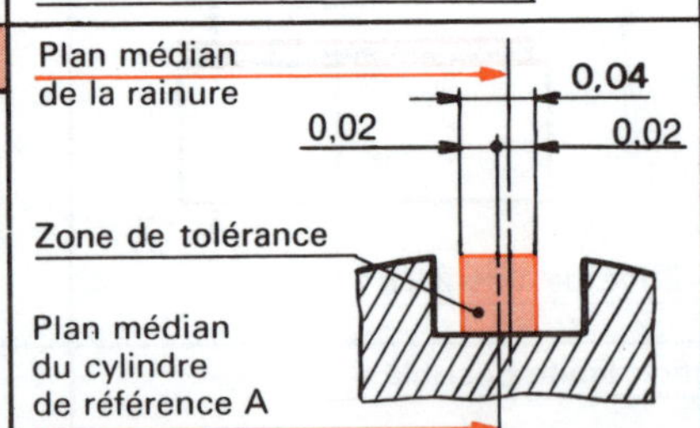	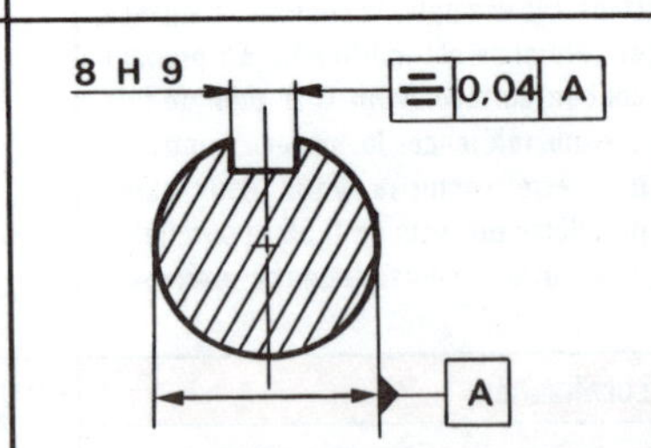
Le plan médian de la rainure doit être compris entre deux plans parallèles distants de 0,1 et disposés symétriquement par rapport à un plan de référence perpendiculaire au plan A et passant par l'axe du cylindre court B.	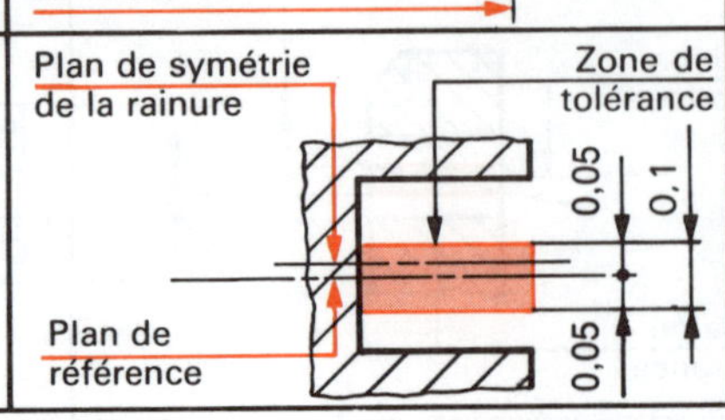	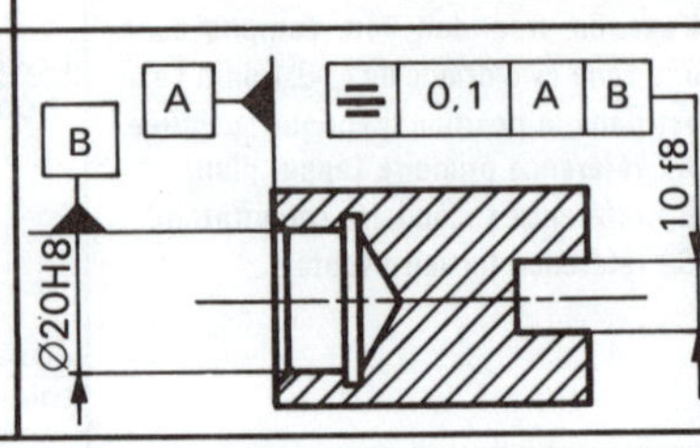

NOTA : Vérification des tolérances géométriques, voir G.T. 58.

17 ■ 4 TOLÉRANCES DE BATTEMENT

Les tolérances de battement s'appliquent aux surfaces de révolution.
Elles permettent d'exprimer directement les exigences fonctionnelles de surfaces telles que : flasques d'embrayage, roue de friction, galet de roulement, jante de roue.

SYMBOLE	↗	⫽↗
SIGNIFICATION	Battement simple	Battement total

EXEMPLE	ILLUSTRATION DE LA TOLÉRANCE	APPLICATION

Battement simple axial

Le battement axial de la surface tolérancée, lors d'une révolution complète de la pièce autour de l'axe du cylindre de référence, ne doit pas dépasser, séparément pour chaque ∅ d du cylindre de mesure, la valeur 0,05.

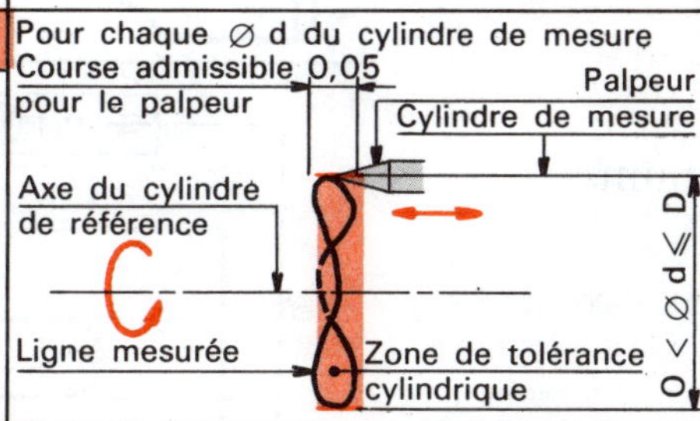

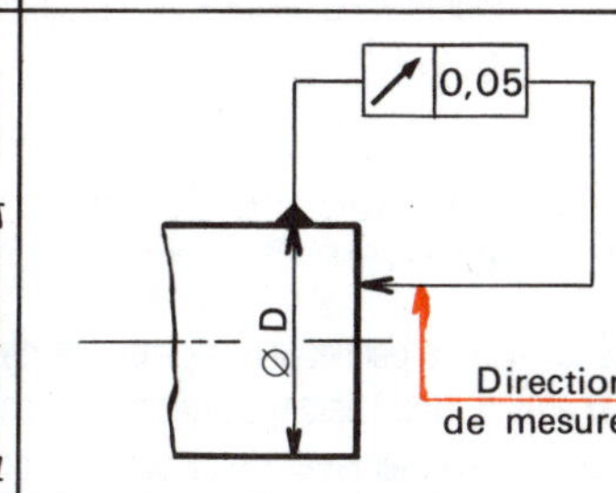

Battement simple radial

Le battement radial de la surface tolérancée, lors d'une révolution complète de la pièce autour de l'axe du cylindre de référence A, ne doit pas dépasser, séparément pour chaque position l du plan de mesure, la valeur 0,05.

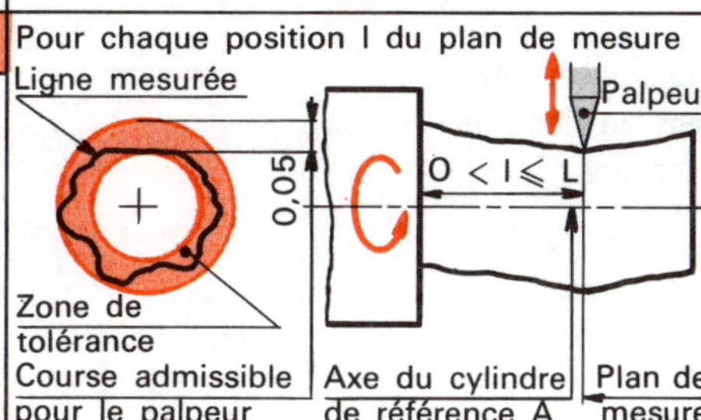

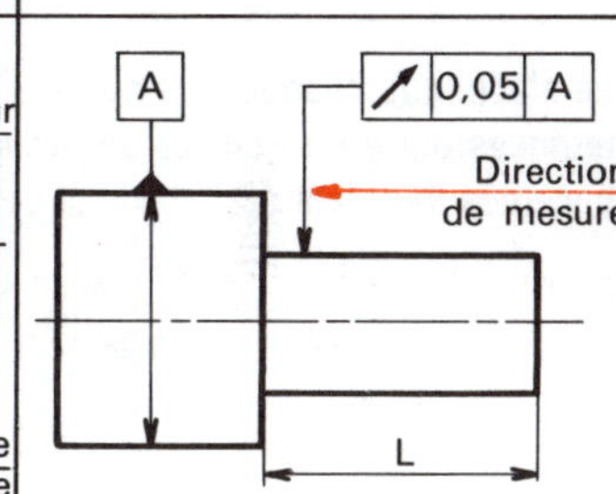

Battement total axial

Le battement axial de la surface tolérancée, lors des révolutions complètes de la pièce autour de l'axe du cylindre de référence, doit être compris entre 2 plans distants de 0,05 et perpendiculaire à l'axe du cylindre de référence. Pratiquement, la zone de tolérance est identique à celle d'une tolérance de perpendicularité.

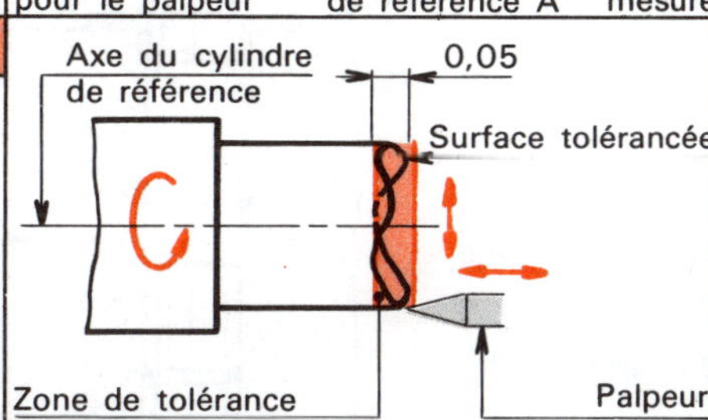

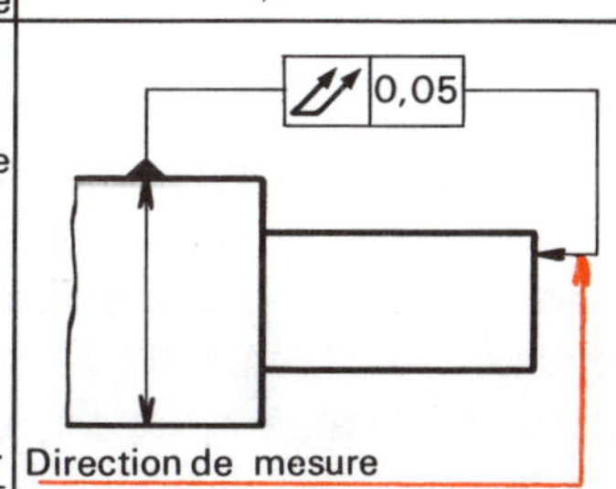

Battement total radial

Le battement radial de la surface tolérancée, lors des révolutions complètes de la pièce autour de l'axe du cylindre de référence A, doit être compris entre 2 cylindres coaxiaux distants de 0,05 dont les axes coïncident avec l'axe du cylindre de référence A.

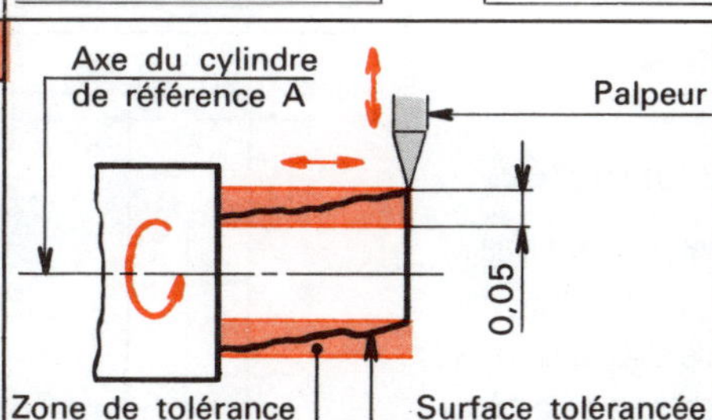

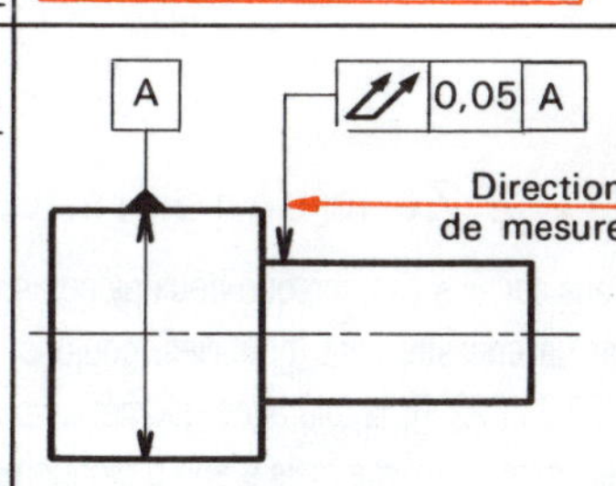

Battement total dans une direction donnée

Le battement dans la direction donnée de la surface tolérancée, lors des révolutions complètes de la pièce autour de l'axe de cylindre de référence, doit être compris entre 2 cônes coaxiaux distants de 0,05 dans la direction donnée et dont les axes coïncident avec l'axe du cylindre de référence.

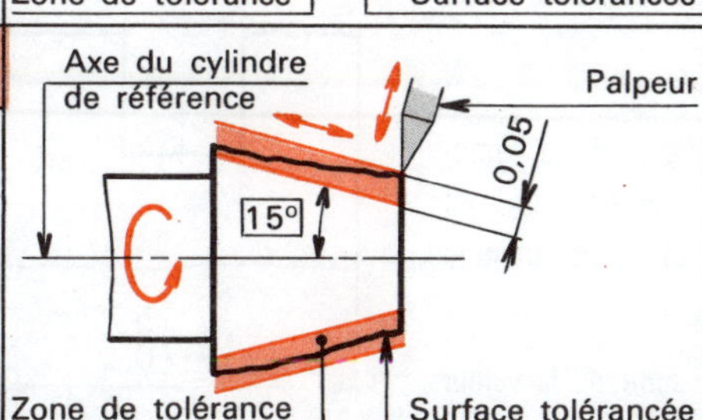

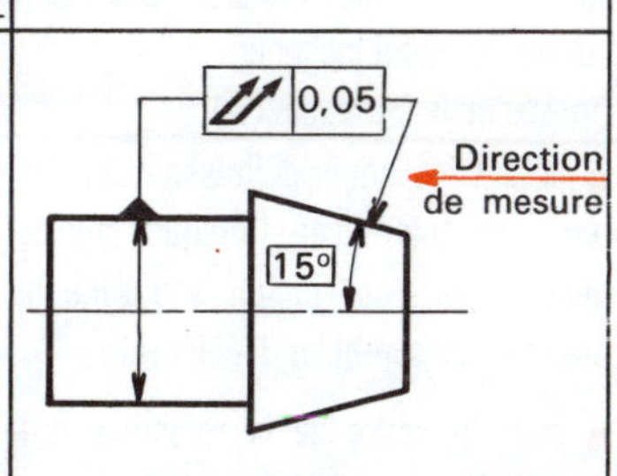

17 ■ 5 Symboles modificateurs

Ces symboles modifient les conditions dans lesquelles s'applique une tolérance géométrique.
Les modificateurs sont :

- Ⓜ pour l'exigence du maximum de matière.*
- Ⓟ pour la zone de tolérance projetée.

17 ■ 51 Exigence du maximum de matière

Cette exigence permet une dépendance des tolérances dimentionnelles et des tolérances géométriques. Elle autorise des écarts supplémentaires de dispersions pour ces dernières.

Elle s'applique chaque fois que les tolérances géométriques ont été calculées en prenant les éléments concernés dans leur état maximal de matière.**

On inscrit le symbole Ⓜ à la suite de la valeur de la tolérance et éventuellement à la suite des éléments de référence concernés.

REMARQUES :

■ L'exigence du maximum de matière ne s'applique pas :
— aux tolérances de battement,
— aux assemblages par ajustement avec serrage,
— aux entraxes de chaînes cinématiques (bielle, engrenage...).

■ Voir les applications traitées dans le chapitre 22 et le § 18.23.

17 ■ 52 Zone de tolérance projetée

Dans certains cas, lorsque deux pièces sont liées notamment par un encastrement (goupilles, goujons, clavettes, etc., voir § 22.3 et 22.4), la tolérance géométrique ne s'applique pas à l'élément lui-même mais à son prolongement hors de la pièce sur une certaine longueur.
On inscrit le symbole Ⓟ :

■ devant les cotes définissant les longueurs de la caractéristique tolérancée (lorsque plusieurs dimensions sont nécessaires pour définir une zone de tolérance projetée prendre les symboles P_1, P_2, etc.

■ dans le cadre de la tolérance à la suite de la valeur de la tolérance géométrique.

* On dit aussi « principe du maximum de matière ».
** C'est le cas quasi-général des assemblages avec jeu.

EXIGENCE DU MAXIMUM DE MATIÈRE

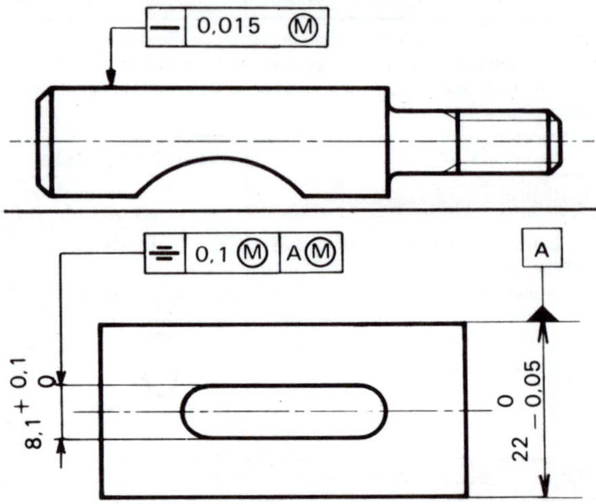

ZONE DE TOLÉRANCE PROJETÉE

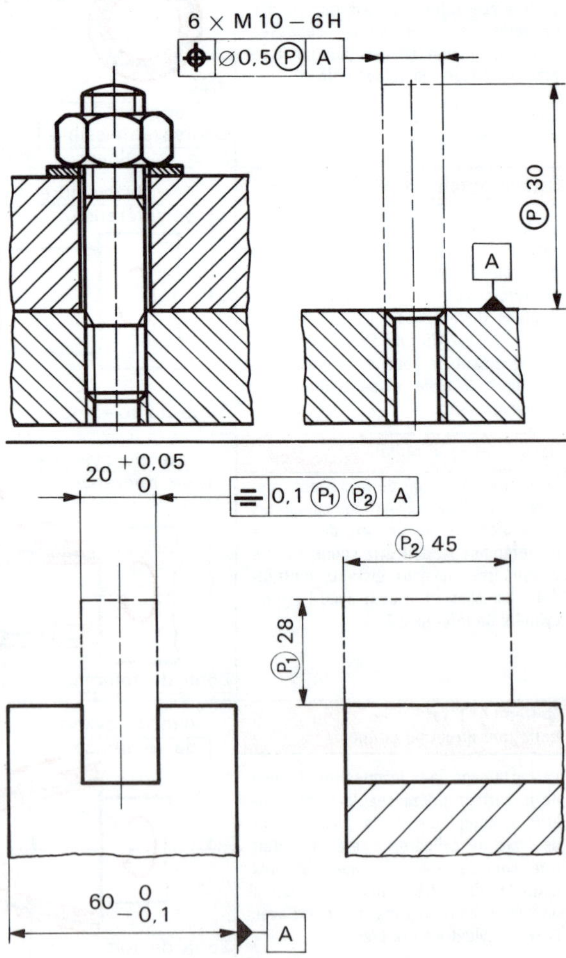

18 Modes de tolérancements

NF E 04-560 - NF E 04-561 - ISO 8015

À partir des nécessités fonctionnelles et des zones de tolérances admissibles, plusieurs modes de tolérancements sont utilisés.

18 ■ 1 Tolérancement des éléments isolés

Un élément est la partie d'une pièce quelle qu'en soit sa nature (point, ligne, surface, volume).

18 ■ 11 Principe de l'indépendance

Chaque exigence, dimensionnelle ou géométrique, spécifiée sur un dessin doit être respectée en elle-même (indépendamment).

18 ■ 111 Tolérances linéaires

Une tolérance linéaire limite uniquement les « dimensions linéaires locales », par exemple :

- dimensions extérieures,
- dimensions intérieures,
- dimensions de décrochements,
- diamètres,
- rayons,
- largeurs de chanfreins...

Une dimension linéaire locale, suivant la direction donnée par la ligne de cote, est la longueur d'un segment de droite (distance entre les deux points extrêmes).

REMARQUES :

- Certaines surfaces fractionnées ne permettent pas de mesurer une dimension locale réelle. Pratiquement, pour ce cas, on considère que la « **dimension locale simulée** » est la distance entre le plan enveloppe tangent à la surface fractionnée et tout point de l'autre surface réelle de l'élément.
- Sauf dans le cas d'une dimension locale simulée, une tolérance linéaire ne limite pas les défauts géométriques qui peuvent être quelconques.

PRINCIPE DE L'INDÉPENDANCE

NF E 04-561 — ISO 8015

Tolérances linéaires

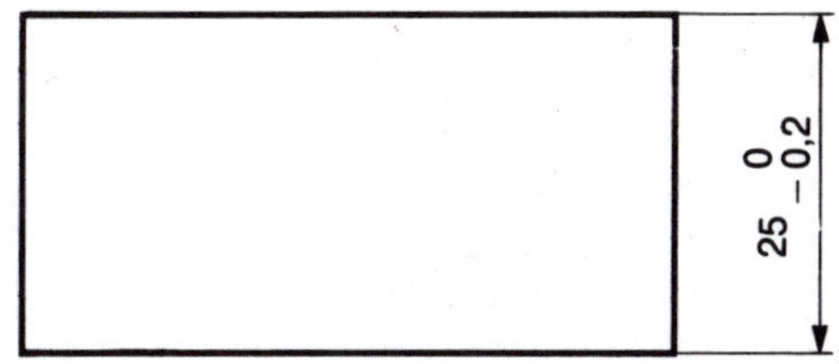

Interprétation pour une section droite quelconque

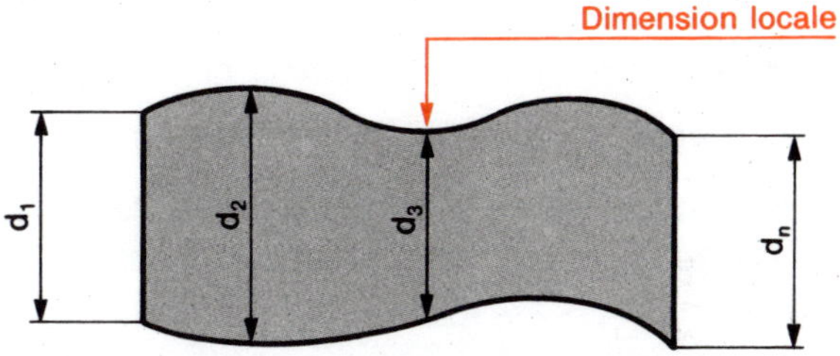

d_1, d_2, ..., d_n = dimensions locales (comprises entre 25 max et 24,8 min)

CAS PARTICULIER

Dimension locale simulée

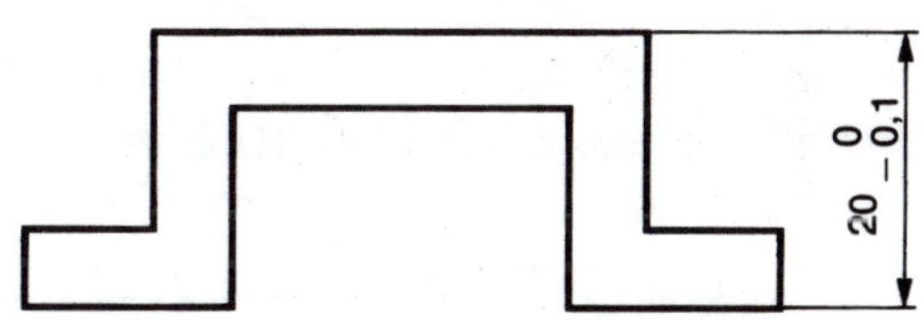

Interprétation pour une section droite quelconque

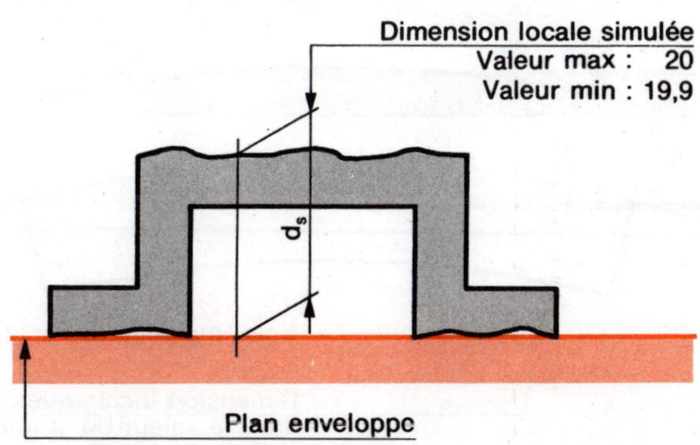

18▪112 Tolérances angulaires

Une tolérance angulaire limite uniquement les « **dimensions angulaires locales** ».

Une dimension angulaire locale représente l'angle entre deux droites enveloppes des lignes réelles dans tout plan de section droite.

Pour une surface convexe, l'orientation de la droite enveloppe est choisie de façon que la distance **h,** du point le plus éloigné entre la ligne réelle et la droite enveloppe, ait une valeur minimale.

REMARQUES :

- Une tolérance angulaire ne limite pas les écarts de forme.
- Si les surfaces concernées doivent respecter des tolérances de formes, celles-ci sont indépendantes de la tolérance angulaire.

18▪113 Tolérances géométriques

Les tolérances géométriques limitent uniquement les écarts de forme, d'orientation et de position sans tenir compte de la dimension de l'élément.

Pour l'exemple ci-contre, quels que soient les écarts sur les diamètres, les écarts maximaux de rectitude et de circularité ne peuvent dépasser respectivement 0,1 mm et 0,05 mm.

PRINCIPE DE L'INDÉPENDANCE

Tolérances angulaires

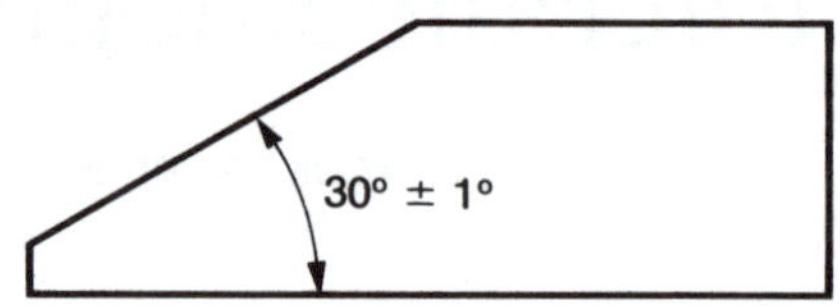

Interprétation pour une section droite quelconque

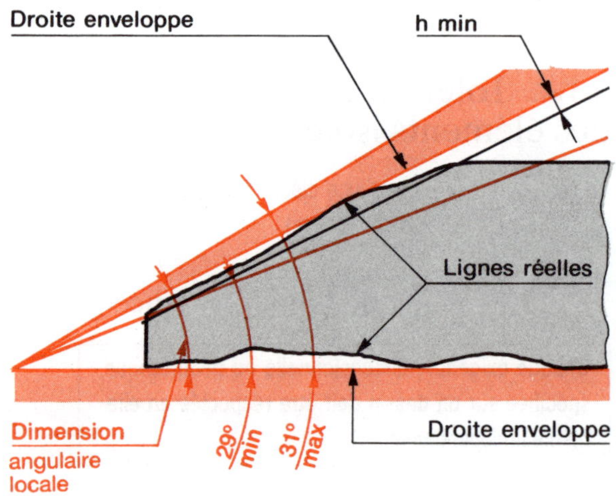

Tolérances géométriques

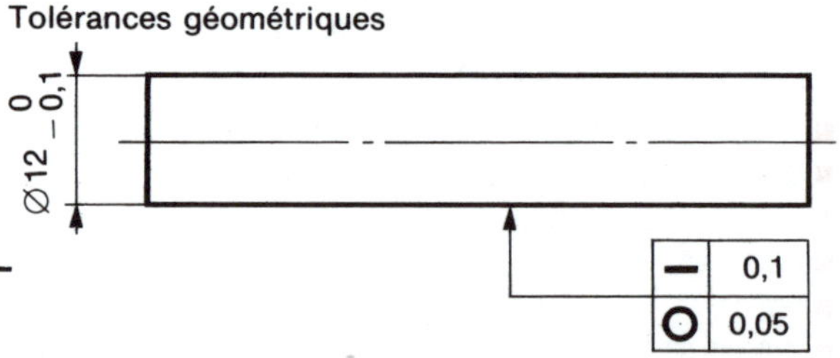

Interprétation

Section axiale quelconque

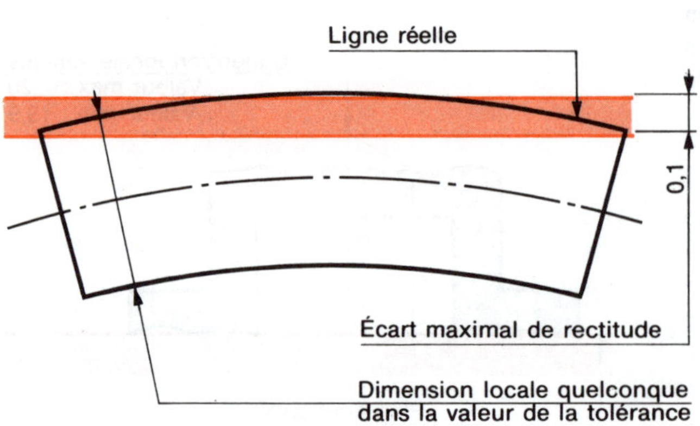

Section radiale quelconque

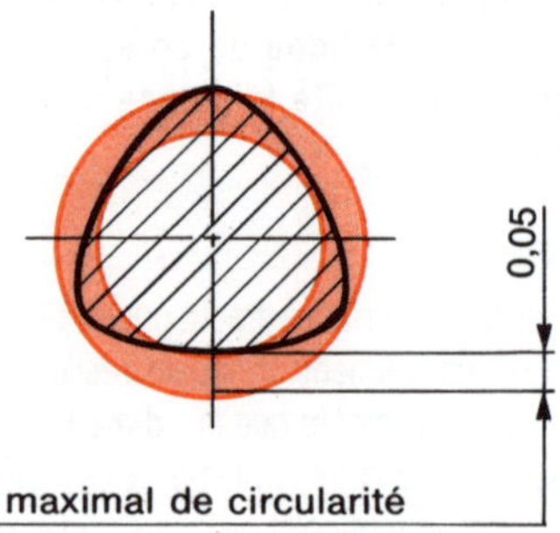

18.12 Exigence de l'enveloppe

L'exigence de l'enveloppe est indiquée par le symbole Ⓔ à la suite d'une tolérance linéaire.
Cette exigence ne concerne qu'un élément isolé, soit un cylindre de révolution, soit des surfaces établies par deux plans parallèles (« élément de dimension »).
Elle impose :

- **que l'élément réel ne dépasse pas l'enveloppe de forme parfaite à la dimension au maximum de matière,**

- **que les dimensions locales de l'élément ne soient pas inférieures à la valeur minimale admissible.**

L'exigence de l'enveloppe s'applique notamment chaque fois qu'il convient de garantir :

- les exigences fonctionnelles d'un ajustement du système **ISO** ou d'un ajustement avec des valeurs chiffrées,

- une forme parfaite de l'élément à la dimension au maximum de matière.

REMARQUES :

- Aucune valeur du tolérancement géométrique éventuel ne peut être supérieure à la valeur de la tolérance dimensionnelle.

- L'exigence de l'enveloppe est également appelée « **principe de Taylor** » ou « **principe de l'enveloppe** ».

TOLÉRANCES DE FORME RESTRICTIVES

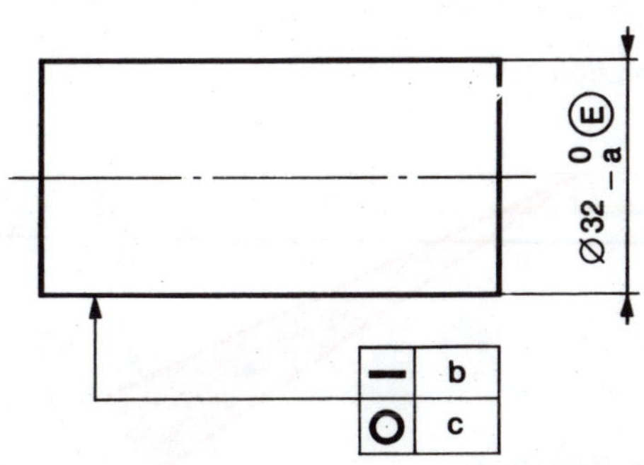

a ⩾ b

a ⩾ c

EXIGENCE DE L'ENVELOPPE

NF E 04-561 **ISO 8015**

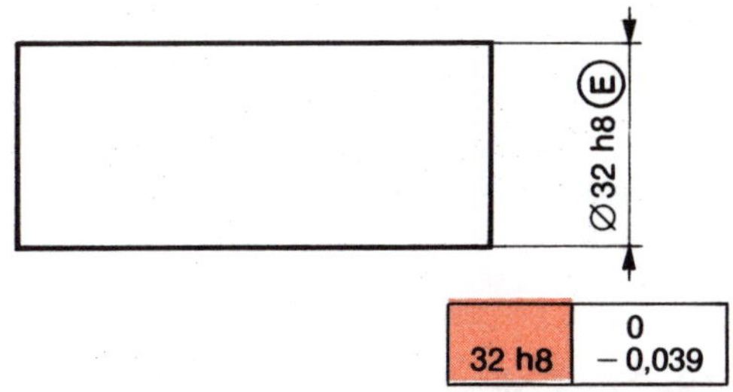

Interprétation

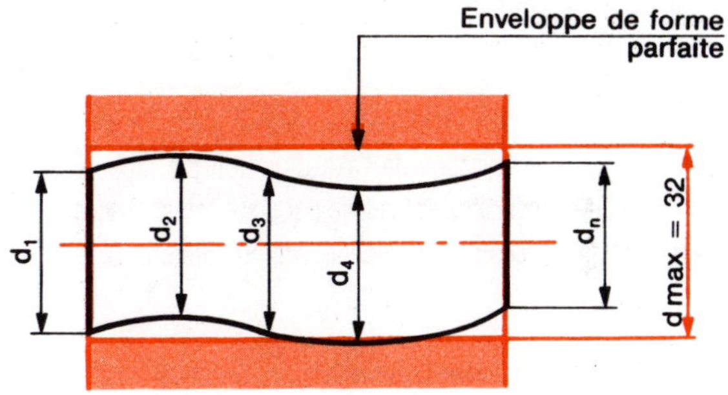

$d_1, d_2, ..., d_n$ = dimensions locales comprises entre 31,61 et 32

Écart maximal de rectitude

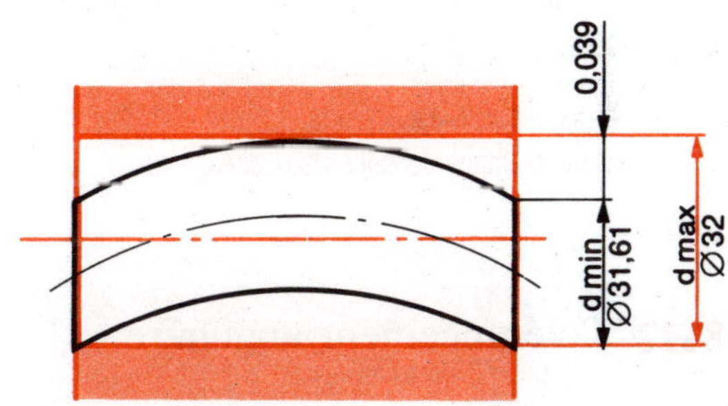

Écart maximal de circularité

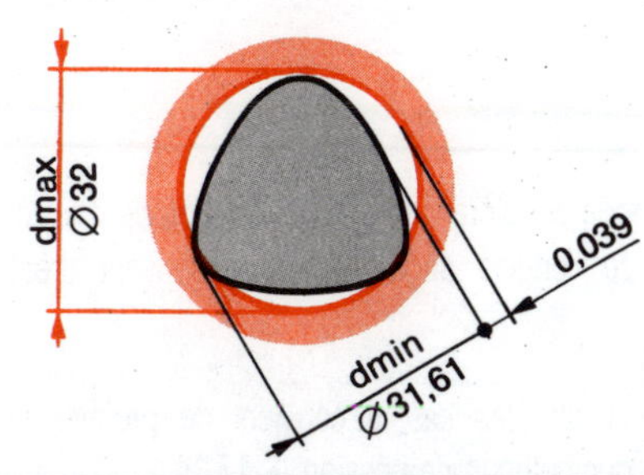

18.2 Tolérancement des éléments associés

Le tolérancement des éléments associés concerne la position ou l'orientation d'éléments en relation entre eux ou en relation avec une ou plusieurs références.

18.21 Tolérancement linéaire

Pour définir la position d'un élément, ce mode de tolérancement utilise des cotes dont les tolérances sont à écarts symétriques.

Par exemple, la localisation de l'axe d'un trou par rapport à deux côtés rectangulaires est définie par deux cotes, chacune avec leurs tolérances propres (identiques ou différentes).

REMARQUES :

- Les valeurs **a** et **b** représentent des **« dimensions locales »** (§ 18.111).
- Sauf s'il y a nécessité fonctionnelle absolue, il convient, le plus souvent, de préférer un tolérancement géométrique de position (§ 17.3).
- Dans de nombreuses applications, on peut admettre une même valeur de tolérance dans les deux directions.

18.22 Tolérancement angulaire

Ce mode de tolérancement utilise également des cotes dont les tolérances sont à écarts symétriques.

REMARQUES :

- Dans ce mode de tolérancement, la définition de l'axe de référence et de l'origine angulaire risque souvent d'être implicite.
- Dans la majorité des cas, il convient de préférer un tolérancement géométrique de position (§ 17.3).

TOLÉRANCEMENT LINÉAIRE

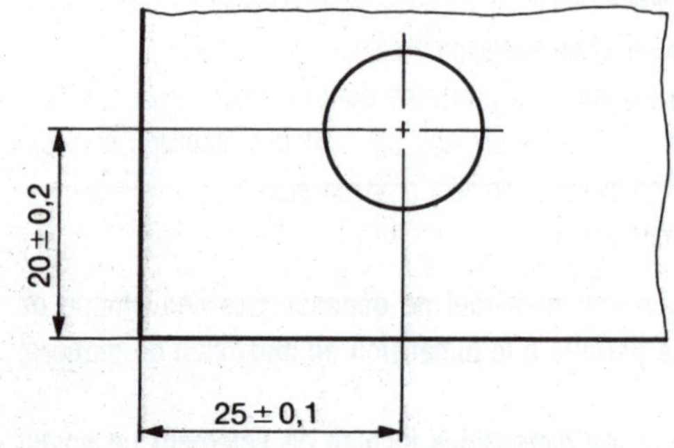

Interprétation

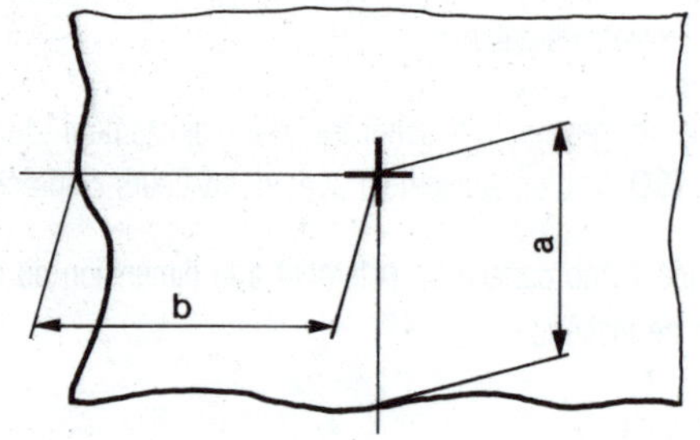

TOLÉRANCEMENT ANGULAIRE

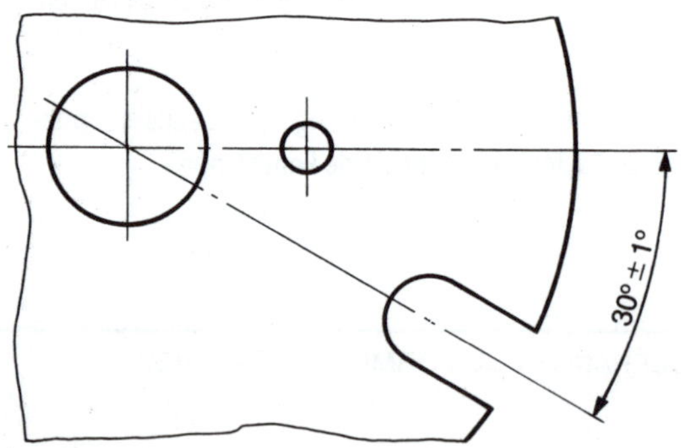

Interprétation

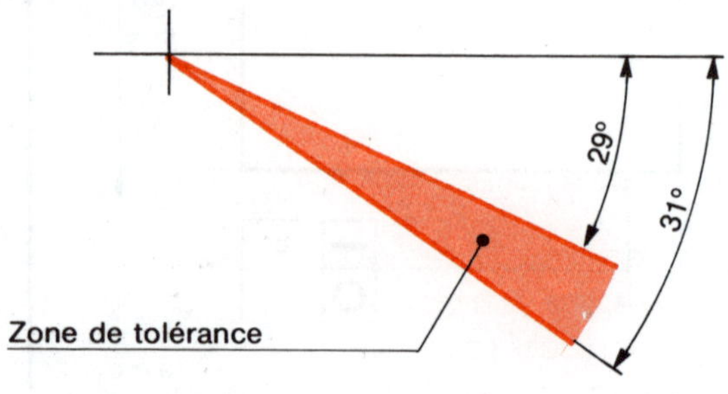

18.23 Tolérancement géométrique

Le tolérancement de la position d'un élément par rapport à un ou plusieurs éléments de référence est effectué par une ou plusieurs cotes encadrées (§ 17.3).

Les cotes encadrées définissent une position théoriquement exacte et la tolérance est située, par moitié, de part et d'autre de cette position.

La zone de tolérance ainsi déterminée limite la position, l'orientation et la forme de l'élément.

Toutefois, si des raisons fonctionnelles l'exigent, il est possible d'indiquer des valeurs restrictives à l'orientation et à la forme de l'élément.

On doit avoir :

$$a > b > c.$$

REMARQUES :

- La tolérance de position (ici la localisation) définit, par rapport à une référence simulée, une zone de tolérance fixe.
- Les tolérances d'orientation et de forme (ici parallélisme et planéité) définissent des zones de tolérances qui sont liées à la surface réelle tolérancée. Ces zones de tolérances sont mobiles par rapport à la référence simulée.

TOLÉRANCEMENT GÉOMÉTRIQUE

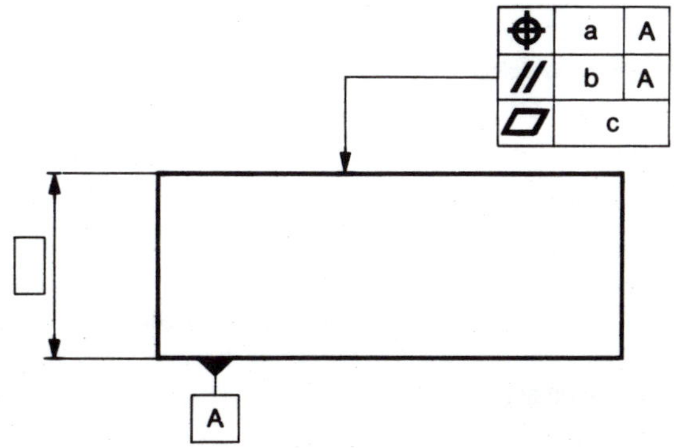

Interprétation

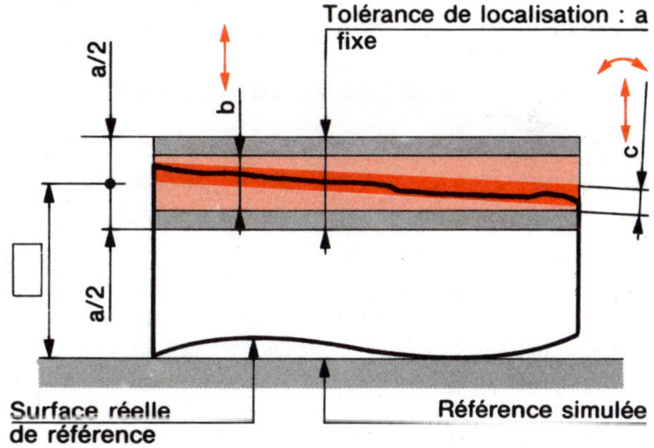

18.24 Tolérancement géométrique ct principe du maximum de matière

Ce mode de tolérancement concerne les éléments devant respecter au moins deux tolérances :

- une tolérance dimensionnelle,
- une tolérance géométrique.

Voir :

- § 17.51 : Principe du maximum de matière,
- Chapitre 22 : calcul des tolérances géométriques.

Diagramme de la tolérance dynamique

Ce diagramme montre la relation entre le diamètre réel de l'élément et la valeur de la tolérance géométrique. On notera l'accroissement autorisé par l'emploi du principe du maximum de matière.

TOLÉRANCEMENT GÉOMÉTRIQUE
ET PRINCIPE DU MAXIMUM DE MATIÈRE

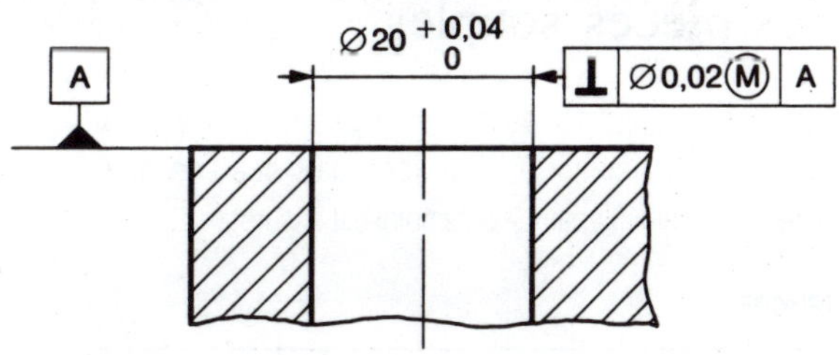

Diagramme de la tolérance dynamique

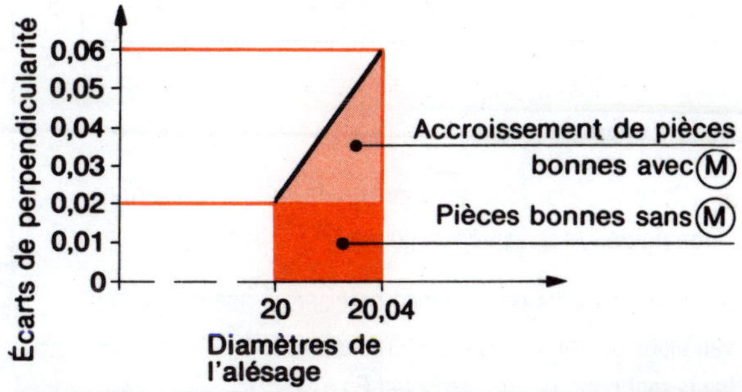

État virtuel

C'est l'enveloppe limite de la forme parfaite permise par les données du dessin et qu'aucun point de l'élément ne peut dépasser. Il est défini par l'effet combiné de la dimension au maximum de matière et de la tolérance géométrique d'orientation ou de position.

- Pour un alésage :

d virtuel = d minimal − tolérance géométrique.

- Pour un arbre :

d virtuel = d maximal + tolérance géométrique.

REMARQUES :

- Le diamètre virtuel est identique à celui de la broche de contrôle (voir G.T. 58).
- L'élément peut présenter tout défaut de forme compatible avec son état virtuel et les dimensions locales au minimum de matière.
- Si les conditions fonctionnelles l'exigent, il est possible d'indiquer des tolérances de forme restrictives ou d'utiliser le principe de l'enveloppe (§ 18.12).

Écarts de perpendicularité

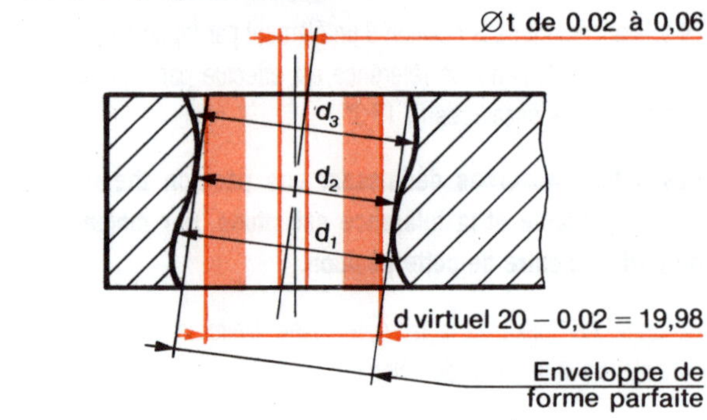

d_1, d_2, d_3, ..., dimensions locales comprises entre 20 et 20,04

Écart maximal de rectitude

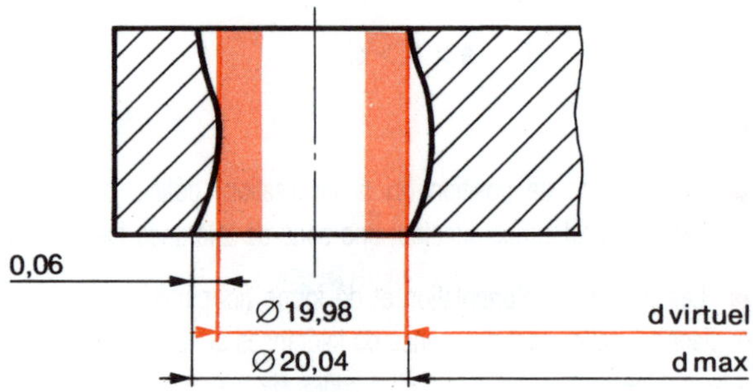

Écart maximal de circularité

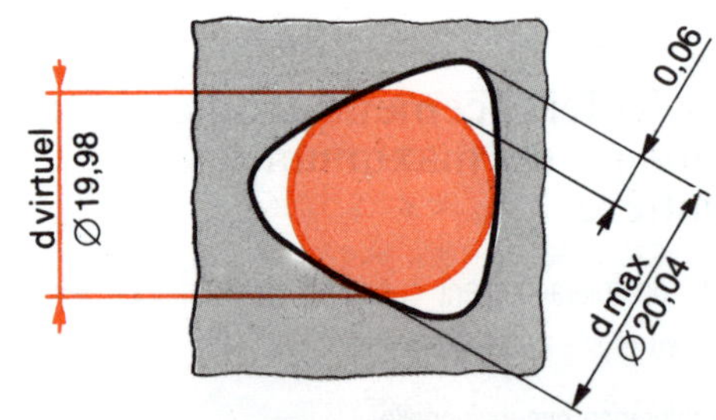

18.3 Tolérancement des pièces souples

Une pièce souple, dite aussi « non rigide », est une pièce qui peut se déformer à l'état libre mais que l'on peut « reconformer » (l'aptitude à l'emploi est assuré).

PRINCIPE :

Les pièces souples sont cotées comme si elles étaient rigides.

INDICATIONS SUR LES DESSINS :

- Dans le cartouche, ou à proximité, placer les termes « **non rigide** » et le numéro de norme NF E 04-565.
- Dans le cadre de tolérance préciser, si nécessaire, les variations géométriques maximales admises à l'état libre en les faisant précéder du symbole Ⓕ.

TOLÉRANCEMENT DES PIÈCES SOUPLES

NF E 04-565
ISO 10579

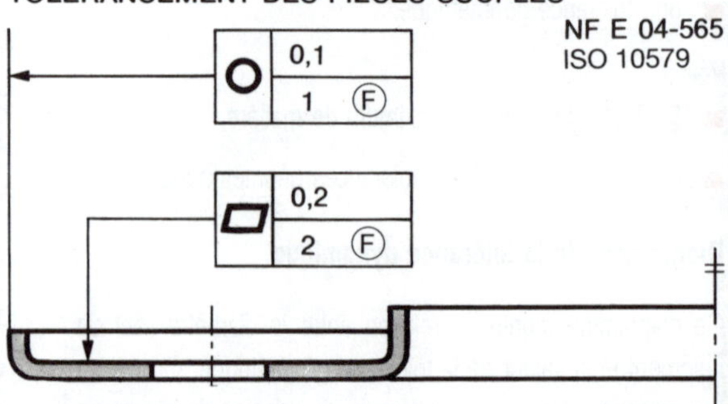

Non rigide NF E 04-565

19 Cotation fonctionnelle NF E 04-550

19■1 Principales règles

19■11 Unité de longueur

Toutes les dimensions linéaires (cotes et tolérances) doivent être exprimées dans une même unité. En mécanique, l'unité normalisée est le millimètre (mm).

Il en résulte les avantages suivants :

- il devient inutile d'indiquer l'unité adoptée.
- la lecture se fait sans risque de confusion.

REMARQUE :
Il est évident que la valeur à inscrire est celle à obtenir sur la pièce, quelle que soit sa dimension sur le dessin.

MAUVAISE COTATION

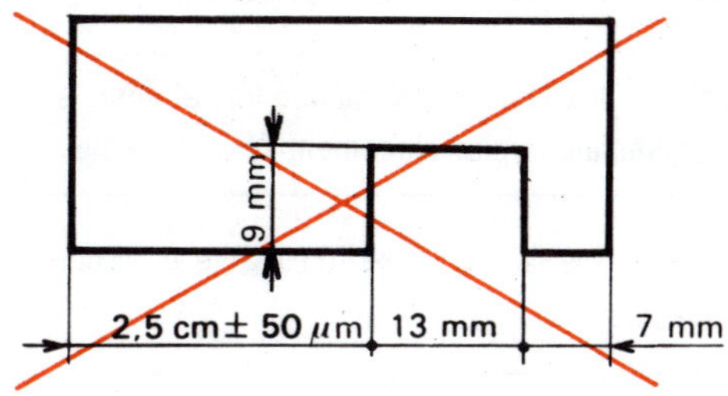

BONNE COTATION

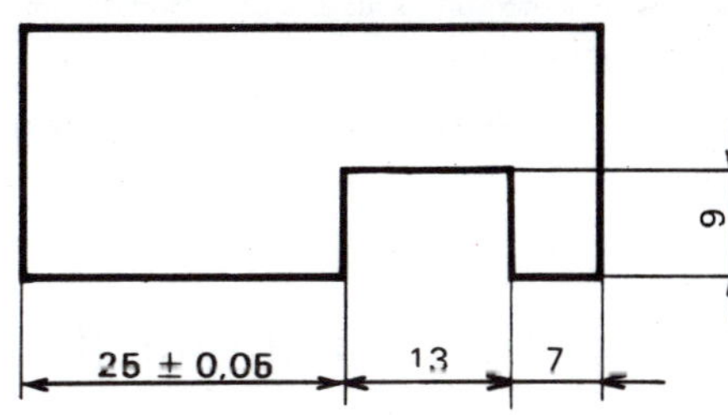

19■12 Cotes surabondantes

Il ne faut jamais inscrire de cotes surabondantes.

On dit qu'une cote est surabondante (ou complémentaire) lorsqu'elle peut être déduite par addition ou par soustraction d'autres dimensions données.
Par exemple, la cote A est surabondante parce qu'elle peut être obtenue par addition des cotes B et C.
Déterminons la valeur minimale (A min) et maximale (A max) de A :
A min = 19,9 + 29,9 = 49,8
A max = 20,1 + 30,1 = 50,2.
La cote A varie donc entre les limites 50 ± 0,2. Supposons que nous inscrivions cette valeur sur le dessin et que l'ouvrier, pour contrôler sa pièce, mesure les cotes A et C. Soit, par exemple : A = 49,8 C = 30,1.
Il en déduit logiquement que sa pièce est bonne.
Vérifions la valeur correspondante de B :

B = 49,8 − 30,1 = 19,7

soit une valeur nettement hors tolérance.

La cotation surabondante présente des tolérances incompatibles.

Voir également G.T. 9 « Transfert de cotes ».

COTATION SURABONDANTE

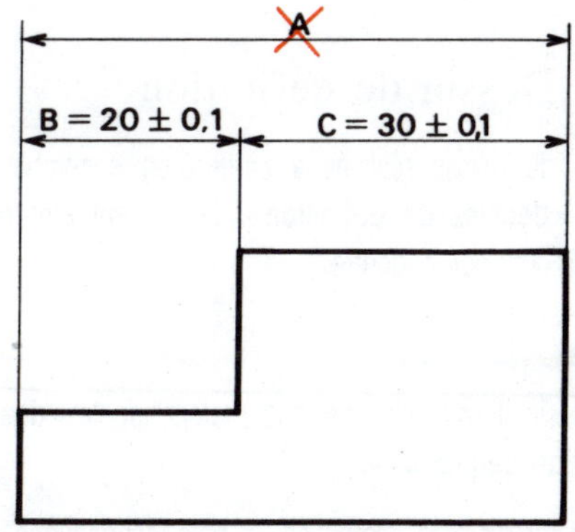

19.13 Cote auxiliaire

Si une cote surabondante est estimée utile (par exemple, pour le débit de la pièce), l'inscrire entre parenthèses afin d'indiquer qu'elle ne fait pas foi pour la vérification.

Une cote auxiliaire ne doit pas être tolérancée.

COTE AUXILIAIRE

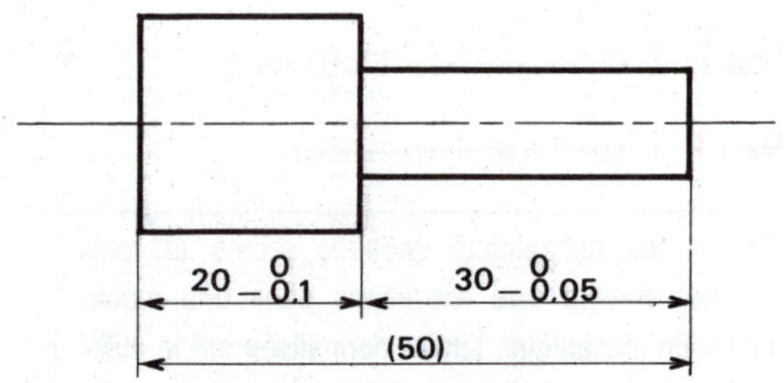

19.14 Inscription des cotes

Une cote ne doit être inscrite qu'une fois et dans la vue représentant le plus clairement l'élément coté.

Par exemple, la répétition de la cote 10 présente les inconvénients suivants :

- elle augmente le temps passé sur le dessin,
- dans le cas d'une éventuelle modification de la valeur de la cote, on risque de modifier une cote et d'oublier l'autre, ce qui peut conduire à des confusions lors de la fabrication et du contrôle de la pièce.
- elle n'apporte aucun renseignement supplémentaire pour la fabrication.

BON EMPLACEMENT ET NON RÉPÉTITION

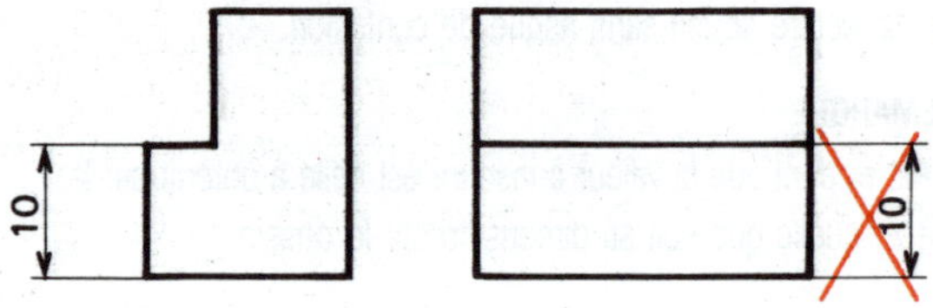

19.2 Cotation fonctionnelle

Coter fonctionnellement un dessin, c'est faire un choix raisonné entre ses diverses dimensions géométriquement équivalentes, et ne coter et tolérancer que celles d'entre elles (dites « **dimensions fonctionnelles** ») qui expriment directement les conditions d'aptitude du produit à l'emploi prévu (dites « **cotes condition** »).

19.21 Dessin de définition

Les plans de détails réalisés à partir d'un ensemble se nomment « **dessins de définition** ». Ils doivent être conformes à la définition ci-contre.

REMARQUES :

- Un dessin de définition est quelquefois appelé « **dessin de définition de produit** ».
- Afin d'aboutir à la réalisation la plus économique, un dessin de définition, au sens strict du terme, peut laisser des éléments à la libre initiative du service compétent chargé de l'étude des documents de fabrication.

MÉTHODE GÉNÉRALE
POUR COTER FONCTIONNELLEMENT

1° Faire une analyse complète du produit afin de mettre en évidence les cotes condition pour assurer un fonctionnement normal.
2° Choisir les cotes qui expriment directement, pour chaque pièce, ces cotes condition.

DESSIN DE DÉFINITION

Le dessin de définition détermine complètement et sans ambiguïté les exigences fonctionnelles auxquelles doit satisfaire le produit dans l'état de finition prescrit. Il est destiné à faire foi lors du contrôle de réception du produit.

Un dessin de définition doit être coté fonctionnellement. La cote indiquée correspond à la dimension de la pièce finie, y compris éventuellement le revêtement de protection, le traitement de surface, etc.

19■22 Cotation des éléments ne constituant pas un assemblage

Les cotes à inscrire résultent de cotes condition telles que :

- résistance ou déformation mécanique,
- encombrement,
- économie de masse ou de matière,
- esthétique, etc.

REMARQUES :

- En général ces cotes condition s'expriment directement (la cote à inscrire est la même que la cote condition).
- Pour ces cotes, le mode de tolérancement qui convient le plus souvent est le **«principe de l'indépendance»** (§ 18.11).

19■23 Cotation des éléments constituant un assemblage

Les cotes à inscrire résultent de cotes condition limitant une distance nécessaire entre deux éléments appartenant chacun à deux pièces distinctes.

REMARQUE :

En fonction des nécessités fonctionnelles, on peut être amené à utiliser le principe de l'enveloppe (§ 18.12).

19■3 Exemple simple

Soit à concevoir une cotation fonctionnelle pour le tiroir de table représenté ci-contre.

19■31 Analyse fonctionnelle

Le détail **A** représente le support gauche et une portion du montant latéral gauche du tiroir.

Recherche des cotes condition pour obtenir le fonctionnement recherché.

- Le tenon du support **1** doit pouvoir pénétrer dans la rainure du montant **2**. Cela suppose un **jeu JA**.
- La face **F1** ne doit pas porter contre la face **F2**. Cela suppose un **jeu JB**.
- Le dessus du tiroir ne doit pas être en contact avec le dessous du plateau de table. Cela suppose un **jeu JC**. Afin de conserver à cet exemple la simplicité nécessaire, on se limitera à déterminer seulement les cotes qui expriment **directement ces trois jeux fonctionnels**.

EXEMPLES DE COTES NE CONSTITUANT PAS UN ASSEMBLAGE

Clé plate

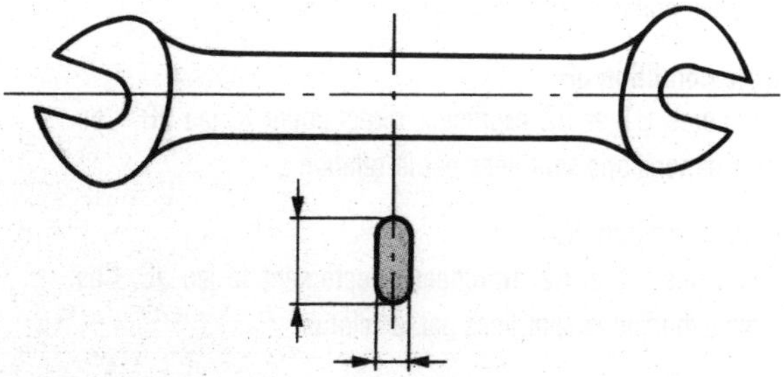

Maillon de chaîne

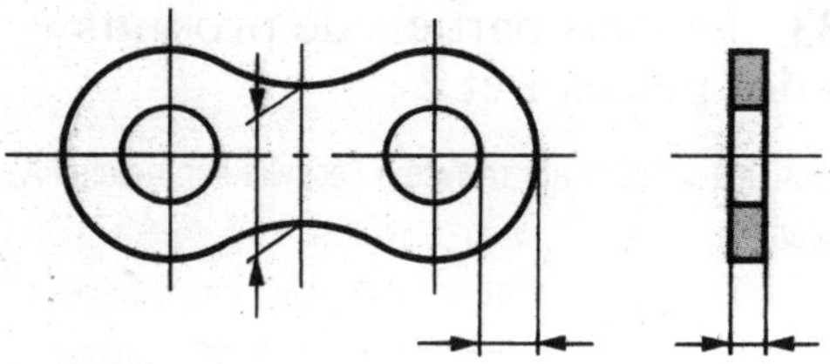

COTATION D'UN ASSEMBLAGE

Tiroir de table

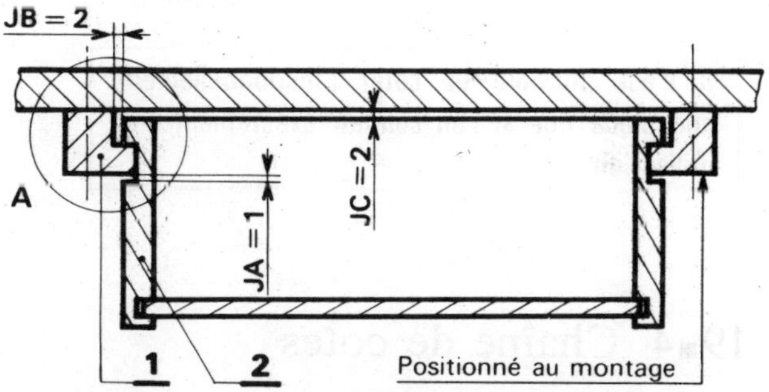

A - Échelle 1 : 1

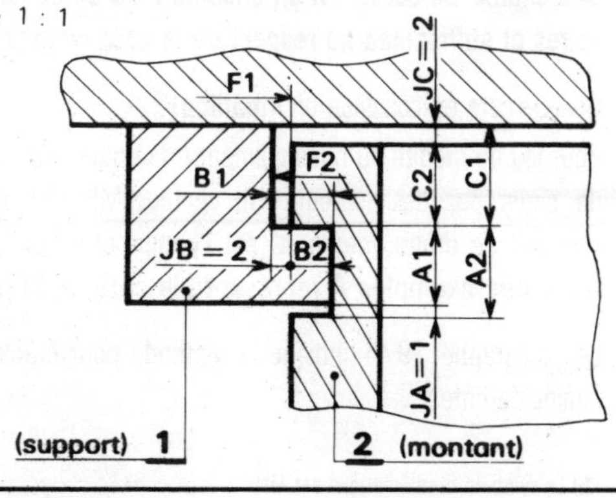

19.32 Choix des dimensions à coter

Cote condition JA
Les cotes A1 et A2 expriment directement le jeu JA. Ces trois dimensions sont liées par la relation :

JA = A2 – A1

Cote condition JB
Les cotes B1 et B2 expriment directement le jeu JB. Ces trois dimensions sont liées par la relation :

JB = B1 – B2

Cote condition JC
Les cotes C1 et C2 expriment directement le jeu JC. Ces trois dimensions sont liées par la relation :

JC = C1 – C2

19.33 Dessins partiels de produits finis des pièces 1 et 2

La valeur des cotes a été relevée à l'échelle sur le détail A de l'ensemble.
Les tolérances de fabrication n'ont pas été indiquées. Cette cotation (cotes non tolérancées) pourrait cependant être acceptable pour une fabrication unitaire.

REMARQUE :

Cet exemple permet d'énoncer le principe suivant :

Il n'est possible de coter fonctionnellement une pièce que si l'on connaît exactement son utilisation.

SUPPORT 1

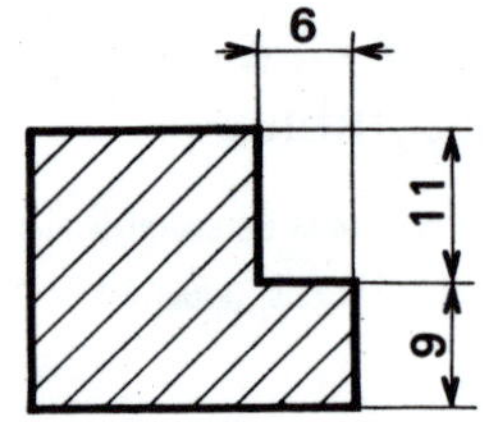

MONTANT 2

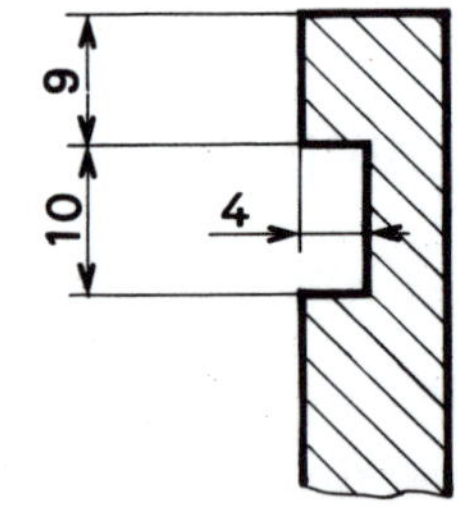

19.4 Chaîne de cotes

Une chaîne de cotes est un ensemble de cotes nécessaires et suffisantes au respect de la cote condition.

Chaque cote en constitue un **« maillon »**.

Pour la commodité du raisonnement, on remplace les lignes de cotes par des vecteurs. Un vecteur MN (*) est un segment de droite orienté, M est l'origine et N l'extrémité.
Dans nos exemples, A représente la cote de la pièce.

Le paragraphe 19.41 indique la méthode pour établir une chaîne de cotes.

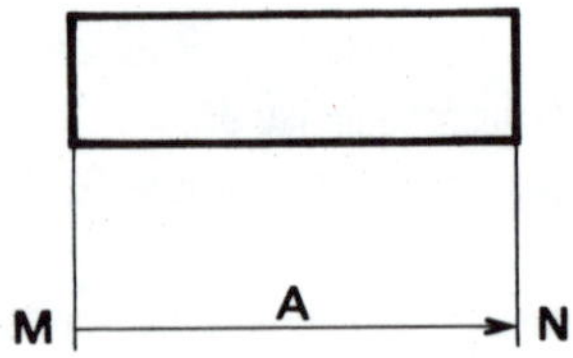

(*) Le symbole mathématique est $\overrightarrow{MN}$.

19.41 Établissement d'une chaîne de cotes

19.411 Exécution matérielle

1° Tracer le vecteur cote condition J.

2° À partir de l'**origine** du vecteur J tracer le premier vecteur A.

3° Le deuxième vecteur B a pour origine l'extrémité du vecteur A (ou bien l'extrémité du vecteur A et l'origine du vecteur B sont, comme dans le cas de la figure, sur une même ligne de rappel).

4° Procéder de même pour les différents vecteurs successifs.

5° L'extrémité du dernier vecteur D est confondue avec l'extrémité du vecteur J.

Pour déterminer une chaîne de cotes, utiliser le principe indiqué au paragraphe 19.422.

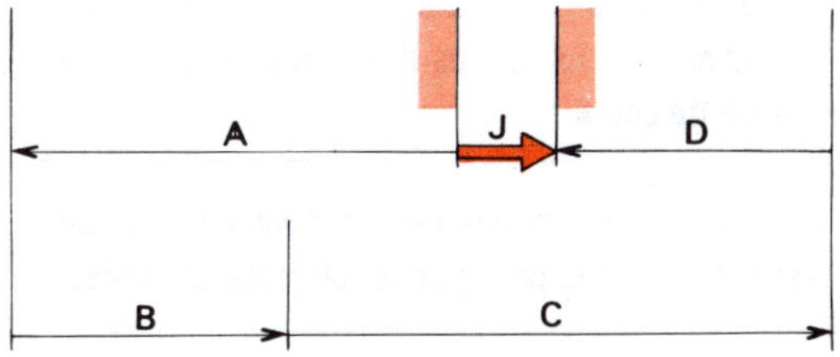

19.412 Propriété d'une chaîne de cotes

Le sens positif est donné par le sens du vecteur J.
Le sens positif habituel va de la gauche vers la droite pour les cotes horizontales et de bas en haut pour les cotes verticales.

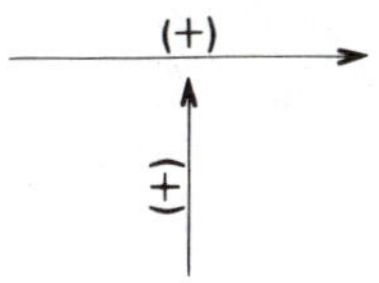

> **Le vecteur cote condition J est égal à la somme des vecteurs dans le sens positif, moins la somme des vecteurs dans le sens négatif.**

$$J = (B + C) - (A + D)$$

19.413 Calcul des jeux limites

Le jeu est maximal si les dimensions des vecteurs positifs sont maximales et celles des vecteurs négatifs **minimales.**

Le jeu est minimal si les dimensions des vecteurs positifs sont minimales et celles des vecteurs négatifs **maximales.**

Pratiquement plus le nombre de cotes composant la chaîne de cotes est important, moins il y a de chances que ces limites soient atteintes.

$$J\,max = (B\,max + C\,max) - (A\,min + D\,min)$$

$$J\,min = (B\,min + C\,min) - (A\,max + D\,max)$$

19.414 Etude des tolérances

La condition fonctionnelle J doit être affectée d'une tolérance, car il est impossible d'obtenir en fabrication des cotes constantes. Cette tolérance est choisie de manière à obtenir un jeu minimal et un jeu maximal compatibles avec un fonctionnement correct. La tolérance j sur le jeu J est ensuite répartie sur les cotes composant la chaîne de cotes, d'où les principes suivants :

1° La tolérance j sur la cote condition J est égale à la somme des tolérances des cotes composant la chaîne de cotes.

2° Si la chaîne de cotes est minimale, chaque cote est affectée de la plus grande tolérance possible.

COTE	J	A	B	C	D
TOLÉRANCE	j	a	b	c	d

$$j = a + b + c + d$$

19■42 Premier exemple

Soit à établir les chaînes minimales de cotes relatives au guidage du coulisseau **1** sur la glissière **2**.

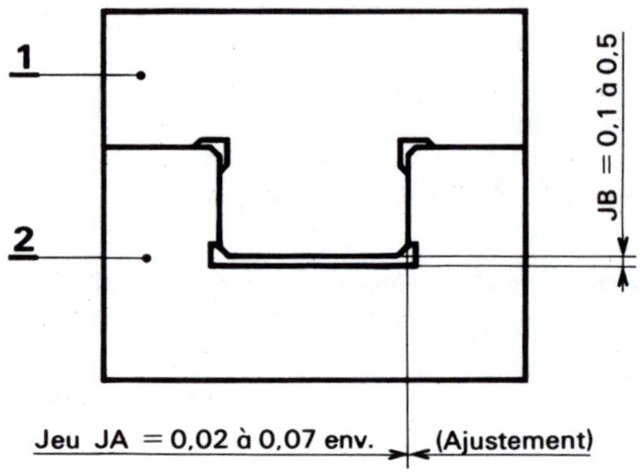

Échelle 1 : 1

19■421 Analyse fonctionnelle

Pour que le mouvement du coulisseau **1** dans la glissière **2** puisse être obtenu, il faut :

- que le tenon du coulisseau puisse pénétrer dans la rainure avec un jeu JA = 0,02 à 0,07 environ, soit une tolérance ja = 0,05 environ.
- qu'entre l'extrémité du tenon et le fond de la rainure soit ménagé un jeu JB = 0,1 à 0,5, soit une tolérance jb = 0,4.

Les jeux JA et JB sont considérés comme donnés. Ils auront pu être déterminés soit par le calcul, soit par l'expérience de cas similaires antérieurs, soit par des essais préalables.

19■422 Chaîne minimale de cotes

DÉFINITIONS PRÉALABLES :

Surfaces d'appui : surfaces en contact d'un ensemble de plusieurs pièces.

Surfaces terminales : surfaces d'un ensemble de plusieurs pièces entre lesquelles le jeu est compris.

Condition fonctionnelle JA :

Il est clair que la chaîne minimale de cotes pour définir directement cette cote condition est composée des cotes A1 et A2, **soit une cote par pièce**. Ce sont ces deux cotes ; A1 pour la pièce **1** et A2 pour la pièce **2**, qui constituent les cotes fonctionnelles.

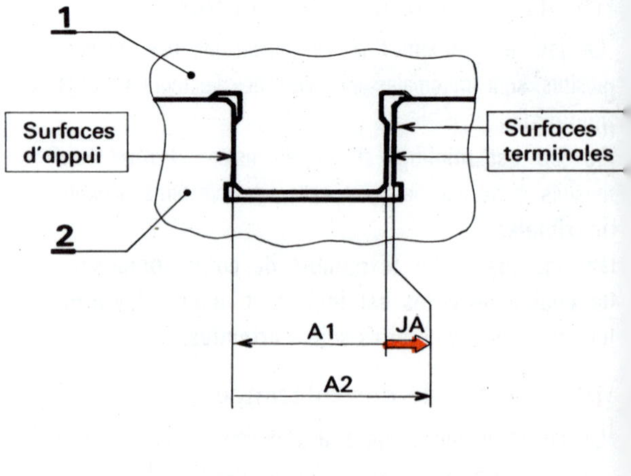

Cote condition JB :

La chaîne minimale de cotes est composée des cotes fonctionnelles B1 et B2. Ces cotes permettent de passer d'une surface terminale à l'autre par l'intermédiaire des surfaces d'appui.

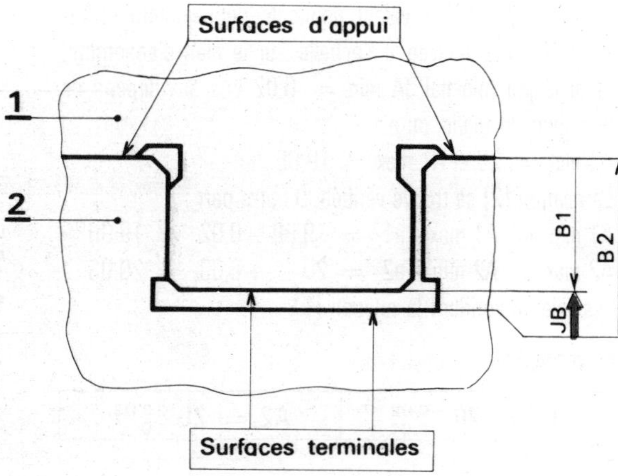

PRINCIPE FONDAMENTAL
DE LA COTATION FONCTIONNELLE

À partir d'une cote condition donnée, la chaîne de cotes est minimale, s'il n'y a qu'une cote par pièce.

Pour déterminer cette chaîne de cotes, on part d'une surface terminale pour rejoindre l'autre surface terminale en passant par l'intermédiaire des surfaces d'appui. Les surfaces d'appui à choisir sont celles qui concourent à la mise en place des surfaces terminales.

Pour chacune des pièces, la cote fonctionnelle à inscrire est celle qui appartient à la chaîne de cotes ainsi déterminée.

19.423 Répartition des tolérances

CHAÎNE DE COTES JA

La tolérance sur le jeu JA (ja ≈ 0,05) est à répartir sur chacune des cotes A1 et A2. Cette répartition doit être effectuée en fonction des coûts de la fabrication.

On peut admettre, d'une façon générale, qu'à tolérances égales la fabrication d'un contenant est plus onéreuse que celle du contenu.

On est donc conduit à prévoir sur la cote A2 une tolérance plus large que sur la cote A1 soit :

tolérance sur A1 : a1 = 0,02
tolérance sur A2 : a2 = 0,03.

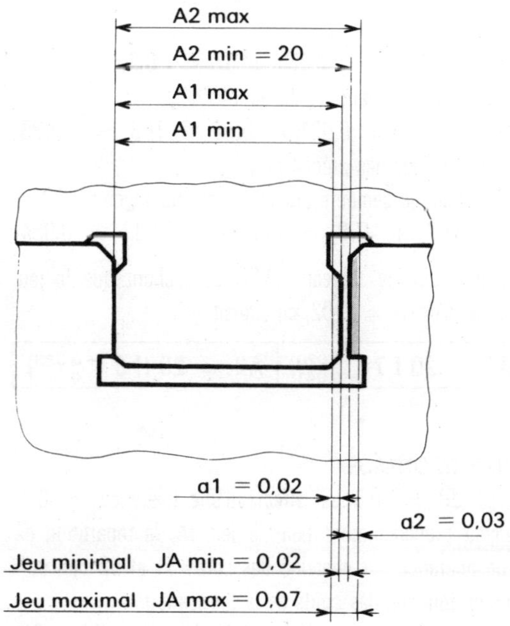

VÉRIFICATION

D'après le paragraphe 19.414 :

$$ja = a1 + a2$$

soit $0{,}05 = 0{,}02 + 0{,}03$.

DÉTERMINATION DES COTES LIMITES

Les valeurs limites des cotes A1 et A2 doivent respecter l'une des deux relations ci-après (voir § 19.413).

JA max = A2 max − A1 min = 0,07 (1)

JA min = A2 min − A1 max = 0,02 (2).

Si, par exemple, la valeur nominale de l'ajustement est 20 mm (cote relevée à l'échelle sur le plan d'ensemble) et si le jeu minimal JA min = 0,02 pris aux dépens de la largeur du tenon, on a :

A2 min = 20 et A1 max = 19,98.

La relation (2) se trouve vérifiée. D'autre part :

A1 min = A1 max − a1 = 19,98 − 0,02 = 19,96

A2 max = A2 min + a2 = 20 + 0,03 = 20,03.

Ces valeurs vérifient la relation (1).

En résumé :

A1 = 20 $^{-0,02}_{-0,04}$	**A2 = 20 $^{+0,03}_{0}$.**

REMARQUE :

Si le contrôle des pièces est fait à l'aide de calibres de vérification du système international de tolérances (§ 14.2), il faut rechercher des valeurs normalisées se rapprochant le plus possible de celles précédemment déterminées.

Sachant que a1 = 0,020 et a2 = 0,030, on peut prendre en consultant le tableau 14.24 :

pour a1, IT 7 = 0,021 et, pour a2, IT 8 = 0,033, valeurs voisines des précédentes.

La tolérance ja demeure pratiquement inchangée :

ja = IT 7 + IT 8 = 0,021 + 0,033 = 0,054.

En consultant le tableau 14.26 et sachant que le jeu minimal JA min = 0,02, on choisit :

A1 = 20 f 7 ($^{-0,020}_{-0,041}$)	**A2 = 20 H 8 ($^{+0,033}_{0}$).**

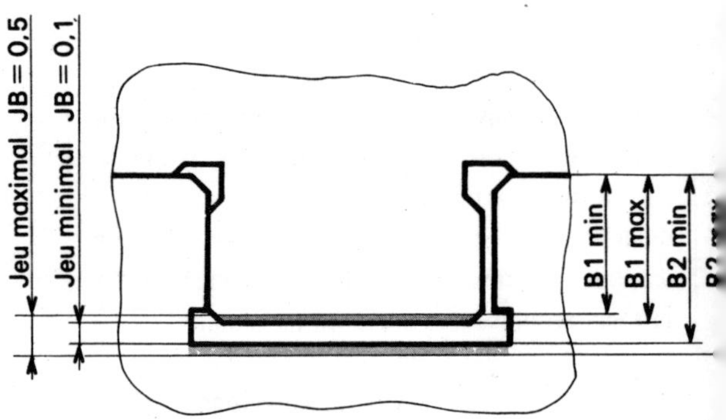

CHAÎNE DE COTES JB

Le jeu JB = 0,3 est affecté d'une tolérance ± 0,2. Comme précédemment pour le jeu JA, la répartition de cette tolérance sur chacune des cotes B1 et B2 doit être faite en fonction des coûts de la fabrication.

On peut prendre une tolérance identique pour B1 et B2, soit :

tolérance sur B1 : b1 ± 0,1

tolérance sur B2 : b2 ± 0,1.

On relève, sur le plan d'ensemble la hauteur du tenon, soit 12 mm, et l'on peut prendre le jeu nominal de 0,3 sur la profondeur de la rainure.

À partir de ces éléments, les valeurs de B1 et B2 sont faciles à obtenir, soit :

B1 = 12 ± 0,1	**B2 = 12,3 ± 0,1.**

VÉRIFICATION

JB max = B2 max − B1 min = 12,4 − 11,9 = 0,5

JB min = B2 min − B1 max = 12,2 − 12,1 = 0,1.

19.43 Deuxième exemple

Soit à établir, pour l'ensemble ci-contre, la chaîne minimale de cotes pour l'ajustement 15 H8/f7 constitué par les pièces repères **1**, **2a**, **2b** et **3**.

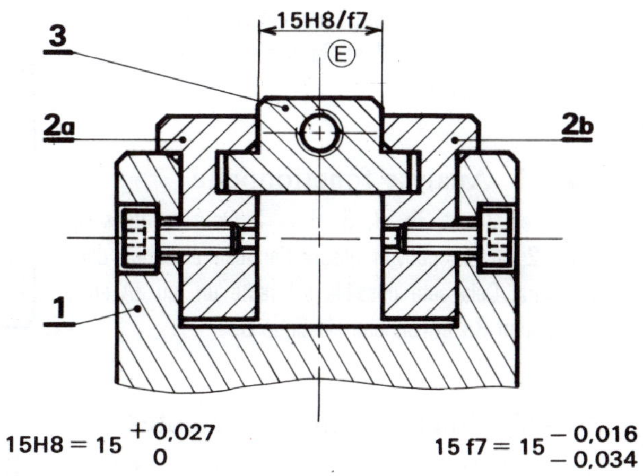

19.431 Analyse fonctionnelle

La largeur de la pièce **3** est donnée avec sa tolérance (15 f7). Le problème revient alors à laisser entre les deux surfaces terminales des pièces **2a** et **2b** un espace J égal à 15 H8 (J max = 15,027, J min = 15).

19.432 Chaîne minimale de cotes

Elle est représentée sur la figure ci-contre. La valeur des éléments de la chaîne minimale de cotes est donnée par la relation :

$$J = B - (A + C)$$

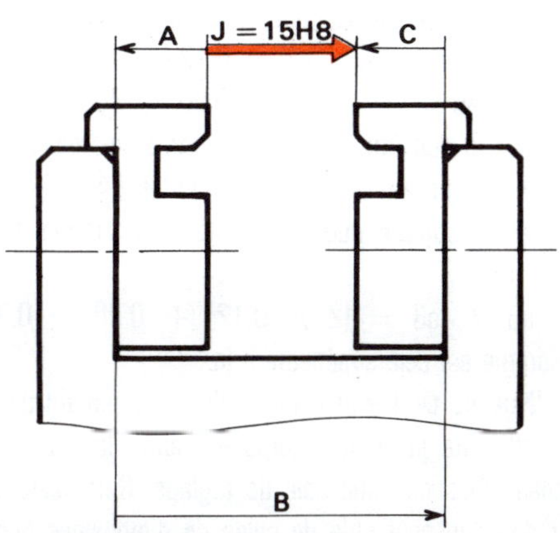

19.433 Répartition des tolérances

Tolérance sur J : j = 0,027.

Il est conseillé, lorsque cela est possible, de faire usage du système international de tolérances. En consultant le tableau des tolérances fondamentales (§ 14.24), on peut choisir IT 6 pour la cote B et IT 5 pour les cotes A et C (ces cotes peuvent s'obtenir facilement par rectification). On obtient en effet :

IT 6 + 2 IT 5 = 0,016 + (2 × 0,006) = 0,028, valeur pratiquement identique à la tolérance j.

Le jeu minimal 15 mm impose de prendre pour chacune des cotes A, B et C un écart égal à zéro. Soit H6 pour la cote B et h5 pour les cotes B et C.

ANALYSE FONCTIONNELLE		VALEUR DES ÉLÉMENTS DE LA CHAINE DE COTES	VÉRIFICATION	OBSERVATIONS
Fonction à assurer	**Cote condition**			
Guidage du coulisseau 3	**J max = 15,028**	**J = B − (A + C)**	**J max = B max − (A min + C min)** **J max = 35,016 − (9,994 + 9,994)** **J max = 35,016 − 19,988 = 15,028**	**La valeur nominale des cotes A et C a été relevée à l'échelle du dessin.**
	J min = 15	**A = C = 10 h 5 $\begin{pmatrix} 0 \\ -0,006 \end{pmatrix}$**		
	j = 0,028	**B = 35 H6 $\begin{pmatrix} +0,016 \\ 0 \end{pmatrix}$**	**J min = B min − (A max + C max)** **J min = 35 − (10 + 10) = 15**	

REMARQUE : Si l'on estime les tolérances ci-dessus incompatibles avec le prix de revient, il est nécessaire de reprendre la conception du mécanisme.

19.44 Troisième exemple

Soit à établir pour l'ensemble ci-contre, la chaîne minimale des cotes permettant l'immobilisation en translation des pièces **3b**, **4**, **5**, **7** et **3a** sur l'arbre **2** à l'aide de l'anneau élastique **8**.

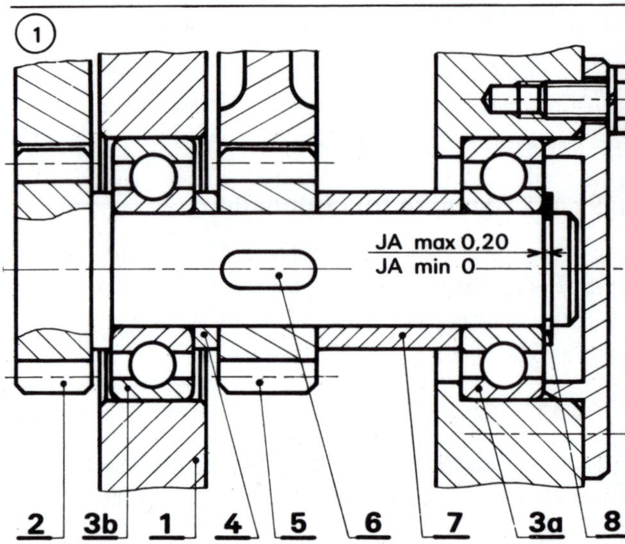

19.441 Analyse fonctionnelle

Les pièces **3a** et **3b**, **4**, **5**, **6** et **7** étant montées sur l'arbre **2**, il faut pouvoir glisser l'anneau élastique dans sa rainure. Cela sera possible s'il reste un jeu JA entre le roulement **3a** et l'anneau élastique **8**.

19.442 Chaîne minimale de cotes

La chaîne minimale de cotes est représentée figure 2.

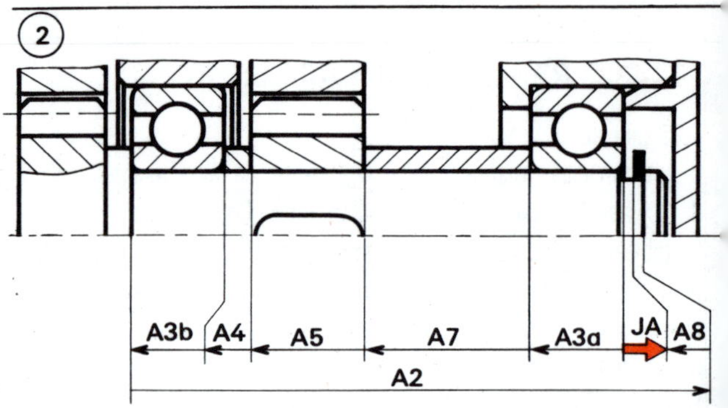

19.443 Répartition des tolérances

La tolérance ja = 0,20 sur le jeu JA est à répartir sur sept cotes. Sur trois de ces cotes la tolérance est imposée :
tolérance sur A3a et A3b : a3 = 0,12 (§ 40.70)
tolérance sur A8 : a8 = 0,06 (§ 45.1).
La tolérance ja doit être égale à la somme des tolérances des cotes composant la chaîne de cotes (§ 19.414).
En ne tenant compte que de la tolérance sur ces trois cotes, on a :
$a3 + a3 + a8 = (2 \times 0{,}12) + 0{,}06 = 0{,}30$.
Cette somme est déjà supérieure à ja.
Le problème ne peut être résolu qu'en augmentant d'une valeur suffisante ja ou en interposant entre le roulement et l'anneau élastique une cale de réglage. Cette cale est choisie dans un ensemble de cales de dimensions échelonnées. On peut également utiliser une cale pelable Altermill (§ 40.533).

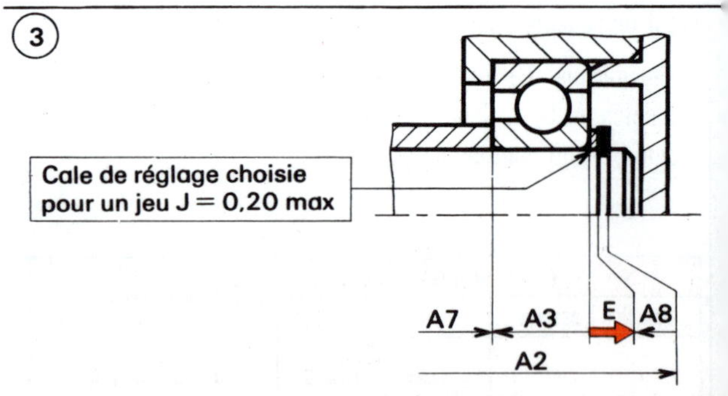

L'épaisseur E de la cale se détermine en remplaçant JA par E dans la chaîne de cotes.

VALEUR DES ÉLÉMENTS DE LA CHAÎNE DE COTES	ÉPAISSEUR DE LA CALE	OBSERVATIONS
E = A2 — (A3a + A7 + A5 + A4 + A3b + A8)	E max = A2 max — (A3a min + ... + A8 min)	Revoir § 19-413
A2 = 59 ± 0,1	E max = 59,1 — (10,88 + 2,95 + 12,95 + 18,95 + 10,88 + 0,94)	La valeur de la cote A2 a été fixée de manière à avoir pour la cale une épaisseur minimale (E min) suffisante.
A3 = 11 $^{0}_{-0,12}$	E max = 59,1 — 57,55 = 1,55	
A7 = 19 ± 0,05	E min = A2 min — (A3a max + ... + A8 max)	
A5 = 13 ± 0,05	E min = 58,9 — (11 + 3,05 + 13,05 + 19,05 + 11 + 1)	
A4 = 3 ± 0,05	E min = 58,9 — 58,15 = 0,75	
A8 = 1 h 11 ($^{0}_{-0,06}$)		

19■45 Quatrième exemple

Soit à établir, pour le micromoteur ci-dessous, le dessin de définition de produit fini du vilebrequin repère **4**.

REMARQUE :

Seules les pièces nécessaires à cette étude ont été repérées.

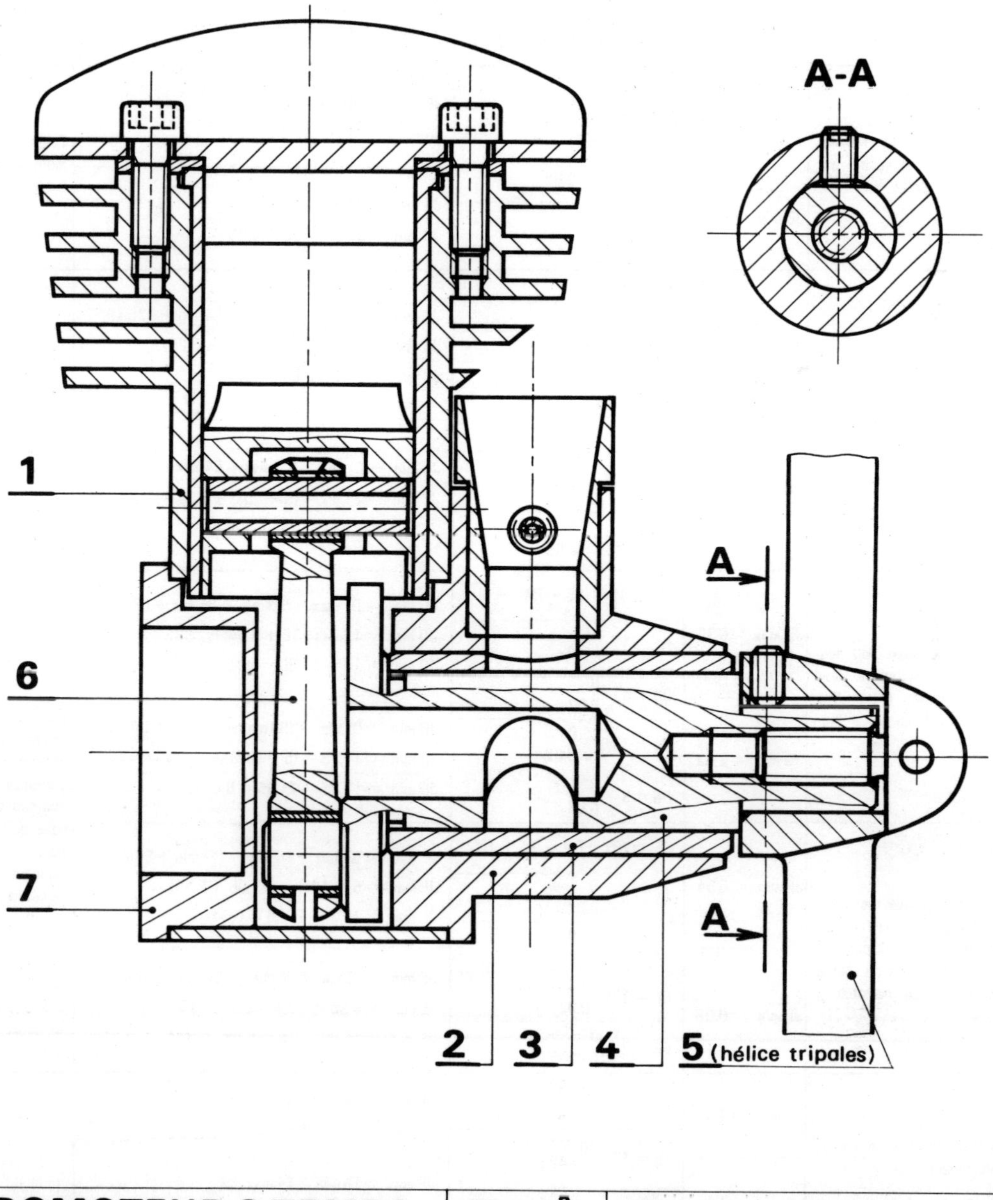

MICROMOTEUR 2 TEMPS	5 cm³	250 W à 18 000 tr/min

ANALYSE FONCTIONNELLE			VALEUR DES ÉLÉMENTS DE LA CHAÎNE MINIMALE DE COTES	VÉRIFICATION	OBSERVATIONS
Rp	**Fonction à assurer**	**Cote condition**			
A	Guidage en rotation du vilebrequin dans son palier.	JA max = 0,061	JA = A3 – A4	JA max = A3 max – A4 min JA max = 14,027 – 13,966 = 0,061	Ajustement choisi conformément au tableau § 14-25 : — vitesse de rotation : 18 000 tr/mn, — bon graissage.
			$A3 = 14\ H\ 8 \begin{pmatrix}+0{,}027\\ 0\end{pmatrix}$		
		JA min = 0,016	$A4 = 14\ f7 \begin{pmatrix}-0{,}016\\ -0{,}034\end{pmatrix}$	JA min = A3 min – A4 max JA min = 14 – 13,984 = 0,016	
B	Immobilisation en translation du vilebrequin par rapport au palier.	JB max = 0,15	JB = B4 – B3	JB max = B4 max – B3 min JB max = 33,1 – 32,95 = 0,15	Tolérances au maximum de matière, voir § 15-13.
			$B4 = 33{,}1\,^{0}_{-0{,}05}$		
		JB min = 0,05	$B3 = 33\,^{0}_{-0{,}05}$	JB min = B4 min – B3 max JB min = 33,05 – 33 = 0,05	
C	Éviter que l'extrémité du maneton ne vienne toucher la face interne du couvercle.	JC max = 0,4	JC = C1 – (C3 + C4 + C7)	JC max = C1 max – (C3 min + C4 min + C7 min) JC max = 24 – (4,95 + 10,45 + 8,20) JC max = 24 – 23,60 = 0,4	L'effort de traction de l'hélice sur le vilebrequin fait que le frottement a toujours lieu sur la face gauche du palier.
			$C1 = 24\,^{0}_{-0{,}05}$		
			$C3 = 5\,^{0}_{-0{,}05}$		
		JC min = 0,2	$C4 = 10{,}5\,^{0}_{-0{,}05}$	JC min = C1 min – (C3 max + C4 max + C7 max) JC min = 23,95 – (5 + 10,5 + 8,25) JC min = 23,95 – 23,75 = 0,2	
			$C7 = 8{,}25\,^{0}_{-0{,}05}$		
D	L'axe de la bielle doit pouvoir être exactement dans l'axe du piston. A cet effet, la bielle est montée « flottante ».	JD max = 0,10	JD = D1 – (D3 + D4 + D6)	JD max = D1 max – (D3 min + D4 min + D6 min) JD max = 12 – (4,98 + 3,94 + 2,98) JD max = 12 – 11,90 = 0,10	Lorsqu'une même cote appartient à plusieurs chaînes de cotes, la tolérance à inscrire doit naturellement être celle qui est la plus faible. Exemple : C3, D3, E3. La cote à inscrire est : $5\,^{0}_{-0{,}02}$
			$D1 = 12\,^{0}_{-0{,}02}$		
			$D3 = 5\,^{0}_{-0{,}02}$		
		JD min = 0,02	$D4 = 3{,}96\,^{0}_{-0{,}02}$	JD min = D1 min – (D3 max + D4 max + D6 max) JD min = 11,98 – (5 + 3,96 + 3) JD min = 11,98 – 11,96 = 0,02	
			$D6 = 3\,^{0}_{-0{,}02}$		
E	Pour une portée maximale, la face gauche de la bielle doit être en retrait par rapport à la fin de la partie cylindrique du maneton.	JE max = 0,34	JE = (E3 + E4) – (E1 + E6)	JE max = E3 max + E4 max – (E1 min + E6 min) JE max = 5 + 10,3 – (11,98 + 2,98) JE max = 15,3 – 14,96 = 0,34	
			$E3 = 5\,^{0}_{-0{,}02}$		
			$E4 = 10{,}3\,^{0}_{-0{,}2}$		
		JE min = 0,08	$E1 = 12\,^{0}_{-0{,}02}$	JE min = E3 min + E4 min – (E1 max + E6 max) JE min = 4,98 + 10,1 – (12 + 3) JE min = 15,08 – 15 = 0,08	
			$E6 = 3\,^{0}_{-0{,}02}$		
F	Serrage de l'hélice sur le vilebrequin.	JF max = 1,4	JF = F5 – F4	JF max = F5 max – F4 min JF max = 13 – 11,6 = 1,4	
			$F5 = 13\,^{0}_{-0{,}2}$		
		JF min = 1	$F4 = 11{,}8\,^{0}_{-0{,}2}$	JF min = F5 min – F4 max JF min = 12,8 – 11,8 = 1	

PRINCIPALES CHAÎNES MINIMALES DE COTES

La représentation des jeux est volontairement exagérée.

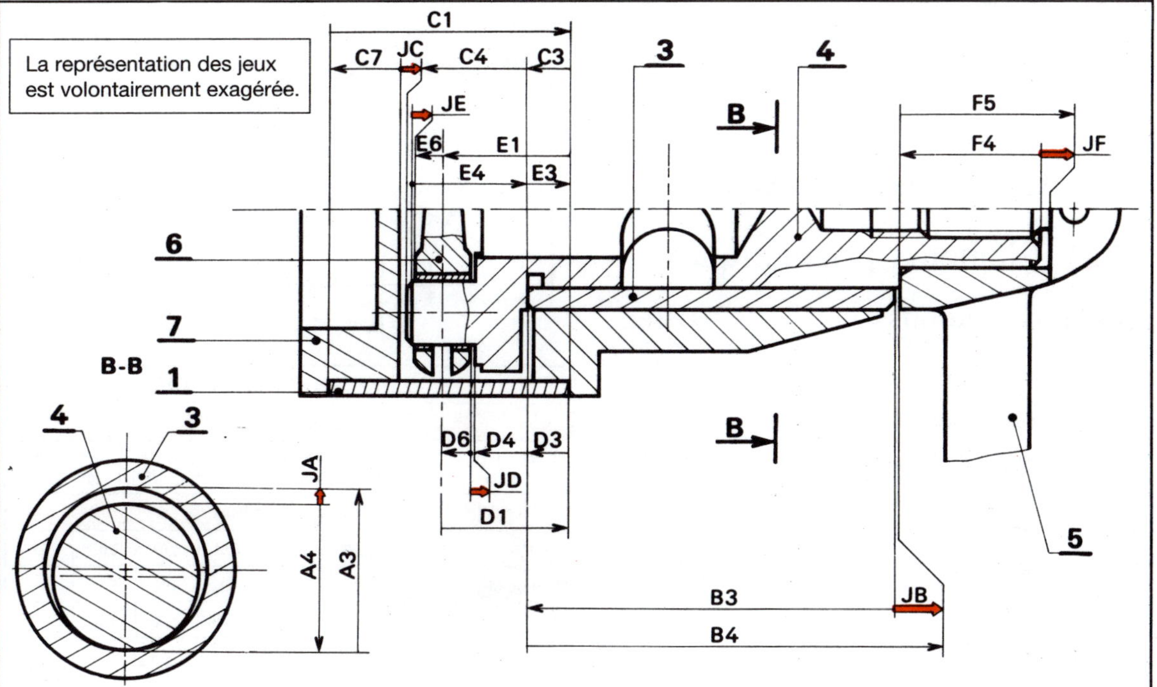

DESSIN DE DÉFINITION PARTIEL

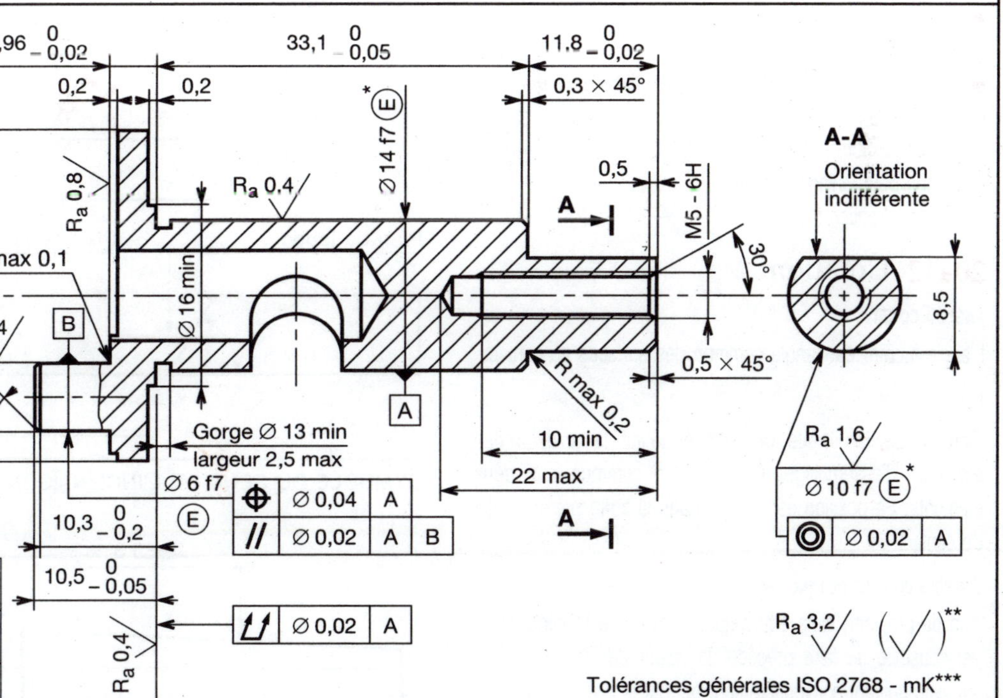

14 f7	– 0,016 – 0,034
10 f7	– 0,013 – 0,028
6 f7	– 0,010 – 0,022

XC 38 Trempe à l'eau à 850° - Revenu à 550° - HRC ⩾ 25 | **VILEBREQUIN** | **4**

* § 18.12. ** § 17.44. *** § 15.41.

20 Cotation des éléments prismatiques et coniques

20■1 Éléments prismatiques

20■11 Définitions

NF E 01-012

ANGLE DE PRISME β

Angle sous lequel les deux faces d'un prisme se coupent.

INCLINAISON D'UN PRISME S (ou pente)

Rapport entre la différence des hauteurs **H** et **h,** et de la distance **L** entre deux sections planes, parallèles à l'arête fictive du prisme et perpendiculaires à l'une de ses faces.

$$S = \frac{H - h}{L} = \tan \beta.$$

REMARQUES :

■ L'inclinaison est habituellement employée pour les angles inférieurs à 6°.

■ L'inclinaison est une grandeur sans dimension qui peut être exprimée :
— par un nombre (0,10),
— par un pourcentage (10 %),
— par une fraction (1:10).

20■12 Cotation

ANGLE À COTER

L'angle à coter est l'angle commun des surfaces en contact.

PLAN DE JAUGE

Plan de section droite qui sert à définir la position des éléments d'assemblage. Ce plan est commun aux deux éléments. Sa position est choisie dans la zone préférentielle de contact.

SYMBOLE DU SENS DE L'INCLINAISON

Afin de préciser, sans équivoque, le sens de l'inclinaison, il est conseillé de faire précéder la valeur de l'inclinaison du symbole suivant convenablement orienté :

ÉLÉMENTS D'UN PRISME

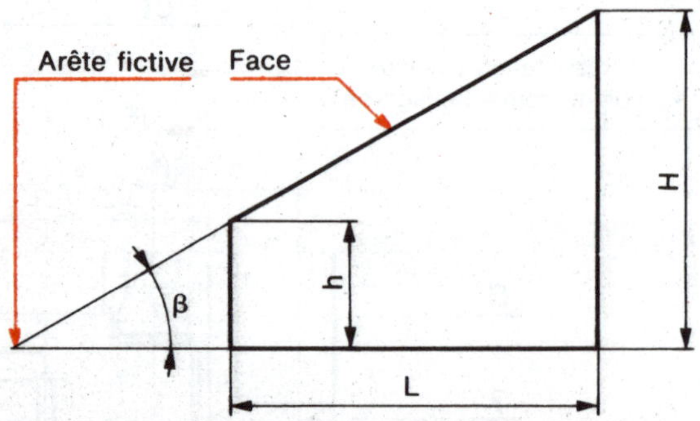

VALEURS RECOMMANDÉES

Angles de prismes β*									
(0°30′) (10°)	(1°) 15°	(2°) 20°	(3°) 30°	(4°) (40°)	5° 45°	(6°) 60°	(7°) (75°)	(8°) 90°	(9°) 120°

Inclinaisons de prismes S						
Nombre	0,002	0,005	0,01	0,02	0,05	0,1
Pourcentage	0,2 %	0,5 %	1 %	2 %	5 %	10 %
Fraction	1:500	1:200	1:100	1:50	1:20	1:10

* Éviter l'emploi des valeurs entre parenthèses.

ANGLE À COTER - PLAN DE JAUGE

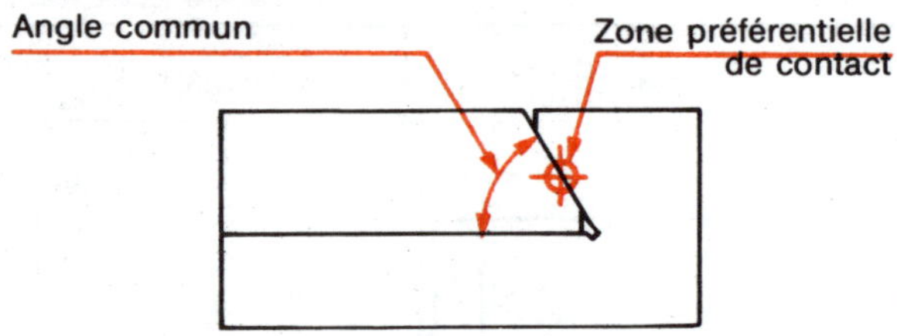

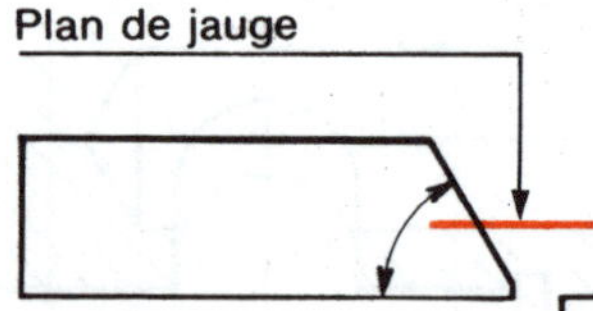

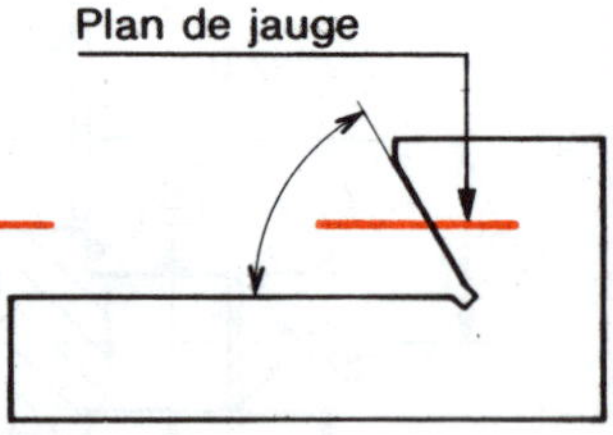

SYMBOLE DU SENS DE L'INCLINAISON

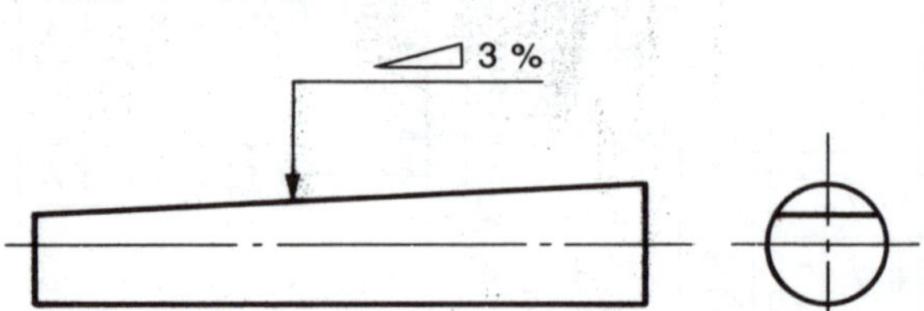

20 ■ 13 Application

Analyse fonctionnelle

Pour que le guidage du coulisseau **2** sur la glissière **1** soit correct, il faut :

- que le jeu **JA** assure un guidage suffisamment précis ;
- qu'il existe, afin d'éviter les surabondances d'appui, un jeu minimal **JB** au fond de la queue d'aronde ;
- que les surfaces en contact assurent une portée aussi parfaite que possible.

Spécifications restrictives

Si des raisons fonctionnelles l'exigent, il est possible de limiter les défauts d'orientation et les défauts de forme des surfaces frottantes en utilisant des tolérances géométriques restrictives par rapport à la tolérance de localisation.

a : tolérance de localisation

b : tolérance d'inclinaison

c : tolérance de planéité

GLISSIÈRE EN QUEUE D'ARONDE

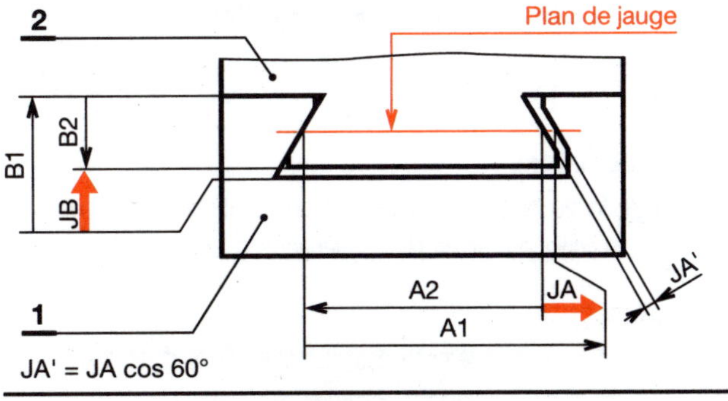

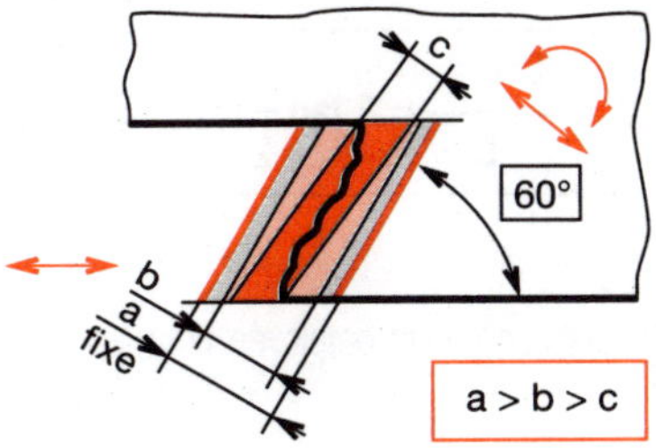

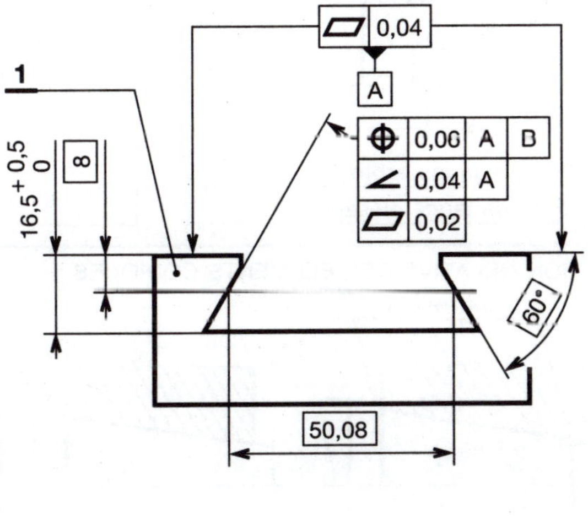

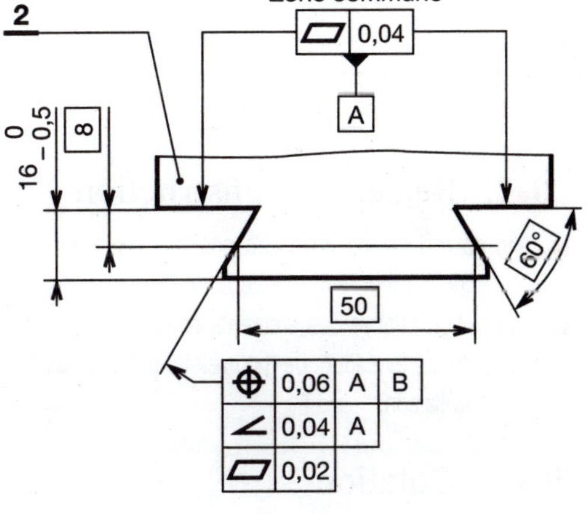

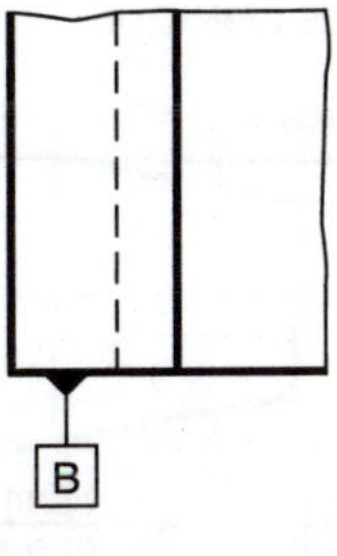

Détail de la zone de tolérance de localisation

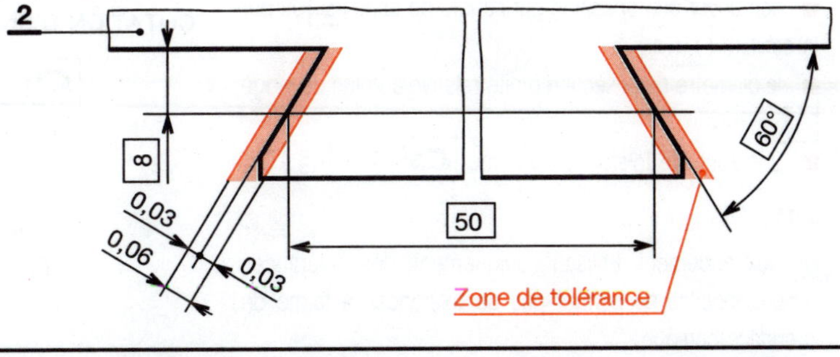

20 ▪ 2 Éléments coniques

NF E 01-011, NF E 04-557, NF ISO 3040

20 ▪ 21 Définitions

ANGLE DE CÔNE α

Angle formé par les deux génératrices d'intersection de la surface conique avec un plan contenant son axe.

CONICITÉ C

Rapport entre la différence des diamètres **D** et **d** de deux sections et de la distance **L** entre ces sections.

$$C = \frac{D - d}{L} = 2 \tan \frac{\alpha}{2}.$$

REMARQUES :

- La conicité est habituellement employée pour les angles inférieurs à 30°.
- La conicité est une grandeur sans dimension qui est normalement exprimée par une fraction (1:10 ou 1/10). Si nécessaire il est admis de l'exprimer par un pourcentage (10 %) et exceptionnellement par un nombre (0,10).
- La conicité est égale au double de l'inclinaison (§ 20.11) :

$$C = 2\,S.$$

20 ▪ 22 Règles de construction

- Afin de réduire les écarts de position axiale, le plan de jauge est choisi près de la grande base.
- La position relative des éléments coniques doit être telle qu'elle évite la formation de bourrelets préjudiciables à la qualité de la liaison.

20 ▪ 23 Cotation

Il est préconisé de définir une surface conique par :

- son ouverture, spécifiée par l'angle de cône $\boxed{\alpha}$ ou par la conicité $\boxed{1 : a}$,
- le diamètre de la section droite relative au plan de jauge $\boxed{D}$,
- une zone de tolérance de forme [⌓ | Tc] (§ 17.2).

NOTA :

Un tolérancement utilisant uniquement des tolérances dimensionnelles ne permet pas de tolérancer la forme de la surface conique.

ÉLÉMENTS D'UN CÔNE

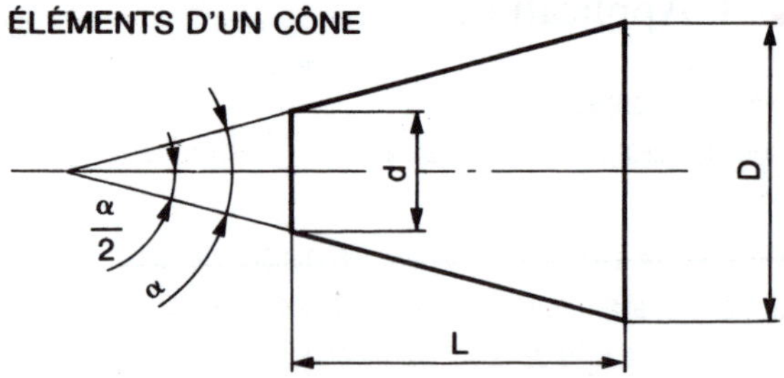

VALEURS RECOMMANDÉES			
α	C	%	Nombre
0° 6′52″	1:500	0,2 %	0,002
0° 17′11″	1:200	0,5 %	0,005
0° 34′23″	1:100	1 %	0,01
1° 8′45″	1:50	2 %	0,02
2° 51′51″	1:20	5 %	0,05
5° 43′29″	1:10	10 %	0,10
11° 25′16″	1:5	20 %	0,20
18° 55′29″	1:3	33,3 %	0,333
30°	1:1,866	53,6 %	0,536

POSITION DU PLAN DE JAUGE

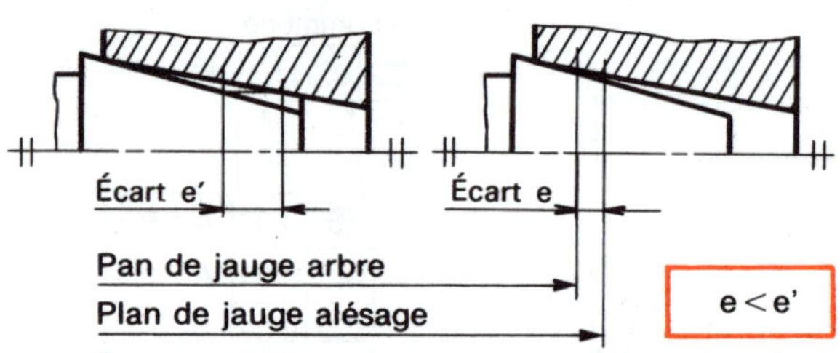

POSITION RELATIVE DES ÉLÉMENTS CONIQUES

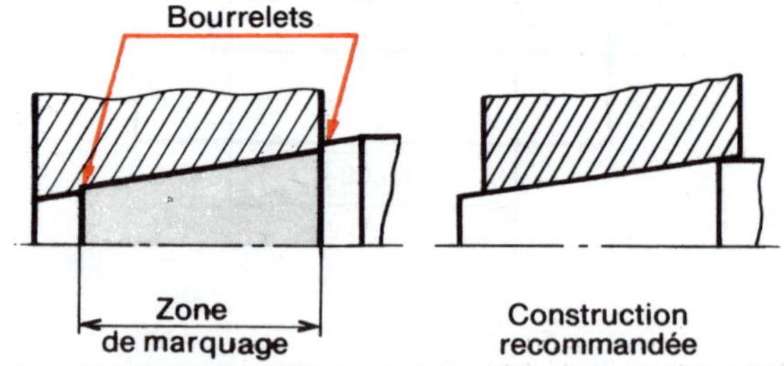

COTATION D'UNE SURFACE CONIQUE

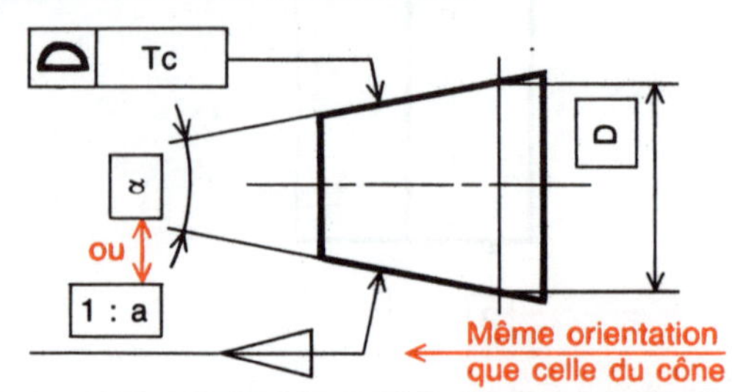

20.231 Tolérancement du cône et position axiale confondus

EXEMPLE : Cône d'étanchéité.

Analyse fonctionnelle

- Afin d'assurer l'étanchéité on recherche une bonne portée des surfaces coniques.
- Le plan de jauge contient l'axe de la veine du fluide et il sert de référence à la position axiale de certains éléments (chaînes **JA** et **JB**).

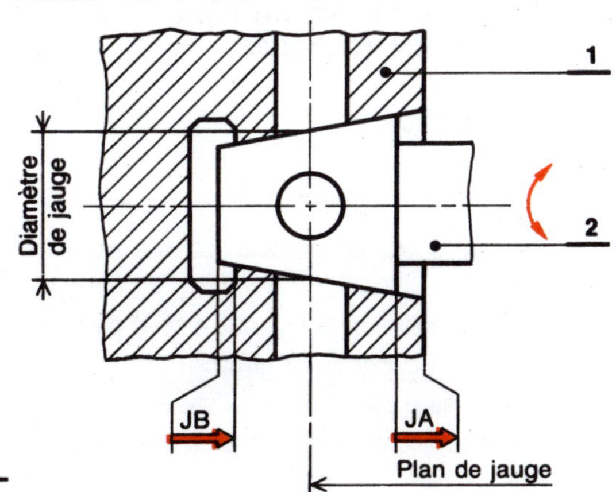

Interprétation

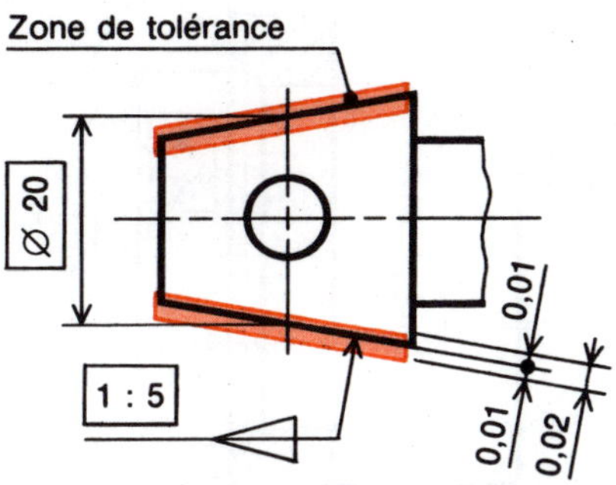

Indication

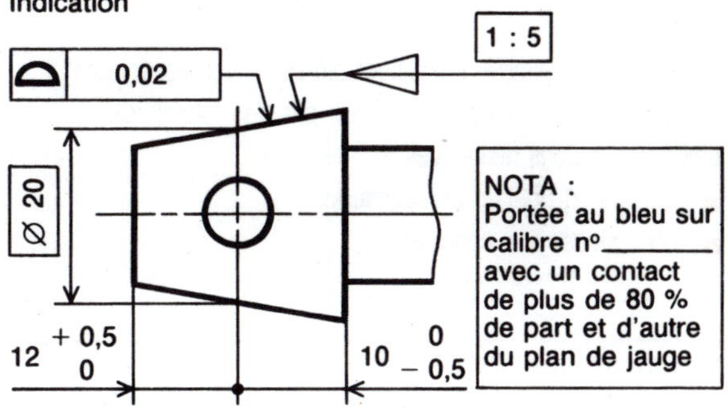

20.232 Tolérancement du cône et position axiale séparés

EXEMPLE : Cône d'assemblage.

Analyse fonctionnelle

La mise en position axiale est définie par la cote 40 ± 0,5.

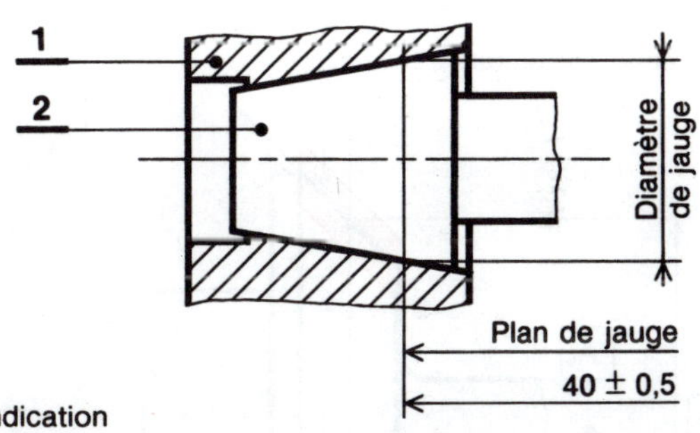

Interprétation

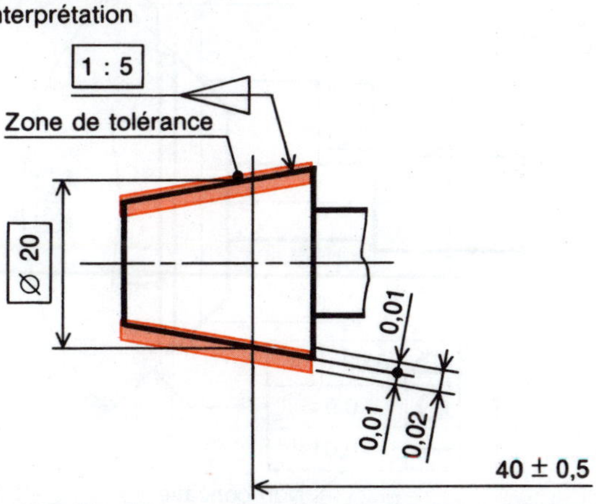

Indication

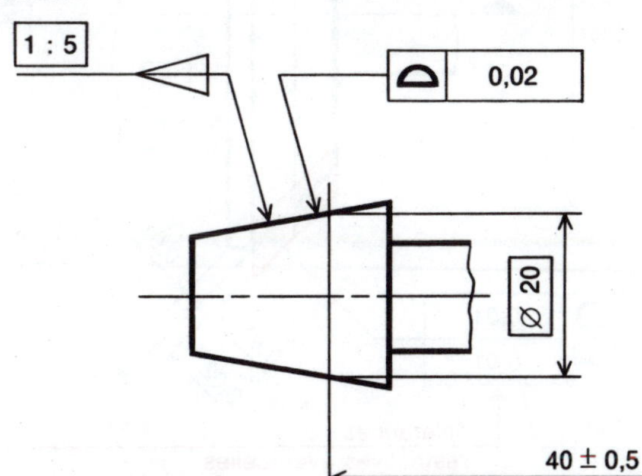

20.233 Tolérancement du cône par rapport à une référence

EXEMPLE : Cône d'obturation

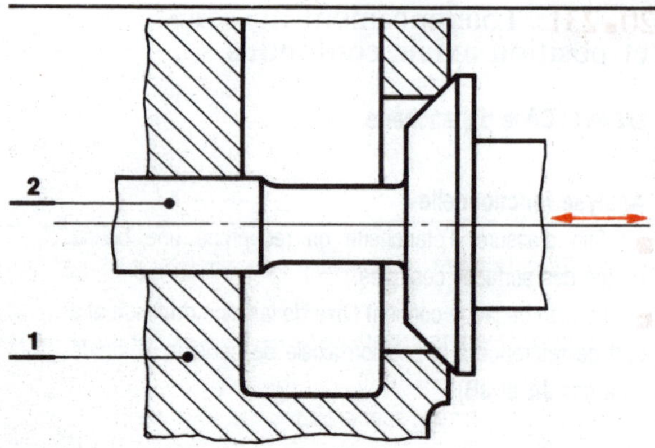

Analyse fonctionnelle

- La soupape est guidée en translation par une partie cylindrique.
- L'étanchéité est fonction de la coaxialité entre la partie tronconique et la partie cylindrique de guidage.
- Le diamètre de jauge permet de définir une section de passage du fluide en fonction de la levée de la soupape.

NOTA :

Si cela est nécessaire, il est possible de limiter les défauts de forme de la surface tronconique par des tolérances ou des spécifications restrictives, par exemple :

- limitation du défaut de circularité,
- génératrices non concaves.

Indication

PIÈCE 1

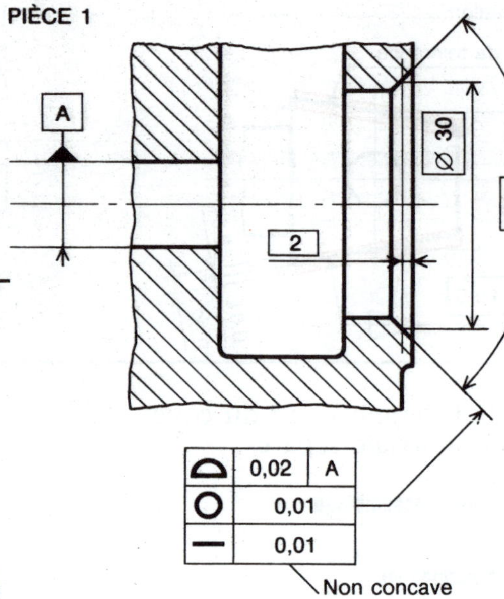

PIÈCE 2

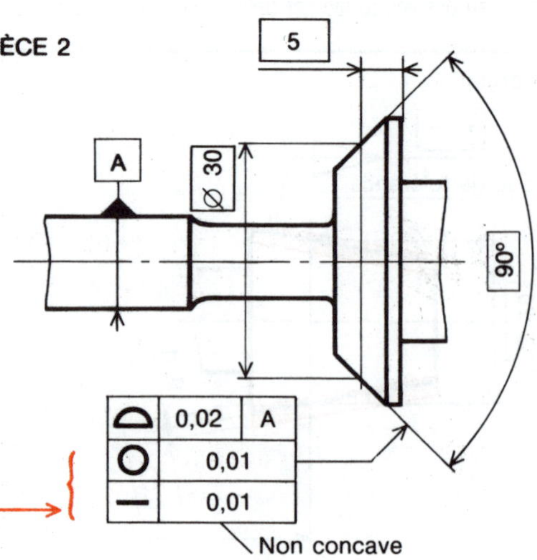

Interprétation — PIÈCE 2

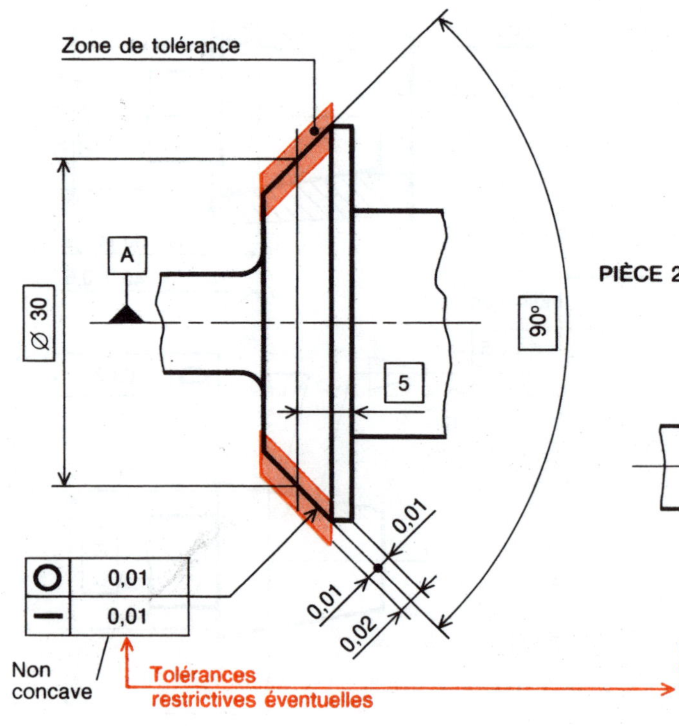

21 Commentaires sur la cotation fonctionnelle

La cotation fonctionnelle d'un dessin doit assurer :

- **que toute pièce conforme au dessin soit apte à l'emploi,**
- **qu'aucune pièce encore apte à l'emploi ne soit rebutée comme non conforme au dessin.**

Pour tenir compte de cette dernière condition, **il ne faut indiquer sur les plans que les seules conditions fonctionnelles destinées à faire foi lors du contrôle de réception.**

Toute autre condition non fonctionnelle est laissée à l'initiative des services de fabrication.

Les exemples suivants montrent comment porter, sur les plans, des prescriptions donnant le maximum de latitude aux services de fabrication. Si des centres d'usinage peuvent rester sur la pièce finie, il est intéressant de le préciser. Ils peuvent servir :

- pour l'usinage de la pièce (tournage, rectification),
- pour son contrôle (cylindricité, circularité, coaxialité).

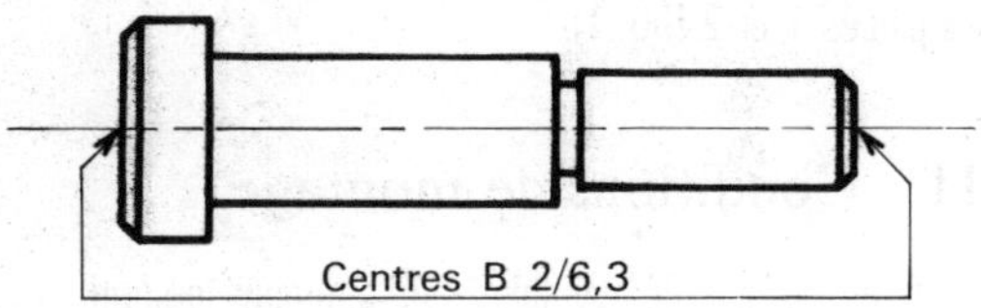

Voir § 51.3 représentation simplifiée et désignation des centres d'usinage.

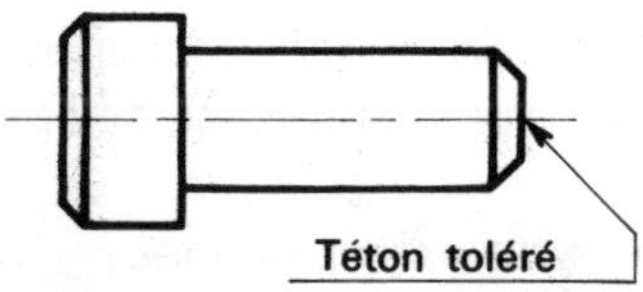

Le nota «téton toléré» est particulièrement intéressant pour les pièces obtenues par décolletage.

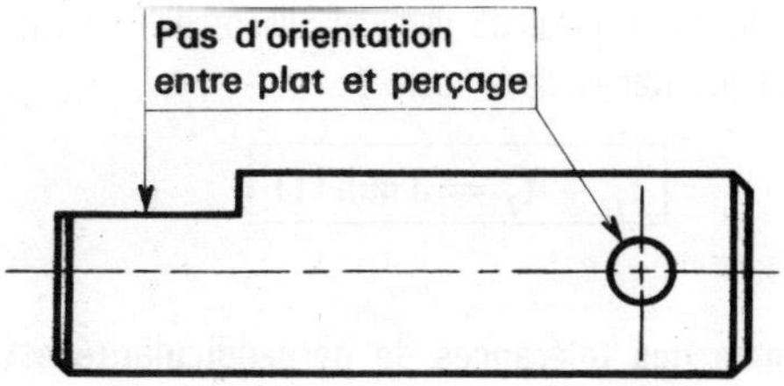

Une indication telle que «pas d'orientation entre plat et perçage», si elle est fonctionnellement possible, doit être indiquée afin de réduire le prix de revient de la pièce.

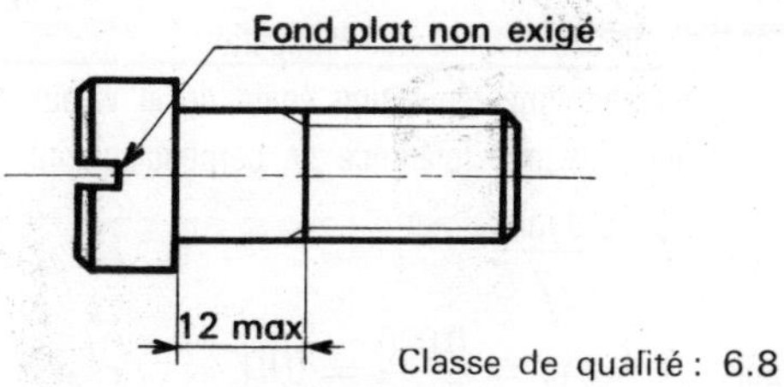

Le nota «fond plat non exigé» autorise le fraisage en plongée.

La cote «12 max» indique que l'autre limite est fonctionnellement indifférente.

On peut également lorsque cela est possible, laisser une certaine liberté quant au choix de la matière à utiliser.

Voir § 37.2.

22 Calcul des tolérances géométriques

L'objet de ce chapitre consiste à montrer, pour les liaisons hyperstatiques, l'interdépendance entre la valeur des jeux fonctionnels et la valeur des tolérances de position.

22.1 Tolérances de perpendicularité

Soit à déterminer les tolérances de perpendicularité à respecter par les surfaces qui réalisent la liaison pivot entre les pièces **1** et **2** (fig. 1).

22.11 Conditions de montage

Les conditions les plus défavorables sont obtenues lorsque les éléments concernés sont dans leur état maximal de matière et que les défauts de perpendicularité sont les plus grands (fig. 2).

Pratiquement, le jeu minimal J min est toujours faible par rapport aux diamètres de l'assemblage, c'est pourquoi on peut admettre :

D' min = D min   et   d' max = d max.

Par définition, on a : D min − d max = J min.

Soit t_1 le défaut maximal de perpendicularité de l'arbre et t_2 le défaut maximal de perpendicularité de l'alésage. On déduit de l'examen de la figure 2 :

$$t_1 + t_2 = J\,min \quad (1)$$

RÈGLE :

La somme des tolérances de perpendicularité est égale au jeu minimal de l'ajustement.

La répartition du jeu J min entre les tolérances t_1 et t_2 est fonction des procédés de fabrication.

Si l'on admet une répartition égale de la valeur du jeu J min pour chaque tolérance de perpendicularité, on a :

$$t_1 = t_2 = \frac{J\,min}{2},$$

soit : $t_1 = t_2 = \frac{0{,}020}{2} = 0{,}01.$

(1) ENSEMBLE

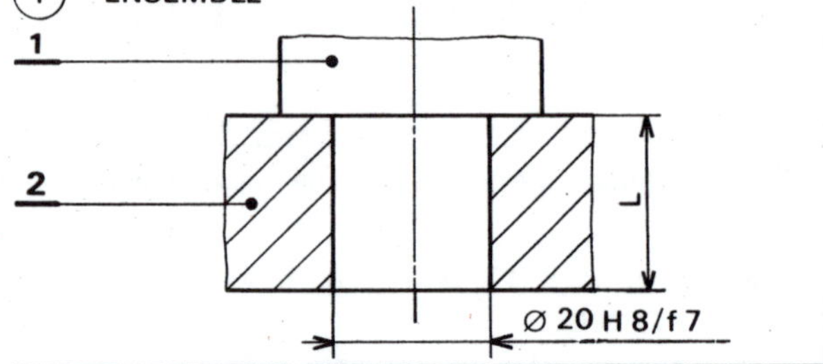

(2) DÉFAUTS DE PERPENDICULARITÉ LIMITES

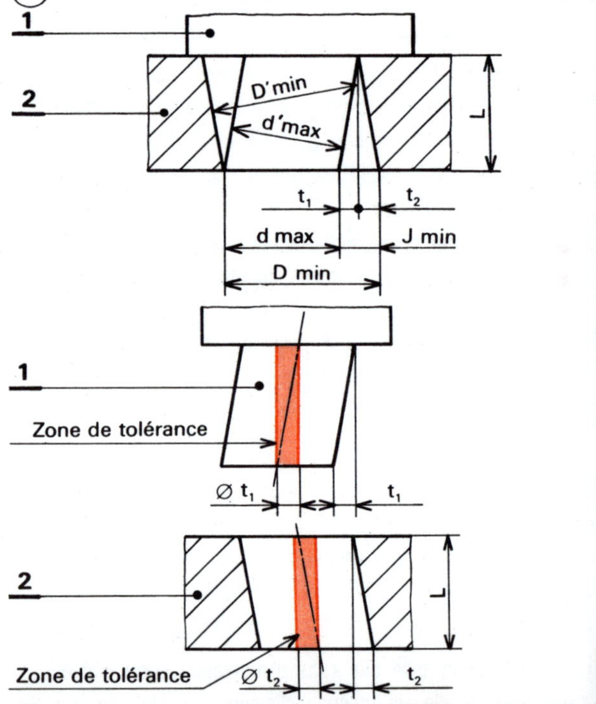

(3) DESSINS DE DÉFINITION PARTIELS

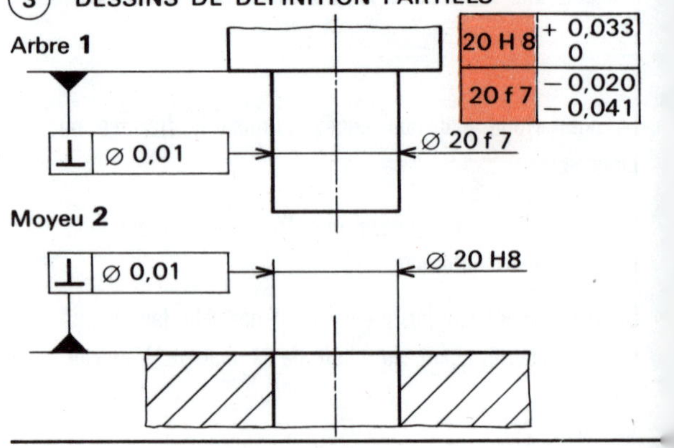

22.12 Principe du maximum de matière NF E 04-555

Si les éléments ne sont pas dans leur état maximal de matière, le jeu réel est supérieur au jeu minimal :

J réel > J min (fig. 1a et 1b).

Dans ce cas, le montage est encore possible avec des éléments dont les tolérances de perpendicularité t'_1 et t'_2 sont supérieures à t_1 et t_2 et l'on a, d'après la relation (1) : $t'_1 + t'_2 = \text{J réel}$.
Soit :

$$t'_1 = t_1 + (\text{d max} - \text{d réel})$$
$$t'_2 = t_2 + (\text{D réel} - \text{D min}).$$

Afin de ne pas éliminer des composants dont le montage est encore possible, on inscrit, à la suite de la tolérance de perpendicularité, le symbole Ⓜ (fig. 2). Le symbole Ⓜ indique :

- que la tolérance de perpendicularité a été déterminée en supposant les éléments dans leur état maximal de matière,
- qu'il autorise un dépassement limité de la tolérance de perpendicularité si les éléments ne sont pas dans cet état.

REMARQUE :

Si le jeu minimal est nul (ajustement H/h), la tolérance de perpendicularité est nulle. Dans ce cas, lorsque les éléments sont dans leur état maximal de matière, on ne peut tolérer aucun défaut de perpendicularité (fig. 3).

(1a) PRINCIPE DU MAXIMUM DE MATIÈRE APPLIQUÉ À L'ARBRE 1*

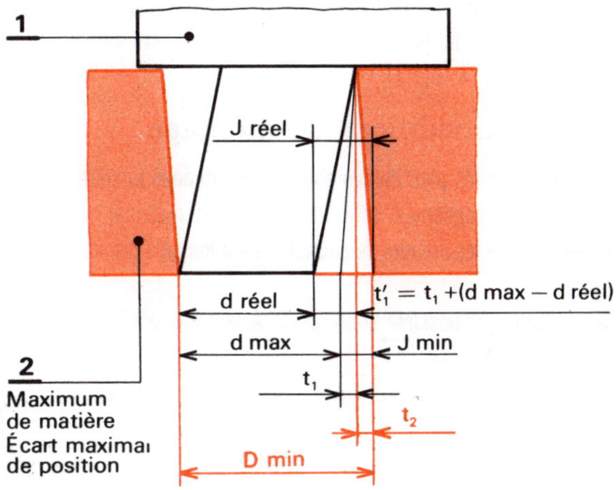

(1b) PRINCIPE DU MAXIMUM DE MATIÈRE APPLIQUÉ AU MOYEU 2*

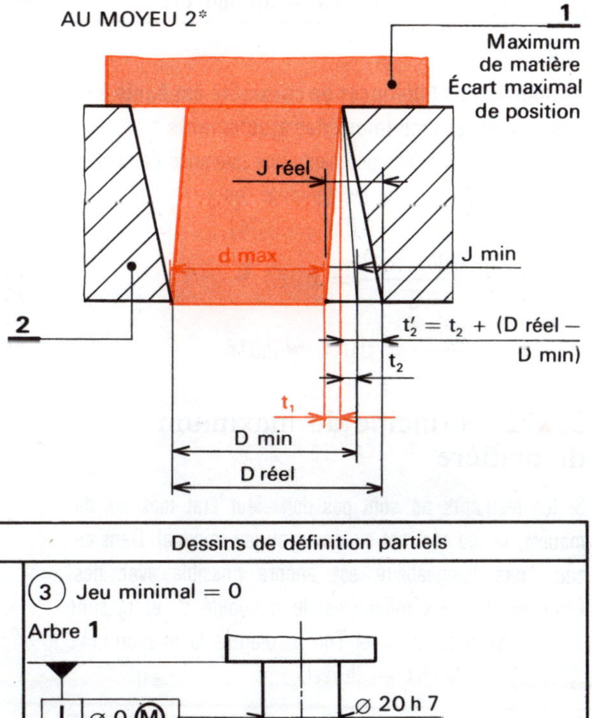

PRINCIPE DU MAXIMUM DE MATIÈRE	Dessins de définition partiels

(2) Jeu minimal = 0,02

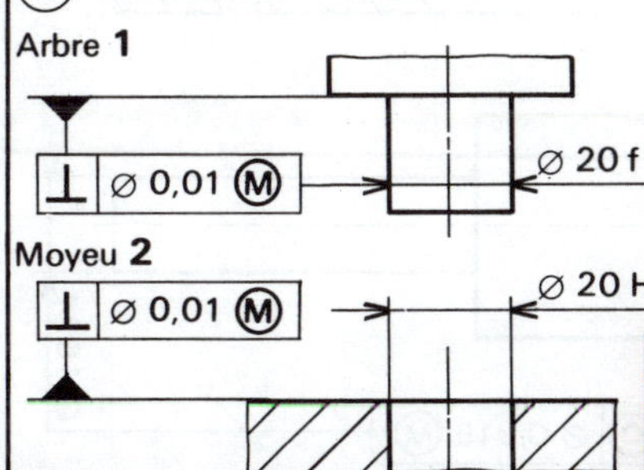

20 H 8	+ 0,033 0
20 f 7	– 0,020 – 0,041

(3) Jeu minimal = 0

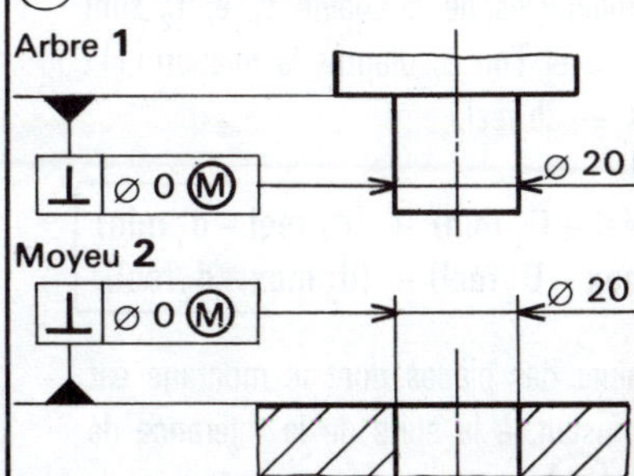

20 H 8	+ 0,033 0
20 h 7	0 – 0,021

* Afin de conserver l'interchangeabilité lors de la vérification des cotes d'une pièce, on considère l'autre pièce dans son état maximal de matière avec un écart de position maximal.

22■2 Tolérances de coaxialité

Soit à déterminer les tolérances de coaxialité à respecter par les surfaces qui réalisent la liaison pivot glissant entre les pièces **1** et **2** (fig. 1).

22■21 Conditions de montage

Les conditions les plus défavorables sont obtenues lorsque les éléments concernés sont dans leur état maximal de matière et que les défauts de coaxialité sont les plus grands (fig. 2).

Le montage est possible si $JA \geqslant 0$. A la limite minimale $JA = 0$ et $\|\overrightarrow{A_1}\| = \|\overrightarrow{A_2}\|$.

$\|\overrightarrow{A_1}\| = R_1 + r_1 - t_1/2$; $\|\overrightarrow{A_2}\| = R_2 + r_2 + t_2/2$;

$$\frac{t_1}{2} + \frac{t_2}{2} = (R_1 - R_2) + (r_1 - r_2),$$

d'où :

$$t_1 + t_2 = \text{Ja min} + \text{Jb min} \quad (1).$$

RÈGLE :

La somme des tolérances de coaxialité est égale à la somme des jeux minimaux des ajustements :

Si l'on admet pour les contenants une tolérance de coaxialité double de celle pour les contenus, on a :

$$t_1 + t_2 = 0{,}025 + 0{,}016 = 0{,}041;$$

$$t_1 = \frac{0{,}041 \times 2}{3} = 0{,}027 \approx 0{,}03$$

$$t_2 = \frac{0{,}041}{3} = 0{,}014 \approx 0{,}015.$$

22■22 Principe du maximum de matière

Si les éléments ne sont pas dans leur état maximal de matière, le jeu réel est supérieur au jeu minimal. Dans ce cas, l'interchangeabilité est encore possible avec des éléments dont les tolérances de coaxialité t'_1 et t'_2 sont supérieures à t_1 et t_2 et l'on a, d'après la relation (1) :

$t'_1 + t'_2 = \text{Ja réel} + \text{Jb réel},$

$$t'_1 = t_1 + (D_1\,\text{réel} - D_1\,\text{min}) + (d_1\,\text{réel} - d_1\,\text{min})$$
$$t'_2 = t_2 + (D_2\,\text{max} - D_2\,\text{réel}) + (d_2\,\text{max} - d_2\,\text{réel}).$$

Afin de ne pas éliminer des pièces dont le montage est encore possible, on inscrit, à la suite de la tolérance de coaxialité, le symbole Ⓜ.

(1) ENSEMBLE

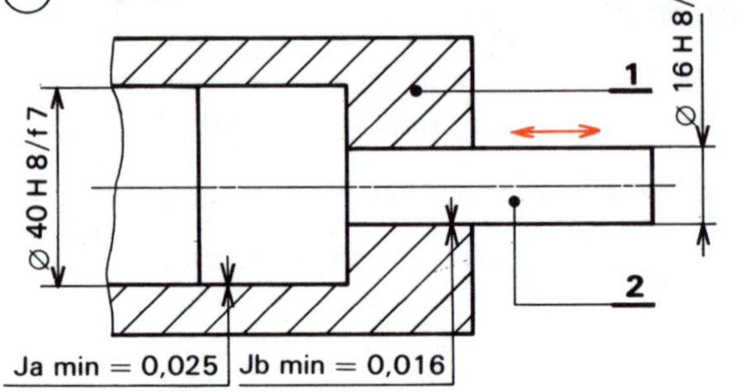

(2) DÉFAUTS DE COAXIALITÉ LIMITES

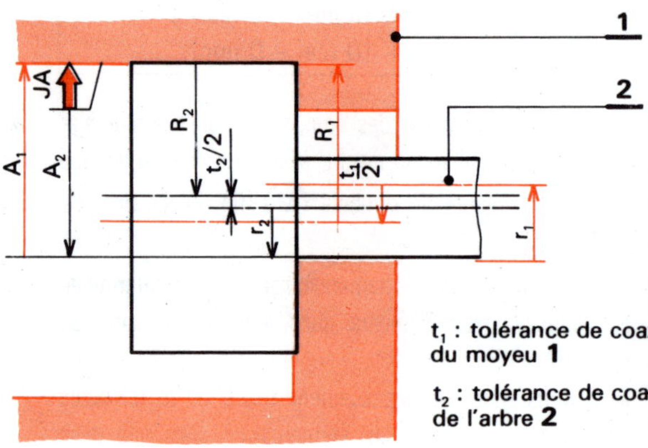

t_1 : tolérance de coax du moyeu **1**

t_2 : tolérance de coax de l'arbre **2**

(3) DESSINS DE DÉFINITION PARTIELS

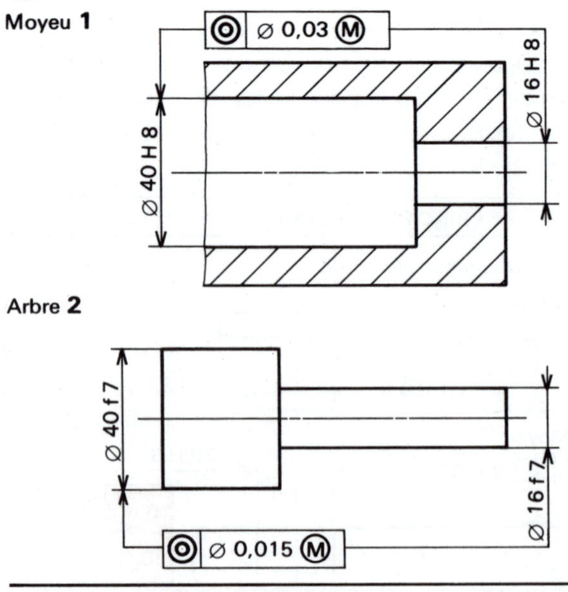

22■3 Tolérances de localisation

Soit deux plaques dont le repérage de la mise en position relative est effectué par deux goupilles cylindriques.

22■31 Conditions de montage

Les conditions les plus défavorables sont obtenues lorsque les éléments concernés sont dans leur état maximal de matière et que les défauts de localisation sont les plus grands.

Le montage est possible si $\overrightarrow{JA} \geqslant 0$ (fig. 2). Soit à la limite minimale $JA = 0$ et $\|\overrightarrow{A_1}\| = \|\overrightarrow{A_2}\|$ (1).

$\|\overrightarrow{A_1}\| = t_1 + E - 2R_1$; $\quad \|\overrightarrow{A_2}\| = E - t_2 - 2R_2$;

d'après (1) et en ordonnant :

$t_1 + t_2 = 2R_1 - 2R_2$ d'où : $t_1 + t_2 = J\,min$.

$$t_1 + t_2 = J\,min \quad \text{ou} \quad \Sigma t = \Sigma\, J\,min.^*$$

RÈGLE :

La somme des tolérances de localisation de 2 éléments conjugués est égale au jeu minimal entre ces 2 éléments;

ou : **La somme des tolérances de localisation de tous les éléments est égale à la somme des jeux minimaux entre tous les éléments.**

22■32 Principe du maximum de matière

Si les éléments concernés ne sont pas dans leur état maximal de matière, la tolérance de localisation t_1** peut être dépassée d'une certaine valeur en fonction du jeu réel J′.

$$t'_1 = t_1 + (D_1\,réel - D_1\,min).$$

22■33 Zone de tolérance projetée

NF E 04-552

Les goupilles sont ajustées avec serrage dans le support **2**. Par conséquent, on peut considérer le support et les deux goupilles comme une même pièce.

La tolérance de localisation à respecter est située en dehors de l'alésage du support (fig. 4 a). Le report de cette tolérance à l'alésage conduit à des impossibilités de montage $\varnothing T > \varnothing t_2$ (fig. 4b).

* Non démontrée.

** Le principe du maximum de matière ne s'applique pas pour les assemblages par ajustement avec serrage.

(1) ENSEMBLE

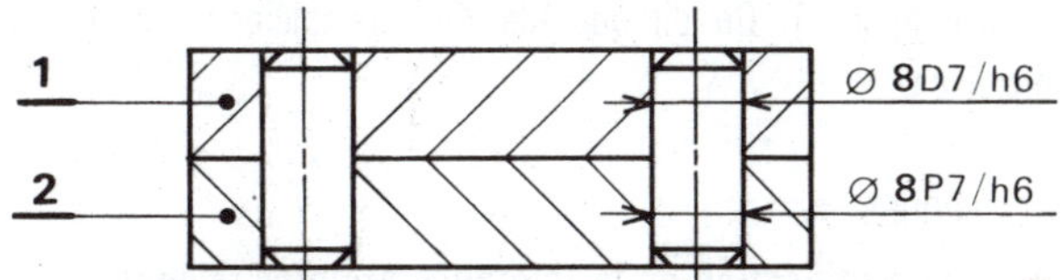

(2) DÉFAUTS DE LOCALISATION LIMITES

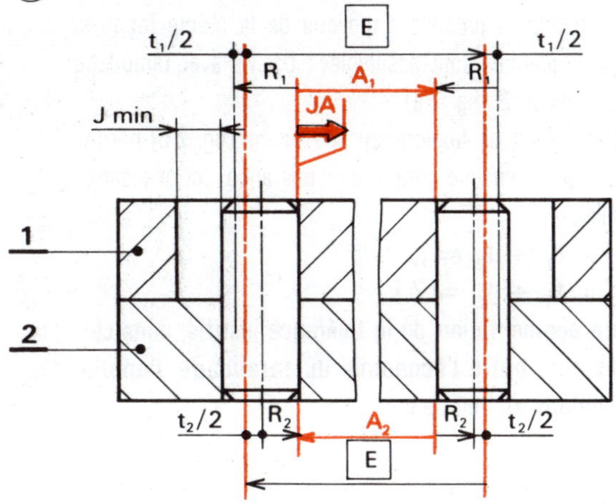

(3) PRINCIPE DU MAXIMUM DE MATIÈRE

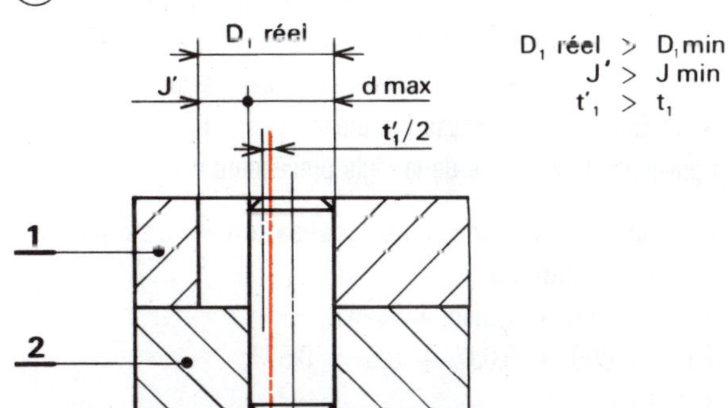

(4) ZONE DE TOLÉRANCE PROJETÉE

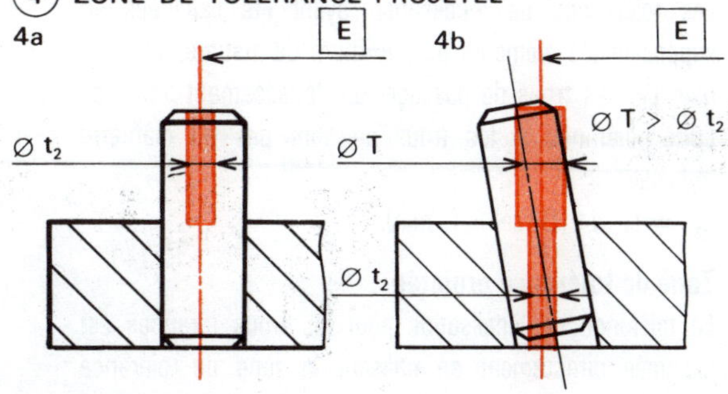

Sur le dessin de définition du support **2**, il est possible de préciser directement cette tolérance comme il est indiqué figure 1. On dit que « la zone de tolérance est projetée ».

REMARQUES :

- **La non utilisation de la tolérance projetée revient à réduire la tolérance de fabrication pour la position de l'alésage.**
- La tolérance projetée s'applique de la même façon si les deux plaques sont assemblées par vis avec taraudage dans la pièce **2** (fig. 2 a).
- L'utilisation de boulons au lieu de vis (fig. 2 b) permet d'avoir pour chaque plaque une tolérance de localisation double :

fig. 2 a : $t_1 + t_2 \approx j$;
fig. 2 b : $t_1 + t_2 = 2\,j$.

Cette augmentation de la tolérance justifie, dans certains cas, outre l'économie du taraudage, l'emploi de boulons au lieu de vis.

APPLICATION :

Le montage d'un couvercle **2** sur un boîtier **1** est réalisé suivant figure 3. On se propose de déterminer, en fonction des jeux minimaux indiqués, la valeur de la tolérance de localisation pour l'axe de chaque trou taraudé et pour l'axe de chaque trou de passage (on prend : $t_1 = t_2 = t$).

Appliquons la 2e partie de la règle précédente :

Somme des tolérances de localisation = Somme des jeux minimaux.

$2\,t = j_1 \text{ min} + j_2 \text{ min} + j_3 \text{ min}$

$2\,t = 0{,}009 + 0{,}032 + 0{,}5 = 0{,}541$,

soit : $t = 0{,}27$.

Principe du maximum de matière

Les tolérances de localisation ayant été calculées en supposant les éléments au maximum de matière, on autorise, par les trous de passage, un dépassement limité de cette tolérance si les trous ne sont pas au diamètre minimal.

$t'_2 = t_2 + (\text{D réel} - \text{D min})$.

Zone de tolérance projetée

La tolérance de localisation pour les trous taraudés est exprimée directement en utilisant la zone de tolérance projetée.

① DESSINS DE DÉFINITION PARTIELS

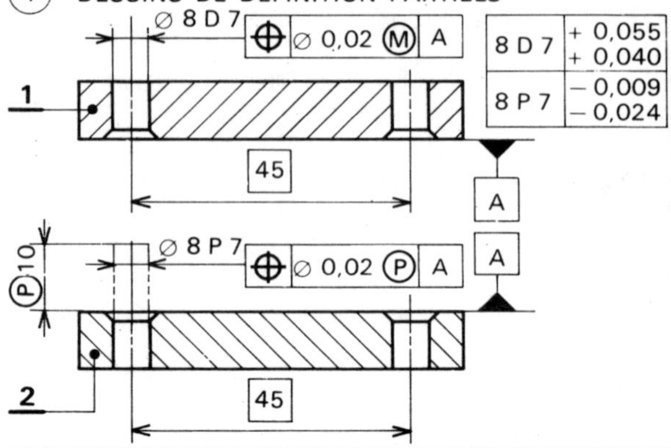

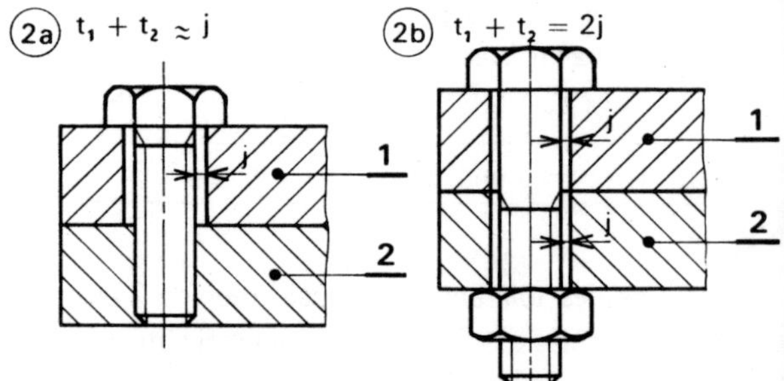

③ ENSEMBLE

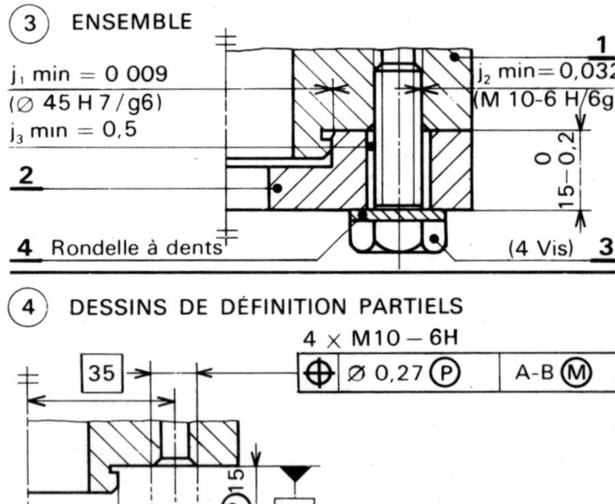

④ DESSINS DE DÉFINITION PARTIELS

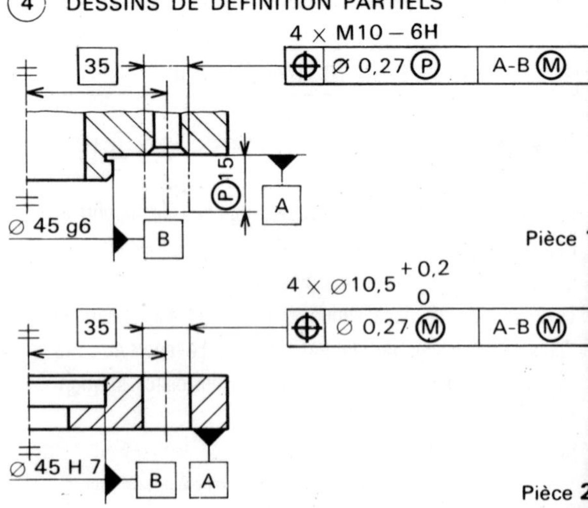

22 ■ 4 Tolérances de symétrie

22 ■ 41 Conditions de montage

Les conditions les plus défavorables sont obtenues lorsque les éléments concernés sont dans leur état maximal de matière et que les défauts de symétrie sont les plus grands.

L'examen de la figure 2 montre que la somme des défauts de position p_1 et p_2 pour les surfaces c_1 et c_2 ne peut dépasser la valeur P.

Soit t_1 et t_2 les valeurs maximales des défauts de symétrie : $t_1/2 = p_1$; $t_2/2 = p_2$

Le montage est possible si $JA \geqslant 0$ (fig. 2 b).

A la limite minimale, $JA = 0$ et $\|\overrightarrow{A_1}\| = \|\overrightarrow{A_2}\|$ (1).

$$\|\overrightarrow{A_1}\| = \frac{D}{2} - \frac{t_1}{2} + \frac{L}{2}; \quad \|\overrightarrow{A_2}\| = \frac{l}{2} + \frac{t_2}{2} + \frac{d}{2};$$

d'après (1) et en ordonnant :

$$\frac{t_1}{2} + \frac{t_2}{2} = \left(\frac{D}{2} - \frac{d}{2}\right) + \left(\frac{L}{2} - \frac{l}{2}\right), \text{ d'où :}$$

$$t_1 + t_2 = j_1 \text{ min} + j_2 \text{ min.}$$

RÈGLE :

La somme des tolérances de symétrie est égale à la somme des jeux minimaux des ajustements.

22 ■ 42 Principe du maximum de matière

La notation | ⌯ | 0,04 Ⓟ | A Ⓜ | indique que la tolérance de symétrie de l'élément, relié au cadre, s'applique à son prolongement hors de la pièce lorsque l'élément de référence **A** est dans son état maximal de matière.

Si les éléments concernés ne sont pas dans leur état maximal de matière, les tolérances de symétrie peuvent être dépassées d'une certaine valeur en fonction des jeux réels.

$$t'_1 = t_1 + (D \text{ réel} - D \text{ min}) + (L \text{ réel} - L \text{ min})$$
$$t'_2 = t_2 + (d \text{ max} - d \text{ réel}) + (l \text{ max} - l \text{ réel}).$$

22 ■ 43 Zone de tolérance projetée

La zone de tolérance pour la rainure de l'arbre s'inscrit directement en utilisant la zone de tolérance projetée. Cependant, pour des rainures de relativement faible hauteur, le non emploi de cette notation entraîne des écarts de tolérances le plus souvent acceptables.

(1) DESSIN PARTIEL D'UNE LIAISON ENCASTREMENT

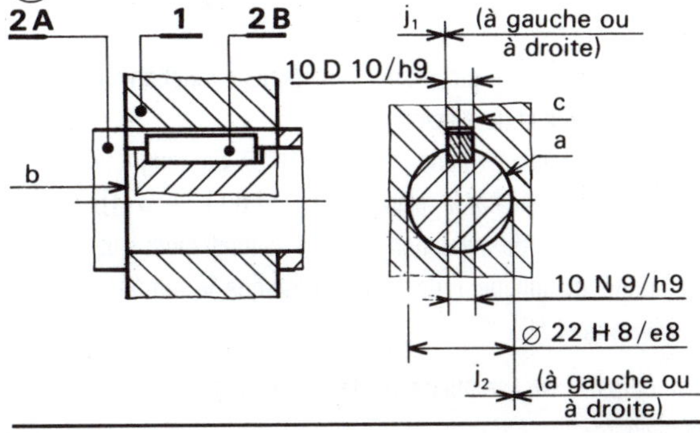

(2) PIÈCES DANS LEUR ÉTAT MAXIMAL DE MATIÈRE

(2a) Sans aucun défaut de symétrie

(2b) Avec les défauts de symétrie les plus grands

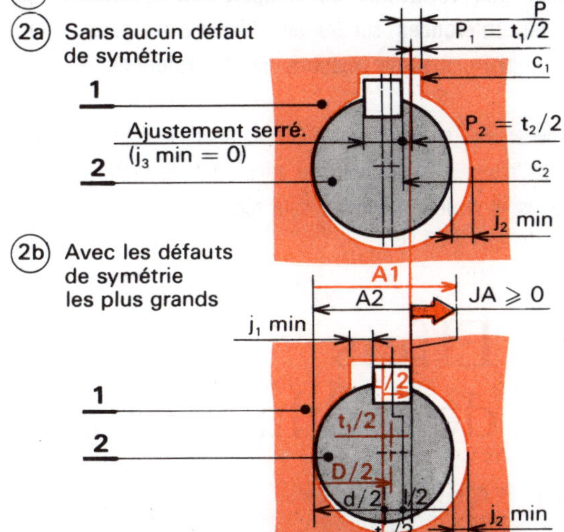

(3) DESSINS DE DÉFINITION PARTIELS

Arbre **1**

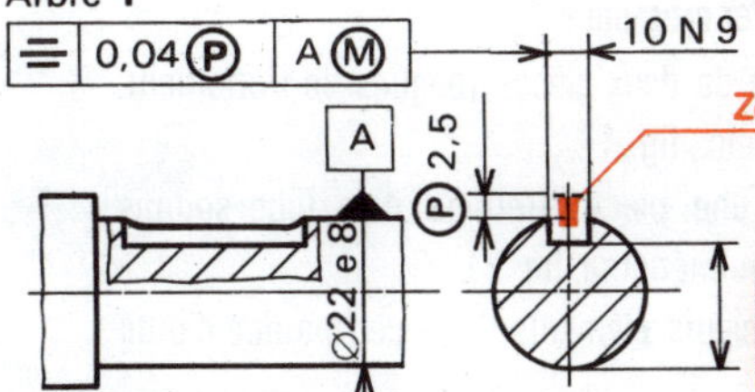

10 N 9	0 – 0,036
22 e 8	– 0,040 – 0,073

Moyeu **2**

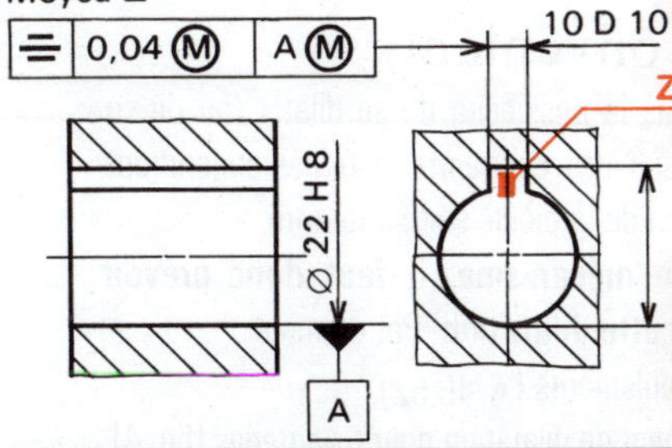

10D10	+ 0,098 + 0,040
22 H 8	+ 0,033 0

23 Dilatation

Les dimensions d'une pièce sont directement fonction de la température de cette pièce.
Soit Lo la longueur d'une pièce à 0°C. Sa longueur Lt à t °C est donnée par la relation : **$Lt = Lo\,(1 + \alpha_l . t)$**.
α_l = coefficient de dilatation linéaire (allongement que subit l'unité de longueur de la pièce lorsque la température s'élève de 1 °C).

■ Un corps creux se dilate de la même façon que s'il était plein.

■ **Penser aux variations de température en indiquant les tolérances** sur les dimensions d'une pièce.

■ **Les instruments de mesure sont étalonnés à 20 °C.**

Afin d'éviter des erreurs dues à la dilatation, le contrôle des cotes d'une pièce (surtout si elles sont de grandes dimensions et si les tolérances sont réduites) doit également s'effectuer à 20 °C.

COEFFICIENTS DE DILATATION LINÉAIRE*			
Acier	12	Magnésium	23
Aluminium	23	Nylon	100-150
Antimoine	11	Or	15
Argent	19	Platine	9
Bronze	18	Plomb	29
Cuivre	17	Polystyrène	60-80
Étain	23	Pyrex	3
Fer	12	Rilsan	150
Fonte	11	Tungstène	4
Invar	1	Verre	9
Laiton	19	Zinc	30

***Les valeurs du tableau sont à multiplier par 10^{-6}.**
Par exemple pour l'aluminium : $23 \times 10^{-6} = 0{,}000\,023$

Nota : Pour obtenir rapidement un ordre de grandeur de la dilatation se souvenir que 23 (exemple pour l'aluminium) représente l'allongement en microns pour une dimension d'un mètre soumise à une différence de température de 1 °C.

24 Effets de la dilatation

24 ■ 1 Avantages

La dilatation et la contraction sont fréquemment utilisées afin de lier complètement deux ou plusieurs pièces par serrage élastique. Par exemple :

■ liaison complète de deux pièces (bagues de frottement, canon de guidage, etc., fig. 1),

■ renforcement d'une pièce (frettage d'un tube soumis à une forte pression intérieure, fig. 2),

■ maintien de plusieurs éléments de pièce (matrice d'outil à découper, fig. 3).

24 ■ 2 Inconvénients

Si une pièce n'a pas la possibilité de se dilater (ou de se contracter), il s'ensuit des contraintes internes engendrant soit une déformation de la pièce, soit sa rupture.

En concevant un mécanisme, il faut donc prévoir la possibilité de cette dilatation. Par exemple :

■ montages des roulements (§ 40.52),

■ lyre ou enroulement de dilatation pour tuyauteries (fig. 4).

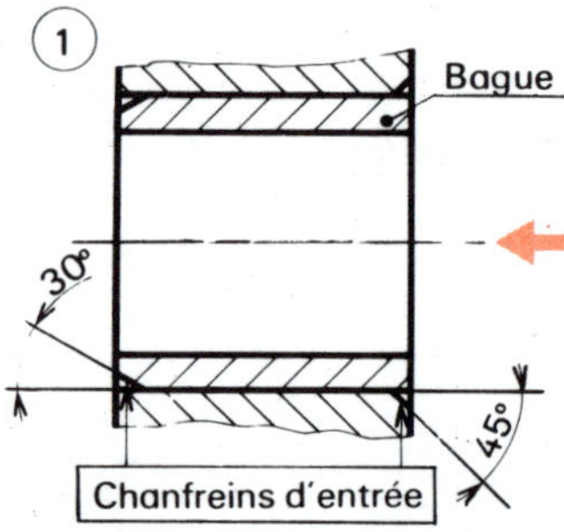

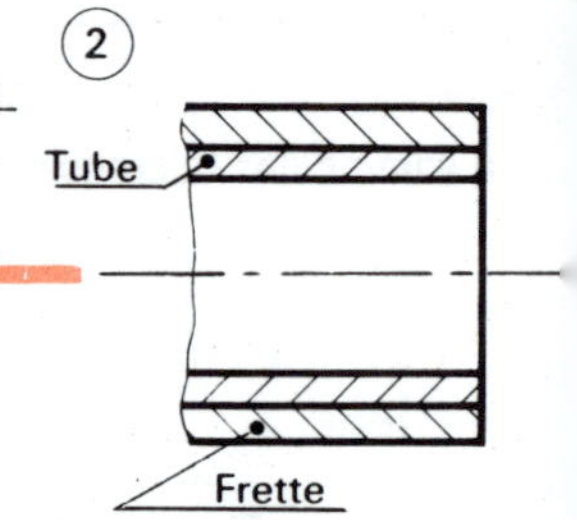

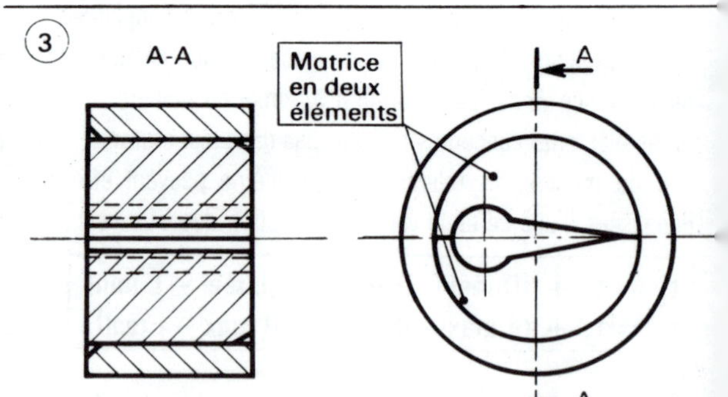

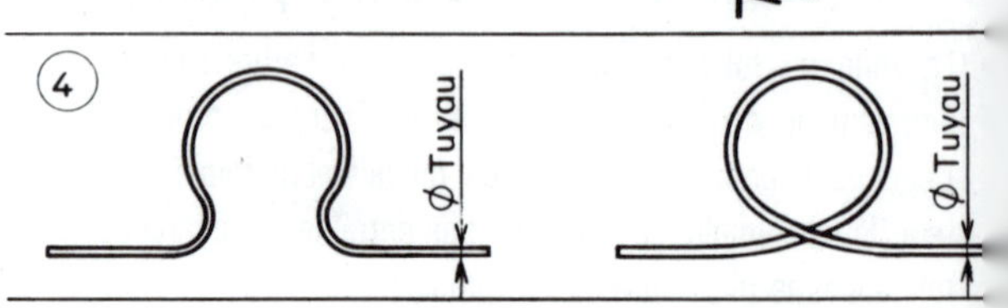

25 L'isostatisme

25 ■ 1 Définition

L'isostatisme est une théorie qu'il est nécessaire de posséder avant d'entreprendre toute étude de construction. Elle définit la position relative de deux pièces par un nombre de conditions qui soit celui exigé par la géométrie.

25 ■ 2 Principe

Soit à définir la position d'une pièce M par rapport à une pièce R choisie comme référence. On associe à chacune des pièces un trièdre trirectangle de référence. Soit $O_1X_1Y_1Z_1$ et OXYZ ces trièdres respectifs.
La position de la pièce M est définie si l'on connaît les coordonnées de l'origine O_1 du trièdre $O_1X_1Y_1Z_1$ et les valeurs angulaires a, b et c de l'orientation de ses axes.
La pièce M supposée libre dans l'espace a six mouvements possibles ou six degrés de liberté :

- **trois de translation** suivant les trois axes (suivant O_1X_1 : avance - suivant O_1Y_1 : dérive - suivant O_1Z_1 : ascension),
- **trois de rotation** autour des trois axes (autour de O_1X_1 : roulis - autour de O_1Y_1 : tangage - autour de O_1Z_1 : lacet).

Si l'on supprime ces six degrés de liberté, on dit que la pièce à six liaisons. Dans ce cas, la pièce M ne peut occuper par rapport à la pièce R qu'**une seule position**. Un tel repérage est **«isostatique»**.

REMARQUE :
À six liaisons correspond zéro degré de liberté, à cinq liaisons correspond un degré de liberté, etc.

25 ■ 3 Applications

En théorie de construction, on appelle **LIAISON** un contact ponctuel. Soit, si la pièce à six liaisons, six contacts ponctuels. Pour déterminer l'emplacement d'un contact, on applique la règle suivante :

L'emplacement d'un contact est déterminé de manière à ce que le degré de liberté qu'il supprime ne soit pas déjà interdit par d'autres contacts.

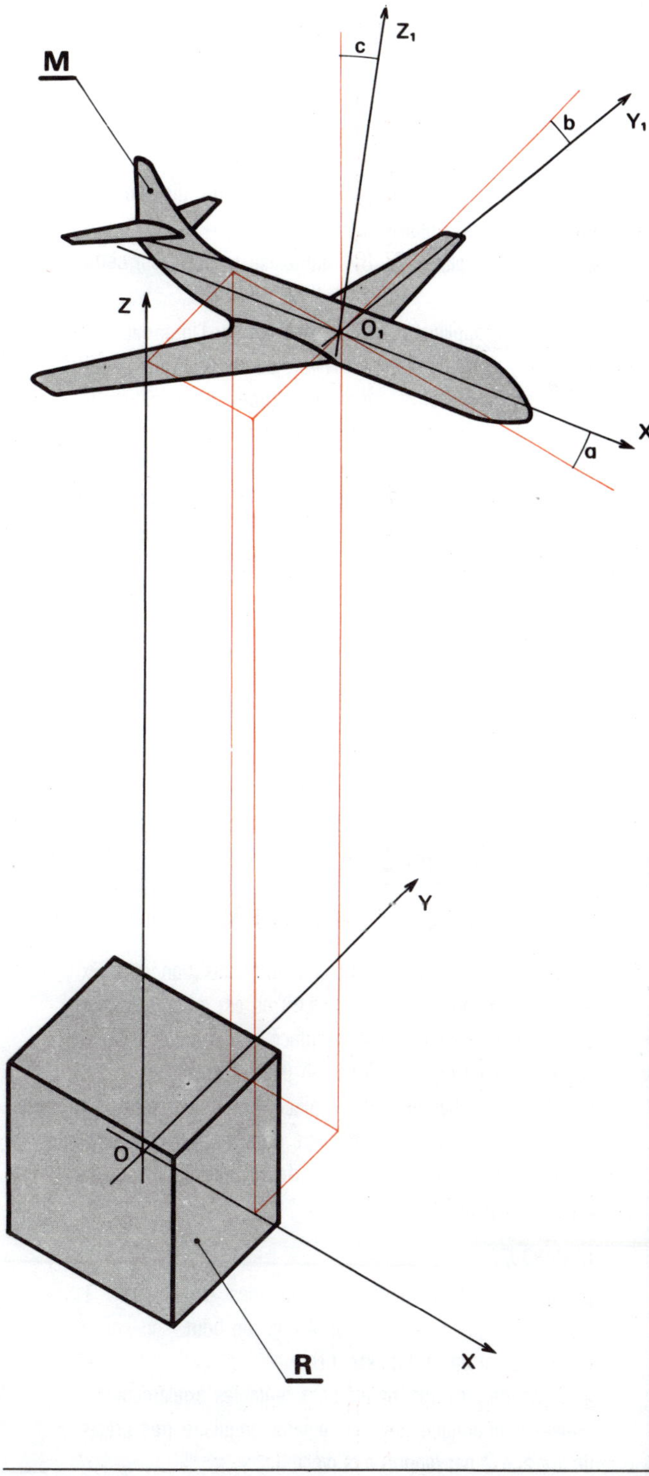

25.31 Immobilisation d'une pièce prismatique

La pièce est positionnée à l'intérieur d'un trièdre OXYZ par l'intermédiaire de six contacts ponctuels, **aussi espacés que possible**:

- trois dans le plan XOY (1, 2 et 3 déterminent le plan d'appui),
- deux dans le plan XOZ (4 et 5 fixent une direction en translation dans le plan d'appui),
- un dans le plan YOZ (6 immobilise la pièce sur cette direction).

La pièce est appliquée sur ces contacts par l'intermédiaire d'une ou plusieurs forces. Théoriquement, afin d'éviter à la pièce des déformations, les forces d'application **F** s'exercent au droit de chaque contact (fig. 2). Il est cependant possible, si la pièce est suffisamment résistante et si sa forme le permet de remplacer les forces **F** par leurs résultantes partielles F_1, F_2, F_3 ou par leur résultante générale **R**.

REMARQUES :

- Un palonnier simple (fig. 3) permet de remplacer deux forces **F** par leur résultante **2 F**, tout en exerçant un effort **F** au droit de chaque contact. Un palonnier complexe permet d'appliquer ce principe à **n forces F**.
- Si les efforts sont importants et afin d'éviter de marquer la pièce, on peut remplacer les contacts ponctuels par des petites surfaces d'appui (fig. 4).

25.32 Principe de Lord Kelvin

Le principe de Kelvin permet une immobilisation de deux pièces par «trou - trait - plan». Le trou est matérialisé par un trièdre A (fréquemment remplacé en pratique par une surface conique) et le trait par un dièdre B.

Les portées sphériques de la pièce **1** viennent en appui avec la pièce **2** par l'intermédiaire de **six contacts** ponctuels : **trois** pour le trièdre A, **deux** pour le dièdre B, **un** pour le plan C.

REMARQUES :

- L'immobilisation relative parfaite des deux pièces **1** et **2** exige que l'axe du «trou A», vu en bout, soit sur le prolongement de l'axe du «trait B».
- Si les portées sphériques sont réglables axialement, on obtient économiquement un réglage angulaire très précis de la pièce **2** par rapport à la pièce **1**.

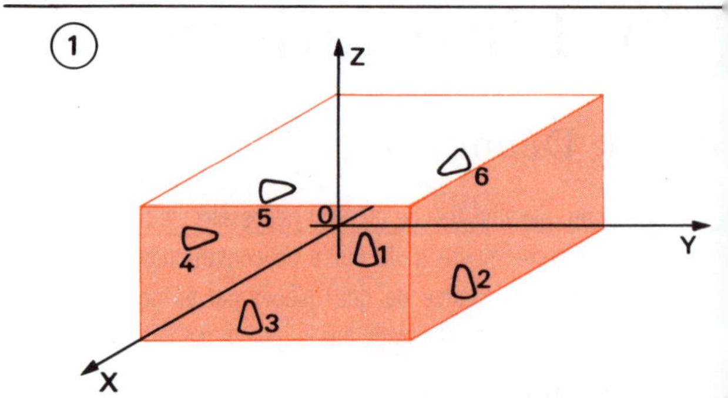

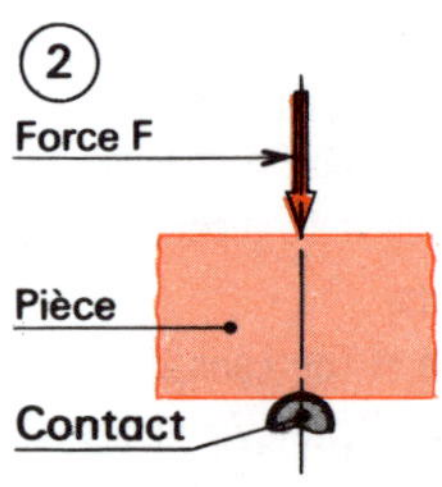

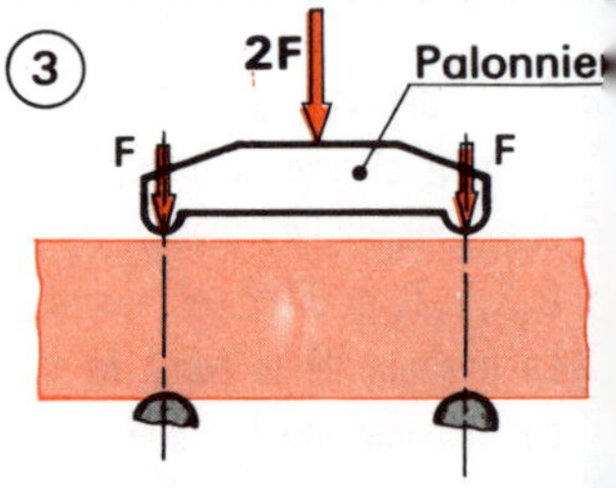

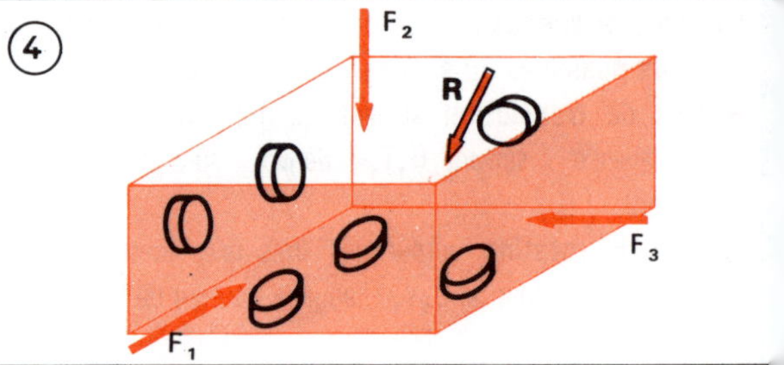

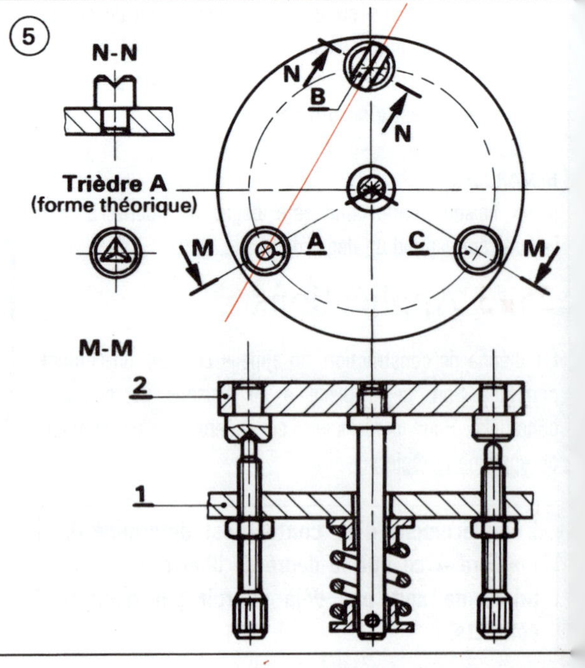

25 ■ 33 Généralisation

On est fréquemment obligé, pour des raisons de charges, de déformations, de commande, etc., de s'éloigner des solutions purement géométriques.

Il est cependant nécessaire de conserver l'esprit de ces principes en évitant toute surabondance de liaison ou de contact (voir exemples ci-dessous).

	MAUVAISE CONCEPTION	BONNE CONCEPTION
1	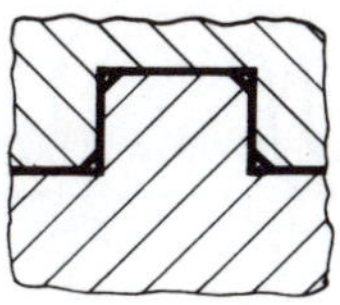	
2	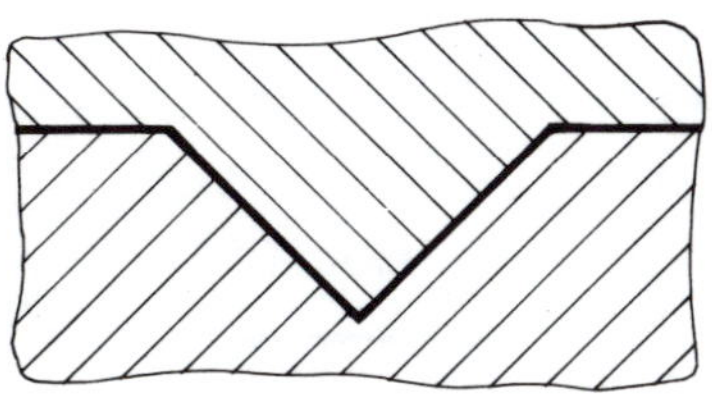	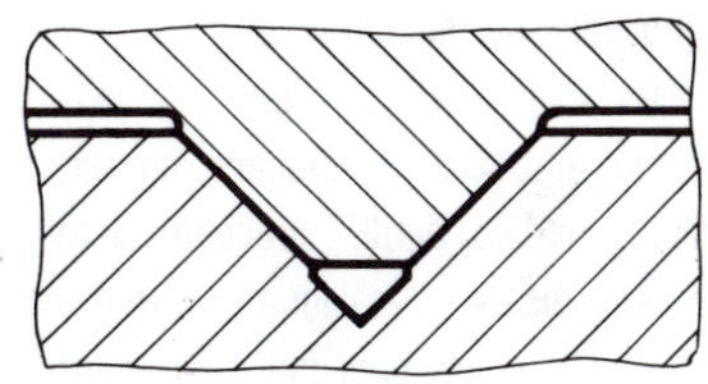
3	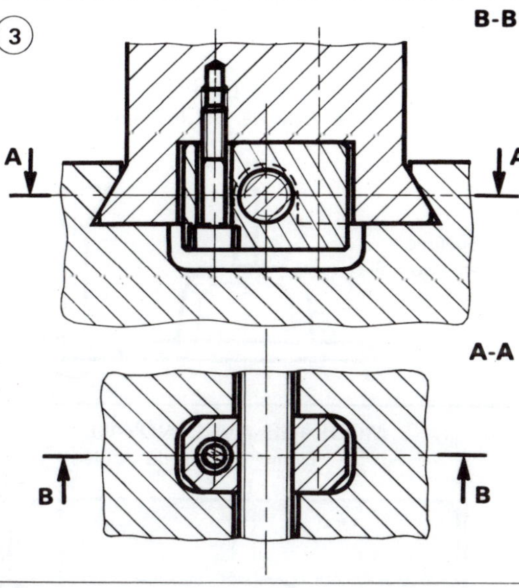	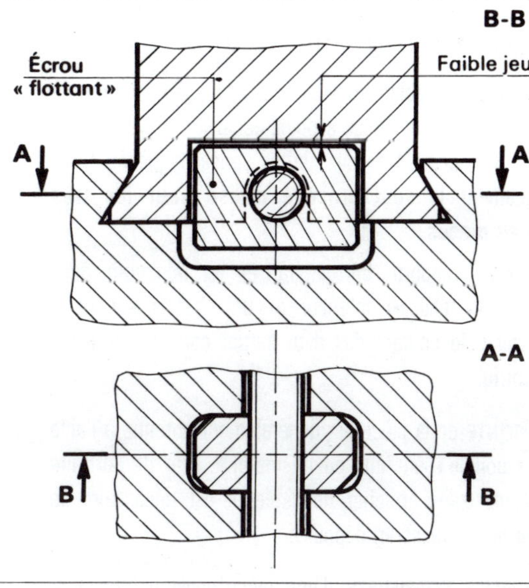
4	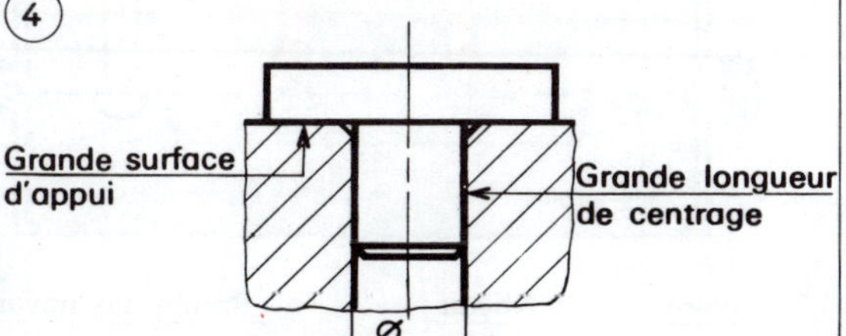	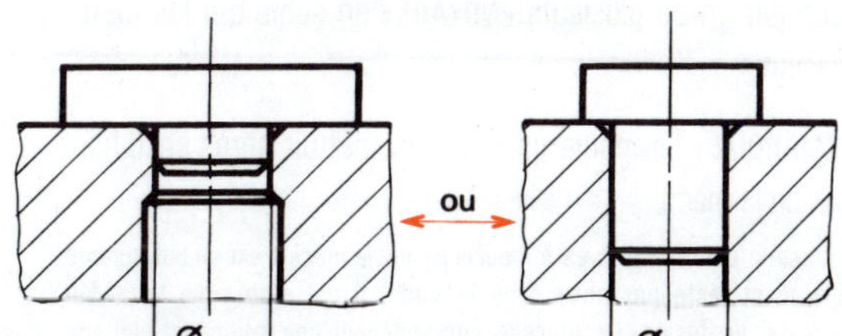

26 Construction moulée

Le moulage permet d'obtenir des pièces pleines ou creuses pouvant présenter des formes très compliquées. On réalise ainsi une sensible économie de matière et on réduit considérablement les frais d'usinage. Certains procédés de moulage, notamment le moulage en moule métallique sous pression et le moulage à la cire perdue, peuvent supprimer pour beaucoup de pièces tout usinage.

26■1 Pièces métalliques

Le moulage d'une pièce est réalisé en remplissant le moule par le matériau en fusion.

Les principaux procédés de moulage sont :

- le moulage en sable silico-argileux et ses dérivés (procédé au sable auto-siccatif, procédé au gaz carbonique, procédé à modèle perdu, procédé Shaw, etc.),
- le moulage en moule métallique ou moulage en coquille (par gravité, sous pression, par dépression),
- le moulage à la cire perdue.

26■11 Moulage en sable

Le moulage en sable convient pour tous les métaux de fonderie, notamment ceux à point de fusion élevé (fontes, aciers). Il s'adapte bien aux petites séries de pièces. C'est pratiquement le **seul procédé utilisé pour les très grandes pièces**.

Un moule comporte en général et au minimum deux parties : un châssis inférieur et un châssis supérieur. La surface de contact des deux parties constitue **le joint du moule**.

L'**EMPREINTE** de la pièce est généralement obtenue à l'aide d'un « modèle » en bois ou en métal*. Afin de l'extraire du moule sans arracher de sable, il est nécessaire de prévoir les surfaces en dépouille.

Les **FORMES INTÉRIEURES** d'une pièce peuvent être obtenues par un ou plusieurs **«NOYAUX»** en sable qui les matérialisent.

REMARQUE : Le moule en sable est détruit après solidification de la pièce.

* Dans le cas du moulage à modèle perdu, le modèle est en polystyrène expansé et reste prisonnier dans le sable. Il est détruit par la coulée du métal en fusion. Ce procédé convient pour une fabrication unitaire (prototype, montages d'usinages, etc.).

PRINCIPE DU MOULAGE EN SABLE

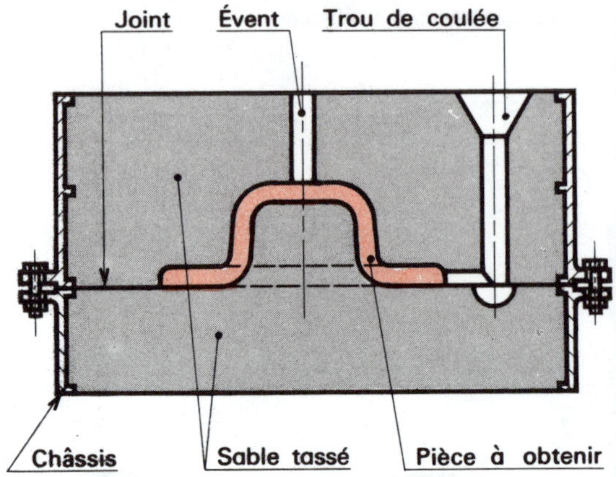

MODÈLE

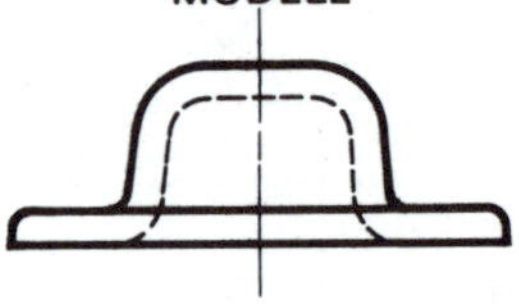

ÉTAT DE LA PIÈCE À LA SORTIE DU MOULE

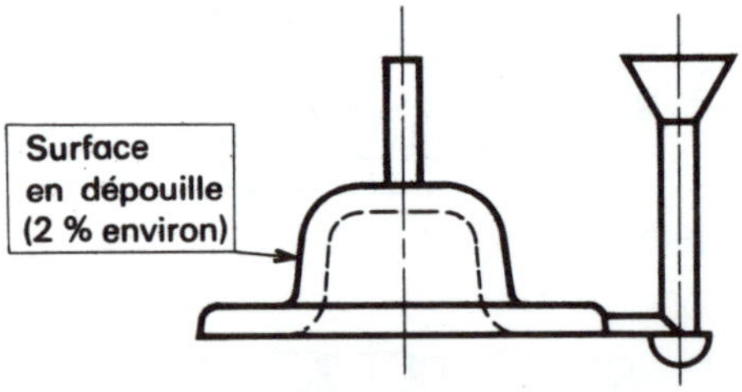

MOULAGE AVEC NOYAU

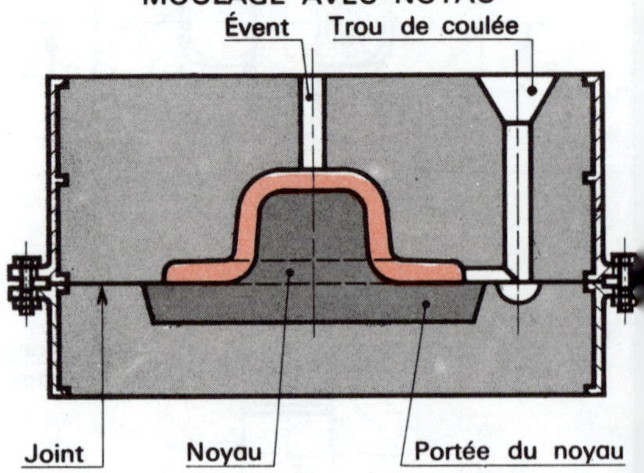

26 ■ 12 Moulage en coquille

Le moulage en coquille convient aux matériaux à point de fusion inférieur à 900 °C (alliages cuivreux, alliages d'aluminium, alliages de zinc, matières plastiques, etc.). Il est particulièrement adapté à la fabrication des pièces petites et moyennes.

Le matériau peut être coulé : soit par gravité, soit par injection sous pression, soit par dépression (en faisant le vide dans la coquille).

26 ■ 121 Moulage en coquille par gravité

Le procédé est analogue au moulage en sable, sauf que le moule est métallique. On utilise le même moule pour toute une série de pièces.

La précision et l'état de surface obtenus sont meilleurs que par le moulage en sable (voir tableaux § 16.2 et 16.39). Le prix assez élevé des moules fait que ce procédé n'est utilisé qu'à partir de fabrications en moyennes séries.

26 ■ 122 Moulage en coquille sous pression

Le métal fondu est injecté sous pression dans le moule. Il est ainsi possible d'obtenir des formes complexes ou peu épaisses que les procédés précédents ne permettraient pas (difficultés de remplissage de toutes les parties du moule).

La précision et l'état de surface obtenus sont excellents (voir tableau § 15.44).

À cause du prix relativement élevé des moules, ce procédé n'est utilisé que pour des fabrications en grandes séries.

26 ■ 13 Moulage à la cire perdue

Le moulage à la cire perdue convient pour tous les métaux de fonderie. Le prix de revient est élevé mais il permet d'obtenir des pièces petites et moyennes avec une précision et un état de surface tout à fait remarquables (voir tableau § 15.44).

Les pièces sont habituellement moulées «en grappe».

Les principales étapes pour l'obtention d'une pièce sont les suivantes :

- réalisation d'un modèle en cire ou en résine,
- recouvrement du modèle avec un enduit réfractaire,
- mise en place de cette grappe dans un châssis et maintien de cette grappe à l'aide d'un sable fin spécial,

PRINCIPE DU MOULAGE EN COQUILLE SOUS PRESSION

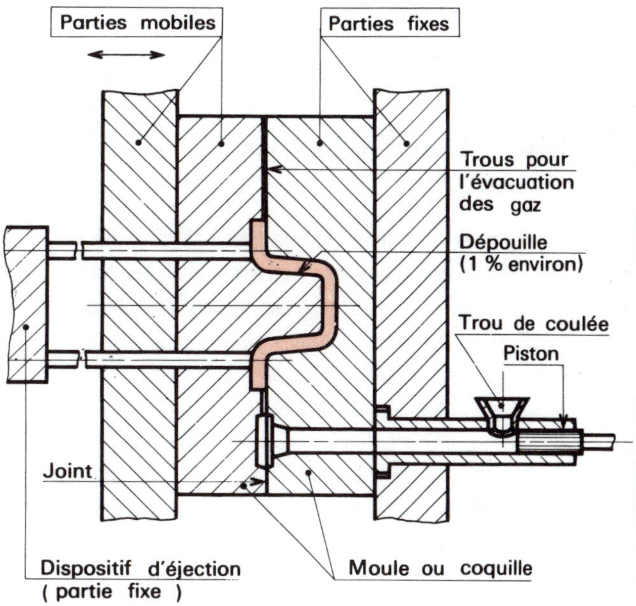

ÉTAT DE LA PIÈCE À LA SORTIE DU MOULE

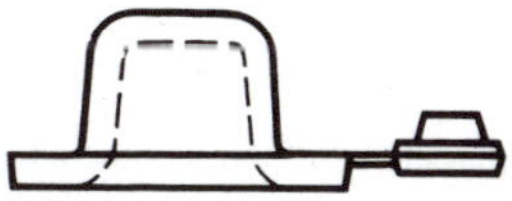

PRINCIPE DU MOULAGE À LA CIRE PERDUE

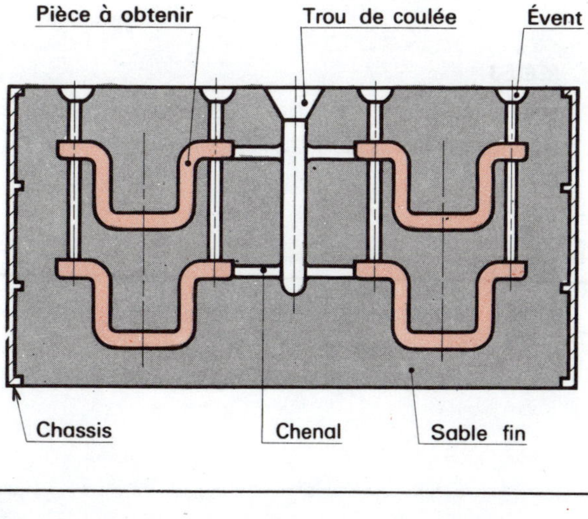

■ élimination de la cire, généralement par chauffage (châssis retourné),
■ coulée du matériau,
■ après solidification, extraction de la grappe de pièces par destruction du moule,
■ sectionnement des conduits de coulée et des évents.

26■2 Tracé des pièces métalliques

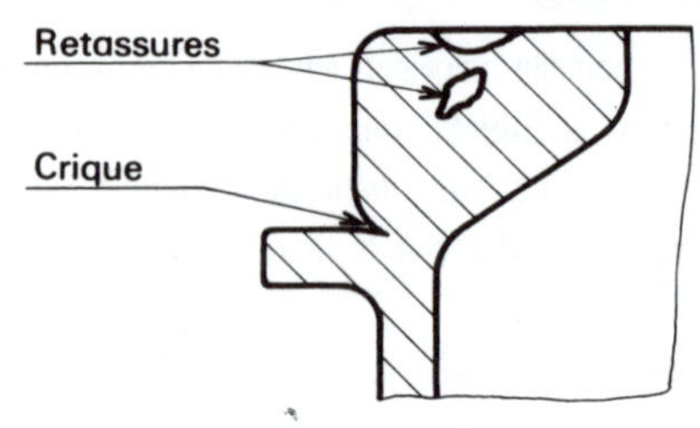

Afin d'obtenir des pièces homogènes, sans crique ou retassure, il est nécessaire d'observer quelques règles essentielles. D'autre part, pour des raisons économiques (modification éventuelle du tracé afin de réduire le prix du moule), il est conseillé de consulter un spécialiste avant d'effectuer le tracé définitif de la pièce.

RÈGLE 1

Les pièces doivent présenter une épaisseur aussi uniforme que possible.
On évitera les angles vifs en les remplaçant par des congés de raccordement.

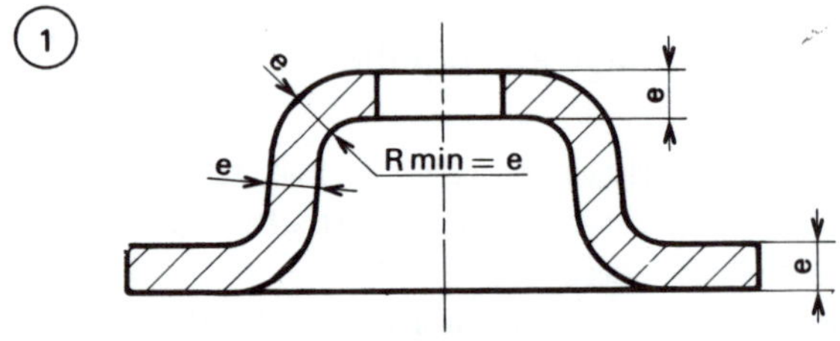

RÈGLE 2

Si on ne peut éviter les différences d'épaisseurs, celles-ci doivent se faire aussi régulièrement que possible.
Comme précédemment, on évitera les angles vifs en les remplaçant par des congés de raccordement.
L'accroissement de masse est sensiblement proportionnel au rapport des surfaces des cercles inscrits. En général, on s'efforcera de ne pas dépasser un accroissement de 60% sur 10 mm.

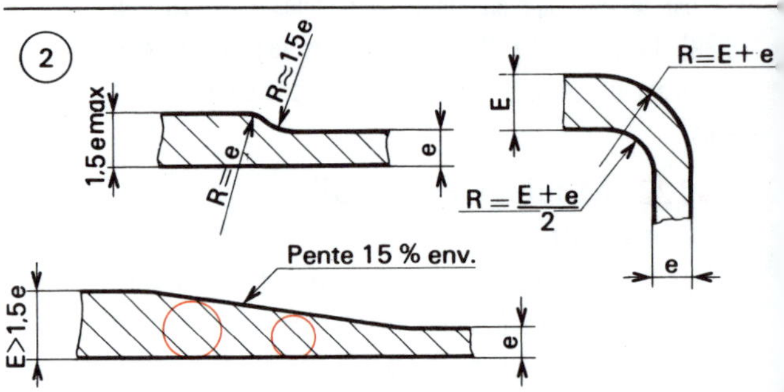

RÈGLE 3

Eviter le raccordement en croix des épaisseurs ou creuser afin d'éliminer une masse de matière.

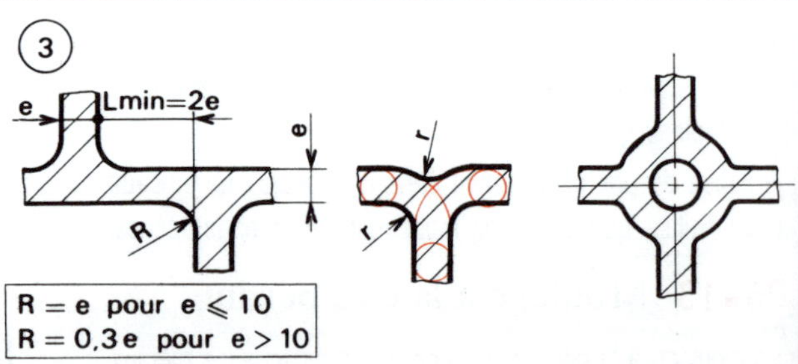

RÈGLE 4

Éviter la déformation des grandes surfaces planes en les renforçant par des nervures.

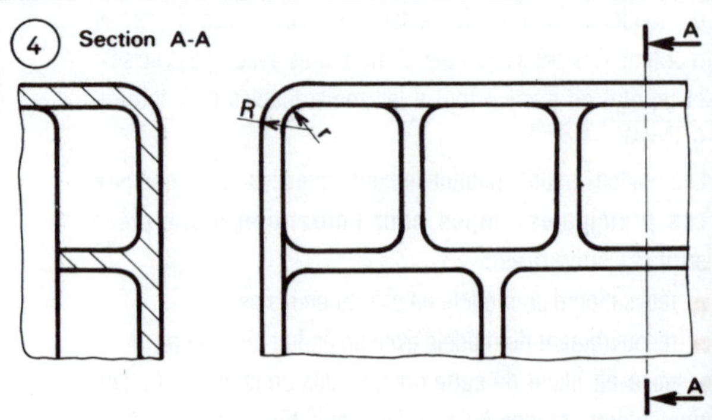

RÈGLE 5

Les formes en caisson résistent bien aux efforts de torsion.
Les formes nervurées résistent bien aux efforts de flexion.

RÈGLE 6

Afin de faciliter la fabrication des moules et de réduire le prix de revient des pièces, on reporte les bossages :

- à l'intérieur pour les pièces moulées en sable,
- à l'extérieur pour les pièces moulées en coquille.

> **Chaque fois que cela sera possible, remplacer les bossages par des usinages locaux.**

RÈGLE 7

Lors de la conception d'une pièce, il faut tenir compte du sens de démoulage du modèle ou de la pièce.

RÈGLE 8

Veiller à ce que les ouvertures permettent une bonne évacuation des gaz et assurent une résistance mécanique suffisante aux noyaux (un noyau doit en général être maintenu à ses deux extrémités).

RÈGLE 9

Éviter les formes peu élastiques au moment du retrait de solidification.

RÈGLE 10

Certaines pièces impossibles à mouler (ou présentant trop de difficultés) peuvent être obtenues en les décomposant en éléments simples que l'on assemble ensuite par vis ou par soudure (si le matériau est facilement soudable).

26 ■ 3 Possibilités de la fonderie

26 ■ 31 Principaux matériaux utilisés

Les principaux matériaux utilisés sont : les fontes, les aciers, l'aluminium, les alliages légers, les alliages de cuivre, les alliages de zinc et les matières plastiques. Les caractéristiques de ces matériaux sont données aux chapitres 56, 57 et 58.

5

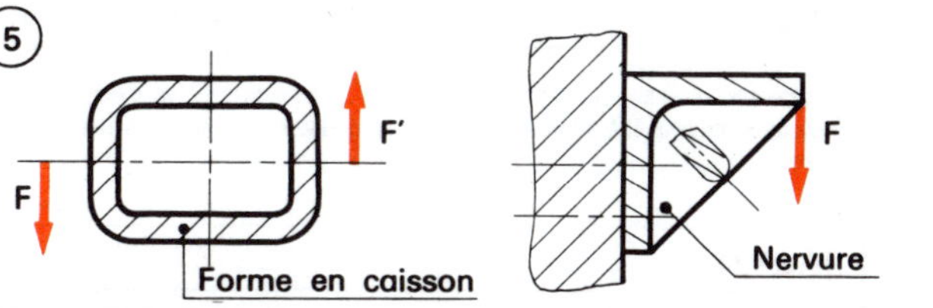

6

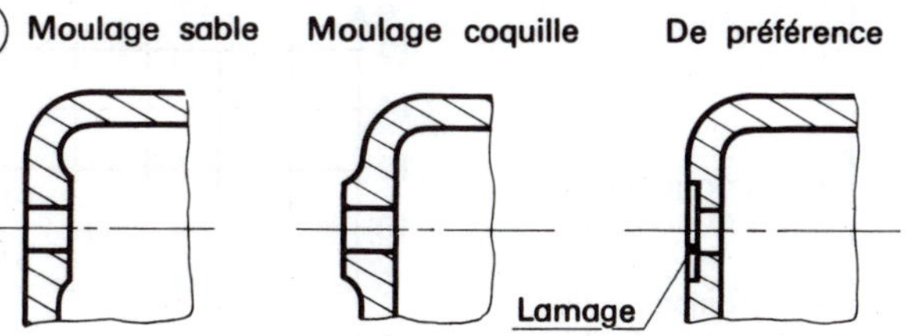

7

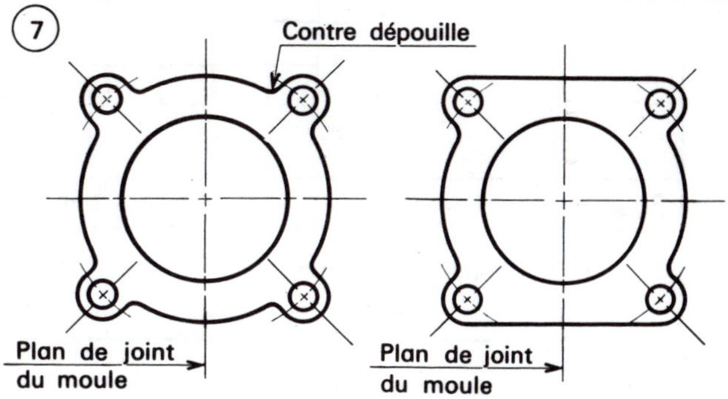

8

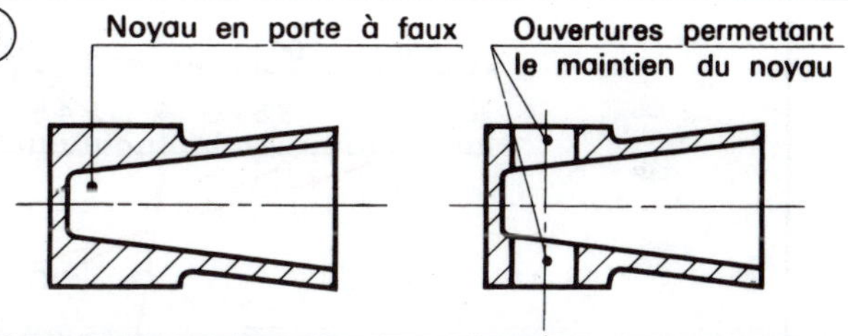

9

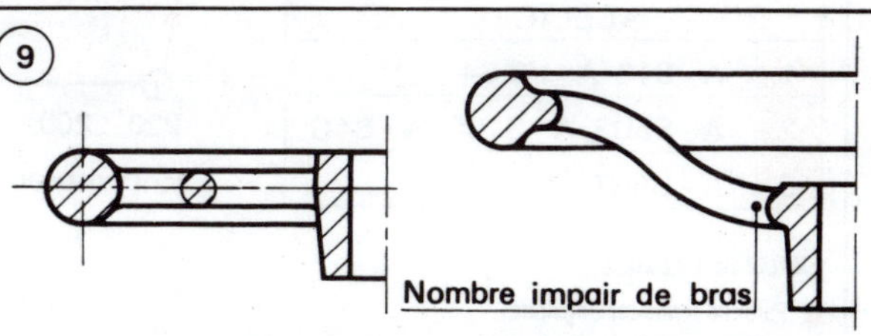

10

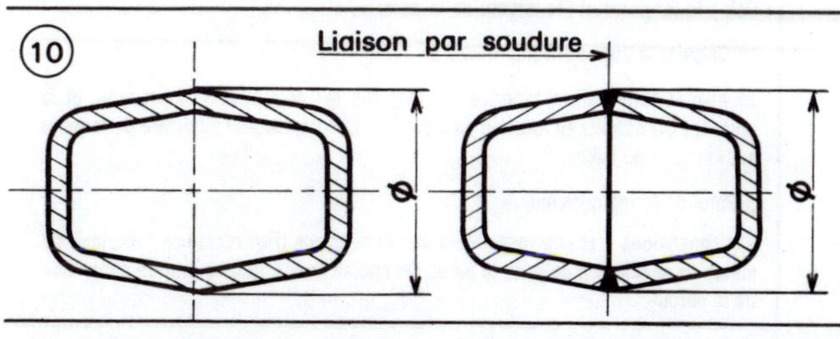

26.32 ÉPAISSEUR MINIMALE DES PIÈCES

L'épaisseur minimale ou « épaisseur critique » est l'épaisseur au-dessous de laquelle on ne peut être assuré que le métal remplisse entièrement le moule de la pièce.

À titre indicatif, nous donnons un graphique et un abaque* permettant de déterminer l'ordre de grandeur de cette épaisseur minimale pour les aciers, fontes et alliages légers.

26.321 ACIERS ET FONTES **Moulage en sable**

L = Longueur de la paroi en mm

e = épaisseur de la paroi en mm

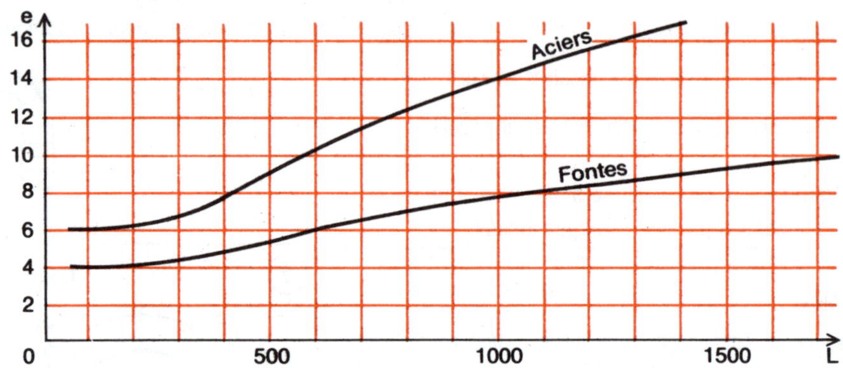

26.322 ALLIAGES LÉGERS **Abaque de Roinet**

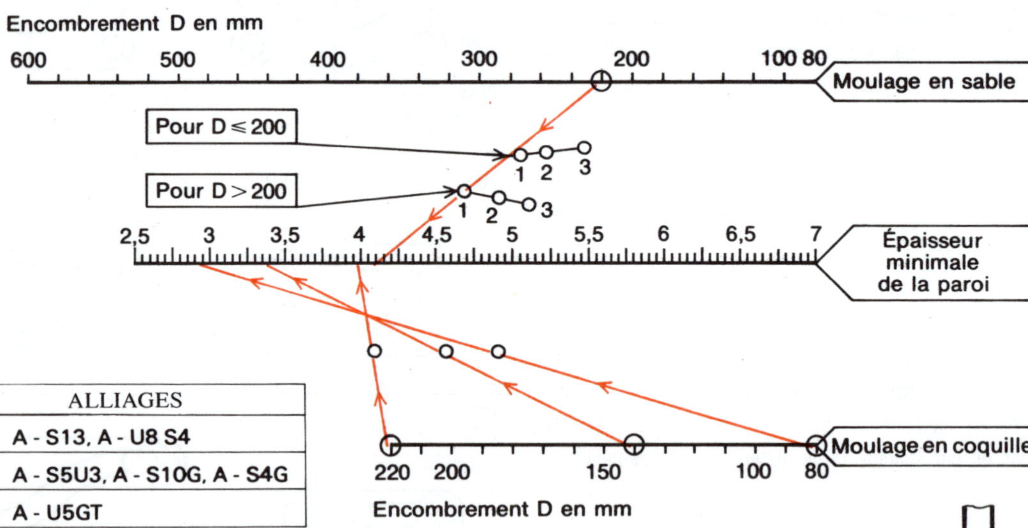

ALLIAGES	
1	A - S13, A - U8 S4
2	A - S5U3, A - S10G, A - S4G
3	A - U5GT

EMPLOI DE L'ABAQUE

■ **Paroi de forme rectangulaire**

Soit L la longueur et l la largeur de la paroi.

1° Calculer la cote d'encombrement $D = \frac{L + l}{2}$

2° Aligner cette valeur, reportée sur l'échelle qui correspond au procédé, et le point 1, 2 ou 3 choisi en fonction du matériau. Lire l'épaisseur minimale de la paroi sur l'échelle du milieu.

■ **Paroi de forme quelconque**

Les dimensions L et l correspondent aux dimensions d'un rectangle théorique de même superficie que celle de la paroi. On choisit pour L la plus grande dimension de la paroi.

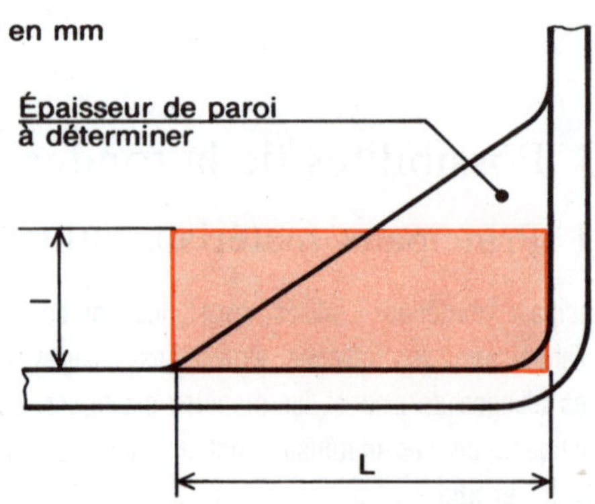

*D'après les travaux des « Centres techniques des industries de la fonderie » et du « Centre technique de l'aluminium ».

26■33 Diamètre minimal des noyaux

Le diamètre minimal d'un noyau est fonction de sa résistance mécanique et de sa déformation sous son propre poids. **Il varie donc en fonction de la longueur du noyau.** D'autre part, il est quelquefois plus économique d'usiner dans une pièce massive que de faire venir un trou de fonderie.

DIAMÈTRE MINIMAL DES TROUS VENANT DE FONDERIE	
Moulage en sable	15 mm environ
Moulage en coquille par gravité	5 mm environ
Moulage en coquille sous pression	1 mm environ

26■34 Insertion de pièces

Le moulage en coquille permet d'insérer des éléments en un autre matériau, généralement plus dur et comportant par exemple un taraudage. La pièce est mise en place à l'intérieur du moule vide et se trouve emprisonnée en pleine matière après l'injection (voir figure et § 32.5).

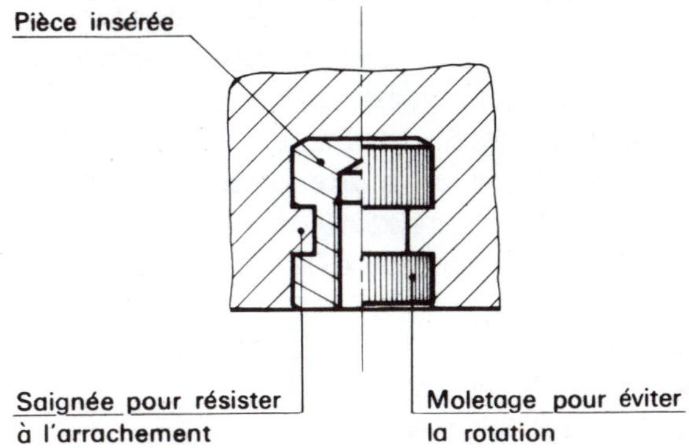

26■35 Tolérances États de surface

Consulter les tableaux des § 15.4 et 16.8.

26■36 SYMBOLISATIONS SPÉCIFIQUES*

Élément	Symbole	Exemple
Plan de joint		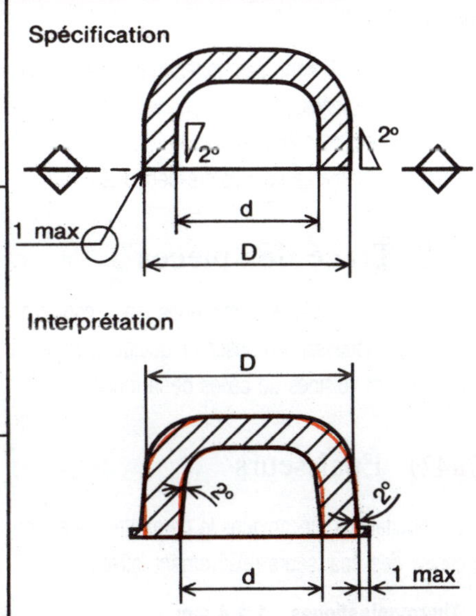
Sens de la dépouille	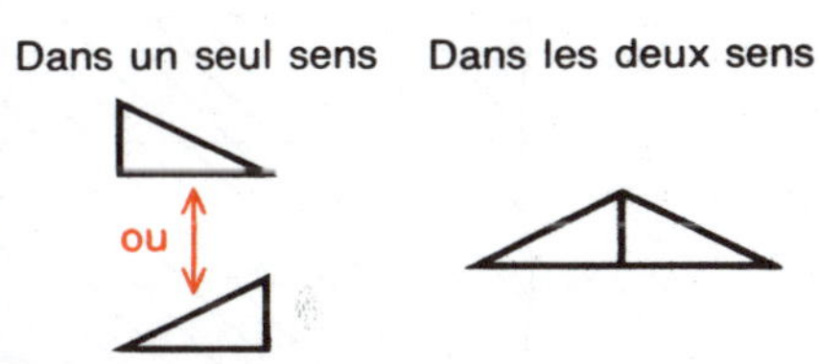	
Trace de joint périphérique	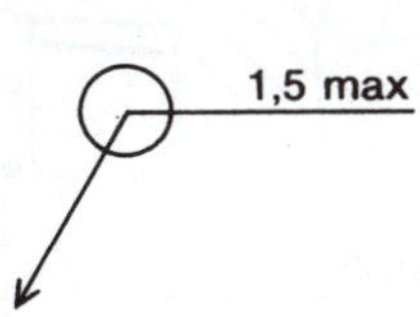	
Reliefs	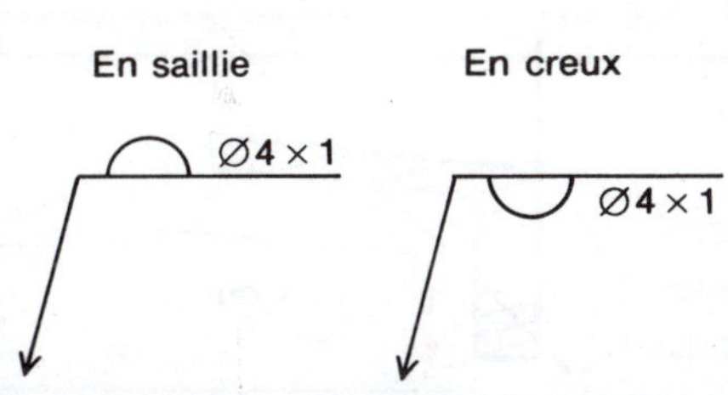	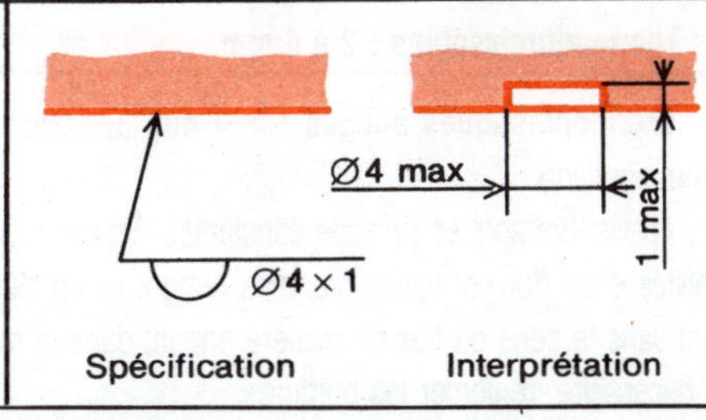

*Pour tous matériaux, pièces moulées ou matricées (norme DIN, en cours de normalisation ISO-NF).

26■4 Pièces en plastiques

26■41 Principe du moulage par injection

La pièce doit être démoulable. A cet effet, les éléments parallèles à l'axe du moule doivent avoir de la dépouille.

La sortie de la pièce du moule nécessite l'emploi d'éjecteurs car le coefficient élevé de dilatation des matières plastiques (chapitre 23) fait qu'au refroidissement la pièce est fortement serrée sur les parties en relief du moule.

Dans l'exemple ci-contre, la pièce sort avec la matière contenue dans le canal d'injection (« carotte »).

Dans la conception d'une pièce moulée, trois choix essentiels sont à faire :

- la matière,
- le procédé d'élaboration,
- la forme générale de la pièce.
- Le prix assez élevé des moules d'injection fait que ce procédé n'est utilisé que pour des fabrications en grande série.

REMARQUES :

- Ces choix ne sont pas indépendants et nécessitent une étude approfondie avec des spécialistes.
- Des parties mobiles du moule (« tiroirs ») permettent d'obtenir des éléments en « contre-dépouille ».

PRINCIPE DU MOULAGE PAR INJECTION

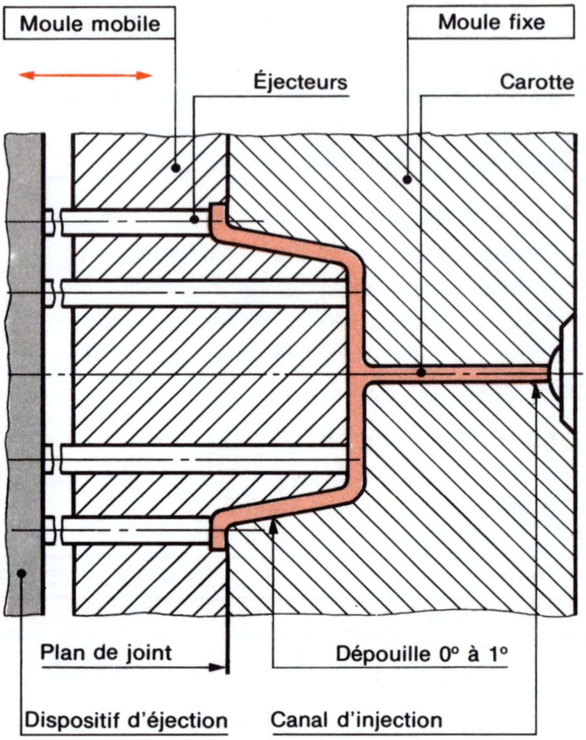

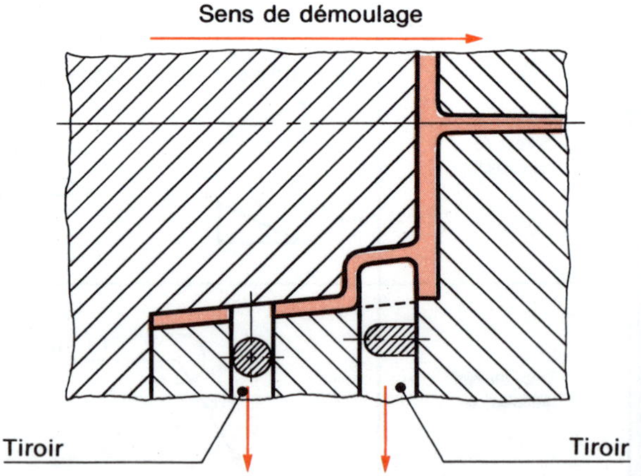

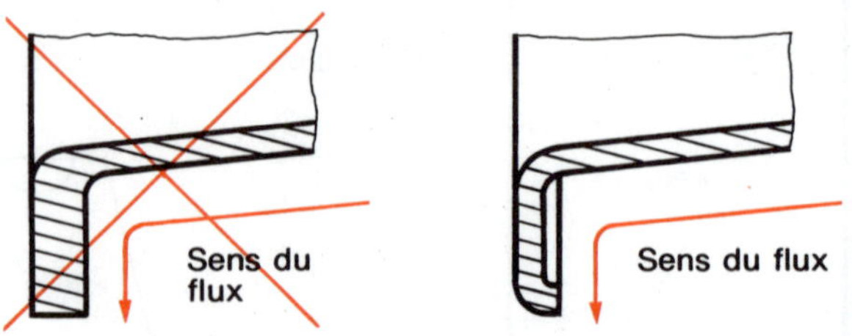

26■42 Tracé des pièces

Afin d'obtenir des pièces homogènes, sans crique ni retassures, il est nécessaire d'observer quelques règles essentielles qui sont voisines de celles de la fonderie.

26■421 Épaisseurs

Si les sollicitations mécaniques le permettent, il est conseillé de choisir des épaisseurs relativement faibles.

- **Thermoplastiques : 1 à 4 mm.**
- **Thermodurcissables : 2 à 6 mm.**
- **Thermoplastiques allégés : ⩾ 4 mm** (utilisation d'un agent gonflant).

Les épaisseurs sont en principe constantes. En cas d'impossibilités elles doivent varier progressivement et en décroissant dans le sens du flux de matière entrant dans le moule. Si nécessaire, renforcer les bordures.

* Le terme « moulée » est pris dans le sens de « mise en forme ».

26■422 Angles

Les matières plastiques étant sensibles à l'effet d'entaille, et afin de faciliter l'écoulement de la matière dans les moules, éviter les angles vifs en les remplaçant par des rayons de raccordement (sauf au plan de joint en fonction de la conception du moule).

26■423 Allègements

Outre les difficultés d'obtention des pièces massives, les allègements procurent une diminution des coûts, notamment :

- par une réduction de la quantité de matières nécessaires,
- par un cycle thermique accéléré de la phase de moulage.

26■424 Nervures

Si l'allègement est relativement important, il peut en résulter des déformations et des sollicitations mécaniques incompatibles avec l'aptitude à l'emploi.

On peut remédier à ces inconvénients notamment par l'emploi de nervures judicieusement disposées.

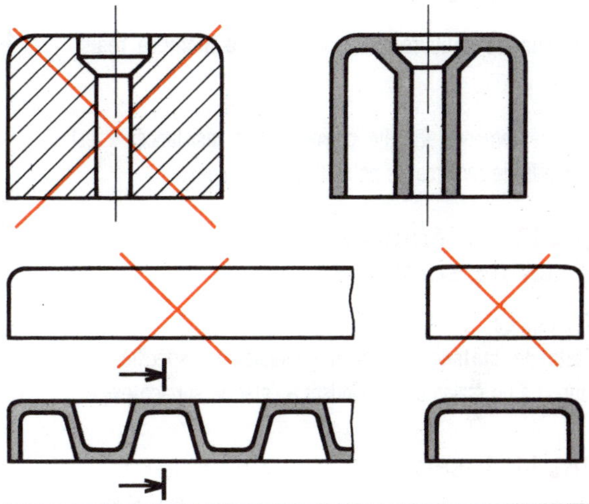

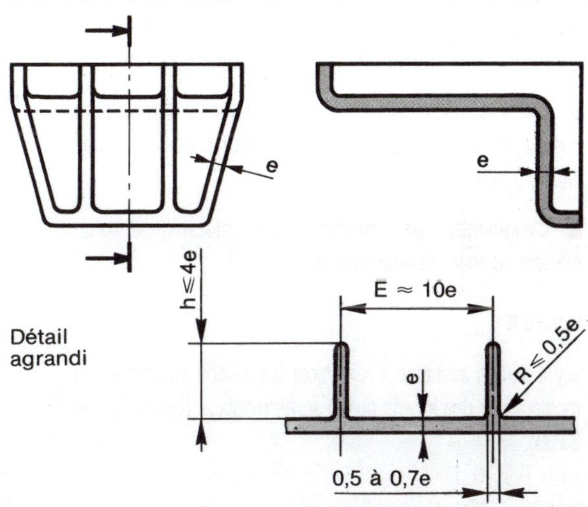

26■425 Grandes surfaces planes

Les grandes surfaces planes ont tendance à se déformer de façon souvent inacceptable.

En fonction de l'application on peut utiliser, par exemple :

- des nervures (voir aussi règles 3, 4 et 5 § 26.2),
- une rigidification par contre-courbures,
- une surface convexe ou concave dont le galbe se maintient et qui donnera un meilleur aspect au produit.

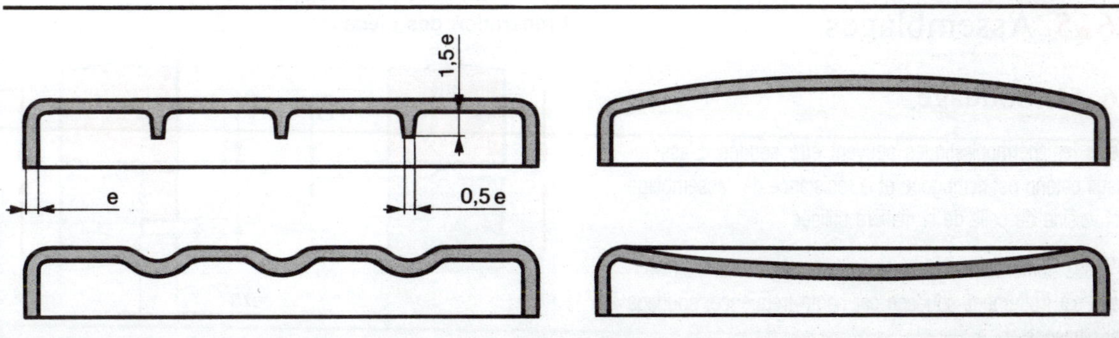

26■426 Zones de soudure

À partir du canal d'injection, le flux de matière remplit le moule suivant les directions qui lui sont offertes. S'il rencontre un obstacle, une broche circulaire par exemple, il se divise et les deux portions du flux viennent se souder au-delà de l'obstacle et en opposition.

La zone de soudure est une zone de moindre résistance.

Afin de remédier à cette diminution de résistance, il est conseillé de renforcer le pourtour des alésages.

26■43 Tolérances États de surface

Tolérances : voir § 15.44.
États de surface : Ils sont généralement spécifiés par rapport à un étalon correspondant à l'état de surface exigé.

26■44 Insertions

Le moulage permet l'insertion de pièces, généralement métalliques, appelées « inserts », et qui font corps avec la matière moulée. Ces inserts ont pour objet notamment :

- d'assurer une résistance plus élevée et plus durable pour des jonctions avec d'autres pièces (goujons, écrous, pattes [voir § 32.5]),
- d'augmenter les caractéristiques mécaniques d'un élément (rigidité, résistance à la rupture...).

REMARQUE :

Il y a parfois avantage à remplacer les inserts incorporés au moulage par des inserts posés après moulage (voir § 32.5 et 33.33).

26■5 Assemblages

26■51 Soudage

Seuls les thermoplastiques peuvent être soudés. L'assemblage obtenu est homogène et la résistance de l'assemblage est voisine de celle de la matière utilisée.

D'assez nombreuses méthodes de soudage existent : soudage par frottement, soudage par haute-fréquence, soudage par ultrasons...

ZONE DE SOUDURE

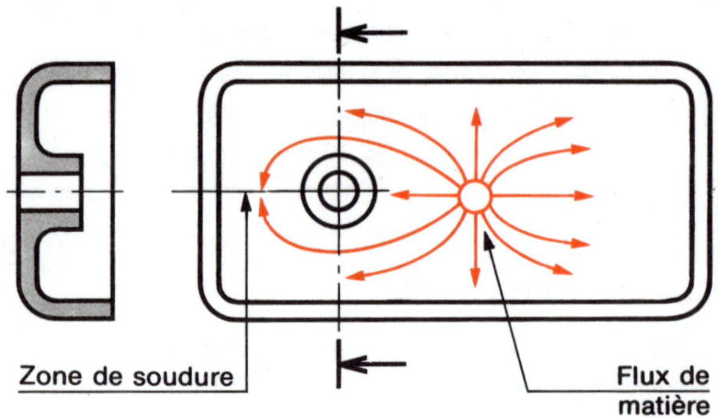

INSERTS

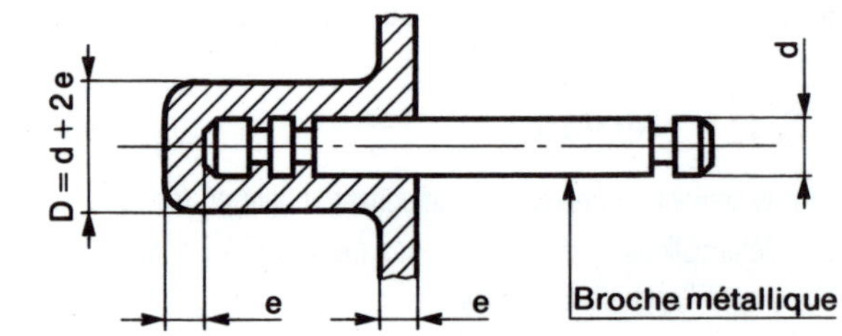

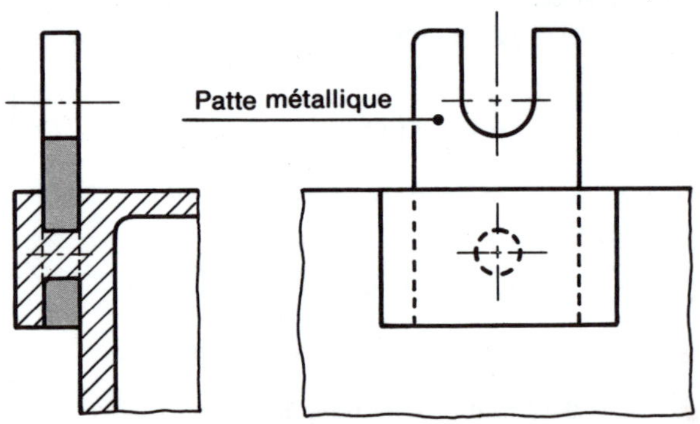

Voir aussi § 32·5 et 33·33

SOUDAGE PAR ULTRASONS
Préparation des pièces

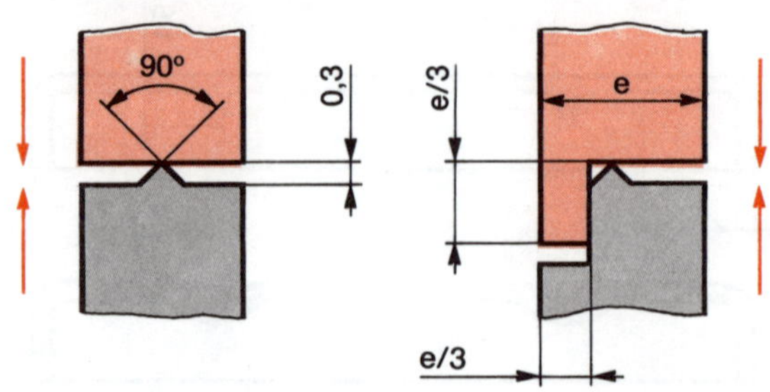

26■52 Rivetage

Ce procédé consiste à réunir un ensemble de pièces à l'aide de rivets en thermoplastique. La tige du rivet vient de moulage avec l'un des éléments à assembler.
La rivure peut être, soit apparente, soit noyée.

26■53 Collage

Voir chapitre 29.

26■54 Assemblage par vis

Les filetages intérieurs sont possibles mais leur obtention entraîne des frais importants dans la réalisation des moules. C'est pourquoi on utilise, en fonction des qualités recherchées pour la liaison :

- soit des inserts (écrous ou goujons § 32.5 et 33.33),
- soit des vis autotaraudeuses (§ 31.12).

26■55 Emboîtement

Les emboîtements consistent à monter par déformation élastique un manchon sur un arbre.

d	2	3	4	5	10	15	20	25
D	5	8	10	11	17	22	28	33
S	0,05	0,05	0,1	0,1	0,2	0,35	0,5	0,65

26■56 Clipsage

Afin de réduire les temps d'assemblage, on emploie fréquemment des dispositifs à pattes utilisant la flexibilité de la matière.

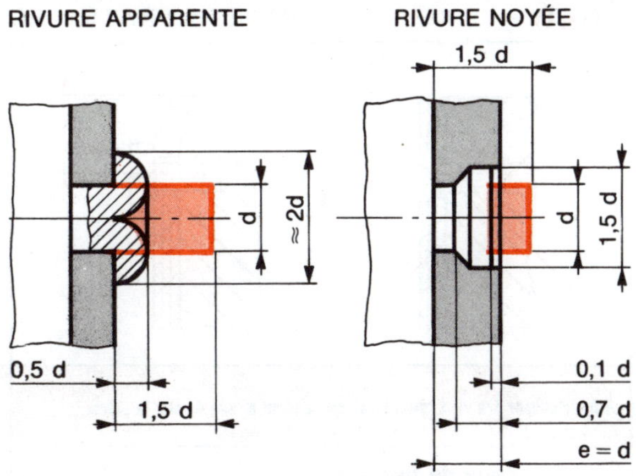

VIS AUTOTARAUDEUSE

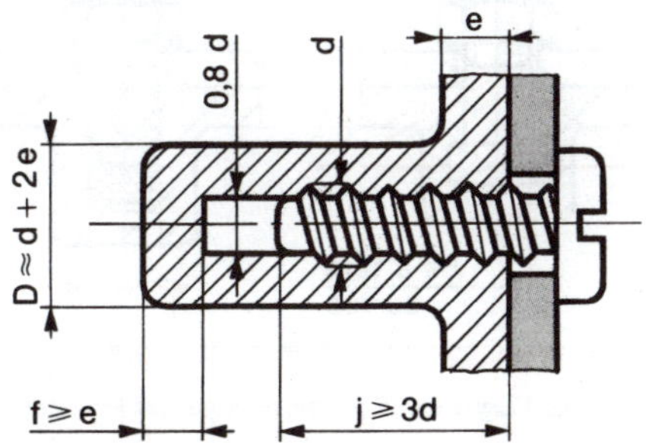

EMBOÎTEMENT

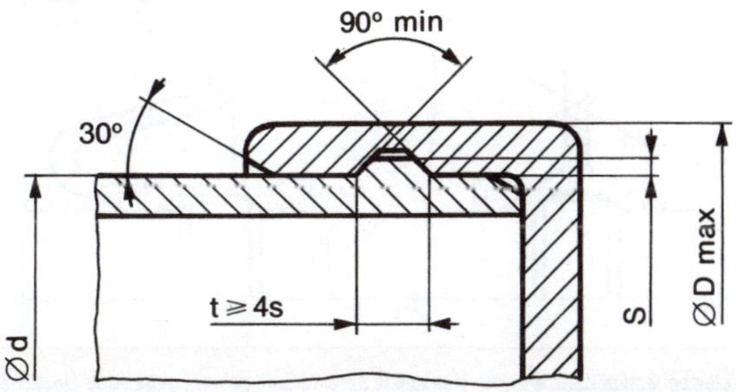

CLIPSAGE

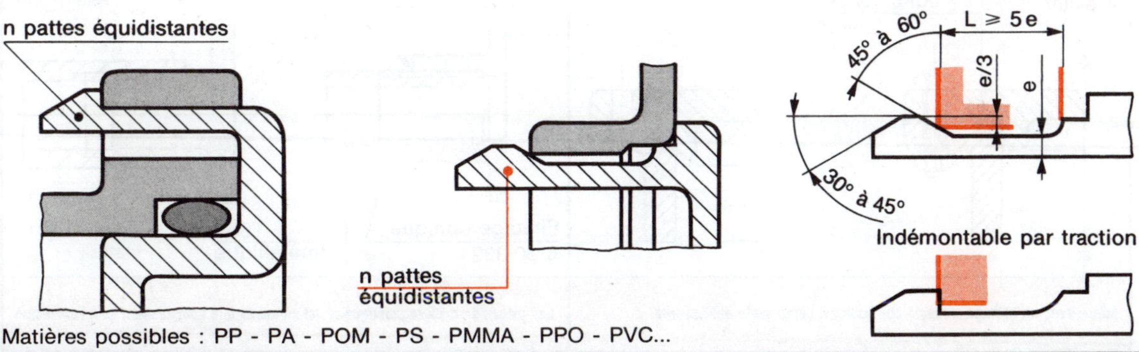

Matières possibles : PP - PA - POM - PS - PMMA - PPO - PVC...

26■6 RÈGLES PRATIQUES DE CONSTRUCTION

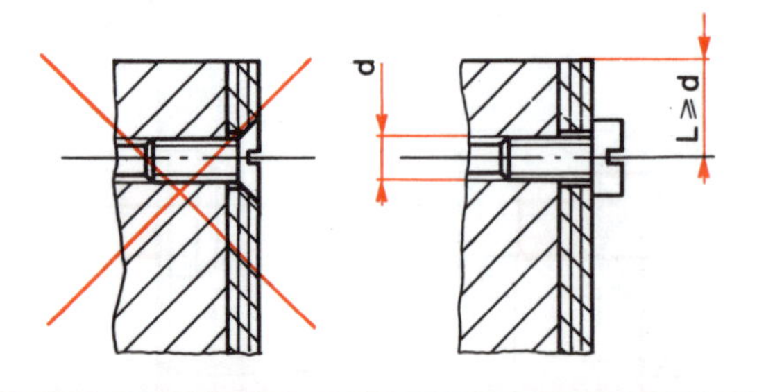

Éviter d'utiliser des vis à tête fraisée qui tendent à faire éclater la pièce.

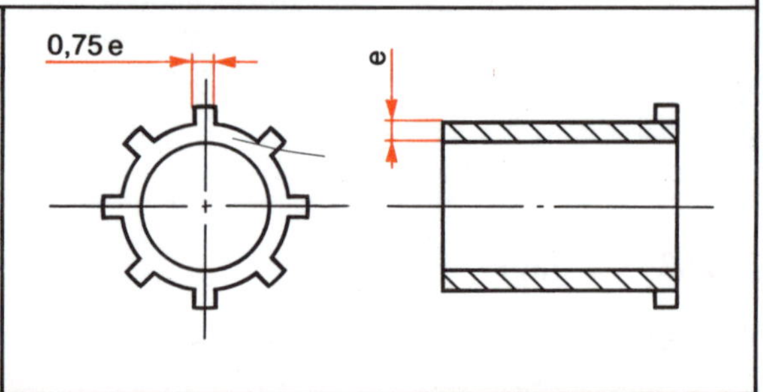

Afin d'éviter des déformations dues à la masse d'un collet, préférer de petits ergots.

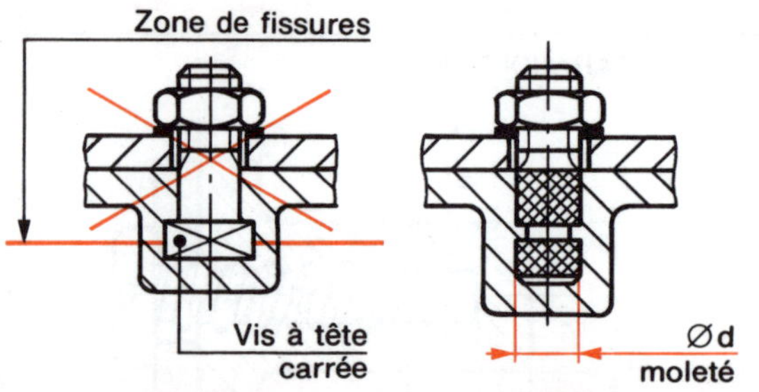

Éviter les inserts à angles vifs qui peuvent provoquer des fissurations.

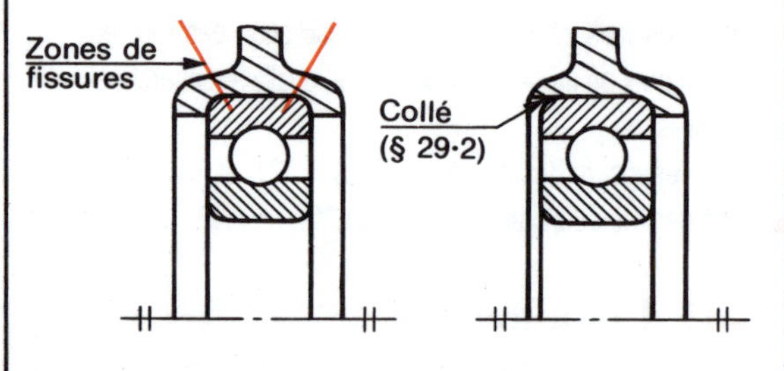

Les inserts de fortes dimensions provoquent des chocs thermiques source de fissurations ; préférer le collage ou un emboîtage élastique.

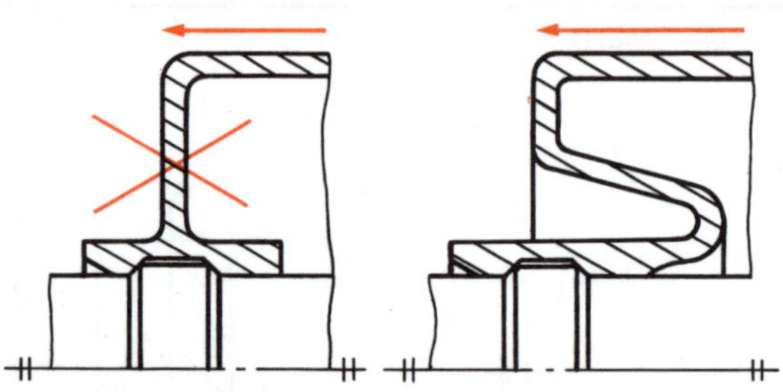

L'emboîtement dans le même plan que la paroi radiale ne permet pas une élasticité suffisante.

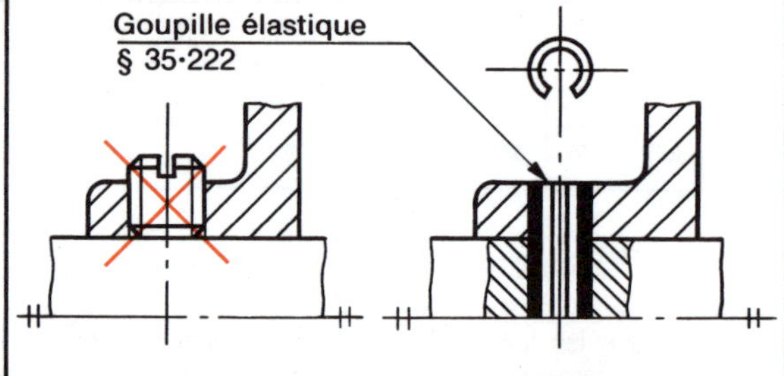

Les filetages dans une matière plastique ont une faible résistance ; préférer un goupillage transversal.

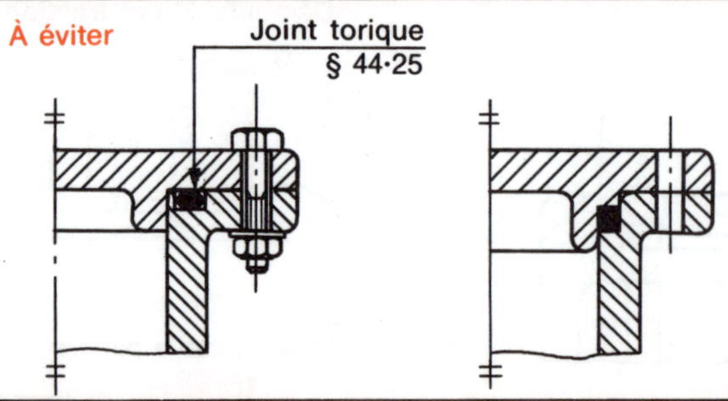

Même avec un serrage modeste des boulons, l'étanchéité est assurée.

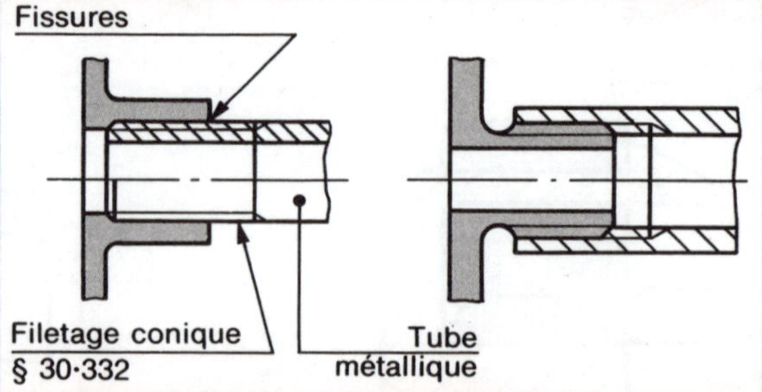

Les pièces en matière plastique résistent mieux à la compression qu'à l'extension.

D'après Du Pont de Nemours.

En fonction des sollicitations le nervurage doit donner la rigidité optimale sans massivité nuisible.

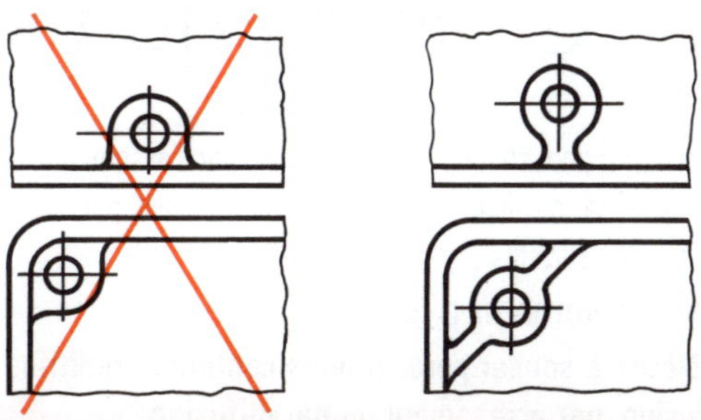

L'éloignement des bossages de la paroi permet d'obtenir une conception rigide et non massive.

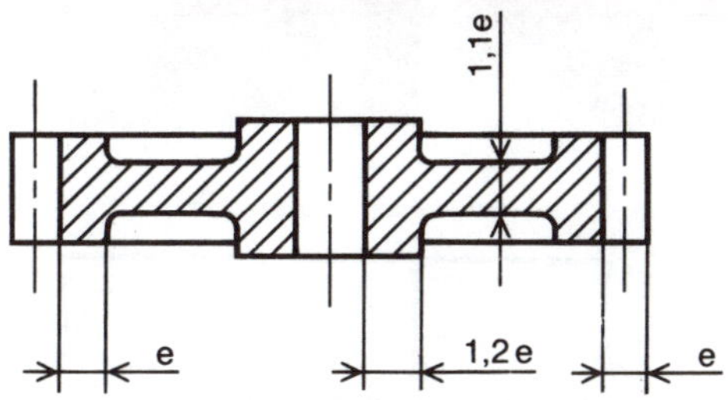

Une bonne injection de la matière dans la couronne dentée nécessite le respect de proportions adaptées.

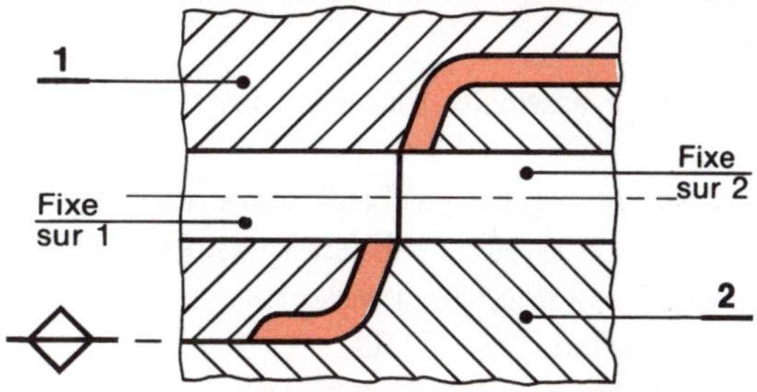

En fonction des proportions de la lumière et de la dépouille, il est possible d'obtenir un moule sans tiroir.

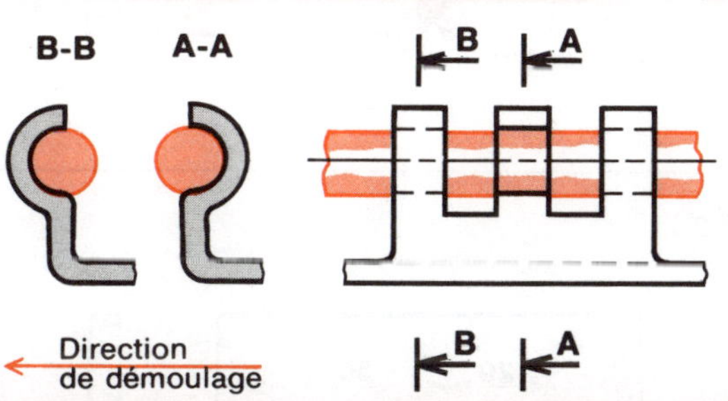

Le fractionnement de l'alésage permet d'éviter l'emploi d'un tiroir.

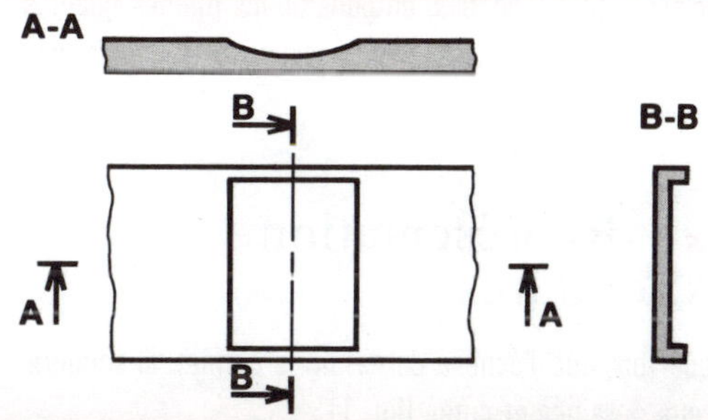

Quand le matériau et les épaisseurs le permettent, une charnière élastique réduit les coûts de montage.

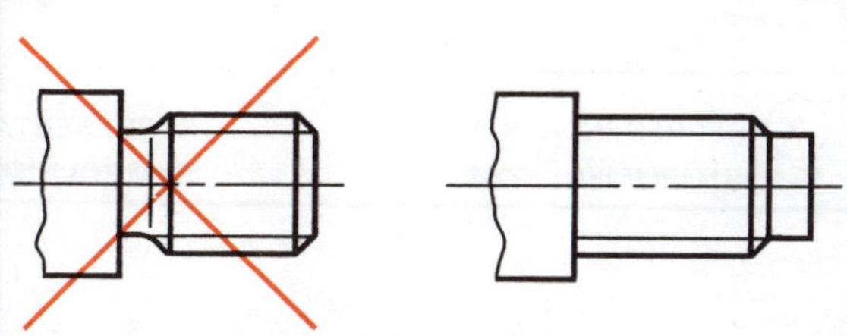

La forme proposée tient compte de l'exécution du filetage dans le moule et des possibilités de dévissage.

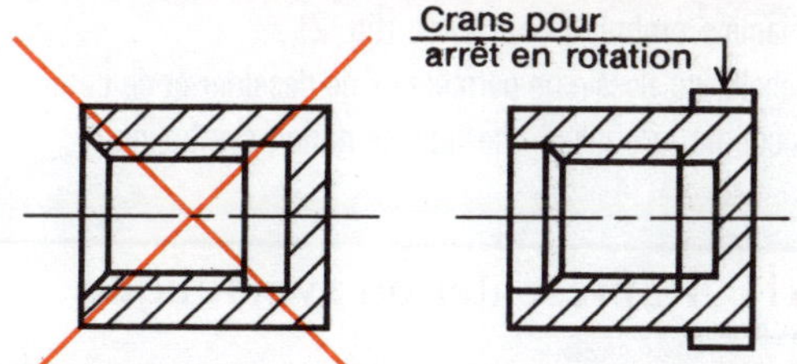

Le dévissage du noyau fileté nécessite sur la pièce un filetage sans gorge et un arrêt en rotation.

27 Construction soudée

Une construction soudée est constituée par l'assemblage permanent de plusieurs pièces liées entre elles par l'un des procédés suivants :

■ SOUDAGE AUTOGÈNE OU SOUDAGE

Les pièces à souder perdent leurs contours primitifs par fusion, par écrasement ou par diffusion*.

Dans le cas du soudage par fusion, la liaison est généralement obtenue par l'intermédiaire d'un matériau d'apport.

■ BRASAGE

Les pièces à assembler conservent leurs contours primitifs*.

La liaison est obtenue par l'intermédiaire d'un métal d'apport dont la température de fusion T est inférieure à celle des pièces à souder. On distingue :

■ le **brasage fort** (T > 450 °C),

■ le **soudo-brasage** (T > 450 °C technique analogue à celle du soudage autogène par fusion),

■ le **brasage tendre** (T < 450 °C).

Le brasage ne donne pas, en général, les mêmes qualités de résistance mécanique et de résistance à la corrosion que le soudage.

Photo S.A.F.

27■1 Représentation des soudures

Chaque fois que l'échelle du dessin le permet, la soudure doit être dessinée et cotée (fig. 1).

Pour les soudures discontinues, **on cote la longueur utile** d'un élément du cordon et l'intervalle entre les éléments. La coupe d'une soudure d'angle discontinue n'est jamais ombrée ni hachurée (fig. 2).

Si l'échelle du dessin ne permet pas de dessiner et de coter les soudures, on utilise une représentation symbolique.

1

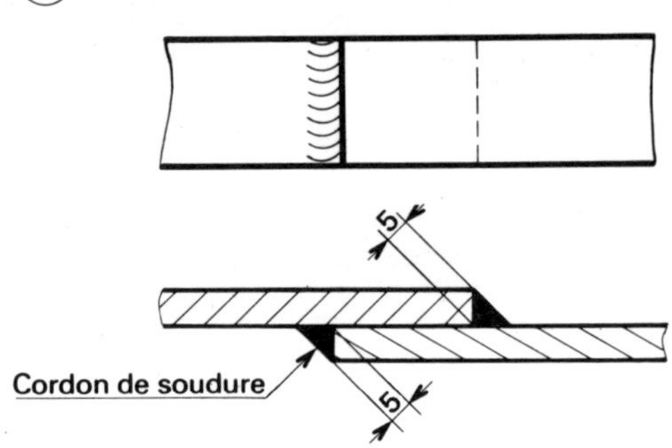

2

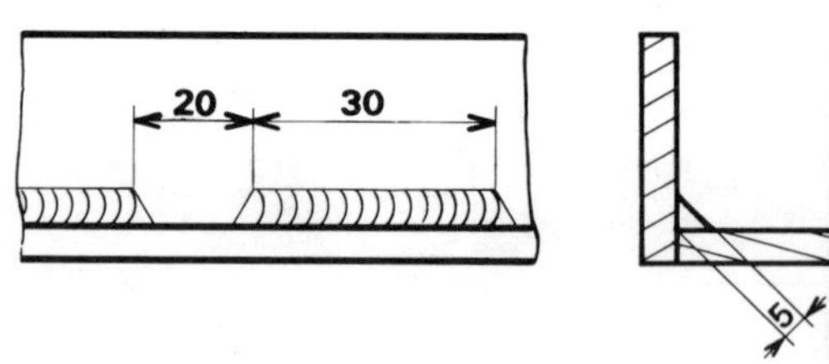

3 REPRÉSENTATION SIMPLIFIÉE — REPRÉSENTAT SYMBOLIQUE

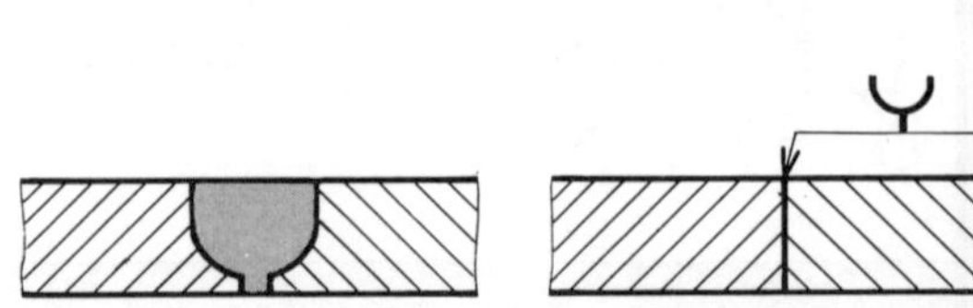

27■11 Représentation symbolique
NF E 04-020

Les symboles rappellent la forme de la soudure réalisée, mais ils ne préjugent pas du procédé de soudage employé. Ils doivent mesurer au moins 2,5 millimètres de hauteur.

* Consulter des ouvrages spécialisés.

Par joint de soudure, la représentation symbolique comprend obligatoirement :

- une ligne de repère,
- une ligne de référence,
- un symbole élémentaire.

On peut adjoindre le cas échéant :

- un symbole supplémentaire,
- une cotation conventionnelle,
- des indications complémentaires.

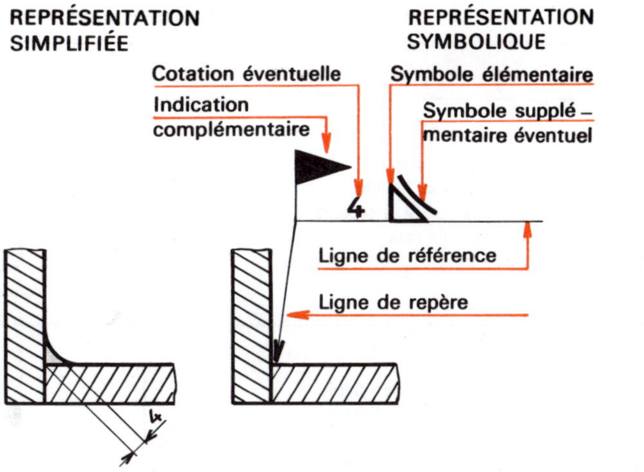

27 ▪ 111 Ligne de repère, ligne de référence

La ligne de repère est terminée par une flèche qui touche directement le joint de soudure. **Si la soudure est de l'un des types 4, 6 ou 8** (voir tableau § 27.112) **la flèche doit être dirigée vers la tôle qui est préparée.**
La ligne de repère et la ligne de référence doivent former un angle.
Il est conseillé de tracer la ligne de référence parallèlement au bord inférieur du dessin.

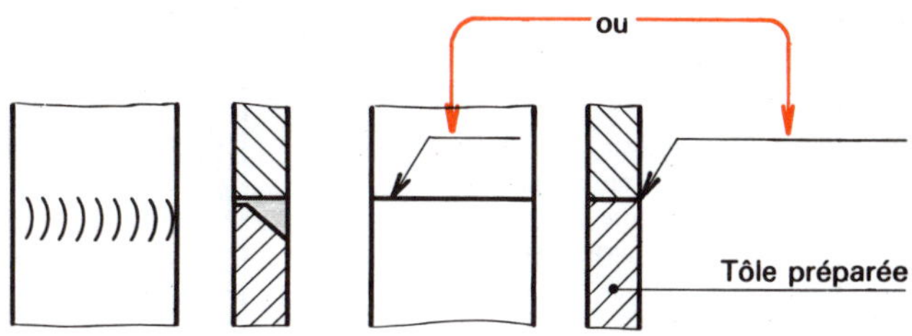

27 ▪ 112 Symboles élémentaires

N°	Désignation	Représentation simplifiée	Symbole
1	Soudure sur bords relevés complètement fondus*		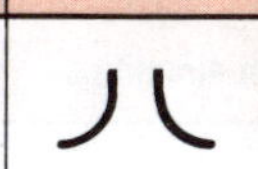
2	Soudure sur bords droits	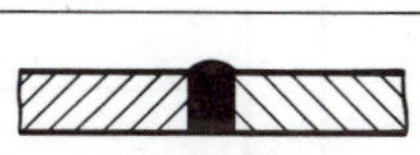	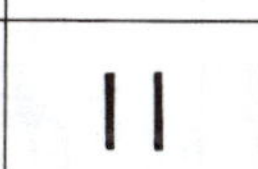
3	Soudure en V.	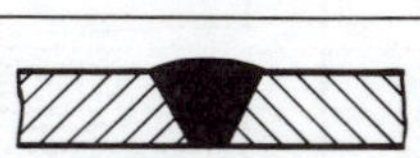	
4	Soudure en demi-V	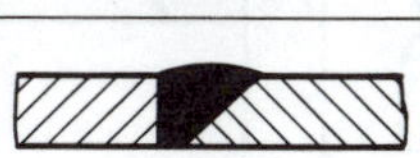	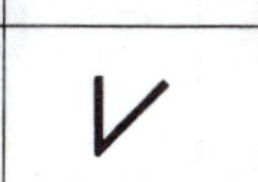
5	Soudure en Y		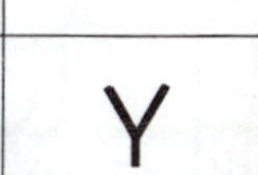
6	Soudure en demi-Y	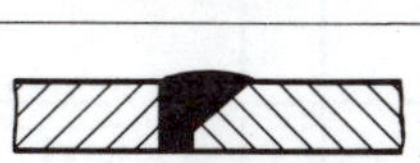	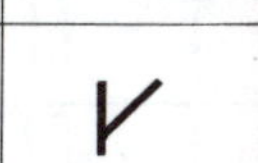
7	Soudure en U (ou en tulipe)	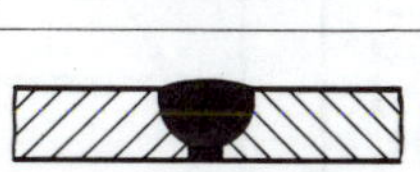	
8	Soudure en demi-U (ou en J)	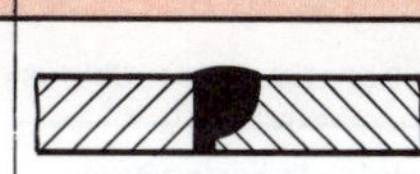	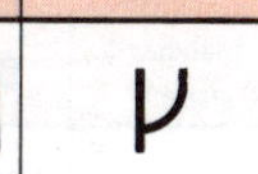
9	Reprise à l'envers		
10	Soudure d'angle		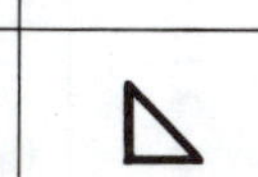
11	Soudure en bouchon (ou en entaille)	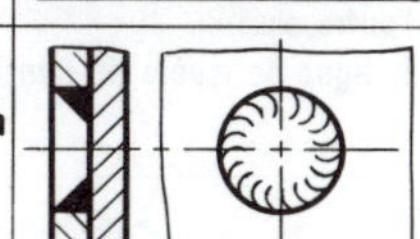	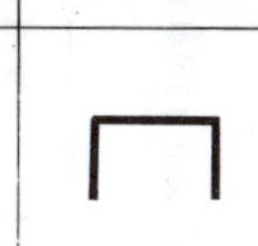
12	Soudure par points	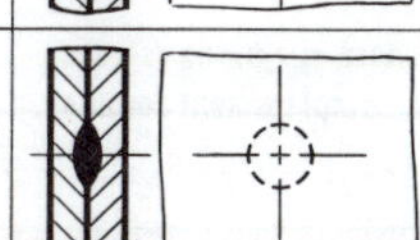	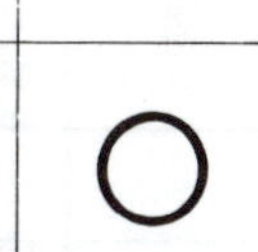
13	Soudure en ligne continue avec recouvrement		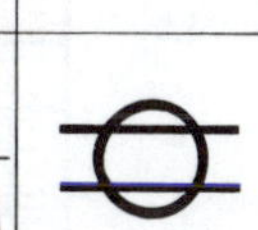

* S'ils ne doivent pas être complètement fondus, utiliser le symbole de la soudure sur bords droits.

POSITION DES SYMBOLES PAR RAPPORT A LA LIGNE DE RÉFÉRENCE

Explication	Représentation simplifiée	Représentation symbolique
Les symboles sont placés au-dessus de la ligne de référence si la soudure est faite du côté de la ligne de repère du joint.		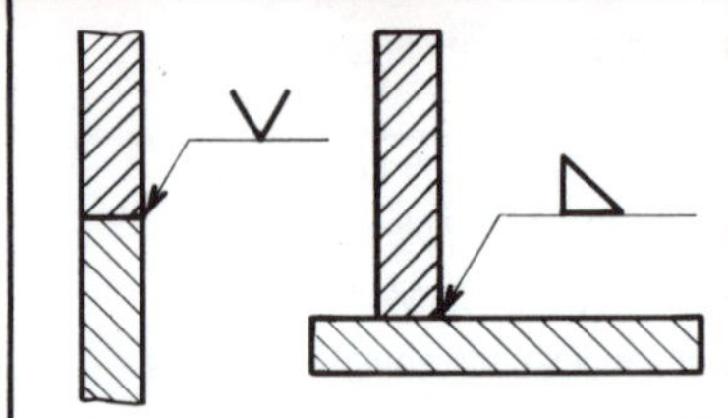
Les symboles sont placés au-dessous de la ligne de référence si la soudure est faite de l'autre côté de la ligne de repère du joint.		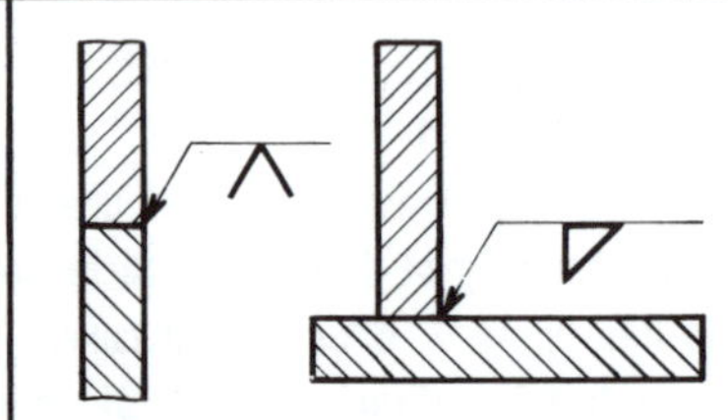
Les symboles sont placés à cheval sur la ligne de référence si la soudure est faite dans le plan du joint.	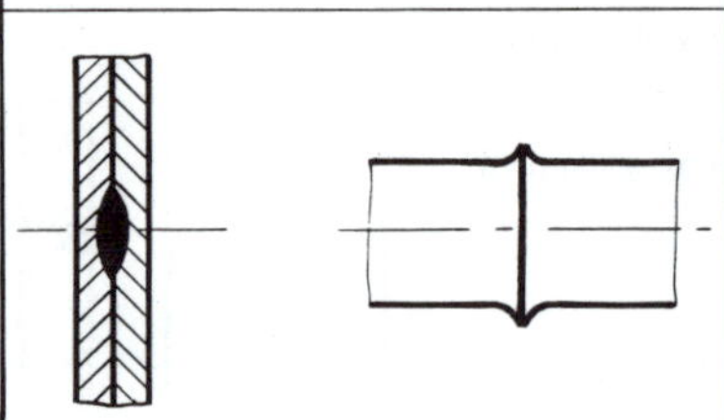	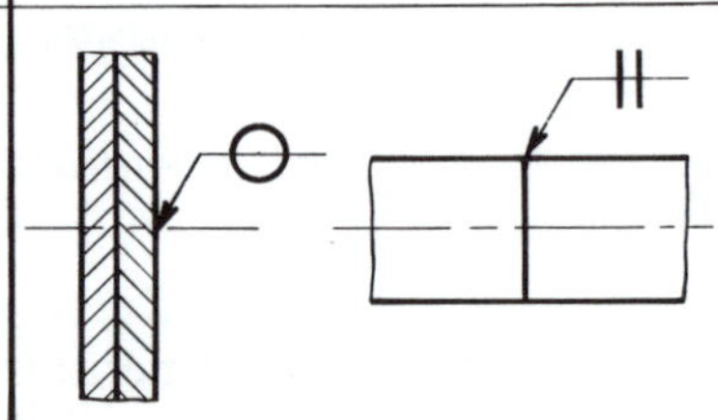

NOTA : La représentation symbolique ne doit être placée que dans une seule vue.

EXEMPLES D'APPLICATION DES SYMBOLES ÉLÉMENTAIRES

Épaisseur pièces*	Désignation des soudures	Représentation simplifiée	Représentation symbolique
Épaisseur e inférieure à 1,5 mm	Soudure sur bords relevés complètement fondus. (la soudure est faite du côté de la ligne de repère du joint)		
	(la soudure est faite de l'autre côté de la ligne de repère du joint)	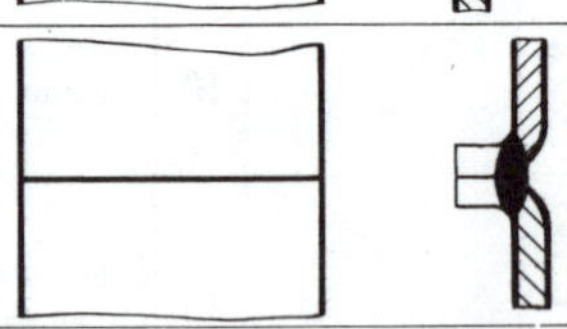	
	Soudure sur bords relevés non complètement fondus	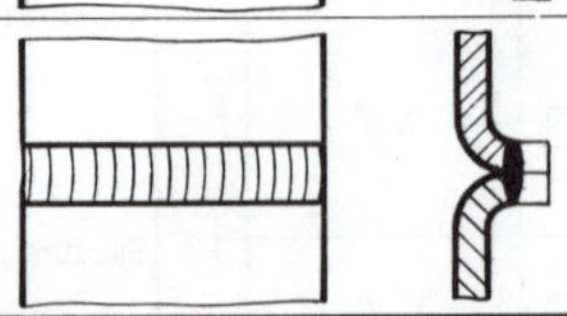	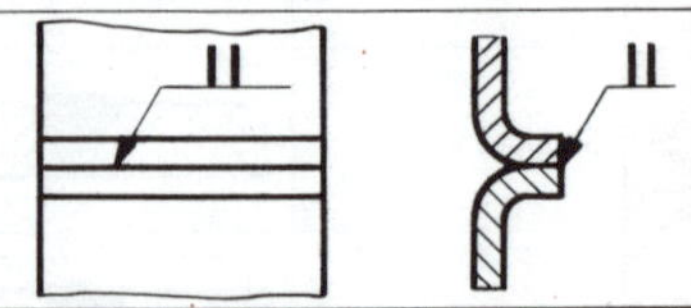
1,5 à 5	Soudure sur bords droits (voir tableau ci-dessous)	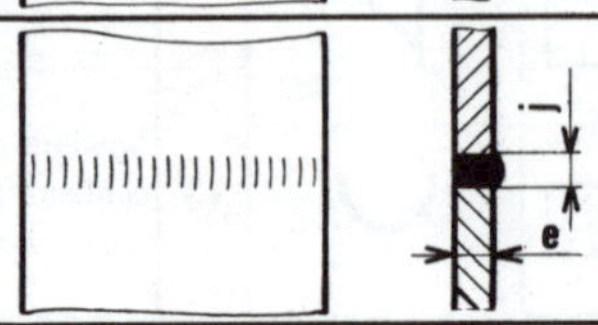	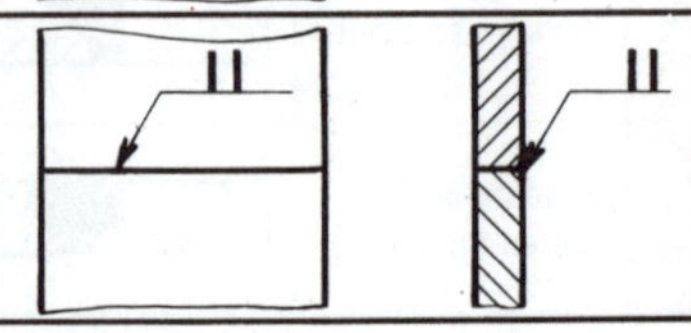

Soudure sur bords droits

e	j*	e	j*
1,5	0,5	3,5	2,5
2	1	4	3
2,5	1,5	4,5	3
3	2	5	3

* Valeurs à titre de première estimation pour les applications courantes.

EXEMPLES D'APPLICATION DES SYMBOLES ÉLÉMENTAIRES (suite de la page précédente)

Épaisseur pièce*	Désignation des soudures	Représentation simplifiée	Représentation symbolique
6	Soudure en V	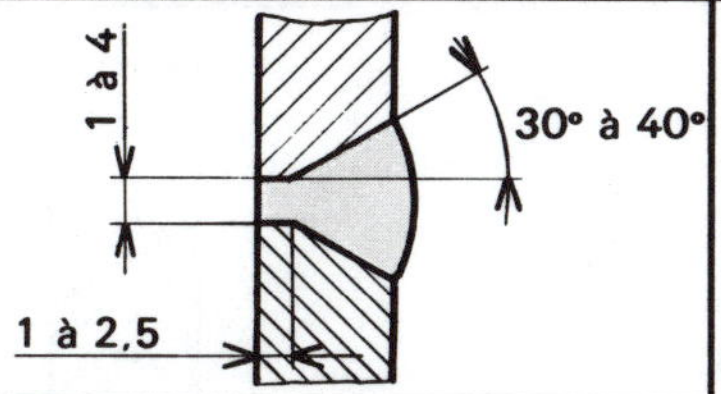	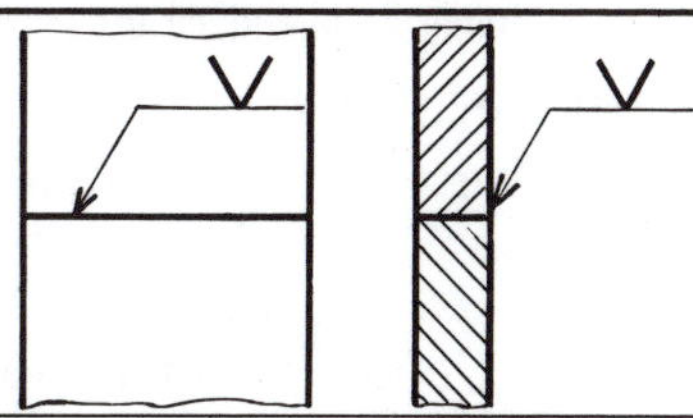
à 15	Soudure en V sur angle extérieur	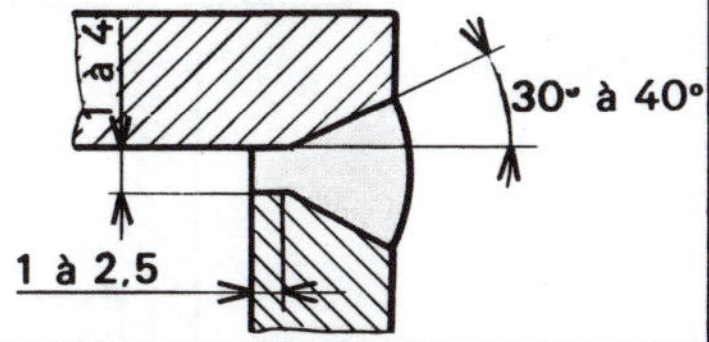	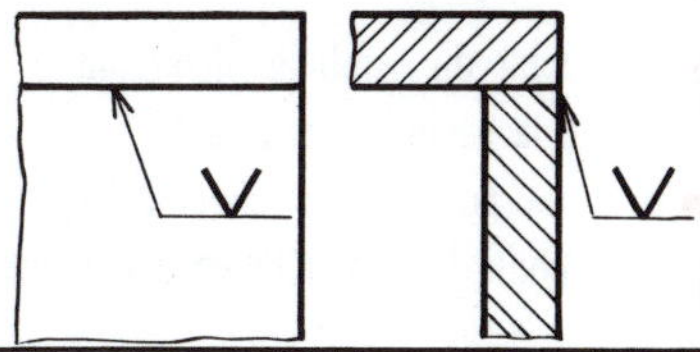
15	Soudure en demi-V	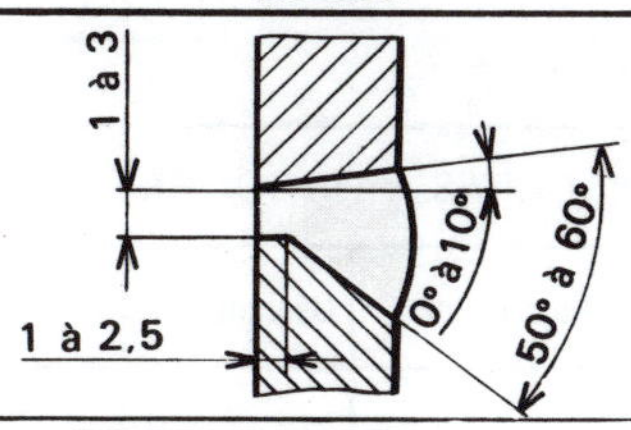	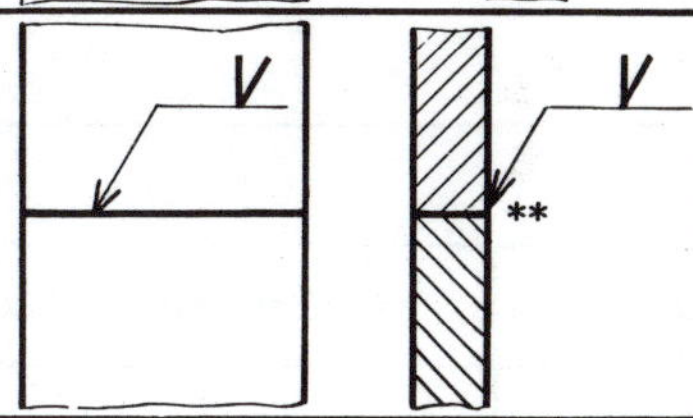
à 20	Soudure en demi-V sur angle extérieur	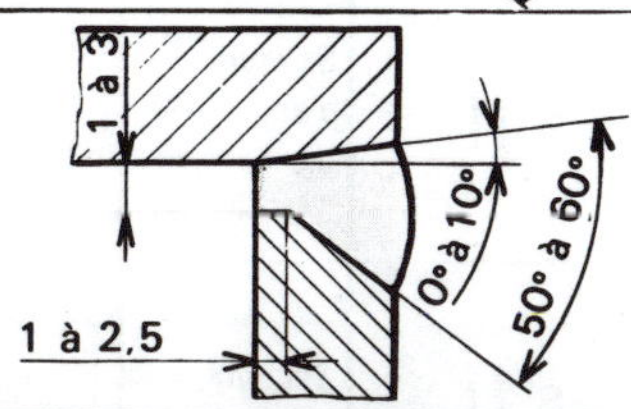	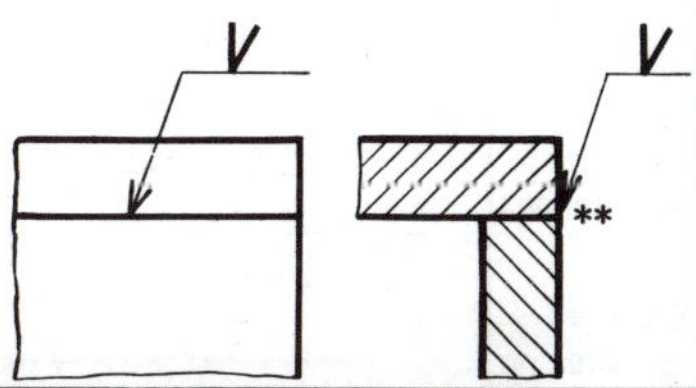
20	Soudure en V double (soudure en X)	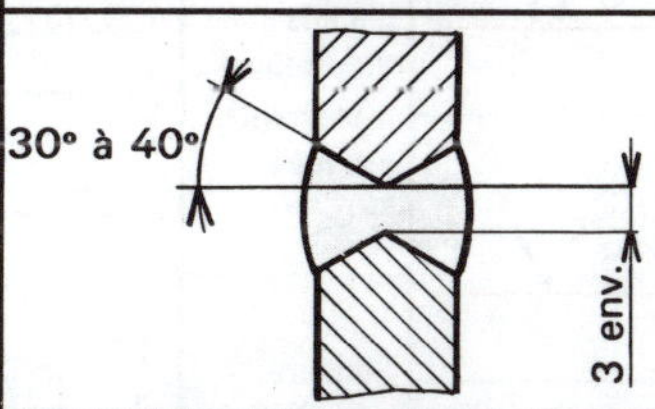	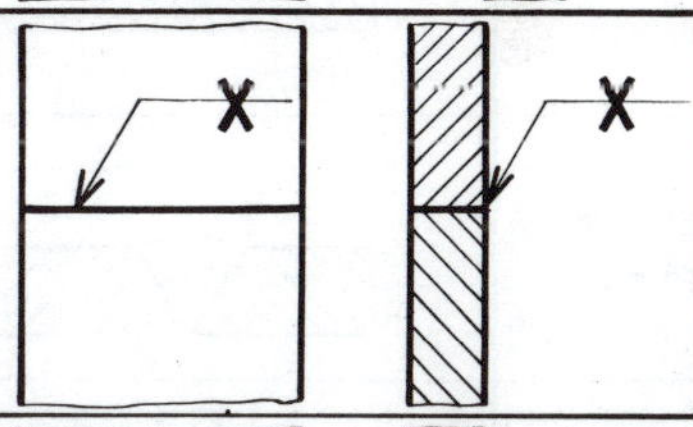
à	Soudure en U (ou en tulipe)	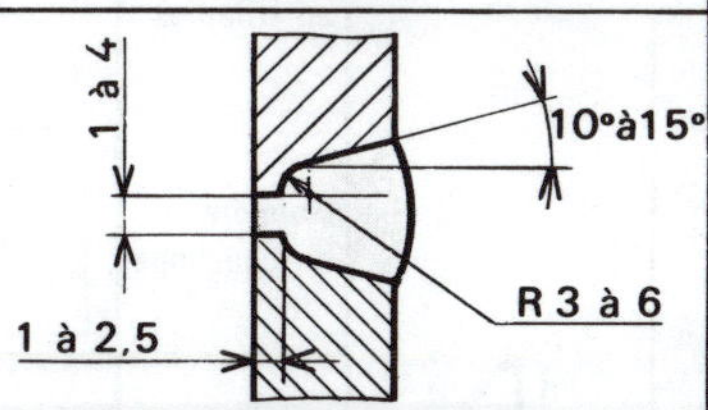	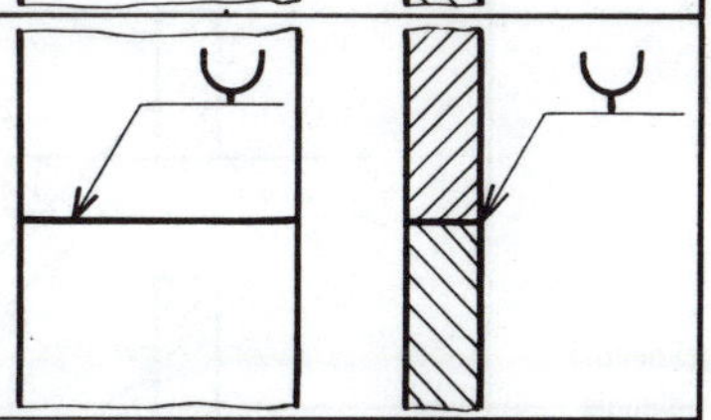
35	Soudure en demi-U (ou en J)	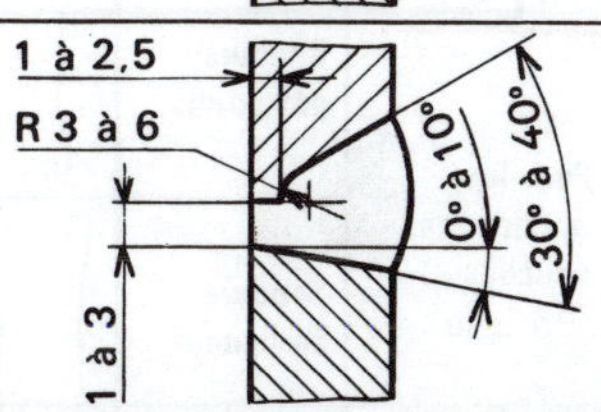	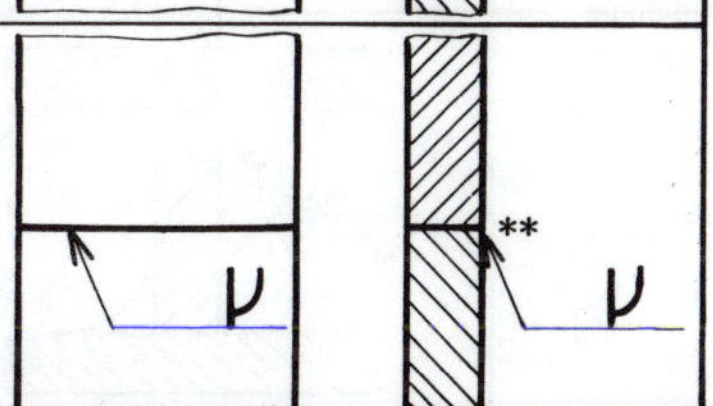

* Valeurs à titre de première estimation pour les applications courantes. ** La flèche doit être dirigée vers la tôle préparée.

27 ▪ 113 Symboles supplémentaires

Les symboles élémentaires peuvent être complétés, si cela est fonctionnellement nécessaire, par un symbole qui précise la forme de la surface extérieure de la soudure.

EXEMPLE D'APPLICATION :

Soudure en V plate avec reprise à l'envers plate.

SYMBOLE	—	⌒	◡
SIGNIFICATION	Soudure plate	Soudure convexe	Soudure concave

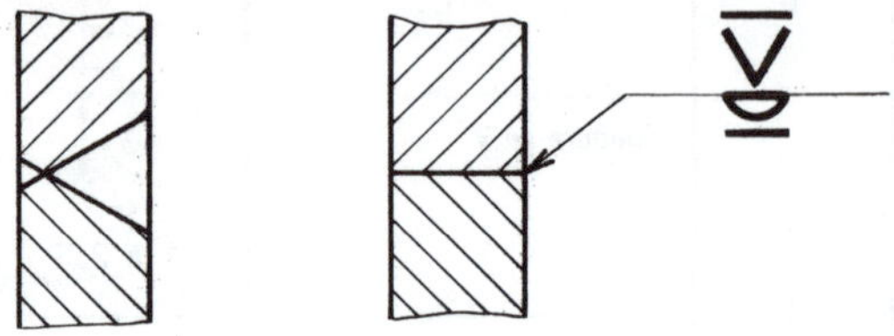

27 ▪ 114 Cotation conventionnelle

On peut indiquer :

- à gauche du symbole élémentaire, la cote principale relative à la section transversale,
- à droite du symbole élémentaire, si la soudure n'est pas continue, la cote relative à la longueur des cordons.

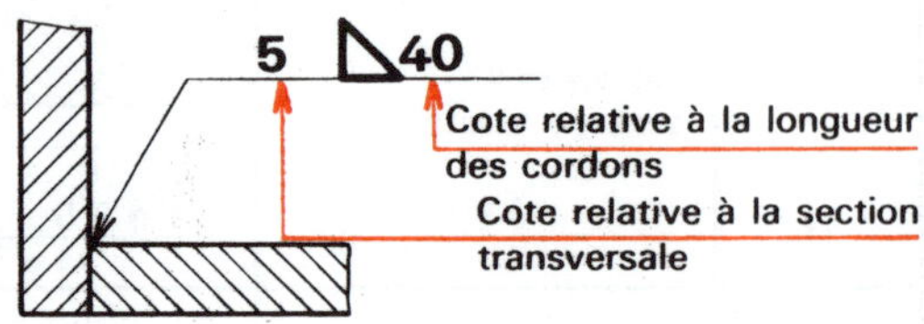

COTES A INDIQUER

Désignation	Représentation simplifiée	Inscription
Soudure sur bords relevés non complètement fondus	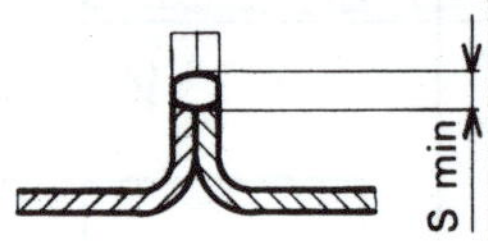	s ‖
Soudure sur bords droits	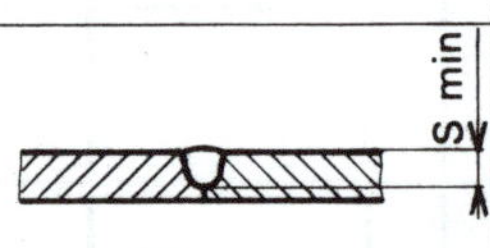	s ‖
Soudure en V	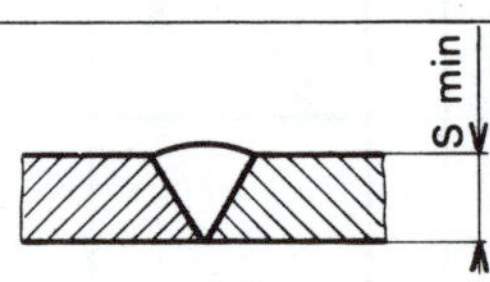	s V
Soudure d'angle continue	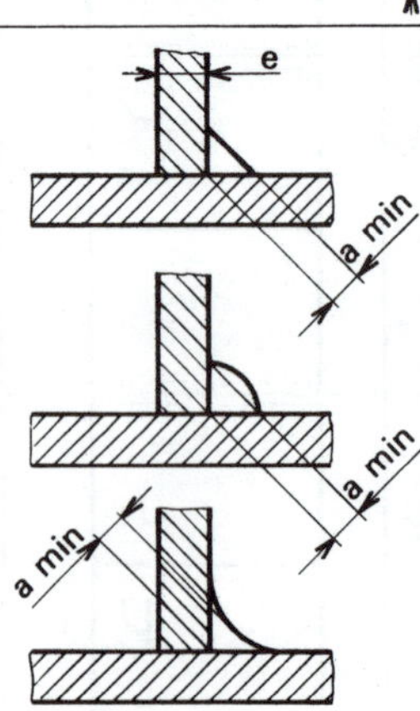	a ◺ Pour les applications usuelles : a ≈ e

Désignation	Représentation simplifiée	Inscription
Soudure d'angle discontinue	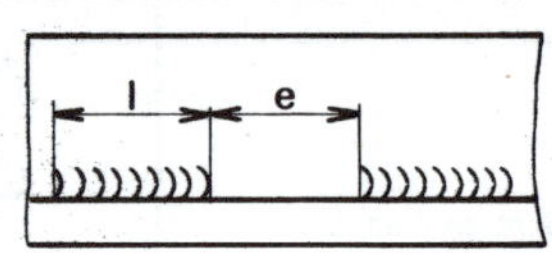	a ◺ n* x l x (e)
Soudure d'angle discontinue à éléments alternés	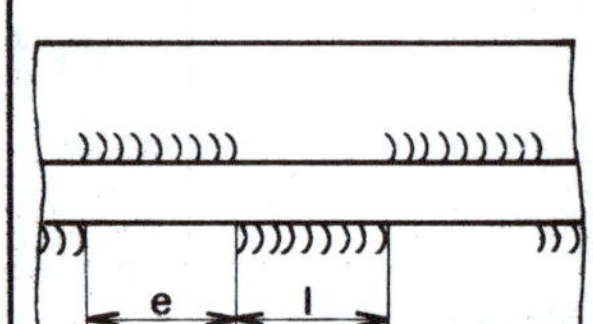	a ◺ n* x l Z (e) a ◺ n* x l (e)
Soudure en entailles	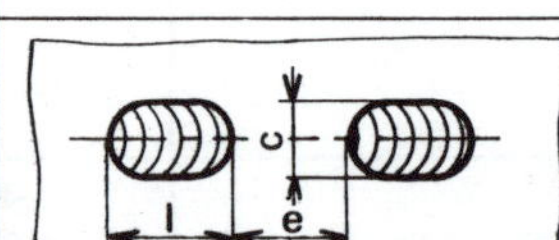	c ⊓ n* x l x(e)
Soudure en bouchons	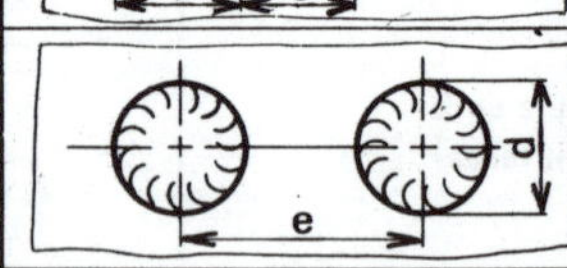	d ⊓ n* x (e)
Soudure par points	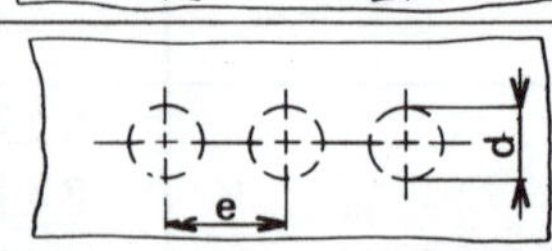	d ○ n* x (e)
Soudure en ligne	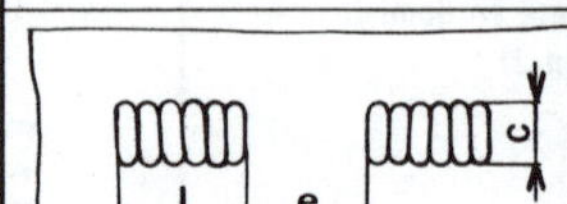	c ⊖ n* x l x(e)

* n : nombre d'éléments de soudure.

27■115 Indications complémentaires

SOUDURE PÉRIPHÉRIQUE

Afin de préciser qu'une soudure doit être effectuée sur tout le pourtour d'une pièce, on trace une circonférence centrée à l'intersection des lignes de repère et de référence.

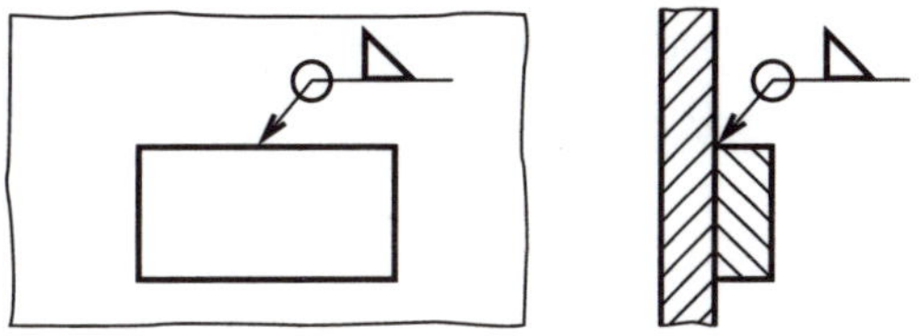

SOUDURES EFFECTUÉES AU CHANTIER

On les distingue des soudures effectuées à l'atelier par un signe en forme de drapeau.

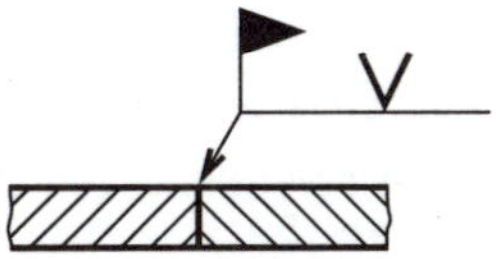

INDICATION DU PROCÉDÉ DE SOUDAGE NF E 04-021.

Pour certaines applications, il est nécessaire de préciser le procédé à utiliser. Celui-ci est identifié par un nombre inscrit entre les deux branches d'une fourche terminant la ligne de référence.

Pour le moment, la correspondance entre ces chiffres et les procédés n'est pas normalisée. C'est pourquoi, il est nécessaire, en attendant, de préciser cette correspondance sur les dessins.

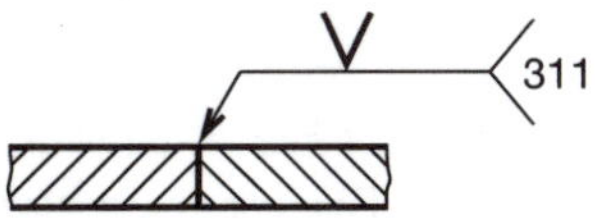

PROCÉDÉS DE SOUDAGE **NF E 04-021**

1	**Soudage électrique à l'arc**	3	**Soudage aux gaz**
11	Électrode fusible	311	Oxyacétylénique
111	Électrode enrobée	312	Oxypropane
112	Par gravité, électrode enrobée	313	Oxyhydrique
113	Au fil nu	4	**Soudage à l'état solide**
12	Sous flux en poudre	41	Ultrasons
13	Protection gazeuse, électrode fusible	42	Friction
131	Gaz inerte, électrode fusible (MIG)	7	**Autres procédés**
135	Gaz actif, électrode fusible (MAG)	71	Aluminothermie
14	Protection gazeuse, él. réfractaire	74	Induction
141	Gaz inerte, électrode tungstène (TIG)	751	Laser
181	Électrode carbone	781	Soudage des goujons à l'arc
2	**Soudage par résistance**	782	Soudage des goujons par résistance
21	Par points	9	**Brasage**
22	À la molette	91	Brasage fort
23	Par bossage	94	Brasage tendre
24	Par étincelage	951	Brasage tendre à la vague
25	En bout par résistance	97	Soudobrasage

27■116 Traitements thermiques

Afin d'améliorer les qualités physiques de granulation et de réduire les tensions internes provoquées par le soudage, on peut pratiquer :

- soit un recuit de normalisation,
- soit un recuit de stabilisation.

RECUIT DE NORMALISATION
Il améliore les qualités physiques de granulation et il élimine les tensions internes dues au soudage.
RECUIT DE STABILISATION
Il ne réalise pas de modification de structure. Il élimine seulement les tensions internes dues au soudage.

En principe ces traitements sont obligatoires pour les éléments soudés des montages d'usinage.

27■2 Recommandations

27■21 Conception des pièces soudées

Les pièces soudées sont réalisées à partir de tôles de laminés, de profilés, de pièces coulées (construction mixte), etc.

27■211 Soudage par fusion

RÈGLE 1

Souder des épaisseurs aussi voisines que possible. Si les épaisseurs sont nettement différentes, préparer les pièces comme il est indiqué sur les figures ci-contre.

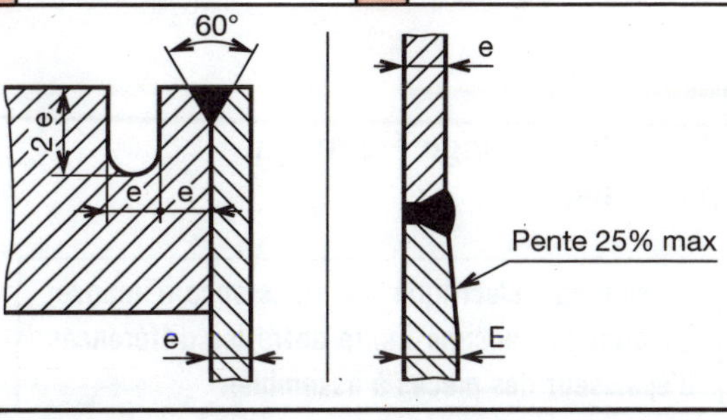

MAUVAISE CONCEPTION | BONNE CONCEPTION

RÈGLE 2

Placer la soudure dans les zones les moins sollicitées. Éviter, en particulier, les sollicitations en flexion et en torsion.

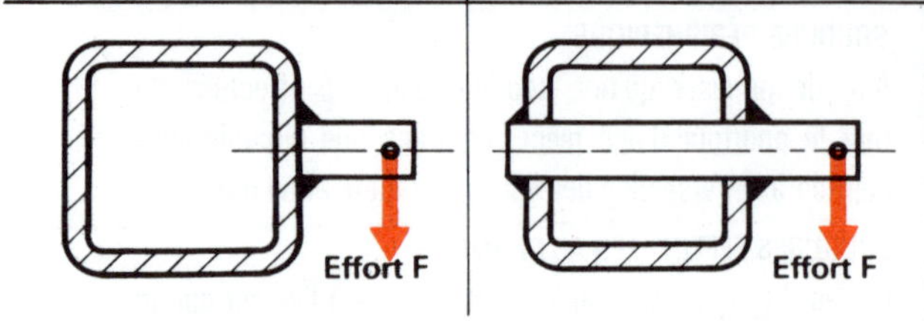

RÈGLE 3

Penser aux déformations engendrées par les dilatations locales lors du soudage. Éviter en particulier les soudures d'angle sur pièces prismatiques.

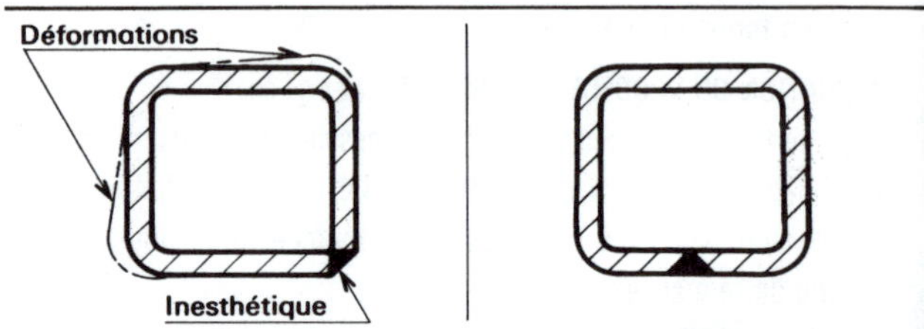

RÈGLE 4

Éviter les masses de soudure et veiller à une bonne conception des renforts. Pour une construction fortement sollicitée, on supprime les amorces de rupture en effectuant un cordon de soudure.

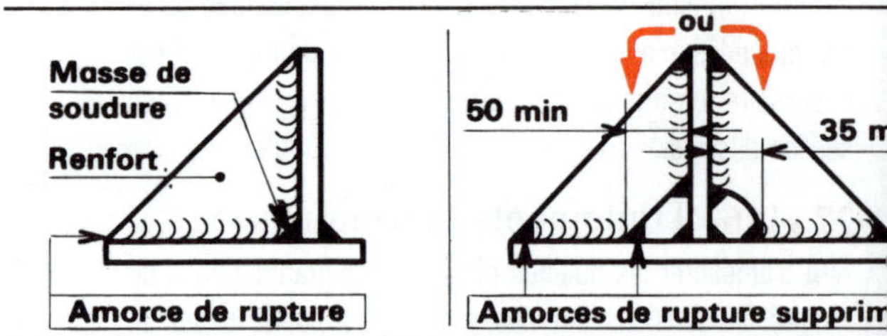

RÈGLE 5

Afin d'augmenter la longévité des outils, éviter d'usiner une soudure.

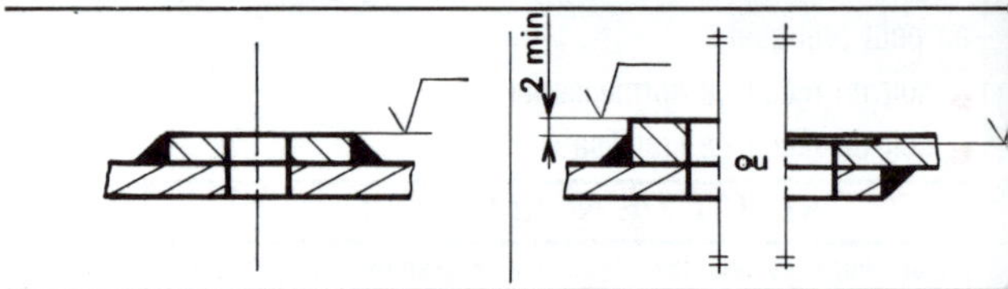

RÈGLE 6

Veiller aux **possibilités d'accès** du soudeur, du chalumeau ou des électrodes.
À vérifier notamment dans le cas de soudures en X ou avec reprise à l'envers.

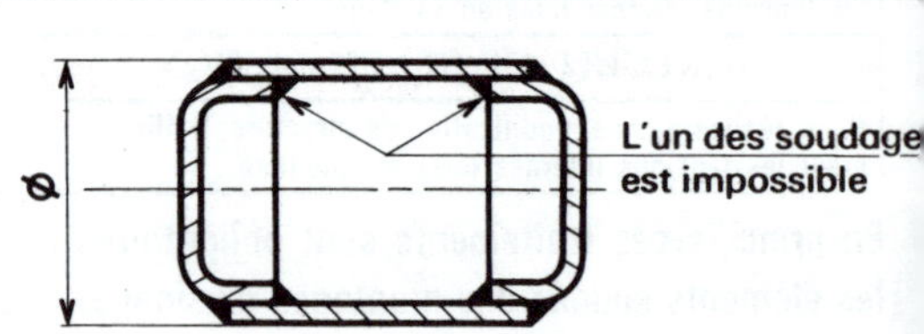

CAS PARTICULIER :

Soudage en «bouchon».

Cette méthode permet de faire des soudures locales en «pleine tôle». Dans certains cas, le trou est oblong (largeur minimale 15 mm).

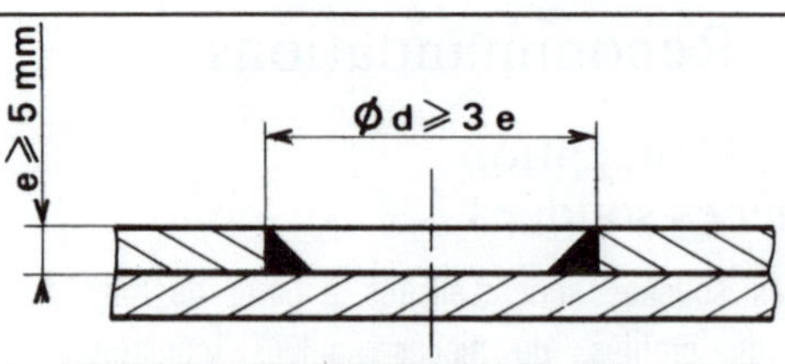

27.212 Soudage électrique par résistance

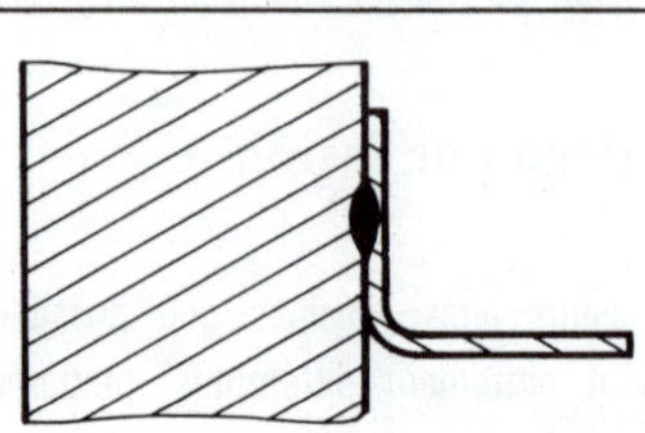

Le soudage électrique par résistance n'impose, en principe, aucune limite entre les différences d'épaisseur des pièces à assembler.

Soudage par points

Afin d'éviter une perte du métal en fusion, la distance minimale **L** entre le point de soudure et le bord des tôles est sensiblement égale à :

$$L \geqslant 3\, e_{min} + 2.$$

Entraxe minimal E_m entre deux points de soudure :

$$E_m \geqslant 10\, e_{min} + 10.$$

DIAMÈTRE DU POINT DE SOUDURE*									
e min.	0,5	1	2	3	4	5	6	8	10
d env.	4,5	5,5	7,5	9,5	12	14	15	17,5	19,5

Soudage par points avec bossages

Il permet l'exécution simultanée de plusieurs points de soudure. Les bossages sont exécutés dans la pièce la plus épaisse. Du fait de la puissance nécessaire, ce procédé est surtout utilisé pour les petites pièces (écrous rapportés par exemple).

DIMENSIONS DES BOSSAGES POUR DEUX PIÈCES D'ÉGALE ÉPAISSEUR e*						
e	0,5	1	2	3	4	5
H	0,55	0,75	1,20	1,5	1,65	1,8
D	2,9	3,7	4,6	6,6	7,2	7,8
d	4,1	5,2	6,5	9,3	10,1	11

27.213 Brasage

On recherche pour le joint de soudure la plus grande surface possible (fig. 1 et 2). Le jeu **j** entre les surfaces est comprise entre 0,05 et 0,2 mm.

27.22 Principaux métaux pour soudage

Aciers

Les aciers à faible teneur en carbone (C $<$ 0,25 %) se soudent sans précaution particulière. Les difficultés de soudage augmentent avec la masse des pièces ou avec la teneur en carbone.

Aluminium et alliages légers

On évite de souder les alliages à traitement thermique (fragilité du métal au voisinage de la soudure).

On soude principalement les métaux suivants :

A 5, AG 3, AG 5, ASG, AZ 4 G.

Cuivre et alliages cuivreux

* Se tenir au voisinage de ces valeurs.

D'après «Le Soudage électrique par résistance» de Jean Nègre. Publications de La Soudure autogène.

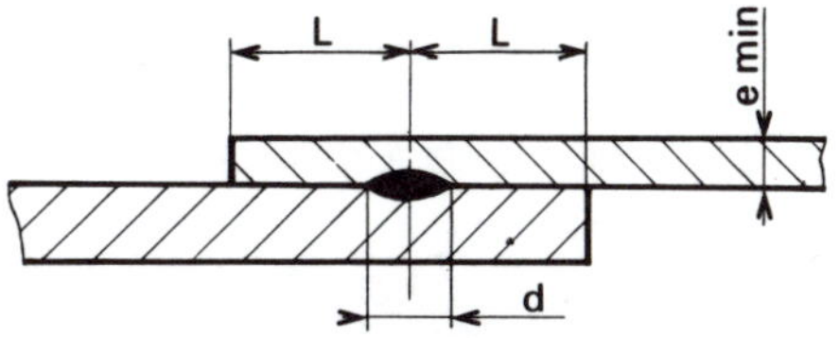

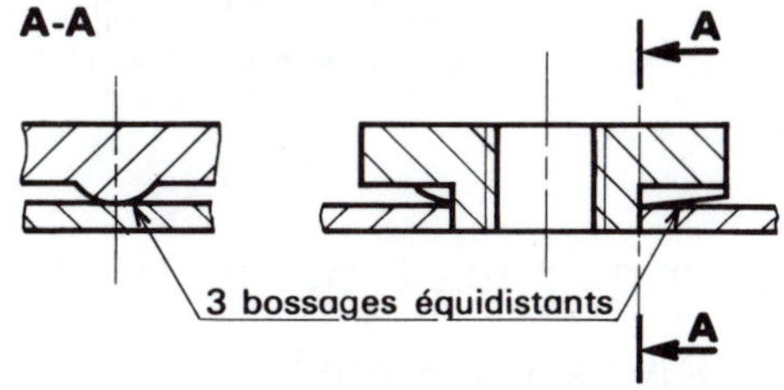

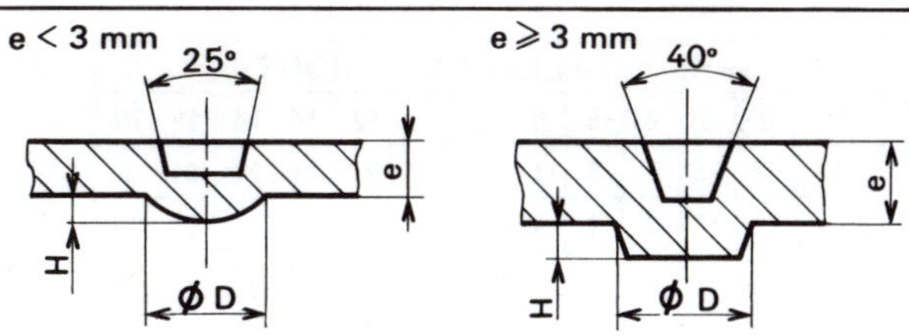

d = diamètre du point de soudure

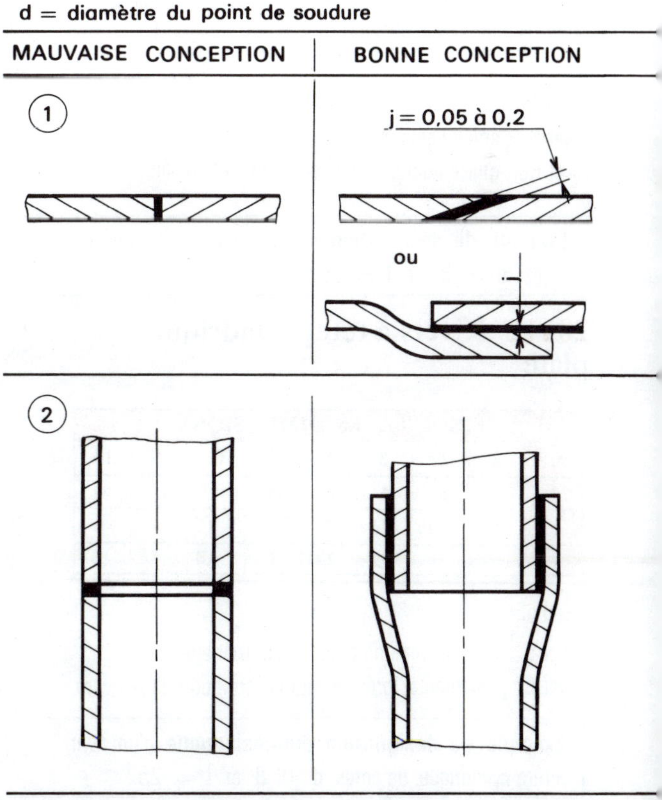

28 Construction rivée

La construction rivée consiste à réunir un ensemble de pièces à l'aide de rivets.
Un rivet est constitué d'une tige cylindrique pleine ou creuse et terminée à une extrémité par une tête de forme variable. Après mise en place l'autre extrémité est refoulée et forme «la rivure». La liaison ainsi obtenue est indémontable.

RIVET

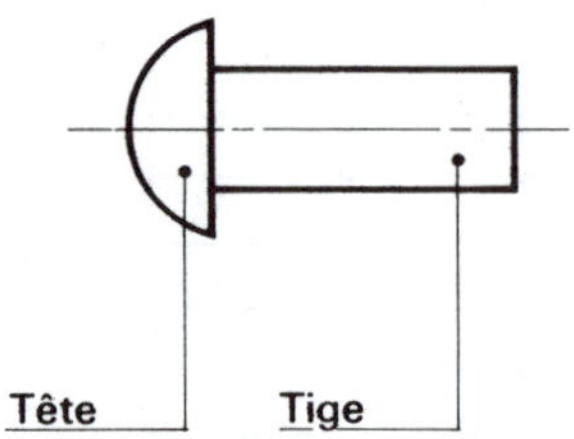

PIÈCES RIVÉES

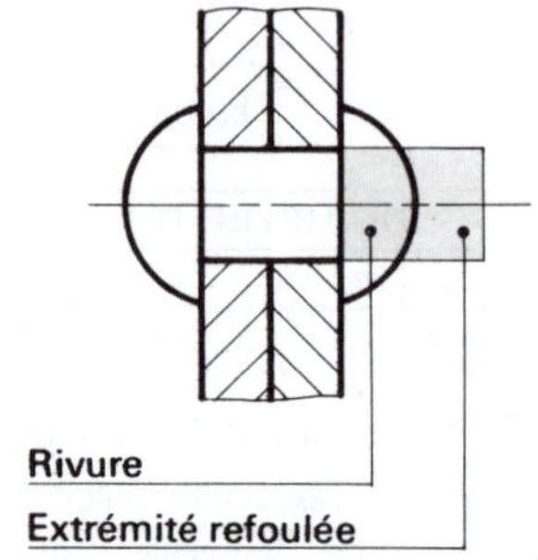

28▪1 Principaux types de rivets

28▪11 Rivets à tête ronde

PRINCIPALES DIMENSIONS												
d	2	3	4	5	6	8	10	12	14	16	18	20
a	3,5	5,5	7	9	11	14	17	21	24	28	31	34
b	1,5	2,5	3	4	4,5	5,5	7	8	10	11	12	14
E	—	—	—	—	—	—	—	28	30	34	38	42

Les rivets Rb peuvent être exécutés avec un arrondi sous tête plus important (0,08 d < R < 0,12 d), symbole Ra.

EMPLOIS :
Rivet R : emploi général,
Rivet Rb : utilisé quand on recherche une étanchéité.

Rivets à tête ronde

Rivets à tête ronde avec bav et arrondi sous tête

NF E 27-153

Symbole : R

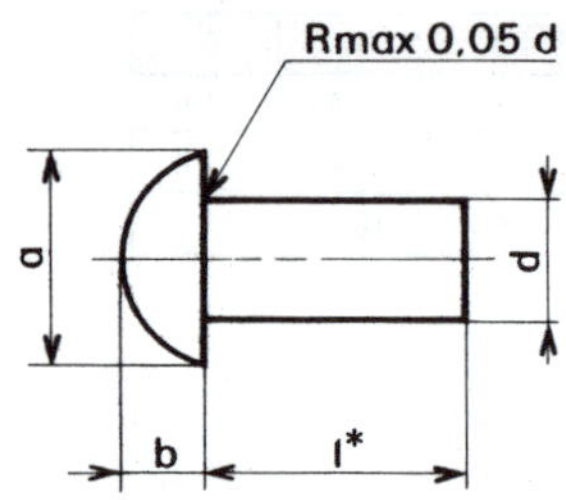

Symbole : Rb

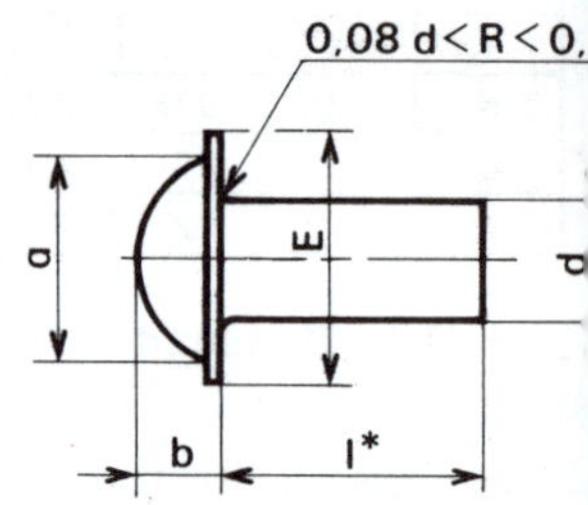

Exemple de désignation d'un rivet à tête ronde, de cotes **d** = 8 et **l** = 25 :	**Rivet R 8.25,** NF E 27-153

28▪12 Rivets à tête cylindrique plate

PRINCIPALES DIMENSIONS								
d	2	2,5	3	4	5	6	8	10
a	4	5	6	8	10	12	16	20
b	1	1,25	1,5	2	2,5	3	4	5
e	—	—	1,8	2,4	3	3,6	4,8	6

EMPLOIS :
Rivet C : rivet habituel de petite chaudronnerie
Rivet Cf : l'extrémité forée facilite la formation de la rivure.

Rivets à tête cylindrique plate

Rivets à tête cylindrique plate et à tige forée

NF E 27-151

Symbole : C

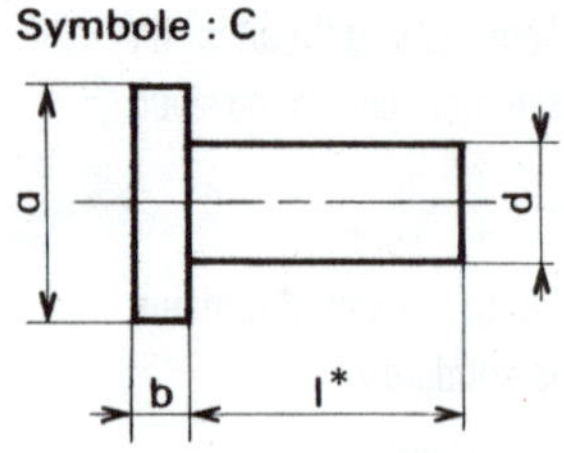

Symbole : Cf

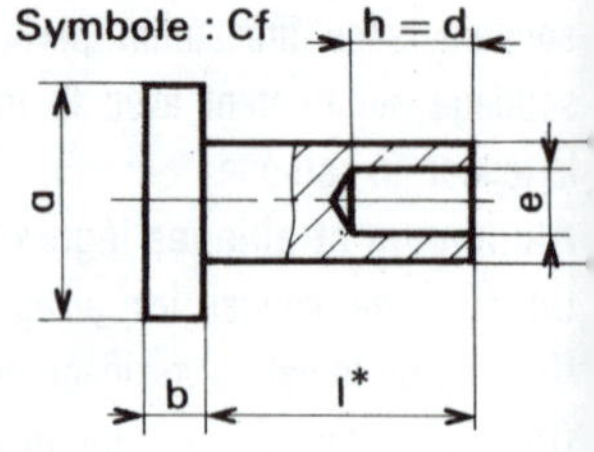

* Voir § 28-2.

Exemple de désignation dimensionnelle d'un rivet à tête cylindrique, de cotes **d** = 8 et **l** = 25 :	**Rivet C 8.25,** NF E 27-151

28.13 Rivets à tête fraisée

On distingue les rivets à tête fraisée plate et les rivets à tête fraisée bombée.

L'angle habituel du cône est 90° mais pour des applications spéciales il peut valoir :

- 60° si l'on recherche un faible encombrement des têtes,
- 120° si les tôles à assembler sont fines.

EMPLOI :

Les rivets à tête fraisée permettent de loger les têtes dans l'épaisseur des pièces.

Pièce épaisse **e** > **d/2** : logement usiné.
Pièce mince **e** < **d/2** : logement embrevé.

RIVETS À TÊTE FRAISÉE À 90°

RIVETS À TÊTE FRAISÉE BOMBÉE À 90°

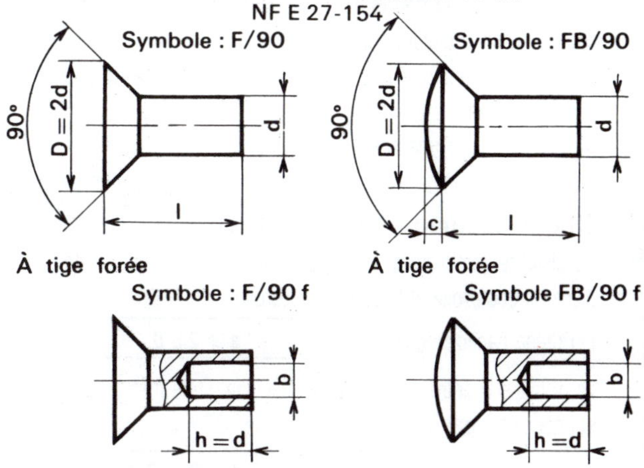

Exemple de désignation dimensionnelle d'un rivet à tête fraisée, de cotes **d** = 8 et **l** = 25 :

Rivet F/90 8.25, NF E 27-154

PRINCIPALES DIMENSIONS											
d	2	3	4	5	6	8	10	12	14	16	18	20
b		1,8	2,4	3	3,6	4,8	6					
e		0,75	1	1,25	1,5	2	2,5	3	3,5	4	4,5	5

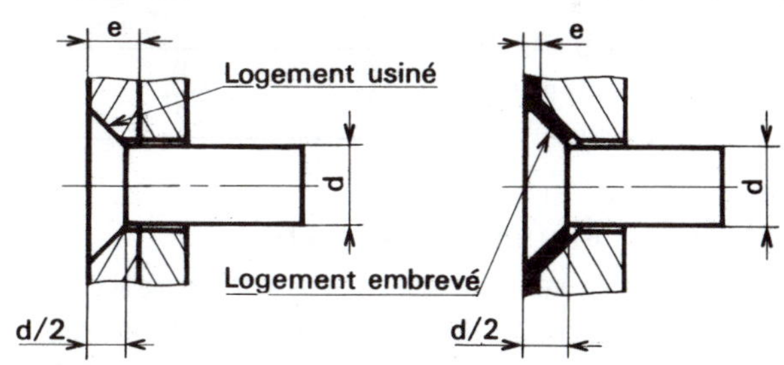

28.2 Longueur l des rivets

La longueur l est fonction de l'épaisseur des pièces à serrer et de la forme de la rivure (voir figures).

Choisir de préférence la longueur l dans le tableau ci-dessous.

LONGUEUR DE TIGE l								
3	7 ◢	11 ◢	(18)	(28)	38	55	75	100
4	8	12	20	30	40	60	80	110
5	9 ◢	14	(22)	32	45	65	85	120
6	10	16	25	35	50	70	90	130

Éviter l'emploi des longueurs entre parenthèses.
◢ pour rivets F/90 seulement.

RIVURE RONDE

RIVURE FRAISÉE

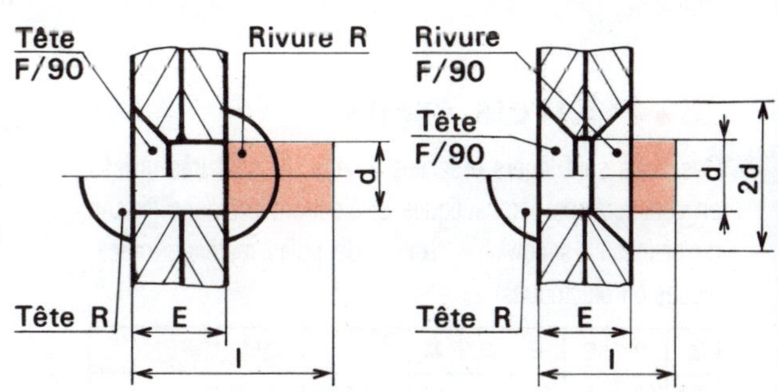

$l = 1,1E + 1,5\,d$

$l = 1,1E + 0,6\,d$

28.3 Recommandations

28.31 Diamètre minimal d'un rivet

Les conditions de fabrication du trou de passage d'un rivet (poinçonnage ou poinçonnage-alésage) imposent pour le rivet un diamètre minimal d min respectant la relation (1). Pour les rivures d'étanchéité et de résistance, on utilise la relation (2).

(1) $d \geqslant 1,6\,e$

(2) $d \approx \dfrac{45\,e}{15 + e}$

e = épaisseur de la tôle la plus épaisse

28 ■ 32 Diamètre du trou de passage

Le diamètre **d_1** du trou de passage pour un rivet est donné par les relations ci-contre :

(3) utilisable pour une pose à chaud ou dans le cas d'une grande épaisseur à assembler.

(4) utilisable pour une pose à froid.

(3) $d_1 \approx 1{,}1d$ (4) $d_1 \approx 1{,}05\,d$

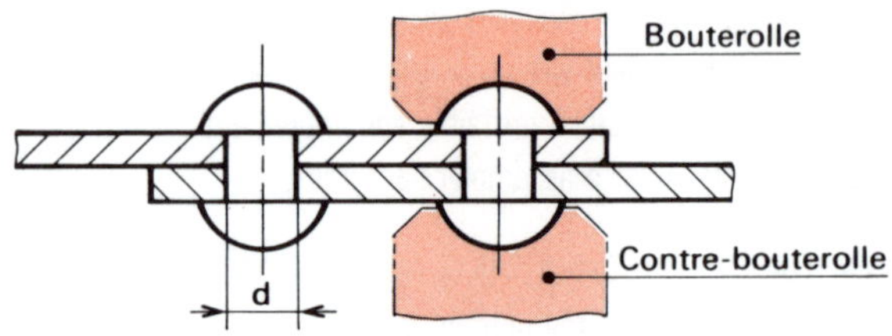

28 ■ 33 Écartement des rivets

La distance minimale **a** entre deux rivets doit permettre de placer la bouterolle et la contre-bouterolle.

On prend habituellement : **$a \geqslant 2{,}5\,d$.**

La distance **P** entre deux rivets consécutifs d'une même ligne est appelée **« pas ».**

Assemblage de résistance : **$3\,d < P < 7\,d$.**

Assemblage d'étanchéité et de résistance : **$2{,}5\,d < P < 3{,}5\,d$.**

La distance **p** entre les rivets et le bord de la tôle est : **$p = \frac{P}{2}$.**

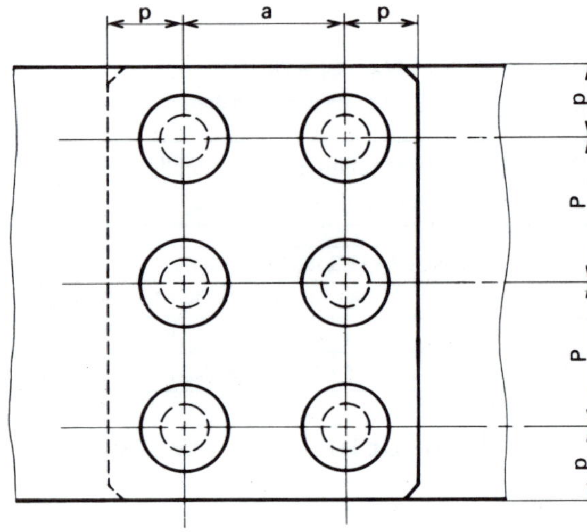

28 ■ 34 Matières des rivets

On utilise de préférence pour les rivets le même métal ou un métal voisin de celui des pièces à assembler. Par exemple, rivets en aluminium (1050) pour pièces en duralumin (2017). On évite ainsi les couples galvaniques et une corrosion ultérieure.

28 ■ 4 Rivets creux

Ces rivets sont légers et faciles à sertir. Ils sont très utilisés en constructions aéronautiques et électromécaniques (liaison de panneau « sandwich », fixation de petits matériels mécaniques ou électriques).

A	B	C	E	G	M	L*
1,2	0,2	2	0,3	1	1,3	2-2,5-3-3,5-4-5-6... 10-12... 20
1,5	0,25	2,5	0,35	1,2	1,6	d°
2	0,3	3,2	0,4	1,5	2,2	d°
2,5	0,3	4	0,4	1,7	2,7	3-3,5-4-5... 10-12... 30
3	0,3	4,5	0,5	2	3,2	3-3,5-4-5... 10-12... 30-32-35-38-40
3,5	0,3	5	0,5	2,3	3,7	3,5-4-5... 10-12... 30-32-38-40-45-50
4	0,4	6,5	0,6	2,2	4,3	4-5... 10-12... 30-32-38-40-45-50
5	0,4	8	0,8	2,5	5,3	5... 10-12... 30-32-38-40-45-50
6	0,5	9,5	1	3	6,4	6-7... 10-12... 30-32-38-40-45-50
8	0,5	12,5	1,2	3,5	8,4	8-10-12... 30-32-38-40-45-50

* Gobin-Daudé, 94380-Bonneuil-sur-Marne

RIVETS CREUX   NF R 93-507

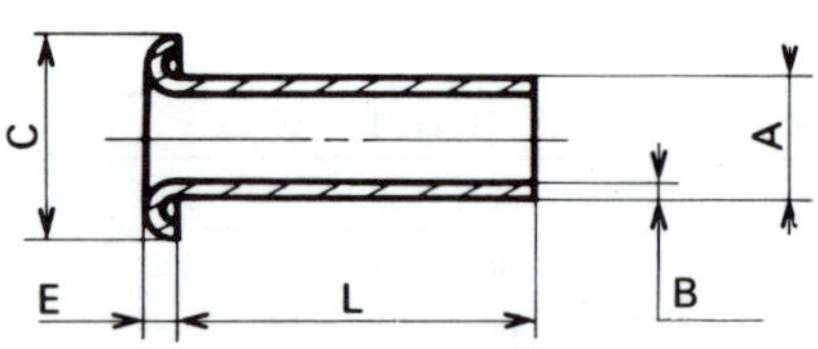

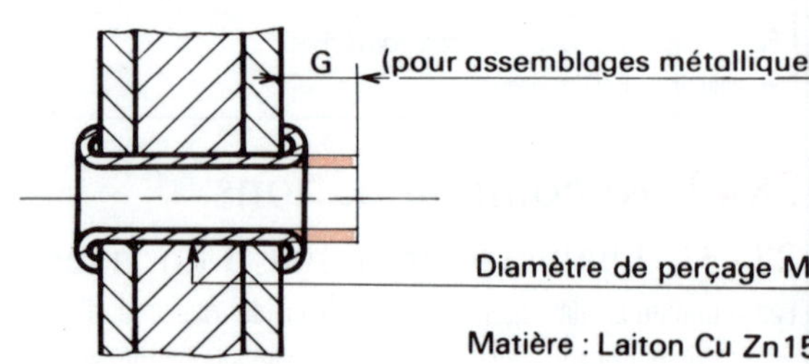

Matière : Laiton Cu Zn15

EXEMPLE DE DÉSIGNATION :

Rivet creux, A-B-L,   NF R 93-507

28 ■ 5 RIVETS A EXPANSION (ou rivets aveugles)

RIVETS « POP » OU « POP ÉTANCHE* » (Alu-tige acier)

d		D		h		d		D		h	
2,4		4,7		0,8		3,2		6		0,9	
		e_1		e_2				e_1		e_2	
l_1	l_2	min	max	min	max	l_1	l_2	min	max	min	max
3,5	—		0,8		—	4,5	6		1,6		1,5
5	—		2,5		—	6	7,5		3		3
7,5	—		4,5		—	8	9		5		5
9	—	0,65	6,5	—	—	11,5	12	0,76	8	0,65	8
—	—		—		—	13,5	—		9,5		—
—	—		—		—	18,5	—		11		—
—	—		—		—	20,5	—		17		—
Effort cisaillement max : 410 N						Effort cisaillement max : 820 N					
Diamètre de perçage : 2,5						Diamètre de perçage : 3,3					

d		D		h		d		D		h	
4		7,9		1,3		4,8		9,5		1,5	
		e_1		e_2				e_1		e_2	
l_1	l_2	min	max	min	max	l_1	l_2	min	max	min	max
7	8		3		3	7,5	8,5		3		3
8,5	9,5		5		5	9	10		5		5
10,5	12,5		6,5		8	11	11,5		6,5		6,5
12	—	1	8	0,7	—	12,5	13	1,6	8	0,8	8
14	—		9,5		—	14,5	14,5		9,5		9,5
15,5	—		11		—	16,5	19		11		12,5
—	—		—		—	19	21,5		13,5		16
Effort cisaillement max : 1 360 N						Effort cisaillement max : 2 060 N					
Diamètre de perçage : 4,1						Diamètre de perçage : 4,9					

Les rivets à expansion permettent d'assembler des pièces dont un seul côté est accessible. La rivure est obtenue par traction sur la tige qui ne se rompt qu'une fois les pièces accostées.

RIVETS « POP »
Après rivetage

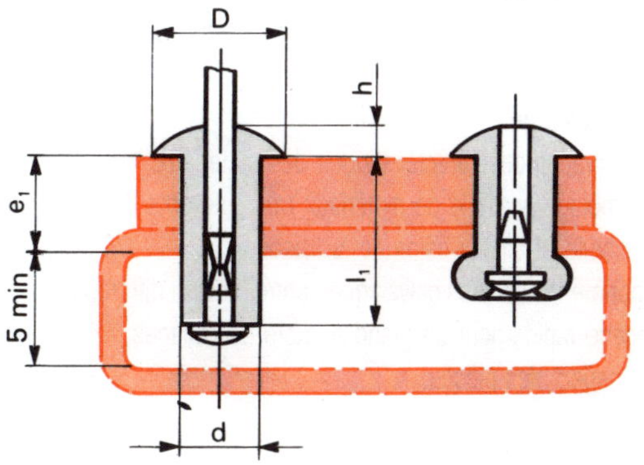

RIVETS « POP ÉTANCHE »
Après rivetage

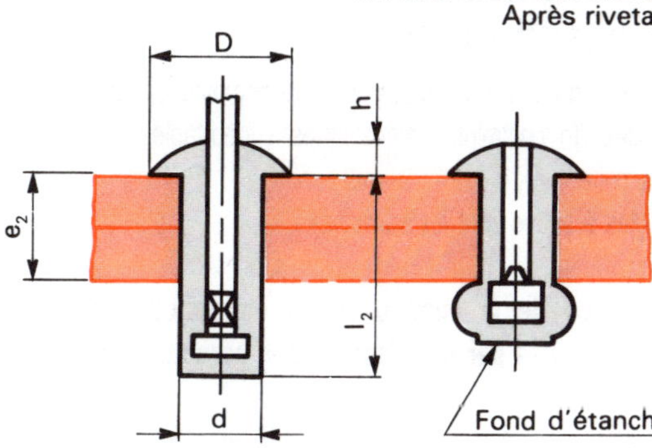

Matière : A-G5, mandrin acier E 36

EXEMPLE DE DÉSIGNATION :

Rivet POP, d–l, MFOM.

RIVETS L.G.C.**

d	3	4	5	d	4	5
l	Épaisseur à assembler			l	Épaisseur à assembler	
6	3-4	—	—	12	9-10	8,5 - 9,5
7	4-5	4-5	—	13	—	9,5 - 10,5
8	5-6	5-6	4,5 - 5,5	14	—	10,5 - 11,5
9	—	6-7	5,5 - 6,5	15	—	11,5 - 12,5
10	—	7-8	6,5 - 7,5	16	—	12,5 - 13,5
11	—	8-9	7,5 - 8,5	—	—	—

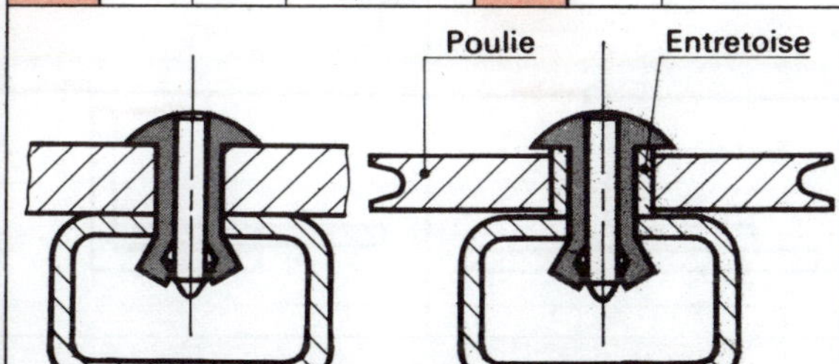

TÊTE "GOUTTE DE SUIF" — Symbole : REG

TÊTE FRAISÉE — Symbole : REF

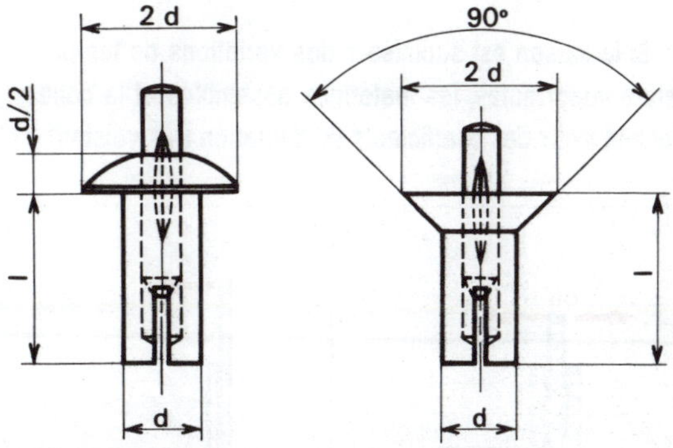

Matières : Acier E 36-Alliage léger 5086

EXEMPLE DE DÉSIGNATION :

Rivet REG, d–l, L.G.C.

* MFOM, 75010 - Paris.
** L.G.C., 49240 - Avrillé.

29 Construction collée

La construction collée est un mode d'assemblage utilisant les qualités d'adhérence de certaines matières synthétiques.

Intérêt du collage

- Conservation des caractéristiques des matériaux.
- Assemblage possible de matériaux très différents.
- Étanchéité et anticorrosion de la liaison.
- Supprime les couples galvaniques entre métaux différents.
- Procédé rapide pour un grand nombre de collages.
- Bon aspect des pièces.

29 ■ 1 Conception des assemblages

La conception des assemblages doit être compatible avec les possibilités de contraintes mécaniques supportables par le joint de colle.
Les règles à suivre sont les suivantes :

1° L'étendue de la surface collée est fonction des efforts supportés par la liaison et des caractéristiques de la colle.

2° La résistance maximale d'un assemblage est obtenue si toute la surface collée est également sollicitée (de préférence compression ou cisaillement).

3° Éviter les charges localisées et les efforts de traction tendant à séparer les pièces par pelage.

4° Si la liaison est soumise à des variations de température importantes, les matériaux assemblés et la colle doivent avoir des coefficients de dilatation très voisins*.

INFLUENCE DES SOLLICITATIONS

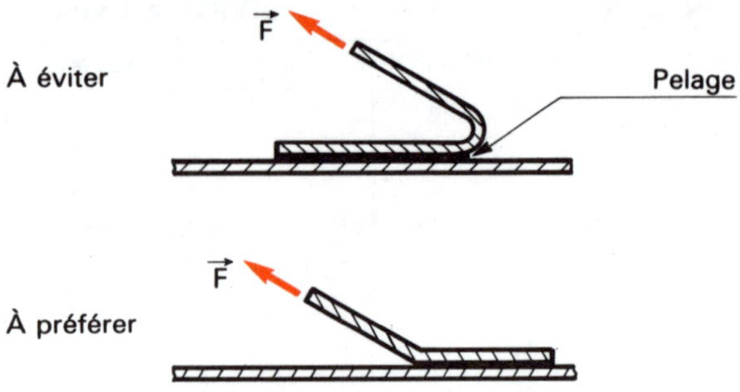

EXEMPLES D'ASSEMBLAGES EN FONCTION DES SOLLICITATIONS

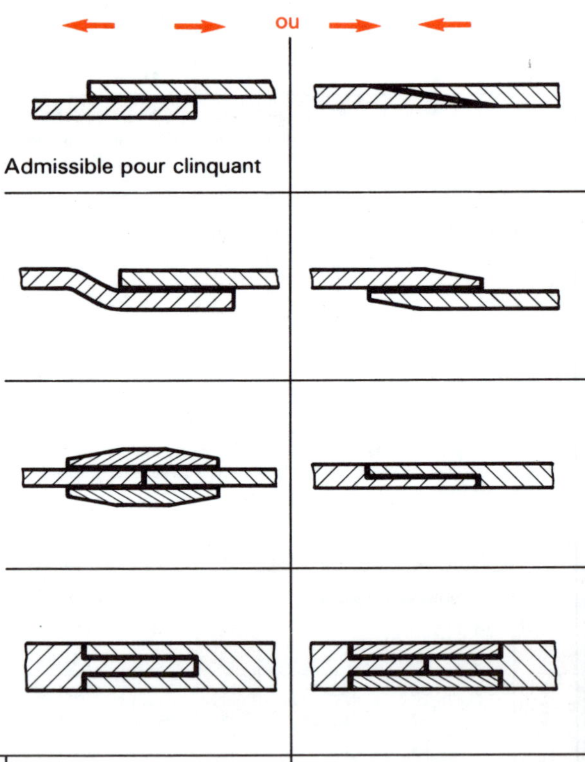

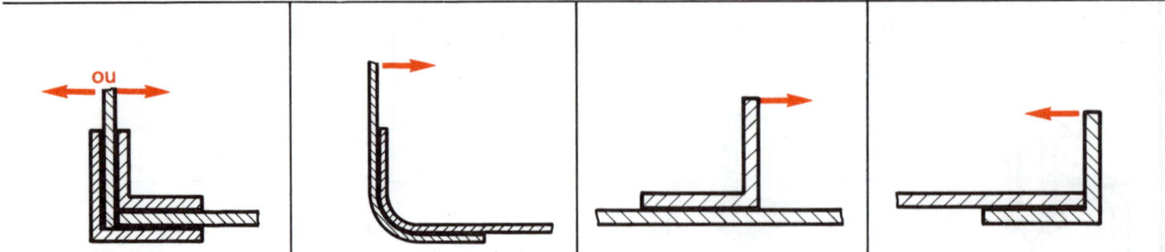

* Voir chapitre 23.

ASSEMBLAGE EN BOUT DE PIÈCES CYLINDRIQUES

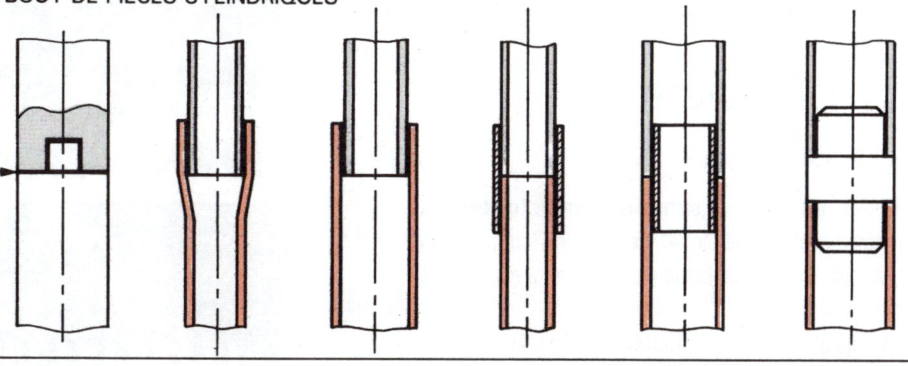

EXEMPLE D'APPLICATION

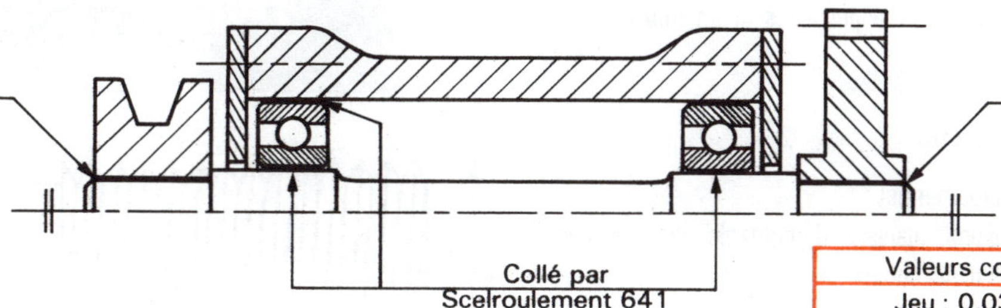

29■2 PRINCIPALES COLLES

Type	Température °C	Contrainte max*		Jeu + défauts géom. max	Emplois
		Traction	Cisaillement		
Méthacrylate de méthyle « Multi-Bond 330 »	− 40 + 100	—	15	0,75	Aciers, métaux non ferreux, verres, plastiques, bois...
Cyanoacrylate (méthyle) « IS 415 »	− 60 + 80	31	22,5	0,25	Caoutchoucs, plastiques, métaux, céramiques, bois traité...
Méthane méthracrylate « 326 »	− 50 + 110	25 30	12,5	0,25	Aciers, métaux non ferreux, verres, plastiques...
Méthane méthacrylate « 350 »	− 50 + 120	10 14	—	0,05	Verre-verre et verre-métal...
Élastomère silicone « Silicomet »	− 50 + 200	2,7	—	4 Polymérisation 24 h	Verres, métaux, céramiques, bois, résines phénoliques, époxydes, silicones...
Époxydes « Araldite »	− 35 + 120	20	18	1	Métaux, bois, ciments, marbres, céramiques, caoutchoucs sans silicone plastiques sauf P.T.F.E; P.P.; P.E....
Résine anaérobie « Bloc presse 601 »	− 55 + 150	—	15	0,1	Chemises, bagues, roulements; moyeux...
Résine anaérobie « Scelroulement 641 »	− 55 + 150	—	8	R_a 1,6 à 3,2	Roulements et pièces avec ajustements précis Démontage classique.

*Contrainte maximale en mégapascal, collage acier sur acier avec produits « Loctite ». D'après Framet, 60304 - Senlis.

30 Filetages

30■1 Généralités

30■11 Définitions

Un filetage est obtenu à partir d'un cylindre (quelquefois d'un cône) sur lequel on a exécuté une ou plusieurs rainures hélicoïdales. La partie pleine restante est appelée **filet.**

On dit qu'une tige est **«filetée»** et qu'un trou est **«taraudé».**

Une tige filetée est aussi appelée **vis** et un trou taraudé **écrou.**

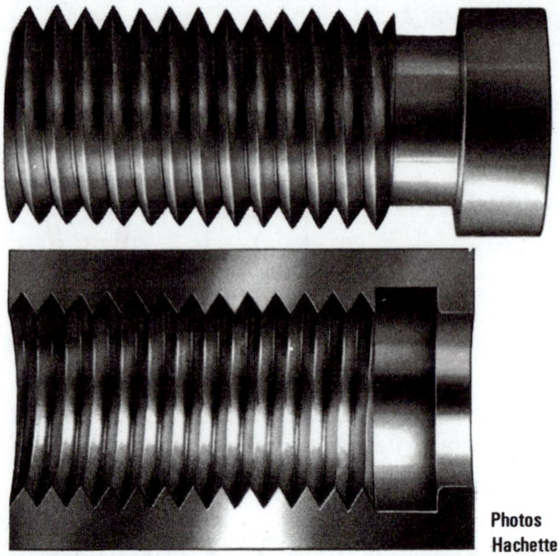

Photos Hachette

30■12 Emplois

Le système vis-écrou permet :

■ d'assembler d'une manière démontable deux pièces (liaison des roues d'une voiture par exemple),

■ de transmettre un mouvement (vis d'étau).

L'emploi de filetages est permanent en construction mécanique.

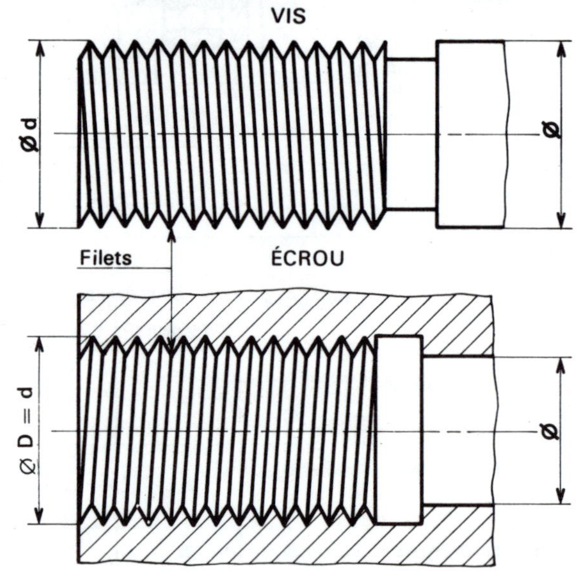

30■2 Caractéristiques

La valeur des caractéristiques d'un filetage dépend de son utilisation.

30■21 Diamètre nominal

Pour la vis : diamètre **d** au sommet des filets.
Pour l'écrou: diamètre **D** au fond des filets.
La vis et l'écrou ont le même diamètre nominal :

d = D.

30■22 Pas

Les normes ont prévu avec chaque diamètre nominal un **pas usuel ou pas gros** (boulonnerie du commerce) et un petit nombre de **pas fins d'emploi exceptionnel** (filetage sur tube mince, écrou de faible hauteur, vis d'appareil de mesure).

À diamètre nominal égal, **plus un pas est fin, plus les tolérances sont réduites,** d'où une fabrication plus onéreuse.

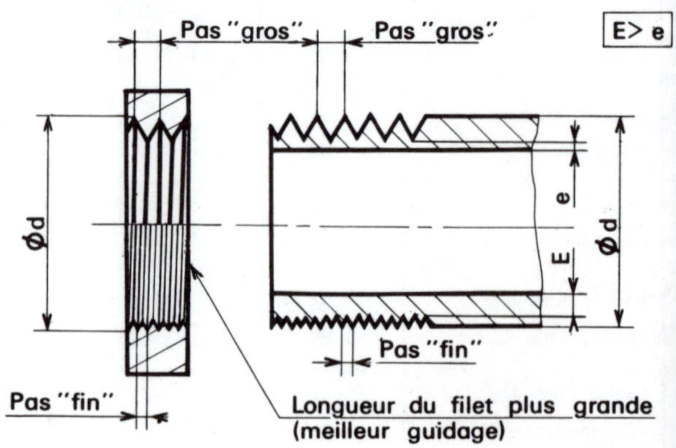

30.23 Nombre de filets

Habituellement un filetage ne comporte qu'un filet. Si, pour un diamètre nominal d donné, on veut avoir un pas important (plus grand que le pas gros normalisé) et conserver une section suffisante, on creuse dans l'intervalle d'un pas plusieurs rainures hélicoïdales identiques.

Pour reconnaître le nombre de filets d'une vis, on peut :

- repérer sur une génératrice du cylindre de diamètre d la distance qui sépare deux sommets consécutifs d'une même hélice (pas P) et compter le nombre de creux compris entre ces deux sommets,
- ou plus simplement **compter le nombre d'entrées de filets en bout de la pièce.**

REMARQUES :

- **La vis à plusieurs filets** permet d'obtenir pour un tour de vis **un grand déplacement** de l'écrou.
- Si l'on désire obtenir des **microdéplacements**, le pas de la vis devient si faible qu'une réalisation matérielle est très délicate. On peut utiliser dans ce cas la **vis différentielle de Prony.** Pour un tour de vis l'écrou E se déplace d'une quantité : $L = P - P'$.

(P et P' pas voisins et de même sens.)

Nous donnons ci-contre deux exemples d'application comme butée de fin de course sur machine-outil (le but des ressorts est de rattraper les jeux toujours dans le même sens).

30.24 Sens de l'hélice

Une vis à droite pénètre dans son écrou immobilisé en tournant vers la droite (à gauche pour une vis à gauche). Revoir également le § 62.4.

30.25 Profil du filetage

Il est obtenu en coupant la vis ou l'écrou par un plan passant par l'axe (voir § 30.3).

30.3 Différents profils de filetage

Afin d'assurer dans tous les cas le montage, le profil de base représente :

– pour la vis, le profil maximal,
– pour l'écrou, le profil minimal.

RÉALISATION D'UNE VIS A 2 FILETS

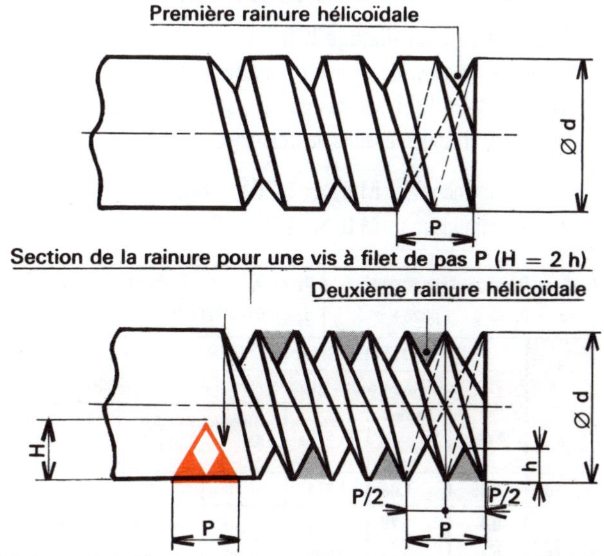

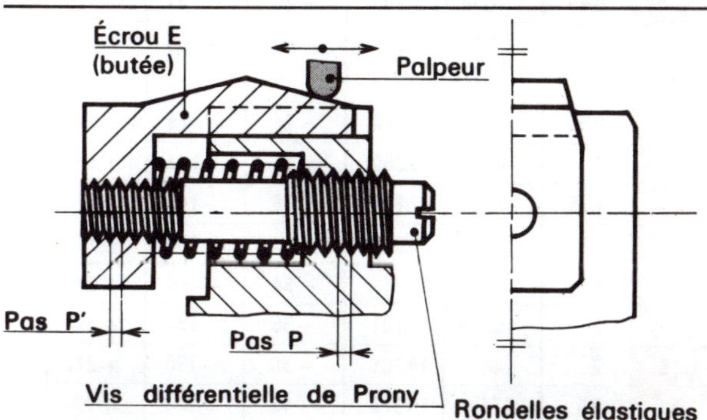

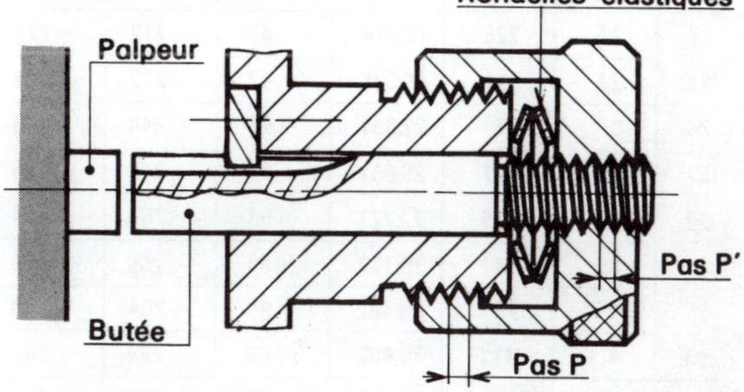

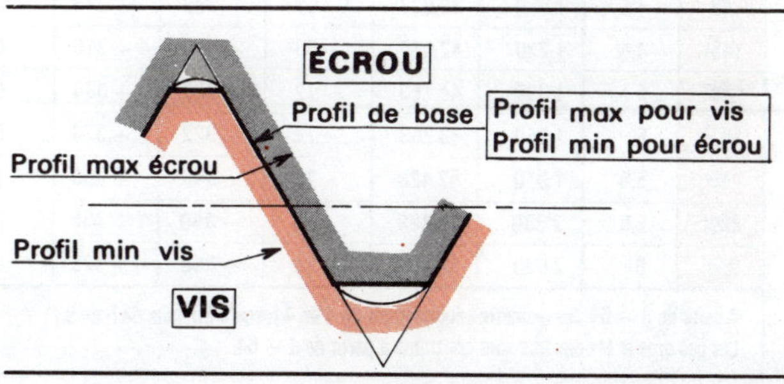

30 ■ 31 Profil métrique ISO NF E 03-001

Il est utilisé pour la majorité des pièces filetées.

Désignation d'un filetage ISO :

Symbole M suivi du diamètre nominal (d = 8) et du pas (P = 125) séparés par le signe de la multiplication, indiquer ensuite la tolérance de filetage.

Pour une vis : **M 8 × 1,25* – 6g.****

Pour un taraudage : **M 8 × 1,25 – 6H.**

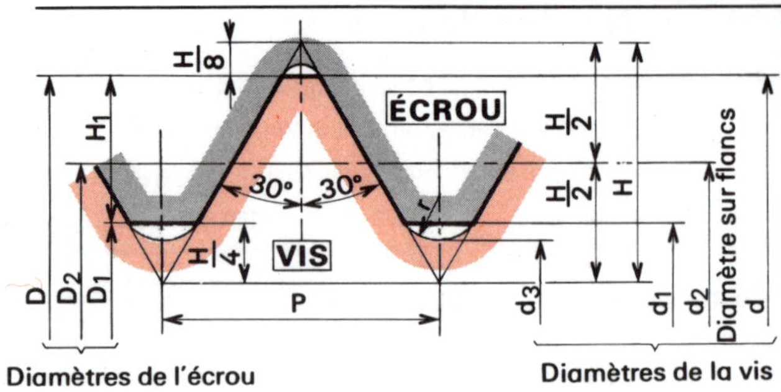

$d = D$ = diamètre nominal	$d_2 = D_2 = d - 0{,}6495\,P$	P = Pas	$H_1 = 0{,}5412\,P$
$d_1 = D_1 = d - 1{,}0825\,P$	$d_3 = d - 1{,}2268\,P$	$H = 0{,}866\,P$	$r = 0{,}1443\,P$

DIMENSIONS NORMALISÉES (NF E 03-013 – NF E 03-014 – NF E 03-053)

d ou D	Filetage à pas gros (boulonnerie et autres applications courantes) – Tolérances 6H/6g (µm)										Filetage à pas fins.
	Pas	Section du noyau mm²	$d_2 = D_2$	Tolérances sur d_2 Max.	Min.	Tolérances sur D_2 Max.	Min.	D_1	Tolérances sur D_1 Max.	Min.	Pas fins recommandés
1,6	0,35	1,08	1,373	– 19	– 82	+ 85	0	1,221	+ 100	0	0,2
2	0,4	1,79	1,740	– 19	– 86	+ 90	0	1,567	+ 112	0	0,25
2,5	0,45	2,98	2,208	– 20	– 91	+ 95	0	2,013	+ 125	0	0,35
3	0,5	4,47	2,675	– 20	– 95	+ 100	0	2,459	+ 140	0	0,35
4	0,7	7,75	3,545	– 22	– 112	+ 118	0	3,242	+ 180	0	0,5
5	0,8	12,7	4,480	– 24	– 119	+ 125	0	4,134	+ 200	0	0,5
6	1	17,9	5,350	– 26	– 138	+ 150	0	4,918	+ 235	0	0,75
8	1,25	32,9	7,188	– 28	– 146	+ 160	0	6,647	+ 265	0	0,75 - 1
10	1,5	52,3	9,026	– 32	– 164	+ 180	0	8,376	+ 300	0	0,75 - 1 - 1,25
12	1,75	76,2	10,863	– 34	– 184	+ 200	0	10,106	+ 335	0	1 - 1,25 - 1,5
(14)	2	105	12,701	– 38	– 198	+ 212	0	11,835	+ 375	0	1 - 1,25 - 1,5
16	2	144	14,701	– 38	– 198	+ 212	0	13,835	+ 375	0	1 - 1,5
(18)	2,5	175	16,376	– 42	– 212	+ 224	0	15,294	+ 450	0	1 - 1,5 - 2
20	2,5	225	18,376	– 42	– 212	+ 224	0	17,294	+ 450	0	1 - 1,5 - 2
(22)	2,5	281	20,376	– 42	– 212	+ 224	0	19,294	+ 450	0	1 - 1,5 - 2
24	3	324	22,051	– 48	– 248	+ 265	0	20,752	+ 500	0	1 - 1,5 - 2
(27)	3	427	25,051	– 48	– 248	+ 265	0	23,752	+ 500	0	1 - 1,5 - 2
30	3,5	519	27,727	– 53	– 265	+ 280	0	26,211	+ 560	0	1 - 1,5 - 2 - (3)
(33)	3,5	647	30,727	– 53	– 265	+ 280	0	29,211	+ 560	0	1,5 - 2 - (3)
36	4	759	33,402	– 60	– 284	+ 300	0	31,670	+ 600	0	1,5 - 2 - 3
(39)	4	913	36,402	– 60	– 284	+ 300	0	34,670	+ 600	0	1,5 - 2 - 3
42	4,5	1 050	39,077	– 63	– 299	+ 315	0	37,129	+ 670	0	1,5 - 2 - 3 - 4
(45)	4,5	1 220	42,077	– 63	– 299	+ 315	0	40,129	+ 670	0	1,5 - 2 - 3 - 4
48	5	1 380	44,753	– 72	– 322	+ 334	0	42,588	+ 710	0	1,5 - 2 - 3 - 4
(52)	5	1 650	48,753	– 72	– 322	+ 334	0	46,588	+ 710	0	1,5 - 2 - 3 - 4
56	5,5	1 910	52,428	– 75	– 340	+ 355	0	50,047	+ 750	0	1,5 - 2 - 3 - 4
(60)	5,5	2 230	56,428	– 75	– 340	+ 355	0	54,047	+ 750	0	1,5 - 2 - 3 - 4
64	6	2 520	60,103	– 80	– 360	+ 375	0	57,505	+ 800	0	1,5 - 2 - 3 - 4

A partir de d = 64, les diamètres augmentent de 4 en 4 jusqu'à 80, puis de 5 en 5.
Les pas gros et les pas fins sont constants à partir de d = 64.

Éviter l'emploi des valeurs entre parenthèses.

* Pour les pas gros l'inscription du pas P est facultative.

** 6 : numéro de tolérances sur flancs.
g : écart du profil.

Tolérances de filetage	Taraudage	Vis*
Qualité fine	4H - 5H	4h
Qualité moyenne	6H	6g
Qualité grossière	7H	8g

* Pour les revêtements de surface, on utilise généralement l'écart f qui autorise un dépôt de 0.007.

30 ■ 32 Profils spéciaux

Leurs prix de revient sont toujours plus élevés que celui du profil **ISO. Ils ne doivent être utilisés qu'en cas de besoin réellement justifié.** Leur emploi étant peu fréquent il est conseillé de rappeler leurs caractéristiques à l'aide d'un dessin du profil à grande échelle.

30 ■ 321 Profil trapézoïdal NF E 03-615

Il est utilisé pour les vis de transmission subissant des efforts importants.

■ les pas 2 5 et 10 sont utilisés pour les vis d'appareils de mesure, les pas 3 6 et 12 conviennent pour les vis mères de tour.

■ les filetages à un seul filet, conformes au tableau ci-contre, sont en principe irréversibles. Pour les vis à plusieurs filets, l'irréversibilité n'est plus assurée si $P_h \geqslant 0{,}2\,d$.

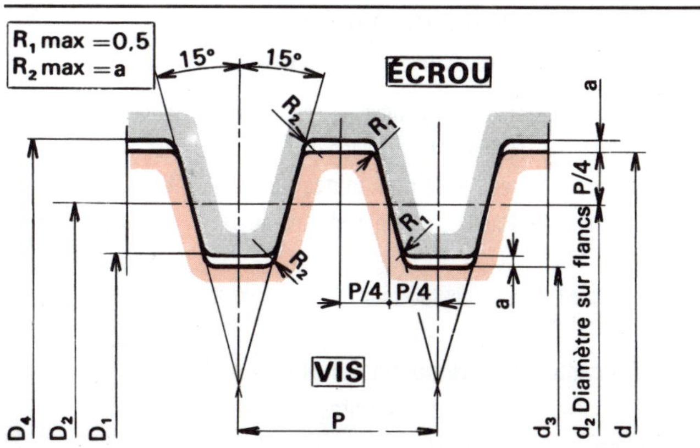

P = pas du profil P_h = pas hélicoïdal (avance axiale par tour)					$d_2 = D_2 = d - 0{,}5P$ $d_3 = d - P - 2a$		$D_1 = d - P$ $D_4 = d + 2a$		
d		P			d		P		
8	(9)	1,5	–	–	32	(36)	(6)	5	(4)
10	(11)	2	(1,5)	–	40	(45)	(8)	6	(4)
12	(14)	2	(1,5)	–	50	(56)	(10)	8	(5)
16	(18)	3	(2)	–	63	(70)	(12)	8	(5)
20	(22)	(4)	3	(2)	80	(90)	(16)	10	(5)
25	(28)	(5)	4	(3)	100	(110)	(20)	12	(6)

Tolérances	Écrou	Vis	Vide à fond de filet a			
Qualité moyenne	7 H	7 e	p	1,5	2 à 5	6 à 12
Qualité grossière	8 H	8 c	a	0,15	0,25	0,5

Éviter l'emploi des valeurs entre parenthèses.

Désignation d'un filetage trapézoïdal :
Symbole Tr suivi du diamètre nominal (d = 20) puis :
– pour un filetage à un filet du pas (P = 3) du profil,
– pour un filetage à plusieurs filets du pas hélicoïdal (P_h = 6), du symbole et du pas du profil (P 3).
Indiquer ensuite la tolérance de filetage.

Filetage à un filet :

Tr 20 × 3 – 7 e

Filetage à plusieurs filets :

Tr 20 × 6*P 3 – 7 e

* P_h = P × nombre de filets (§ 30.23).

30 ■ 322 Profil rond NF F 00-032

Ce profil très arrondi réduit au maximum les concentrations de contrainte. Il résiste très bien aux efforts importants et aux chocs.

APPLICATION : vis d'attelage de wagons.

Choix du diamètre nominal d et du pas P :

■ Choisir les mêmes diamètres nominaux que pour le filetage ISO (§ 30.31).

■ Choisir pour le pas P un nombre entier de millimètres, avec préférence pour les pas : 2 - 3 - 4 et 6.

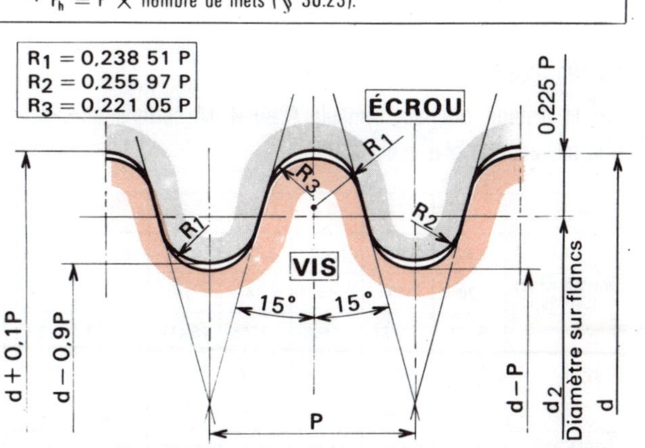

Désignation d'un filetage rond :
Symbole Rd suivi du diamètre nominal (d = 24) et du pas (P = 3), séparés par le signe de la multiplication.

Indications complémentaires éventuelles

Rd 24 × 3, à gauche, 2 filets

30■323 Profil dissymétrique « en dents de scie » NF L 05-420

Ce profil rend négligeable la composante radiale de l'action de contact d'une pièce sur l'autre. Il est utilisé lorsqu'un filetage sur **tube mince** subit des efforts relativement importants dans un seul sens axial.

APPLICATION : pinces de tour.

Choix du diamètre nominal d et du pas P :

- Choisir les mêmes diamètres nominaux que pour le filetage ISO (§ 30.31).
- Pas recommandés : 3 - 4 - 6 - 8.

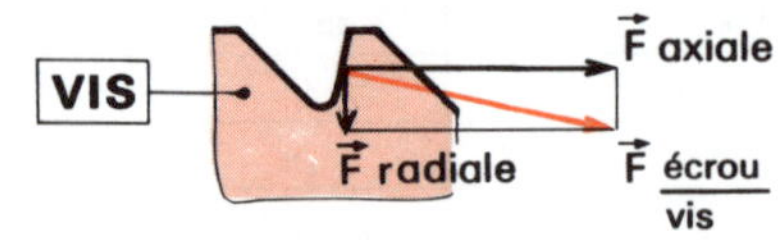

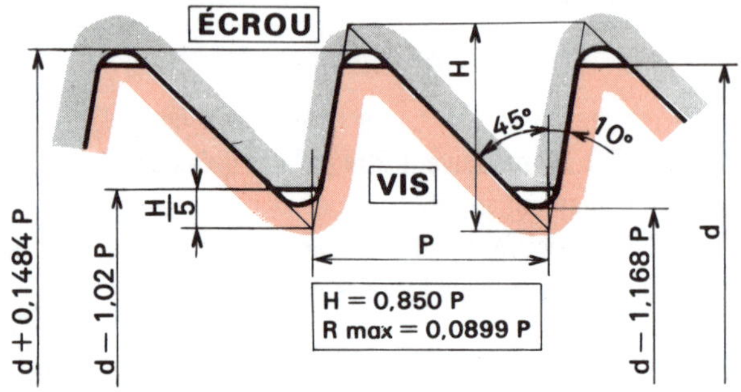

Désignation d'un filetage «en dents de scie» : Inscrire «dents de scie» suivi du diamètre nominal (d = 36) et du pas (P = 3), séparés par le signe de la multiplication.

Indications complémentaires éventuelles

Dents de scie 36 × 3, à gauche, 2 filets

30■33 Profils gaz pour tubes et raccords

Il est prévu deux conditions d'emploi :

- sans étanchéité dans le filet,
- avec étanchéité dans le filet.

30■331 Profil gaz sans étanchéité dans le filet NF E 03-005

Le filetage extérieur et le taraudage sont cylindriques.

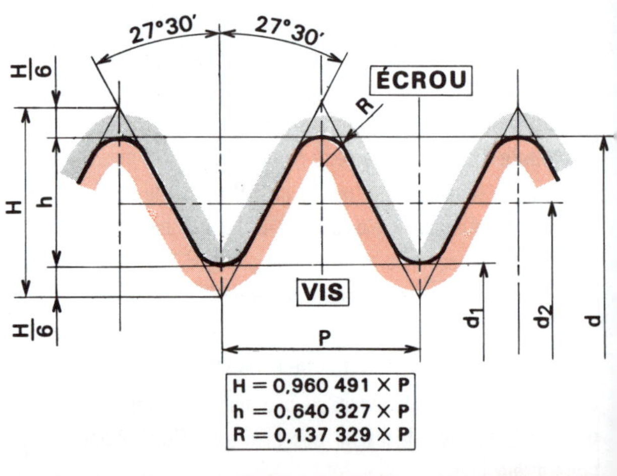

TOLÉRANCES :

Sur le filetage extérieur symbole A ou B, (A correspond à la tolérance la plus précise).

Dénomination	1/8	1/4	3/8	1/2	3/4	1	1 1/4	1 1/2	2	2 1/2	3	3 1/2	4	5	6
P	0,907	1,337	1,337	1,814	1,814	2,309	2,309	2,309	2,309	2,309	2,309	2,309	2,309	2,309	2,309
Nombre de pas dans 25,4	28	19	19	14	14	11	11	11	11	11	11	11	11	11	11
d	9,728	13,157	16,662	20,955	26,441	33,249	41,910	47,803	59,614	75,184	87,884	100,330	113,030	138,430	163,830
d_1	8,566	11,445	14,950	18,631	24,117	30,291	38,952	44,845	56,656	72,226	84,926	97,372	110,072	135,472	160,872
d_2	9,147	12,301	15,806	19,793	25,279	31,770	40,431	46,324	58,135	73,705	86,405	98,851	111,551	136,951	162,351
Ancienne dénomination	5-10	8-13	12-17	15-21	20-27	26-34	33-42	40-49	50-60	66-76	80-90	90-102	102-114	127-140	152-165

Désignation d'un filetage gaz, sans étanchéité : Symbole G suivi de la «dénomination normalisée» (2 1/2 dimension en pouces du tube gaz, voir § 60.17 et du symbole de la tolérance (A ou B). **G 2 1/2 B**

30 ▪ 332 Profil gaz avec étanchéité dans le filet NF E 03-004

Le filetage extérieur est conique. Le taraudage est généralement cylindrique, à tolérances en plus ou moins (symbole R_P). C'est ce profil qui est utilisé pour le raccordement des « tubes gaz » du commerce (voir § 60.17).

FILETAGE EXTÉRIEUR CONIQUE R_C

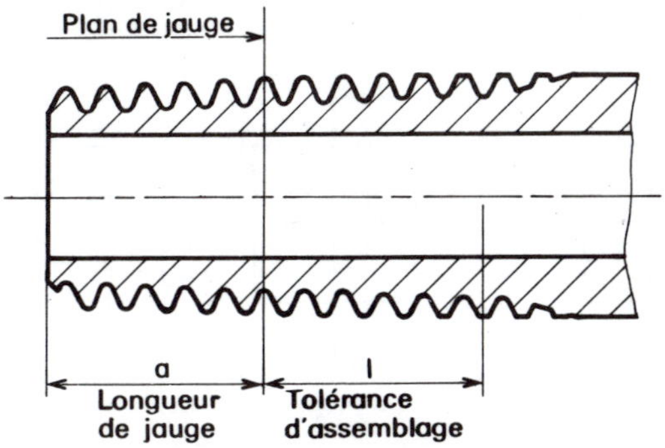

Profil vis

Conicité : 1/16e = 6,25 %

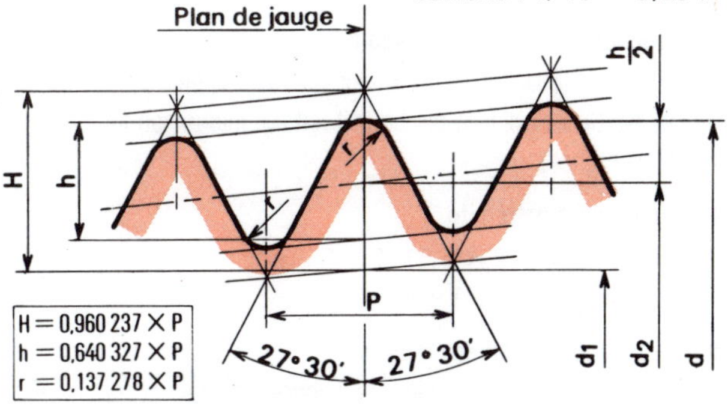

TARAUDAGE CYLINDRIQUE R_P

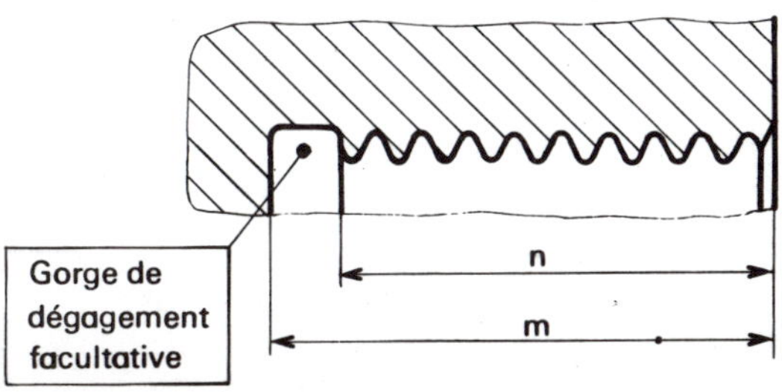

Profil écrou

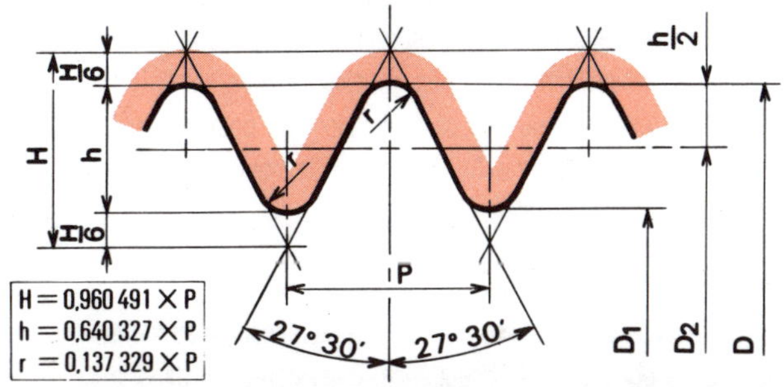

Dénomination	1/8	1/4	3/8	1/2	3/4	1	$1_{1/4}$	$1_{1/2}$	2	$2_{1/2}$	3	$3_{1/2}$	4	5	6
P	0,907	1,337	1,337	1,814	1,814	2,309	2,309	2,309	2,309	2,309	2,309	2,309	2,309	2,309	2,309
Nombre de pas dans 25,4	28	19	19	14	14	11	11	11	11	11	11	11	11	11	11
$d = D$	9,728	13,157	16,662	20,955	26,441	33,249	41,910	47,803	59.614	75,184	87,884	100,330	113,030	138,430	163,830
$d_1 = D_1$	8,566	11,445	14,950	18,631	24,117	30,291	38,952	44,845	56,656	72,226	84,926	97,372	110,072	135,472	160,872
$d_2 = D_2$	9,147	12,301	15,806	19,793	25,279	31,770	40,431	46,324	58,135	73,705	86,405	98,851	111,551	136,951	162,351
a	4	6	6,4	8,2	9,5	10,4	12,7	12,7	15,9	17,5	20,6	22,2	25,4	28,6	28,6
Tolérance sur a	± 0,9	± 1,3	± 1,3	± 1,8	± 1,8	± 2,3	± 2,3	± 2,3	± 2,3	± 3,5	± 3,5	± 3,5	± 3,5	± 3,5	± 3,5
l min.	2,5	3,7	3,7	5	5	6,4	6,4	6,4	7,5	9,2	9,2	9,2	10,4	11,5	11,5
Ancienne dénomination	5-10	8-13	12-17	15-21	20-27	26-34	33-42	40-49	50-60	66-76	80-90	90-102	102-114	127-140	152-165

Désignation d'un filetage gaz avec étanchéité : Symbole R_C ou R_P suivi de la « dénomination normalisée » (2 1/2 dimension en pouces du tube gaz, voir § 60.17). Préciser pour la vis : « filetage extérieur cônique » et pour l'écrou : « taraudage cylindrique ».

Filetage extérieur conique R_C 2 1/2 **Taraudage cylindrique R_P 2 1/2**

30▪4 Représentation des pièces filetées

NF E 04-012 - ISO 6410

Une pièce filetée se représente comme une pièce lisse non filetée, avec l'adjonction du cylindre passant à fond de filets en traits fins ou interrompus fins, selon que celui-ci est vu ou caché.

▪ Longueur de filetage utilisable

La longueur de filetage utilisable **x** pour la vis (fig. 1) ou **p** pour l'écrou (fig. 3) est indiquée par un trait fort (ou interrompu fin si elle est cachée).

▪ Chanfrein d'extrémité

Pour les pièces filetées vues en bout, le chanfrein d'extrémité n'est pas représenté (fig. 1 et fig. 3).

▪ Filets incomplètement formés

En principe, les filets incomplètement formés au-delà de la longueur de filetage utilisable n'ont pas à être représentés.

Toutefois, s'il y a une nécessité fonctionnelle, la partie de filetage incomplètement formée est représentée par un trait fin incliné de 30° environ par rapport au contour apparent. C'est le cas, par exemple, où lors de la cotation, on peut craindre une ambiguïté de lecture entre la longueur de filetage utilisable et la longueur totale filetée.

REMARQUE :

La représentation, dans tous les cas, des filets incomplètement formés ne porte pas à conséquence, c'est pourquoi, dans la pratique, afin d'éviter d'éventuels litiges, il est judicieux de représenter systématiquement les filets incomplètement formés.

30▪41 Assemblages de pièces filetées

On applique la règle suivante :

Les filetages extérieurs cachent toujours les filetages intérieurs.

30▪42 Cotation des filetages

Le diamètre à coter est le diamètre nominal commun à la vis et à l'écrou. Le profil utilisé est indiqué à l'aide des désignations normalisées (§ 30.3).

La longueur à coter est déterminée en accord avec les principes de la cotation fonctionnelle (chapitre 19).

(1) VIS

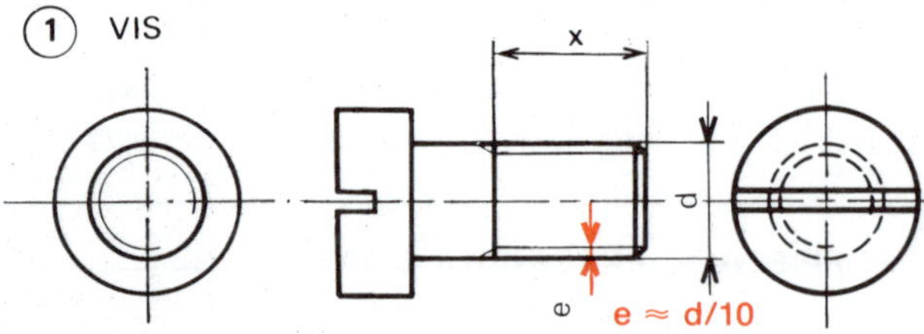

(2) ÉCROU

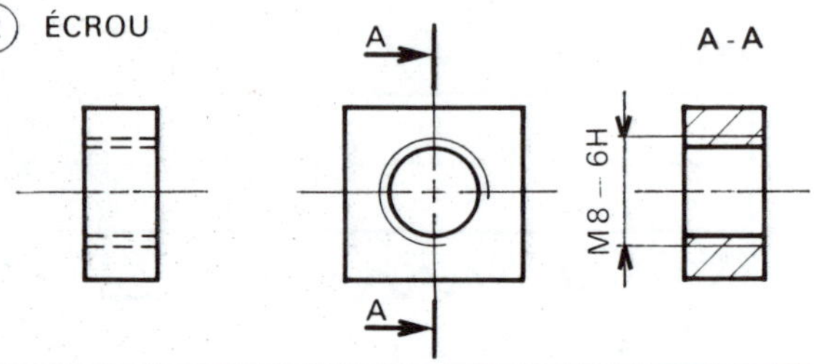

(3) ÉCROU BORGNE

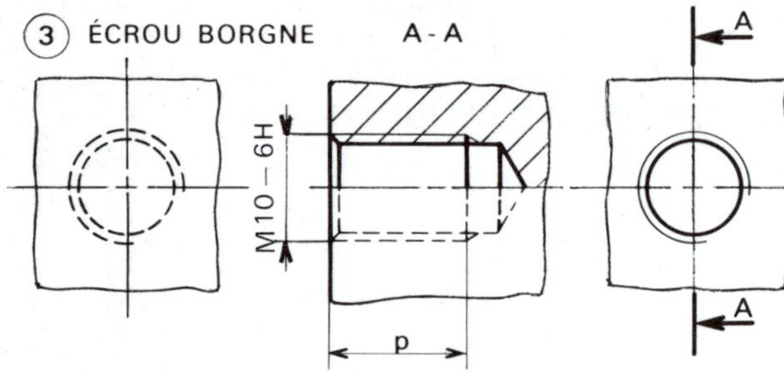

(4) VIS DANS UN TROU BORGNE TARAUDÉ

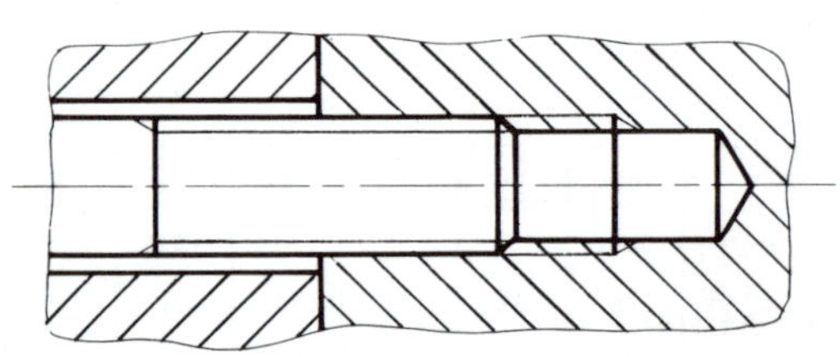

(5) BOUCHON TARAUDÉ — TUBE FILETÉ

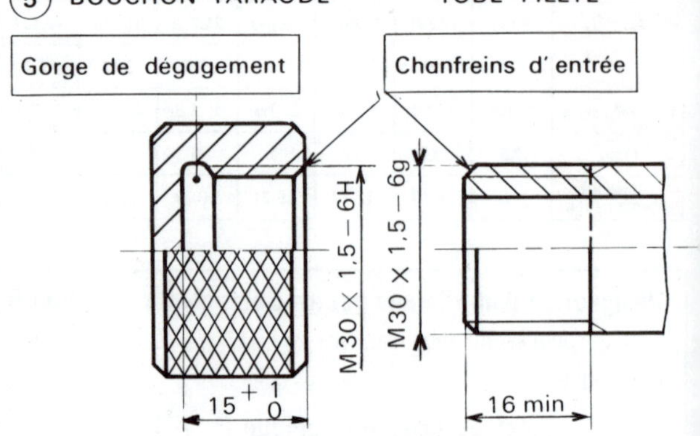

REMARQUES :

- **La longueur des filets imparfaitement formés** est comprise entre 1,5 pas et 2,5 pas (filetage à l'outil ou la filière).
- Les dimensions habituellement respectées pour **les chanfreins d'entrée et les gorges de dégagement** sont indiquées fig. 6.

Pas	0,5	0,7	0,8	1	1,25	1,5
R_1	0,4	0,6	0,6	0,6	1	1
R_2	0,2	0,3	0,3	0,3	0,5	0,5
h	0,4	0,55	0,6	0,75	0,9	1
Pas	**1,75**	**2**	**2,5**	**3**	**3,5**	**4**
R_1	1,2	1,5	1,8	2,2	2,5	2,8
R_2	0,6	0,8	0,9	1	1,2	1,4
h	1,2	1,35	1,65	1,95	2,25	2,55
Tolérances sur R_1 et R_2 : $^{+20\ \%}_{0}$						

- **Bout pilotes**

Dans le cas de montages automatisés, ou dans le cas où, la mise en place est peu accessible, on assure le prépositionnement correct de la vis en terminant son extrémité par un bout pilote conique ou cylindrique (fig. 7).

30.43 Repérage des pièces filetées à gauche

NF E 27-004

On indique à l'intention de l'utilisateur les pièces filetées à gauche par :

- une ou deux saignées légères,
- un triangle ou une flèche orientés dans le sens du vissage.

Le repérage doit rester visible lorsque la pièce est dans son logement.

CAS PARTICULIERS :

- Sur les pièces tubulaires de faible épaisseur la saignée peut être remplacée par un moletage (fig. 8a).
- Pour les petites pièces, où il serait difficile d'effectuer des saignées, le repérage peut être réalisé par une dépression hémisphérique au centre de la tête de manœuvre (fig. 8b).
- Pour les vis à tête fendue, le repérage est obtenu par deux petites saignées symétriques par rapport à la fente (fig. 8c).

6

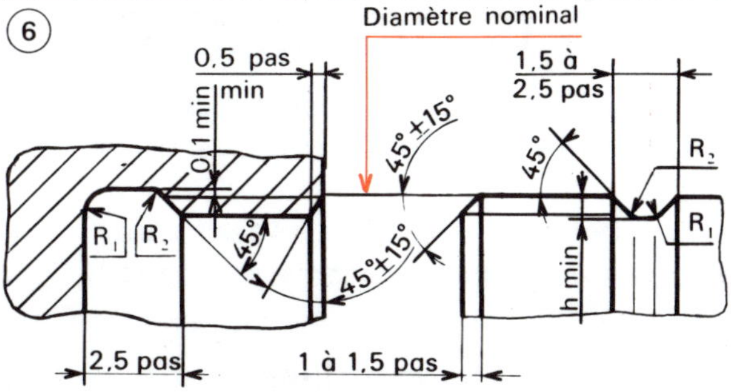

7

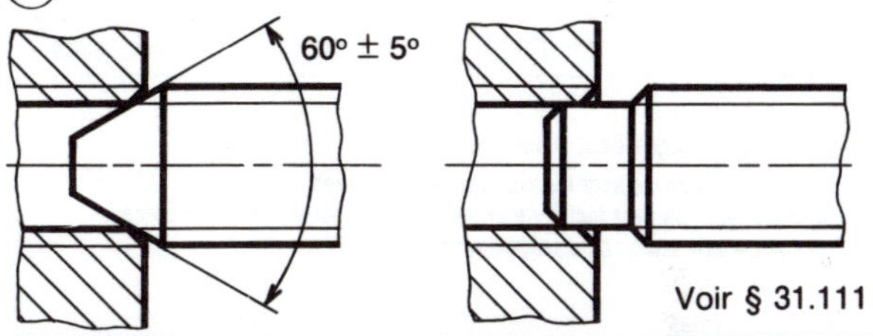

8 REPÉRAGE DES PIÈCES FILETÉES À GAUCHE

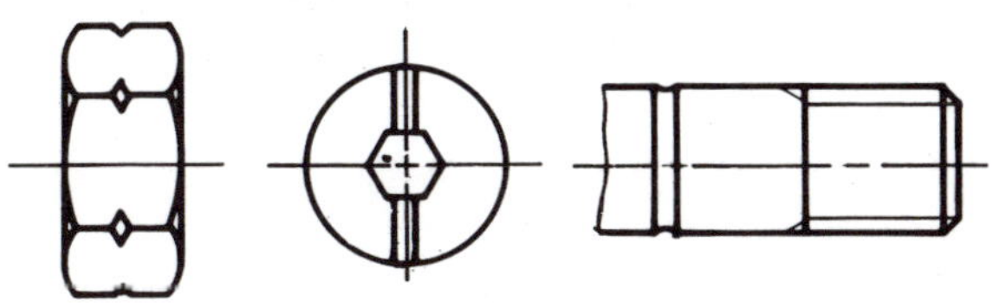

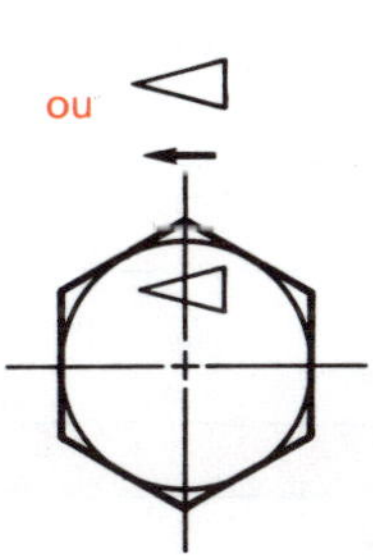

8a

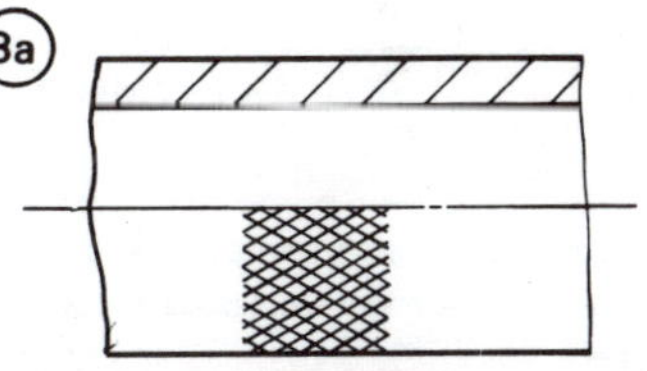

8b

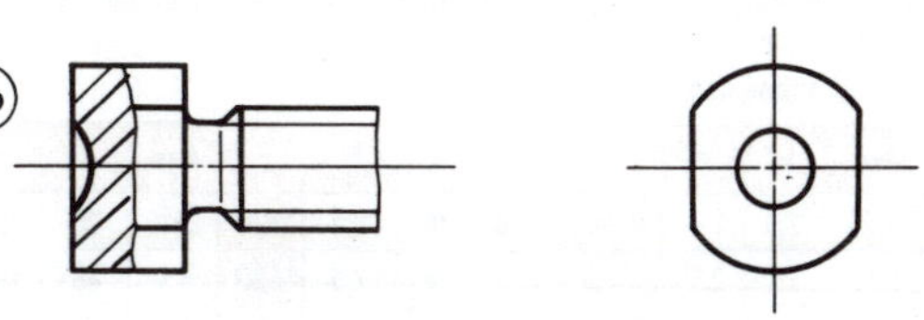

8c

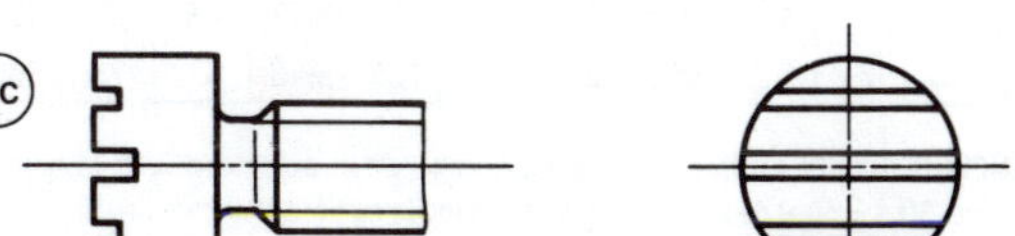

31 Vis de fixation

Les vis de fixation servent à réunir plusieurs pièces par pression des unes sur les autres. Deux modes d'action sont utilisés :

- la pression est exercée par la tête (vis d'assemblage),
- la pression est exercée par l'extrémité (vis de pression).

VIS D' ASSEMBLAGE

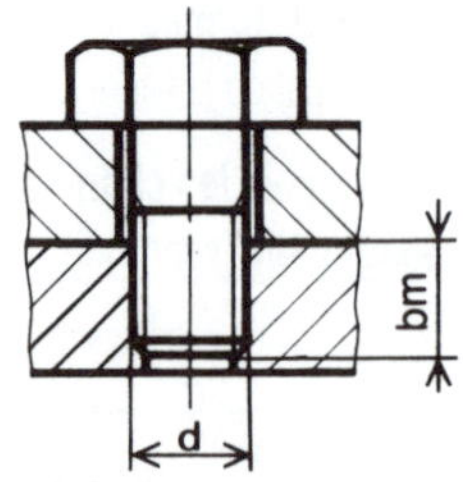

VIS DE PRESSION

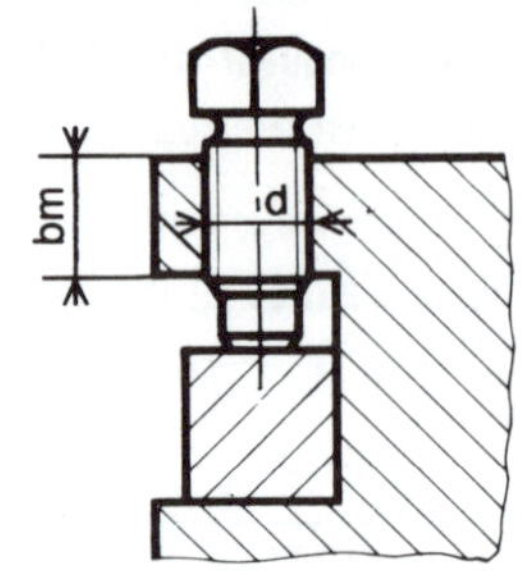

Valeurs de bm : § 31.4

31 ■ 1 Vis d'assemblage

31 ■ 11 VIS À MÉTAUX

31 ■ 111 CHOIX DE L'EXTRÉMITÉ — NF E 25-019

■ **Brut de roulage - Bout chanfreiné**

Ces deux extrémités sont les plus usuelles (solution 1).
Si nécessaire, on peut faciliter leur montage en réalisant dans la pièce réceptrice des lamages de prépositionnement (solution 2).

■ **Bouts pilotes**

La conception de l'extrémité facilite la mise en position et l'alignement de la vis lors de son montage.
Ces types d'extrémités donnent les insertions les plus rapides.
Ils conviennent bien pour des montages automatisés.

d	M3	M4	M5	M6	M8	M10	M12	(M14)	M16
dr	1,7	2	2,5	3	3,5	4	5	6	7
dp	2,3	3	3,8	4,5	6,1	7,8	9,4	11	12,70
u	Longueur de filetage incomplet = 2 pas au maximum (quelle que soit l'extrémité).								

BRUT DE ROULAGE
Symbole RL

Solution 1
Usuelle

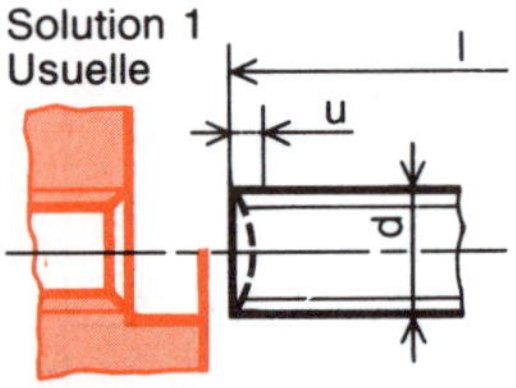

BOUT CHANFREINÉ
Symbole CH

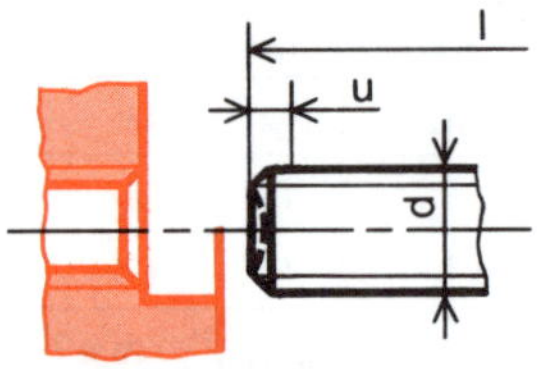

Solution 2
Prépositionnement des vis par un lamage

BOUT PILOTE CONIQUE
Symbole PN

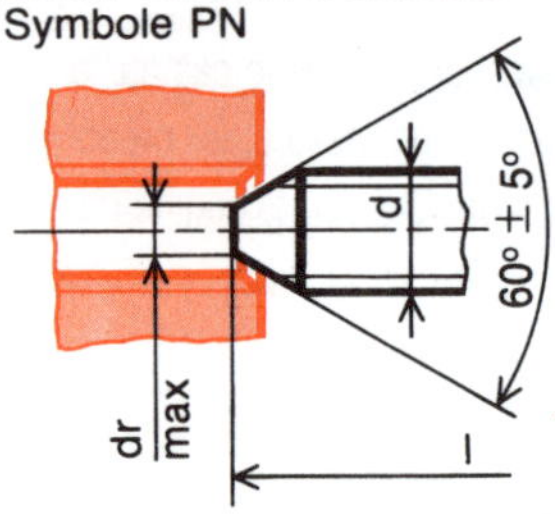

BOUT PILOTE CYLINDRIQUE — Symbole PY

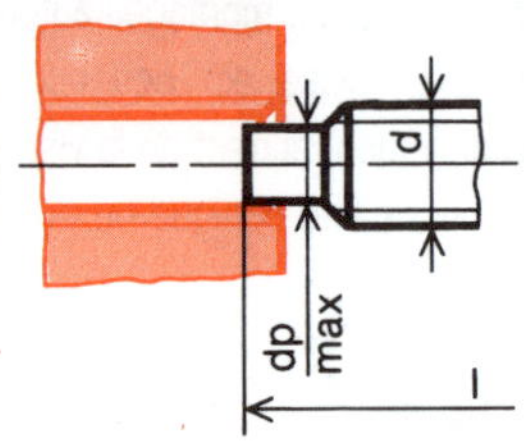

31 ■ 112 CHOIX DU MODE D'ENTRAÎNEMENT

Hexagonal

C'est le type d'entraînement le plus utilisé.
Il permet une bonne transmission du couple de serrage.

Carré

Il permet une bonne transmission du couple de serrage.
Il présente l'avantage, par rapport à l'entraînement H de s'arrondir moins facilement lors des démontages-remontages.
Il est surtout utilisé dans le bâtiment.

d	Pas	s	k	d	Pas	s	k	d	Pas	s	k
M3	0,5	5,5	2	M10	1,50	16	6,4	M24	3	36	15
M4	0,7	7	2,8	M12	1,75	18	7,5	M30	3,5	46	18,7
M5	0,8	8	3,5	(M14)	2	21	8,8	M36	4	55	22,5
M6	1	10	4	M16	2	24	10	M42	4,5	65	26
M8	1,25	13	5,3	M20	2,5	30	12,5	M48	5	75	30

EXEMPLE DE DÉSIGNATION d'une vis à tête hexagonale de diamètre d = 10, filetage métrique ISO, l = 50 et de classe de qualité 8.8 (ou la matière, voir chapitre 37).

Vis H, M10* - 50,8.8** — **NF E 25-112**

TÊTE HEXAGONALE — Symbole H — NF E 25-112

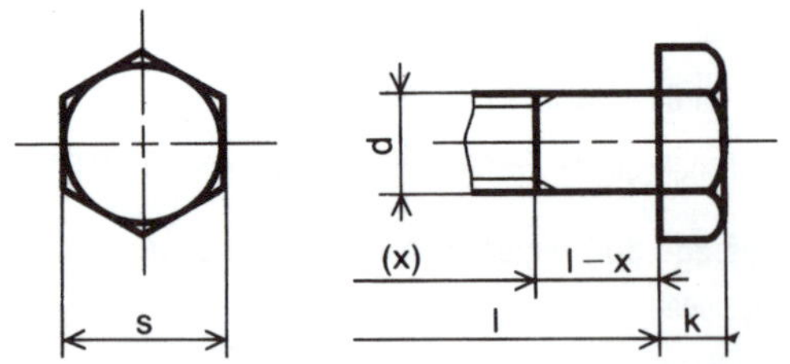

TÊTE CARRÉE — Symbole Q — NF E 25-116

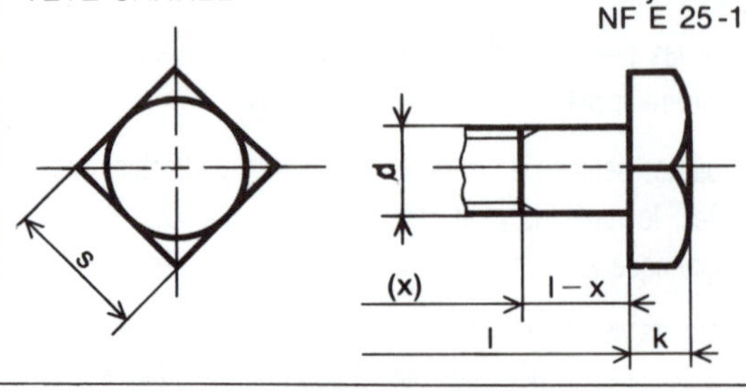

* Le diamètre du filetage peut éventuellement être suivi de la tolérance de fabrication : 6 g.

** Classe de qualité, ou la matière (voir chapitre 37).

LONGUEURS l* ET LONGUEURS FILETÉES x**

d	Longueurs l																										
	6	8	10	12	16	20	25	30	35	40	45	50	55	60	65	70	80	90	100	110	120	130	140	150	160	180	200
3						12	12	12																			
4							14	14	14	14																	
5							16	16	16	16	16	16															
6								18	18	18	18	18	18	18													
8									22	22	22	22	22	22	22	22	22										
10										26	26	26	26	26	26	26	26	26	26								
12											30	30	30	30	30	30	30	30	30	30	30						
(14)												34	34	34	34	34	34	34	34	34	34	34	34				
16													38	38	38	38	38	38	38	38	38	38	38	38	38		
20															46	46	46	46	46	46	46	46	46	46	46		

Six pans creux

La capacité de transmission du couple de serrage est un peu plus faible que celle des modes d'entraînement H ou Q.

Elle présente notamment l'avantage :

- d'une absence d'arêtes vives extérieures (sécurité, esthétique,...),
- d'un mode d'entraînement de faible encombrement.

TÊTE CYLINDRIQUE à six pans creux — Symbole C HC — NF E 25-125

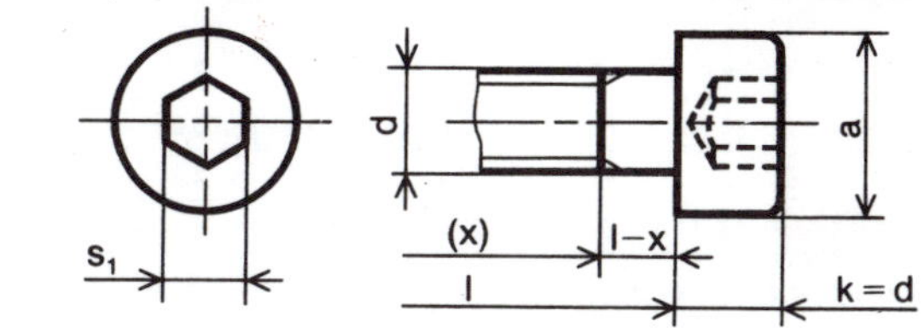

d	a	b	s_1	s_2	d	a	b	s_1	s_2
M 1,6	3	3,52	1,5	0,9	M12	18	22,5	10	8
M 2	3,8	4,4	1,5	1,3	(M14)	21	26	12	10
M 2,5	4,5	5,5	2	1,5	M16	24	30	14	10
M 3	5,5	5,5	2,5	2	M20	30	38	17	12
M 4	7	8,4	3	2,5	M24	36	—	19	—
M 5	8,5	9,3	4	3	M30	45	—	22	—
M 6	10	11,3	5	4	M36	54	—	27	—
M 8	13	15,8	6	5	M42	63	—	32	—
M10	16	18,3	8	6	M48	72	—	36	—

TÊTE FRAISÉE à six pans creux — Symbole F HC — NF E 27-160

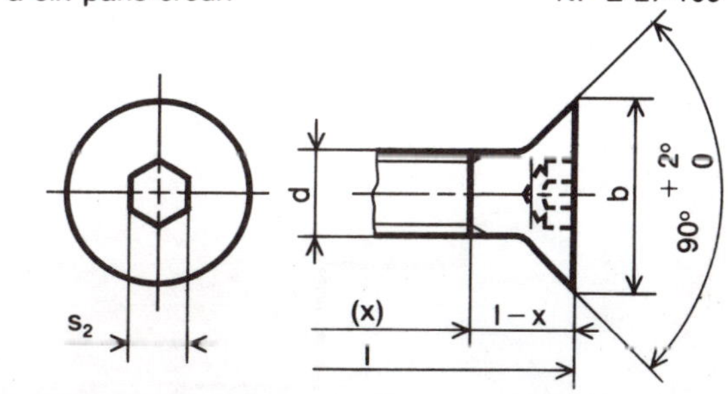

EXEMPLE DE DÉSIGNATION :

Vis C HC, M d-l, classe de qualité***, NF E 25-125

LONGUEURS l* ET LONGUEURS FILETÉES x**

d	Longueurs l																										
	2,5	3	4	5	6	8	10	12	16	20	25	30	35	40	45	50	55	60	65	70	80	90	100	110	120	130	140
1,6																											
2										16																	
2,5											17																
3											18	18															
4												20	20	20													
5												22	22	22	22	22											
6													24	24	24	24	24	24									
8														28	28	28	28	28	28	28	28						
10															32	32	32	32	32	32	32	32	32				
12																36	36	36	36	36	36	36	36	36	36		
(14)																		40	40	40	40	40	40	40	40	40	40
16																		44	44	44	44	44	44	44	44	44	44
20																				52	52	52	52	52	52	52	52

* Toutes les valeurs de l à l'intérieur du cadre rouge correspondent à des vis à tige entièrement filetée.

** Les valeurs numériques indiquent les longueurs filetées x des vis à tige partiellement filetée.

*** Classe de qualité, ou la matière (voir chapitre 37).

Fente

- Elles sont utilisées pour des assemblages à faibles sollicitations mécaniques.
- Elles ne conviennent pas au vissage automatique.
- Fabrication courante : extrémité RL.

d	a	b	c	k_1	k_2	M
M 1,6	3	3,2	3,6	1	1	0,4
M 2	3,8	4	4,4	1,3	1,3	0,5
M 2,5	4,5	5	5,5	1,6	1,5	0,6
M 3	5,5	5,6	6,3	2	1,8	0,8
M 4	7	8	9,4	2,6	2,4	1
M 5	8,5	9,5	10,4	3,3	3	1,2
M 6	10	12	12,6	3,9	3,6	1,6
M 8	13	16	17,3	5	4,8	2
M10	16	20	20	6	6	2,5

EXEMPLE DE DÉSIGNATION :

Vis C S, M d - l, classe de qualité***, NF E 25-127

TÊTE CYLINDRIQUE FENDUE

Symbole C S
NF E 25-127

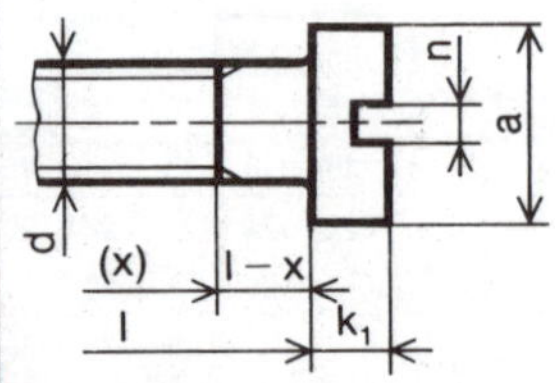

TÊTE CYLINDRIQUE LARGE FENDUE

Symbole CL S
NF E 25-128

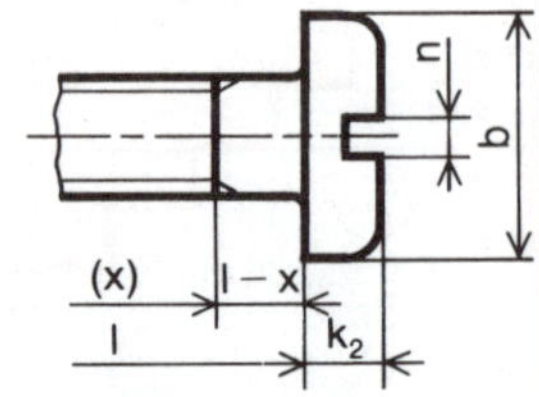

TÊTE FRAISÉE PLATE FENDUE

Symbole F S
NF E 25-123

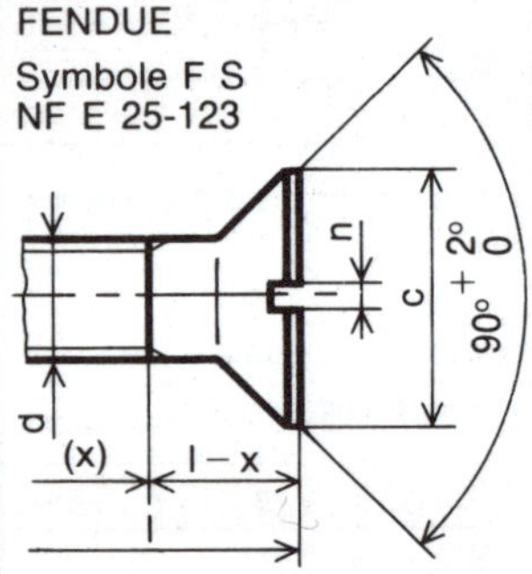

TÊTE FRAISÉE BOMBÉE FENDUE

Symbole FB S
NF E 25-124

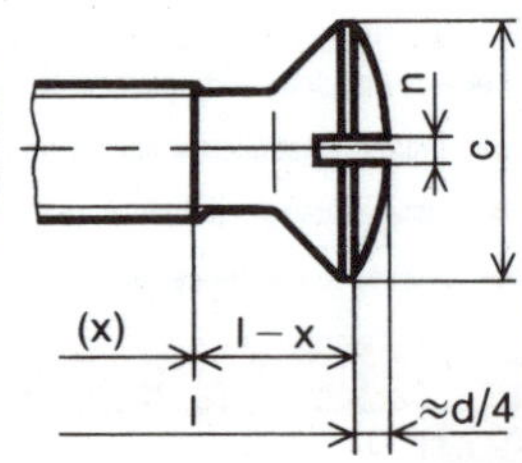

LONGUEURS l* ET LONGUEURS FILETÉES x**

d	Longueurs l																				
	2,5	3	4	5	6	8	10	12	16	20	25	30	35	40	45	50	(55)	60	65	70	80
1,6																					
2																					
2,5																					
3																					
4																					
5																38					
6																38	38	38	38		
8																38	38	38	38	38	38
10																	38	38	38	38	38

Cruciforme

- Elles sont utilisées pour des assemblages à faibles sollicitations mécaniques exigeant sécurité et esthétique.
- Fabrication courante : extrémité RL.
- Dans le cas d'un montage automatique, choisir une extrémité à bout pilote (souvent PN).

d	a	k	m	d	a	k	m
M 2,5	5	2,1	2,6	M 6	12	4,6	6,8
M 3	5,6	2,4	3	M 8	16	6	8,5
M 4	8	3,1	4,3	M10	20	7,5	10
M 5	9,5	3,7	4,7	—	—	—	—

EXEMPLE DE DÉSIGNATION :

Vis CBL Z, M d - l, classe de qualité***, NF E 25-121

TÊTE CYLINDRIQUE BOMBÉE LARGE
à empreinte cruciforme

Symbole CBL Z NF E 25-121

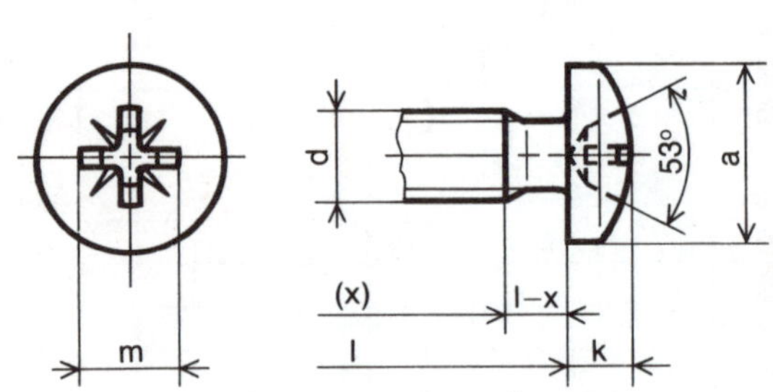

* Toutes les valeurs de l à l'intérieur du cadre rouge correspondent à des vis à tige entièrement filetée.

** Les valeurs numériques indiquent les longueurs filetées x des vis à tige partiellement filetée.

*** Classe de qualité, ou la matière (voir chapitre 37).

d	a	m_1	m_2	d	a	m_1	m_2
M 2,5	4,7	2,9	3	M 6	11,3	6,7	7,2
M 3	5,5	3,1	3,8	M 8	15,8	8,9	9,6
M 4	8,4	4,5	5,2	M10	18,3	9,9	10,4
M 5	9,3	5	5,6	—	—	—	—

LONGUEURS l* ET LONGUEURS FILETÉS x**

d	Longueurs l													
	4	5	6	8	10	12	16	20	25	30	35	40	45	50
2,5														
3														
4														
5														38
6														38
8														38
10														38

* Toutes les valeurs de l à l'intérieur du cadre rouge correspondent à des vis à tige entièrement filetée.

** Les valeurs numériques indiquent les longueurs filetées x des vis à tige partiellement filetée.

EXEMPLE DE DÉSIGNATION :

Vis FB Z, M d - l, classe de qualité*, NF E 25-120

TÊTE FRAISÉE À EMPREINTE CRUCIFORME

Symbole F Z NF E 25-119

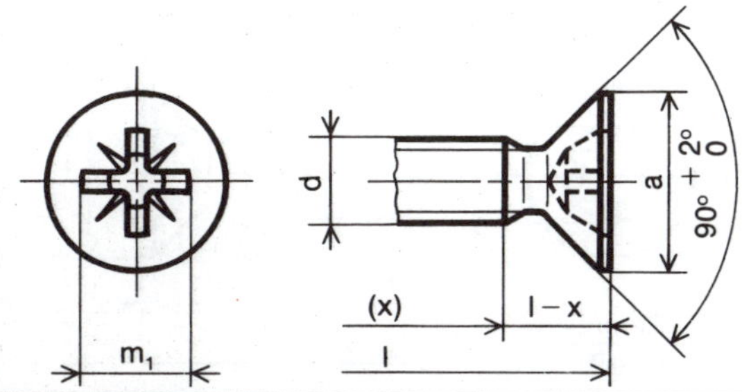

TÊTE FRAISÉE BOMBÉE À EMPREINTE CRUCIFORME

NF E 25-120

Symbole FB Z

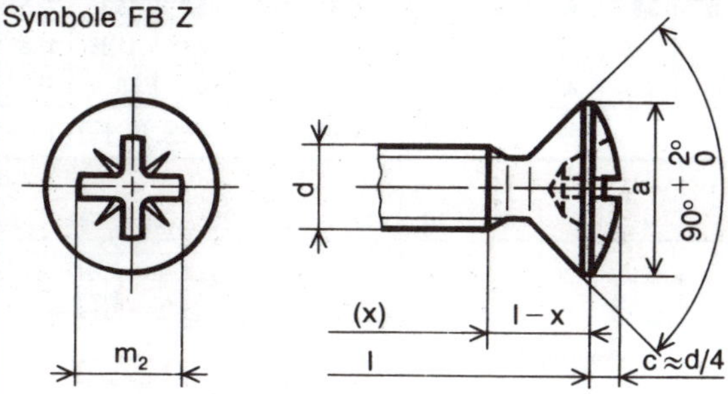

Six lobes internes

- L'engrènement de l'outil de vissage permet, par rapport aux vis à six pans creux une amélioration du couple de serrage.
- Absence d'arêtes vives (sécurité, esthétique,...).
- Mode d'entraînement de faible encombrement.
- Fabrication courante : extrémité RL.
- Dans le cas d'un montage automatique, choisir une extémité à bout pilote (PN ou PY).

TÊTE CYLINDRIQUE BASSE À SIX LOBES INTERNES

NF E 25-111

Symbole CZ X

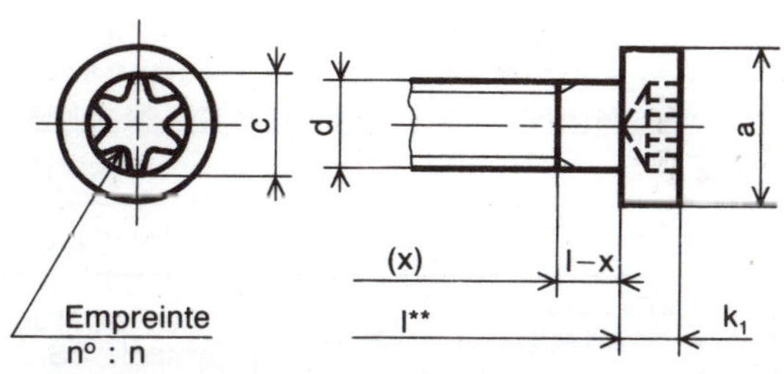

d	a	b	c	k_1	k_2	n
M 2	3,8	4	1,75	1,4	1,6	6
M 2,5	4,5	5	2,40	1,7	2,1	8
M 3	5,5	5,6	2,80	2	2,4	10
M 4	7	8	3,95	2,8	3,1	20
M 5	8	9,5	3,95	3,5	3,7	20
M 6	10	12	5,60	4	4,6	30
M 8	13	16	6,75	5	6	40
M10	16	20	11,35	6	7,5	50
M12	18	24	11,35	7	9	55

TÊTE CYLINDRIQUE BOMBÉE LARGE À SIX LOBES INTERNES

NF E 25-109

Symbole CBL X

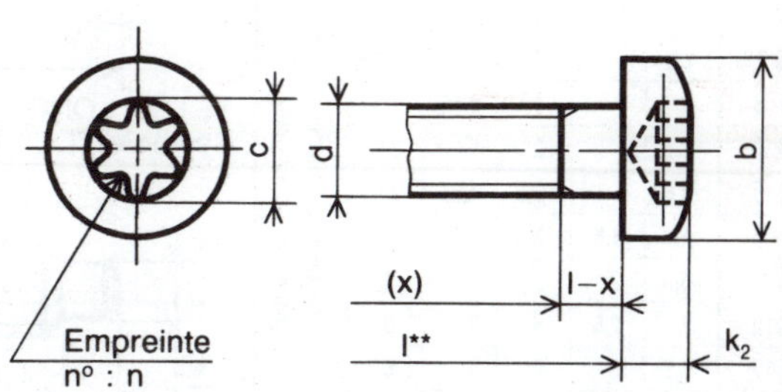

EXEMPLE DE DÉSIGNATION :

Vis CBL X, M d - l, classe de qualité***, NF E 25-109

* Classe de qualité, ou la matière (voir chapitre 37).

** Longueurs l et x, voir page suivante.

TÊTE FRAISÉE À SIX LOBES INTERNES Symbole F X — NF E 25-107	TÊTE FRAISÉE BOMBÉE À SIX LOBES INTERNES Symbole FB X — NF E 25-108

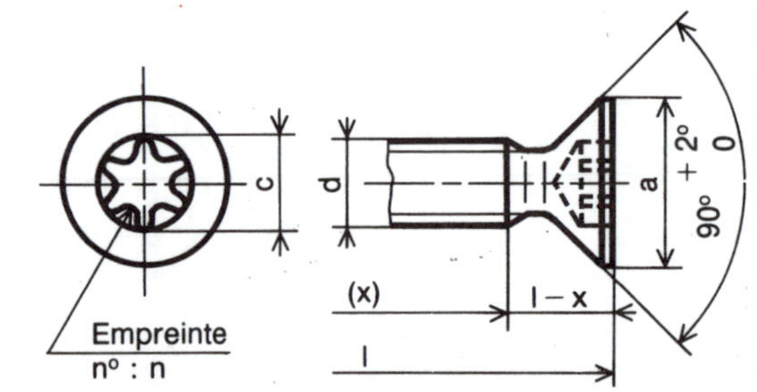

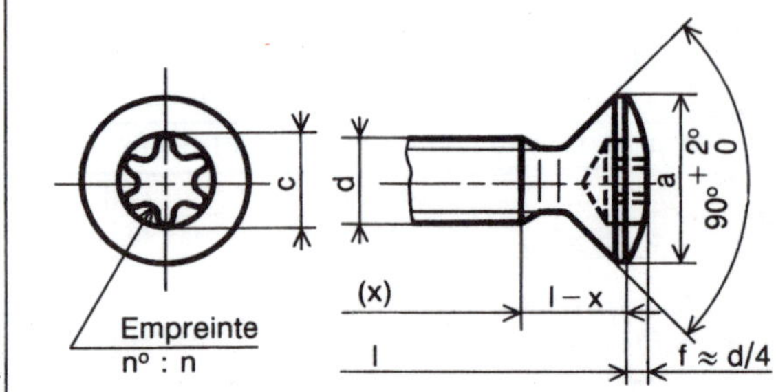

d	M2	M2,5	M3	M4	M5	M6	M8	M10	M12
a	3,8	4,7	5,5	8,4	9,3	11,3	15,8	18,3	22,5
c	1,75	2,40	2,80	3,95	3,95	5,60	6,75	11,35	11,35
m	6	8	10	20	20	30	30	50	55

EXEMPLE DE DÉSIGNATION :

Vis FB X, M d - l, classe de qualité*, NF E 25-108

LONGUEURS l* ET LONGUEURS FILETÉES x**

d	Longueurs l																			
	4	6	8	10	12	16	20	25	30	35	40	45	50	55	60	65	70	80	90	100	120
2																					
2,5																					
3																					
4																					
5																					
6																					
8																40	40	40			
10																	50	50	50	50	
12																	60	60	60	60	60

* Toutes les valeurs de l à l'intérieur du cadre rouge correspondent à des vis à tige entièrement filetée.

** Les valeurs numériques indiquent les longueurs filetées x des vis à tige partiellement filetée.

31 ■ 2 VIS DE PRESSION

31 ■ 21 CHOIX DE L'EXTRÉMITÉ — NF E 05-014

- Revoir le début du chapitre.
- Les vis résultent de la combinaison de deux éléments :
  — la forme de l'extrémité de la tige,
  — la forme de la tête ou la mode d'entraînement.

d	d_1	d_2	d_3	z_1	z_2	u
M 1,6	0,8	—	0,8	0,4	0,8	Longueur de filetage incomplet = 2 pas max
M 2	1	—	1	0,5	1	
M 2,5	1,5	—	1,2	0,63	1,25	
M 3	2	—	1,4	0,75	1,5	
M 4	2,5	—	2	1	2	
M 5	3,5	—	2,5	1,25	2,5	
M 6	4	1,5	3	1,5	3	
M 8	5,5	2	5	2	4	
M10	7	2,5	6	2,5	5	
M12	8,5	3	7	3	6	
M16	12	4	10	4	8	
M20	15	5	13	5	10	

BOUT BOMBÉ
Symbole BB

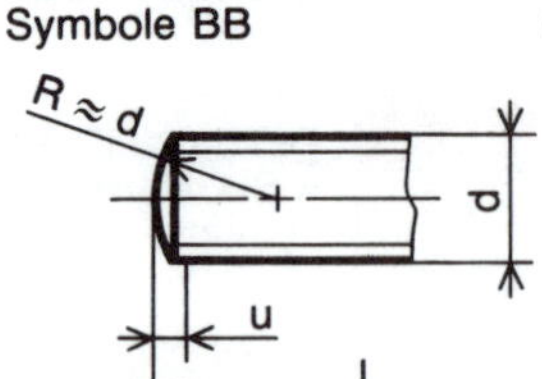

BOUT PLAT
Symbole PL

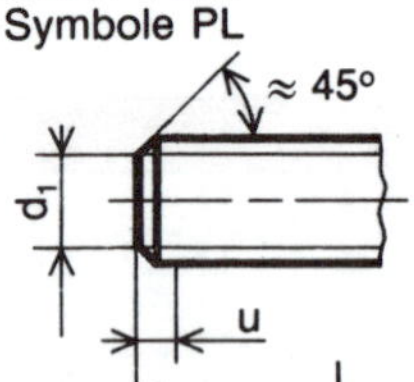

TÉTON COURT
Symbole TC

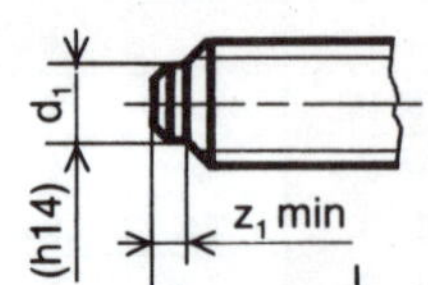

TÉTON LONG
Symbole TL

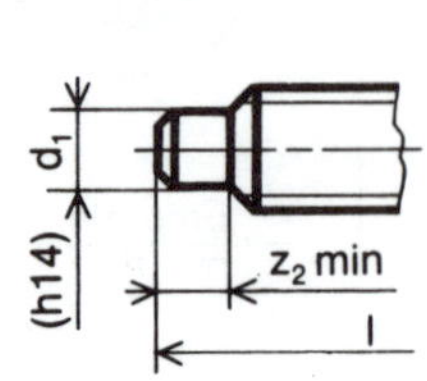

BOUT TRONCONIQUE
Symbole TR

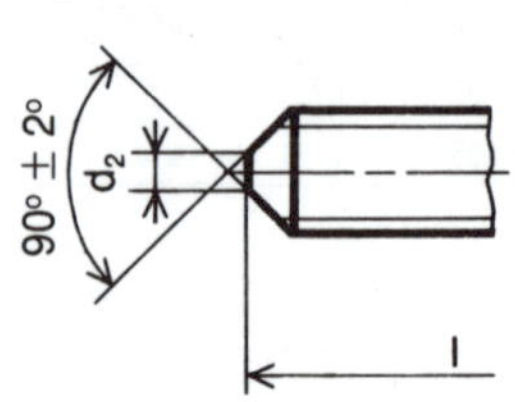

BOUT CUVETTE
Symbole CU

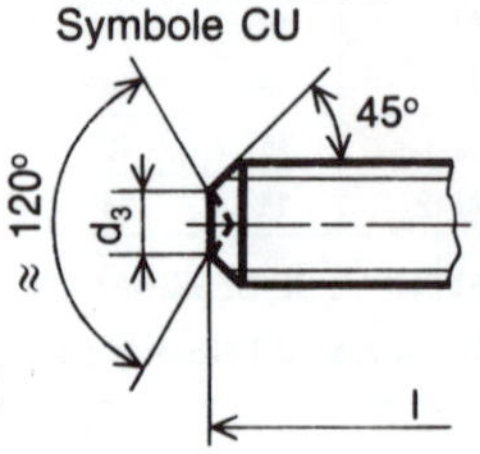

31 ■ 22 CHOIX DU MODE D'ENTRAÎNEMENT

d	M1,6	M2	M2,5	M3	M4	M5	M6	M8	M10	M12	M16
a				(1)	(1,4)	(1,6)	(2)	(2,5)	(3)	5,25	6
k_1							(4)	(5,5)	(7)	9	11
k_2				(3)	(4)	(5)	(6)	(8)	(10)	12	16
s_1							(8)	(11)	(13)	16	18
s_2				(3,2)	(4)	(5)	(6)	(8)	(10)	13	16
s_3	0,7	0,9	1,3	1,5	2	2,5	3	4	5	6	8

d	l*
1,6	2 - 2,5 - 3 - 4 - 5 - 6 - 8
2	2 - 2,5 - 3 - 4 - 5 - 6 - 8 - 10
2,5	2,5 - 3 - 4 - 5 - 6 - 8 - 10 - 12
3	3 - 4 - 5 - 6 - 8 - 10 - 12 - 16
4	4 - 5 - 6 - 8 - 10 - 12 - 16 - 20
5	5 - 6 - 8 - 10 - 12 - 16 - 20 - 25
6	6 - 8 - 10 - 12 - 16 - 20 - 25 - 30
8	8 - 10 - 12 - 16 - 20 - 25 - 30 - 35 - 40
10	10 - 12 - 16 - 20 - 25 - 30 - 35 - 40 - 45 - 50
12	12 - 16 - 20 - 25 - 30 - 35 - 40 - 45 - 50 - 55 - 60
16	16 - 20 - 25 - 30 - 35 - 40 - 45 - 50 - 55 - 60

EXEMPLE DE DÉSIGNATION d'une vis à six pans creux, à bout plat de cotes : d = 10, de longueur l = 50 et de classe de qualité 45 H :

Vis sans tête à bout plat HC, M10 – 50 – 45 H, NF E 27-180

Classe de qualité	14 H*	22 H*	33 H*	45 H*

- La valeur numérique représente le dixième de la dureté Vickers minimale (voir chapitre 72).
- La lettre H représente la dureté.

Tolérance pour le filetage : 6 g (§ 30.31)
Détermination des diamètres de vis : (§ 37.2)

EMPLOIS :

- Les vis de pression couramment utlisées sont les vis HC.
- Pour les petits mécanismes, faiblement sollicités et peu précis, ces vis peuvent servir de vis d'arrêt ou de guidage.

TÊTE HEXAGONALE RÉDUITE — Symbole HZ — NF E 25-133

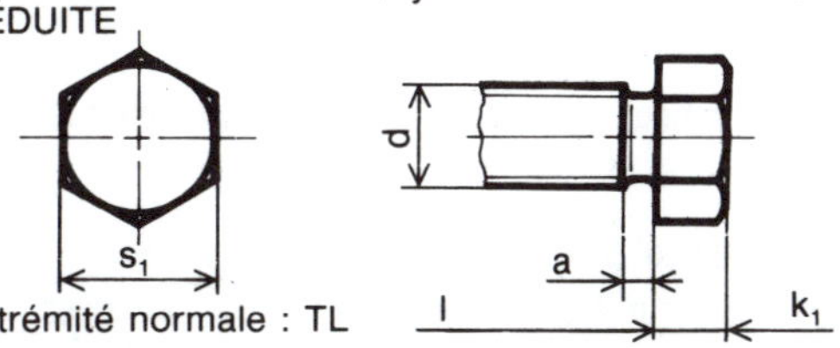

Extrémité normale : TL

TÊTE CARRÉE RÉDUITE — Symbole QZ — NF E 25-134

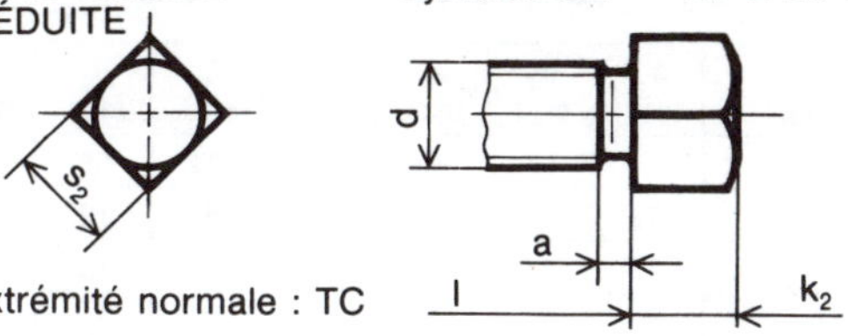

Extrémité normale : TC

SANS TÊTE À SIX PANS CREUX — Symbole HC — NF E 27-180 à 27-183

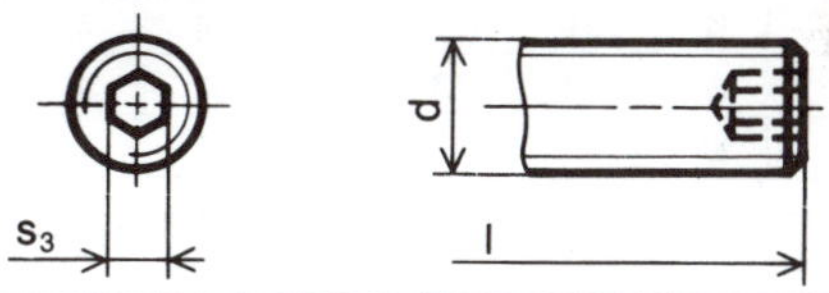

USAGE EN VIS DE PRESSION

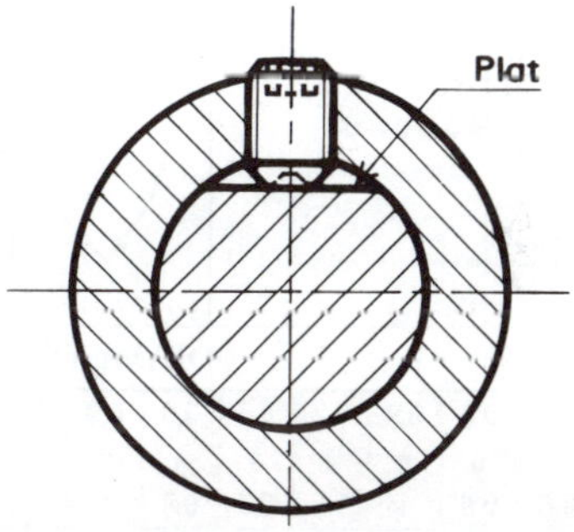

USAGE EN VIS D'ARRÊT

Vis HC à bout tronconique

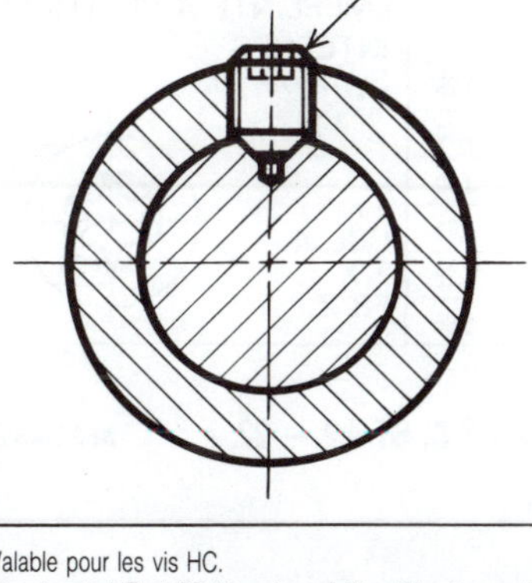

USAGE EN VIS DE GUIDAGE

Guidage en translation

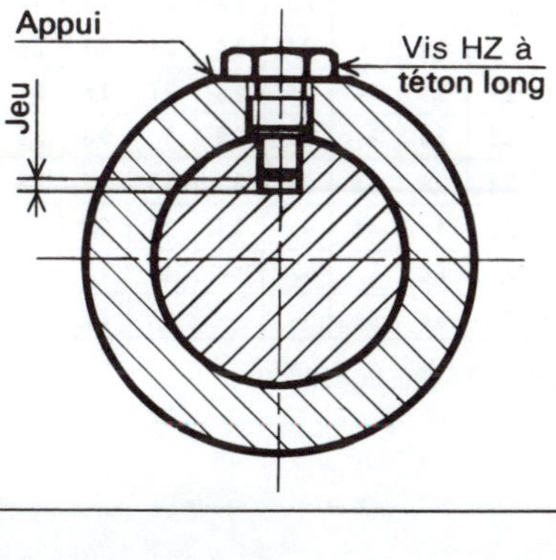

Guidage en rotation

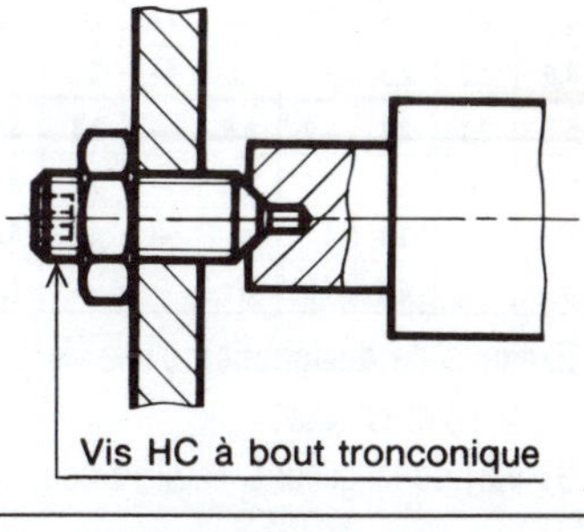

* Valable pour les vis HC.
Pour les vis HZ et QZ (visserie spécifique) il est conseillé de choisir dans ces valeurs.

31 ■ 3 Vis à tôle et autotaraudeuse

Il existe deux types d'extrémités pour les vis à tôle et autotaraudeuses :

■ **Les vis à bout pointu, symbole C,** utilisées pour les tôles minces (e < 1,5 mm).

■ **Les vis à bout plat, symbole F,** utilisées pour les tôles plus épaisses, les métaux tendres et les matières plastiques.

Ces vis se fabriquent suivant différents types de têtes.

BOUT POINTU — Symbole C

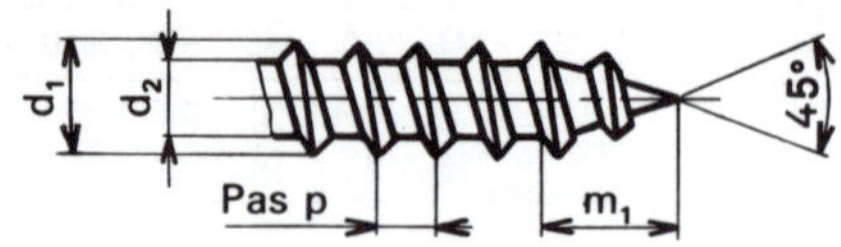

BOUT PLAT — Symbole F

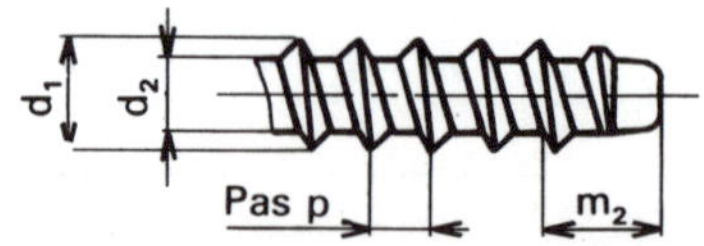

Acier traité
HV ⩾ 600
Z 8 C17
7075

d nominal	A_1 max	B_1 max	A_2 max	B_2 max	A_3 max	B_3 max	d_1 max	d_2 max	P ≈	m_1 ≈	m_2 ≈	L (entièrement fileté)
ST 2,2	4	1,3	4,4	0,5	3,2	1,6	2,24	1,63	0,8	2	1,6	4,5-6,5-9,5-13-16
ST 2,9	5,6	1,8	6,3	0,7	5	2,3	2,9	2,18	1	2,6	2,1	6,5-9,5-13-16-19
ST 3,5	7	2,1	8,2	0,8	5,5	2,6	3,53	2,64	1,3	3,2	2,5	6,5-9,5-13-16-19
ST 4,2	8	2,4	9,4	1	7	3	4,22	3,10	1,4	3,7	2,8	9,5-13-16-19-22-25
ST 4,8	9,5	3	10,4	1,2	8	3,8	4,8	3,58	1,6	4,3	3,2	9,5-13-16-19-22-25-32
ST 5,5	11	3,2	11,5	1,3	8	4,1	5,46	4,17	1,8	5	3,6	13-16-19-22-25-32
ST 6,3	12	3,6	12,6	1,4	10	4,7	6,25	4,88	1,8	6	3,6	13-16-19-22-25-32-38
ST 8	16	4,8	17,3	2	13	6	8	6,2	2,1	7,5	4,2	13-16-19-22-25-32-38-45-50
ST 9,5	20	6	20	2,3	16	7,5	9,65	7,86	2,1	8	4,2	16-19-22-25-32-38-45-50

VIS A TÊTE CYLINDRIQUE LARGE
Symbole : CLS NFE 25-663

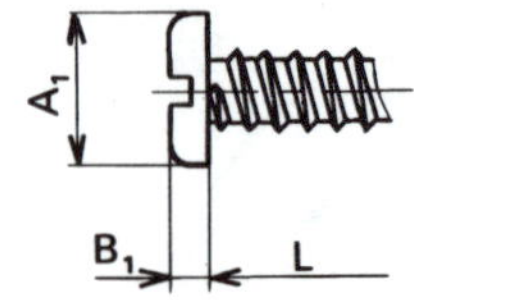

VIS A TÊTE FRAISÉE PLATE
Symbole : FS NFE 25-660

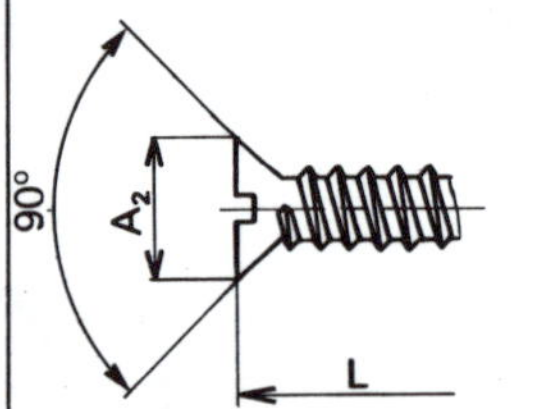

VIS A TÊTE FRAISÉE BOMBÉE
Symbole : FBS NFE 25-661

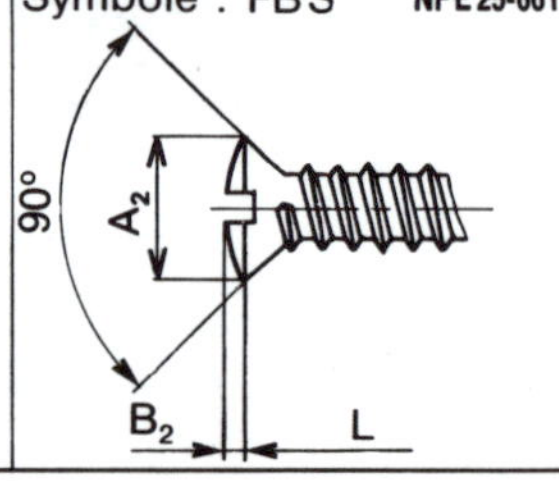

VIS A TÊTE HEXAGONALE
Symbole : H NFE 25-662

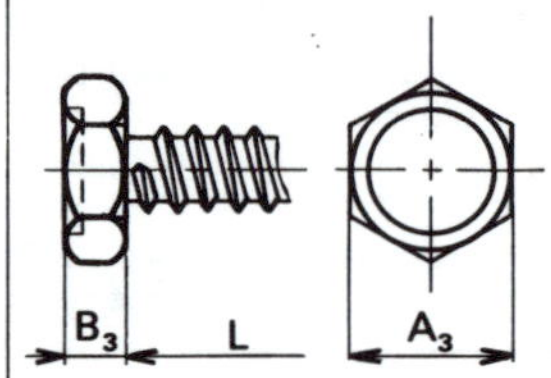

DIAMÈTRES DE PERÇAGE

Ép.r tôle	0,4 à 0,5	0,6 à 0,8	0,9 à 1	1,2 à 1,5	0,4 à 0,5	0,6 à 0,8	0,9 à 1	1,2 à 1,5	2 à 2,5	3 à 3,5	0,6 à 0,8	0,9 à 1	1,2 à 1,5	2 à 2,5	3 à 3,5	Métaux tendres	Matières plastiques
d	Bout pointu				Bout plat						Bout plat					Bout plat	
nom	Acier				Acier et laiton						Alliage d'aluminium					Matériaux moulés	
2,2	1,6	1,7	1,8	—	1,6	1,7	1,8	1,8	—	—	1,6	1,6	1,7	1,7	—	1,95	1,85
2,9	2,2	2,4	2,5	—	2,2	2,4	2,4	2,5	—	—	2,2	2,2	2,2	2,3	—	2,65	2,54
3,5	2,4	2,5	2,6	—	2,4	2,5	2,6	2,7	2,9	—	2,4	2,4	2,4	2,5	2,6	3	3
4,2	2,6	2,6	2,7	—	2,6	2,7	2,8	2,9	3,1	—	2,6	2,6	2,7	2,8	3	3,25	3,25
4,8	2,8	2,9	3	3,2	—	3	3	3,2	3,5	—	2,9	2,9	3	3,3	3,5	3,70	3,50
5,5	3,1	3,1	3,2	3,5	—	3,1	3,1	3,4	3,6	3,8	2,9	3	3,3	3,6	3,8	3,90	3,80
6,3	—	3,4	3,5	3,8	—	3,7	3,7	3,8	4	4,3	—	3,1	3,6	3,8	4	4,50	4,50
8	—	3,9	4	4	—	4,2	4,2	4,4	4,6	5	—	—	4,1	4,5	4,6	5,10	5,10
9,5	—	4,8	4,9	5	—	—	4,9	5	5,4	5,8	—	—	5,1	5,3	5,8	5,95	5,65

EMPREINTE CRUCIFORME
Symbole : Z

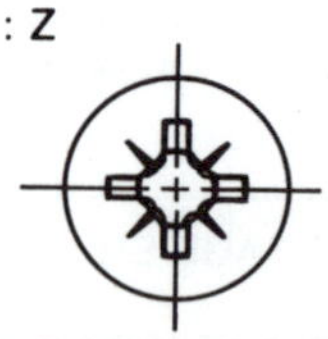

CBL Z
F Z
FB Z

EMPREINTE À SIX LOBES INTERNES
Symbole : X

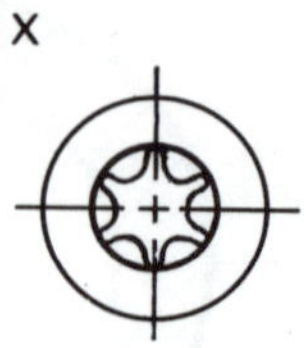

CBL X
F X
FB X

Exemple de désignation d'une vis à tôle à tête fraisée fendue, de diamètre nominal, **ST 4,2 ;** de longueur **L** = 22 ; à bout plat :

Vis F S, ST 4,2 — 22, F, NFE 25-660.

Fabrication Gobin-Daudé, 94380-Bonneuil-sur-Marne.

31■4 Longueurs des taraudages

Pour une vis, l'implantatation **j** doit être au moins égale aux valeurs suivantes :

- **métaux durs** : $j \geq d$,
- **métaux tendres** : $j \geq 1{,}5\ d$.

Pour un goujon (voir § 33.2), l'implantation **j** doit respecter les valeurs suivantes :

- **métaux durs** : $j = 1{,}5d$,
- **métaux tendres** : $j = 2\ d$.

d	p	q	s	d	p	q	s
2,5	j+1,5	j+ 4	j+1,5	12	j+ 7	j+16	j+ 5
3	j+2	j+ 5	j+2	14	j+ 8	j+18	j+ 6
4	j+2,5	j+ 6	j+2,5	16	j+ 8	j+20	j+ 6
5	j+3	j+ 8	j+3	20	j+10	j+25	j+ 7,5
6	j+4	j+10	j+3,5	24	j+12	j+25	j+ 8,5
8	j+5	j+12	j+4	30	j+14	j+30	j+10
10	j+6	j+14	j+4,5	36	j+16	j+36	j+11

LONGUEURS DES TARAUDAGES

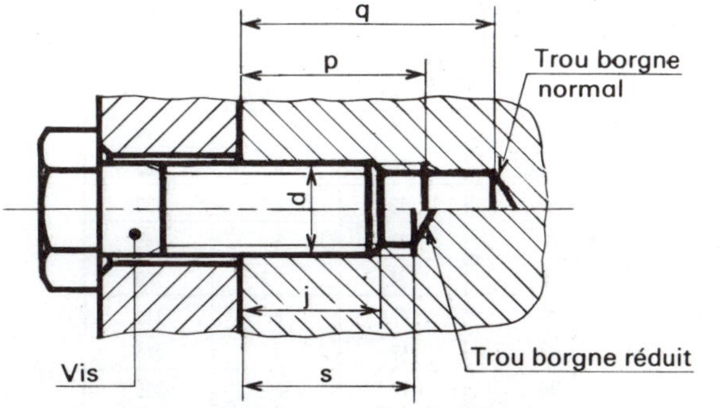

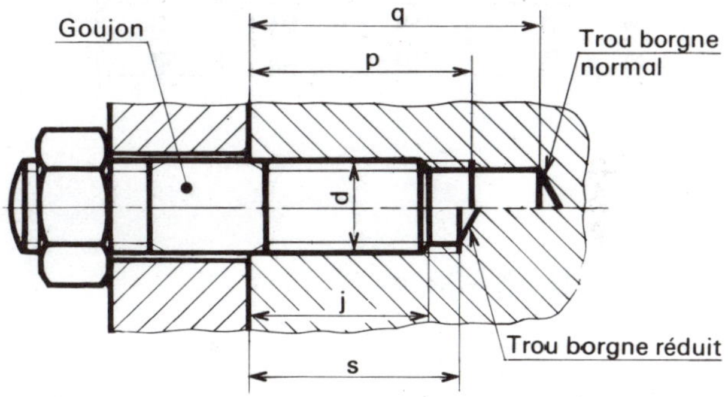

31■5 Lamages - Trous de passage

NF E 25-017

Suivant les outils utilisés, on distingue :

- les lamages pour outils de serrage non débordant,
- les lamages pour outils de serrage débordants.

REMARQUES :

- les lamages de cote c_1 autorisent le montage sous tête de rondelles Grower,
- dans le cas de vis utilisée sans rondelle sous la tête, fraiser légèrement l'entrée du trou de passage afin d'assurer une portée correcte de la tête.

d	Lamage C1	Lamage C2	d1 Série fine H12	d1 Série moyenne H13	d1 Série large H14	d	Lamage C1	Lamage C2	d1 Série fine H12	d1 Série moyenne H13	d1 Série large H14
2	6	10	2,7	2,9	3,1	12	22	42	13	13,5	14,5
3	8	12	3,2	3,4	3,6	(14)	26	47	15	15,5	16,5
4	10	16,5	4,3	4,5	4,8	16	30	52	17	17,5	18,5
5	11	19,5	5,3	5,5	5,8	20	36	64	21	22	24
6	13	22	6,4	6,6	7	24	42	79	25	26	28
8	18	28,5	8,4	9	10	30	53	96	31	33	35
10	20	37	10,5	11	12	36	63	98	37	39	42

LAMAGES - TROUS DE PASSAGE NF E 25-017

Outils de serrage débordant manœuvré à la main ou à la machine

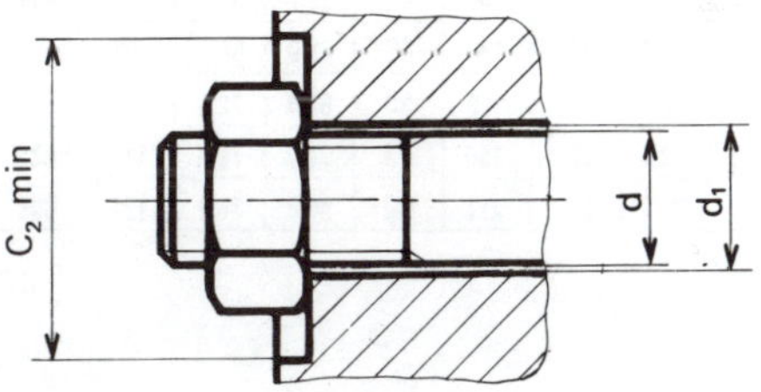

Outils de serrage non débordant

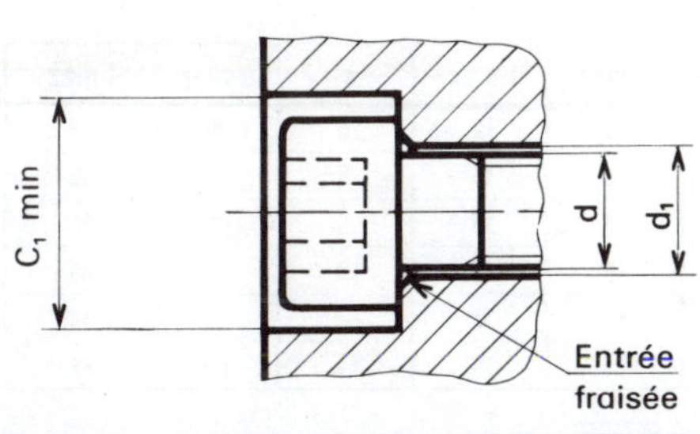

31 ■ 6 Clés de serrage

31 ■ 61 Clés plates

NF E 74-302

a × a₁	b max	e max	L max
3,2 × 4	14	4	95
5 × 5,5	18	4	105
7 × 8	22	4,5	130
10 × 11	28	5	145
13 × 16	34	6,5	200
18 × 21	47	8	240
24 × 27	57	9	270
30 × 34	70	10	305
36 × 41	83	12	380
46 × 50	104	12,5	450
55 × 60	123	13,5	520

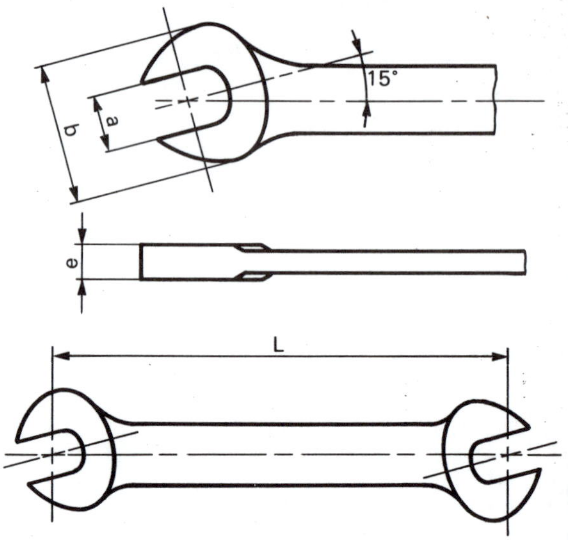

31 ■ 62 Clés à pipe*

a	D	C	l	L	a	D	c	l	L
3,2	6	6	11,5	71	21	29	30,4	43	244
4	6,5	6,2	11,5	76	24	33	34,7	49	277
5	7,8	7,7	13,5	84	27	36,6	39,1	55	310
5,5	9	8	15	91	30	40	42,9	61	343
7	10,5	10,6	17	100	34	45,7	48,8	69	387
8	12	12	19	110	36	48,4	51,7	73	409
10	14,5	14,9	22	130	41	55,2	59	83	464
11	15,8	16,4	23	140	46	61,9	66,2	93	522
13	18,5	19	22	160	50	67,4	72,3	101	570
16	22,5	23,4	30	190	55	74,2	79,5	111	630
18	25	26,3	37	211	60	80,8	86,9	121	698

Valeurs des couples de serrage, voir chapitre 74.

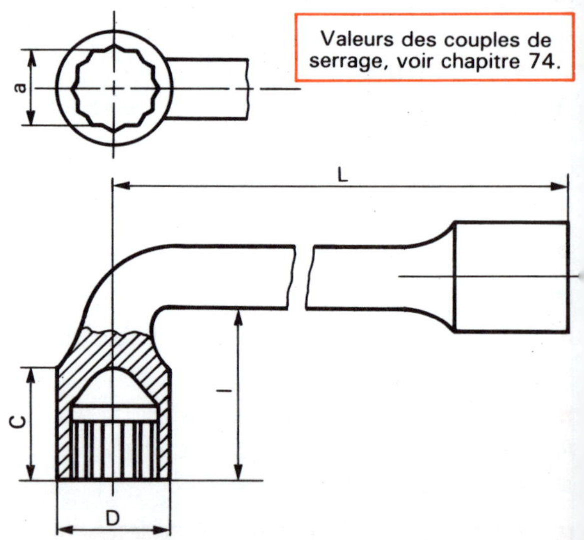

31 ■ 63 Clés pour six pans creux

R 61-304

a	L max	l max	a	L max	l max
1,3	40	12	5	80	28
1,5	45	14	6	90	32
2	50	16	8	100	36
2,5	56	18	10	112	40
3	63	20	12	125	45
4	71	25	14	140	56

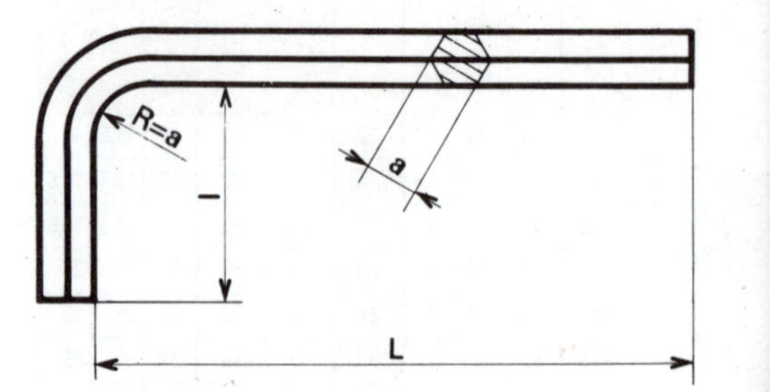

* Facom, 91420-Morangis.

32 Écrous

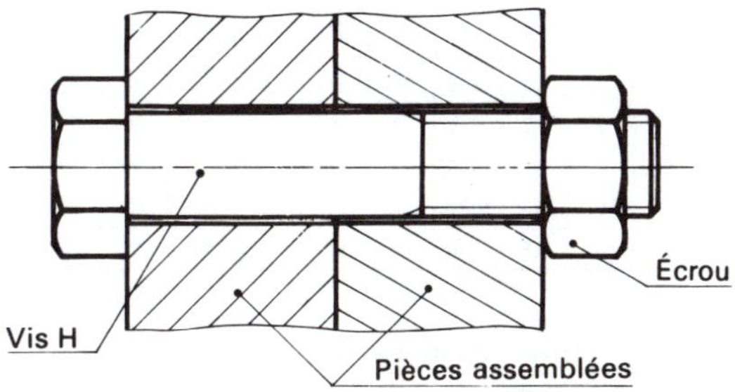

Toute pièce ayant un trou taraudé fait fonction d'écrou.
Par l'intermédiaire d'une tige filetée un écrou peut servir :

- soit d'écrou d'assemblage (figure ci-contre),
- soit d'écrou de transformation de mouvement (écrou d'étau par exemple).

L'étude sera limitée aux écrous d'assemblage.

32 ■ 1 ÉCROUS MANŒUVRÉS PAR CLÉS

ÉCROUS HEXAGONAUX — NF E 25-401

d	Pas	a	h	d	Pas	a	h	d	Pas	a	h
M1,6	0,35	3,2	1,3	M 6	1	10	5,2	M20	2,5	30	18
M2	0,4	4	1,6	M 8	1,25	13	6,8	M24	3	36	21,5
M2,5	0,45	5	2	M10	1,5	16	8,4	M30	3,5	46	25,6
M3	0,5	5,5	2,4	M12	1,75	18	10,8	M36	4	55	31
M4	0,7	7	3,2	(M14)	2	21	12,8	M42	4,5	65	34
M5	0,8	8	4,7	M16	2	24	14,8	M48	5	75	38

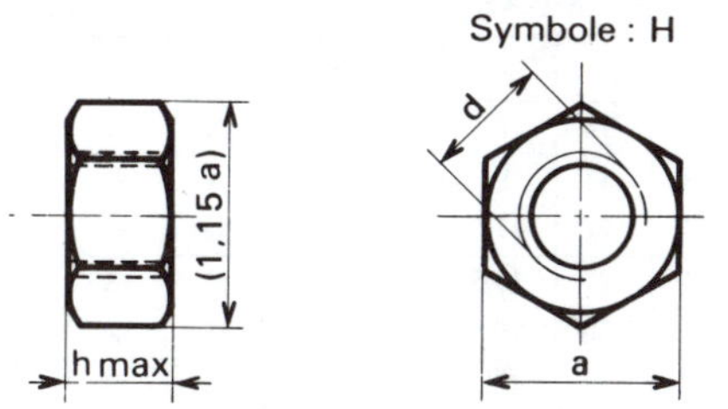

- **C'est le type d'écrou le plus utilisé.**
- **Il convient pour la majorité des applications.**

EXEMPLE DE DÉSIGNATION d'un écrou hexagonal de cote d = M 10 et de classe de qualité 8 (ou la matière)*.
Écrou H, M 10, 8 — NF E 25-401

ÉCROUS CARRÉS — NF E 25-403

Mêmes dimensions d, a, h, que les écrous hexagonaux.

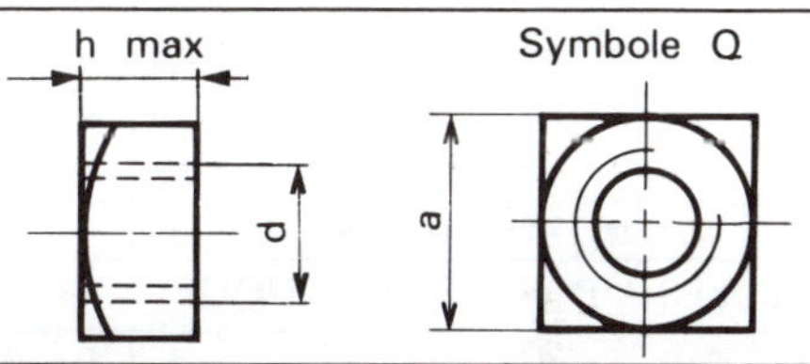

- **Ils permettent un serrage très important. Ils ont l'avantage, par rapport aux écrous hexagonaux de s'arrondir moins facilement lors de démontages-remontages.**
- **La face d'appui est opposée au côté chanfreiné.**
- **Ils sont surtout utilisés dans le bâtiment.**

EXEMPLE DE DÉSIGNATION :
Écrou Q M 10, 8* — NF E 25-403

ÉCROUS A CRÉNEAUX — NF E 27-414

d	a	h	g	m	d_1	d	a	h	g	m	d_1
M 4	7	5,6	1,2	3,2	—	M16	24	20	4,5	13	22
M 5	8	6,6	1,4	4	—	M20	30	23,2	4,5	16	28
M 6	10	8,1	2	5	—	M24	36	28,2	5,5	19	34
M 8	13	10,3	2,5	6,5	—	M30	46	34,2	7	24	42
M10	16	12,8	2,8	8	—	M36	55	39,4	7	29	50
M12	18	16	3,5	10	17	M42	65	47,4	9	34	58
(M14)	21	17	3,5	11	19	M48	75	51,4	9	38	65

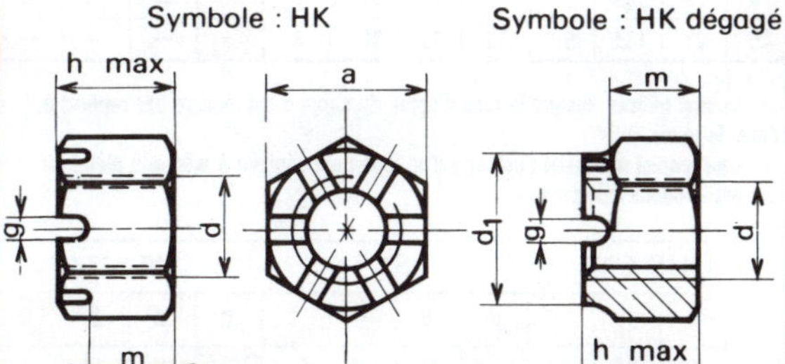

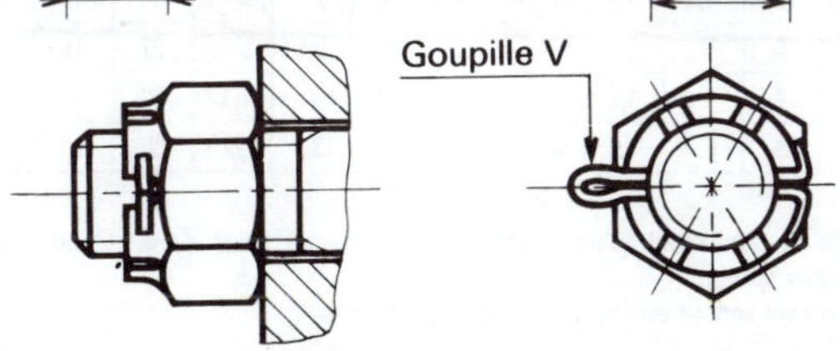

- **Ils sont utilisés chaque fois qu'un freinage absolu de l'écrou s'avère nécessaire.**
- **A chaque démontage-remontage on change la goupille.**

EXEMPLE DE DÉSIGNATION :
Écrou HK, M 10, 8* — NF E 27-414

* Matériaux pour la visserie : chapitre 37.

ÉCROUS BORGNES — NF E 27-453

d	a	H	h	d	a	H	h	d	a	H	h
M 3	5,5	5,1	2,4	M10	16	16,5	8	M24	36	37	19
M 4	7	6,7	3,2	M12	18	19,5	10	M30	46	47	24
M 5	8	8	4	(M14)	21	22	11	M36	55	56	29
M 6	10	10	5	M16	24	25	13	M42	65	66	34
M 8	13	13	6,5	M20	30	31	16	M48	75	75	38

- **Ils protègent l'extrémité des vis contre les chocs.**
- **Ils améliorent l'esthétique.**

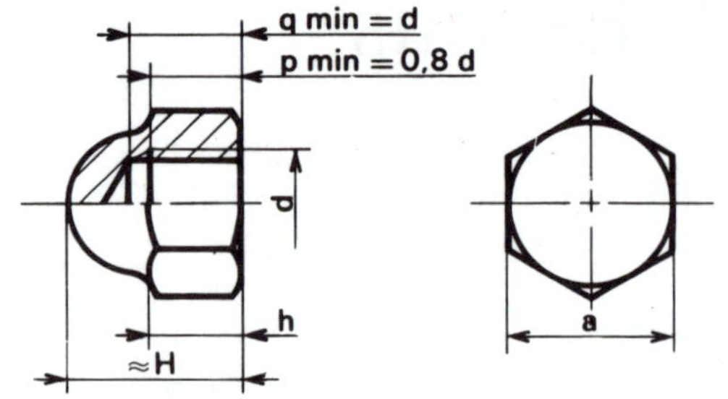

EXEMPLE DE DÉSIGNATION :
Écrou borgne, M 10, — NF E 27-453**

ÉCROUS A EMBASE*

d	a	b	h	h_1	d	a	b	h	h_1
M 6	10	14	7	2	M20	30	42	21	5
M 8	13	18	9	2,5	M24	36	48	25	6
M10	16	22	11	3	M30	46	60	31	7
M12	18	27	13,5	3,5	M36	55	68	37	8
(M14)	21	30	15	4	M42	65	80	43	9
M16	24	33	17	4	M48	75	90	48	10

- **Ils présentent une grande surface d'appui, on peut ainsi éviter l'emploi d'une rondelle.**

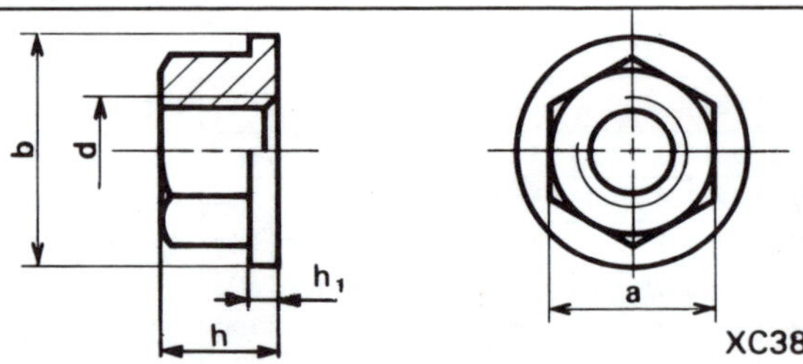

EXEMPLE DE DÉSIGNATION :
Écrou à embase, M 10, — Norelem

ÉCROUS A PORTÉE SPHÉRIQUE* — NF E 27-458

d	a	h	R	d	a	h	R	d	a	h	R
M 5	8	5	7	M12	18	15	22	M24	36	29	44
M 6	10	8	14	(M14)	21	18	30	M30	46	35	66
M 8	13	11	14	M16	24	21	30	M36	55	41	66
M10	16	13	22	M20	30	25	44	—	—	—	—

RONDELLES A PORTÉE SPHÉRIQUE* — NF E 27-615

d	D	D_1	e	d	D	D_1	e	d	D	D_1	e
5	15	9,25	2,5	12	35	20	6	24	60	37	10
6	17	11	4	14	40	24,8	6	30	68	48	10
8	23	24,5	5	16	45	26	7	36	80	60	12
10	28	18,5	5	20	50	31	8	—	—	—	—

- **Ils sont utilisés lorsque la face d'appui du support est oblique par rapport à l'axe de la vis.**
- **Leur emploi nécessite l'usinage d'un logement conique à même la pièce ou sur une rondelle intermédiaire.**

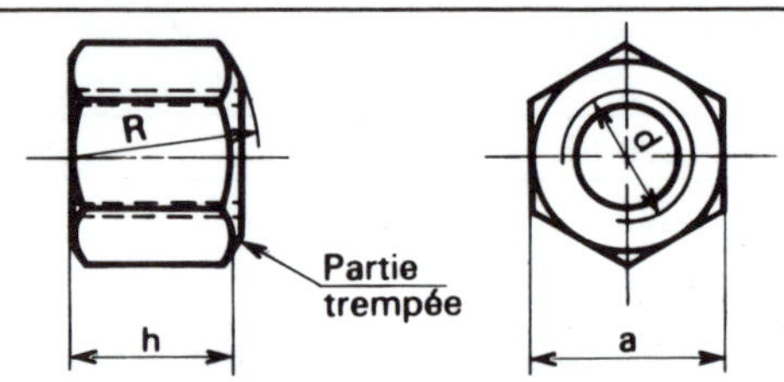

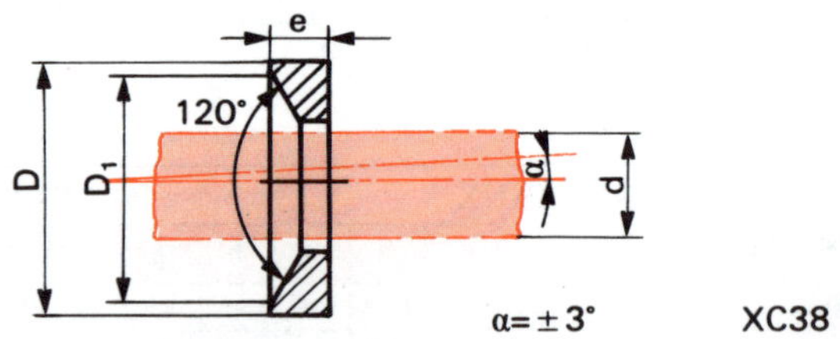

EXEMPLE DE DÉSIGNATION :
Écrou à porté sphérique, M 10, — NF E 27-458

ÉCROUS CYLINDRIQUES* — NF E 27-413

d	a	h	e	d	a	h	e	d	a	h	e
M2,5	5	2,5	0,8	M 6	11	6	2	(M14)	24	14	4
M3	5	3	1	M 8	14	8	2,5	M16	27	16	4
M4	7	4	1,5	M10	18	10	3	M18	30	18	5
M5	9	5	1,5	M12	22	12	3,5	M20	33	20	5

- **Ils ne permettent qu'un serrage peu important à l'aide d'une clé ou d'un tournevis spécial.**
- **Ils sont surtout utilisés dans l'industrie électrique.**

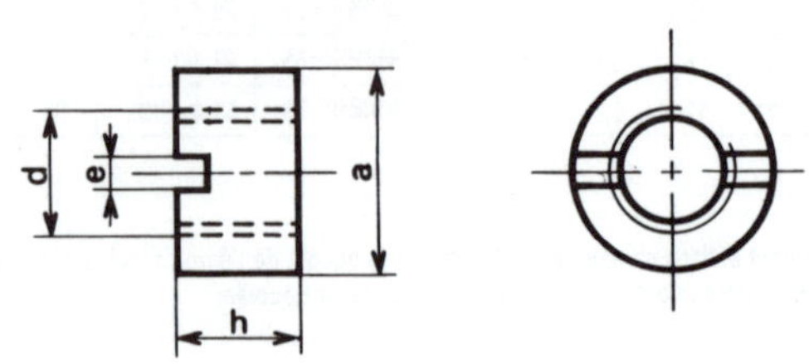

EXEMPLE DE DÉSIGNATION :
Écrou cylindrique, M 10, — NF E 27-413**

* Norelem, 91882 - Massy.

** Matériaux pour la visserie : chapitre 37.

32 ■ 2 ÉCROUS SERRÉS A LA MAIN

ÉCROUS A OREILLES — NF E 27-454

d	a	e	H	h	d	a	e	H	h
M 3	8	22	12	4	M 8	15,5	42	22	10
M 4	9	26	13	5	M 10	18	48	25	11
M 5	11	30	15	6	M 12	21	54	28	12
M 6	13	35	18	8	(M 14)	24	62	31	14

La forme générale dépend de la fabrication (matriçage, emboutissage, etc.) mais elle est incluse dans le profil défini par les points 1 à 6.

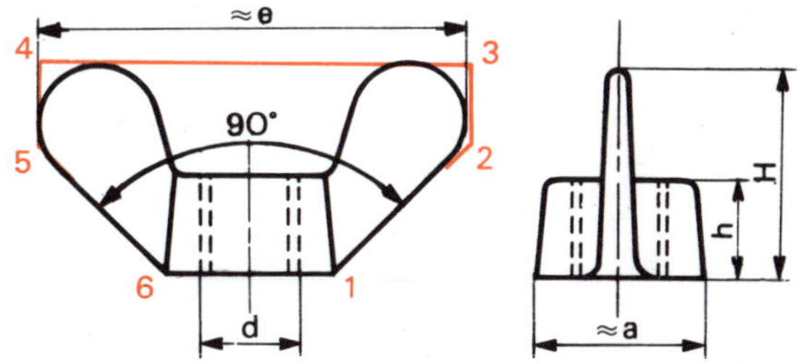

EXEMPLE DE DÉSIGNATION :
Écrou à oreilles, M 10**, NF E 27-454

ÉCROUS MOLETÉS* — NF E 27-455

d	D	d_1	d_2	e	g	H	h_1	h_2
M 5	20	14	15	7	1,5	12	8	2,5
M 6	24	16	18	8	1,5	14	10	2,5
M 8	30	20	24	10	2	17	12	3
M 10	36	28	30	12	3	20	14	4
M 12	40	32	34	14	4	24	16	4

Dans le cas d'un goupillage de l'écrou avec la vis, l'autre côté du trou de goupille peut être réalisé en même temps que celui de la vis après montage des deux pièces.

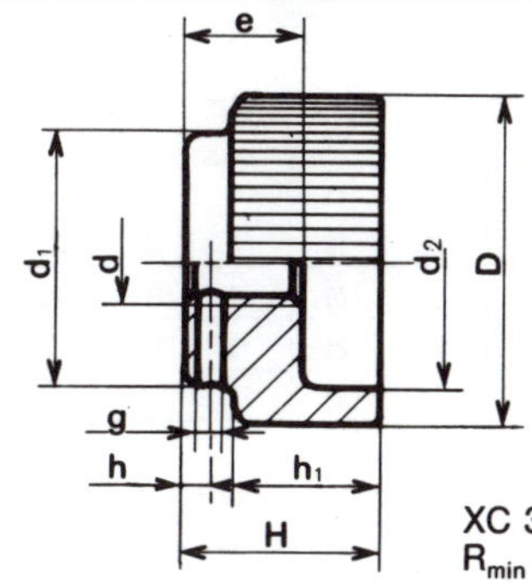

XC 38-Bruni
R_{min} 500 MPa

ÉCROUS A CROISILLON* — DIN 6335

d	D	d_1	e	H	h
M 5	25	12	9,5	16	8
M 6	32	14	12	20	10
M 8	40	18	14	25	12
M 10	50	22	18	32	12
M 12	63	26	22	40	15
M 16	80	35	30	50	20

Pour les montages d'usinage, il est quelquefois préféré un écrou à croisillon spécial qui permet d'être monté et démonté en une fraction de tour (G.T. 27.2).

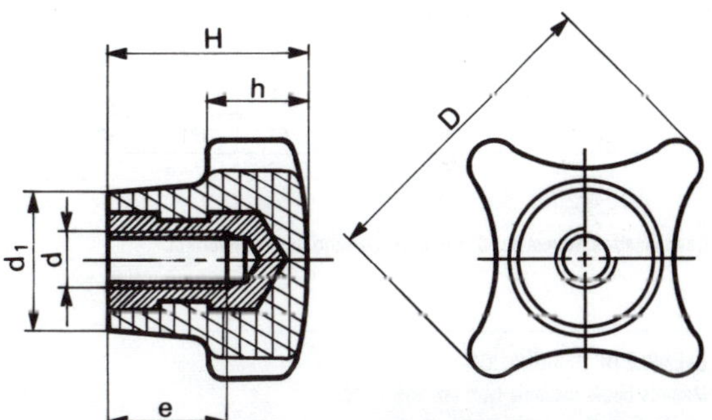

Phénoplaste : PF 2-Noir
Insert : XC 38

PETITS VOLANTS*

d	D	d_1	d_2	e	H	h
M 10	50	18	39	20	25	15
M 12	63	20	51	24	30	18
M 16	80	25	67	29	36	22

EXEMPLE DE DÉSIGNATION d'un écrou à croisillon, filetage métrique ISO de diamètre d = 10 (en l'absence de symbole, on désigne le type d'écrou en langage clair).

Écrou à croisillon M 10, DIN 6335, Norelem

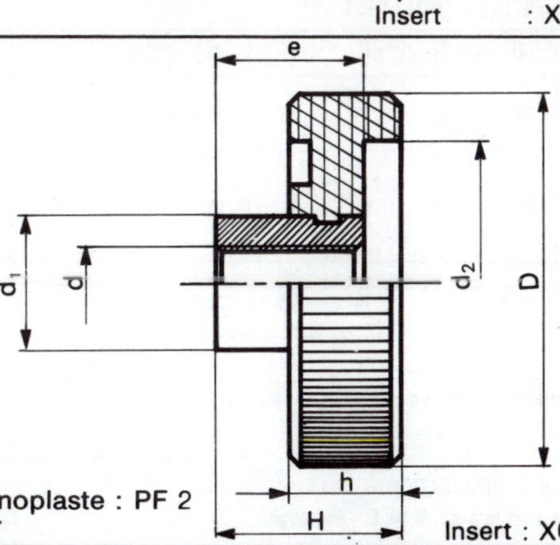

Phénoplaste : PF 2 Noir
Insert : XC 38

* Norelem.

** Matériaux pour la visserie : chapitre 37.

32■3 MANETTES DE BLOCAGE

Élément de manœuvre	Croquis	Couple max N. m	Effort max N
Bouton ∅ 20 à ∅ 30		0,15	15
Bouton ∅ 30 à ∅ 80		1	30
Manette		1	30
Volant (§ 52.2) D ⩽ 200 (avec une main)		1	30

MANETTE BOULE*

d_1	d_2	K	D_1	D_2	H	H_1	L	L_1	k
M 8	8	25,5	16	13	5	12,5	56,5	53,5	2,5
M10	10	31,5	20	16	6	15	72	67,5	3
M12	12	39	25	20	7	19	90	84,5	4
M16	16	49,5	32	25	10	25	112,5	105,5	5
M20	20	63,5	40	32	12	31	144	135	6

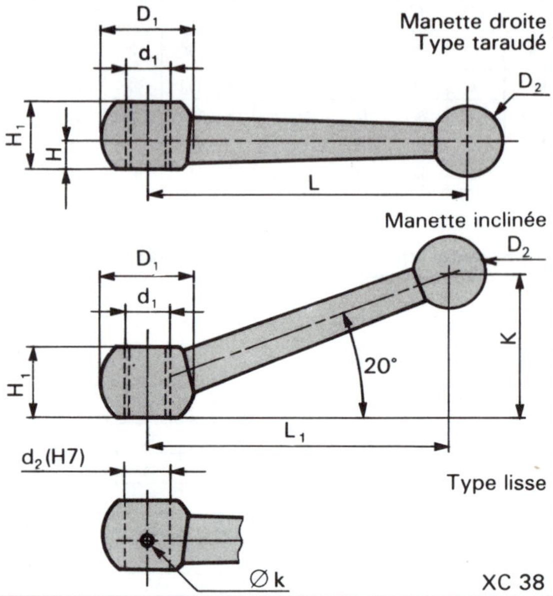

MANETTE SIMPLE*

d_1	d_2	D	D_1	D_2	H	H_1	L	p
M 8	10	20	8	20	33	50	66	12
M10	12	22	8	20	37	55	80	15
M12	16	28	12	30	47	74	108	18
M16	20	36	14	35	58	90	132	24
M20	22	40	16	40	64	101	150	30

Ces manettes permettent d'obtenir un serrage assez important.

EXEMPLE DE DÉSIGNATION :
Manette boule inclinée, type taraudé, M 10, Norelem

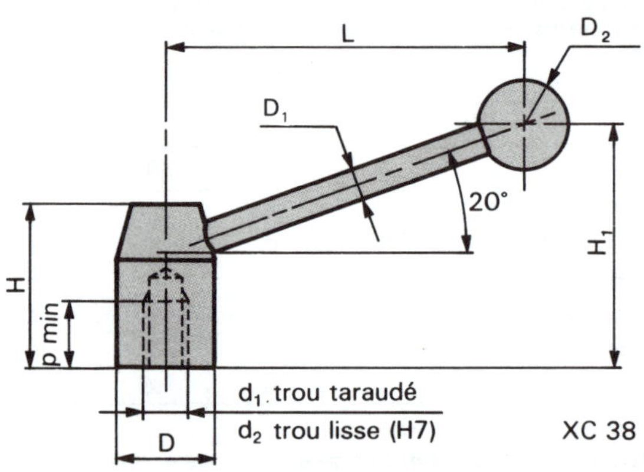

MANETTE « BOUTET »**

d	D	D_1	R	H	H_1	H_2	L	p
M 6	24	15	9	20	17,5	33	50	12
M 8								11
M 8	31	20	12	26	23	43,1	65	14
M10								14
M12								14
M10	40,6	25	16	34	29,6	56	86	22
M12								21

Ces manettes existent en noir ou rouge clair.

EXEMPLE DE DÉSIGNATION :
Manette, type taraudé, M 10, L = 65, rouge, Boutet

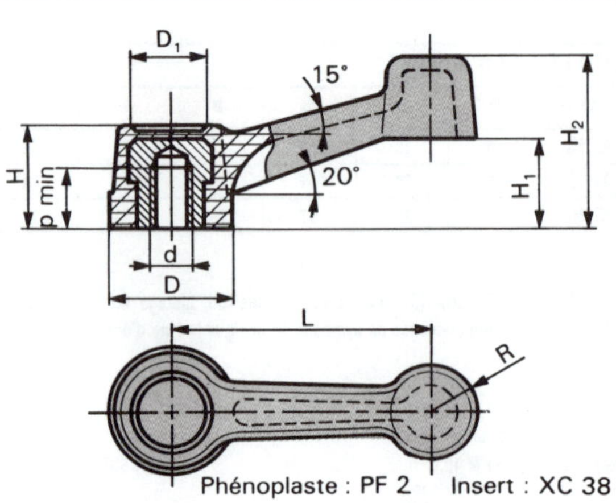

* Norelem, 91882 - Massy.
** Boutet, 93400 - Saint-Ouen.

32■4 MANETTES INDEXABLES

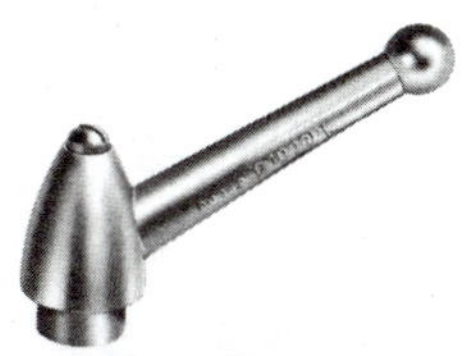

■ Ces manettes offrent l'avantage de permettre, après dégagement des dentelures, un réglage angulaire pratiquement quelconque de la poignée par rapport à l'écrou.

■ Le prix est environ le double de celui d'une manette ordinaire.

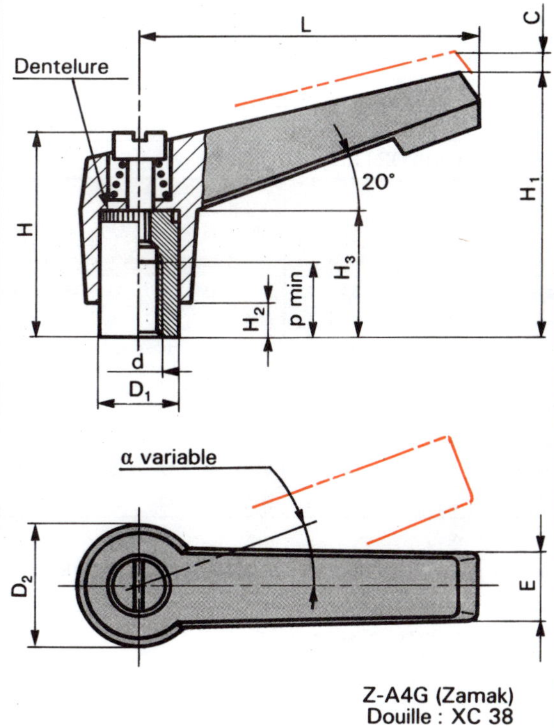

MANETTE INDEXABLE*

d	D_1	D_2	C	E	H	H_1	H_2	H_3	L	P
M 4	13,5	14	4	8	24	31	4	15	40	9
M 5	13,5	14	4	8	24	31	4	15	40	9
M 6	13,5	14	4	8	24	31	4	15	40	9
M 6	18	18,5	4	9	29	43	6,5	17,5	65	12
M 8	18	18,5	4	9	29	43	6,5	17,5	65	12
M 8	21,5	22	4	11	37,5	55	10	24	80	14
M10	21,5	22	4	11	37,5	55	10	24	80	14
M10	25,5	26	4	13	42,5	64	10	27	95	17
M12	25,5	26	4	13	42,5	64	10	27	95	17
M12	30,5	31	5	16	51	75	12	33	110	23
M16	30,5	31	5	16	51	75	12	33	110	23

MANETTE INDEXABLE A BOULE*

d_1	d_2	D	D_1	D_2	H	H_1	h	L	p	s
M 4	—	9,5	16,5	8	22,5	20,5	5,5	35	8	—
M 5	—	9,5	16,5	8	22,5	20,5	5,5	35	8	—
M 6	M 6	10	18,5	12	31	36	10	52	10	15
M 8	M 8	10	18,5	12	31	36	10	52	12	25
M10	M10	12	26	18	42	47	12	70	14	30
M12	M12	12	26	18	42	47	12	70	20	30
(M14)	(M14)	12	32	18	50	59	12	80	22	40
M16	M16	12	32	18	50	59	12	80	24	40

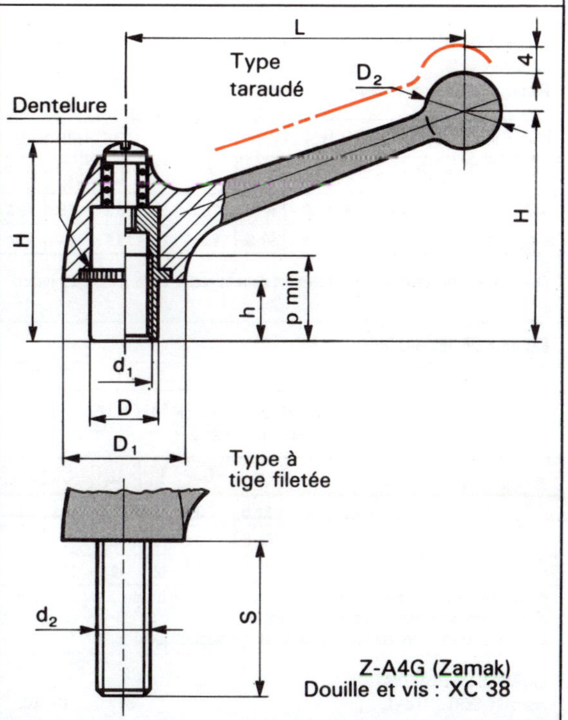

EXEMPLE D'APPLICATION

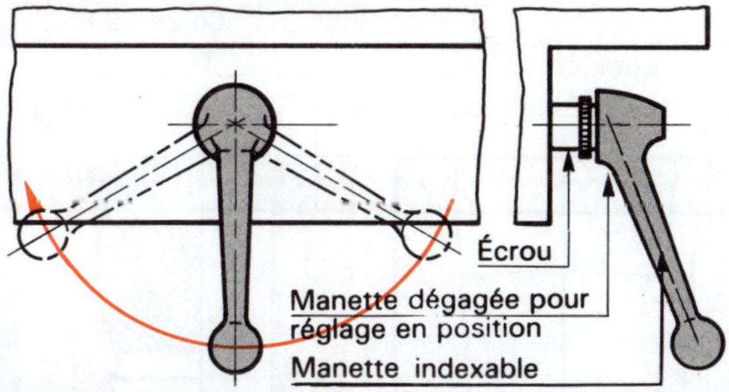

EXEMPLE DE DÉSIGNATION :

Manette indexable à boule, M 10, Norelem

* Norelem.

32 ■ 5 INSERTS

Les inserts ont pour but de réaliser des écrous rapportés. Ils assurent notamment :

- ■ une résistance plus élevée et plus durable des filetages dans les matériaux tendres (alliages d'aluminium, plastiques, etc.),
- ■ un bon état de surface dans des matériaux difficiles à tarauder.

Représentation agrandie d'un filet rapporté dans son logement

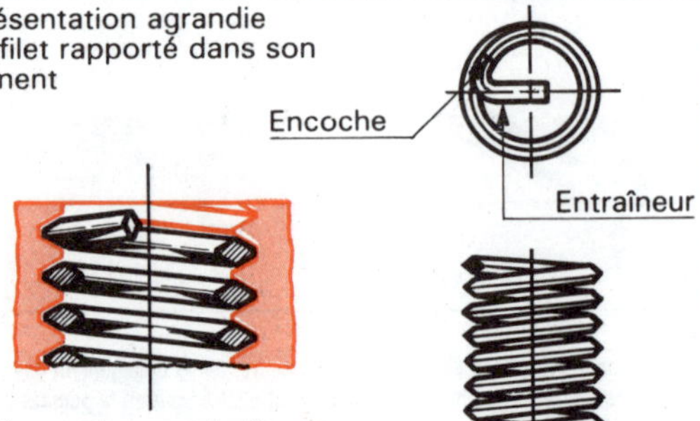

FILETS RAPPORTÉS « HÉLI-COIL »*

d	L 1d	L 1,5 d	L 2d	L 3d	d_1	d	L 1d	L 1,5d	L 2d	L 3d	d_1
	t						t				
M 2,5	3,4	4,7	5,9	8,4	2,6	(M14)	18	25	32	46	14,5
M 3	4	5,5	7	10	3,2	M16	20	28	36	52	16,5
M 4	5,4	7,4	9,4	13,4	4,2	M20	25	35	45	65	20,75
M 5	6,6	9,1	11,6	16,6	5,2	M24	30	42	54	78	24,75
M 6	8	11	14	20	6,3	M30	37	52	67	—	31
M 8	10,5	14,5	18,5	26,5	8,4	M36	44	62	80	—	37
M10	13	18	23	33	10,5	M42	51	72	93	—	43
M12	15,5	21,5	27,5	39,5	12,5	M48	58	82	106	—	49

Représentation symbolique

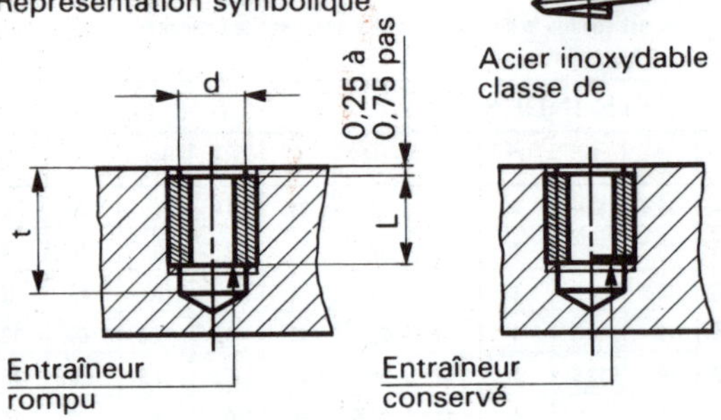

Les filets rapportés se présentent sous l'apparence d'un ressort à section losange :

PRINCIPE DE POSE :

- ■ Réalisation d'un trou cylindrique de ∅ d_1.
- ■ Taraudage avec un taraud spécial.
- ■ Mise en place du filet avec un appareil spécial.
- ■ Rupture éventuelle de l'entraîneur.

Cotation du logement

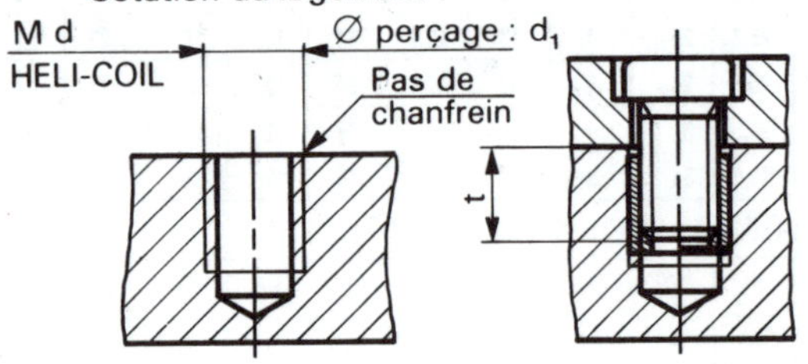

EXEMPLE DE DÉSIGNATION d'un filet rapporté standard de cote d = M 10 de longueur L = 15.
Filet rapporté héli-coil standard, M 10 × 15,

INSERTS DE SURMOULAGE* — DIN 16903

d	D	l_1	L_1	l_2	L_2	d	D	l_1	L_1	l_2	L_2
M 3	4,5	3	5,5	4,5	7	M 5	7,3	5	8,3	7,5	10,8
M 4	5,8	4	7	6	9	M 6	8,3	6	9,8	9	12,8

Ces inserts sont mis en place directement dans le moule de la presse à injecter.

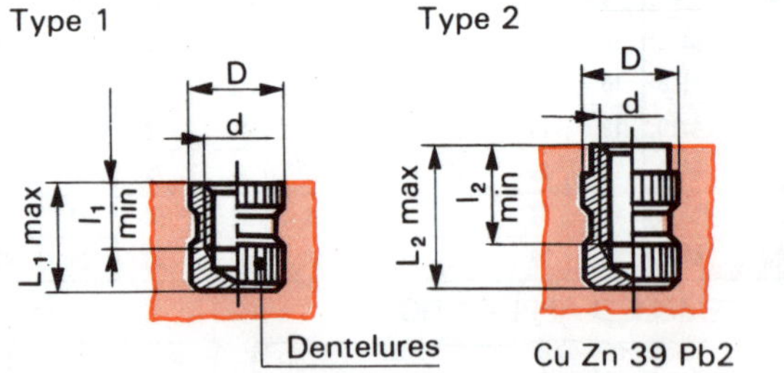

EXEMPLE DE DÉSIGNATION :
Insert de surmoulage, type 1, M 10, DIN 16903

INSERTS POUR POSE THERMIQUE
ou par ultrasons « HIT-SERT 2 »*

d	D	L	D_1	L_1	e	d	D	L	D_1	L_1	e
M 2	4,1	5	3,7	6,5	1,5	M 5	7,3	9	6,9	10,5	2
M 3	4,7	5,5	4,3	7	1,8	M 6	8,7	10	8,3	12	2,5
M 4	6,1	7,5	5,7	9	2	M 8	11,3	12	10,8	14,5	3

- ■ L'échauffement, créé par effet thermique ou par ultrasons, engendre une plastification qui permet la pose de l'insert.
- ■ Ils ne peuvent être utilisés que dans les thermoplastiques.

Cotation du logement

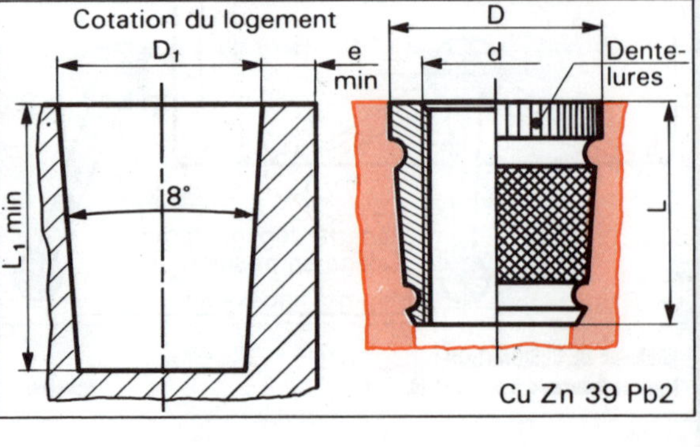

EXEMPLE DE DÉSIGNATION :
Insert HIT-SERT 2, M d – L, OTALU.

*OTALU, 73490 - La Ravoire.

32 ■ 6 ÉCROUS POUR TÔLES

ÉCROUS NOYÉS « RIVEKLÉ »*

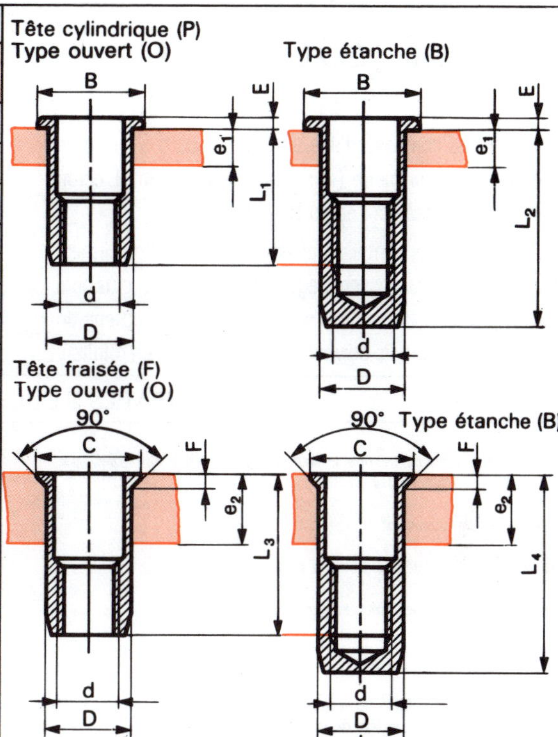

d	D	B	C	E	F	L_1	L_2	L_3	L_4	e_1 min	e_1 max	e_2 min	e_2 max
	5	7,5	7,2	1	1,4	8,5	12,5	9	13	0,25	1,5	1,3	3
						10	14	10,5	14,5	1,5	3	3	4,5
						11,5	15,5			3	4,5		
						13	17	12	16	4,5	6	4,5	6
M 4	6	9	8,2	1	1,4	10	15	10	15	0,25	2	1,3	3
						12	17	12	17	2	4	3	5
						14	19	14	19	4	6	5	7
M 5	7	10	9,6	1	1,6	14	20	14	20	0,25	3	1,5	4
						17	23	17	23	3	5,5	4	6,5
						20	26	20	26	5,5	8	6,5	9
M 6	9	13	11,7	1,5	1,6	16	23	16	23	0,5	3	1,5	4
						19	26	19	26	3	5,5	4	6,5
						22	29	22	29	5,5	8	6,5	9
M 8	11	16	13,5	1,5	1,6	18	26	18	26	0,5	3	1,5	4
						21	29	21	29	3	5,5	4	6,5
						24	32			5,5	8		
						27	35	24	32	8	10,5	6,5	9
M10	13	19	15,5	2	1,6	23	33	22	32	1	3,5	1,5	4
						26	36	25	35	3,5	6	4	6,5
						29	39			6	8,5		
						32	42	28	38	8,5	11	6,5	9

Ces écrous peuvent être posés sur des pièces dont un seul côté est accessible. Un appareil spécial à extrémité filetée engendre un effort axial permettant le rivetage.

EXEMPLE DE DÉSIGNATION d'un écrou noyé à tête cylindrique, type ouvert, de cote d = M 6 et de longueur L_1 = 17,5 :
Écrou noyé Rivеklé PO, M 6 – 17,5, **OTALU.**

Diamètre de perçage $d_1 = d \begin{smallmatrix} +0,1 \\ 0 \end{smallmatrix}$

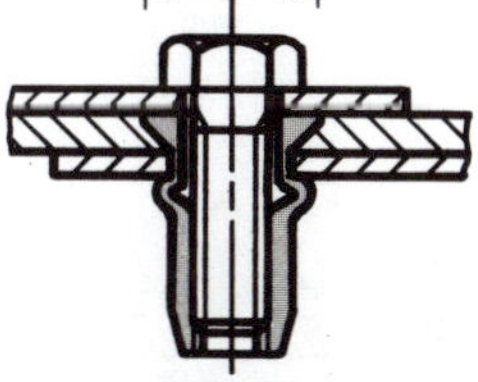

Acier zingué bichromaté

ÉCROUS A SERTIR « RIVEPRESS »*

d	D	d_1	E	e min	e max	s
M2,5	6	4	1,5	0,8	1	5
				1	1,4	
				⩾	1,5	
M 3	7	5	1,8	0,8	1	5
				1	1,4	
				1,5	1,9	
				⩾	2	
M 4	8	6	2,4	0,8	1	6
				1	1,4	
				1,5	1,9	
				⩾	2	

d	D	d_1	E	e min	e max	s
M 5	9	7	3	0,8	1	7
				1	1,4	
				1,5	1,9	
				⩾	2	
M 6	11	8,5	4	1	1,4	8
				1,5	1,9	
				2	2,4	
				⩾	2,5	
M 8	14	10,5	6	1,5	1,9	10
				2	2,4	
				⩾	2,5	

Type R _ pour matériaux R ⩽ 600 MPa

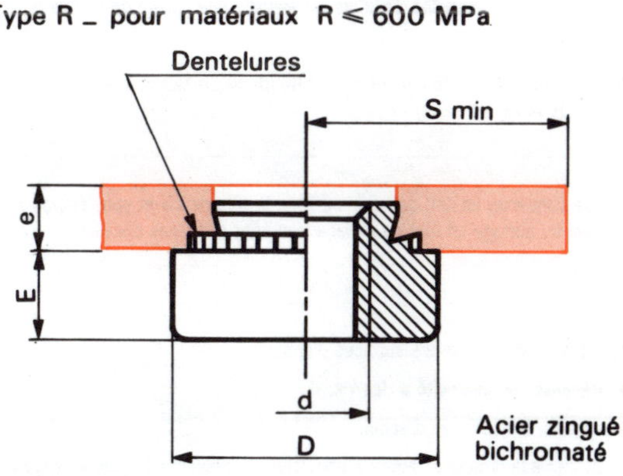

Acier zingué bichromaté

Logement

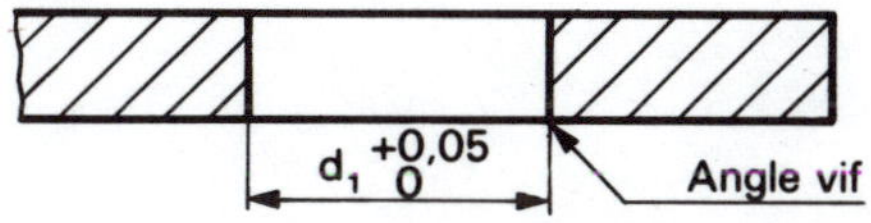

Après la pose de l'écrou, on effectue une frappe à la presse qui refoule le métal sous la jupe conique de l'écrou.

EXEMPLE DE DÉSIGNATION :
Écrou à sertir Rivepress R, M 6, **OTALU.**

* OTALU, 73490 - La Ravoire.

33 Boulons et goujons

Un boulon est composé d'une vis (voir chapitre 31) et d'un écrou de même diamètre (voir chapitres 32 et 36). L'écrou normalement utilisé est l'écrou **H.**

Les pièces à réunir sont simplement percées de trous lisses. On obtient ainsi un assemblage économique de plusieurs pièces par pression des unes sur les autres. Pour obtenir un serrage efficace, les vis doivent être immobilisées en rotation.

BOULON À TÊTE HEXAGONALE

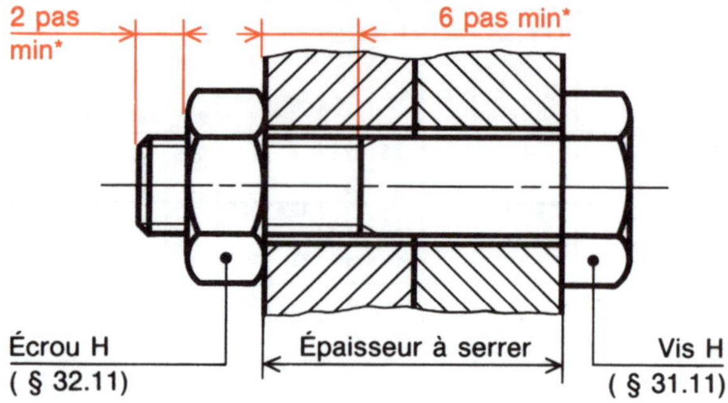

* Valeurs conseillées pour une bonne répartition des contraintes.

PRINCIPALES RÈGLES CONSTRUCTIVES*	
Afin de réduire les contraintes, la souplesse des vis doit être grande par rapport à la souplesse des pièces. **Cela implique notamment :** ■ **Une bonne rigidité des pièces à serrer,** ■ **des vis relativement longues par rapport à leur diamètre.**	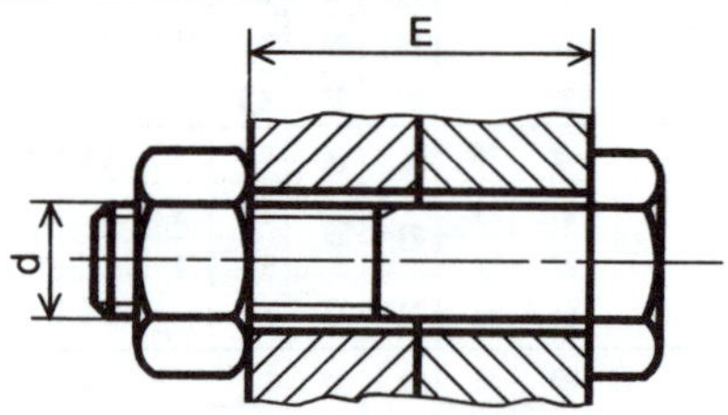 E, d d ≈ E/3
On améliore la répartition de la pression de contact en plaçant une rondelle large et épaisse sous la tête de la vis et sous l'écrou.	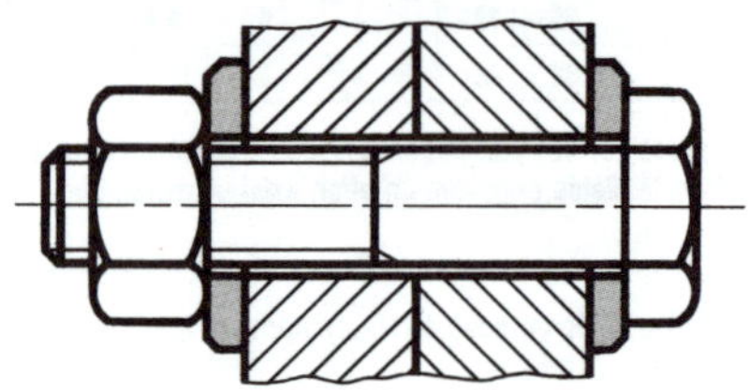
À chaque classe de qualité de la vis est associé une classe de qualité de l'écrou (§ 37.2). **Un écrou assemblé avec une vis de qualité identique résiste jusqu'à la rupture de la vis.**	**Exemples de classe de qualité :** ■ **Vis 6.8 Écrou 6** ■ **Vis 10.8 Écrou 10**
Afin de conserver un film de lubrifiant sous la tête de vis et sous l'écrou au moment du serrage un état de surface trop lisse n'est pas conseillé.	**$R_a \geqslant 3{,}2$**
Pour une bonne portée des surfaces d'appui : ■ **minimiser l'excentricité a des vis,** ■ **dégager les surfaces d'appui,** ■ **donner à la largeur extérieur b une valeur sensiblement égale à l'excentricité des vis.**	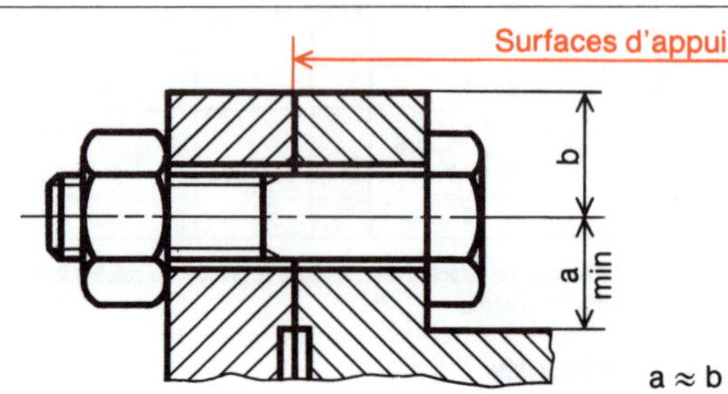 Surfaces d'appui, b, a min a ≈ b

* À titre de première approximation.

33 ▪ 1 Boulon à œil

Ce boulon permet un démontage rapide de la pièce A, après desserrage partiel de l'écrou moleté et basculement du boulon (voir figure). La remise en place de l'ensemble et le blocage se font avec autant de rapidité.

d	L	l	D_1	D_2	E	d	L	l	D_1	D_2	E
M 5	50	28	12	5	6	M12	75	26	25	12	14
M 5	75	53	12	5	6	M12	120	71	25	12	14
M 6	50	26	14	6	7	M12	130	81	25	12	14
M 6	75	51	14	6	7	(M14)	75	25	28	14	16
M 8	50	22	18	8	9	(M14)	130	60	28	14	16
M 8	75	47	18	8	9	M16	130	73	32	16	17
M10	75	30	20	10	12	M20	140	75	40	18	22
M10	100	55	20	10	12	—	—	—	—	—	—

EXEMPLE DE DÉSIGNATION :
Vis à œil, M D – l, DIN 444

VIS À ŒIL DIN444

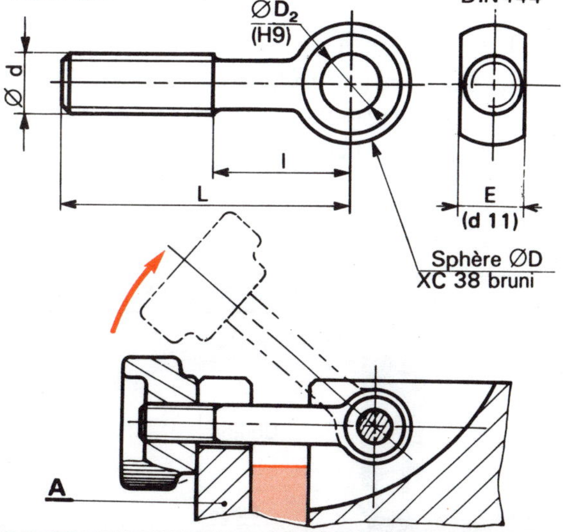

33 ▪ 2 Goujons

NF E 27-135

Un goujon est composé d'une tige, filetée à ses deux extrémités, et d'un écrou de même diamètre.

Les deux parties filetées doivent toujours être séparées par un tronçon lisse.

EMPLOIS :

- Les goujons sont utilisés en remplacement des vis, lorsque le métal de la pièce est peu résistant, ou lorsqu'il est nécessaire de faire des démontages fréquents.
- Les goujons peuvent remplacer les boulons lorsque les pièces à assembler sont très épaisses.

GOUJONS

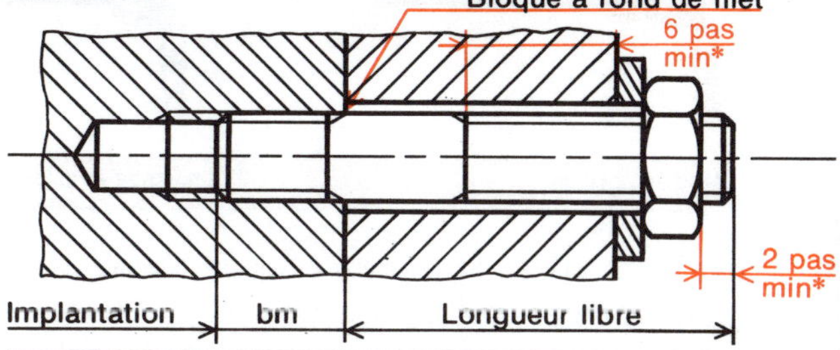

GOUJONS NF E 27-135

Goujon taillé

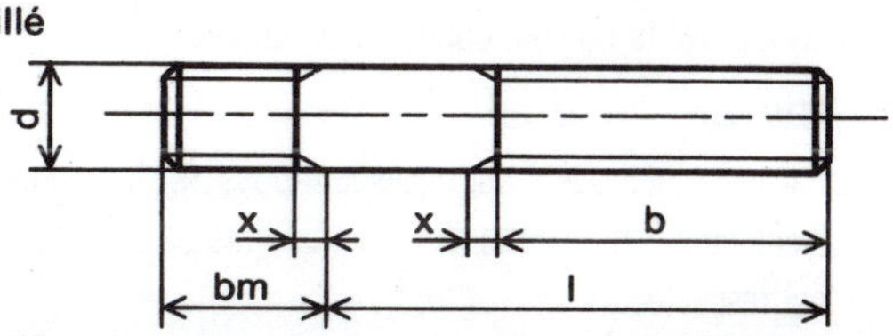

Goujon roulé

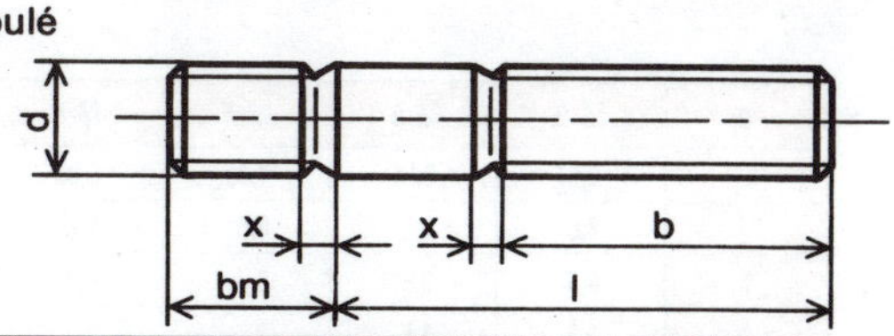

d	M5	M6	M8	M10	M12	(M14)	M16	M20	M24
b	17,5	20	24,5	29	33,5	38	42	51	60
x	2	2,5	3,2	3,8	4,4	5	5	6,3	7,5
l	30	30	35	40	45	50	55	70	80
	35	35	40	45	50	55	60	80	90
	40	40	45	50	55	60	70	90	100
	45	45	50	55	60	70	80	100	120
	50	50	55	60	70	80	90	120	140
		55	60	70	80	90	100	140	
		60	70	80	90	100	120		
			80	90	100	120	140		
				100	120	140			

IMPLANTATION bm			
Métaux durs	bm = 1,5 d	Métaux tendres	bm = 2 d

Exemple de désignation dimensionnelle d'un goujon de diamètre **d** = 8, filetage métrique ISO, longueur libre **l** = 50, implantation **bm** = 12, classe de qualité 8.8 :

Goujon M 8-50, bm 12, classe 8.8 NF E 27-135

*Valeurs conseillées pour une bonne répartition des contraintes.

33■3 Goujons spécifiques

33■31 Goujons à souder

Le soudage des goujons permet notamment :

- d'éviter le perçage-taraudage du logement,
- de lier des goujons sur des supports minces.

GOUJON SOUDÉ

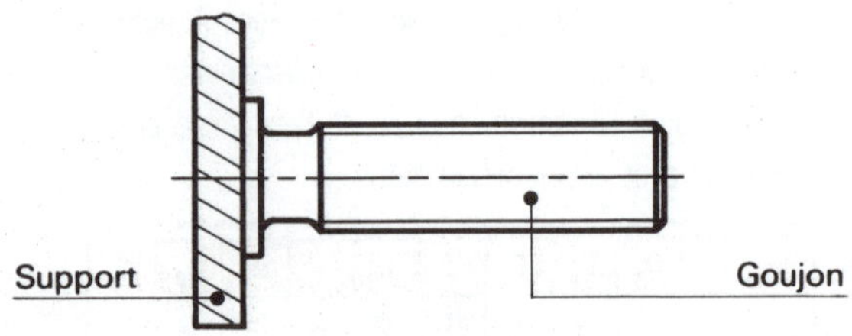

PRINCIPE DU SOUDAGE ÉLECTRIQUE DES GOUJONS

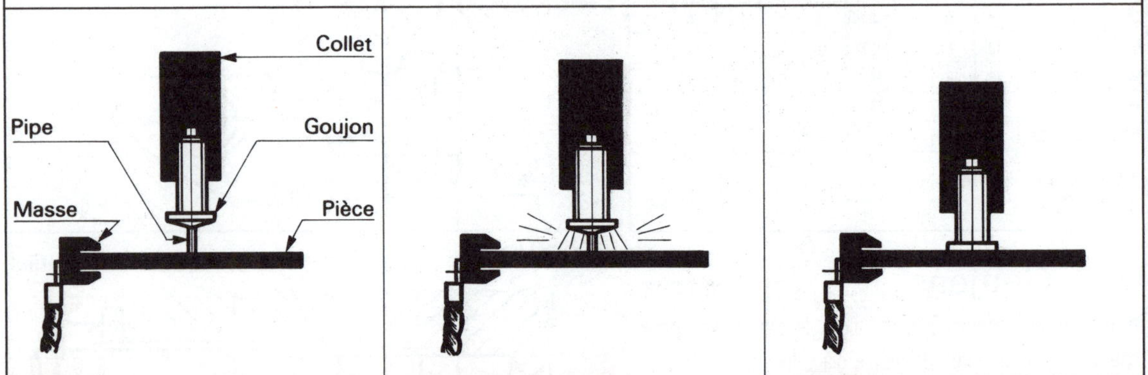

1. Mise en position | 2. Amorçage - Fusion | 3. Forgeage

L'amorçage de l'arc est produit grâce à la forme générale de l'extrémité du goujon. De la durée très courte de l'arc, il résulte une faible pénétration du goujon dans le support (0,1 à 0,3 mm). On peut ainsi souder des goujons sur des supports très minces ou recouverts du côté opposé à la soudure.

REMARQUE :

Par cette méthode il est également possible de souder d'autres types de pièces, du moment que la forme de l'embase à souder est respectée.

GOUJON À SOUDER*

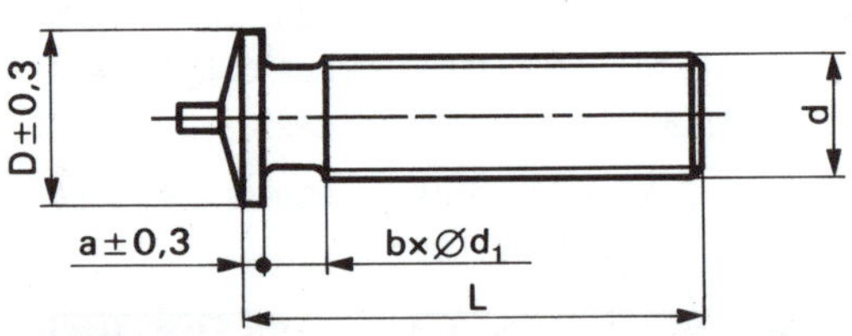

EXEMPLE DE DÉSIGNATION :
Goujon à souder, M d – l, **M.F.O.M.**

d	M 3	M 4	M 5	M 6	M 8
d_1	2,67	3,54	4,48	5,35	7,18
D	4,5	5,5	6,5	7,5	9,5
a	0,5	0,6	0,7	0,8	1
b	1,5	1,5	2	2	3

SOUDABILITÉ	Matière du goujon			
Support	Ac. dx	Ac. inox.	A-G3	Cu Zn 39
Acier doux	■	■		■
Ac. doux galvanisé	■	■		
Aciers de construction	■	■		■
Z 10 CNT 18-08	■	■		■
A5-AG3-AG4			■	

L	M 3	M 4	M 5	M 6	M 8
6	■	■			
8	■	■	■	■	
10	■	■	■	■	■
12	■	■	■	■	
16	■	■	■	■	■
20	■	■	■	■	■
25	■	■	■	■	■
30		■	■	■	■
35		■	■	■	■
40			■	■	■
45				■	■
50				■	■

* M.F.O.M., 75010 - Paris.

33.32 Goujons à sertir

Les goujons à sertir sont conçus pour une pose rapide et facile dans des tôles :

- en acier laminé à froid,
- en laiton,
- en cuivre,
- en alliage d'aluminium.

PRINCIPE :
Les goujons, une fois insérés dans les trous, sont enfoncés à l'aide d'une presse classique jusqu'à affleurement de la tête. On obtient ainsi une tige filetée liée solidement avec une tôle.

d	D	e	S	d_1	L
M 2	3,5	1	4,8	2,21	6-8-10
M 3	4,5	1	5,5	3,33	6-8-10-12-14-16-18
M 4	5,5	1	7	4,27	10-12-14-16-18-20-30-40
M 5	6,5	1	7	5,26	10-12-14-16-18-20-30-40
M 6	8	1,5	8	6,25	10-12-14-16-18-20-30-40

EXEMPLE DE DÉSIGNATION :
Goujon à sertir, M d – L, AGUILAR.

GOUJONS À SERTIR*

Acier cadmié

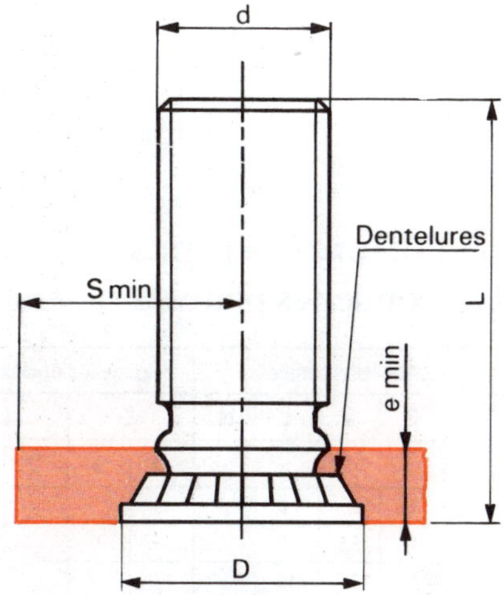

LOGEMENT

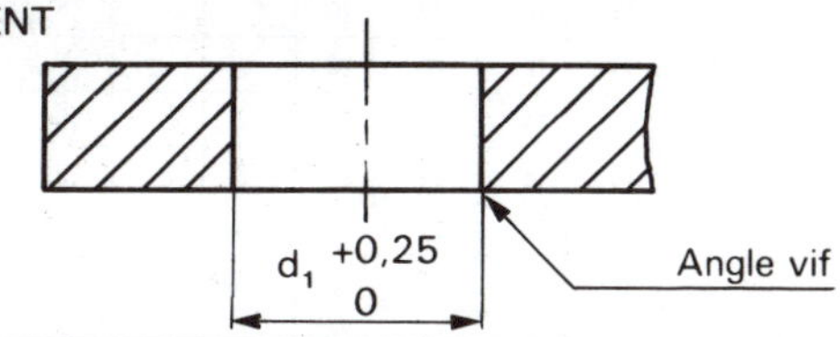

33.33 Goujons-inserts

Ces goujons sont mis en place dans une pièce en thermoplastique par pose thermique ou par ultrasons qui engendrent une plastification permettant l'enfoncement du goujon-insert.

REMARQUE :
Pour les thermodurcissables, on peut utiliser un goujon-insert de surmoulage (§ 32.5)

d	D	l	L	d_1	l_1	e	d	D	l	L	d_1	l_1	e
M2,5	4,1	5	5	3,7	6,5	1,5	M 4	6,1	7,5	15	5,7	9	2
			10				M 5	7,3	9	10	6,9	10,5	2
M 3	4,7	5,5	5	4,3	7	1,8				15			
			10							20			
			15				M 6	8,7	10	10	8,3	12	2,5
M 4	6,1	7,5	5	5,7	9	2				15			
			10							20			

EXEMPLE DE DÉSIGNATION :
Goujon-insert HIT-SERT, M d – L, OTALU.

GOUJON-INSERT « HIT-SERT »**

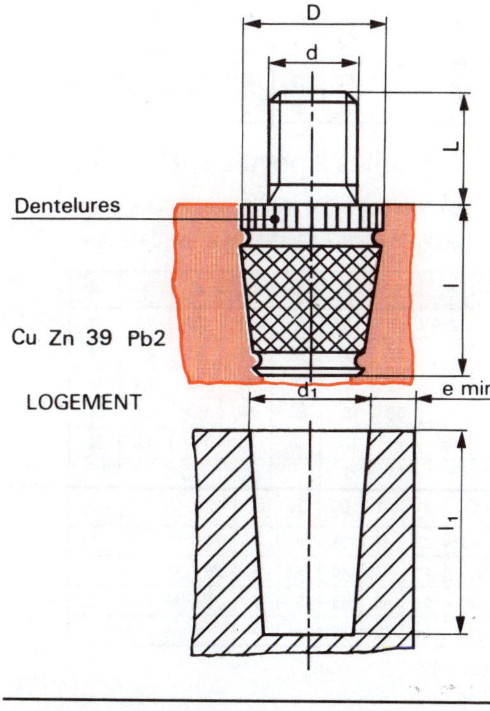

* Aguilar, 59000 - Lille.
** OTALU, 73490 - La Ravoire.

34 Rondelles d'appui

Les rondelles d'appui évitent de marquer les pièces en augmentant la surface de contact. Certains types permettent :

- le freinage des vis et des écrous (chapitre 36) ;
- l'étanchéité (§ 44.2).

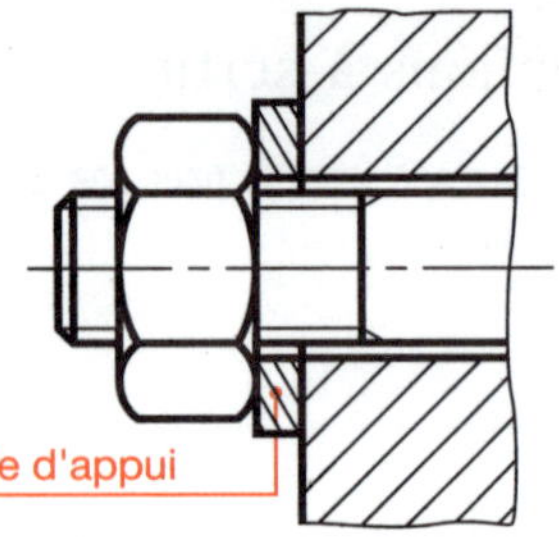

34.1 Différents types

34.11 Rondelles plates

d	Rondelles normales					Rondelles épaisses			
	e	Z	M	L	LL	Z		L	
		D				D	e	D	e
1,6	0,5	3,5	5	6					
2	0,5	4	5,5	7					
2,5	0,5	5	7	10					
3	0,8	6	8	12	14				
4	0,8	8	10	14	16				
5	1	10	12	16	20				
6	1,2	12	14	18	24	12	2	16	3
8	1,5	16	18	22	30	16	3	22	4
10	2	20	22	27	36	20	3	27	4
12	2,5	24	27	32	40	24	3,5	32	5
(14)	2,5	27	30	36	45	30	4	40	5
16	3	30	32	40	50	32	4,5	45	6
20	3	36	40	50	60	40	5	55	6
24	4	45	50	60	70	50	6	65	7
30	4	52	60	70	80	60	7		
36	5		70	80	90				

RONDELLES PLATES
Normales : NF E 25-514 Épaisses : NF E 25-518

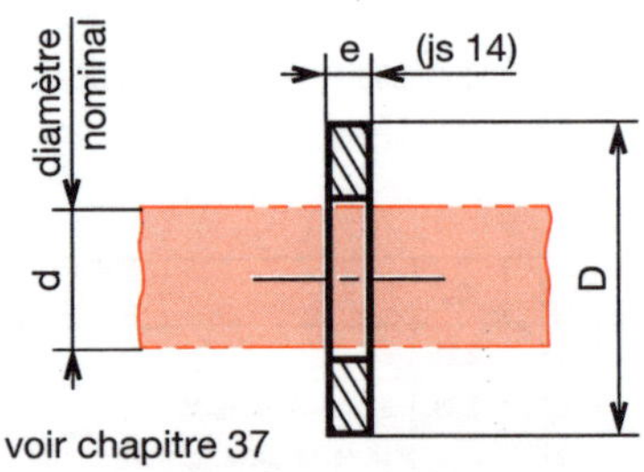

Matière : voir chapitre 37

Rondelle	Normale NF E 25-514				Épaisse NF E 25-518	
Série	Étroite	Moyenne	Large	Très large	Étroite	Large
Symbole	Z	M	L	LL	Z	L

34.12 Rondelles à portée sphérique

Les rondelles à portée sphérique sont utilisées lorsque la face d'appui du support est oblique par rapport à l'axe de la vis.

RONDELLES À PORTÉE SPHÉRIQUE* NF E 27-615

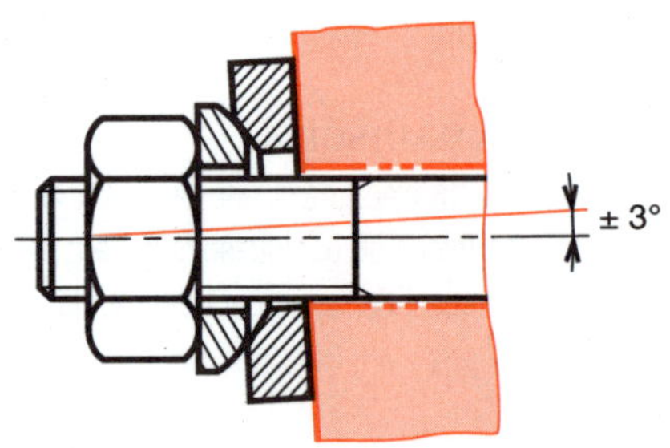

d	D_1	e_1	a	R	d	D_1	e_1	a	R
5	10,5	2	0,4	7,5	16	30	5,3	1,3	22
6	12	2,3	0,7	9	20	36	6,3	2	27
8	17	3,2	0,6	12	24	44	8,2	2,4	32
10	21	4	0,8	15	30	56	11,2	3,6	41
12	24	4,6	1,1	17	36	68	14	4,6	50
(14)	27	5	1,2	22					

d	D_2	D_3	e_2	d	D_2	D_3	e_2	d	D_2	D_3	e_2
5	15	9,25	2,5	12	35	20	6	24	60	37	10
6	17	11	4	(14)	40	24,8	6	30	68	48	10
8	23	14,5	5	16	45	26	7	36	80	60	12
10	28	18,5	5	20	50	31	8				

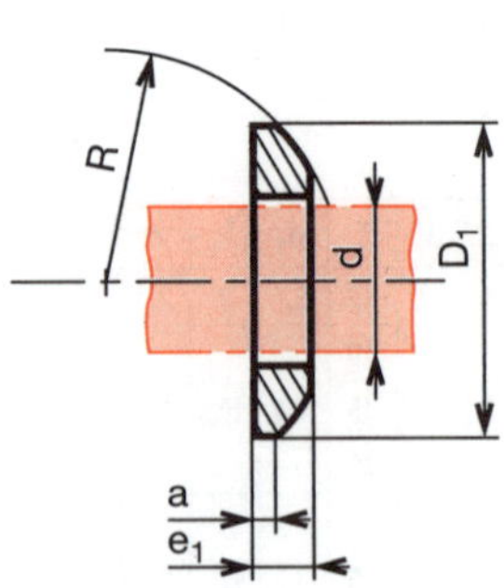

16 NC 6 bruni

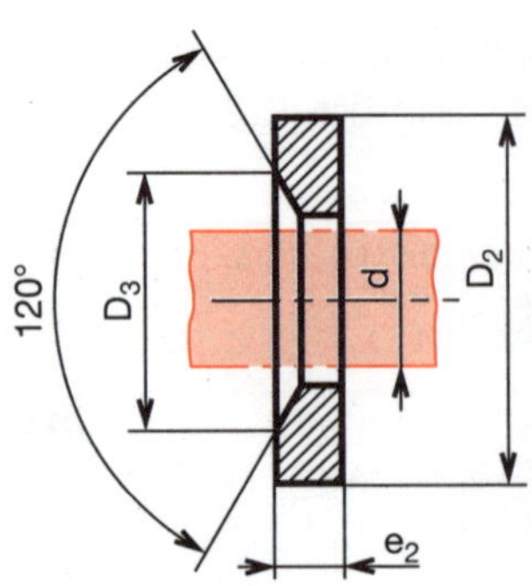

XC 38 bruni

* Norelem, 91882 - MASSY.

34 ■ 13 Rondelles fendues amovibles

d	D	d_1	d_2	E	e_1	e_2
4	16	4,25	12	6	0,75	5,25
6	22	6,25	16	8	1	7
8	28	8,25	20	9	1,25	7,75
10	34	10,25	25	10	1,50	8,50
12	40	12,5	30	11	1,75	9,25
14	48	14,5	33	12	2	10
16	56	16,5	37	13	2	11
20	64	21	45	14	2,5	11,5
24	74	25	55	16	3	13
30	86	31	65	18	3	15
36	100	37	75	20	3	17

Ces rondelles permettent le démontage d'une pièce sans qu'il soit nécessaire d'enlever l'écrou. En effet, après desserrage d'un peu plus d'un tour d'écrou, on peut retirer la rondelle et démonter la pièce **A**. Elles sont surtout utilisées dans les montages d'usinage.

RONDELLE FENDUE AMOVIBLE **NF E 27-616**

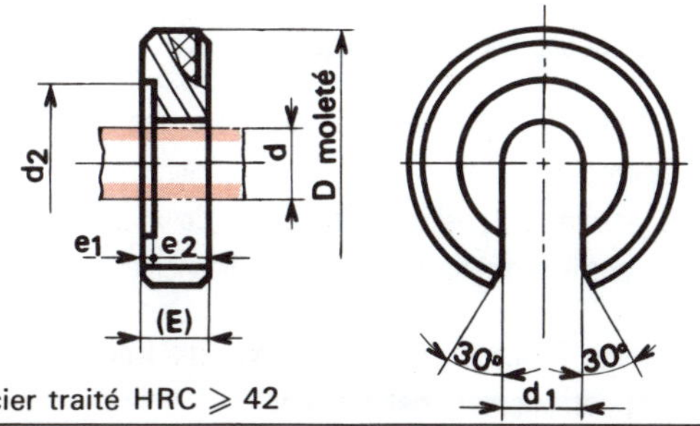

Acier traité HRC ⩾ 42

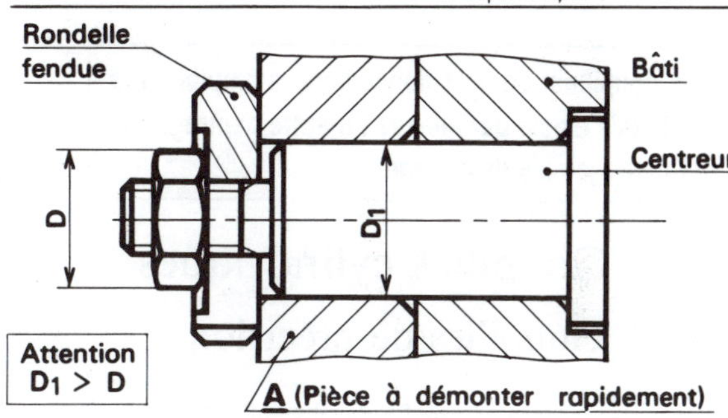

34 ■ 14 Rondelles fendues pivotantes*

d	a	d_1	R	e	r
4	13	4,25	8	6	6
6	19	6,25	11		
8	21	8,25	14	10	8
10	23	10,25	17		
12	29	12,5	20		
14	31	14,5	24	14	10
16	33	16,5	28		
20	35	21	32		
24	45	25	37		
30	51	31	43	20	12
36	57	37	50		

d	p	t	v	y	q	x	s
4	4	10	5	1	6	8	6
6 à 10	6	14	6	1,6	10	10	8
12 à 20	8	18	7	2	14	12	10
24 à 36	10	22	9	2,5	20	15	12

RONDELLE FENDUE PIVOTANTE **NF E 27-617**

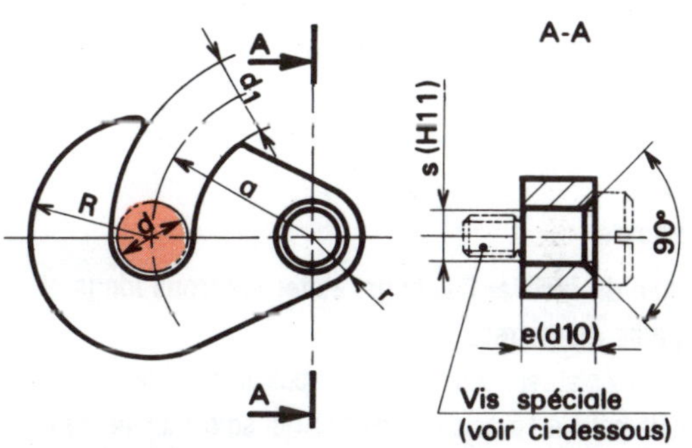

Acier traité HRC ⩾ 42

VIS POUR RONDELLE FENDUE PIVOTANTE
NF E 27-169

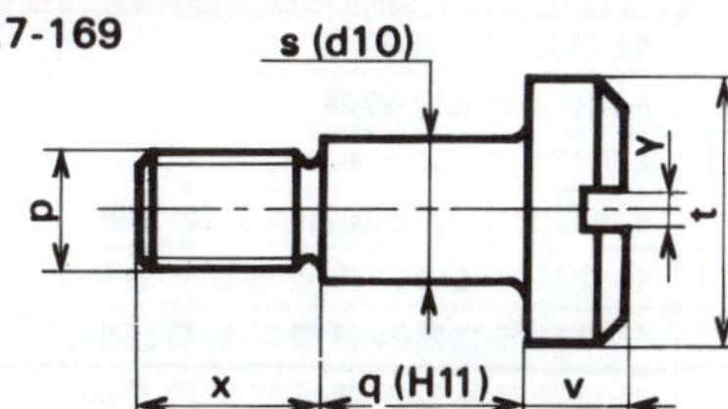

Acier classe 6.8 traité HRC ⩾ 42

EMPLOIS :

Mêmes genres d'utilisations que les rondelles précédentes, sauf qu'elles restent fixées à la pièce **A**.

Exemples de désignation dimensionnelle :

- Rondelle plate, normale, série moyenne, diamètre nominal **d** = 10 : **Rondelle M 10,** NF E 25-514
- Rondelle fendue pivotante, diamètre nominal **d** = 10, et sa vis, de cote **p** = 6 : **Rondelle fendue pivotante 10,** NF E 27-617 — **Vis 6,** NF E 27-169

* Voir aussi G.T. 27.25.

35 Goupilles

Une goupille est une cheville métallique. Elle sert :

- soit à immobiliser une pièce par rapport à une autre pièce (goupille d'arrêt).
- soit à assurer la position relative de deux pièces (goupille de positionnement ou pied de positionnement).

Afin de faciliter l'usinage et le démontage **un trou de goupille est normalement débouchant**.

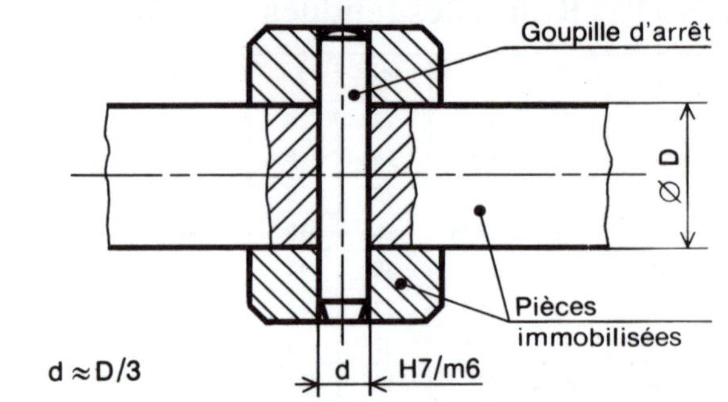

Les goupilles de positionnement s'emploient à l'unité (s'il existe par ailleurs un autre centrage) ou par deux, jamais davantage.

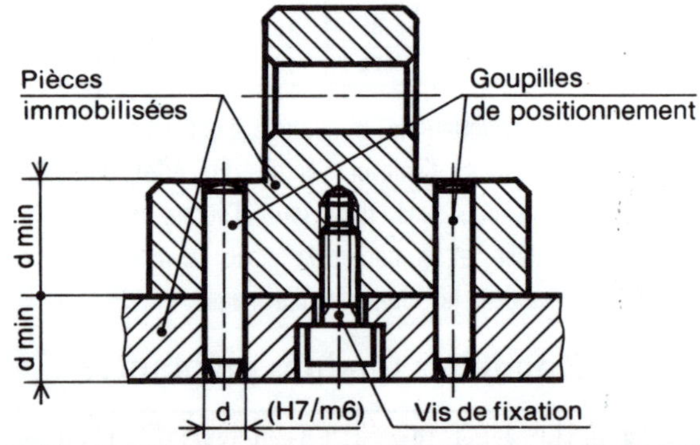

35 ▪ 1 Goupilles cylindriques

35 ▪ 11 Goupilles de précision

Les goupilles cylindriques sont fréquemment réalisées :

- en acier calibré, genre « Stulos » au chrome-vanadium éventuellement traité pour HRC ⩾ 60,
- en acier de cémentation traité pour HRC ⩾ 60.

Si le trou est borgne dans une pièce, et afin de pouvoir en extraire la goupille, on choisit une goupille cylindrique à trou taraudé.

REMARQUES :

- **Afin de faciliter l'usinage, éviter les trous longs et de petits diamètres.**
- Le méplat sur les pieds de positionnement à trou taraudé permet l'évacuation de l'air qui se comprime dans les trous borgnes lors du montage.

D	d	L*
2	–	6-8-10-12-14-16-18-20
2,5	–	6-8-10-12-14-16-18-20-24
3	–	8-10-12-14-16-18-20-24-28-32-36
4	–	8-10-12-14-16-18-20-24-28-32-36-40-45-50
5	–	10-12-14-16-18-20-24-28-32-36-40-45-50-55-60
6	M4	10-12-14-16-18-20-24-28-32-36-40-45-50-55-60
8	M5	16-18-20-24-28-32-36-40-45-50-55-60-70-80-90
10	M6	24-28-32-36-40-45-50-55-60-70-80-90-100-120
12	M6	28-32-36-40-45-50-55-60-70-80-90-100-120
16	M8	40-45-50-55-60-70-80-90-100-120-140-150

EXEMPLE DE DÉSIGNATION :

Goupille de positionnement cylindrique, D – L, NF E 24-475

* A partir de D = 4, Fabrication : Rabourdin, 93161-Noisy-Le-Grand.

GOUPILLES CYLINDRIQUES NF E 27-475

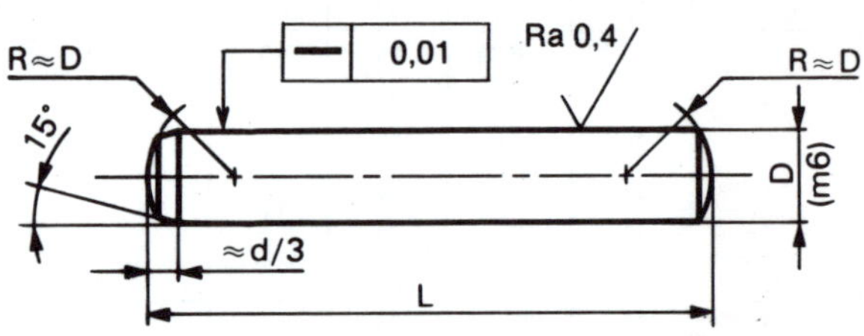

GOUPILLES CYLINDRIQUES À TROU TARAUDÉ NF E 27-476

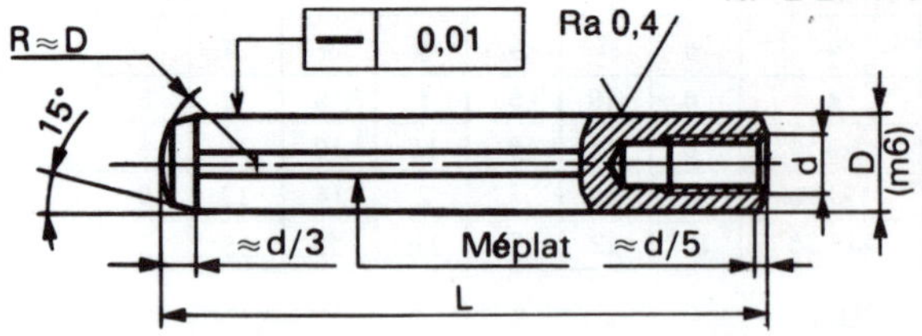

Principe du démontage

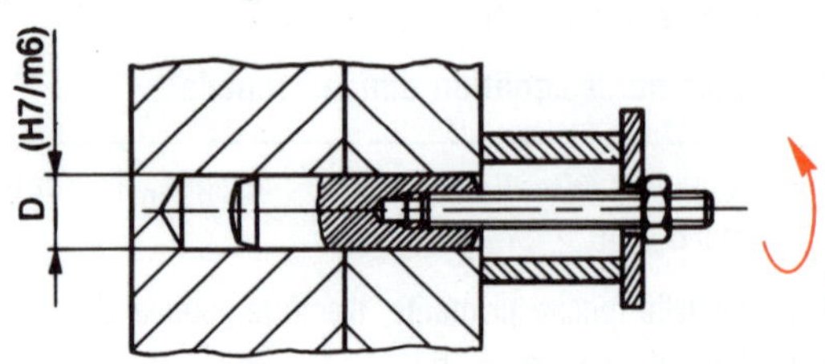

35.12 GOUPILLAGES ÉCONOMIQUES

Les goupilles cylindriques précédentes exigent des ajustements très précis.

Afin d'obtenir des goupillages plus économiques et suffisamment précis pour un grand nombre d'applications, on réalise des goupilles qui se maintiennent par déformation élastique.

35.121 GOUPILLES CANNELÉES

On réalise trois cannelures suivant trois génératrices d'une tige cylindrique (voir section). Au montage les parties a, b, c, d, e et f acceptent une petite déformation élastique et réalisent le serrage.

Diamètres d	
Goupilles	1-1,2-1,5-2-2,5-3-3,5-4-5
	6-7-8-9-10-12-14-16
Clous	1,4-1,7-2-2,5-3-3,5-4-5-6-8

Longueurs L **	
De 2 à 10 fois le diamètre avec l'échelonnement suivant :	
de 4 à 10 tous les mm	de 45 à 100 tous les 5 mm
de 12 à 40 tous les 2 mm	de 110 à 160 tous les 10 mm

EXEMPLE DE DÉSIGNATION :

Goupille cannelée G1, d × L **NF E 27-492**

Préparation des trous

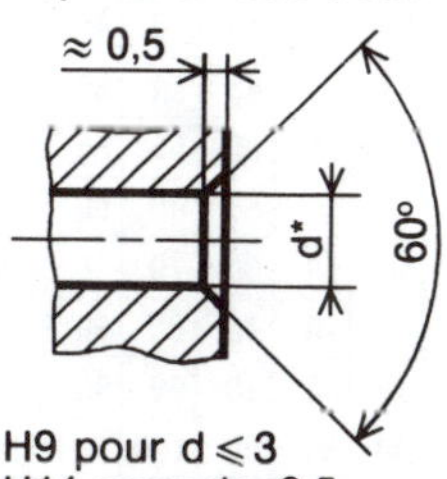

* H9 pour d ⩽ 3
H11 pour d ⩾ 3,5

Section des cannelures

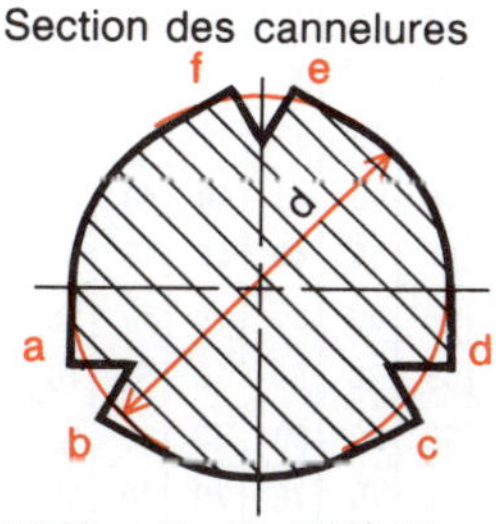

10F2 - R min 600MPa

NF E 27-492
Type G1
Pièces longues L > 6d

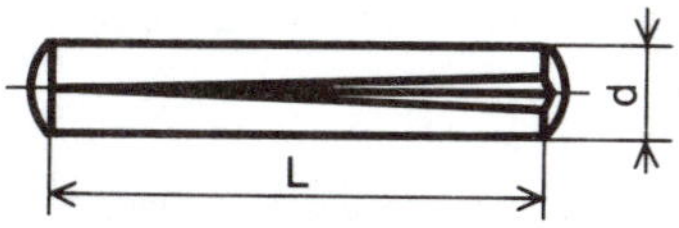

NF E 27-496
Type G7
Pièces courtes L ⩽ 6d

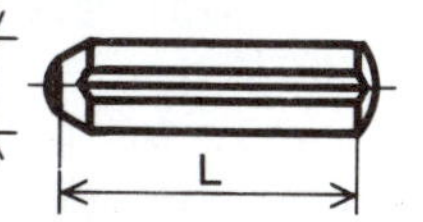

NF E 27-493
Type G2
Trous débouchants

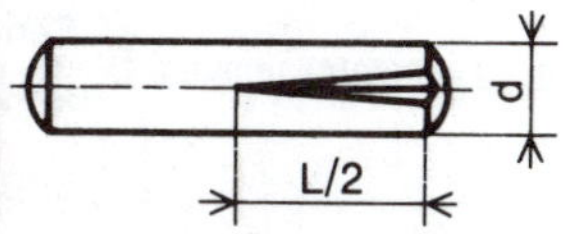

NF E 27-494
Type G5
Trous borgnes

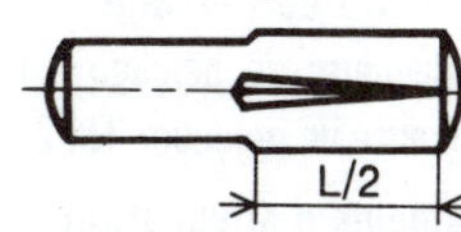

NF E 27-495
Type G6
Axe de chape

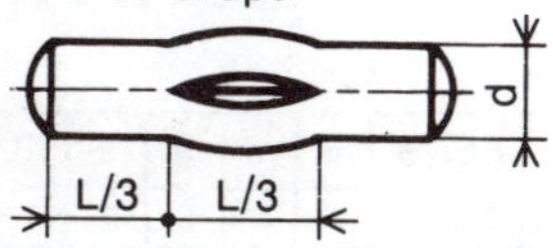

NF E 27-497
Type G8

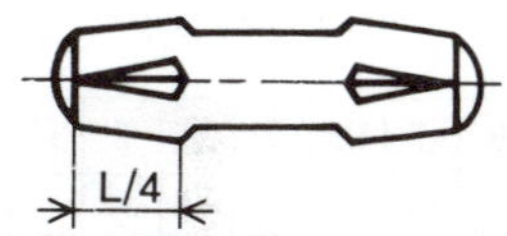

NF E 27-498
Type GG2
Trous débouchants

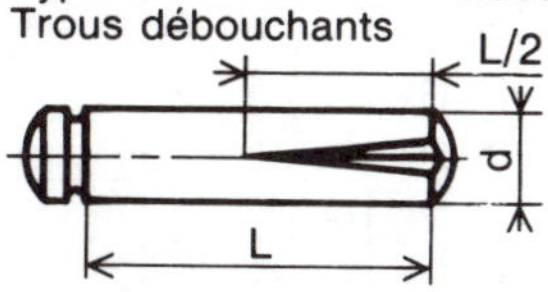

Attache-ressort — Anneaux élastiques — Type GG5
Trous borgnes

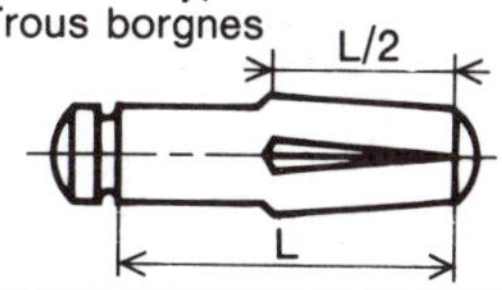

NF E 27-499
Type CTR
Fixation pièces minces

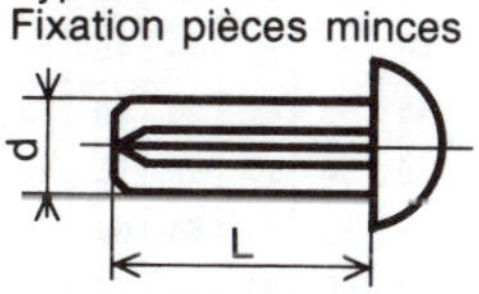

NF E 27-500
Type CTF

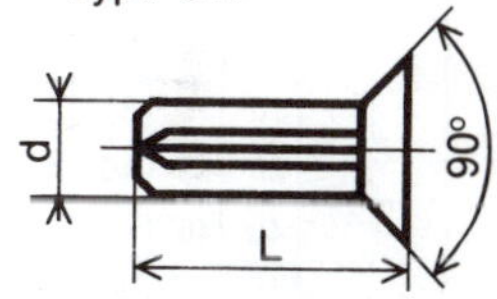

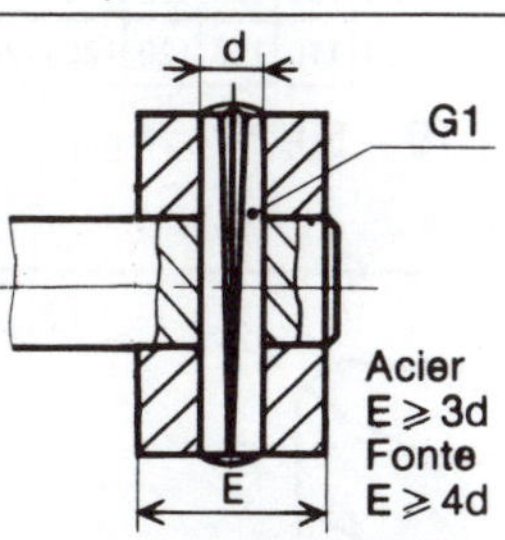

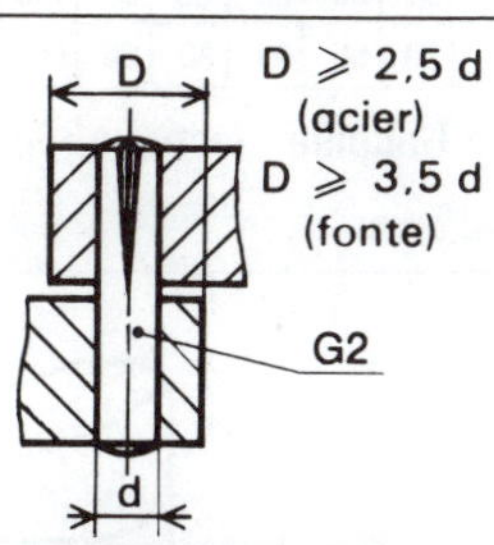

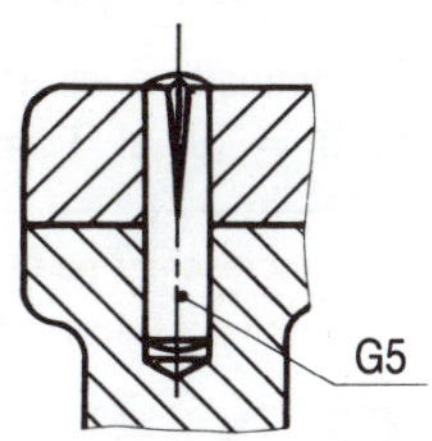

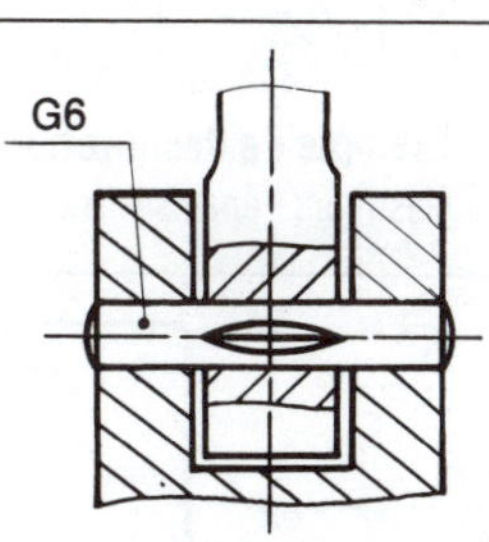

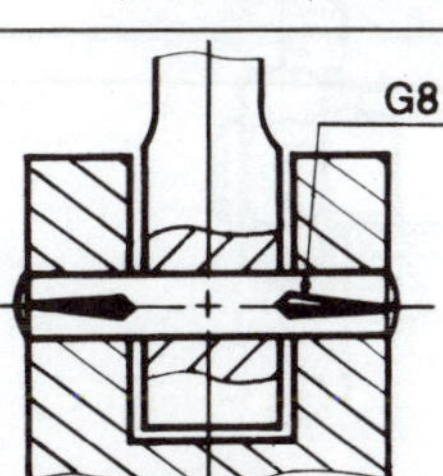

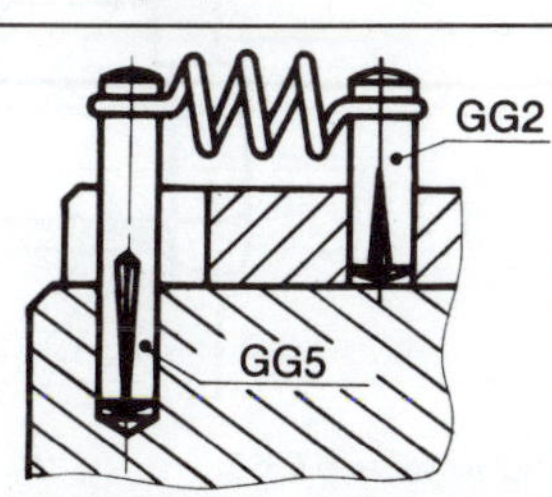

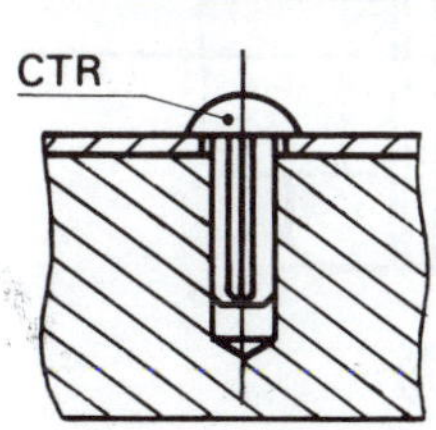

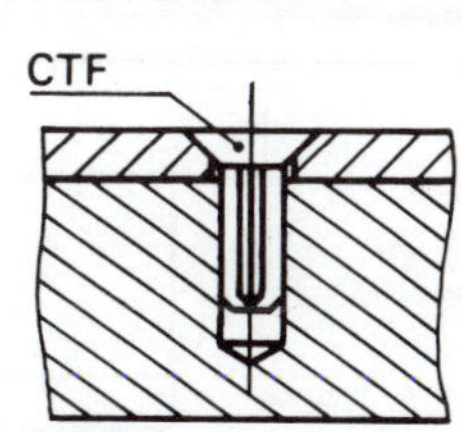

** Fabrication : La Goupille cannelée, L.G.C., 49290-Avrillé.

35.122 Goupilles élastiques*

Ces goupilles sont obtenues par enroulement d'une bande d'acier à haute résistance (traité et revenu pour R ≈ 1400 MPa).

La série épaisse est celle utilisée normalement.

La série mince est utilisée pour les pièces délicates. Dans le cas d'efforts importants, on peut introduire deux goupilles l'une dans l'autre : montage « compound ».

Diamètre de perçage :

Le diamètre de perçage est égal au diamètre nominal **D**.
Tolérance de perçage : **H12.**

Exemples d'application :

- Goupilles d'arrêt (fig. 1).
- Goupille évitant aux boulons la sollicitation au cisaillement (fig. 2).

GOUPILLES ÉLASTIQUES NF E 27-489

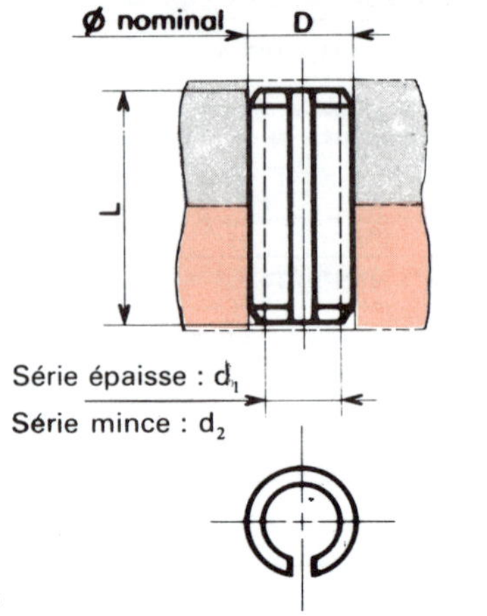

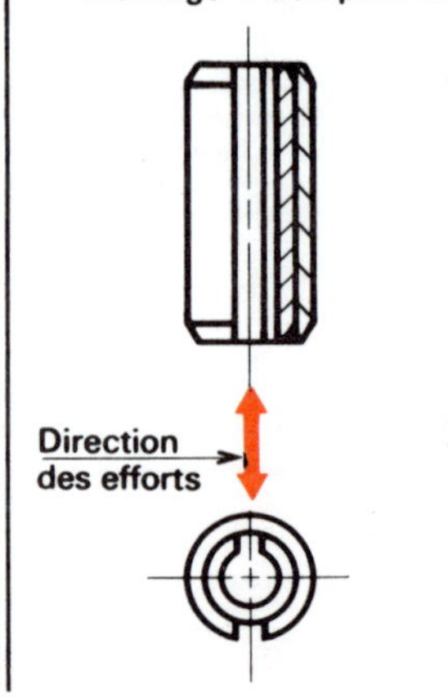

D	1	1,5	2	2,5	3	3,5	4	4,5	5	6	7	8	9	10	11	12	13	14	15	16	18	20	22	24	26	28	30	32	34
d_1	0,6	0,9	1,2	1,5	1,8	2,3	2,4	2,5	3	3,6	4,6	5	5	6	7	7	8	8	9	10	12	13	14	15,5	17	18,5	20	21	21
d_2	–	1,1	1,6	2	2,4	2,9	3,2	3,7	4	4,8	5,8	6,5	7	8	9	10	10,6	11	12	13	14,5	16	17	19	21	23	24	26	27
	5	5	5	5	6	6	8	8	10	10	10	12	12	15	15	15	15	15	15	15	20	20	20	20	20	20	25	25	25
	6	6	6	6	8	8	10	10	12	12	12	15	15	18	18	18	18	18	18	18	25	25	25	25	25	25	30	30	30
	8	8	8	8	10	10	12	12	15	15	15	18	18	20	20	20	20	20	20	20	30	30	30	30	30	30	35	35	35
	10	10	10	10	12	12	15	15	18	18	18	20	20	25	25	25	25	25	25	25	35	35	35	35	35	35	40	40	40
	12	12	12	12	15	15	18	18	20	20	20	25	25	30	30	30	30	30	30	30	40	40	40	40	40	40	45	45	45
L	15	15	15	15	18	18	20	20	25	25	25	30	30	35	35	35	35	35	35	35	45	45	45	45	45	45	50	50	50
	18	18	18	18	20	20	25	25	30	30	30	35	35	40	40	40	40	40	40	40	50	50	50	50	50	50	55	55	55
	20	20	20	20	25	25	30	30	35	35	35	40	40	45	45	45	45	45	45	45	55	55	55	55	55	55	60	60	60
		25	25	25	30	30	35	35	40	40	40	45	45	50	50	50	50	50	50	50	60	60	60	60	60	60	70	70	70
		30	30	30	35	35	40	40	45	45	45	50	50	55	55	55	55	55	55	55	70	70	70	70	70	70	80	80	80
			35	35	40	40	45	45	50	50	50	55	55	60	60	60	60	60	60	60	80	80	80	80	80	80	90	90	90
			40	40	45	45	50	50	55	55	55	60	60	70	70	70	70	70	70	70	90	90	90	90	90	90	100	100	100
					50	50	55	55	60	60	60	70	70	80	80	80	80	80	80	80	100	100	100	100	100	100	110	110	110
						55	60	60	70	70	70	80	80	90	90	90	90	90	90	90	110	110	110	110	110	110	120	120	120

Exemple de désignation dimensionnelle d'une goupille élastique épaisse de cotes **D** = 10 et **L** = 50 :

Goupille élastique, épaisse, 10 – 50, NF E 27-489

(1)

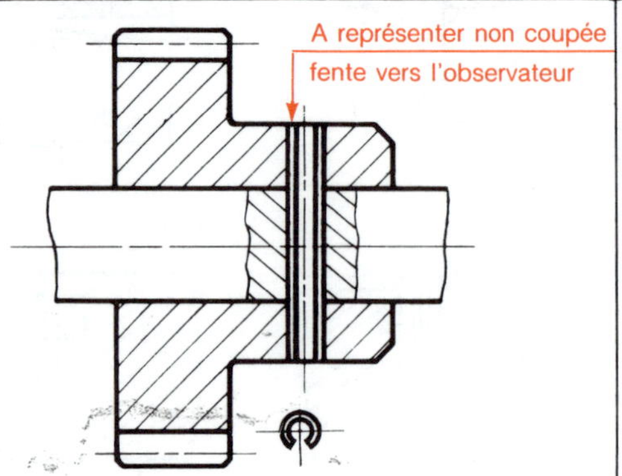

(2)

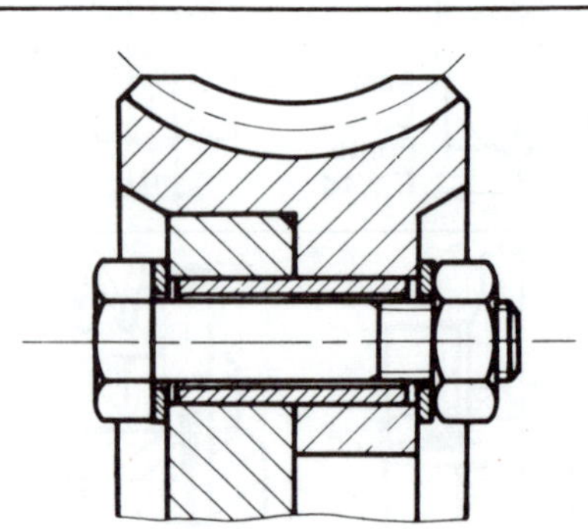

NOTA : Voir aussi § 35.3.

* Fabricant : Mécanindus, 95310 Saint-Ouen-l'Aumône.

35 ■ 2 Tétons poinçonnés

Pour des pièces en tôle, ou pour des pièces d'épaisseur relativement faible, il peut être intéressant, pour des raisons d'encombrement ou d'économie, d'obtenir des tétons de positionnement en effectuant un déplacement de matière par découpage partiel.

TÉTONS POINÇONNÉS

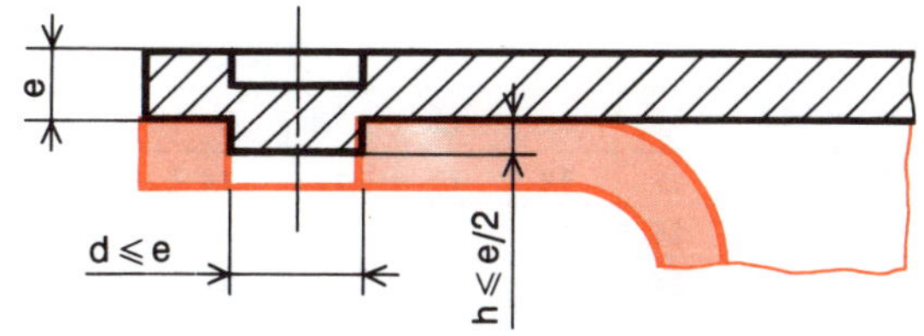

35 ■ 3 Douilles de centrage

Les douilles assurent le positionnement des éléments en permettant le passage des vis de fixation. On obtient ainsi :

- un gain en encombrement,
- une protection contre une sollicitation éventuelle au cisaillement des vis de fixation.

Les douilles de centrage lisses sont utilisées pour des alésages de positionnement débouchant et les douilles de centrage taraudées pour des alésages de positionnement borgnes.

d	d_1	D	L
8	10	15	6-12-20-30-40
10	12	18	6-15-20-30-40
12	14	20	6-8-17-25-30-40
14	16	24	6-8-18-25-30-40
16	18	26	8-18-25-30-40

EXEMPLE DE DÉSIGNATION :
Douille de centrage taraudé, type 522, D × L, **Rabourdin***

DOUILLES À TROU LISSE

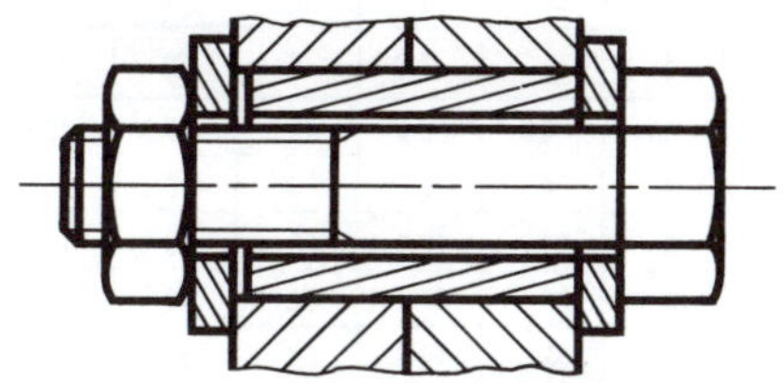

DOUILLES À TROU TARAUDÉ

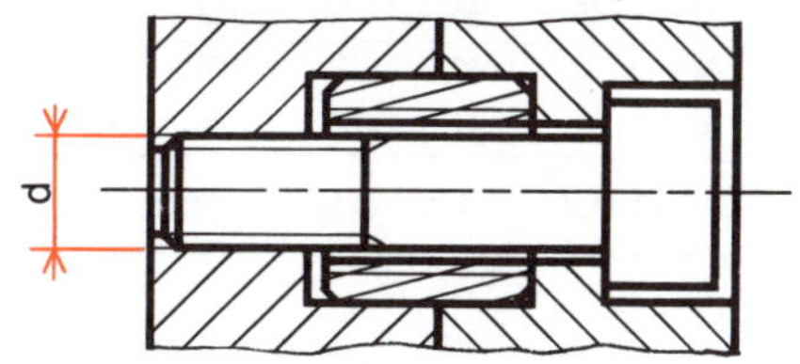

NOTA : Principe de démontage § 35.11

Type 522

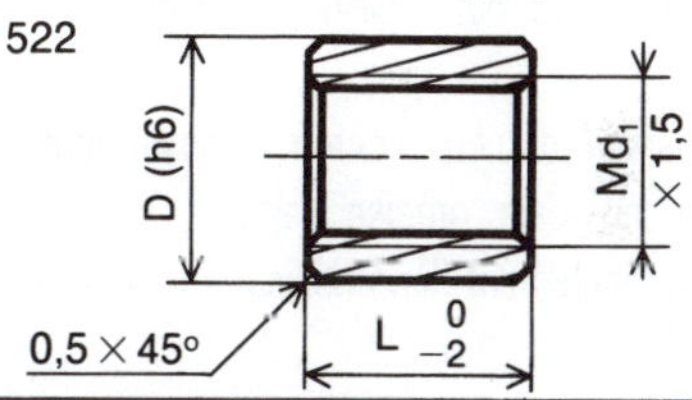

XC10 traité
HRC ⩾ 60

35 ■ 4 Goupilles d'axe

35 ■ 41 Goupilles épingle

Ces goupilles sont particulièrement recommandées pour des liaisons devant être fréquemment montées et démontées sans outillage spécifique.
Elles sont réutilisables après démontage.

d	d_1	D	E	F	L	d	d_1	D	E	F	L
0,9	1,1	4- 6	6	25	22	2,7	3	11-18	20	78	70
1,2	1,4	5- 8	9,5	35	31,5	3	3,4	12-20	21,5	84	76
1,5	1,7	6-10	10,5	42	37	3,5	4	13-22	24	96	84
1,8	2	7-12	12	48	46	4	4,5	15-25	27,5	110	96
2	2,2	9-14	15	62	53	4,5	5	18-30	32	124	115
2,4	2,6	10-16	17	70	60	—	—	—	—	—	—

EXEMPLE DE DÉSIGNATION :
Goupille épingle, type 4000, d-L, **Safil****

GOUPILLES ÉPINGLE *** Type 4000

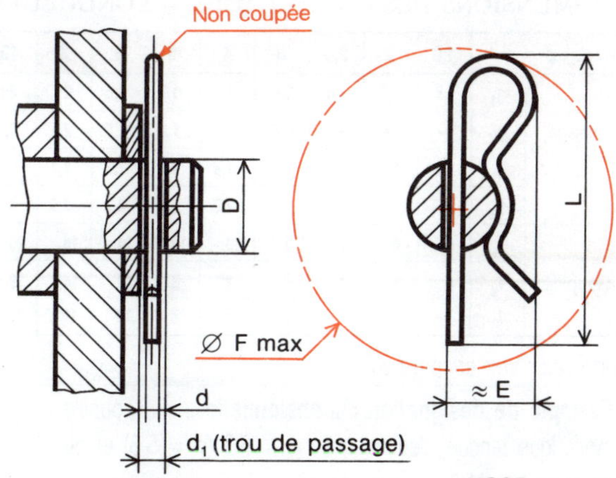

XC65

* Rabourdin, 93161 - Noisyl-le-Grand.
** Safil, 45420 - Bonny-sur-Loire.

*** On dit aussi « goupilles bêta ».

35 ■ 42 Goupilles cylindriques fendues

g	0,6	0,8	1	1,2	1,6	2	2,5
d	0,5	0,7	0,9	1	1,4	1,8	2,3
a	1,6	1,6	1,6	2,5	2,5	2,5	2,5
b	2	2,4	3	3	3,2	4	5
l min	4	5	6	8	8	12	18
	5	6	8	10	10	14	20
	6	8	10	12	12	16	22
	8	10	12	14	14	18	25
g	**3,2**	**4**	**5**	**6,3**	**8**	**10**	**13**
d	2,9	3,7	4,6	5,9	7,5	9,5	12,4
a	3,2	4	4	4	4	6,3	6,3
b	6,4	8	10	12,6	16	20	26
l min	16	20	28	36	56	71	71
	18	22	32	40	63	80	80
	20	25	36	45	71	90	90
	22	28	40	50	80	100	100
	25	32	45	56	90	112	112
	28	36	50	63	100	125	125
	32	40	56	71	112	140	140
ATTENTION	La longueur l n'est pas la longueur hors tout.						

EMPLOIS :

■ Ces goupilles sont surtout utilisées comme freins d'écrous.

Le freinage par goupille derrière l'écrou impose pour le trou g_1 une position axiale précise (emploi à éviter).

■ Elles permettent également l'immobilisation en translation d'axes lisses.

GOUPILLE CYLINDRIQUE FENDUE — NF E 27-487

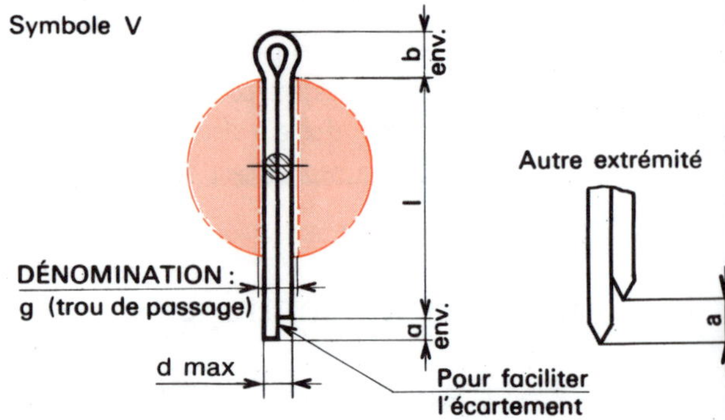

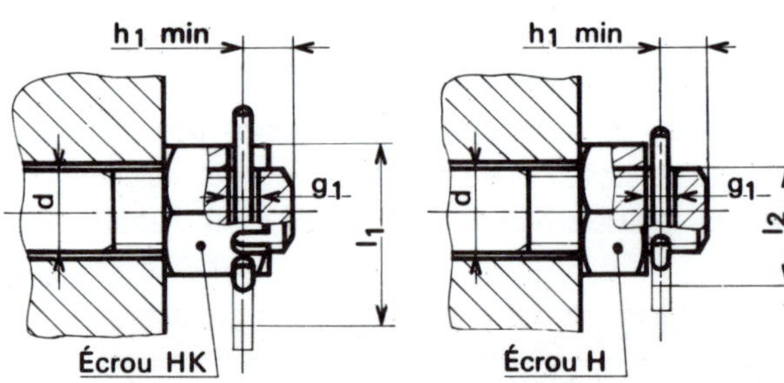

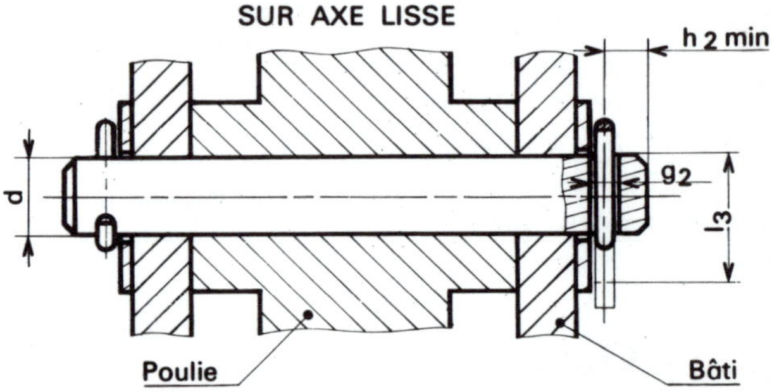

DIMENSIONS DES GOUPILLAGES — LONGUEURS NÉCESSAIRES AUX GOUPILLES (NF E 27-488)																					
d		1,6	2	2,5	3	4	5	6	8	10	12	14	16	18	20	22	24	27	30	33	36
Perçage	g_1	0,6	0,6	0,6	0,8	1	1,2	1,6	2	2,5	3,2	3,2	4	4	4	5	5	5	6,3	6,3	6,3
	g_2	—	—	—	0,8	1	1,2	1,6	2	3,2	3,2	4	4	5	5	5	6,3	6,3	8	8	8
	h_1	1,2	1,2	1,2	1,5	1,8	2	2,5	3,2	3,8	4,5	4,5	5,3	5,3	5,3	6,8	6,8	6,8	8,7	8,7	8,7
	h_2	—	—	—	1,6	2,2	2,9	3,2	3,5	4,5	5,5	6	6	7	8	8	9	9	10	10	10
Goupille	l_1	5	6	8	8	10	12	14	18	25	28	32	36	40	40	45	50	56	63	71	71
	l_2	4	4	4	5	8	8	10	14	18	22	25	28	28	32	36	40	40	50	50	56
	l_3	—	—	—	5	8	8	10	14	18	22	25	28	32	36	36	45	45	56	56	63

Matières : voir chapitre 37.

Exemple de désignation dimensionnelle d'une goupille cylindrique fendue, dénomination **g** = 6,3 (**d** = 5,6) et de longueur **l** = 71 :

Goupille V 6,3-71, **NF E 27-487**

36 Freinage des vis et des écrous

Du fait des tolérances d'exécution, il existe entre les filets de la vis et ceux de l'écrou un jeu **j.** Dans le cas de vibrations, chocs ou dilatations provoquant une légère extension de la vis, il arrive qu'il n'y ait plus de contact entre les filets de la vis et ceux de l'écrou. Un desserrage est alors possible.

ÉTUDE DU DESSERRAGE

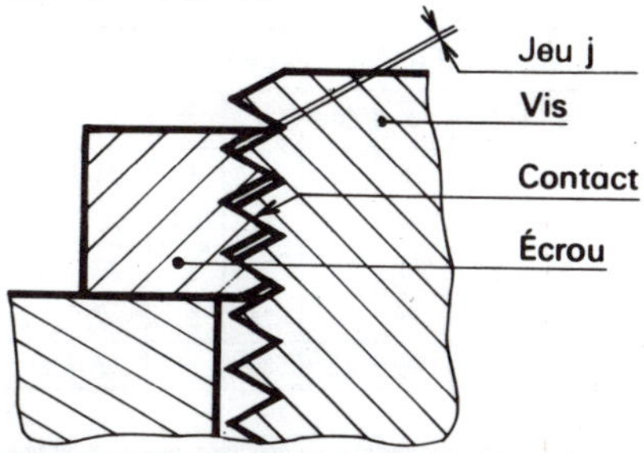

36 ■ 1 Freinages à sécurité relative

Ces dispositifs remédient à l'absence de contact expliqué ci-dessus. Cependant **ils n'apportent pas la certitude absolue d'un desserrage impossible.**

36 ■ 11 Contre-écrou

On obtient un ensemble de deux écrous bloqués sur le filet de la vis.

On peut utiliser :

■ soit deux écrous H (§ 22.11), industriellement cette solution est peu fréquente ;

■ soit un écrou H et un contre-écrou « Pal » (§ 36.13).

FREINAGE PAR CONTRE-ÉCROU

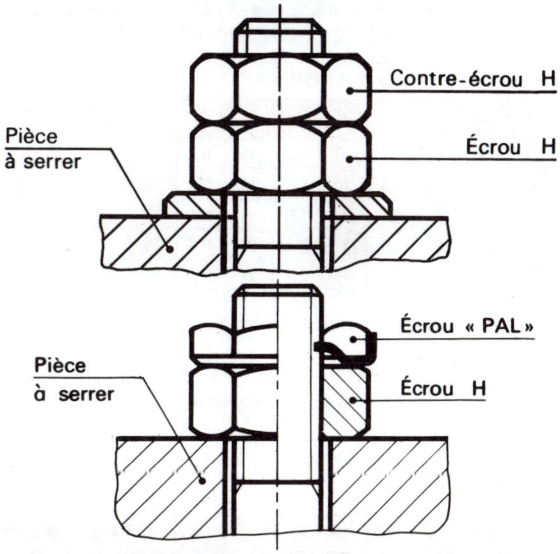

36 ■ 12 Freinage par collage

Il est possible de freiner une vis ou un écrou en enduisant les filets (localement ou totalement) d'une colle (Loctite Freinfilet, Araldite, etc.) ou d'un vernis spécial.

FREINAGE PAR COLLAGE

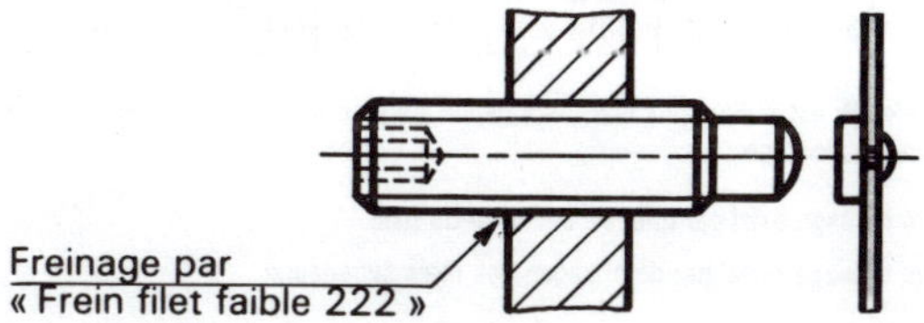

PRINCIPALES COLLES				
Type	**Température °C**	**Rg***	**Jeu max.**	**Emplois**
Frein filet faible 222	– 55 + 150	1,5	0,25	Freinage des vis de réglage, vis en laiton, aluminium et grands diamètres à pas fin.
Frein filet normal 242	– 55 + 150	4	0,25	Freinage vis et écrous standards. Démontage avec outillage classique.
Frein filet fort 270	– 55 + 150	8	0,25	Blocage permament de vis, goujons et écrous.

* Contrainte maximale au cisaillement en mégapascal.
D'après Framet, 60304 - Senlis.

36.13 ÉCROUS AUTO-FREINÉS

ÉCROUS ÉLASTIQUES « PAL »*

NF E 27-460

d	Pas	a	h	d	Pas	a	h	d	Pas	a	h
3	0,5	5,5	2	10	1,5	16	4,2	24	3	36	7,2
4	0,7	7	2,2	12	1,75	18	4,5	30	3,5	46	8
5	0,8	8	2,5	(14)	2	21	5	36	4	55	9
6	1	10	3	16	2	24	5	42	4,5	65	12
8	1,25	13	3,5	20	2,5	30	–	48	5	75	15

- S'utilise comme écrou d'assemblage à condition qu'il ne subisse que de faibles efforts axiaux.
- S'utilise comme contre-écrou notamment s'il y a de fortes vibrations ou si l'on veut que l'écrou ne comprime pas trop le matériau (caoutchouc, plastique).

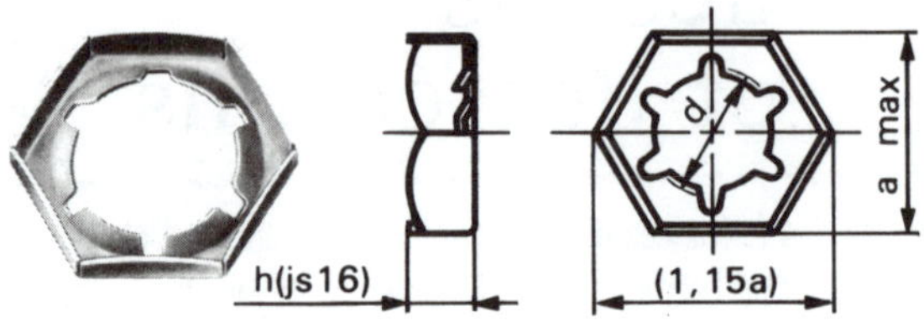

XC 60 – Cu Zn 9P – Z6 CN 18-09

EXEMPLE DE DÉSIGNATION :
Écrou élastique en tôle, M 10, NF E 27-460.

ÉCROUS AUTO-FREINÉS **

NF E 25-409

d	Pas	a	h	d	Pas	a	h	d	Pas	a	h
2,5	0,45	5	4,3	8	1,25	13	10,8	20	2,5	30	22,7
3	0,5	5,5	4,5	10	1,5	16	12,4	24	3	36	28,4
4	0,7	7	5,7	12	1,75	18	14,2	30	3,5	46	33,6
5	0,8	8	6,3	(14)	2	21	16,6	36	4	55	40,5
6	1	10	8	16	2	24	18,8	42	4,5	65	47,1

Le dispositif de freinage se compose d'une bague non filetée en polyamide (nylon). Le freinage est réalisé :

- par la force axiale qui se produit dès que la vis entre en contact avec la bague,
- par l'action radiale du frein due à sa compression.

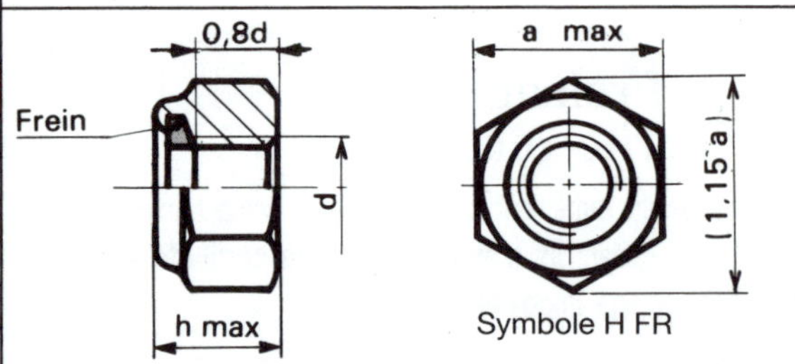

Symbole H FR

Emploi : −40°C à 100°C
Acier classe 8 – 5086 – Cu Zn 40
Acier classe 10 – 2017 – Z6 CN 18-06

EXEMPLE DE DÉSIGNATION :
Écrou H FR, M 10 NF E 25-409.

ÉCROUS A DÉFORMATION DU FILETAGE « Tristop »*

NF E 27-415

d	Pas	a	h	d	Pas	a	h	d	Pas	a	h
5	0,8	8	5	10	1,5	16	9	16	2	24	14
6	1	10	6	12	1,75	18	11	—	—	—	—
8	1,25	13	7,5	(14)	2	21	12	—	—	—	—

Le freinage est obtenu par une déformation trilobée de la partie conique. Il en résulte au montage :

- un freinage axial par effet de décalage du pas,
- un freinage radial par déformation des filets supérieurs.

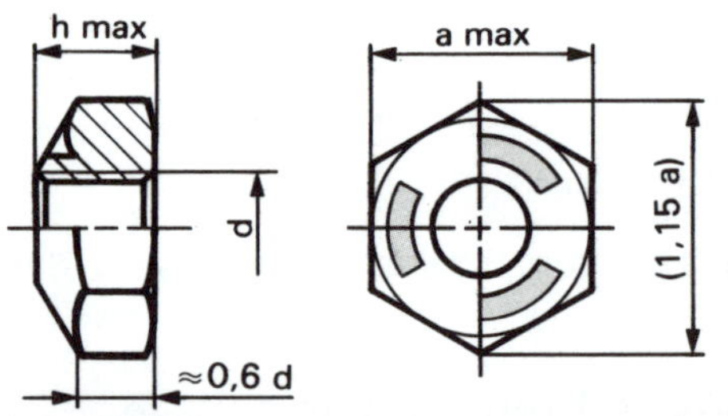

Emploi jusqu'à 250°C — Acier classe 8

EXEMPLE DE DÉSIGNATION :
Écrou auto-freiné par déformation du filetage, M 10, NF E 27-415.

ÉCROUS HAUTE TEMPÉRATURE « MHT »**

d	Pas	a	h	d	Pas	a	h	d	Pas	a	h
5	0,8	8	6,5	10	1,5	16	12	16	2	24	19,2
6	1	10	8,4	12	1,75	18	15,6	20	2,5	30	22,4
8	1,25	13	9,2	(14)	2	21	17,2	—	—	—	—

La partie conique de l'écrou comporte six fentes, on rapproche par déformation permanente les différentes parties de l'élément conique.

Au montage, la vis oblige les six secteurs de la partie conique à se relever.

Cette déformation est élastique et réalise l'autofreinage de l'écrou.

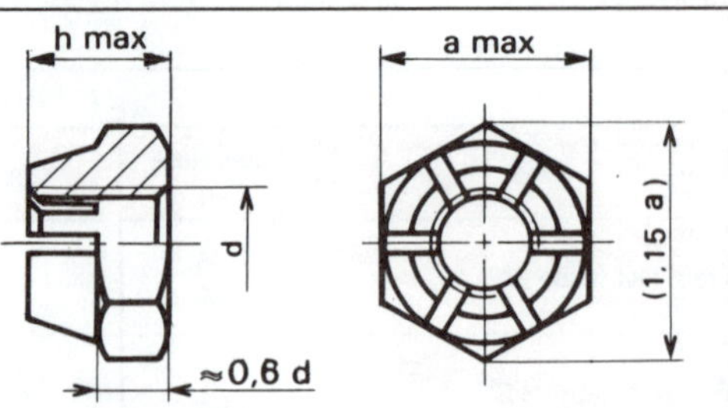

Emploi jusqu'à 550°C — Acier classe 10

EXEMPLE DE DÉSIGNATION :
Écrou MHT, M 10, Simmonds.

* Nomel, 61550 - La Ferté-Frenel.
** Simmonds, 92152 - Suresnes.

ÉCROUS « TWOLOK® »*

d	Pas	a	D	H	h	d	Pas	a	D	H	h
4	0,7	7	10,2	4,55	3,2	8	1,25	13	18,2	8,9	6,5
5	0,8	8	12,2	5,6	4	10	1,5	17	22,2	10,7	8
6	1	10	14,2	6,8	5	12	1,75	19	27,2	13	10

Classe de qualité des vis ⩾ 8.8 (§ 37.2)

La déformation élastique de la rondelle conique limite les pertes de pression de contact; de plus, la denture de la rondelle s'oppose au dévissage de l'écrou. Elle s'utilise notamment s'il est nécessaire d'avoir une grande surface portante ou si l'accessibilité est difficile.

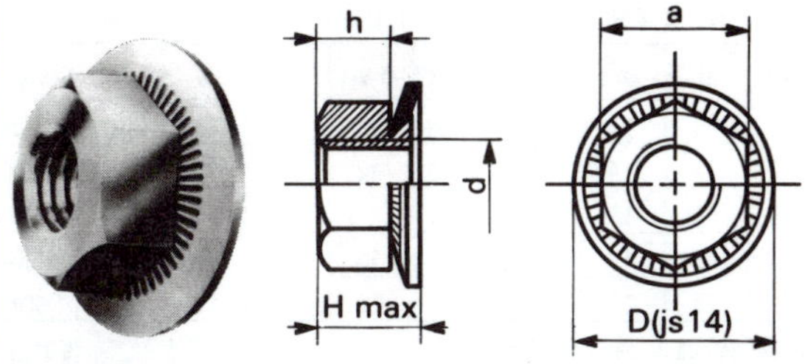

Écrou : Acier classe 8

EXEMPLE DE DÉSIGNATION :

Écrou Twolok, M 10, Nomel.

ÉCROUS SERPRESS** « Type SP »

d	Pas	a	D	h	e	d	Pas	a	D	h	e
3	0,5	5,5	7,5	3,25	0,5	6	1	10	12,5	5,45	0,7
4	0,7	7	9	3,95	0,5	8	1,25	13	16	7,25	0,8
5	0,8	8	10,5	4,65	0,6	—	—	—	—	—	—

C'est un écrou entièrement métallique et monobloc. Il s'utilise sans rondelle et il assure une pression de contact entre les éléments assemblés.

L'élasticité propre à l'écrou s'ajoute à l'allongement élastique de la vis. On obtient ainsi une « réserve élastique » d'environ sept fois celle d'un écrou H.

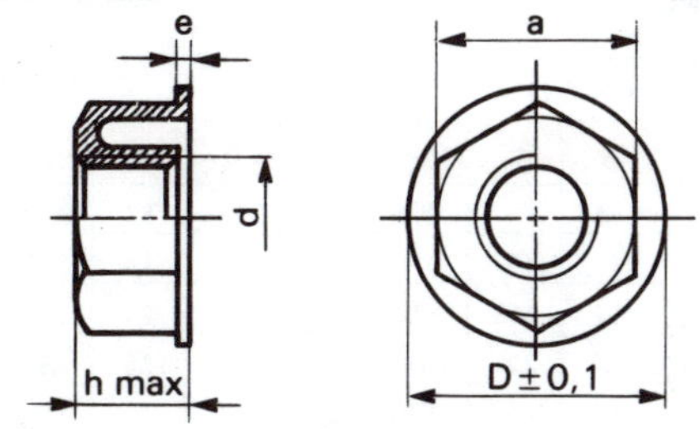

Acier E24

EXEMPLE DE DÉSIGNATION :

Écrou Serpress, M 10, Simmonds.

36 ■ 14 RONDELLES ÉLASTIQUES

RONDELLES GROWER

Série	Réduite symbole WZ NF E 25-516		Courante symbole W NF E 25-515		Forte symbole WL NF E 25-517	
d	b	e	b	e	b	e
3	5,2	0,6	5,2	1	6,2	1
4	7,3	1	7,3	1,5	8,3	1,2
5	8,3	1	8,3	1,5	10,3	1,5
6	10,4	1,2	10,4	2	12,4	1,8
8	13,4	1,5	13,4	2,5	15,4	2
10	16,5	1,8	16,5	3	18,5	2,5
12	20	2	20	3,5	23	3
(14)	23	2,5	23	4	25	3
16	25	2,5	25	4	29	3,5
20	31	3	31	5	35	4,5
24	37	3,5	37	6	39	4,5
30	45	4,5	45	7	—	—
36	—	—	53	8	—	—
42	—	—	61	9	—	—
48	—	—	69	10	—	—

Le freinage est obtenu grâce à l'élasticité de la rondelle. L'efficacité est augmentée du fait de l'incrustation des bords dans l'écrou (ou la tête de la vis) et dans la pièce.

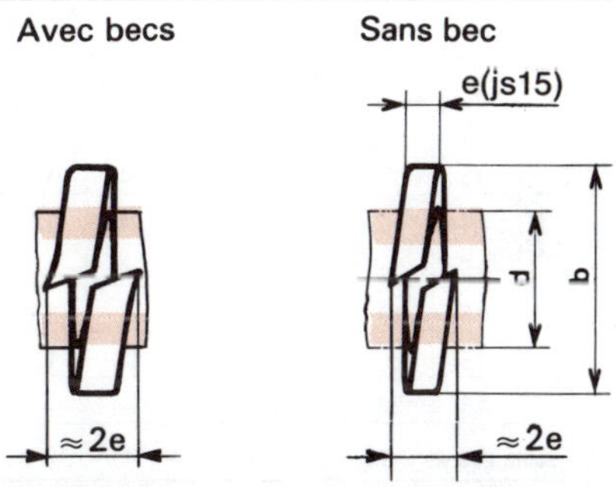

Acier XC 60 traité 44 ⩽ HRC ⩽ 50

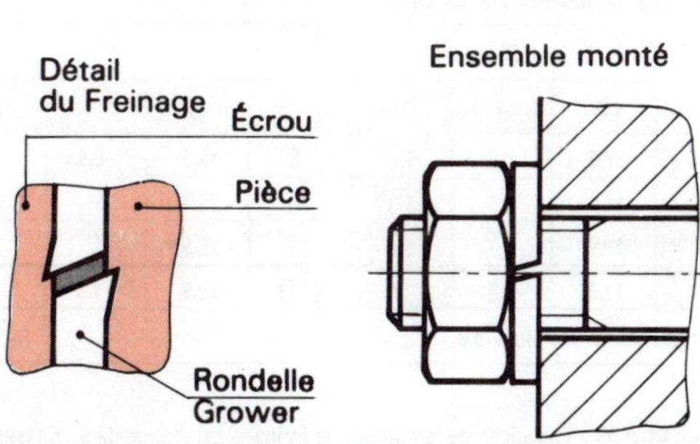

EXEMPLE DE DÉSIGNATION :

Rondelle, W 10, NF E 25-515

*Nomel, 61550 - La Ferté-Frenel.

**Simmonds, 92152 - Suresnes.

RONDELLES CONIQUES LISSES NF E 25-510

d vis	D	e	h	Charge*	d vis	D	e	h	Charge*
5	15	1,4	2,1	8100	10	20	2,6	3,3	33500
6	12	1,4	1,95	11500	12	24	3,2	3,95	48500
6	18	1,7	2,25	11500	(14)	32	3,4	4,25	66000
8	16	1,9	2,6	21000	16	32	3,4	4,15	90000
8	22	2,2	2,95	21000	20	38	5,2	5,7	140000

Classe de qualité des vis ≥ 8.8 (§ 37.2)

Voir également § 46.23.

Après serrage, la rondelle est plane. Elle conserve cependant ses propriétés élastiques et elle agit comme un fort ressort axial maintenant une pression constante entre les filets.

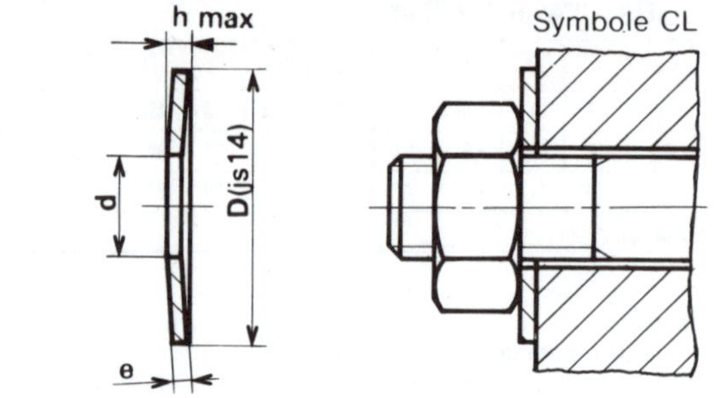

Acier XC 60 42 ≤ HRC ≤ 50

EXEMPLE DE DÉSIGNATION :

Rondelle CL d-D-h NF E 25-510

RONDELLES CONIQUES STRIÉES** NF E 25-511

d vis	D	e	h	Charge*	d vis	D	e	h	Charge*
3	8	0,6	1	2920	10	22	1,6	2,75	33700
4	10	1	1,5	5100	12	27	1,8	3,05	48900
5	12	1,2	1,85	8230	(14)	30	2,4	3,5	66700
6	14	1,4	2,2	11600	16	32	2,5	3,95	91000
8	18	1,4	2,4	21200	20	40	3	4,65	141000

Classe de qualité des vis ≥ 10.8 (§ 37.2)

Ce type de rondelles permet notamment :

- suppression de l'empilage de deux rondelles sur boutonnière,
- bons contacts électriques.

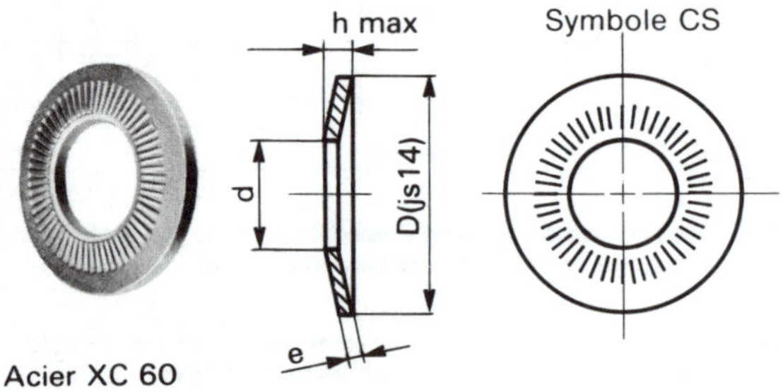

Acier XC 60

EXEMPLE DE DÉSIGNATION :

Rondelle CS d-D-h NF E 25-511

RONDELLES ONDULÉES 2 ONDES** NF E 27-620

d vis	D	e	h	Charge*	d vis	D	e	h	Charge*
2	4,5	0,3	0,9	900	10	21	1	3,4	25000
2,5	5	0,3	1	1500	12	24	1,2	3,8	37000
3	6	0,4	1,2	2200	(14)	28	1,5	4,4	50000
4	9	0,5	1,5	3800	16	30	1,5	4,8	68000
5	10	0,5	1,7	6100	20	36	1,6	5,6	105000
6	12	0,5	2	8700	24	44	1,8	6,4	150000
8	17	0,8	2,8	16000	—	—	—	—	—

Classe de qualité des vis ≤ 8.8 (§ 37.2).

Elles s'utilisent essentiellement lorsque la fixation est réalisée sur un support tendre (alliages légers, matières plastiques...).

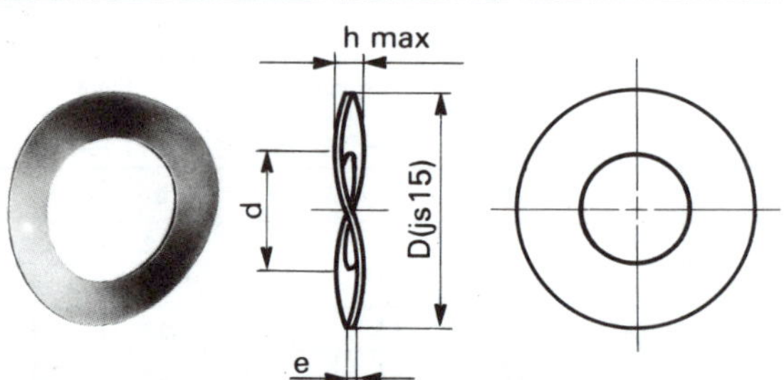

XC 60 U Be2 Z6 CN 18-09

EXEMPLE DE DÉSIGNATION :

Rondelle élastique ondulée à 2 ondes, 10, NF E 27-620.

RONDELLES « Flex »**

d vis	D	e	h	d vis	D		h
3	7,8	0,5	1,2	8	18,3	0,9	2,1
4	11	0,5	1,3	10	22,3	1	2,4
5	11,9	0,7	1,4	12	26,9	1,1	2,8
6	13,9	0,8	1,6	(14)	29,9	1,2	3

Classe de qualité des vis ≤ 8.8 (§ 37.2).

A l'effort axial dû à l'élasticité de la rondelle, le freinage est augmenté au desserrage grâce à la résistance offerte par les arêtes de l'évidement triangulaire.
Recommandées pour alliages légers, matières plastiques...

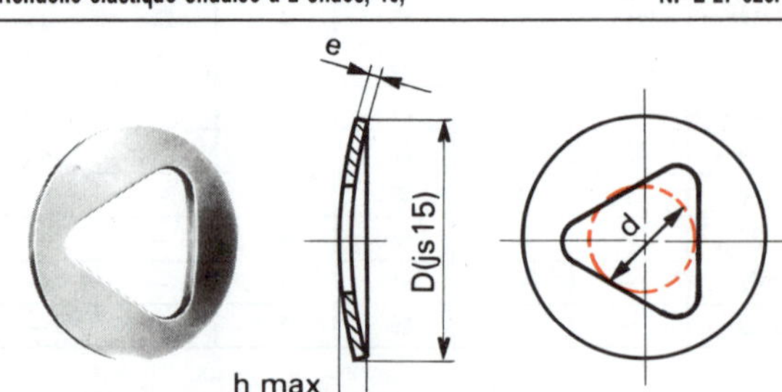

Acier XC 60

EXEMPLE DE DÉSIGNATION :

Rondelle « Flex », 10, Nomel.

* Charge d'aplatissement en newtons.

** Fabrication Nomel.

36 ■ 15 RONDELLES A DENTS**

d vis	A	B	e	B_1	e_1	B_2	e_2
1,6 *	1,65	3,4	0,4	—	—	—	—
2	2,05	4,5	0,6	—	—	4,5	0,45
2,5	2,55	5,5	0,6	—	—	5,5	0,6
3	3,05	6	0,7	12	1,25	6	0,6
4	4,1	8	0,9	15,5	2	8	0,75
5	5,1	9,2	1	17,5	2	10	0,9
6	6,1	11	1,1	18	2,25	12	0,9
8	8,2	14	1,3	22	2,5	15,5	1,2
10	10,2	18	1,4	26	2,75	19	1,2
12	12,3	20	1,5	30	3	23	1,5
(14)	14,3	24	1,6	33	3,5	27	1,8
16	16,3	26	1,8	36	3,5	31	1,8
20	20,5	32,5	2	—	—	—	—
24	24,5	38	2,2	—	—	—	—
30	30,6	48	2,4	—	—	—	—

S'utilise avec boulonnerie de classe de qualité ⩽ 8.

Denture extérieure
Symbole DEC
NF E 27-624

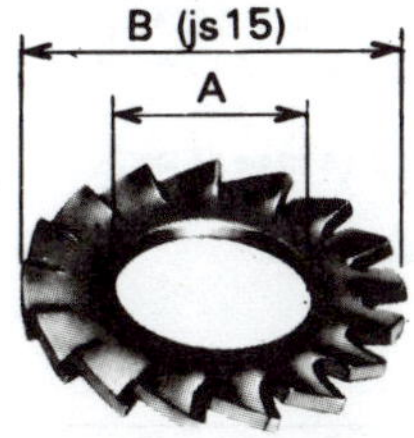

Denture intérieure
Symbole DIC
NF E 27-625

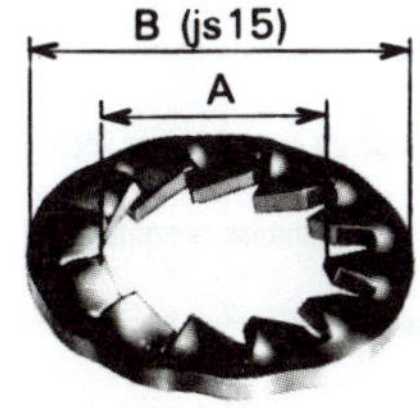

Double denture
Symbole DD
NF E 27-626

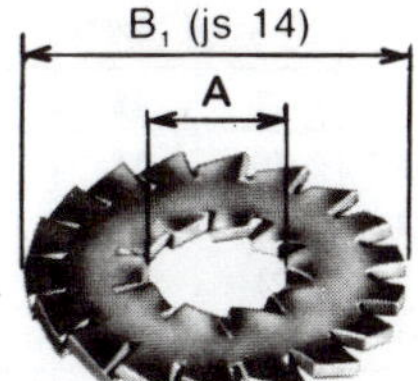

Forme concave
Symbole DEF
NF E 27-627

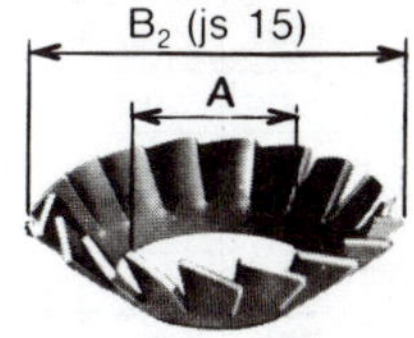

Photos Hachette

Le freinage est obtenu grâce à l'élasticité des dents et à l'incrustation des arêtes dans les pièces à freiner.

Le couple de freinage des rondelles à denture chevauchante est supérieur d'environ 40 % à celui des rondelles à denture non chevauchante.

Détail de la denture chevauchante

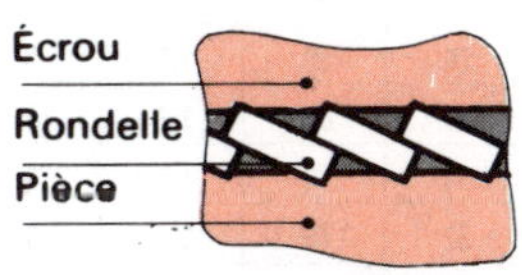

EMPLOIS :

Ces rondelles permettent d'obtenir un très bon freinage et des contacts électriques très convenables.

- **Denture extérieure :**

Elle s'utilise normalement avec un écrou ou une vis H.

- **Denture intérieure :**

Elle convient lorsque l'on recherche l'esthétique ou un non-accrochage des dents (trous de passage des vis à prendre dans la série fine § 31.5).

- **Double denture :**

Elle s'utilise pour des assemblages comportant des trous oblongs ou de diamètres supérieurs à ceux de la série large (§ 31.5).

- **Forme concave :**

Elle permet le freinage des vis à tête fraisée.

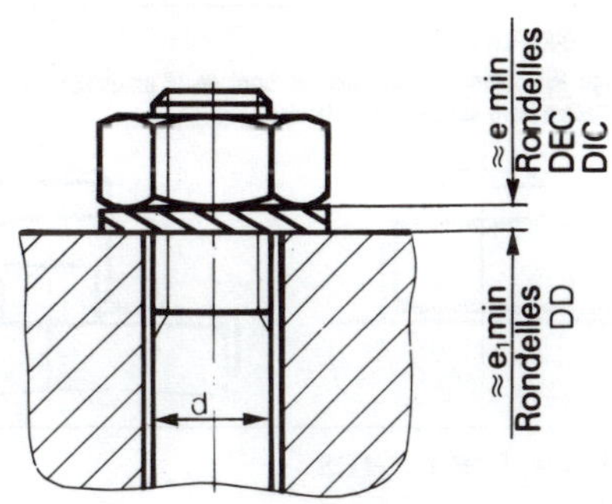

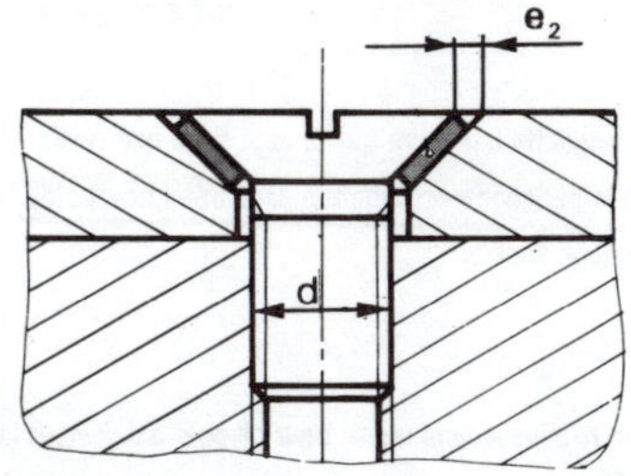

MATIÈRES :

- Acier à ressort XC 60 (HV ⩾ 400) avec ou sans protection (cadmié-cadmié biochomaté-zingué biochromaté).
- Bronze phosphoreux Cu Sn 9P, pour application, pour une bonne résistance à la corrosion, etc.
- Aciers inoxydables Z 6 CN 18-09 et Z8 CNDT 17-12 (HV ⩾ 300).

EXEMPLE DE DÉSIGNATION :
Rondelle à dents DEC 10 **NF E 27-624.**

* Denture intérieure seulement.

** Nomel, 61550 - La Ferté Frenel

36 ■ 2 FREINAGES A SÉCURITÉ ABSOLUE

ÉCROUS A CRÉNEAUX

Le freinage est réalisé par l'intermédiaire d'une goupille V (§ 35.42) passant dans l'un des créneaux de l'écrou et dans un trou préalablement percé de la vis.

Le réglage de la position de l'écrou est obtenu par sixième de tour.

Lors d'un démontage-remontage, on change la goupille V.

Dimensions des écrous à créneaux : voir § 32.1.

FREINS EN TÔLE

ou plaquettes arrêtoirs* — **NF E 27-614.**

d vis	a min	b +1 0	c ±1	f +1 0	g 0 −2	Épaisseur e Acier	Épaisseur e Cuivre Laiton
5	7	10	14	5	13	0,5	1
6	8	16	16	6	16	0,5	1
8	11	20	20	8	18	1	2
10	14	25	22	9	23	1	2
12	17	28	24	12	25	1	2
(14)	19	30	28	13	28	1	2
16	21	34	32	15	32	1	2
20	26	40	40	18	40	1	2
24	31	45	48	22	48	1,5	3
30	38	55	60	26	60	1,5	3
33	41	60	66	29	66	1,5	3
36	45	65	72	31	72	1,5	3
39	48	68	78	32	78	1,5	3
42	53	73	84	35	84	1,5	3

EXEMPLES D'APPLICATION :

Le freinage est obtenu en rabattant un bord de la plaquette sur la pièce et en relevant l'autre bord sur l'écrou ou la vis.

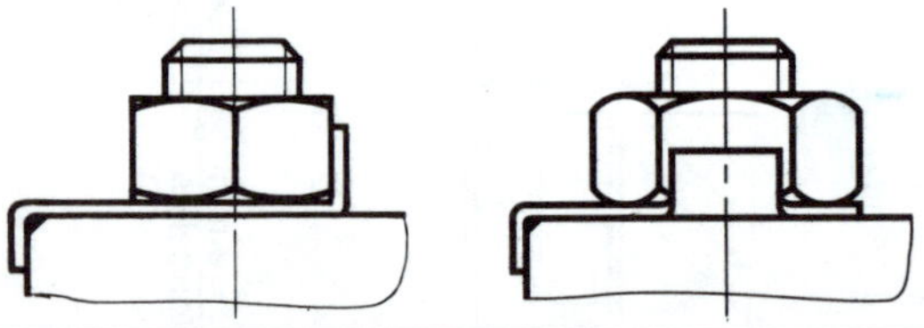

Frein rectangulaire

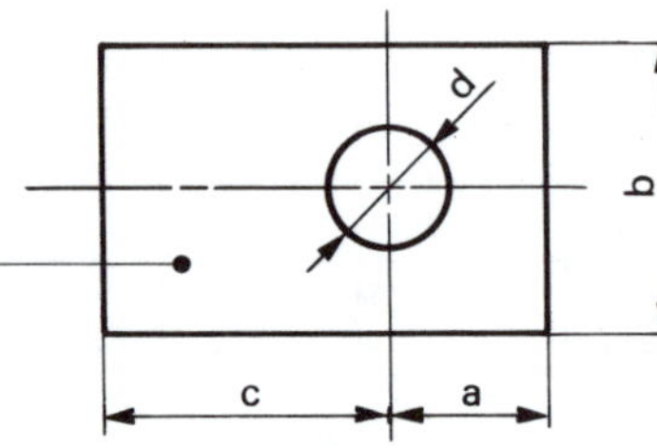

Frein droit à ailerons

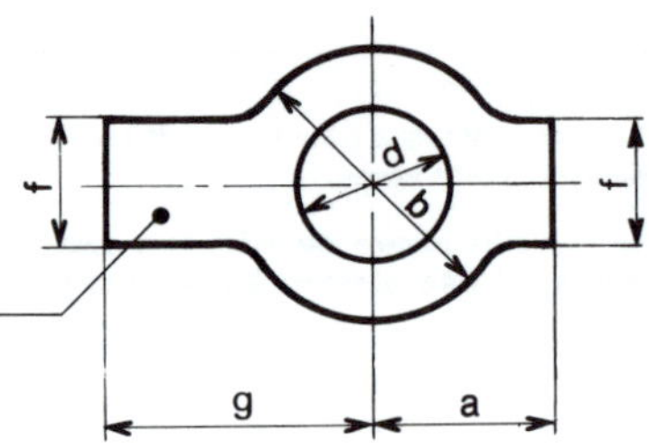

Frein d'équerre à ailerons

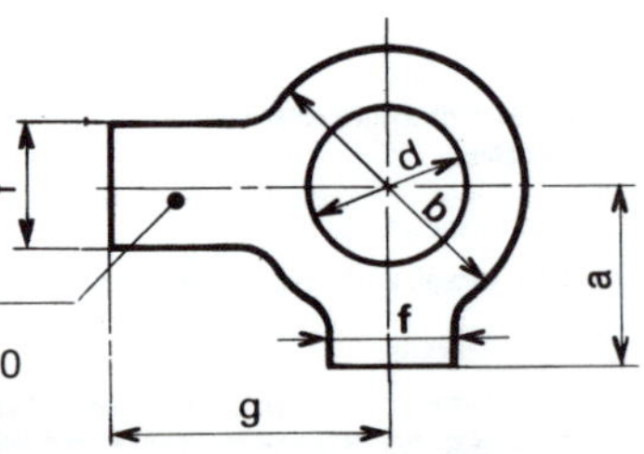

A33 - Z 2 CN 18-10
Cu-a1 - Cu Zn 36

EXEMPLE DE DÉSIGNATION :

Frein d'équerre à ailerons, 10, NF E 27-614.

ÉCROUS A ENCOCHES

et rondelles frein — **NF E 22-307 NF E 22-306**

La rondelle frein a sa languette intérieure qui se loge dans une rainure de l'arbre.

Une des languettes de la périphérie est rabattue dans une encoche de l'écrou.

On obtient ainsi un freinage absolu.

EMPLOIS :

Ce type de freinage est habituellement utilisé pour bloquer axialement la bague intérieure d'un roulement.

Tableau de dimensions : voir § 40.88.

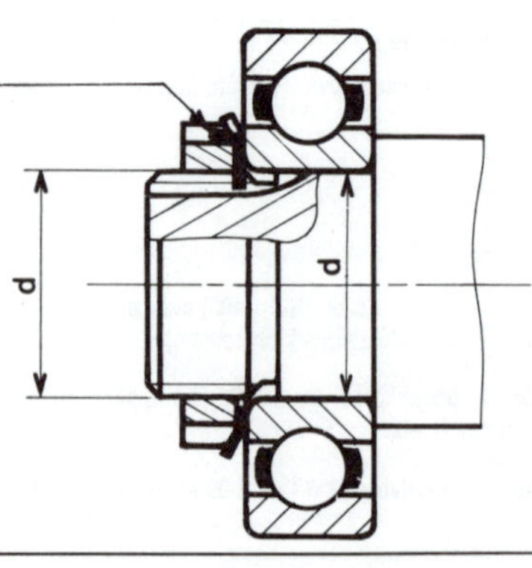

* Fabrication : Mécanindus, 95310 - Saint-Ouen-l'Aumône.

37 Matériaux pour la visserie

37.1 PRINCIPAUX MATÉRIAUX

MÉTAUX FERREUX

Catégorie	Matière	État	Rm*	Re**
Visserie				
Non traité	AD 37 Pb	Non défini	370	215
	10 F 1		340	225
	E 28		420	260
	A 60	Recuit	600	340
Traité	XC 38	Trempé et revenu	800	620
	XC 45		830	665
	25 CD 4		930	785
	35 CD 4		1100	950
Inoxydable	Z6 CN 18-09	Non défini	510	200
	Z 30 C 13	Trempé-revenu	900	750
Rondelles				
Plates	10 F 1	Non défini	340	225
	Z 6 CN 18-09		550	230
Goupilles				
Fendues	A 33	Non défini	330	160

MÉTAUX NON FERREUX

Matière	État	Rm*	Re**
Visserie			
Polyamide	(PA 6/6)	60	-
Cu Pb	1/2 dur	350	300
Cu Zn 39 Pb 2	1/4 dur	580	200
2017 (A-U4G)	Trempé-mûri	390	240
5086 (A-G4)	1/4 dur	270	190
7075 (A-Z5GU)	Trempé-revenu	520	440
Rondelles			
Cu Pb	1/2 dur	350	300
Cu Zn 39 Pb 2	1/4 dur	580	200
1050 (A-5)	1/2 dur	100	75
5086 (A-G4)	1/4 dur	270	190
Goupilles fendues			
Cu a2	Recuit	230	70
Cu Zn 33		300	-
5086 (A-G4)		240	95

37.2 CLASSES DE QUALITÉ

NF E 27-005

CLASSES DE QUALITÉ POUR VIS ET GOUJONS***

3.6	4.6	4.8	5.6	5.8	6.6
6.8	6.9	8.8	10.9	12.9	14.9

CLASSES DE QUALITÉ POUR LES ÉCROUS***

4	5	6	8	10	12	14

Un écrou assemblé avec une vis de qualité identique (par exemple 6 pour une vis 6.8) résiste jusqu'à rupture de la vis.

Les classes de qualité définissent les matériaux pour la visserie d'après leurs caractéristiques mécaniques (le choix du matériau et les traitements thermiques éventuels sont laissés à l'initiative du fabricant à condition que les caractéristiques mécaniques soient respectées).

La classe de qualité est indiquée par deux nombres :

- **le premier correspond au centième de la résistance minimale à la traction exprimée en mégapascals ;**
- **le second multiplié par le premier donne le dixième de la limite nominale d'élasticité en mégapascals.**

EXEMPLE :

Classe de qualité 5.8

- **Résistance minimale à la traction :**
5 × 100 = 500 MPa
- **Limite minimale d'élasticité :**
5 × 8 × 10 = 400 MPa.

Relations entre classes de qualité-efforts-diamètres vis

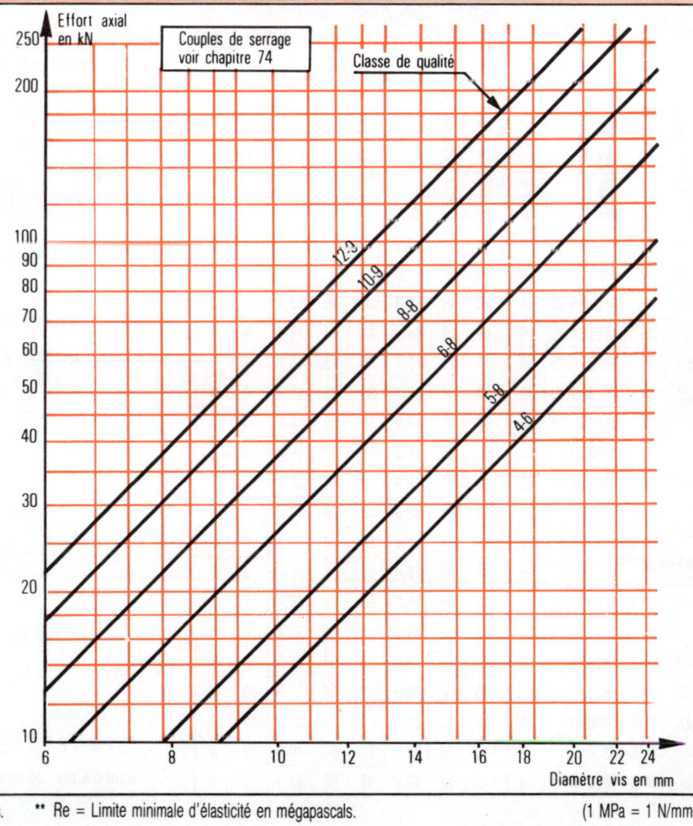

* Rm = résistance minimale à la rupture par traction en mégapascals. ** Re = Limite minimale d'élasticité en mégapascals. (1 MPa = 1 N/mm².)

*** Les qualités teintées sont les plus usuelles.

38 Liaisons arbre-moyeu

Ces liaisons sont destinées à rendre solidaires en rotation et quelquefois en translation un organe de machine et un arbre. L'étude est limitée aux liaisons démontables.

38 ■ 1 Clavettes longitudinales

38 ■ 11 Bouts d'arbres normalisés

Les bouts d'arbres des machines tournantes (moteurs, alternateurs, réducteurs, ...) doivent respecter cette normalisation.

LIAISON EN ROTATION :

Arbres cylindriques : clavettes parallèles (§ 38.2), manchons de blocage (§ 38.8), rondelles Ringspann (GT 24.5)...
Arbres coniques : adhérence, adhérence plus clavette parallèle (dans les cas de brusques variations de vitesse).

LIAISON EN TRANSLATION :

Maintien par vis (très fréquent) ou par écrou.

d	d_1	d_2	p	Série longue			Série courte			a	b
				l	l_1	j	l	l_1	j		
6		M4		16	10						
7		M4		16	10						
8		M6		20	12						
9		M6		20	12						
10	M4	M6	10	23	15						
11	M4	M6	10	23	15	9,05				2	2
12	M4	M8×1	10	30	18	9,9				2	2
14	M5	M8×1	13	30	18	11,3				3	3
16	M5	M10×1,25	13	40	28	12,8	28	16	13,4	3	3
18	M6	M10×1,25	16	40	28	14,1	28	16	14,7	4	4
19	M6	M10×1,25	16	40	28	15,1	28	16	15,7	4	4
20	M6	M12×1,25	16	50	36	15,7	36	22	16,4	4	4
22	M8	M12×1,25	19	50	36	17,7	36	22	18,4	4	4
24	M8	M12×1,25	19	50	36	19,2	36	22	19,9	5	5
25	M10	M16×1,5	22	60	42	19,9	42	24	20,8	5	5
28	M10	M16×1,5	22	60	42	22,9	42	24	23,8	5	5
30	M10	M20×1,5	22	80	58	24,1	58	36	25,2	5	5
32	M12	M20×1,5	28	80	58	25,6	58	36	26,7	6	6
35	M12	M20×1,5	28	80	58	28,6	58	36	29,7	6	6
38	M12	M24×2	28	80	58	31,6	58	36	32,7	6	6
40	M16	M24×2	36	110	82	30,9	82	54	32,3	10	8
42	M16	M24×2	36	110	82	32,9	82	54	34,3	10	8
45	M16	M30×2	36	110	82	35,9	82	54	37,3	12	8
48	M16	M30×2	36	110	82	38,9	82	54	40,3	12	8
50	M16	M36×3	36	110	82	40,9	82	54	42,3	12	8

BOUTS D'ARBRES CYLINDRIQUES

Série longue (usuelle) NF E 22-051
Série courte NF E 22-052

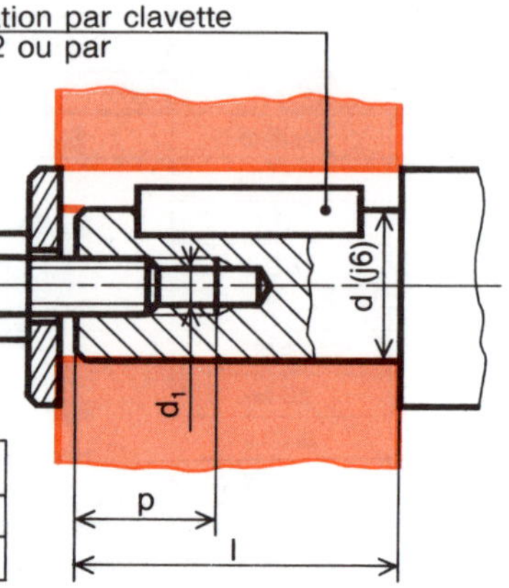

TOLÉRANCES	
d ⩽ 30	j6
d ⩾ 32	k6

BOUTS D'ARBRES CONIQUES

Série longue (usuelle) NF E 22-054
Série courte NF E 22-055

Maintien par vis

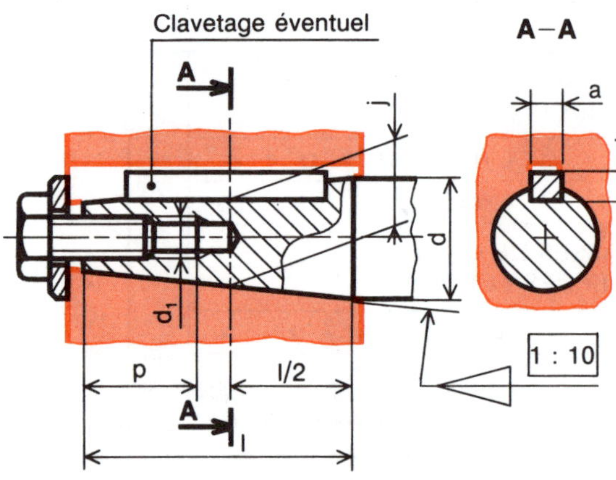

Maintien par écrou

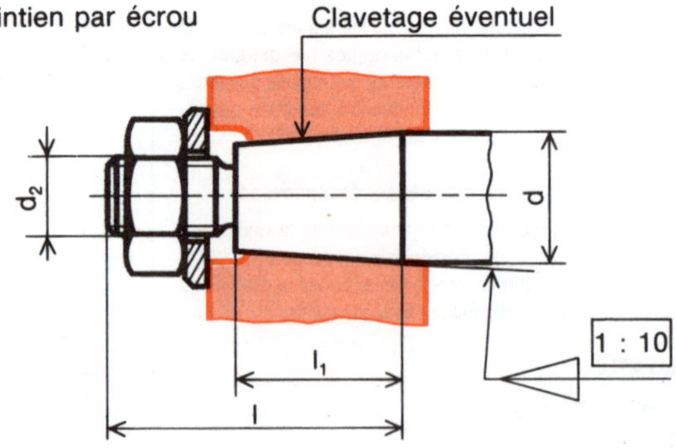

EXEMPLE DE DÉSIGNATION :

Bout d'arbre cylindrique long, d = ____, à trou taraudé **NF E 22-051**

38 ▪ 12 Clavetages

Le moyeu n'est lié qu'en rotation. Il peut coulisser sur l'arbre. Du fait du léger jeu entre la clavette et la rainure dans le moyeu, ces clavetages ne conviennent pas pour des assemblages précis soumis à des mouvements circulaires alternatifs ou à des chocs (matage des portées). Préférer dans ces cas les cannelures à flancs en développante (§ 38.22).

38 ▪ 121 Clavettes parallèles

Elles sont utilisées pour les clavetages courts (longueur dépassant peu la valeur du diamètre de l'arbre (l < 1,5 d).

LOGEMENT :

Le logement à bouts droits est d'exécution aisée (par fraise-disque). Il présente cependant les inconvénients d'être encombrant en longueur, et de moins bien maintenir la clavette que le logement à bouts ronds.

REMARQUES :

- **La longueur l d'une clavette** est choisie, dans la mesure du possible, en accord avec les dimensions recommandées de la norme NF E 01-001 (chapitre 13).
- Les clavettes à section carrée peuvent être choisies dans de l'acier étiré (§ 60.2).
- Pour certaines applications, notamment dans le cas de fréquences de rotations élevées, il peut être nécessaire de coller les clavettes (chapitre 29).

TOLERANCES :

L'ajustement de la clavette est « serré » sur l'arbre et « glissant juste » dans le moyeu (voir tableau).

EXEMPLE DE DÉSIGNATION :

Clavette parallèle, forme ____, a × b × l, NF E 22-177

CLAVETTES PARALLÈLES NF E 22-177

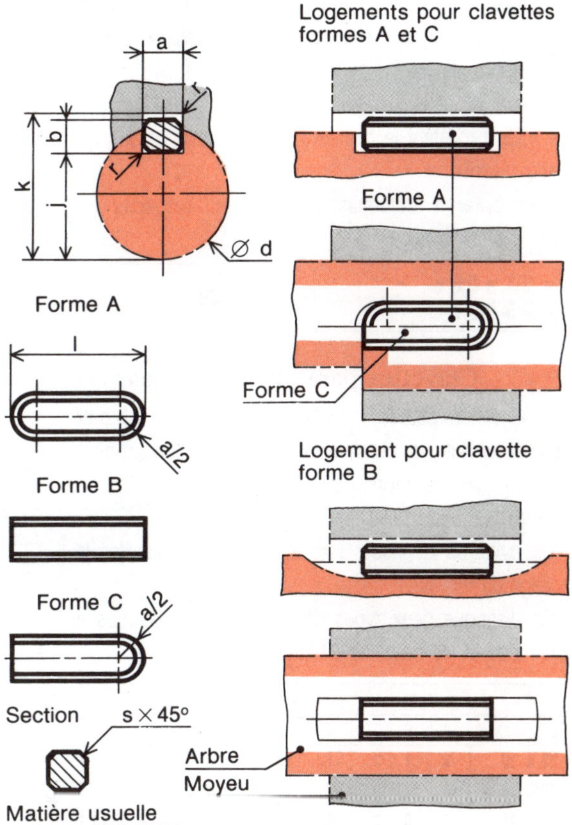

Matière usuelle
Acier R ⩾ 600 MPa

NOTA : Ne pas présenter les chanfreins sur les dessins d'étude

TOLÉRANCES POUR CLAVETAGES

Clavette	sur a			h9		
	sur b			h9 pour b ⩽ 6	h 11 pour b > 6	
Rainures	libre	normal	serré	d	j	k
Arbre	H9	N9	P9	6 à 22 inclus	0 − 0,1	+ 0,1 0
				22 à 130	0 − 0,2	+ 0,2 0
Moyeu	D10	Js9	P9	130 à 230	0 − 0,3	+ 0,3 0

d	a	b	s_{min}	j	k	d	a	b	s_{min}	j	k
de 6 à 8 inclus	2	2	0,16	d − 1,2	d + 1	58 à 65	18	11	0,6	d − 7	d + 4,4
8 à 10	3	3	0,16	d − 1,8	d + 1,4	65 à 75	20	12	0,6	d − 7,5	d + 4,9
10 à 12	4	4	0,16	d − 2,5	d + 1,8	75 à 85	22	14	1	d − 9	d + 5,4
12 à 17	5	5	0,25	d − 3	d + 2,3	85 à 95	25	14	1	d − 9	d + 5,4
17 à 22	6	6	0,25	d − 3,5	d + 2,8	95 à 110	28	16	1	d − 10	d + 6,4
22 à 30	8	7	0,25	d − 4	d + 3,3	110 à 130	32	18	1	d − 11	d + 7,4
30 à 38	10	8	0,4	d − 5	d + 3,3	130 à 150	36	20	1,6	d − 12	d + 8,4
38 à 44	12	8	0,4	d − 5	d + 3,3	150 à 170	40	22	1,6	d − 13	d + 9,4
44 à 50	14	9	0,4	d − 5,5	d + 3,8	170 à 200	45	25	1,6	d − 15	d + 10,4
50 à 58	16	10	0,6	d − 6	d + 4,3	200 à 230	50	28	1,6	d − 17	d + 11,4

L'emploi d'une clavette sur un arbre de dimension supérieure est possible.

CLAVETAGES ÉCONOMIQUES

Dans certains cas, notamment pour la transmission de petits couples, on peut utiliser une liaison par goupille ou par vis « entre cuir et chair ».

- Si l'on utilise deux goupilles, prendre leur diamètre d_1 = 0,75 d, d étant le diamètre de la goupille unique qui serait suffisante.
- Pour éviter la déformation du moyeu, respecter les proportions suivantes.

d = 0,5 à 0,6 e **L = 2,5 à 5 d**	**D_1 = D + 3e.**

38.122 Clavettes parallèles fixées par vis

Elles conviennent pour les clavetages longs d < l < 2,5 d et en particulier s'il y a, pendant la rotation, un déplacement relatif du moyeu par rapport à l'arbre.

REMARQUES :

- On évite de dépasser l = 2,5 d afin de faciliter le brochage du moyeu.
- On distingue deux types de formes : les clavettes à bouts ronds et les clavettes à bouts droits.

d	a	b	e	f	j	k	Vis
17 à 22 inclus	6	6	3	4,5	d-3,5	d+2,8	M 2,5-6
22 à 30	8	7	3,5	6,5	d-4	d+3,3	M 3-8
30 à 88	10	8	3,5	9	d-5	d+3,3	M 4-10
38 à 44	12	8	2,5	10,5	d-5	d+3,3	M 5-10
44 à 50	14	9	2,5	11,5	d-5,5	d+3,8	M 6-10
50 à 58	16	10	3,5	10,5	d-6	d+4,3	M 6-10
58 à 65	18	11	2,5	14,5	d-7	d+4,4	M 8-12
65 à 75	20	12	3,5	13,5	d-7,5	d+4,9	M 8-12
75 à 85	22	14	3,5	14,5	d-9	d+5,4	M10-12
85 à 95	25	14	3,5	14,5	d-9	d+5,4	M10-12
95 à 110	28	16	5,5	16,5	d-10	d+6,4	M10-16

Tolérances : voir § 38-121.

EXEMPLE DE DÉSIGNATION :

Clavette fixée, forme A, de a × b × l, (entraxe E = ____)* **NF E 27-658**

38.123 Clavettes disques

Les clavettes disques sont utilisées pour des arbres de petits diamètres transmettant de faibles couples (arbre assez fortement affaibli par le logement de la clavette). Le fraisage du logement est particulièrement simple**.

EXEMPLE DE DÉSIGNATION :

Clavette disque de a × b, **NF E 27-653**

* Préciser l'entraxe dans la désignation ou effectuer un dessin de la pièce. Cette seconde possibilité est généralement adoptée.

** Voir G.T. (chapitre 27).

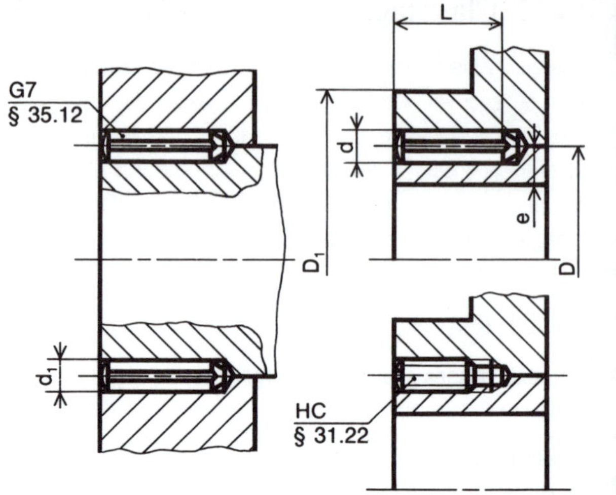

CLAVETTES PARALLÈLES FIXÉES PAR VIS NF E 27-658

FORME A

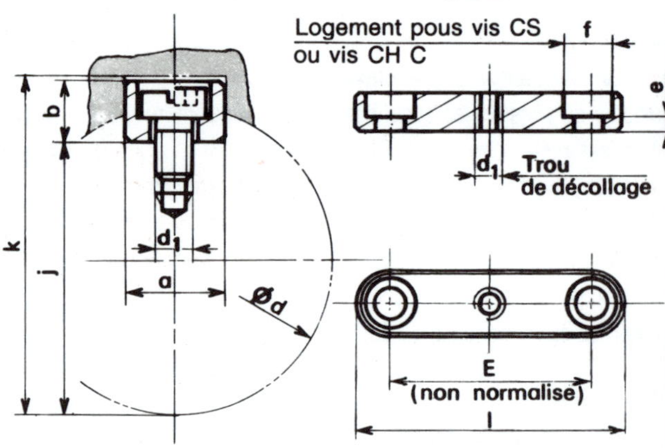

Échelle 1,5 :1

Pour certaines applications il peut être intéressant de coller les clavettes. Voir chapitre 29

FORME B

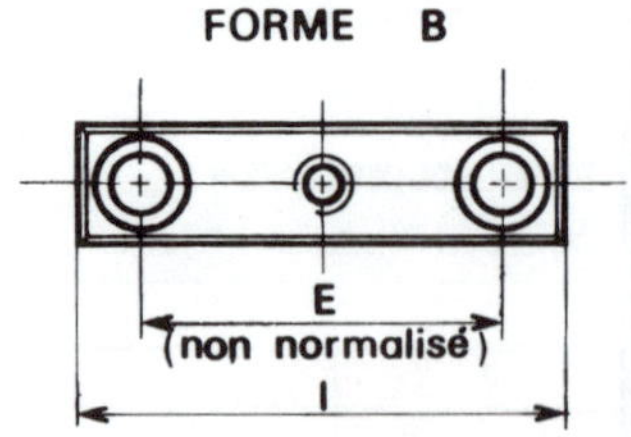

NOTA : Ne pas représenter les chanfreins sur les dessins d'étude.

CLAVETTES DISQUES **NF E 27-653**

a* h9	b h11	c h11	e h11	f P9	j h11	h E9	k H13
1,5	2,6	7	6,5	1,5	d − 1,8	1,5	d + 0,9
2	2,6	7	6,5	2	d − 1,8	2	d + 0,9
2,5	3,7	10	9	2,5	d − 2,7	2,5	d + 1,1
3	3,7	10	9	3	d − 2,7	3	d + 1,2
	5	13	11,5		d − 4		d + 1,2
	6,5	16	15		d − 5,5		d + 1,2
4	5	13	11,5	4	d − 3,5	4	d + 1,8
	6,5	16	15		d − 5		d + 1,8
	7,5	19	17,5		d − 6		d + 1,8
5	6,5	16	15	5	d − 4,5	5	d + 2,3
	7,5	19	17,5		d − 5,5		d + 2,3
	9	22	20,5		d − 7		d + 2,3
6	9	22	20,5	6	d − 6,5	6	d + 2,8
	10	25	23		d − 7,5		d + 2,8
	11	28	25,5		d − 8,5		d + 2,8
	13	32	30		d − 10,5		d + 2,8
8	11	28	25,5	8	d − 8	8	d + 3,3
	13	32	30		d − 10		d + 3,3

DÉSIGNATION : voir page précédente.

CLAVETTES DISQUES NF E 27-653

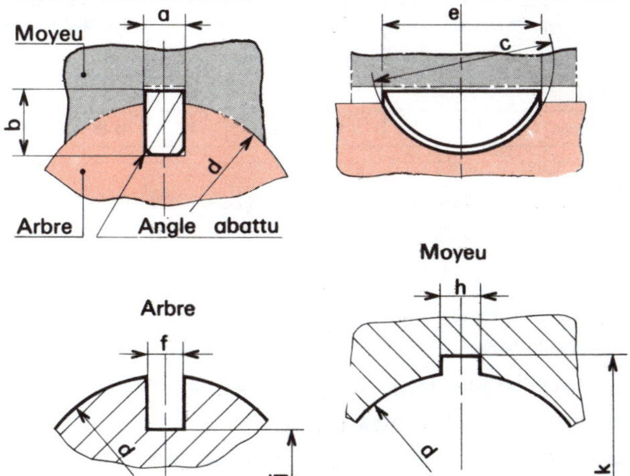

NOTA : Ne pas représenter les chanfreins sur les dessins d'étude.

CANNELURES À FLANCS PARALLÈLES NF E 22-131

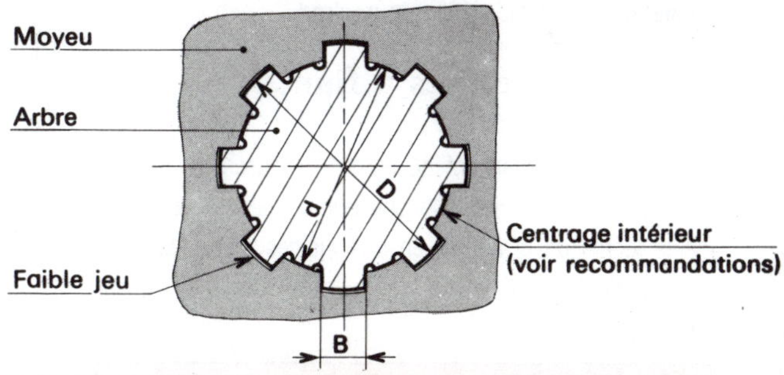

38 ■ 2 Cannelures

Pour transmettre des couples importants, on peut mettre **deux clavettes opposées.** Si cette solution est insuffisante, on utilise des cannelures, véritables clavettes taillées dans l'arbre.

38 ■ 21 CANNELURES A FLANCS PARALLÈLES

Emplois

Du fait des difficultés d'usinage pour obtenir un centrage précis, ces cannelures ne conviennent pas pour les grandes vitesses de rotation. Préférez dans ce cas les cannelures à flancs en développante § 38.22.

Recommandations séries légère et moyenne
Centrage sur le diamètre d seulement (voir figure).

Série forte
Centrage sur le diamètre D seulement.

Série légère					Série moyenne					Série forte*				
n	d	D	B	s	n	d	D	B	s	n	d	D	B	s
6	23	26	6	5	6	11	14	3	5	10	16	20	2,5	12
	26	30	6	7,2		13	16	3,5	5		18	23	3	16
	28	32	7	7,2		16	20	4	7,2		21	26	3	16
8	32	36	6	8,4		18	22	5	7,2		23	29	4	19
	36	40	7	8,4		21	25	5	7,2		26	32	4	19
	42	46	8	8,4		23	28	6	9,5		28	35	4	22
	46	50	9	8,4		26	32	6	10,8		32	40	5	25
	52	58	10	12		28	34	7	10,8		36	45	5	29
	56	62	10	12	8	32	38	6	14,4		42	52	6	30
	62	68	12	12		36	42	7	14,4		46	56	7	30
10	72	78	12	15		42	48	8	14,4	16	52	60	5	36
	82	88	12	15		46	54	9	18		56	65	5	42
	92	98	14	15		52	60	10	18		62	72	6	48
	102	108	16	15		56	65	10	21		72	82	7	48
	112	120	18	22,5		62	72	12	24	20	82	92	6	60
					10	72	82	12	30		92	102	7	60
						82	92	12	30		102	115	8	82
						92	102	14	30		112	125	9	82
						102	112	16	30					
						112	125	18	41					

n = nombre de cannelures.
s = surface réelle d'appui des cannelures par millimètre de longueur.

*** Emploi à éviter.**
Voir également page suivante.

* Choisir la valeur de a en fonction de d dans le tableau § 38.121.

TOLÉRANCES	Arbres (tolérances recommandées)						Moyeu (Tolérances obligatoires)					
Type de montage	Centrage intérieur			Centrage extérieur (à éviter)			Non traité après brochage			Traité après brochage		
	B	D	d	B	D	d'*	B	D	d	B	D	d
Fixe	h 10	a 11	h 7	h 10	h 7	a 11	H 9	H 7	H 7	H 11	H 10	H 7
Glissant	d 10	a 11	f 7	d-10	f 7	a 11						

Exemple de désignation d'un moyeu et d'un arbre cannelés à flancs parallèles de cotes **n** = 6, **d** = 28 et **D** = 34. Pour l'arbre, on précise le type de montage choisi.

Moyeu cannelé à flancs parallèles de 6 × 28 × 34, NF E 22-131

Arbre cannelé à flancs parallèles de 6 × 28 × 34 - glissant, NF E 22-131

RECOMMANDATIONS :

- Afin de faciliter le brochage, **éviter de rainurer le moyeu sur une longueur l dépassant 2,5 d,**
- Le diamètre maximal D_1 des épaulements dépend du diamètre S de la fraise utilisée pour le taillage.
- Si le fraisage est suivi d'une rectification, compter pour le **diamètre de la meule 150 mm environ.**

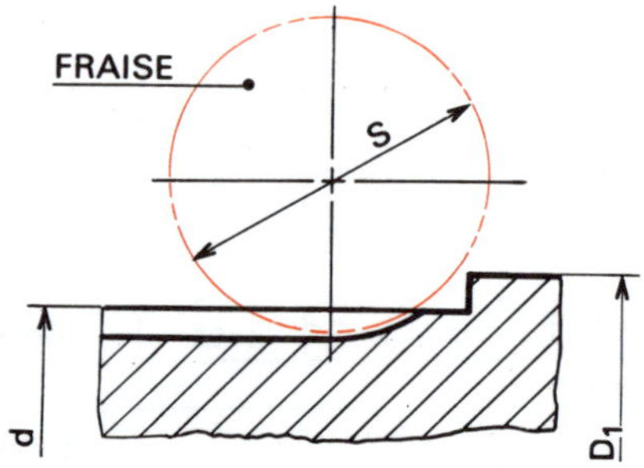

Pour arbre d	S minimal environ
10 à 30	65
30 à 60	75
60 à 100	85
100 à 150	90

38.22 Cannelures à flancs en développante

Ces cannelures autorisent de grandes vitesses de rotation (très bon centrage). Elles sont conçues et réalisées suivant la même technique et au moyen des mêmes machines-outils que les dentures d'engrenages (usinage précis et économique).

Symbole	Désignation	Valeur
m	Module	Aussi petit que posible
N	Nombre de dents	Voir tableau page suivante
A	Diamètre nominal de départ pour l'arbre et le moyeu	
A'	Diamètre extérieur de l'arbre	A' = A − 0,2 m
A''	Diamètre extérieur du moyeu	Broché : A''_1 = A Taillé : A''_2 = A + 0,3 m
B	Diamètre intérieur de l'arbre	B = A − 2,4 m
D	Diamètre intérieur du moyeu	D = A − 2 m
D'	Diamètre primitif de taillage	D = N.m
α	Angle de pression au primitif de taillage	α = 20°
d	Diamètre du cercle de base	d = D' cos α
P	Pas au primitif de taillage	P = π.m
X	Déport de profil de l'outil à tailler	$X = \dfrac{A - m(N + 0,4)}{2\,m}$
e'	Épaisseur curviligne au primitif de taillage	$e' = \dfrac{\pi\,m + 2\,X\,m\tan\alpha}{2}$
e	Épaisseur curviligne de base	e = e'cos α + 0,0149 d

* d' = d − 0,3.

CANNELURES A FLANCS EN DÉVELOPPANTE NF E 22-141

Crémaillère de référence

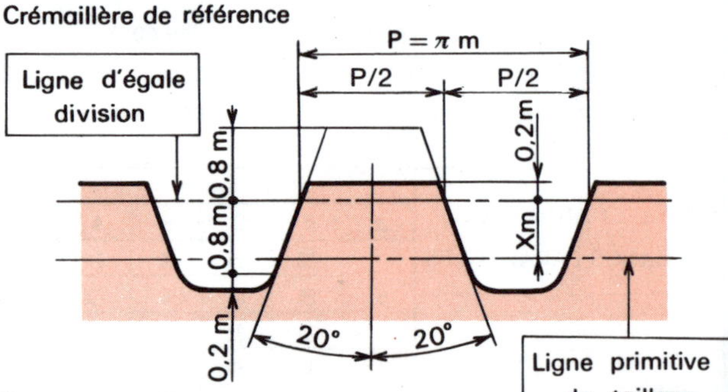

Centrage sur flancs

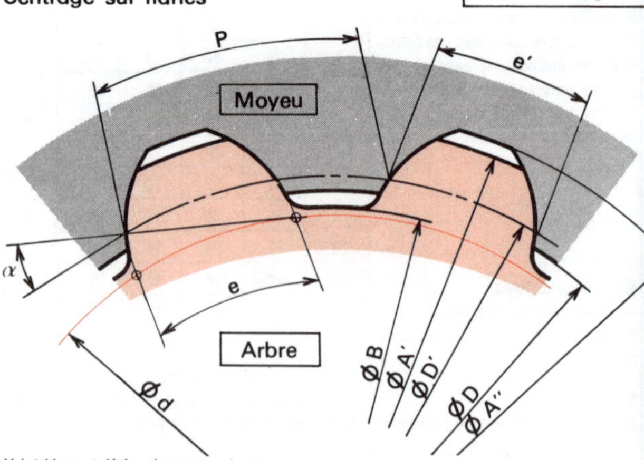

Voir tableau et désignation page suivante.

A	m = 1,00		m = 1,25		m = 1,667		A	m = 2,50		m = 5,00	
	N	D	N	D	N	D		N	D	N	D
8	6	6					20	6	15		
9	7	7					25	8	20		
10	8	8	6	7,5			30	10	25		
12	10	10	8	9,5			35	12	30		
15	13	13	10	12,5	7	11,7	40	14	35	6	30
17	15	15	12	14,5	8	13,7	45	16	40	7	35
20	18	18	14	17,5	10	16,7	50	18	45	8	40
25	23	23	18	22,5	13	21,7	55	20	50	9	45
30	28	28	22	27,5	16	26,7	60	22	55	10	50
35	33	33	26	32,5	19	31,7	65	24	60	11	55
40			30	37,5	22	36,7	70	26	65	12	60
45			34	42,5	25	41,7	75	28	70	13	65
50			38	47,5	28	46,7	80	30	75	14	70
55					31	51,7	85	32	80	15	75
60					34	56,7	90	34	85	16	80
Éviter l'emploi des dimensions à l'intérieur des zones teintées.							95	36	90	17	85
							100	38	95	18	90

Exemples de désignation d'un arbre et d'un moyeu cannelés à flancs en développante, de cotes **A** = 35, **N** = 12 et m = 2,5 :

Moyeu cannelé à flancs en développante
35 × 12 × 2,5, NF E 22-141

Arbre cannelé à flancs en développante
35 × 12 × 2,5 - glissant, NF E 22-141

NOTA :
Pour l'arbre on ajoute le type de montage choisi (glissant, fixe ou pressé).

REMARQUE

Les diamètres nominaux **A** sont identiques aux alésages des roulements.

38 ▪ 3 Clavettes transversales

Une clavette transversale immobilise en rotation et en translation deux pièces généralement coaxiales. La liaison obtenue peut transmetre de grands efforts axiaux et des couples assez importants.

La figure ci-contre indique les princiaples proportions pour un assemblage cylindrique de diamètre **d.** Il est possible d'obtenir une liaison plus rigide en remplaçant l'assemblage cylindrique par un assemblage conique.

REMARQUE :

Pour de petits efforts on peut remplacer une clavette transversale par une goupille (voir chapitre 35).

CLAVETTES TRANSVERSALES

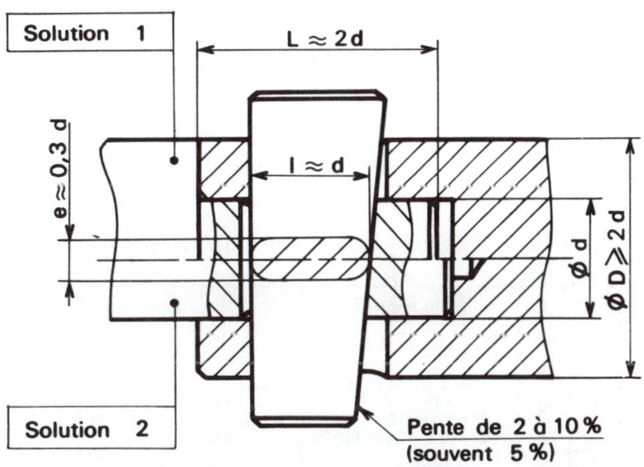

38 ▪ 4 Clavettes tangentes

Le clavetage tangentiel par clavette « ronde » ou par clavette « vélo » (montage des manivelles sur l'axe de pédalier) consiste à assembler en rotation et en translation deux pièces.

La liaison obtenue transmet essentiellement un couple ou un moment moteur. Des efforts axiaux peu importants sont admissibles.

La figure ci-contre indique les principales proportions à respecter pour un clavetage tangentiel par clavette « ronde ».

CLAVETTES RONDES

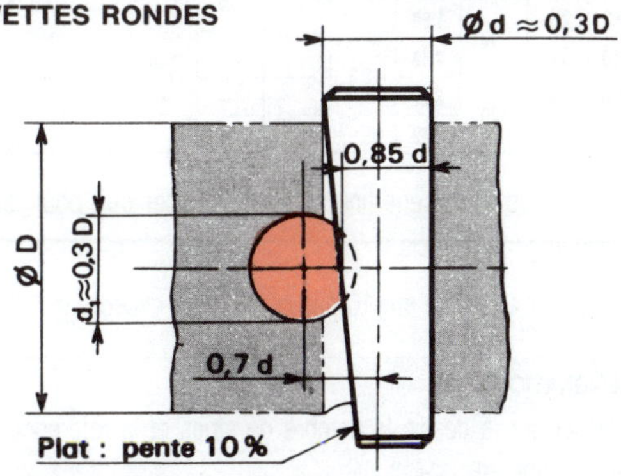

38.5 Dentelures rectilignes

Le centrage obtenu par des dentelures rectilignes est inférieur à celui des cannelures à flancs parallèles ou à flancs en développante. Les dentelures rectilignes conviennent particulièrement pour le réglage d'un organe suivant plusieurs positions angulaires. Elles sont généralement usinées par fraise-mère à flancs droits et brochage.

module = 0,50			module = 0,75			module = 1,00			module = 1,50		
A	N	D	A	N	D	A	N	D	A	N	D
8	15	7,3	24	31	22,95	33	32	31,6	42	27	39,9
10	19	9,3	27	35	25,95	36	35	34,6	45	29	42,9
12	23	11,3	30	39	28,95	39	38	37,6	48	31	45,9
14	27	13,3									
16	31	15,3									
18	35	17,3									
20	39	19,3									
22	43	21,3									

DENTELURES RECTILIGNES NF E 22-151

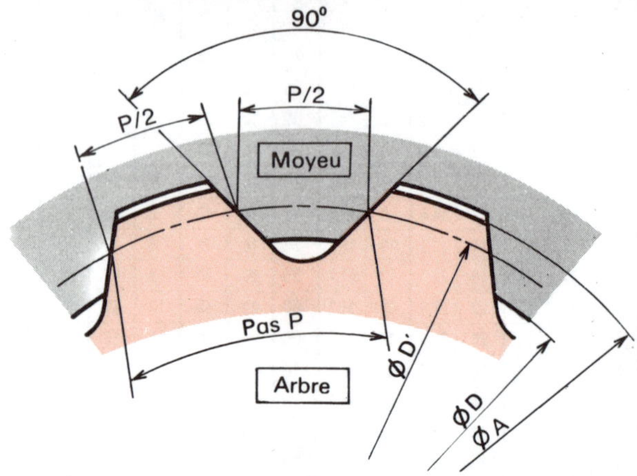

Module : m	Diamètre primitif : D' = N.m
Nombre de dents : N	Pas primitif : P = π.m

Exemple de désignation dimensionnelle d'une denture rectiligne de cotes **A** = 16 et **N** = 31 :

Dentelure rectiligne, 16 × 31, NF E 27-151.

38.6 Stries radiales

Les stries radiales permettent la liaison de deux pièces avec un réglage angulaire possible de leurs positions respectives.

Elles peuvent être réalisées par fraisage ou plus économiquement par matriçage (surtout s'il s'agit de métaux tendres).

D	d min	Série normale N	Série normale H	Série normale h	Série normale α	Série fine N	Série fine H	Série fine h	Série fine α
20	8	60	0,91	0,2	2° 36′	—	—	—	—
25	10		1,13			90	0,75	0,2	1° 44′
32	12		1,45				0,97		
40	16		1,81			120	0,91		1° 18′
50	20		2,27				1,13		
63	25	90	1,90	0,3	1° 44′		1,43		
80	32		2,42				1,81		
100	40	120	2,27		1° 18′	—	—	—	—
120	50		2,72			—	—	—	—

- Les stries de la série fine ne sont à utiliser que pour un réglage angulaire précis.
- L'erreur angulaire sur 10 pas ne doit pas excéder ± 10′.

DÉSIGNATION :
Indiquer sur le dessin le nombre de stries et la référence de la norme (NF L 32-630).

STRIES RADIALES NF L 32-630

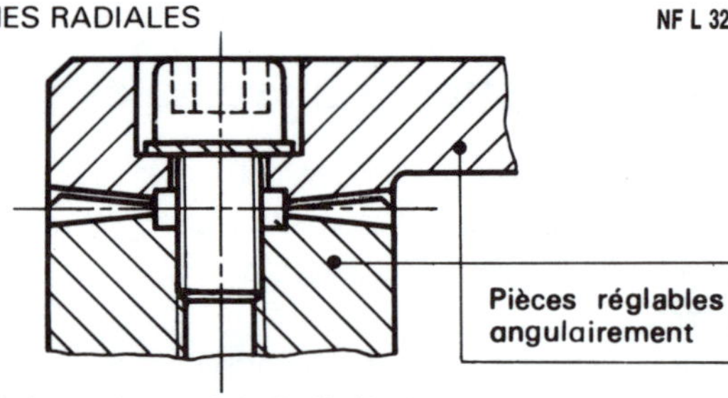

Détail des stries (échelle 3 : 1)

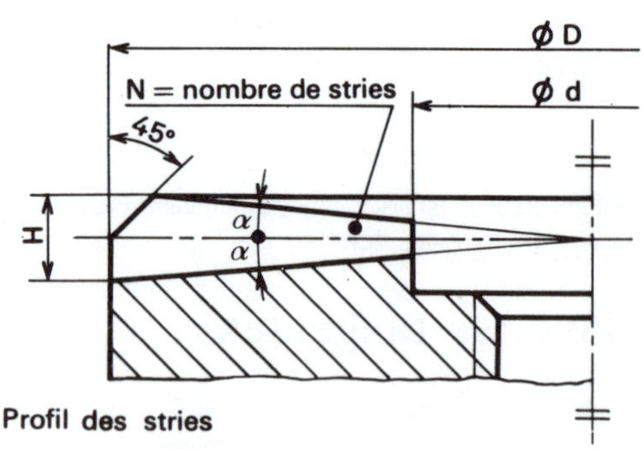

Profil des stries

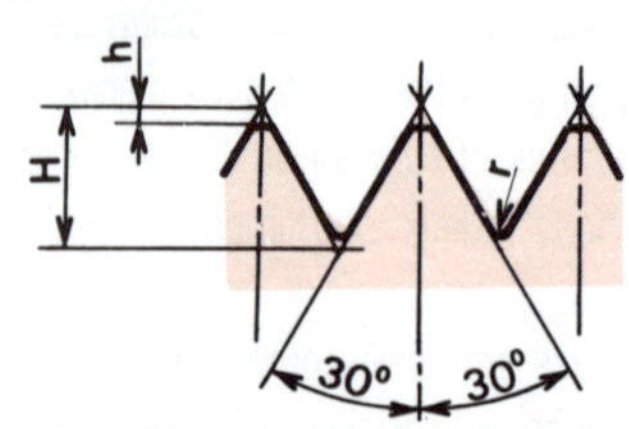

$r = \frac{h}{2}$

38 ■ 7 Moletages

Un moletage est généralement effectué afin d'assurer une adhérence suffisante :

- pour la manœuvre d'une pièce à la main,
- pour l'immobilisation en rotation d'un arbre, monté à force, dans un alésage lisse d'une pièce de faible dureté (matière plastique ou alliage léger par exemple).

L'inclinaison **a** varie généralement de 0 à 45° :

- moletage droit (a = 0°),
- moletage croisé losange (a = 30°),
- moletage croisé à 90° (a = 45°).

REMARQUES :

- Un moletage provoque une majoration du diamètre initial de l'ordre de p/4.
- En principe, en vue extérieure, on ne trace qu'une partie du moletage.

Pas usuels	0,3	0,4	0,5	0,6	0,8	1	1,2	1,4	1,5	1,6	2

MOLETAGES

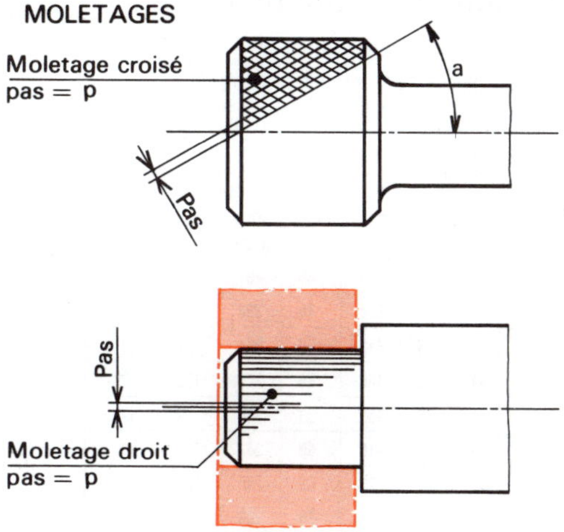

38 ■ 8 Manchons de blocage

Les manchons de blocage permettent une liaison complète par adhérence entre un arbre et un moyeu. Ils offrent notamment comme avantages :

- de ne pas affaiblir l'arbre (d inférieur de 25 % env.),
- de permettre des positions angulaires et axiales quelconques.

38 ■ 81 Manchons « Trantorque »

Lors du serrage de l'écrou **3**, il se produit une translation relative entre les manchons **1** et **2**. Il en résulte :

- une expansion du manchon externe **2**,
- une contraction du manchon interne **1**.

On obtient ainsi une liaison complète efficace entre l'arbre et le moyeu.

MANCHONS « TRANTORQUE »*

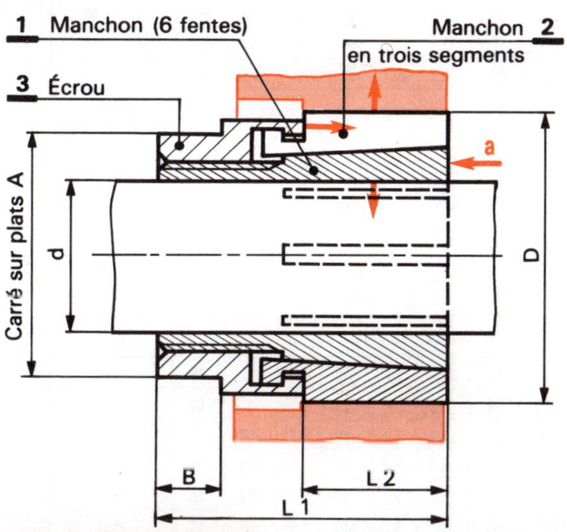

Tolérance de coaxialité	0,051	
Tolérance sur d et D identiques	d⩽12	d⩾15
	±0,038	±0,076

d	D	L1	L2	A	B	Couple max N. m	Force axiale k N	Pression sur moyeu M Pa	Pression sur arbre M Pa	Couple serrage N. m
5	16	19	9,5	13	3	11	3	35	46	14,1
6	16	19	9,5	13	3	17	3	35	39	14,1
8	19	22	11	16	3	22,5	4	25	25	17
10	22,5	25,5	12,5	19	5	31	4	18	20	19,8
12	22,5	25,5	12,5	19	5	39,5	4	18	17	19
15 S	38	38	19	32	8	158	12	34	45	136
20	38	38	19	32	8	237	19	34	32	136
25	44,5	47,5	21,5	38	11	339	27	27	21	170

d	D	L1	L2	A	B	Couple max N. m	Force axiale k N	Pression sur moyeu M Pa	Pression sur arbre M Pa	Couple serrage N. m
30	51	57	25,5	41	13	475	35	20	15	203
35	60,5	70	38	50	14	650	34	11	11	237
40	67	79,5	43	60	14,5	930	51	9	8	283
45	67	79,5	43	60	14,5	1140	58	9	7	283
50	73	90,5	51	65	16	1560	67	9	7	396
55	79,5	95	54	70	16	1650	67	8	7	425
60	86	98,5	57	75	17,5	1740	69	8	6	452
65	92	103	60,5	80	17,5	1830	70	7	6	480

Températures admissibles : − 30° C à + 200° C

DÉSIGNATION : Manchon Trantorque, d = —, **Prud'homme**

* Prud'homme, 93302 - Aubervilliers.

38 ▪ 82 Manchons « Ringblock »

Ces manchons, comme les précédents, sont fondés sur le principe de serrage par bagues coniques contrariées.

RINGBLOCK SÉRIE 1300.1/2*

d	D	H	h_1	h_2	Couple max N. m	Force axiale kda. N	Pression sur arbre M. Pa	Pression sur moyeu M. Pa	Couple serrage N. m
20	47	28	41	25	460	46	281	119	17
22	47	28	41	25	510	46	254	118	17
24	50	28	41	25	610	50	254	121	17
25	50	28	41	25	700	56	271	135	17
28	55	28	41	25	830	59	254	129	17
30	55	28	41	25	910	60	241	131	17
35	60	28	41	25	1220	69	240	140	17
40	65	28	41	25	1590	79	239	147	17
45	75	33,5	50	29	2690	119	268	160	41
50	80	33,5	50	29	3070	122	256	160	41
55	85	33,5	50	29	3850	140	265	171	41
60	90	33,5	50	29	4060	135	235	156	41
65	95	33,5	50	29	4930	151	243	166	41

EMPLOI :

- Transmission de couples importants.
- Ne nécessite pas, en général, de portée de centrage.

RINGBLOCK SÉRIE 1060*

d	D	H	h	Couple max N.m	Force axiale k. N	Pression sur arbre M. Pa	Pression sur moyeu M. Pa	Force de serrage nécessaire k. N
10	13	4,5	3,7	8	1,42	102	78	13,30
15	19	6,3	5,3	23	3,05	102	80	24,10
20	25	6,3	5,3	42	4,15	102	81	30,10
25	30	6,3	5,3	63	5,03	102	85	32,45
30	35	6,3	5,3	92	6,10	102	88	35,70
35	40	7	6	140	7,95	102	89	45,80
40	45	8	6,6	200	9,97	102	90	58,90
45	52	10	8,6	332	14,67	102	88	94,25
50	57	10	8,6	410	16,25	102	89	96,60
55	62	10	8,6	500	17,83	102	90	102,2
60	68	12	10,4	710	23,55	102	89	133,6
65	73	12	10,4	840	25,65	102	80	140,6
70	79	14	12,2	1130	32,05	102	89	176,2

EMPLOI :

- Convient pour les petits diamètres et les couples moyens.
- Peuvent s'empiler, mais le couple transmissible est réduit.

(2 jeux $C_2 \approx 1{,}5\ C_1$; 3 jeux $C_3 \approx 1{,}85\ C_1$; 4 jeux $C_4 \approx 2\ C_1$).

DÉSIGNATION :
Manchon Ringblock, série ___ d × D, Prud'homme

* Prud'homme, 93302 - Aubervilliers.

MANCHONS « RING BLOCK »* Série 1300.1/2

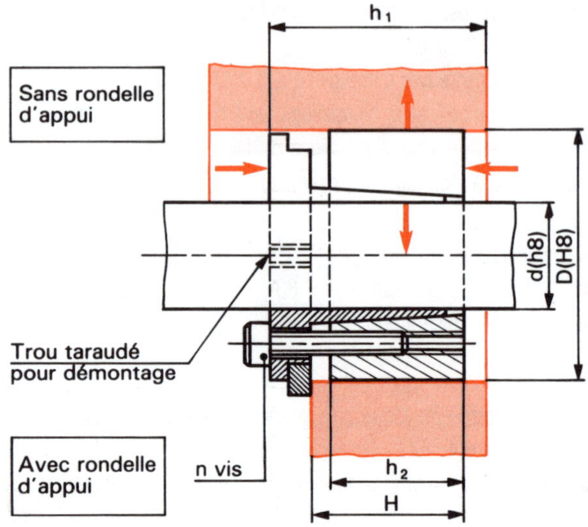

Tolérances de coaxialité	0,02 à 0,05
Températures admissibles	– 30°C à + 180°C

Voir aussi Rondelles Ringspann G.T.24-5

Série 1060

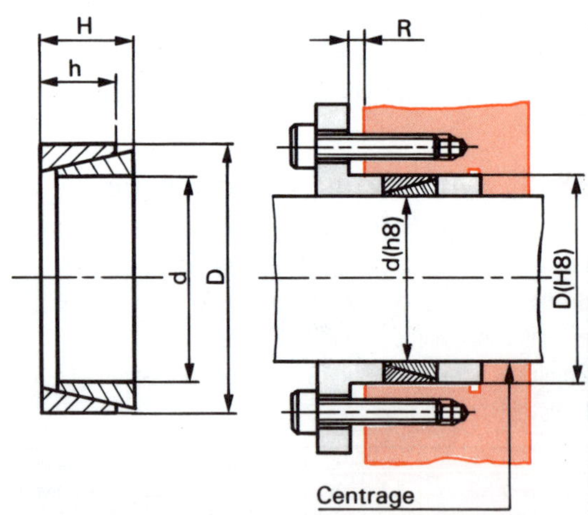

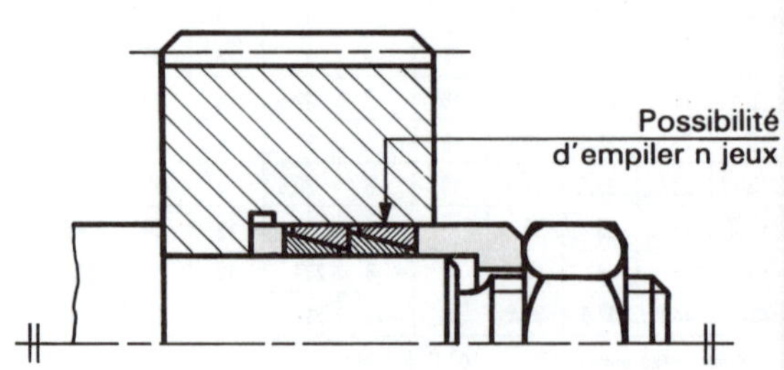

39 Articulations

Les articulations sont des mécanismes de liaison, laissant certaines libertés de mouvements aux pièces assemblées.

Les articulations avec roulements sont traitées au chapitre 40.

39 ▪ 1 PALIERS LISSES

39 ▪ 11 COUSSINETS FRITTÉS*

NF E 22-510 - ISO 2795.

COUSSINETS CYLINDRIQUES

d	D	L	d	D	L
2	5	2-3	18	24	18-22-28-36
4	8	4-8-12	20	26	16-20-25-32
5	9	4-5-8	22	28	18-22-28-36
6	10	6-10-12-16	25	32	20-25-32-40
8	12	8-12-16-20	28	36	22-28-36-45
10	16	10-16-20-25	30	38	24-30-38
12	18	12-16-20-25	32	40	20-25-32-40-50
14	20	14-18-22-28	35	45	25-35-40-50
15	21	16-20-25-32	40	50	25-32-40-50
16	22	16-20-25-32	45	55	35-45-55-65

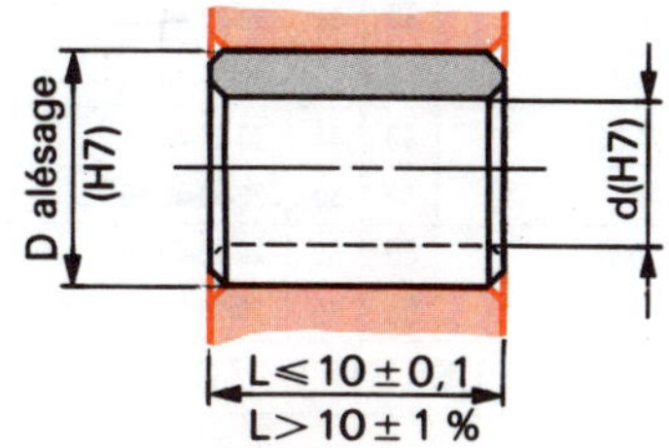

COUSSINETS A COLLERETTE

d	D	D_1	e	L	d	D	D_1	e	L
3	6	9	1,5	4-6-10	20	26	32	3	16-20-25-32
4	8	12	2	4-8-12	22	28	34	3	15-20-25-30
6	10	14	2	6-10-16	25	32	39	3,5	20-27-32
8	12	16	2	8-12-16	28	36	44	4	22-28-36
10	16	22	2	8-10-16	30	38	46	4	20-25-30
12	18	24	3	8-12-20	32	40	48	4	20-25-30-32
14	20	26	3	14-18-22-28	36	45	54	4,5	22-28-36
16	22	28	3	16-20-25-32	40	50	60	5	25-32-40
18	24	30	3	18-22-28	50	60	70	5	32-40-50

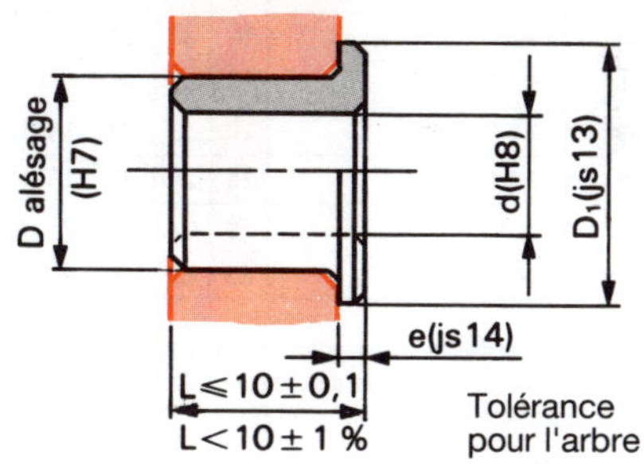

Tolérance pour l'arbre : f7

Matières :
Bronze fritté BP 25
Alliage Ferreux FP 15

Tolérance de coaxilité
d⩽25 : 0,06
d>25 : 0,08

EXEMPLES DE DÉSIGNATION :

Coussinet cylindrique, d × D × L — NF E 22-510.
Coussinet à collerette, C d × D × L — NF E 22-510.

Ces coussinets sont en métal fritté à structure poreuse. Ils sont imprégnés d'huile jusqu'à saturation. Sous l'effet de la rotation de l'arbre, l'huile est aspirée et crée une excellente lubrification.**

Facteur de frottement μ = 0,04 à 0,20.

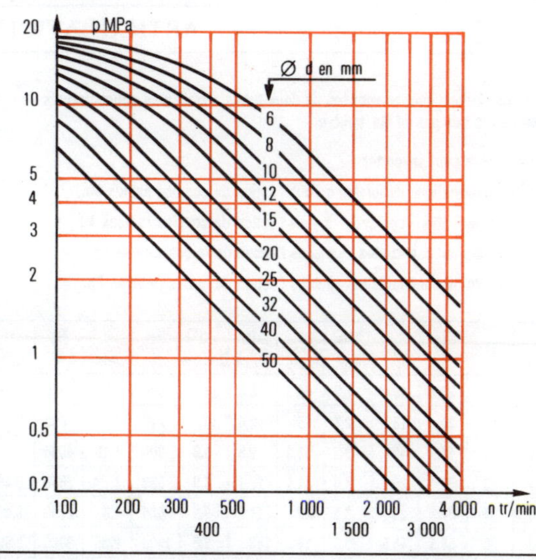

DÉTERMINATION D'UN COUSSINET

p	×	v	=	18
Pression spécifique en MPa $p = \dfrac{\text{Charge radiale}}{\text{Surface projetée}}$.		Vitesse linéaire d'un point de la périphérie de l'arbre en m/s.		Valeur maximale expérimentale pour les matériaux donnés.

Exemple de détermination de la longueur L.

On donne la charge radiale Q = 1750 N, le diamètre de l'arbre d = 20 mm et la fréquence de rotation n = 500 tr/min.

La lecture de l'abaque donne une pression p ≈ 3,5 MPa.

Soit S = 1750/3,5 = 500 mm².

On a S = d.L, d'où longueur L du coussinet :
L = 500/20 = 25 mm.

* Fabrication Métafram, 92400 - Courbevoie.

** Huile minérale 8° Engler à 50° C.

39.12 COUSSINETS AUTOLUBRIFIANTS COMPOSITES

NF E 22-511 - ISO/DIS 3547

COUSSINETS CYLINDRIQUES « GLYCODUR »*

d	D	L	d	D	L
3	4,5	3-5-6	20	23	10-15-20-25-30
4	5,5	3-4-6-10	22	25	15-20-25-30
5	7	5-8-10	25	28	15-20-25-30-40-50
6	8	6-8-10	28	32	20-25-30
8	10	6-8-10-12	30	34	15-20-25-30-40
10	12	8-10-12-15-20	32	36	20-30-40
12	14	8-10-12-15-20-25	35	39	20-30-40-50
14	16	10-12-15-20-25	40	44	20-30-40-50
15	17	10-12-15-25	45	50	20-30-40-50
16	18	10-12-15-20-25	50	55	20-30-40-60
18	20	15-20-25	55	60	20-25-30-40-50-60

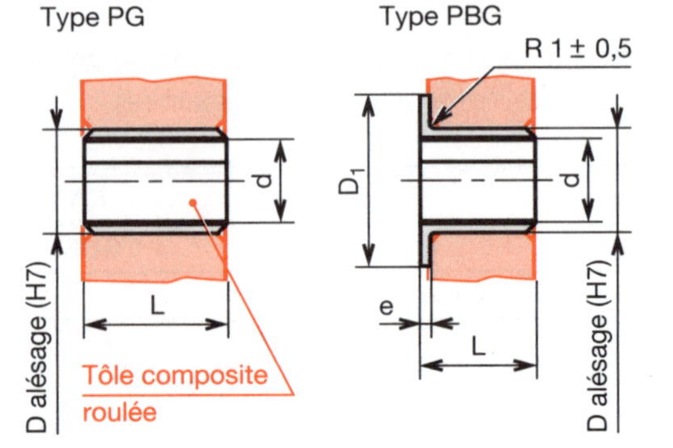

Arbre	Tolérance	f7
	État de surface	Ra ⩽ 0,4

COUSSINETS A COLLERETTE « GLYCODUR »*

d	D	D_1	e	L	d	D	D_1	e	L
6	8	12	1	4-8	16	18	24	1	12-17
8	10	15	1	5,5-7,5-9,5	18	20	26	1	12-17-22
10	12	18	1	7-9-12-17	20	23	30	1,5	11,5-15-16,5-21,5
12	14	20	1	7-9-12-15-17	25	28	35	1,5	11,5-16,5-21,5
14	16	22	1	12-17	30	34	42	2	16-26
15	17	23	1	9-12-17	35	39	47	2	16-26

EXEMPLE DE DÉSIGNATION :

Coussinet cylindrique PG, d × D × l, NF E 22-511

Ces coussinets sont constitués d'un support en tôle d'acier revêtu de cuivre sur lequel est frittée une couche poreuse de bronze et dans laquelle s'incruste la couche frottante en polytétrafluoréthylène (PTFE).

Facteur de frottement μ = 0,03 à 0,25. Lubrification non nécessaire.
Températures d'emploi de - 200° C à + 250° C.
Vitesse maximale de glissement : 2 m/s.

DÉTERMINATION D'UN COUSSINET

La détermination s'effectue à l'aide de l'abaque ci-contre. Le principe de calcul est analogue à celui des coussinets frittés (§ 39.11).

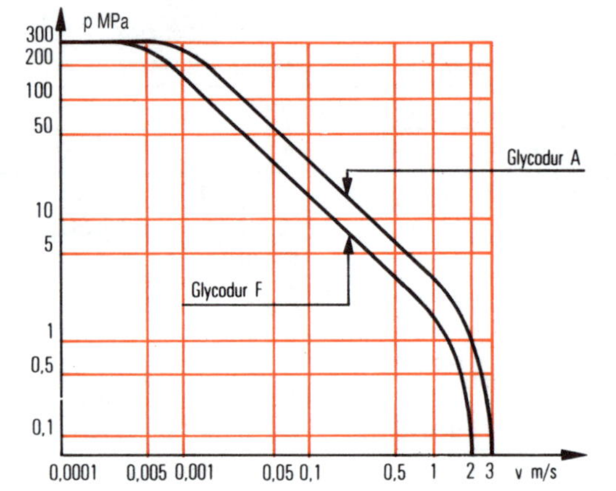

39.2 ARTICULATIONS ÉLASTIQUES**

Ces articulations sont composées de deux tubes métalliques concentriques reliés entre eux par un élastomère.

L'élastomère peut supporter :

- des déformations de torsion a sous l'action de couples axiaux Ma,
- des déformations coniques b sous l'action de couples radiaux Mb,
- des déformations axiales c sous l'action de forces axiales Fc,
- des déformations radiales p sous l'action de forces radiales Fp.

Tolérance
de montage
Arbre h7
Logement P7

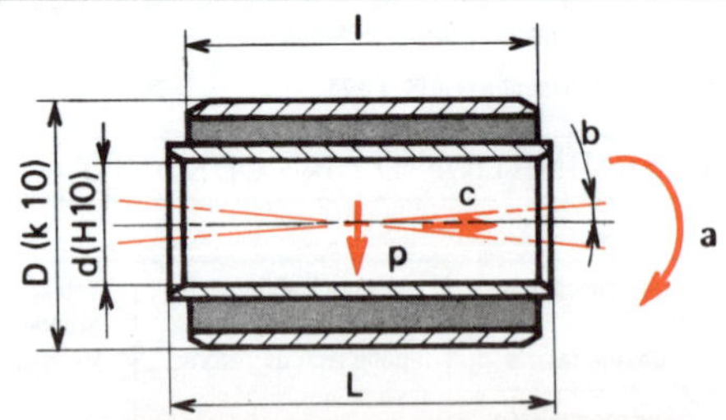

d	D	L	l	Ma N.m	a Degrés	Mb N. m	b Degrés	Fc N	c mm	Fp N	p mm
8	32	23,2	18	2,2	45	0,6	24	300	5,25	270	1,35
10	24	24	18	2,7	15	2,4	10	210	1	800	0,42
12	25	44	40	9	13,3	9,5	5,8	800	1,18	4950	0,38
14	30	32	26	7,4	11,6	12,1	8,9	620	1	2650	0,45
16	32	37	25	8,8	23	11,8	9,2	660	1,6	2700	0,45
18	36	58,5	48,5	20,5	18	168	5,8	1400	2,35	9900	0,80
20	38	76	50	25	11,5	120	5,8	1600	1,8	13000	0,55
20	45	42	38	19,2	24	43	12,2	1110	2,74	3240	0,85
22	40	86	80	47,5	11	184	3,6	1840	1,22	13050	0,55
28	50	39	39	35,1	9,8	42,8	25,8	1600	1,9	14000	0,56
34	50	45	39,5	50	19,5	41,6	5,9	1100	2,4	8000	0,6
42	57	36	30	138	9,8	23,2	6,9	1400	1,8	8800	0,8

* Fabrication S.K.F. - Équipements, 78180 - Montigny-le-Bretonneux.

** Fabrication Kléber - Industrie-Caoutchouc, manufacture et plastiques, 95871 - Bezons.

39■3 Articulations sphériques

L'étude est limitée aux rotules normalisées.

Les rotules conviennent notamment :

- ■ lorsqu'il doit exister une possibilité d'alignement entre arbre et logements,
- ■ lorsque la transmission nécessite des mouvements de basculement et d'oscillation donnant lieu à de faibles vitesses de glissement.

DOMAINE D'APPLICATION	
Rotules acier sur acier	■ **Charges élevées discontinues.** ■ **Chocs importants.** ■ **Fortes charges statiques.** ■ **Grande oscillation.** ■ **Températures d'emploi de − 200° C à + 400° C.**
Rotules auto-lubrifiantes	■ **Charges élevées continues** ■ **Faible frottement.** ■ **Longue durée de service sans entretien.** ■ **Température d'emploi de − 55° C à + 180° C.**

C = charge dynamique de base en kilonewtons.

$\mathbf{C_o}$ = charge statique de base en kilonewtons.

TOLÉRANCES DE MONTAGE		
Charges	**Arbre**	**Logement**
Modérées*	m 6	H 7
Élevées	m 6	M 7
Logement alliage léger	m 6	N 7

* La bague extérieure peut se déplacer axialement.

- ■ Il est conseillé de prévoir une lubrification pour les rotules acier/acier. Pour les rotules autolubrifiantes, une lubrification périodique espacée est parfois nécessaire.
- ■ Les surfaces frottantes des rotules autolubrifiantes sont comparables à celles des coussinets « Glycodur » (§ 39.2).
- ■ Pour permettre le montage de la bague intérieure, la bague extérieure est fendue axialement.

EXEMPLES DE FIXATIONS LATÉRALES :

■ **Fixation par anneaux élastiques**

Cette fixation est simple et fréquemment utilisée.

■ **Fixation par collage**

Les rotules peuvent être collées à l'aide d'une résine anaérobie (voir § 29.2).

Fixation par sertissage, voir page suivante.

ROTULES ACIER/ACIER — ISO 6124

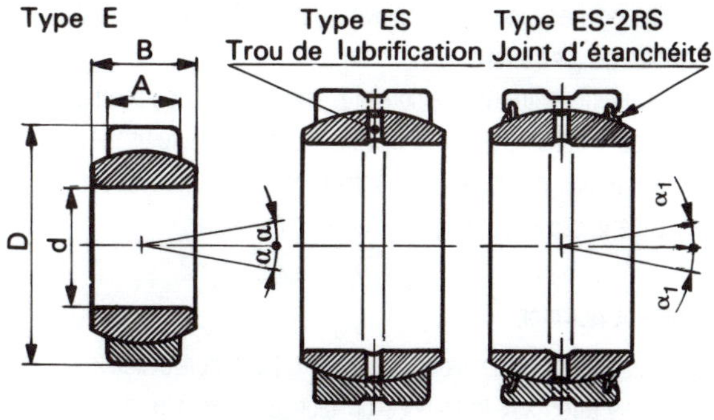

ROTULES AUTOLUBRIFIANTES — ISO 6124

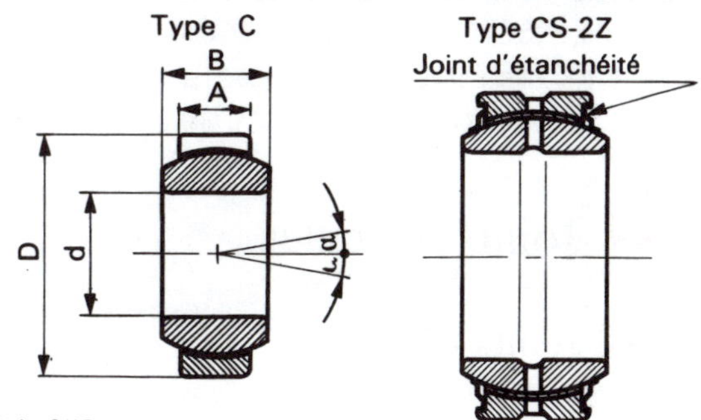

Fabrication S.K.F.

Désignation*	d	D	A	B	α°	α_1^o	C**	C_o**
GE 4...	4	12	3	5	16	—	0,6	14
GE 5...	5	14	4	6	13	—	0,93	23
GE 6...	6	14	4	6	13	—	0,93	23
GE 8...	8	16	5	8	15	—	1,53	38
GE 10...	10	19	6	9	12	—	2,16	56
GE 12...	12	22	7	10	11	—	2,9	73,5
GE 15...	15	26	9	12	8	5	4,65	116
GE 17...	17	30	10	14	10	7	5,85	146
GE 20...	20	35	12	16	9	6	8,15	204
GE 25...	25	42	16	20	7	4	13,4	335
GE 30...	30	47	—	22	6	4	17,3	430
GE 35...	35	55	—	25	6	4	21,6	550
GE 40...	40	62	—	28	7	4	27,5	680
GE 45...	45	68	—	32	7	4	35,5	880
GE 50...	50	75	—	35	6	4	43	1080
GE 60...	60	90	—	44	6	3	67	1700

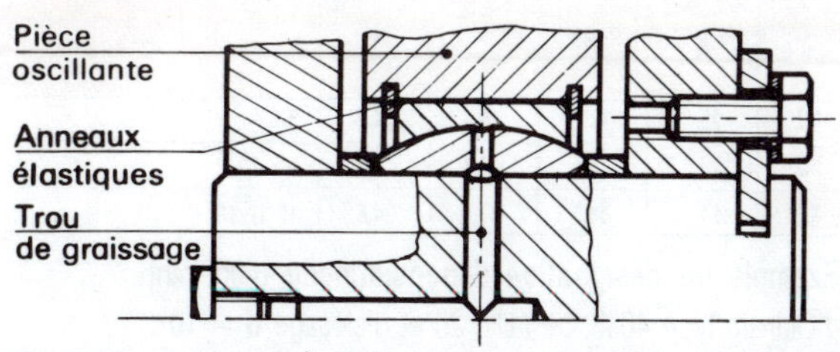

* Faire suivre la désignation du symbole du type de la rotule.

** Rotules acier/acier (en kilonewton).

■ Fixation par sertissage

Une fixation fréquemment employée dans l'aéronautique est le sertissage **(NF L 31-081).**
L'espacement entre les empreintes permet un deuxième sertissage. Il est ainsi possible de remplacer une rotule usagée par une rotule neuve et de l'immobiliser par un nouveau sertissage intercalé entre les anciennes empreintes.

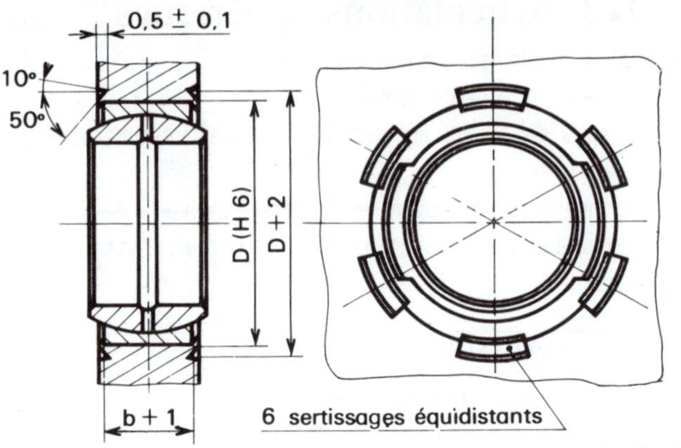

EXEMPLE DE MONTAGE :

Le montage « en opposition » de deux rotules doit éviter les contraintes dues aux tolérances de fabrication ou aux dilatations. On prévoira par exemple un jeu **J** de quelques dixièmes entre la bague extérieure d'une rotule et son épaulement.
La figure ci-contre illustre ce principe pour la suspension oscillante d'un vérin commandant la flèche d'une grue.

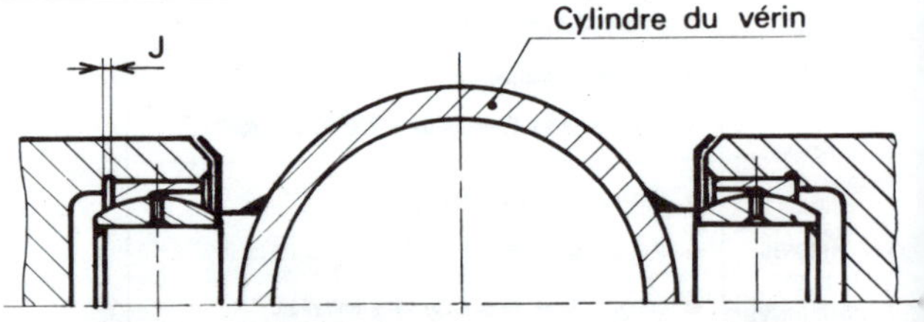

39■4 Joints articulés

39■41 Joints d'Oldham*

Un joint d'Oldham permet la transmission d'un mouvement de rotation à deux arbres parallèles placés à une faible distance l'un de l'autre.
Il est composé de deux moyeux à tenon et d'un disque intermédiaire à deux rainures orthogonales. Si l'arbre menant tourne d'un angle α, chaque tenon tourne également d'un angle α. Il en résulte que l'arbre mené tourne à la même vitesse que l'arbre menant. La transmission est dite **« homocinétique ».**

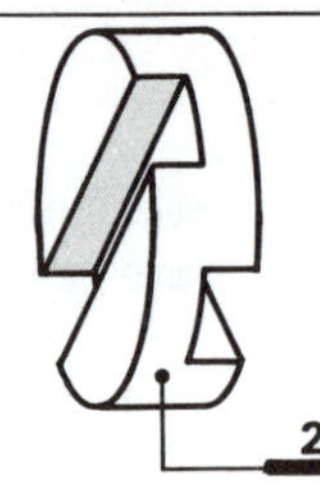

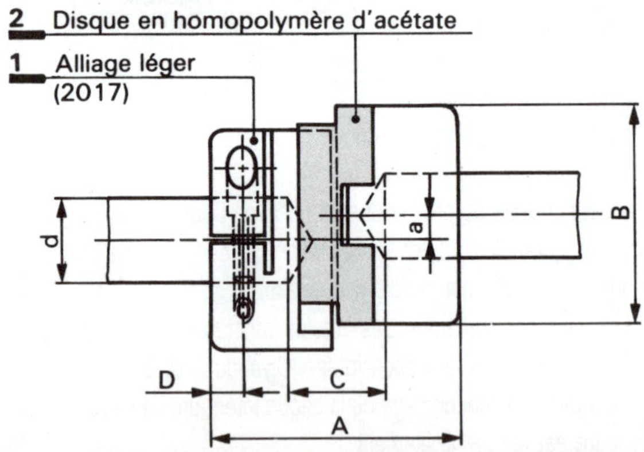

REMARQUES :

- En laissant, au montage, un léger jeu axial entre les pièces on remédie à la dilatation axiale des arbres.
- Les deux arbres sont isolés électriquement grâce au disque intermédiaire en matière plastique.
- Températures d'emplois de – 40 °C à + 85 °C.

Taille	A	B	C	D	d	Couple transmissible N. cm	Mésalignement angulaire max	Mésalignement parallèle max a	Isolation électrique kV
19	22	19,1	9,4	2,7	3-6	236	0,75°	2,4	6,8
25	28,5	25,4	11,1	3,5	6-8-10	451	1°	3	7,7
41	51	41,3	17,4	4,8	10-12-16	2256	1,25°	5	11,4

Exemple de désignation dimensionnelle d'un joint d'Oldham type 4033, de taille 25 et d'alésage **d** = 10 : **Joint 4033, 25-10, ACME.**

* Fabrication : ACME, 67027 - Strasbourg.

39 ▪ 42 Joints de cardans

Un joint de cardan permet la transmission d'un mouvement de rotation à deux arbres concourants. Il est composé de deux chapes **1a** et **1b** et d'un croisillon **2.**

Dans le modèle ci-contre, la liaison chape-croisillon se fait par l'intermédiaire de quatre douilles à aiguilles **3.**

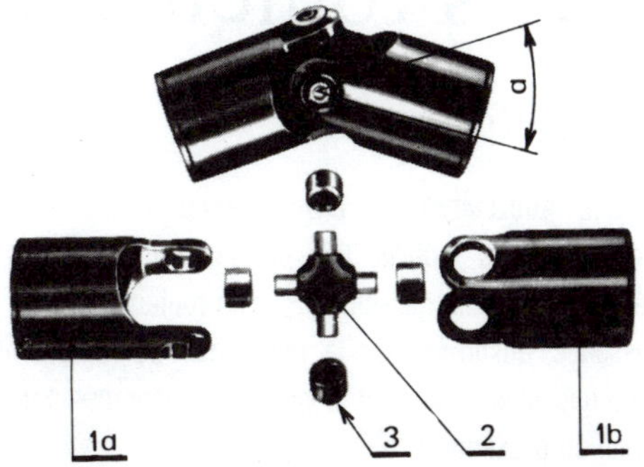

JOINT SIMPLE EMPLOYÉ SEUL

Si l'arbre d'entrée a une vitesse de rotation uniforme, la vitesse de l'arbre de sortie est irrégulière. Par exemple pour un angle â = 20° la vitesse de l'arbre de sortie varie de ± 5 % environ par rapport à la vitesse de l'arbre d'entrée.

Le joint simple employé seul est peu utilisé. Il convient surtout pour les commandes à main.

MONTAGE A DEUX JOINTS SIMPLES

Ce montage permet de corriger les irrégularités de vitesse d'un premier joint par un second joint présentant les mêmes irrégularités mais de sens opposé. L'arbre de sortie **B** tourne alors à la même vitesse que l'arbre d'entrée **A** (montages 1 ou 2 figure ci-contre). La transmission est dite **« homocinétique »**.

JOINT DOUBLE

Il constitue un montage à deux joints simples d'encombrement minimal.

EXEMPLES D'APPLICATIONS

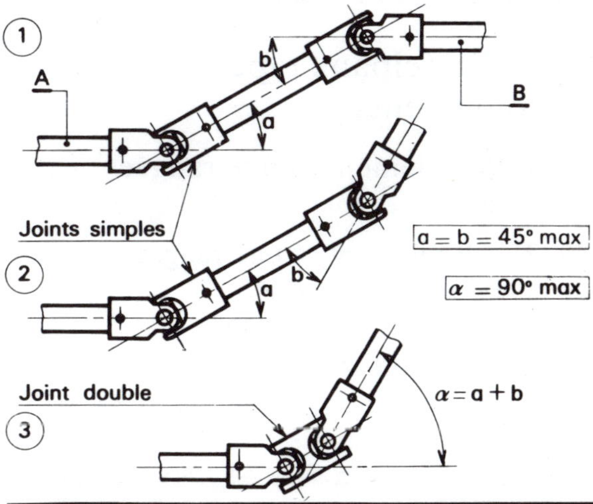

Désignation**		D	d	L	LT	p	Couple max
Joint simple	Joint double						N.m*
PA 22	—	22	10	31	—	18	10
PA 26	PPA 26	26	14	37	104	20	18
PA 32	PPA 32	32	16	43	124	23	35
PA 40	PPA 40	40	20	54	156	30	60
PA 50	PPA 50	50	25	66	188	32	100
PA 63	PPA 63	63	30	83	238	38	150

* Valeur à 4 000 tr/min pour un angle â = 5° max, si â ≈ 20° le couple est réduit de 25 %.

JOINT SIMPLE — Référence PA**

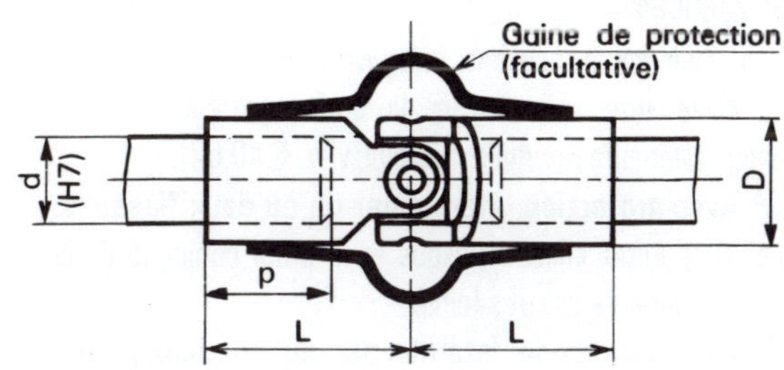

JOINT DOUBLE — Référence PPA**

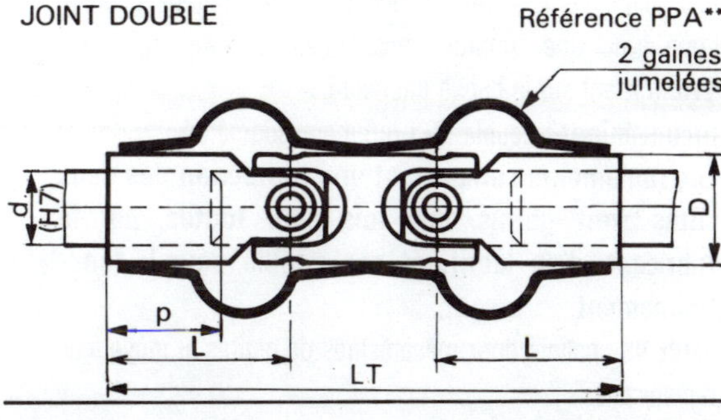

GAINES DE PROTECTION — Référence MPS

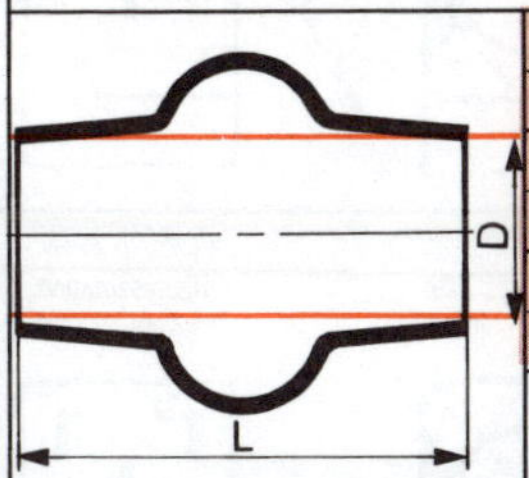

D	16	20	24	28
L	32	40	45	50
D	32	36	40	45
L	55	65	75	85
D	50	55	60	75
L	95	105	115	125

Exemple de désignation d'une gaine d'alésage d = 20 :
Gaine MPS 20 — Prud'homme

LIAISONS AVEC LES ARBRES

Elles sont généralement réalisées par goupilles transversales (chapitre 35) soit par clavetage longitudinal (chapitre 38).

** Fabrication : Prud'homme, 95302 - Aubervilliers.

40 Les roulements

40 ▪ 1 Définition

On appelle **ROULEMENT** un ensemble de pièces insére entre deux organes mobiles l'un par rapport à l'autre et destiné à remplacer un glissement par un roulement.

La puissance absorbée par la résistance au roulement est beaucoup plus faible que la puissance absorbée par la résistance au glissement.

Un roulement est défini par deux caractéristiques essentielles : **le type** et **les dimensions.**

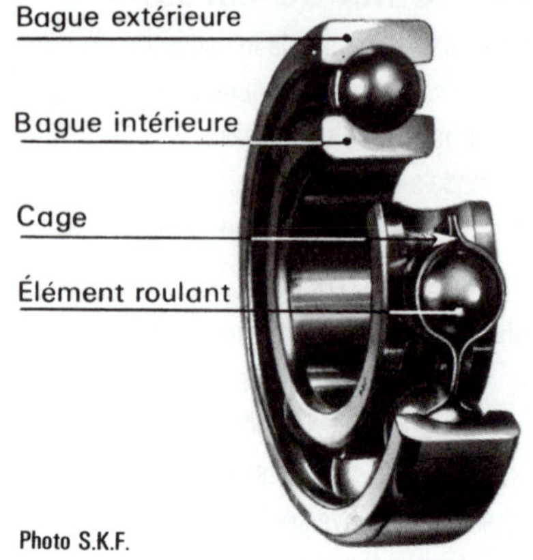

Photo S.K.F.

40 ▪ 2 Principaux types de roulements

40 ▪ 21 Roulements à une rangée de billes

40 ▪ 211 Roulements à une rangée de billes, à contact radial, sans encoche de remplissage

CARACTÉRISTIQUES GÉNÉRALES:

▪ Ces roulements supportent des charges radiales et axiales relativement importantes.

▪ Ils exigent une bonne coaxialité des portées de l'arbre d'une part et des alésages des logements d'autre part.

REMARQUE :

Ces roulements peuvent être livrés en trois variantes.

1° Avec une rainure sur la surface extérieure de la bague extérieure (exemple d'emploi, voir § 40.52).

2° Avec protection latérale par un ou deux flasques. Le jeu **j** entre chaque flasque et le profil conjugué de la bague intérieure est très faible.

3° Avec protection latérale par un ou deux joints. Ces joints sont, le plus souvent, en caoutchouc synthétique avec une armature métallique. Ils comportent une lèvre frottant sur la bague intérieure.

Inconvénient : couple de frottement augmenté.

Les roulements comportant une protection des deux côtés sont garnis, une fois pour toutes, par le fabricant, d'un lubrifiant convenable pour le fonctionnement.

EMPLOIS : paliers pour mécanismes de petites et moyennes dimensions.

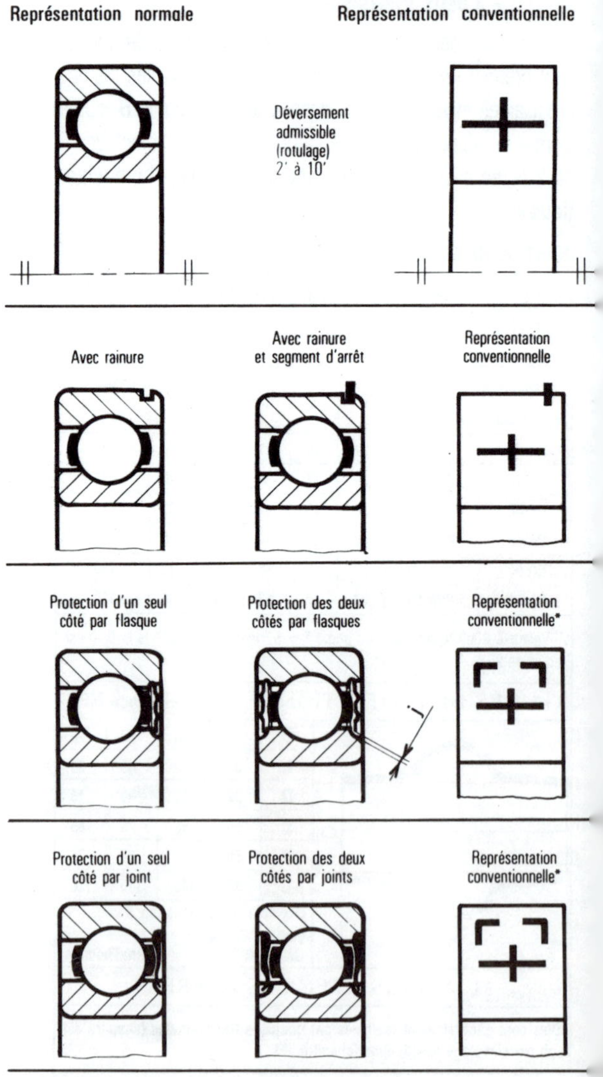

* Pour un seul flasque ou un seul joint ne mettre qu'un symbole ˥.

40■212 Roulements à une rangée de billes, à contact oblique

CARACTÉRISTIQUES GÉNÉRALES :

■ Ces roulements supportent des charges axiales relativement élevées dans un seul sens ou des charges axiales et radiales combinées. En général, ils ne sont pas démontables.

■ Ils conviennent pour de grandes fréquences de rotation.

■ Ils demandent une bonne coaxialité des portées de l'arbre d'une part et des alésages des logements d'autre part.

REMARQUES :

■ Ces roulements sont souvent utilisés par paire et montés en opposition.

■ Ils offrent la possibilité de régler le jeu de fonctionnement par translation axiale relative entre les deux bagues.

EMPLOIS :

Paliers pour mécanismes précis de petites et moyennes dimensions.

Photo S.K.F.

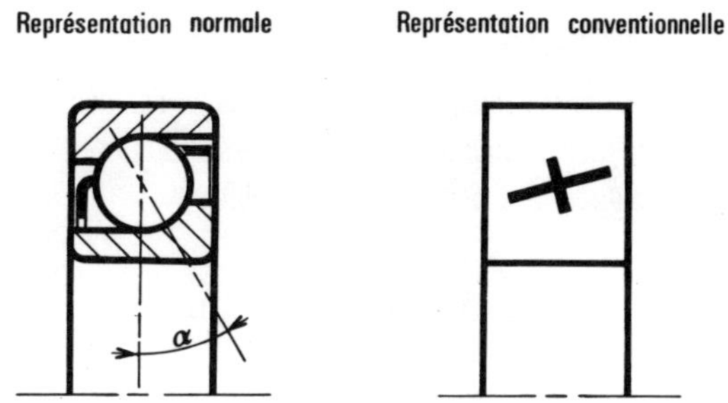

Déversement admissible : ≈ 0

40■22 Roulements à deux rangées de billes

40■221 Roulements à deux rangées de billes, à contact oblique, avec encoches de remplissage

CARACTÉRISTIQUES GÉNÉRALES :

■ Ces roulements supportent des charges radiales assez importantes et des charges axiales alternées.

■ Les fréquences de rotation admissibles sont plus faibles que celles des roulements à une rangée de billes.

■ Ils demandent une **très bonne coaxialité** des portées de l'arbre d'une part et des alésages des logements d'autre part.

REMARQUE :

Pratiquement ces roulements sont utilisés seuls ou accouplés avec un autre type de roulement.

EMPLOIS

■ Paliers pour arbres en porte à faux (grande rigidité des roulements).

■ Roulement de butée pour un arbre soumis à des charges axiales alternées.

Photo S.K.F.

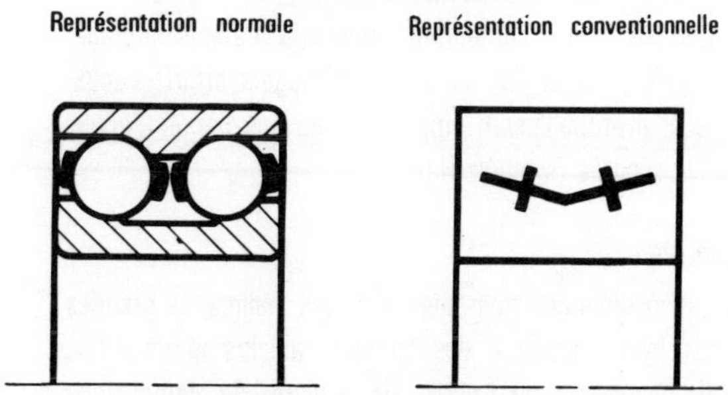

Déversement admissible : ≈ 0

40 ■ 222 Roulements à deux rangées de billes à rotule dans la bague extérieure

CARACTÉRISTIQUES GÉNÉRALES :

■ Ces roulements supportent des charges radiales moyennes et des charges axiales faibles.

■ Ils conviennent pour de grandes fréquences de rotation.

■ Ils autorisent un léger déversement de la bague intérieure par rapport à la bague extérieure.

■ Les roulements dont la désignation comporte le suffixe K ont un alésage conique. Ceci permet notamment leur montage sur portée conique, sur manchon de serrage, sur manchon de démontage. On évite ainsi l'épaulement d'appui sur l'arbre.

EMPLOIS :

■ Ils sont utilisés lorsque l'alignement précis des paliers est difficile (paliers pour arbres de transmission).

■ Ils permettent une légère flexion de l'arbre.

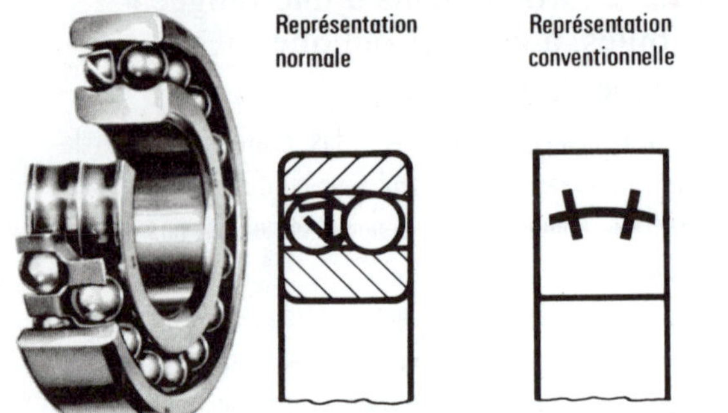

Photo S.K.F.
Déversement admissible : 1,5° à 3°

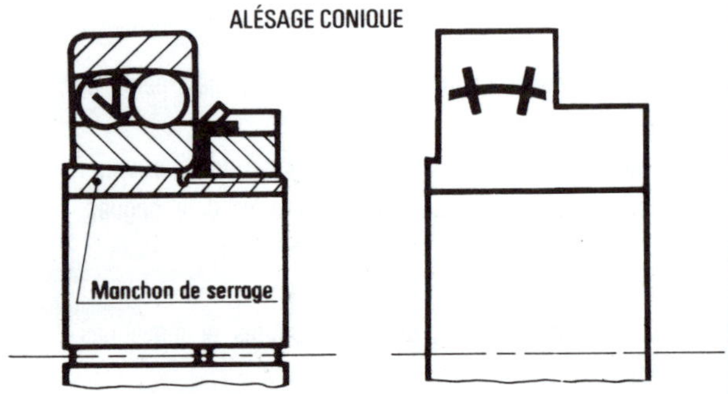

40 ■ 23 Roulements à rouleaux cylindriques

CARACTÉRISTIQUES GÉNÉRALES :

■ Ces roulements supportent des charges radiales très importantes mais aucune charge axiale (pour les types dont l'une des bagues ne comporte pas d'épaulements).

■ Ils conviennent pour de grandes fréquences de rotation.

■ Ils exigent une **très bonne coaxialité** des portées de l'arbre, d'une part, et des alésages des logements, d'autre part.

REMARQUES :

■ Ils résistent bien aux chocs.

■ Ils permettent un léger déplacement axial de l'arbre par rapport au logement.

■ Ils sont à bagues séparables.

■ Certains types comportent trois épaulements latéraux. Ils peuvent de ce fait supporter de légers efforts axiaux. Ils sont éventuellement employés avec une bague d'épaulement séparée (symbole HJ).

EMPLOIS :

■ Ils conviennent très bien pour les paliers de grandes dimensions soumis à des charges radiales importantes.

■ Ils sont utilisés pour les paliers de dimensions moyennes si la charge radiale s'accompagne de chocs.

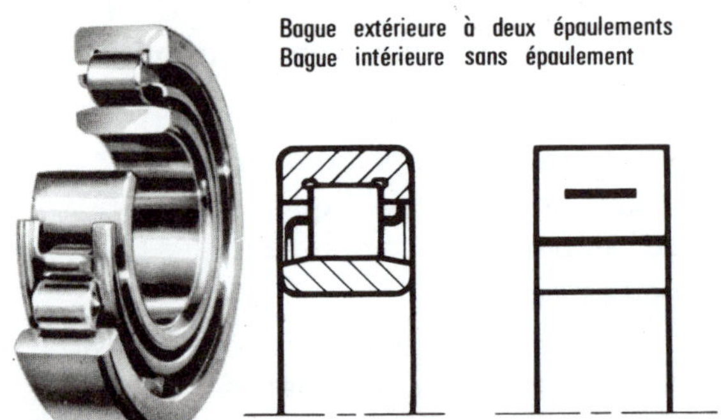

Photo S.K.F.

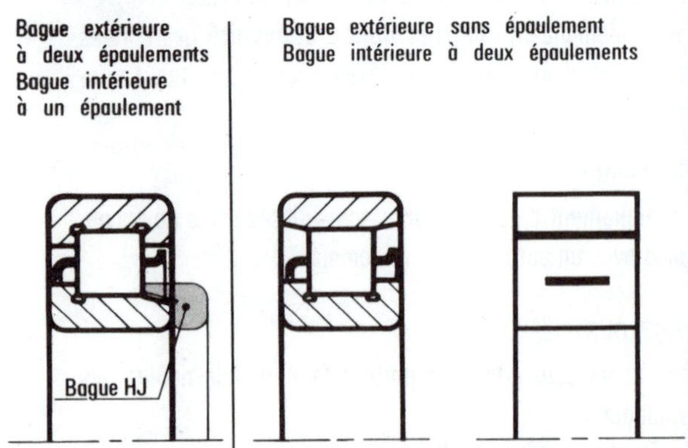

Déversement admissible : 2′

40.24 Roulements à deux rangées de rouleaux, à rotule dans la bague extérieure

Les rouleaux de ces roulements sont en forme de tonneau (la génératrice est un arc de cercle).

CARACTÉRISTIQUES GÉNÉRALES :

- Ces roulements supportent des charges radiales très importantes et des charges radiales et axiales combinées.
- Le type à bague intérieure avec bague de guidage possède des charges de base plus importantes que le type à bague intérieure à trois épaulements.
- Les fréquences de rotation admissibles sont plus faibles que celles des roulements à rotule sur deux rangées de billes.
- Ils autorisent un léger déversement de la bague intérieure par rapport à la bague extérieure.
- Pour les roulements dont l'alésage est conique, revoir les observations du § 40.222.

EMPLOIS :

Ils sont utilisés lorsque l'alignement précis des paliers est difficile (paliers pour arbre de transmission fortement chargé). Ils permettent une légère flexion de l'arbre.

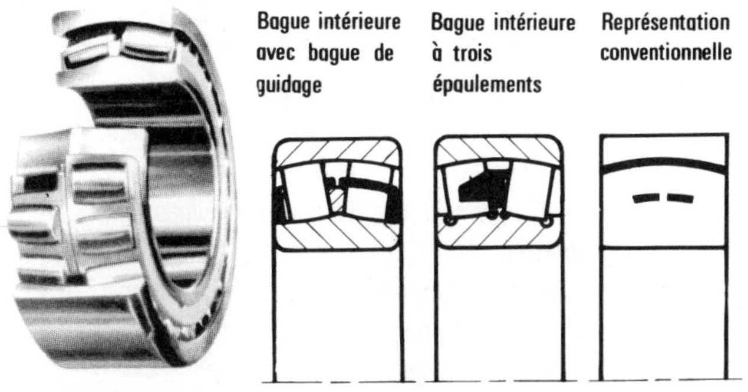

Photo S.K.F.

Déversement admissible : 1° à 2,5°

ALÉSAGE CONIQUE

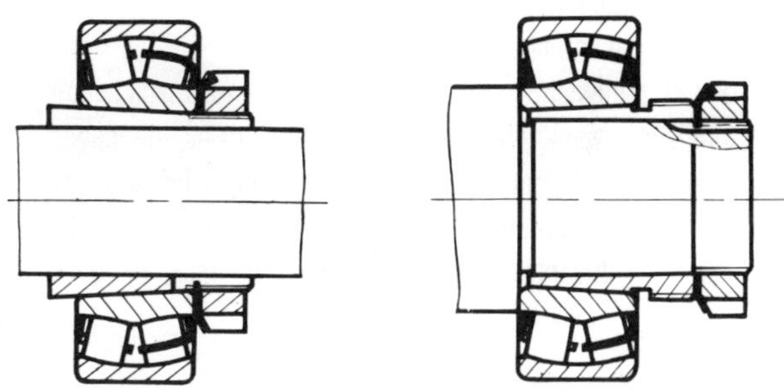

40.25 Roulements à rouleaux coniques

Les cônes formés par les chemins de roulement et les rouleaux coniques ont un même sommet S situé sur l'axe du roulement.

CARACTÉRISTIQUES GÉNÉRALES :

- Ces roulements supportent des charges radiales et axiales très importantes.
- Ne conviennent pas pour les grandes fréquences de rotation.
- Demandent une bonne coaxialité des portées de l'arbre et aussi des alésages des logements.

REMARQUES :

- Ces roulements sont habituellement utilisés par paire et montés en opposition.
- Ils permettent de régler le jeu de fonctionnement.
- La bague extérieure ou «cuvette» est séparable.

EMPLOIS :

Paliers de dimensions grandes et moyennes pour mécanismes précis fortement sollicités.

Déversement admissible : 2′

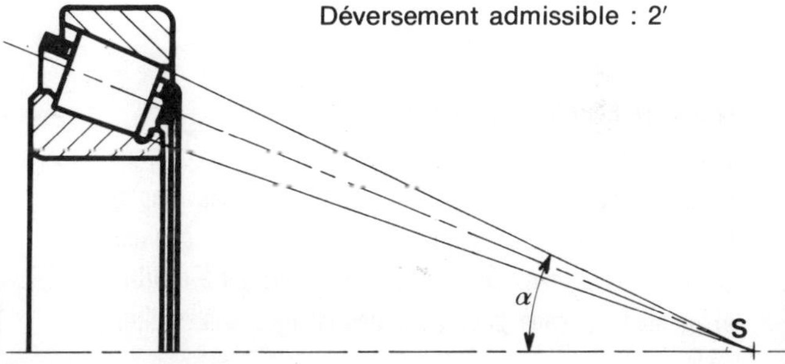

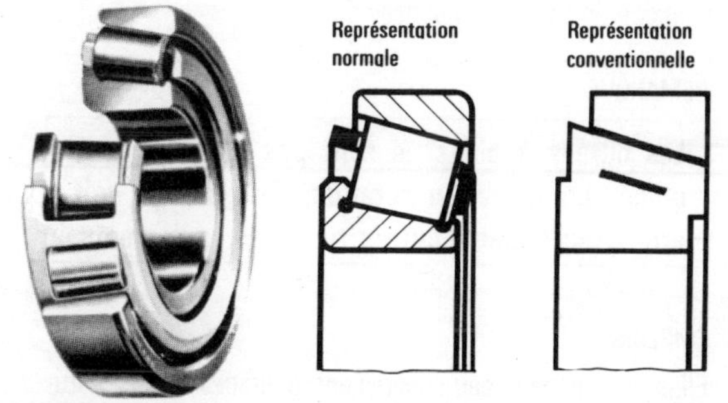

Photo S.K.F.

40 ■ 26 Roulements à aiguilles

CARACTÉRISTIQUES GÉNÉRALES :

■ Les roulements à aiguilles supportent des charges radiales importantes sous un encombrement relativement réduit. Comme les roulements à rouleaux cylindriques comportant une bague sans épaulement ils ne supportent aucune charge axiale.

■ Ils conviennent pour de grandes fréquences de rotation.

■ Ils exigent une **très bonne coaxialité** des portées de l'arbre et aussi des alésages des logements.

REMARQUES :

■ Ils résistent bien aux chocs.

■ Ils permettent un léger déplacement axial de l'arbre par rapport au logement.

■ La bague intérieure est séparable.

■ Ces roulements sont couramment utilisés : sans bague intérieure, sous forme de douilles à aiguilles, de cages à aiguilles. L'encombrement est réduit, mais les surfaces de roulement doivent présenter une dureté et un état de surface suffisants (HRc min = 57 ; Ra max = 0,4).

EMPLOIS :

Paliers de petites et moyennes dimensions soumis à des charges radiales importantes.

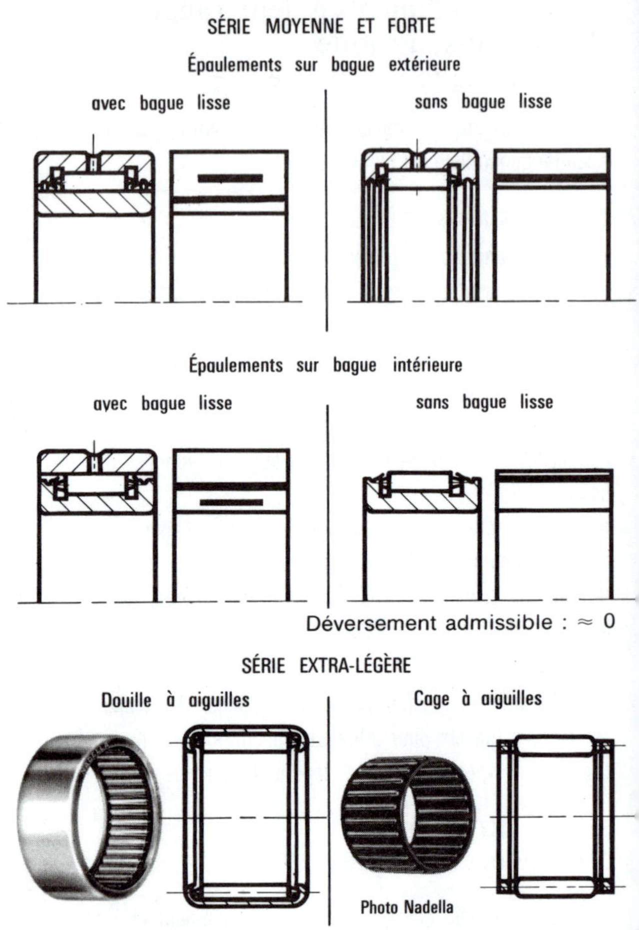

40 ■ 27 Butées à billes

CARACTÉRISTIQUES GÉNÉRALES :

■ Les butées à billes ne supportent que des charges axiales, mais ces charges peuvent être très importantes. **Les butées à simple effet** ne supportent que des charges axiales dans un seul sens. **Les butées à double effet** sont conçues pour subir des charges axiales alternées.

■ L'action de la force centrifuge sur les billes limite leur emploi à de faibles fréquences de rotation.

REMARQUE :

Les butées à billes ne sont pas conçues pour guider un arbre en rotation. Ce guidage doit être assuré par d'autres types de roulements.

EMPLOIS

Elles conviennent particulièrement pour des arbres verticaux, fortement chargés axialement et tournant lentement.

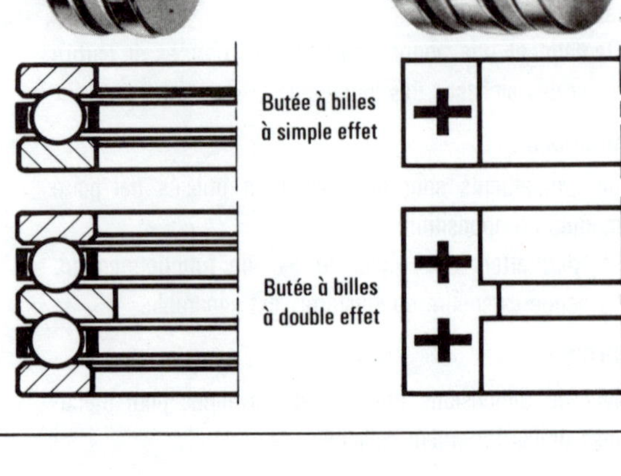

40■3 Désignation d'un roulement normalisé*

La désignation d'un roulement normalisé se compose de cinq sections :

■ la première section constitue le **numéro de base** et il doit toujours être indiqué,

■ les autres sections forment un **numéro supplémentaire** permettant d'indiquer éventuellement les caractéristiques particulières d'un roulement.

Si l'une des sections intermédiaires n'est pas utilisée, on la remplace par la lettre X pour les sections 2 et 4 et par le chiffre 0 pour les sections 3 et 5. Les sections non utilisées qui terminent un numéro complet ne sont pas mentionnées.

NUMÉRO DE BASE			NUMÉRO SUPPLÉMENTAIRE						
Section 1			Section 2			Section 3		Section 4	Section 5
Type et dimensions d'encombrement			Modifications de construction			Jeu interne et tolérances			
Diamètre d'alésage en millimètres	Type	Série de dimensions	Cage et intercalaires	Flasques et joints	Rainure pour segment d'arrêt, alésage conique...	Jeu interne	Tolérance	Lubrifiant Produits de protection	Exigences spéciales
Chiffres	Lettres	Chiffres	Lettre	Lettres	Lettre	Chiffre	Chiffre	Lettre	Chiffres

EXEMPLE D'APPLICATION : 30 BC 02 XE

30 = valeur du diamètre de l'alésage en millimètres (du plus petit diamètre pour un alésage conique).

BC = roulement à une rangée de billes, à contact radial, sans encoches de remplissage.

La première lettre désigne le type général du roulement :

B = roulements à billes
R = roulements à rouleaux cylindriques
S = roulements à rouleaux à alignement automatique
T = butées à billes et à rouleaux
K = roulements à rouleaux coniques
N = à aiguilles.

02 = série de dimensions, 02 donnant pour un diamètre d'alésage, 30 mm un diamètre extérieur de 62 mm et une largeur de 16 mm (voir tableau 40.71).

Pour les roulements à billes ou à rouleaux :

■ le premier chiffre (ici 0) indique la série des largeurs ;

■ le deuxième chiffre (ici 2) indique la série des diamètres.

L'ensemble de ces deux chiffres s'appelle série de dimensions.

Pour les roulements à aiguilles (d'après NF E 22-371) :

■ le premier chiffre indique la largeur du roulement en millimètres ;

■ le deuxième chiffre le diamètre extérieur en mm.

XE indique :

X = n'importe quel type de cage acceptable,
F = simple joint (d'un seul côté) à frottement, fixation permanente.

Les tableaux de dimensions en fin de chapitre indiquent le type de chaque roulement.

40■4 Principaux types de roulements non normalisés

40■41 Butées à aiguilles**

Les caractéristiques générales des butées à aiguilles et leurs emplois sont comparables à ceux des butées à billes. Cependant la capacité de charge axiale et la fréquence de rotation admissible sont plus importantes.

BUTÉE À SIMPLE EFFET

Type mince

Photo Nadella

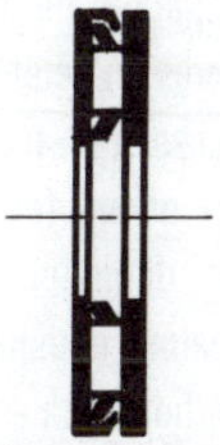

*D'après ISO R300 et travaux de normalisation en cours.

**Fabricant : Nadella, 92505 Rueil Malmaison.

Elles offrent en outre l'avantage d'avoir un encombrement très réduit. Cet encombrement peut être diminué par suppression de la rondelle séparable. Le chemin de roulement sur la pièce doit alors présenter une dureté et un état de surface suffisants (HRc min = 57; Ra max = 0,4).
La butée à double effet est composée de deux butées à simple effet (épaisses ou minces) et d'une rondelle médiane (voir tableau 40.82).

40.42 Roulements combinés*

CARACTÉRISTIQUES GÉNÉRALES :

- Les roulements combinés «Nadella» peuvent supporter des charges axiales et radiales importantes.
- Ils conviennent pour d'assez grandes fréquences de rotation (fréquences de rotation n en tours par minute pouvant dépasser la valeur 250 000 divisée par le diamètre moyen de la butée).
- Les épaulements contre lesquels s'appuie la butée doivent être plans, rigides et perpendiculaires à l'axe de rotation.

REMARQUES :

- Ces roulements résistent bien aux chocs.
- Leur encombrement est très réduit. Il peut être diminué par suppression de la rondelle séparable et de la bague intérieure. Les surfaces de roulement doivent alors présenter une dureté et un état de surface suffisants (HRc min = 57; Ra max = 0,4).

Les principes de montage des roulements combinés sont indiqués au § 40.535.

40.43 Guidage en translation

40.431 Patins à aiguilles*

Les patins à aiguilles sont utilisés pour des mouvements de translation rectiligne alternative.
La capacité de charge maximale est obtenue avec des glissières en acier trempé (HRc min = 57; Ra max = 0,4).
Les glissières peuvent également être réalisées en «tôle bleue» ou en fonte grise, mais la capacité de charge s'en trouve diminuée (voir tableau 40.84).
Les patins à aiguilles peuvent être utilisés pour des glissières horizontales, verticales ou inclinées (queue d'aronde).

Voir montage des patins à aiguilles § 40.536.

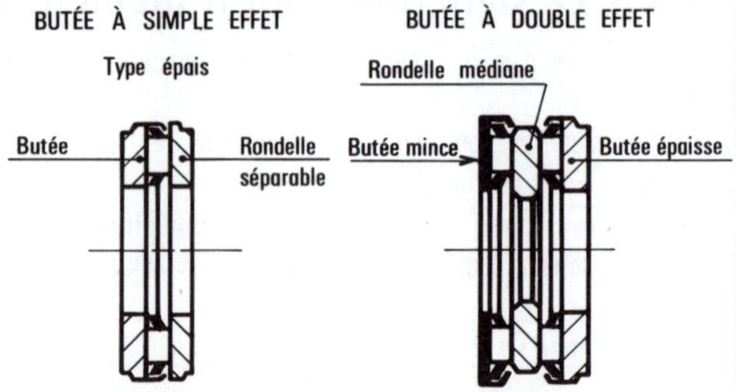

Photo Nadella

Type mince

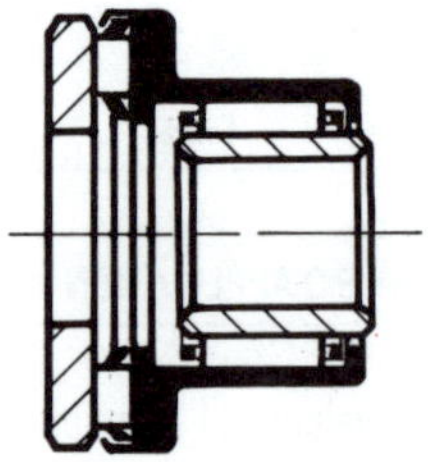

Type épais complet

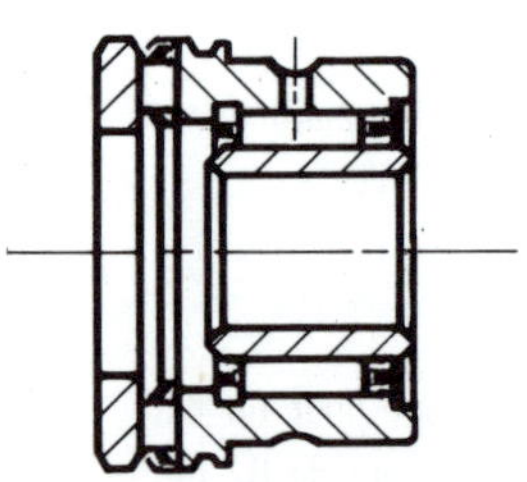

Type épais sans rondelle séparable ni bague intérieure

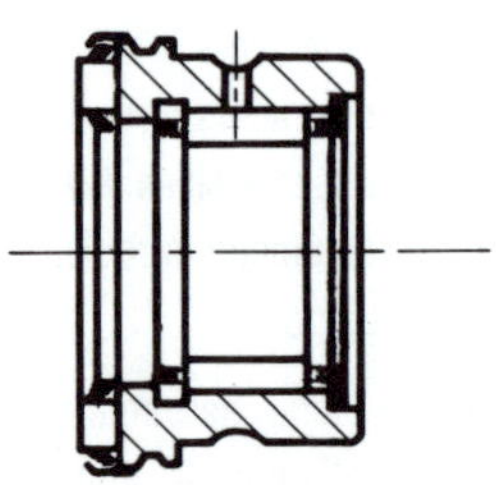

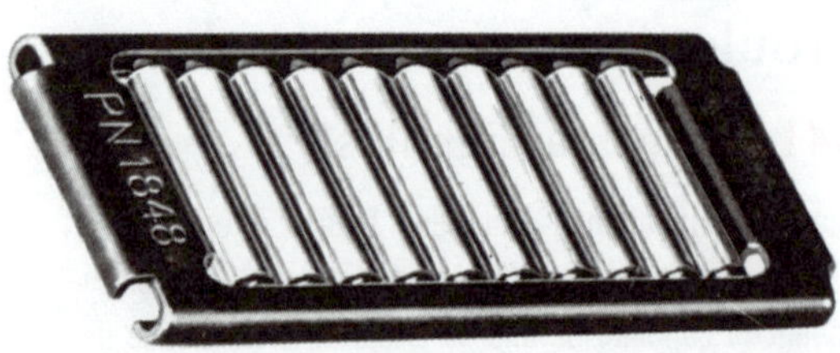

Photo Nadella

* Fabricant : Nadella, 92505-Rueil-Malmaison.

40■432 RAILS DE GUIDAGE*

Type	R1	R2	R3	R6	R9	R12	R15
A	8,5	12	18	31	44	58	71
B	4	6	8	15	22	28	36
C	1,8	2,5	3,5	6	9	12	14
D	1,5	2	3	6	9	12	15
E	3,9	3,5	8,3	13,9	19,7	25,9	31,9
F	5	7,5	12,5	25	50	50	50
G	10	15	25	50	100	100	100
Vis CHC	M 2	M 3	M 4	M 6	M 8	M 10	M 12

Type	L
R 1	20-30-40-50-60-70-80-100-120
R 2	30-45-60-75-90-105-120-150-180
R 3	50-75-100-125-150-175-200-225-250-275-300-350
R 6	100-150-200-250-300-350-400-450-500-600-700
R 9	200-300-400-500-600-700-800-900-1000
R12	200-300-400-500-600-700-800-900-1000
R15	300-400-500-600-700-800-900-1000

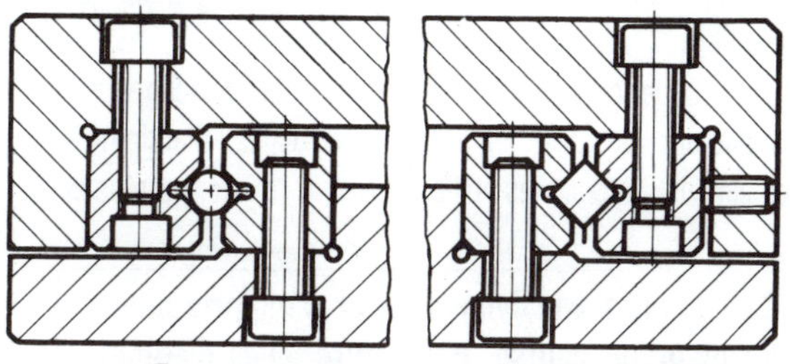

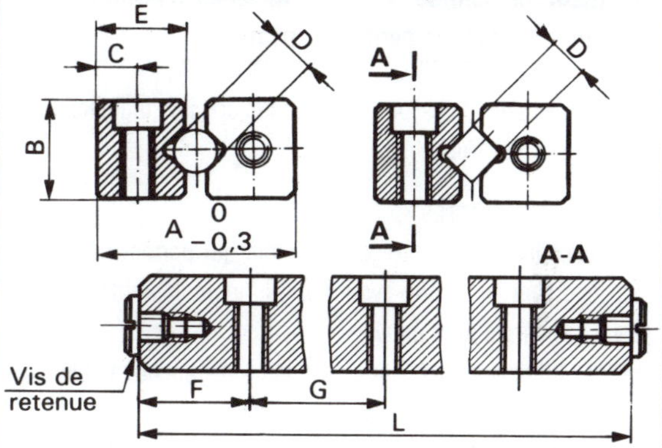

Le guidage est réalisé par des billes (faibles charges) ou par des galets croisés (fortes charges) qui roulent entre deux rails.
L'emploi de ces rails assure :

- un frottement très faible,
- une grande précision de guidage,
- une grande résistance à l'usure,
- un réglage périodique du jeu de fonctionnement.

PRINCIPE DE MONTAGE : voir § 40.536.

EXEMPLE DE DÉSIGNATION d'un jeu de rails de guidage, type R3, $L \approx 200$, cage à rouleaux :

4 rails R 3200*, cage à rouleaux, Schneeberger.

* Pour $L < 100$ faire précéder la longueur d'un zéro.

PROTECTION DES RAILS DE GUIDAGE

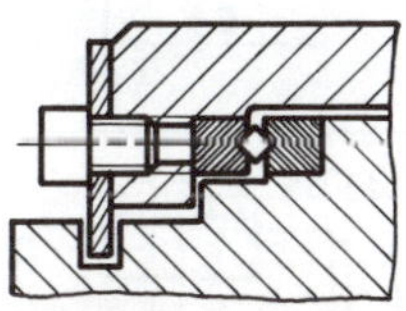
Labyrinthe

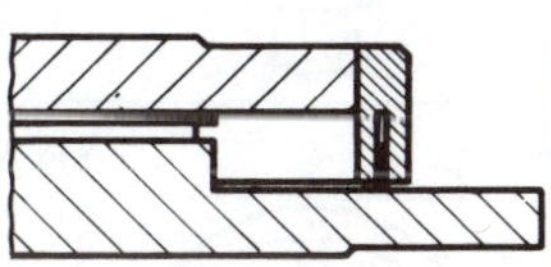
Racleur

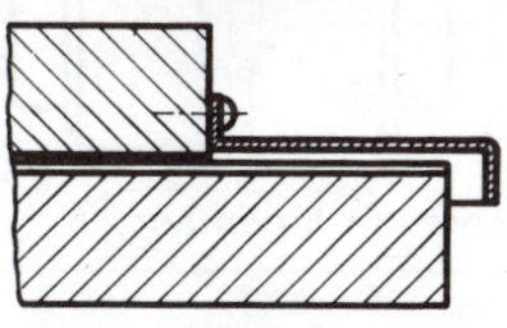
Tablier

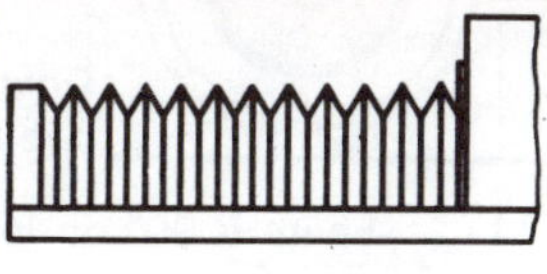
Soufflet

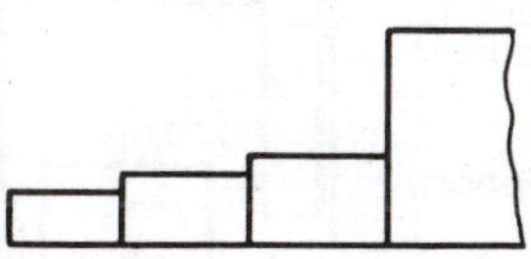
Tablier télescopique

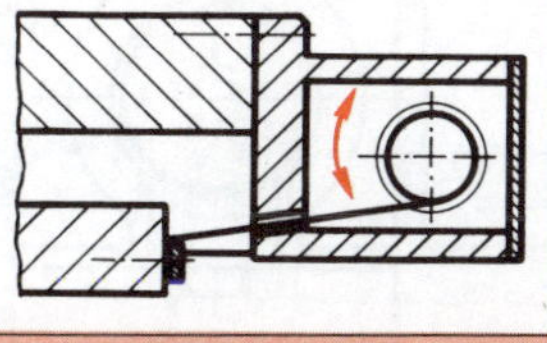
Bande de protection

EXEMPLES DE RÉGLAGES DU JEU

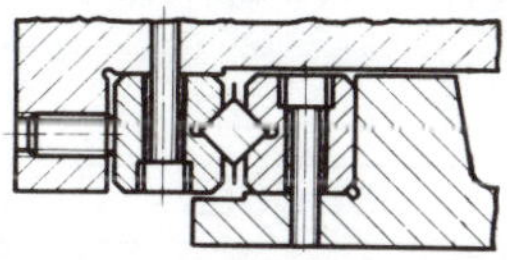
Vis de pression

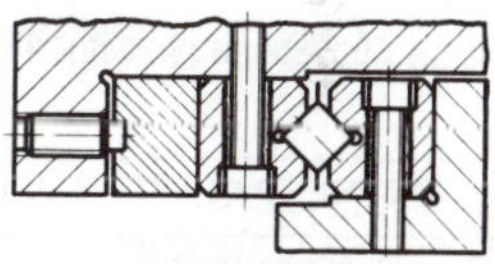
Vis de pression sur cale

Cale cylindrique

Cale pentée

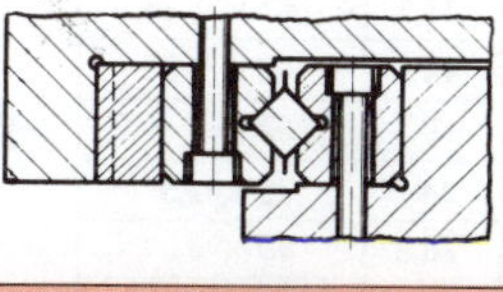
Cale biaise

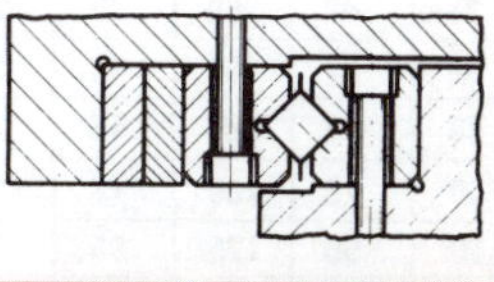
Doubles cales biaises

* Schneeberger, 91220 - Brétigny-sur-Orge.

40■433 Douilles à billes*

Les douilles à billes se composent essentiellement d'un manchon extérieur, de billes et de leurs cages de guidage.
Chaque cage constitue un circuit continu et indépendant comprenant un aller et retour des billes. Pendant le chemin de retour, les billes cessent d'être porteuses.

Ces douilles conviennent pour n'importe quelle longueur de course. Par contre, elles n'admettent pas les mouvements de rotation.

On distingue deux types de douilles : les douilles réglables et les douilles ouvertes.

LES DOUILLES RÉGLABLES

Elles possèdent une fente longitudinale qui permet grâce à un logement approprié (voir fig. 3) un réglage du jeu radial entre l'arbre et la douille.
Elles se fabriquent avec ou sans joint d'étanchéité. Les douilles avec joint d'étanchéité présentent une force axiale de frottement non compatible avec des applications exigeant une grande sensibilité.

LES DOUILLES OUVERTES

Les douilles ouvertes permettent de remédier au fléchissement des arbres de grande longueur. En effet la largeur de la fente permet de placer des supports aussi rapprochés qu'il est nécessaire (voir fig. 4).

PRINCIPALES CARACTÉRISTIQUES						
Arbre de guidage					**Logement**	
Dureté : HRc ⩾ 60 Etat de surface : $R_a \leqslant 0{,}4$ Tolérance : h 7					Tolérance : H 7	
d	D	B	C	E_1	E_2	Anneau élastique
5	12	22	12	1,5	–	12 × 1
8	16	25	14	1,5	–	16 × 1
12	22	32	20	1,5	8	22 × 1,2
16	26	36	22	1,5	10,5	27 × 1,2
20	32	45	28	2	11	33 × 1,5
25	40	58	40	2	14,5	42 × 1,75
30	47	68	48	2	14,5	48 × 1,75
40	62	80	56	2	19	62 × 2
50	75	100	72	3	24	75 × 2,5
60	90	125	95	3	28,5	90 × 3
80	120	165	125	3	38	120 × 4

* L'étude concerne les douilles «Star», brevets Thomson.
Valeurs d'après S.K.F.

1

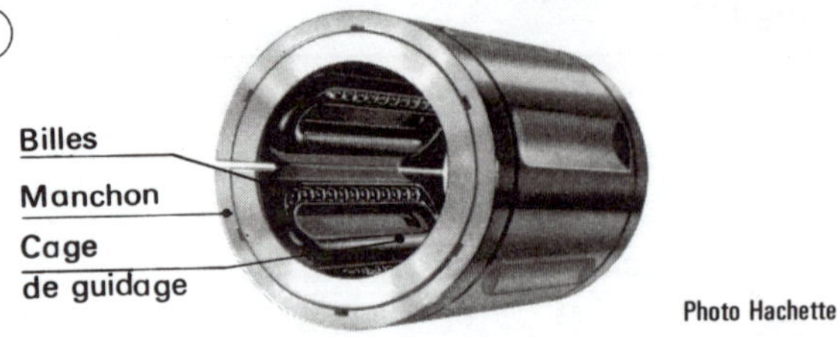

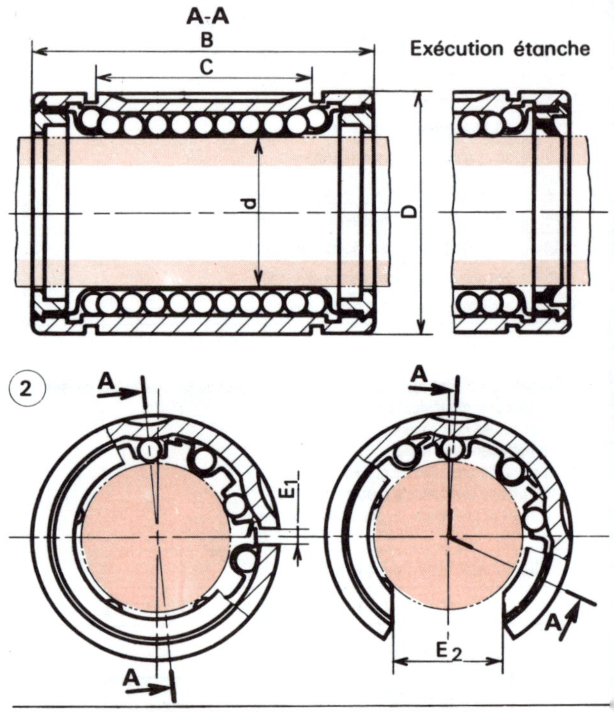

2

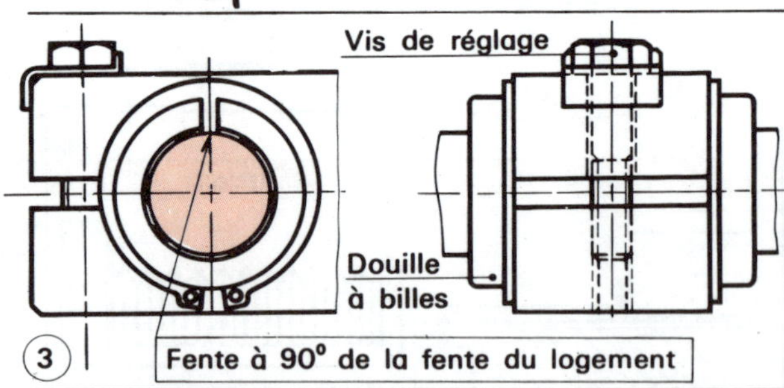

3

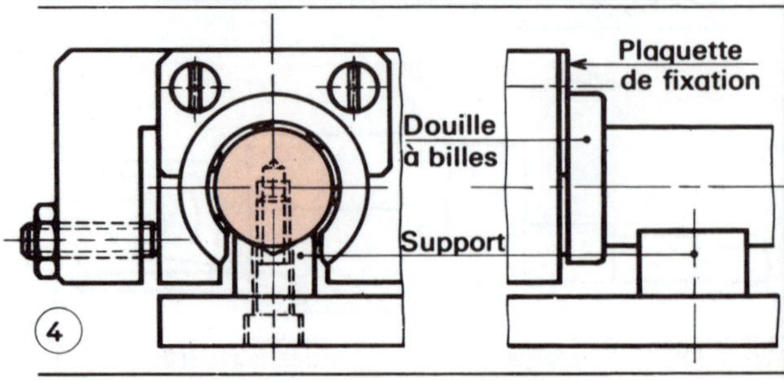

4

40 ■ 434 Vis à billes**

L'assemblage vis-écrou à billes permet de transformer un mouvement de rotation en mouvement linéaire et vice versa.
Pour assurer une circulation continue, les billes sont ramenées à leur point d'origine par un canal de transfert à l'intérieur de l'écrou.

EMPLOIS :

Par rapport à un système vis-écrou classique, les vis à billes sont d'un prix élevé et leur montage est plus complexe mais elles s'imposent chaque fois qu'il est nécessaire d'améliorer le rendement ; c'est le cas, par exemple, sur les systèmes d'axes à commande numérique.

Vis à filet trapézoïdal	**rendement**	η	**$\leqslant$ 50 %.**
Vis à billes	**90 % $\leqslant$ rendement**	η	**$\leqslant$ 98 %.**

LONGUEURS :

Les longueurs sont spécifiques à chaque application et les extrémités peuvent être quelconques.

FRÉQUENCE DE ROTATION MAXIMALE : n max

Montage suivant figure 3.

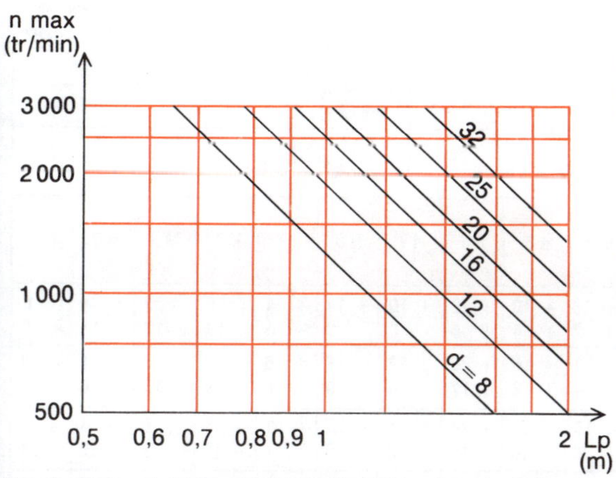

Nota : La fréquence de rotation admissible doit être inférieure d'au moins 80 %.

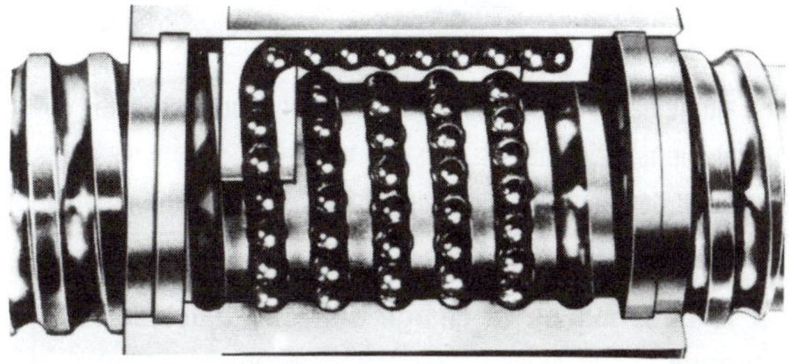

Photo Almé

VIS À BILLES NF E 22-201

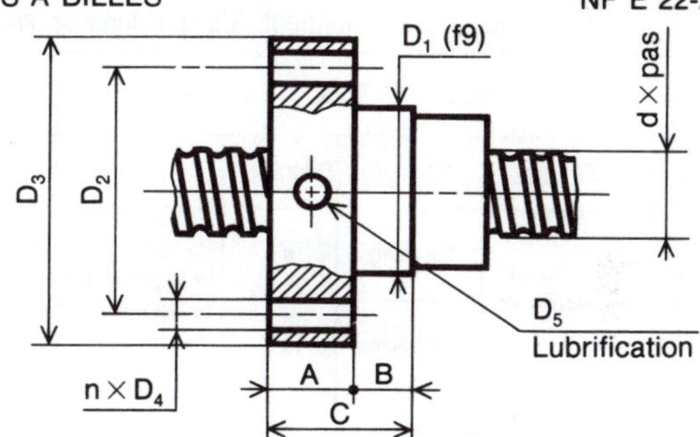

Écart de pas total $\Delta P_{TOT} = \Delta P_{300} \times \frac{l}{300}$

ΔP_{300} usuels : 50 — 100 — 200 (l = longueur filetée)

EXEMPLE DE DÉSIGNATION :

Vis à billes à filet roulé, écrou simple à bride, d × pas
Longueur totale : ____
Longueur filetée : ____
Type d'extrémité : suivant plan n° ____
Classe de précision : ____ (écart de pas ΔP_{300})

EXTRÉMITÉS USUELLES

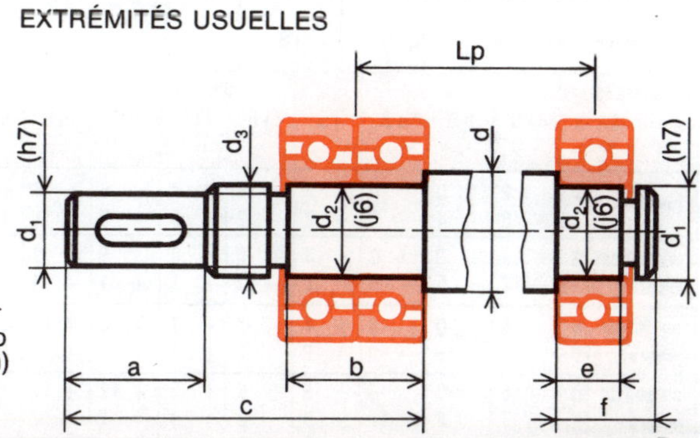

d × pas	A	B	C	D_1	D_2	D_3	n × D4	D_5	a	b	c	e	f	d_1	d_2	d_3	C*	C_0^*
8 × 2,5	8	8	16	16	23	30	6 × 3,4	3,9	7,5	7	24	5	7	3	4	M 4	3	3,2
12 × 5	12	10	32	24	32	40	6 × 4,5	M6	10	8	29	6	9	4	6	M 6	6,9	7,8
16 × 5	12	11	45	28	40	53	4 × 6,6	M6	20	11	52	11	15	8	10	M10 × 0,75	11,9	16,4
20 × 5	12	11	45	33	45	58	6 × 6,6	M6	25	11	59	12	16	10	12	M12 × 1	12,3	20,8
25 × 5	12	11	45	38	50	63	6 × 6,6	M6	30	13	70	14	18	15	17	M17 × 1	13,3	27,4
32 × 5	13	15	48	48	60	73	6 × 6,6	M6	40	15	84	15	20	15	20	M20 × 1	17,7	40,3

* Capacité de charge axiale (C dynamique - Co statique) en kN.
** Fabrication Almé, 77103-Meaux.

40.5 Conception d'un montage de roulements

40.51 Ajustements

Les ajustements nécessaires au montage correct d'un roulement sont obtenus en faisant varier les tolérances des portées et des alésages des logements.

> **La bague tournante d'un roulement, par rapport à la direction de la charge doit être ajustée avec serrage.**

Le serrage est nécessaire pour éviter à la bague de tourner sur sa portée ou dans son logement. Ce phénomène est appelé « roulage ». En général l'ajustement avec serrage demeure nécessaire même si la bague est serrée latéralement.

> **La bague fixe d'un roulement, par rapport à la direction de la charge, est montée glissante.**

Les tolérances indiquées dans les tableaux ci-dessous sont valables pour des logements en fonte ou en acier. Pour des logements en alliage léger ou à parois minces choisir un ajustement plus serré. Pour les roulements à aiguilles voir tableaux 40.80 et 40.81.

TOLÉRANCES POUR LES ARBRES

Conditions d'emploi	Charge	Tolérances	Observations
Bague intérieure fixe par rapport à la direction de la charge.	Constante	g 6	La bague intérieure peut coulisser sur l'arbre.
	Variable	h 6	
Bague intérieure tournante par rapport à la direction de la charge, ou direction de charge non définie.	Faible et variable	h 5 j 5 - j 6	La bague intérieure est ajustée avec serrage sur l'arbre. A partir de m 5 utiliser des roulements avec un jeu interne augmenté.
	Normale	k 5 - k 6	
	Importante	m 5 - m 6	
	Importante avec chocs	n 6 p 6	
Butée à billes.	Axiale	j 6	

TOLÉRANCES POUR LES ALÉSAGES

Conditions d'emploi	Charge	Tolérances	Observations
Bague extérieure tournante par rapport à la direction de la charge.	Importante avec chocs	P 7	La bague extérieure ne peut pas coulisser dans l'alésage.
	Normale ou importante	N 7	
	Faible et variable	M 7	
Direction de charge non définie.	Importante ou normale	K 7	
Bague extérieure fixe par rapport à la direction de la charge.	Importante avec chocs	J 7	La bague extérieure peut coulisser dans l'alésage.
	Normale	H 7	
	Normale (mécanique ordinaire)	H 8	
Butée à billes.	Axiale	H 8	

Écarts en micromètres à 20 °C	g 6	h 5	h 6	j 5	j 6	k 5	k 6	m 5	m 6	n 6	p 6	H 7	H 8	J 7	K 7	M 7	N 7	P 7
jusqu'à 3	− 2 − 8	0 − 4	0 − 6	+ 2 − 2	+ 4 − 2	+ 4 0	+ 6 0	+ 6 + 2	+ 8 + 2	+ 10 + 4	+ 12 + 6	+ 10 0	+ 14 0	+ 4 − 6	0 − 10	− 2 − 12	− 4 − 14	− 6 − 16
au-delà de 3 jusqu'à 6	− 4 − 12	0 − 5	0 − 8	+ 3 − 2	+ 6 − 2	+ 6 + 1	+ 9 + 1	+ 9 + 4	+ 12 + 4	+ 16 + 8	+ 20 + 12	+ 12 0	+ 18 0	+ 6 − 6	+ 3 − 9	0 − 12	− 4 − 16	− 8 − 20
au-delà de 6 jusqu'à 10	− 5 − 14	0 − 6	0 − 9	+ 4 − 2	+ 7 − 2	+ 7 + 1	+ 10 + 1	+ 12 + 6	+ 15 + 6	+ 19 + 10	+ 24 + 15	+ 15 0	+ 22 0	+ 8 − 7	+ 5 − 10	0 − 15	− 4 − 19	− 9 − 24
au-delà de 10 jusqu'à 18	− 6 − 17	0 − 8	0 − 11	+ 5 − 3	+ 8 − 3	+ 9 + 1	+ 12 + 1	+ 15 + 7	+ 18 + 7	+ 23 + 12	+ 29 + 18	+ 18 0	+ 27 0	+ 10 − 8	+ 6 − 12	0 − 18	− 5 − 23	− 11 − 29
au-delà de 18 jusqu'à 30	− 7 − 20	0 − 9	0 − 13	+ 5 − 4	+ 9 − 4	+ 11 + 2	+ 15 + 2	+ 17 + 8	+ 21 + 8	+ 28 + 15	+ 35 + 22	+ 21 0	+ 33 0	+ 12 − 9	+ 6 − 15	0 − 21	− 7 − 28	− 14 − 35
au-delà de 30 jusqu'à 50	− 9 − 25	0 − 11	0 − 16	+ 6 − 5	+ 11 − 5	+ 13 + 2	+ 18 + 2	+ 20 + 9	+ 25 + 9	+ 33 + 17	+ 42 + 26	+ 25 0	+ 39 0	+ 14 − 11	+ 7 − 18	0 − 25	− 8 − 33	− 17 − 42
au-delà de 50 jusqu'à 80	− 10 − 29	0 − 13	0 − 19	+ 6 − 7	+ 12 − 7	+ 15 + 2	+ 21 + 2	+ 24 + 11	+ 30 + 11	+ 39 + 20	+ 51 + 32	+ 30 0	+ 46 0	+ 18 − 12	+ 9 − 21	0 − 30	− 9 − 39	− 21 − 51
au-delà de 80 jusqu'à 120	− 12 − 34	0 − 15	0 − 22	+ 6 − 9	+ 13 − 9	+ 18 + 3	+ 25 + 3	+ 28 + 13	+ 35 + 13	+ 45 + 23	+ 59 + 37	+ 35 0	+ 54 0	+ 22 − 13	+ 10 − 25	0 − 35	− 10 − 45	− 24 − 59

40 ■ 52 Fixation latérale

PRINCIPE GÉNÉRAL

Afin d'éviter aux roulements d'une même ligne d'arbre une opposition mutuelle due aux tolérances de fabrication ou aux dilatations, un seul roulement appelé «roulement fixe» assure la position axiale de l'arbre. Les autres roulements appelés «roulements libres» prennent d'eux-mêmes leur place.

CONSÉQUENCES :

■ Le roulement fixe doit être maintenu latéralement à la fois dans son logement et sur sa portée.

■ Si les roulements libres utilisés ne permettent pas le déplacement axial relatif de leurs bagues, la bague fixe par rapport à la direction de la charge doit être montée coulissante et non maintenue latéralement.

EXEMPLES D'APPLICATION :

■ **Arbre tournant, charge de direction fixe** (fig. 2). Les deux bagues intérieures sont maintenues latéralement. Un des roulements a sa bague extérieure coulissante afin de lui permettre de prendre librement sa place.
La nécessité de la rondelle de réglage est justifiée au § 19.44.

■ **Logement tournant, charge de direction fixe** (fig. 3). À l'inverse du cas précédent, ce sont les deux bagues extérieures qui sont maintenues latéralement. La bague intérieure d'un des roulements est coulissante.

EXEMPLES DE FIXATIONS LATÉRALES :

■ Un maintien latéral économique et particulièrement efficace est réalisé par écrou de blocage à encoches et rondelle frein pour la bague intérieure (fig. 1 et 3) et à l'aide du couvercle pour la bague extérieure.

■ Une autre solution également fort simple et peu encombrante, convenant particulièrement dans le cas de faibles charges axiales, peut être réalisée par anneaux élastiques (fig. 2 et 4).

HAUTEUR MINIMALE DES ÉPAULEMENTS (NF E 22-301) :

La diversité des roulements n'a pas permis d'indiquer leur hauteur maximale. Si exceptionnellement la hauteur de l'épaulement dépasse légèrement celle de la bague, prévoir des encoches afin de permettre l'extraction du roulement (voir page 195, 2e figure).

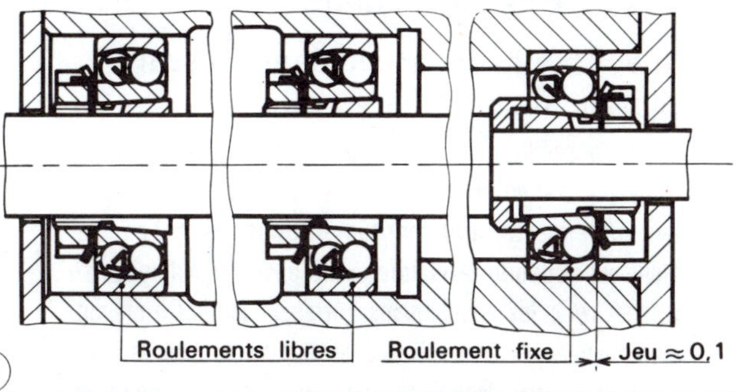

1

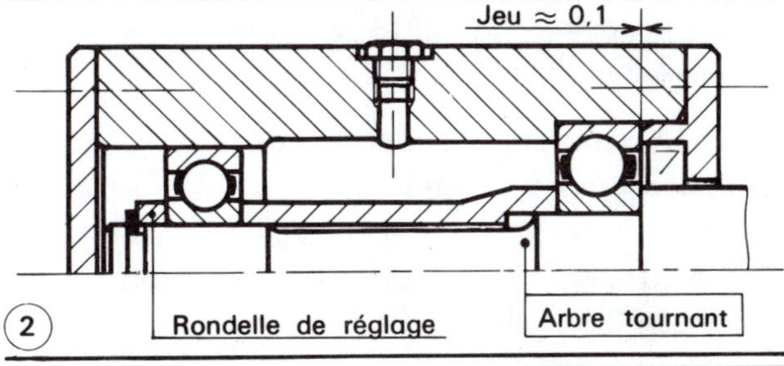

2

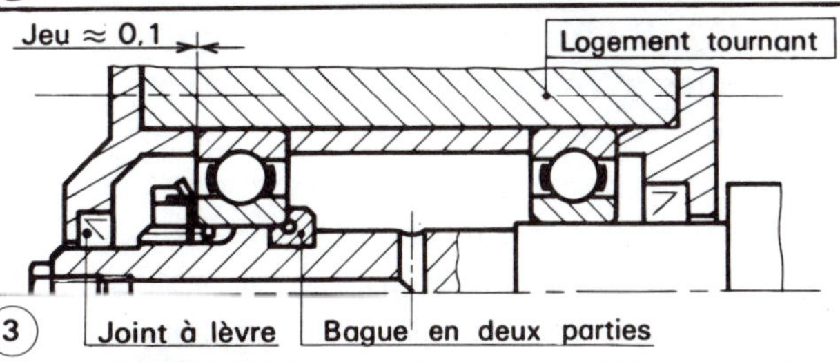

3

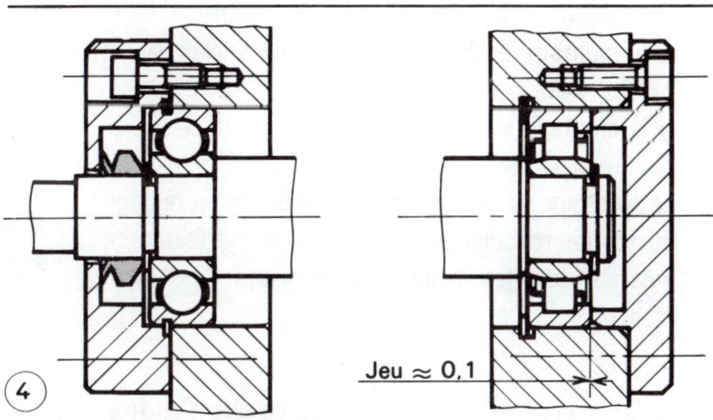

4

Hauteur des épaulements

r min	r_1 max	h min	r min	r_1 max	h min
0,15	0,1	0,6	1,5	1,5	4
0,2	0,2	0,8	2	2	4,5
0,3	0,3	1	2,1	2	5,5
0,6	0,6	2	3	2,5	6,5
1	1	2,5	4	3	8
1,1	1	3,25	5	4	10

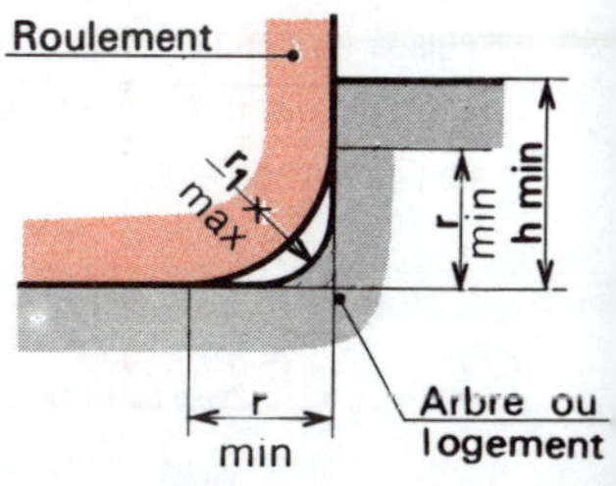

40.53 Cas particuliers

40.531 Charge axiale dans un seul sens ou aucune charge axiale

Il est possible, pour simplifier la construction, de se contenter d'appuyer les bagues contre des épaulements. **Les roulements sont montés en opposition.** Le roulement qui supporte la charge axiale a ses deux bagues en contact avec les épaulements correspondants. On prévoit, afin d'éviter des contraintes dues aux tolérances de fabrication ou aux dilatations, un jeu J égal à quelques dixièmes de millimètres entre la bague coulissante et son épaulement.

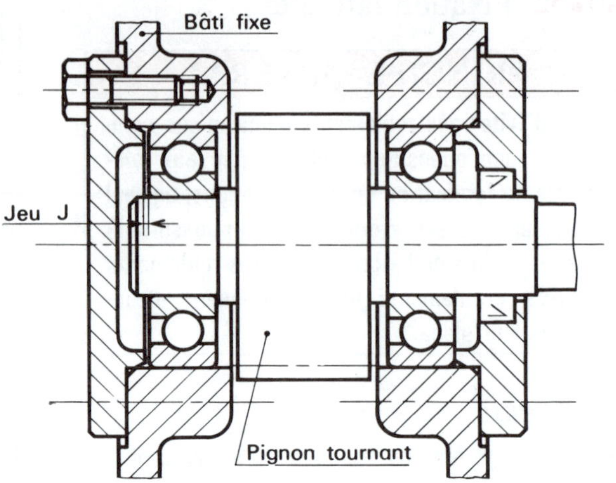

40.532 Roulements à rouleaux cylindriques ou à aiguilles

Ils permettent par construction un libre déplacement axial de l'arbre. Les deux bagues de ces roulements sont donc immobilisées (voir § 40.52, fig. 4).

40.533 Roulements à rouleaux coniques et roulements à une rangée de billes à contact oblique

Ils sont habituellement utilisés par paires et montés en opposition. La position axiale de l'arbre est déterminée par les deux roulements. Les conditions de montage obéissent à des règles particulières. Pour les cas courants, on distingue deux principaux types de montage :

- **le montage en X** (il est habituellement utilisé dans le cas d'un arbre tournant),
- **le montage en O** (il est habituellement utilisé dans le cas d'un logement tournant).

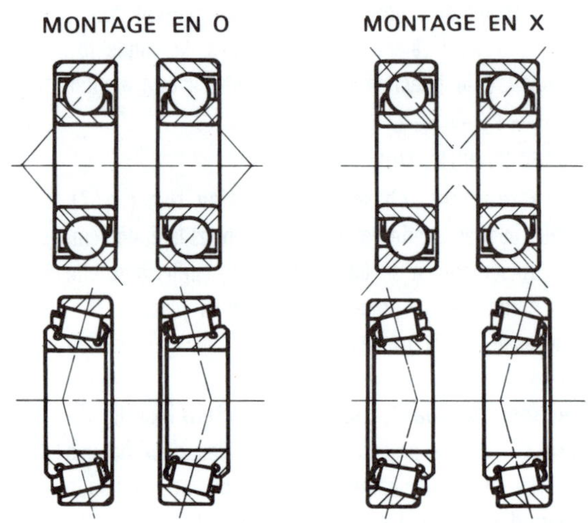

Le montage de ces roulements nécessite un réglage du jeu de fonctionnement. Il doit être effectué en agissant sur les bagues coulissantes des roulements.

EXEMPLES :

- **Arbre «court» tournant, charge de direction fixe.**

Le réglage du jeu est effectué à l'aide de cales de réglage en clinquant. Ces cales peuvent être avantageusement remplacées par une cale pelable Altermill* (précision du réglage 0,05).

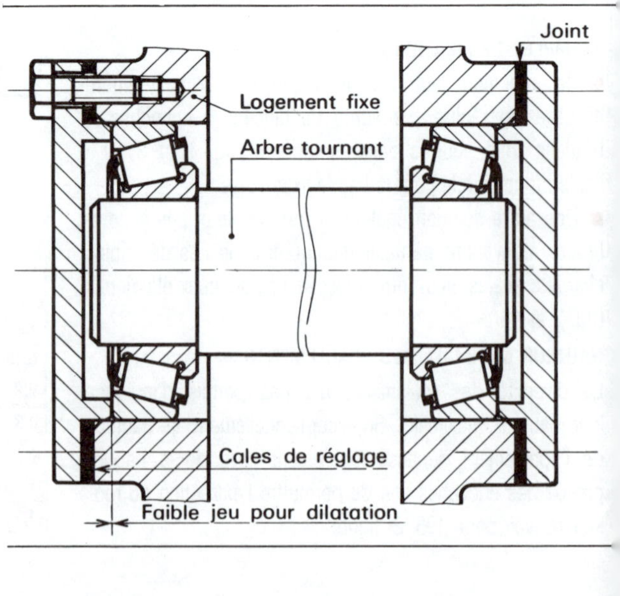

Photo Hachette

S.A. Jicey-France, 78220 - Viroflay.

■ **Arbre «long» tournant, charge de direction fixe.**
Si les roulements sont à une grande distance l'un de l'autre, on évitera les contraintes dues à la dilatation en effectuant le serrage axial par l'intermédiaire d'un dispositif élastique (ressort hélicoïdal, rondelle élastique, patin de caoutchouc, etc.).
Pour les roulements à billes à contact oblique, il existe dans le commerce des rondelles spécialement étudiées*. Ces rondelles permettent en outre un rattrapage automatique du jeu de fonctionnement. Elles amortissent efficacement le bruit pour les arbres tournant à grande vitesse. La rondelle élastique doit être montée de manière à s'opposer à l'effort axial le plus faible. Elles se fabriquent pour les roulements ayant un alésage compris entre 5 et 140 mm.
Un tel montage est également préconisé pour les roulements à une rangée de billes à contact radial tournant à grande vitesse.

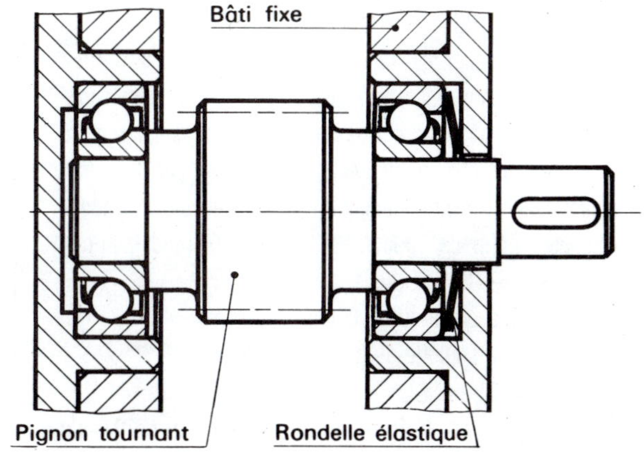

■ **Logement tournant, charge de direction fixe.**
Un réglage simple et précis est obtenu par écrou à encoches et rondelles frein (tableau 40.88). Afin d'obtenir une pression de contact uniforme il est nécessaire d'interposer entre la rondelle frein et la bague intérieure une rondelle plate. Cette rondelle est également immobilisée en rotation par une languette qui se loge dans une rainure de l'arbre.

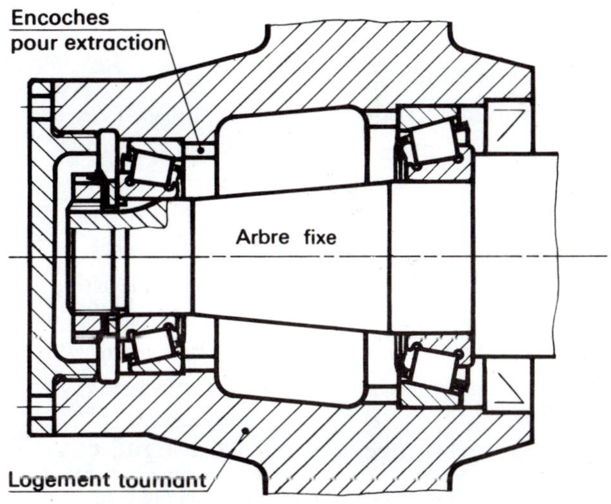

40■534 Montage des butées à billes

Une butée à billes ne supporte que des charges axiales. Elle ne peut guider un arbre en rotation.

Il en résulte que le support des charges radiales et le guidage en rotation doivent être assurés par des roulements ou par un palier lisse (suivant la valeur des charges et de la vitesse).
La tolérance H8 (tableau § 40.51) détermine avec la (ou les) rondelle-logement un ajustement «libre». Le montage d'une butée à billes sur un arbre horizontal nécessite quelques précautions particulières (voir l'exemple suivant).

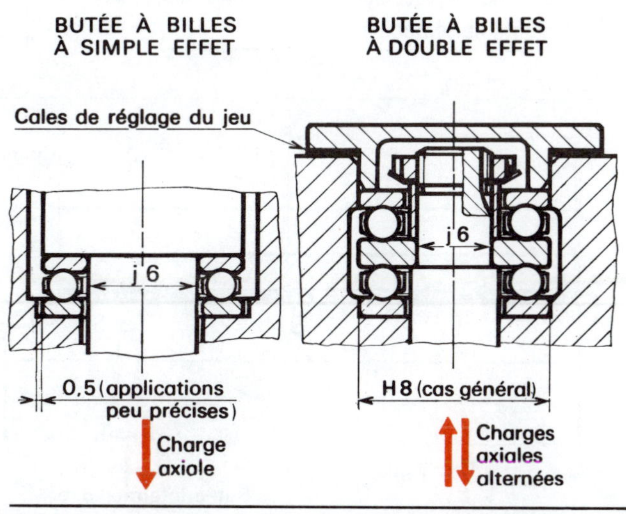

Photo Hachette

* Rondelles Ringspann type « étoile »
Agent exclusif Univacier, 93500-Pantin.

Exemple de montage d'une butée à billes sur un arbre horizontal.

Afin d'éviter que les rondelles-logement ne s'excentrent sous leur propre poids ou sous l'action d'éventuelles vibrations il est nécessaire que la butée soit constamment chargée. Une charge minimale est assurée par l'intermédiaire d'un dispositif élastique (ressort hélicoïdal, rondelle élastique, patin de caoutchouc, etc.). On prend habituellement : $F \approx C_0/1000$,

F = charge axiale sur la butée,

C_0 = charge statique de base de la butée (tableaux 40.85 et 86).

Le montage en boîtier rapporté est conseillé s'il facilite l'usinage ou si le logement est dans un bâti en deux pièces.

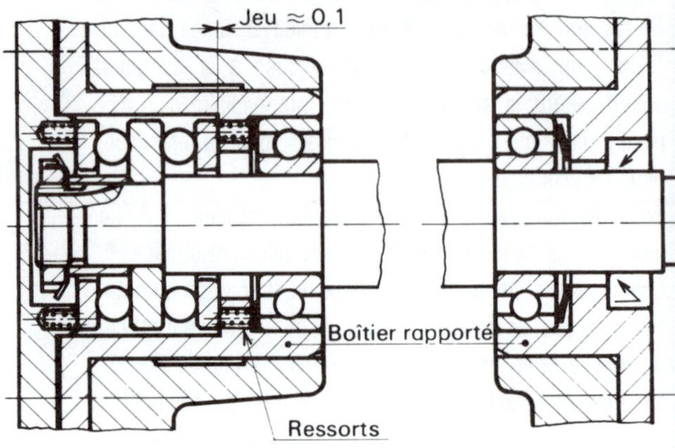

40 ▪ 535 Montage des roulements combinés

Ils sont habituellement utilisés par paire et montés «en opposition». La position axiale de l'arbre est déterminée par les deux roulements. Le réglage du jeu axial peut être obtenu par écrou avec freinage de sécurité (voir chapitre 36). Afin d'obtenir une pression uniforme, on interpose une rondelle de forte épaisseur centrée sur l'arbre. La cale de réglage sert à positionner les cônes primitifs des roues coniques de manière à ce que leurs sommets soient confondus (condition pour un bon engrènement).

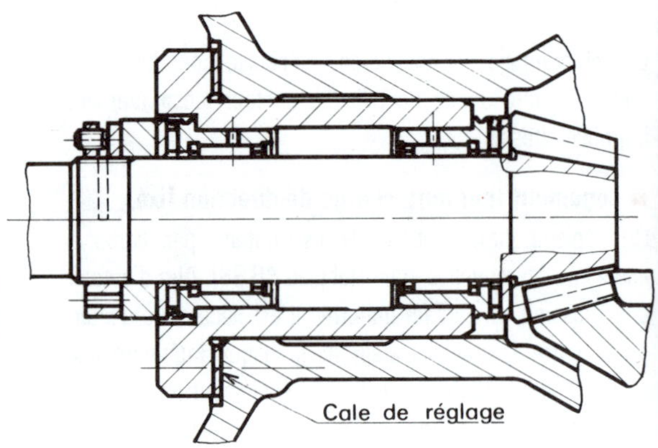

40 ▪ 536 Montage des patins à aiguilles

La course des patins à aiguilles est égale à la moitié du déplacement relatif entre les deux éléments de contact.

On prévoit à chaque extrémité de la glissière des butées d'arrêt. Si cela est nécessaire, il est possible d'accrocher plusieurs patins successifs par leurs extrémités.

Si l'on prévoit plusieurs groupes de patins, il est nécessaire de mettre une butée intermédiaire.

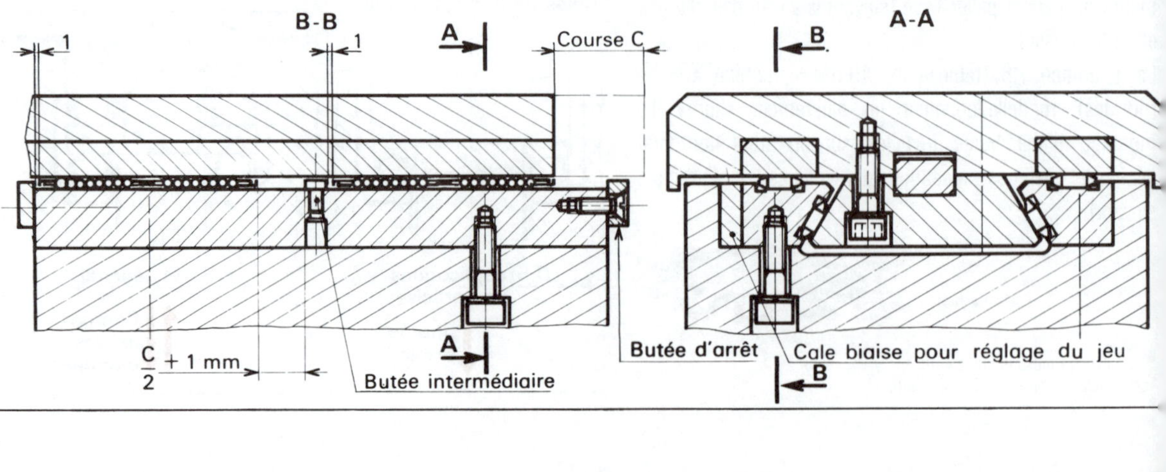

40■6 Détermination des dimensions d'un roulement NF E 22-391 et 392

Un type de roulement étant choisi à partir de ses possibilités et de ses conditions de montage, il reste à déterminer ses dimensions.
On procède habituellement à partir des éléments suivants :

- fréquence de rotation n en tours par minute (tr/min),
- charge P (voir § 40.62) en décanewtons (daN).

Il est alors possible de déterminer :

- la durée nominale L_h en heures de fonctionnement,
- les dimensions en calculant la charge dynamique de base C, mais il est nécessaire de se donner une durée nominale requise L_h (à chaque type de roulement correspond par dimensions une charge dynamique de base - voir tableaux 40.71 et suivants).

Ces différents éléments sont liés par les relations suivantes :

$$L = \left(\frac{C}{P}\right)^k \qquad L_h = \frac{16\,666}{n}\left(\frac{C}{P}\right)^k$$

- L = durée nominale en millions de tours (durée atteinte ou dépassée par 90% des roulements),
- L_h = exprime la même durée nominale en heures de fonctionnement,
- n = fréquence de rotation en tours par minute (tr/min),
- C = charge dynamique de base en décanewtons (daN),
- P = charge dynamique équivalente en décanewtons, (§ 40.62),
- k = 3 pour les roulements et butées à billes,
- $k = \frac{10}{3}$ pour les roulements et butées à rouleaux.

40■61 Fréquence de rotation

La fréquence de rotation maximale admissible pour un roulement donné est indiquée dans les tableaux 40.71 et suivants. Elle peut être dépassée par des roulements de fabrication spéciale (tolérances réduites, forme et matière de la cage, etc.).

40■62 Charge dynamique équivalente P

Les formules ci-dessus ont été établies pour une charge P constante et radiale. Afin d'utiliser ces formules pour un roulement soumis à des sollicitations différentes, on établit, à partir des charges réellement supportées par ce roulement, une charge radiale fictive P (appelée «charge dynamique équivalente»), applicable dans les formules et donnant au point de vue durée une valeur comparable à celle qu'aura le roulement dans les conditions réelles de fonctionnement.

DÉTERMINATION DE LA CHARGE DYNAMIQUE ÉQUIVALENTE P

Roulements à billes ou à rouleaux (à l'exception des rouleaux cylindriques).
Pour un roulement soumis à une **charge quelconque mais constante en intensité et en direction,** la charge dynamique équivalente P est donnée par la relation :

$$P = (X.F_r) + (Y.F_a)$$

F_r charge radiale en décanewtons,
F_a charge axiale en décanewtons,
X facteur radial,
Y facteur axial.

Roulements à rouleaux cylindriques ou à aiguilles.
Les types dont l'une des bagues est sans épaulement ne supportent aucune charge axiale. La charge dynamique équivalente P est dans ce cas égale à la charge radiale.

$$P = F_r$$

Butées à billes, à rouleaux cylindriques ou à aiguilles.
Les types usuels ne supportent aucune charge radiale. La charge dynamique équivalente P est dans ce cas égale à la charge axiale.

$$P = F_a$$

Étudier les tableaux et les exemples de calcul des paragraphes suivants.

TABLEAU 40-63	COEFFICIENTS X ET Y				
ROULEMENTS À UNE RANGÉE DE BILLES, À CONTACT RADIAL	$\frac{F_a}{F_r} \leqslant e$		$\frac{F_a}{F_r} > e$		e
	X	Y	X	Y	
$\frac{F_a}{C_0}$ 0,025	1	0	0,56	2	0,22
0,04				1,8	0,24
0,07				1,6	0,27
0,13				1,4	0,31
0,25				1,2	0,37
0,5				1	0,44

ROULEMENTS À BILLES À CONTACT OBLIQUE	$\frac{F_a}{F_r} \leqslant e$		$\frac{F_a}{F_r} > e$		e
	X	Y	X	Y	
À une rangée de billes dispositions en X ou en O	1	0,55	0,57	0,93	1,14
À deux rangées de billes dispositions en X ou en O	1	0,73	0,62	1,17	0,86

ROULEMENTS À ROULEAUX CONIQUES		$\frac{F_a}{F_r} \leqslant e$		$\frac{F_a}{F_r} > e$		e
Série de dimensions	Alésage d	X	Y	X	Y	
02	17 à 20	1	0	0,4	1,75	0,34
	25 à 40				1,60	0,37
	45 à 110				1,45	0,41
22	30 à 40	1	0	0,4	1,60	0,37
	45 à 110				1,45	0,41
03	15 à 17	1	0	0,4	2,10	0,28
	20 à 35				1,95	0,31
	40 à 120				1,75	0,34

ROULEMENTS À ROTULE SUR BILLES		$\frac{F_a}{F_r} \leqslant e$		$\frac{F_a}{F_r} > e$		e
Série de dimensions	Alésage d	X	Y	X	Y	
02	5 à 9	1	1,8	0,65	2,8	0,34
	10 à 17		2		3,1	0,31
	20 à 25		2,3		3,6	0,27
	30 à 35		2,7		4,2	0,23
	40 à 45		2,9		4,5	0,21
	50 à 60		3,4		5,2	0,19
	65 à 110		3,6		5,6	0,17
22	10 à 20	1	1,3	0,65	2	0,50
	25 à 35		1,7		2,6	0,37
	40 à 45		2		3,1	0,31
	50 à 65		2,3		3,5	0,28
	70 à 100		2,4		3,8	0,26
03	10 à 17	1	1,8	0,65	2,8	0,34
	20 à 25		2,2		3,4	0,29
	30 à 45		2,5		3,9	0,25
	> 50		2,8		4,3	0,23

ROULEMENTS À ROTULE SUR ROULEAUX		$\frac{F_a}{F_r} \leqslant e$		$\frac{F_a}{F_r} > e$		e
Série de dimensions	Alésage d	X	Y	X	Y	
23	40 à 50	1	1,8	0,67	2,7	0,37
	55 à 75		1,9		2,9	0,35
	> 80		2		3	0,34

D'après S.K.F.

40.64 Charge axiale pour roulements à contact oblique

Si des roulements à contact oblique (à billes ou à rouleaux coniques sont montés «en opposition», la charge radiale appliquée sur un roulement donne naissance à une poussée axiale agissant sur l'autre roulement. Le tableau 40.64 indique pour les différents montages «en opposition» la méthode de calcul. (Une application est donnée au § 40.653.)

TABLEAU 40-64	CHARGE AXIALE POUR ROULEMENTS A CONTACT OBLIQUE

<table>
<tr><th>Condition de montage</th><th></th><th>Condition de charges</th><th>Charge axiale</th></tr>
<tr><td rowspan="2">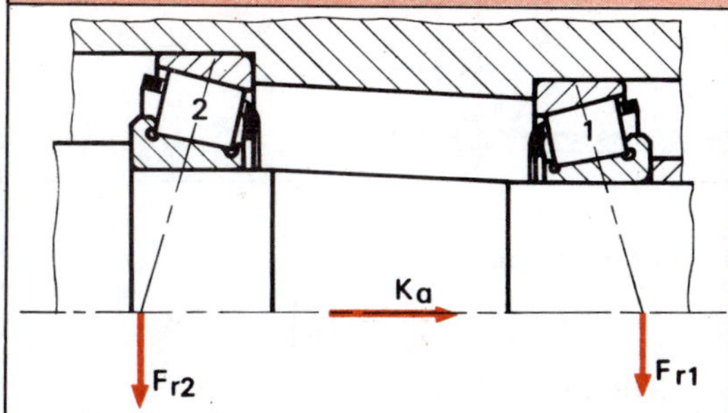
</td><td>1 a</td><td>$\frac{F_{r1}}{Y_1} \geqslant \frac{F_{r2}}{Y_2}$</td><td rowspan="2">$F_{a1} = \frac{0,5\,F_{r1}}{Y_1}$
$F_{a2} = F_{a1} + K_a$</td></tr>
<tr><td>1 b</td><td>$\frac{F_{r1}}{Y_1} < \frac{F_{r2}}{Y_2}$
$K_a \geqslant 0,5 \left(\frac{F_{r2}}{Y_2} - \frac{F_{r1}}{Y_1} \right)$</td></tr>
<tr><td>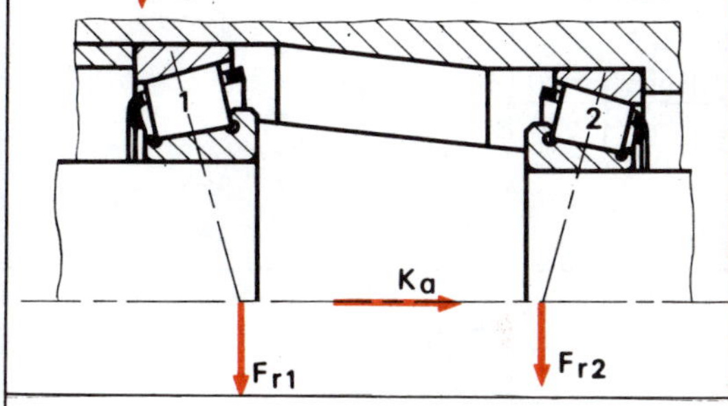
</td><td>1 c</td><td>$\frac{F_{r1}}{Y_1} < \frac{F_{r2}}{Y_2}$
$K_a \leqslant 0,5 \left(\frac{F_{r2}}{Y_2} - \frac{F_{r1}}{Y_1} \right)$</td><td>$F_{a1} = F_{a2} - K_a$
$F_{a2} = \frac{0,5\,F_{r2}}{Y_2}$</td></tr>
<tr><td rowspan="2">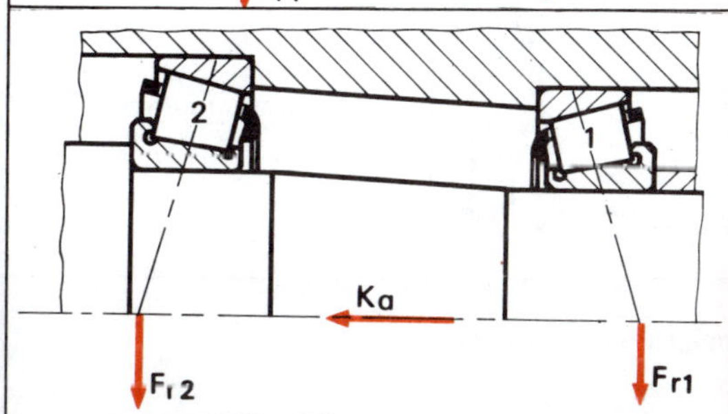
</td><td>2 a</td><td>$\frac{F_{r1}}{Y_1} \leqslant \frac{F_{r2}}{Y_2}$</td><td rowspan="2">$F_{a1} = F_{a2} + K_a$
$F_{a2} = \frac{0,5\,F_{r2}}{Y_2}$</td></tr>
<tr><td>2 b</td><td>$\frac{F_{r1}}{Y_1} > \frac{F_{r2}}{Y_2}$
$K_a \geqslant 0,5 \left(\frac{F_{r1}}{Y_1} - \frac{F_{r2}}{Y_2} \right)$</td></tr>
<tr><td>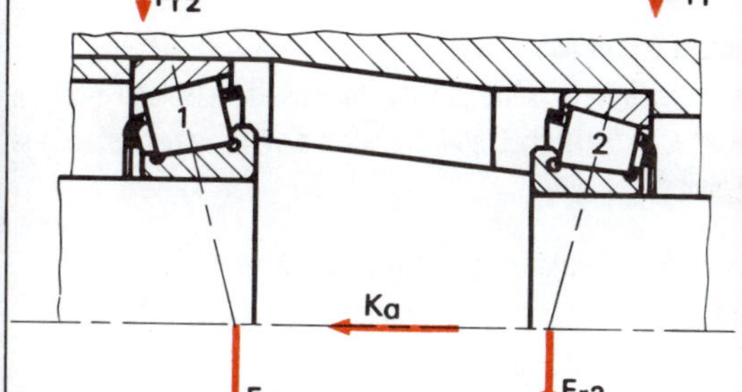
</td><td>2 c</td><td>$\frac{F_{r1}}{Y_1} > \frac{F_{r2}}{Y_2}$
$K_a \leqslant 0,5 \left(\frac{F_{r1}}{Y_1} - \frac{F_{r2}}{Y_2} \right)$</td><td>$F_{a1} = \frac{0,5\,F_{r1}}{Y_1}$
$F_{a2} = F_{a1} - K_a$</td></tr>
</table>

D'après S.K.F.

REMARQUES :

- Les valeurs de Y doivent être prises, quel que soit le cas, dans la colonne $\frac{F_a}{F_r} > e$ du tableau 40.63.
- Les conditions 1 a, 1 c, 2 a, 2 c s'appliquent également pour le cas limite $K_a = 0$.
- La charge extérieure K_a est supposée appliquée sur l'arbre. Si cette charge K_a est appliquée sur le logement, il faut choisir dans le tableau le cas correspondant à la même disposition, mais avec la charge K_a dirigée en sens contraire.

40.65 Exemple de calcul

40.651 Premier exemple

Un roulement à une rangée de billes à contact radial 50 BC 03 supporte une charge radiale constante F_r = 600 daN. Il est animé d'une fréquence de rotation n = 900 tr/min. Calculer sa durée nominale en heure.

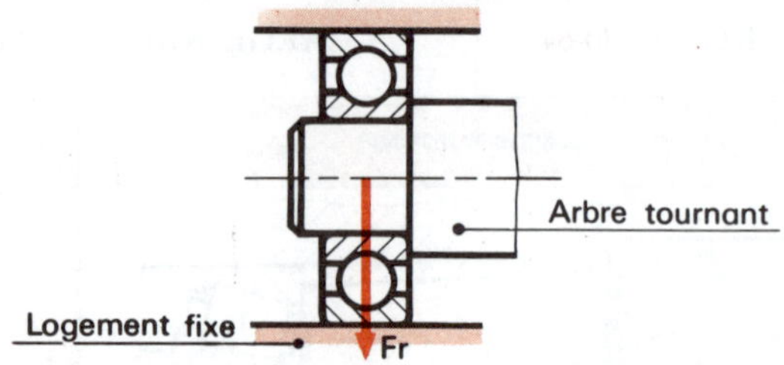

Détermination de la charge dynamique équivalente P

Le roulement n'est soumis à aucune charge axiale. La charge dynamique équivalente P est donc égale à la charge radiale F_r,

soit : $P = F_r = 600$ daN.

Charge dynamique de base C

La valeur de C est indiquée dans le tableau 40.71,

soit : $C = 6180$ daN.

Durée nominale en heures

Appliquons la formule $L_h = \dfrac{16\,666}{n}\left(\dfrac{C}{P}\right)^k$

avec k = 3 (roulement à billes).

On obtient :

$$L_h = \frac{16\,666}{900}\left(\frac{6180}{600}\right)^3 \approx 20\,230 \text{ heures.}$$

40.652 Deuxième exemple

Un roulement à une rangée de billes à contact radial est animé d'une fréquence de rotation n = 800 tr/min. Il supporte une charge radiale F_r = 500 daN et une charge axiale F_a = 200 daN. La durée de fonctionnement doit être d'au moins 10 000 heures.

Déterminer les dimensions de ce roulement.

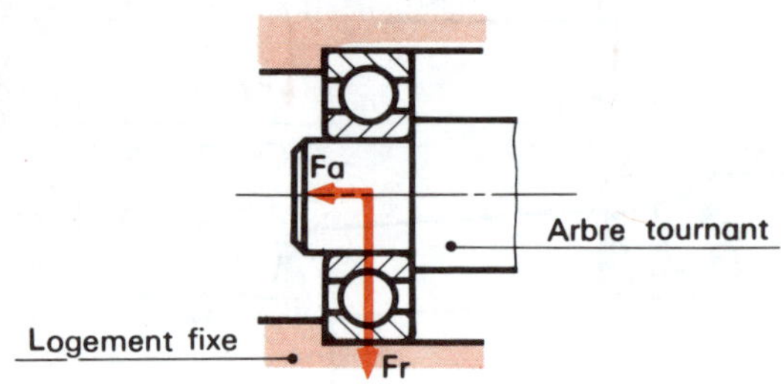

Détermination de la charge dynamique équivalente P

Elle est donnée par la relation :

$P = (X.F_r) + (Y.F_a)$.

D'après le tableau 40.63, on a :

À titre d'essai et sous réserve de vérification on prend X = 0,56 et Y = 1,8.

Il est alors possible de calculer P :

$P = (0{,}56 \times 500) + (1{,}8 \times 200) = 640$ daN.

Détermination de la charge dynamique de base C

La formule $L_h = \dfrac{16\,666}{n}\left(\dfrac{C}{P}\right)^k$ permet d'écrire :

$C = P\sqrt[k]{\dfrac{L_h.n}{16.666}}$ avec k = 3 (roulement à billes).

En remplaçant les lettres par leur valeur, on obtient :

$$C = 640\sqrt[3]{\frac{10\,000 \times 800}{16\,666}} \approx \mathbf{4\,950\ daN.}$$

Dimensions du roulement

La charge dynamique de base C du roulement choisi devra être supérieure à 4 950 daN

Si l'on considère la série de dimensions 03 (tableau 40.71), on trouve : C = 5 270 daN, correspondant à un roulement d'alésage d = 45 mm.

Vérification des valeurs choisies pour X et Y

Charge statique de base pour ce roulement :

C_0 = 3 000 daN (tableau 40.71)

Valeur du rapport $\dfrac{F_a}{C_0}$ $\quad \dfrac{F_a}{C_0} = \dfrac{200}{3000} = 0{,}066$

Valeur du rapport $\dfrac{F_a}{F_r}$ $\quad \dfrac{F_a}{F_r} = \dfrac{200}{500} = 0{,}4$

Dans le tableau 40.63, on trouve X = 0,56 et, par interpolation, $Y \approx 1{,}65$.

La charge dynamique P sur le roulement est un peu plus faible que celle avec laquelle les calculs ont été effectués.

Le roulement ainsi déterminé peut convenir.

40▪653 Troisième exemple

Le palier ci-contre comporte deux roulements à rouleaux coniques. La désignation du roulement **1** est 45 KB 02. et celle du roulement **2** 50 KB 02. Sur ces roulements s'exercent les charges suivantes :

$F_{r1} = 600$ daN $F_{r2} = 800$ daN
$K_a = 300$ daN (voir figure).

Calculer la durée théorique de fonctionnement en heures pour chacun des roulements, sachant que la fréquence de rotation de l'arbre est $n = 1\,500$ tr/min.

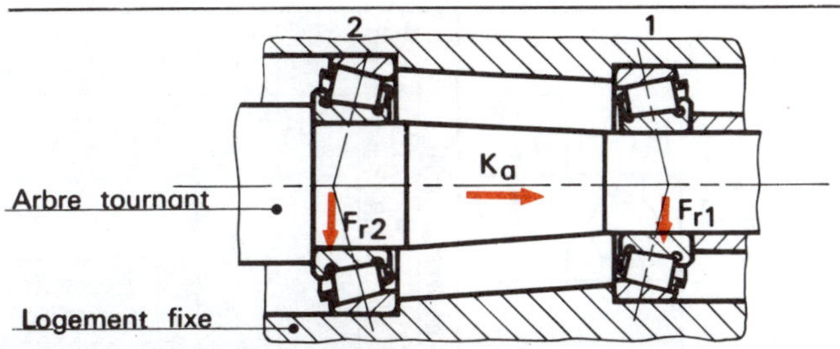

Charges dynamiques de base des roulements

En consultant le tableau 40.79, on trouve :
roulement **1** : $C_1 = 6\,270$ daN
roulement **2** : $C_2 = 7\,040$ daN.

Coefficients X et Y des roulements

En consultant le tableau 40.63 et en prenant toujours les valeurs de Y dans la colonne $\frac{F_a}{F_r} > e$ (voir remarques du tableau 40.64), on trouve :
roulement **1** : $X_1 = 0{,}4$ $Y_1 = 1{,}45$
roulement **2** : $X_2 = 0{,}4$ $Y_2 = 1{,}45$.

Calcul des forces axiales

Le principe du calcul est indiqué dans le tableau 40.64. Le montage donné correspond à la figure 1.

Valeur relative des rapports $\frac{F_{r1}}{Y_1}$ et $\frac{F_{r2}}{Y_2}$:

$$\frac{F_{r1}}{Y_1} = \frac{600}{1{,}45}\,; \qquad \frac{F_{r2}}{Y_2} = \frac{800}{1{,}45}.$$

Par conséquent : $\frac{F_{r1}}{Y_1} < \frac{F_{r2}}{Y_2}$

Valeur du produit $0{,}5\left(\frac{F_{r2}}{Y_2} - \frac{F_{r1}}{Y_1}\right)$:

$$0{,}5\left(\frac{800}{1{,}45} - \frac{600}{1{,}45}\right) = 69 \text{ daN}.$$

Par conséquent : $K_a > 0{,}5\left(\frac{F_{r2}}{Y_2} - \frac{F_{r1}}{Y_1}\right)$.

Les valeurs des charges axiales F_{a1} et F_{a2} sont données par la condition 1b du tableau, soit :

$$F_{a1} = \frac{0{,}5\,F_{r1}}{Y_1} = \frac{0{,}5 \times 600}{1{,}45} = 206 \text{ daN}$$

$$F_{a2} = F_{a1} + K_a = 206 + 300 = 506 \text{ daN}.$$

Charges dynamiques équivalentes P sur les roulements

ROULEMENT 1 :

Le rapport $\frac{F_{a1}}{F_{r1}} = \frac{206}{600} = 0{,}34$ est inférieur à la valeur $e = 0{,}41$ du tableau 40.63. La charge axiale peut donc être négligée, et l'on a : $P_1 = F_{r1} = 600$ daN.

ROULEMENT 2 :

La charge dynamique équivalente P_2 est donnée par la relation :
$P_2 = (X_2.F_{r2}) + (Y_2.F_{a2})$, soit :
$P_2 = (0{,}4 \times 800) + (1{,}45 \times 506) \approx 1\,054$ daN.

Durée nominale en heures

Appliquons la formule : $L_h = \frac{16\,666}{n}\left(\frac{C}{P}\right)^k$

avec $k = \frac{10}{3}$ (roulement à rouleaux), soit :

ROULEMENT 1 :

$$L_{h1} = \frac{16\,666}{1\,500}\left(\frac{6\,270}{600}\right)^{\frac{10}{3}} = 11{,}1\,(10{,}45)^{\frac{10}{3}}$$

Ce calcul comporte un exposant décimal. Il peut être résolu : soit par les logarithmes, soit à la calculatrice. D'autre part, les catalogues des fabricants comportent en général des tableaux ou des abaques simplifiant ce calcul.

En utilisant les logarithmes, on a :

$\log L_{h1} = \log 11{,}1 + \frac{10}{3}\log 10{,}45$; $\log 11{,}1 = 1{,}045\,32$;

$\log 10{,}45 = 1{,}019\,12$; $\frac{10}{3}\log 10{,}45 = \frac{10 \times 1{,}019\,32}{3} = 3{,}397\,06$;

$\log L_{h1} = 1{,}045\,32 + 3{,}397\,06 = 4{,}442\,38$;

d'où : **$L_{h1} \approx 27\,700$ h.**

ROULEMENT 2 :

$\log L_{h2} = \frac{16\,666}{1\,500}\left(\frac{7\,040}{1\,054}\right)^{\frac{10}{3}} = 11{,}1\,(6{,}67)^{\frac{10}{3}}$.

$\log L_{h2} = \log 11{,}1 + \frac{10}{3}\log 6{,}67$;

$\log 6{,}67 = 0{,}824\,13$; $\frac{10}{3}\log 6{,}67 = \frac{10 \times 0{,}824\,13}{3} = 2{,}747\,09$;

$\log L_{h2} = 1{,}045\,32 + 2{,}747\,09 = 3{,}792\,41$;

d'où : **$L_{h2} \approx 6\,200$ h.**

40.70 ÉCARTS SUR LA LARGEUR B DES ROULEMENTS
(sauf roulements à rouleaux coniques)

Valeurs en micromètres (µm)	Alésage d	Écart supérieur	Écart inférieur
	de 3 à 50 inclus	0	– 120
	50 à 80	0	– 150
	80 à 120	0	– 200
	120 à 180	0	– 250

40.71 ROULEMENTS À UNE RANGÉE DE BILLES, À CONTACT RADIAL, SANS ENCOCHE DE REMPLISSAGE

Type BC

P = protection d'un seul côté par flasque | E = protection d'un seul côté par joint

PP = protection des deux côtés par flasques | EE = protection des deux côtés par joints

Exemple de désignation, voir § 40.3.

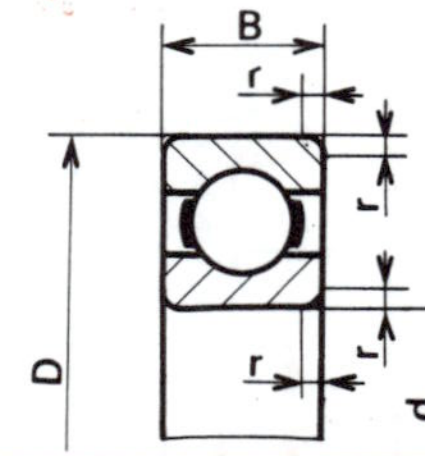

d	Série de dimensions 10						Série de dimensions 02						Série de dimensions 03						Série de dimensions 04					
	D	B	r	C_o daN	C daN	n max* tr/min	D	B	r	C_o daN	C daN	n max tr/min	D	B	r	C_o daN	C daN	n max* tr/min	D	B	r	C_o daN	C daN	n max* tr/min
3							10	4	0,15	17	48,8	48 000												
4							13	5	0,2	31,5	84,4	45 000	16	5	0,3	44	111	40 000						
5							16	5	0,3	44	111	40 000	19	6	0,3	72	172	38 000						
6							19	6	0,3	72	172	38 000												
8	22	7	0,3	134	325	38 000																		
9	24	7	0,3	153	371	36 000	26	8	0,3	196	462	32 000												
10	26	8	0,3	196	462	28 000	30	9	0,6	224	507	30 000	35	11	0,6	375	806	26 000						
12	28	8	0,3	224	507	26 000	32	10	0,6	310	689	28 000	37	12	1	465	975	19 000						
15	32	9	0,3	250	559	28 000	35	11	0,6	355	780	24 000	42	13	1	540	114	20 000						
17	35	10	0,3	280	605	24 000	40	12	0,6	450	956	20 000	47	14	1	655	1 350	19 000	62	17	1,1	1 180	2 290	15 000
20	42	12	0,6	450	936	20 000	47	14	1	620	1 270	18 000	52	15	1,1	780	1 590	16 000	72	19	1,1	1 660	3 070	13 000
25	47	12	0,6	560	1 120	18 000	52	15	1	695	1 400	15 000	62	17	1,1	1 140	2 250	14 000	80	21	1,5	1 960	3 580	11 000
30	55	13	1	680	1 330	15 000	62	16	1	1 000	1 950	13 000	72	19	1,1	1 460	2 810	11 000	90	23	1,5	2 400	4 360	10 000
35	62	14	1	850	1 590	13 000	72	17	1,1	1 370	2 550	11 000	80	21	1,5	1 800	3 320	10 000	100	25	1,5	3 100	5 530	8 500
40	68	15	1	930	1 680	12 000	80	18	1,1	1 660	3 070	10 000	90	23	1,5	2 240	4 100	9 000	110	27	2	3 650	6 370	8 000
45	75	16	1	1 220	2 120	11 000	85	19	1,1	1 860	3 320	9 000	100	25	1,5	3 000	5 270	8 000	120	29	2	4 550	7 610	7 000
50	80	16	1	1 320	2 160	10 000	90	20	1,1	1 960	3 510	8 500	110	27	2	3 600	6 180	7 500	130	31	2,1	5 200	8 710	6 300
55	90	18	1,1	1 700	2 810	9 000	100	21	1,5	2 500	4 360	7 500	120	29	2	4 150	7 150	6 700	140	33	2,1	6 300	9 950	6 000
60	95	18	1,1	1 830	2 960	8 000	110	22	1,5	2 800	4 750	7 000	130	31	2,1	4 800	8 190	6 000	150	35	2,1	6 950	10 800	5 600
65	100	18	1,1	1 960	3 070	7 500	120	23	1,5	3 400	5 590	6 300	140	33	2,1	5 600	9 230	5 600	160	37	2,1	7 800	11 900	5 300
70	110	20	1,1	2 450	3 770	7 000	125	24	1,5	3 750	6 180	6 000	150	35	2,1	6 300	10 400	5 300	180	42	3	10 400	14 300	4 500
75	115	20	1,1	2 600	3 970	6 700	130	25	1,5	4 050	6 630	5 600	160	37	2,1	7 200	11 200	5 000	190	45	3	11 400	15 300	4 300
80	125	22	1,1	3 150	4 750	6 300	140	26	2	4 500	7 020	5 300	170	39	2,1	8 000	12 400	4 500	200	48	3	12 500	16 300	4 000
85	130	22	1,1	3 350	4 940	6 000	150	28	2	5 300	8 320	5 000	180	41	3	9 000	13 300	4 300	210	52	4	13 400	17 400	3 800
90	148	24	1,5	3 900	5 850	5 600	160	30	2	6 200	9 560	4 500	190	43	3	9 800	14 300	4 000	225	54	4	14 600	18 600	3 600
95	145	24	1,5	4 150	6 050	5 300	170	32	2,1	6 950	10 800	4 300	200	45	3	11 000	15 300	3 800						
100	150	24	1,5	4 150	6 050	5 000	180	34	2,1	7 800	12 400	4 000	215	47	3	13 200	17 400	3 600						

* [illegible] lubrification à la graisse réduire ces valeurs de 20 %.

Valeurs d'après S.K.F.

40■72 ROULEMENTS TYPE BC (voir tableau 40.71), AVEC RAINURE POUR SEGMENT D'ARRÊT

N = rainure sur la surface extérieure de la bague extérieure segment d'arrêt non compris.
G = rainure sur la surface extérieure de la bague extérieure segment d'arrêt compris.

Exemple de désignation, voir § 40.3.

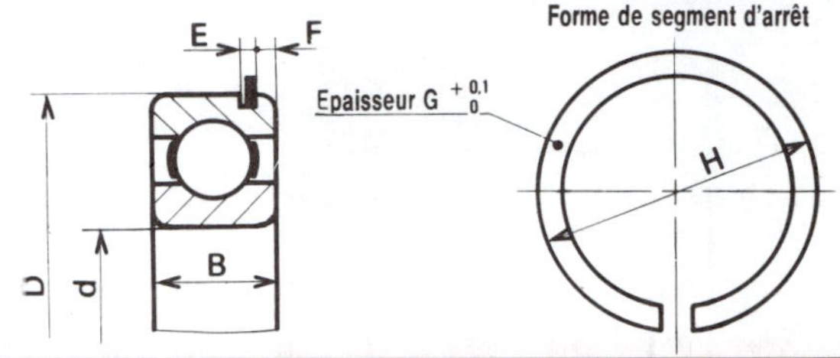

NOTA :

Ces roulements peuvent être livrés avec protection latérale par un ou deux flasques. Dans le cas d'un flasque, celui-ci est du côté opposé à la rainure.

d	Série de dimensions 10						Série de dimensions 02						Série de dimensions 03						Série de dimensions 04					
	D	B	E	F	G	H	D	B	E	F	G	H	D	B	E	F	G	H	D	B	E	F	G	H
10							50	9	1,35	2,06	1,02	34,7												
12							32	10	1,35	2,06	1,02	36,7												
15							35	11	1,35	2,06	1,02	39,7												
17							40	12	1,35	2,06	1,02	44,6	47	14	1,35	2,46	1,02	52,7						
20	42	12	1,35	2,06	1,02	46,3	47	14	1,35	2,46	1,02	52,7	52	15	1,35	2,46	1,02	57,9						
25	47	12	1,35	2,06	1,02	52,7	52	15	1,35	2,46	1,02	57,9	62	17	1,9	3,28	1,6	67,7	80	21	1,9	3,28	1,6	86,6
30	55	13	1,35	2,08	1,02	60,7	62	16	1,9	3,28	1,6	67,7	72	19	1,9	3,28	1,6	78,6	90	23	2,7	3,28	2,36	96,5
35	62	14	1,9	2,08	1,6	67,7	72	17	1,9	3,28	1,6	78,6	80	21	1,9	3,28	1,6	86,6	100	25	2,7	3,28	2,36	106,5
40	68	15	1,9	2,49	1,6	74,6	80	18	1,9	3,28	1,6	86,6	90	23	2,7	3,28	2,36	96,5	110	27	2,7	3,28	2,36	116,6
45	75	16	1,9	2,49	1,6	81,6	85	19	1,9	3,28	1,6	91,6	100	25	2,7	3,28	2,36	106,5	120	29	3,1	4,06	2,72	129,7
50	80	16	1,9	2,49	1,6	86,6	90	20	2,7	3,28	2,36	96,5	110	27	2,7	3,28	2,36	116,6	130	31	3,1	4,06	2,72	139,7
55	90	18	2,7	2,87	2,36	96,5	100	21	2,7	3,28	2,36	106,5	120	29	3,1	4,06	2,72	129,7	140	33	3,1	4,9	2,72	149 ,7
60	95	18	2,7	2,87	2,36	101,6	110	22	2,7	3,28	2,36	116,6	130	31	3,1	4,06	2,72	139,7						
65	100	18	2,7	2,87	2,36	106,5	120	23	3,1	4,06	2,72	129,7	140	33	3,1	4,9	2,72	149,7						
70	110	20	2,7	2,87	2,36	116,6	125	24	3,1	4,06	2,72	134,7	150	35	3,1	4,9	2,72	159,7						
75	115	20	2,7	2,87	2,36	121,6	130	25	3,1	4,06	2,72	139,7												
80	125	22	3,1	2,87	2,72	134,7	140	26	3,1	4,9	2,72	149,7												
85	130	22	3,1	2,87	2,72	139,7	150	28	3,1	4,9	2,72	159,7												
90	140	24	3,1	3,71	2,72	149,7																		
95	145	24	3,1	3,71	2,72	154,7																		
100	150	24	3,1	3,71	2,72	159,7																		

Valeurs d'après S.K.F.

40.73 ROULEMENT À UNE RANGÉE DE BILLES, À CONTACT OBLIQUE

Type BT

Angle de contact α = 40°

Exemple de désignation, voir § 40.3.

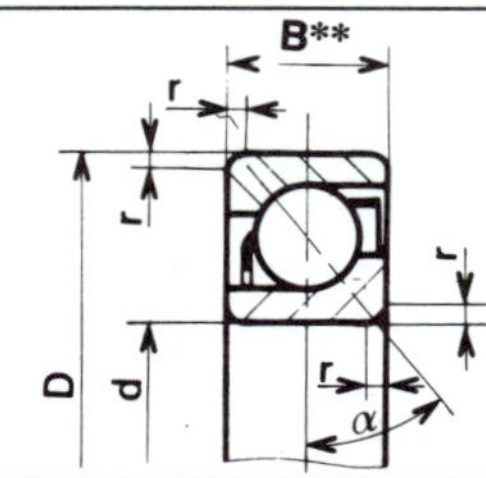

40.74 ROULEMENTS À DEUX RANGÉES DE BILLES, À CONTACT OBLIQUE AVEC ENCOCHE DE REMPLISSAGE

Type BE

Exemple de désignation, voir § 40.3.

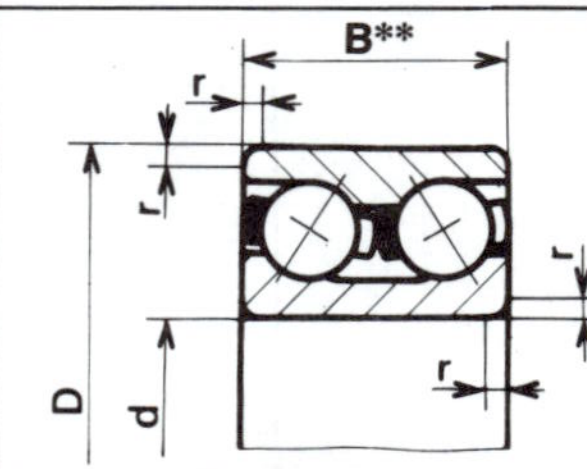

d	Série de dimensions 02						Série de dimensions 03						Série de dimensions 32						Série de dimensions 33					
	D	B	r	C_o daN	C daN	n max* tr/min	D	B	r	C_o daN	C daN	n max* tr/min	D	B	r	C_o daN	C daN	n max* tr/min	D	B	r	C_o daN	C daN	n max* tr/min
10	30	9	0,6	212	494	28 000							30	14	0,6	530	923	22 000						
12	32	10	0,6	305	702	24 000							32	14	0,6	620	1 060	20 000	37	17	1	780	1 300	18 000
15	35	11	0,6	365	806	22 000	42	13	1	530	1 170	19 000	35	14	0,6	710	1 190	17 000	42	17	1	900	1 480	15 000
17	40	12	0,6	475	995	19 000	47	14	1	720	1 480	17 000	40	16	0,6	900	1 480	15 000	47	19	1	1 250	1 950	13 000
20	47	14	1	655	1 330	16 000	52	15	1,1	850	1 740	15 000	47	18	1	1 120	1 780	13 000	52	21	1,1	1 500	2 340	12 000
25	52	15	1	765	1 480	14 000	62	17	1,1	1 270	2 420	12 000	52	18	1	1 250	1 900	11 000	62	24	1,1	2 080	3 190	10 000
30	62	16	1	1 100	2 030	12 000	72	19	1,1	1 700	3 120	10 000	62	20	1	1 760	2 600	9 500	72	27	1,1	2 800	4 100	8 500
35	72	17	1,1	1 500	2 700	10 000	80	21	1,5	2 040	3 640	9 500	72	23	1,1	2 450	3 510	8 000	80	31	1,5	3 550	5 070	7 500
40	80	18	1,1	1 860	3 190	9 000	90	23	1,5	2 550	4 490	8 500	80	23	1,1	2 700	3 710	7 000	90	33	1,5	4 000	5 590	6 700
45	85	19	1,1	2 120	3 580	8 500	100	25	1,5	3 450	5 850	7 500	85	23	1,1	2 900	3 900	6 700	100	36	1,5	5 000	6 890	6 000
50	90	20	1,1	2 280	3 770	7 500	110	27	2	4 500	6 760	6 700	90	23	1,1	3 200	4 100	6 000	110	40	2	6 100	8 190	5 300
55	100	21	1,5	2 850	4 620	7 000	120	29	2	4 800	7 930	6 000	100	25	1,5	3 550	4 490	5 600	120	43	2	7 350	9 750	5 000
60	110	22	1,5	3 550	5 590	6 300	130	31	2,1	5 600	9 040	5 600	110	28	1,5	4 500	5 720	5 300	130	46	2,1	8 650	11 200	4 500
65	120	23	1,5	4 150	6 370	5 600	140	33	2,1	6 400	10 100	5 300	120	31	1,5	5 400	6 760	4 800	140	48	2,1	9 300	12 100	4 300
70	125	24	1,5	4 450	6 890	5 600	150	35	2,1	7 200	11 400	4 800	125	31	1,5	5 850	7 020	4 300	150	51	2,1	10 800	13 800	3 800
75	130	25	1,5	4 900	7 150	5 300	160	37	2,1	8 150	12 500	4 500	130	31	1,5	6 200	7 280	4 000						
80	140	26	2	5 500	8 060	4 800	170	39	2,1	9 150	13 500	4 300	140	33	2	6 950	8 060	3 800						
85	150	28	2	6 300	9 040	4 500	180	41	3	10 200	14 600	4 000	150	36	2	8 000	9 360	3 600						
90	160	30	2	7 350	10 600	4 300	190	43	3	11 400	15 600	3 800	160	40	2	9 650	11 200	3 400						
95	170	32	2,1	8 500	12 100	4 000	200	45	3	12 500	16 800	3 600												
100	180	34	2,1	9 150	13 000	3 800	215	47	3	15 000	19 000	3 400												
105	190	36	2,1	10 200	14 300	3 600	225	49	3	16 300	20 300	3 200												
110	200	38	2,1	11 400	15 300	3 400	240	50	3	19 300	22 500	3 000												

* [illegible] réduire ces valeurs de 20 %

** Écarts sur la largeur B voir tableau 40-70

40■75 ROULEMENTS MINIATURES À CONTACT OBLIQUE**

Type C — Type CT

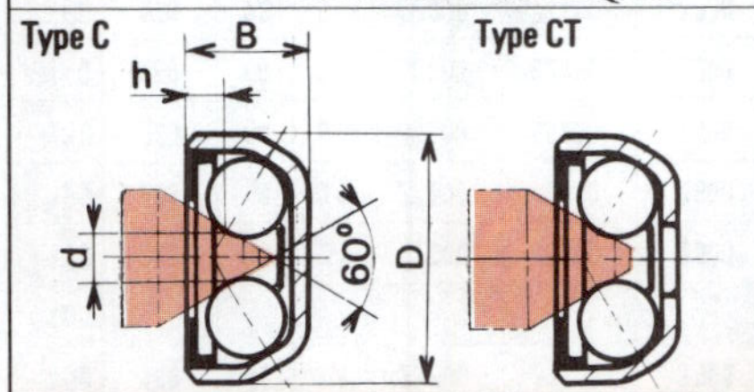

Type		d	D	B	h	T max
C 1	—	0,13	1,10	0,70	0,23	0,80
C 165	CT 165	0,20	1,65	1	0,35	1,25
C 270	CT 270	0,37	2,70	1,50	0,45	2,10
C 425	CT 425	0,55	4,25	2,35	0,68	3,20
C 750	CT 750	1,12	7,50	3,75	1,06	5,70
C 1075	CT 1075	1,60	10,75	5,35	1,42	8

Type OD — Type ODT

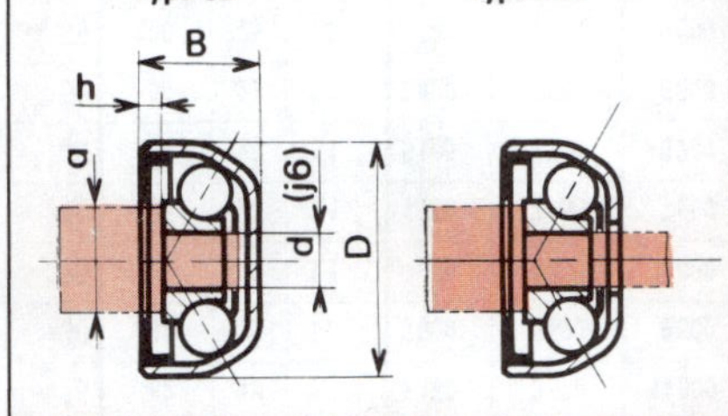

Type	a	d	D	B	h	T max
OD-ODT 425	2	1	4,25	2,20	0,28	3,20
OD-ODT 550	3	2	5,50	2,27	0,30	4
OD-ODT 750	3	2	7,50	3,35	0,32	5,70
OD-ODT 1075	5,5	3	10,75	4,80	0,45	8

FORME DES LOGEMENTS

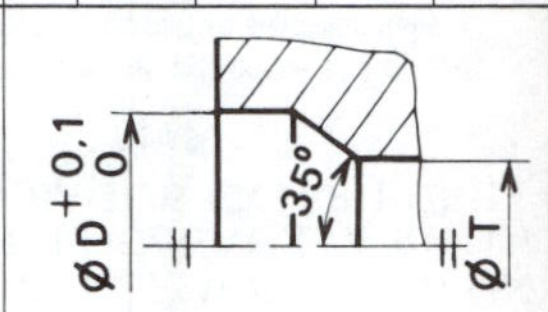

40■76 ROULEMENTS À DEUX RANGÉES DE BILLES, À ROTULE DANS LA BAGUE EXTÉRIEURE

Type BS

Exemple de désignation, voir § 40.3.

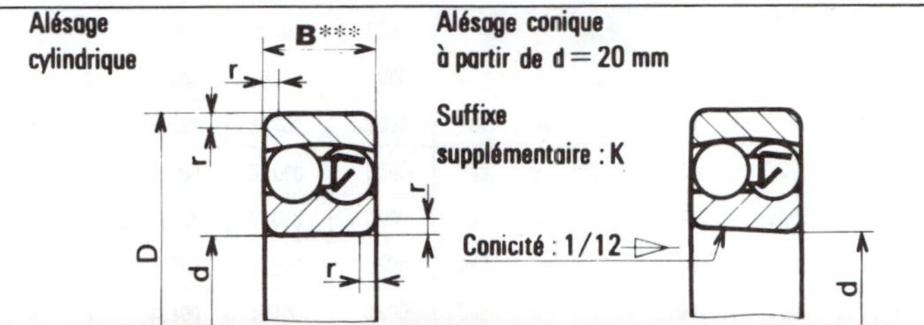

d	Série de dimensions 02						Série de dimensions 22						Série de dimensions 03					
	D	B	r	C_o daN	C daN	n max* tr/min	D	B	r	C_o daN	C daN	n max* tr/min	D	B	r	C_o daN	C daN	n max* tr/min
6	19	6	0,3	53	215	38 000												
7	22	7	0,3	65,5	265	36 000												
9	26	8	0,3	93	390	32 000												
10	30	9	0,3	134	553	30 000	30	14	0,6	170	728	28 000						
12	32	10	0,3	146	559	28 000	32	14	0,6	193	761	26 000	37	12	1	236	936	22 000
15	35	11	0,3	200	741	24 000	35	14	0,6	216	761	22 000	42	13	1	265	956	20 000
17	40	12	0,6	245	793	22 000	40	16	0,6	280	975	20 000	47	14	1	365	1 250	17 000
20	47	14	1	320	995	18 000	47	18	1	390	1 250	17 000	52	15	1,1	400	1 240	15 000
25	52	15	1	405	1 270	16 000	52	18	1	425	1 240	14 000	62	17	1,1	600	1 780	12 000
30	62	16	1	585	1 560	13 000	62	20	1	570	1 530	12 000	72	19	1,1	780	2 120	11 000
35	72	17	1,1	670	1 590	11 000	72	23	1,1	830	2 160	10 000	80	21	1,5	980	2 510	9 000
40	80	18	1,1	865	1 900	10 000	80	23	1,1	950	2 250	9 000	90	23	1,5	1 220	2 960	8 000
45	85	19	1,1	965	2 150	9 000	85	23	1,1	1 080	2 340	8 500	100	25	1,5	1 600	3 770	7 500
50	90	20	1,1	1 080	2 290	8 500	90	23	1,1	1 140	2 340	7 500	110	27	2	1 760	4 360	6 700
55	100	21	1,5	1 340	2 650	7 500	100	25	1,5	1 340	2 650	7 000	120	29	2	2 240	5 070	6 000
60	110	22	1,5	1 560	3 020	6 070	110	28	1,5	1 660	3 380	6 300	130	31	2	2 650	5 720	5 300
65	120	23	1,5	1 730	3 120	6 300	120	31	1,5	2 160	4 360	6 000	140	33	2,1	2 900	6 180	5 000
70	125	24	1,5	1 900	3 450	6 000	125	31	1,5	2 280	4 420	5 600	150	35	2,1	3 550	7 410	4 800
75	130	25	1,5	2 160	3 900	5 600	130	31	1,5	2 400	4 420	5 300	160	37	2,1	3 800	7 930	4 500
80	140	26	2	2 360	3 970	5 300	140	33	2	2 700	4 880	4 800	170	39	2,1	4 250	8 840	4 300
85	150	28	2	2 850	4 880	4 800	150	36	2	3 150	5 850	4 500	180	41	3	4 900	9 750	4 000
90	160	30	2	3 200	5 720	4 500	160	40	2	3 800	7 020	4 300	190	43	3	5 600	11 700	3 800
95	170	32	2,1	3 650	6 370	4 300	170	43	2,1	4 550	8 320	4 000	200	45	3	6 400	13 300	3 600
100	180	34	2,1	4 050	6 890	4 000	180	46	2,1	5 300	9 750	3 800	215	47	3	7 200	14 300	3 400

* Pour une lubrificaion à la graisse, réduire ces valeurs de 20 %.

** Valeurs d'après R.M.B. - Bienne (Suisse). Distribués par W. Baehni. 92400 - Courbevoie.

*** Écarts sur la largeur B voir tableau 40-70

Valeurs d'après S.K.F.

40■77 ROULEMENTS À DEUX RANGÉES DE ROULEAUX, A ROTULE DANS LA BAGUE EXTÉRIEURE.

Type SC

Se fabriquent à alésage cylindrique et à alésage conique (conicité 1/12, suffixe supplémentaire K).

Exemple de désignation, voir § 40.3.

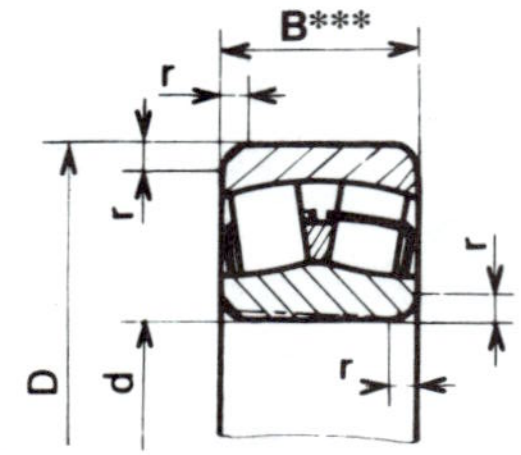

40■78 ROULEMENTS À ROULEAUX CYLINDRIQUES. BAGUE EXTÉRIEURE À DEUX ÉPAULEMENTS, BAGUE INTÉRIEURE SANS ÉPAULEMENTS

Type RU

Exemple de désignation, voir § 40.3.

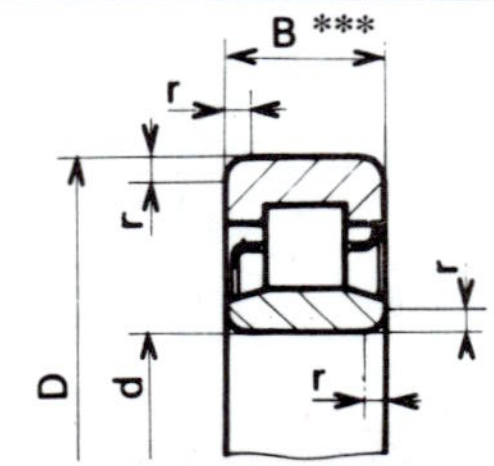

d	Série de dimensions 22						Série de dimensions 23						Série de dimensions 02						Série de dimensions 03					
	D	B	r	C_o daN	C daN	n max* tr/min	D	B	r	C_o daN	C daN	n max* tr/min	D	B	r	C_o daN	C daN	n max* tr/min	D	B	r	C_o daN	C daN	n max* tr/min
**20	52	15	1,1	1 800	3 050	11 000							47	14	1	735	1 470	18 000	52	15	1,1	1 040	2 050	15 000
**25	52	18	1	2 160	3 570	11 000							52	15	1	880	1 680	15 000	62	17	1,1	1 500	2 600	12 000
**30	62	20	1	3 000	4 890	9 500							62	16	1	1 200	2 240	13 000	72	19	1,1	2 000	3 690	10 000
35	72	23	1,1	4 050	6 330	8 000							72	17	1,1	1 760	3 190	11 000	80	21	1,5	2 500	4 460	9 500
40	80	23	1,1	4 750	7 360	7 500	90	33	1,5	7 350	11 300	5 600	80	18	1,1	2 400	4 180	10 000	90	23	1,5	3 250	5 610	8 000
45	85	23	1,1	5 100	7 710	6 700	100	36	1,5	9 500	13 800	4 800	85	19	1,1	2 550	4 400	9 000	100	25	1,5	4 150	7 210	7 500
50	90	23	1,1	5 400	7 990	6 300	110	40	2	12 000	17 600	4 300	90	20	1,1	2 750	4 570	8 500	110	27	2	5 200	8 800	6 700
55	100	25	1,5	6 700	9 950	5 600	120	43	2	13 700	19 900	4 000	100	21	1,5	3 400	5 610	7 500	120	29	2	6 200	10 200	6 000
60	110	28	1,5	8 300	12 200	5 000	130	46	2,1	16 600	23 500	3 800	110	22	1,5	4 000	6 440	6 700	130	31	2,1	7 650	12 300	5 600
65	120	31	1,5	10 000	14 400	4 800	140	48	2,1	18 000	25 300	3 400	120	23	1,5	4 750	7 650	6 300	140	33	2,1	8 500	13 800	5 300
70	125	31	1,5	10 400	14 800	4 500	150	51	2,1	22 280	31 100	3 200	125	24	1,5	5 100	7 920	6 000	150	35	2,1	9 500	15 100	4 800
75	130	31	1,5	11 100	15 400	4 300	160	55	2,1	25 500	35 100	3 000	130	25	1,5	6 000	9 130	5 600	160	37	2,1	11 600	18 300	4 500
80	140	33	2	12 700	17 600	4 000	170	58	2,1	27 500	37 400	2 800	140	26	2	6 950	10 600	5 300	170	39	2,1	12 200	19 000	4 300
85	150	36	2	14 600	20 200	3 800	180	60	3	31 000	42 000	2 600	150	28	2	7 800	11 900	5 000	180	41	3	13 700	21 200	4 000
90	160	40	2	18 300	24 400	3 400	190	64	3	36 500	47 700	2 400	160	30	2	9 300	14 200	4 500	190	43	3	16 000	24 200	3 800
95	170	43	2,1	21 200	28 200	3 200	200	67	3	40 000	51 800	2 400	170	32	2,1	11 200	16 500	4 300	200	45	3	17 600	26 400	3 600
100	180	46	2,1	23 600	31 100	3 000	215	73	3	47 500	61 000	2 200	180	34	2,1	12 500	18 300	4 000	215	47	3	20 400	30 300	3 400
105													190	36	2,1	13 700	20 100	3 800	225	49	3	23 600	34 700	3 200
110	200	53	2,1	32 000	40 800	2 800	240	80	3	57 000	72 500	2 000	200	38	2,1	15 600	22 900	3 600	240	50	3	27 000	39 100	3 000
120	215	58	2,1	37 500	46 600	2 600	260	86	3	67 000	84 500	1 800	215	40	2,1	18 300	26 000	3 400	260	55	3	31 000	45 700	2 800
130	230	64	3	45 000	55 200	2 400	280	93	4	78 000	97 800	1 700	230	40	3	19 300	27 000	3 200	280	58	4	38 000	53 900	2 600
140	250	68	3	50 000	62 100	2 200	200	102	4	91 500	113 000	1 500	250	42	3	22 400	30 800	3 000	300	62	4	42 500	59 400	2 400
150	270	73	3	62 000	73 600	2 000	320	108	4	104 000	129 000	1 400	270	45	3	26 000	35 800	2 600						
160	290	80	3	73 000	86 300	1 900	340	114	4	116 000	138 000	1 300	290	48	3	39 000	50 100	2 200						

* Pour une lubrification à la graisse, réduire ces valeurs de 20 %. ** N'existe pas à l'alésage conique. *** Écarts sur la largeur B voir tableau 40.70.

Valeurs d'après S.K.F.

40■79 ROULEMENTS À ROULEAUX CONIQUES

TYPE KB

Angle de contact α compris entre 10° et 17°

Exemple e désignation, voir § 40.3

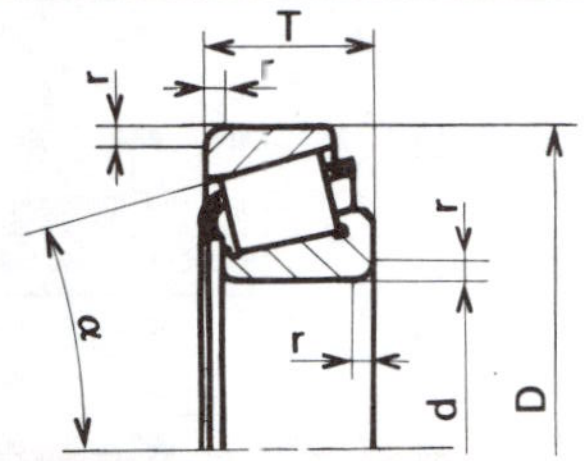

ÉCARTS SUR LA COTE T - Valeurs en micromètres

Alésage nominal d en mm	Séries de dimensions 02 et 22	Séries de dimensions 03 et 23
de 10 à 50 inclus	± 250	± 250
50 à 80	± 250	± 500
80 à 120	± 500	± 500
120 à 140	± 750	—

d	Série de dimensions 02						Sére de dimensions 03						Série de dimensions 22						Série de dimensions 23					
	D	T	r	C_o daN	C daN	n max* tr/min	D	T	r	C_o daN	C daN	n max* tr/min	D	T	r	C_o daN	C daN	n max* tr/min	D	T	r	C_o daN	C daN	n max* tr/min
15							42	14,25	1	1 270	2 120	13 000												
17	40	13,25	1	1 100	1 790	13 000	47	15,25	1	1 600	2 600	12 000							47	20 25	1	2 120	3 300	11 000
20	47	15,25	1	1 660	2 600	11 000	52	16,25	1,5	2 000	3 190	11 000							52	22,25	1,5	2 800	4 130	10 000
25	52	16,25	1	1 930	2 920	10 000	62	18,25	1,5	2 650	4 180	9 000							62	25,25	1,5	3 900	5 610	8 000
30	62	17,25	1	2 550	3 800	8 500	72	20,75	1,5	3 450	5 280	7 500	62	21,25	1	3 350	4 730	8 500	72	28,75	1,5	5 200	7 210	7 000
35	72	18,25	1,5	3 250	4 840	7 000	80	22,75	2	4 500	6 820	6 700	72	24,25	1,5	4 500	6 160	7 000	80	32,75	2	6 550	8 970	6 300
40	80	19,75	1,5	4 000	5 830	6 300	90	25,25	2	5 600	8 090	6 000	80	24,75	1,5	5 000	7 040	6 300	90	35,25	2	8 300	11 000	5 300
45	85	20,75	1,5	4 400	6 270	6 000	100	27,25	2	7 200	10 100	5 300	85	24,75	1,5	5 600	7 480	6 000	100	38,25	2	10 200	13 200	4 800
50	90	21,75	1,5	5 200	7 040	5 600	110	29,25	2,5	8 300	11 700	4 800	90	24,75	1,5	5 700	7 650	5 600	110	42,25	2,5	12 700	16 100	4 300
55	100	22,75	2	6 100	8 420	5 000	120	31,50	2,5	9 650	13 400	4 300	100	26 75	2	7 500	9 900	5 000	120	45,50	2,5	15 000	18 700	4 000
60	110	23,75	2	6 550	9 130	4 500	130	33,50	3	11 600	16 100	4 000	110	29,75	2	9 150	11 900	4 500	130	48,50	3	17 300	21 600	3 600
65	120	24,75	2	7 800	10 800	4 000	140	36	3	13 400	18 300	3 600	120	32,75	2	11 200	14 200	4 000	140	51	3	20 000	24 600	3 400
70	125	26,25	2	8 800	11 900	4 000	150	38	3	15 300	20 900	3 400	125	33,25	2	11 800	14 700	3 800	150	54	3	22 800	27 500	3 200
75	130	27,25	2	10 000	13 000	3 800	160	40	3	17 300	22 900	3 200	130	33,25	2	12 000	15 100	3 600	160	58	3	26 000	31 900	3 000
80	140	28,25	2,5	10 400	14 000	3 400	170	42,50	3	19 000	25 500	3 000	140	35,25	2,5	13 700	17 600	3 400	170	61,50	3	30 000	35 800	2 800
85	150	30,50	2,5	12 500	16 500	3 200	180	44,50	4	21 600	28 600	2 800	150	38,50	2,5	16 300	30 100	3 200	180	63,50	4	32 000	38 000	2 600
90	160	32,50	2,5	14 000	18 300	3 000	190	46,50	4	23 600	30 800	2 600	160	42,50	2,5	19 300	23 800	3 000	190	67,50	4	36 000	42 900	2 400
95	170	34,50	3	15 600	20 500	2 800	200	49,50	4	26 500	34 100	2 600	170	45,50	3	22 000	26 400	2 800	200	71,50	4	40 000	46 800	2 400
100	180	37	3	18 300	23 300	2 800	215	51,50	4	29 000	38 000	2 400	180	49	3	25 000	29 700	2 600	215	77,50	4	46 500	53 900	2 200
105	190	39	3	20 000	25 500	2 600	225	53,50	4	31 500	40 200	2 200	190	53	3	29 000	34 100	2 600	225	81,50	4	48 000	56 100	2 200
110	200	41	3	22 800	28 600	2 400	240	54,50	4	34 500	44 600	2 200	200	56	3	32 500	37 400	2 400	240	84,50	4	57 000	66 000	1 900
120	215	43,50	3	26 000	31 900	2 200	260	59,50	4	41 500	52 800	2 000	215	61,50	3	39 000	44 000	2 200	260	90,50	4	65 500	74 800	1 800
130	230	43,75	4	28 000	34 700	2 000	280	63,75	5	47 500	59 400	1 800	230	67,75	4	47 500	52 300	2 000						
140	250	45,75	4	32 500	39 600	1 900	300	67,75	4	56 000	69 300	1 700	250	71,75	4	56 000	60 500	1 900						

* Pour une lubrification à la graisse, réduire ces valeurs de 25 %.

Valeurs d'après S.K.F.

40▪80 DOUILLES À AIGUILLES

Douille ouverte DL*   Douille fermée DLF*

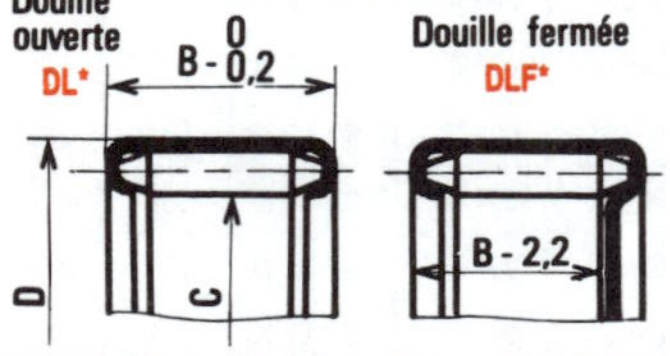

C	D	B	C_o daN	C daN	n max* tr/min
Série extra-légère, Type NES					
6	12	10	261	294	50000
8	14	10	331	367	37500
10	16	12	565	610	30000
12	18	12	665	700	25000
14	20	12	760	785	21500
15	21	12	800	815	20000
16	22	12	860	870	18500
17	23	12	895	900	17500
18	24	12	955	945	16500
18	24	16	1500	1480	16500
20	26	12	1050	1020	15000
20	26	16	1650	1600	15000
22	28	16	1800	1710	13500
25	33	16	1800	1600	12000
25	33	20	2560	2280	12000
30	38	16	2120	1820	10000
30	38	20	3010	2590	10000
35	43	16	2440	2020	8500
35	43	20	3470	2880	8500
40	48	16	2760	2220	7500
40	48	20	3930	3160	7500
44	52	16	3010	2380	6800

TOLÉRANCES			
C	Mouvement oscillant		k6
	Rotation continue		h6
D	Acier ou fonte		H7
	Métaux non ferreux		
	Parois minces en acier		M7

40▪81 ROULEMENTS À AIGUILLES

Type NEA -NA*
Roulement complet

Type NES -RNA*
sans bague lisse

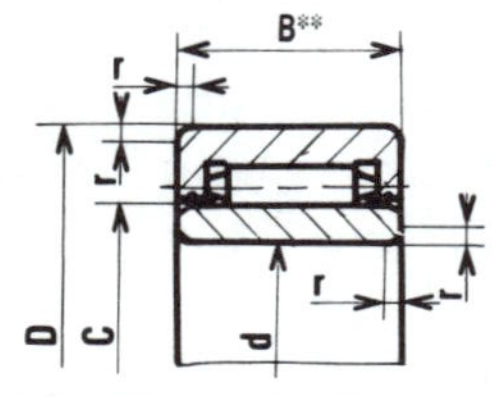

d	D	C	B	r	C_o daN	C daN	n max* tr/min
Série moyenne, Types NEA et NES							
—	16	7,3	12	0,35	293	395	52000
—	19	9,7	12	0,35	366	482	39000
—	22	12,1	12	0,35	440	565	31000
—	24	14,4	12	0,35	510	640	26000
12	28	17,6	15	0,35	920	1100	21600
15	32	20,8	15	0,65	1070	1240	18300
15	35	22,1	22	0,65	2100	2360	17200
20	42	28,7	22	0,65	2660	2840	13200
25	47	33,5	22	0,65	3070	3160	11100
30	52	38,2	22	0,65	3470	3470	10000
35	58	44	22	0,65	3960	3830	8600
40	65	49,7	22	0,85	4440	4170	7600
45	72	55,4	22	0,85	4920	4500	6900
50	80	62,1	28	0,85	7250	6400	6100
55	85	68,8	28	0,85	8000	6900	5500
60	90	72,6	28	0,85	8400	7200	5200
65	95	78,3	28	0,85	9300	7800	4900
70	100	83,1	28	0,85	9850	8100	4500
75	110	88	32	0,85	12800	10300	4300
80	115	96	32	0,85	13900	11000	4000
85	120	99,5	32	1,35	14400	11200	3800
90	125	104,7	32	1,35	15200	11700	3600

TOLÉRANCES	Arbre tournant		Arbre fixe	
Roulement complet	Charge fixe	Charge tournante	Charge fixe	Charge tournante
d	k5	h5	h5	k5
D	JS7	M7	M7	JS7

40▪82 BUTÉES À AIGUILLES

Butée mince   Butée épaisse   Rondelles séparables   Rondelles médianes pour butées à double effet

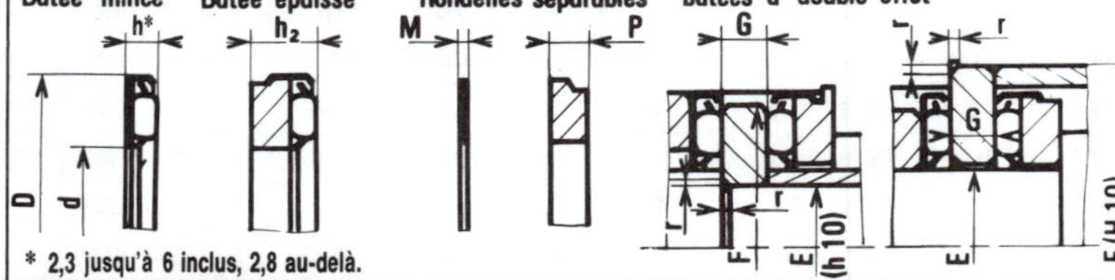

* 2,3 jusqu'à 6 inclus, 2,8 au-delà.

d	D	h_2	C_o daN	C daN	n max* tr/min	M	P	E	F	G	r	int.	ext.
Butée mince** et butée épaisse						Rondelles séparables		Rondelle médiane				Avec butée d = centrage	
5	13	3,5	250	260	25000	0,8	2	11	26	4	0,5	15	10
6	14	3,5	325	310	22000	0,8	2	13	29	4	0,5	17	—
7	15	3,5	325	310	22000	0,8	2	14	32	4	0,5	—	12–13
8	16	3,5	360	325	22000	0,8	2	16	34	4	0,5	20	15
9	17	3,5	410	360	19000	0,8	2	18	35	4	0,5	—	17
10	22	4	530	485	15500	0,8	2	11	26	4	0,5	15	10
12	26	4	865	670	13000	0,8	2	13	29	4	0,5	17	—
12	26	4	865	670	13000	0,8	2	14	32	4	0,5	—	12–13
15	28	4	975	710	11500	0,8	2	16	34	4	0,5	20	15
17	30	4	1080	750	10500	0,8	2	18	35	4	0,5	—	17
19	32	4	1140	760	10000	0,8	2	21	40	5	0,5	25	20
20	35	5	1770	1050	9000	0,8	3	26	46	5	0,5	30	25
25	42	5	2210	1170	7500	0,8	3	31	52	5	0,5	35	30
30	47	5	2580	1260	6500	0,8	3	36	58	5	0,5	40	35
35	53	5	3730	1610	5500	0,8	3	38	62	5	1	45	—
40	60	5	4290	1730	5000	0,8	3	41	68	5	1	50	40
45	65	5	4850	1850	4500	0,8	3	46	75	5	1	55	45
50	70	5	5200	1910	4000	0,8	3	51	82	6	1	60	50
55	78	6	7200	2400	3800	0,8	4	56	88	6	1,5	65	55
60	85	6	8500	2660	3500	0,8	4	61	94	6	1,5	70	60
65	90	6	9250	2800	3200		4	66	99	6	1,5	75	65
70	95	6	9800	2880	3000		4	71	104	6	1,5	80	70
75	100	6	10600	3020	2900		4	76	109	6	1,5	85	75
80	105	6	11100	3090	2700		4	81	115	8	1,5	90	80
85	110	6	11900	3230	2600		4	86	120	8	1,5	—	85
90	120	8	16000	4940	2400		5	91	130	9	1,5	100	90
100	135	9	21600	6100	2100		6	101	144	9	1,5	110	100

* [illegible] 50 %.

** Ecarts sur la largeur B, voir tableau 40 70.

* Référence Nadella.

40■83 ROULEMENTS COMBINÉS À AIGUILLES

Type RAX 400

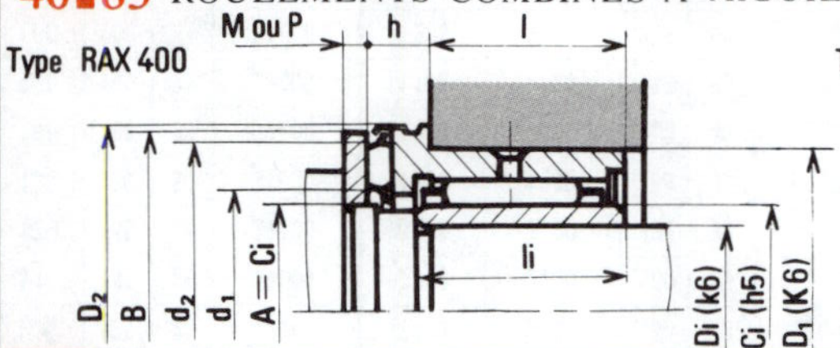

Douille ouverte — Type RAX 700

Douille fermée — Type RAXF 700

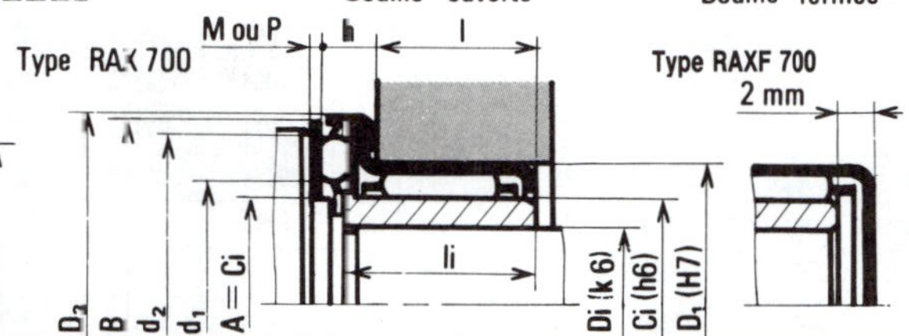

TYPE	Roulement							Charges de base radiales		Charges de base axiales		Vitesse limite	Rondelle séparable			Bague intérieure	
RAX	C_i	D_1	D_2	l	h	d_1	d_2	C_o daN	C daN	C_o daN	C daN	n max* tr/min	B	M	P	D_i	l_1
410	10	19	22	14	5	12	18,6	403	530	530	483	15 500	21,5	0,8	2	7	16
412	12	21	26	14	5	15	22,6	461	580	865	670	13 000	25,5	0,8	2	9	16
415	15	24	28	14	5	17	24,6	645	820	975	710	11 500	27,5	0,8	2	12	16
417	17	26	30	16	5	19	26,6	885	1 030	1 080	750	10 500	29,5	0,8	2	14	17
420	20	30	35	18	6	22	31,6	1 210	1 290	1 770	1 050	9 000	34,5	0,8	3	17	20
425	25	37	42	18	6	27,7	37,4	1 440	1 420	2 210	1 170	7 500	41,5	0,8	3	20	20
430	30	42	47	18	6	32,7	42,4	1 820	1 650	2 580	1 260	6 500	46,5	0,8	3	25	20
435	35	47	53	18	6	37,2	49	2 050	1 960	3 730	1 610	5 500	52,5	0,8	3	30	20
440	40	52	60	18	6	43	54,9	2 330	2 100	4 290	1 730	5 000	59,5	0,8	3	35	20
445	45	58	65	18	6	48	59,9	2 600	2 230	4 850	1 850	4 500	64,4	0,8	3	40	20
450	50	62	70	21	6	53,3	65,7	3 090	2 490	5 200	1 910	4 000	69,4	0,8	3	45	25
460	60	72	85	21	7	63,5	79,2	3 660	2 720	8 500	2 660	3 500	84,4	0,8	4	50	25
470	70	85	95	21	7	73,5	89,2	4 310	3 270	9 800	2 880	3 000	94,4	—	4	60	25
712	12	18	27,5	10	4,2	15	22,6	423	635	865	670	13 000	25,5	0,8	2	8	12
714	14	20	29,5	10	4,2	17	24,6	485	690	975	710	11 500	25,5	0,8	2	10	12
715	15	21	31,5	10	4,2	19	26,6	515	720	1 080	750	10 500	27,5	0,8	2	11	12
718	18	24	33,5	14	4,2	21	28,6	965	1 140	1 140	760	10 000	29,5	0,8	2	13	16
720	20	26	36,5	14	4,2	22	31,6	1 060	1 210	1 770	1 050	9 000	34,5	0,8	3	15	16
725	25	33	45,5	18	4,2	30	39,6	1 740	2 020	2 360	1 200	7 200	41,5	0,8	3	20	20
730	30	38	50,5	18	4,2	35	44,7	2 020	2 210	2 730	1 290	6 300	46,5	0,8	3	25	20
735	35	43	56,5	18	4,2	39	50,9	2 380	2 450	3 920	1 650	5 500	52,5	0,8	3	30	20
740	40	48	61,5	18	4,2	43	54,9	2 660	2 600	4 290	1 730	5 000	59,5	0,8	3	35	20
745	45	52	66,5	18	4,2	48	59,9	2 840	2 470	4 850	1 850	4 500	64,4	0,8	3	40	20

* Pour une lubrification à la graisse, réduire ces valeurs de 50 %.

40■84 PATINS À AIGUILLES

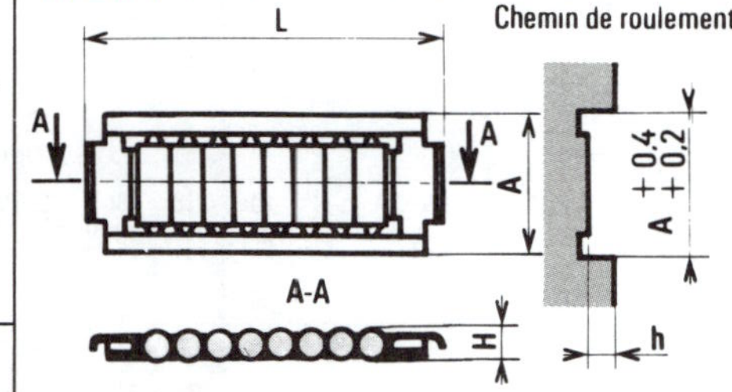

TYPE	A	H	L	h
PN 12-30	11,3	2,5	30	1,7 à 2,3
PN 18-48	17,8	3,5	48	2,3 à 3,3
Charges maximales en daN	PN 12-30		PN 18-48	
Dureté glissière	HRC ⩾ 60			
C_o	1 500		4 800	
C	750		2 400	
Dureté glissière	HB ⩾ 235			
C_o	350		1 100	
C	40		130	
Dureté glissière	HB ⩾ 150			
C_o	170		550	
C	10		30	

LONGUEUR APPROXIMATIVE DE TRAINS DE PATINS ACCROCHÉS L'UN À L'AUTRE

PN 12-30 : 30 mm pour le premier patin et 29,2 mm pour les suivants,

PN 18-48 : 48 mm pour le premier patin et 46,8 mm pour les suivants.

40▪85 BUTÉES À BILLES À SIMPLE EFFET

Type TA

Exemple de désignation, voir § 40.3.

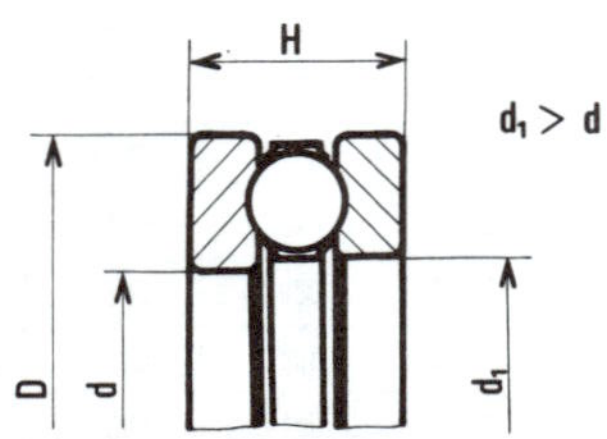

40▪86 BUTÉES À BILLES À DOUBLE EFFET

Type TDC

Exemple de désignation, voir § 40.3.

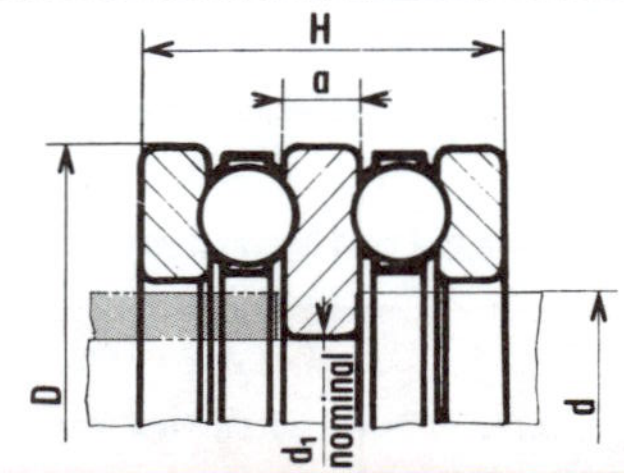

d	Série de dimensions 11					Série de dimensions 12					Série de dimensions 22							Série de dimensions 23						
	D	H	C_o daN	C daN	m max* tr/min	D	H	C_o daN	C daN	m max* tr/min	d_1	D	H	a	C_o daN	C daN	m max* tr/min	d_1	D	H	a	C_o daN	C daN	n max* tr/min
10	24	9	880	871	9 500	26	11	1 060	1 080	8 000														
12	26	9	1 000	904	9 000	28	11	1 220	1 120	8 000														
15	28	9	1 120	936	8 500	32	12	1 600	1 380	7 000	10	32	22	5	1 600	1 380	7 000							
17	30	9	1 220	975	8 500	35	12	1 760	1 430	6 700														
20	35	10	1 660	1 270	7 500	40	14	2 500	1 990	6 000	15	40	26	6	2 500	1 990	6 000							
25	42	11	2 280	1 590	6 300	47	15	3 400	2 470	5 300	20	47	28	7	3 400	2 470	5 300	20	52	34	8	4 400	3 380	4 500
30	47	11	2 650	1 680	6 000	52	16	3 750	2 550	4 800	25	52	29	7	3 750	2 550	4 800	25	60	38	9	5 700	4 030	3 800
35	52	12	3 000	1 740	5 600	62	18	5 300	3 510	4 000	30	62	34	8	5 300	3 510	4 000	30	68	44	10	6 950	4 940	3 400
40	60	13	4 000	2 340	5 000	68	19	6 400	3 970	3 800	30	68	36	9	6 400	3 970	3 800	30	78	49	12	9 800	6 500	3 000
45	65	14	4 500	2 420	4 500	73	20	6 800	4 100	3 600	35	73	37	9	6 800	4 100	3 600	35	85	52	12	11 000	7 150	2 800
50	70	14	5 000	2 550	4 300	78	22	7 350	4 160	3 400	40	78	39	9	7 350	4 160	3 400	40	95	58	14	13 700	8 710	2 600
55	78	16	6 200	3 070	3 800	90	25	11 000	6 370	2 800	45	90	45	10	11 000	6 370	2 800	45	105	64	15	18 000	11 200	2 200
60	85	17	7 100	3 580	3 600	95	26	11 800	6 500	2 800	50	95	46	10	11 800	6 500	2 800	50	110	64	15	19 600	11 700	2 200
65	90	18	7 800	3 710	3 400	100	27	12 700	6 630	2 600	55	100	47	10	12 700	6 630	2 600	55	115	65	15	19 600	11 400	2 000
70	95	18	8 150	3 770	3 400	105	27	12 700	6 500	2 600	55	105	47	10	12 700	6 500	2 600	55	125	72	16	23 200	13 300	1 900
75	100	19	8 650	3 770	3 200	110	27	13 400	6 760	2 400	60	110	47	10	13 400	6 760	2 400	60	135	79	18	27 000	15 300	1 700
80	105	19	9 300	3 970	3 000	115	28	14 300	6 890	2 400	65	115	48	10	14 300	6 890	2 400	65	140	79	18	29 000	15 900	1 700
85	110	19	9 650	3 970	3 000	125	31	18 000	8 520	2 200	70	125	55	12	18 000	8 520	2 200	70	150	87	19	34 000	18 200	1 600
90	120	22	12 000	5 070	2 600	135	35	22 400	10 600	2 000	75	135	62	14	22 400	10 600	2 000	75	155	88	19	39 000	19 900	1 500
100	135	25	17 300	7 410	2 400	150	38	28 000	13 300	1 800	85	150	67	15	28 000	13 300	1 800	85	170	97	21	47 500	23 800	1 400
110	145	25	19 000	7 610	2 200	160	38	36 000	15 300	1 700	95	160	67	15	36 000	15 300	1 700	95	190	110	24	56 000	26 500	1 200
120	155	25	24 500	8 840	2 200	170	39	37 500	15 300	1 600	100	170	68	15	37 500	15 300	1 600	100	210	123	27	69 500	31 200	1 100
130	170	30	31 000	11 100	1 900	190	45	50 000	20 300	1 400	110	190	80	18	50 000	20 300	1 400							
140	180	31	32 000	11 100	1 800	200	46	52 000	20 800	1 400	120	200	81	18	52 000	20 800	1 400							
150	190	31	32 000	11 100	1 700	215	50	57 000	22 900	1 300	130	215	89	20	57 000	22 900	1 360	130	250	140	31	95 000	37 700	900
160	200	31	34 000	11 200	1 700	225	51	57 000	22 500	1 200	140	225	90	20	57 000	22 500	1 200							
170	215	34	40 000	13 300	1 600	240	55	69 500	27 800	1 100	150	240	97	21	69 500	27 000	1 100							

Valeurs d'après S.K.F.

40.87 MANCHONS CONIQUES DE SERRAGE

Type HMB

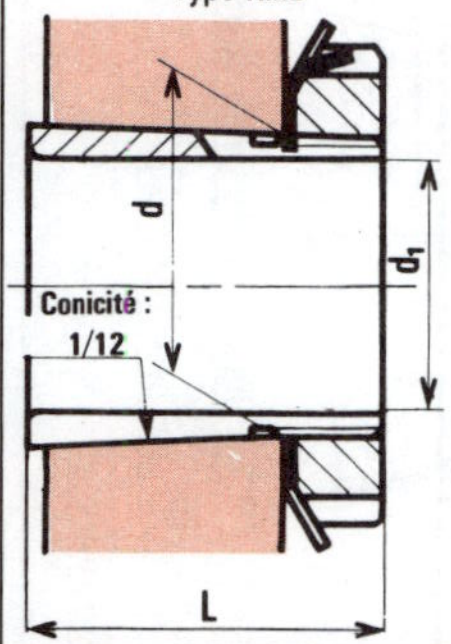

d	d_1	L pour séries 02	L pour séries 22-03	L pour séries 23
20	17	24	28	31
25	20	26	29	35
30	25	27	31	38
35	30	29	35	43
40	35	31	36	46
45	40	33	39	50
50	45	35	42	55
55	50	37	45	59
60	55	38	47	62
65	60	40	50	65
70	60	41	52	68
75	65	43	55	73
80	70	46	59	78
85	75	50	63	82
90	80	52	65	86
95	85	55	68	90
100	90	58	71	97
105	95	60	74	101
110	100	63	77	105
120	110	72	88	112
130	115	80	92	121

40.88 RONDELLES-FREIN - ÉCROUS À ENCOCHES

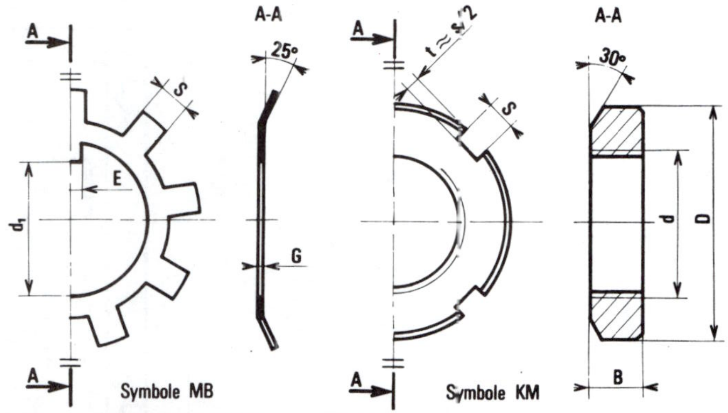

N°	d × pas	D	B	S	d_1	E	G	N°	d × pas	D	B	S	d_1	E	G
0	M 10 × 0,75	18	4	3	8,5	3	1	17	M 85 × 2	110	16	8	81,5	10	1,75
1	12 × 1	22	4	3	10,5	3	1	18	90 × 2	120	16	10	86,5	10	1,75
2	15 × 1	25	5	4	13,5	4	1	19	95 × 2	125	17	10	91,5	10	1,75
3	17 × 1	28	5	4	15,5	4	1	20	100 × 2	130	18	10	96,5	12	1,75
4	20 × 1	32	6	4	18,5	4	1	21	105 × 2	140	18	12	100,5	12	1,75
5	25 × 1,5	38	7	5	23	5	1,25	22	110 × 2	145	19	12	105,5	12	1,75
6	30 × 1,5	45	7	5	27,5	5	1,25	23	115 × 2	150	19	12	110,5	12	2
7	35 × 1,5	52	8	5	32,5	6	1,25	24	120 × 2	155	20	12	115	14	2
8	40 × 1,5	58	9	6	37,5	6	1,25	25	125 × 2	160	21	12	120	14	2
9	45 × 1,5	65	10	6	42,5	6	1,25	26	130 × 2	165	21	12	125	14	2
10	50 × 1,5	70	11	6	47,5	6	1,25	27	135 × 2	175	22	14	130	14	2
11	55 × 2	75	11	7	52,5	3	1,25	28	140 × 2	180	22	14	135	16	2
12	60 × 2	80	11	7	57,5	8	1,5	29	145 × 2	190	24	14	140	16	2
13	65 × 2	85	12	7	62,5	8	1,5	30	150 × 2	195	24	14	145	16	2
14	70 × 2	92	12	8	66,5	8	1,5	32	160 × 3	210	25	16	154	18	2,5
15	75 × 2	98	13	8	71,5	8	1,5	34	170 × 3	220	26	16	164	18	2,5
16	80 × 2	105	15	8	76,5	10	1,75	36	180 × 3	230	27	18	174	20	2,5

Exemple de désignation dimensionnelle d'un manchon de serrage d'alésage $d_1 = 65$, monté dans un roulement d'alésage d = 75 de série de dimensions 02 et ayant une longueur L = 43 :
Manchon conique 65 – 75 HMB 43 (NF E 22-310).

40.89 ÉCROUS AUTO FREINÉS « NYLSTOP »*

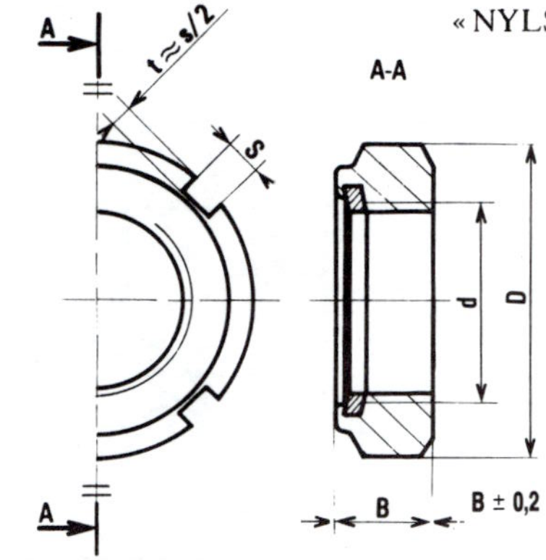

Série normale RN d × pas	B	D	S	Série renforcée RF d × pas	B	D	S
M 10 × 0,75	7	18	4				
12 × 1	7,5	21	4				
15 × 1	7,5	25	4				
17 × 1	8,3	28	4				
20 × 1	8,3	32	4				
25 × 1,5	10	38	5	M 25 × 1,5	14,5	38	5
30 × 1,5	11	44	5	30 × 1,5	16	44	5
35 × 1,5	11	50	6	35 × 1,5	16	50	6
40 × 1,5	11	56	6	40 × 1,5	16	56	6
45 × 1,5	11,7	62	6	45 × 1,5	17,3	62	6
50 × 1,5	11,7	68	6	50 × 1,5	17,3	68	6
55 × 2	13,8	74	7	55 × 2	20	74	7
60 × 2	13,8	81	7	60 × 2	20	81	7
65 × 2	14,6	87	7	65 × 2	21,3	87	7
70 × 2	14,6	92	8	70 × 2	21,3	92	8
75 × 2	15,5	100	8				
80 × 2	15,5	105	8				
85 × 2	16,2	110	8				
90 × 2	16,2	116	10				
95 × 2	18	122	10				
100 × 2	18	128	10				

* Fabrication Simmonds

41 Lubrification des roulements

La lubrification des roulements a pour buts principaux :

- de diminuer les frottements,
- de réduire l'usure,
- d'éviter la corrosion.

41■1 Lubrification à la graisse

La lubrification à la graisse est économique et relativement simple, mais **elle n'est pas indiquée pour les grandes fréquences de rotation** (vitesses maximales environ la moitié de celles indiquées dans les tableaux du chapitre précédent).

CHOIX DES GRAISSES

Le choix d'une graisse dépend de ses conditions d'utilisation (fréquence de rotation, température, milieu ambiant, etc.). On utilise des graisses essentiellement composées d'huile minérale et de matières saponifiables (lithium, sodium, potassium, etc.). Une graisse ne doit contenir ni acide ni particule abrasive. Pour les hautes températures (250 °C) on utilise des graisses aux silicones ou au bisulfure de molybdène.

GRAISSAGE À VIE OU POUR PLUSIEURS ANNÉES

Ce mode de graissage convient pour des appareils domestiques, des petits moteurs électriques, etc.

Le graissage est effectué au montage ou lors des révisions d'entretien. Un dispositif de graissage est inutile.

GRAISSAGE ANNUEL OU SEMI-ANNUEL

C'est le mode de graissage le plus fréquent. On prévoit un dispositif de «graissage dirigé». Il permet à la graisse de déboucher de préférence à la **partie inférieure** du roulement (fig. 1) et aussi près que possible de celui-ci. On prévoit un logement pour la graisse usagée et la possibilité de l'évacuer après plusieurs graissages.

Pour les roulements à rouleaux coniques, l'arrivée de la graisse se fait du côté du petit diamètre des galets (fig. 2). On assure ainsi une circulation automatique de la graisse sous l'effet de pompage due aux surfaces coniques du roulement.

Pour une butée, la graisse doit arriver par sa partie centrale (fig. 3).

1

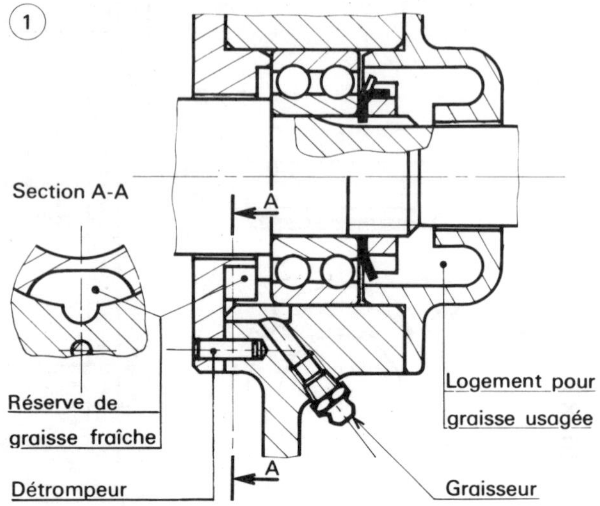

2

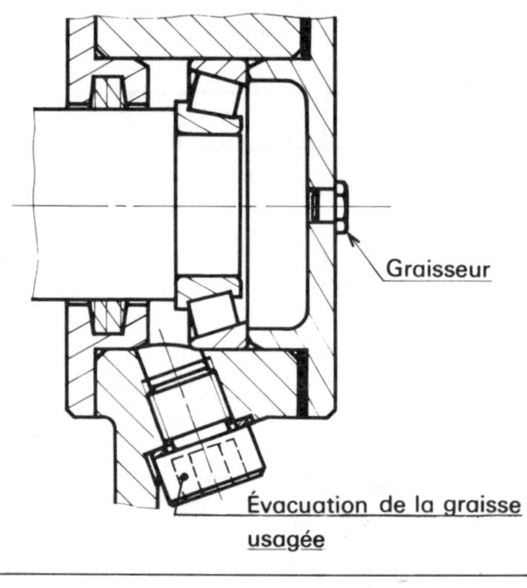

3

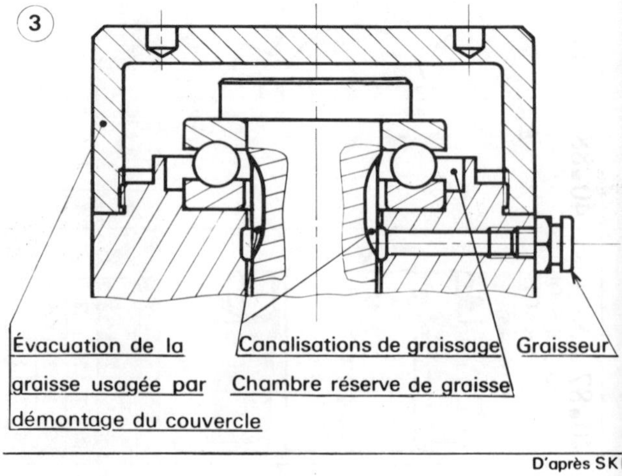

D'après SKF

GRAISSAGE FRÉQUENT

Il est utilisé pour les roulements tournant relativement à grande vitesse. On prévoit, en plus du dispositif de graissage, une évacuation de la graisse usagée, afin d'éviter de remplir trop abondamment les paliers (risque d'échauffement, augmentation du couple résistant). La quantité maximale de graisse admissible doit être comprise entre la moitié et le tiers du volume disponible.

La «soupape à graisse» S.K.F. (fig. 1) permet l'évacuation automatique de la graisse usagée en excès. Elle est constituée par un disque tournant. L'excès de graisse est éjecté, sous l'effet de la force centrifuge, dans une gorge circulaire. Elle est ensuite éliminée par une ouverture oblongue débouchant dans la gorge circulaire, et recueillie dans un réceptacle.

41 ■ 2 Lubrification à l'huile

L'huile réalise une excellente lubrification pour tous les types de roulements. On utilise des huiles minérales sans acide ni particule abrasive.

La lubrification peut être réalisée suivant plusieurs procédés.

LUBRIFICATION PAR BAIN D'HUILE (fig. 2)

Pour éviter un échauffement trop important des paliers, on limite le niveau de l'huile au voisinage du centre de l'élément roulant le plus bas. Afin d'obtenir une lubrification de longue durée (faible variation du niveau d'huile), il est nécessaire d'avoir une surface d'huile assez grande.

LUBRIFICATION PAR CIRCULATION FORCÉE (fig. 3)

Cette solution offre les possibilités de filtrer l'huile et de refroidir les paliers.

Elle nécessite un moteur et une pompe pour mise de l'huile sous pression.

LUBRIFICATION PAR PROJECTION D'HUILE (fig. 4)

Principe :

Des organes mécaniques en mouvement se chargent d'huile par «barbotage» dans un carter. Sous l'action de la force centrifuge, l'huile est soit projetée directement sur les roulements, soit recueillie dans un larmier qui amène l'huile aux roulements.

Très fréquemment les projections d'huile sont trop abondantes. (C'est notamment le cas d'une transmission par engrenage avec le diamètre du pignon plus petit que celui du roulement le plus proche.) Il est possible de limiter ces projections d'huile en utilisant des déflecteurs.

1

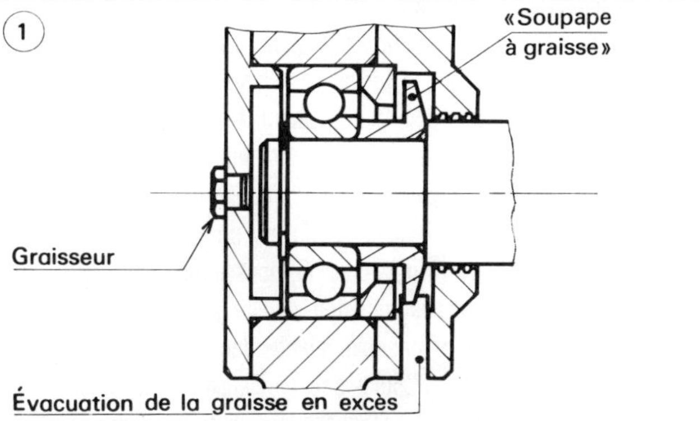

2

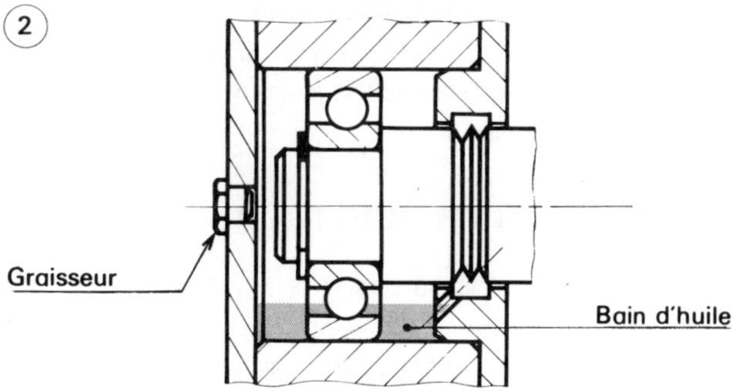

3

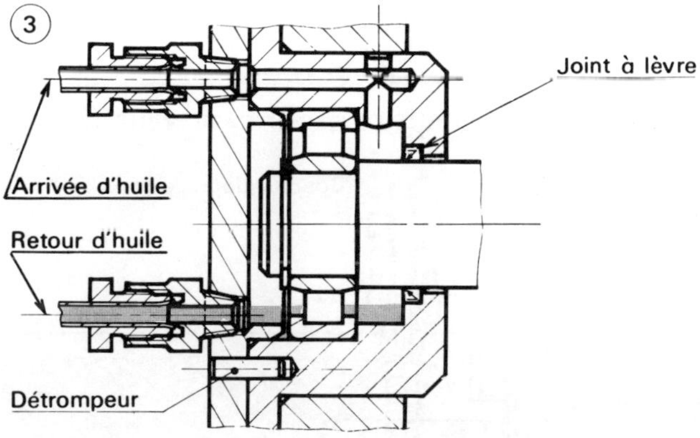

4

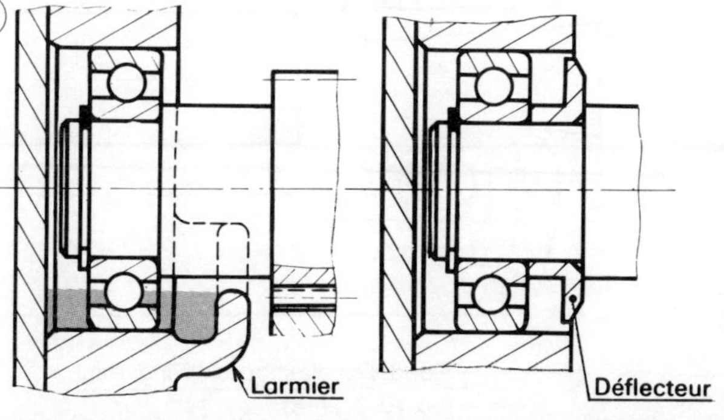

D'après SKF

LUBRIFICATION PAR BROUILLARD D'HUILE

Pour les fréquences de rotation élevées, la meilleure lubrification est réalisée par brouillard d'huile. Le brouillard est obtenu à l'aide d'un pulvérisateur à air comprimé. Cet air chargé de fines gouttelettes d'huile pénètre dans les paliers où il lubrifie les moindres parties. La surpression qui en résulte dans les paliers protège efficacement ceux-ci contre l'introduction de poussières abrasives. Afin de réduire la consommation d'huile et d'éviter une atmosphère ambiante chargée d'huile dans le voisinage des paliers, on peut effectuer une condensation préalable à l'aide d'un raccord de condensation. La faible quantité d'huile contenue dans le brouillard est alors entraînée par l'air comprimé sur les roulements. Elle est presque entièrement utilisée pour la lubrification et une quantité minime s'échappe à l'extérieur des paliers.

PRINCIPE

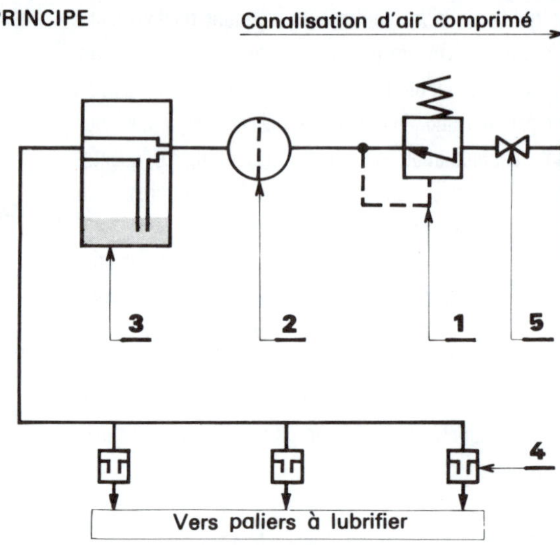

1 _ Réducteur de pression pour p ≈ 0,05 à 0,1 MPa

2 _ Filtre

3 _ Pulvérisateur

4 _ Raccord éventuel de condensation

5 _ Robinet

41 ■ 3 Recommandations

De la lubrification dépend souvent la durée de vie d'un mécanisme. Aussi est-il particulièrement conseillé de rédiger une **fiche d'instructions de graissage** chaque fois que cela sera nécessaire.

BROCHE DE RECTIFICATION INTÉRIEURE LUBRIFIÉE PAR BROUILLARD D'HUILE

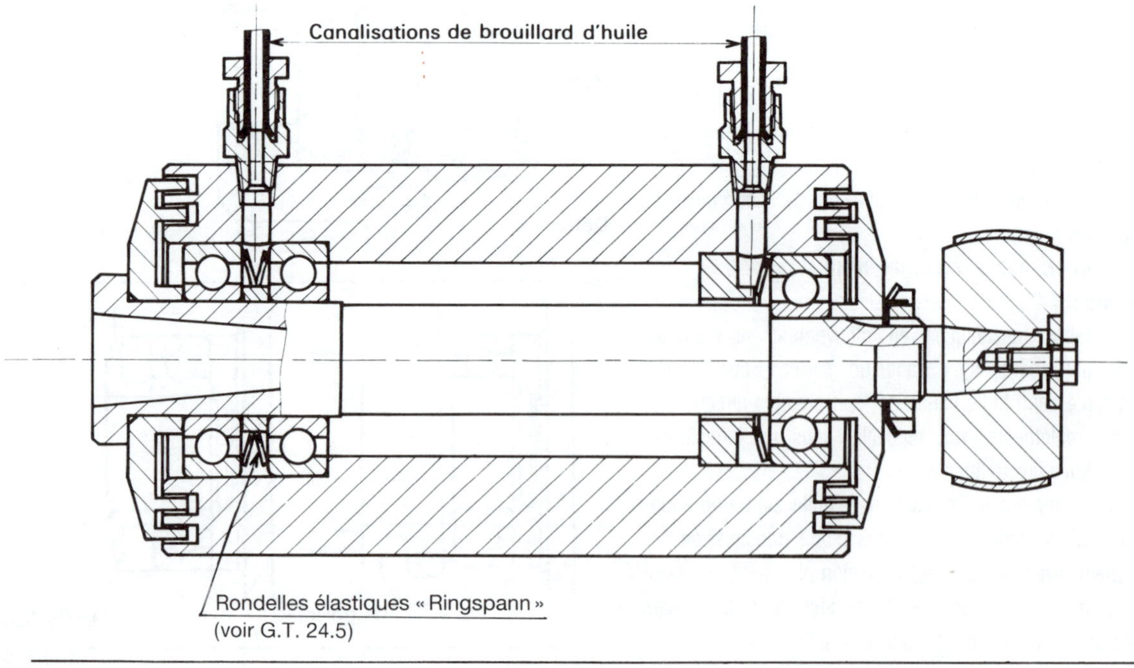

42 Graisseurs et voyants

42■1 Graisseurs

On distingue quatre principaux types de graisseurs (fabrication standard sélectionnée par Técalémit).

42 ■11 Graisseurs « Hydraulic »

Ils conviennent pour le graissage à **haute pression**. La forme de la tête est prévue pour un accrochage rapide de la pompe de graissage.
Ces graisseurs peuvent être montés soit dans des trous taraudés (série standard), soit dans des trous lisses (graisseurs auto-taraudants).

FILETAGE

La «série standard» est à filetage conique, profil usuel ISO (ils sont également fabriqués en profils gaz, Briggs ou Whitworth).
Les graisseurs auto-taraudants ont un profil spécial.

Un graisseur de la série standard peut remplacer un graisseur auto taraudant, et inversement, si les diamètres et les pas sont égaux.

42■12 Graisseurs « six pans »

Ils conviennent pour le graissage à **moyenne pression**. La forme de la tête permet un accrochage de l'agrafe de la pompe par déplacement radial.

FILETAGE

Le filetage est cylindrique, profil ISO, sauf le M 6 × 1 miniature, dont le filetage est conique.

AGRAFES POUR POMPES DE GRAISSAGE

Agrafe « hydraulic »

Agrafe « six pans »

Photos Hachette

Técalémit, 91550-Paray-Vieille-Poste.

GRAISSEURS « HYDRAULIC » **Série standard**

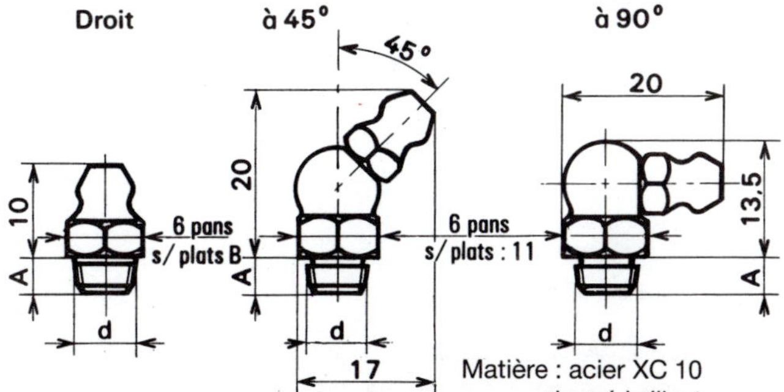

Matière : acier XC 10 zingué brillant
Tête cémentée trempée

d × pas	A	B	d × pas	A	B
M 6 × 1 court*	2,7	7	M 8 × 1,25	7	9
M 6 × 1	5	7	M 10 × 1	5	11
M 7 × 1	5	8	M 10 × 1,5	7	11
M 8 × 1	5	9	M 12 × 1,75*	5	14

* Graisseurs droits seulement.

GRAISSEURS « HYDRAULIC » **Auto-taraudants**

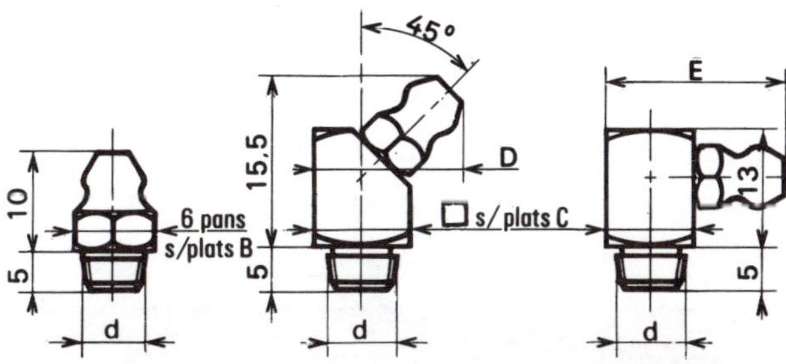

Matière : acier XC 10 zingué brillant
Tête et corps cémentés trempés

d × pas	B	C	D	E	⌀ perçage*
6 × 1	7	9	14,5	18,8	5,4
8 × 1	9	9	14,5	18,8	7,4
10 × 1	11	11	16,5	20,8	9,4

GRAISSEURS SIX PANS **Série standard**

« Miniature »

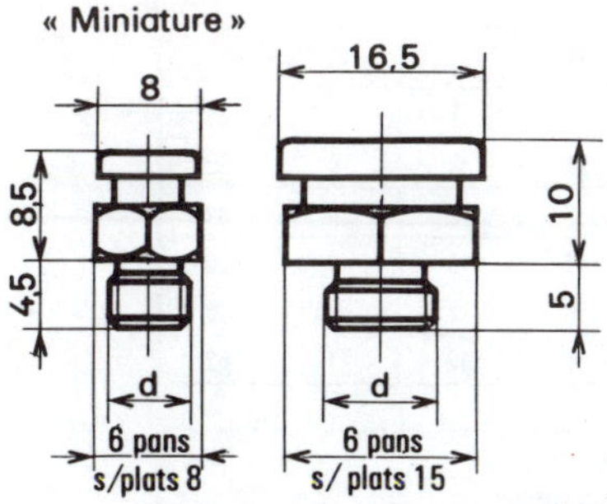

d × pas
M 6 × 1
M 7 × 1
M 8 × 1
M 8 × 1,25
M 10 × 1
M 10 × 1,5
M 12 × 1,75

Matière : acier zingué brillant

42■13 Graisseurs « Lub » et « Métrolub »

Ils conviennent pour le graissage à l'huile ou à la graisse peu épaisse à **basse pression**.

Le **graisseur lisse** est destiné à être monté « à force » dans un trou de même diamètre nominal.

FILETAGE :

Le filetage est conique, profil ISO.

AGRAFES POUR POMPES DE GRAISSAGE

Les formes conjuguées de la tête des graisseurs et de l'agrafe de la pompe facilitent leur mise en place et leur maintien pendant le graissage.

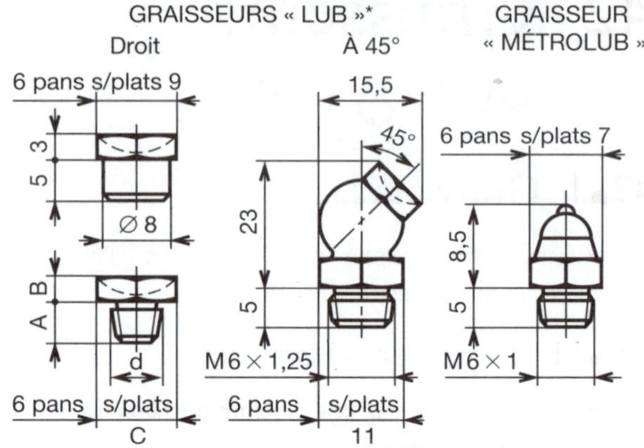

Matière : acier zingué brillant

d × pas	A	B	C	d × pas	A	B	C
M6 × 1 court	2,7	5,3	7	M 8 × 1,25	5	3	9
M6 × 1	5	3	7	M10 × 1,50	5	3	11

42■2 Bouchons

d	h	H	s	d_1	a	t
G 1/4	9	6	19	5	120	100
G 3/8	9	6	22	5	120	100
G 1/2	11	7	26	5	195	150
G 3/4	12	8	32	5	195	150
G 1	13	9	38	5	195	150

d	D	h	H	s	t
M 14 × 1,5	19	14	7,5	6	7,5
M 16 × 1,5	22	16	9,5	8	9,5
M 18 × 1,5	24	16	9,5	10	9,5
M 20 × 1,5	26	16	9,5	12	9,5
M 22 × 1,5	30	16	9,5	12	9,5

BOUCHONS FILETÉS**

Sans jauge « T » Avec jauge « TCO + a »

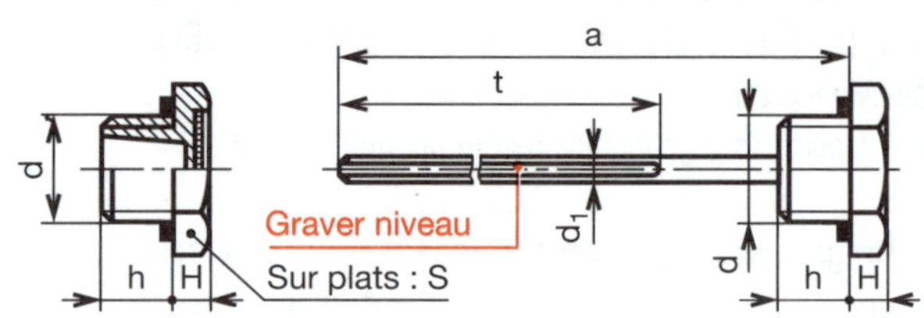

Matière : PA 6/6 - Couleur noir ou rouge

BOUCHONS FILETÉS À SIX PANS CREUX NF R 93-303

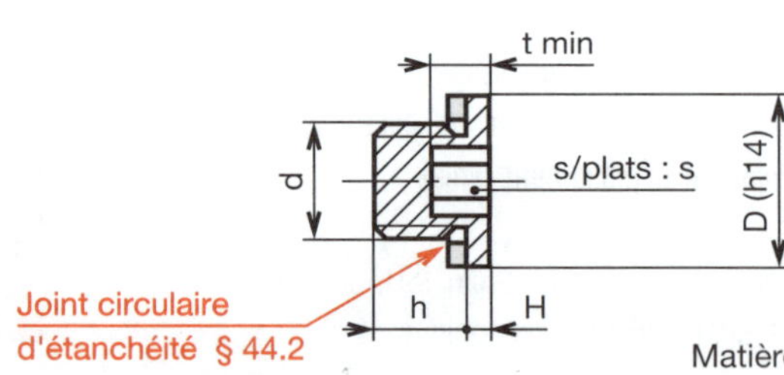

Matière : A 33

42■3 Indicateurs de niveau

d	d_1	D	h	H	s
G 3/8	11	24	7	7	21
G 1/2	14	27	8	8	25
G 3/4	18	35	9	8	32
G 1	23	43	10	9	38
G 1 1/4	30	50	11	9	46
G 2	40	68	12	11	62

Exemple de désignation :
Indicateur de niveau HGF G 3/8 Elesa

INDICATEURS DE NIVEAU « HGF »**

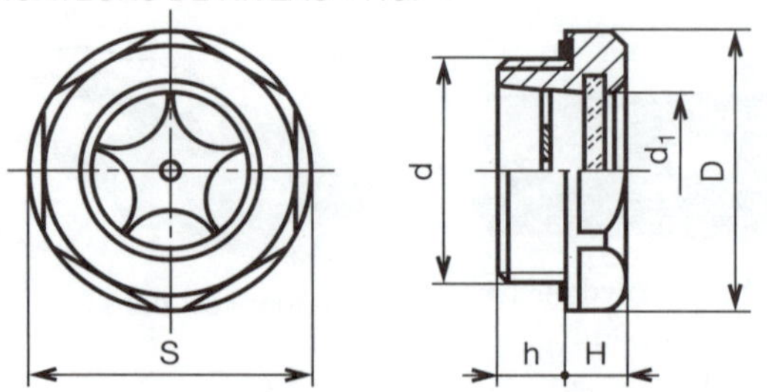

Matière : PA 6/6 - Couleur noir ou rouge

* Técalémit, 91550 - Paray-Vieille-Poste. ** Elesa, 94384 - Bonneuil sur Marne.

43 Protection des roulements

La protection des roulements a un double but :
- éviter la pénétration d'impuretés,
- empêcher les fuites de lubrifiant.

43■1 Dispositifs de protection sans frottement

Ces dispositifs sont basés sur la réalisation de gorges et de chicanes, que l'on remplit de graisse ou montage. On obtient ainsi une obturation efficace notamment **contre la pénétration des matières abrasives**.

REMARQUES :
- La forme plus ou moins compliquée des gorges et des chicanes dépend des conditions de fonctionnement et du mode de lubrification.
- Ces dispositifs conviennent particulièrement pour les **très grandes fréquences de rotation** et ne demandent pratiquement **aucun entretien**.

43■11 Dispositifs pour lubrification à la graisse

43■111 Passage étroit

L'étanchéité est réalisée par un faible jeu entre l'arbre et le couvercle. Plus le jeu sera faible meilleure sera l'étanchéité (fig. 1a).
Cette solution peut être améliorée par des rainures annulaires (trois au minimum) (fig. 1b). L'adjonction d'un déflecteur en augmente encore l'efficacité.

43■112 Dispositifs à chicanes

Les figures 2a et 2b montrent une disposition des chicanes de manière à empêcher la pénétration d'eau ou d'impuretés extérieures.

43■113 Rondelles Z

Ce sont des disques en tôle d'acier emboutie. Suivant les conditions d'utilisation, on emploie une ou plusieurs paires de rondelles. Elles doivent être montées comme il est indiqué figure 3, de manière à expulser par effet centrifuge les impuretés extérieures. Leur montage est fait avec serrage. Ce serrage peut suffire, si la poussée axiale est faible, à fixer latéralement le roulement.

1a
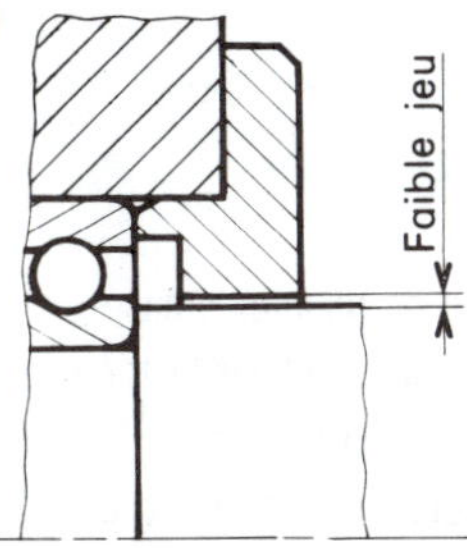

1b
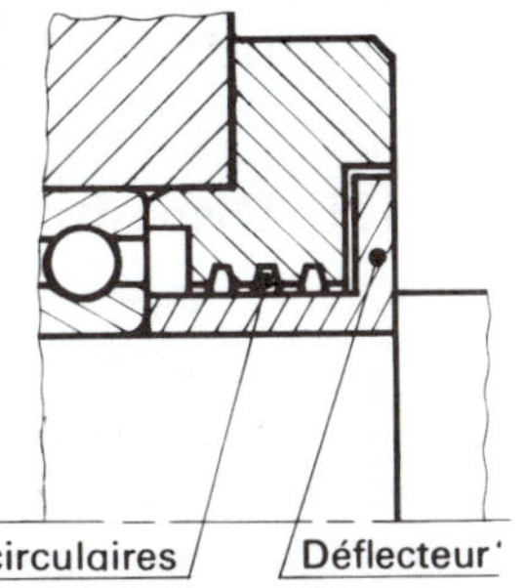

2a
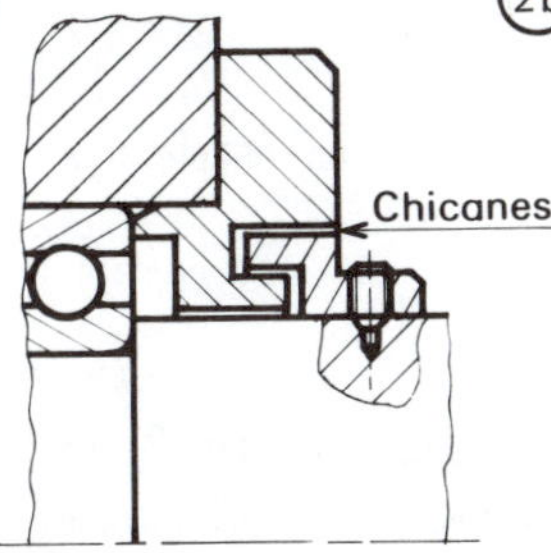

2b
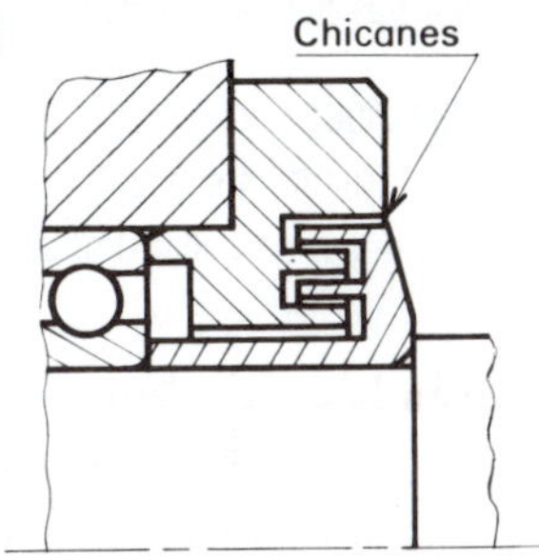

3
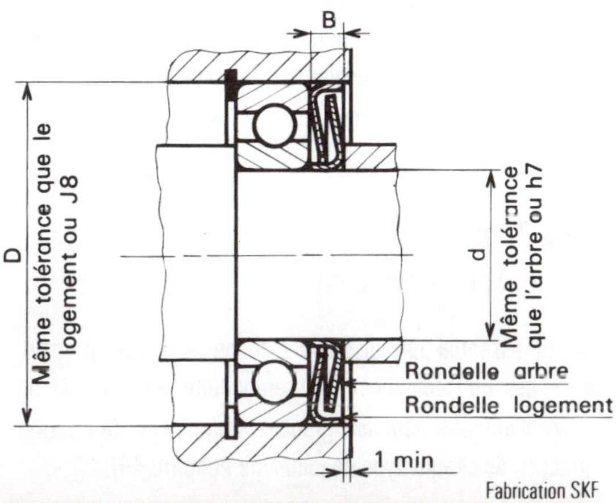

Fabrication SKF

Série de diamètres 0				Série de diamètres 2				Série de diamètres 3			
Référence	d	D	B	Référence	d	D	B	Référence	d	D	B
Z 000	10	26	4	Z 200	10	30	4	Z 300	10	35	4
Z 001	12	28	4	Z 201	12	32	4	Z 301	12	37	4
Z 002	15	32	4	Z 202	15	35	4	Z 302	15	42	5
Z 003	17	35	4	Z 203	17	40	4	Z 303	17	47	5
Z 004	20	42	5	Z 204	20	47	5	Z 304	20	52	5
Z 005	25	47	5	Z 205	25	52	5	Z 305	25	62	6
Z 006	30	55	5	Z 206	30	62	6	Z 306	30	72	6
Z 007	35	62	6	Z 207	35	72	6	Z 307	35	80	6
Z 008	40	68	6	Z 208	40	80	6	Z 308	40	90	6
Z 009	45	75	6	Z 209	45	85	6	Z 309	45	100	6
Z 010	50	80	6	Z 210	50	90	6	Z 310	50	110	6
Z 011	55	90	6	Z 211	55	100	7	La référence comprend une rondelle arbre et une rondelle logement.			
Z 012	60	95	6	Z 212	60	110	7				

43 ▪ 12 Dispositifs pour lubrification à l'huile

43 ▪ 121 Dispositifs à rainures

La sortie d'huile est évitée au moyen de rainures creusées dans l'arbre. L'huile est expulsée sous l'effet de la force centrifuge dans un conduit de récupération (fig. 1).
L'adjonction éventuelle d'un déflecteur à recouvrement précédé d'une rainure assez profonde permet d'obtenir une très bonne étanchéité.

REMARQUE :
Un résultat analogue est obtenu si l'on remplace la rainure par un collet (fig. 2).

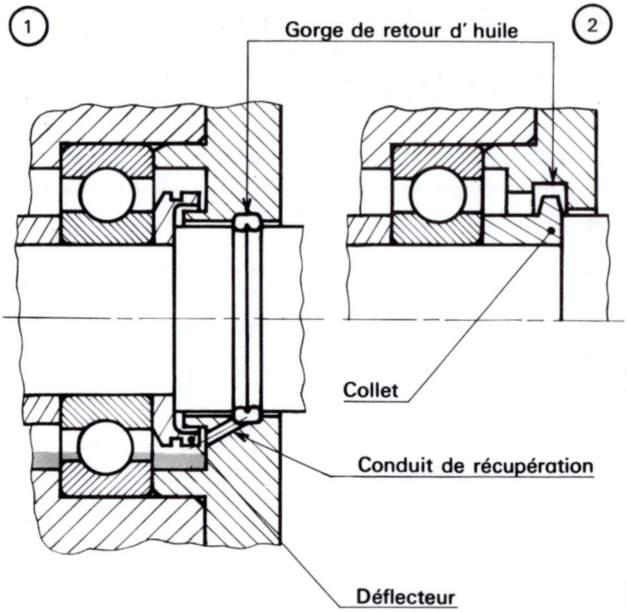

43 ▪ 122 Turbine à vis

On creuse dans l'arbre un filet hélicoïdal (fig. 3). Le sens de l'hélice est choisi de manière à ce qu'il ramène l'huile vers l'intérieur du palier.
Ce dispositif est souvent utilisé lorsque l'on désire progéger un organe de machine contre les fuites d'huile du palier (collecteur de moteur électrique par exemple).

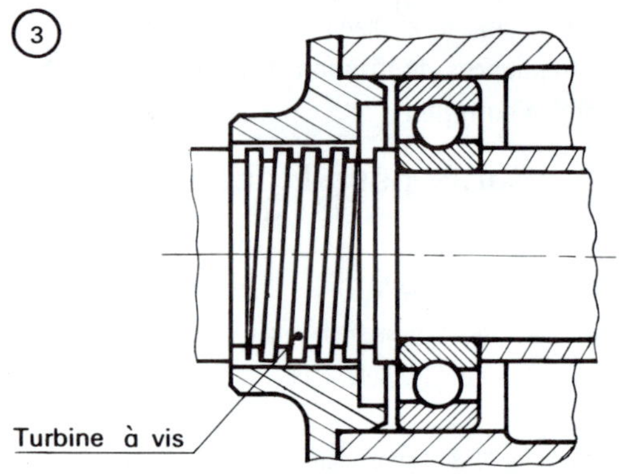

43 ▪ 2 Dispositifs de protection avec frottement

Le but essentiel des dispositifs de protection avec frottement est de rechercher une étanchéité absolue. Ils ne conviennent pas pour les grandes frequences de rotation (fonction de chaque type de joint, voir chapitre 44).

Les dispositifs à frottement (joints) employés en atmosphère abrasive doivent être protégés par des déflecteurs simples ou à chicanes. On évite ainsi une usure rapide du joint et de l'arbre (fig. 4).

On choisira parmi les joints du chapitre 44 celui qui est le mieux adapté au problème considéré.

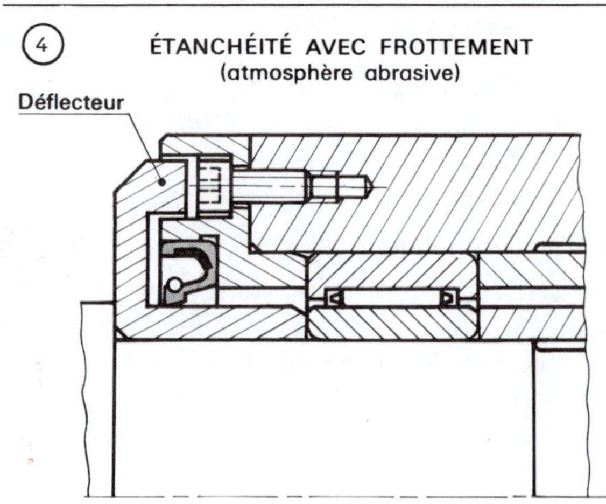

REMARQUE GÉNÉRALE :
Les roulements à une rangée de billes, à contact radial, peuvent être livrés avec une protection latérale par flasques ou par joints d'étanchéité (§ 40.211).

44 Joints d'étanchéité

Les joints sont utilisés pour obtenir l'étanchéité d'une enceinte d'un mécanisme.

On distingue :

- **L'étanchéité statique** entre deux pièces sans mouvement relatif.
- **L'étanchéité dynamique** entre deux pièces ayant un mouvement relatif.

Il faut également tenir compte des conditions de fonctionnement : pression, température, fluide à étancher, etc.

44■1 Joints plats de forme quelconque

Ces joints sont généralement découpés à partir d'un matériau en feuilles et conviennent pour des étanchéités statiques. Choisir un joint c'est déterminer son **épaisseur** et sa **matière**.

DÉTERMINATION DE L'ÉPAISSEUR

L'épaisseur d'un joint dépend essentiellement de la rugosité des surfaces sur lesquelles il s'applique. L'épaisseur du joint décroît si la rugosité des surfaces diminue.

D'une manière générale l'épaisseur d'un joint est choisie aussi faible que possible. On réduit ainsi :

- les effets exercés par la pression sur la tranche du joint,
- le prix du joint.

CHOIX DU MATÉRIAU

On choisit habituellement dans les matières suivantes celle qui satisfait le mieux aux exigences de fonctionnement 'fluide à étancher, température, etc.) et dont le prix est le plus bas.

Catégories	Matériaux	Propriétés	Dimensions	Emplois	Prix* relatifs
Les papiers	Papiers et cartons ordinaires.	Fonction de l'imprégnation.	Épaisseurs : de 0,10 à 3,2 mm.	Fabrications unitaires (imprégnation manuelle).	1
Les papiers	Papier à fibres longues imprégné d'une résine thermoplastique.	Convient particulièrement pour l'eau et les hydrocarbures. Température max. : 125 °C.	Largeur : 500 mm. Épaisseurs : 0,27 et 0,5 mm.	Évite l'imprégnation au montage mais nécessite une source de chaleur (50 °C à 125 °C).	9
Les papiers	Papier armé imprégné (une feuille d'aluminium collée entre deux feuilles de papier).	Bonne stabilité dimensionnelle. Température max. : 125 °C.	Plaques : 1 000 × 500 mm. Rouleaux, largeur : 500 mm. Épaisseurs : 0,25 à 3 mm.	Joints de carter, de boîtes de vitesses, etc.	10
Les papiers	Fibres de Manille imprégnées.	Résiste au vieillissement et aux moisissures. Convient pour l'eau et les hydrocarbures.	Largeur : 915 mm. Épaisseurs : 0,25 - 0,4 - 0,9 - 1,6.	Joint de carburateur.	5 à 10
Les papiers	**Remarque générale** : ces joints nécessitent des surfaces bien usinées ($Ra \leqslant 3{,}2$)				
Les amiantes-caoutchouc	Fibres d'amiante plus un liant synthétique.	Convient pour la vapeur d'eau 300° C max.).	Plaques : 1 000 × 1 000 mm. Épaisseurs : 0,5 - 1 - 2 mm.	Appareils à vapeur à basse pression.	6
Les amiantes-caoutchouc	Fibres d'amiante plus liants synthétiques.	Liant caoutchouc : résiste à l'eau. Liant néoprène : résiste aux huiles.	Plaques : de 1 000 × 1 000 à 2 000 × 3 000 mm. Épaisseurs : de 0,3 à 4 et 5 mm.	Matériau spécial pour produits de réfrigération.	13 à 20

D'après Jicey-France, 78220-Viroflay.

* À épaisseur et surface égale, à titre de première estimation.

CATÉGORIES	MATÉRIAUX	PROPRIÉTÉS	DIMENSIONS	EMPLOIS	PRIX * relatif
Amiante-caoutchouc	Amiante et caoutchouc graphité.	Résiste à la vapeur haute pression (270 °C - 5 MPa).	Plaques : 1 000 × 1 000 mm. Épaisseurs: 0,5 - 1 - 1,5 - 2 mm.	Machines thermiques.	12
Les fibres	Fibre vulcanisée (cellulose et chlorure de zinc).	Convient à l'eau et aux hydrocarbures. Température max. : 105 °C.	Plaques : 1 200 × 2 000 mm. Épaisseurs : de 0,2 à 25 mm.	Joints de canalisations pour eau, huile et essence.	9
	Fibre chimique.	Plus souple que la fibre vulcanisée elle ne se casse pas lors des manipulations.			6
Les lièges	Liège armé (une feuille d'aluminium collée entre deux feuilles de liège aggloméré).	Bonne stabilité dimensionnelle. Bonne résistance au fluage.	Largeur : 500 à 700 mm. Longueur : 1 000 mm. Épaisseurs : de 1 à 6 mm.	Carters (huile, essence). **Remarque générale** : Ces joints épousent très bien les imperfections des surfaces.	6
	Liège - butadiène (granulés de liège enrobés par du butadiène).	Convient pour huile et essence à basse pression. Température d'utilisation : de − 20 °C à + 100 °C.	Plaques : 900 × 600 mm. Épaisseurs : 1,5 - 2 - 5 mm.		6
Les élastomères	Perbunan A 77 (butadiène plus nitrile acrylique).	Excellente résistance aux hydrocarbures non aromatiques. Température d'utilisation : de − 20 °C à + 120 °C.	Plaques : 960 × 960 mm. Épaisseurs : 1 à 5 mm .	Joints de canalisations pour essences, huiles, solvants.	12 à 25
	Néoprène (polychloroprène modifié au soufre, stabilisé par un disulfure de thiurame).	Bonne résistance aux huiles, aux agents atmosphériques et au déchirement. Température d'utilisation : de − 30 °C à + 120 °C	Plaques : 960 × 960 mm. Épaisseurs : 1 à 5 mm.	Tout matériel soumis aux agents atmosphériques (aviation, marine, etc.).	12 à 25
	Viton B (copolymère d'exafluoropropylène et de fluorure de vinylidène).	Excellente résistance aux hydrocarbures, au chlore et aux alcools non méthyliques. Température d'utilisation : de − 50 °C à 315 °C	Plaques : 450 × 450 mm. Épaisseurs : de 2 à 10 mm.	Industries chimique, atomique, aéronautique, etc.	200
Joints métalloplastiques	Alliplastic (feuilles d'aluminium (A4-A5) recuit d'une épaisseur de 0,05 à 1 mm empilées et collées avec une résine synthétique).	Outre les propriétés propres à l'aluminium, le lamellage augmente la plasticité. Température d'utilisation : de − 50 °C à 250 °C. Réglage de l'épaisseur par pelage.	Longueur : 1 000 mm (possible : 3 000 mm). Largeur : 500 mm. Épaisseurs : de 0,5 à 3,5 mm.	Joint de culasse (pas d'isolation thermique). L'épaisseur du joint est égal à dix fois la somme des tolérances de forme et de rugosité.	40
	Cuivre - amiante (fibre d'amiante enfermée entre deux feuilles de cuivre).	Résiste aux hautes températures (500° env.)		Joint de bougie d'allumage (isolation thermique).	50**
AUTRES MATÉRIAUX		Aluminium - Cuivre - Plomb - Nylon - Téflon - Caoutchouc naturel, etc. (voir également le chapitre 57).			

* A épaisseur et surface égale, à titre de première estimation.

** Très variable suivant le type de joint.

D'après Jicey-France, 78220-Viroflay.

44 ■ 2 PRINCIPAUX JOINTS

JOINTS CIRCULAIRES D'ÉTANCHÉITÉ NF R 93-920

d	D_1	D_2	e	d	D_1	D_2	e	d	D_1	D_2	e
5	9			12	17			27	35	(35)	
6	10			14	19			33	38	(41)	
7	11			16	22			36	42	44	
8	12		1	18	24		1,5	(39)	45	(47)	2
9	14			20	26			42	48	50	
10	15			22	29			(45)	52	(53)	
11	16		1,5	24	32		2	—	—	—	

■ **Ils conviennent pour des étanchéités statiques (bouchons de vidange, passage de vis, etc.).**

■ **Type A :**
Ces joints se font en toute matière (§ 44.1) et principalement en fibre dure (symbole Fb), en cuivre recuit et en aluminium.

■ **Type B :**
Joint métalloplastique-cuivre plus amiante. Pour bougies d = 10-14-18.

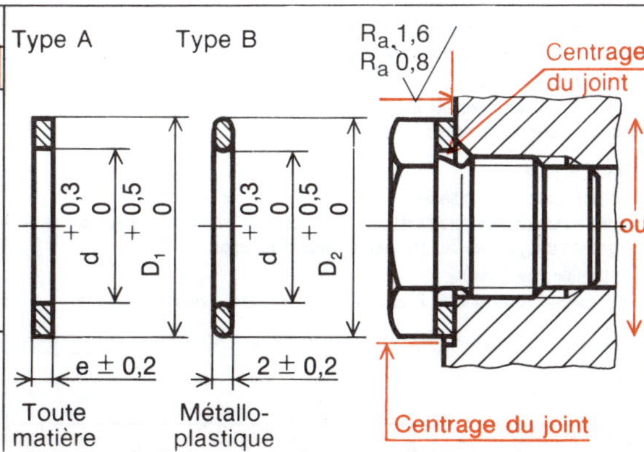

EXEMPLE DE DÉSIGNATION :
Joint circulaire, type ___, d, NF R 93-520

BAGUES B.S.*

Type	d	D	e	Type	d	D	e	Type	d	D	e
A 3	3	6,35		B14	14	21	1,5	C30	30	39	2
A 4	4	9		B16	16	23		C33	33	42	
A 5	5	10	1	C18	18	27		D36	36	48	
A 6	6	11		C20	20	29		D39	39	51	
A 8	8	13		C22	22	31	2	D42	42	54	2,5
B10	10	17	1,5	C24	24	33		D45	45	57	
B12	12	19		C27	27	36		D48	48	60	

■ **La bague B..S. est composée d'une rondelle métallique comportant intérieurement un élastomère à section trapézoïdale adhérant très fortement à la rondelle métallique.**

■ **Mêmes emplois que les joints plats circulaires.**

■ **La bague se centre, soit par l'intérieur sur une tige de ∅ d, soit par l'extérieur dans un lamage.**

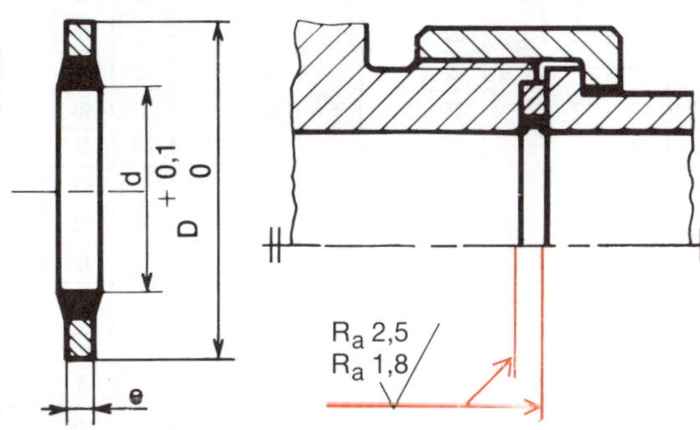

Rondelle : acier XC45
Joint : butadiène acrylonitrile

EXEMPLE DE DÉSIGNATION :
Bague B.S., Type ___, Le joint français

ÉCROU D'ÉTANCHÉITÉ SEAL-LOCK**

d	a	D	h	e	d_2	d	a	D	h	e	d_2
M 6	10	12	7	1,5	6,6	M12	19	23	10	3	14
M 8	13	17	8,5	2	9	M14	22	27	11	3	16
M10	17	21	9	3	11	—	—	—	—	—	—

■ **Ils conviennent pour des étanchéités statiques aux gaz et aux liquides.**

■ **Température d'utilisation − 50 °C à 100 °C.**

■ **Freinage de l'écrou par la bague plastique.**

■ **Réutilisation possible après démontage.**

■ **L'écrou et l'élément d'étanchéité ne formant qu'un même composant cela facilite :**
— les assemblages lors du montage,
— l'automatisation de l'alimentation et du montage.

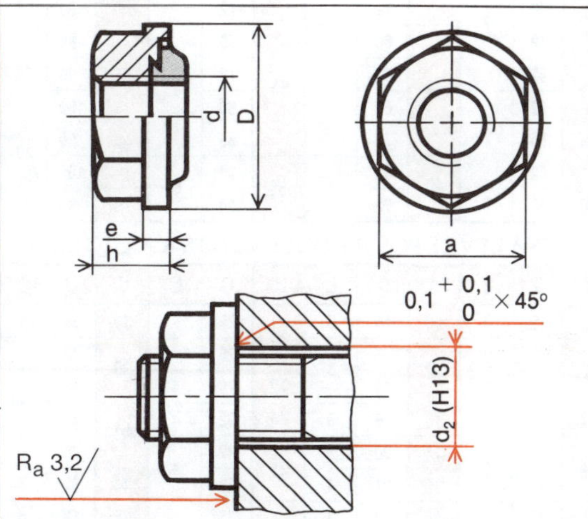

EXEMPLE DE DÉSIGNATION :
Écrou d'étanchéité, Seal-Lock, M10, OTALU

Écrou : acier classe 8, phosphaté
Joint : PA 11

* Le Joint français, 95870-Bezons. ** OTALU, 94200 - Vitry-sur-Seine.

JOINTS À LÈVRE À FROTTEMENT RADIAL* DIN 3760

Joints à une seule lèvre ;
Ils assurent une étanchéité dans un seul sens par contact sur l'arbre.

Joints à deux lèvres.
Ils assurent une étanchéité dans un seul sens, avec en plus une protection dite « antipoussière » dans l'autre sens.

DISPOSITION :

Lubrification à la graisse :
La lèvre est orientée vers l'extérieur du palier pour permettre le passage de la graisse usagée lors des renouvellements par pompe.

Lubrification à l'huile.
Pour assurer la retenue de l'huile, la lèvre est orientée vers l'intérieur du palier.

Type A (DIN)
Type IE (Paulstra)

Type AS (DIN)
Type IEL (Paulstra)

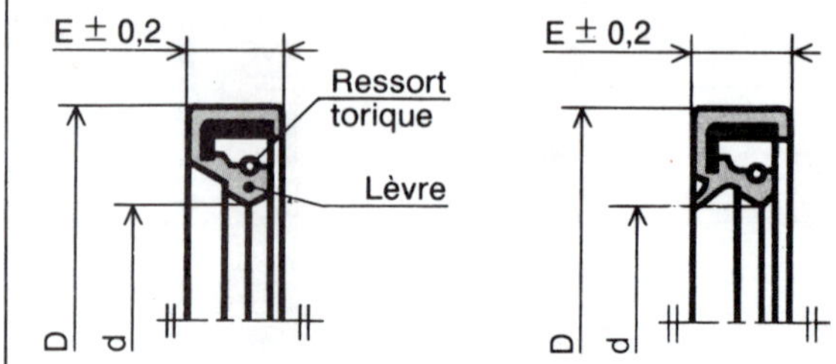

Étanchéité à la graisse

Étanchéité à l'huile

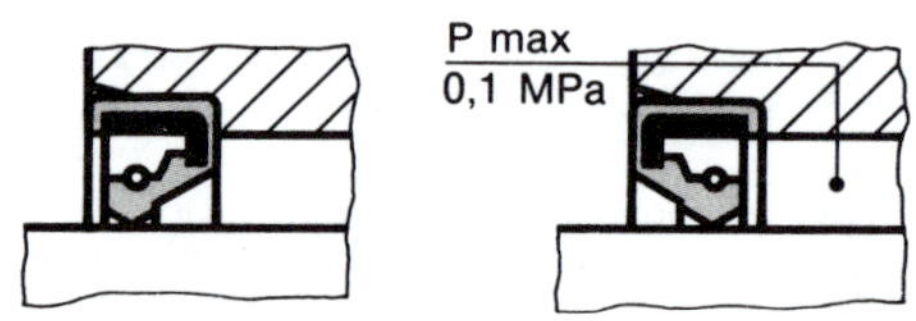

Conditions de montage

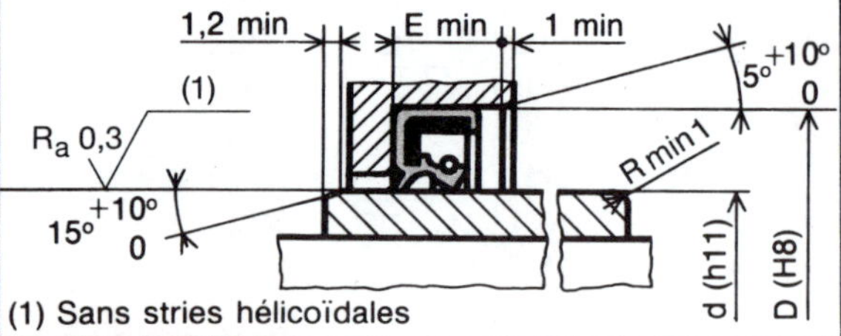

(1) Sans stries hélicoïdales

d	D	E	d	D	E	d	D	E	d	D	E
6	16	7	12	28	7	18	32		25	35	
	22			30			35	7		40	
8	22	7	15	26			40			42	7
	24			30	7	20	30			47	
9	22			32			32			52	
	24	7		35			35	7	28	40	
	26		17	28			40			47	7
10	22			30			47			52	
	24	7		32	7	22	32		30	40	
	26			35			35	7		42	7
12	22	7		40			40			47	
	24		18	30	7		47			52	

d	D	E	d	D	E	d	D	E	d	D	E
30	62	7	40	55		50	65		60	75	
32	45			62	7		68	8		80	8
	47	7		72			72			85	
	52		42	55			80			90	
35	47			62	8	52	68	8	62	85	10
	50	7		72			72			90	
	52		45	60		55	70		65	85	
	62			62	8		72	8		90	10
38	52			65			80			100	
	55	7		72			85		70	90	10
	62		48	62	8	58	72	8		100	
40	52	7		72			80		75	95	10

Coaxialité entre d et D	Type A	∅ 0,15
	Type As	∅ 0,05
Vitesse circonférentielle max	v max 8 m/s	
Dureté de la surface frottante de l'arbre	v < 4 m/s-HRC ⩾ 45	
	v > 4 m/s-HRC ⩾ 55	
Matière	Températures d'utilisation	
NBR Butanière acryionitrite	− 40 °C à + 100 °C	
FPM Fluocarboné	− 30 °C à + 170 °C	

EXEMPLE DE DÉSIGNATION :
Joint à lèvre, type A, d × D × E, DIN 3760

JOINTS À LÈVRE POUR ROULEMENTS À AIGUILLES**

d	D	E	d	D	E	d	D	E	d	D	E
5	9	2	10	16	3	20	26	4	30	38	4
6	10	2	12	16	3		28		35	42	
	12	3		18		22	28	4		43	4
7	11	2	13	19	3	24	32	4	40	47	
8	12	3	14	20	3	25	32	4		48	
	14		15	21	4		33		44	52	4
9	13	3	16	22	3	28	35	4	45	52	4
	14		17	23	3		36		50	58	4
10	14	3	18	24	4	30	37	4	55	63	4

Type ET

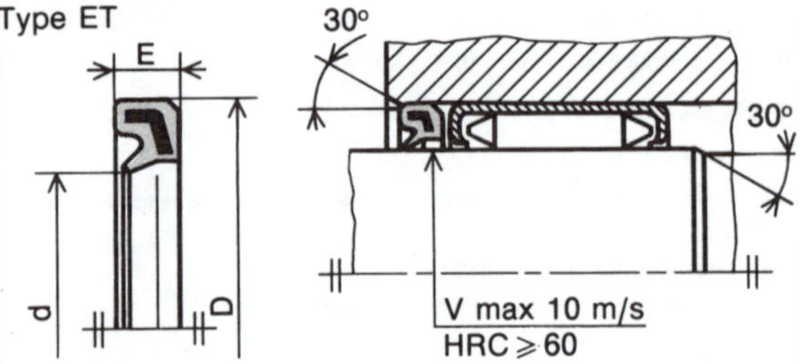

EXEMPLE DE DÉSIGNATION :
Joint à lèvre, type ET, d × D, Nadella

* Paulstra, 92305-Levallois-Perret.
** Nadella, 92503-Rueil-Malmaison.

JOINTS À LÈVRE À FROTTEMENT AXIAL *

- **Les joints agissent à la fois comme un joint à lèvre et comme un dispositif qui rejette sous l'action de la force centrifuge tout corps venant en contact.**
- **Pour le montage, l'alésage peut supporter un allongement circonférentielle maximale de 200 %.**
- **Ces joints admettent une obliquité de l'arbre dans la limite de la tolérance t et un défaut de coaxialité relativement important (par exemple 0,4 pour le joint V, 5A).**
- **Vitesse circonférentielle maximale : 12 m/s.**

JOINTS V-RING - Type A

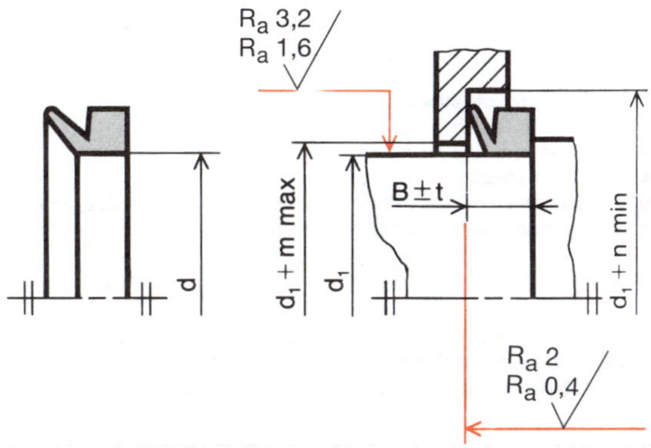

Matières		Températures d'utilisation
NBR	Butadiène acrylonitrite	− 35 à + 90 °C
FPM	Fluocarboné	− 23 à + 150 °C

EXEMPLE DE DÉSIGNATION :

Joint V, d A, S.K.F.

d	d_1	B	t	m	n	d	d_1	B	t	m	n	d	d_1	B	t	m	n
3	2,7 à 3,5	2,5	0,3	1	4	20	19 à 21					55	53 à 58				
4	3,5 à 4,5					22	21 à 24	6	0,8	2	12	60	58 à 63	7	1	3	15
5	4,5 à 5,5					25	24 à 27					65	63 à 68				
6	5,5 à 6,5	3	0,4	1	6	28	27 à 29					70	68 à 73				
7	6,5 à 8					30	29 à 31					75	73 à 78				
8	8 à 9,5					32	31 à 33	6	0,8	3	12	80	78 à 83				
10	9,5 à 11,5					35	33 à 36					85	83 à 88	9	1,2	4	18
12	11,5 à 12,5					38	36 à 38					90	88 à 93				
14	12,5 à 15,5	4,5	0,6	2	9	40	38 à 43					95	93 à 98				
16	15,5 à 17					45	43 à 48	7	1	3	15	100	98 à 105				
18	17,5 à 19,5					50	48 à 53					110	105 à 115	10,5	1,5	4	21

REPRÉSENTATION SIMPLIFIÉE DES JOINTS À LÈVRE

NF ISO 9222

Représentation simplifiée générale

Dessiner le contour exact du joint et tracer une croix en diagonale ne touchant pas le contour et située au centre de celui-ci.

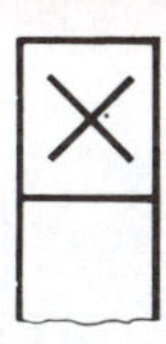

Si une direction d'étanchéité est importante, la croix peut être complétée par une flèche.

REMARQUE :

Pour les documents où il n'est pas nécessaire de dessiner le contour exact du joint, on pourra se contenter d'une représentation de forme carrée.

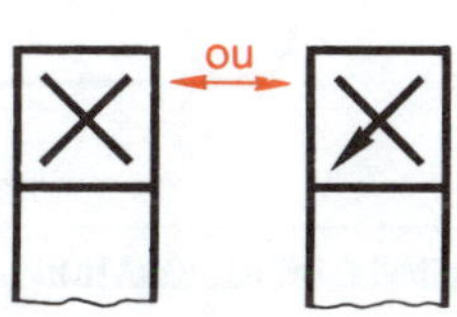

Représentation simplifiée particulière

Bague d'étanchéité à lèvre à frottement radial.

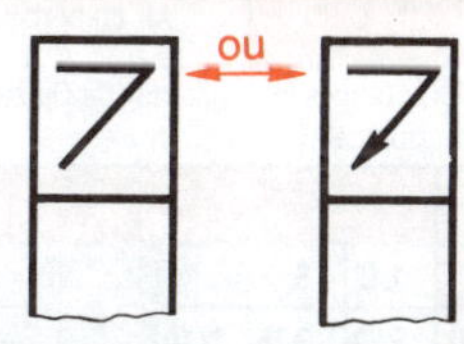

Bague d'étanchéité à lèvre à frottement radial avec lèvre anti-poussière.

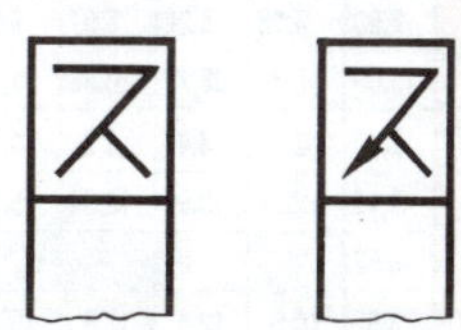

Bague d'étanchéité annulaire en V à frottement axial (V-Ring).

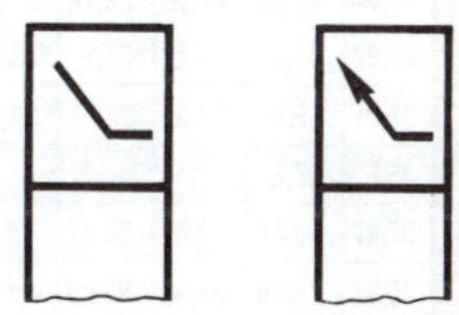

* S.K.F. Équipements, 78180-Montigny-le-Bretonneux.

JOINTS TORIQUES

Ces joints assurent une excellente étanchéité pour des pressions allant du vide à 100 MPa.

Ils sont utilisés par des étanchéités d'éléments :

- **en translation linéaire alternative,**
- **en montage statique,**
- **en mouvement rotatif lent (vitesse circonférentielle < 0,5 m/s, des joints toriques spéciaux permettent d'atteindre 5 m/s).**

TOLÉRANCES :

Afin d'éviter l'extrusion du joint, le jeu J dans la liaison doit être d'autant plus petit que la pression est élevée.
On admet généralement un jeu maximal correspondant aux ajustements suivants :

Pression P	Ajustement
8 MPa ⩽ P	H7 / f7
8 MPa < P ⩽ 20 MPa	H7 / g6

À partir de 20 MPa, le jeu J doit être très faible (quelques microns). Cette condition est obtenue à l'aide d'une ou deux bagues anti-extrusion en polytétrafluoréthylène.

CHOIX D'UN JOINT :

En principe, le diamètre moyen d'un joint et le diamètre moyen de la gorge recevant le joint doivent être identiques. Pratiquement un joint admet une légère extension, de 2 à 5 % suivant les proportions.

MATIÈRES	NBR Butadiène-acrylonitrile		EPM Éthylène-Propylène	FPM Fluo-carboné
Dureté DIDC*	70	85	80	80
Pression max**	⩽8	⩾8	⩾8	⩽8
Températures	− 20 + 125 °C	− 25 + 125 °C	− 50 + 170 °C	− 20 + 250 °C
Applications	Produits pétroliers Air comprimé - Eau		Résistance aux intempéries	Acides Hydro-carbures

* DIDC : Degrés Internationaux de Dureté du Caoutchouc.
** Mégapascal.

d	a*									
1	1,15	6								
1,60	2,20	2,75	22,10							
1,78	2,90	3,68	5,28	6,07	6,35	6,75	7,65	9,25	9,52	10,82	14
	15,60	17,17	18,77	20,35	21,95	26,70	28,30	29,87	34,65	37,82	56,87
1,90	2,4	2,6	3,4	4,2	4,9	5,7	6,4	7,2	8	8,9	16
2,62	9,19	12,37	13,94	15,54	15,88	20,63	21,89	23,47	29,82	31,42	34,59
	45,52										
2,70	8,9	10,5	12,1	13,6	15,1	16,9	18,4				
3,53	18,64	21,82	24,99	29,74	31,34	32,92	37,69	44,05	50,40	63,10	69,45
	78,97	91,67	101,2	107,5	120,2	132,9					
3,60	18,3	19,8	21,3	23	24,6	26,2	27,8	29,3	30,8	32,5	34,1
	35,6	37,3									
5,33	37,47	40,64	43,82	50,17	53,34	56,52	59,69	62,87	66,04	69,22	72,39
	75,57	78,74	81,92	85,09	88,27	94,62	97,79	100,9	104,1	107,3	110,5
6,99	113,7	116,8	120	123,2	126,4	129,5	132,7	135,9	139,1	142,2	145,4

Chanfreins évitant de détériorer le joint au montage

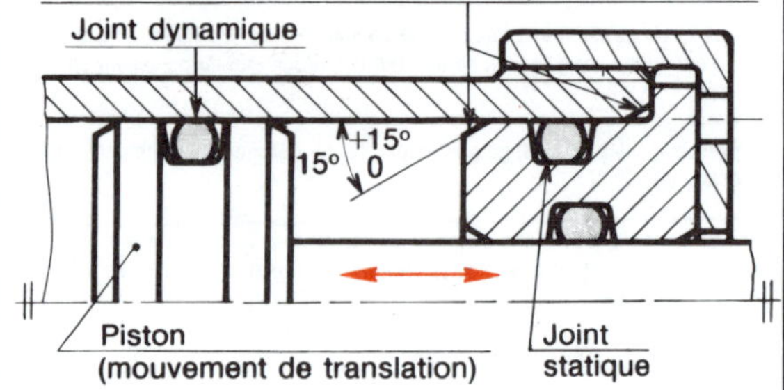

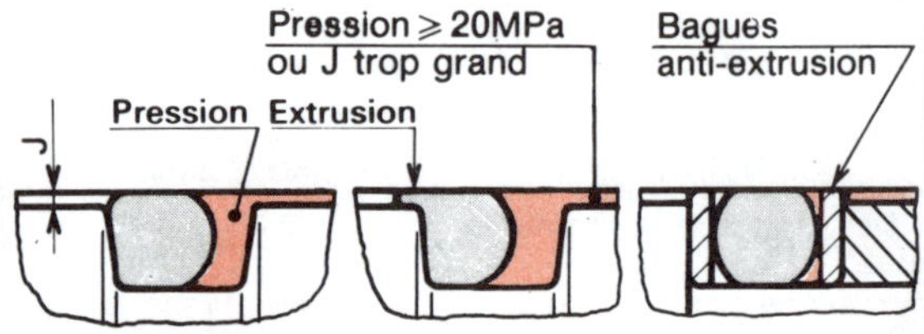

DÉTAIL DES GORGES

Montage statique ou dynamique

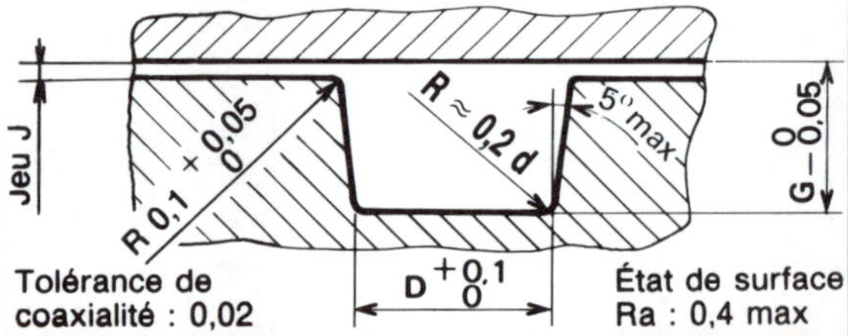

d	1	1,60	1,78	1,90	2,62	2,70	3,53	3,60	5,33	6,99
D	1,30	2,10	2,40	2,5	3,40	3,40	4,50	4,50	6,50	8,80
G	0,825	1,30	1,45	1,55	2,225	2,30	3,10	3,20	4,75	6,10

Montages statiques

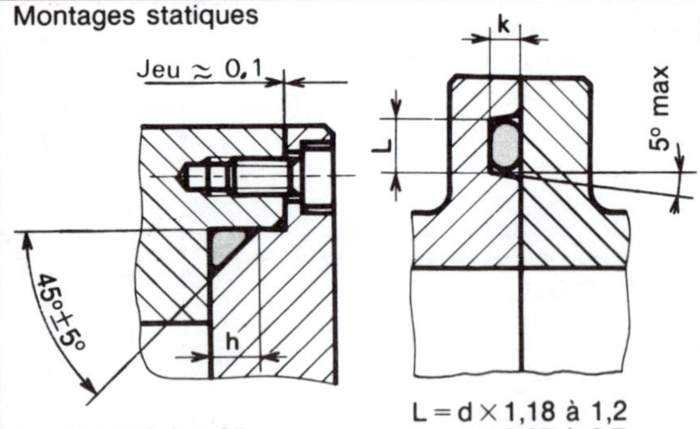

$h = d \times 1{,}32$ à $1{,}35$

$L = d \times 1{,}18$ à $1{,}2$
$k = d \times 0{,}67$ à $0{,}7$

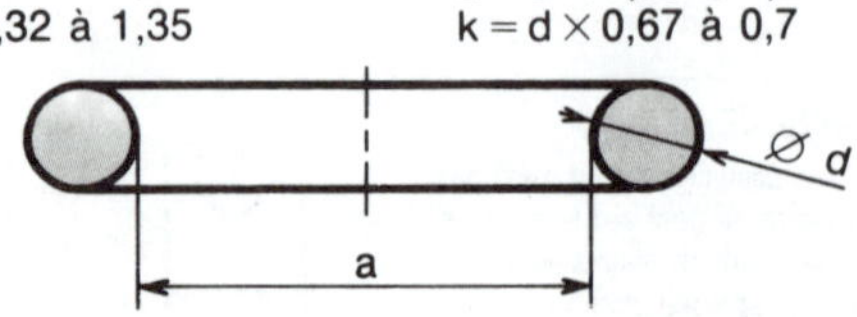

EXEMPLE DE DÉSIGNATION :

Joint torique, a × d,

* Tenus en stock dans les quatre matières. Le joint français, 95870 - Bezons.

JOINTS QUADRILOBES

Ces joints permettent les mêmes applications que les joints toriques, mais ils présentent par rapport à eux les avantages suivants :

- **frottement réduit de 50 % environ,**
- **mouvements rotatifs jusqu'à une vitesse circonférentielle de 1 m/s.**

Pression maximale de l'ordre de 25 MPa.

TOLÉRANCES :

Afin d'éviter l'extrusion du joint, le jeu J dans la liaison doit être d'autant plus petit que la pression est élevée.

On admet généralement un jeu maximal correspondant aux ajustements suivants :

Pression P	Ajustement
P ⩽ 1 MPa	H9 / f8
1 < P ⩽ 10 MPa	H8 / f7
P > 10 MPa	H7 / g6

CHOIX D'UN JOINT :

Les joints quadrilobes conviennent particulièrement pour les emplois dynamiques (frottement assez faible).

Le joint torique est généralement suffisant pour les applications statiques.

En principe, le diamètre moyen d'un joint et le diamètre moyen de la gorge recevant le joint doivent être identiques.

Pratiquement un joint admet une légère extension, de 2 à 5 % suivant les proportions.

MATIÈRES	NBR	EPM	FPM
	Butadiène-acrylonitrile	Éthylène-Propylène	Fluocarboné
Dureté DIDC*	83	83	77
Températures	− 30 à + 120 °C	− 55 à + 175 °C	− 25 à + 275 °C
Applications	Produits pétroliers Air comprimé - Eau	Résistance aux intempéries	Acides Hydrocarbures

* DIDC : Degrés Internationaux de Dureté du Caoutchouc.

d	a*								
1,78	2,90	3,68	4,47	4,62	5,28	5,70	6,07	6,65	7,65
	8,70	9,25	9,70						
2,62	9,19	9,80	10,77	11,70	12,37	12,80	13,70	13,94	14,70
	15,54	17,12	17,75	18,72	19,60				
3,53	18,64	20,22	20,90	21,82	23,39	23,99	24,99	25,90	26,57
	27,57	28,17	29,74	31,34	32,04	32,92	33,80	34,52	36,09
	37,69								
5,33	37,47	39,64	40,64	41,80	43,82	45,04	45,84	46,99	47,80
	50,17	52	53,34	54,50	56,52	57,52	59,69	61,54	62,87
	64,59	66,04	67,64	69,22	70,64	72,39	73,84	75,57	78,74
	80,09	81,92	83,39	85,09	86,64	88,27	89,59	91,44	94,62
	97,99	100,97	102,34	104,14	105,80	107,32	110,49	113,67	
6,99	113,67	115,84	116,84	120,02	123,19	126,37	129,54	132,72	135,89
	139,07	142,24	145,42	148,59	151,77	155,02	158,12	161,02	164,47
	167,02	170,82	173,52	177,17	180,52	183,52	186,02	189,87	192,02

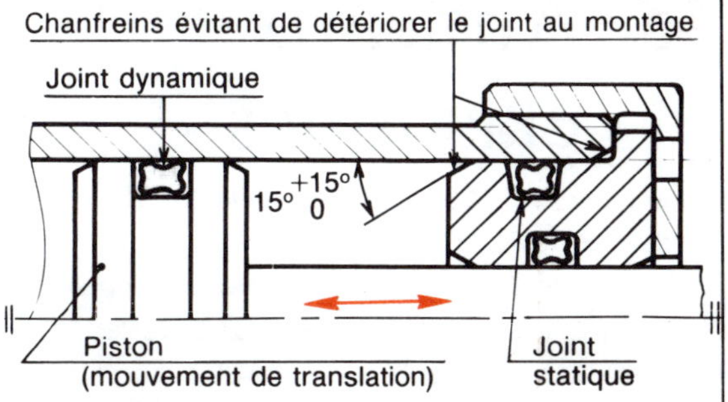

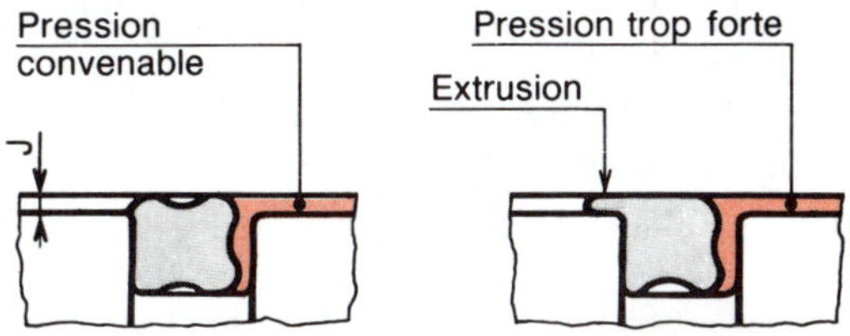

DÉTAIL DES GORGES

Montage dynamique

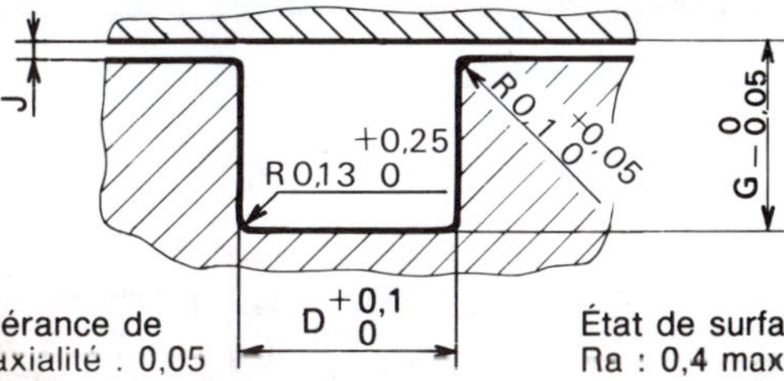

Tolérance de coaxialité : 0,05

État de surface Ra : 0,4 max

d	1,78	2,62	3,53	5,33	6,99
D	2	2,9	3,9	6,1	7,9
G	1,575	2,4	3,275	5	6,5

Montage statique

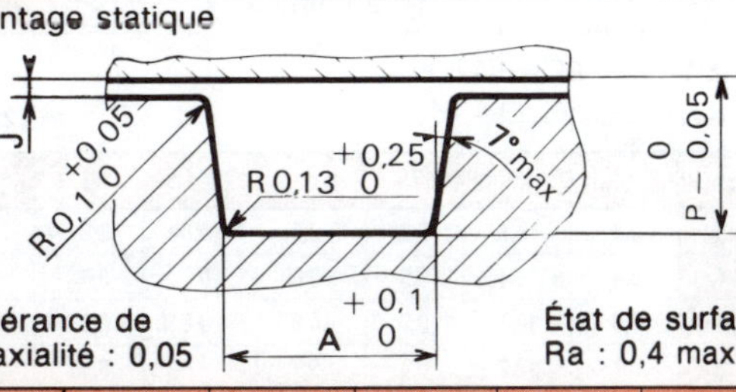

Tolérance de coaxialité : 0,05

État de surface Ra : 0,4 max

d	1,78	2,62	3,53	5,33	6,99
A	2,14	3,15	4,10	6,40	8,40
P	1,42	2,15	2,86	4,33	5,70

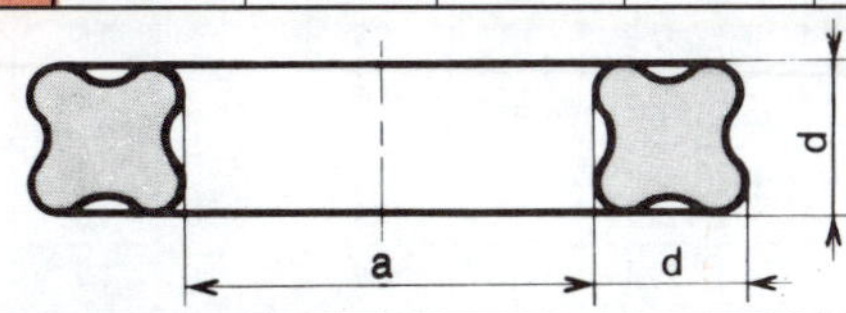

EXEMPLE DE DÉSIGNATION :

Joint quadrilobe, a × d

* D'après le Joint français, 95870 - Bezons.

45 Anneaux élastiques

Les anneaux élastiques sont destinés à arrêter en translation le mouvement relatif de deux pièces.

En règle générale (sauf très faibles efforts axiaux), la pièce en contact avec un anneau élastique doit présenter un **angle vif**. On réduit ainsi le bras de levier **a** du couple tendant à déformer l'anneau à une très faible valeur (fonction du jeu, des déformations, etc.).

Dans le cas d'efforts axiaux unidirectionnels, la gorge peut être élargie ou chanfreinée du côté opposé au sens de ces efforts.

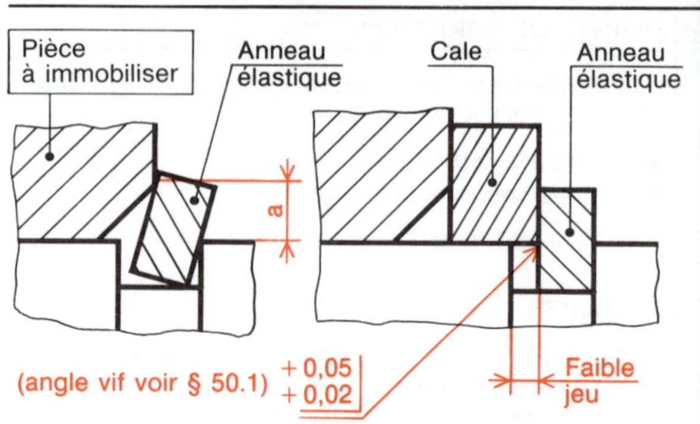

Matière usuelle	XC 75 traité pour HV ⩾ 470
État de finition	Phosphaté
Température d'utilisation	180 °C
Montage automatisé	Cartouches de L = 250

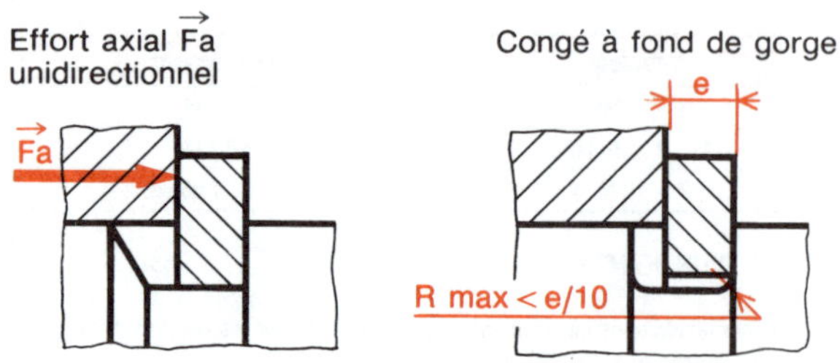

45 ■ 1 ANNEAUX À MONTAGE AXIAL

ANNEAUX ÉLASTIQUES POUR ARBRES NF E 22-163

La forme des anneaux est étudiée afin d'obtenir une pression de serrage uniforme.

MONTAGE RECOMMANDÉ :

Voir figure ci-contre.

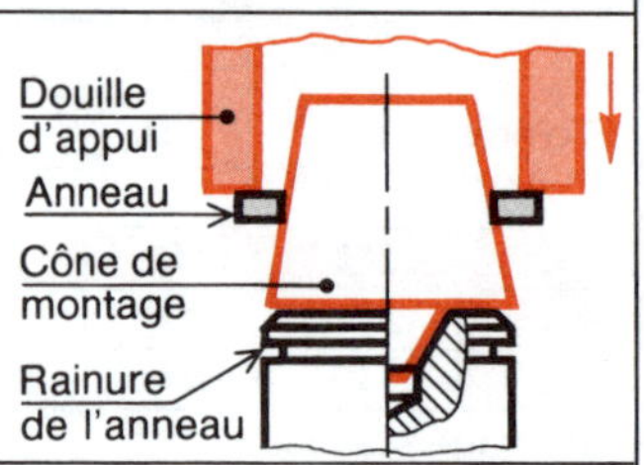

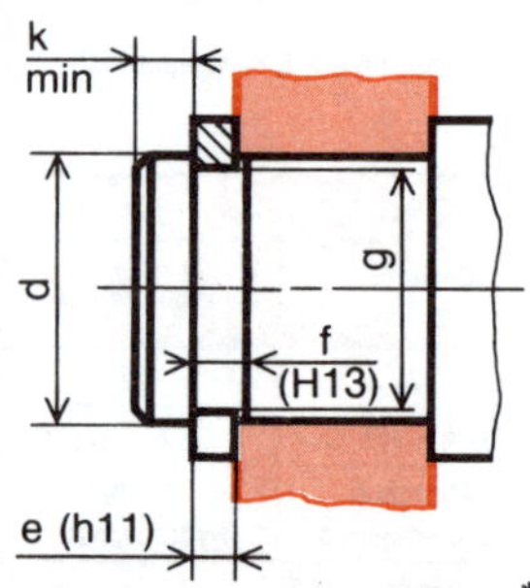

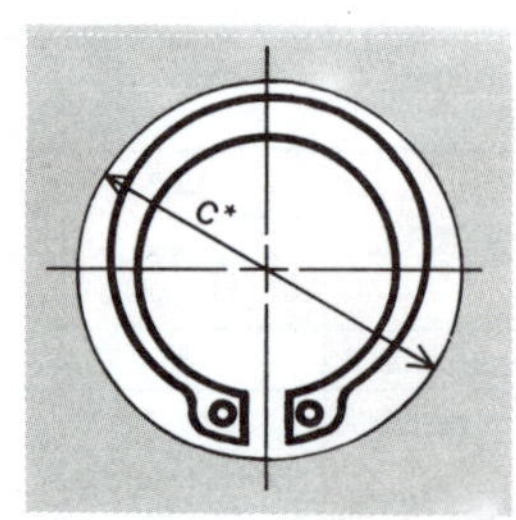

EXEMPLE DE DÉSIGNATION :

Anneau élastique pour arbre, d × e, NF E 22-163

* c : espace libre nécessaire au montage

d	e	c	f	g	Tol. g	k	Fa*	d	e	c	f	g	Tol. g	k	Fa*
3	0,4	6,8	0,5	2,8	0 − 0,04	0,3	0,47	28	1,5	38,4	1,6	26,6	0	2,1	32,1
4	0,4	8,4	0,5	3,8	0	0,3	0,60	30	1,5	41	1,6	28,6	− 0,21	2,1	32,1
5	0,6	10,7	0,7	4,8	− 0,048	0,3	1	32	1,5	43,4	1,6	30,3		2,55	31,2
6	0,7	12,2	0,8	5,7		0,45	1,45	35	1,5	47,2	1,6	33		3	30,8
7	0,8	13,2	0,9	6,7	0	0,45	2,6	40	1,75	53	1,85	37,5	0	3,75	51
8	0,8	15,2	0,9	7,6	− 0,058	0,6	3	45	1,75	59,4	1,85	42,5	− 0,25	3,75	49
9	1	15,4	1,1	8,6		0,6	3,5	50	2	64,8	2,15	47		4,5	73,3
10	1	17,6	1,1	9,6		0,6	4	55	2	70,4	2,15	52		4,5	71,4
12	1	19,6	1,1	11,5		0,75	5	60	2	75,8	2,15	57		4,5	69,2
14	1	22	1,1	13,4	0	0,9	6,4	65	2,5	81,6	2,65	62	0	4,5	135,6
15	1	23,2	1,1	14,3	− 0,11	1,05	6,9	70	2,5	87,2	2,65	67	− 0,30	4,5	134,2
17	1	25,6	1,1	16,2		1,2	8	75	2,5	92,8	2,65	72		4,5	130
20	1,2	29	1,3	19	0 − 0,13	1,5	17,1	80	2,5	98,2	2,65	76,5		5,25	128,4
22	1,2	31,4	1,3	21	0	1,5	16,9	85	3	104	3,15	81,5	0	5,25	215,4
25	1,2	34,8	1,3	23,9	− 0,21	1,65	16,2	90	3	109	3,15	86,5	− 0,35	5,25	217

* Force axiale admissible sur l'anneau en kN.
Fabrication : Nomel, 61550 - La Ferté-Frenel.

ANNEAUX ÉLASTIQUES POUR ALÉSAGES NF E 22-165

La forme des anneaux est étudiée afin d'obtenir une pression de serrage uniforme.

MONTAGE RECOMMANDÉ :

Voir figure ci-contre.

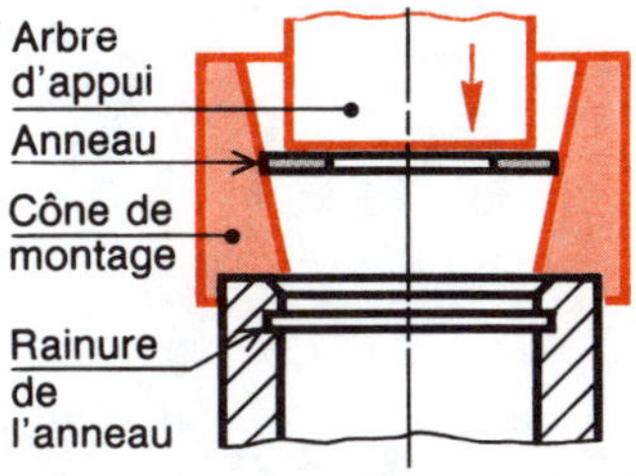

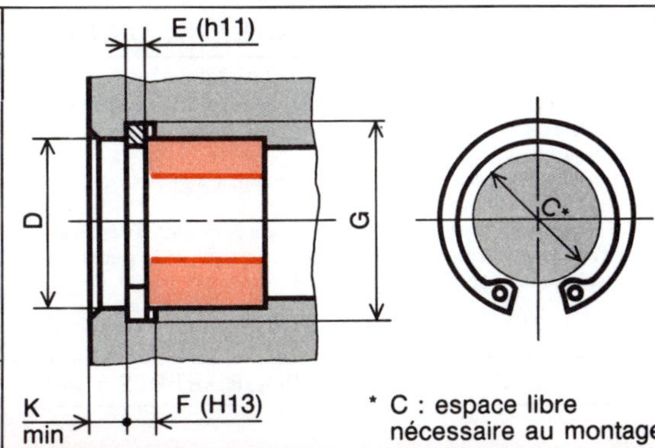

* C : espace libre nécessaire au montage

EXEMPLE DE DÉSIGNATION :

Anneau élastique pour alésage, D × E, NF E 22-165

D	E	C	F	G	Tol. G	K	Fa*	D	E	C	F	G	Tol. G	K	Fa*
8	0,8	3,2	0,9	8,4	+0,09	0,6	2	45	1,75	31,6	1,85	47,5	0+0,25	3,75	43,1
9	0,8	4	0,9	9,4	0	0,6	2	50	2	36	2,15	53	+0,30 0	4,5	60,8
10	1	3,7	1,1	10,4	+0,11 0	0,6	4	55	2	40,4	2,15	58		4,5	60,3
12	1	4,7	1,1	12,5		0,75	4	60	2	44,4	2,15	63		4,5	61
15	1	7	1,1	15,7		1,05	5	65	2,5	48,8	2,65	68		4,5	121
17	1	8,4	1,1	17,8		1,2	6	70	2,5	53,4	2,65	73		4,5	119
20	1	10,6	1,1	21	0+0,13	1,5	7,2	75	2,5	58,4	2,65	78		4,5	118
22	1	13,6	1,1	23	+0,21 0	1,5	8	80	2,5	62	2,65	83,5	+0,35 0	5,25	120
25	1,2	15	1,3	26,2		1,8	14,6	85	3	66,8	3,15	88,5		5,25	201
28	1,2	18,4	1,3	29,4		2,1	13,3	90	3	71,8	3,15	93,5		5,25	199
30	1,2	19,4	1,3	31,4	+0,25 0	2,1	13,7	95	3	76,4	3,15	98,5		5,25	195
32	1,2	20,2	1,3	33,7		2,55	13,8	100	3	81	3,15	103,5		5,25	188
35	1,5	23,2	1,6	37		3	26,9	105	4	86	4,15	109	+0,54	6	436
40	1,75	27,4	1,85	42,5		3,75	44,6	110	4	88,2	4,15	114	0	6	415

45 ■ 2 ANNEAUX À MONTAGE RADIAL

SEGMENTS D'ARRÊT À MONTAGE RADIAL NF L 23-203

- **Ils permettent de réaliser des épaulements de hauteur assez importante, mais la charge axiale admissible sur l'anneau est nettement inférieure à celle que peut supporter les anneaux à montage axial (§ 45.1).**
- **Du fait de leur conception, ces segments ne peuvent être montés sur des arbres tournant à grande vitesse (risques d'éjection sous l'action de la force centrifuge).**

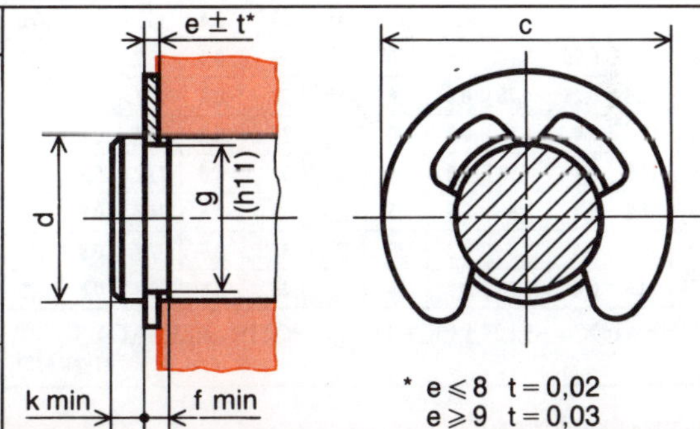

* e ⩽ 8 t = 0,02
e ⩾ 9 t = 0,03

EXEMPLE DE DÉSIGNATION :

Segment d'arrêt, radial, d × e, Nomel (NF L 23-203)

d nominal	Plage d'utilisation	e	c	f	g	k	Fa**	d nominal	Plage d'utilisation	e	c	f	g	k	Fa**
1	1 à 1,4	0,2	2	0,24	0,8	0,4	8	8	8 à 11	0,9	14	0,94	7	1,5	180
1,4	1,4 à 2	0,3	3	0,34	1,2	0,6	12	9	9 à 12	1	16	1,05	8	1,8	250
2	2 à 2,5	0,4	4	0,44	1,5	0,8	22	10	10 à 14	1,1	18,5	1,15	9	2	300
2,5	2,5 à 3	0,5	4,5	0,54	1,9	1	35	11	11 à 15	1,2	20	1,25	10	2	350
3	3 à 4	0,6	6	0,64	2,3	1	50	13	13 à 18	1,3	23	1,35	12	2,5	470
4	4 à 5	0,6	7	0,64	3,2	1	65	16	16 à 24	1,5	29	1,55	15	3	780
5	5 à 7	0,7	9	0,74	4	1,2	95	20	20 à 31	1,75	37	1,8	19	3,5	1100
6	6 à 8	0,7	11	0,74	5	1,2	115	25	25 à 38	2	44	2,05	24	4	1500
7	7 à 9	0,7	12	0,74	6	1,2	135	—	—	—	—	—	—	—	—

* Force axiale admissible sur l'anneau en kN.
Fabrication : Nomel, 61550-La Ferté-Frenel.

** Force axiale admissible sur l'anneau en daN.

45 ■ 3 ANNEAUX D'ARRÊTS À ARC-BOUTEMENT

■ Dans le sens du montage ces anneaux se déforment élastiquement et ils s'arc-boutent sur l'arbre ou sur leur logement lors d'efforts opposés au sens du montage.
■ En principe les anneaux d'arrêt à arc-boutement ne s'utilisent que pour des liaisons ne devant pas être démontées.
■ Très utilisés, en matériels «grand public», pour le maintien d'éléments bruts d'étirage, de découpage, cambrage, emboutissage... et de pièces moulées en plastique, alliages légers, zamak, etc.

ANNEAUX «GRIFAXE PLUS» POUR ARBRES «Type 873»

- Hauteur d'épaulement importante.
- Sa forme se prête bien à une distribution automatique.
- Charges axiales relativement élevées.

d	D	e	h	Fa*	d	D	e	h	Fa*
2	9,7	0,2	1,25	40	8	15,3	0,25	1,25	80
3	9,7	0,2	1,25	40	10	18,5	0,3	1,9	115
4	11,5	0,2	1,25	75	12	25	0,4	2,3	220
5	11,5	0,2	1,25	80	14	28,2	0,4	2,3	220
6	15,3	0,25	1,25	80	16	28,2	0,4	2,3	220
7	15,3	0,25	1,25	80	—	—	—	—	—

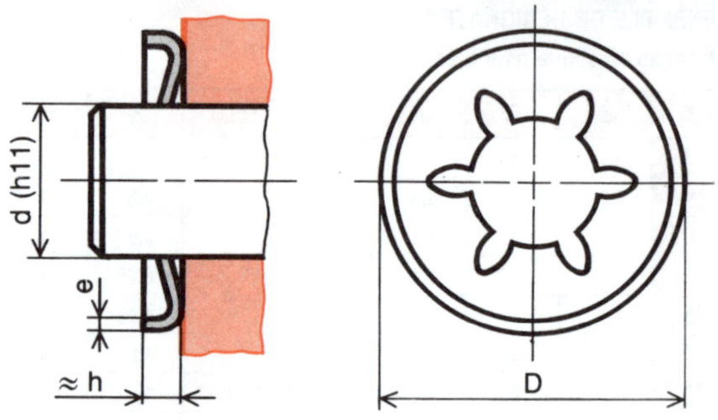

EXEMPLE DE DÉSIGNATION :
Anneau Grifaxe plus, type 873, d, Nomel

ANNEAUX «SELF LOCKING» POUR ARBRES «Type 876»

- Faible encombrement.
- La gorge rend le démontage quasi impossible.

d	D	e	d_1	m	Fa*	d	D	e	d_1	m	Fa*
2	6,5	0,25	1,8	0,5	15	15	23	0,4	14,7	0,8	60
3	9,1	0,25	2,76	0,5	20	16	24,5	0,4	15,7	0,8	70
4	10,1	0,25	3,76	0,5	20	17	26	0,4	16,7	0,8	80
5	11,5	0,25	4,76	0,5	20	18	27	0,4	17,7	0,8	80
6	12	0,4	5,86	0,8	20	20	29	0,5	19,7	0,8	90
8	14,8	0,4	7,82	0,8	20	22	31	0,5	21,7	0,8	90
10	17,2	0,4	9,8	0,8	35	25	34	0,5	24,7	0,8	100
12	18	0,4	11,8	0,8	35	28	37	0,5	27,7	0,8	100
14	20,5	0,4	13,75	0,8	45	30	40	0,5	29,7	0,8	100

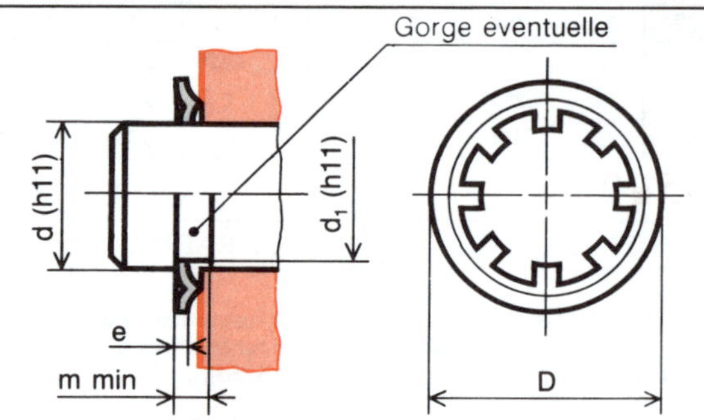

EXEMPLE DE DÉSIGNATION :
Anneau Self Locking, type 876, d, Nomel

ANNEAUX «SELF LOCKING» POUR ALÉSAGES «Type 872»

- Faible encombrement.
- La gorge rend le démontage quasi impossible.

D	d	e	D_1	m	Fa*	D	d	e	D_1	m	Fa*
8	4	0,25	8,1	0,5	45	20	11	0,4	20,2	0,8	80
10	5	0,25	10,1	0,5	50	22	13	0,5	22,2	0,8	80
12	6	0,25	12,15	0,5	50	25	16	0,5	25,2	0,8	80
15	9	0,25	15,15	0,5	60	30	21	0,5	30,2	0,8	80
16	9,4	0,3	16,2	0,5	60	32	22,5	0,5	32,3	0,8	80
17	9,6	0,3	17,2	0,5	60	35	25	0,5	35,2	0,8	100
18	10,5	0,4	18,2	0,8	70	40	30	0,5	40,2	0,8	100
19	10	0,4	19,2	0,8	80	50	39	0,5	50,2	0,8	100

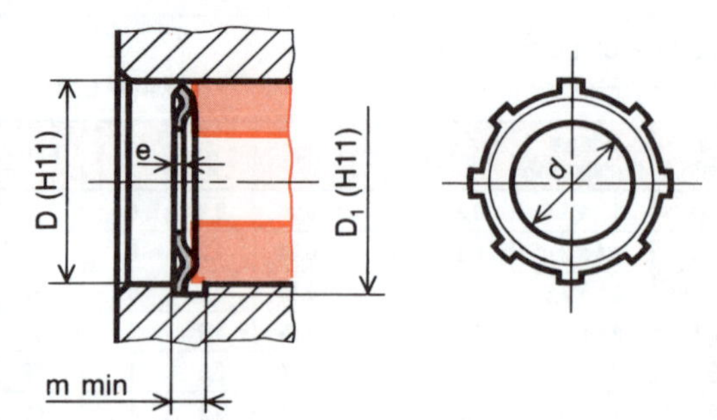

EXEMPLE DE DÉSIGNATION :
Anneau Self Locking, type 872, D, Nomel

* Force axiale admissible en daN pour un arbre sans gorge et en acier non revêtu (R 650 MP_a).
Fabrication : Nomel, 61550-La Ferté-Frenel.

46 Ressorts

Un ressort est un élément de mécanisme qui peut revenir à son état initial après avoir subi une déformation relativement importante.

Photo Hachette

46 ■ 1 Représentation conventionnelle des principaux ressorts NF E 04-115

<table>
<tr><th rowspan="2">DÉSIGNATION DU RESSORT</th><th colspan="2">REPRÉSENTATION COMPLÈTE</th><th rowspan="2">REPRÉSENTATION SCHÉMATIQUE</th></tr>
<tr><th>VUE EXTÉRIEURE</th><th>VUE EN COUPE</th></tr>
<tr><td>Cylindrique de compression à spires d'extrémités rapprochées</td><td>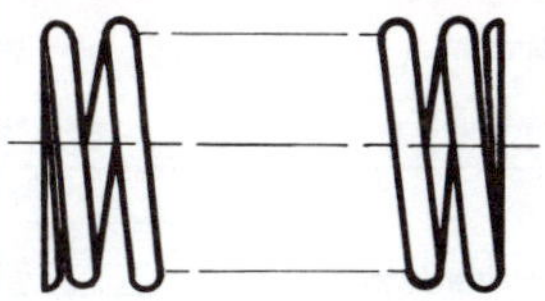</td><td>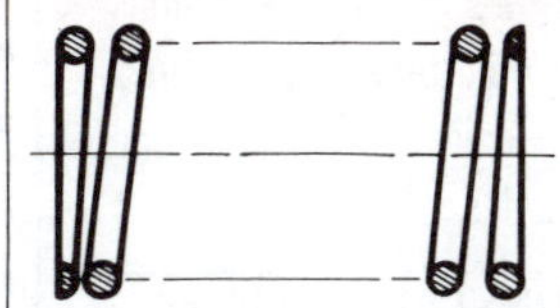</td><td>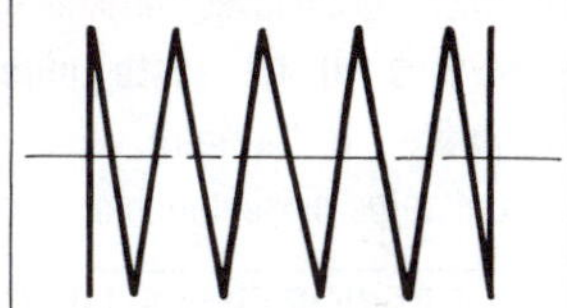</td></tr>
<tr><td>Conique en volute</td><td>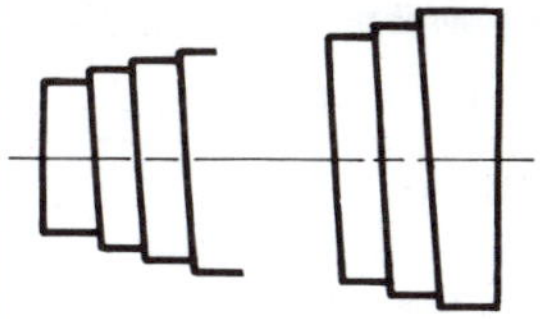</td><td>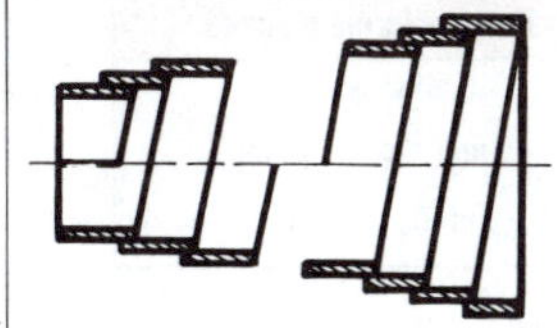</td><td>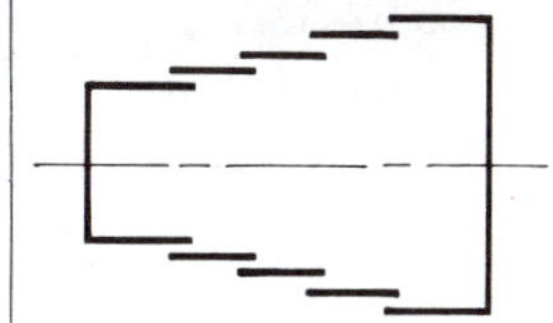</td></tr>
<tr><td>Cylindrique de traction</td><td>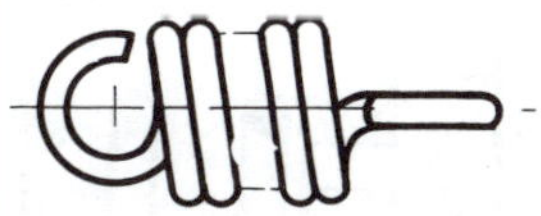</td><td></td><td>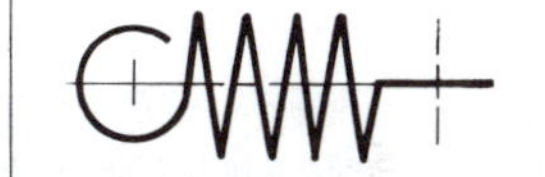</td></tr>
<tr><td>Cylindrique à action angulaire à droite</td><td>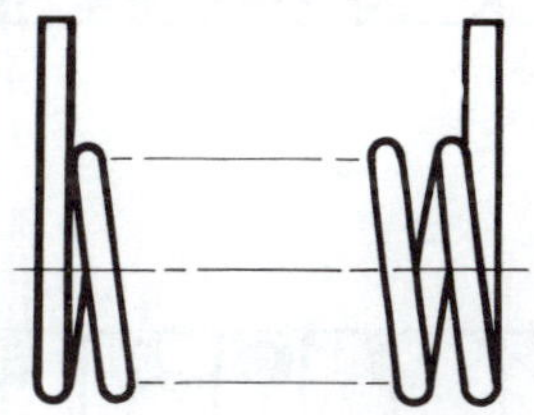</td><td>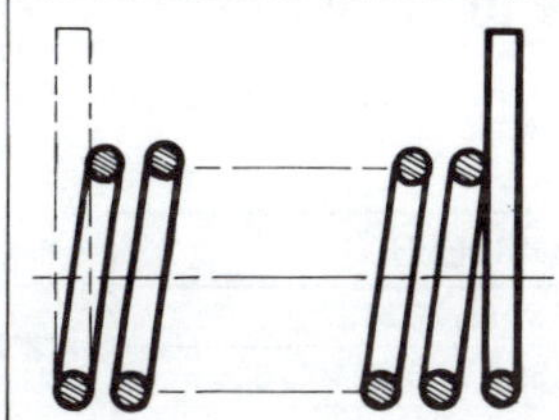</td><td>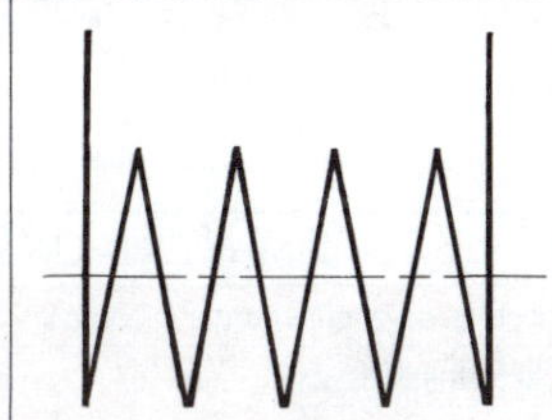</td></tr>
<tr><td>Spiral</td><td colspan="2">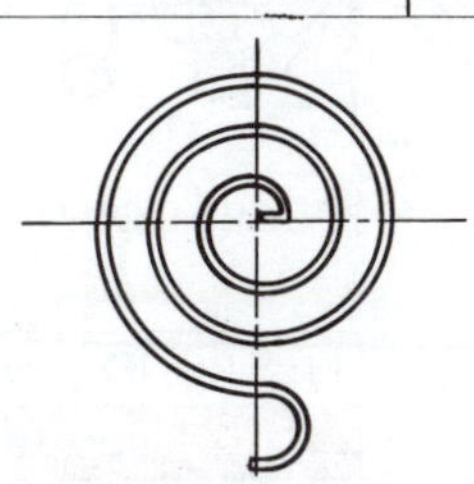</td><td>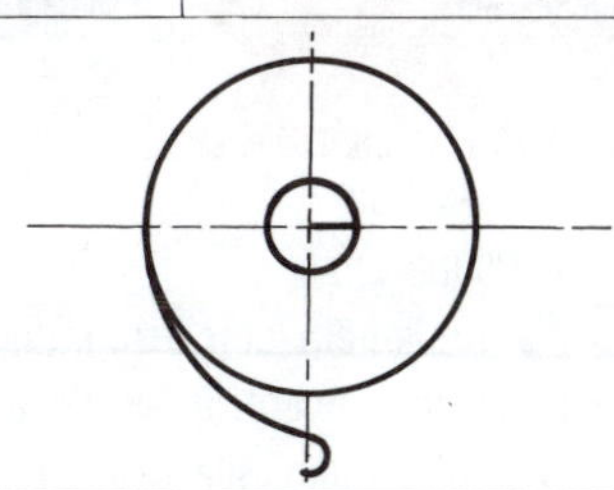</td></tr>
<tr><td>A lames avec œils et bride</td><td colspan="2">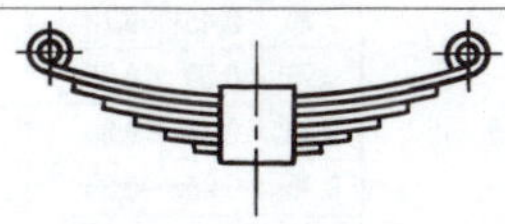</td><td>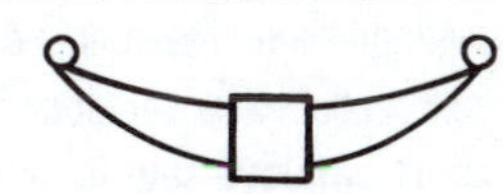</td></tr>
</table>

46■2 Applications

Les dimensions d'un ressort ayant été déterminées par le calcul*, il reste à les indiquer sur le dessin.

46■21 Ressort cylindrique de compression

Un ressort cylindrique de compression doit être guidé à ses deux extrémités et de préférence par son diamètre intérieur.

Suivant le mode de guidage, on indiquera : soit le diamètre intérieur D_i, soit le diamètre extérieur D_e.
Du fait de la fréquence d'emploi de ce genre de ressort, certaines entreprises possèdent des dessins imprimés à l'avance. **Il ne reste plus au dessinateur qu'à compléter le tableau,** d'où un gain de temps et une uniformité de présentation appréciables.

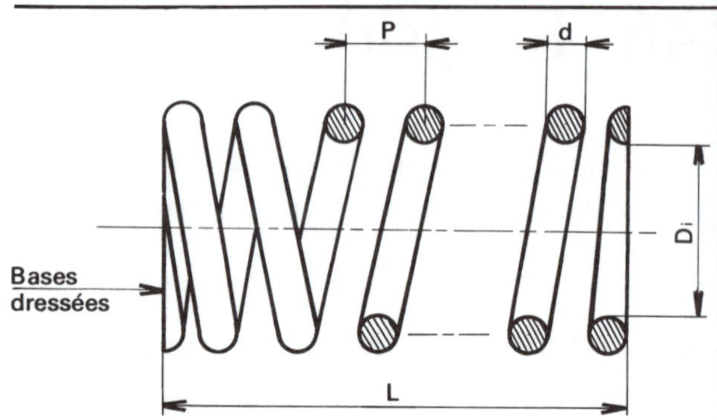

Diamètre du fil	d = ______		
Diamètre intérieur	D_i = ______		
Hauteur L_1	______	sous charge P_1	______
Hauteur L_2	______	sous charge P_2	______
Pas	P = ______	Dimensions non fonctionnelles données à titre indicatif	
Nombre de spires	n = ______		
Longueur libre	L = ______		
Longueur développée	= ______		
Matière : ______			
Le sens d'enroulement n'est indiqué que s'il est fonctionnel.			

PROPORTIONS DE CONSTRUCTION	
Ressort enroulé à froid	Ressort formé à chaud
Possible si : $d \leqslant 5$ mm $D_i > 3d$	Utilisé pour : 5 mm $< d <$ 14 mm et $D_i \leqslant 3d$
Le flambage est évité si $L \leqslant 5(D_i + d)$ ou si le guidage est assuré sur toute la longueur du ressort.	

Longueur libre $L = (n \times P) + 1{,}5\,d$
(ressort à bases rapprochées et meulées).
Longueur développée $\approx n \times \pi\,(D_i + d)$.
Pas $P = \dfrac{L - 1{,}5\,d}{n}$.

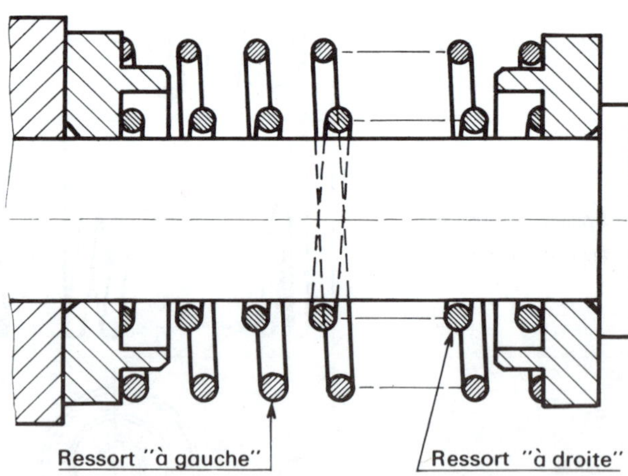

MATÉRIAUX USUELS	
Aciers durs dit « corde à piano »	XC 65, XC 80
Aciers spéciaux	55 S 7, 50 CV 4, 45 SCD 6
Acier inoxydable	Z 30 C 13
Cuprobérylium	Cu Be 2
Maillechort	Cu Ni 26 Zn 17

■ SENS D'ENROULEMENT

Le sens d'enroulement doit être indiqué dans le cas de deux ressorts concentriques. On évite ainsi le chevauchement éventuel des spires des ressorts. En outre, un tel montage présente l'avantage de supprimer pratiquement la sollicitation à la rotation des pièces d'appui. **Pour un ressort employé seul le sens d'enroulement n'est pas fonctionnel.**

FILS RONDS POUR RESSORTS									NF A 47-301
Acier dur tréfilé dit « corde à piano »									
0,20	0,45	0,70	1	1,50	3	4,20	6	8,5	13
0,25	0,50	0,75	1,10	1,60	3,20	4,50	6,5	9	14
0,30	0,55	0,80	1,20	2,30	3,50	4,80	7	10	15
0,35	0,60	0,85	1,30	2,50	3,80	5	7,5	11	—
0,40	0,65	0,90	1,40	2,80	4	5,50	8	12	—

* Voir cours de résistance des matériaux.

46■22 Ressorts cylindriques de traction

Ces ressorts sont habituellement exécutés en fil rond et à spires jointives. Le métal est sollicité à la torsion pour la partie active, et en flexion et torsion sur une portion de l'attache. La forme de l'attache dépend des nécessités d'accrochage (la forme la plus économique correspond à celle d'une spire relevée).

PROPORTIONS DE CONSTRUCTION

De ⩾ 7 à 8 d.
L'enroulement à froid est possible si :
d ⩽ 5 mm et De ⩾ 5 d.

Matière et diamètre du fil : voir § 46.21.

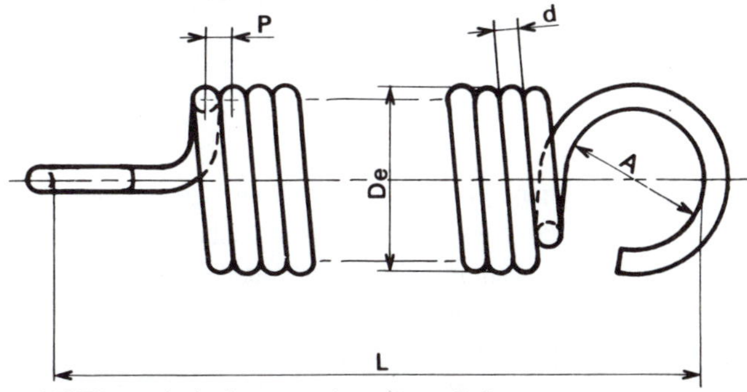

NOTA : généralement A = De − 2 d.

Diamètre du fil	d = ______		
Diamètre extérieur	D_e = ______		
Hauteur L_1 ______		sous charge P_1 ______	
Hauteur L_2 ______		sous charge P_2 ______	
Pas	P = ______	Dimensions non fonctionnelles données à titre indicatif	
Nombre de spires	n = ______		
Longueur libre	L = ______		
Longueur développée	= ______		
Matière : ______			
Le sens d'enroulement n'est indiqué que s'il est fonctionnel.			

46■23 Rondelles ressorts coniques dites « Belleville »

Les rondelles « Belleville » sont des ressorts coniques chargés axialement. Elle permettent de réaliser des ressorts peu encombrants sous de fortes charges. Suivant le but recherché, on les utilise :

- seules ;
- empilées dans le même sens, ce montage réalise l'addition des charges élémentaires (montage en parallèle) ;
- empilées en sens contraire, ce montage réalise l'addition des flèches élémentaires (montage en opposition) ;
- en montage mixte, on obtient à la fois l'addition des charges et des flèches élémentaires.

d	3,2	5,2	5,2	6,2	6,2	7,2	8,2	8,2	9,2	10,2
D	8	10	15	12,5	12	14	16	16	18	20
e	0,4	0,4	0,7	0,5	0,6	0,8	0,9	0,6	1	1,1
H	0,2	0,3	0,4	0,35	0,2	0,3	0,35	0,45	0,4	0,45
P*	21	21	57	30	39	81	103	42	128	155
d	10,2	10,2	12,2	12,2	12,2	14,2	14,2	16,3	16,3	18,3
D	20	20	25	23	23	28	28	31,5	31,5	35,5
e	0,9	0,8	1,5	1,25	1	1,5	1	1,75	1,25	2
H	0,55	0,55	0,55	0,6	0,6	0,65	0,8	0,7	0,9	0,8
P*	107	76	298	238	122	290	113	395	195	529
d	18,3	20,4	22,4	25,4	25,4	28,5	31	40,5		
D	35,5	40	45	50	50	56	63	70		
e	1,25	2,25	2,5	3	2,5	2	2,5	4		
H	1	0,9	1	1,1	1,4	1,6	1,75	1,6		
P*	170	663	787	1220	924	452	733	2400		

* Charge en daN correspondant à 0,75 H.
Fabrication Norelem, 91882 - Massy.

RONDELLES RESSORTS CONIQUES NF E 25-104

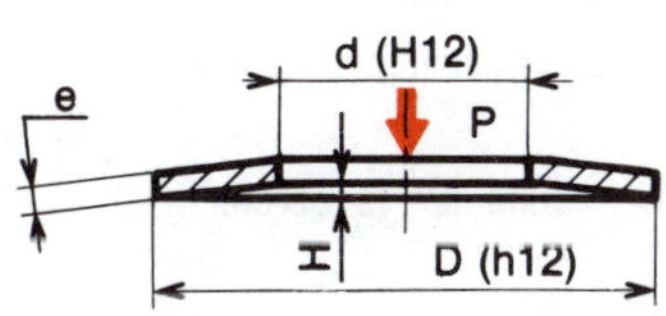

P : proportionnel à la flèche F
P max pour F = 0,75H

Matière : 50 CV 4

Montage à rondelle unique

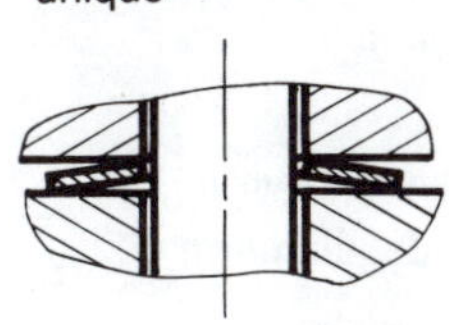

Montage en parallèle (3 rondelles au maximum)

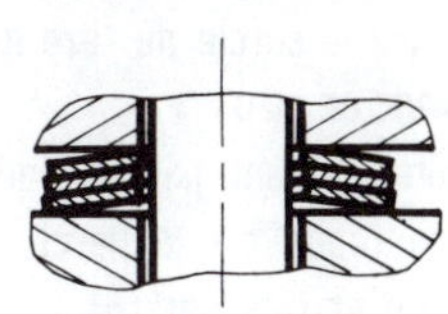

Montage en opposition

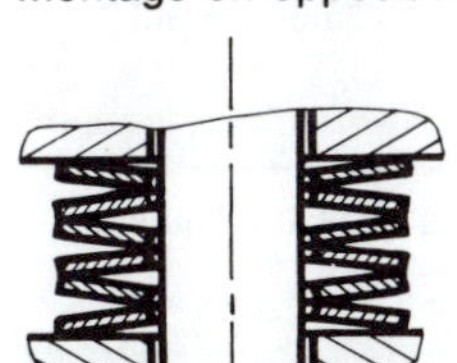

Montage mixte

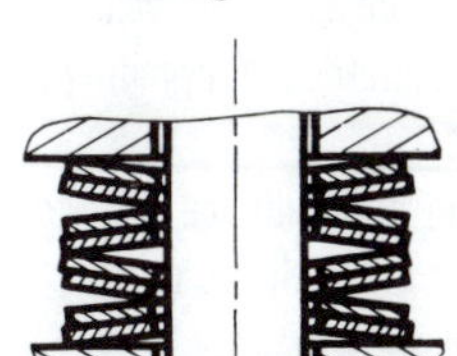

EXEMPLE DE DÉSIGNATION :
Rondelle ressort, d × D × e, Norelem

47 Engrenages

NF E 23-001 - NF E 23-005

Un engrenage est un mécanisme élémentaire composé de deux roues dentées mobiles autour d'axes de position relative invariable. L'une des roues entraîne l'autre par l'action des dents successivement en contact. La roue qui a le plus petit nombre de dents est appelée **PIGNON**.

Suivant la position relative des axes des roues, on distingue :

- les engrenages parallèles (axes parallèles),
- les engrenages concourants (axes concourants),
- les engrenages gauches (les axes ne sont pas dans un même plan).

Une combinaison d'engrenages est appelée **TRAIN D'ENGRENAGES**.

ENGRENAGE PARALLÈLE

ENGRENAGE CONCOURANT

ENGRENAGE GAUCHE

Photos Lechner-Patissier

47.1 Engrenages parallèles

47.11 Définitions

CYLINDRE PRIMITIF DE FONCTIONNEMENT

Cylindre décrit par l'axe instantané de rotation II' du mouvement relatif de la roue conjuguée par rapport à la roue considérée.

La section droite du cylindre primitif est le **cercle primitif de diamètre d.**

CYLINDRE DE TÊTE

Cylindre passant par les sommets des dents. Sa section droite est le **cercle de tête de diamètre** d_a.

CYLINDRE DE PIED

Cylindre passant par le fond de chaque entre-dent. Sa section droite est le **cercle de pied de diamètre** d_f.

LARGEUR DE DENTURE (b)

Largeur de la partie dentée d'une roue, mesurée suivant une génératrice du cylindre primitif.

FLANC

Portion de la surface d'une dent comprise entre le cylindre de tête et le cylindre de pied.

PROFIL

Section d'un flanc par un plan normal à l'axe (en mécanique générale on n'utilise pratiquement que le profil en développante de cercle).

CYLINDRES PRIMITIFS DE FONCTIONNEMENT

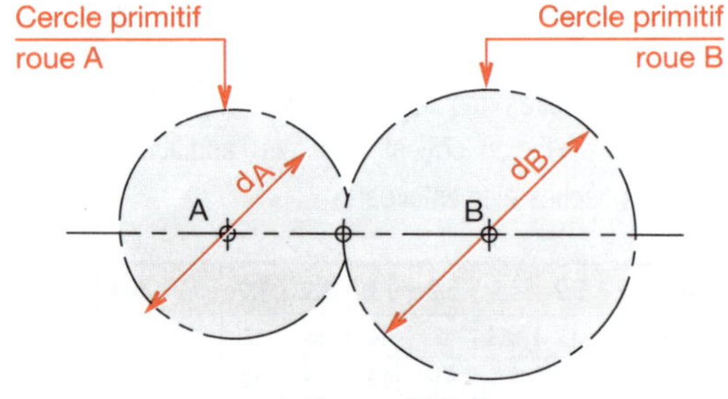

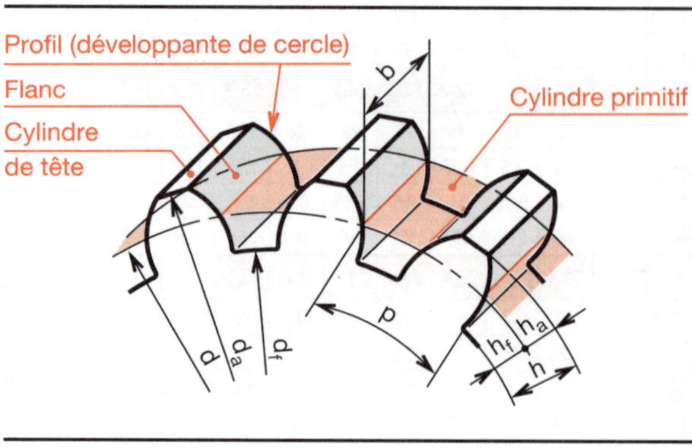

ANGLE DE PRESSION (α)

Angle aigu entre le rayon du cercle primitif passant par le point où le profil coupe le cercle primitif et la tangente au profil de ce point.

LIGNE D'ACTION

Normale commune à deux profils conjugués en leur point de contact. Dans un engrenage à développante, la ligne d'action est une droite fixe, tangente intérieurement aux deux cercles de base.

HAUTEUR DE DENT (h)

Distance radiale entre le cercle de tête et le cercle de pied. Elle se compose de la saillie (h_a) et du creux (h_f).

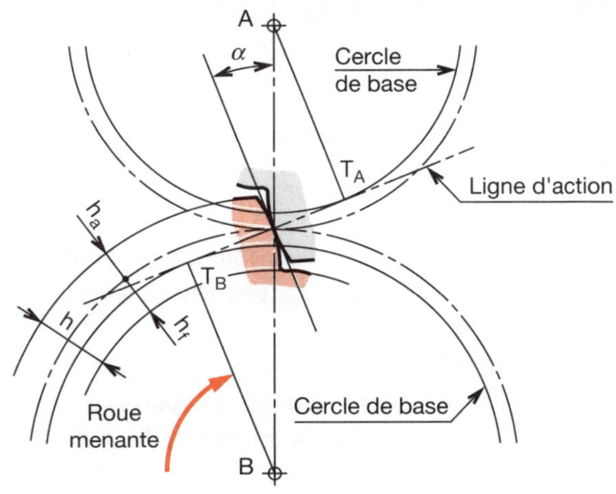

47 ▪ 12 Tracé de référence

Le tracé de référence définit les caractéristiques communes à toutes les roues cylindriques à développante de cercle. Chaque roue du système (même à denture intérieure) peut être considérée comme géométriquement engendrée par la crémaillère de référence à profil rectiligne.

MODULE (m)

Le module est le quotient du pas exprimé en millimètres par le nombre π.

En première approximation, le module peut être calculé par la formule :

$$m = 2,34 \sqrt{\frac{\|\vec{Ft}\|}{k \cdot Rp_e}}$$

$\|\vec{Ft}\|$ = force tangentielle en Newtons.

k = coefficient de largeur de denture, valeur à se fixer entre 6 et 10.

Rp_e = résistance pratique à l'extension du matériau de la dent en mégapascals.

CRÉMAILLÈRE DE RÉFÉRENCE NF E 23-011

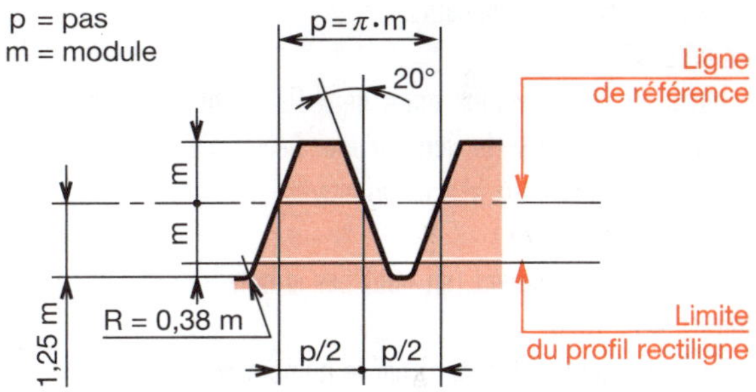

MODULES NORMALISÉS							
Série principale	0,5	0,6	0,8	1	1,25	1,5	2
	2,5	3	4	5	6	8	10
Série secondaire	0,55	0,7	0,9	1,125	1,375	1,75	2,25
	2,75	3,5	4,5	5,5	7	9	11

NOMBRE MINIMAL DE DENTS*					
Z_A	13	14	15	16	17
Z_B	13 à 16	13 à 26	13 à 45	13 à 101	13 à ∞

47 ▪ 13 Caractéristiques d'une roue à denture droite normale (α = 20°)

Module	m	Déterminé par un calcul de résistance des matériaux (§ 47.12)
Nombre de dents	z	Déterminé à partir des rapports des vitesses angulaires : $\frac{\omega_A}{\omega_B} = \frac{n_A}{n_B} = \frac{z_B}{z_A}$
Pas	p	$p = m \cdot \pi$
Saillie	h_a	$h_a = m$
Creux	h_f	$h_f = 1,25\ m$
Hauteur de dent	h	$h = h_a + h_f = 2,25\ m$
Diamètre primitif	d	$d = m \cdot z$
Diamètre de tête	d_a	$d_a = d + 2\ m$
Diamètre de pied	d_f	$d_f = d - 2,5\ m$
Largeur de denture	b	$b = k \cdot m$ (k valeur à se fixer, fréquemment on choisit entre 6 et 10.)
Entraxe de deux roues A et B	a	$a = \frac{d_A + d_B}{2} = \frac{m \cdot z_A}{2} + \frac{m \cdot z_B}{2} = \frac{m(z_A + z_B)}{2}$

* Afin d'éviter l'interférence entre les dents de la roue et du pignon.

47.14 Caractéristiques d'une roue à denture hélicoïdale normale ($\beta = 20°$)

L'étude concerne les **engrenages parallèles.**

47.141 Définitions

HÉLICE PRIMITIVE

Intersection d'un flanc avec le cylindre primitif d'une roue hélicoïdale. L'hélice de pas p_z peut être « à droite » ou « à gauche » (§ 62.4).

ANGLE D'HÉLICE (β)

Angle formé par la tangente à l'hélice primitive et une génératrice du cylindre primitif. Le complément de l'angle β est appelé inclinaison γ.

PAS APPARENT (P_t)

Longueur de l'arc du cercle primitif compris entre deux profils homologues consécutifs.

PAS RÉEL (P_n)

Longueur de l'arc compris entre deux flancs homologues consécutifs, mesurée le long d'une hélice du cylindre primitif orthogonale aux hélices primitives.

MODULE APPARENT (m_t)

Quotient du pas apparent (en mm) par le nombre π.

MODULE RÉEL (m_n)

Quotient du pas réel (en mm) par le nombre π.

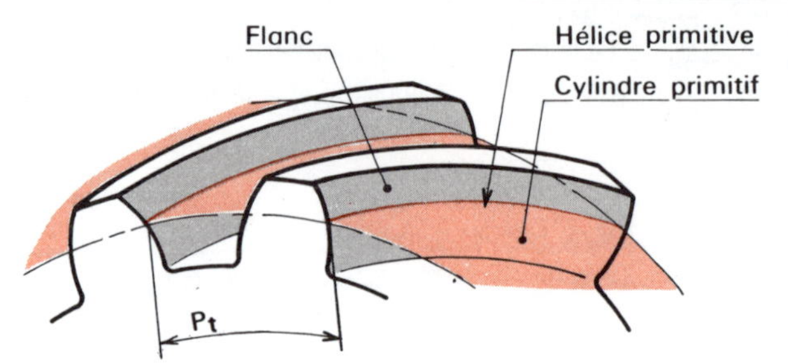

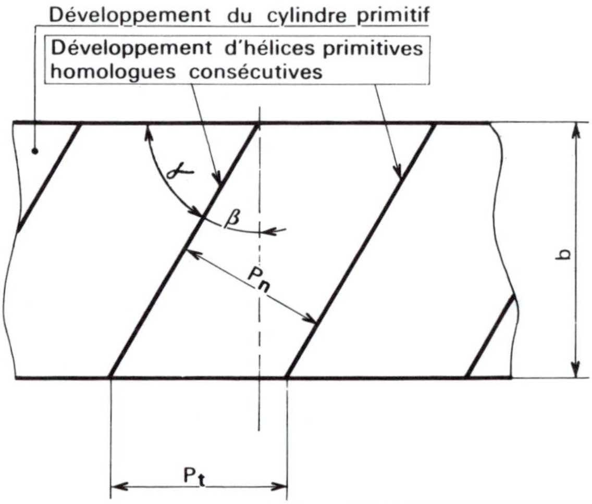

47.142 Détermination des caractéristiques

Toutes les roues à denture hélicoïdale de même module (réel ou apparent) et de même angle d'hélice engrènent entre elles, quels que soient leur diamètre et leur nombre de dents, mais **les hélices doivent être de sens contraire** (l'une à droite et l'autre à gauche).

Photo Lechner-Patissier

Module réel	m_n	Déterminé par la résistance des matériaux et choisi dans les modules normalisés (§ 47-12).
Nombre de dents	z	Déterminé à partir du rapport des vitesses angulaires : $\frac{\omega_A}{\omega_B} = \frac{n_A}{n_B} = \frac{z_B}{z_A}$
Angle d'hélice	β	Choisi habituellement entre 20° et 30°.
Sens de l'hélice « à droite » ou « à gauche ».		Pour un même engrenage les hélices des roues sont de sens contraire.
Module apparent	m_t	$m_t = m_n / \cos\beta$.
Pas apparent	P_t	$P_t = m_t \cdot \pi$
Pas réel	P_n	$P_n = m_n \cdot \pi$ $\qquad P_n = P_t \cdot \cos\beta$.
Pas de l'hélice primitive	P_z	$P_z = \pi_d / \tan\beta$.
Saillie	h_a	$h_a = m_n$
Creux	h_f	$h_f = 1{,}25\ m$
Hauteur de dent	h	$h = h_a + h_f = 2{,}25\ m_n$

Diamètre primitif	d	$d = m_t \cdot z$
Diamètre de tête	d_a	$d_a = d + 2\,m_n$
Diamètre de pied	d_f	$d_f = d - 2{,}5\,m_n$
Entraxe de deux roues A et B	a	$a = \dfrac{d_A + d_B}{2} = \dfrac{m_t \cdot z_A}{2} + \dfrac{m_t \cdot z_B}{2}$
Largeur de denture	b	La transmission du mouvement est continue si, le contact cessant entre un couple de dents, un autre couple de dents est déjà en prise, soit : $b \geqslant \dfrac{\pi \cdot m_n}{\sin \beta}$

Les dentures hélicoïdales assurent une transmission avec un faible frottement d'un flanc sur l'autre (moins de vibrations, bon rendement), mais elles engendrent une poussée axiale. On peut remédier à cette poussée en utilisant deux dentures inclinées en sens inverse.

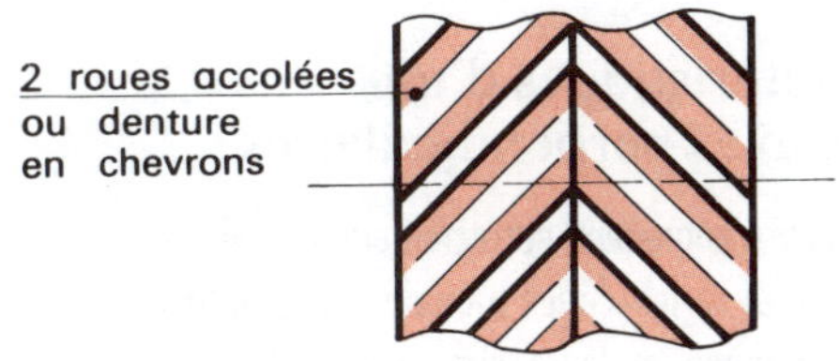

47▪2 Engrenages concourants

Les roues assurant la transmission sont coniques. Afin d'assurer une transmission sans glissement **les sommets des roues d'un engrenage concourant doivent être confondus avec le point de rencontre S des axes de chaque roue.**

L'étude est limitée aux roues coniques à denture droite.

47▪21 Définitions

CÔNE PRIMITIF

Cône décrit par l'axe instantané SM du mouvement relatif de la roue conjuguée par rapport à la roue considérée.

CÔNE COMPLÉMENTAIRE

Cône S'MM' dont les génératrices sont perpendiculaires à celles du cône primitif, à l'extrémité externe de la largeur de denture.

CÔNE DE TÊTE

Cône passant par le sommet des dents.

CONE DE PIED

Cône passant par le fond de chaque entre-dent.

DIAMÈTRE PRIMITIF (d)

Diamètre du cercle d'intersection, du cône primitif avec le cône complémentaire.

DIAMÈTRE DE TÊTE (d_a) ET DIAMÈTRE DE PIED (d_f)

Diamètre du cercle d'intersection du cône de tête (ou de pied) avec le cône complémentaire.

LARGEUR DE DENTURE (b)

Largeur de la partie dentée de la roue et mesurée suivant une génératrice du cône primitif.

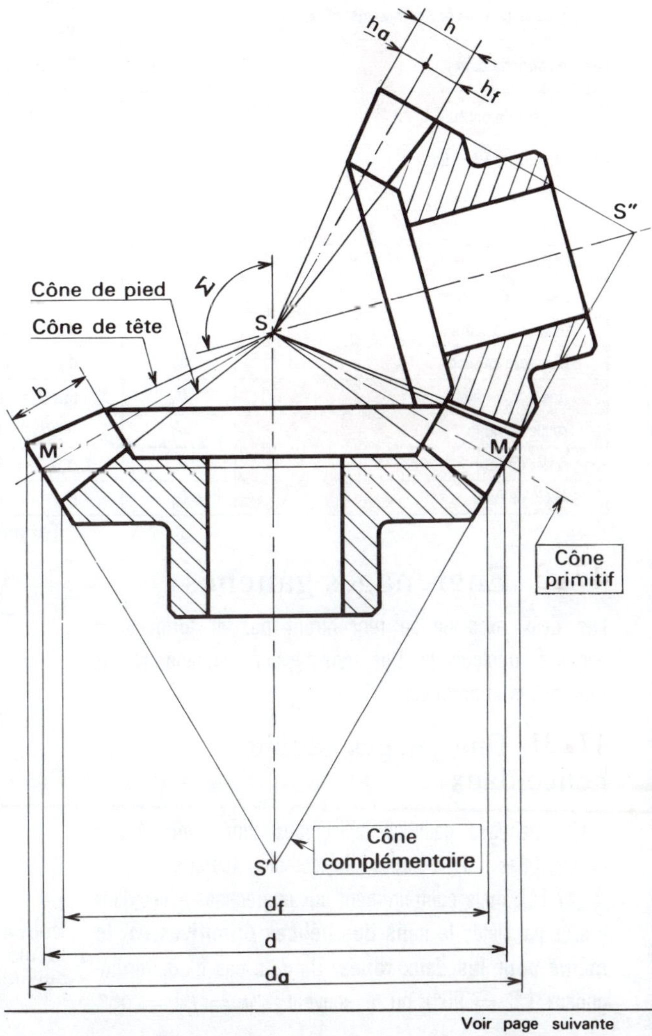

Voir page suivante

PAS (p)
Longueur de l'arc du cercle primitif compris entre deux profils homologues consécutifs.

MODULE (m)
Quotient du pas (en mm) par le nombre π.

HAUTEUR DE DENT (h)
Distance entre le cercle de tête et le cercle de pied, mesurée suivant une génératrice du cône complémentaire. Elle se compose de la saillie (h_a) et du creux (h_f).

47 ▪ 22 Caractéristiques d'un engrenage à axes perpendiculaires

Deux roues coniques n'engrènent correctement que si les modules sont égaux et si les cônes primitifs ont à la fois une génératrice commune et leurs sommets confondus.

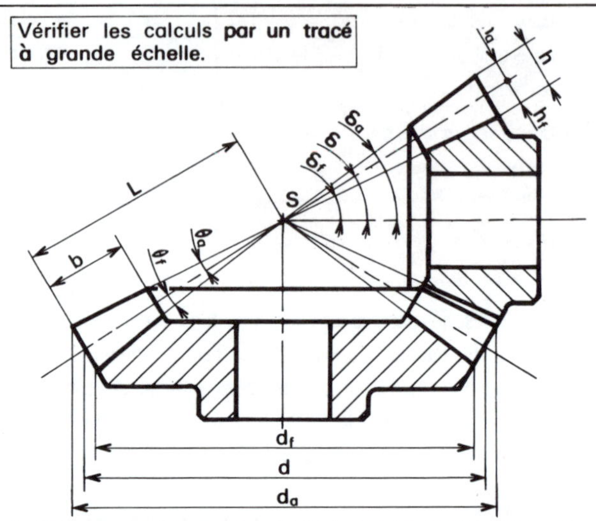

Module (sur le cône complémentaire)	m	Déterminé par la résistance des matériaux et choisi dans les modules normalisés § 47-12 :	
Nombre de dents	z_A et z_B	Déterminés à partir du rapport des vitesses angulaires : $\frac{\omega_A}{\omega_B} = \frac{n_A}{n_B} = \frac{z_B}{z_A}$	
Largeur de denture	b	Pour des raisons de taillage : $\frac{1}{4}L < b < \frac{1}{3}L$	
Diamètres primitifs	d	$d_A = m.z_A$	$d_B = m.z_B$
Angles primitifs	δ	$\tan\delta_A = z_A/z_B$	$\tan\delta_B = z_B/z_A$
Saillie	h_a	$h_a = m$	
Creux	h_f	$h_f = 1{,}25\,m$	
Hauteur de dent	h	$h = h_a + h_f = 2{,}25\,m$	
Diamètre de tête	d_a	$d_{aA} = d_A + 2\,m\cos\delta_A$	$d_{aB} = d_B + 2\,m\cos\delta_B$
Diamètre de pied	d_f	$d_{fA} = d_A - 2{,}5\,m\cos\delta_A$	$d_{fB} = d_B - 2{,}5\,m\cos\delta_B$
Angle de saillie	θ_a	$\tan\theta_a = m/L$	avec $L = \frac{d_A}{2\sin\delta_A}$
Angle de creux	θ_f	$\tan\theta_f = 1{,}25\,m/L$	
Angle de tête	δ_a	$\delta_{aA} = \delta_A + \theta_a$	$\delta_{aB} = \delta_B + \theta_a$
Angle de pied	δ_f	$\delta_{fA} = \delta_A - \theta_f$	$\delta_{fB} = \delta_B - \theta_f$

47 ▪ 3 Engrenages gauches

Les deux axes ne se rencontrent pas et forment un angle Σ quelconque. Ces transmissions engendrent des frottements importants.

47 ▪ 31 Engrenages gauches hélicoïdaux

Les engrenages gauches hélicoïdaux sont composés de deux roues à denture hélicoïdale (caractéristiques § 47.14), mais contrairement aux engrenages hélicoïdaux à axes parallèles **le sens des hélices primitives est le même pour les deux roues.** Dans le cas d'axes orthogonaux ($\Sigma = 90°$) on a souvent : $\beta_A = \beta_B = 45°$.

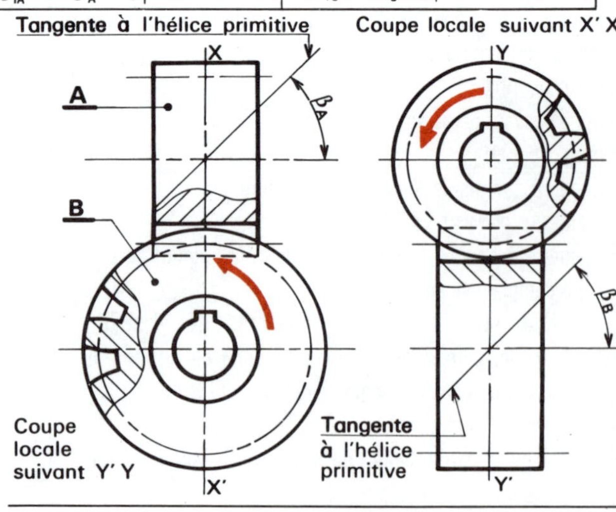

Lechner-Patissier

47 ▪ 32 Roue et vis sans fin

La transmission est réalisée à l'aide d'une vis à un ou plusieurs filets engrenant avec une roue. Afin d'augmenter la puissance transmissible, on choisit des matériaux à faible coefficient de frottement.

Le sens d'hélice est le même pour la vis et la roue.

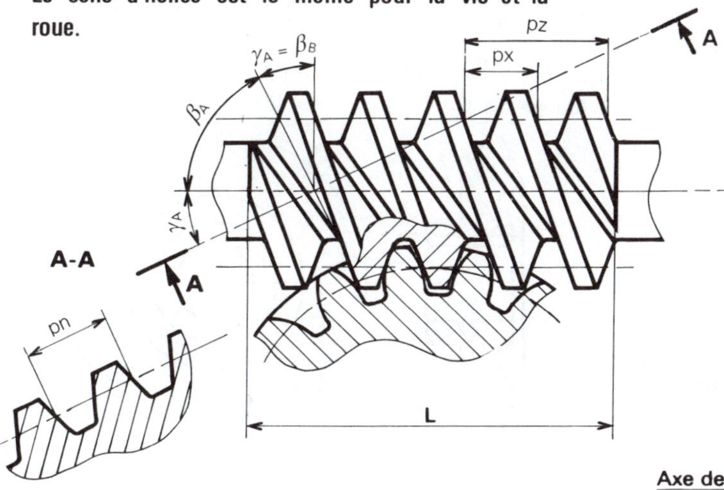

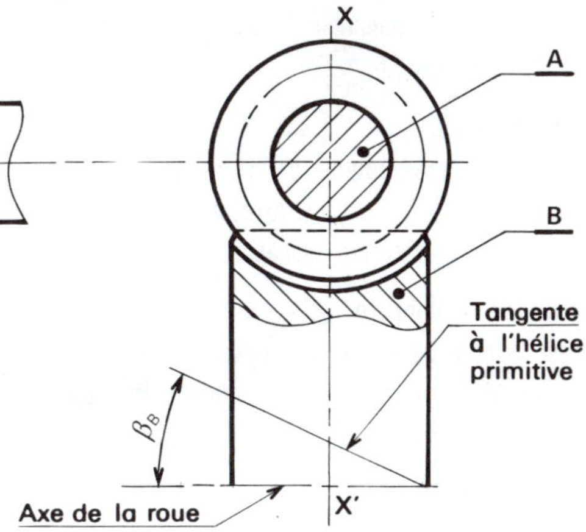

47 ▪ 321 Caractéristiques de la vis A

L'étude est limitée au cas où les deux axes forment un angle de 90°. Le profil de la vis est trapézoïdal.

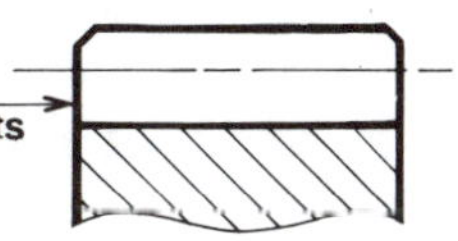

Nombre de filets	z_A	Fonction du rapport des vitesses angulaires : $\frac{\omega_A}{\omega_B} = \frac{n_A}{n_B} = \frac{z_B}{z_A}$	
Angle d'hélice	β_A	**Fonction de la réversibilité de la transmission (si $\gamma_A < 5°$ système pratiquement irréversible) $\beta_A + \gamma_A = 90°$.**	
Sens de l'hélice « à droite » ou « à gauche »		La vis a le même sens d'hélice que la roue	$\gamma_A = \beta_B$ $\tan\gamma_A = \frac{p_z}{\pi d_A}$ $\sin\gamma_A = \frac{p_n \cdot z_A}{\pi d_A}$
Module réel	m_n	Déterminé sur la roue, choisi suivant § 47-12	
Module axial	m_x	$m_x = m_n / \cos\gamma_A$	
Pas réel	p_n	$p_n = m_n \cdot \pi$	
Pas axial	p_x	$p_x = p_n / \cos\gamma_A$	
Pas de l'hélice	p_z	$p_z = p_x \cdot z_A$	
Diamètre primitif	d_A	$d_A = p_z / \pi \tan\gamma_A$	
Diamètre extérieur	d_a	$d_a = d_A + 2\,m_n$	
Diamètre intérieur	d_f	$d_f = d_A - 2{,}5\,m_n$	
Longueur de la vis	L	$L \approx 5\,p_x$	

47 ▪ 322 Caractéristiques de la roue B

Mêmes formules que pour une roue à denture hélicoïdale (§ 47-14) en tenant compte :	– Angle d'hélice $\beta_B = \gamma_A$ et de même sens pour la vis et la roue – Module apparent de la roue égal au module axial de la vis
Entraxe a	$a = \frac{d_A + d_B}{2}$

47 ▪ 4 Représentation des engrenages NF E 04-113

47 ▪ 41 Représentation d'une pièce dentée

En vue non coupée

Dessiner la roue comme une pièce pleine non dentée avec, pour seule adjonction, le tracé de la surface primitive en trait mixte fin.

En coupe axiale

Représenter la roue comme s'il s'agissait, dans tous les cas, d'une roue à denture droite ayant deux dents diamétralement opposées et non coupées.

Position de la denture

S'il est fonctionnellement indispensable de la préciser, tracer une ou deux dents en trait continu fort, afin de la définir sans ambiguïté.

Orientation de la denture

S'il est utile de préciser graphiquement l'orientation de la denture, utiliser les symboles ci-dessous en les disposant convenablement dans la vue parallèle à l'axe de la roue.

SYMBOLES D'ORIENTATION	
Denture hélicoïdale	
Denture en chevrons	
Denture spirale	
Dans le cas d'un engrenage, ne faire figurer le symbole que sur une roue.	

47 ▪ 42 Représentation d'un engrenage

Dans la partie en prise, aucune des deux roues d'un engrenage n'est supposée cachée par l'autre. Toutefois, si les deux roues sont représentées en coupe axiale, l'une des dents en prise est arbitrairement supposée cachée. Si l'une des roues est non coupée, elle cache la dent de la roue conjuguée représentée en coupe.

REPRÉSENTATION D'UNE ROUE

Vue non coupée

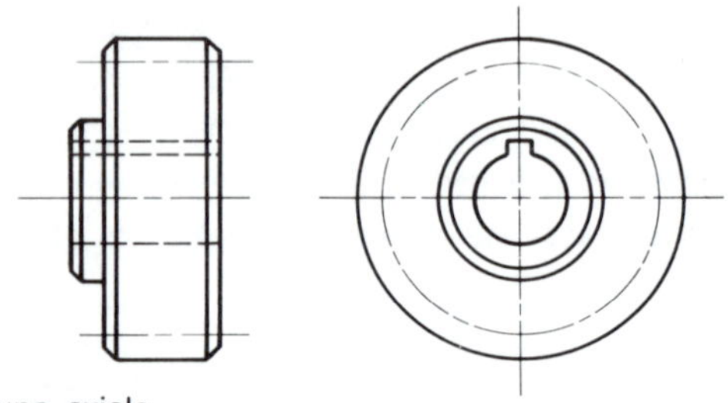

Coupe axiale

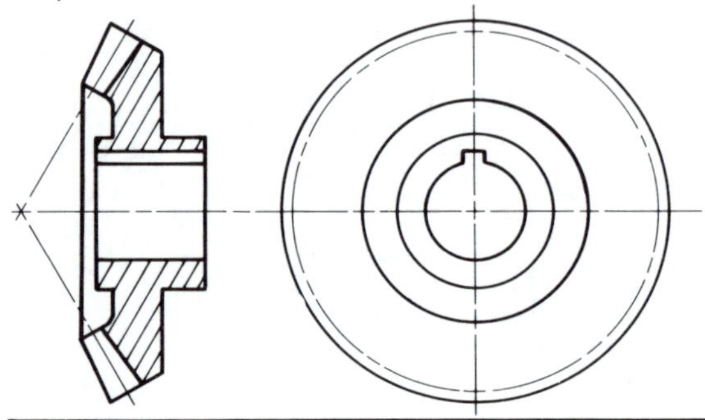

POSITION DE LA DENTURE

Crémaillère

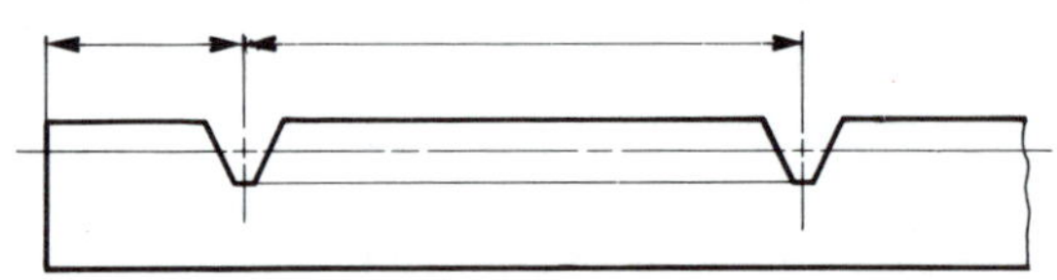

Secteur denté

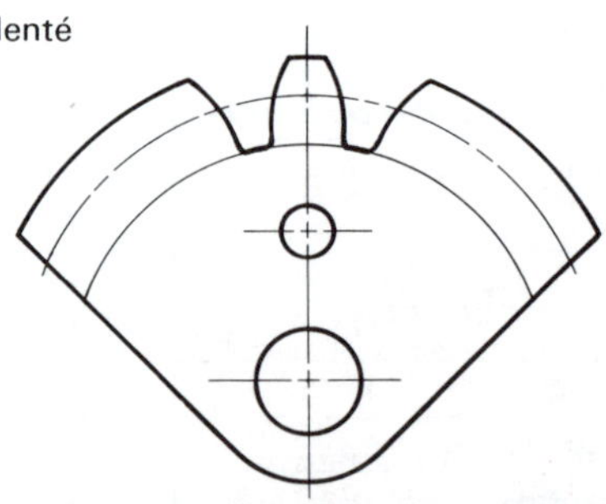

ORIENTATION DE LA DENTURE

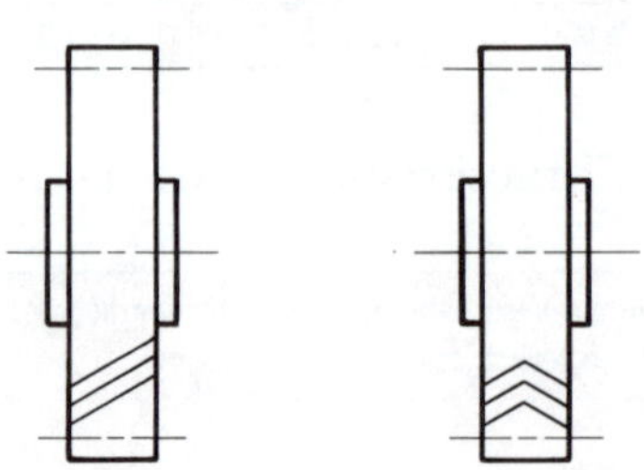

REPRÉSENTATION DES ENGRENAGES

Engrenage extérieur de roues cylindriques

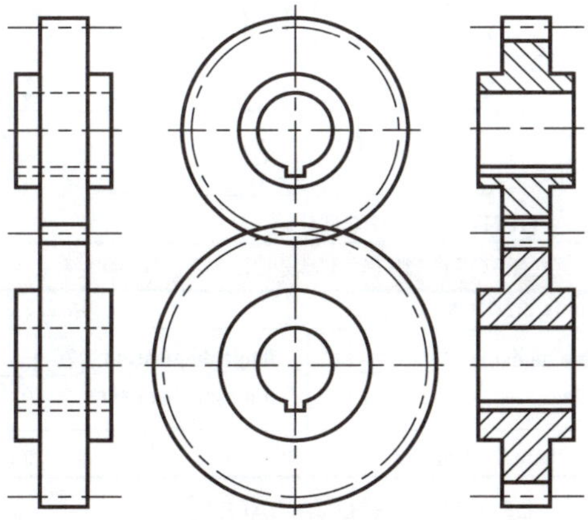

Engrenage intérieur de roues cylindriques

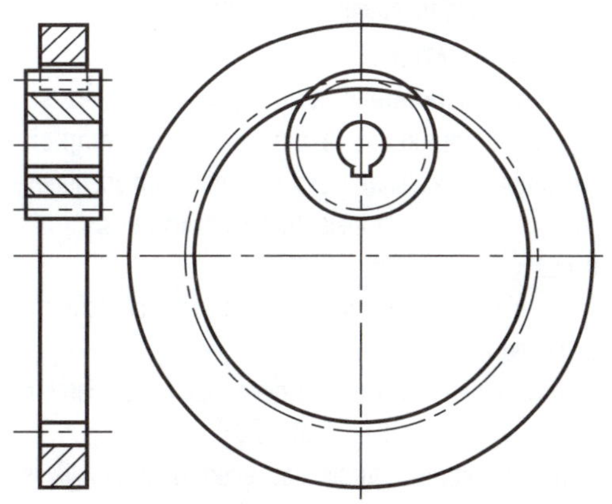

Engrenage de pignons côniques

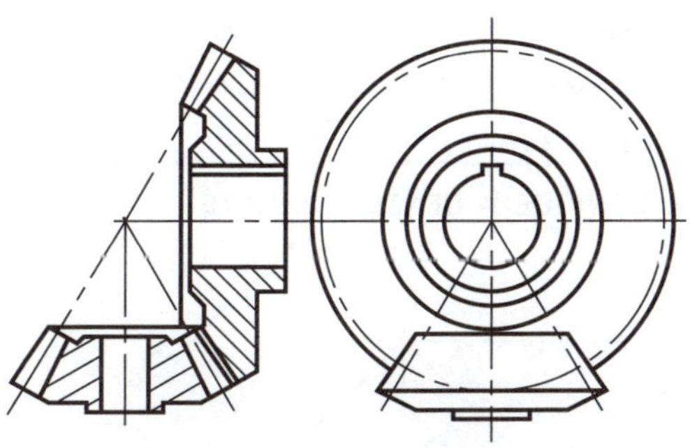

Engrenage roue et crémaillère

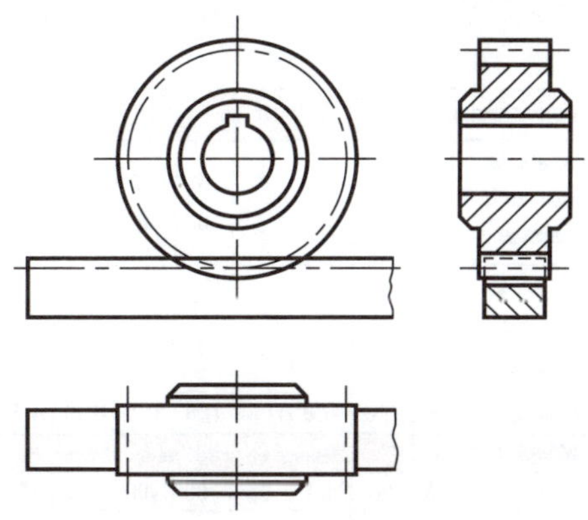

Engrenage gauche hélicoïdal

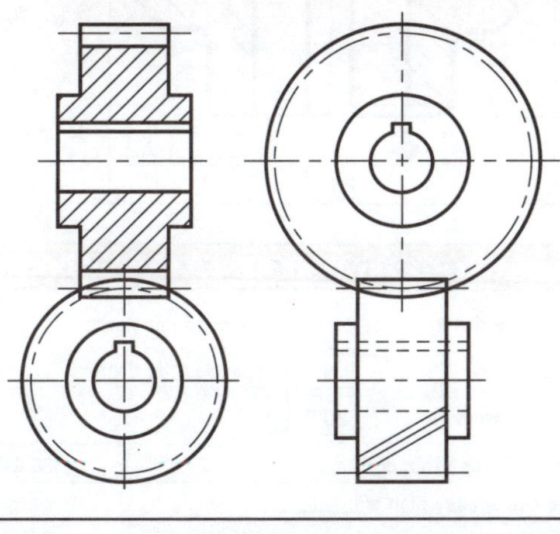

Engrenage à roue et à vis sans fin

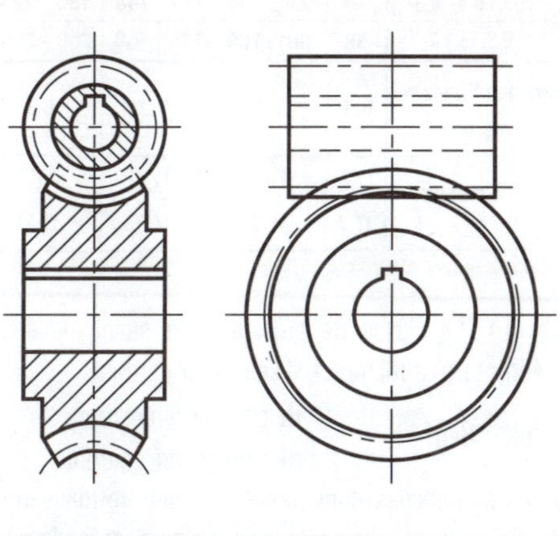

47 ■ 5 Cotation d'une roue

La cotation d'une roue d'engrenage doit respecter les règles de la cotation fonctionnelle (chapitre 19).

EXEMPLES D'APPLICATION :

La cotation fonctionnelle d'une pièce ne peut se faire qu'en connaissant exactement son emploi. C'est pourquoi seules sont indiquées les caractéristiques de denture communes à la majorité des applications.

REMARQUES :

■ Si cela n'entraîne aucune confusion, il est couramment admis de ne pas indiquer :
– le profil des dents (s'il est en développante de cercle),
– l'angle de pression (s'il est égal à 20°).

■ La précision et le contrôle des engrenages parallèles à denture en développante est définie par la norme NF E 23-006. Elle détermine **douze classes de précision** numérotées de 1 à 12 dans l'ordre croissant des tolérances.

Classe de précision		6	7	8	9	10	11	12
Roue alésée Tolérance sur le Ø d'alésage		IT 6	IT 7	IT 7	IT 8	IT 8	IT 8	IT 8
Roue arbrée Tolérance sur le Ø de l'arbre		IT 5	IT 6	IT 6	IT 7	IT 7	IT 8	IT 8
Tolérance t_1 sur le Ø de tête		IT 8	IT 8	IT 8	IT 9	IT 9	IT 11	IT 11
Module		Tolérance de coaxialité en microns						
Diamètre primitif d ⩽ 100	1 à 3,15	36	50	63	80	100	125	160
	>3,15 à 6,3	45	63	80	100	125	160	200
	>6,3 à 10	50	71	90	112	140	180	224
Diamètre primitif d 100 à 400	1 à 3,15	40	56	71	90	112	140	180
	>3,15 à 6,3	40	71	90	112	140	180	224
	>6,3 à 10	56	80	100	125	160	200	250
Rugosité des flancs* Ra en microns		0,4	0,8		3,2		6,3	
Tolérance d'entraxe ± t		1/2 IT 7	1/2 IT 8		1/2 IT 9		1/2 IT 11	

Désignation. La classe de précision est suivie de deux lettres définissant la tolérance d'épaisseur de dent.

Par exemple : **8-df**
df : bonne précision
af : précision courante

■ Pour les engrenages concourants aucune normalisation n'existe. On pourra s'inspirer des valeurs précédentes.

* Non normalisé.

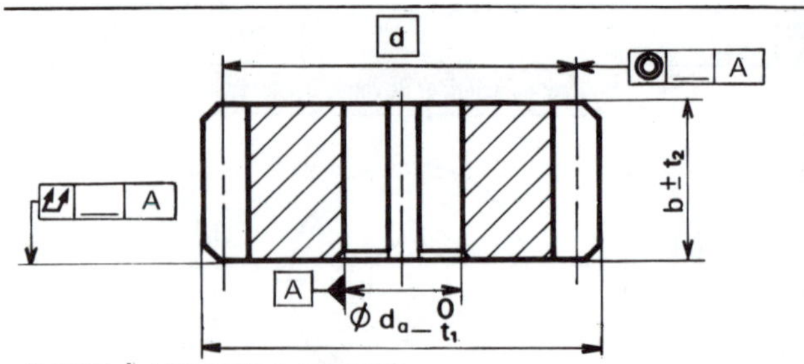

ROUE À DENTURE DROITE

CARACTÉRISTIQUES DE LA DENTURE		
Classe de précision : ______		NF E23-006
Nombre de dents : z Module : m	Angle de pression : 20° Rugosité des flancs : √FG	
Crémaillère de référence :		NF E 23-011

ROUE À DENTURE HÉLICOÏDALE

CARACTÉRISTIQUES DE LA DENTURE		
Classe de précision : ______		NF E23-006
Nombre de dents : z Module réel : m_n Angle de pression : 20°	Angle d'hélice : β Sens d'hélice : ____ Rugosité des flancs : √FG	
Crémaillère de référence :		NF E23-011

ROUE CONIQUE A DENTURE DROITE

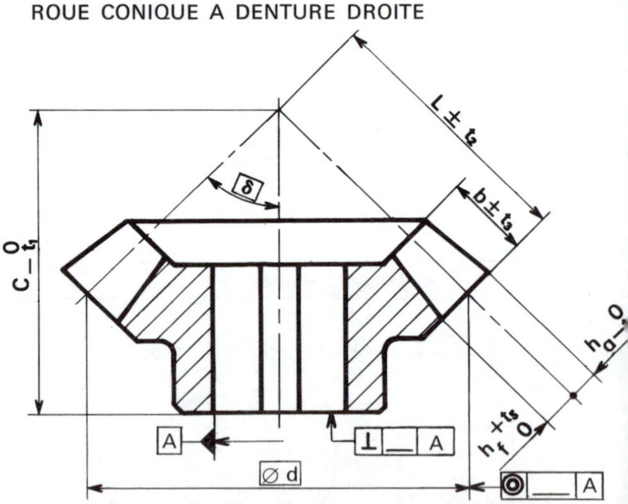

CARACTÉRISTIQUES DE LA DENTURE		
Nombre de dents : z Module : m Angle de pression : 20°	Rugosité des flancs : √FG Épaisseur de dent : $e -_{t}^{0}$	
Crémaillère de référence :		ISO 677*
Roue conjuguée : plan n° ______		

*. Pas de norme nationale.

48 Chaînes de précision à rouleaux NF E 26-102

Ces chaînes permettent la transmission d'un mouvement de rotation entre une roue dentée menante et une roue dentée menée sans contact entre elles. L'entraînement est assuré par l'engrènement des maillons de la chaîne avec les dents des roues. L'étude est limitée aux types de chaînes les plus usuels, dérivés des séries américaines (symbole A), européenne (symbole B) et à pas courts. Afin de répartir les efforts, **l'arc d'enroulement de la chaîne doit être supérieur à 90°.**

EMPLOIS :

Elles sont utilisées lorsque la distance des axes et l'encombrement ne permettent pas l'emploi d'engrenages.

Par rapport aux courroies, elles ont l'avantage : de permettre une transmission sans glissement, de résister dans de bonnes conditions à de grandes variations de température. Par contre, **il est nécessaire d'assurer un graissage.**

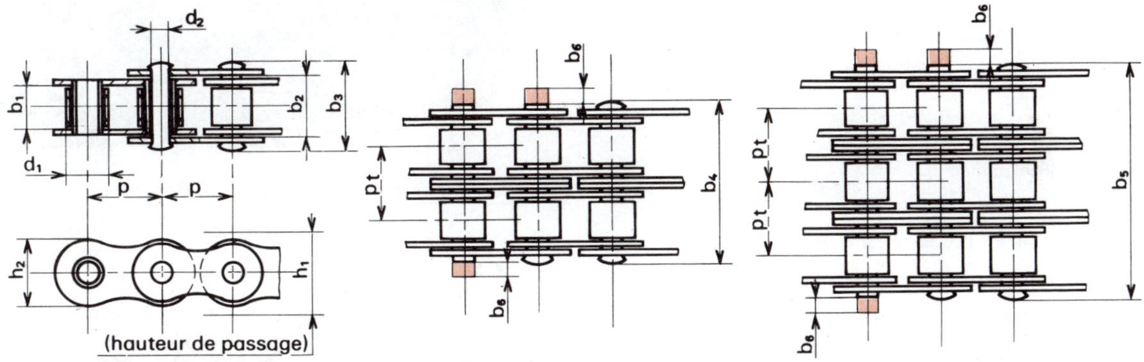

Symbole	Pas p	b_1	b_2	b_3	b_4	b_5	b_6	d_1	d_2	h_1	h_2	p_t	Charge de rupture en daN Simple	Double	Triple
08 A	12,70	7,95	11,31	17,8	32,3	46,7	3,9	7,95	3,96	12,33	12,07	14,38	1 385	2 770	4 155
10 A	15,87	9,53	13,97	21,8	39,9	57,9	4,1	10,16	5,08	15,35	15,09	18,11	2 175	4 350	6 525
12 A	19,05	12,70	17,88	26,9	49,8	72,6	4,6	11,91	5,94	18,34	18,08	22,78	3 115	6 230	9 345
16 A	25,40	15,88	22,74	33,5	82,7	91,9	5,4	15,08	7,82	24,39	24,13	29,29	5 555	11 110	16 665
06 B	9,52	5,72	8,66	13,5	23,8	34	3,3	0,35	3,20	0,52	8,26	10,24	895	1 700	2 490
08 B	12,70	7,75	11,43	17	31	44,9	3,9	8,51	4,45	12,07	11,81	13,92	1 785	3 115	4 450
10 B	15,87	9,65	13,41	19,6	36,2	52,8	4,1	10,16	5,08	14,99	14,73	16,59	2 225	4 450	6 675
12 B	19,05	11,68	15,75	22,7	42,2	61,7	4,6	12,07	5,72	16,39	16,13	19,46	2 890	5 780	8 670
16 B	25,40	17,02	25,58	36,1	68	99,9	5,4	15,88	8,28	21,34	21,08	31,88	4 225	8 450	12 675

Désignation : symbole de la chaîne suivi d'un chiffre correspondant au nombre de brins. Exemple : chaîne 08 B-2.

ROUES POUR CHAÎNES

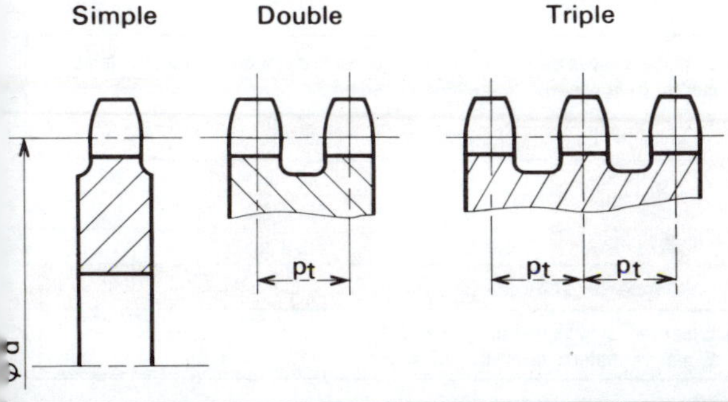

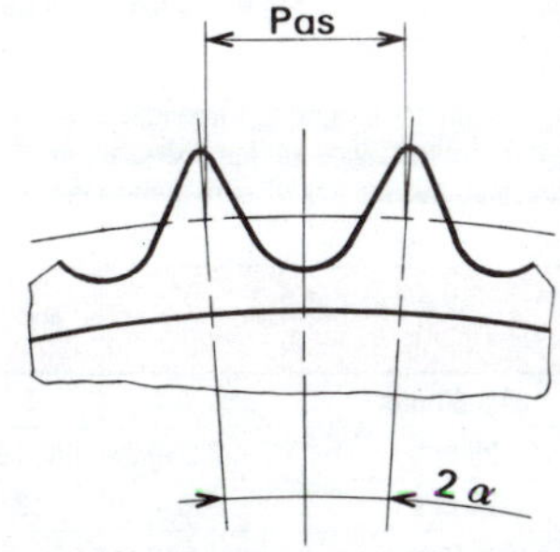

CARACTÉRISTIQUES

Pas de la chaîne : p

Nombre de dents : z

Angle au centre :

$$2\alpha = \frac{360°}{z}$$

Diamètre primitif :

$$d = \frac{p}{\sin \alpha}$$

Rapport des fréquences de rotation :

$$\frac{n_A}{n_B} = \frac{z_B}{z_A}$$

49 Poulies et courroies

Photo Renault.

49 ■ 1 Généralités

Les poulies et courroies permettent la transmission d'un mouvement de rotation d'un arbre menant à un arbre mené relativement éloignés l'un de l'autre.
La transmission du mouvement est possible quel que soit le sens de rotation.

CONDITION DE FONCTIONNEMENT :

Le plan médian de chaque brin de la courroie doit être situé dans le plan médian de la poulie sur lequel il vient s'enrouler.

GALET ENROULEUR :

Le galet enrouleur augmente les arcs d'enroulement de la courroie sur les poulies. Il est ainsi possible :

- soit de transmettre des couples plus importants,
- soit d'augmenter le rapport entre les diamètres des deux poulies (sans galet le rapport dépasse rarement 5, avec galet il peut atteindre 7).

Le galet enrouleur doit être placé sur le brin mou le plus près possible de la petite poulie.

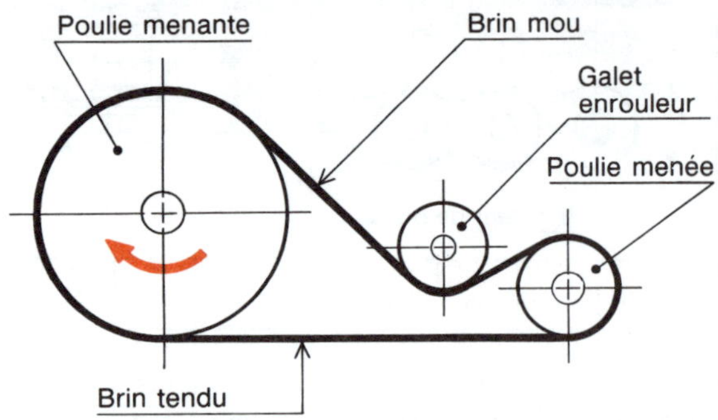

49 ■ 2 PRINCIPAUX TYPES DE COURROIES

COURROIES PLATES

Largeurs — NF E 24-101 - ISO 22

l	16	20	25	32	40	50	63	71	80	90
L	20	25	32	40	50	63	71	80	90	100

Longueur intérieures courroies — NF E 24-102 - ISO 63

400	560	800	1 120	1 600	2 240	3 150	4 500
450	630	900	1 250	1 800	2 500	3 550	5 000
500	710	1 000	1 400	2 000	2 800	4 000	5 600

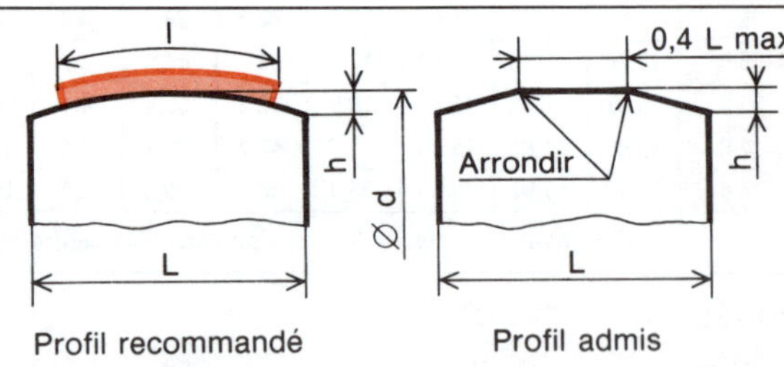

Les courroies plates permettent de transmettre de grandes fréquences de rotation. Afin de limiter l'action de la force centrifuge sur les courroies, on limite généralement les vitesses circonférentielles aux valeurs ci-dessous :

Matériau	Vitesse circonférentielle maximale	μ*	Re_{min}^{**}
Acrylique	50 à 80 m/s	0,4	8
Butadiène + coton	25 m/s	0,2 à 0,5	40-50
Chloroprène + coton	25 m/s	0,5	50
Acier (e < 1)	10 à 15 m/s	0,18	—

La partie bombée permet à la courroie de se placer d'elle-même dans le plan médian de la poulie.

Diamètre D	Flèche h	Diamètre D	Flèche h
40 à 112	0,3	200 à 224	0,6
125 à 140	0,4	250 à 280	0,8
160 à 180	0,5	315 à 355	1

Tolérance sur l'entraxe E

E max = entraxe nominal + 3 % L***
E min = entraxe nominal − 1,5 % L

* Facteur de frottement moyen sur fonte.
** Limite minimale apparente d'élasticité (MPa).
*** L = Longueur de la courroie.

COURROIES SYNCHRONES — NF ISO 5296

La face interne de ces courroies est dentée. Elles assurent ainsi une transmission sans glissement permettant la synchonisation ou l'indexage positif requis.

- Matière : matériau composite (chloroprène + fibres de verre ou fils d'acier +...).
- Température d'utilisation : − 25 °C à + 85 °C.

POULIES :

- Afin que la courroie ne sorte pas des poulies, au moins une des deux poulies doit être flasquée, en principe la plus petite.
- Lorsque l'entraxe est supérieur à huit fois le diamètre primitif de la petite poulie, les deux poulies doivent être flasquées.
- Lorsque les axes des poulies sont verticaux, ou très inclinés par rapport à l'horizontale, utiliser des poulies flasquées.

MONTAGE DES COURROIES :
Afin de remédier aux tolérances de longueur sur les courroies et de pouvoir monter les courroies sans contrainte, prévoir un réglage de l'entraxe entre les poulies.

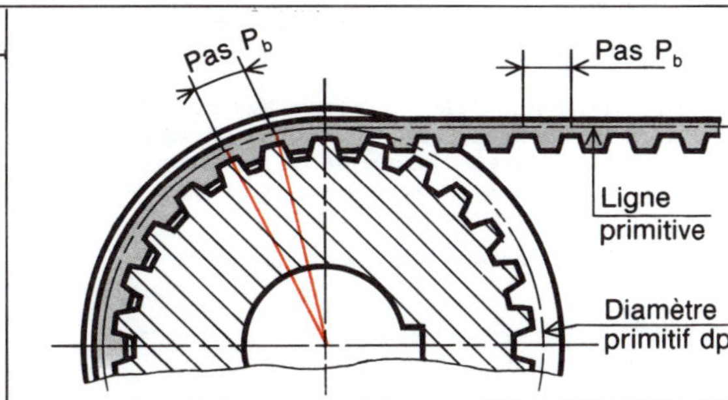

Poulie non-flasquée

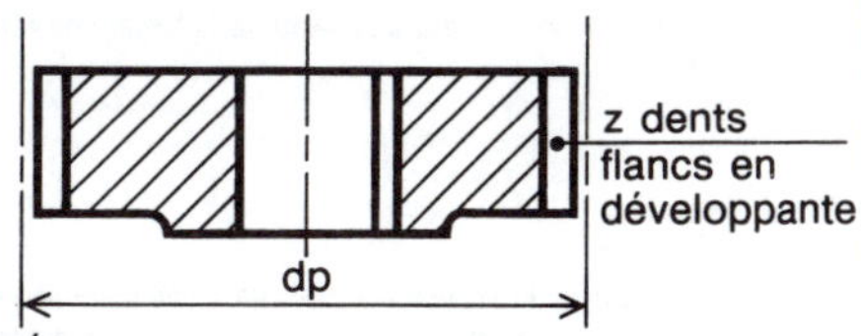

Poulie flasquée

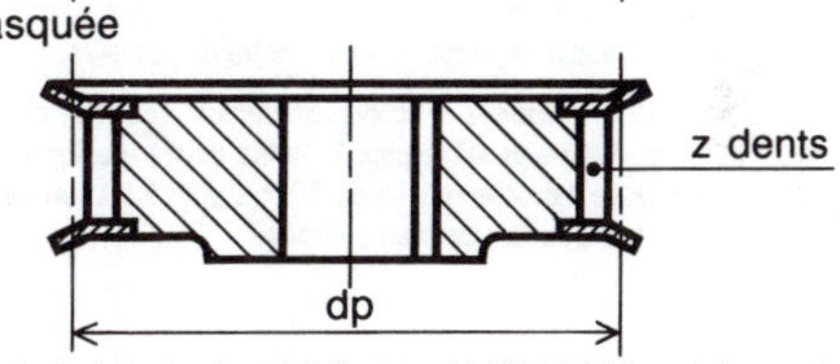

EXEMPLE DE DÉSIGNATION d'une courroie synchrome de longueur primitive* 42 inches, de pas 0,375 inch et de largeur nominale 0,5 inch** :

Courroie synchrone, 420 L 050, NF ISO 5296

NOTA : en principe la réalisation des roues dentées est confiée au fabricant de la courroie.

Symbole	Pas	Largeur courroie	Nombre de dents courroie						z	dp	z	dp	z	dp	z	dp	z	dp
XL	5,08 (0,2 inch)	6,35 (0,25 inch) 7,94 (0,312 inch) 9,53 (0,375 inch)	30	35	40	45	50	55	10	16,17	15	24,26	21	33,96	30	48,51	42	67,91
			60	65	70	75	80	85	11	17,79	16	25,87	22	35,57	32	51,74	44	71,15
			90	95	100	105	110	115	12	19,40	18	29,11	24	38,81	36	58,21	48	77,62
			120	125	130	—	—	—	14	22,64	20	32,34	28	45,28	40	64,68	60	97,02
L	9,525 (0,375 inch)	12,7 (0,5 inch) 19,05 (0,75 inch) 25,4 (1 inch)	33	40	50	56	60	64	10	30,33	17	51,54	21	63,68	28	84,89	40	121,29
			68	72	76	80	86	92	12	36,37	18	54,59	22	66,70	30	90,96	44	133,40
			98	104	112	120	128	136	14	42,44	19	57,61	24	72,77	32	97,03	48	145,54
			144	160	—	—	—	—	16	48,51	20	60,63	26	78,84	36	109,14	60	181,92
H	12,70 (0,5 inch)	19,05 (0,75 inch)	48	54	60	66	72	78	14	56,60	19	76,81	24	97,02	32	129,36	48	194,04
		25,4 (1 inch)	84	90	96	102	108	114	16	64,68	20	80,85	26	105,11	36	145,53	60	242,55
		38,1 (1,5 inch)	120	126	132	140	150	160	17	68,72	21	84,89	28	113,19	40	161,70	72	291,06
		50,8 (2 inches)	170	180	200	220	—	—	18	72,77	22	88,94	30	121,28	44	177,87	84	339,57

DÉTERMINATION DU PAS

Puissance en kW	Fréquence de rotation en tr/min du pignon 3 500	1 750	1 160	870	690
0,06	5,08	5,08	5,08/9,52	5,08/9,52	9,52
0,09	5,08	5,08/9,52	9,52	9,52	9,52
0,12/0,2	5,08/9,52	9,52	9,52	9,52	9,52
0,25	9,52	9,52	9,52	9,52	9,52/12,7
0,37	9,52	9,52	9,52	9,52/12,7	9,52/12,7
0,6/0,75	9,52	9,52/12,7	9,52/12,7	9,52/12,7	12,7
1,5	9,52	9,52/12,7	9,52/12,7	12,7	12,7
2,2	9,52/12,7	9,52/12,7	12,7	12,7	12,7
3,7	12,7	12,7	12,7	12,7	12,7
5,6	12,7	12,7	12,7	12,7	12,7
7,5	12,7	12,7	12,7	12,7	12,7

DÉTERMINATION DE LA LARGEUR

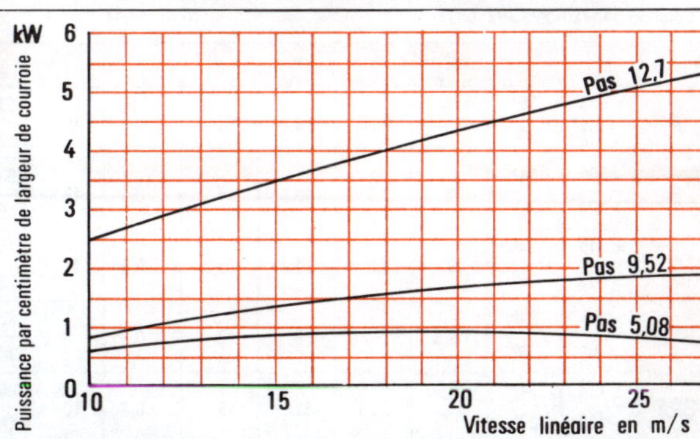

* La longueur primitive est égale au pas multiplié par le nombre de dents.
Fabrication; Colmant Cuvelier, 59000 - Lille — Pirelli, 75019 - Paris — Prud'homme, 93302 - Aubervilliers...

** 1 inch = 25,4 mm.

COURROIES TRAPÉZOÏDALES NF T 47-141 - ISO 4184

La courroie et la gorge de la poulie sont à section trapézoïdale. On obtient ainsi une forte adhérence par coincement de la courroie dans la gorge de la poulie (environ trois fois plus que pour une courroie plate dans un même matériau). Il est ainsi possible de réduire l'arc d'enroulement et d'avoir des entraxes relativement courts.

- Matière : Matériau composite (chloroprène + fibres de verre + fils d'acier + ...).
- Température d'utilisation : − 25 °C à + 85 °C

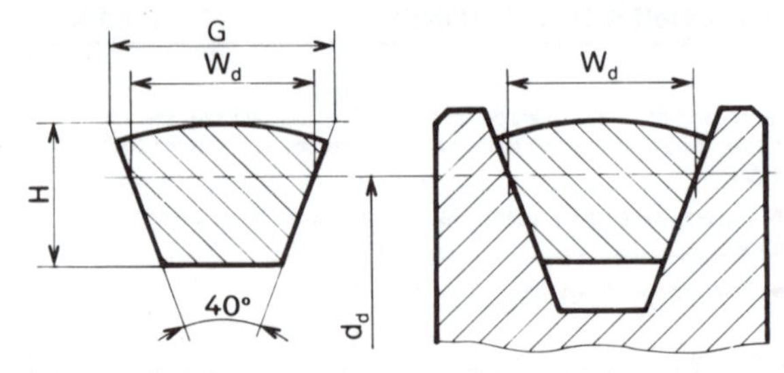

LONGUEUR DE RÉFÉRENCE DE LA COURROIE L_d :

C'est la longueur de la courroie, au niveau de la largeur de référence et sous tension normalisée.

POULIES :

- Les dimensions de la section transversale d'une courroie varient en fonction du rayon d'incurvation auquel elles sont soumises. L'angle α des gorges est donc variable en fonction du diamètre des poulies.
- Afin de réduire la contrainte d'incurvation dans la courroie, choisir un diamètre aussi grand que possible pour la petite poulie. Veiller à ne pas dépasser une vitesse circonférentielle de 25 m/s pour les courroies classiques et 40 m/s pour les courroies étroites.

DIAMÈTRE DE RÉFÉRENCE D'UNE POULIE d_d :

C'est le diamètre de la poulie mesuré au niveau où la largeur de la gorge est égale à la largeur de référence de la courroie (W_d).

MONTAGE DES COURROIES :

Afin de remédier aux tolérances de longueur sur les courroies et de pouvoir monter les courroies sans contrainte, prévoir un réglage de l'entraxe entre les poulies.

EXEMPLE DE DÉSIGNATION d'une courroie trapézoïdale SPZ de longueur de référence 630 :

Courroie trapézoïdale SPZ, 630 NF T 47-141

COURROIE		SECTION G×H	LARGEUR lp
"Classique"	A	13 × 8	11
	B	17 × 11	14
	C	22 × 14	19
"Étroite"	SPZ	10 × 8	8,5
	SPA	13 × 11	11

Courroie	dp	Puissance maximale en kW* à la vitesse en m/s de :						
		5	10	15	20	25	30	35
A	70	0,55	1,05	1,45	1,8	1,45	—	—
	⩾ 125	1,2	2	2,6	3,1	3,3	3,2	—
B	110	0,8	1,6	2,05	2,1	1,7	—	—
	⩾ 180	2	3,5	4,6	5,5	5,7	5,4	—
C	160	1,45	2,9	4	4,9	4,8	—	—
	240	3,3	5,8	7,6	8,8	9,1	8,4	—
SPZ	70	0,6	1,1	1,5	1,8	1,9	1,6	—
	190	1,2	2,2	3,1	4	4,6	5	5,1
SPA	100	1,1	2,1	2,9	3,5	3,8	3,5	—
	240	1,65	3,1	4,4	5,5	6,3	6,6	6,4

* Valeurs pour un arc d'enroulement = 180°.

POULIES NF T 47-140-ISO 4183

Gorge unique — Gorge multiple

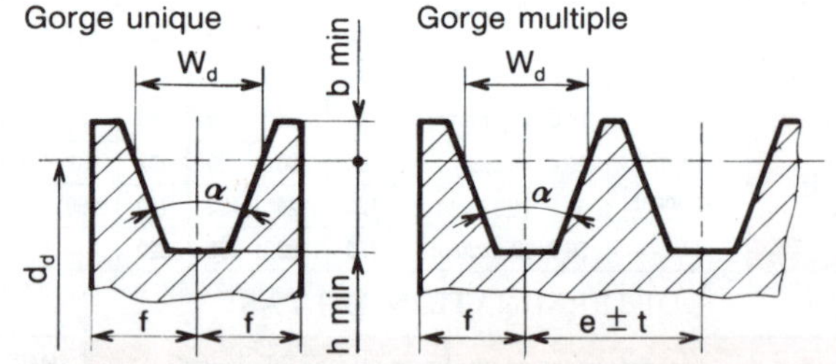

Profil	d_d	α	W_d	b	h	e	t	f
A	⩽ 118	34°	11	2,75	8,7	15	± 0,3	10
	> 118	38°						
B	⩽ 190	34°	14	3,5	10,8	19	± 0,4	12,5
	> 190	38°						
C	⩽ 315	34°	19	4,8	14,3	25,5	± 0,5	17
	> 315	38°						
SPZ	⩽ 80	34°	8,5	2	9	12	± 0,3	8
	> 80	38°						
SPA	⩽ 118	34°	11	2,75	11	15	± 0,3	10
	> 118	38°						

Profil	Longueur de référence courroie L_d
A	630-700-790-890-990-1100
	1250-1430-1550-1640-1750-1940
B	930-1000-1100-1210-1370
	1560-1760-1950-2180-2300-2500
C	1565-1760-1950-2195-2420-2715
	2880-3080-3520-4060-4600-5380
SPZ	630-720-800-900-1000-1120-1250
	1400-1600-1800-2000-2240-2500
SPA	800-900-1000-1120-1250-1400
	1600-1800-2000-2240-2500-2800

Tolérance t_1 sur L_d	
L_d	t_1
$500 < L_d \leqslant 630$	± 6
$630 < L_d \leqslant 800$	± 8
$800 < L_d \leqslant 1000$	± 10
$1000 < L_d \leqslant 1250$	± 13
$1250 < L_d \leqslant 1600$	± 16
$1600 < L_d \leqslant 2000$	± 20
$2000 < L_d \leqslant 2500$	± 25
$2500 < L_d \leqslant 3150$	± 32
$3150 < L_d \leqslant 4000$	± 40

50 Bords de pièces

50 ■ 1 Cas général

ISO 10135

Pratiquement une arête vive n'existe pas, c'est pourquoi on définit, en fonction des conditions admissibles, une zone de tolérance à l'intérieur de laquelle la forme réelle du bord peut s'écarter de l'arête vive théorique.

PRINCIPE :

Le bord de pièce est caractérisé par un symbole (voir fig. 2) et l'état du bord est indiqué par le signe + ou – (voir tableau suivi de la valeur de la cote **a**.

Signe	Bord extérieur	Bord intérieur
+	Avec bavure	Avec raccordement
–	Angle cassé	Avec dégagement
±	Avec ou sans bavure	Avec raccordement ou avec dégagement

REMARQUES :

■ Pour la figure 2, le bord extérieur peut comporter une bavure de 0,5. Le sens de la bavure est quelconque.

■ Lorsqu'il est nécessaire de définir le sens de bavure toléré, ou le sens du dégagement admissible, inscrire les cotes conformément à la figure 3b ou 3c.

■ S'il est nécessaire de définir une limite supérieur et une limite inférieure, indiquer les valeurs comme figure 3d.

■ Les spécifications des bords de pièces ne doivent être indiquées que si elles sont fonctionnellement justifiées.

■ Lorsqu'une même spécification s'applique à tous les bords de même nature une seule indication pour les bords externes et une seule indication pour les bords internes suffisent. Les placer à proximité du cartouche et indiquer le numéro de norme (fig. 4).

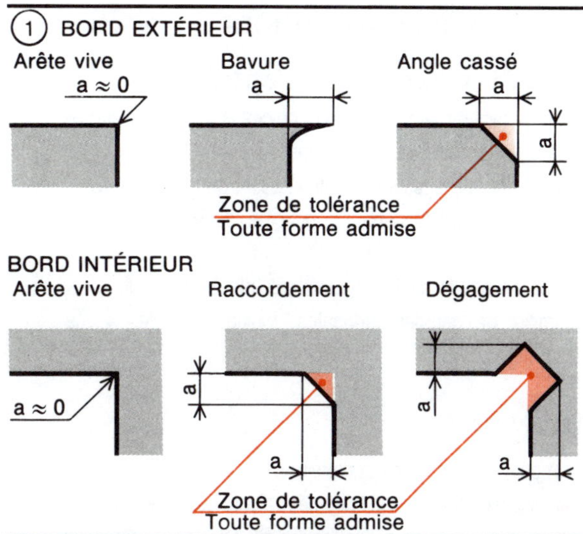

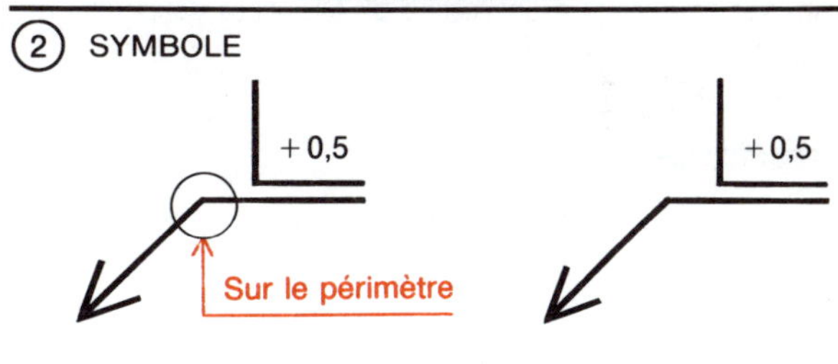

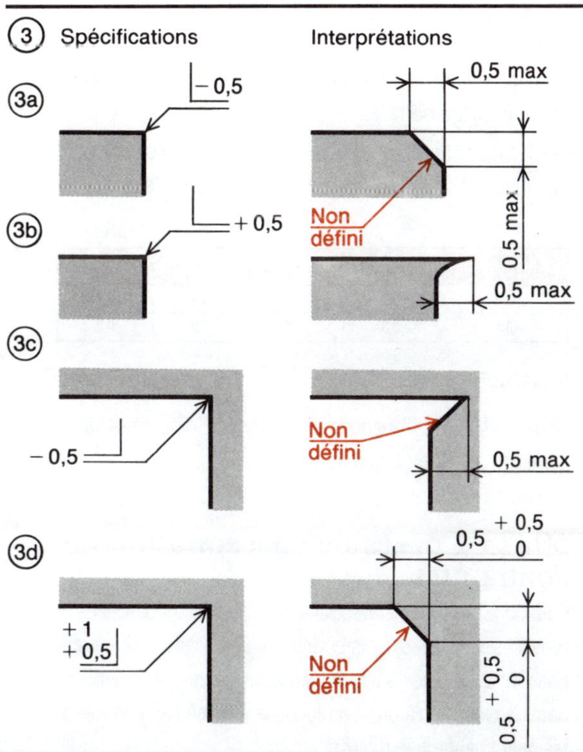

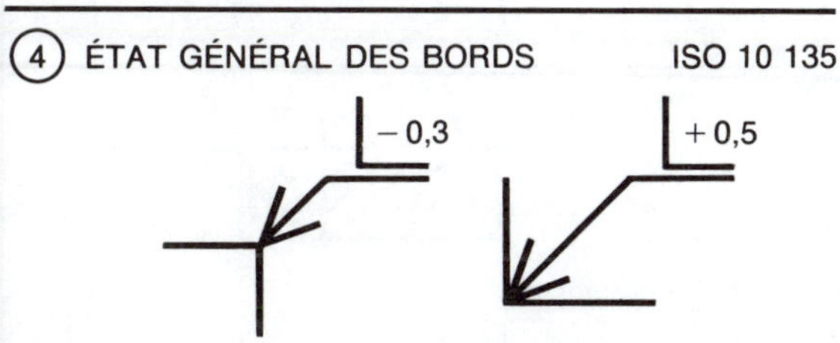

50 ■ 2 Cas particuliers NF R 94-302

50 ■ 21 Chanfreins d'entrée

Afin de faciliter le montage des pièces, il est nécessaire de réaliser, au moins, des chanfreins d'entrée (fig. 1) :

- sur les alésages les chanfreins sont en général à 45°,
- sur les arbres ils sont, en principe, de 30°.

Si le chanfrein droit est remplacé par un arrondi, éviter l'emploi de courbes tangentes, toujours difficiles à réaliser (fig. 2).

TOLÉRANCES :

On peut tolérancer les chanfreins :

- soit directement à la suite des valeurs des cotes (fig. 3a),
- soit en référant à une norme de tolérances générales (fig. 3b).

REMARQUES :

Pour les chanfreins et gorges de dégagement de filetage, voir § 30.42.

1

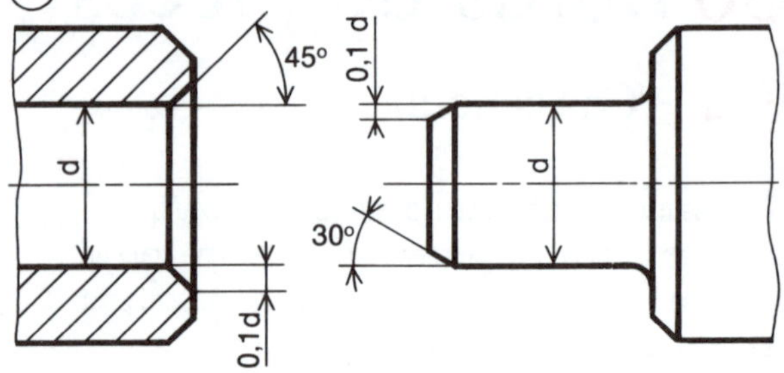

2

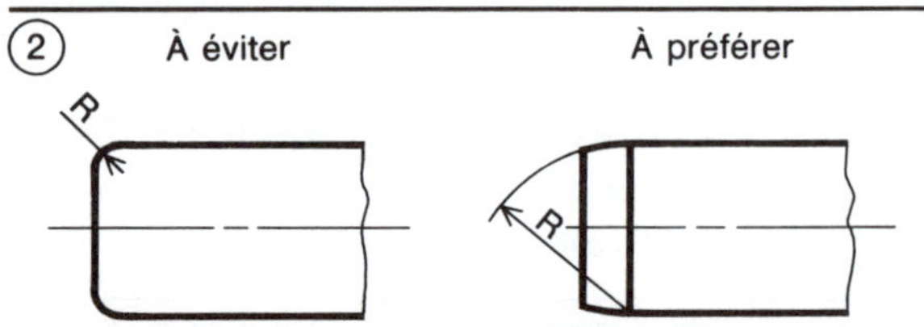

3a

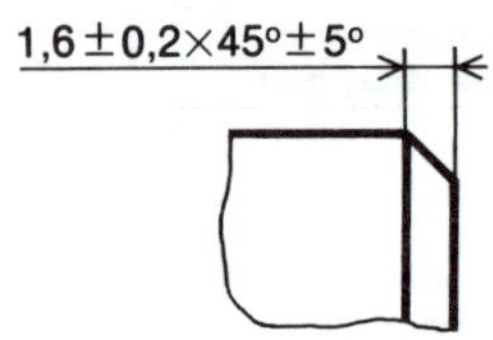

3b

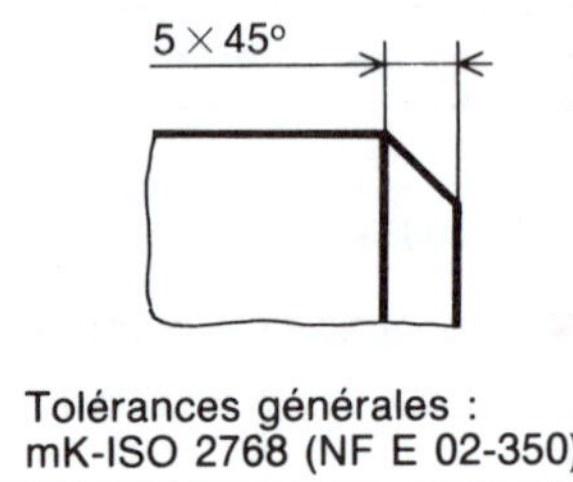

50 ■ 22 Dégagements de rectification

Le dégagement suivant figure 4a permet une rectification et un dressage de face.

Le dégagement suivant figure 4b convient seulement pour une rectification cylindrique ou un dressage de face.

$a^{+0,1}_{0}$	$b^{+0,1}_{0}$	c	R	r
0,3	0,2	1,7	0,8	0,4
0,4	0,3	2,7	1,2	0,8

REMARQUE :

Deux surfaces cylindriques à tolérances différentes sont séparées par une gorge (fig. 5).

4a 4b

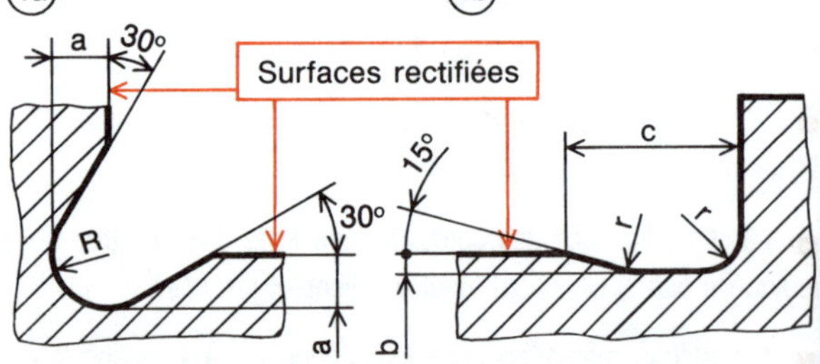

5

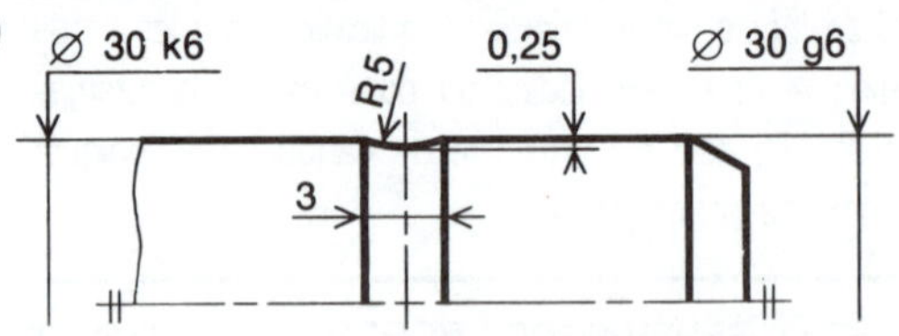

50 ■ 23 Congés de concentration de contraintes

Pour un arbre fortement sollicité, il est parfois nécessaire de prévoir un rayon plus important que le chanfrein correspondant de la pièce à assembler. Dans ce cas, on interpose, entre la pièce et l'arbre, une rondelle intermédiaire convenablement chanfreinée (fig. 6).

6

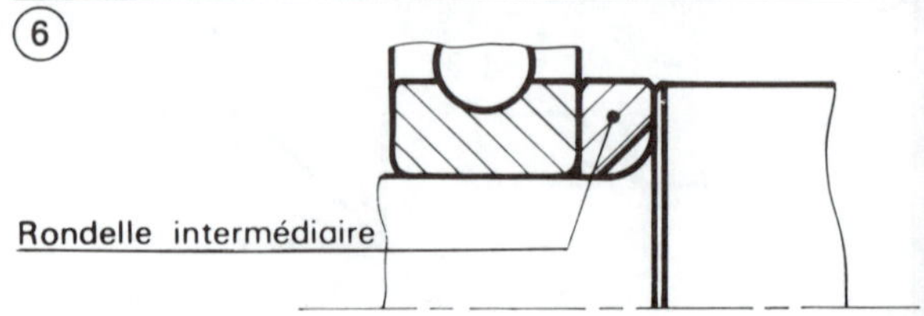

51 Cônes Rainures à T Centres

51 ▪ 1 Cônes d'emmanchement

Ces cônes assurent le centrage des outils dans le nez de broche des machines. Un cône d'emmanchement est caractérisé par sa conicité.

51 ▪ 11 Cônes « Morse » - Cônes 5 %

Ils assurent un centrage de très haute précision. Leur faible conicité (voir tableau) procure une adhérence généralement suffisante pour l'entraînement de l'outil.

Le démontage de l'outil est difficile. Il nécessite un système d'extraction :

- clavette chasse-cône pour machines peu précises (perceuse par exemple, voir figure 1),
- extracteur fileté pour machines précises (fraiseuse par exemple, voir figure 2).

CÔNES MORSE										
N°	c en %	D	a	d_1	d_2	l	l_1	l_2	m	S	t
0	5,205	9,045	3	–	6,7	56,5	50	52	–	–	–
1	4,988	12,065	3,5	M 6	9,7	62	53,5	56	16	–	–
2	4,995	17,780	5	M 10	14,9	75	64	67	24	–	–
3	5,020	23,825	5	M 12	20,2	94	81	84	28	12	24
4	5,194	31,267	6,5	M 16	26,5	117,5	102,5	107	32	15	32
5	5,263	44,399	6,5	M 20	38,2	149,5	129,5	135	40	18	45
6	5,214	63,348	8	M 24	54,6	210	182	186	50	25	65

CÔNES 5 % (conicité c = 5 %)							
D	4	6	80	100	120	160	200
a	2	3	8	10	12	16	20
d_1	–	–	M 30	M 36	M 36	M 48	M 48
d_2	3	4,6	71,5	90	108,5	145,5	182,5
l	–	–	220	260	300	380	460
l_1	23	32	196	232	268	340	412
l_2	25	34	202	240	276	350	424
m	–	–	65	80	80	100	100

Exemples de désignation d'un cône Morse n° 3 et d'un cône 5% de diamètre, de jauge D = 100 :

Cône Morse n° 3 **Cône 5% - 100**

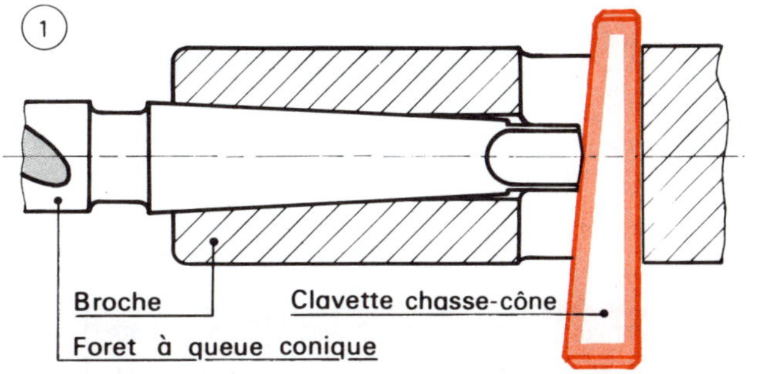

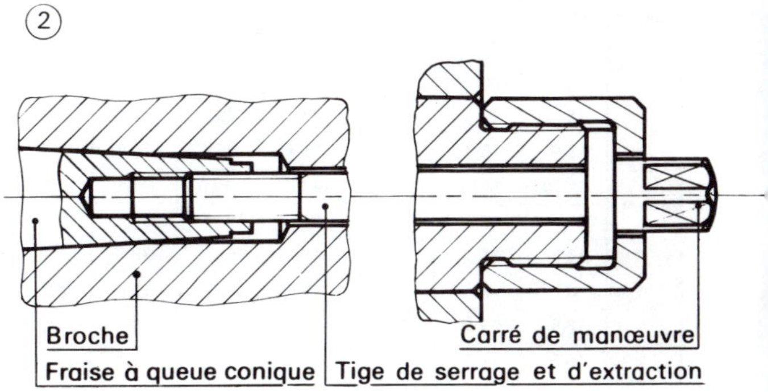

CÔNE À TENON NF E 66-531

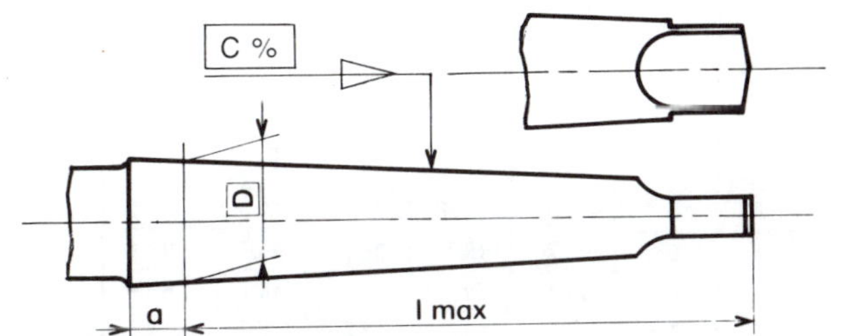

CÔNE À TROU TARAUDÉ

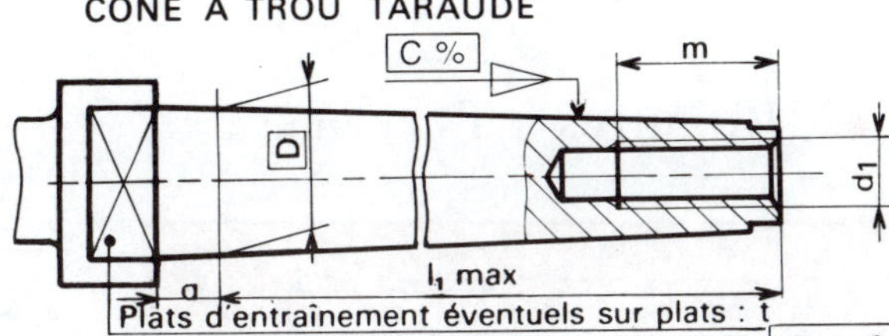

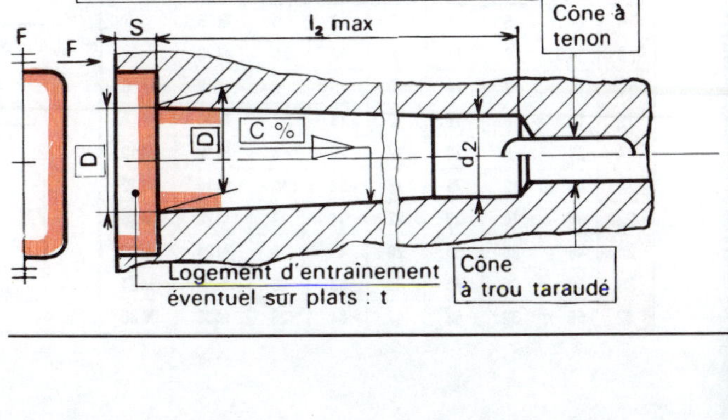

51 ▪ 12 Cônes 7/24

Ces cônes réalisent un centrage un peu moins précis que les cônes Morse. Leur forte conicité (environ 29,2 %) ne permet pas l'entraînement de l'outil et nécessite l'adjonction de tenons. Par contre, le démontage aisé des cônes est très apprécié.

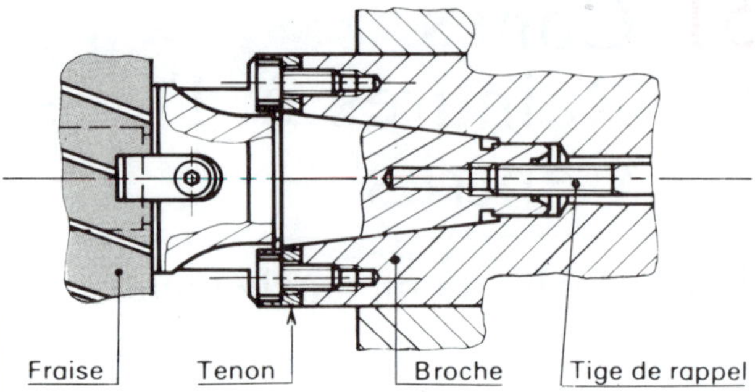

Nez n°	30	40	45	50	55	60
D_1	31,75	44,45	57,15	69,85	88,90	107,95
D_2	69,83	88,88	101,60	128,57	152,40	221,44
d	17,4	25,3	32,4	39,6	50,4	60,2
L	73	100	120	140	178	220
a	16	20	20	25	30	30
b	15,9	15,9	19	25,4	25,4	25,4
g	M 10	M 12	M 12	M 16	M 20	M 20
f	54	66,7	80	101,6	120,6	177,8
m	12,5	16	18	19	25	38
n	8	8	9,5	12,5	12,5	12,5
o	16,5	23	30	36	48	61
k	16,5	19,5	19,5	26,5	26,5	45,5

NEZ DE BROCHES À CONICITÉ 7/24 N F E 60-023

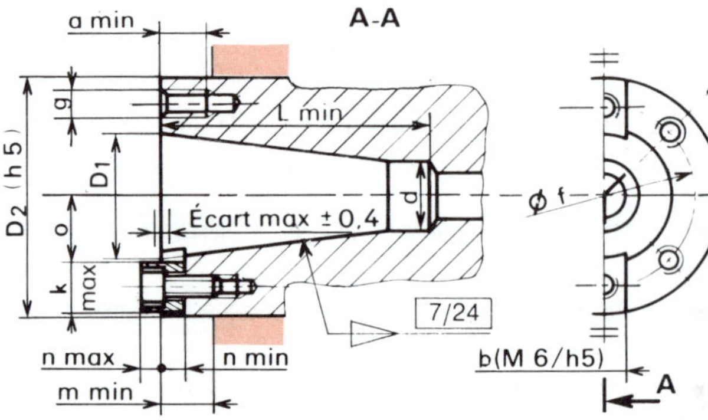

Nez n°	30	40	45	50	55	60
D_1	31,75	44,45	57,15	69,85	88,90	107,95
d	17,4	25,3	32,4	39,6	50,4	60,2
l	70	95	110	130	168	210
l_1	48.4	65.4	82.8	101.8	126.8	161.8
l_2	24	30	38	45	45	56
g	M 12	M 16	M 20	M 24	M 24	M 30
r	16,1	16,1	19,3	25,7	25,7	25,7
t	16,2	22,5	29	35,3	45	60
y	1,6	1,6	3,2	3,2	3,2	3,2

QUEUE D'OUTILS À CONICITÉ 7/24 N F E 60-024

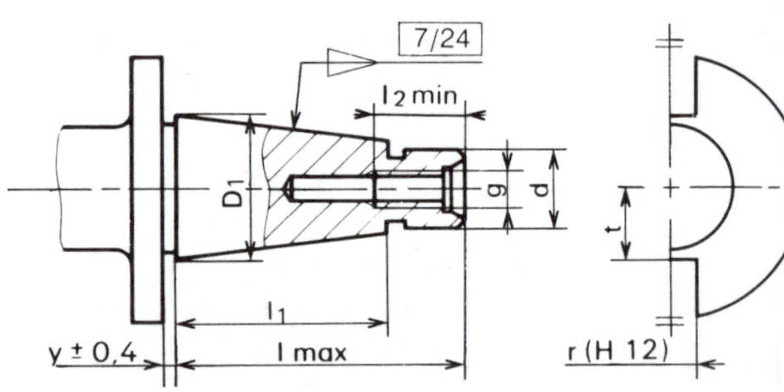

51 ▪ 2 Rainures à T NF E 21-301

a	b min	c min	h max	h min	b_1	c_1	d	d_1
6	11	5	8	6	10	4	M 5	
8	14,5	7	11	8	13	6	M 6	
10	16	7	14	10	15	6	M 8	M 6
12	19	8	17	12	18	7	M 10	M 8
14	23	9	19	14	22	8	M 12	M 10
18	30	12	24	18	28	10	M 16	M 12
22	37	16	29	22	34	14	M 20	M 16
28	46	20	36	28	43	18	M 24	M 20
36	56	25	46	36	53	23	M 30	M 24
42	68	32	53	42	64	28	M 36	M 30

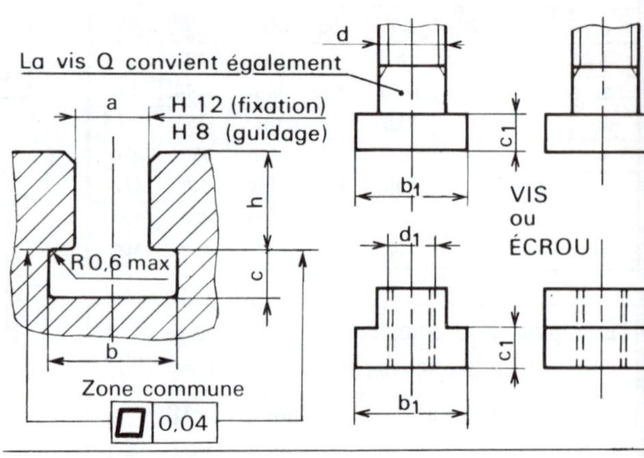

51 ■ 3 LARDONS DE MISE EN POSITION

LARDON MAINTENU*

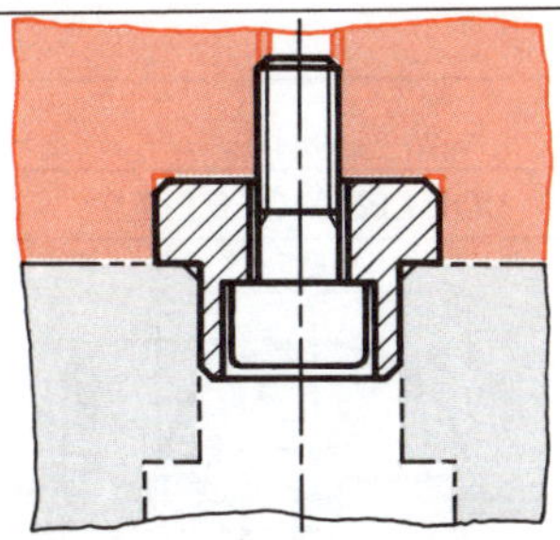

A	
12	18
14	22
16	–

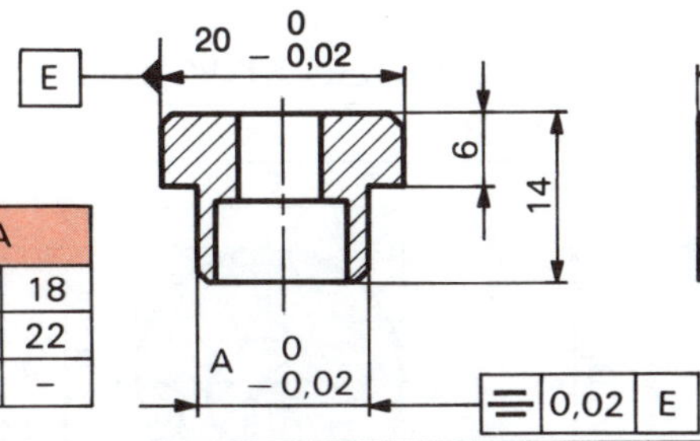

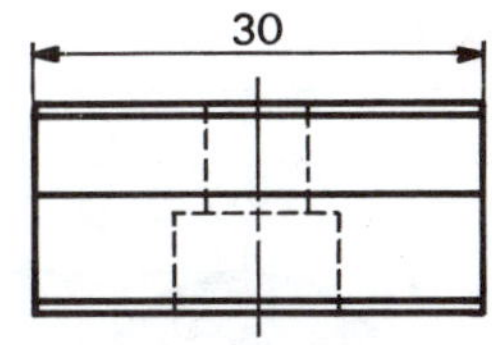

Matière : XC 48 bruni

LARDON LIBRE*

DIN 6323

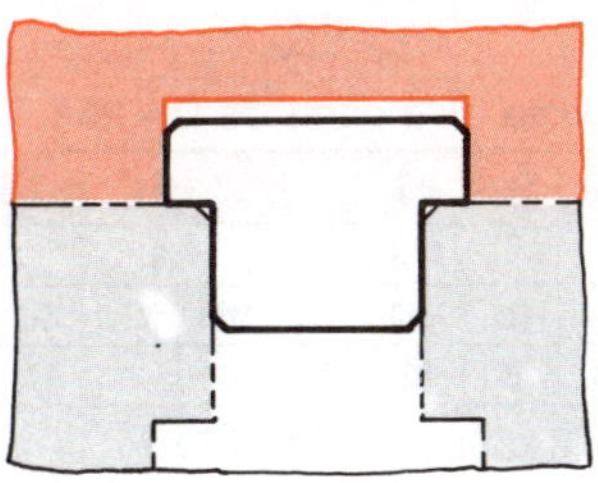

A	
12	16
14	18

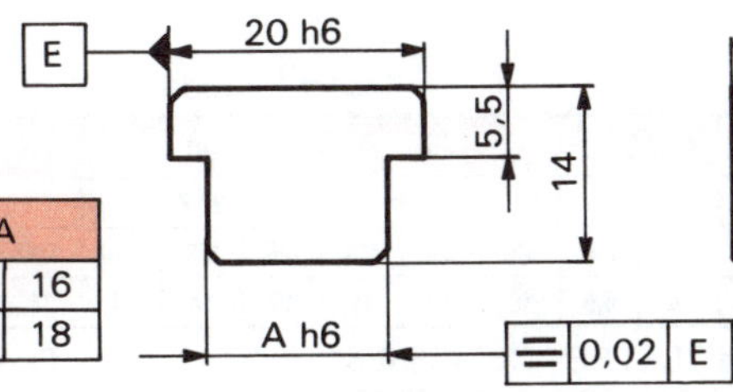

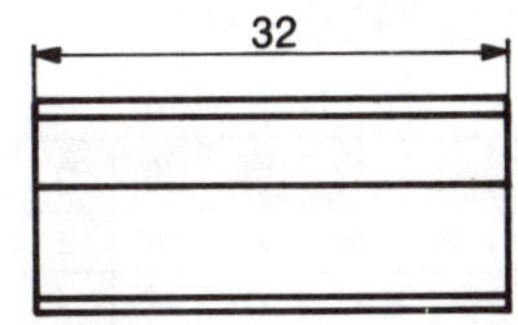

Matière : XC 10 HRC ⩾ 26

51 ■ 4 Centres d'usinage

NF E 60-051

Ces centres servent à usiner des pièces entre pointes. Ils matérialisent l'axe de la pièce. Voir également G.T. 23.

Dans le but de faciliter la vérification ou un usinage supplémentaire éventuel, il est utile de conserver les centres d'usinage sur toute pièce finie.

■ Le choix d'un centre d'usinage est essentiellement fonction des dimensions de la pièce à centrer (diamètre maximal, longueur, diamètre des extrémités), des efforts de coupe et de la précision du travail à exécuter.

■ A titre de première estimation et pour les cas généraux, on peut déterminer **d** à l'aide du tableau ci-contre.

■ Il est recommandé, afin de conserver dans le temps les qualités géométriques de la surface conique, d'utiliser les centres avec un chanfrein de protection (type B).

■ Les centres d'usinage à profil curviligne (type R) sont réservés, en principe, aux travaux de haute précision.

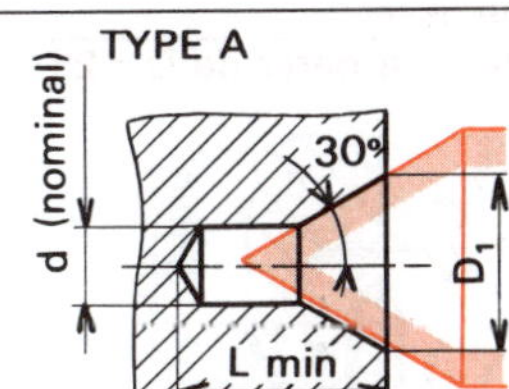

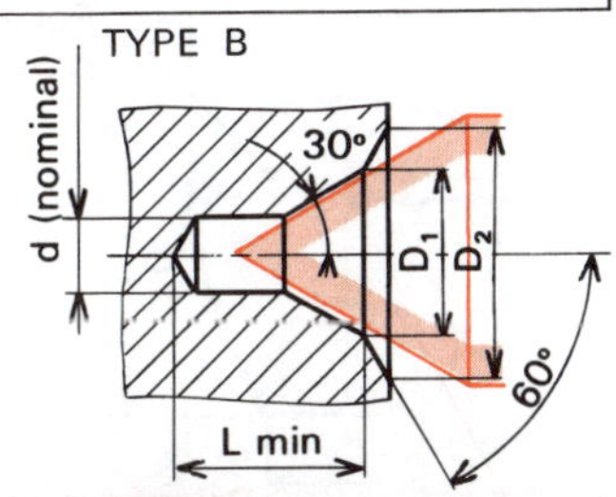

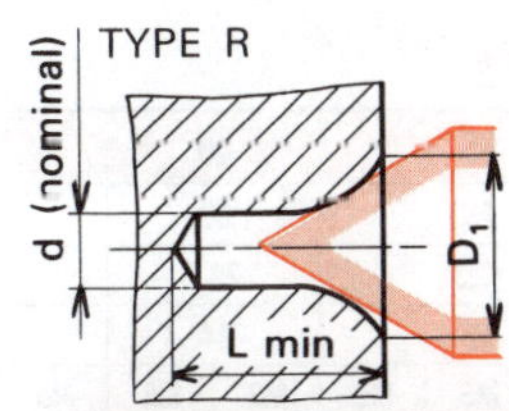

DP = ∅ max. de la pièce

DP	d	DP	d
5-8	1	25-45	4
8-10	1,6	45-80	6,3
10-16	2	80-120	8
16-25	3,15	> 120	10

d	D_1	D_2	L	d	D_1	D_2	L
(0,5)	1,06	–	1,3	3,15	6,70	10	7
(0,8)	1,70	–	1,9	4	8,50	12,5	8,9
1	2,12	3,15	2,3	(5)	10,60	16	11,2
1,6	3,35	5	3,5	6,3	13,20	18	14
2	4,25	6,3	4,5	(8)	17	22,4	17,9
2,5	5,30	8	5,5	10	21,20	28	22,5

REPRÉSENTATION SIMPLIFIÉE ET DÉSIGNATION DES CENTRES

NF E 04-116

Centre exigé	Centre admissible	Pas de trace de centre
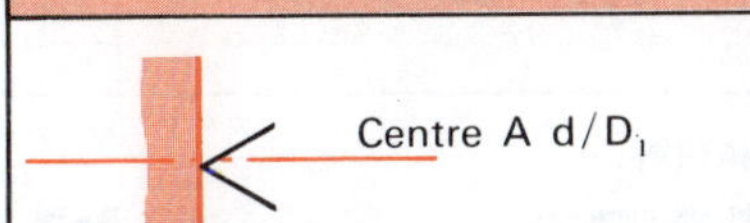	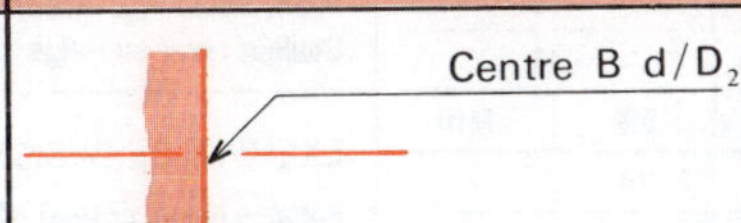	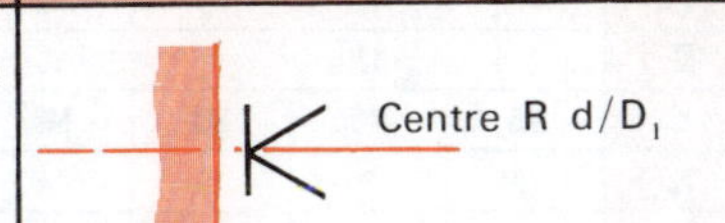

* Norelem, 91882 - Massy.

52 Éléments de manœuvre

Voir également les écrous de manœuvre et les manettes de blocage (chapitre 32).

52 ■ 1 BOULES ET POIGNÉES

BOULES LISSES*

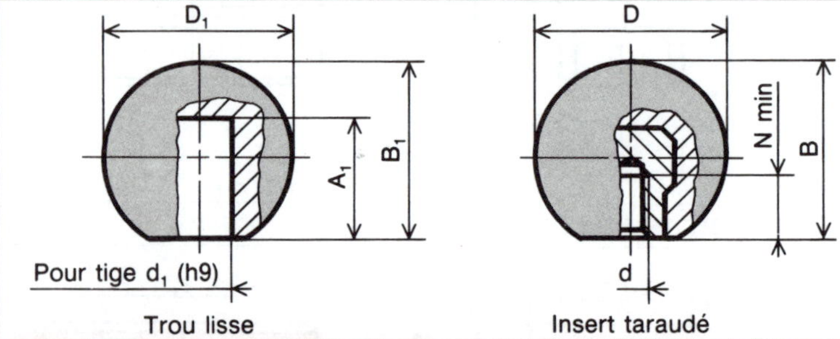

BOULES MOLETÉES*

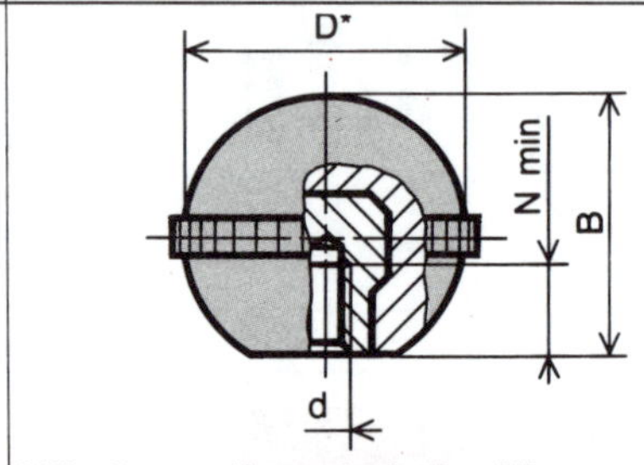

*N'existe qu'à partir de D = 25

D_1	22	30	36	40	D	20		25			30			35			40			45		50	
B_1	20	28	24	38	B	18		23,2			27,7			32,8			37,3			42,6		47,5	
d_1	8	10	12	14	d	M5	M6	M5	M6	M8	M6	M8	M10	M8	M10	M12	M6	M10	M12	M10	M12	M10	M12
A_1	14	26	26	28	N	10	6,5	10	12	11	12	14	14	14	14	14	14	22	21	22	21	22	21

POIGNÉES HAUTES MOLETÉES OU LISSES*

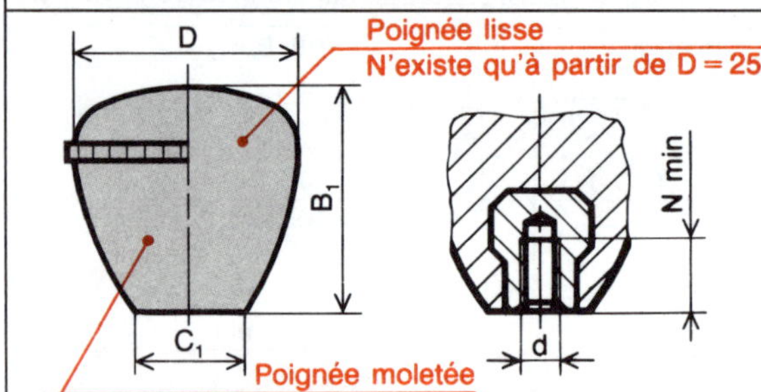

POIGNÉES BASSES MOLETÉES*

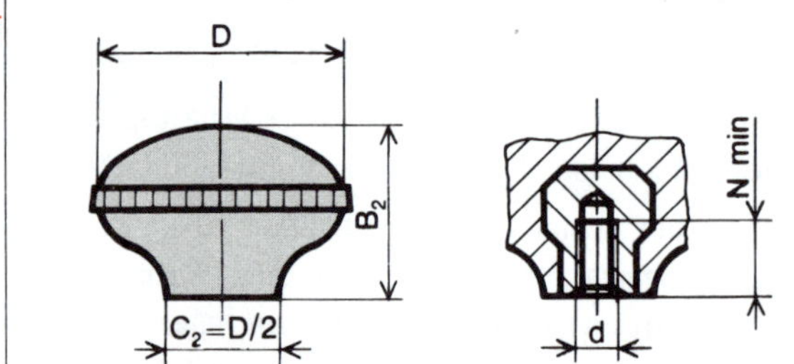

D	16	20			25			30		35			40			45		50		
B_1	16	20			25			30		35			40			45		—		
B_2	—	13,8			17,3			20,7		24,2			27,4			—		35		
C_1	8	10			12			14		16			18			18		—		
d	M4	M4	M5	M6	M4	M5	M6	M6	M8	M6	M8	M10	M8	M10	M12	M10	M12	M8	M10	M12
N	10	10	10	6,5	10	10	12	12	14	12	14	22	14	22	21	22	21	14	22	21

POIGNÉES FUSEAU*

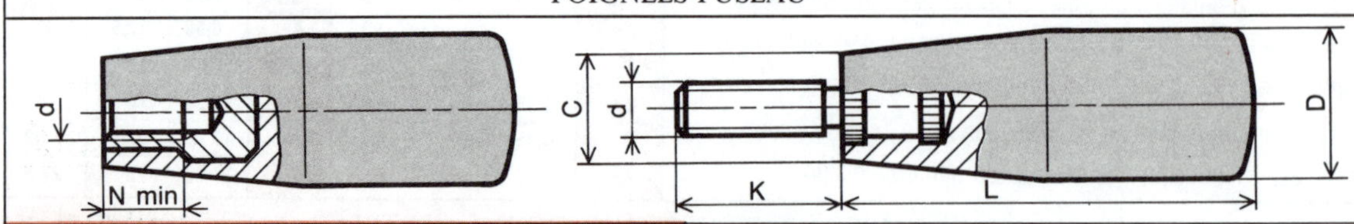

D	17			23	28	
L	45			60	70	
C	13			16	18	
d	M5	M6	M8	M8	M8	M10
N	10	9	16	14	14	—
K	—	—	18	12	—	20

MATIÈRE :

Phénoplaste PF2 - Insert XC 38 zingué
Couleur : noir ou rouge

EXEMPLE DE DÉSIGNATION :

Poignée haute, lisse, D = 30, M6, noire — Boutet.

* Boutet, 93400 - Saint-Ouen.

52 ■ 2 VOLANTS

Élément de manœuvre	Croquis	Couple max N. m	Effort max N
Bouton ∅ 20 à ∅ 30		0,15	15
Bouton ∅ 30 à ∅ 80		1	30
Manette		1	30
Volant D ⩽ 200 (avec une main)		1	30

VOLANTS A DEUX BRAS

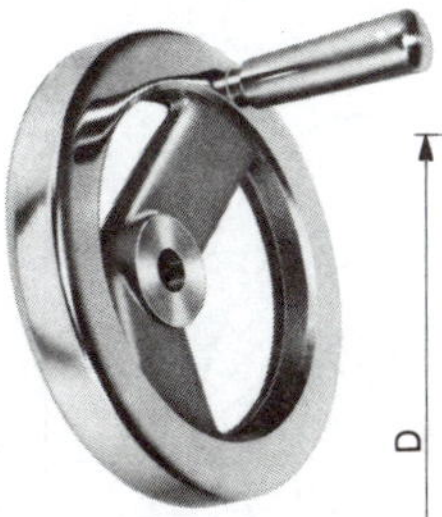

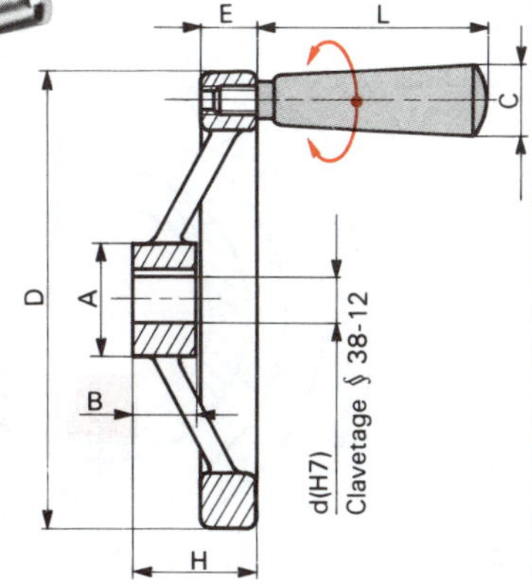

D	d	A	B	C	E	H	L
125	12	31	18	23	15	33	67
160	14	36	20	26	18	39	82
200	18	42	24	26	20,5	45	82
250	22	48	28	28	23	51	92

Matière :
Volant : 2017 (A-U4G)
Revêtement époxy - polyester noir mat
Poignée : phénoplaste (PF) - noire

VOLANTS A TROIS BRAS*

DIN 955

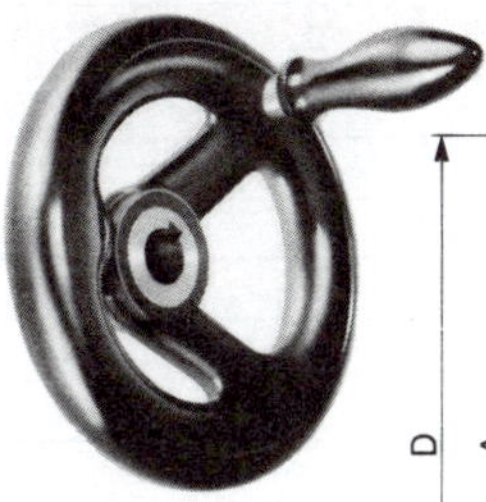

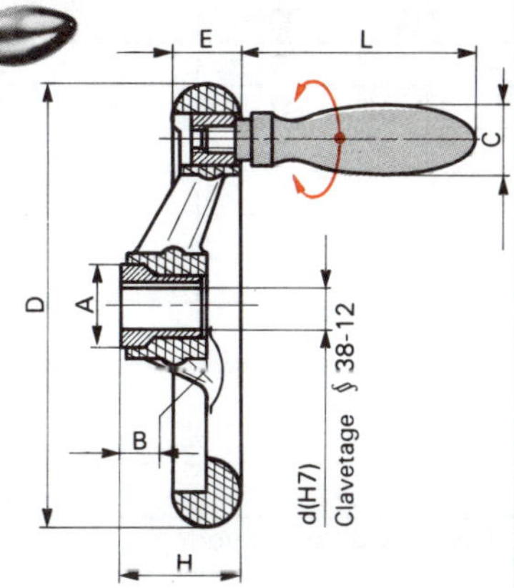

D	d	A	B	C	E	H	L
100	12	24	22	16	15	26	54,5
125	14	24	25	20	18	34	67
160	16	32	28	25	22	40	83
200	20	40	32	25	24	45	83
250	24	49	36	32	29	58	105,5

Matière :

Phénoplaste (PF) - noire.

Insert XC 38

VOLANTS PLEINS*

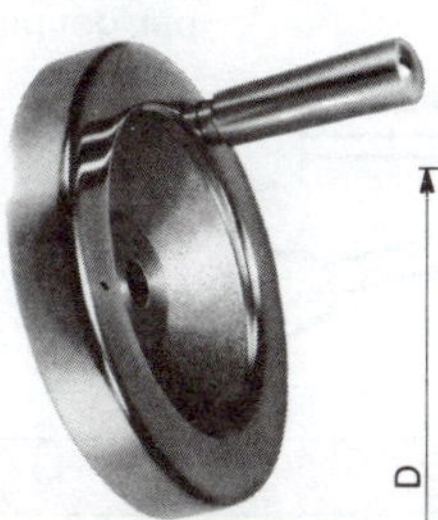

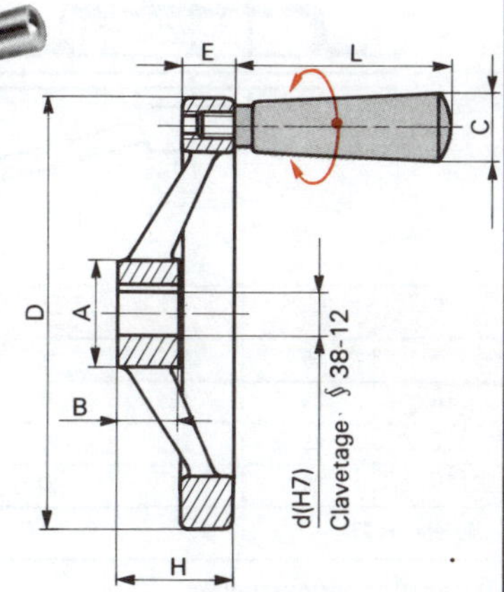

D	d	A	B	C	E	H	L
100	12	28	17	16	14	30	51
125	14	31	18	20	15	33,5	64
160	16	36	20	22	18	39	73
200	18	42	24	25	20,5	45	82
200	20	42	24	25	20,5	45	82
250	22	48	28	28	23	51	95
250	26	48	28	28	23	51	95

Matière :
Volant : 2017 (A - U4G)
Couronne polie, moyeu mat
Poignée : phénoplaste (PF) - noire

EXEMPLE DE DÉSIGNATION :
Volant à deux bras, D = 200, d = 18. **Norelem.**

* Norelem, 91882 - Massy.

VOLANTS DEBRAYABLES

DIN 950

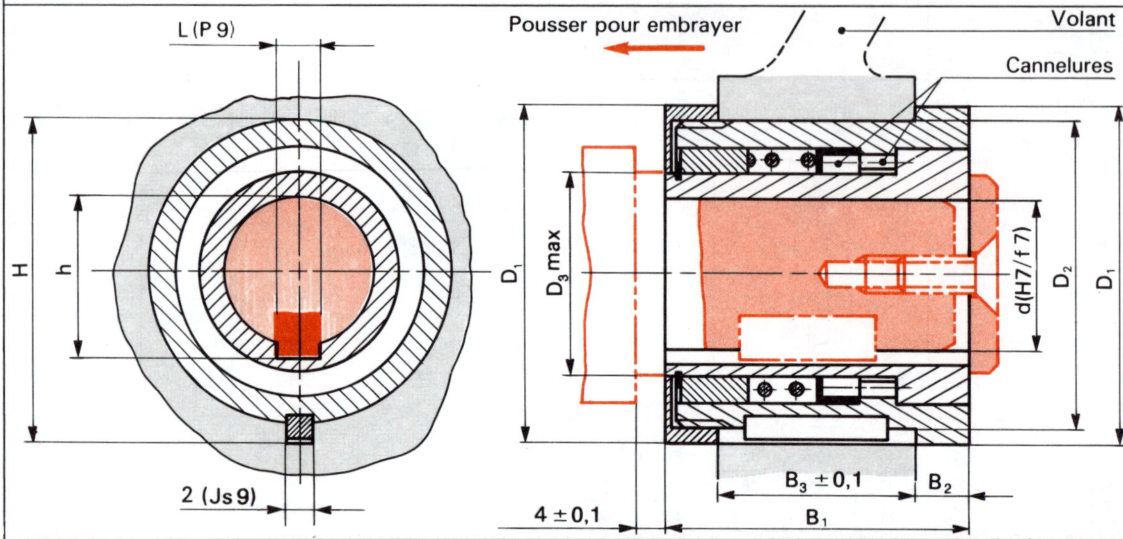

d	D_1	D_2	D_3	B_1	B_2	B_3	h	H	L
12	28	25	17	28,5	5	18	13,1	26	4
14	32	29	21	32,5	6	20	15,3	30	5
16	32	29	21	32,5	6	20	17,3	30	5
18	38	35	26	36,5	6	24	19,7	36	6
20	38	35	26	36,5	6	24	21,7	36	6
22	45	41	30	47,5	12	28	23,7	42	6

■ **Suivant le sens de montage du moyeu, il faut soit pousser, soit tirer pour embrayer.**

EXEMPLE DE DÉSIGNATION :
Moyen débrayable, d = 12, Norelem.

DISQUES VERROUS POUR PORTES*

Exemple d'application

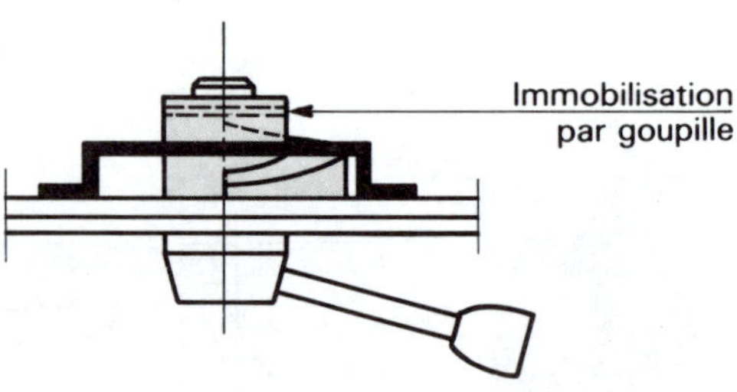

d	D_1	H	D_2	E_1	E_2
8	35	15	18	7	3
10	35	15	18	7	3
12	65	20	23	10	5
16	80	24	27	12	6

Matière : Ft 25.

EXEMPLE DE DÉSIGNATION :
Disque de verrou porte, d = 10, à droite, Norelem.

Disque à droite

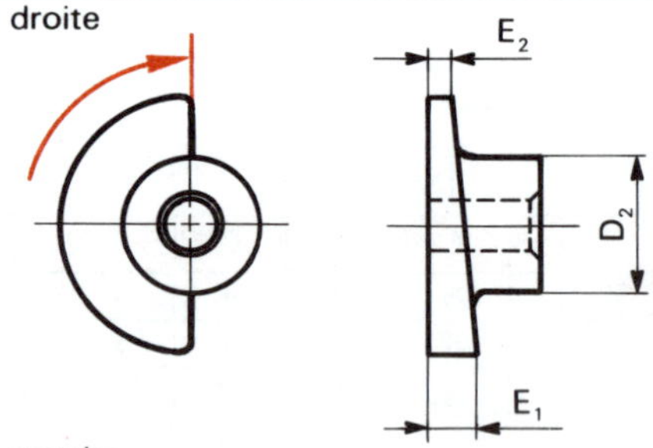

Disque à gauche

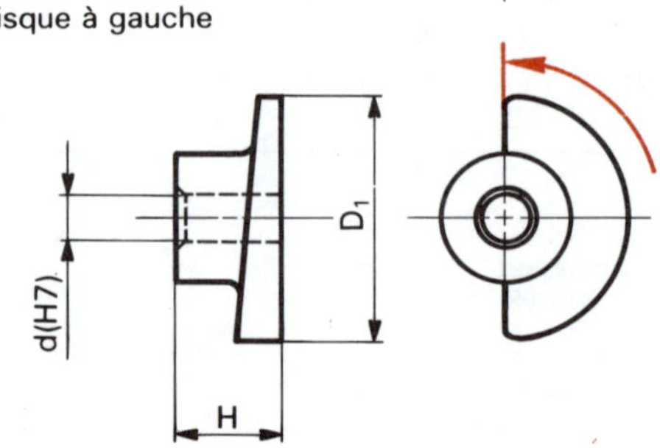

* Norelem, 91882 - Massy.

53 Schémas cinématiques

53 ■ 1 Sens de manœuvre sur les machines NF E 60-031

Cette normalisation ne concerne que les sens de manœuvre des organes de commande. Elle exclue les organes qui tournent continuellement dans le même sens (moteurs électriques, par exemple). Par contre, elle s'applique aussi bien pour la commande de mouvements réalisés manuellement que pour la mise en route de mouvements automatiques.

Les exemples ci-dessous illustrent les principales règles qu'il convient d'observer.

COMMANDE PAR LEVIER

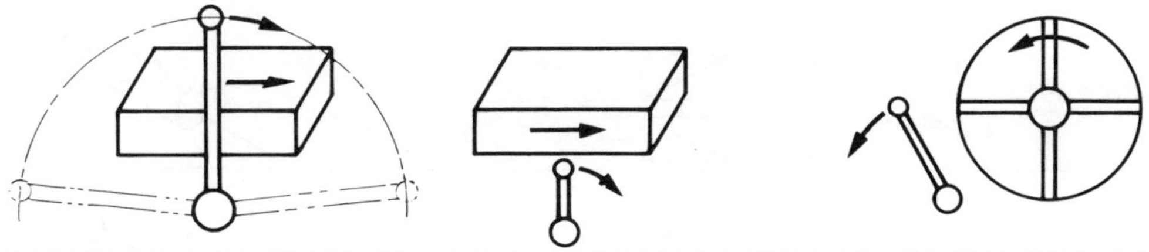

COMMANDE PAR BOUTONS

COMMANDE PAR VOLANT

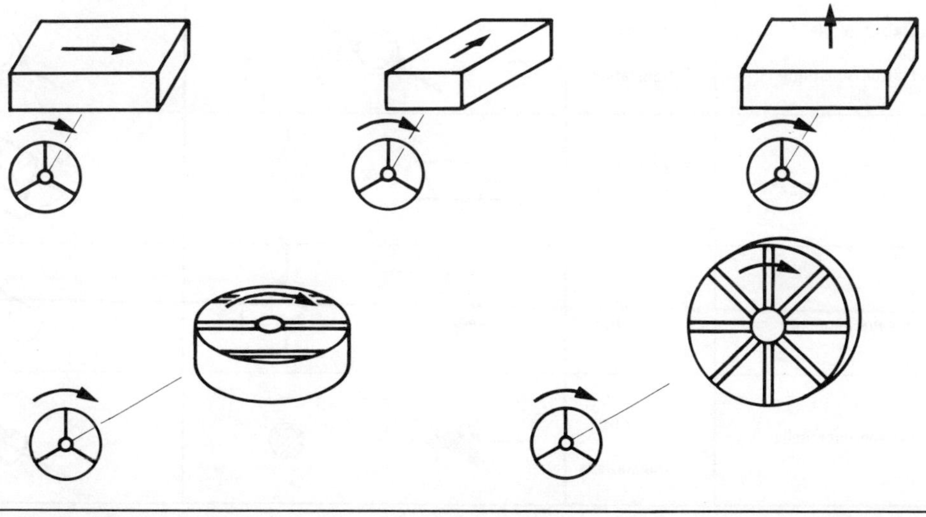

53 ■ 2 LIAISONS USUELLES DE DEUX SOLIDES

NF E 04-015
ISO 3952

Désignation	Mouvements relatifs	Symbole — Représentation plane	Symbole — Représentation en perspective
Liaison encastrement ou liaison fixe	0 rotation 0 translation	 * S'il n'y a pas d'ambiguïté.	
Liaison pivot	1 rotation 0 translation		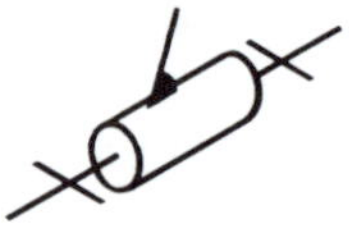
Liaison glissière	0 rotation 1 translation	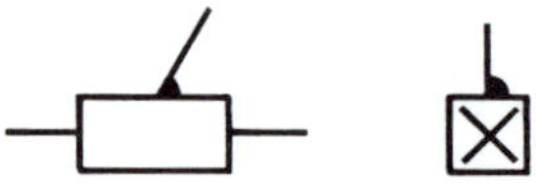	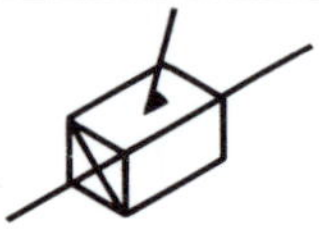
Liaison hélicoïdale	1 rotation 1 translation conjuguées	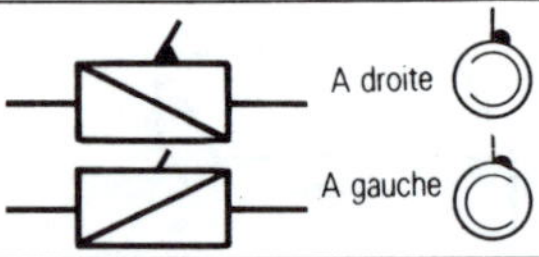	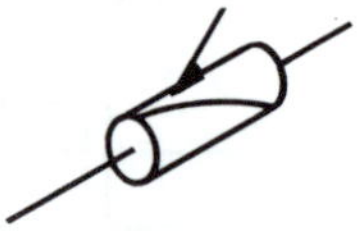
Liaison pivot-glissant	1 rotation 1 translation	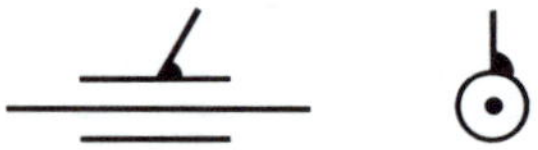	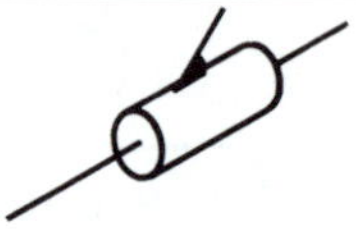
Liaison sphérique à doigt	2 rotations 0 translation		
Liaison appui plan	1 rotation 2 translations	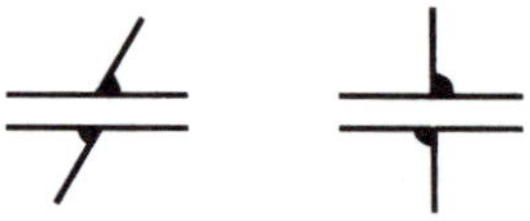	
Liaison rotule ou Liaison sphérique	3 rotations 0 translation		
Liaison linéaire rectiligne	2 rotations 2 translations		
Liaison linéaire annulaire	3 rotations 1 translation		
Liaison ponctuelle	3 rotations 2 translations		

53 ■ 21 SYMBOLES COMPLÉMENTAIRES

Désignation	Symbole	Exemple d'application
Base ou solide de référence		
Arbre Tige Solide de jonction		
Liaison fixe de composants avec un arbre	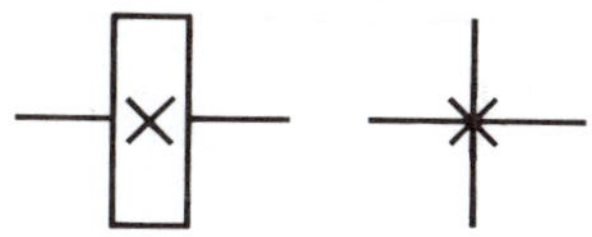	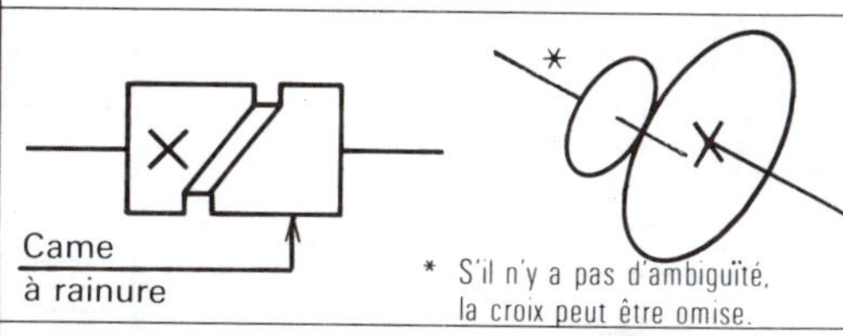 * S'il n'y a pas d'ambiguïté, la croix peut être omise.
Levier de renvoi		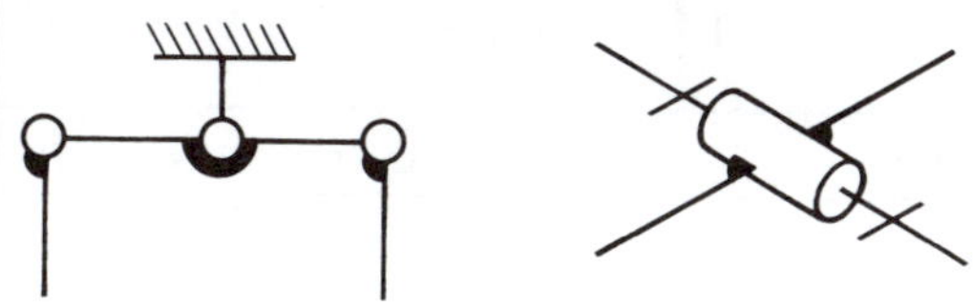
Réglage angulaire		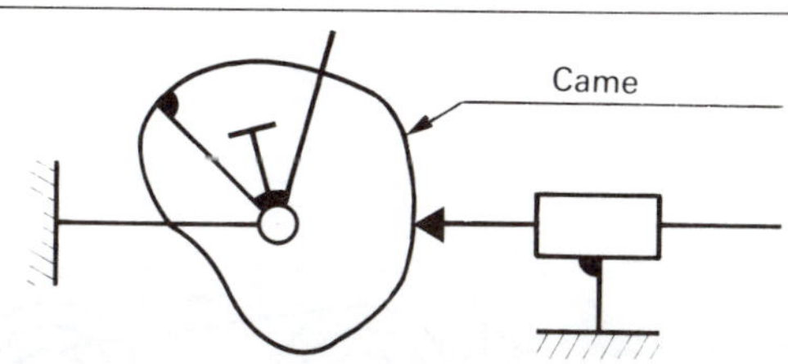
Liaison hélicoïdale débrayable	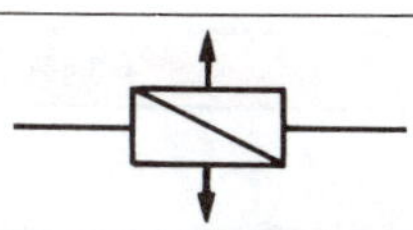	

53 ■ 22 MOUVEMENTS RELATIFS

Mouvement à sens unique	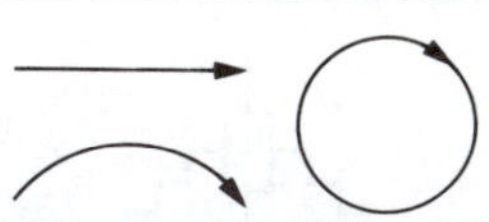	Mouvement oscillatoire	
Fin de mouvement	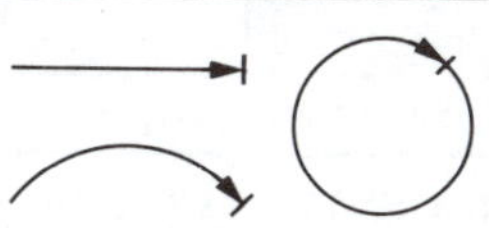	Mouvement oscillatoire avec arrêt prolongé en fin de mouvement	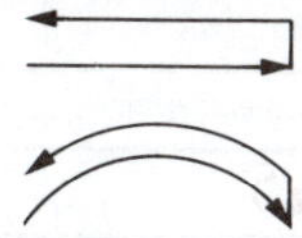
Mouvement à sens unique avec arrêt instantané	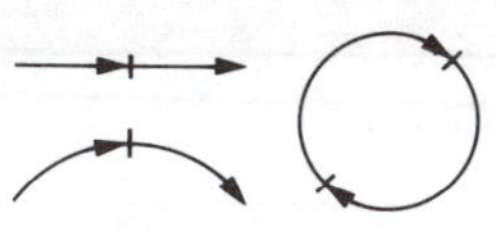	Mouvement oscillatoire avec arrêt instantané en position intermédiaire	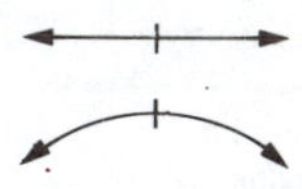
Mouvement à sens unique avec arrêt prolongé	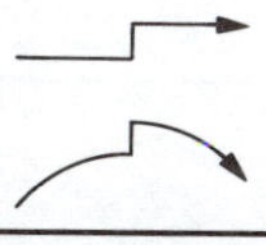	Mouvement oscillatoire avec arrêt prolongé en position intermédiaire	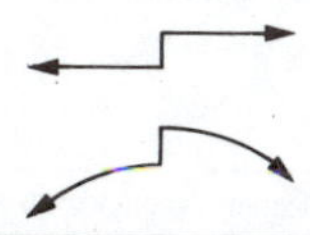

53 ■ 3 TRANSMISSIONS PAR FRICTION

Roue cylindrique	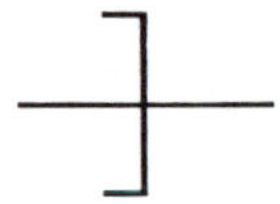	Roue flexible	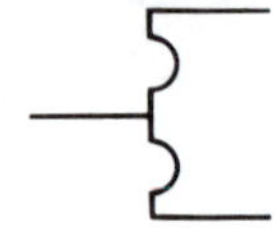
Roue conique	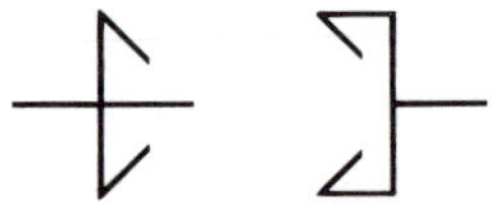	Flasque de transmission frontal	

Exemples d'applications

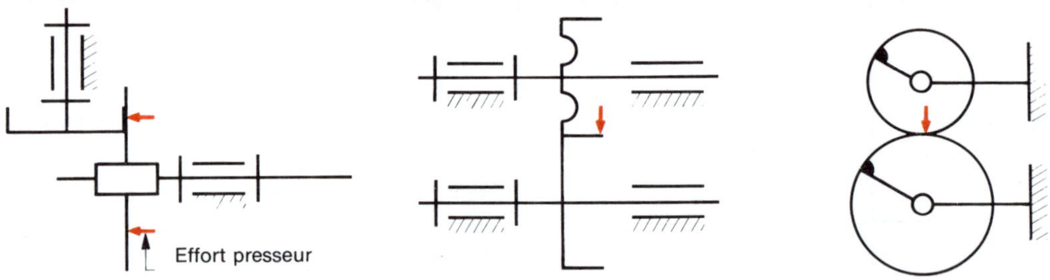

53 ■ 4 TRANSMISSIONS PAR POULIES ET COURROIES

Transmission par courroie (symbole général)	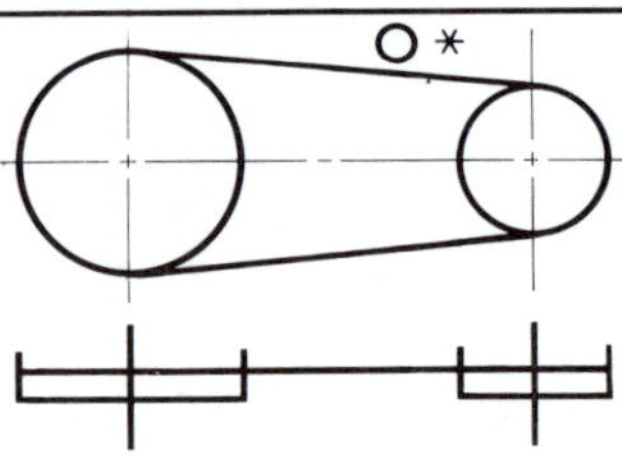	**Type de courroie**			
		Plate	—	Trapézoïdale	▽
		Ronde	○	Crantée	
Poulies étagées	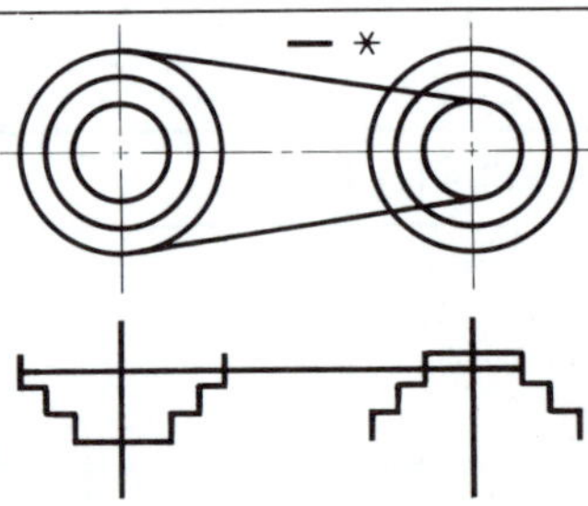	**Liaison avec l'arbre**			
		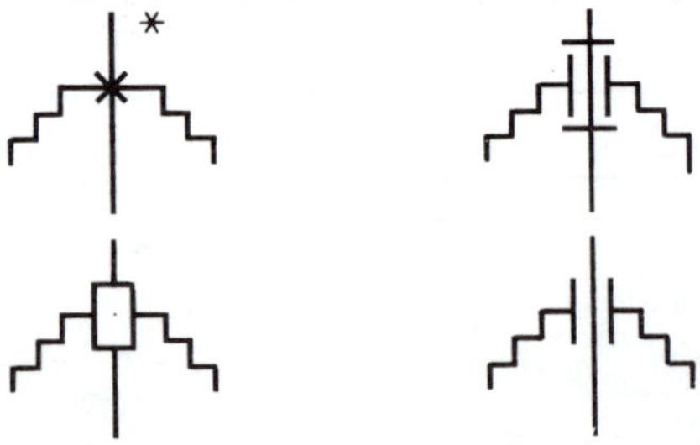			

* Indication éventuelle du type de courroie.

* S'il n'y a pas d'ambiguïté, la croix peut être omise.

53 ■ 5 TRANSMISSIONS PAR ROUES DENTÉES ET CHAÎNES

Transmission par chaîne (symbole général)	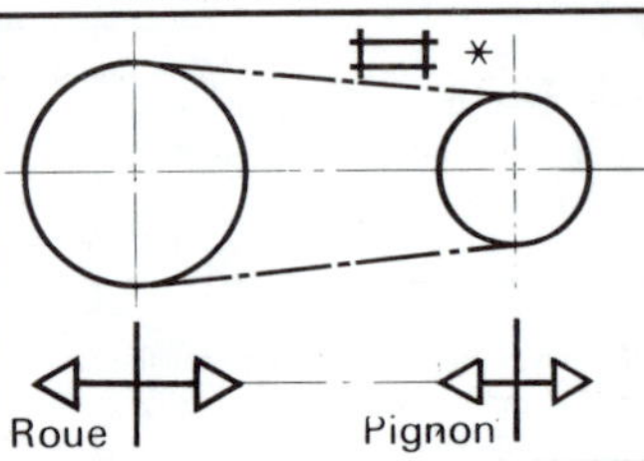	**Type de chaîne**	
		Maillons	
		Rouleaux	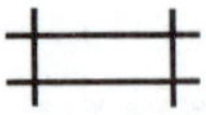
		Dents	

* Indication éventuelle du type de chaîne.

53.6 ENGRENAGES

Roue à denture extérieure	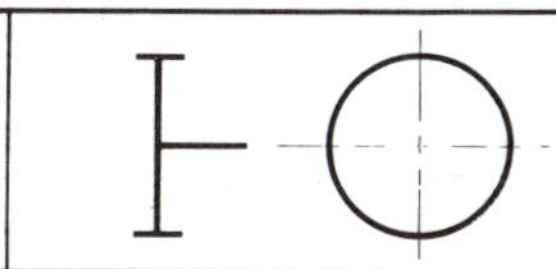
Roue à denture intérieure	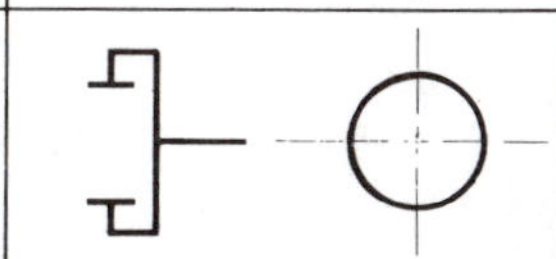
Roue cônique	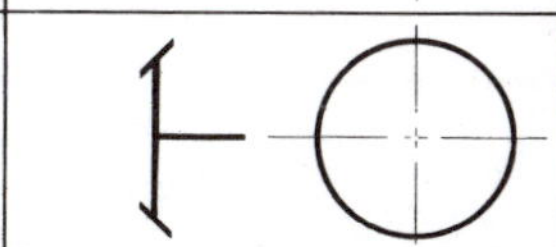
Secteur denté	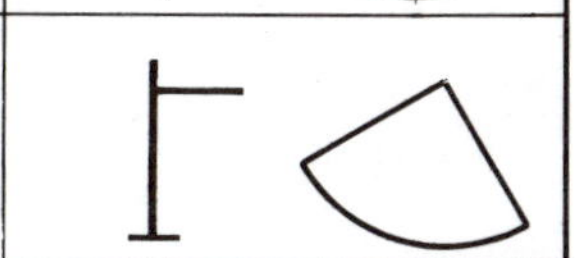
Vis sans fin	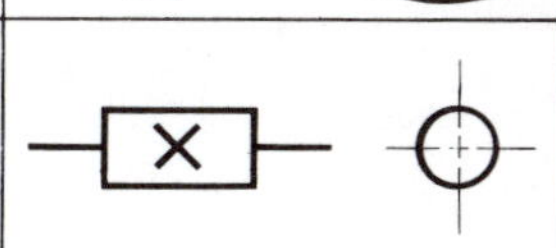
Crémaillère	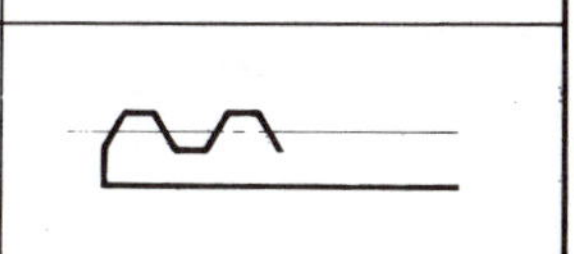

Types de dentures*

Droite	Hélicoïdale	Chevron	Spirale
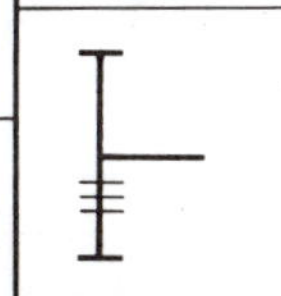	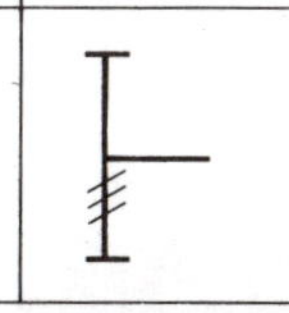	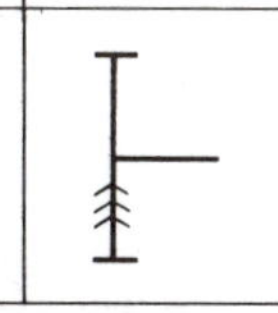	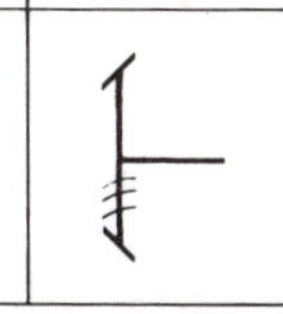

* Indication facultative.

Exemples d'applications

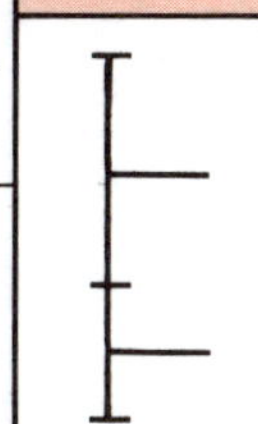	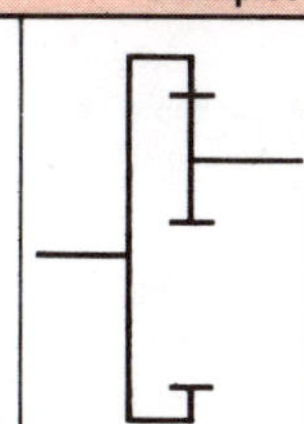	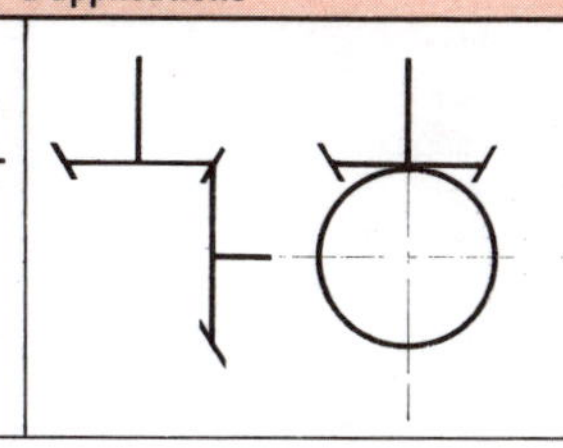

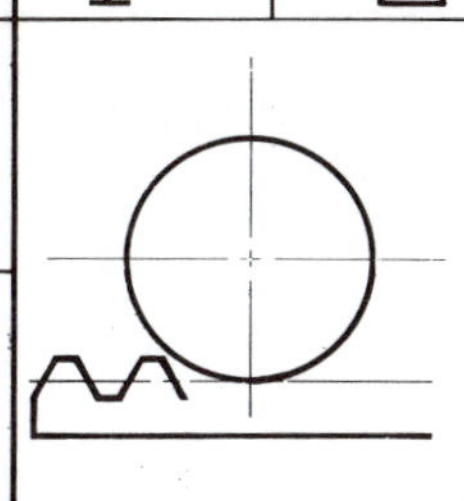	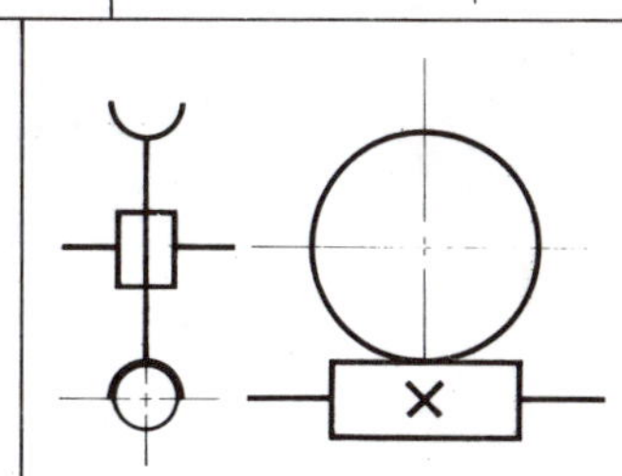

53.7 DIVISEURS ET ROCHETS

Diviseur n = nombre de divisions	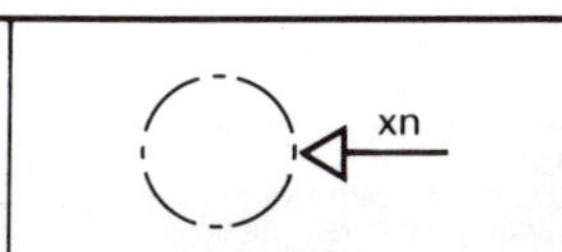	Encliquetage à rochet	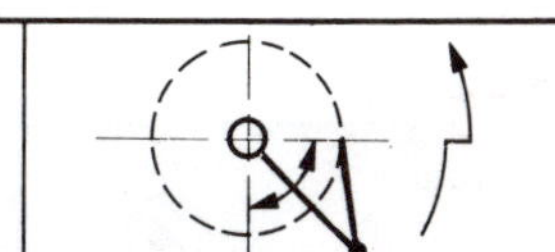

53.8 ACCOUPLEMENTS - LIMITEURS DE COUPLE - FREINS

Accouplement (sans indication de type)	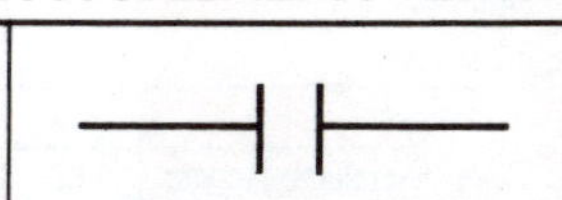	Accouplement non permanent manœuvrable	 * Facultatif.
Accouplement rigide	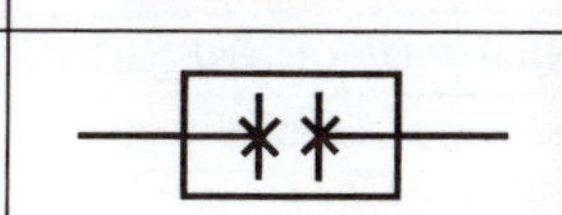	M Mécanique H Hydraulique	P Pneumatique E Électromagnétique
Accouplement compensateur de dilatation	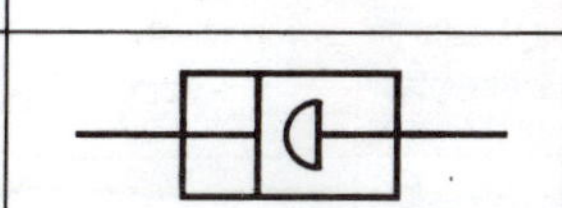	Manchon à mécanisme de roue libre	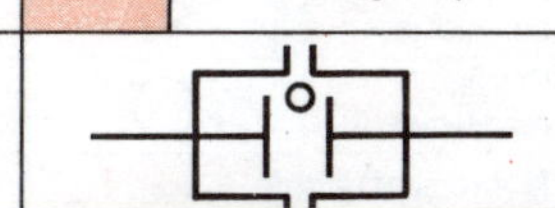
Accouplement élastique	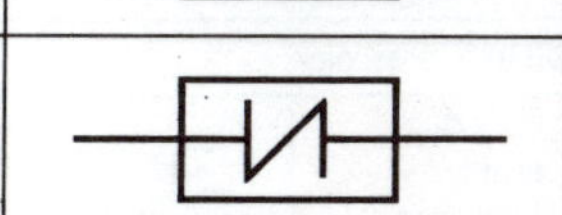	Accouplement limiteur de couple	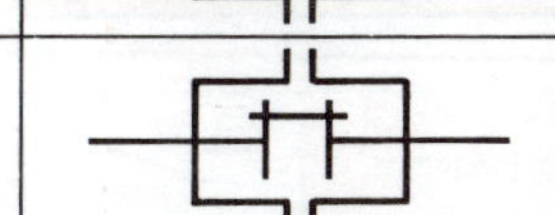
Joint de cardan	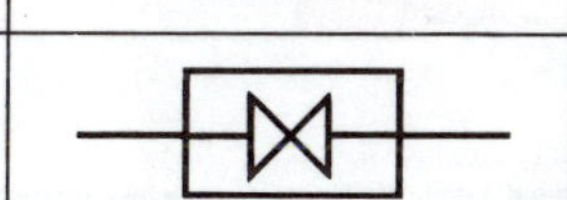	Frein	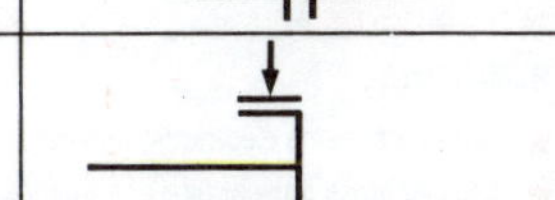

54 Schémas électriques et électroniques

NF C 03-202 à NF C 03-208

54.1 NATURE DES COURANTS, CONDUCTEURS, BORNES ET CONNEXIONS

Courant continu (2 variantes)		Faisceau de trois conducteurs	L1 L2 L3	Mise à la terre		Bornier	10 11 12
Courant ondulé ou redressé		Représentation unifilaire		Mise à la masse	ou	Barette de connexion fermée	
Courant alternatif Fréquences basses Fréquences moyennes Fréquences hautes		n conducteurs	n	Terre de protection		Fiche mâle	ou
		Conducteur sous écran		Équipotentialité		Prise femelle	ou
Courant alternatif triphasé 50 Hz	3 50 Hz	Conducteur dans un câble		Dérivation	ou	Fiche et prise associées	ou
Conducteurs torsadés		Paire coaxiale		Double dérivation	ou	Connecteur mâle-mâle	
Conducteur flexible		Fibre optique		Borne de raccordement	ou	Connecteur avec fiche de dérivation	

54.2 SIGNALISATION

		Couleurs					
Lampe de signalisation ou d'éclairage		Néon	Ne	Électroluminescence	EL	Voyant électro-mécanique	
		Xénon	Xe	Arc	ARC	Sonnerie	
		Vapeur de sodium	Na	Fluorescence	FL		
Voyant lumineux clignotant		Mercure	Hg	Infrarouge	IR	Avertisseur sonore Klaxon	
		Iode	I	Ultraviolet	UV		
		Incandescence	IN	Diode électroluminescente	LED		

54.3 APPAREILLAGE MÉCANIQUE DE CONNEXION

Contacts-symboles distinctifs des fonctions

Retour automatique		Disjoncteur		Sectionneur		Déclenchement automatique	
Position maintenue		Contacteur		Interrupteur sectionneur		Contact de position	
Mouvement retardé		ou			admis		

Contacts à deux ou trois positions

À fermeture		À ouverture		Ouverture avant fermeture		Position médiane d'ouverture	

REMARQUES :

- Dans un schéma électrique, tout organe est représenté à l'état initial.
- Les symboles doivent être positionnés de façon à ce que le déplacement de l'élément mobile s'effectue de gauche à droite et de bas en haut.

Fermeture momentanée à l'action		Fermeture tardive		Ouverture retardée à l'ouverture		Fermeture à position maintenue	
Fermeture momentanée au relâchement		Ouverture tardive		Ouverture retardée à la fermeture		Ouverture à retour automatique	
Fermeture momentanée à l'action et au relâchement		Ouverture anticipée		Fermeture retardée à la fermeture et à l'ouverture		Contact bidirectionnel appareil bistable	
Fermeture anticipée		Fermeture retardée à la fermeture		Fermeture à retour automatique		Contact à mercure à deux directions, retour automatique	

Appareils mécaniques de connexion

Interrupteur		Discontacteur		Disjoncteur		Interrupteur sectionneur	
Contacteur		Rupteur		Sectionneur		Interrupteur sectionneur ouverture automatique	

Dispositif et méthodes de commande

Commande mécanique manuelle		Bouton poussoir «coup de poing»		Commande par pédale		Commande hydraulique ou pneumatique - à simple effet	
Commande par tirette		Commande par effet de proximité		Commande par levier		- à double effet	
Commande rotative		Commande par effleurement		Commande manuelle amovible		Commande électro-magnétique	
Commande par poussoir		Commande par volant		Commande par clef		Commande par protection électromagnétique	
Commande mécanique accès restreint		Commande par came		Commande par manivelle		Commande par élément thermosensible	
Commande par horloge		Commande par galet		Commande par accumulation d'énergie	1 pneumatique	Commande par moteur électrique	

54 ■ 4 RELAIS ÉLECTROMÉCANIQUES DE TOUT OU RIEN

Symbole général		Mise au repos retardée		Relais à courant alternatif		Verrouillage mécanique	
(deux variantes)		Mise au travail retardée		Relais rapide		Relais polarisé	
Avec un seul enroulement		Relais thermique		Insensible au courant alternatif		Relais à rémanence	

54.5 ORGANES ÉLECTRIQUES

Variabilité extrinsèque Symbole général		Impédance	Z	Élément chauffant		Capacité Condensateur	
Variabilité extrinsèque non linéaire		Résistance sans spécification particulière		Thermistance	± θ°C	Condensateur avec indication de l'armature extérieure	
Ajustabilité prédéterminée Symbole général		Résistance non réactive	R	Inductance Bobine Enroulement		Condensateur de traversée	
Variabilité extrinsèque continue		Varistance	U	Inductance à noyau magnétique		Condensateur variable Symbole général	
Variabilité intrinsèque		Résistance potentiométrique fixe		Inductance variable par contact mobile		Couple thermo-électrique	+ –
Résistance à variabilité extrinsèque Symbole général		Résistance potentiométrique à contact mobile		Perle de ferrite sur un conducteur		Électrode Symbole général	

54.6 MACHINES

Machine Symbole général	*	Moteur à courant continu à deux conducteurs. Excitation série	M	Alternateur synchrone triphasé à aimant permanent	GS 3 ~	Moteur asynchrone triphasé à rotor en court-circuit	U V W M 3 ~
Commutatrice	C						
Génératrice	G						
Alternateur synchrone	GS	Moteur à courant continu à deux conducteurs. Excitation dérivation	M	Moteur synchrone monophasé	MS 1 ~	Moteur asynchrone triphasé à rotor à bagues	U V W M 3 ~ K L M
Moteur	M						
Moteur ou génératrice	MG						
Moteur synchrone	MS						
Moteur linéaire	M	Moteur à collecteur monophasé. Excitation série	M 1 ~				
Moteur pas à pas	M			Élément de pile ou d'accumulateur		Batterie d'accumulateur ou de piles	

54.7 TRANSFORMATEURS

Transformateur de courant à un enroulement primaire et un enroulement secondaire	ou	Transformateur de tension	
Autotransformateur		ou	

54.8 APPAREILS DE MESURE

On indique la grandeur mesurée en inscrivant à l'intérieur du symbole l'unité de mesure. Cercle : indicateur	A	Ampèremètre de courant réactif	A /sinφ
Carré : enregistreurs	W	Oscilloscope	
Rectangle : compteurs	Wh	Galvanomètre	

* L'astérisque doit être remplacé par l'un des symboles du tableau.

54 ■ 9 DÉMARREURS

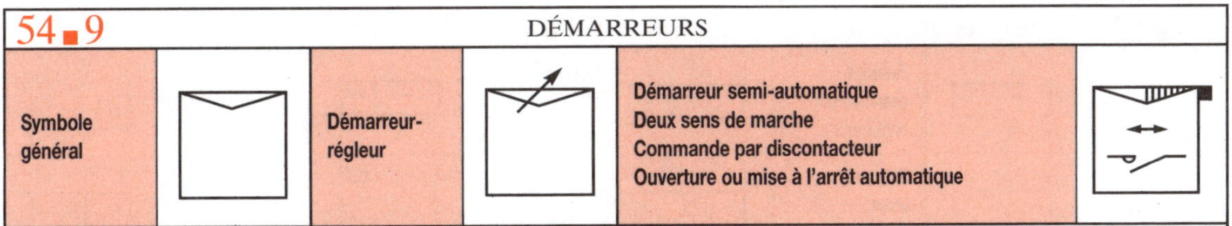

Symbole général		Démarreur-régleur		Démarreur semi-automatique Deux sens de marche Commande par discontacteur Ouverture ou mise à l'arrêt automatique	

54 ■ 10 CONVERTISSEURS

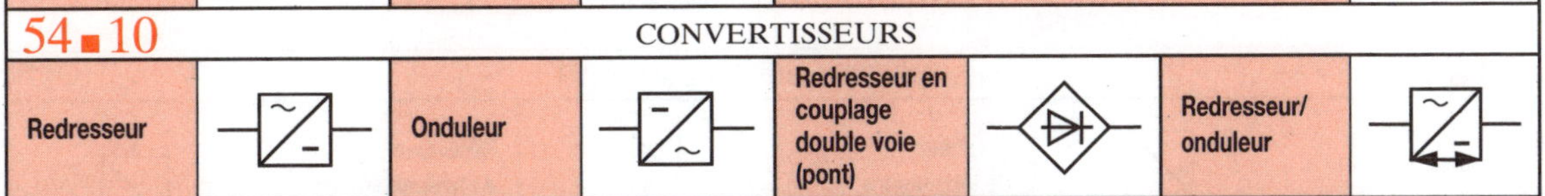

Redresseur		Onduleur		Redresseur en couplage double voie (pont)		Redresseur/ onduleur	

54 ■ 11 SEMICONDUCTEURS - TORES DE FERRITE — CRISTAUX PIÉZOÉLECTRIQUES

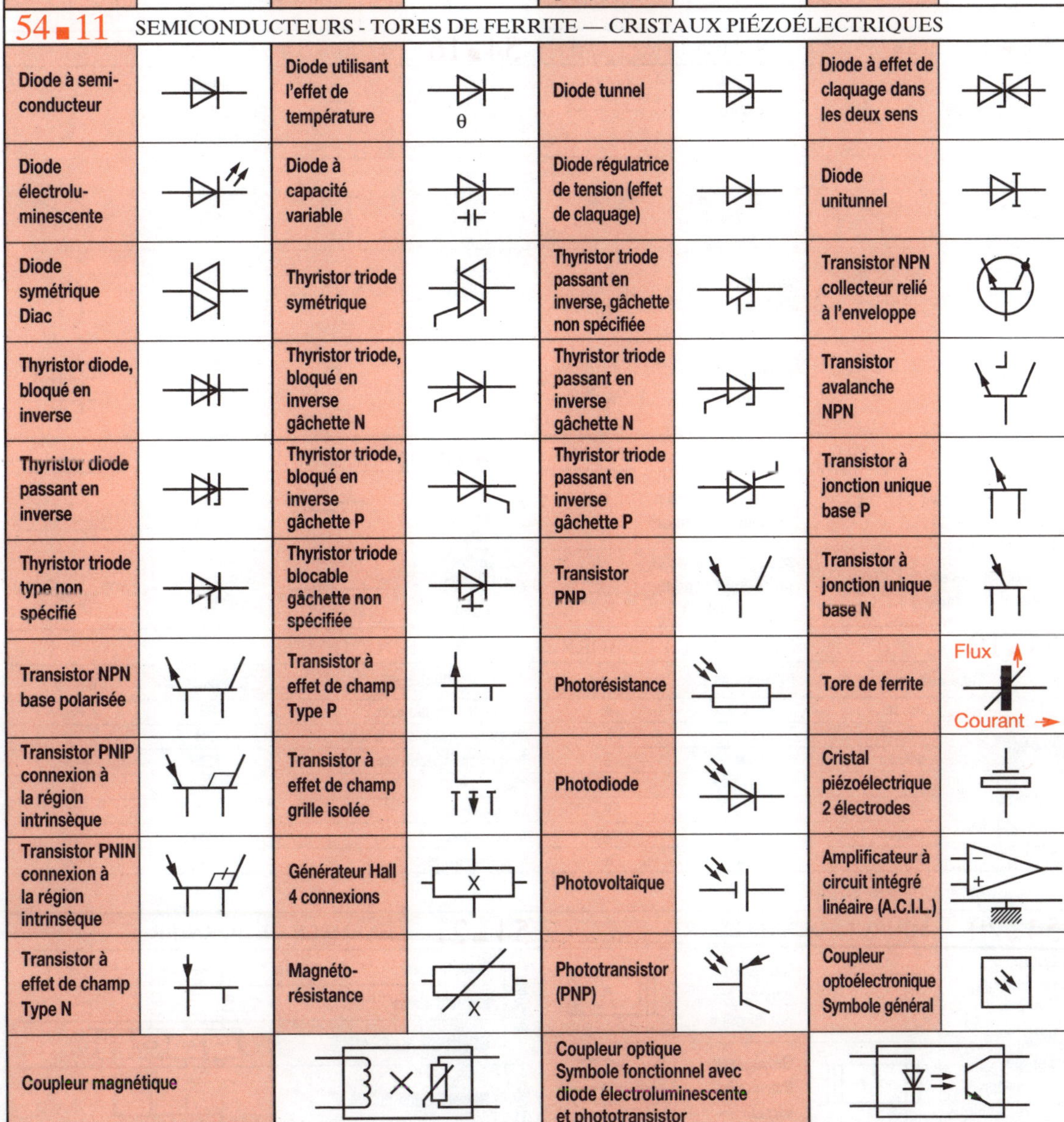

Diode à semi-conducteur		Diode utilisant l'effet de température	θ	Diode tunnel		Diode à effet de claquage dans les deux sens	
Diode électroluminescente		Diode à capacité variable		Diode régulatrice de tension (effet de claquage)		Diode unitunnel	
Diode symétrique Diac		Thyristor triode symétrique		Thyristor triode passant en inverse, gâchette non spécifiée		Transistor NPN collecteur relié à l'enveloppe	
Thyristor diode, bloqué en inverse		Thyristor triode, bloqué en inverse gâchette N		Thyristor triode passant en inverse gâchette N		Transistor avalanche NPN	
Thyristor diode passant en inverse		Thyristor triode, bloqué en inverse gâchette P		Thyristor triode passant en inverse gâchette P		Transistor à jonction unique base P	
Thyristor triode type non spécifié		Thyristor triode blocable gâchette non spécifiée		Transistor PNP		Transistor à jonction unique base N	
Transistor NPN base polarisée		Transistor à effet de champ Type P		Photorésistance		Tore de ferrite	Flux Courant
Transistor PNIP connexion à la région intrinsèque		Transistor à effet de champ grille isolée		Photodiode		Cristal piézoélectrique 2 électrodes	
Transistor PNIN connexion à la région intrinsèque		Générateur Hall 4 connexions	X	Photovoltaïque		Amplificateur à circuit intégré linéaire (A.C.I.L.)	− +
Transistor à effet de champ Type N		Magnéto-résistance	X	Phototransistor (PNP)		Coupleur optoélectronique Symbole général	
Coupleur magnétique				Coupleur optique Symbole fonctionnel avec diode électroluminescente et phototransistor			

54.12 RELAIS DE MESURE

Relais à maximum de courant	$I >$	Relais à manque de tension	$U = 0$
Relais à minimum de tension	$U <$	Relais à effet thermique	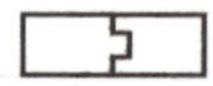

54.13 DISPOSITIFS DE COMPTAGE

Compteurs d'impulsions électriques	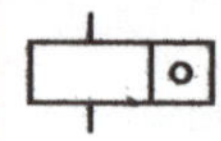	Compteurs d'impulsions type mécanique	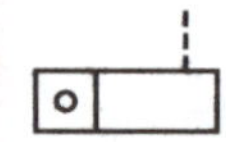
Avec mise à n manuelle	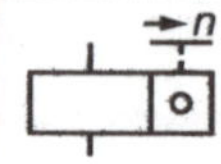	À affichage numérique	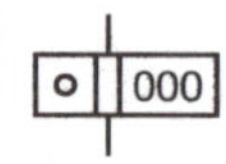

54.14 DISPOSITIFS DE TÉLÉMESURE

Convertisseur de signal Symbole général	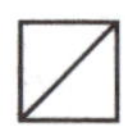	Émetteur de télémesure		Récepteur de télémesure	

54.15 EFFETS - RAYONNEMENTS

Effet thermique		Temporisation	
Effet électro-magnétique		Rayonnement non ionisant	
Effet par magnéto-striction		Rayonnement cohérent	
Effet du champ magnétique		Rayonnement ionisant	

54.16 FORME DES SIGNAUX

Impulsion positive		Fonction échelon négative	
Impulsion négative		Ondes en dents de scie	
Impulsion de courant alternatif		Signaux analogiques	
Fonction échelon positive		Signaux binaires ou numériques	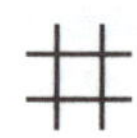

54.17 NATURE DU COURANT ET DE LA TENSION

Tension alternative Courant alternatif	AC	Tension ou courant continu ou alternatif	UC
Tension continue Courant continu	DC	Appareils utilisables en courant continu ou alternatif	

54.18 DISPOSITIFS DE PROTECTION

Fusible Symbole général		Fusible à percuteur	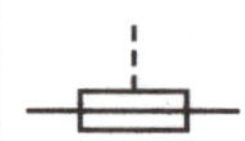
Extrémité sous tension après fusion		Fusible interrupteur	

54.19 REPÉRAGE DES BORNES ET DES CONDUCTEURS

Désignation		Conducteur	Borne	Désignation	Conducteur	Borne
Système continu	Positif	L^+	A	Conducteur de protection	PE*	PE*
	Négatif	L^-	B	Protection non mise à la terre	PU	PU
	Médian	M	C	Protection et neutre confondus	PEN*	PEN*
Système d'alimentation alternatif	Phase 1	L1	U	Terre	E	E
	Phase 2	L2	V	Terre sans bruit	TE	TE
	Phase 3	L3	W	Masse, chassis	MM	MM
	Neutre	N	N	Équipotentialité	CC	CC

* Il est aussi indiqué GR/YE (*green and yellow*) signifiant vert et jaune.

54.20 SOURCES DE CHALEUR

Source de chaleur Symbole général	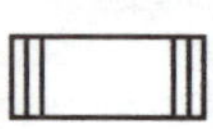	Source de chaleur par combustion	
Source de chaleur radioisotopique		Générateur thermoélec-trique	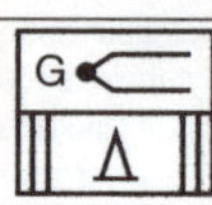

54.21 EXEMPLE DE BORNIER

Armoire	Aboutissant	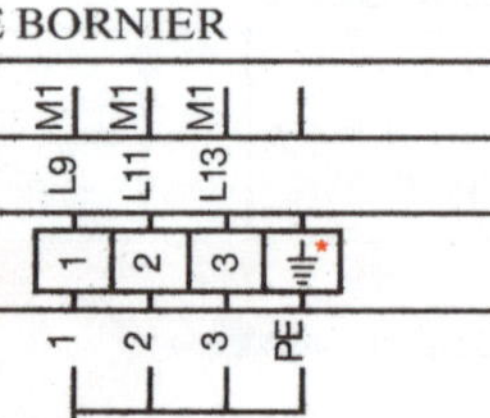
	Repère filerie	
	BORNIER PUISSANCE	
Extérieur	Repère brins du câble	

* Borne de couleur verte et jaune.

54 ■ 22 CODE D'IDENTIFICATION DES ÉLÉMENTS — NF C 03-152

Le code est composé d'une suite alphanumérique divisée en quatre blocs.
Chaque bloc est précédé d'un signe distinctif (= ; + ; - ; :).

REMARQUE :
S'il n'en résulte aucune ambiguïté, il est possible de n'utiliser qu'une partie du repère d'identification. Dans ce cas, le faire précéder du signe distinctif (= ; + ; - ; :).

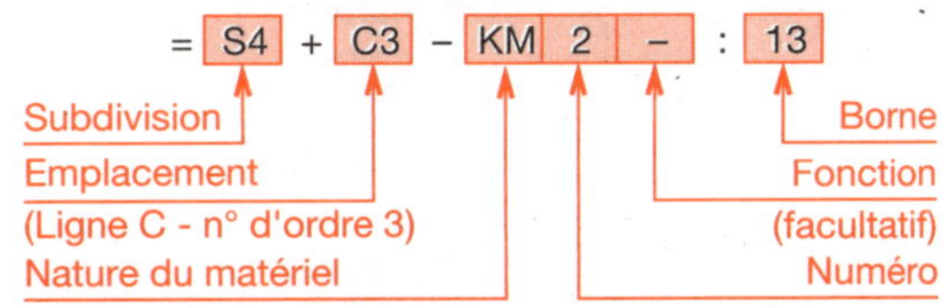

Repère	Nature du matériel	Repère	Nature du matériel
A	Ensembles fonctionnels de série (A.P.I., amplificateurs, ...)	N	Sous-ensembles (hors série)
B	Transducteurs (thermocouples, dynamomètres, ...)	P	Instruments de mesure, dispositifs d'essais
C	Condensateurs	Q	Appareils mécaniques de connexion (puissance)
D	Opérateurs binaires, mémoires, temporisation, ...	R	Résistances
E	Matériels divers (éclairage, chauffage, ...)	S	Appareils mécaniques de connexion (commande)
F	Dispositifs de protection	T	Transformateurs
G	Générateurs	U	Modulateurs, convertisseurs
H	Dispositif de signalisation	V	Tubes électroniques, semi-conducteurs
K	Relais et contacteurs	W	Voies de transmission, guides d'onde, antennes
KA	Contacteurs auxiliaires, relais	X	Bornes, fiches, socles
KM	Contacteurs principaux	Y	Appareils mécaniques actionnés électriquement
L	Inductances	Z	Charges correctives, transformateurs différentiels, filtres correcteurs, limiteurs
M	Moteurs		

EXEMPLE : Pour un contacteur repère KM1, pour plusieurs contacteurs identiques ou non, repères KM1, KM2, KM3, ...

54 ■ 23 REPÉRAGE DES BORNES DE RACCORDEMENT D'UN MATÉRIEL

Contacts principaux (contacteurs, sectionneurs, relais de protection)

Les bornes sont repérées par un seul chiffre.

Contacts auxiliaires

Les bornes sont repérées par des nombres à deux chiffres.

■ Le chiffre des dizaines est le numéro d'ordre de chaque contact. Le rang 9 (et 0 si nécessaire) est réservé aux contacts auxiliaires des relais de protection contre les surcharges.

■ Le chiffre des unités précise la fonction du contact :
- 1 et 2 pour les contacts à ouverture ;
- 3 et 4 pour les contacts à fermeture ;
- 5 et 6 pour les contacts à ouverture spéciaux ;
- 7 et 8 pour les contacts à fermeture spéciaux.

Impédances (bobines, voyants ...)

Les bornes sont repérées par une combinaison alphanumérique :

■ A1 et A2 pour la bobine de commande d'un contact ;

■ A1, A2 et B1, B2 pour une bobine de commande à deux enroulements d'un contacteur.

Schéma développé

Chaque organe d'un matériel (bobine, pôle, contact auxiliaire, ...) est repéré par l'identification de l'appareil, ce qui permet de définir leurs interactions. Par exemple, si la bobine KM2 est alimentée, le contact 27-28 de KM2 se ferme.

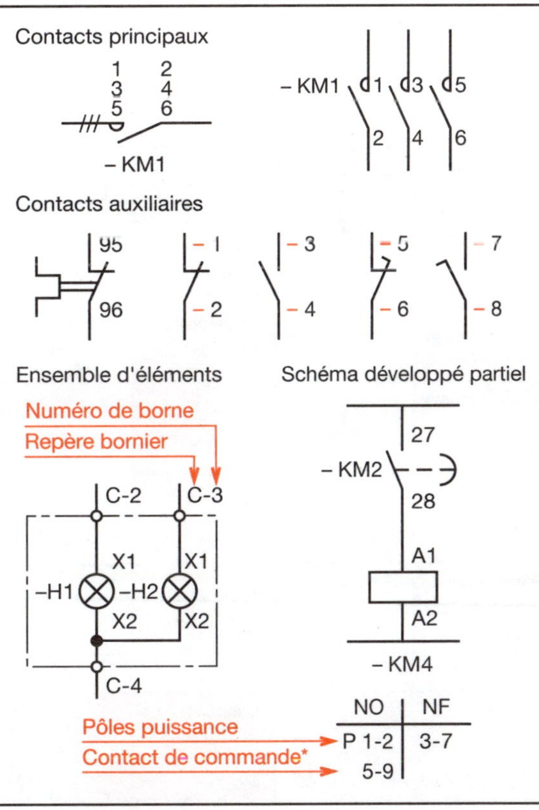

* Par exemple, contact NO situé sur folio 5, colonne 9.

54 ■ 24 INSTALLATIONS DANS LES BÂTIMENTS

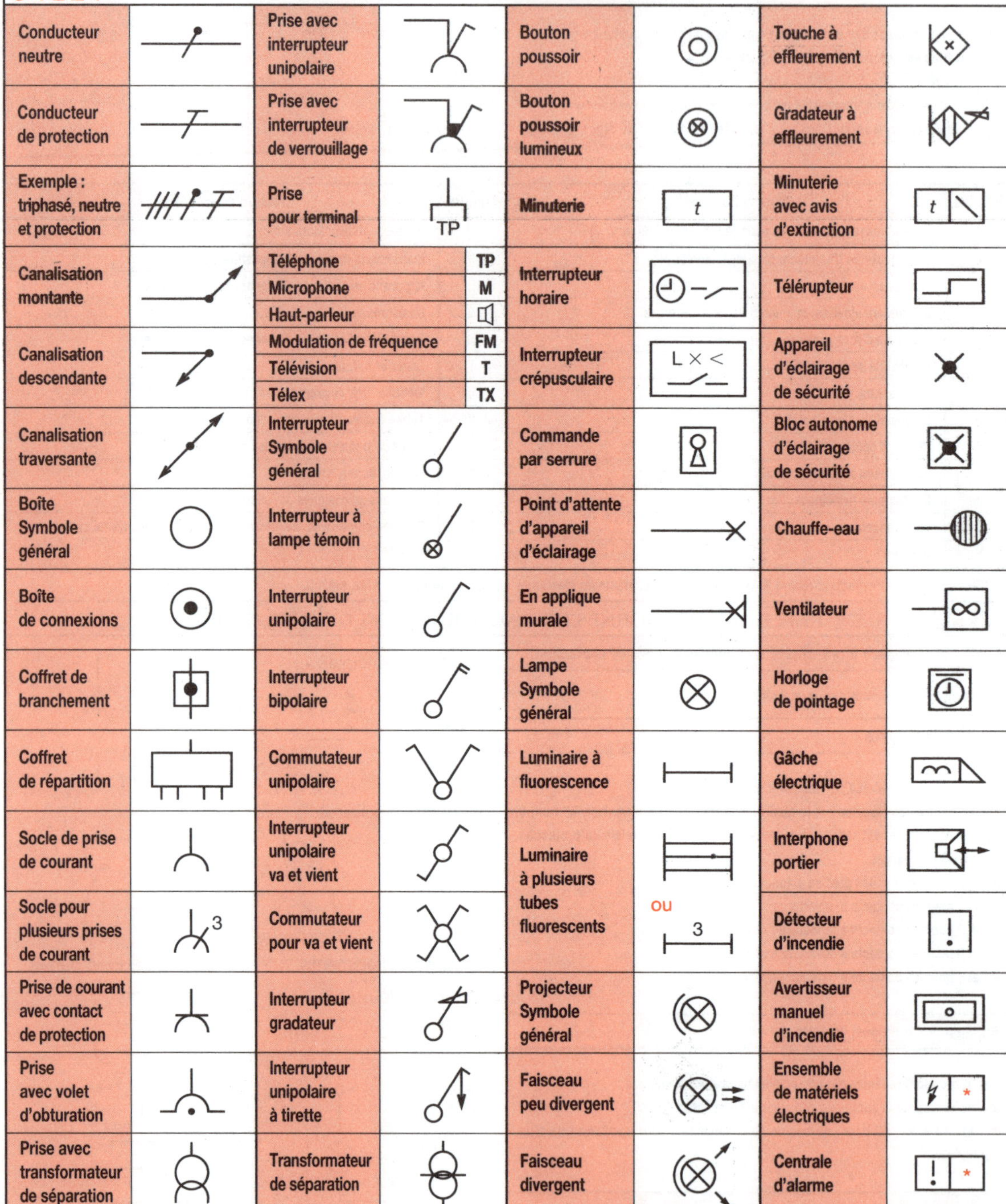

Conducteur neutre		Prise avec interrupteur unipolaire		Bouton poussoir		Touche à effleurement	
Conducteur de protection		Prise avec interrupteur de verrouillage		Bouton poussoir lumineux		Gradateur à effleurement	
Exemple : triphasé, neutre et protection		Prise pour terminal	TP	Minuterie	*t*	Minuterie avec avis d'extinction	*t*
Canalisation montante		Téléphone Microphone Haut-parleur	TP M 	Interrupteur horaire		Télérupteur	
Canalisation descendante		Modulation de fréquence Télévision Télex	FM T TX	Interrupteur crépusculaire	L × <	Appareil d'éclairage de sécurité	
Canalisation traversante		Interrupteur Symbole général		Commande par serrure		Bloc autonome d'éclairage de sécurité	
Boîte Symbole général		Interrupteur à lampe témoin		Point d'attente d'appareil d'éclairage		Chauffe-eau	
Boîte de connexions		Interrupteur unipolaire		En applique murale		Ventilateur	
Coffret de branchement		Interrupteur bipolaire		Lampe Symbole général		Horloge de pointage	
Coffret de répartition		Commutateur unipolaire		Luminaire à fluorescence		Gâche électrique	
Socle de prise de courant		Interrupteur unipolaire va et vient		Luminaire à plusieurs tubes fluorescents	ou 3	Interphone portier	
Socle pour plusieurs prises de courant	3	Commutateur pour va et vient				Détecteur d'incendie	
Prise de courant avec contact de protection		Interrupteur gradateur		Projecteur Symbole général		Avertisseur manuel d'incendie	
Prise avec volet d'obturation		Interrupteur unipolaire à tirette		Faisceau peu divergent		Ensemble de matériels électriques	*
Prise avec transformateur de séparation		Transformateur de séparation		Faisceau divergent		Centrale d'alarme	*

54 ■ 25 MODES DE POSE

Encastré	EN	Caniveau de sol	CS	Préfabriqué	PF	Autoporté	AP
Apparent	NE	Goulotte	GO	Plinthe	PL	Flexible sur chariot	AC
Chemin de câble	CC	Moulure	MO	Aérien	AE	Suspendu	AS

* Mettre le symbole ou un repère de nomenclature.

55 Schémas pneumatiques et hydrauliques

NF ISO 1219

55 ■ 1 TRANSMISSION DE L'ÉNERGIE ET APPAREILS DE CONDITIONNEMENT

Conduite de travail, de retour d'alimentation		Purge d'air continue		Réservoir à l'air libre Conduite débouchant au-dessus du fluide	
Conduite de pilotage, de fuite, de purge ...		Purge d'air temporaire	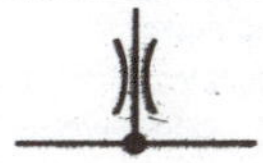	Conduite débouchant au-dessous du niveau du fluide	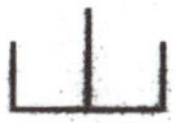
Raccordement de conduites		Raccord rapide auto-obturant - accouplé	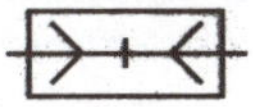	Filtre, crépine	
Conduite flexible		- désaccouplé	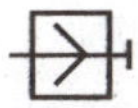	Purgeur à commande manuelle	
Croisement de conduites		Raccord rapide avec clapet de non-retour	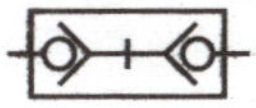	Déshydrateur	
Source d'énergie hydraulique		Raccord rotatif à une voie		Lubrificateur	
Source d'énergie pneumatique	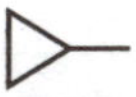	Silencieux pneumatique	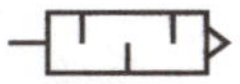	Refroidisseur ou réfrigérant	
Liaison électrique		Réservoir d'air		Réchauffeur	
Liaison mécanique, arbres, leviers, tiges de pistons		Accumulateur (position verticale seulement)		Groupe de conditionnement - filtre, - régulateur de pression, - manomètre, - lubrificateur	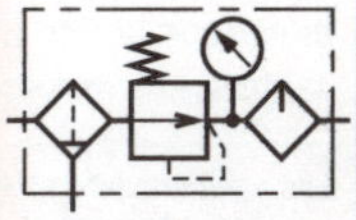 Symbole simplifié 
Réunion de fonction en un seul bloc		Accumulateur hydro-pneumatique			

55 ■ 2 RÉGULATION

Régulateur de débit : - non réglable		Diviseur de débit		Limiteur de pression (soupape de sûreté)	 ou 
- réglable		Robinet-vanne de pression		Réducteur de pression (détendeur)	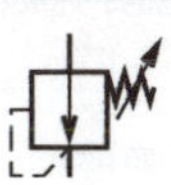

55 ■ 3 COMMANDES *

Commande manuelle : – symbole général	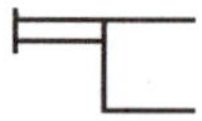	Commande mécanique : – par poussoir	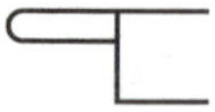	Commande indirecte par distributeur-pilote :	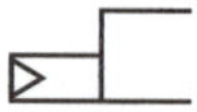
– par bouton poussoir	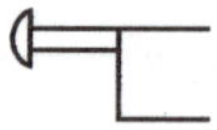	– par ressort		– par augmentation de la pression – par diminution de la pression	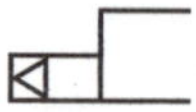
– par bouton tirette	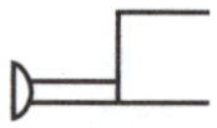	Commande électrique : – par électro-aimant à un enroulement	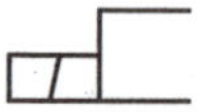	– par application d'une pression hydraulique	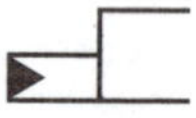
– par bouton poussoir-tirette	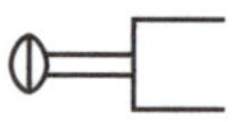	– par électro-aimant à deux enroulements	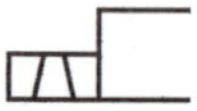	Commande combinée par électro-aimant et distributeur pilote	
– par levier	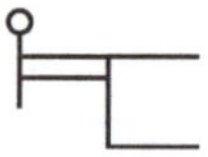	– par moteur électrique	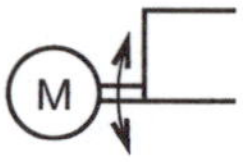	Distributif de maintien en position	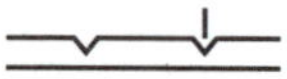
– par pédale	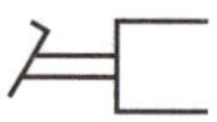	Commande par application ou baisse de pression	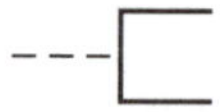	Dispositif de verrouillage (symbole du déverrouillage dans le rectangle)	
Commande mécanique par galet	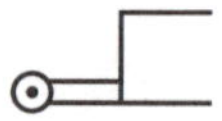	Voie intérieure de commande	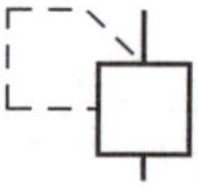	Dispositif à détente brusque (basculeur)	

55 ■ 4 DISTRIBUTION DE L'ÉNERGIE

DISTRIBUTEURS

Principe de représentation		Exemples d'applications	
Le symbole constitué par des cases multiples indique un appareil à autant de positions que le symbole comporte de cases	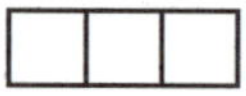	Distributeur 2/2, hydraulique, à commande par électro-aimant et ressort de rappel	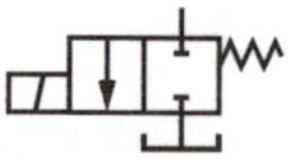
S'il existe une position intermédiaire de passage, la case est délimitée par des traits interrompus courts		Distributeur 3/2, pneumatique, à commande par bouton poussoir et ressort de rappel	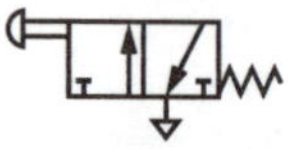
Les positions intermédiaires de passage correspondant à des degrés variables d'étranglement d'écoulement sont représentés par deux traits parallèles	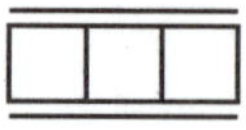	Distributeur 3/2, pneumatique, à commande par levier, dispositif de maintien en position	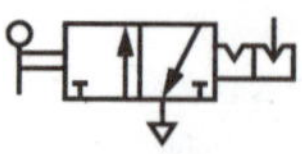
Les conduites aboutissent à la case de la position de repos	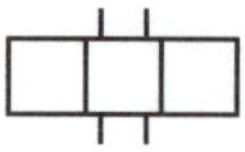	Distributeur 4/2, hydraulique, à commande et rappel par électro-aimant	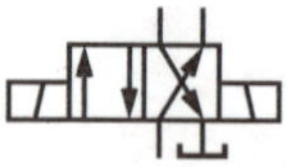
À l'intérieur des cases, les flèches indiquent le sens de circulation du flux entre les orifices	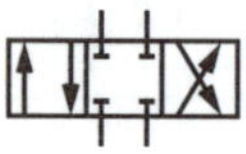	Distributeur 5/2, pneumatique, à commande par pression des deux côtés	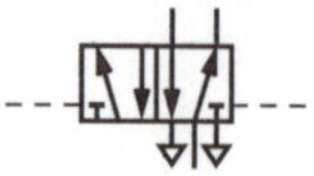
Désignation	■ Le premier chiffre indique le nombre d'orifices. ■ Le second chiffre précise le nombre de positions distinctes.		

* Les symboles des commandes peuvent être placés en n'importe quel endroit de l'extrémité d'une case.

ACCESSOIRES DE DISTRIBUTION

Sélecteur de circuit	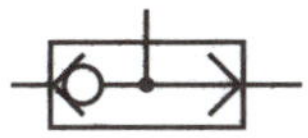	Clapet de non-retour : - sans ressort		Clapet de non-retour piloté pour ouvrir	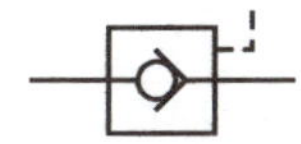
Soupape d'échappement rapide	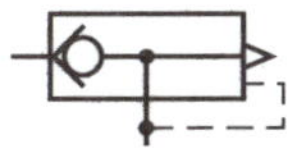	- avec ressort		Clapet de non-retour avec étranglement réglable	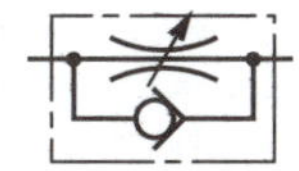

55 ■ 5 TRANSFORMATION DE L'ÉNERGIE

Pompe hydraulique à cylindrée fixe - à un sens de flux et à un sens de rotation	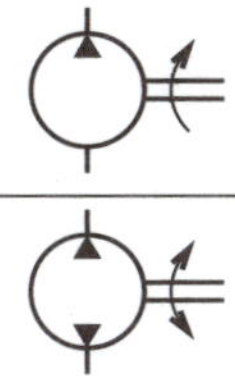	Variateur hydraulique		Vérin hydraulique à double effet - à simple tige	
- à deux sens de flux et à deux sens de rotation		Moteur électrique	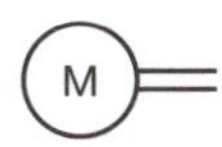	- à double tige traversante	
Moteur pneumatique	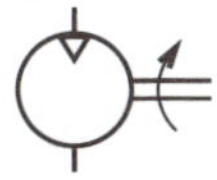	Moteur thermique	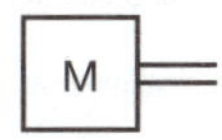	Vérin différentiel	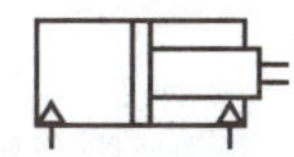
Moteur hydraulique à cylindrée fixe : - à un sens de flux et à un sens de rotation	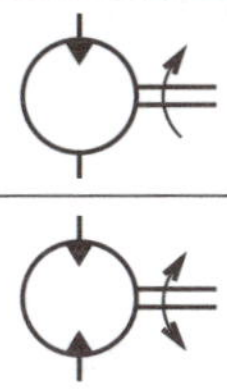	Multiplicateur de pression : - à une seule nature de fluide	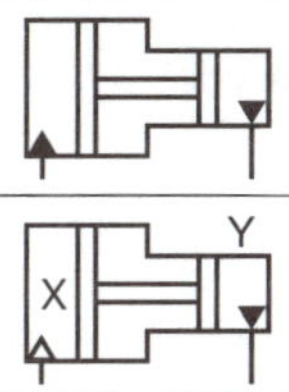	Vérin avec amortisseur : - fixe d'un côté	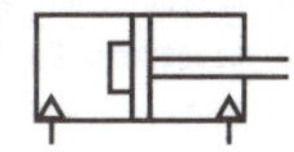
- à deux sens de flux et à deux sens de rotation		- à deux nature de fluide		- fixe des deux côtés	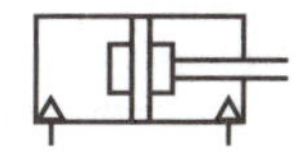
Moteur hydraulique à cylindrée variable	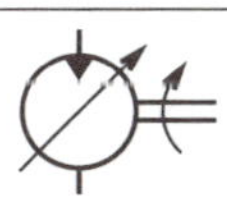	Échangeur de pression air-huile - à simple effet		- réglable d'un côté	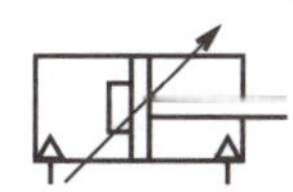
Pompe à vide		- continu	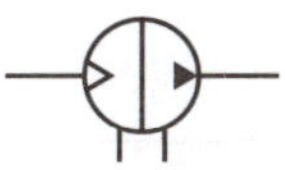	- réglable des deux côtés	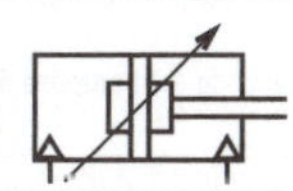
Compresseur	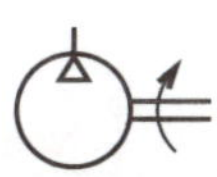	Vérin pneumatique à simple effet en course aller : - évacuation à l'air libre		Vérin télescopique : - à simple effet	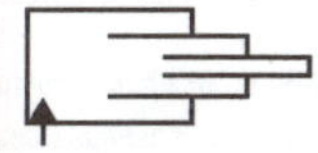
Pompe à moteur à cylindrée fixe et à deux sens de flux	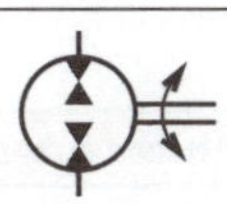	- rappel par ressort	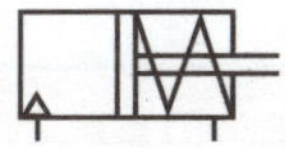	- à double effet	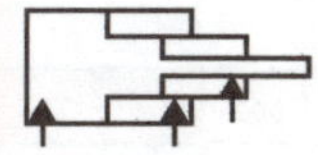

55 ■ 6 APPAREILS COMPLÉMENTAIRES

Indicateur de pression		Indicateur de niveau		Compteur	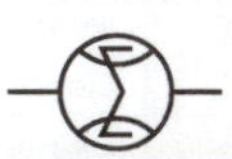
Manomètre		Thermomètre		Contact électrique à pression	
Manomètre différentiel		Débitmètre	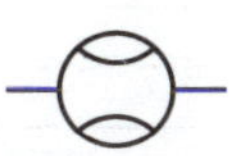	Capteur analogique	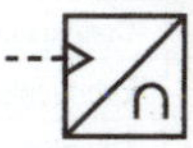

55 ■ 7 CODES DE REPÉRAGE

NF ISO 1219

55 ■ 71 CODE DE REPÉRAGE DES ORIFICES

Orifices principaux

- Le chiffre 1 repère l'orifice le plus couramment utilisé pour l'alimentation.
- Les orifices du même côté que l'orifice 1 sont repérés par des chiffres impairs.
- Les orifices opposés à l'orifice 1 sont repérés par des chiffres pairs.

REMARQUE :
Dans le cas d'un appareil multifonction (normalement ouvert ou normalement fermé), le repérage des orifices reste inchangé.

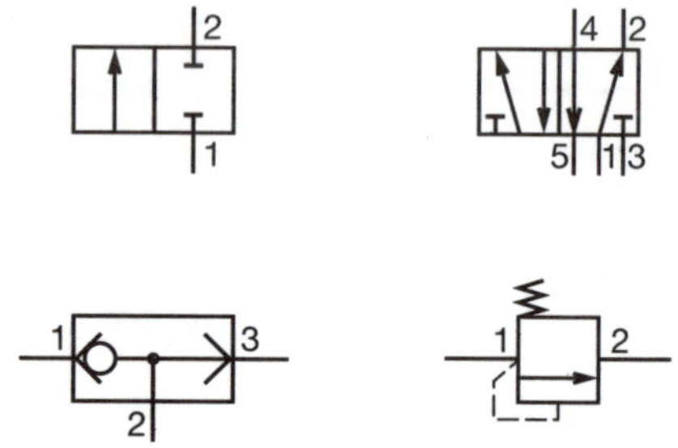

Orifices auxiliaires de pilotage

Les repères des auxiliaires de pilotage caractérisent la communication qu'ils permettent d'obtenir entre les orifices principaux.

- Le chiffre 1 indique l'orifice principal d'alimentation.
- Le second chiffre donne le repère de l'orifice principal de sortie

(s'il n'y a pas de sortie, on met le chiffre 0).

REMARQUE :
Pour les préactionneurs, ce groupe de deux chiffres est suivi :

- soit du chiffre 0, pour préciser le pilotage qui donne la mise en position initiale de l'actionneur ;
- soit du chiffre 1, pour indiquer l'autre pilotage.

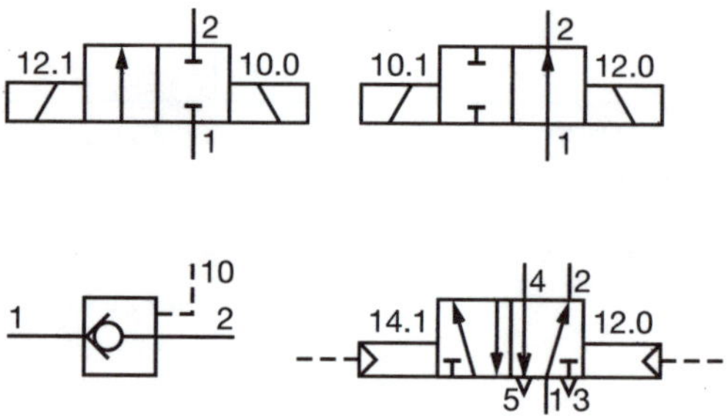

55 ■ 72 CODE DE REPÉRAGE DES COMPOSANTS

Le code est composé d'une suite alphanumérique divisée en trois blocs.

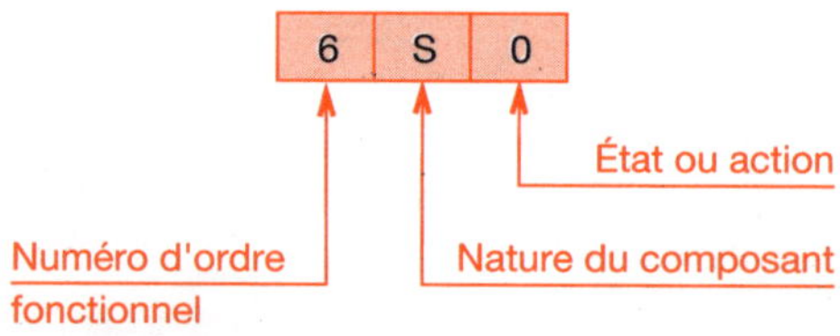

Numéro d'ordre fonctionnel

Afin de faciliter la compréhension des schémas, un même numéro d'ordre est donné à l'ensemble des composants qui participent au fonctionnement d'un vérin.

Code	Nature du composant	Code	Nature du composant
A	Accumulateurs	N	Clapets de non-retour - Sélecteurs - Soupapes
B	Multiplicateurs - Échangeurs	P	Pompes et compresseurs
C	Vérins	Q	Appareils de réglage du débit
D	Distributeurs	R	Limiteurs de pression
E	Échangeurs de chaleur	S	Capteurs à commande mécanique ou manuelle
F	Appareils de conditionnement (filtre, purgeur, ...)	SP	Contacts électriques à pression
G	Appareils de mesurage	T	Réservoirs
H	Indicateurs - Voyants	U	Appareils de ligne (purges, raccords, silencieux, ...)
J	Ensembles décharge d'accumulateur	W	Pompes - moteurs
K	Composants logiques	X	Borniers
L	Lubrificateurs	YV	Capteurs à commande électrique
M	Moteurs		

État ou action

ACTIONNEURS

Ils ne sont généralement pas concernés par ce bloc.

PRÉACTIONNEURS

- Le chiffre 0 est affecté au pilotage qui correspond à la mise en position initiale de l'actionneur.
- Le chiffre 1 est affecté à l'autre pilotage.

CAPTEURS ASSOCIÉS AUX ACTIONNEURS

- Le chiffre 0 est affecté aux capteurs actionnés à l'état initial du cycle d'installation.
- Les chiffres 1, 2, 3, etc. sont affectés aux capteurs dans l'ordre successif de leur action.

APPAREILS EN SÉRIE OU ASSOCIÉS AVEC LES PRÉACTIONNEURS

L'appareil en série ou associé avec un préactionneur est affecté du même chiffre que l'orifice du distributeur avec lequel il est raccordé.

ORGANES DE SERVICE (boutons-poussoirs, commutateurs, pédales, etc.)

En fonction de l'état ou de l'action de l'organe de service, on leur affecte un code choisi dans le tableau ci-contre.

PRÉACTIONNEURS

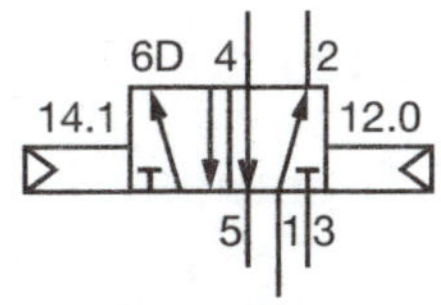

CAPTEURS ASSOCIÉS AUX ACTIONNEURS

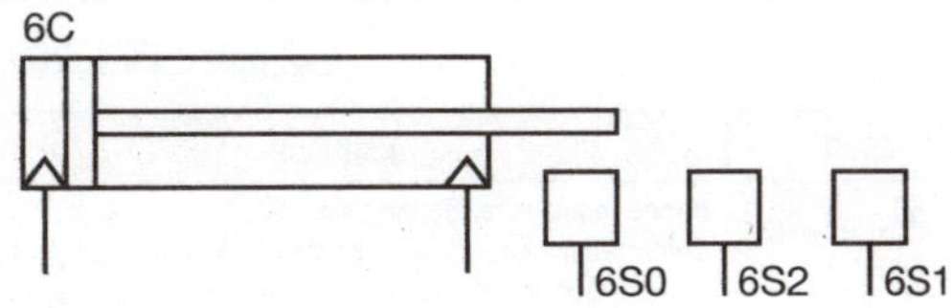

CAPTEURS ASSOCIÉS AVEC LES PRÉACTIONNEURS

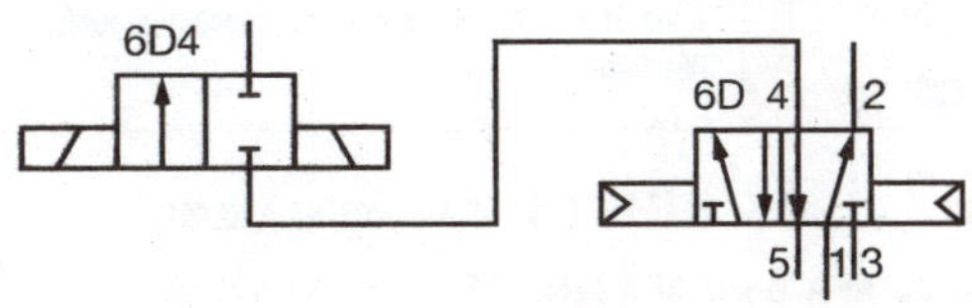

Code	État ou action	Code	État ou action
A	Arrêt	R	Réarmement
B	Arrêt verrouillé	C	Marche par cycle
U	Arrêt d'urgence	V	Marche de vérification (réglage par coup)
M	Marche		

55 ■ 73 CODE DE REPÉRAGE DES CONDUITES PNEUMATIQUES

Tuyauteries d'alimentation

Les repères sont composés d'une lettre et d'un nombre.

EXEMPLES :
P1 ; P2 ; P3 ; ...

Tuyauteries d'utilisation

Les repères sont composés d'un nombre en deux parties :

- la première partie est identique au numéro d'ordre fonctionnel du distributeur ;
- la seconde partie correspond au repère de l'orifice concerné du distributeur.

REMARQUE :
Une tuyauterie porte le même code de repère du distributeur à l'actionneur, même si des appareils auxiliaires sont intercalés dans le circuit.

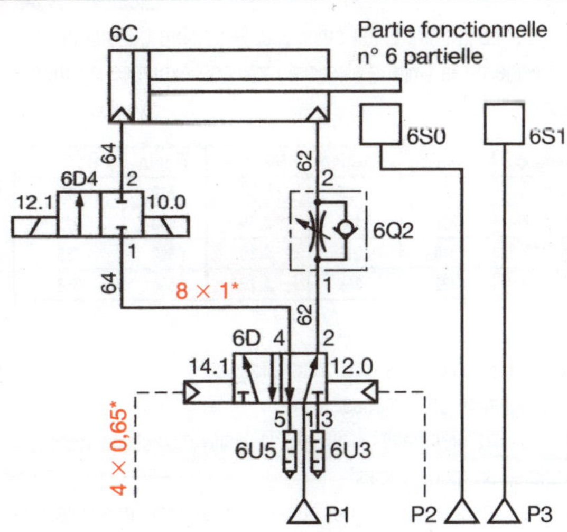

* Désignation éventuelle du tube.

55 ■ 74 RÈGLES GÉNÉRALES

- **Dans un schéma, les matériels sont représentés dans la position qu'ils occupent à l'état initial.**
- **L'état initial est l'état après mise sous pression des circuits et avant que ne commence le cycle de fonctionnement.**

56 Désignation des métaux et alliages

56 ■ 1 Les fontes

NF A 33-101, NF A 32-201, NF A 32-701, NF A 32-702

56 ■ 11 Fontes à graphite lamellaire

Elles sont désignées par le symbole **FGL** suivi de la valeur en mégapascals* de la résistance minimale à la rupture par extension.

Exemple : **FGL 200.**

Nuance	Emplois
FGL 150	Bonne moulabilité. Bonne usinabilité. Bonne étanchéité. Bonne résistance à l'usure par frottement. Bon amortissement des vibrations (carters, bâtis,...).
FGL 200	
FGL 250	
FGL 300	Bonnes caractéristiques mécaniques et frottantes. Bonne étanchéité (blocs moteurs, machines-outils, engrenages,...).
FGL 350	
FGL 400	

56 ■ 12 Fontes malléables Fontes à graphite sphéroïdal

Elles sont désignées par un symbole **(MB, MN, FGS)** suivi de la valeur en mégapascals* de la résistance minimale à la rupture par extension et du pourcentage de la valeur de l'allongement après rupture.

Exemple : **FGS 400-15.**

Nuance	Re min	Nuance	Re min	Nuance	Re min
MB 380-12	200	MN 450-6	290	FGS 500-7	320
MB 400-5	220	MN 550-4	350	FGS 600-3	370
MB 450-7	260	MN 650-3	430	FGS 700-2	420
MN 350-10	230	MN 700-2	530	FGS 800-2	480
MN 380-18	250	FGS 400-15	250	FGS 900-2	600
Emplois	MB-MN : Malléabilité améliorée. Pièces complexes. FGS : Bonnes caractéristiques mécaniques et frottantes.				

56 ■ 2 Les aciers NF A 02-005, NF A 32-051, NF A 33-101, NF A 35-501, NF A 35-551, NF A 35-553, NF A 35-574

56 ■ 21 Aciers non alliés

56 ■ 211 Aciers d'usage général

La désignation se compose d'une lettre et d'un nombre.

■ Lorsque la lettre **A** est employée, le nombre qui suit indique le dixième de la résistance moyenne à la traction exprimée en mégapascals*. Exemple : **A 34.**

■ Lorsque la lettre **E** est employée, le nombre qui suit indique le dixième de la limite d'élasticité moyenne exprimée en mégapascals*. Exemple : **E 24.**

Nuance	R min	Re min	Nuance	R min	Re min
A 33	300	155	E 36	510	325
A 34	330	165	A 50	490	275
E 24	340	215	A 60	590	335
E 28	420	255	A 70	690	365

56 ■ 212 Aciers de moulage

La désignation se compose :

■ d'un premier nombre qui fixe la limite d'élasticité minimale exprimée en mégapascals*,

■ d'un second nombre qui donne la résistance minimale à la traction exprimée en mégapascals*,

■ de la lettre **M** qui indique qu'il s'agit de produits moulés.

Exemple : **280-480-M.**

Nuance	230-400-M	280-480-M	320-560-M	370-650-M

* 1 MPa = 1 N/mm².

56 ■ 213 Aciers de forgeage et de traitements thermiques

La désignation se compose du groupe de lettres **AF,** suivi du dixième de la valeur de la résistance moyenne à la traction exprimée en mégapascals*, d'une barre de fraction et de la lettre **C** suivie de la teneur en carbone en pourcentage multiplié par 100. Exemple : **AF 34/C 10.**

Nuance	R_1	R_2	Nuance	R_1	R_2
AF 34/C 10	330	520	AF 55/C 35	540	640
AF 37/C 12	360	620	AF 60/C 40	590	700
AF 42/C 20	410	880	AF 65/C 45	640	740
AF 50/C 30	490	570	AF 70/C 55	710	790

R_1 : État normalisé (MPa) — R_2 : Traité (MPa).

56 ■ 214 Aciers de traitements thermiques

La désignation se compose du groupe de lettres **XC** suivi de la teneur en carbone en pourcentage multiplié par 100. On adjoint éventuellement les lettres **S** pour une garantie de soudabilité, **H1** ou **H2** pour les caractéristiques de trempabilité et **TS** pour une garantie de trempabilité superficielle.

Exemple : **XC 42 TS.**

Nuance	R min*	Re min*	Nuance	R min*	Re min*
XC 10	350	215	XC 42	620	355
XC 12	370	235	XC 48	660	375
XC 18	410	255	XC 55	730	420
XC 25	460	285	XC 65	HRC ⩾ 57	
XC 32	510	315	XC 80	HRC ⩾ 59	
XC 38	570	335	XC 100	HRC ⩾ 61	

R min = résistance minimale à la rupture par extension (MPa). * État normalisé.
Re min = limite minimale apparente d'élasticité (MPa).

56 ■ 22 Aciers alliés

Élément d'alliage	Symbole chimique	Symbole abrégé	Élément d'alliage	Symbole chimique	Symbole abrégé
Aluminium	Al	A	Nickel	Ni	N
Bore	B	B	Niobium	Nb	Nb
Chrome	Cr	C	plomb	Pb	Pb
Cobalt	Co	K	Silicium	Si	S
Cuivre	Cu	U	Soufre	S	F
Étain	Sn	E	Zinc	Zn	Z
Magnésium	Mg	G	Titane	Ti	T
Manganèse	Mn	M	Tungstène	W	W
Molybdène	Mo	D	Vanadium	V	V

56 ■ 221 Aciers faiblement alliés

Aucun élément d'addition n'atteint la teneur de 5 %.

La désignation comprend dans l'ordre :

- un nombre entier, égal à la teneur moyenne, en carbone, en pourcentage multipliée par 100;
- une lettre, ou une série de lettres, symbolisant les principaux éléments d'addition, dans l'ordre des teneurs décroissantes;
- un nombre indiquant la teneur de l'élément d'addition contenu dans la plus grande proportion. **Cette teneur est multipliée par 4 pour les éléments C, K, M, N, S et par 10 pour les autres éléments;**
- éventuellement, un autre nombre indiquant la teneur de l'élément d'addition suivant.

Exemple : **35 NCD 16** (0,35 % de carbone – 4 % de nickel).

56 ■ 222 Aciers fortement alliés

Un élément d'addition atteint au moins la teneur de 5 %.

La désignation comprend dans l'ordre :

- la lettre **Z**;
- un nombre entier, égal à la teneur moyenne, en carbone, en pourcentage multipliée par 100;
- une lettre, ou une série de lettres, symbolisant les principaux éléments d'addition, dans l'ordre des teneurs décroissantes;
- un ou plusieurs groupes de nombres de deux chiffres qui sont égaux en pourcentage aux teneurs des éléments précédemment indiqués en lettres.

Exemples :

Z 30 C 13 (0,30 % de carbone – 13 % de chrome).

Z 6 CN 18-09 (0,06 % de carbone – 18 % de chrome – 9 % de nickel).

Principales nuances	Traitement de référence		Principales nuances	Traitement de référence	
	R min	Re min		R min	Re min
20 M 5	640	490	14 NC 11	1 080	835
Z 120 M 12	880	315	16 NC 6	1 080	830
16 MC 5	1 080	835	20 NC 6	1 230	980
20 MC 5	1 230	980	30 NC 11	930	785
45 SCD 6	1 570	1 370	18 NCD 6	1 130	880
55 S 7	1 370	1 175	20 NCD 2	1 180	930
38 C 4	980	785	35 NCD 6	1 080	930
42 C 4	1 030	835	35 NCD 16	1 710	1 275
100 C 6	HRC ⩾ 62		10 F 1	340	225
18 CD 4	1 130	880	13 MF 4	370	250
25 CD 4	930	785	35 MF 6	640	390
35 CD 4	1 080	930	Z 8 C 17	440	275
40 CAD 6-12	1 080	880	Z 30 C 13	HRC ⩾ 51	
42 CD 4	1 180	1 030	Z 2 CN 18-10	460	175
30 CD 12	1 080	880	Z 6 CN 18-06	510	195
50 CV 4	1 180	1 080	Z 6 CND 17-11	510	205
30 CND 8	1 520	1 175	Z 6 CNT 18-11	490	195
10 NC 6	830	615	Z 8 CNDT 17-12	540	215

Conversion entre la dureté et la résistance à la traction chapitre 72.

56 ■ 23 CLASSIFICATION PAR EMPLOIS

Acier doux	Trempe dans la masse	Nitruration	Inoxydable
A 33		30 CD 12	Z 8 C 17
E 24	XC 38 H2	40 CAD 6-12	Z 2 CN 18-10
XC 10	XC 42 H2	**Soudage**	Z 6 CN 18-06
XC 18	XC 48 H2	E 24	Z 6 CND 17-11
Acier mi-dur	XC 55 H2	E 28	**Décolletage**
XC 38	**Trempe superficielle**	XC 18 S	AD 37 Pb
XC 42		25 CD 4 S	AD 40 Pb
XC 48	XC 42 TS	Z 6 CN 18-09	AD 50 Pb
Acier dur	**Acier à ressort**	**Chocs**	S 250 Pb
XC 65	§ 46-21	20 NC 6	S 300 Pb
XC 80	**Cémentation**	14 NC 11	13 MF 4
38 C 4	XC 10	30 NC 11	35 MF 6
35 CD 4	XC 18	50 CV 4	**Pliage à froid**
42 CD 4	20 M 5	**Écrouissage**	A 33
35 NCD 16	16 MC 5	Z 120 M 12	A 34
50 CV 4	20 MC 5	**Acier réfractaire**	E 24
Acier extra-dur	18 CD 4		E 28
100 C 6	16 NC 6	Z 30 C 13	E 36

56 ■ 24 PRIX RELATIF APPROXIMATIF des matériaux à masse égale

Fonte FGL	0,6	Alliages légers		5 à 7
Acier E 24	1	Alliages de zinc		2
Aciers XC	1,7 à 2	Alliages de cuivre		6 à 20
Aciers alliés	2 à 4	Matières plastiques	PS	2
Aciers inoxydables	2 à 5		ABS	4
Aciers Z 6 CND	10		PTFE	30

R min = résistance minimale à la rupture par extension (MPa).

Re min = limite minimale apparente d'élasticité (MPa).

56 ▪ 3 Métaux et alliages non ferreux NF A 02-004

Cette désignation ne s'applique pas au cuivre et à ses alliages ni aux aluminiums et à leurs alliages lorsqu'ils sont corroyés* Elle s'applique, en particulier, aux aluminiums et aux alliages d'aluminium de fonderie.

56 ▪ 31 Métal non allié

La désignation se compose du symbole abrégé du métal de base suivie de l'indice de pureté représenté par un chiffre et dont la valeur augmente lorsque la pureté croît.

Exemple : **A 5** (aluminium à 99,5 %).

56 ▪ 32 Alliage

La désignation se compose de **deux groupes de chiffres et lettres.**

Le premier groupe comprend : le symbole abrégé du métal de base (tableau § 52-22), éventuellement suivi de l'indice de pureté chimique.

Le deuxième groupe, séparé du premier par un tiret, comprend : les symboles représentant un certain nombre d'éléments d'addition et, éventuellement leur teneur.

Exemple : **A – S 10 G** (alliage d'aluminium – 10 % de silicium – addition de magnésium).

ALUMINIUM ET ALLIAGES D'ALUMINIUM DE FONDERIE					
Nuances usuelles	**État**		**R min**	**Re min**	**Emplois**
A 5	Moulé en coquille	Y 30	80	35	Appareils ménagers. Matériels électriques.
A–U 5 GT		Y 34	330	200	Se moule bien. S'usine très bien. Ne pas utiliser en air salin.
A–S 10 G		Y 33	250	180	Se moule très bien. S'usine et se soude bien. Convient en air salin.
A–S13		Y 30	170	80	Se moule et se soude très bien. La forte teneur en silicium rend l'usinage difficile.
A–G 6		Y 30	180	100	Excellentes aptitudes à l'usinage, au soudage, au polissage. Résiste bien à l'air salin.
ALLIAGES DE ZINC					
Z – A 4 G (Zamak 3)	Moulé par gravité	Y 20 ou Y 30	260	250	Alliage de fonderie sous pression : carburateurs, poulies, boîtiers divers, etc.
Kayem 1			230	—	Alliages pour la fabrication par fonderie d'outillages de presse (découpage, cambrage, emboutissage) et de moules pour matières plastiques.
Kayem 2			190	—	

R min et Re min en MPa.

56 ▪ 4 Aluminium et alliages d'aluminium corroyés* NF A 02-104

56 ▪ 41 Aluminium non allié

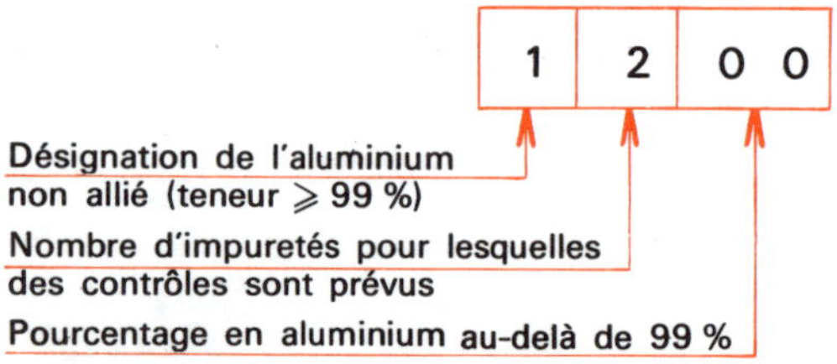

REMARQUE : Afin d'éviter une éventuelle confusion avec une autre désignation numérique, il peut être utile de faire précéder ces désignations du préfixe **33**.

56 ▪ 42 Alliages d'aluminium

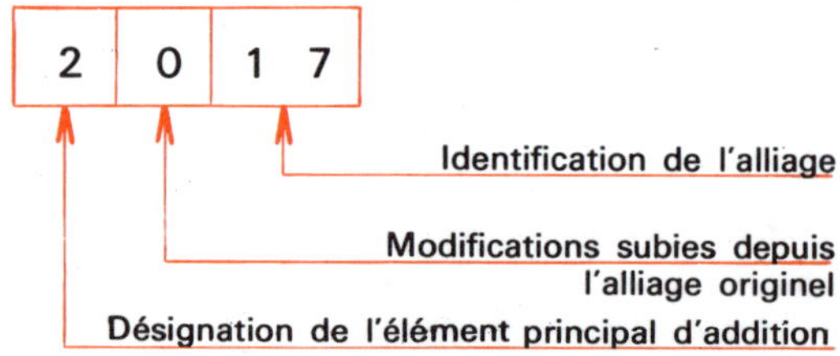

2 : cuivre
3 : manganèse
4 : silicium
5 : magnésium
6 : magnésium et silicium
7 : zinc
8 : autres éléments

ALUMINIUM ET ALLIAGES D'ALUMINIUM CORROYÉS*						
Nuances usuelles	**État**		**R min**	**Re min**	**Emplois**	
1050 (A 5)	Recuit	0	65	—	Matériels pour industries chimiques et alimentaires.	Bonne résistance aux agents atmosphériques et à l'air salin.
	1/2 dur	H 14	100	75	Matériels électro-domestiques - Chaudronnage.	
5754 (A–G 3)	1/4 dur	H 32	220	130	Pièces chaudronnées : citernes, gaines, tubes, etc. Tuyauteries.	Bonne soudabilité.
5086 (A–G 4)	1/2 dur	H 24	310	230		
2017 (A–U 4 G)	Tr. mûri	T 4	390	240	Pièces usinées et forgées.	Éviter de les utiliser à l'air salin. Se soudent difficilement.
7075 (A–Z 5 GU)	Tr. rev.	T 6	520	440	Pièces usinées et forgées de hautes caractéristiques mécaniques.	
7049 (A–Z 8 GU)	Tr. rev.	T 6	600	560		

* Filés, étirés, laminés ou forgés.

R min et Re min en MPa.

56 ■ 5 Cuivre et alliages de cuivre

NF A 02-009

La désignation du cuivre et de ses alliages comporte le symbole chimique du métal de base (Cu), éventuellement suivie de l'indice de pureté chimique, auquel on associe, dans le cas d'un alliage, les symboles chimiques des éléments d'addition suivis des nombres indiquant les teneurs nominales de ces éléments.

Exemple : **Cu Zn 39 Pb 2** (Alliage de cuivre – 39 % de zinc – 2 % de plomb).

CUIVRE ET ALLIAGES DE CUIVRE

Nuances usuelles	État	R min	Re min	Emplois
Cu-ETP (cuivre raffiné)	Recuit	230	70	Matériau à très bonne conductibilité électrique, convient particulièrement pour câbles, bobinages et contacts.
	Écroui	350	300	
Cu Pb 1	Écroui	350	300	Utilisé en décolletage. Très haute conductibilité électrique et thermique.
Cu Sn 8 P (bronze)	4/4 dur	490	390	Matériau de frottement pour bagues, douilles, chemises, segments.
Cu Sn Pb Zn	Moulé	—	—	Pièces moulées sans caractéristiques particulières.
Cu Sn 7 Zn 5 Pb 4	Moulé	210	—	Robinetterie courante.
Cu Sn 12 Zn 1 P	Moulé	200	—	Construction mécanique. Robinetterie sous pression.
	Écroui	290	160	Pièces d'usure : pignons et roues d'engrenages, écrous.
Cu Be 2 (cuivre au béryllium)	Trempé-rev.	1 400	1 350	Ressorts (matériels électriques, matériels résistant à la corrosion). Connecteurs.
Cu Zn 15 (laiton)	3/4 dur	400	—	Alliage de forgeage à froid, se polit bien et convient aux revêtements électrolytiques.
Cu Zn 33 Al 5	Moulé	490	240	Pièces coulées dans des moules en sable.
	Recuit	300	—	Emboutissage.
	Écroui	590	270	Construction mécanique générale et pièces découpées dans de la tôle. Il se polit bien.
Cu Zn 39 Pb 2	1/2 dur	400	200	Alliage le plus utilisé pour la plupart des pièces décolletées. Très bonne usinabilité.
Cu Ni 26 Zn 17 (maillechort)	1/2 dur	500	400	Résistances électriques. Matériels de précision. Ressorts.
Cu Al 10 Ni 5 Fe 4 (cupro-aluminium)	Moulé	600	250	Pièces devant résister à la corrosion (agents atmosphériques, eau de mer).
	Étiré	690	320	Inoxydables à chaud. Pièces mécaniques diverses (compresseurs, pompes, etc.).
Cu Ni 3 Si (cupro-silicium)	Brut	400	140	Pièces de frottement sous fortes charges, avec chocs éventuels.
	1/2 dur	550	350	

R min et Re min en MPa.

56 ■ 6 États de livraison

Cette normalisation concerne les métaux et alliages non ferreux.

Les états de livraison sont symbolisés par une lettre suivie de chiffres.

Exemples :

Y 23 : pièce moulée, coulée en sable, trempée et revenue.

H 32 : pièce corroyée, écrouie 1/4 dur et stabilisée.

MATÉRIAUX MOULÉS NF A 02-002

Non défini	Y 0	Aucun traitement	0
Lingot	Y 1	Recuit	1
Moulage en sable	Y 2	Trempé	2
Moulage en coquille	Y 3	Trempé et revenu	3
Moulage sous pression	Y 4	Trempé et mûri	4
Par concréfaction (frittage)	Y 5	Stabilisé	5
—	Y 6	Trempé et stabilisé	6
Coulée continue	Y 7	–	7
Centrifugation	Y 8	–	8
Suivant prescriptions	Y 9	Suivant prescriptions	9
Subdivision de l'état T			
Cuivre et alliages de cuivre – Nickel et alliages de nickel			
Refroidissement contrôlé	TA	TA, et déformation à froid	TC
Solution et trempe	TB	TB, et déformation à froid	TD

MATÉRIAUX CORROYÉS NF A 02-006, NF A 02-008

États fondamentaux			
Brut de fabrication	F*	Écroui	H
Recuit	0	Traitement thermique	T

Subdivisions de l'état H			
État	Écroui	Écroui - recuit	Écroui - stabilisé
1/4 dur	H 12	H 22	H 32
1/2 dur	H 14	H 24	H 34
3/4 dur	H 16	H 26	H 36
4/4 dur	H 18	H 28	H 38
Extra-dur	H 19	H 29	H 39

Aluminium et alliages d'aluminium			
Solution, écroui et mûri	T 3	Solution et revenu	T 6
Solution et mûri	T 4	Solution, écroui et revenu	T 8
Refroidi et revenu	T 5	Refroidi, revenu et écroui	T 10

* M pour le cuivre et ses alliages

57 Les plastiques

Un plastique est un mélange dont le constituant de base est une **résine**, ou **polymère**, à laquelle on associe des **adjuvants** (charges, renforts, plastifiants, stabilisants, anti-oxydants...) et des **additifs** (pigments et colorants, ignifugeants, lubrifiants, fongicides...).

57.1 Principales propriétés

Les plastiques présentent de nombreux avantages, notamment :

- faible masse volumique (830 à 2 300 kg/m^3),
- bonnes résistances chimiques (corrosion...),
- qualités esthétiques (formes, couleurs...),
- isolation électrique et thermique,
- coût généralement faible.

Les emplois sont limités dans les cas suivants :

- tenue en température,
- résistance mécanique,
- stabilité dimensionnelle,
- conservation des caractéristiques dans le temps.

PLASTIQUE = POLYMÈRE + ADJUVANTS + ADDITIFS

57.2 Classification

Pour l'utilisateur, les plastiques se classent en deux grandes catégories :

- **les thermoplastiques :** soumis à l'action de la chaleur, ils arrivent à une phase pâteuse (ou une fusion); lors de la solidification, le matériau retrouve son état initial (comportement thermique comparable aux métaux) ;

- **les thermodurcissables :** soumis à l'action de la chaleur, ils arrivent à une phase pâteuse (température d'injection dans le moule), puis ils subissent une transformation chimique interne irréversible qui durcit définitivement la matière (comportement thermique comparable à l'argile qui durcit sous l'action de la chaleur).

57.3 CHOIX D'UN PLASTIQUE EN FONCTION D'UN CRITÈRE DÉTERMINANT

Critère économique	
Prix	PP - ABS - PS - PSB - PF
Transformation	PEbd - PEhd - PS - PSB - CA
Usinage	PUR - PMMA - PA - PC - PP - PTFE - POM - PE
Critère physique	
Masse volumique	PMP - PP - PEbd - PEhd
Basse température	POM - PA - PVC
Haute température	PC - PP
Rigidité	PS - PMMA - PP
Souplesse	PVCP - PEbd - PP
Dilatation	SI + FV - PF - EP + FV
Transparence	PMMA - PC - PS - SAN - CA
Coloration	ABS - PMMA
Aspect	SAN - ABS - CA - PMMA
Isolant thermique	PS expansé - PUR alvéolaire
Tenue aux ultraviolets	PMMA
Absorption d'eau	PTFE - PEhd - PEbd - PP - PS
Retrait	UP - EP - PVC - PS - SAN - PA11

Critère mécanique	
Traction	UP + FV - EP + FV - PA 11 - POM - PA6/6 - PC
Compression	EP + FV - PF - UP + FV
Flexion	PA 6/6 - PP - POM
Résilience	PEbd - PUR - PC - PEhd - PA - POM
Dureté	PF 21 - POM - PC - PA
Fatigue	PP - POM - PA
Critère électrique	
Isolement	PA 6/6 - PA11
Rigidité électrique	PA11 - PA 6/6 - PVC - PP - PEbd - PS
Présence d'arcs	PMMA - POM - PTFE
Critère chimique	
Alimentarité	PEbd - PEhd - PVC
Acide	PVC - PTFE
Base	ABS - PP - PS - SAN - PMMA - PA - PVC - POM..
Solvant organique	EP - PF - UP - PTFE - POM
Critère technologique	
Stabilité dimensionnelle	PTFE - PEbd - PEhd - PP - PS - SAN - PVCU
Frottement	PTFE - PP - PA
Usure	POM - PA 6/6 - PA11

NOTA : Tableau à utiliser pour une première approximation. Pour plus de précisions utiliser les tableaux suivants.

« + FV » signifie plus fibres de verre.

57 ■ 4 PRINCIPAUX PLASTIQUES

Symboles	Signification	Extension	Compression	Flexion	Module d'Young	Masse volumique	Retrait moyen	Coloration	Coef. de dilatation	Rigidité diélectrique	Température maximale	Transmission lumineuse	Moulage	Usinage	Prix relatif approximatif
		R min en MPa			MPa	kg/m³	%	*	α_l	kV/mm	°C	**	*	*	***
	THERMOPLASTIQUES														
CA	Acétate de cellulose	13	91	14	600	1 240	0,6	TB	80	8	43 °C	Tr à Op	TB	B	3
ABS	Acrylonitrile-butadiène-styrène	17	17,5	25	700	990	1	—	60	12,5	60 °C	Tr à Op	B	TB	2
PMMA	Polyméthacrylate de méthile	49	84	91	3 150	1 170	1	TB	50	14	70 °C	Tr 90 %	TB	TB	3
PA6/6	Polyamide type 6-6	49	50	56	1 830	1 090	2,5	TB	110	24	226 °C	Tr à Op	TB	TB	3,5
PA 11	Polyamide type 11	48	60	—	600	1 040	1,5	TB	110	25	—	Tr à Op	TB	TB	6
PC	Polycarbonate	56	87,5	94,5	2 450	1 200	0,6	—	66	15	120 °C	Tr	AB	TB	4
PE hd	Polyéthylène haute densité	25	17	10	560	940	3,5	TB	110	17,6	120 °C	Tr à Op	TB	TB	1
PE bd	Polyéthylène basse densité	7	—	—	133	910	3,5	TB	160	16,8	100 °C	Tr à Op	TB	B	1
PTFE	Polytétrafluoréthylène	11	12	—	400	2 100	—	—	100	17,5	260 °C	Op	—	TB	14
POM	Polyoxyméthylène	70	126	98,5	2 870	1 425	2,2	—	81	15	85 °C	Tr à Op	B	TB	3
PP	Polypropylène	30	80	84	1 120	900	1,7	—	60	20	135 °C	Tr à Op	TB	TB	1
PS	Polystyrène	35	80	84	2 800	1 040	0,3	TB	60	16	66 °C	Tr	TB	M	1
PSB	Polystyrène résistant aux chocs	28	28	35	2 100	980	0,5	TB	34	12	60 °C	Tr à Op	TB	B	1
SAN	Polystyrène acrylonitrile	67	98	98	2 800	1 075	0,3	TB	60	12	90 °C	Tr 80 %	B	B	1,5
PVC U	Polychlorure de vinyle (rigide)	35	56	70	2 450	1 350	0,2	TB	50	11	50 °C	Tr à Op	M	TB	2
PVC P	Polychlorure de vinyle (souple)	10,5	63	—	—	1 160	3	TB	70	11	65 °C	Tr à Op	B	—	2
	THERMODURCISSABLES														
PF 21	Phénoplaste (Bakélite)	25	14	70	7 000	1 350	2,5	M	10	8	120 °C	Op	TB	B	2
EP	Époxyde (Araldite)	28	105	93	2 450	1 100	1,2	—	45	16	120 °C	Tl	B	B	9
UP	Polyester	28	11 200	140	700	1 650	0,4	M	20	14	149 °C	Op	TB	B	2
PUR	Polyuréthane	1,2	140	5	700	1 100	—	—	100	16	106 °C	Tl	—	TB	5

57 ■ 5 PRINCIPAUX ÉLASTOMÈRES

Matière	Masse volumique kg/m³	Extension R min MPa	Allongement à la rupture A %	Température maximale °C	Adhérence sur métaux	Résistance chimique		
						Acides	Bases	Lubrifiants
Butyl	920	20	800	150 °C	M	TB	TB	M
Butadiène acrylonitrile (Perbunan)	1 000	27	600	130 °C	B	B	B	B
Acrylique	1 090	17	400	170 °C	B	M	M	M
Éthylène-Propylène	860	20	600	150 °C	M	TB	TB	—
Élastomère fluoré (Viton)	1 850	17	300	200 °C	—	TB	TB	TB
Polyuréthane	1 100	25	350	80 °C	—	M	M	—
Élastomère polyesters	1 170	25	350	120 °C	—	M	M	B
Chloroprène (Néoprène)	1 240	27	600	120 °C	B	TB	TB	—

NOTA : Les élastomères ont un comportement visco-élastique analogue à celui du caoutchouc (voir aussi § 44.1 et 44.251).

57 ■ 6 PRINCIPALES MOUSSES

Polystyrène expansé (PS)	Matériaux thermoplastiques ou thermodurcissables à structure cellulaire et de caractéristiques variables.
Polyuréthane expansé (PUR)	Emplois : Isolation - Emballage anti-chocs.

57 ■ 7 COMPOSITES (plastiques renforcés)

Amélioration des performances mécaniques, électriques et chimiques (voir chapitre 58).

*TB = Très bon - B = Bon - M = Médiocre.

**Tr = Transparent - Tl = Translucide - Op = Opaque.

*** Comparaison avec les autres matériaux, voir § 56.24.

58 Les composites

COMPOSITE = MATRICE + RENFORT.

TYPES DE MATRICES
■ Organique (plastique EP - UP - PF - PA - POM - PC...).
■ Minérale (carbone - céramiques...).
■ Métallique (aluminium - titane - plomb...).
TYPES DE RENFORTS
■ Organique (fibres de verre, d'aramide...).
■ Minéral (fibres de carbone, de céramiques...).
■ Métallique (fibres de bore, d'alumine...).
DIFFÉRENTES STRUCTURES DE RENFORTS
■ Particules.
■ Fibres courtes.
■ Fibres longues.
■ Tissage multiaxial.
■ Tressage.
■ Assemblage tridimensionnel...

58■1 Définition générale

Un composite est l'assemblage de plusieurs matériaux non miscibles, de natures différentes et dont les qualités se complètent afin d'obtenir un matériau hétérogène dont les performances sont supérieures à celles de ses composants.

Dans un matériau composite, on distingue :

■ le **renfort** qui constitue le squelette de la pièce et qui supporte l'essentiel des efforts,

■ la **matrice** qui assure la liaison de l'ensemble, répartit les efforts et joue un rôle de protection des renforts.

EXEMPLES :

Le béton et le béton armé sont des composites à matrice minérale (ciment).

58■2 CONSTITUTION DES COMPOSITES

PRINCIPALES MATRICES		
Époxyde EP	■ Bonnes propriétés mécaniques et thermiques. ■ Bon comportement en milieu extérieur. ■ Mise en œuvre sans solvant. ■ Excellente adhérence sur fibres et métaux.	■ Prix relativement élevé (§ 57.4). ■ Temps de polymérisation plus élevé que le polyester ■ Bonne stabilité dimensionnelle (comparable à celle des aciers).
Polyester UP	■ Prix réduit. ■ Facilité de mise en œuvre. ■ Bon accrochage sur fibre de verre. ■ Possibilité de translucidité.	■ Assez bonne tenue chimique. ■ Tenue réduite à la chaleur humide (vapeur). ■ Inflammabilité. ■ Retrait important (6 à 15 %).
PRINCIPAUX RENFORTS		
Fibres de verre FV	■ Bon rapport performances mécaniques/prix. ■ Disponible sous toutes les formes (fil, mat, tissu...). ■ Bonne adhérence avec toute résine. ■ Résistance à la température (50 % conservé à 350 °C).	■ Dilatation thermique faible. ■ Bonnes propriétés diélectriques. ■ Bonne résistance à l'humidité. ■ Renfort le plus utilisé industriellement.
Fibres de carbone FC	■ Excellentes propriétés mécaniques. Grande rigidité. ■ Très bonne tenue en température. ■ Dilatation thermique nulle. ■ Bonne usinabilité.	■ Bonnes conductibilités thermique et électrique. ■ Excellente résistance à l'humidité. ■ Tenue aux chocs faible. ■ Prix relativement élevé.
Fibres d'aramide FA « Kevlar »	■ Résistance à la rupture en traction très bonne. ■ Dilatation thermique nulle. ■ Excellente absorption des vibrations. ■ Très bonne résistance aux chocs et à la fatigue.	■ Faible masse volumique. ■ Sensibilité aux ultraviolets. ■ Usinabilité délicate. ■ Prix élevé.

58 ▪ 3 Principales propriétés

Les propriétés d'un composite sont fonction :
- de la nature de la matrice,
- de la nature du renfort,
- de la géométrie de la structure du renfort.

On peut estimer :

- À performances égales, les composites permettent de diminuer la masse des pièces.
- Ils sont pratiquement insensibles aux amorces de rupture.
- Ils présentent une excellente tenue en fatigue.
- Ils offrent une bonne résistance à la corrosion.
- Ils sont insensibles aux phénomènes de fatigue-corrosion.

PRINCIPAUX COMPOSITES USUELS

Matrice	Renfort	Masse volumique kg/m³	R min à l'extension MPa	Module d'Young MPa	Allongement %	Température maximale °C
ORGANIQUE - RENFORT PARTICULES						
Époxyde	Verre	1600	70	21280	4	150 °C
Polyester	Verre	1350	175	5600	0,5 - 5	150 °C
MATRICE ORGANIQUE - RENFORT FIBRES COURTES						
Époxyde	Verre R	2000	2000	53000	3,5	160 °C
Époxyde	Carbone HR	1500	1300	130000	1	200 °C
Époxyde	Carbone HM	1700	900	200000	0,5	200 °C
Époxyde	Kevlar	1400	1600	75000	2	160 °C

58 ▪ 4 Conception des pièces

58 ▪ 41 Matrice organique - renfort particules ou fibres courtes

Dans le cas du moulage par injection, les formes sont comparables à celles des plastiques (§ 26.4).

58 ▪ 42 Matrice organique - renfort fibres longues

Le composite est défini cas par cas, de façon à satisfaire de façon optimale aux contraintes de géométrie et de sollicitations en chaque point de la pièce.

Parmi les possibilités d'obtention, on peut citer :

- **Le moulage à la presse à chaud**

La nappe de fibres, préimprégnée de résine (mat), est préparée entre deux pellicules non adhésives. Après découpage de la quantité nécessaire, le composite est placé dans le moule, puis soumis au formage et à la polymérisation.

- **Le bobinage filamentaire**

La fibre imprégnée de résine est enroulée sur un mandrin de la forme de la pièce à obtenir et suivant une trajectoire définie (circulaire, hélicoïdale...).

MOULAGE À LA PRESSE

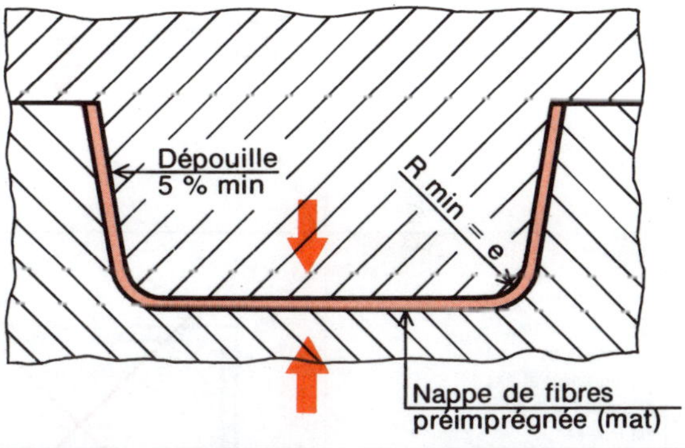

BOBINAGE FILAMENTAIRE

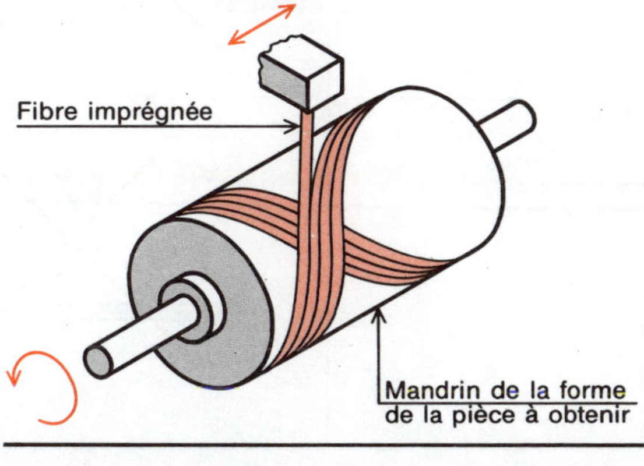

RÈGLES PRATIQUES DE CONCEPTION

Règle 1

Orienter les fibres des renforts dans la direction des sollicitations.

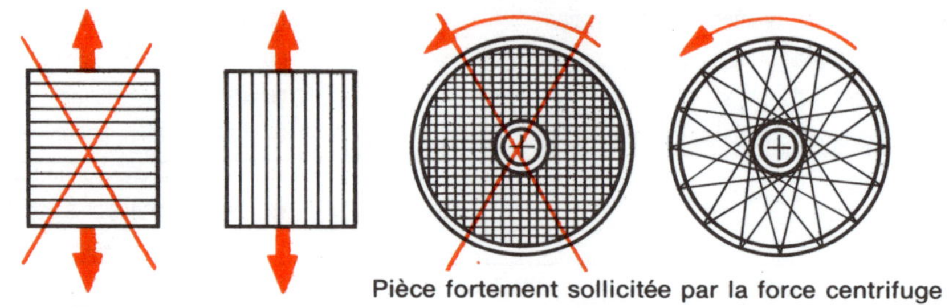

Règle 2

Éviter les sollicitations qui tendent à séparer les renforts de la matrice.

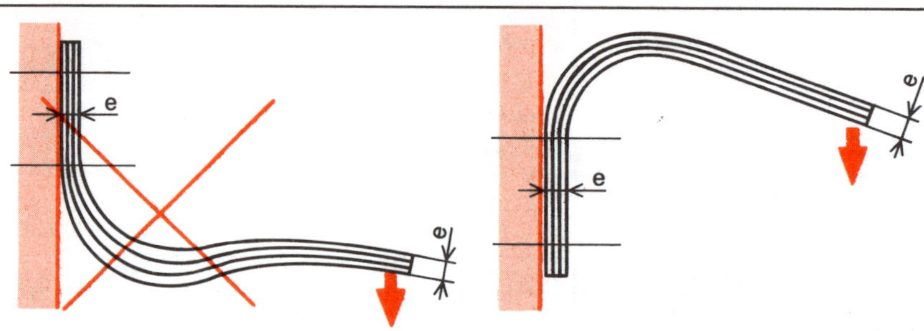

Règle 3

À même épaisseur de composite la construction en sandwich donne une plus grande rigidité.

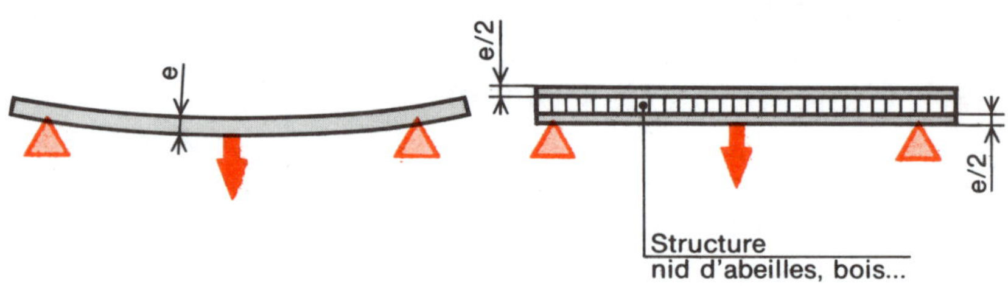

Règle 4

Faciliter la mise en forme en réalisant des rayons de raccordement et des dépouilles si la pièce est moulée.

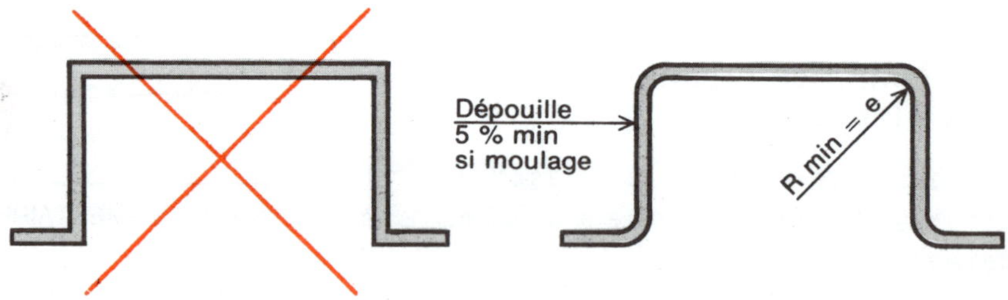

Règle 5

Éviter au maximum les usinages qui coupent la structure des fibres.

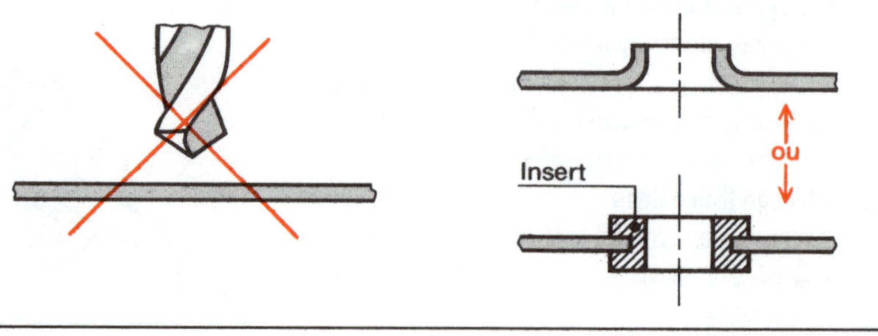

D'après Plastiremo.

58■6 EXEMPLES D'EMPLOIS

Support de tube cathodique pour matériel militaire.
Matrice : EP - Renfort : FV.
Inserts placés lors du moulage.

Roue hélico-centrifuge de refroidissement.
Matrie : EP - Renfort : Tissu FC.

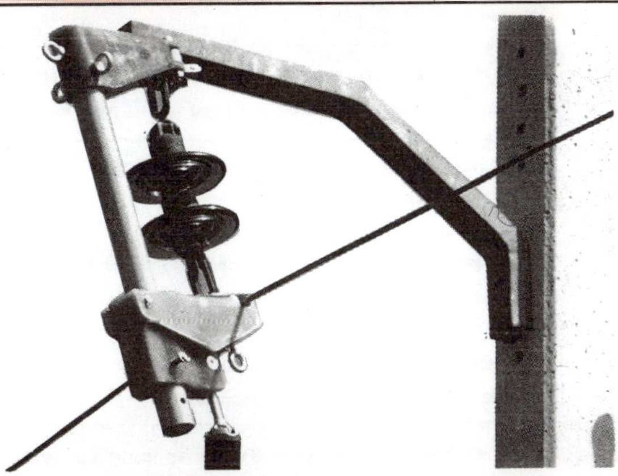

Tirant d'alignement pour câbles electriques.
(travail sous haute tension).

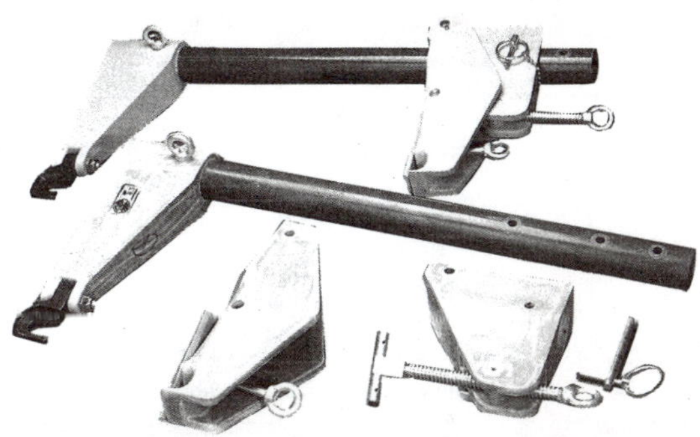

Matrice : EP.
Renfort : FV.

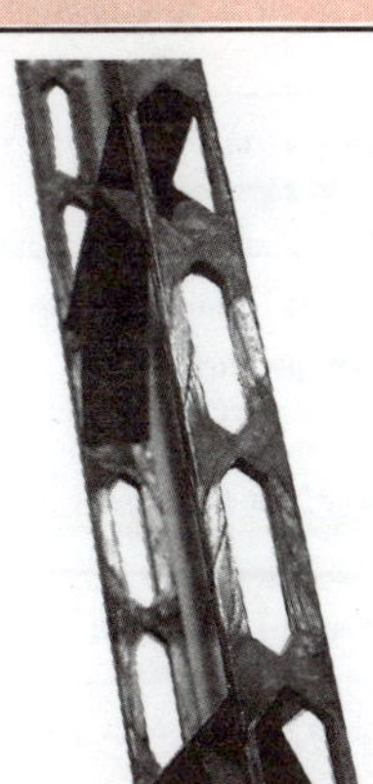

Poutre-échelle.
Matrice : UP - Renfort : FV, tressé en continu.

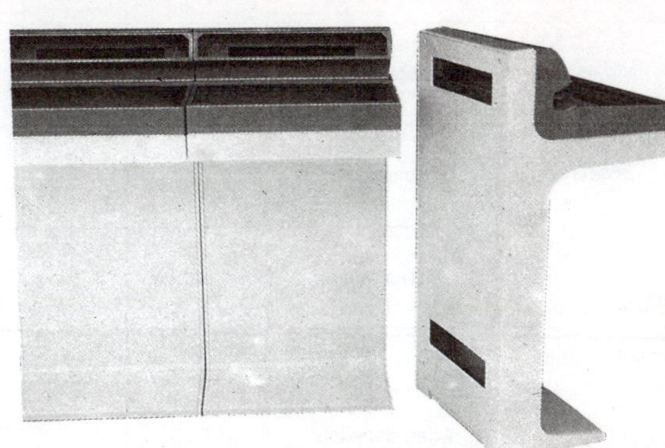

Pupitre. Ne nécessite pas de peinture.
Matrice : UP - Renfort FV.

Photographies : Plastiremo.

59 Traitements et revêtements de surface

Les traitements et revêtements de surface pour métaux sont utilisés : soit pour augmenter la résistance à l'usure, soit pour remédier à la corrosion, soit pour des raisons esthétiques. On utilise principalement : les traitements par transformation superficielle du métal (anodisation, nitruration, phosphatation, etc.), les revêtements au moyen d'un matériau convenablement choisi (nickelage, chromage, zingage, etc.), les revêtements au moyen d'un enduit (peinture, vernis, graisses, huiles, etc.).

PRINCIPAUX TRAITEMENTS ET REVÊTEMENTS DE SURFACE*

Désignation	Support	Épaisseur	Dureté *		Principales propriétés
			Vickers	Rockwell	
Anodisation	Aluminium et ses alliages	5 µm à 10 µm env.	–	–	Bonne résistance à l'usure et à la corrosion. Bel aspect (incolore ou teinté).
Anodisation dure	Aluminium et ses alliages	10 µm à 120 µm env.	450 à 850	45 à 65	Très bonne résistance à l'usure et à la corrosion. Épaisseur courante : 40 µm.
Cadmiage	Métaux ferreux Cuivre et ses alliages	2 µm à 30 µm env.	25	–	Bonne résistance à la corrosion. Cette protection peut être augmentée par passivation à l'acide chromique (aspect jaune irisé).
Cémentation	Voir tableau 56-25	0,10 mm à 6 mm	800	63	Grande résilience dans le cœur de la pièce. Grande dureté de la surface.
Chromage	Métaux ferreux	5 µm à 50 µm	–	–	Bonne résistance à la corrosion. Bel aspect (satiné ou brillant). Dépôt normalisé : 10 µm de nickel plus 5 µm de chrome.
Chromage dur	Cuivre et ses alliages	50 µm à 500 µm	1 000	70	Très bonne protection contre l'usure et la corrosion (épaisseur courante : 50 µm). Bonnes qualités frottantes.
Étamage	Aluminium et ses alliages	5 µm à 30 µm env.	–	–	Bonne résistance à la corrosion. S'utilise en particulier pour les pièces devant être soudées à l'étain.
Nickelage	Zinc et ses alliages	2 µm à 30 µm env.	200 à 800	17 à 63	Bonne résistance à l'usure et à la corrosion.
Nitruration	Voir tableau 56-23	0,1 à 0,8 mm	800	63	Très bonne résistance à l'usure. Bonne résistance à la corrosion.
Peintures	Tous supports	–	–	–	La protection contre la corrosion nécessite une sous-couche imperméable (minium, par exemple).
Phosphatation	Métaux ferreux	20 µm env.	–	–	Surtout utilisée comme base d'accrochage pour peintures et vernis.
Sulfinization	Métaux ferreux	0,2 mm env.	–	–	Améliore la résistance à l'usure et les qualités frottantes.
Trempe superficielle	Aciers trempants	0,3 mm à 6 mm	Fonction de l'acier utilisé		Grande résilience dans le cœur de la pièce. Grande dureté de la surface.
Zingage	Métaux ferreux	5 µm à 30 µm env.	–	–	Bonne résistance à la corrosion. Aspect brillant ou jaune irisé (par passivation).

* Repérage d'un traitement de surface § 12.383.

** Correspondance approximative.

60 Formes et dimensions des matériaux

60■1 Aciers laminés à chaud

Longueur normale : 6 mètres environ

60■11 Ronds et carrés NF A 45-003, 004

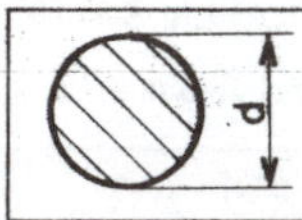

10	12	14	16	17	18	20	22	25	28	30	32
35	38	40	42	45	50	52	55	60	63	65	70
75	80	85	90	(95)	100	110	120	130	140	150	160

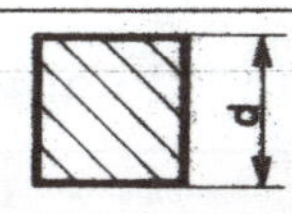

8	10	12	14	16	18	20	22	25
30	(32)	35	(40)	(45)	50	(55)	60	70
80	90	100	110	120	130	140	150	160

Exemple de désignation : Rond 32, NF A 45-003

60■12 Plats NF A 45-005

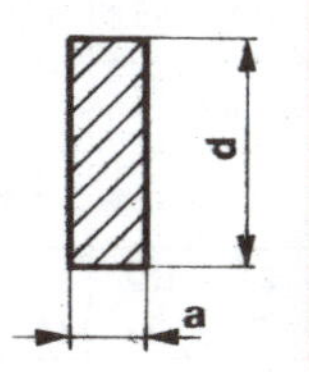

Épaisseur a	4	5	6	8	10
Largeurs b	20 à 40	20 à 100	20 à 150	20 à 150	20 à 150
Épaisseur a	12	15	20	25*	30
Largeurs b	20 à 150	20 à 150	20 à 150	50 à 100	50 à 80

Largeurs b normalisées							
	20	25	30	35	40	45	50
	60	70	80	90	100	120	150

15	17	18
20	22,5	23,5
24,5	25,5	27,5
28,5	30,5	31,5
33,5	37,5	43
48	52	–

* Sauf b = 90.

Exemple de désignation : Plat 60 × 15, NF A 45-005

60■13 Cornières à coins arrondis NF A 45-009, 010

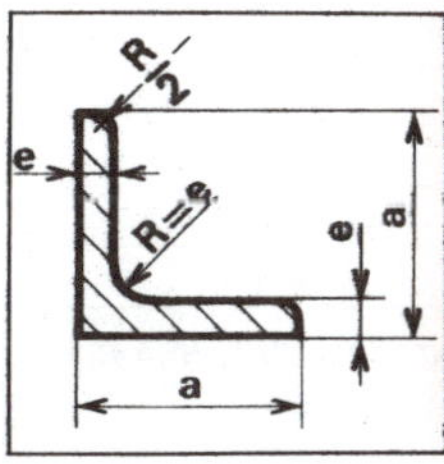

a	e	a	e
20	3	50	5
25	3	60	6
30	3	70	7
35	3,5	80	8
40	4	90	9
45	5	100	10

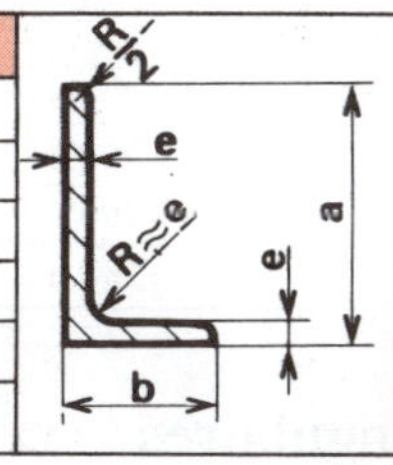

a × b	e	a × b	e
30 × 20	3	80 × 60	7
40 × 25	4	90 × 70	8
50 × 30	5	100 × 80	9
60 × 40	5	120 × 80	10
60 × 40	6	150 × 90	11
70 × 50	6	–	–

Exemple de désignation : Cornière 50 × 50 × 5, NF A 45-009

60■14 Profilés en T NF A 45-008

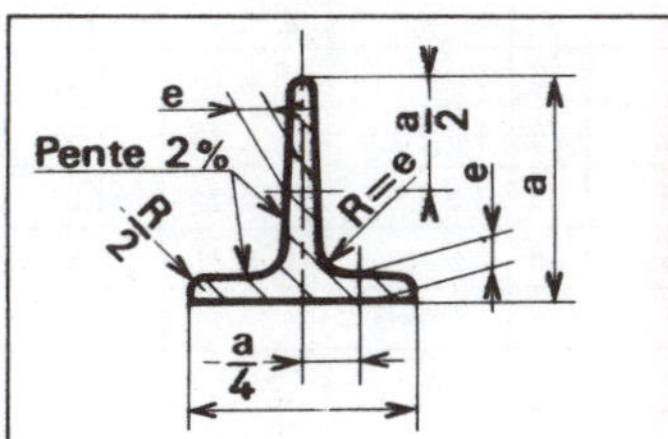

a	e	a	e
20	3	50	6
25	3,5	60	7
30	4	70	8
35	4,5	80	9
40	5	100	11
45	5,5	120	13

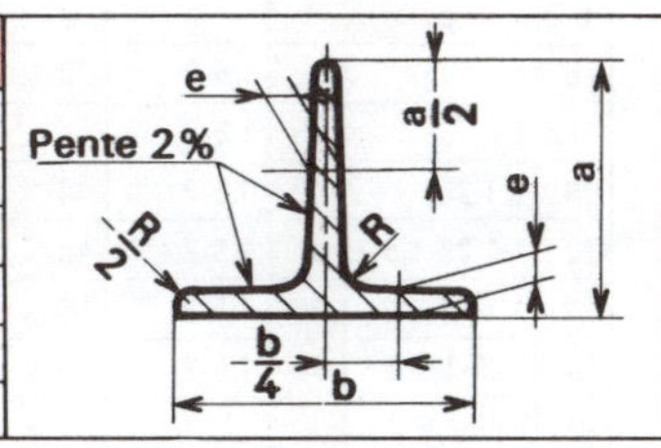

a	b	e	R
30	35	4	4
35	40	4,5	4
40	45	5	5

Exemple de désignation : Profilé en T 40 × 40, NF A 45-008

60■15 Profilés en UAP* NF A 45-255

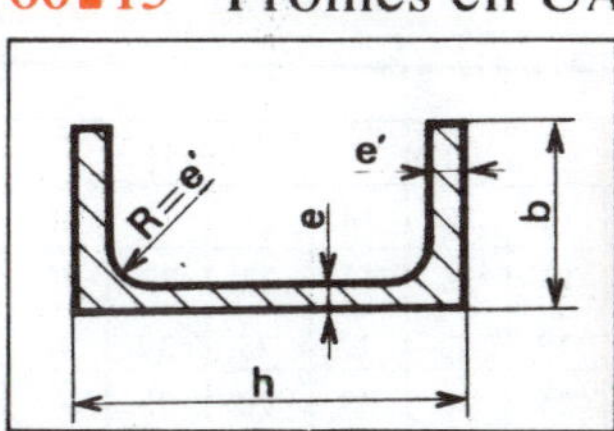

SÉRIE COURANTE												SÉRIE LÉGÈRE							
h	b	e	e'	h	b	e	e'	h	b	e	e'	h	b	e	e'	h	b	e	e'
80	45	5	8	175	70	7,5	10,7	270	95	9	14,5	130	30	4,5	6,3	270	75	5,6	9,5
100	50	5,5	8,5	200	75	8	11,5	300	100	9,5	16	175	55	4,7	7,1	270	77	7,6	9,5
130	55	6	9,5	220	80	8	12,5	–				200	65	5	7	320	85	7	11
150	65	7	10,2	250	85	9	13,5	–				250	50	6,5	8	320	87,5	9,5	11

* Ailes à faces parallèles.

Exemple de désignation : UAP 200 × 75, NF A 45-255

60 ■ 16 Poutrelles IPE NF A 45-205

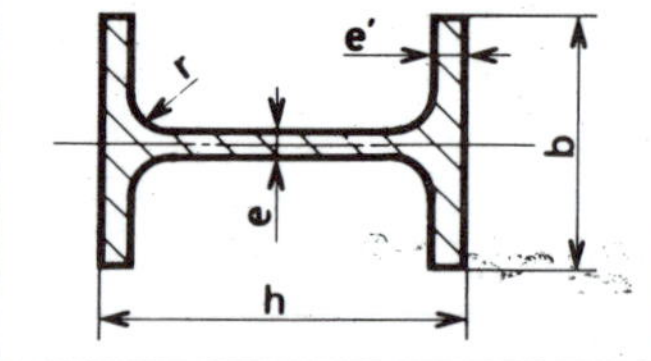

h	b	e	e'	r	h	b	e	e'	r	h	b	e	e'	r
80	46	3,8	5,2	5	180	91	5,3	8	9	300	150	7,1	10,7	15
100	55	4,1	5,7	7	200	100	5,6	8,5	12	330	160	7,5	11,5	18
120	64	4,4	6,3	7	220	110	5,9	9,2	12	360	170	8	12,7	18
140	73	4,7	6,9	7	240	120	6,2	9,8	15	400	180	8,6	13,5	21
160	82	5	7,4	9	270	135	6,6	12,2	15	450	190	9,4	14,6	21

Exemple de désignation : IPE 240 **NF A 45-205**.

60 ■ 17 Tubes sans soudure, filetables NF A 49-115

Longueur normale des tubes : 3,5 m à 7,5 m.

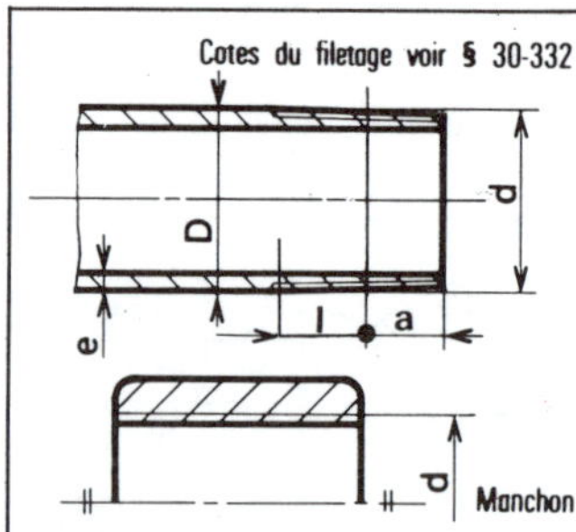

Dénomination des filetages		1/4	3/8	1/2	3/4	1	1 ¼	1 ½	2	2 ½	3	4	5
D environ		13,5	17,2	21,3	26,9	33,7	42,4	48,3	60,3	76,1	88,9	114,3	139,7
a + l		9,7	10,1	13,2	14,5	16,8	19,1	19,1	23,4	26,7	29,8	35,8	40,1
Série Moyenne	e_1	2,3	2,3	2,6	2,6	3,2	3,2	3,2	3,6	3,6	4,0	4,5	4,5
Série Forte	e_2	2,9	2,9	3,2	3,2	4	4	4	4,5	4,5	4,9	5,4	5,4
Ancienne dénomination		8-13	12-17	15-21	20-27	26-34	33-42	40-49	50-60	66-76	80-90	102-114	127-140

Matière : TU 34 (A 34).

Exemple de désignation : Tube 48,3-3,2, **NF A 49-115.**
filetés manchonné noir (ou galvanisé).

60 ■ 18 Tubes ronds NF A 49-642

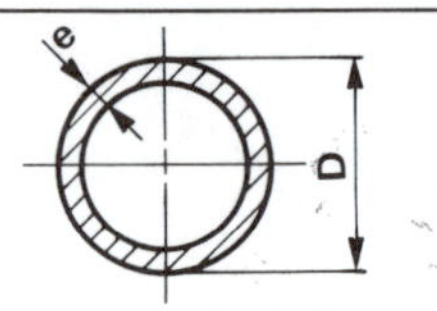

D	e	D	e	D	e	D	e	D	e
10	1	18	1-1,25-1,5	28	1,25-1,5	38	1,5	55	2
12	1	20	1-1,25-1,5	30	2	40	1,5-2	60	1,5-2
14	1,25-1,5	22	1-1,25-1,5	32	1,25-1,5-2	45	1,5-2	70	2
16	1-1,25-1,5	25	1-1,25-1,5	35	1,5-2	50	1,5-2	80	2

Matière : TS 30 (Re ⩾ 320 MPa).

Exemple de désignation : Tube 20-1, **NF A 49-642.**

60 ■ 19 Tubes carrés et rectangulaires NF A 49-652, NF A 49-654

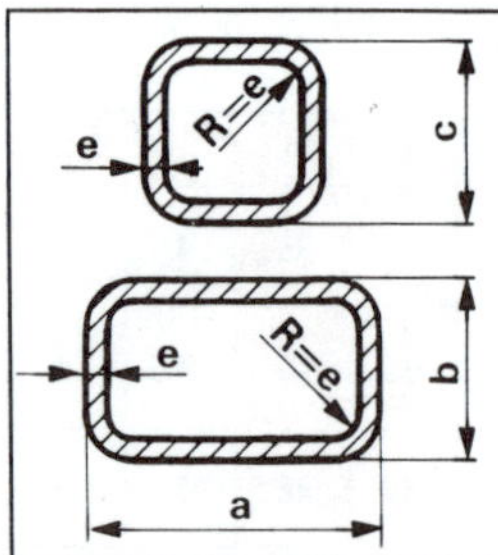

LAMINÉ À CHAUD								LAMINÉ À FROID			
c	e	c	e	a × b	e	a × b	e	c	e	a × b	e
10	1	32	1,5-2	30 × 20	1,25-1,5	60 × 30	2	16	1	25 × 10	1,5
12	1	35	1,5-2	35 × 20	1,5-2	60 × 34	2-2,5	20	1-1,2-1,5	25 × 15	1,5
16	1-1,25	40	1,5-2	40 × 20	1,5-2	60 × 40	2-2,5	25	1,2-1,5	35 × 20	1,5
20	1-1,25-1,5-2	45	1,5-2	40 × 27	1,5-2	80 × 40	2-2,5	30	1,5	40 × 10	1,5
22	1,25-1,5-2	50	1,5-2	50 × 20	1,5-2	–	–	–	–	–	–
25	1,25-1,5-2	60	1,5-2	50 × 25	1,5-2	–	–	–	–	–	–
30	1,25-1,5-2	–	–	50 × 30	1,5-2	–	–	–	–	–	–

Matière : TS 30 (Re ⩾ 300 MPa).

Exemple de désignation : Tube 40 × 20-2, **NF A 49-652.**

60 ■ 2 Ronds, carrés, hexagones étirés à froid NF A 47-411, 412, 413

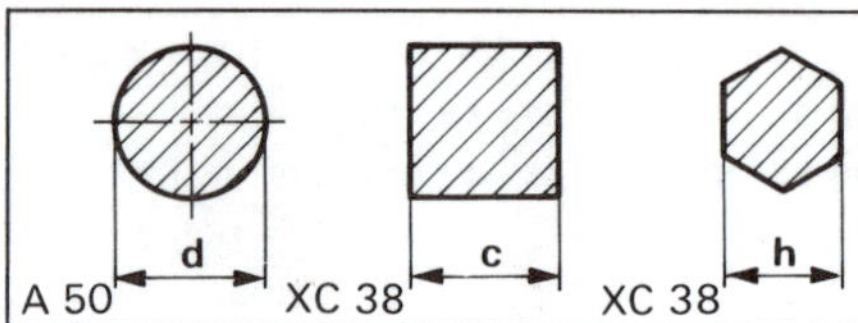

d (h 10)								c (h 11)		h (h 11)			
4	6	9	13	17	21	30	40	15	28	14	21	27	35
4,5	6,5	10	14	18	25	33	43	17	38	16	22	29	36
5	7	11	15	19	26	35	48	19	43	17	23	30	40
5,5	8	12	16	20	28	38	–	24	48	19	26	32	–

Longueurs des barres : 3 m à 3,75 m.

Exemple de désignation : Rond 18 h 10, **NF A 47-411.**

60■3 Aluminium et ses alliages

60■31 Ronds, carrés, hexagones filés NF A 50-702, NF A 50-703, NF A 50-704

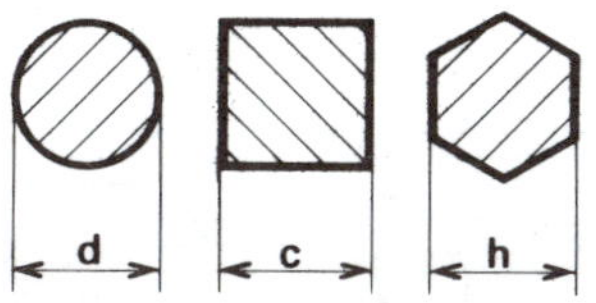

d	10	12	14	16	18	20	22	25	28	30	32	36	40	45	50	55	60
	65	70	80	85	90	95	100	105	110	120	125	130	140	150	160	180	200
c	6	8	10	12	14	16	20	25	30	32	36	40	45	50	60	65	70
h	12	14	16	17	18	19	20	21	22	23	25	26	28	29	32	35	40

Longueur des barres : 3 m à 6 m

Exemple de désignation : Rond 32, **NF A 50-702.**

60■32 Plats filés NF A 50-705

Longueurs normales : 4 m à 6 m

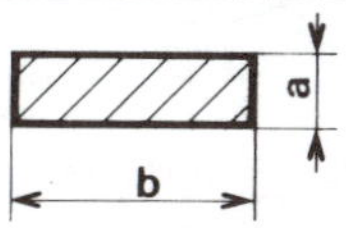

Epaisseur a	2		2,5		3		4		5		6		8		10		12	
Largeurs b	5 à 16		5 à 16		5 à 15		6 à 16		8 à 100		10 à 100		10 à 160		12 à 160		18 à 160	
Epaisseur a	15		20		25		30		40		50		60		80		100	
Largeurs b	25 à 160		30 à 160		40 à 160		50 à 160		60 à 220		80 à 160		100 à 220		120 à 220		160 à 220	
Largeurs b normalisées	5	6	8	10	12	15	18	20	25	30	40	50	60	80	100	120	180	200

Exemple de désignation : Plat 40 × 10, **NF A 50-705.**

60■33 Tubles filés NF A 50-711

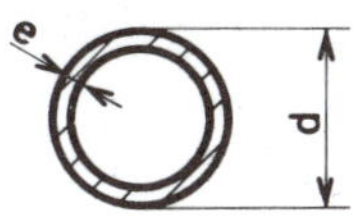

D	25	30	32	36	38	40	45	50	56	60	70	80	90	100
e	1,2 à 3	1,2 à 6	1,2 à 8	1,6 à 8	2 à 8	2 à 8	2,5 à 8	2,5 à 8	3 à 8	3 à 10	5 à 8	4 à 10	5 à 8	4 à 12
Épaisseurs e normalisées				1,2	1,5	2	2,5	3	4	5	6	8	10	12

Exemple de désignation : Tube 32 × 2,5, **NF A 50-711.**

60■34 Cornières et profilés en T filés NF A 50-706, NF A 50-708

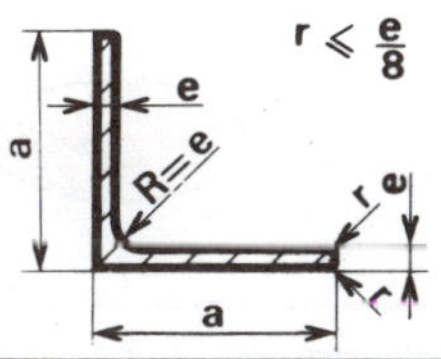

a	b	a	e
12	1	40	3
15	1,5	50	4
20	2	60	5
25	2	80	6
30	2,5	100	8

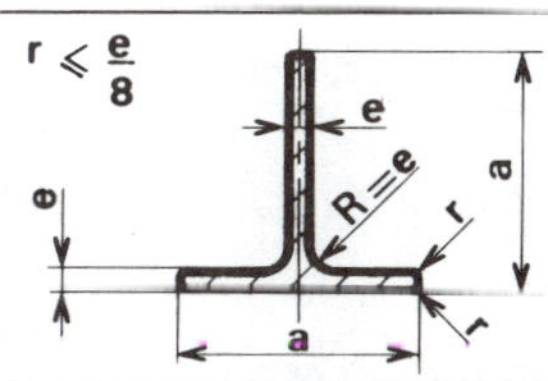

a	e	a	e
20	1,6-2	60	6
25	2-2,5	80	6-8
30	2-3	100	8-10
40	3-4	125	10-12
50	4-5	160	14-16

Exemple de désignation : Cornière 50 × 50 × 5, **NF A 50-706.**

60■35 Profilés en U filés NF A 50-709

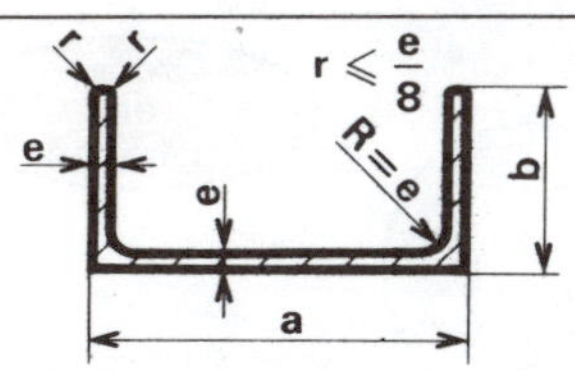

a	b	e	a	b	e	a	b	e
25	16	1,6	50	25	2-2,5	80	50	4-5
32	16	1,6-2	50	30	3-4	100	50	5-6
32	20	1,6-2	60	30	3-4	100	63	5-6
40	20	2-3	60	40	4-5	125	63	5-6
40	25	2-3	80	49	4-5	125	80	6-8

Exemple de désignation : Profilé en U 50 × 30 × 3, **NF A 50-709.**

60■4 Rilsan (qualité rigide)

Longueur maximale : 3 mètres

PLANCHES	
	6 × 300
2 × 570	10 × 300
3 × 300	25 × 300
5 × 300	50 × 300

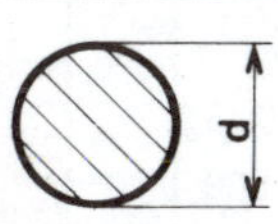

2,5	15	40	100
6	20	50	125
8	25	60	150
10	30	80	—

Exemple de désignation : Jet plein ∅ 20, Rilsan.

61 Analyse fonctionnelle

NF X 50-150 - NF X 50-153

L'analyse fonctionnelle consiste à **recenser, caractériser, ordonner, hiérarchiser et valoriser** les fonctions d'un produit*.

61 ▪ 1 Identification des fonctions

61 ▪ 11 Milieu environnant

Le milieu environnant d'un produit est l'ensemble des composantes physiques, humaines, économiques ... en relation avec le produit pendant son cycle de vie (matière d'œuvre, énergie, utilisateur, dépanneur, atmosphère...).

Afin de préciser exactement le support de l'analyse fonctionnelle, on définit une **frontière** qui délimite la zone de l'étude. On dit que l'on a **isolé** le produit étudié de son milieu environnant.

GRAPHES D'ASSOCIATION :

- Les graphes d'association ou « diagrammes-pieuvres » sont constitués par l'ensemble des éléments du milieu environnant qui sont en relation avec le produit étudié, pendant son cycle de vie.
- Il y a autant de graphes d'association que de séquences d'utilisation.

61 ▪ 12 Fonctions de service

Une fonction de service se traduit par une relation entre le produit et une ou plusieurs composantes du milieu environnant.

61 ▪ 121 Recensement des fonctions de service

MÉTHODE D'INVENTAIRE SYSTÉMATIQUE DU MILIEU ENVIRONNANT LE PRODUIT
1. Identifier toutes les composantes du milieu environnant le produit. **2.** Établir toutes les relations entre le produit et les composantes du milieu environnant. **3.** Chaque relation entre le produit et une ou plusieurs composantes du milieu environnant détermine une fonction de service.

* Produit : ce qui est, ou sera fourni, à un utilisateur pour répondre à son besoin.

GRAPHE D'ASSOCIATION ou « diagramme-pieuvre »

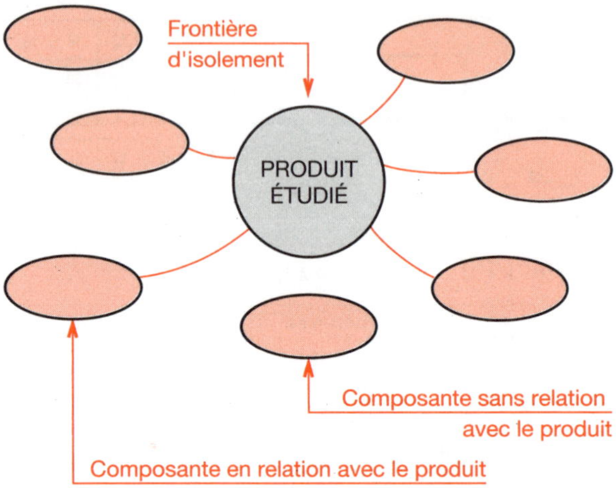

ÉTABLISSEMENT DES FONCTIONS DE SERVICE

Relation entre le produit et une composante du milieu environnant

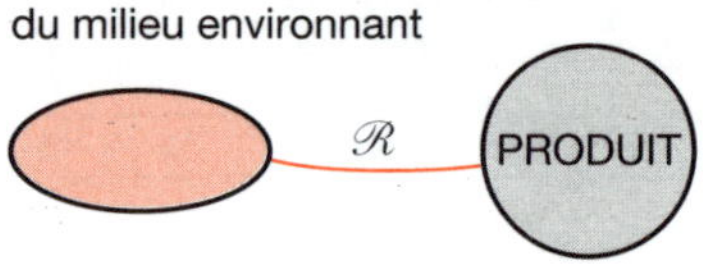

Relation entre le produit et deux composantes

RECENSEMENT DES FONCTIONS DE SERVICE D'UN RÉCEPTEUR DE RADIODIFFUSION

Exemple partiel

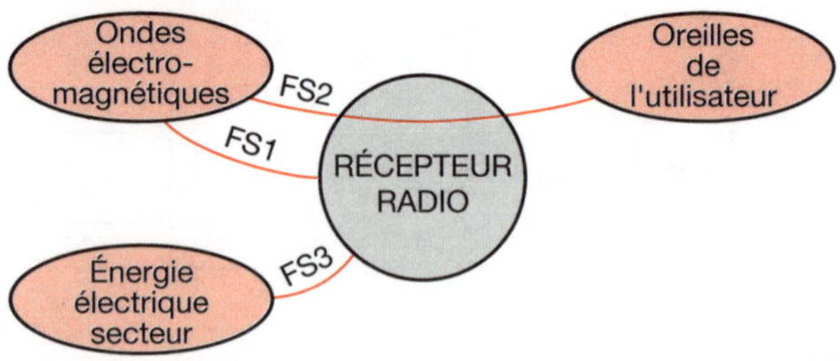

FONCTIONS DE SERVICE	
FS1	Recevoir les ondes électromagnétiques
FS2	Transformer les ondes électromagnétiques en ondes sonores
FS3	S'adapter à l'énergie électrique de secteur

61 ■ 122 Classification des fonctions de service

Suivant l'objet de l'analyse fonctionnelle, on peut classer les fonctions de service :
- soit par leur nature,
- soit par leur importance.

CLASSIFICATION DES FONCTIONS DE SERVICE	
Par nature (analyse externe)	Par importance (analyse interne)
■ Fonctions d'usage ■ Fonctions d'estime	■ Fonctions principales ■ Fonctions complémentaires

CLASSIFICATION PAR NATURE

Les fonctions de service peuvent correspondre à des fonctions d'usage ou à des fonctions d'estime.

Par exemple, pour une paire de lunettes :
- une fonction d'usage est « corriger la vue de l'utilisateur »,
- une fonction d'estime est « plaire à l'utilisateur ».

EXEMPLE PARTIEL DE CLASSIFICATION PAR NATURE POUR UNE PAIRE DE LUNETTES

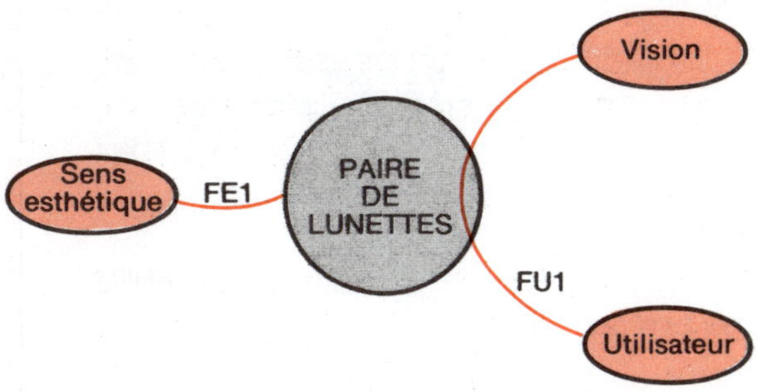

FONCTION D'USAGE	
FU1	Corriger la vue de l'utilisateur
FONCTION D'ESTIME	
FE1	Plaire à l'utilisateur

CLASSIFICATION PAR IMPORTANCE

Les fonctions de service peuvent être hiérarchisées en fonctions principales et en fonctions complémentaires.

Fonctions principales

Ce sont les fonctions qui justifient la création du produit.
Par exemple, pour un récepteur de radiodiffusion :
FP1. Transformer les ondes électromagnétiques en ondes sonores.

REMARQUE :
Une fonction principale est une relation entre deux ou plusieurs composantes du milieu environnant par l'intermédiaire du produit.

Fonctions complémentaires

Toutes les fonctions autres que les fonctions principales sont des fonctions complémentaires.
Par exemple, pour un récepteur de radiodiffusion :
FC2. S'adapter à l'énergie électrique du secteur.

REMARQUES :
- Une fonction complémentaire est une relation entre le produit et un élément du milieu environnant.
- Une fonction complémentaire adapte le produit à la composante considérée du milieu environnant.

EXEMPLE PARTIEL DE CLASSIFICATION PAR IMPORTANCE POUR UN RÉCEPTEUR DE RADIODIFFUSION

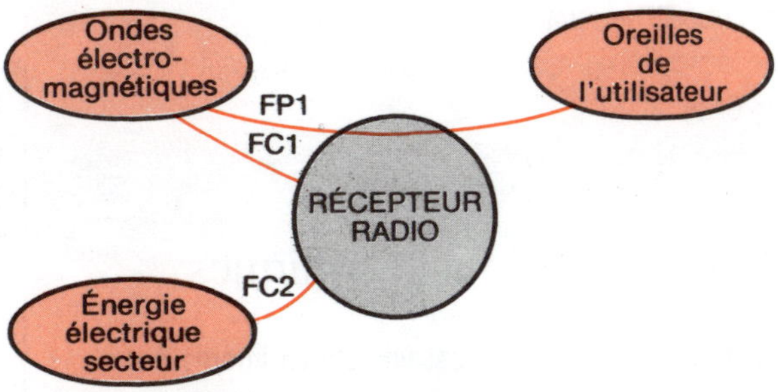

FONCTION PRINCIPALE	
FP1	Transformer les ondes électromagnétiques en ondes sonores
FONCTIONS COMPLÉMENTAIRES	
FC1	Recevoir les ondes électromagnétiques
FC2	S'adapter à l'énergie électrique du secteur

61 ■ 123 Formulation des fonctions

Une fonction est exprimée par un **verbe à l'infinitif suivi d'un complément.**

61 ■ 124 Critères d'appréciation

Ces critères permettent d'apprécier la manière dont une fonction doit être respectée.

REMARQUES :

- Un critère d'appréciation doit être accompagné de spécifications permettant de fixer le **niveau d'exigence requis.**
- Si le niveau de critère d'appréciation est une grandeur mesurable, il est parfois nommé « performance ».
- Afin de permettre l'optimisation du produit, donner, dans la mesure du possible, une **indication de flexibilité** pour les niveaux d'exigences.

61 ■ 2 Contraintes

Les contraintes sont des limitations à la liberté du concepteur-réalisateur d'un produit.

Par exemple :

- sécurité,
- respect de l'environnement,
- délai pour l'étude,
- interchangeabilité,
- respect de normes ou de règlements,
- marché (exigence de conception pour un coût objectif (§ 64.5).

61 ■ 3 Fonctions techniques

Une fonction technique est une action interne entre les constituants d'un produit défini par le concepteur-réalisateur dans le cadre d'une solution pour assurer les fonctions de service.

REMARQUE :

Cette fonction n'est justifiée que par l'obligation de construire le produit, c'est pourquoi on la désigne aussi par les termes « **fonction de construction** ».

FORMULATION DES FONCTIONS

Exemple pour la fonction de service FS3 :

S'adapter	**à l'énergie électrique...**
Verbe à l'infinitif décrivant l'action	Complément traduisant l'action exercée

---

EXEMPLE DE CRITÈRES D'APPRÉCIATION

Fonction	Niveau d'exigence	Coût
FP1	■ MTBF* = 1000 h ■ Sensibilité en FM = 2 μV	Inférieur à X % du coût total
FC2	■ Tension : 220 V ± 5 % ■ Fréquence : 50 Hertz	d°

*MTBF : Moyenne des temps de bon fonctionnement.

EXEMPLE DE CONTRAINTES

Règles de sécurité pour matériels de réception radioélectriques : NF C 92-200

EXEMPLES DE FONCTIONS TECHNIQUES

- FT1 Mettre en position et maintenir la carte électronique.
- FT2 Refroidir le transistor type ____.

Suivant la frontière choisie, les fonctions techniques d'un constituant appartenant à un produit complexe sont les fonctions de service de ce constituant pour son propre concepteur-réalisateur.

Par exemple, la fonction « refroidir le transistor type ____ » est une fonction technique pour l'utilisateur, mais une fonction de service pour le concepteur-réalisateur de la carte électronique.

Dans le cas d'un procédé, il peut s'agir, par exemple, des actions à entreprendre pour obtenir une transformation ou un changement d'état.

61 ▪ 4 Diagramme FAST*

Pour une solution technologique donnée, ce diagramme permet de représenter de façon synthétique un enchaînement hiérarchisé des fonctions techniques.
À partir d'une fonction donnée, il s'établit en répondant aux questions : Pourquoi ? Quand ? Comment ?

POURQUOI ? Cette question concerne la fonction précédente.
La réponse commence par « **pour** ».

QUAND ? Cette question s'applique à une ou à des fonctions situées au même niveau.
La réponse commence par « **si simultanément** ».

COMMENT ? Cette question s'adresse à la fonction suivante.
La réponse commence par « **en** ».

EXEMPLE :
Diagramme FAST partiel pour une pince de manipulateur.

PINCE POUR MANIPULATEUR**

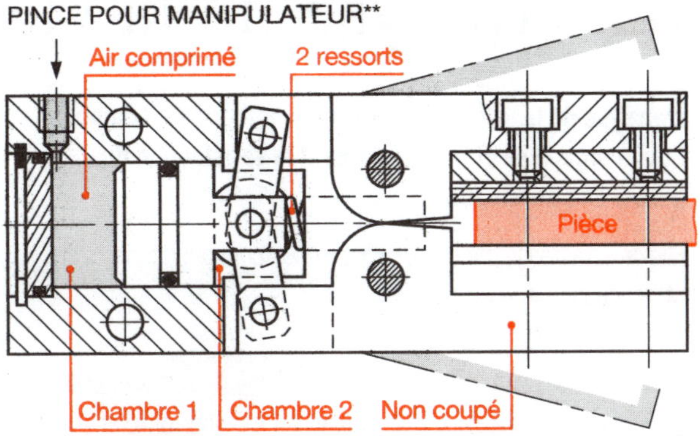

MÉTHODE D'ÉLABORATION

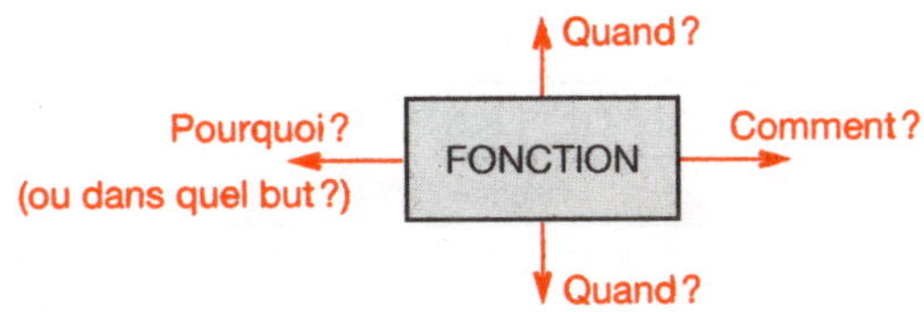

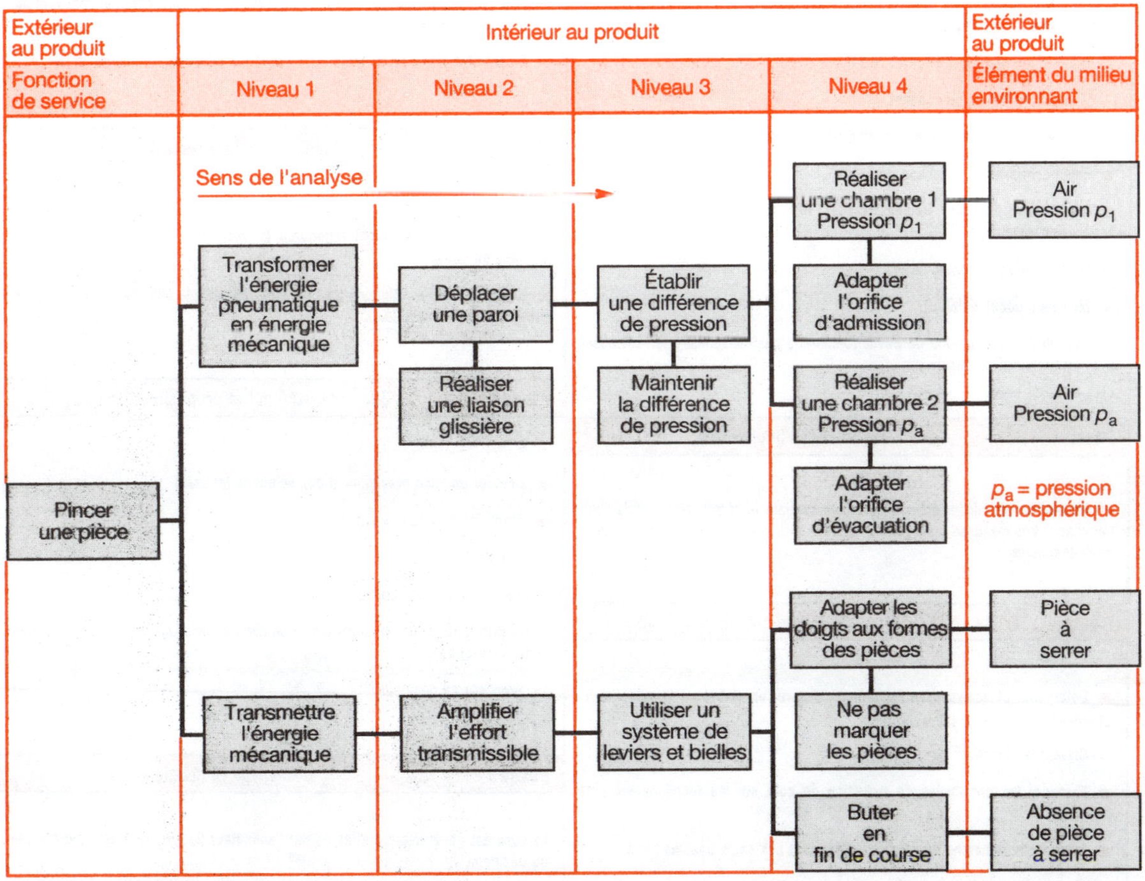

* *Function Analysis System Technic* que l'on peut traduire par « Technique d'analyse fonctionnelle et systématique ». ** D'après Schrader-Bellows.

62 Analyse de la valeur

NF X 50-150, NF X 50-152, NF X 50-153

L'analyse de la valeur* (AV) est une méthode de compétitivité organisée et créative, visant la satisfaction du besoin de l'utilisateur.

Elle se caractérise par une démarche de conception :

- fonctionnelle,
- économique,
- pluridisciplinaire.

Bien que les plans de travail soient les mêmes, on distingue généralement l'analyse de la valeur de conception et l'analyse de la valeur d'amélioration.

Dans l'analyse de la valeur un produit est considéré comme un assemblage de fonctions et non comme un assemblage de pièces.

L'analyse de la valeur a pour objet d'augmenter la valeur d'un produit :

- **en réduisant les coûts,**
- **en améliorant la qualité ou les performances du produits.**

PLAN DE TRAVAIL D'UNE ACTION « ANALYSE DE LA VALEUR »

Phase 1 — Orienter l'action

- Objet et causes de l'analyse de la valeur.
- Données du problème :
  - besoin à satisfaire, CdCF (chapitre 64),
  - définition du milieu environnant,
  - produits de la même famille et principales insatisfactions relevées...
- Enjeu économique (réduction des coûts...).
- Contraintes diverses (réglementation, normalisation, interchangeabilité, approvisionnements...)
- Objectifs (performances, coûts...).
- Moyens (budget, délais...).
- Constitution d'un groupe de travail (démarche pluridisciplinaire faisant appel à un animateur et un décideur).

Phase 2 — Rechercher l'information

- Recherche technique, économique, commerciale et réglementaire effectuée par chacun des membres du groupe et diffusée à tous (inventaire et classification de l'information).

Phase 3 — Analyser fonctionnellement

- Déterminer et analyser les fonctions à assurer en élaborant la cahier des charges fonctionnel (chapitres 61 à 69).
- Classer les fonctions par coûts.
- Examiner les possibilités de réduction de coût sur les fonctions les plus onéreuses.
- Préparer la recherche de solutions répondant aux seuls besoins réels.

Phase 4 — Rechercher les idées et voies de solution

- Rechercher, fonction par fonction, un nombre maximal d'idées, en innovant ou à partir de solutions existantes.
- Classer les idées en utilisant les critères les plus adaptés (coûts, délais...).

Phase 5 — Étudier et évaluer les solutions

- Étudier les solutions qui répondent le mieux aux orientations de l'action (définies en phase 1).
- Évaluer, pour les solutions les plus intéressantes, la faisabilité, les coûts, les risques, la maintenabilité...).

Phase 6 — Bilan prévisionnel et proposition de choix

- Dresser un bilan prévisionnel des solutions retenues.
- Établir pour chaque solution, notamment :
  - les motifs de sélection,
  - une estimation des coûts,
  - les principales conditions d'application (délais, conséquences sur les hommes et sur l'entreprise...).
- Proposer au décideur.

Phase 7 — Suivre la réalisation

Le suivi est généralement effectué par l'animateur du groupe. Il en rend compte au décideur.

*Valeur : jugement porté sur le produit par l'utilisateur. Pour le concepteur : $\text{Valeur} = \dfrac{\text{Qualité des fonctions}}{\text{Coût des fonctions}}$.

63 Analyse fonctionnelle descendante

Ce type d'analyse permet de modéliser et de décrire graphiquement des systèmes*.
On procède par analyses successives descendantes, c'est-à-dire en allant du plus général vers le plus détaillé en fonction des besoins.

63 ■ 1 Représentation graphique

La représentation graphique s'effectue à partir de boîtes modélisant des fonctions. Chaque côté de la boîte a une signification particulière.
Chaque diagramme de niveau inférieur est issu d'une boîte du niveau supérieur et il en conserve toutes les relations.
Pour chaque diagramme, on précise, en fonction de l'objectif de communication, le point de vue qui a conduit à son élaboration (point de vue concepteur, point de vue utilisateur, point de vue maintenance, etc.).

Niveau A-0**
Il définit par une boîte :
- la frontière d'isolement et les relations du système avec les éléments du milieu environnant ;
- la globalité des fonctions du système (fonction globale ou fonction d'usage).

Niveau A0
Il représente, en diverses boîtes, les fonctions principales du système pour satisfaire la fonction énoncée dans la boîte A-0. Ces boîtes sont reliées entre elles par des lignes fléchées qui indiquent les divers flux de la matière d'œuvre et des contraintes.

Niveaux A1, A2, ...
Chaque boîte du premier niveau peut se décomposer en diverses boîtes représentant les sous-fonctions principales qui doivent satisfaire la fonction principale énoncée dans cette boîte.

Niveaux A11, A12, ..., A21, A22, ...
Il est possible de continuer de décomposer une ou plusieurs boîtes jusqu'au niveau de détail souhaité.

* Système : ensemble d'éléments interdépendants que l'on isole du milieu environnant par une démarche intellectuelle, en vue de traiter cet ensemble comme un tout.
** Lire *A moins zéro*.

PRINCIPE DE HIÉRARCHISATION DES DIAGRAMMES

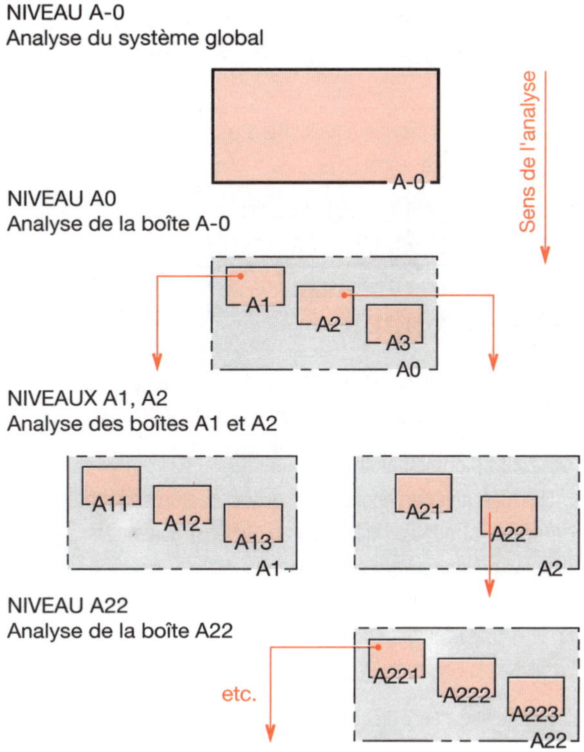

CAS GÉNÉRAL D'UNE BOÎTE AVEC SES RELATIONS

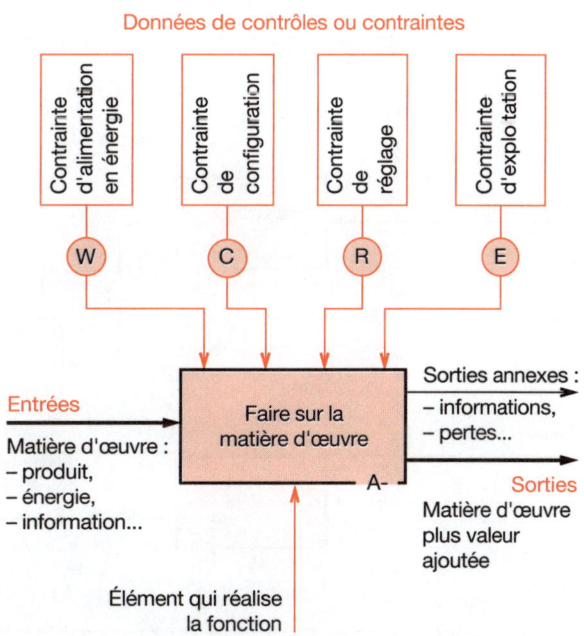

D'après S.A.D.T. (*Structured Analysis and Design Technic*).

63 ■ 2 PRINCIPALES RÈGLES D'ÉLABORATION

1. Les flèches qui entrent dans une boîte montrent de quoi la boîte a besoin pour effectuer les exigences spécifiées en sortie.	**4.** Le dessous de la boîte est utilisé pour montrer l'élément qui réalise l'activité, c'est-à-dire le « comment » ou le « qui » de celle-ci (objet, mécanisme, individu, service ...).
2. Les données d'entrée sont modifiées en données de sortie par la fonction exprimée dans la boîte.	**5.** Chaque flèche, entrant ou sortant d'une boîte d'un niveau donné, doit se retrouver sur le diagramme du niveau inférieur.
3. Les contraintes (W, C, R, E) régissent les consignes données aux modifications (transformations, déplacement, stockage ...).	**6.** Pour faciliter la compréhension, ne pas dépasser six boîtes par diagramme.

63 ■ 3 Exemple

L'exemple concerne un élément du cahier des charges pour l'étude d'un type de machines à faire le café.

Objectif de communication
Établir une analyse fonctionnelle descendante permettant de définir ce que l'on demande au système automatisé à concevoir. On précisera notamment :

- le flux de la matière d'œuvre (voir remarques),
- le flux de l'énergie,
- le flux de l'information.

Point de vue : celui du concepteur.

NIVEAU A-0 - Point de vue : concepteur

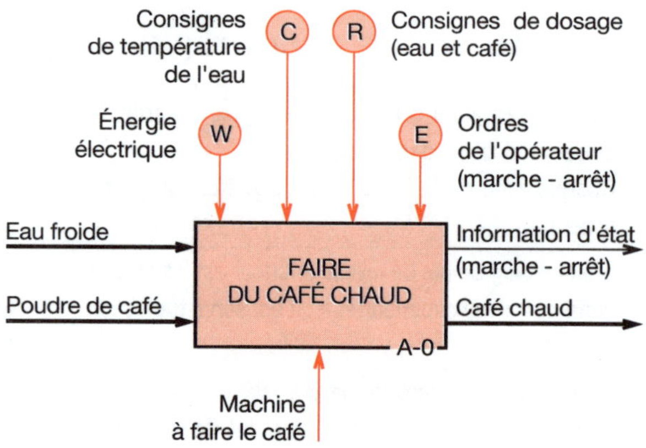

NIVEAU A0 - FAIRE DU CAFÉ CHAUD

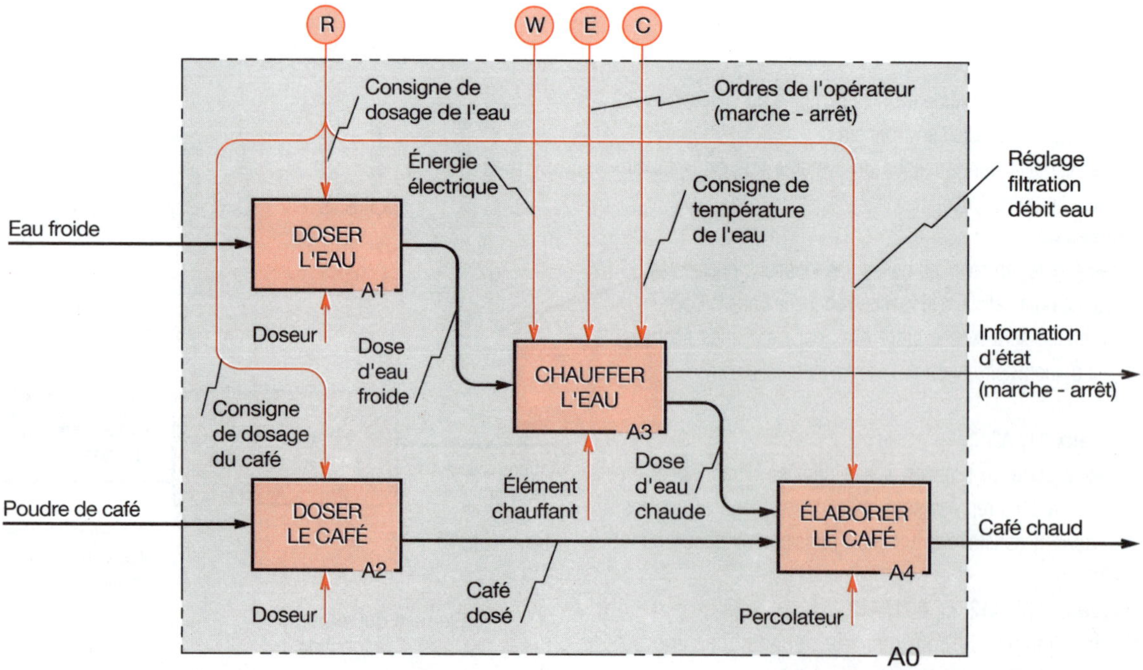

REMARQUES :

■ **La matière d'œuvre** est ce sur quoi le système agit. Elle peut être un produit, une matière, une énergie, une information ...
Dans cette application la matière d'œuvre est composée de l'eau froide et de la poudre de café.

■ La différence entre l'état de la matière d'œuvre à l'entrée et à la sortie du système correspond à la **valeur ajoutée**.
Dans cette application, la valeur ajoutée est la transformation de l'eau froide et de la poudre de café en café chaud.

■ Si le diagramme de niveau A0 ne correspond pas à l'objectif recherché, on poursuit l'analyse fonctionnelle descendante en décomposant certaines boîtes plus en détail, par exemple la boîte A4.

■ En fonction de besoins spécifiques, on rencontre des représentations et des appellations différentes, mais le principe de base reste, en général, le même.

NIVEAU A4 - ÉLABORER LE CAFÉ

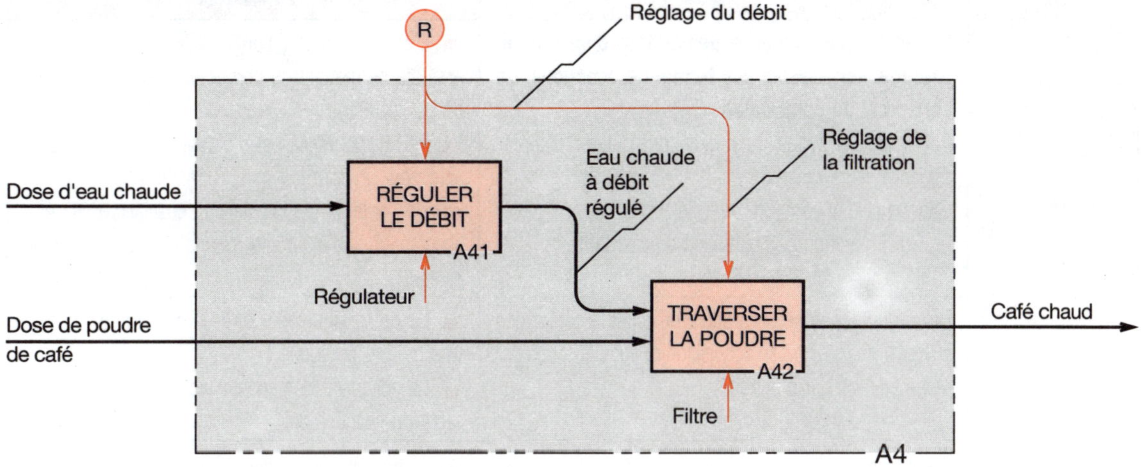

63 ■ 4 Détermination du nombre de boîtes

Pour déterminer le nombre de boîtes, on peut utiliser la méthode d'inventaire systématique du milieu environnant (§ 61.121).

La figure ci-dessous en donne une application pour le diagramme de niveau A0.

DÉTERMINATION DU NOMBRE DE BOÎTES POUR LE DIAGRAMME DE NIVEAU A0

FONCTIONS PRINCIPALES	
Repère	**Énoncé**
A1	Doser l'eau
A2	Doser le café
A3	Chauffer l'eau
A4	Élaborer le café

Graphe d'association

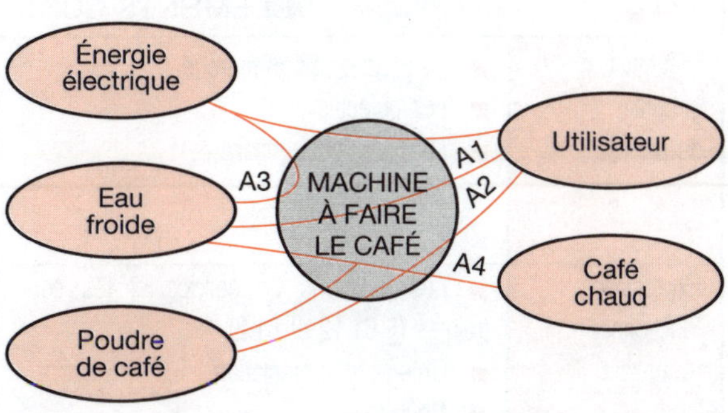

64 Cahier des charges fonctionnel

NF X 50-150 - NF X 50-151

Un des facteurs déterminants dans une démarche rationnelle de conception de produits* est l'établissement d'un cahier des charges fonctionnel (CdCF).
C'est un outil méthodologique nécessaire pour détecter et formuler fonctionnellement le besoin (ce que veut l'utilisateur).
Il incite à s'exprimer en termes d'obligations de résultats de préférence aux obligations de moyens.

64.1 VOCABULAIRE

Terme	Définition	Remarques
Cahier des charges fonctionnel (CdCF)	**Document par lequel le demandeur d'un produit exprime son besoin en terme de fonctions de service et de contraintes** Pour chacune d'elles, il est défini des critères d'appréciation et leurs niveaux. Chaque niveau comporte une flexibilité. Le CdCF contribue à l'obtention de la **qualité**.**	■ L'établissement d'un CdCF nécessite une enquête permettant de cerner au mieux les besoins des utilisateurs. ■ Le but poursuivi est d'obtenir le produit le plus apte pour un coût minimal. ■ Un critère d'appréciation qualitatif doit être accompagné d'éléments permettant de situer le niveau.
Demandeur d'un produit	Entité qui recherche un produit, en émet le cahier des charges, en vue de son acquisition et son utilisation par elle-même ou par d'autres.	■ Le demandeur peut être un organisme, un service ou une personne. ■ La notion de demandeur inclut celle de responsable du financement.
Concepteur-réalisateur d'un produit	Entité reponsable de la conception d'un produit qui outre les exigences techniques prend en compte les conditions, coûts et délais de réalisation.	■ Lorsqu'un concepteur n'assure pas la réalisation, il lui appartient de consulter des réalisateurs potentiels ou de se référer à des expériences antérieures.

64.2 BUTS ET IMPLICATIONS DU CdCF

Le demandeur est, par le niveau auquel il situe son besoin, le premier responsable des coûts. Il précède, dans la responsabilité des coûts, le concepteur-réalisateur qui propose la solution permettant d'atteindre le niveau spécifié.
Ainsi le CdCF contribue à clarifier et à formaliser les responsabilités du demandeur et du concepteur-réalisateur.

64.3 ÉLÉMENTS CONSTITUTIFS DU CdCF

Présentation générale du problème	■ Le produit et son marché. ■ Les objectifs. ■ Le milieu environnant.	Appel à variantes	■ Au-delà de propositions répondant au CdCF, il peut être demandé au concepteur-réalisateur d'autres solutions répondant à sa propre perception du besoin.
Expression fonctionnelle du besoin	■ Les fonctions de service et les contraintes (§ 61.12 et 61.2). ■ Critères d'appréciation. ■ Coût objectif.	Cadre de réponse	■ Donne les éléments pour évaluer les propositions et les comparer.

*Produit : ce qui est, ou sera fourni, à un utilisateur pour répondre à son besoin.

**Qualité : aptitude d'un produit à satisfaire les besoins des utilisateurs.

64■4 ÉLABORATION DU CdCF

Organisation à mettre en œuvre par le demandeur	L'élaboration du CdCF nécessite la mise en place, chez le demandeur, d'une structure de travail analogue à celle mise en œuvre pour une action d'analyse de la valeur.

Processus d'élaboration du CdCF

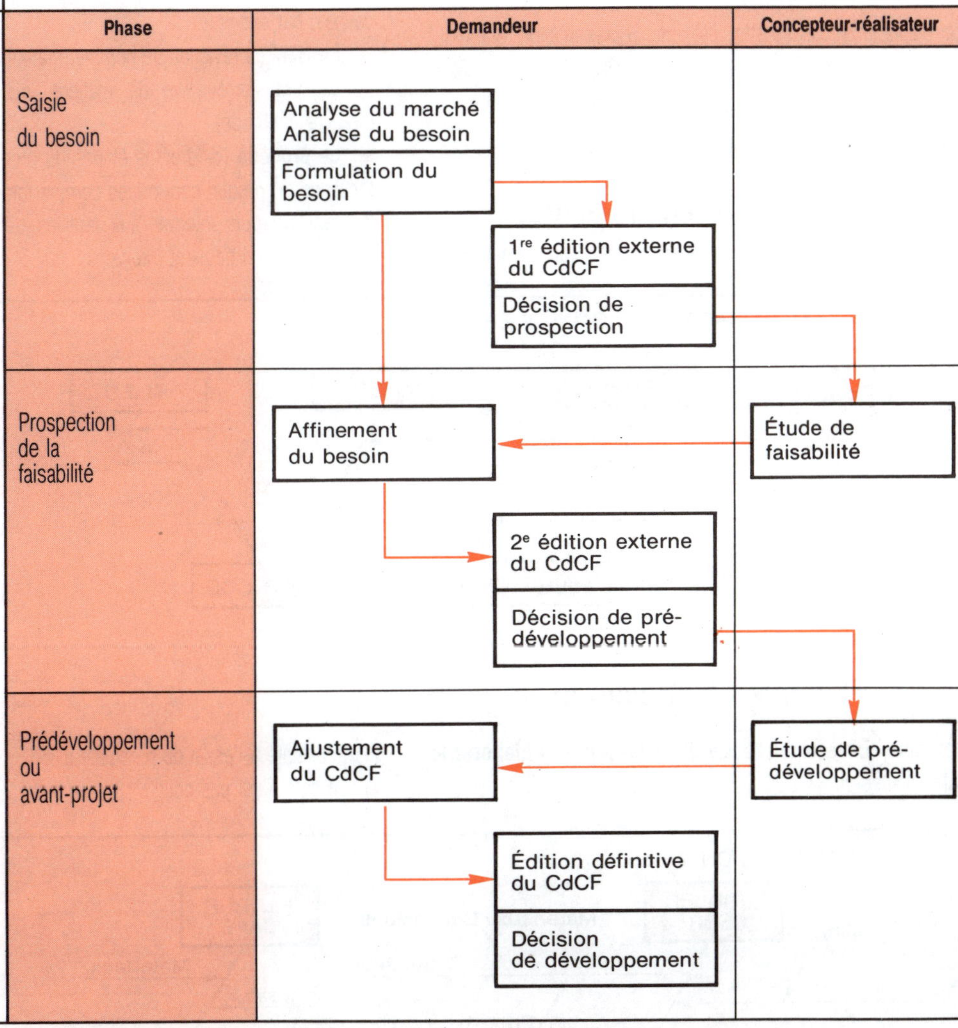

64■5 CONCEPTION POUR UN CÔUT OBJECTIF (CCO)*

Définition	Remarques
Méthode de gestion de projet fondée sur : ■ La fixation d'un prix ou coût plafond prédéterminé. ■ La mise en œuvre, dès le départ du projet, d'une organisation, de procédures et de règles d'arbitrage spécifiques. ■ Un CdCF ouvert et négociable.	■ L'objectif du coût est la contrainte essentielle (la possibilité d'infléchir le coût est quasi nulle). ■ Une décision d'arrêt ou de réorientation du projet est prise systématiquement, par le décideur, s'il apparaît que le coût objectif ne peut être respecté. ■ La CCO à rapprocher du « Design-To-Cost » (DTC) américain.

*Coût : charge ou dépense supportée par un intervenant économique par suite de la production ou de l'utilisation d'un produit ou de l'ensemble des deux.

65 Techniques d'analyses

65 ■ 1 Diagramme « causes-effet »*

Le diagramme causes-effet est une représentation graphique ordonnée permettant de visualiser l'ensemble des causes ayant une influence sur un effet constaté ou un phénomène donné.

65 ■ 11 Principales phases d'élaboration

1. Tracer une droite orientée vers l'effet constaté.

2. Identifier et classer les grandes causes, ou **familles de causes,** qui sont responsables de l'effet constaté.

Plusieurs méthodes sont possibles pour classer en familles de causes, par exemple :

- **Le H3M** (abréviation de homme, matériel, matière, méthode).
- **Le 5M** (abréviation de matière, matériel, milieu, main-d'œuvre, méthode).
- **Le procédé** (différentes étapes du processus ou différentes fonctions du produit sont prises comme familles de causes).

3. Identifier, puis intégrer aux familles de causes les causes secondaires qui peuvent intervenir.

ÉLABORATION D'UN DIAGRAMME CAUSES-EFFET

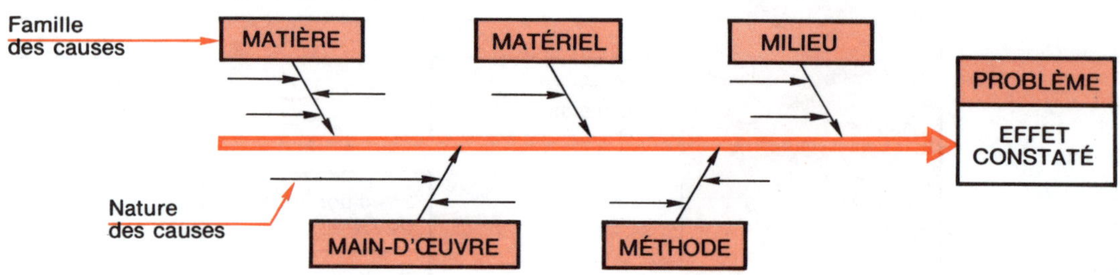

65 ■ 12 Exemple d'application

L'exemple correspond à l'étude de la fonction A4 « **Élaborer le café** » traitée au § 62.21.

Effet constaté à l'essai du percolateur :

- Le café n'est pas bon.

EXEMPLE D'APPLICATION

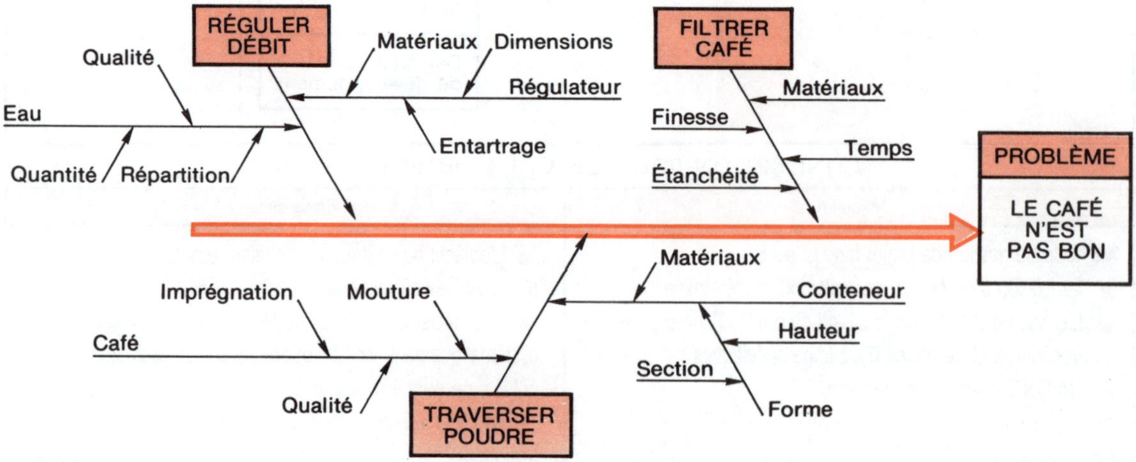

*Ce diagramme est également appelé « arbre des causes », diagramme en « arête de poisson », « diagramme d'Ishikawa ».

65 ■ 2 Coûts par fonction

L'établissement des coûts par fonction sert notamment :

■ à déterminer si le coût de chaque fonction est en rapport avec leur importance relative dans le produit étudié,

■ à hiérarchiser les fonctions et à orienter l'action « analyse de la valeur » en permettant de faire porter les efforts de réduction de coûts prioritairement sur les fonctions et coûts qui offrent les plus fortes possibilités de gain (A3-A5-A6).

EXEMPLE DE TABLEAU DE COÛTS PAR FONCTION

Pièce	Nombre	Coût	Répartition par fonction					
			A1	A2	A3	A4	A5	A6
1	1	9	1	2	4	2	—	—
2	1	10	—	10	—	—	—	—
3	1	2	—	1	—	—	1	—
TOTAL		270	10	18	110	20	61	51
POURCENTAGE			3,7	6,7	40,7	7,4	22,6	18,9

HISTOGRAMME DE COÛTS PAR FONCTION

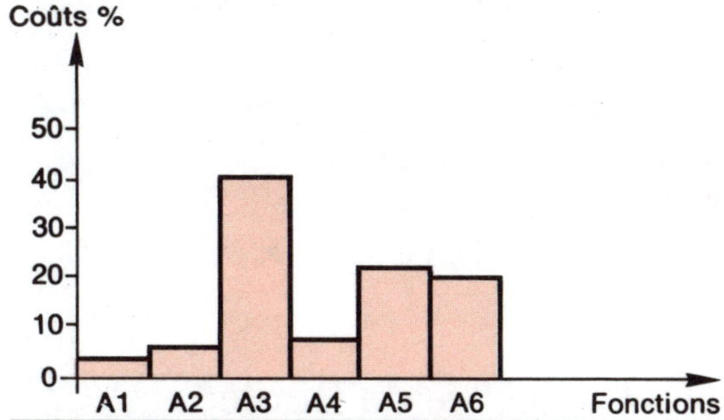

65 ■ 3 Diagramme de Pareto*

Le diagramme de Pareto permet :

■ de distinguer dans un ensemble de facteurs ceux qui sont les plus importants,

■ d'effectuer des choix,

■ d'établir des priorités.

DIAGRAMME DE PARETO

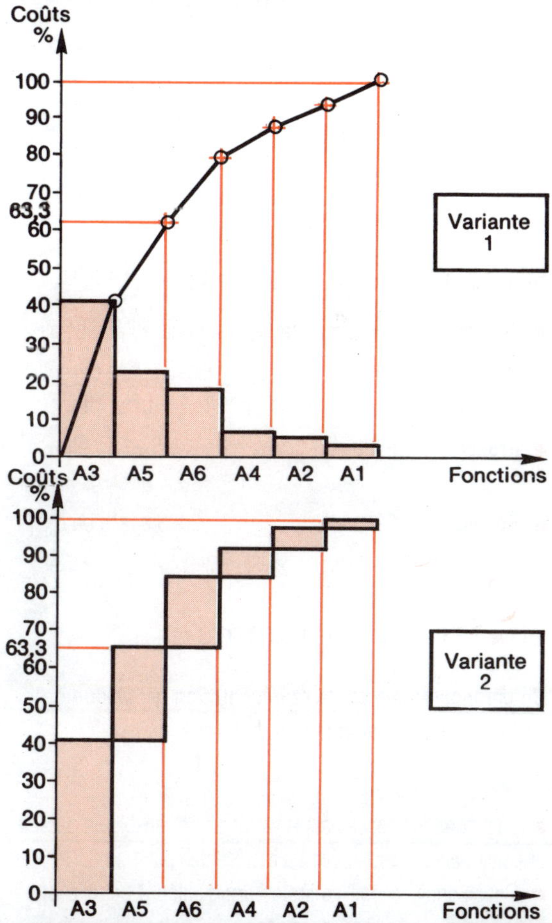

65 ■ 31 Élaboration

1. Les facteurs (coûts par fonction, types de produits, défauts...) sont classés par ordre décroissant.

2. On calcule les pourcentages par catégorie.

3. On détermine les pourcentages cumulés.

65 ■ 32 Exemple d'application

Fonctions classées par coûts	Coût	% coût	% cumulé
A3	110	40,7	40,7
A5	61	22,6	63,3
A6	51	18,9	82,2
A4	20	7,4	89,6
A2	18	6,7	96,3
A1	10	3,7	100
TOTAL	270	100	—

*On dit aussi courbe ABC. D'après la loi de Pareto, on estime qu'environ 80 % des coûts proviennent de 20 % des fonctions (loi des 80-20).

66 Schémas logiques

Les systèmes automatisés sont, dans leur grande majorité, réalisés à partir d'organes comportant deux états.

Par exemple :

- un contact est ouvert ou fermé,
- une diode est passante ou bloquée,
- un clapet est ouvert ou fermé.

C'est pourquoi on utilise une logique mathématique à deux états.

66.1 Algèbre de Boole*

66.11 Variable binaire

À l'un des états d'un organe binaire, on attribue la valeur **1** et à l'autre la valeur **0**.

Par exemple, pour un contact à fermeture, la variable **a** peut être associée à son état physique :

- le contact est actionné : **a = 1 ;**
- le contact n'est pas actionné : **a = 0.**

66.12 Opérations de base

- **Égalité** : **S = a.** L'état de S est égal à l'état de a.
- **Négation** : $S = \bar{a}$ (lire *S égal a barre*). S = 1 si a = 0 ; S = 0 si a = 1.
- **Produit** : $S = a \cdot b$ (lire *S égal a et b*). S = 1 si a = 1 et b = 1.
- **Somme** : $S = a + b$ (lire *S égal a ou b*). S = 1 si a = 1 ou b = 1.

66.2 Chronogramme

Un chronogramme est la représentation graphique de variables binaires en fonction du temps.

REMARQUES :

- La proposition concernant la valeur d'une variable ne peut être que vraie ou fausse. Elle est représentée par 1 ou 0.
- Pour l'analyse des variables entre elles, l'échelle et l'origine des temps sont communes.

* George Boole : mathématicien anglais (1815-1864).

EXEMPLE

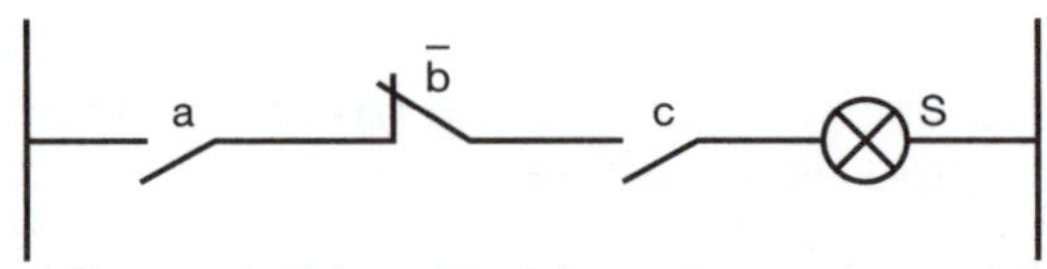

$$S = a \cdot \bar{b} \cdot c$$

La lampe S est allumée si les contacts a et c sont au travail (a = 1 et c = 1) et si le contact $\bar{b}$ est au repos (b = 0 ou $\bar{b}$ = 1).

S = 1 si a = 1, $\bar{b}$ = 1 et c = 1.

PROPRIÉTÉS CARACTÉRISTIQUES				
Négations logiques				
$\bar{1} = 0$	$\bar{0} = 1$	$\bar{\bar{a}} = a$		
Produits logiques				
$1 \cdot 1 = 1$	$a \cdot 0 = 0$	$a \cdot 1 = a$	$a \cdot a = a$	$a \cdot \bar{a} = 0$
Sommes logiques				
$1 + 1 = 1$	$a + 1 = 1$	$a + 0 = a$	$a + a = a$	$a + \bar{a} = 1$
Commutativité				
$a \cdot b = b \cdot a$	$a + b = b + a$			
Associativité				
$a(b \cdot c) = (a \cdot b)c$				
$a + (b + c) = (a + b) + c$				
Distributivité				
$ab + ac = a(b + c)$				
$(a + b)(c + d) = ac + ad + bc + bd$				
Théorème de De Morgan				
$S = a + b$	$\bar{S} = \overline{a + b} = \bar{a} \cdot \bar{b}$			
$S = a \cdot b$	$\bar{S} = \overline{a \cdot b} = \bar{a} + \bar{b}$			

CHRONOGRAMME DES VARIABLES a ET b

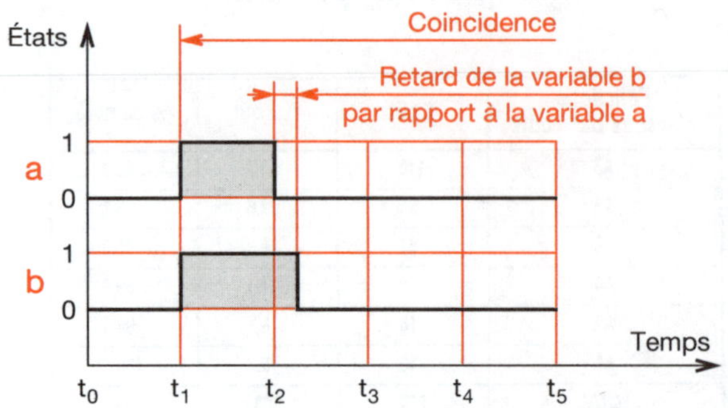

66 ■ 3 PRINCIPAUX OPÉRATEURS LOGIQUES

NF ISO 5784

Fonction	Table de vérité	Chronogramme	Réalisation électrique	Symbole
OUI ou IDENTITÉ S = a	a S 0 0 1 1	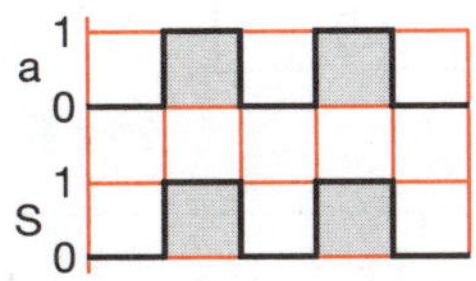	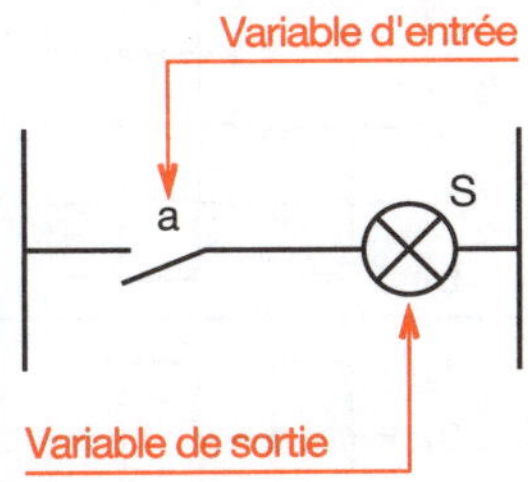	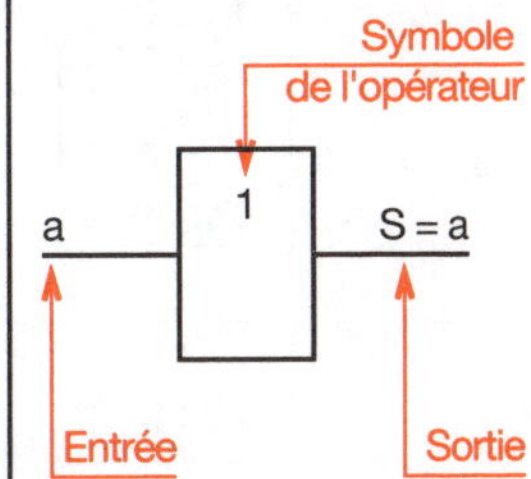
NON ou NÉGATION $S = \bar{a}$	a S 0 1 1 0		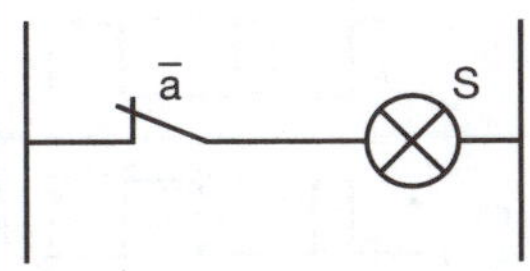	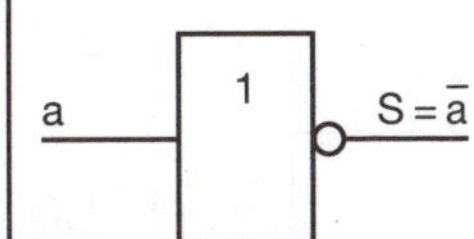
ET ou INTERSECTION $S = a \cdot b$ ou $S = a \cap b$	a b S 0 0 0 0 1 0 1 0 0 1 1 1	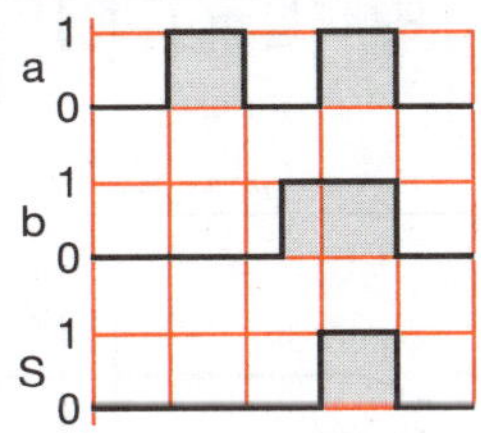	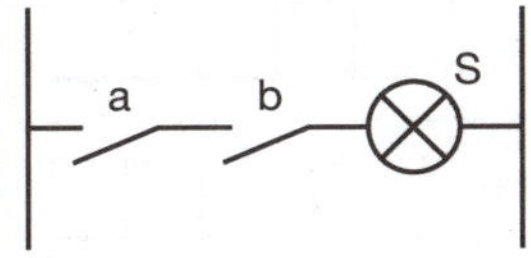	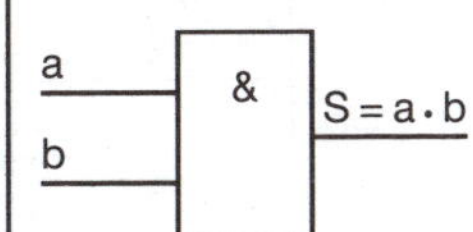
OU INCLUSIF ou RÉUNION $S = a + b$ ou $S = a \cup b$	a b S 0 0 0 0 1 1 1 0 1 1 1 1	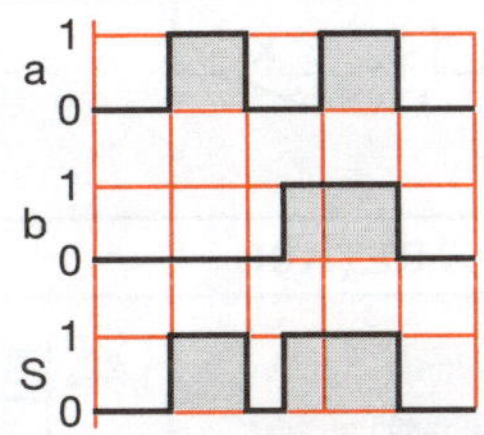	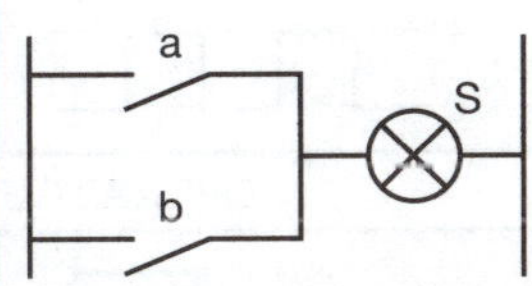	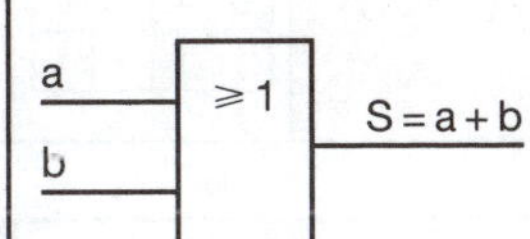
OU EXCLUSIF ou XOR $S = a\bar{b}$ ou $\bar{a}b$ ou $S = a \oplus b$	a b S 0 0 0 0 1 1 1 0 1 1 1 0	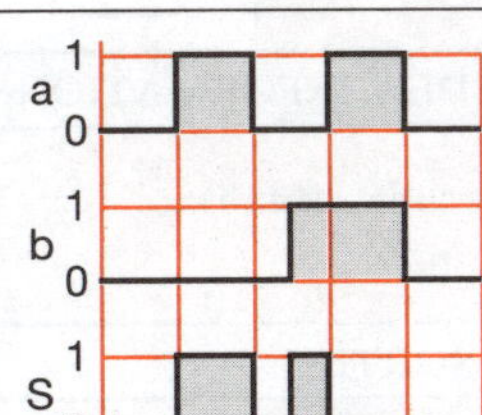	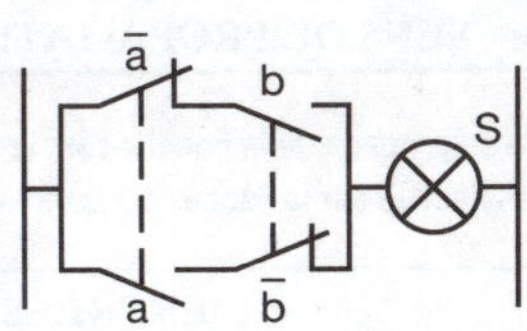	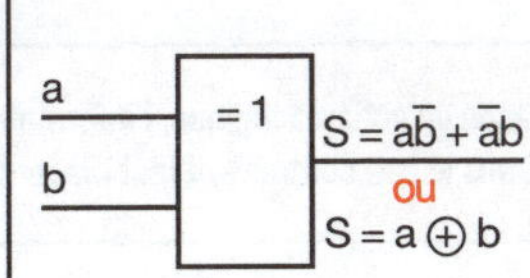
ET avec une ou plusieurs entrées complémentées $S = \bar{a} \cdot b$	a b S 0 0 0 0 1 1 1 0 0 1 1 0	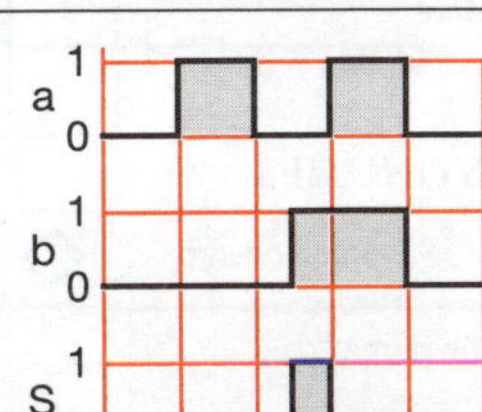	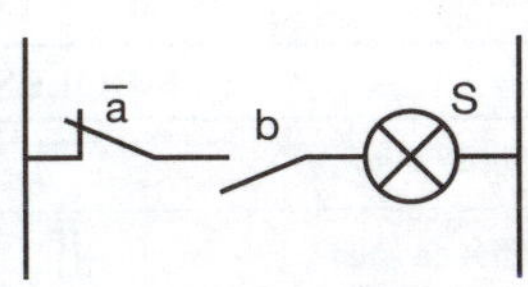	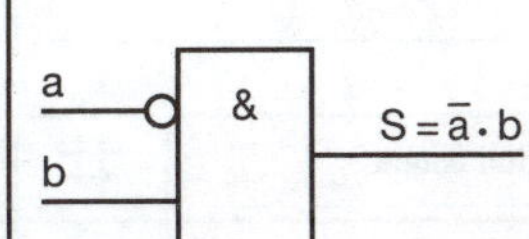

Fonction	Table de vérité	Chronogramme	Réalisation électrique	Symbole
NAND (ET NON) $S = \overline{a \cdot b} = \bar{a} + \bar{b}$	a b S 0 0 1 0 1 1 1 0 1 1 1 0	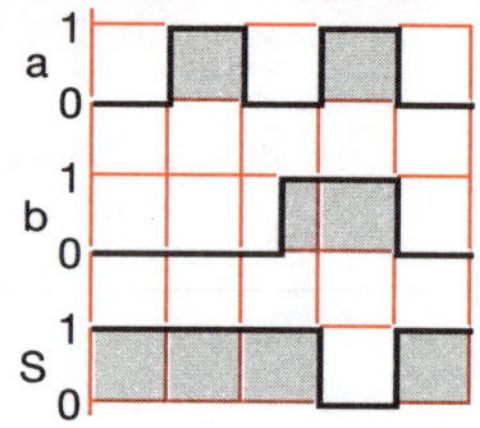	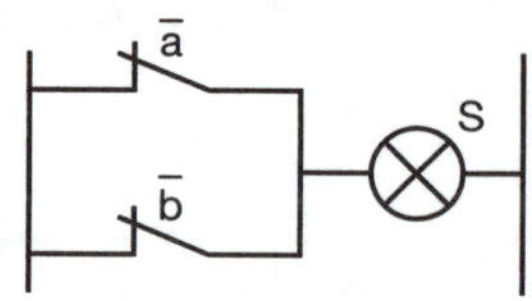	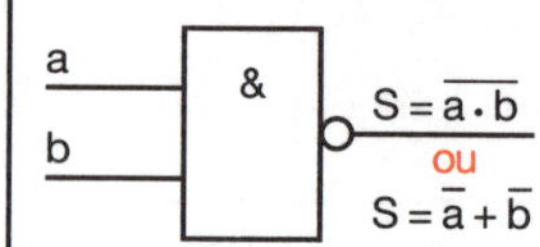
NOR (OU NON) $S = \overline{a + b} = \bar{a} \cdot \bar{b}$	a b S 0 0 1 0 1 0 1 0 0 1 1 0	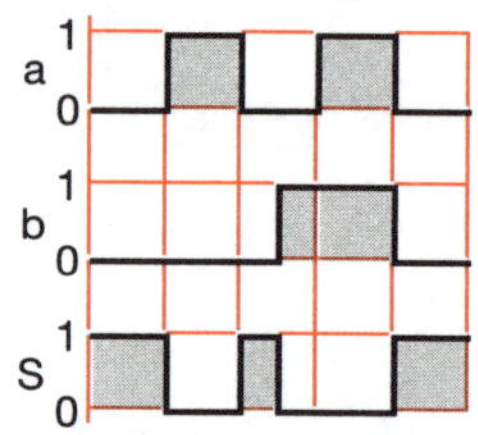	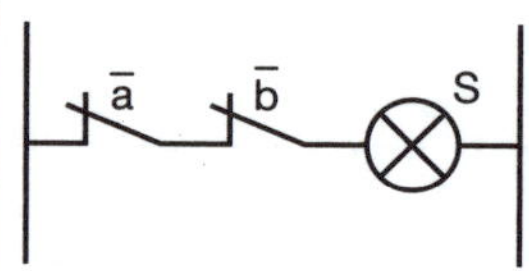	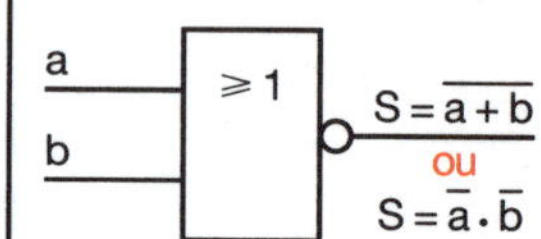
MÉMOIRE (arrêt prioritaire) $X = \bar{a}\,(m + x)$	m a x X 0 0 0 0 1 0 1 1 0 0 1 1 0 1 0 0 1 1 0 0	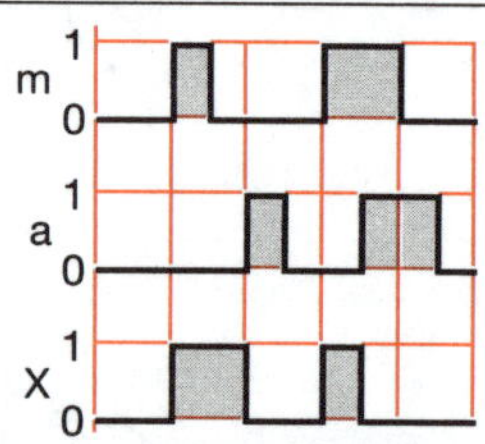	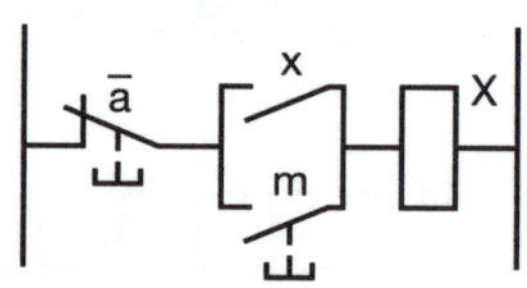	 * : Priorité du signal a
MÉMOIRE (marche prioritaire) $X = m + \bar{a}x$	m a x X 0 0 0 0 1 0 1 1 0 0 1 1 0 1 0 0 1 1 1 1	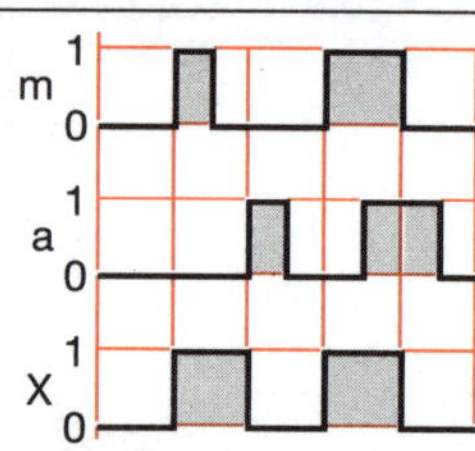	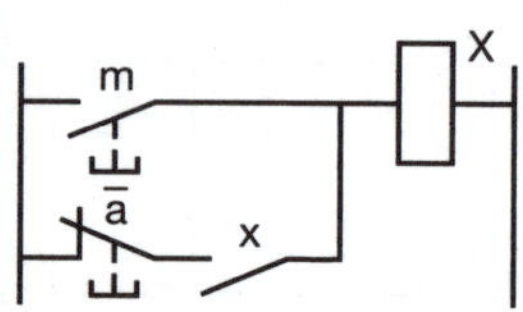	 * : Priorité du signal m

OPÉRATEURS À RETARD

Indication des valeurs des retards	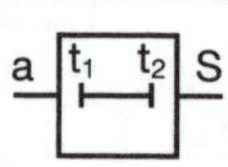	Retards égaux	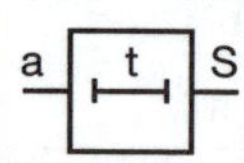	Retards variables		Retards variables égaux	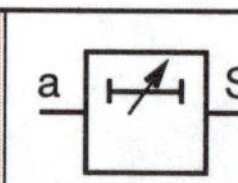

SENS DE PROPAGATION DE L'INFORMATION

Dans un schéma logique, l'information se propage de la gauche vers la droite ou de haut en bas. Dans le cas contraire, il faut placer des flèches sur les accès concernés.	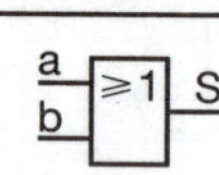 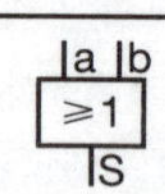

ENTRÉES ET SORTIES

Négation	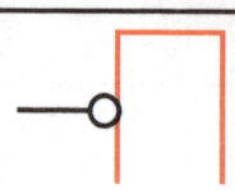	Entrée d'inhibition	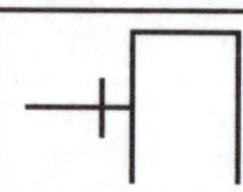	Entrée de validation	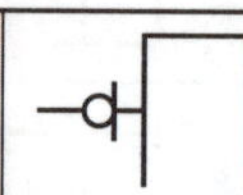	Entrée dynamique	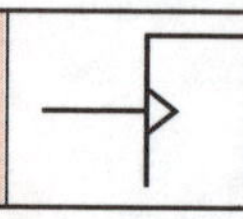

SYMBOLES DISTINCTIFS

Numérique	#	Sortie annulée	⌝	Sortie à circuit ouvert	◇	Entrée de décalage	→
Analogique	∩	Effet de seuil	⎍	Type H (haut)	◇ (barre en haut)	Monostable	⎍
Amplification	▷	Trois états	▽	Type L (bas)	◇ (barre en bas)	Astable	⎍⎍

67 Diagramme fonctionnel «GRAFCET*»

ISO-CEI 848 - UTE - NF C 03-190

Ce diagramme décrit les fonctions et les comportements d'un système de commande pour un processus automatisé.

Le diagramme fonctionnel sert notamment :

- à la définition du cahier des charges ;
- à la réalisation ;
- à l'exploitation ;
- à la maintenance.

67.1 Système de commande

Un système de commande se compose de deux sous-systèmes interdépendants :

- **un sous-système partie commande (P.C.)** comprenant l'ensemble des équipements de commande ;
- **un sous-système partie opérative (P.O.)** comprenant l'ensemble du système commandé qui réalise le processus.

67.2 Diagramme fonctionnel

Pour élaborer un diagramme fonctionnel non ambigu, il est nécessaire de définir au préalable **la frontière du système ou du sous-système** étudié. On distingue ainsi, notamment :

- **le diagramme fonctionnel pour le système de commande** (on dit aussi « point de vue système » ou « procédé ») ;
- **le diagramme fonctionnel pour l'équipement de commande** (on dit aussi « point de vue partie commande ») ;
- **le diagramme fonctionnel pour le système commandé** (on dit aussi « point de vue partie opérative »).

67.3 Symbolisation

Un diagramme fonctionnel se compose :

- d'étapes auxquelles on associe des actions ;
- de transitions auxquelles on associe des conditions ou réceptivités ;
- de liaisons orientées reliant les étapes aux transitions et les transitions aux étapes.

SYSTÈME DE COMMANDE POUR UN PROCESSUS AUTOMATISÉ

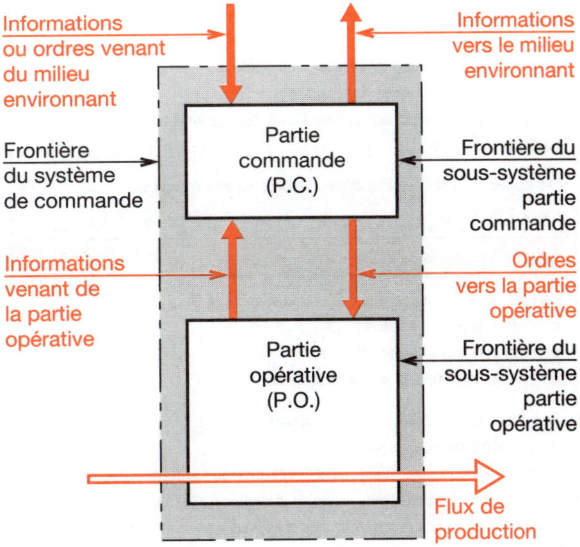

SYSTÈME DE COMMANDE POUR PERÇAGE AUTOMATISÉ
Diagramme fonctionnel du système de commande

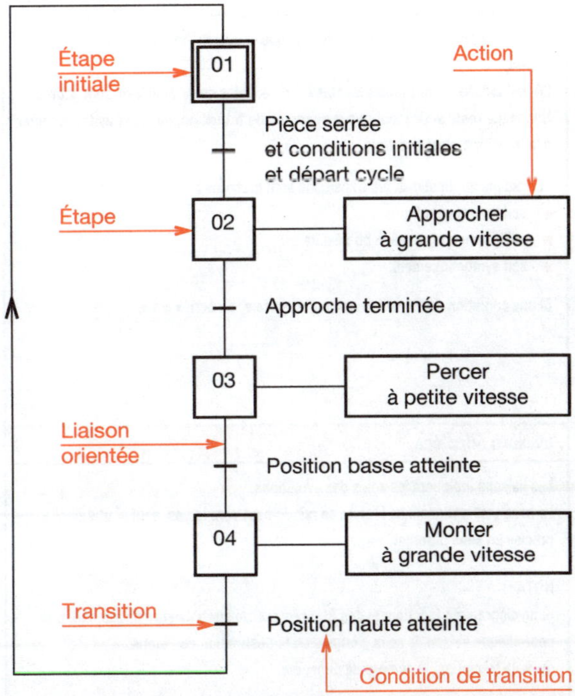

* GRAFCET : GRAphe Fonctionnel de Commande Étapes / Transitions (reste invariable au pluriel).

67 ■ 4 REPRÉSENTATIONS GRAPHIQUES FONDAMENTALES

Étapes

Une étape caractérise un comportement invariant du système ou du sous-système étudié.

À un instant donné et suivant l'évolution du système :

- une étape est soit active, soit inactive ;
- l'ensemble des étapes actives définit la situation du système ou du sous-système.

Les étapes qui sont actives au début du processus sont appelées « étapes initiales ».

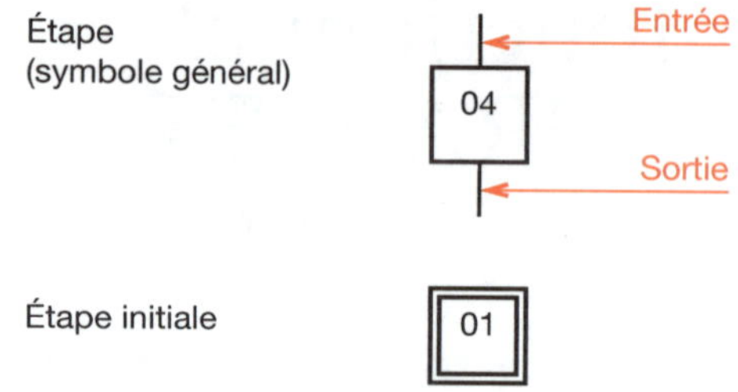

Actions associées à l'étape

Lorsque l'étape est active, elle indique ce qui doit être fait :

- soit par la partie opérative ;
- soit par la partie commande ;
- soit par des éléments extérieurs au système.

En fonction des applications les actions sont inscrites :

- soit littéralement (fig. a) ;
- soit symboliquement (fig.b) ; dans ce cas, un tableau récapitulatif précise la correspondance entre chaque symbole et l'action à effectuer ;
- soit suivant l'une des possibilités de la figure c si plusieurs actions sont associées à une même étape.

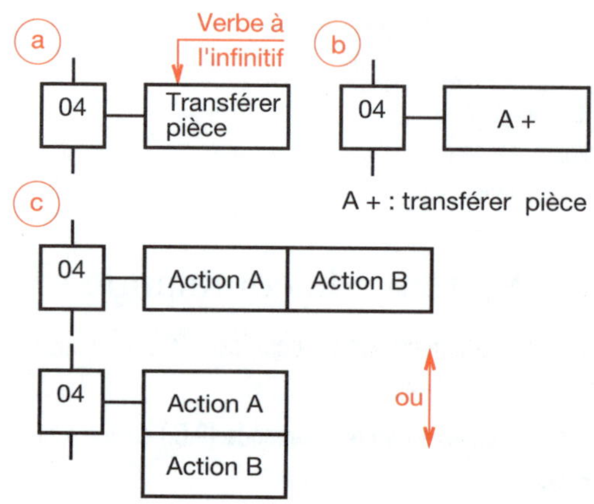

Transitions

Une transition est une « barrière » qui indique la possibilité d'évolution entre étapes.
Elle est validée lorsque toutes les étapes précédentes qui lui sont liées sont actives.
Une étape reste active tant que la condition de transition, ou réceptivité, associée à la transition n'est pas vraie.

Suivant les applications, les transitions sont inscrites :

- soit littéralement ;
- soit par une expression booléenne ;
- soit symboliquement.

Si une condition de transition est toujours vraie, on écrit « = 1 ».

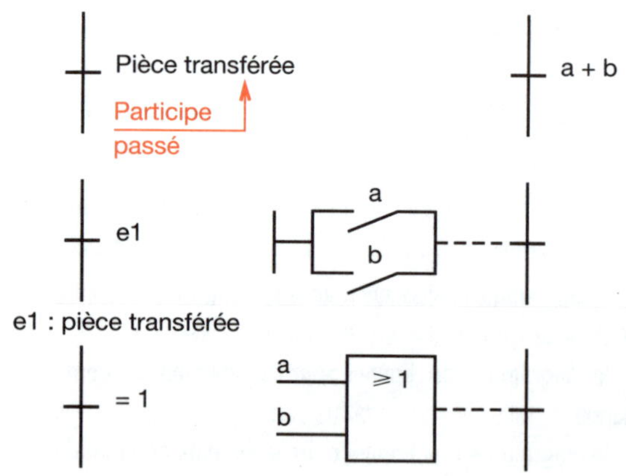

Liaisons orientées

Les liaisons indiquent les voies des évolutions.
Le sens conventionnel de lecture se fait du haut vers le bas, sauf si une flèche précise un sens différent.

NOTA :
Si un diagramme fonctionnel doit être représenté sur plusieurs pages, indiquer pour chaque liaison, le sens, l'origine ou la destination de l'étape ou de la transition, le numéro de page, etc.

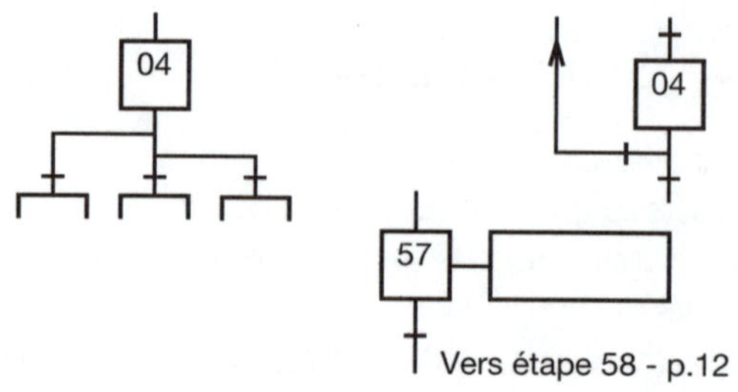

67 ■ 5 RÈGLES D'ÉVOLUTION

RÈGLE 1 Situation initiale

La situation initiale du diagramme fonctionnel caractérise le comportement initial de la partie commande vis-à-vis de la partie opérative.

Elle correspond aux étapes actives au début du fonctionnement et elle est caractérisée par les étapes initiales.

Il doit toujours y avoir au moins une étape initiale.

RÈGLE 2 Franchissement d'une transition

L'évolution de la situation du diagramme fonctionnel correspond au franchissement d'une transition.

On passe de l'étape n à l'étape n + 1 :

- lorsque la transition est validée,
- et lorsque la condition de transition, ou réceptivité, associée à cette transition est vraie.

NOTA :
Ces deux conditions réalisées, la transition est obligatoirement franchie.

RÈGLE 3 Évolution des étapes actives

Le franchissement d'une transition entraîne simultanément l'activation de toutes les étapes immédiatement suivantes et la désactivation de toutes les étapes immédiatement précédentes.

ÉVOLUTION ENTRE DEUX ÉTAPES
Le franchissement de la transition t_n active l'étape n + 1 et désactive l'étape n. La transition t_{n+1} est alors validée.

ÉVOLUTION ENTRE PLUSIEURS ÉTAPES
La transition ne peut être franchie que si toutes les étapes précédentes sont actives et si la condition de transition est vraie.

RÈGLE 4 Franchissements simultanés de transitions

Plusieurs transitions, simultanément franchissables, sont simultanément franchies.

Pour montrer cette condition, on représente le groupement de liaisons par deux traits parallèles.

Toutefois, si des nécessités le justifient, cette règle permet une décomposition en plusieurs diagrammes.
Dans ce cas, il est nécessaire de faire intervenir les états des étapes dans les conditions de transition.

L'état actif de l'étape « i » est noté « $\overline{X}$i ».

RÈGLE 5 Activation et désactivation simultanées

Si, au cours du fonctionnement, une étape est simultanément activée et désactivée, elle reste activée.

Remarque générale :
La durée de franchissement d'une transition, ou la durée d'activation d'une étape, ne sont jamais rigoureusement nulles.

FRANCHISSEMENT D'UNE TRANSITION

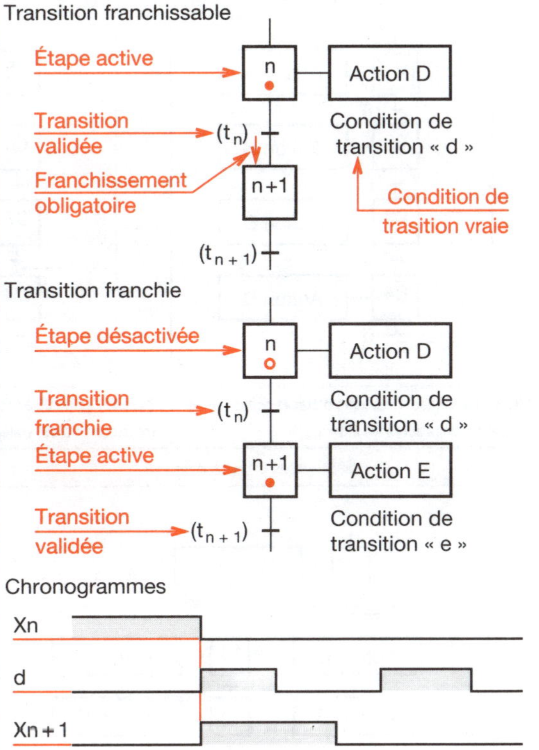

ÉVOLUTION ENTRE PLUSIEURS ÉTAPES

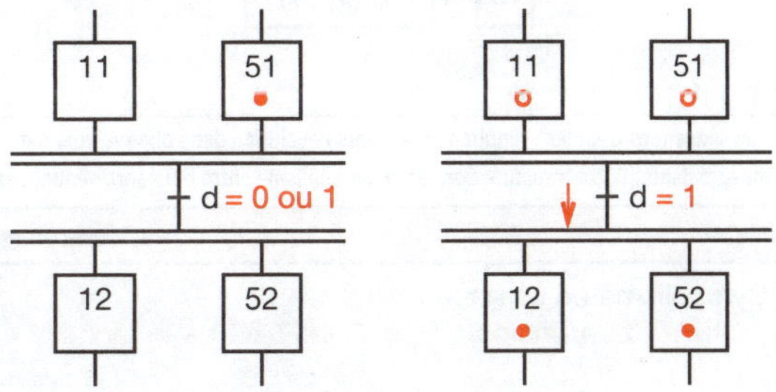

FRANCHISSEMENTS SIMULTANÉS DE TRANSITIONS

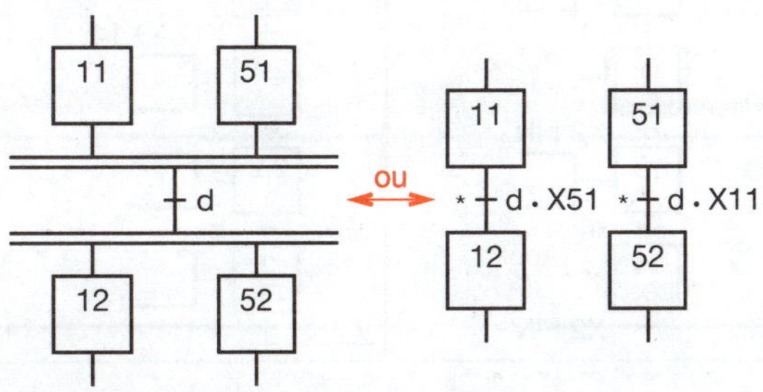

* Repère les transitions simultanément franchies.

67 ■ 6 EXEMPLES DE STRUCTURES

Séquence unique

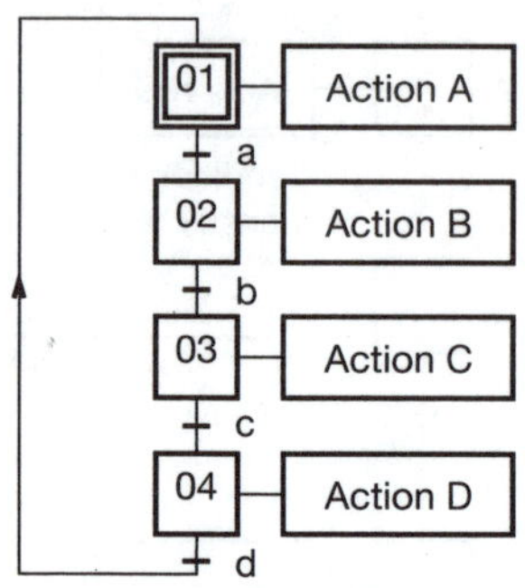

Elle est composée d'une suite d'étapes pouvant être actives les unes après les autres.

Saut d'étapes

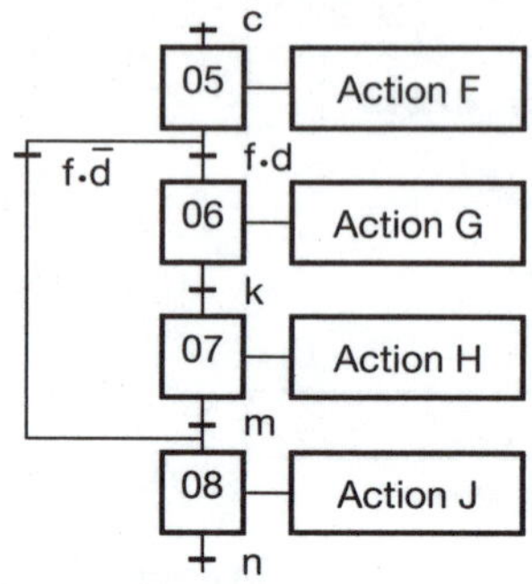

Saut de l'étape 05 à l'étape 08 si la condition de transition $f \cdot \overline{d}$ est vraie.

Reprise de séquence

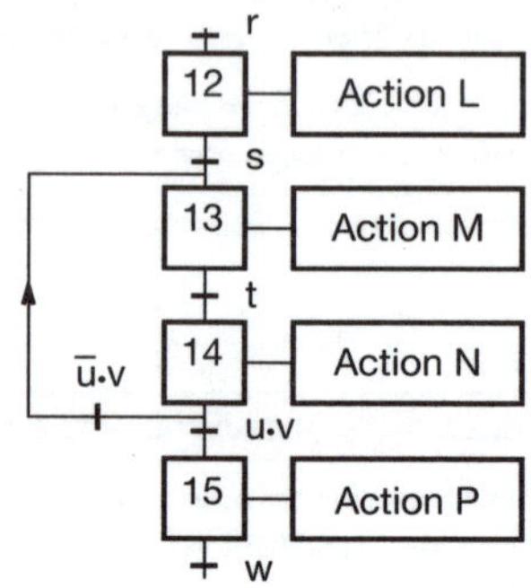

La reprise de séquence est effectuée tant que la condition de transition $u \cdot v$ n'est pas vraie.

Séquences simultanées

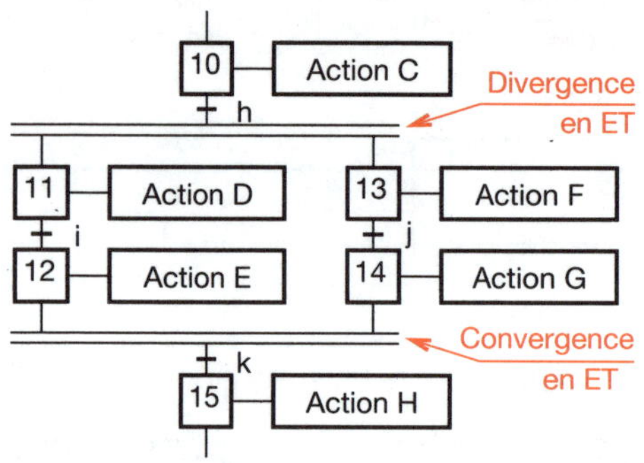

Les séquences débutent simultanément mais l'évolution dans chaque voie est indépendante. Cette structure permet un parallélisme entre plusieurs séquences.

Sélection de séquence

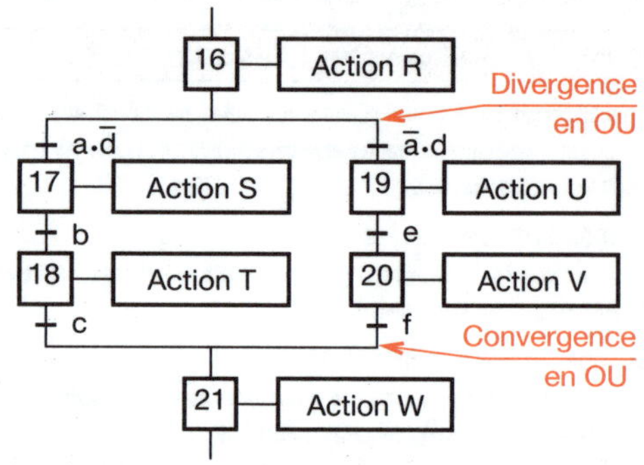

Les conditions de transition $a \cdot \overline{d}$ et $\overline{a} \cdot d$ sont exclusives. Elles permettent d'obtenir une sélection exclusive entre les deux évolutions possibles.

Tâche ou reprise de séquence

Symbolisme en usage

GRAFCET principal | GRAFCET de la tâche

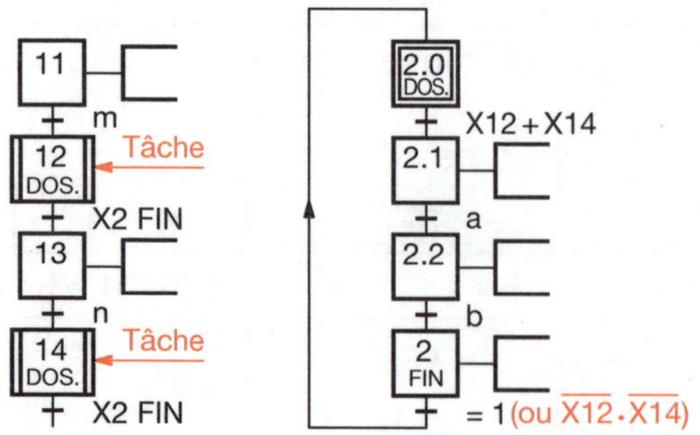

Symbolisme normalisé - CEI 848 - UTE C 03-190

GRAFCET principal | Séquence 40-43 activée par les étapes 10 ou 12

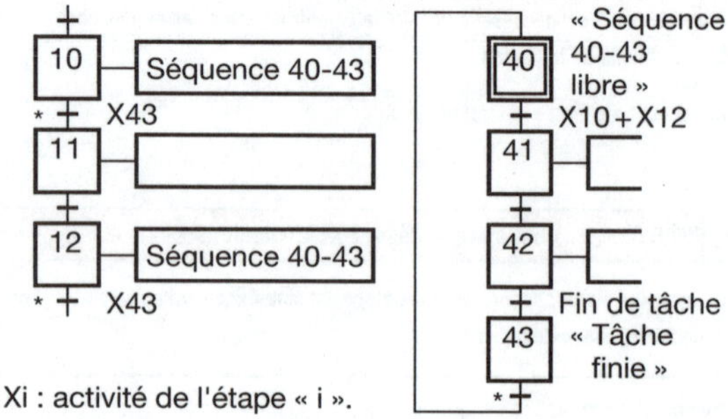

Xi : activité de l'étape « i ».

Si des séquences apparaissent de façon répétitive, on peut utiliser la notion de tâche.

* L'astérisque indique, sur les différents diagrammes, les transitions simultanément franchies.

Représentation détaillée d'une étape (macro-étape)

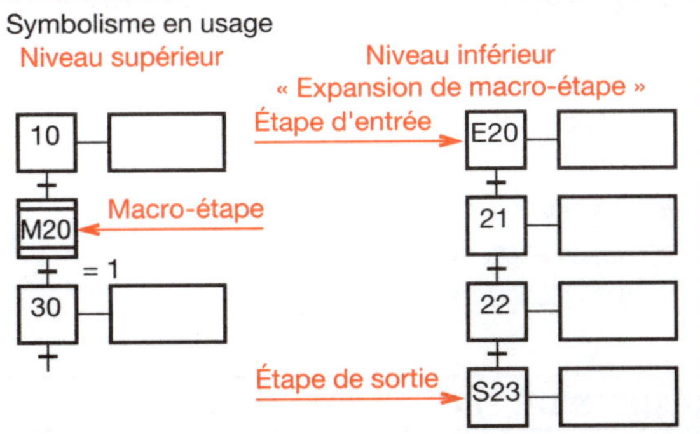

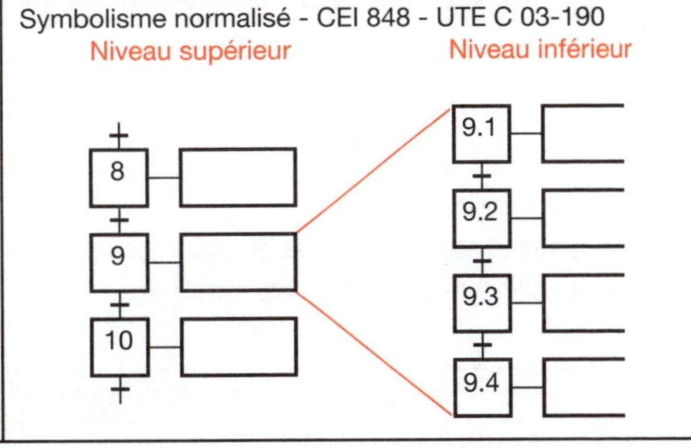

67 ■ 7 ACTIONS DÉTAILLÉES

Symbole	Signification
S	Mémorisé
D	Retardé
L	Limité dans le temps
P	Impulsion
C	Conditionnel

NOTA : Si plusieurs lettres sont utilisées, l'ordre de lecture détermine le traitement du signal binaire.

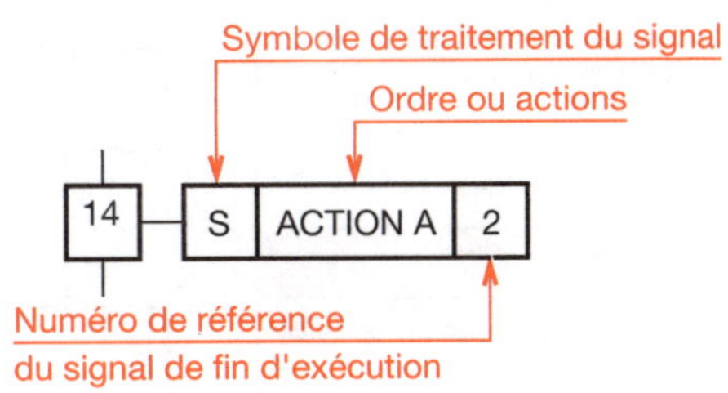

Exemple pour une action conditionnelle

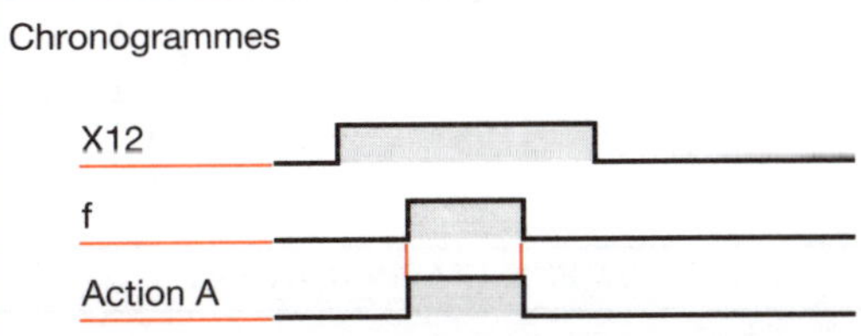

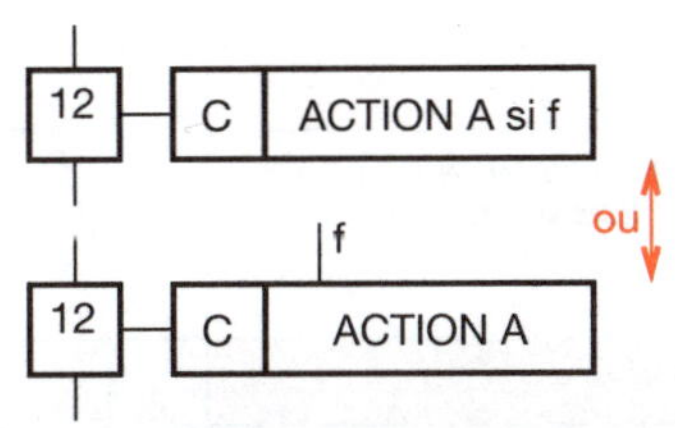

67 ■ 8 CONDITIONS DE TRANSITION DÉTAILLÉES

Action temporisée

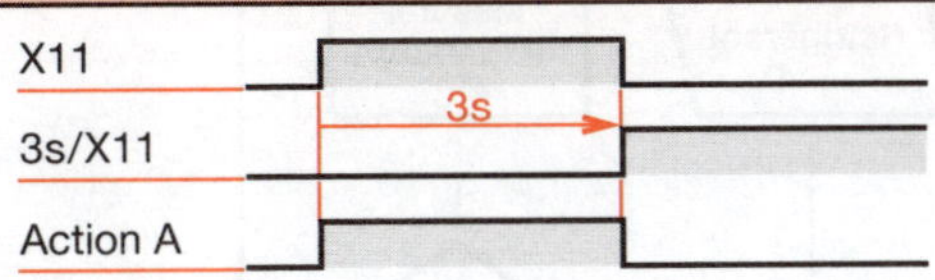

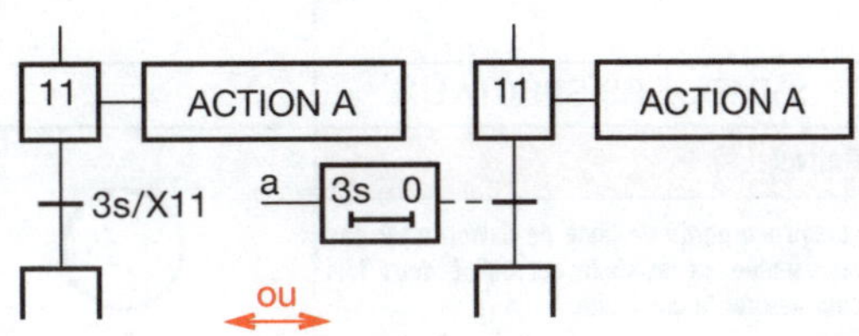

La durée de l'action A est limitée par la condition de transition à 3 secondes.

Changement d'état logique

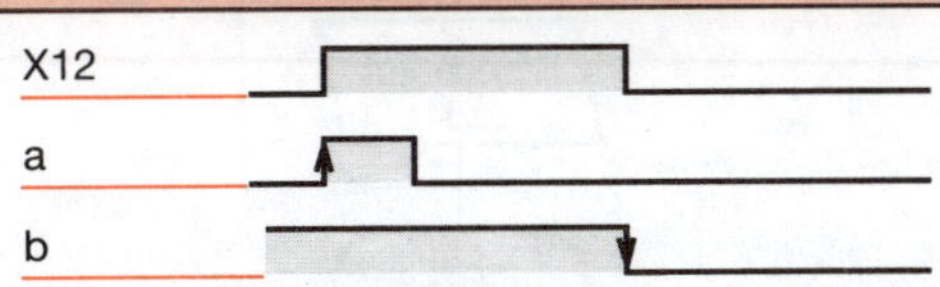

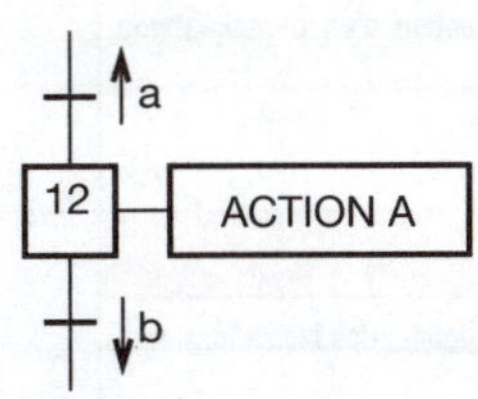

↑ a : front montant du signal binaire a.
↓ b : front descendant du signal binaire b.

68 Organigrammes

NF Z 67-010, NF Z 67-011

Un organigramme est une représentation graphique ordonnée des différentes opérations de traitement d'un problème et de leurs interdépendances logiques.
Les organigrammes sont constitués de symboles accompagnés du texte approprié et de lignes reliant ces symboles.

Ce chapitre traite :

- des organigrammes de programmation,
- des organigrammes de données,
- des organigrammes de configuration.

68■1 SYMBOLES POUR ORGANIGRAMMES DE PROGRAMMATION

SYMBOLES DE TRAITEMENT

Symbole général

Opération ou groupe d'opérations portant sur des données, instructions...

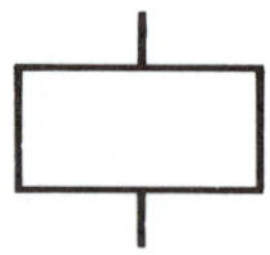

Sous-programme

Portion de programme considérée comme une simple opération.

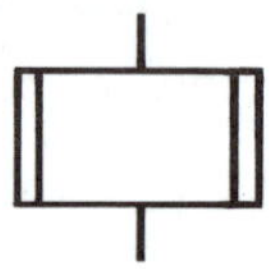

Entrée-sortie

Mise à disposition d'une information à traiter.
Enregistrement d'une information traitée.

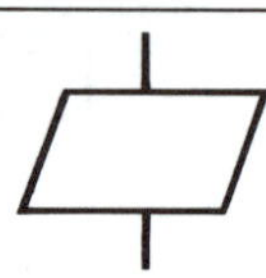

Préparation

Opération qui détermine la voie à suivre dans un embranchement ou sous-programme.
Préparer une décision.

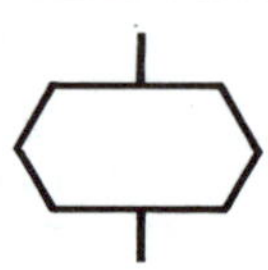

SYMBOLES SPÉCIAUX

Renvoi

Lorsqu'une partie de ligne de liaison n'est pas représentée, ce symbole est utilisé deux fois pour assurer la continuité.

Début, fin, interruption

Début, fin ou interruption d'un organigramme, point de contrôle...

Commentaire

Symbole utilisé pour donner des indications marginales.

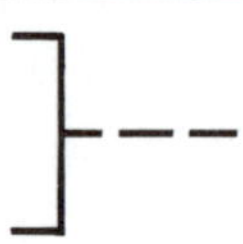

SYMBOLES LOGIQUES

Embranchement

Exploitation de conditions variables impliquant le choix d'une voie parmi plusieurs (test).
Représentation d'une décision.

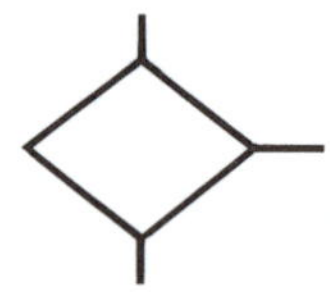

Modes, synchrone, parallèle, asynchrone

Une ou plusieurs voies doivent l'avoir atteint avant qu'une ou plusieurs voies qui en sortent soient utilisées, en parallèle ou suivant un ordre quelconque.

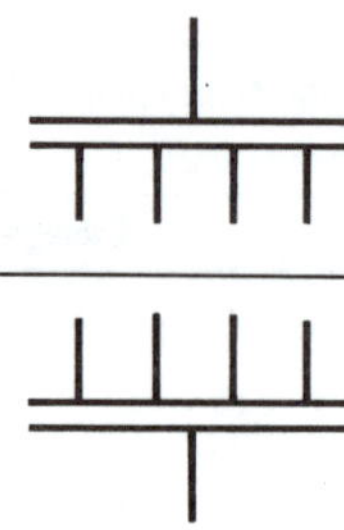

EXEMPLE D'APPLICATION

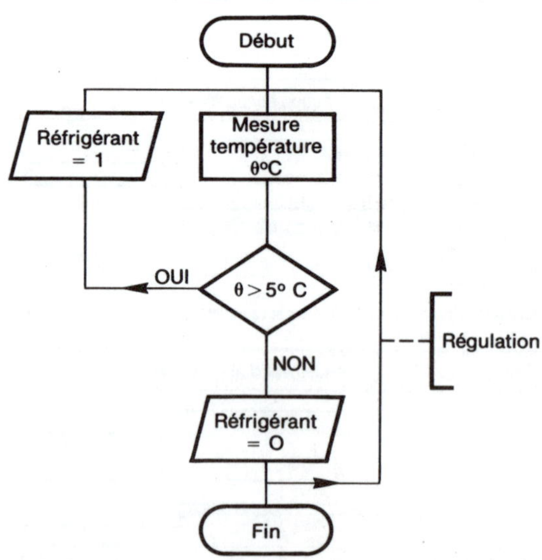

Dans une vitrine le dispositif réfrigérant doit se mettre en marche si la température est supérieure à 5 °C.

68 ■ 2 SYMBOLES POUR ORGANIGRAMMES DE DONNÉES

SYMBOLES D'INFORMATION

Symbole général	
Utilisé quand un symbole particulier n'est pas nécessaire ou qu'il n'existe pas de symbole particulier.	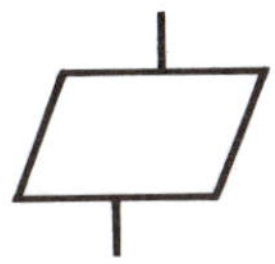

Symboles particuliers

	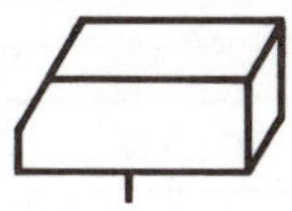
Carte perforée	Paquet de cartes
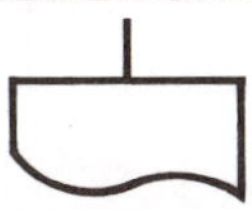	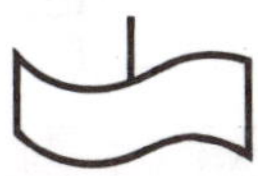
Document imprimé	Bande perforée
	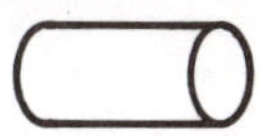
Bande magnétique	Tambour magnétique

Disque magnétique	Visualisation

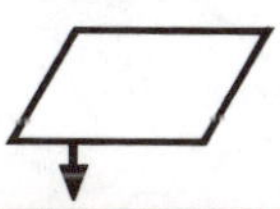	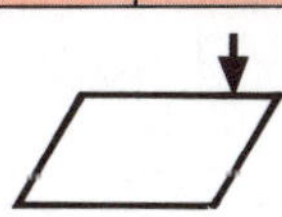	
Document d'entrée	Document de sortie	Fichier

SYMBOLES DE TRAITEMENT

Symbole général	
Utilisé quand un symbole particulier n'est pas nécessaire ou qu'il n'existe pas de symbole particulier.	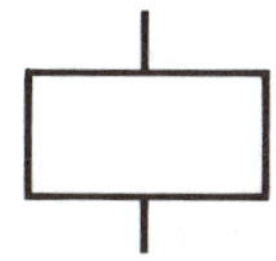

Symboles particuliers

Fusion	Séparation

Interclassement	Tri

Entrée manuelle	Opération manuelle

LIGNES DE LIAISON

Transfert d'information	
Transmission	

SYMBOLES SPÉCIAUX

Renvoi	
Commentaires	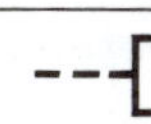

68 ■ 3 SYMBOLES POUR SCHÉMAS DE CONFIGURATION

Symbolisation utilisée pour la représentation des fonctions attribuées aux différents éléments physiques de l'ensemble de traitement de l'information et des relations entre ces éléments.

REMARQUE :
Lorsqu'une liaison ne comporte pas de flèche, les transferts d'information peuvent s'effectuer dans les deux sens.

Unité auxiliaire	
Unité de commutation	
Unité physique de traitement	
Mémoire principale	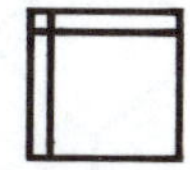
Unité de traitement asservie	
Mémoire auxiliaire	

MÉMOIRES AUXILIAIRES PARTICULIÈRES

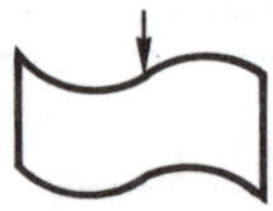		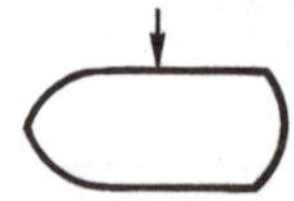	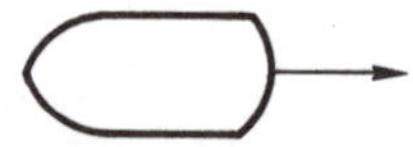
Perforateur de bande	Lecteur de bande	Visualisation	Entrée sur écran

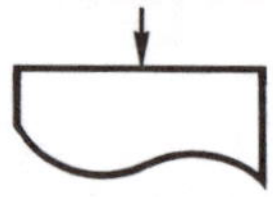	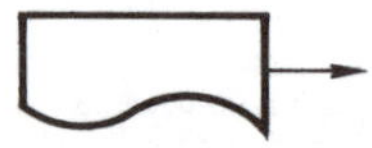	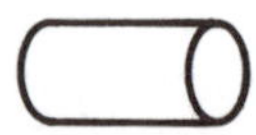		
Imprimante	Lecteur de documents	Tambour	Disque	Bande

MOYENS D'ENTRÉE-SORTIE

			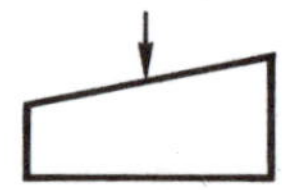
Symbole général	Disque, bande amovibles	Entrée manuelle	Sortie imprimante

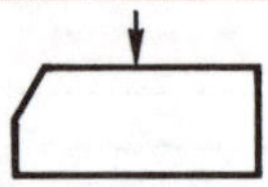		**UNITÉ DE TRANSFORMATION**	
Perforateur de cartes	Lecteur de cartes	Unité destinée à traduire ou convertir des informations (modem, transcodeur, synchronisateur...)	

68 ■ 4 PRINCIPALES RÈGLES PRATIQUES

1	Tracer un organigramme de façon à ce qu'il puisse être lu verticalement.	
2	Si l'organigramme ne tient pas sur le document utiliser le symbole de renvoi.	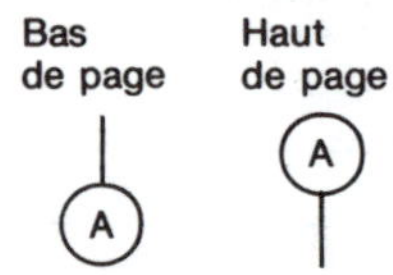
3	Les sorties multiples d'un symbole peuvent se présenter suivant l'un des cas suivants :	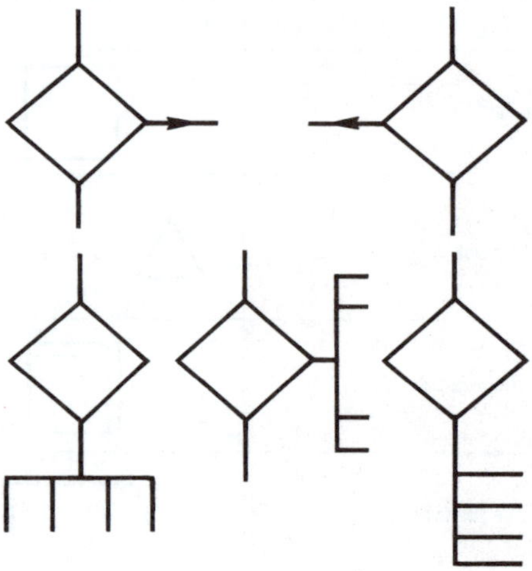
4	Sur un organigramme les sorties des tests ne doivent pas être inversées.	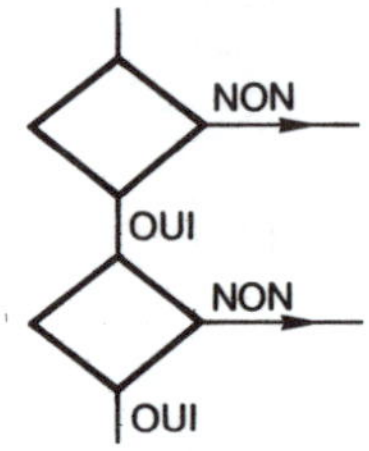
5	Numéroter les renvois s'ils ne se trouvent pas sur une même ligne.	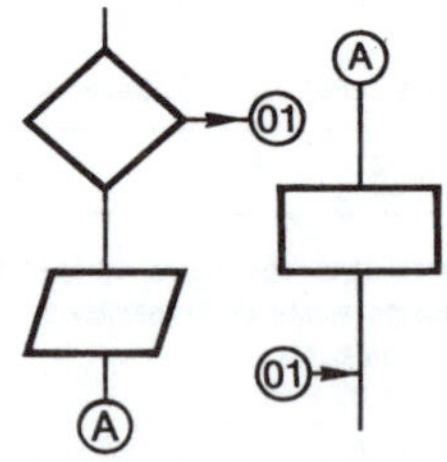
6	Si possible, réserver la sortie côté gauche pour remonter à un niveau supérieur.	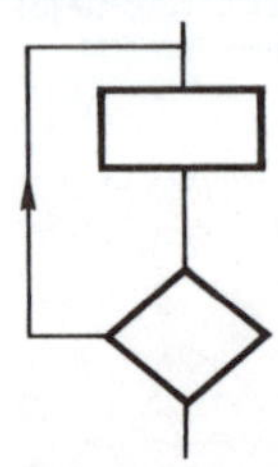
7	En principe la sortie verticale d'un organigramme est lue jusqu'à la fin du traitement; on s'intéresse ensuite aux autres sorties.	

68 ■ 5 STRUCTURES DE BASE

Structure inconditionnelle « Séquence »

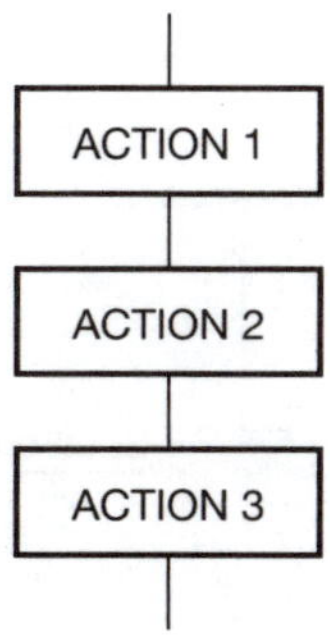

La structure inconditionnelle, ou séquence, se traduit par une suite ordonnée d'actions à exécuter.

Structure répétitive « Pour ... à ... répéter ... »

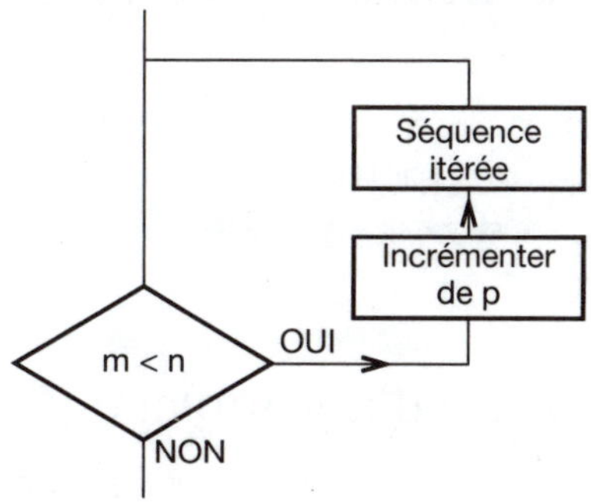

Pour une variable x, progressant par pas p, de la valeur m à la valeur n, répéter la séquence.

Structure répétitive « Répéter ... jusqu'à ... »

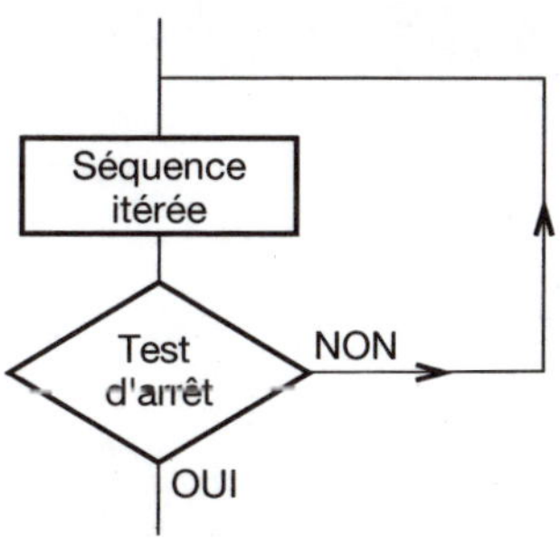

Répéter la séquence jusqu'à ce que le test soit vrai.

Structure répétitive « Tant que ... répéter ... »

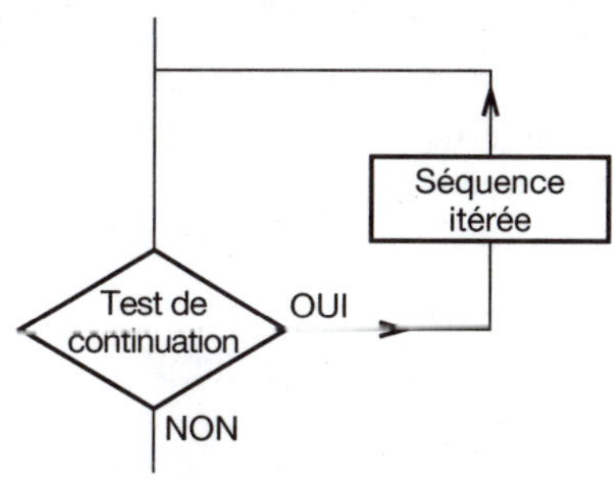

Tant que le test est vrai, répéter la séquence.

Structure alternative « Si ... alors ... sinon ... »

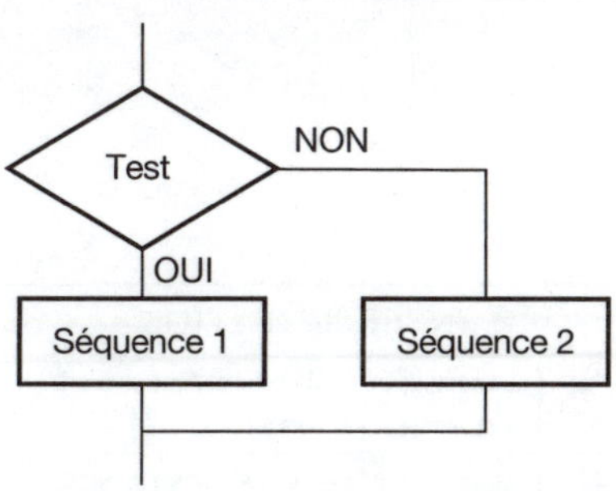

Si le test est vrai alors séquence 1, sinon séquence 2.

Structure alternative « Choisir ... sinon ... »

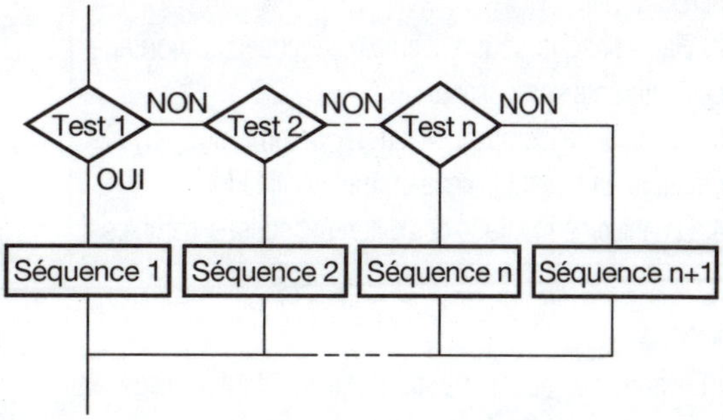

Choisir en fonction du test la séquence appropriée, sinon prendre la séquence n + 1.

69 Schémas d'assemblages

Ces schémas sont utilisés notamment pour :

- le montage d'un ensemble neuf ;
- le démontage et le remontage dans les opérations de maintenance.

69 ■ 1 Ordre d'assemblage

L'ordre d'assemblage est fonction de nombreuses contraintes, notamment :

- économiques, importance de la série, productivité ... ;
- technologiques, possibilités de montage, spécifications fonctionnelles ... ;
- ergonomiques, accessibilités, conditions de travail ...

En général, on prend un composant contenu que l'on assemble avec un composant contenant choisi comme support de montage.

REMARQUE :

Généralement l'assemblage des composants d'un ensemble s'effectue par étapes.

69 ■ 2 Réalisation du schéma

PRINCIPE
1. Rechercher les différents sous-ensembles indépendants. **2.** Dans chaque sous-ensemble, agencer le montage des différents composants. **3.** Préciser le composant choisi comme support de montage en traçant la ligne en trait continu fort. **4.** Organiser le montage des différents sous-ensembles.

REMARQUES :

- En principe, des instructions de montage complètent l'ordre de montage défini par le schéma.
- En fonction de besoins spécifiques, on rencontre des représentations graphiques différentes, mais le principe de base reste, en général, le même.

EXEMPLE 1

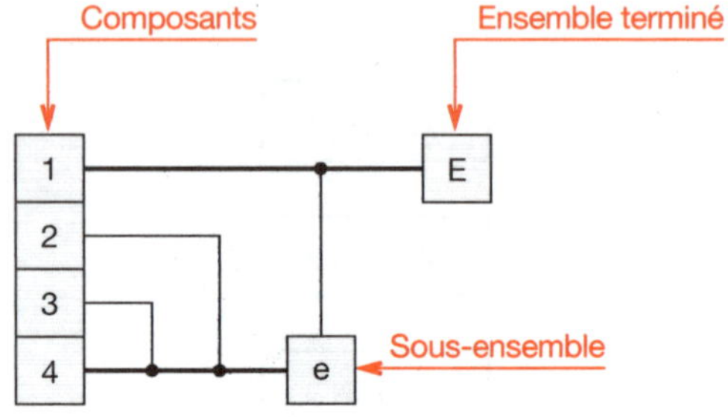

INTERPRÉTATION	
Sous-ensemble e	Le composant 4 est choisi comme support. 3 se monte sur 4, puis 2 sur 4.
Ensemble E	Le composant 1 est choisi comme support. Le sous-ensemble e se monte sur 1.

EXEMPLE 2

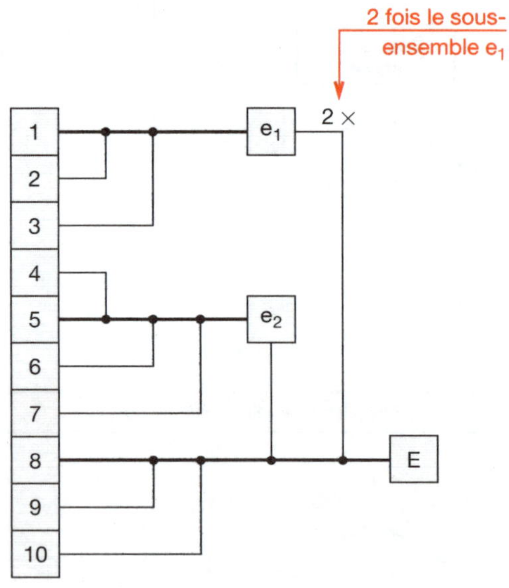

INTERPRÉTATION	
Sous-ensemble e_1	Le composant 1 est choisi comme support. 2 se monte sur 1, puis 3 sur 1.
Sous-ensemble e_2	Le composant 5 est choisi comme support. 4 se monte sur 5, puis 6 sur 5 et 7 sur 5.
Ensemble E	Le composant 8 est choisi comme support. 9 se monte sur 8, puis 10 sur 8, le sous-ensemble e_2 sur 8 et deux sous-ensembles e_1 sur 8.

70 Intersection de deux surfaces

On détermine l'intersection de deux surfaces lorsque :

- une représentation correcte et précise de l'intersection de ces surfaces est nécessaire pour leur étude fonctionnelle. C'est le cas, par exemple, d'une aile de voiture (fixation, logement du phare, passage de la roue, etc.) ;
- il est nécessaire d'avoir leur développement. C'est le cas des pièces fabriquées à partir d'une tôle plane (carrosserie de voiture, fuselage d'avion, gaine de ventilation, etc.).

REMARQUE :
L'étude concerne la détermination de l'intersection de deux surfaces à l'aide de la géométrie descriptive.

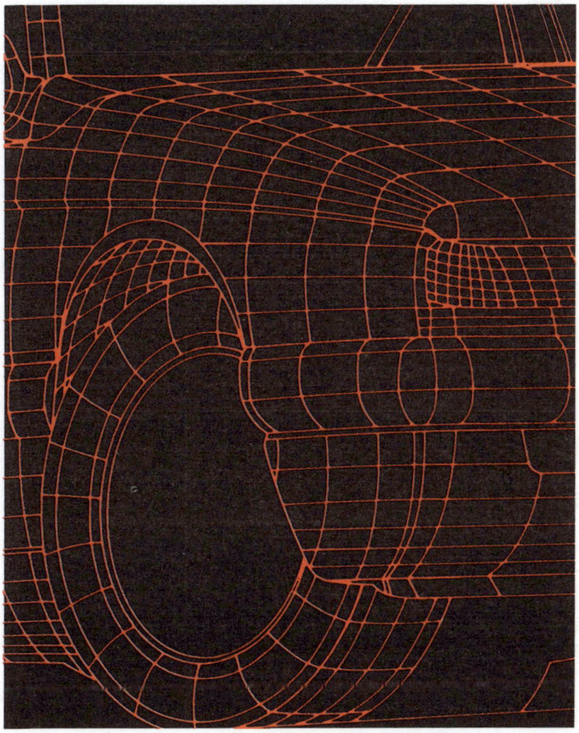

Document Citroën

70 ■ 1 Définition

L'intersection L de deux surfaces S_1 et S_2 est l'ensemble des points communs aux deux surfaces S_1 et S_2.

70 ■ 2 Méthode générale

On détermine une intersection point par point. Lorsque l'on a trouvé un nombre suffisant de points, on les joint dans un ordre raisonné par une ligne continue. Pour déterminer ces points, on utilise la méthode des surfaces auxiliaires.

MÉTHODE DES SURFACES AUXILIAIRES
1° Choisir une surface auxiliaire Σ coupant les deux surfaces S_1 et S_2 données. **2° Tracer l'intersection L_1 de Σ avec S_1.** **3° Tracer l'intersection L_2 de Σ avec S_2.** **4° Les points communs à L_1 et L_2 sont des points de l'intersection (ils appartiennent à la fois à S_1 et S_2).**

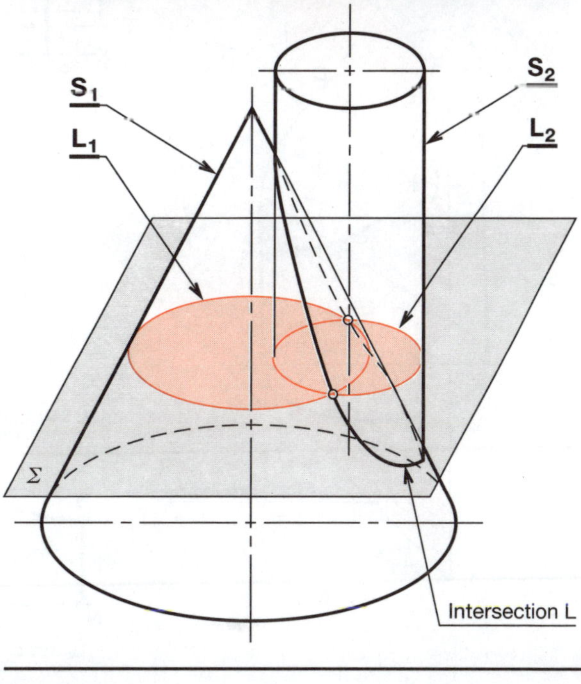

CHOIX DE LA SURFACE AUXILAIRE
La surface auxiliaire et sa position sont choisies de telle sorte que ses intersections avec S_1 et S_2 soient faciles à tracer (droite ou circonférence).

La méthode précédente s'applique à toutes les intersections. Quatre cas principaux peuvent se présenter :

	SURFACES DONNÉES	INTERSECTION	SURFACES AUXILIAIRES
1	S_1 et S_2 sont quelconques	Courbe généralement gauche	En général des plans (horizontaux, frontaux, de profil, etc.), quelquefois d'autres surfaces (sphères, cylindres, cônes, etc.).
2	S_1 est quelconque et S_2 est un plan	Courbe plane (section plane d'un solide)	Plans (horizontaux, frontaux, de profil, etc.).
3	S_1 et S_2 sont des plans	Une droite	Deux plans (horizontaux, frontaux, de profil, etc.).
4	S_1 est quelconque et S_2 une droite	Un point	Un plan (vertical ou de bout) projetant la droite.

70.3 Exemples d'application

Dans cette série d'exemples, les surfaces auxiliaires sont toujours des plans.
L'emploi d'autres surfaces auxiliaires est traité au paragraphe suivant.

70.31 Premier exemple

Soit à représenter :

- les projections frontale, horizontale et sur un plan de profil d'un cylindre coupé par un plan de bout R de traces $P\alpha Q'$,
- le développé de la surface latérale du cylindre.

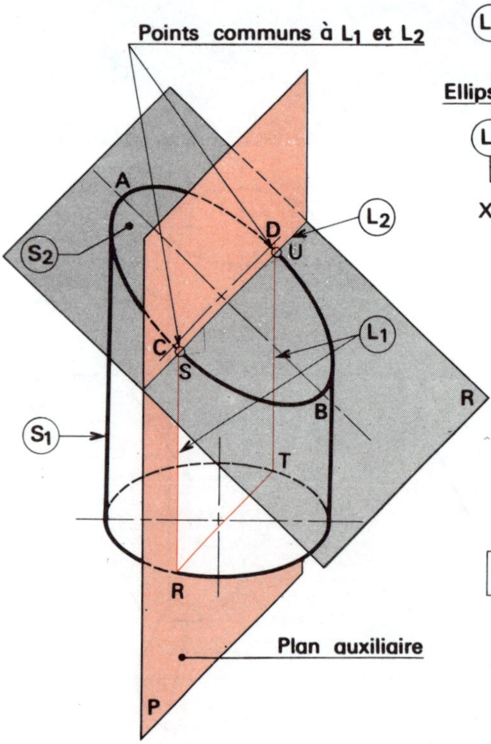

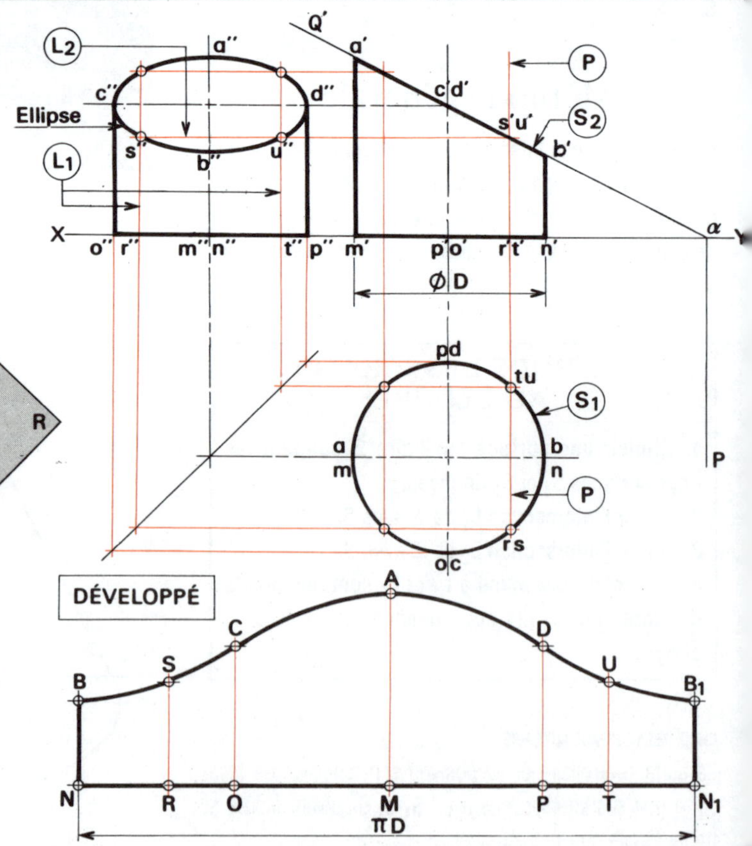

70 ▪ 311 Tracé des projections

La seule difficulté réside dans la projection de la section oblique sur un plan de profil.

DÉTERMINATION D'UN POINT QUELCONQUE DE L'INTERSECTION

1° Choix des surfaces auxiliaires

Les surfaces auxiliaires P choisies sont des plans de profil, mais des plans horizontaux auraient également convenu.

2° Tracé de l'intersection L_1

L'intersection du cylindre S_1 avec le plan auxiliaire P donne deux génératrices (rs, r's', r"s") et (tu, t'u', t"u").

3° Tracé de l'intersection L_2

L'intersection du plan S_2 avec le plan auxiliaire P donne une droite (su, s'u', s"u").

4° Points de l'intersection

Les points (s, s', s") et (u, u', u") communs à L_1 et L_2 sont deux points de l'intersection.

DÉTERMINATION DES POINTS PRINCIPAUX

On appelle **POINTS PRINCIPAUX** de l'intersection ou **POINTS REMARQUABLES**, les points : le plus haut (a, a', a") et le plus bas (b, b', b"), ainsi que ceux sur le contour apparent de profil du cylindre (c, c', c") et (d, d', d").

PRÉSENTATION GRAPHIQUE DE L'INTERSECTION

On laisse la construction de tous les points principaux, ainsi que la construction d'au moins un point quelconque.

REMARQUE :

La courbe d'intersection d'un cylindre coupé par un plan non perpendiculaire à son axe est une **ellipse.**

70 ▪ 312 Développement du cylindre

Le développement a été obtenu en ouvrant le cylindre suivant sa plus petite génératrice (bn, b'n', b"n").

La longueur développée du cercle de base NN_1 est égale à πD.

La transformée de la courbe intersection sur le développement s'obtient de la manière suivante :

REPORT DES POINTS PRINCIPAUX

Le segment NN_1 est divisé en quatre parties égales N, O, M, P et N_1. On reporte :

- en NB et N_1B_1 la longueur n'b' de la génératrice d'ouverture
- en MA la longueur de la génératrice m'a',
- en OC et PD la longueur des génératrices o'c' et p'd'.

REPORT D'UN POINT QUELCONQUE (s, s', s") en S

La position de la génératrice (rs, r's', r"s") sur le développement est obtenue à partir de l'égalité : $OR = \widehat{or}$.

(Si la corde et l'arc sont suffisamment voisins, on obtient en général une précision suffisante en reportant au compas la longueur de la corde.)

Le point S est obtenu en reportant sur RS la longueur de la génératrice r's'.

REMARQUE PRATIQUE :

Le diamètre D indiqué sur l'épure est le **diamètre moyen** du cylindre à obtenir.

70 ▪ 32 Sections planes du cône de révolution

RAPPEL GÉOMÉTRIQUE

La section d'un cône de révolution par un plan ne passant pas par le sommet et non perpendiculaire à l'axe est : soit une ellipse, soit une parabole, soit une hyperbole.

- le plan ne coupe que la première nappe du cône. L'intersection obtenue est une **ellipse** ou une **parabole** si le plan est parallèle à l'une des génératrices.
- le plan coupe les deux nappes du cône. L'intersection obtenue est une **hyperbole.**

REMARQUE :

La nature de ces courbes est conservée si on les projette sur un plan parallèle à l'un de leurs axes (pour la parabole, le deuxième axe est remplacé par la tangente au sommet).

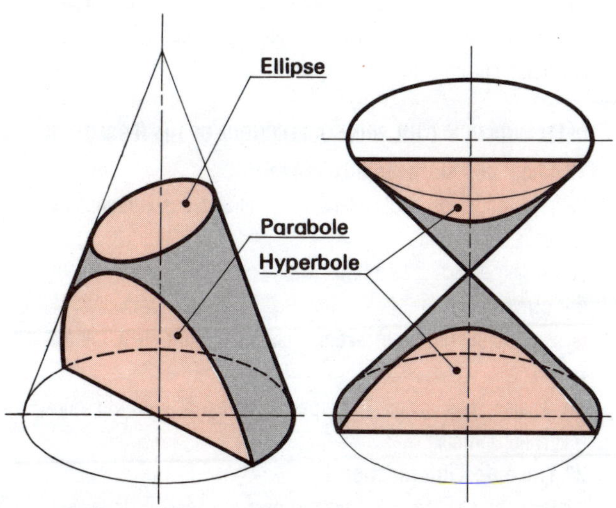

70 ▪ 33 Deuxième exemple

Soit à tracer :

- les projections frontale, horizontale et sur un plan de profil d'un cône tronqué par un plan de bout PαQ',
- le développé de la surface latérale du tronc de cône.

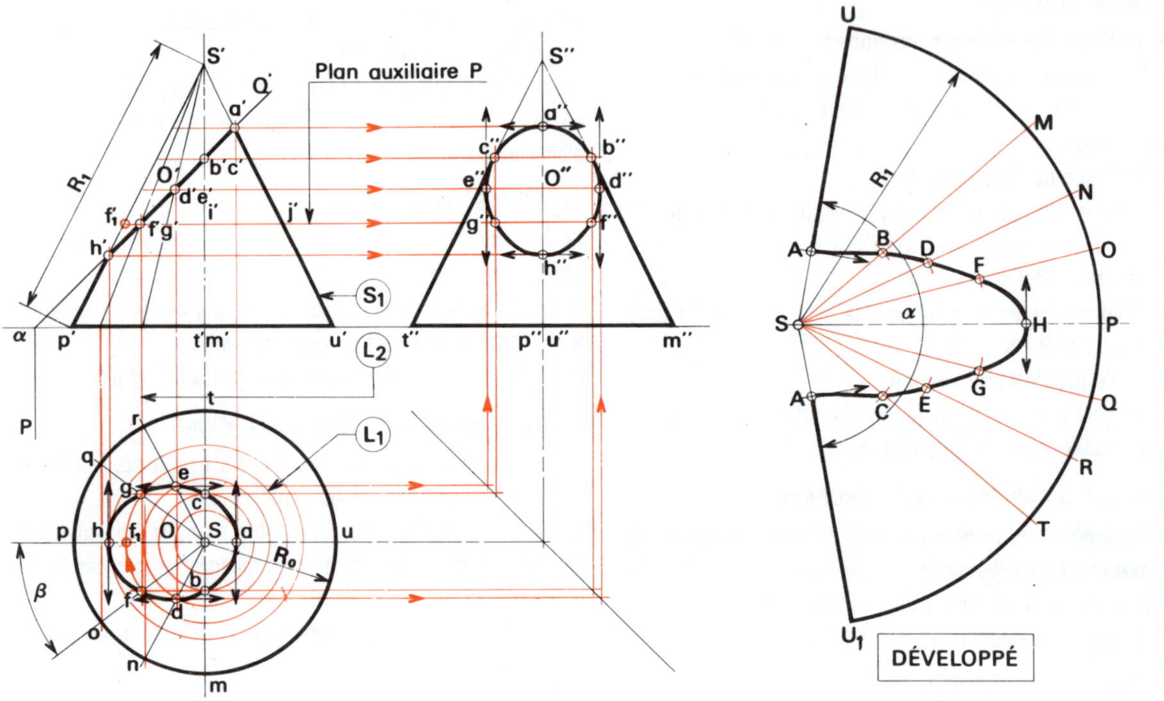

70 ▪ 331 Tracé des projections

L'intersection du cône, par le plan de bout PαQ' choisi, donne une ellipse. La seule difficulté de cette épure réside dans le tracé de cette ellipse en projection horizontale et en projection sur un plan de profil.

DÉTERMINATION D'UN POINT QUELCONQUE DE L'INTERSECTION

1° Choix des surfaces auxiliaires

Pour un cône les seuls plans qui donnent des intersections faciles à tracer sont :

- soit perpendiculaires à l'axe (les intersections obtenues sont des cercles) ;
- soit axiaux (les intersections obtenues sont deux génératrices).

On choisit des plans P perpendiculaires à l'axe du cône (plans horizontaux).

2° Tracé de l'intersection L_1

L'intersection du cône S_1 avec le plan auxiliaire P donne un cercle L_1 centré sur l'axe du cône et de rayon i'j'.

3° Tracé de l'intersection L_2

L'intersection du plan PαQ' avec le plan auxiliaire P donne une droite L_2 (fg, f'g').

4° Points de l'intersection

Les points (f, f') et (g, g') communs à L_1 et L_2 sont deux points de l'intersection.

DÉTERMINATION DES POINTS PRINCIPAUX

1° Points sur le grand axe de l'ellipse

Les projections frontales de ces points sont a' et h'. Ces points sont sur les génératrices s'u' et s'p'. Les lignes de rappel issues de a' et h' déterminent sur la projection horizontale de ces génératrices les points a et h.

2° Points sur le petit axe de l'ellipse

Le petit axe de l'ellipse est un segment de bout passant par le milieu O' de a'h'. Les points sur cet axe (e, e' et d, d') sont déterminés par la même méthode que les points quelconques (le plan auxiliaire passe par O').

70 ■ 332 Développement du tronc de cône

Le développement a été obtenu en ouvrant le cône suivant sa plus grande génératrice (au, a'u'). Ce développement est un secteur circulaire de rayon s'p' = R_1. La longueur de l'arc UU_1 de ce secteur est égale à la longueur du cercle de base, soit :

$$\frac{2\pi R_1 \times \alpha}{360°} = 2\pi R_0$$

d'où

$$\boxed{\alpha° = \frac{360° \times R_0}{R_1}.}$$

La transformée de la courbe d'intersection sur le développement peut être obtenue de la manière suivante :

■ Diviser l'arc UU_1 en quatre parties égales U, M, P, T, U_1.

En joignant ces points au centre S, on obtient sur le développement la position transformée de quatre génératrices (s, s', u, u'; sm, sm'; ...) du cône.

■ La position transformée des autres génératrices sur le développement est obtenue en reportant des longueurs d'arcs égaux. Par exemple, $\widehat{rq}$ = RQ (si la corde et l'arc sont suffisamment voisins, on obtient en général une précision suffisante en reportant au compas la longueur de la corde).

■ Déterminer la vraie grandeur de la portion de génératrice comprise entre le sommet du cône et un point de l'intersection. Par exemple, pour la portion de génératrice SF sa vraie grandeur est déterminée par une rotation d'angle β autour de l'axe du cône. Le point f qui vient en f_1 et la vraie grandeur du segment SF est relevée en s'f'_1.

■ Reporter la vraie grandeur de ces segments sur les rayons correspondants du développement.

70 ■ 34 Troisième exemple

Soit à tracer les projections frontale (vue de face), horizontale (vue de dessus) et sur un plan de profil (vue de droite en coupe A-A) d'un cylindre S_1 traversé par un trou cylindrique S_2. La seule difficulté réside dans le tracé de la courbe intersection des deux cylindres en projection frontale.

DÉTERMINATION D'UN POINT QUELCONQUE DE L'INTERSECTION

1° Choix des surfaces auxiliaires

Les surfaces auxiliaires P choisies sont des plans frontaux (parallèles aux axes des cylindres), mais des plans horizontaux ou des plans de profil auraient, pour cette épure, également convenus.

2° Tracé de l'intersection L_1

L'intersection du cylindre S_1 avec le plan auxiliaire P donne deux génératrices L_1 de ce cylindre.

3° Tracé de l'intersection L_2

L'intersection du cylindre S_2 avec le plan auxiliaire P donne deux génératrices L_2 de ce cylindre.

4° Points de l'intersection

Les points (a, a', a'', b, b', b'' et leurs symétriques par rapport à l'axe de S_1) communs à L_1 et L_2 sont des points de l'intersection.

DÉTERMINATION DES POINTS PRINCIPAUX

Les points limites de l'intersection c', d', e' et leurs symétriques par rapport à l'axe de S_1 ont été déterminés en prenant deux plans auxiliaires.

Le premier passe par c et le second par d et e.

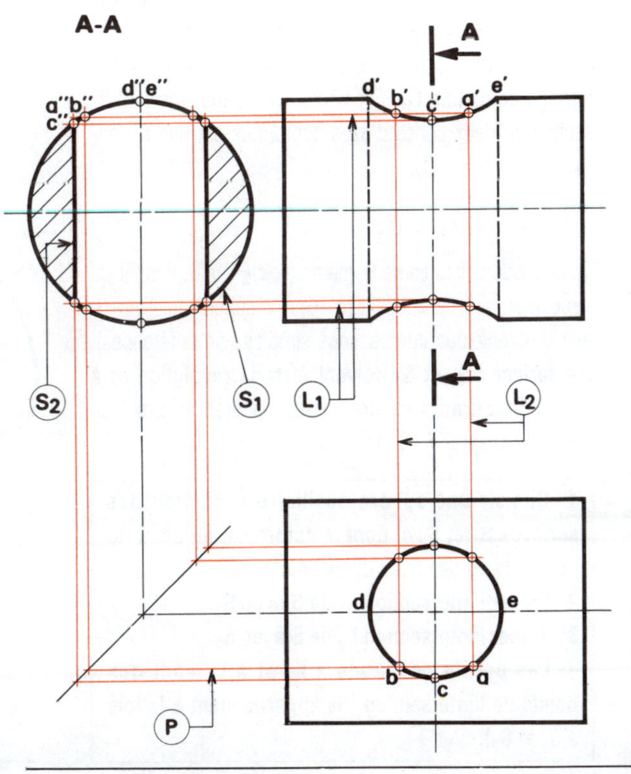

70 ▪ 35 Quatrième exemple

Soit à tracer les projections frontale (en coupe A-A), horizontale et sur un plan de profil d'un parallélépipède rectangle traversé par deux trous cylindriques S_1 et S_2 de même diamètre et dont les axes sont perpendiculaires. Le tracé de l'épure s'apparente à celui de l'épure précédente (§ 70.34) et la méthode utilisée est la même.

REMARQUE IMPORTANTE :

Dans la coupe A-A, l'intersection des deux cylindres S_1 et S_2 donne **deux droites**. Connaissant ce résultat, on est dispensé par la suite de construire des points quelconques. Cette propriété est conservée pour deux trous cylindriques de même diamètre à axes concourants non perpendiculaires.

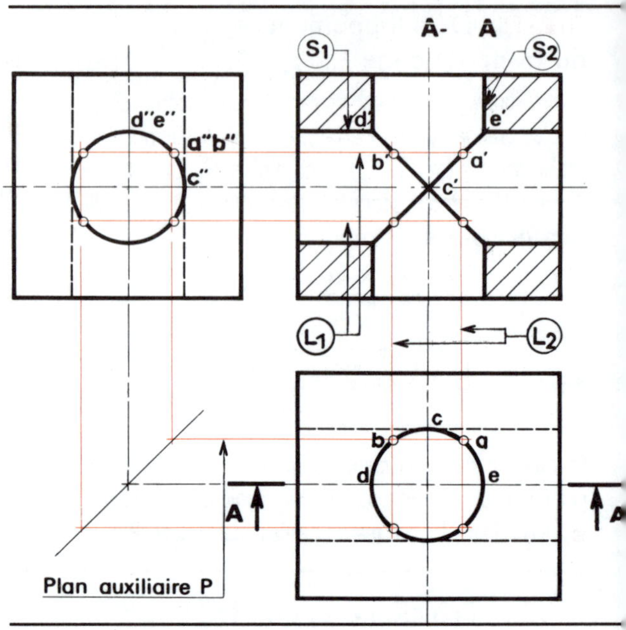

70 ▪ 4 Emploi des sphères auxiliaires

L'emploi des sphères auxiliaires est basé sur le théorème :

L'intersection de deux surfaces de révolution ayant leurs axes confondus est une circonférence commune.

Une matérialisation de ce théorème peut être donnée par un entonnoir. On peut vérifier que l'intersection d'un cylindre et d'un cône d'axes confondus est une circonférence commune C_1. On vérifie de même que l'intersection de deux cônes d'axes confondus est une circonférence commune C_2.

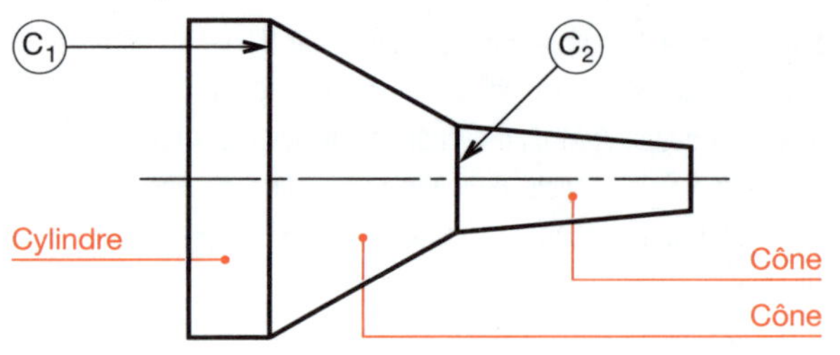

70 ▪ 41 Méthode

La méthode est toujours la même (voir § 70.2). Il suffit de remplacer « surface auxiliaire » par « sphère auxiliaire ». Afin d'obtenir des intersections simples (circonférences), **les surfaces S_1 et S_2 doivent être de révolution et à axes concourants** (centre ω des sphères au point de concours, d'après § 70.4).

1° Choisir une sphère auxiliaire S coupant les surfaces S_1 et S_2 et dont le centre est au point de concours ω des axes de ces surfaces.
2° Tracer l'intersection L_1 de S avec S_1.
3° Tracer l'intersection L_2 de S avec S_2.
4° Les points communs à L_1 et à L_2 sont des points de l'intersection (ils appartiennent à la fois à S_1 et S_2).

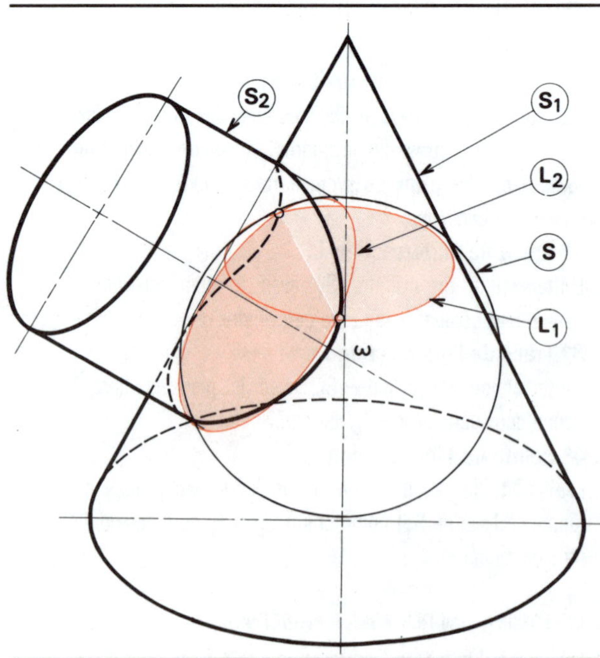

70 ■ 42 Exemple

Soit à tracer l'intersection d'un cône S_1 avec un cylindre S_2 définis dans l'épure ci-contre.

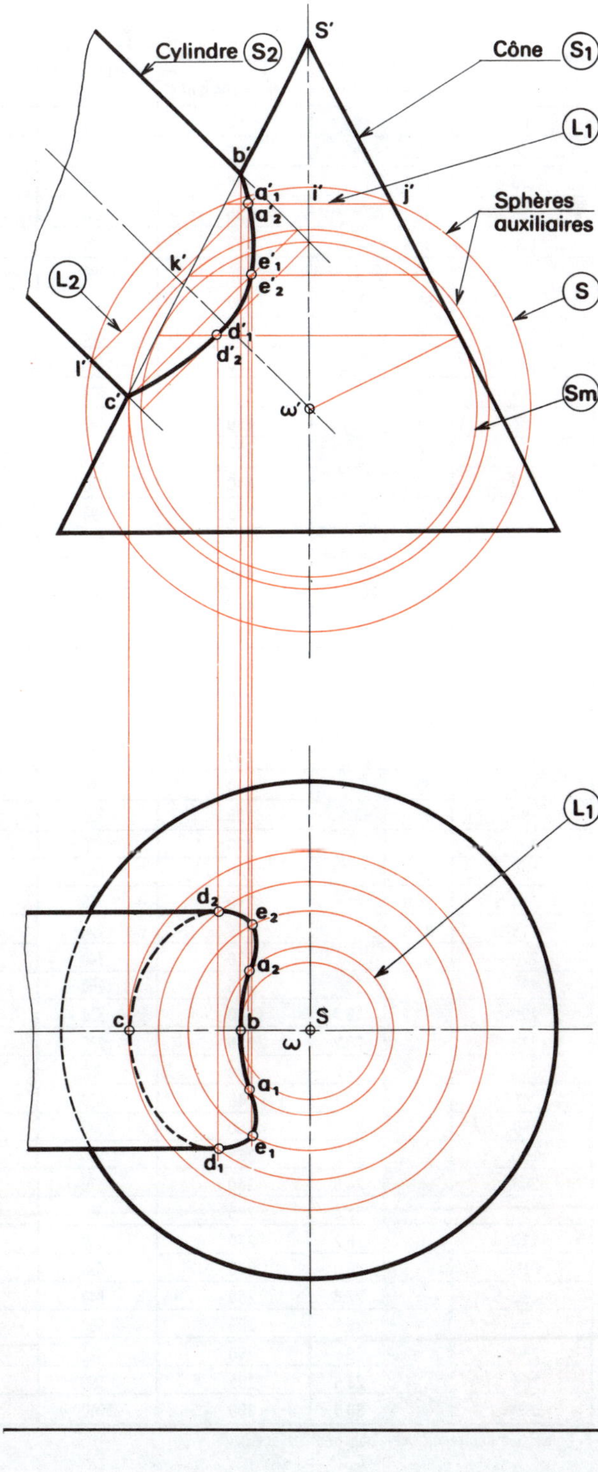

DÉTERMINATION D'UN POINT QUELCONQUE

1° **On emploie des sphères auxiliaires** dont le centre est au point de concours ω' des axes du cône et du cylindre.

2° **Tracé de l'intersection L_1**
L'intersection du cône S_1 avec la sphère auxiliaire S donne un cercle L_1 centré sur l'axe du cône et de rayon i'j'.

3° **Tracé de l'intersection L_2**
L'intersection du cylindre S_2 avec la sphère auxiliaire S donne un cercle L_2 centré sur l'axe du cylindre et de rayon k'l' (le tracé de L_2 est inutile en projection horizontale).

4° **Points de l'intersection**
Les points communs a'_1 et a'_2 à L_1 et L_2 sont des points de l'intersection. Les projections horizontales a_1 et a_2 sont à l'intersection de la projection horizontale du cercle L_1 et de la ligne de rappel issue de a'_1 et de a'_2.

DÉTERMINATION DES POINTS PRINCIPAUX

■ Points sur le contour apparent frontal du cône et du cylindre.
Ce sont les points b' et c'. Leurs projections horizontales s'obtiennent sans difficulté.

■ La sphère auxiliaire Sm tangente intérieurement au cône est la plus petite sphère donnant des points de l'intersection. Soit (d_1, d'_1) et (d_2, d'_2) ces points.

REMARQUE :
La méthode des sphères auxiliaires est simple, rapide, précise, mais **elle ne peut être employée que pour des solides de révolution à axes concourants.**

70 ■ 5 Emploi d'autres surfaces auxiliaires

On peut également choisir comme surfaces auxiliaires des cylindres, des cônes, des hyperboloïdes et, d'une manière générale, toute surface quelconque susceptible de réduire le temps d'exécution de l'épure ou de favoriser la précision du tracé.

71 Conversion de la dureté et de la résistance à la traction

EURONORM 8-55

Dureté Brinell HB (P = 30 D²)	Dureté Rockwell		Dureté Vickers HV (P = 294 N)	Résistance à la traction R MPa	Dureté Brinell HB (P = 30 D²)	Dureté Rockwell		Dureté Vickers HV (P = 294 N)	Résistance à la traction R MPa
	HRB	HRC				HRB	HRC		
80	36,4		80	270	310		31,5	310	1040
85	42,4		85	290	320		32,7	320	1080
90	47,4		90	310	330		33,8	330	1110
95	52		95	320	340		34,9	340	1150
100	56,4		100	340	350		36	350	1180
105	60		105	360	359		37	360	1210
110	63,4		110	380	368		38	370	1240
115	66,4		115	390	376		38,9	380	1270
120	69,4		120	410	385		39,8	390	1290
125	72		125	420	392		40,7	400	1320
130	74,4		130	440	400		41,5	410	1350
135	76,4		135	460	408		42,4	420	1380
140	78,4		140	470	415		43,2	430	1410
145	80,4		145	490	423		44	440	1430
150	82,2		150	500	430		44,8	450	1460
155	83,8		155	520			45,5	460	
160	85,4		160	540			46,3	470	
165	86,8		165	550			47	480	
170	88,2		170	570			47,7	490	
175	89,6		175	590			48,3	500	
180	90,8		180	610			49	510	
185	91,8		185	620			49,7	520	
190	93		190	640			50,3	530	
195	94		195	660			50,9	540	
200	95		200	670			51,5	550	
205	95,8		205	690			52,1	560	
210	96,6		210	710			52,8	570	
215	97,6		215	720			53,3	580	
220	98,2		220	740			53,8	590	
225	99		225	760			54,4	600	
230		19,2	230	770			54,9	610	
235		20,2	235	780			55,4	620	
240		21,2	240	800			55,9	630	
245		22,1	245	820			56,4	640	
250		23	250	830			56,9	650	
255		23,8	255	850			57,4	660	
260		24,6	260	870			57,9	670	
265		25,4	265	880			58,4	680	
270		26,2	270	900			58,9	690	
275		26,9	275	920			59,3	700	
280		27,6	280	940			60,2	720	
285		28,3	285	950			61,1	740	
290		29	290	970			61,9	760	
295		29,6	295	990			62,8	780	
300		30,3	300	1010			63,5	800	

* Conversion approximative valable pour les aciers.

72 Rayons de pliage NF EN 10025

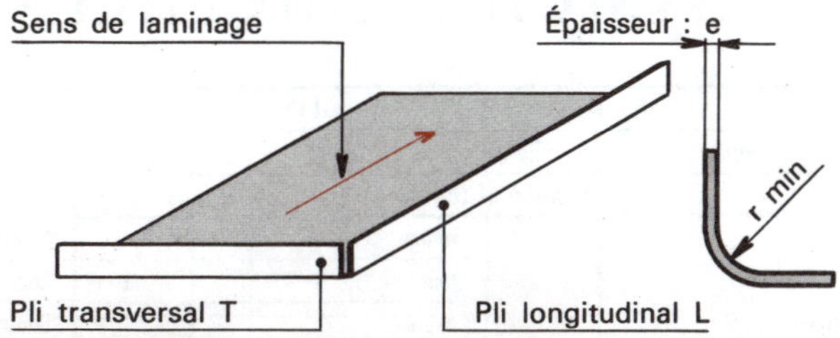

Les valeurs indiquées correspondent au rayon minimal intérieur de pliage r pour les nuances d'acier d'usage général. Ces valeurs sont valables pour des angles de pliage à froid inférieurs ou égaux à 90°.

Nuance	Sens du pli	Jusqu'à 1 inclus	1 à 1,5 inclus	1,5 à 2,5	2,5 à 3	3 à 4	4 à 5	5 à 6	6 à 7	7 à 8	8 à 10	10 à 12	12 à 14	14 à 16	16 à 18	18 à 20
A 33	T	2,5	3	5	6	7	9	11	14	18	22	27	32	37	47	52
	L	2,5	3	6	7	8	11	13	18	22	27	32	37	42	52	65
A 34	T	–	–	–	–	5	6	8	10	12	16	20	24	28	36	40
	L	–	–	–	–	6	8	10	12	16	20	24	28	32	40	45
E 24	T	1,6	2	2,5	3	5	7	9	11	14	18	22	26	30	38	42
	L	1,6	2	2,5	3	6	9	11	14	18	22	26	30	34	42	46
E 26	T	2	2,5	3	4	5	9	11	14	18	22	26	30	34	42	47
	L	2	2,5	3	4	6	11	13	18	22	26	30	34	38	47	52
E 30	T	–	–	–	–	7	9	11	14	18	22	26	31	35	44	49
	L	–	–	–	–	8	11	13	18	22	26	31	35	40	49	57
E 36	T	2,5	3	4	5	6	9	11	14	18	22	27	32	37	47	52
	L	2,5	3	4	5	8	11	13	18	22	27	32	37	42	52	65

73 Couples de serrage

Les couples, en décanewtons-mètres, correspondent aux 3/4 de la limite élastique, pour un facteur de frottement de 0,12 (boulons graissés, montés avec rondelles plates).

d	3.6*	4.6	4.8	5.6	5.8	6.6	6.8	6.9	8.8	10 9	12.9	14.9
1,6	0,005	0,006	0,009	0,008	0,011	0,010	0,013	0,015	0,018	0,029	0,030	0,035
2	0,011	0,013	0,018	0,016	0,022	0,020	0,027	0,030	0,036	0,050	0,060	0,070
2,5	0,021	0,025	0,033	0,031	0,042	0,038	0,050	0,057	0,067	0,095	0,114	0,133
3	0,038	0,046	0,061	0,058	0,077	0,069	0,092	0,104	0,123	0,174	0,208	0,243
4	0,093	0,112	0,150	0,140	0,187	0,168	0,225	0,253	0,300	0,421	0,506	0,590
5	0,181	0,217	0,289	0,271	0,362	0,326	0,434	0,489	0,579	0,815	0,978	1,14
6	0,312	0,374	0,49	0,46	0,624	0,562	0,749	0,843	0,999	1,40	1,68	1,96
8	0,743	0,892	1,19	1,11	1,48	1,33	1,78	2	2,37	3,34	4,01	4,68
9	1,12	1,35	1,80	1,68	2,25	2,02	2,70	3,03	3,60	5,06	6,07	7,08
10	1,49	1,79	2,38	2,24	2,98	2,68	3,58	4,03	4,77	6,72	8,06	9,41
12	2,53	3,04	4,05	3,80	5,07	4,56	6,08	6,85	8,11	11,41	13,70	15,98
14	4,02	4,82	6,43	6,03	8,04	7,24	9,65	10,86	12,87	18,11	21,73	25,35
16	6,12	7,34	9,79	9,18	12,24	11,02	14,69	16,53	19,59	27,56	33,07	38,58
18	8,31	9,97	13,29	12,46	16,62	14,96	19,94	22,44	26,59	37,40	44,88	52,36
20	11,90	14,32	19,10	17,90	23,87	21,48	28,65	32,23	38,2	53,71	64,46	75,20
22	15,90	19,12	25,50	23,90	31,87	28,68	38,25	43,03	51	71,71	86,06	100,40
24	20,50	24,60	32,80	30,74	41	36,90	49,2	55,34	65,60	92,24	110,70	129,14
27	29,90	35,92	47,90	44,90	59,87	53,88	71,85	80,83	95,80	134,71	161,66	188,60
30	37,50	45	60	56,25	75	67,50	90	101,25	120	168,75	202,50	236,25
33	55	66	88	82,50	110	99	132	148,50	176	247,50	297	346,50
36	70,93	85,13	113,5	106,4	141,87	127,68	170,24	191,52	227	319,21	383,05	446,90

* Classe de qualité définissant les matériaux pour la visserie, voir § 37-2.

74 Système international d'unités (SI)

GRANDEUR		UNITÉ	
Nom	**Symbole**	**Nom**	**Symbole**
Espace et temps			**NF X 02-201**
Angle plan	α, β, γ, θ, φ, *etc.*	radian	rad
		tour	tr
		degré	°
		minute d'angle	′
		seconde d'angle	″
Angle solide	Ω (ω)	stéradian	sr
Accélération angulaire	α	radian par seconde carrée	rad/s^2
Accélération	a	mètre par seconde carrée	m/s^2
Accélération pesanteur	g		
Aire	A	mètre carré	m^2
Superficie	(S)	are	a
Longueur	a, b, ...	mètre	m
Temps Intervalle de temps Durée	t	seconde	s
		minute	min
		heure	h
		jour	d
Vitesse	v	mètre par seconde	m/s
Vitesse angulaire	ω	radian par seconde	rad/s
Volume	V	mètre cube	m^3
Phénomènes périodiques			**NF X 02-202**
Fréquence	f	hertz	Hz
Fréquence de rotation	n	seconde puissance – 1	s^{-1}
		tour par seconde	tr/s
		tour par minute	tr/min
Période	T	seconde	s
Pulsation	ω	radian par seconde	rad/s
Déphasage	φ	radian	rad
Mécanique			**NF X 02-203**
Coefficient de Poisson	μ	sans dimension	–
Densité	d	sans dimension	–
Facteur de frottement	μ (f)	sans dimension	–
Force	F	newton	N
Poids	G (P)		
Glissement unitaire	γ	sans dimension	–
Masse	m	kilogramme	kg
Masse volumique	ρ	kilogramme par mètre cube	kg/m^3
Module de Coulomb	G	pascal	Pa
Module d'Young	E		
Module d'inertie	Z, W	mètre cube	m^3
Moment cinétique	L	kg-m^2 par seconde	kg.m^2/s
Moment d'une force	M, T	newton-mètre	N. m
Moment de flexion	M		
Moment de torsion	T		
Moment d'inertie	I, J	kg-mètre carré	kg.m^2
Moment quadratique axial	I, Ia	mètre bicarré	m^4

GRANDEUR		UNITÉ	
Nom	**Symbole**	**Nom**	**Symbole**
Moment quadratique polaire	Ip, J	mètre bicarré	m^4
Pression	p	pascal	Pa
Contrainte normale	σ		
Contrainte tangentielle	τ		
Puissance	P	watt	W
Quantité de mouvement	p	kg-mètre par seconde	kg.m/s
Rendement	η	sans dimension	–
Travail	W, (A)	joule wattheure électronvolt	J Wh eV
Énergie	E, (W)		
Energie potentielle	Ep		
Énergie cinétique	Ek		
Volume massique	v	mètre cube par kg	m^3/kg
Électrique – Magnétique			**NF X 02-205**
Capacité	C	farad	F
Champ électrique	E, (K)	volt par mètre	V/m
Champ magnétique	H	ampère par mètre	A/m
Densité de courant	J, (S)	ampère par mètre carré	A/m^2
Déphasage	φ	radian	rad
Flux magnétique	Φ	weber	Wb
Inductance	L	henry	H
Induction magnétique	B	tesla	T
Impédance	Z	ohm	Ω
Réactance	X		
Intensité de courant	I	ampère	A
Perméabilité	μ	henry par mètre	H/m
Potentiel électrique	V	volt	V
Différence de potentiel	U		
Force électromotrice	E		
Puissance	P	watt	W
Quantité d'électricité	Q	coulomb	C
Réluctance	R, Rm	henry puissance – 1	H^{-1}
Résistance	R	ohm	Ω
Résistivité	ρ	ohm – mètre	Ω.m
Conductance	G	siemens	S
Conductivité	γ; σ	siemens par mètre	S/m
Optique			**NF X 02-206**
Éclairement	E	lux	lx
Efficacité lumineuse	K	lumen par watt	lm/W
Flux lumineux	Φ	lumen	lm
Intensité lumineuse	I	candela	cd
Luminance	L	candela par mètre carré	cd/m^2
Thermique			**NF X 02-204**
Coefficient de dilatation	α	kelvin puissance – 1	K^{-1}
Quantité de chaleur	Q	joule	J
Température Celsius	t, θ	degré celsius	°C
Température thermodynamique	T	kelvin	K

RELATIONS ENTRE LES UNITÉS			
Espace et temps	**Fréquence**	1 kgf = 9,81 N	**Travail - Énergie**
1 tr = 2 π rad	1 Hz = 1 s^{-1}	**Pression - Contrainte**	1 Wh = 3,6 × 10^3 J
1° = π/180 rad	**Masse**	1 Pa = 1 N/m^2	1 eV = 1,6 × 10^{-19} J
= 0,017 45 rad	1 t = 10^3 kg	1 MPa = 1 N/mm^2	**Électrique**
1 a = 100 m^2	1 carat = 2 × 10^{-4} kg	1 bar = 10^5 Pa	1 T = 1 Wb/m^2
1 ha = 10 000 m^2	**Force**	1 bar = 1,02 kgf/cm^2	1 Ah = 3,6 kC
1 km/h = 1/3,6 m/s	1 N = 0,102 kgf	1 hbar = 1 daN/mm^2	**Température**
= 0,27 778 m/s	1 daN = 1,02 kgf	1 hbar = 1,02 kgf/mm^2	1 K = 1 °C + 273

MULTIPLES DES UNITÉS NF X 02-006						
Règles d'emploi	**Préfixe**	**Symbole**	**Facteur**	**Préfixe**	**Symbole**	**Facteur**
■ On choisit le multiple de telle sorte que la valeur numérique soit comprise entre 0,1 et 1 000.	pico	p	10^{-12}	déca	da	10
	nano	n	10^{-9}	hecto	h	10^2
	micro	μ	10^{-6}	kilo	k	10^3
■ Pour les calculs remplacer les préfixes par des puissances de 10.	milli	m	10^{-3}	méga	M	10^6
	centi	c	10^{-2}	giga	G	10^9
	déci	d	10^{-1}	téra	T	10^{12}

EXEMPLES D'ÉCRITURES NF X 02-003		
■ Les symboles des grandeurs doivent être écrits en caractères penchés.	■ Les symboles des unités doivent être écrits en caractères droits.	
Masse m = 10 kg	253 mètres : 253 m	9,5 ampères : 9,5 A
Accélération a = 1,5 m/s^2	19 027 pascals : 19 027 Pa	20 nanofarads : 20 nF
Pression p = 400 Pa	5 bars : 5 bar	31,5 minutes : 31,5 min
Puissance P = 60 W	10,75 newtons : 10,75 N	15 micromètres : 15 μm

75 Signes mathématiques (Voir aussi chapitre 3)

SIGNES DE COMPARAISON NF X 02-211					
Signe	**Application**	**Signification**	**Signe**	**Application**	**Signification**
=	a = b	a est égal à b.	>	a > b	a est strictement supérieur à b.
≠	a ≠ b	a est différent de b.	⩽	a ⩽ b	a est inférieur ou égal à b.
≙	a ≙ b	a correspond à b (1 mm ≙ 2 N).	⩾	a ⩾ b	a est supérieur ou égal à b.
≈	a ≈ b	a est approximativement égal à b.	≪	a ≪ b	a est très inférieur à b.
<	a < b	a est strictement inférieur à b.	≫	a ≫ b	a est très supérieur à b.

SIGNES D'OPÉRATIONS NF X 02-003		
+ et −	S'emploient indifféremment dans les expressions numériques, littérales ou mixtes.	7 + 3; a + b; 7 a − 5
×	Utilisé pour la multiplication des nombres et pour une expression littérale écrite à gauche et un nombre écrit à droite. Produit vectoriel de deux vecteurs.	27 × 15; 15 × 10^7; 4 a × 5; $\vec{a} \times \vec{b}$*
•	Convient pour la multiplication de deux facteurs littéraux et pour indiquer le produit scalaire de deux vecteurs.	m•n; $\vec{a} \cdot \vec{b}$
— ou /	La barre horizontale doit être située à mi-hauteur du corps d'écriture - voir § 3.2. L'emploi du signe : est déconseillé.	$m = \frac{25}{3}$; m = 25/3

* La notation $\vec{a} \wedge \vec{b}$ est aussi utilisée quand elle ne prête pas à confusion avec le produit extérieur.

76 Alphabet grec

Les lettres de l'alphabet grec sont couramment utilisées comme symboles pour désigner des grandeurs géométriques ou physiques. C'est pourquoi il est utile de savoir les écrire et les prononcer.

CARACTÈRES GRECS D'IMPRIMERIE							
Majuscule	Minuscule	Prononciation	Lettre française correspondante	Majuscule	Minuscule	Prononciation	Lettre française correspondante
Α	α	Alpha	a	Ν	ν	Nu	n
Β	β ϐ	Bêta	b, v	Ξ	ξ	Xi	x, cs
Γ	γ	Gamma	g	Ο	ο	Omicron	o bref
Δ	δ	Delta	d	Π	π ϖ	Pi	p
Ε	ϵ	Epsilon	é bref	Ρ	ρ	Rho	r
Ζ	ζ	Dzêta	dz	Σ	σ ς	Sigma	s dur
Η	η	Êta	ê long	Τ	τ	Tau	t
Θ	θ	Thêta	th	Υ	υ	Upsilon	u
Ι	ι	Iota	i	Φ	φ	Phi	f
Κ	κ	Cappa	k	Χ	χ	Khi	k
Λ	λ	Lambda	l	Ψ	ψ	Psi	ps
Μ	μ	Mu	´ m	Ω	ω	Oméga	ô long

77 Caractères grecs dessinés

NF E 04-505

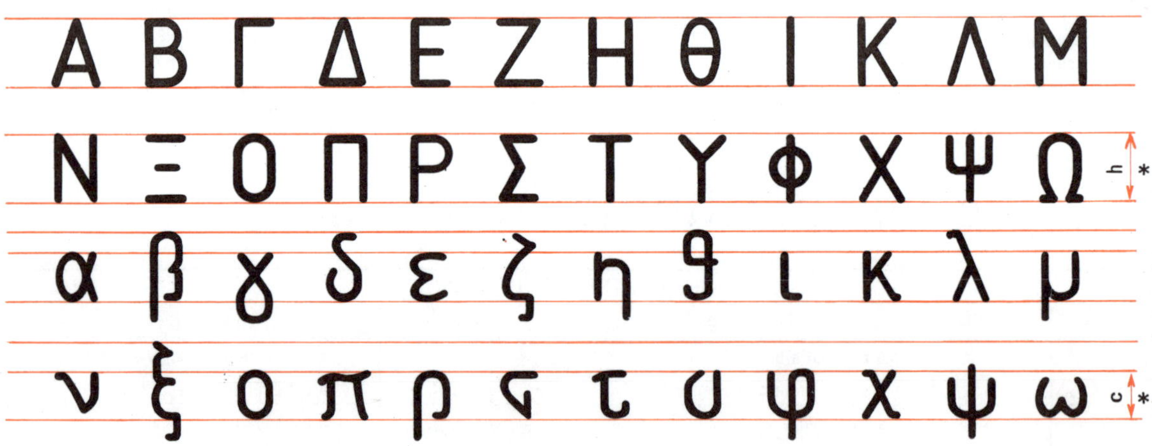

78 Densités

Acier	7,85	Chrome	7,1	Fonte grise	6,7 à 7,1	Nickel	8,9	Quartz	2,65
Aluminium	2,7	Cobalt	8,9	Laiton	7,3 à 8,4	Or	19,3	Silicium	2,4
Argent	10,5	Cuivre	8,96	Magnésium	1,74	Platine	21,45	Titane	4,5
Bronze	8,4 à 9	Diamant	3,52	Manganèse	7,4	Pétrole	0,82	Tungstène	19,3
Caoutchouc	0,98	Duralumin	2,9	Mercure	13,59	Plastiques	0,8 à 2,3	Verre	2,5
Cadmium	8,70	Étain	7,3	Molybdène	10,2	Plomb	11,35	Zinc	7,15

* Voir § 3.13.

Imprimé par Rotolito Lombarda S.p.A.
Dépôt légal 3066-03/93. Collection 53. Edition 01
16/6456/4